工业水处理技术

姜虎生　李长波　主编

李　薇　胡春玲　赵国峥　孟庆明　副主编

中国石化出版社

内 容 提 要

针对目前工业企业及水处理的特点，本书通过理论阐述和具体实例对工业水处理技术作了较系统全面的概述。主要内容包括工业水处理基本原理和基本方法、典型工业水处理、工业用水节约及废水减量以及工业水处理中的分析与检测等，注重实用性技术知识，并补充较为成熟和有发展前景的新技术，针对用水量较大的生产环节作了详尽阐述，并将节水和废水减量排放纳入工业水处理体系，结合用水量较大行业列举了大量实用性的工程实例。

本书可作为工业水处理以及其他行业从事相关工作的科研、设计、规划、管理人员的技术用书，也可供从事环境工程、市政工程、给排水科学与工程的其他人员以及大专院校相关专业师生参考使用。

图书在版编目（CIP）数据

工业水处理技术/姜虎生，李长波主编. —北京：
中国石化出版社，2019.7
ISBN 978-7-5114-5260-3

Ⅰ.①工… Ⅱ.①姜… ②李… Ⅲ.①工业用水—水
处理 Ⅳ.①TQ085

中国版本图书馆 CIP 数据核字（2019）第 128956 号

中国石化出版社出版发行

地址：北京市朝阳区吉市口路 9 号
邮编：100020 电话：(010)59964500
发行部电话：(010)59964526
http://www.sinopec-press.com
E-mail:press@sinopec.com
北京科信印刷有限公司印刷
全国各地新华书店经销

*

787×1092 毫米 16 开本 47.25 印张 1113 千字
2019 年 7 月第 1 版 2019 年 7 月第 1 次印刷
定价:198.00 元

前　言

我国是一个水资源短缺的国家，人均水资源拥有量为 $2000m^3$ 以下，约为世界平均水平的 1/4。我国工业用水量大，用水方式粗放，效率低下。2008 年我国万元 GDP 用水量约为 $240m^3$，万元工业增加值用水量约为 $130m^3$，均高于世界平均水平。根据国家规划要求，到 2030 年，万元 GDP 用水量降低到 $70m^3$，万元工业增加值用水量降低到 $40m^3$，达到世界先进水平。因此我国工业生产配置水量形势严峻，必须大力推进节水。工业废水处理要改变单纯处理排放的传统思维，应将工业废水作为一种非传统水资源加以利用，提高用水效率，减少工业生产配置水量，同时减少工业废水污染物排放量。

水在工业生产中的用途不同，其质量标准也不相同。通常，需要对天然水体的取水进行安全、经济而有效的处理，才能满足生产的需要。另一方面，工业生产用水过程中会使水受到不同程度的污染而成为工业污水，因此必须对工业污水进行相应的处理，以便进行污水的回收利用，或者使其达到排放标准。由此可见，工业水处理直接关系到产品的质量和成本，以及生产过程的安全经济运行。随着国民经济和工业生产技术的发展，各行各业对用水水质的要求越来越高，对循环中排入水体的废水处理的质量提出了更高的要求，从而促进水处理技术取得了长足的进展，出现了新的理论、新的水处理工艺和设备。

收集查阅了国内外大量文献资料并结合作者多年的科研实践和教学经验，《工业水处理技术》通过理论阐述和具体实例，对工业水处理的各个方面进行系统介绍，主要内容包括水及工业用水、工业用水预处理、用水的深层次净化（软化或除盐）处理、典型工业用水处理、工业用水节约与废水减量、工业水处理中的分析与检测等。通过对本书的学习，可以了解 21 世纪工业水处理的基本原理方法和范畴、现状及发展趋势，熟悉水污染的水质指标，不同水的水质标准及污水排放标准，掌握水污染治理基本内容，在技术、经济和文化等层面上加深对工业文明的理解和认识。通过本书，力图使读者了解工业水处理技术及其基本知识，将来能对我国工业水处理及节水再生起到积极的推动作用。

本书取材合适，内容丰富，简明扼要，结构严谨，理论联系实际，列举了各类工业水处理技术的典型工程实例，具有很强的实用性和指导性，能反映本学科国内外科学研究的先进成果，是一本工业水处理领域的综合性著作。本书可作为从事工业水处理以及其他行业从事相关工作的科研、设计、规划、管理人员的技术用书，也可供从事环境工程、市政工程、给排水科学与工程的其他人员以及大专院校相关专业师生参考使用。

参与本书编写工作的有辽宁石油化工大学姜虎生、李薇、胡春玲、李长波、赵国峥、渤海大学孟庆明，全书由姜虎生负责统稿，李长波负责审订。在编写、审订过程中，由伟、蒋凤志、谭晓洋、范家琪、张国晴等研究生和本科生参与了大量的编辑和校对工作，在此表示感谢。在编写、修订过程中得到辽宁石油化工大学发展规划处、教务处、化学化工与环境学部的大力支持。在此谨对本书编写、修订过程中所有给予支持和帮助的人们一并表示衷心的感谢！书中内容参考引用了国内外相关图书文献资料，在此谨向图书文献资料原著者表示真挚的谢意。

由于理论水平和实践经验所限，再加以本书涉及的知识面广，书中存在错误或不妥之处在所难免，恳请广大读者批评指正。

目　　录

第一篇　工业水处理基础

第四篇　工业水处理中的分析与检测

第一篇
工业水处理基础

第一章 水及工业用水

第一节 水资源

一、水资源概况

水是自然界中分布最广的一种资源。它以气、液、固三种状态存在。自然界的水，主要指海洋、河流、湖泊、地下水、冰川、积雪、土壤水和大气水分等水体，其总量共约 $1.4 \times 10^{19} m^3$，如果将其平铺在地球表面上，水层厚度可达到约 3000m 深。但是绝大部分是咸的海水，加上内陆地表咸水湖、地下咸水，共约占总水量的 98%。而冰川、积雪约占总水量的 1.7%，目前尚难以开发和利用。实际上可供开发利用的淡水只占总水量的 0.3%，约为 $4 \times 10^{16} m^3$。因此，淡水是有限的宝贵资源。

从另一方面讲，可以被人类利用的淡水资源在地球上分布又极不均衡，有的国家（地区）水量充沛，有的国家（地区）却处于干旱和半干旱状态，甚至有的仅能依靠海水淡化来维持正常的社会活动（如中东地区）。早在 1977 年联合国水会议就发出警告："水不久将成为一个深刻的社会危机，继石油危机之后的下一个危机便是水。"可见缺水问题已是非常严重的问题，预计到 2025 年全球将有 50 亿人生活在缺水地区，27 亿人面临严重的饮用水危机。

我国淡水资源比较丰富，居世界第五位。但人均水资源量与世界许多国家相比，相差很大，只能排到第 88 位。表 1-1 为世界部分国家人均水资源比较表。

表 1-1 世界部分国家人均水资源量

国家	人均水资源量/m^3	国家	人均水资源量/m^3
加拿大	145900	苏联	17800
新西兰	107000	美国	14280
巴西	56000	巴基斯坦	10950
澳大利亚	27600	墨西哥	7270
日本	5020	印度	3050
法国	3960	英国	2900
意大利	3920	前联邦德国	2850
西班牙	3160	埃及	2530
智利	18100	中国	2380

我国河流、湖泊众多，水量丰沛，根据一些特征，基本上可分为四个区：潮湿区、湿

润区、过渡区和干旱区。这是由气候、地形、土壤、地质等各种条件决定的，它们的降水和径流量、浑浊度、含盐量及化学组成等各有特点，见表1-2。

表1-2 我国各地区的水质特征

分区 水质特征	潮湿区	湿润区	过渡区	干旱区
年降水量/mm	>1600	1600~800	800~400	<400
年径流量/10^8 m³	>1000	1000~100	100~25	<25
平均含沙量/(kg/m³)	0.1~0.3	0.2~5	1~30	—
常见浑浊度/(mg/L)	10~300	100~2000	500~20000	—
含盐量/(mg/L)	<100	100~300	200~500	>500
总硬度/(mmol/L)	<0.5	0.5~1.5	1.5~3.0	>3.0
pH值	6.0~7.0	6.5~7.5	7.0~8.0	7.5~8.0以上
地区范围	东南沿海	长江流域，西南地区，黑龙江、松花江流域	黄河流域，河北地区，辽河流域	内蒙古地区，西北地区

1．潮湿区

潮湿区为我国东南沿海地区，降水量丰富而蒸发量小，因而径流量大。土壤层薄，多坚硬花岗岩地层，故河水含沙量低，浑浊度也低，一般在10mg/L左右。土壤经多年淋浴，可溶性盐已流失，所以水的含盐量低（矿化度低），硬度也低，属软水。水中主要化学组成为碳酸氢钙和碳酸氢钠等。

2．湿润区

湿润区为长江流域及其以南地区，黑龙江和松花江流域之间的地区也属湿润。该区降水充足，蒸发量不大，故径流量较大。长江上游如金沙江、嘉陵江、汉水等江段含沙量较大，浑浊度可达1000mg/L以上。由于区内降水充足，径流量大，所以含盐量一般不高，在200mg/L左右。但在贵州、广西地区有石灰岩溶洞，水的硬度增大。在长江流域，水中主要化学组成为碳酸氢钙类，在东北地区也有含碳酸氢钠类的。

3．过渡区

过渡区为黄河流域及其以北地区，直到辽河流域。该区降水量较少，蒸发量较大，故径流量不大，水量贫乏。黄河虽为我国第二大河，但年径流量只有长江的约1/20。黄河流经黄土高原，冲刷大量泥沙，浑浊度极高。由于径流量小，水的含盐量较高，因而矿化度和硬度都较高。水中主要组成为碳酸氢钙类，但也有相当多的地方为碳酸氢钠类，甚至出现硫酸盐或氯化物类。

4．干旱区

干旱区为内蒙古和西北大片地区。该区降水量少而蒸发强烈，因此形成径流量很低的干旱地带。由于径流量小，土壤中可溶性盐含量高，所以水的含盐量和硬度都很高。水中主要组成是硫酸盐或氯化物类。

我国水资源分布又呈现南方多北方少的状况，南方长江流域、华南、西南、东南地区水资源占全国的81.5%（人口占全国的54.6%），而北方的东北、华北、黄河、淮河流域及内陆河片水资源仅占全国的18.5%（人口占全国的45.4%），我国北方及西北地区是严重的缺水地区，干旱缺水地区涉及 20 多个省、市、自治区，总面积达 500 万平方公里，占我国陆地面积的 52％。在我国 600 多个建制市中有近 400 座城市缺水，严重缺水城市达 110 多个，甚至有的省市人均水资源拥有量低于 1000m³，达到国际上公认的水资源紧缺限度。另外，我国北方和西北地区不同季节的降水量又极不均衡，6～9 月份集中了全年降水量的 70％～80％，这更加剧了这一地区的缺水状况。水资源短缺除了影响人的正常生活外，还限制了工农业的发展。

水资源短缺的另一个特点是淡水水质的恶化，全球河水的溶解固体中位数是 127.6mg/L，溶解有机碳平均数是 5.3mg/L，而我国大部分河水均超过此值，例如黄河水的溶解固体就达该值的 4 倍，长江水为该值的 1.6 倍，并且还有逐年增加的趋势。

水资源污染又从另一个方面减少可被利用的淡水资源量。由于人类活动和工农业生产中废水的排放，天然水体水质急剧下降，限制了水资源利用，并增加了处理费用，这与水资源短缺构成了恶性循环。在我国，虽然随着环境治理的力度加大，水资源污染的势头有所控制，但因我国正处于工农业迅速发展、能源消耗迅速上升阶段，水质恶化的趋势仍在继续，而且由大陆向海洋、由城市向农村扩展。

为了维持人类的正常生活和工农业生产的稳定持续发展，必须合理利用我们仅有的水资源，并保护水资源，前者就是节约用水，后者就是环境保护，二者都是重要的工作，缺一不可。在我国节约用水不仅是必需的，而且还有很大的操作空间。一般来讲，节约用水可以从以下几个方面进行操作：

（1）加强水资源管理，引入市场机制，对从自然界取水实行分时、分质、分类收取水费，利用水费的杠杆作用减少需水量，保证节水工作的实施；

（2）在工业企业内部加强水务管理，合理进行水量分配，促进企业内部水的重复使用、循环使用和分级利用，提高水的重复利用率，减少排放，减少水的损失和浪费；

（3）鼓励使用海水、苦咸水及其他低质水，搞好中水回用，开发与此相关的技术和设备；

（4）加大科技投入，开发节水的新技术、新工艺、新材料，开发及使用节水型设备与器具，减少用水。

二、工业用水的各种水源及其特点

水是工业生产中重要的原料之一，没有合格的水源，任何工业都不能维持下去。作为工业用水的水源主要来自地表的江河水、湖泊和水库水以及地下水（井水）；对用水量不大的中小型企业，还可以直接使用城市自来水作为水源；在某些特殊场合，如沿海地区和缺水地区，现在越来越多地使用海水和经过二级处理后的城市污水（中水）作为水源。

1. 江河水

河流是降水经地面径流汇集而成的，流域面积十分广阔，又是敞开流动的水体，其水质受地区、气候以及生物活动和人类活动的影响而有较大的变化。

河水广泛接触岩石土壤，不同地区的矿物组成决定着河水的基本化学成分。此外，河水总混有泥沙等悬浮物而呈现一定的浑浊度，可从几十 mg/L 到数百 mg/L。夏季河水上涨浑浊度还要升高，冬季又可降到很低。水的温度则与季节、气候直接有关。

河流水中主要离子成分构成的含盐量，一般在 100～200mg/L，不超过 500mg/L，个别河流也可达 30000mg/L 以上。一般河水的阳离子中 $[Ca^{2+}] > [Na^+]$，阴离子中 $[HCO_3^-] > [SO_4^{2-}] > [Cl^-]$；也有一些河水中 $[Na^+] > [Ca^{2+}]$；个别河水中的 $[Cl^-] > [HCO_3^-]$。我国主要河流的水质组成如表 1-3 所示。

表 1-3　我国主要河流的水质组成

成分	含量/(mg/L)						
	珠江	长江	黄河	黑龙江	闽江	塔里木河	松花江
Ca^{2+}	18	28.9	39.1	11.6	2.6	107.6	12.0
Mg^{2+}	1.1	9.6	17.9	2.5	0.6	841.5	3.8
$Na^+ + K^+$	16.1	8.6	46.3	6.7	6.7	10265	6.8
HCO_3^-	32.9	128.9	162.0	54.9	20.2	117.2	64.4
SO_4^{2-}	34.8	13.4	82.6	6.0	4.9	6052	5.9
Cl^-	7.3	4.2	30.0	2.0	0.5	14368	1.0
含盐量	110.2	193.6	377.9	83.7	35.5	31751.3	93.9

2. 湖泊和水库水

湖泊是由河流及地下水补给而成的，它的水质与补给水水质、气候、地质及生物等条件有密切的联系，同时流入和排出的水量、日照等蒸发强度也在很大程度上影响了湖水的水质。如果流入和排出的河流水量都很大，而湖水蒸发量较小，则湖水含盐量较低，形成淡水湖，其含盐量一般在 300mg/L 以下，通常淡水湖泊在湿润地区形成。

水库实际上是一种人造湖，其水质也与流入的河水水质和地质特点有关，但最终会形成与湖泊相似的稳定状态。

通常取淡水湖和低度咸水湖作水源，其水质离子的组成与内陆淡水河流相似，多数是 $[Ca^{2+}] > [Na^+]$、$[HCO_3^-] > [SO_4^{2-}] > [Cl^-]$ 的类型；少数是 $[Na^+] > [Ca^{2+}]$，个别的有 $[SO_4^{2-}] > [HCO_3^-]$ 的情况。表 1-4 为湖泊、水库水质组成的例子。

表 1-4　某些淡水湖泊、水库水质的组成

成分	含量/(mg/L)			成分	含量/(mg/L)		
	南湖（武汉）	洪湖（湖北）	立新城水库（长春）		南湖（武汉）	洪湖（湖北）	立新城水库（长春）
Ca^{2+}	18.9	22.4	20.5	SO_4^{2-}	15.8	10.3	5.0
Mg^{2+}	1.83	3.17	5.61	Cl^-	13.7	4.55	7.1
Na^+	17.9	11.4	3.17	含盐量	138.7	127.12	121.3
HCO_3^-	70.7	75.3	79.9				

3. 地下水

地下水是由降水经过土壤地层的渗流而形成的。地下水按其深度可以分为表层水、层间水和深层水。通常作水源使用的地下水均属层间水，即中层地下水。这种水受外界影响小，水质组成稳定，水温变化小，水质透明清澈，有机物和细菌的含量较少，但含盐量较高，硬度较大。随着地下水深度的增加，其主要离子组成从低矿化度的淡水型转化为高矿化度的咸水类型，即从 $[Ca^{2+}] > [Na^+]$、$[HCO_3^-] > [SO_4^{2-}] > [Cl^-]$ 转化为

$[Na^+] > [Ca^{2+}]$、$[Cl^-]$ 或 $[SO_4^{2-}] > [HCO_3^-]$。

由于地下水与大气接触不畅通，水中溶解氧很少，有时候由于生物氧化作用还会产生 H_2S 和 CO_2。H_2S 使水质具有还原性。表 1-5 为某些地下水的水质组成。

表 1-5 某些地下水的水质组成

成分	含量/(mg/L)			
	石家庄井水	哈尔滨井水	天津井水	湖南某井水
Ca^{2+}	82.9	78.2	8.0	2.83
Mg^{2+}	19.8	12.8	3.7	1.56
$Na^+ + K^+$	16.2	23.5	317	5.29
HCO_3^-	219.6	317.2	464	9.76
SO_4^{2-}	37.3	8.0	48	8.95
Cl^-	28.0	21.34	200	2.55
Fe^{2+}	—	0.02		1.4~2.1
Mn^{2+}	—			
含盐量	403.8	461.0	1040.7	38.0
H_2S		76.4		
游离 CO_2	—	11.5		79.4
pH 值	7.6	6.9	8.3	
特点		含 H_2S	含氟矿化水	软水，腐蚀性强

4. 城市自来水

由于经济成本问题，使用城市自来水（city water）作水源的都是用水量较少的中小型企业，有时仅是企业的某个车间、工段。

城市自来水有的取自地表水，经混凝、澄清、过滤、消毒处理后供出，有的取自地下水（井水、泉水），仅经过滤、消毒后供出。城市自来水的水质应符合《生活饮用水卫生标准》（GB 5749—2006）。

城市自来水水质稳定，受气候影响小，特别是水的浊度，可以很好地稳定在很小的范围内。但是，由于工业企业使用的自来水都是从管网上引出的，有的甚至在管网末端，企业引入的水质还会受管道影响，流经某些使用年代很久的管道，尤其是在长期停运后刚投运时，水质很差，有色，浊度高，有时甚至发黑、发臭，这时应加强管道冲洗、排放。

对城市自来水作水源的企业，也应对其水质进行定期分析，建立档案。

5. 海水

沿海地区的工业企业，经常取用海水（sea water）作冷却水。在某些淡水资源紧缺的地区，也可以取用海水，进行淡化处理后，作工业的其他用途，但其费用昂贵。

海水水质差，含可溶盐多，但水质稳定。海水的盐度（salinity）可达 3.3%~3.7%，海水总含盐量中氯化物可达 88.7%，硫酸盐为 10.8%，碳酸盐仅 0.3%（碳酸盐波动较大）；海水表层 pH8.1~8.3，深层约为 pH7.8。

由于海水水质差，作为冷却水使用时，设备与管道的腐蚀严重，防腐工作很突出。另外，海生生物在冷却水系统的繁殖和黏附会堵塞管道，影响冷却效果，必须采取有效的措施。

近年来，近海地区的海水也常常受到工业和生活排放的污染，水质中有机物质，特别是 N、P 含量上升，富营养化，海生生物繁殖严重，由于工业企业多使用近海海水，所以这些工业企业应注意近海海水水质的变化。

6. 中水

某些严重缺水的城市地区，工业已广泛使用中水（reclaimed water）作水源。所谓中水是指城市污水或生活污水经二级处理（生化处理及过滤消毒处理）达到一定的水质标准要求后，在非饮用范围内重复使用的水，其应用范围如厕所冲洗、绿地浇灌、道路清洁、建筑施工、工业冷却水、非食品饮料的工业产品用水等，工业上还可直接将中水作水源水再经一系列净化处理后作为工艺用水，如锅炉用水、洗涤用水等。

由于城市生活污水水质差异不大，处理技术也比较成熟，所以中水水质也相对比较稳定。中水水质的特点是：悬浮物含量不高（<30mg/L），pH 变化不大，碱度、硬度、总溶解固体均在可接受的范围内，但氯离子有时变化大，有机物含量高（COD_{Cr}<120mg/L），有腐蚀、结垢、生物繁殖和起泡沫倾向。

中水可以直接（或稍经处理）作为工业冷却水使用。

如果要将中水用作工厂企业工艺用水水源，则必须对中水进行深度处理，以达到相应工艺用水的水质要求，这在技术上有较高要求，在经济上，处理费用也较高。当然，有的时候还要考虑人们的心理承受能力，特别是与食品、饮料、医药等有关的工业企业，应尽量避免使用中水水源。

第二节 天然水的化学特征及工业用水水质要求

一、天然水的化学特征

1. 天然水中的碳酸化合物

天然水中普遍存在着各种形态的碳酸化合物，它们是决定水质 pH 值的重要因素，并且对外加酸、碱有一定的缓冲能力，同时对水质和水处理有着重要的影响。

（1）碳酸化合物存在的形态

天然水中碳酸化合物的来源有以下几个方面：首先是空气中二氧化碳的溶解，岩石、土壤中碳酸盐和重碳酸盐矿物的溶解；其次是水中动植物的新陈代谢作用以及水中有机物的生物氧化等产生的二氧化碳；有时在水处理过程中也会加入或形成各种碳酸化合物。上述各种来源的碳酸化合物综合构成水中碳酸化合物的总量。

水中碳酸化合物通常以下列几种不同形态存在：溶于水中的游离碳酸，即呈分子状态的碳酸，其中包括溶解的气体 CO_2 和未离解的 H_2CO_3 分子；重碳酸盐碳酸，即重碳酸根离子（HCO_3^-），也称为半化合性碳酸；碳酸盐碳酸，即碳酸根离子（CO_3^{2-}），也称为化合性碳酸。

上述四种碳酸化合物存在着以下几种平衡关系：

$$CO_2 + H_2O \Longrightarrow H_2CO_3$$

$$H_2CO_3 \Longrightarrow H^+ + HCO_3^{2-}$$

$$HCO_3^- \Longrightarrow H^+ + CO_3^{2-}$$

若把各级平衡式综合起来，可以得到：

$$CO_2 + H_2O \Longrightarrow H_2CO_3 \Longrightarrow H^+ + HCO_3^- \Longrightarrow H^+ + CO_3^{2-} \qquad (1-1)$$

在上述两种分子状态的碳酸平衡关系中，实际上 CO_2 的形态占最主要的位置，而 H_2CO_3 的形态只占分子状态碳酸总量的 1‰ 以下。例如在 25℃ 时，$\dfrac{[H_2CO_3]}{[CO_2]} = 0.0037$，而且很难用化学方法分开测定。因此把水中溶解的气体 CO_2 的含量作为游离碳酸的总量，不会引起很大误差，在分析中可以用 $[CO_2]$ 或 $[H_2CO_3]$ 代替游离碳酸总量，即

$$[CO_2] \approx [CO_2] + [H_2CO_3]$$

$$[H_2CO_3] \approx [CO_2] + [H_2CO_3]$$

（2）碳酸平衡和 pH 值的关系

碳酸为二元弱酸，可以分级电离。在不同的温度下有不同的电离常数，如在 25℃ 下平衡常数值为

$$\frac{[H^+][HCO_3^-]}{[H_2CO_3]} = K_1 = 4.45 \times 10^{-7} \qquad (1-2)$$

$$\frac{[H^+][CO_3^{2-}]}{[HCO_3^-]} = K_2 = 4.69 \times 10^{-11} \qquad (1-3)$$

不同温度下的碳酸平衡常数值如表 1-6 所示。

表 1-6 各温度下碳酸的平衡常数

温度 t/℃	$K_1 \times 10^7$	pK_1	$K_2 \times 10^{11}$	pK_2	温度 t/℃	$K_1 \times 10^7$	pK_1	$K_2 \times 10^{11}$	pK_2
0	2.65	6.577	2.36	10.625	30	4.71	6.327	5.13	10.290
5	3.04	6.517	2.77	10.557	40	5.06	6.298	6.03	10.220
10	3.43	6.464	3.24	10.490	50	5.16	6.287	6.73	10.172
15	3.80	6.419	3.71	10.430	60	5.02	6.299	7.20	10.143
20	4.15	6.381	4.20	10.377	70	4.69	6.329	7.52	10.124
25	4.45	6.352	4.69	10.329	80	4.21	6.37	7.55	10.122

如果水中碳酸化合物的总量以 c 表示，则

$$c = [H_2CO_3] + [HCO_3^-] + [CO_3^{2-}] \qquad (1-4)$$

由综合平衡式（1-1）可知，当 c 值固定不变时，在平衡状态下，各种碳酸化合物之间应有一定的比例关系，这种比例关系决定于水中氢离子的浓度，即决定于水的 pH 值。当 pH 值降低时，平衡左移，游离碳酸增加；当 pH 值升高时，平衡右移，重碳酸盐碳酸和碳酸盐碳酸依次增多。如果把这三种类型的碳酸在总量中所占比例分别用 α_0、α_1 和 α_2 表示时，则有

$$[H_2CO_3] = c\alpha_0 \qquad (1-5)$$

$$[HCO_3^-] = c\alpha_1 \qquad (1-6)$$

$$[CO_3^{2-}] = c\alpha_2 \qquad (1-7)$$

根据式（1-2）～式（1-4），可分别求出

$$\alpha_0 = \left(1 + \frac{K_1}{[H^+]} + \frac{K_1 K_2}{[H^+]^2}\right)^{-1} \tag{1-8}$$

$$\alpha_1 = \left(1 + \frac{[H^+]}{K_1} + \frac{K_2}{[H^+]}\right)^{-1} \tag{1-9}$$

$$\alpha_2 = \left(1 + \frac{[H^+]^2}{K_1 K_2} + \frac{[H^+]}{K_2} + 1\right)^{-1} \tag{1-10}$$

根据式（1-5）～式（1-10）可计算出不同 pH 值时三类碳酸含量的相对比例值（α_0、α_1、α_2），如表 1-7 所示。将表 1-7 中各数值绘制成曲线，如图 1-1 所示。

表 1-7　三类碳酸含量的比例值（25℃）　　　　　　　　　　　%

pH 值	H_2CO_3 α_0	HCO_3^- α_1	CO_3^{2-} α_2	pH 值	H_2CO_3 α_0	HCO_3^- α_1	CO_3^{2-} α_2
2.0	100			8.0	2.46	97.08	0.46
2.5	99.99	0.01		8.5	0.72	97.83	1.45
3.0	99.96	0.04		9.0	0.17	95.36	4.47
3.5	99.86	0.14		9.5	0.04	87.03	12.93
4.0	99.56	0.44		10.0	0.01	68.02	31.97
4.5	98.62	1.38		10.5		40.22	59.78
5.0	95.75	4.25		11.0		17.54	82.46
5.5	87.70	12.30		11.5		6.30	93.70
6.0	70.70	30.30		12.0		2.08	97.92
6.5	41.62	58.37	0.01	12.5		0.67	99.33
7.0	18.64	81.32	0.04	13.0		0.21	99.79
7.5	6.74	93.12	0.14				

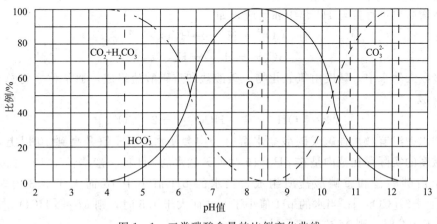

图 1-1　三类碳酸含量的比例变化曲线

由表 1-7 和图 1-1 可以看出，当 pH<4.3 时，水中几乎只有 CO_2 一种形态；当 pH 值<8.3 时，水中 CO_3^{2-} 几乎没有了，主要存在 CO_2 和 HCO_3^- 两种形态；当 pH>8.3 时，

CO_2 几乎没有了，而 CO_3^{2-} 和 HCO_3^- 同时存在，当 pH>10 时，HCO_3^- 迅速减少；当 pH>12 时，水中几乎只存在 CO_3^{2-} 一种形态。因此，可以认为 HCO_3^- 实际存在范围是 pH 值在 4.5~12 之间，而且当 pH 值在中等范围（6~10.5）内时，HCO_3^- 在三种类型碳酸的总量中占 30% 以上。三种碳酸在平衡时的浓度比例与水的 pH 值有完全相对应的关系。当某种碳酸的浓度受外界影响而变化时，就会引起其他各种碳酸浓度的变化以及水的 pH 值的相应变化。同样，水的 pH 值发生变化时，也会引起三种碳酸浓度之间的比例发生变化。由此可见，水中的碳酸平衡同 pH 值是密切相关的。

2. 天然水的酸度

水的酸度是指水中能与强碱发生中和作用的物质的总量。水的酸度通常由三类物质组成：一是强酸，如 HCl、HNO_3、H_2SO_4 等；二是弱酸，如 H_2CO_3、H_2S、H_4SiO_4 以及各种有机酸等；三是强酸弱碱盐，如 $FeCl_3$、$Al_2(SO_4)_3$ 等。这些物质在水中都会电离产生 H^+ 或经过水解产生 H^+，而这些 H^+ 均能与 OH^- 发生中和反应。这些 H^+ 的总数叫总酸度，用 mmol/L 表示。

总酸度与水中 pH 值并不是一回事。pH 值是水中氢离子平衡浓度的负对数，即 $pH=-lg[H^+]$；而总酸度则表示中和过程中可以与强碱进行反应的全部 H^+ 数量，其中包括原来已电离的 H^+ 和将会电离的 H^+ 两部分。中和前已电离的 H^+ 数量称为离子酸度，其 $lg[H^+]$ 就是水的 pH 值。中和前未电离的 H^+ 数量称为后备酸度，如部分未电离的弱酸和部分尚未水解的强酸弱碱盐。

天然水受到强酸污染时，其 pH 值均在 4 以下。而当水的 pH 值高于 4 时，水的酸度一般都由弱酸构成。如果天然水未受到工业弱酸的污染，则弱酸主要指碳酸。

3. 天然水的碱度

水的碱度与酸度相反，是指水中能与强酸即 H^+ 发生中和作用的物质的总量。其组成通常有三类物质：一是强碱，如 NaOH、Ca(OH)$_2$ 等；二是弱碱，如 NH_3、有机胺类；三是强碱弱酸盐，如各种碳酸盐、重碳酸盐、硅酸盐、硫化物等。这些物质在水中会全部或部分电离生成 OH^-，或经过水解生成 OH^-，这些 OH^- 与强酸进行中和反应。此外，有些碱性物质也可直接与 H^+ 起中和反应，如

$$CO_3^{2-}+H^+ \Longrightarrow HCO_3^-$$
$$HCO_3^-+H^+ \Longrightarrow H_2CO_3$$

大多数天然水中，碱度由氢氧化物、碳酸盐和重碳酸盐组成，通常称之为总碱度，以 M 表示，故

$$M=[OH^-]+[HCO_3^-]+2[CO_3^{2-}]$$

天然水中溶有微量强碱或碳酸盐水解时，均会使水的 pH 值升高到 10 以上，因此氢氧化物碱度的实际存在范围是在 pH>10 时。天然水的 pH 值一般均低于 10，故水中总碱度实际上由碳酸盐和重碳酸盐所组成。当水的 pH 值小于 10 而大于 8.3 时，则 $M=[HCO_3^-]+2[CO_3^{2-}]$；当水的 pH 值小于 8.3 而大于 4.5 时，则 $M=[HCO_3^-]$；当水的 pH 值小于 4.5 时，则 M 趋于零。

只有当天然水受到强碱物质污染或人为地用石灰进行软化处理时，其 pH 值才高于 10，这时水的总碱度常由氢氧化物和碳酸盐组成，即 $M=[OH^-]+2[CO_3^{2-}]$，如造纸厂、制革厂排出的废水及锅炉用水等。

如果天然水中有大量藻类繁殖，在繁殖过程中会吸收水中 CO_2，使水的 pH 值迅速升高，这时水中的总碱度主要由 CO_3^{2-} 组成。

水的碱度常影响到水质特性，因此水的总碱度是最常用的一个水质指标。

4. 天然水的硬度

通常以 Ca^{2+} 和 Mg^{2+} 的含量来计算水的硬度，并作为水质的一个指标。天然水都含有一定的硬度，地下水、咸水和海水的硬度都较大。

一般将水中所含钙、镁离子的总量称为水的总硬度。按照阳离子组成，水的硬度可进一步区分为钙硬度和镁硬度；按照水中阴离子组成，又可把硬度区分为碳酸盐硬度与非碳酸盐硬度。碳酸盐硬度就是钙和镁的碳酸盐和重碳酸盐，这种水煮沸后很容易生成碳酸盐沉淀析出，所以又称这种硬度为暂时硬度。而非碳酸盐硬度是钙和镁的硫酸盐以及氯化物，用煮沸方法不能从水中析出沉淀，所以这种硬度又称为永久硬度。

由于天然水中的 pH 值一般均在 8.3 以下，因此水中的 CO_3^{2-} 的量极少，可以认为天然水中碳酸盐硬度的阴离子就是 HCO_3^-。当水中的总硬度大于总碱度时，其碳酸盐硬度就等于总碱度的值，而总硬度与总碱度的差值就是非碳酸盐硬度。当水的总硬度小于总碱度时，则水中硬度全部为碳酸盐硬度，非碳酸盐硬度等于零，水中其余的碳酸盐即为其钠盐和钾盐，这种水由于总硬度小于总碱度，故又称为负硬水，总硬度与总碱度的差值称为负硬度。

硬度单位为 mol/L（以 1/2Ca 为基本单元）。由于硬度并非单一的离子或盐类，为使用方便，常将其换算为一种统一的盐类，这时可以按照当量换算的原则以 CaO 或者 $CaCO_3$ 的质量浓度表示，如 1mmol/L 的硬度等于 28mg/L 的 CaO 或者 50mg/L 的 $CaCO_3$。另外，有的国家也常用"度"来表示硬度，如 10mg/L 的 CaO 称为 1 德国度，10mg/L 的 $CaCO_3$ 称为 1 法国度。因此，1mmol/L 的硬度等于 2.8 德国度，等于 5 法国度。这类单位在我国已不采用。

二、工业用水

社会总用水量可以分为工业用水、农业用水和城镇生活用水三部分。所谓工业用水，是指工矿企业的各部门在工业生产过程（或期间）中，制造、加工、冷却、空调、洗涤、锅炉等处使用的水及厂内职工生活用水的总称。工业用水的水量、水质、水压和水温要符合工矿企业各自的要求。

1. 工业用水分类

在工业企业内部，不同工厂、不同设备需要的水量、水质是不同的，工业用水的种类繁多。关于工业用水的分类，由于涉及企业、工艺面广、涉及的问题复杂，至今尚没有统一的看法，从不同需要、不同角度可以提出不同的分类方法，下面对目前几种常用的（或习惯使用的）分类方法加以介绍。

（1）城市工业用水按行业分类

对城市工业用水进行分类时，按不同工业部门即行业进行分类，行业分类可以按照《国民经济行业分类和代码》（GB/T 4754—2011）中的规定并结合工业行业实际情况进行分类，如钢铁行业、医药行业、造纸行业、火力发电行业等。

（2）按生产过程主次分类

《评价企业合理用水技术通则》（GB/T 7119—1996）中将工业用水分为主要生产用水、辅助生产用水（包括机修、锅炉、运输、空压站、厂内基建等）、附属生产用水（包括厂部、科室、绿化、厂内和车间浴室、保健站、厕所等生活用水）三类。

（3）按水的用途分类

《工业用水分类及定义》（CJ40—1999）中对工业用水进行如下分类：

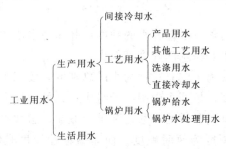

在工业生产过程中，为保证生产设备能在正常温度下工作，吸收或转移生产设备多余热量需使用冷却水，当此冷却水与被冷却介质之间由热交换器壁或设备隔开时，称为间接冷却水。

产品用水是指在生产过程中，作为产品原料的那部分水（此水或为产品的组成部分，或参加化学反应）。

洗涤用水指生产过程中对原材料、物料、半成品进行洗涤处理的水。

直接冷却水是指生产过程中，为满足工艺过程需要，使产品或半成品冷却所用与之直接接触的冷却水（包括调温、调湿使用的直流喷雾水）。

其他工艺用水指产品用水、洗涤用水、直接冷却水之外的工艺用水。

锅炉给水是指为直接产生工业蒸汽而进入锅炉的水，它由两部分组成：一部分是回收由蒸汽冷却得到的冷凝水，另一部分是经化学水处理好的补给水（软化水或除盐水）。

锅炉水处理用水指处理锅炉补给水的化学水处理工艺所用的再生、冲洗等自用水。

（4）在企业内部往往按水的具体用途及水质分类

在啤酒行业分为糖化用水（投料水）、洗涤用水（洗槽用水、刷洗用水、洗涤用水等）、洗瓶装瓶用水、锅炉用水、冷却用水、生活用水等。

在味精行业分为淀粉调浆、酸解制糖用水、糖液连消用水、谷氨酸冷却用水、交换柱清洗用水、中和脱色用水、结晶离心烘干用水、成品包装用水、锅炉用水等。

在火力发电行业分为锅炉给水、锅炉补给水、冷却、冲灰水、消防水、生活用水等。

再如按照水质来分，可分为纯水（除盐水、蒸馏水等）、软化水（去除硬度的水）、清水（天然水经混凝、澄清、过滤处理后的水）、原水（天然水）、冷却水、生活用水等。

2. 工业用水水量

在社会用水量中，农业用水量最多，所占比例最大，我国农业用水量约占社会总用水量的80%左右。随着国民经济发展，工业化程度加速，工业用水水量上升，所占比例也在提高；而农业用水虽然用水量也会上升，但在社会总用水量中比例却会下降。发达国家农业用水量约占社会总用水量30%～50%，工业用水约占30%～50%，而我国工业用水约占20%。

工业中不同行业的用水量是不同的，工业中高用水行业是火力发电、纺织、造纸、钢铁和石油化工。表1-8列举了我国各工业行业允许的取用水定额。

表1-8 各工业行业允许的取用水定额

序号	行业类别			单位	最大取用水量	
					建成企业	在建企业
1	火力发电 GB/T 18916.1—2012	单机容量 <300MW	循环冷却	m³/(MW·h)	≤3.20	≤0.88
			直流冷却		≤40.79	≤0.19
			空气冷却		≤0.95	≤0.23
		单机容量 ≥300MW	循环冷却		≤2.75	≤0.77
			直流冷却		≤0.54	≤0.13
			空气冷却		≤0.63	≤0.15
2	钢铁 GB/T 18916.2—2012	普通钢厂		m³/t 钢	≤4.9	≤4.5
		特殊钢厂			≤7.0	≤4.5
3	石油 GB/T 18916.3—2012			m³/t 原（料）油	0.75	0.60
4	棉印染 GB/T 18916.4—2012	棉、麻、化纤及混纺机织物		m³/100m	≤3.0	≤2.0
		棉、麻、化纤及混纺针织物及纱线		m³/t	≤150.0	≤100
		真丝绸机织物		m³/100m	≤4.5	≤3.0
		精梳毛织物		m³/100m	≤22.0	≤18.0
5	造纸 GB/T 18916.5—2012	纸浆		m³/t	≤20~130	≤20~100
		纸			≤20~35	≤16~30
		纸板			≤25~30	≤20~30
6	啤酒 GB/T 18916.6—2012			m³/kL	≤6.0	≤5.5
7	酒精 GB/T 18916.7—2014	谷类、薯类		m³/kL	≤25	≤15
		糖蜜			≤30	
8	合成氨 GB/T 18916.8—2017	原料：无烟块煤（型煤）		m³/t	≤14.0	≤10.0
		原料：烟煤			≤18.0	≤14.0
		原料：褐煤			≤22.0	≤14.0
		原料：天然气			≤12.0	≤7.5
9	味精 GB/T 18916.9—2014			m³/t	≤50	≤30
10	医药 GB/T 18916.10—2006	维生素C（原料药）		m³/t	≤235	
		青霉素工业盐（制药中间体）			≤480	

3. 工业用水水质及要求

工业用水通常包括工艺用水、锅炉用水、洗涤用水以及冷却用水等不同用途的水，其要求也不相同。在工业行业中，有的对水质要求很高，如电子行业、火力发电行业（锅炉给水）及某些制药工艺要求使用纯水，对它们来讲，工业用水处理就是将原水（对用水量较少的电子和制药行业往往用城市自来水作原水，而用水量较大的发电行业则多取天然水作原水）经一系列处理去除水中杂质后制得纯水，供生产使用，若水质达不到要求，则会产生一系列危害。而工业上的各种冷却水，它的作用是传输热量，对水质要求则不高，一般的天然水或稍经处理后的水即可达到要求，但为防止设备污垢和腐蚀损坏，必须对冷却水进行各种防垢、防腐和防止生物生长处理。所以，工业上每一个生产工艺、每一种设备对其用水的水质都有它各自的要求，工业给水处理就是要满足这种要求。

在表 1-9～表 1-12 中列举了一些工业行业对用水水质的要求，并着重对锅炉用水和冷却用水的水质要求做些阐述。

表 1-9　电子级水的技术指标（GB/T 11446.1—2013）

项目		技术指标			
		EW-Ⅰ	EW-Ⅱ	EW-Ⅲ	EW-Ⅳ
电阻率（25℃）/MΩ·cm		≥18（5%时间不低于17）	≥15（5%时间不低于13）	≥12.0	≥0.5
全硅/（μg/L）		≤2	≤10	≤50	≤1000
微粒数/（个/L）	0.5～0.1μm	500	—	—	—
	0.1～0.2μm	300	—	—	—
	0.2～0.3μm	50	—	—	—
	0.3～0.5μm	20	—	—	—
	＞0.5μm	4	—	—	—
细菌个数/（个/mL）		≤0.01	≤0.1	≤10	≤100
铜/（μg/L）		≤0.2	≤1	≤2	≤500
锌/（μg/L）		≤0.2	≤1	≤5	≤500
镍/（μg/L）		≤0.1	≤1	≤2	≤500
钠/（μg/L）		≤0.5	≤2	≤5	≤1000
钾/（μg/L）		≤0.5	≤2	≤5	≤500
铁/（μg/L）		≤0.1	—	—	—
铅/（μg/L）		≤0.1	—	—	—
氟/（μg/L）		≤1	—	—	—
氯/（μg/L）		≤1	≤1	≤10	≤1000
亚硝酸根/（μg/L）		≤1	—	—	—
溴/（μg/L）		≤1	—	—	—
硝酸根/（μg/L）		≤1	≤1	≤5	≤500
磷酸根/（μg/L）		≤1	≤1	≤5	≤500
硫酸根/（μg/L）		≤1	≤1	≤5	≤500
总有机碳/（μg/L）		≤20	≤100	≤200	≤1000

表 1-10　锅炉给水水质标准（GB/T 1576—2008 和 GB/T 12145—2016）

压力/MPa　　指标	低压锅炉						高参数汽包炉					直流炉	
	热水锅炉（锅内处理）	≤1（锅内处理）	≤1（锅外水处理）	1.0～1.6	1.6～2.5	2.5～3.8	3.8～5.8	5.9～12.6	12.7～15.6	15.7～18.3	5.9～18.3	＞18.3	
悬浮物/（mg/L）	≤20	≤20	≤2～5	≤2～5	≤2～5	≤2～5						
硬度/（μmol/L）	≤6000	≤4000	≤30	≤30	≤30	≤5	≈2					

续表

压力/MPa ＼ 指标	低压锅炉						高参数汽包炉				直流炉	
	热水锅炉(锅内处理)	≤1(锅内处理)	≤1(锅外水处理)	1.0~1.6	1.6~2.5	2.5~3.8	3.8~5.8	5.9~12.6	12.7~15.6	15.7~18.3	5.9~18.3	>18.3
油/(mg/L)	≤2	≤2	≤2	≤2	≤2	≤2						
电导率/(μS/cm)				110~550	100~500	80~350	≤0.3*	≤0.3*	≤0.15*	≤0.15*	≤0.15*	≤0.10*
铁/(μg/L)		≤300	≤300	≤100~300	≤100		≤50	≤30	≤20	≤15	≤10	≤5
铜/(μg/L)							≤10	≤5	≤5	≤3	≤2	
溶 O_2/(μg/L)		≤100	≤50~100	≤50	≤50		≤15	≤7	≤7	≤7	≤7	≤7
SiO_2*/(μg/L)							≤20	≤15	≤15	≤15		≤10
钠/(μg/L)											≤5	≤3
TOC/(μg/L)								≤500	≤500	≤200	≤200	≤200
pH	7~11	7~10	7~9.5	7~9.5	7~9.5	7.5~9.5	8.8~9.3	8.8~9.3 或 9.2~9.6（无铜系统）				

* 保证蒸汽 SiO_2 含量。

表 1-11　制药用水水质标准

项目	单位	纯化（可用作一般制剂）		注射用水（中国药典 2010）
		中国药典 2000	中国药典 2010	
制取方法		蒸馏、离子交换、反渗透等	蒸馏、离子交换、反渗透等	蒸馏后再经膜过滤
性状		透明澄清，无色、无臭、无味	透明澄清，无色、无臭、无味	透明澄清，无色、无臭、无味
pH		5.0~7.0	5.0~7.0	5.0~7.0
氨/(mg/L)		≤0.3	≤0.3	≤0.2
氯化物、硫酸盐、钙盐、亚硝酸盐、CO_2、不挥发物		符合规定 亚硝酸盐 ≤0.02mg/L	符合规定 亚硝酸盐 ≤0.02mg/L	符合规定 亚硝酸盐 ≤0.02mg/L（透析水中铅 ≤0.01mg/L）
硝酸盐/(mg/L)		≤0.06	≤0.06	≤0.06
重金属/(mg/L)		≤0.5	≤0.1	≤0.1
电导率/(μS/cm)		≤2	≤2	≤1
TOC/(mg/L)			≤0.5	≤0.5
微生物/(CFU/mL)			≤100	≤10CFU/100mL
细菌内毒素/(EU/mL)				≤0.25

表 1-12 轻工和化工企业部分生产工艺用水水质

| 项目 | 制糖 | 造纸 | | | 纺织 | 染色 | 洗毛 | 履革 | 人造纤维 | 黏液丝 | 胶片 | 合成橡胶 | 聚氯乙烯 | 合成染料 | 洗涤 |
		高级	中级	低级											
浊度/度	5	5	25	50	5	5		20	0	5	2	2	3	0.5	6
色度/度	10	5	15	30	20	5~20	70	10~100	15	5	2			0	20
硬度/(mmol/L)	1.78	1.07	1.78	3.57	0.71	0.36	0.71	1.07~2.68	0.71	0.18	1.07	0.36	0.71	1.07	1.78
碱度/(mmol/L)	2	1	2	4	4	2		4		1					
pH	6~7	7	7	6.5~7.5		6.5~7.5	6.5~7.5	6~8	7~7.5	6.5~7	6~8	6.5~7.5	7	7~7.5	6.5~8.5
总含盐量/(mg/L)		100	200	500	400	150	150			100	100	100	150	150	150
铁/(mg/L)	0.1	0.05~0.1	0.2	0.3	0.25	0.1	1.0	0.1~0.2	0.2	0.05	0.07	0.05	0.3	0.05	0.3
锰/(mg/L)		0.05	0.1	0.25	0.1	1.0		0.1~0.2		0.03					
SiO_2/(mg/L)		20	50	100		15~20				25	25				
氯化物(Cl)/(mg/L)	20	75	75	200	100	4~8		10		5	10	20	10	25	50
COD_{Mn}/(mg/L)	10	10	20		10				6	5					

（1）锅炉用水

锅炉用水是将水在一定的温度和压力下加热产生蒸汽，用蒸汽作为传热和动力的介质。一般工矿企业常采用低压或中压锅炉产生蒸汽作热源或动力用，这种锅炉对水质要求稍低；而发电厂或热电站常采用高压锅炉产生蒸汽以推动汽轮机来发电，为保证蒸汽对汽轮机无腐蚀和结垢沉积，这种锅炉对水质要求非常高。因此，锅炉用水的水质要求根据锅炉的工作压力和温度的不同而不同，不论何种锅炉用水，它对水的硬度都有较严格的限制。其他凡能导致锅炉、给水系统及其他热力设备腐蚀、结垢及引起汽水共腾现象，使离子交换树脂中毒的杂质如溶解氧、可溶性二氧化硅、铁以及余氯等都应大部或全部除去。

（2）冷却用水

工业生产中，冷却的方式很多。有用空气来冷却的，叫空冷；有用水来冷却的，叫水冷。但是在大多数工业生产中都是用水作为传热冷却介质的。这是因为水的化学稳定性好，不易分解；它的热容量大，在常用温度范围内，不会产生明显的膨胀或压缩；它的沸点较高，在通常使用条件下，在换热器中不致汽化；同时水的来源较广泛，流动性好，易于输送和分配，相对来说价格也较低。目前在钢铁、冶金工业中用大量的水来冷却高炉、平炉、转炉、电炉等各种加热炉的炉体；在炼油、化肥、化工等生产中用大量的水来冷却半成品和产品；在发电厂、热电站则用大量的水来冷凝汽轮机回流水；在纺织厂、化纤厂则用大量的水来冷却空调系统及冷冻系统。这些工业的冷却水用量平均约占工业用水总量的 67%，其中又以石油、化工和钢铁工业为最高。

作为冷却用水的水质虽然没有像工艺用水、锅炉用水那样对各种指标有严格的限制，但为了保证生产稳定，不损坏设备，能长周期运转，对冷却用水水质的要求还是相当高的，下面分别述之。

（1）水温要尽可能低一些

在同样的设备条件下，水温愈低，日产量愈高。例如化肥厂生产合成氨时，需要将压缩机和合成塔中出来的气体进行冷却，冷却水的温度愈低，则合成塔的氨产量愈高，其相互关系如图 1-2 所示。

冷却水温度愈低，用水量也相应减少。例如制药厂在生产链霉素时，需要用水去冷却链霉素的浓缩设备和溶剂回收设备。如果水的温度愈低，那么用水量也就越少，其相互关系如图 1-3 所示。

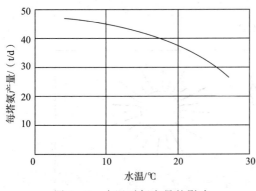

图 1-2　水温对氨产量的影响

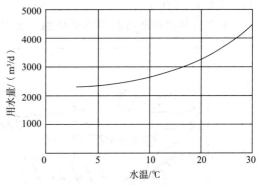

图 1-3　水温对用水量的影响

（2）水的浊度要低

水中悬浮物带入冷却水系统，会因流速降低而沉积在换热设备和管道中，影响热交换，严重时会使管道堵塞。此外，浊度过高还会加速金属设备的腐蚀。为此，在国外一些大型化肥、化纤、化工等生产系统中冷却水的浊度要求不得大于 2mg/L。

（3）水质不易结垢

冷却水在使用过程中，要求在换热设备的传热表面上不易结成水垢，以免影响换热效果，这对工厂安全生产是一个关键。生产实践证明，由于水质不好、易结水垢而影响工厂生产的例子是屡见不鲜的。

（4）水质对金属设备不易产生腐蚀

冷却水在使用中，要求对金属设备最好不产生腐蚀；如果腐蚀不可避免，则要求腐蚀性愈小愈好，以免传热设备因腐蚀太快而迅速减少有效传热面积或过早报废。

（5）水质不易滋生菌藻

冷却水在使用过程中，要求菌藻等微生物在水中不易滋生繁殖，这样可避免或减少因菌藻繁殖而形成大量的黏泥污垢，过多的黏泥污垢会导致管道堵塞和腐蚀。

第三节　节约水资源和防止水污染的重要性

一、水在自然界的循环

水在自然界中并不是静止不动的，它在太阳照射和地心引力等的影响下不停地流动和转化。海洋、湖泊等水面受太阳的照射而蒸发，其蒸汽升入天空为云，在适当条件下又降落为雨或雪，称为降水。降落在陆地上的水又分成两路流动，一路在地面上汇集成江河湖泊，称为地面径流；另一路渗入地下，形成地下水层或水流，称为地下渗流。最后这两路水流都流入海洋。高山冰川融化的水常是河流湖泊的发源地，源源不断地补充水源。地面森林草原也会蒸发大量水分。大自然中水始终这样周而复始地运动着，构成水的自然循环，如图1-4所示。

水在自然界循环过程中不会增加，也不会减少。

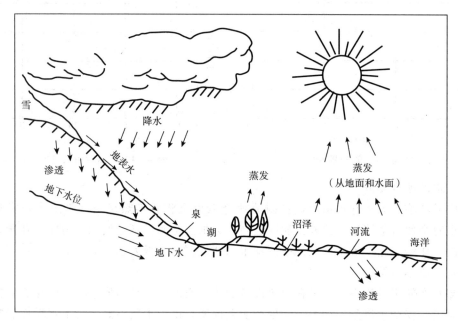

图1-4　水的自然循环

二、节水和防止污染的重要性

人类社会为了满足生活及生产的需求，要从各种天然水体中取用大量的水，其数量是极为可观的。除生活用水外，工业用水量也很大，几乎没有哪一种工业不用水。表1-13列出各行业单位产品用水量的概况。

表 1-13　各行业的单位产品用水量

产品	用水量/(m³/t)	产品	用水量/(m³/t)
钢铁	300	合成橡胶	125~2800
铝	160	合成纤维	600~2400
煤	1~5	棉纱	200
石油	4	毛织品	150~350
煤油	12~50	醋酸	400~1000
化肥	50~250	乙醇	200~500
硫酸	2~20	烧碱	100~150
炸药	800	肉类加工	8~35
纸浆	200~500	啤酒	10~20

　　我国并不是一个富水国，而是一个缺水国。根据第二次中日资源交流会上提供的资料，我国每年缺水约 500 亿立方米。目前水荒覆盖面几乎遍及全国。就水量不丰富的北方而言，水荒已是工农业发展所面临的最严峻的问题。据统计，北京 1978 年的用水量是1950 年的 30 倍以上，每年工业用水以 6% 的速度持续增长，每 13 年翻一番，地下水位平均每年下降 1m。素有"八水绕长安"美名的西安，水井已出现枯竭。而有千湖之称的湖北省，原有大、小湖泊 1000 多个，而今只剩下 300 多个。泉城济南著名风景点"趵突泉"，据历史记载，可自喷 1m 以上的水柱，被誉为天下第一泉，现在已不能自喷泉水；其他如珍珠泉等更是泉眼干涸。江南水乡的苏州、无锡、常州一带，地下水位也是连年下降。地下水位迅速下降，又得不到及时的补充，会引起地面下沉，局部地区塌陷；沿海地区则海水倒灌，井水变咸，不仅影响工业使用，而且影响人们饮用。据近期测算，就是地处长江边的南京以及长江下游两岸城乡，如遇到平水年，也会缺水。

　　地球上的淡水资源是有限的，水在自然循环过程中不会增长，因此被污染的河流愈多，人类可利用的淡水资源就愈少。1990 年在北京举行的国际环境讨论会上发表的材料说，我国总长度 2 万公里的 141 条河流被严重污染，11 亿人口中有 65% 的人喝着不适合饮用的水。为了人类自身的生存，也为了子孙后代的繁衍，治理污染节约水资源已刻不容缓。为此，国家除了在宪法中明确规定水是国家资源要有偿使用外，近年来又颁发了《中华人民共和国水法》，用法律的形式明确国家保护水资源的基本方针、政策和做法，规定了各行业不论抽取地表水还是地下水都要收费，向公共水体排水也要收费，若污染超标还要受罚。这些做法都促使并强迫人们重视节约使用水资源，减少水资源的污染，以利于工农业的进步发展和人类自身的生存、繁衍。

第二章　工业用水预处理

第一节　天然水中的杂质

各种天然水都是由水和杂质组成的。它们决定了不同水系的特性。因此，所谓水质是水和其中杂质共同表现的综合特性。

水中杂质的种类很多。按其性质可分为无机物、有机物和微生物；按其颗粒大小可分为：悬浮物、胶体、离子和分子（即溶解物质）。

一、悬浮物

悬浮物颗粒较大，容易除去。当水静止时，相对密度较小的悬浮物会上浮于水面，它们主要是腐殖质等一些有机化合物；相对密度较大的则下沉，它们主要是砂子和黏土类无机化合物。

二、胶体物

胶体微粒是许多分子和离子的集合体。这些微粒由于其表面积很大，因此有很强的吸附性，在其表面常吸附很多离子而带电，结果使同类胶体因带有同性电荷而相互排斥，在水中不能相互结合形成更大的颗粒，而稳定在微小的胶体颗粒状态下，使这些颗粒不能依靠重力自行沉降。在天然水中，这些胶体主要是腐殖质以及铁、铝、硅等的化合物。

三、溶解物质

天然水中的溶解物质多数是离子和一些可溶气体。

1. 各种离子

常溶解在天然水中的各种离子如表 2-1 所示，其中以第 I 类最为常见。

表 2-1　溶解在天然水中的各种离子

类别	阳离子	阴离子	浓度	类别	阳离子	阴离子	浓度
I	Na^+ K^+ Ca^{2+} Mg^{2+}	HCO_3^- Cl^- SO_4^{2-} $H_3SiO_4^-$	从几 mg/L 到几万 mg/L 不等	III	Cu^{2+} Zn^{2+} Ni^{2+}	HS^- BO_2^- NO_2^- Br^- I^- HPO_4^{2-} $H_2PO_4^-$	小于 0.1mg/L
II	NH_4^+ Fe^{2+} Mn^{2+}	F^- NO_3^- CO_3^{2-}	从 0.1mg/L 到几 mg/L				

（1）钙离子（Ca^{2+}）

对于含盐量少的水，钙离子的量常在阳离子中占第一位。天然水中的钙离子主要是由地层中的石灰石（$CaCO_3$）和石膏（$CaSO_4 \cdot 2H_2O$）溶解而来的。$CaCO_3$ 在水中的溶解度虽小，但当水中含有 CO_2 时，$CaCO_3$ 容易转化成溶解度较大的重碳酸钙［$Ca(HCO_3)_2$］，因而使 Ca^{2+} 含量增多，其反应如下

$$CaCO_3 + CO_2 + H_2O \Longrightarrow Ca(HCO_3)_2$$

（2）镁离子（Mg^{2+}）

水中镁离子主要是由含 CO_2 的水溶解了地层中的白云石（$MgCO_3 \cdot CaCO_3$）所致。白云石在水中溶解和石灰石一样，其反应如下

$$MgCO_3 \cdot CaCO_3 + 2CO_2 + 2H_2O \Longrightarrow Mg(HCO_3)_2 + Ca(HCO_3)_2$$

（3）重碳酸根（HCO_3^-）

水中 HCO_3^- 主要是由水中溶解的 CO_2 和碳酸盐反应后产生的。HCO_3^- 是天然水中最主要的阴离子之一。

（4）氯离子（Cl^-）

天然水中都含有氯离子，这是由于水流经地层时溶解了氯化物而产生的。一般的氯化物溶解度都很大，随着地下水和河流带入海洋，逐渐积累起来，使海水中氯离子含量特别高。通常海水中 Cl^- 含量可达 18000mg/L。内陆咸水湖中 Cl^- 含量则更高，可达 150000mg/L。一般陆地上的淡水只含 10～数百 mg/L。

（5）硫酸根（SO_4^{2-}）

天然水中都含有 SO_4^{2-}，主要来自矿物盐的溶解（如 $CaSO_4 \cdot 2H_2O$ 的溶解）以及有机物的分解。

（6）钾离子（K^+）和钠（Na^+）离子

天然水中的 K^+ 和 Na^+ 统称为碱金属离子，它们的盐类都非常易溶于水。天然水中的碱金属离子主要是由岩石和土壤中这些盐类的溶解所带来的。Na^+ 在水中含量变化的幅度很大，从基本上为 0 直到上万 mg/L。K^+ 的含量一般远低于 Na^+。由于它们特性相近，常合在一起测定。

（7）铁（Fe）和锰（Mn）

铁化合物是常见矿物，所以天然水中铁也是常见杂质。地表水中由于溶解氧充足，铁主要以 Fe^{3+} 形态存在，可以成为氢氧化铁沉淀物或者胶体微粒。沼泽水中铁可被腐殖酸等有机物吸附或络合成为有机铁化合物。地下水中的铁由于不接触空气而以 Fe^{2+} 形态存在，它的来源是土壤中的 Fe^{3+} 化合物在缺氧条件下，经生物化学作用而转化为可溶解的 Fe^{2+} 以后进入地下水中的。一般说来，地表水的含铁量较小，而在某些地下水中含铁量可能高达数十 mg/L。

含铁地下水本是透明的，但这种水取出与空气接触后，Fe^{2+} 容易被空气中的氧所氧化而转变成 Fe^{3+}，然后生成氢氧化铁沉淀物或胶体等，使水呈黄褐色浑浊状态，一般含铁量超过 1mg/L 时就会出现这种现象。

锰的各种特性都与铁相近，它在天然水中的含量要比铁少得多。水中的锰常以 Mn^{2+} 形态存在，其氧化反应比铁要困难且进行缓慢，也有以胶体状态存在的有机锰化合物。

（8）硝酸根（NO_3^-）

天然水中 NO_3^- 有可能来自它的盐类的溶解，但主要是有机物分解带入的。

（9）硅酸（H_4SiO_4）

又称可溶性二氧化硅。天然水中硅酸来源于硅酸盐矿物的溶解。硅是地球上第二种含量丰富的元素，因此天然水中普遍含有硅酸，不过含量的变化幅度较大，可以从约 6～120mg/L。地下水中硅酸的含量比地表水中的多。硅酸在水中的基本形态是单分子的正硅酸 H_4SiO_4，它可以电离出 $H_3SiO_4^-$ 等。在浓度较高、pH值较低的条件下，单分子硅酸可以聚合成多核络合物、高分子化合物甚至胶体微粒。

水中硅酸的含量通常以 SiO_2（mg/L）计算，故又称为可溶性二氧化硅。

2. 各种可溶性气体

（1）二氧化碳（CO_2）

在大多数天然水中都溶解有 CO_2 气体，它的主要来源是水体或土壤中的有机物在进行生物氧化时的分解产物。在深层地下水中有时含有大量 CO_2，它们是由地球的地质化学过程产生的。空气中的 CO_2 也可溶入水中，但能溶入的量很少，只有 0.5～1mg/L。地表水中溶解的 CO_2 一般不超过 20～30mg/L，地下水则为 15～40mg/L，最多也不超过 150mg/L。当然某些矿泉水是例外，其含量可高达数百 mg/L。

（2）氧（O_2）

天然水中溶解的氧主要来自空气中的氧，其次水生植物的光合作用也放出氧。常温下水中溶解氧的量大约为 8～14mg/L。在藻类繁殖的水中，溶解氧可能达到饱和状态。水中有机物的量较多时，其进行生物氧化分解的耗氧速度超过从空气中补充的溶解氧速度，则水中溶解氧的量将减少，有机物污染严重时，水中溶解氧量可接近为零。这时有机物在缺氧条件下分解就出现腐败发酵现象，使水质严重恶化。在缺氧水体中，水生动植物的生长将受到抑制，甚至死亡。地下水中一般溶解氧含量较少。海水中因含盐量高，其溶解氧含量较低，约为淡水的 80%。

（3）硫化氢（H_2S）

天然的地表水中一般很少含硫化氢。地下水中由于特殊的地质环境，有时会含有大量硫化氢。当水体受到污染，如煤气发生站、硫化染料厂等含有大量硫化氢的废水排入，或大量有机物排入，经过生物氧化还原作用也会产生过量的硫化氢。

含 H_2S 的水会散发出臭鸡蛋气味。含量达 0.5mg/L 时已可察觉，达 1mg/L 时就有明显的臭气。这样的水对混凝土及金属都会产生侵蚀破坏作用。

第二节　工业用水预处理

地表天然水中混入的悬浮物、胶体物构成水的浊度，不除去则不能作锅炉水和冷却水使用。通常用混凝沉淀、过滤等方法去除。

以离子和分子状态存在于水中的溶解盐类，特别是硬度、铁等不除去，不适用于锅炉水，通常采用离子交换、软化、除铁等方法去除。

以自来水作锅炉用水，在进行离子交换软化前，还需除去水中存在的余氯，否则会影响离子交换树脂的性能。

一、混凝

1. 混凝机理

天然水中除含有泥沙，通常还含有颗粒很细的尘土、腐殖质、淀粉、纤维素以及菌、藻等微生物。这些杂质与水形成溶胶状态的胶体微粒，由于布朗运动和静电排斥力而呈现沉降稳定性和聚合稳定性，通常不能利用重力自然沉降的方法除去。因此，必须添加混凝剂，以破坏溶胶的稳定性，使细小的胶体微粒凝聚再絮凝成较大的颗粒而沉淀。这个过程称为混凝。混凝机理很复杂，它与水溶液的组成、药剂的性能等有关。

（1）水溶胶和双电层机理

水溶胶中的胶体物质就是上述的一些杂质。它们由几十到数千个分子结合而成微粒，这些微粒不溶于周围的水中而构成水溶胶粒子核心，称为胶核。胶核表面上有一层离子，称为电位离子。电位离子有时是胶核表层部分电离而成的，有时是被胶核从水中吸附来的。胶核因电位离子而带有电荷，同类胶核带有同样的电位离子，因而有相同的电荷。由于同性相斥，使胶体微粒相互不能凝聚而保持沉降稳定性。

胶核表面的电位离子层通过静电作用又将水中电荷符号相反的离子吸引到胶核周围，该类离子称为反离子，其电荷总量与电位离子相等而符号相反。这样，在胶核与周围水溶液的相间界面区域形成了双电层。其内层是胶核固相的电位离子层，外层是液相中的反离子层。电位离子同胶核结合紧密，很难分开；而反离子只是由静电引力与胶核相结合，因此较松散。在热运动等影响下，反离子还会脱离胶核向溶液中扩散，达到平衡时，形成的是疏松分布的反离子层。其中能同胶核一起运动的部分反离子，由于靠近胶核，吸附较牢，称为反离子吸附层（又称为紧密层）；而另一部分离子距胶核稍远，不随胶核一起运动，称为反离子扩散层，如图 2-1 所示。

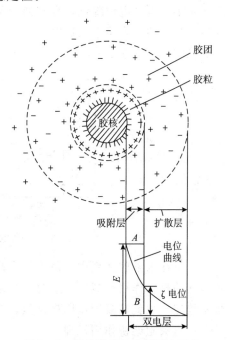

胶核与电位离子层和反离子吸附层三者构成一体称为胶粒，如把反离子扩散层也包括在内，则称为胶团。

图 2-1　胶体微粒结构和双电层及电动电位图

溶胶微粒在溶液中运动时，反离子吸附层随胶核一起运动，而扩散层部分留在原处。因此，吸附层和扩散层之间的界面形成了滑动的分界面，称为滑动表面。在胶核表面上的电位称为热力学电位 E；而在滑动表面处的电位称为电动电位或 ζ 电位，它是热力学电位在吸附层中降低后的剩余值，也就是在扩散层中继续降落的电位值。电动电位通常可用来代表溶胶体系的电学特性。

（2）电解质对双电层的作用机理

电解质的种类和浓度对胶团的双电层影响很大。热力学电位是由溶液中的电位离子浓度决定的，只要其浓度不变，热力学电位可保持常数。

胶团中反离子吸附层的厚度一般很薄，只有单层或数层的离子，而反离子扩散层却要厚得多，其厚度与水中的离子强度（离子强度 μ 的定义是：$\mu = \frac{1}{2} \sum c_i Z_i^2$，式中 c_i 为存在于溶液中的第 i 种离子的浓度，Z_i 为第 i 种离子的价数）有关，离子强度越大，厚度越小。而高价离子对扩散层厚度影响更大。当扩散层厚度减小时，电动电位也随之降低。

当水中电解质的浓度增大，离子价数增高，也即离子强度增加时，反离子扩散层厚度随之减小，其原因是电解质对扩散层有压缩作用。首先，离子强度增加后，同号离子间相互排斥作用增强后，以致使扩散层空间容积缩小；其次，高价离子除了因离子强度剧烈增加而对扩散层有直接压缩作用，还可能把一部分反离子进一步压缩到胶团的反离子吸附层中去，使电动电位降低，从而减小扩散层厚度。高价离子还可以进入胶团的扩散层和吸附层，按照等物质量的原则置换出低价离子，使双电层中的离子数目减少而压缩扩散层，降低电动电位。而胶粒对高价离子则有强烈吸附作用，往往把高价离子吸到吸附层中去，却置换出少量非等物质量的低价离子，使扩散层剧烈缩小，电动电位显著降低。因此，电解质加到水溶胶中，由于直接压缩，以及高价离子的离子交换和吸附作用，最终使胶团的扩散层减小，电动电位降低，直到使全部反离子都由扩散层进入吸附层，电动电位降为零。这时，胶粒的吸附层中正负电荷相等，胶粒变为电中性，达到等电状态，消除了水溶胶体系的稳定性，如图 2-2 所示。

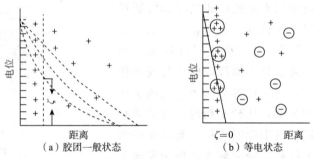

图 2-2　在电解质作用下胶团双电层的变化

一旦在水溶胶体系中，由于加入高价电解质，使胶团扩散层压缩、电动电位降低时，胶粒间的排斥作用就减弱。这时，胶体之间通常会发生凝聚。当电动电位降为零时，溶胶最不稳定，也就是凝聚作用最剧烈。能引起胶粒凝聚的药剂称为凝聚剂。

（3）吸附架桥作用机理

当加入少量高分子电解质时，不仅使胶体的稳定性破坏而凝聚，同时又进一步形成絮凝体，这是因为胶粒对高分子物质有强烈的吸附作用。高分子长链物一端可能吸附在一个胶体表面上，而另一端又被其他胶粒吸附，形成一个高分子链状物，同时吸附在两个以上胶粒表面上。此时，高分子长链像各胶粒间的桥梁，将胶粒联结在一起，这种作用称为黏结架桥作用，它使胶粒间形成絮凝体（又称矾花），最终沉降下来，从而从水中除去这些胶体杂质，如图 2-3 所示。无机高分子物质如铝盐、铁盐的水解产物也能起黏结架桥作用。

能引起胶粒产生黏结架桥而发生絮凝作用的药剂称为絮凝剂。

（4）沉淀物卷扫作用机理

当在水中投加较多的铝盐或铁盐等药剂时，铝盐或铁盐在水中形成高聚合度的氢氧化物，可以吸附卷带水中胶粒而沉淀，这种现象称为沉淀物卷扫作用，如图2-4所示。

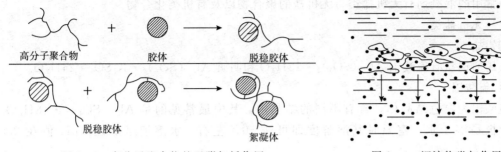

图2-3 高分子聚合物的吸附架桥作用

图2-4 沉淀物卷扫作用

1—原水中悬浮微粒；2—絮状沉淀物；
3—残留悬浮微粒

2. 影响混凝的因素

混凝效果受水温、水的pH值和水的浊度影响较大。

（1）水温的影响

由于无机盐类混凝剂溶于水时系吸热反应，因此，水温低时不利于混凝剂的水解。另外水温低，水的黏度大，水中胶粒的布朗运动强度减弱，彼此碰撞机会减少，不易凝聚。同时水的黏度大时，水流阻力增大，使絮凝体的形成长大受到阻碍，从而影响混凝效果。

（2）水的pH和碱度的影响

用无机盐类混凝剂如铝盐或铁盐时，它们对水的pH值都有一定的要求。如铝盐要求水的pH值在5.5～8.5，高了或低了都影响铝盐的混凝效果。如水中有足够的HCO_3^-碱度时，则对pH值有缓冲作用，当铝盐水解导致pH值下降时，不会引起pH大幅度下降。如水中碱度不足，为维持一定的pH值，还需投加石灰或碳酸钠等加以调节。使用铁盐作混凝剂时，常要求水的pH值大于8.5，而且要有足够的溶解O_2存在才会有利于Fe^{2+}迅速氧化成Fe^{3+}起混凝作用，因此，有时常投加石灰等提高pH值，当然也可以加氧化剂，如通入Cl_2，把Fe^{2+}转化为Fe^{3+}。

（3）水质的影响

当水中浊度较低，颗粒细小而均一，投加的混凝剂量又少时，仅靠混凝剂与悬浮微粒之间相互接触，很难达到预期的混凝目的，必须投加大量混凝剂，形成絮凝体沉淀物，依靠卷扫作用除去微粒。即使这样，效果仍不十分理想。

当水中浊度较高时，混凝剂投加量要控制适当，使其恰好产生吸附架桥作用，达到混凝效果。若投加过量，此时已脱稳的胶粒又重新稳定，效果反而不好，除非再增加投入量，形成卷扫作用。这样又会增加药剂费用。

对于高浊度的水，混凝剂主要起吸附架桥作用，但随着水中浊度的增加，混凝剂投加量也相应增大，才能达到完全混凝目的。

水中如存在大量的有机物质，它们会吸附到胶粒表面，使胶粒反而增加稳定性，混凝效果就差。

3. 混凝剂

原水在净化过程中要加入一些化学药剂，这些药剂统称为预处理药剂。除在除氯、软化和除铁部分介绍的药剂外，用得最多最主要的药剂就是加速水中胶体微粒凝聚和絮凝成大颗粒的混凝剂和一些助凝剂。

最常用的混凝剂有无机盐类、无机盐的聚合物以及有机类化合物。

（1）无机盐类

①铝盐

常用的铝盐有硫酸铝 $Al_2(SO_4)_3 \cdot 18H_2O$ 和明矾 $Al_2(SO_4)_3 \cdot K_2SO_4 \cdot 24H_2O$。

a）硫酸铝

硫酸铝为白色结晶体，含有不同的结晶水，其中最常见的是 $Al_2(SO_4)_3 \cdot 18H_2O$。硫酸铝极易溶于水，室温时其溶解度即可达 50% 左右，水溶液呈酸性，pH 值在 2.5 以下。

硫酸铝工业产品可根据其中杂质含量分为粗制品和精制品。精制品中 Al_2O_3 含量不小于 15%，不溶杂质含量不大于 0.3%，价格较贵。而粗制品中 Al_2O_3 含量不小于 14%，不溶杂质含量小于 2.4%，价格较低，但质量不稳定，含有游离酸，因此酸度较高，腐蚀性强，排出的废渣较多，配药操作麻烦。

硫酸铝使用方便，对处理后的水质无任何不良影响；但水温较低时，水解困难，形成絮凝体比较松散，效果不如铁盐。另外，对水的 pH 值适应范围较窄，一般在 5.5～8。加入量一般约在几十 mg/L 到 100mg/L，但如果加入量过多，使水的 pH 值下降，反而会影响混凝效果，使水发浑。

b）明矾

明矾为白色块状结晶体。其起混凝作用的成分还是硫酸铝，因此其混凝特性与硫酸铝相同。

②铁盐

常用的铁盐有三氯化铁水合物 $FeCl_3 \cdot 6H_2O$ 和硫酸亚铁水合物 $FeSO_4 \cdot 7H_2O$。

a）三氯化铁水合物

三氯化铁水合物是一种黑褐色的结晶体，极易溶于水，溶解度随温度升高而增大，形成的矾花密度大，易沉降，处理低温、低浊水的效果比铝盐好。它适宜的 pH 值范围也较宽，在 5.0～11。但是三氯化铁是一种很容易吸潮的结晶体，其水溶液腐蚀性很强，必须注意防腐。另外，处理后水的色度比用铝盐时高。

三氯化铁加入水中能与水中的碱度起反应，生成氢氧化铁胶体，其反应为

$$2FeCl_3 + 3Ca(HCO_3)_2 =\!=\!= 2Fe(OH)_3 + 3CaCl_2 + 6CO_2$$

当水的碱度低或投加量大时，水中应适量加石灰，以提高碱度。

b）硫酸亚铁水合物

硫酸亚铁水合物是半透明绿色结晶体，俗称"绿矾"，易溶于水。硫酸亚铁离解出的 Fe^{2+} 只能生成单核络合物，其混凝效果不如三价铁盐，因此，使用时应先将 Fe^{2+} 氧化 Fe^{3+}。

当水的 pH>8 时，Fe^{2+} 易被水中的溶解氧氧化成 Fe^{3+}，因此，当 pH<8 时，可适当加些石灰，以提高碱度和 pH 值。如水中溶解氧不足时，也可适当通入氯气或加入次氯酸盐，使 Fe^{2+} 氧化成 Fe^{3+}，其反应为

$$6FeSO_4 + 3Cl_2 =\!=\!= 2Fe_2(SO_4)_3 + 2FeCl_3$$

铁盐的混凝作用与铝盐相似。

（2）无机盐聚合物类

①聚合铝

聚合铝是指 Al^{3+} 盐到 $Al(OH)_3$（固）之间的一系列准稳态物质，一般是二铝到十三铝的羟基络合物。Al^{3+} 盐水解产生单铝多羟基络合物。单铝多羟基络合物间比较邻近的羟基靠氢键（OH…HO）集合在一起。氢键在酸性环境失水，使两个单铝羟基络合物共享一个羟基，形成双铝多羟基络合物。继续反应下去，即形成多铝多羟基络合物。通过羟基共享配位称为羟基桥联反应。

通过羟基桥联反应，可以获得的多铝多羟基络合物有很多种，如 $Al_2(OH)_2^{4+}$、$Al_3(OH)_4^{5+}$、$Al_6(OH)_{15}^{3+}$、$Al_7(OH)_{17}^{4+}$、$Al_{13}(OH)_{32}^{7+}$、$Al_{13}(OH)_{34}^{5+}$ 等。其中以 $Al_{13}(OH)_{32}^{7+}$ 的准稳性好，脱稳趋势大，是活性成分。它具有三维空间立体构型，在水中呈簇团状的胶粒，在高效聚合铝中通常有这种成分。

聚合铝的形成一般可分成三个阶段：首先是单铝多羟基络合物间形成氢键集合体，其次是集合体中氢键羟基的桥联反应，最后是桥联反应之后形成多铝多羟基离子的立体构型。这三个阶段均受到 pH 值和阴离子（如 Cl^-、HSO_4^-、SO_4^{2-}、$H_2PO_4^-$、SiO_3^{2-}）的影响。

聚合铝与不同的阴离子构成不同的聚合铝品种。阴离子可以是单一型的，也可以是复合型的，而阴离子的引入是由生产工艺和性能指标决定的。

a）聚合硫酸铝

当引入的阴离子是 HSO_4^- 和 SO_4^{2-} 时，形成的产品即为聚合硫酸铝。因为 HSO_4^- 和 SO_4^{2-} 尺寸较大，与 Al^{3+} 较难接近，配位效应弱，只能形成离子键，因此，脱稳能力较大，但贮存性较差。

b）聚合氯化铝

当引入的阴离子为 Cl^- 时，此聚合铝即为聚合氯化铝（PAC）。由于 Cl^- 尺寸较小，能接近 Al^{3+}，故具有一定的配位效应，能够形成羟氯铝配位体，因此，Cl^- 与聚合铝离子间就不是单纯的离子键。其性能较稳定，贮存性较好。

聚合氯化铝又称碱式氯化铝，其分子式为 $[Al_2(OH)_nCl_{6-n}]_m$，其中 n 为 $1\sim5$ 之间的任一整数，m 为 ≤10 的整数，该式表示 m 个 $Al_2(OH)_nCl_{6-n}$（称羟基氯化铝）单体的聚合物。因此，聚合氯化铝实际上是一种无机高分子聚合物。分子式中 OH^- 与 Al^{3+} 的比值对混凝效果有很大影响，一般以碱化度 B 表示，即

$$B=\frac{[OH^-]}{3[Al^{3+}]}\times100\%$$

例如当 $n=4$ 时，则 $B=\dfrac{4}{3\times2}\times100\%=66.7\%$。

通常要求聚合氯化铝中含 Al_2O_3 在 10% 以上，碱化度 B 在 $50\%\sim85\%$，不溶物在 1% 以下。

聚合氯化铝对高浊度、低浊度、高色度及低温水都有较好的混凝效果。它形成絮凝体（又称矾花）快且颗粒大而重，易沉淀，投加量比硫酸铝低，适用的 pH 值范围较宽，在 $5\sim9$。而且还可以根据所处理的水质不同，制取最适宜的聚合氯化铝，而硫酸铝则不能。它的加入量也不宜过多，否则也会使水发浑。

聚合氯化铝的混凝机理与硫酸铝相似，即不论铝盐以何种药剂形态加入，它们在

水中都不是以单纯的 Al^{3+} 离子存在，而主要是以三价铝的化合物——水合铝络合离子 $Al(H_2O)_6^{3+}$ 状态存在。当 pH<3 时，这种形态是主要的，当 pH 升高时，$Al(H_2O)_6^{3+}$ 发生水解，生成羟基铝离子。随着 pH 值的升高，水解逐级进行，最终生成氢氧化铝沉淀而析出，其反应如下

$$Al(H_2O)_6^{3+} = [Al(OH)(H_2O)_5]^{2+} + H^+$$
$$[Al(OH)(H_2O)_5]^{2+} = [Al(OH)_2(H_2O)_4]^+ + H^+$$
$$[Al(OH)_2(H_2O)_4]^+ = Al(OH)_3(H_2O)_3 + H^+$$

实际的反应要复杂得多，当分子中 OH^- 增加时，它们之间可发生架桥连接，产生多核羟基络合物，也即发生高分子缩聚反应，例如：

$$2[Al(OH)(H_2O)_5]^{2+} = \left[(H_2O)_4\ Al \overset{OH}{\underset{OH}{\diamond}} Al(H_2O)_4\right]^{4+}$$

$$+2H_2O \cdot \left[(H_2O)_4\ Al \overset{OH}{\underset{OH}{\diamond}} Al(H_2O)_4\right]^{4+}$$

还可以进一步被羟基架桥成 $[Al_3(OH)_4(H_2O)_{10}]^{5+}$，而生成的多核聚合物又会水解。水解和缩聚反应交错进行，最终生成中性氢氧化铝而沉淀。

以上反应中出现的各种 Al^{3+} 的化合物以及多种高价聚合阳离子都会压缩胶粒上的双电层，或产生吸附架桥等混凝作用，形成絮凝体，并由小到大，最终被沉淀分离。

上述水解反应中，不断有 H^+ 解离出来，这会降低水的 pH 值，对水解不利，对最终形成 $Al(OH)_3$ 不利，故有时需适当添加一些石灰，以提高 pH 值，满足水解反应的需要。否则，进入循环冷却水系统后，由于循环冷却水 pH 值自然升高，在换热系统中会有氢氧化铝沉淀，产生污垢。

c）聚合氯硫铝

由于聚合氯化铝的稳定性较好，贮存性可靠，有时为了增大脱稳能力，常在聚合氯化铝中引进少量的 SO_4^{2-}，一般是 Cl^-/SO_4^{2-} 为 4 左右为宜。这种产品称为聚合氯硫铝（PACS）。日本是聚合氯硫铝的发源地，其使用量和生产量均超过硫酸铝。

d）聚合硫硅铝

聚合硫酸铝碱化度超过 40% 就不稳定，但是硫酸铝的来源比氯化铝容易，有可靠的工业生产。为了强化它的絮凝效果，引入 SiO_3^{2-}，生成聚合硫硅铝（PASS）。该产品是加拿大铝土公司开发的产品，在西欧和美国有较大的市场。

②聚合铁

近年来，国内又研制成一种聚合铁或称聚铁，现已广泛应用于化工、冶金、电力、采矿、煤炭、石油、市政等部门的供水或废水混凝净化处理中。它主要是以硫酸亚铁为原料，通过一定的反应条件聚合而成的一种呈红褐色的黏稠状液体；也可以进一步制成固体，故又称聚合硫酸铁（PFS），其分子式为：

$$[Fe_2(OH)_n \cdot (SO_4)_{3-\frac{n}{2}}]_m$$

聚铁是一种多羟基、多核络合体的阳离子型絮凝剂，它可以与水以任何比例快速混

合。溶液中含有大量的聚合铁络合离子，它比无机盐类混凝剂有较大的相对分子质量，能有效地压缩双电层，降低 ζ 电位，使水中胶体微粒迅速凝聚成大颗粒，同时还兼有吸附架桥的絮凝作用，使微粒絮凝成大颗粒，从而加速颗粒沉淀，提高混凝沉淀效果。其适用的原水 pH 值范围较宽，一般为 4～11。当原水 pH 值在 5～8 时，混凝效果更好。

聚铁混凝效果比三氯化铁好，且使用成本比三氯化铁低 30%～40%。

据一些资料介绍，用聚铁和碱式氯化铝对比处理某些低浊度原水时，聚铁具有良好的适应性。用聚铁净化后出水的 pH 值和碱度降低的幅度小，无氯根增加，对设备管道的腐蚀性小，不产生铁离子后移，排泥周期延长，自耗水量降低，净化水的质量得到提高，减少了污染，因此，水处理剂的费用下降。另外在某些废水处理中，在相同投加量下，聚铁比碱式氧化铝除去有机物的性能更优越。在印染废水处理中，废水虽经生化处理，但 CODcr 仍然超标，色度也超标。再经聚铁处理后，废水即可达到排放标准。

聚铁在使用过程中混凝效果比聚合铝要好些，如形成矾花的速度快、颗粒大且重，因此，沉降快，使用方便。但有时会有少量细小矾花漂浮于水面，使水略显微黄色，但不影响水质，经过过滤处理即能完全脱色。而铝盐混凝剂虽不会使水显色，却有涩味，也需要通过过滤处理才能除去。近十多年来，在卫生学上发现，Al^{3+} 摄入过多会影响健康，而聚铁则无此虑。

（3）有机类化合物

作混凝剂用的有机类化合物主要是人工合成的高分子化合物，如高聚合的聚丙烯酸钠、聚乙烯吡啶、聚乙烯亚胺、聚丙烯酰胺。其中以聚丙烯酰胺（PAM）用得最多，其产量约占高分子混凝剂生产总量的 80%。

聚丙烯酰胺是一种水溶性线型高分子化合物，其分子式为：

$$\left[\begin{array}{c} -CH_2-CH- \\ | \\ CONH_2 \end{array}\right]_n$$

对分子质量在 150～800 万，它溶于水中不会电离，因此称为非离子型，也称为 3 号絮凝剂。

聚丙烯酰胺在水中对胶粒有较强的吸附结合力，同时它是线型的高分子，在溶液中能适当伸展；因此，能很好地发挥吸附架桥的絮凝作用。将聚丙烯酰胺通过加碱水解，其反应为

$$\left[\begin{array}{c} -CH_2-CH- \\ | \\ CONH_2 \end{array}\right]_n + nH_2O + nNaOH === \left[\begin{array}{c} -CH_2-CH-CH_2-CH- \\ | \qquad\qquad | \\ CONH_2 \qquad COONa \end{array}\right]_n + nNH_3 \cdot H_2O$$

水解产物上的—COONa 基团在水中离解成—COO$^-$，从而使非离子型的聚丙烯酰胺变成带有阴离子的羧酸基团。这些带阴离子的基团由于同电相斥，使线型高分子能充分伸展开，更有利于吸附架桥，增强混凝效果。但水解不能过分，因为基团带电性过强对絮凝反而起阻碍作用。通常认为，通过水解使酰胺基团约有 30%～40% 转化为羧酸基团，再与铝盐或铁盐配合使用，混凝效果显著。

由于水中许多胶粒带有负电性，而阴离子型聚丙烯酰胺有强烈吸附性，所以仍能产生絮凝作用。如果是阳离子型的，不仅有吸附架桥作用，还能对胶粒起电性中和的脱稳作用。因此，现在已开发出阳离子型聚丙烯酰胺，其混凝效果更好。

（4）助凝剂

在使用上述各种混凝剂时，为提高混凝效果，常需复配使用。如以铝盐或铁盐为主的混凝剂，再添加微量（几 mg/L）有机高分子混凝剂，可使铝盐或铁盐所形成的细小松散絮凝体在高分子混凝剂的强烈吸附架桥作用下变得粗大而密实，有利于重力沉降。又如使用亚铁盐时为提高其混凝效果，常通氯使 Fe^{2+} 氧化为 Fe^{3+}。还有为了控制良好的反应条件，常需添加强碱，以提高水的 pH 值。这些微量的高分子混凝剂、氯和强碱等物质又称助凝剂。

近年来，国内外学者又对早期曾使用过的天然高分子有机物，如淀粉、木质素等进行改性，研制成阳离子型絮凝剂。它们还可作为助凝剂而与其他混凝剂混合使用，提高絮凝效果，有效去除一些带负电荷的有机或无机悬浮物质，如悬浮泥土、二氧化钛、煤粉、铁矿砂等。由于天然高分子有机物的来源广、价廉、无毒，在对环境保护、人体健康日趋重视的现代，对这类产品的开发和推广使用，颇值得重视。

4. 混凝剂的投加

根据所需处理的水量和所选用的混凝剂的不同，或在混凝土搅拌池或在经过防腐处理的钢制圆槽中溶解药剂。为加速药剂溶解，在池或槽中常装有搅拌装置，或通压缩空气进行搅拌，然后再根据需要的浓度将配好的药液稀释后备用。

将配好的药液通过带有计量装置的加药设备投入水中，使其快速充分混合。通常采用泵前投药，如图 2-5 所示；也有的采用水射器投药，如图 2-6 所示。这些装置可直接利用水泵或水射器将药液与水进行快速充分混合。

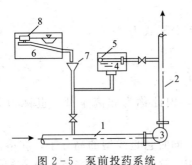

图 2-5 泵前投药系统

1—吸水管；2—出水管；3—水泵；4—水封箱；5—浮球阀；

6—浮子式定量加药箱；7—加药漏斗；8—浮子

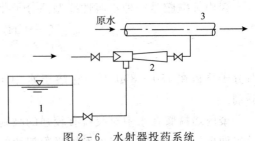

图 2-6 水射器投药系统

1—溶药箱；2—水射器；3—原水管

二、沉淀与澄清

1. 沉淀与沉淀池

水中悬浮的固体颗粒，依靠本身重力作用，由水中分离出来的过程称为沉淀。原水中悬浮固体颗粒较大，能依靠自身重力自然沉降的称为自然沉降沉淀。这种沉淀只能对含泥沙量大的原水进行预沉淀时采用。

通常，原水预处理都是先经过混凝，使水中较小的颗粒凝聚并进一步形成絮凝状沉淀物（俗称矾花），再依靠其本身重力作用，由水中沉降分离出来，这种沉淀称混凝沉淀。

用于沉淀的设备称为沉淀池，根据沉淀池的结构形式可分为平流沉淀池、辐流式沉淀池、斜板和斜管沉淀池等。

（1）平流沉淀池

平流沉淀池通常为矩形水池，水流平面流过水池，构造简单，管理方便，可筑于地面，也可筑于地下，不仅适用于大型水处理厂，也适用于处理水量小的厂。它可作自然沉淀用，也可作混凝沉淀用。图2-7为常见的一种平流沉淀池。

平流沉淀池的长：宽应大于4：1；长：深应大于10：1。池深一般为2m左右。用于自然沉淀时，池内水流的水平流速一般为3mm/s以下；用于混凝沉淀时，水平流速一般应为5～20mm/s。水在沉淀池内的停留时间，应根据原水水质和对沉淀后的水质要求，通过试验测定。根据经验资料，通常采用1～2h。当处理低温、低浊度水或高浊度水时，要适当延长沉淀时间。平流池混凝沉淀时，出水浊度一般小于20mg/L。

（2）辐流沉淀池

辐流沉淀池一般为圆形池子，其直径通常不大于100m。它可作自然沉淀池用，也可作混凝沉淀池用。其结构如图2-8所示。水流由中心管自底部进入辐流式沉淀池中心，然后均匀地沿池子半径向池子四周辐射流动，水中絮状沉淀物逐渐分离下沉。清水从池子周边环形水槽排出。沉淀物则由刮泥机刮到池中心，由排泥管排走。

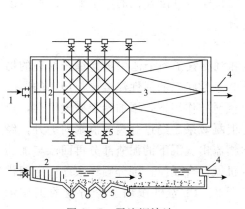

图2-7 平流沉淀池

1—加有混凝剂的原水；2—隔板反应池；
3—沉淀池；4—出水管；5—排泥渣管

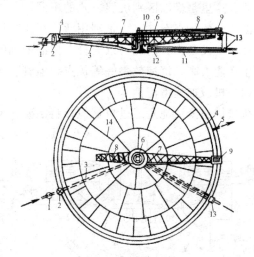

图2-8 辐流沉淀池

1—进水计量表；2—进水闸门；3—进水管；4—池周集水槽；
5—出水槽；6、7、8—辅助桁架；9—牵引小车；10—圆筒形配水罩；
11—排泥管廊；12—排泥闸门；13—排泥计量表；14—池底伸缩缝

辐流沉淀池沉淀排泥效果好，适用于处理高浊度原水；但刮泥机维护管理较复杂，施工较困难，投资也较大。

（3）斜板/斜管沉淀池

斜板（管）沉淀池是根据浅池沉淀理论设计出的一种新型沉淀池，如图2-9所示。在沉降区域设置许多密集的斜管或斜板，使水中悬浮杂质在斜板或斜管中进行沉淀，水沿斜板或斜管上升流动，分离出的泥渣在重力作用下沿着斜板（管）向下滑至池底，再集中排出。这种池子可以提高沉淀效率50%～60%，在同一面积上可提高处理能力3～5倍。

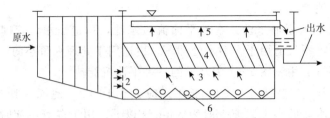

图 2-9 斜板（管）沉淀池

1—反应区；2—穿孔花墙；3—布水区；4—斜板（管）；5—清水区；6—排泥区

2. 澄清与澄清池

新形成的沉淀泥渣具有较大的表面积和吸附活性，称为活性泥渣。它对水中微小悬浮物和尚未脱稳的胶体仍有良好的吸附作用，可进一步产生接触混凝作用。据此可利用活性泥渣与混凝处理后的水进一步接触，加速沉淀速度。该过程称为澄清。用于澄清的设备称澄清池，根据其结构形式可分为机械加速澄清池、水力循环澄清池等。

实际上，当水中悬浮物沉淀出来后，水就得到澄清，所以沉淀和澄清是同一现象的两种说法。这里是借以区别沉淀方式的不同。

澄清池的特点有二：一是利用活性泥渣与原水进行接触混凝；二是将反应池和沉淀池统一在一个设备内。因此可以充分发挥混凝剂的作用和提高单位容积的产水能力。澄清池具有生产能力高、沉淀效果好等优点，但管理较复杂。

（1）机械加速澄清池

机械加速澄清池是通过机械搅拌将混凝、反应和沉淀置于一个池中进行综合处理的构筑物。悬浮状态的活性泥渣层与加药的原水在机械搅拌作用下，增加颗粒碰撞机会，提高了混凝效果。经过分离的清水向上升，经集水槽流出。沉下的泥渣部分再回流与加药原水机械混合反应，部分则经浓缩后定期排放。图 2-10 为机械加速澄清池的工作示意图。

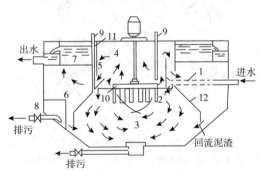

图 2-10 机械加速澄清池工作示意图

1—进水管；2—进水槽；3—第一反应室（混合室）；
4—第二反应室；5—导流室；6—分离室；7—集水槽；
8—泥渣浓缩室；9—加药室；10—机械搅拌器；
11—导流板；12—伞形板

水在池中总停留时间为 1.0～1.5h。这种池子对水量、水中离子浓度变化的适应性强，处理效果稳定，处理效率高。但用机械搅拌，耗能较大，腐蚀严重，维修困难。

（2）水力循环澄清池

图 2-11 为水力循环澄清池工作示意图。这种池子与机械加速澄清池工作原理相似，不同的是它利用水射器形成真空自动吸入活性泥渣与加药原水进行充分混合反应，这样省去机械搅拌设备，使构造简单、节能，并使维护管理方便些。

三、过滤

经过混凝沉淀或澄清的原水，其浊度通常在 20mg/L 左右。对于循环水量较大的冷却系统，为节省费用也可直接作补充水进入循环冷却系统；但对循环水量较小、要求较高的系统，最好将原水浊度进一步降低到小于 5mg/L，这就需要采用过滤处理。另外锅炉用水在软化和除盐水处理过程中，微量浊度可使离子交换树脂受污染，影响离子交换效率，因此也需对已沉淀澄清的原水再进行过滤净化。

1. 过滤过程

过滤就是将含有浊度的原水通过一定厚度的粒料或非粒状材料，有效地除去水中浊度，使水净化的过程。这种过滤用的设备称为过滤器或过滤池。过滤用的材料叫滤料，堆在一起的滤料层叫滤层。当滤层中截留的杂质过多时，滤层中孔隙被堵，水流的阻力增大，过滤速度变小。为恢复

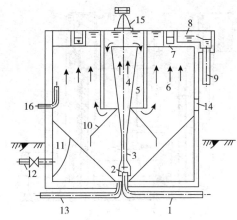

图 2-11　水力循环澄清池工作示意图

1—进水管；2—喷嘴；3—喉管；4—第一反应室；
5—第二反应室；6—分离室；7—环形集水槽；
8—出水槽；9—出水管；10—伞形板；11—沉渣浓缩室；
12—排泥管；13—放空管；14—观察窗；
15—喷嘴与喉管距离调节装置；16—取样管

原过滤速度，必须定期用清水反向冲洗滤料，将滤料孔隙中积存的杂质冲洗掉，此过程称为反洗。

2. 过滤设备

常用的过滤设备有以下两种。

（1）压力式过滤器

压力式过滤器亦称为机械过滤器。带有浊度的原水经过泵的升压后通过滤层，因此进水和出水之间有压差，此压差即为原水通过滤层时克服滤层阻力的压头损失，一般约为5～6m，有时可达10m左右。图 2-12 为压力式过滤器结构示意图。

压力式过滤器中滤料可分单层和双层。单层时进水浊度应在 15～20mg/L 以下；双层时进水浊度可放宽到 100mg/L 以下。出水浊度一般均在 5mg/L 以下。这种过滤器由于占地小，市场上有系列定型产品供应，可以缩短工程建设周期，而且运转管理方便，因此，在工业上，特别是工业锅炉水处理中应用较为广泛。

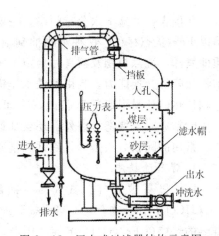

图 2-12　压力式过滤器结构示意图

（2）重力式无阀滤池

重力式无阀滤池，是因过滤过程依靠水的重力自动流入滤池进行过滤或反洗，且滤池没有阀门而得名的。图 2-13 为重力式无阀滤池结构示意图。

含有一定浊度的原水通过高位进水分配槽由进水管经挡板进入滤料层，过滤后的水由连通渠进入水箱并从出水管排出净化水。当滤层截留物多，阻力变大时，水由虹吸上升管上升，当水位达到虹吸辅助管口时，水便从此管中急剧下落，并将虹吸管内的空气抽走，

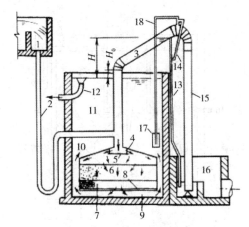

图 2-13 重力式无阀滤池结构示意图

1—进水分配槽；2—进水管；3—虹吸上升管；4—顶盖；
5—挡板；6—滤料层；7—承托层；8—配水系统；
9—底部空间；10—连通渠；11—冲洗水箱；12—出水管；
13—虹吸辅助管；14—抽气管；15—虹吸下降管；
16—水封井；17—虹吸破坏斗；18—虹吸破坏管

使管内形成真空，虹吸上升管中水位继续上升。此时虹吸下降管将水封井中的水也吸上至一定高度，当虹吸上升管中水与虹吸下降管中上升的水相汇合时，虹吸即形成，水流便冲出管口流入水封井排出，反冲洗即开始。因为虹吸流量为进水流量的 6 倍，一旦虹吸形成，进水管来的水立即被带入虹吸管，水箱中的水也立即通过连通渠沿着过滤相反的方向，自下而上地经过滤池，自动进行冲洗。冲洗水经虹吸上升管流到水封井中排出。当水箱中水位降到虹吸破坏斗缘口以下时，虹吸破坏管即将斗中水吸光，管口露出水面，空气便大量由破坏管进入虹吸管，破坏虹吸，反冲洗即停止，过滤又重新开始。

重力式无阀滤池的运行全部自动进行，操作方便，工作稳定可靠，结构简单，造价也较低，较适用于工矿、小型水处理工程以及较大型循环冷却水系统中作旁滤池用。该滤池的缺点是冲洗时自耗水量较大。

四、水中铁、锰成分的去除

我国含铁的地下水分布颇广，一般含铁量在 $4\sim30\text{mg/L}$。含铁地下水由于在地下，铁是以 Fe^{2+} 状态存在。这种水刚抽到地面时，水质清澈干净，但有铁腥味；时间略长，水质即发浑，洗涤织物及器具时会留下锈色斑点。Fe^{2+} 离子极易污染离子交换树脂，使树脂中毒而降低交换能力。当用含铁水作锅炉补给水时，容易在锅炉受热面上结成铁垢，不仅影响传热，还易引起管壁腐蚀。冷却水中铁含量超过 0.5mg/L 时，会促使铁细菌繁殖，产生的粘泥除会堵塞管路外，还会加速换热设备的腐蚀。因此，除铁要引起足够的重视。

常用的除铁方法是曝气除铁和锰砂过滤除铁。

1. 曝气除铁法

Fe^{2+} 极易被氧气、氯气、高锰酸钾等氧化剂氧化成 Fe^{3+}。地下水中 Fe^{2+} 常以 $Fe(HCO_3)_2$ 化合物存在。当水提到地面遇到空气中的氧时，Fe^{2+} 即被氧化成 Fe^{3+}，形成难溶的红棕色 $Fe(OH)_3$ 沉淀。因此，可利用空气中氧气使水中 Fe^{2+} 被氧化成 Fe^{3+}，形成 $Fe(OH)_3$ 沉淀达到除铁的目的。这个过程称为曝气除铁，其反应如下

$$4Fe^{2+}+O_2+10H_2O \Longrightarrow 4Fe(OH)_3\downarrow+8H^+$$

曝气后的水再经过滤处理即可除去 $Fe(OH)_3$ 沉淀物。

曝气氧化法除铁一般适用于水中含铁浓度在 $5\sim10\text{mg/L}$，pH 值在 $6.5\sim7.0$ 范围内。处理后水中含铁可降至 0.3mg/L 以下。

常用的曝气装置有莲蓬头曝气装置和跌水曝气装置。图 2-14 为莲蓬头曝气装置。

莲蓬头曝气装置一般直接置于重力式过滤池的上面，使喷头淋水量与过滤池出水量保持相等即可。当原水中 Fe^{2+} 含量小于 5mg/L 时，喷头距水面高 1.5m 即可；当 Fe^{2+} 含量

大于 10mg/L 时，高度为 2.5m 较好。喷头直径为 150～300mm，喷头上孔眼直径为 3～6mm。这种装置结构简单、操作方便；但喷淋时水易散失，喷头孔眼易被铁的沉积物堵塞，影响喷水效果。

另一种装置为跌水曝气装置。如图 2-15 所示。将地下水提至地面后经溢流堰或者水管，自高处自由下落，使水流变薄变细。水在下落过程中，可与空气充分接触，达到曝气目的。

通常可将重力式无阀滤池的跌水曝气装置的高度适当增加即可。跌水高度一般在 0.5～1.0m 时，即可满足含铁量在 5～10mg/L 的地下水除铁的要求。如原水 pH 值低于 6.5 以下，这种装置除铁效果较差，因在曝气过程中，空气中 O_2 可充分溶入水中，但水中 CO_2 不易逸出，原水 pH 值提高有限。在低 pH 值下，不利于除铁反应的进行。也可设置一个小型的跌水曝气水池，再将曝气后的水经过机械压力过滤器进行过滤净化。

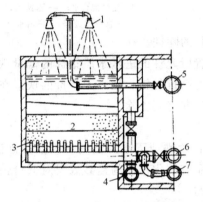

图 2-14　莲蓬头曝气除铁装置

1—莲蓬头；2—滤料层；3—排水装置；4—排水管；
5—进水管；6—出水管；7—反洗水管

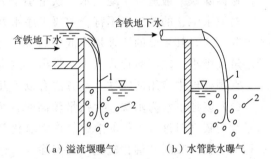

（a）溢流堰曝气　　（b）水管跌水曝气

图 2-15　跌水曝气示意图

1—水舌；2—空气泡

2. 锰砂过滤除铁法

天然锰砂中含有 MnO_2，它是将 Fe^{2+} 氧化成 Fe^{3+} 的良好催化剂，其催化反应为

$$4MnO_2 + 3O_2 = 2Mn_2O_7$$
$$Mn_2O_7 + 6Fe^{2+} + 3H_2O = 2MnO_2 + 6Fe^{3+} + 6OH^-$$
$$Fe^{3+} + 3OH^- = Fe(OH)_3\downarrow$$

$Fe(OH)_3$ 沉淀物经锰砂层过滤后除去。因此锰砂既是催化剂又是滤料。

锰砂过滤除铁反应中，仍要求水中有足够的溶解 O_2。因此，锰砂过滤除铁装置往往是将曝气装置和锰砂过滤器结合在一起组成。图 2-16 所示为在锰砂为滤料的压力式过滤器前加一个气水混合装置，使原水先进行曝气充氧，再经锰砂过滤器催化后再净化。图2-17 为气水混合器示意图。

此外还有选用水射流泵亦称加气阀，通过高速水流在加气阀中形成真空将空气牢牢吸入，与原水充分混合曝气后，再进入锰砂过滤器进行催化、净化。图 2-18 及图 2-19 分别为加气阀曝气除铁系统和加气阀结构图。

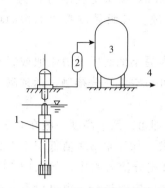
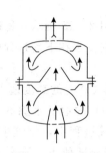
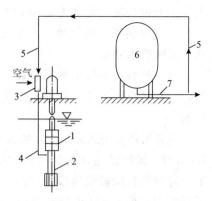

图 2-16　气水混合器曝气除铁系统
1—水泵；2—气水混合器；
3—锰砂过滤器；4—清水

图 2-17　气水混合器示意图

图 2-18　加气阀曝气除铁系统
1—水泵；2—吸水管；3—加气阀；
4—空气混合水；5—除铁水；
6—锰砂过滤器；7—清水

锰砂除铁一般适合于地下水含铁量小于 20mg/L 的除铁。

对原水中含的铁、锰不符合主要工序水处理装置所允许的进水水质指标的低量铁、锰的去除方法，其主要的原理是将低价的铁、锰氧化为高价的铁、锰，因高价的铁锰在水中的溶解度极小，以沉渣形式从水中析出，故可通过过滤将其去除。

在预处理中常用的除铁、锰方法有以下几种。

（1）以地下水为水源，含铁量较高时，可采用：含铁地下水→曝气→天然锰砂滤池。这是利用曝气时进入水中的溶解氧作为氧化剂，依靠有催化作用的锰砂滤料对低价铁、锰进行离子交换吸附和催化氧化，达到除铁、锰的目的。

（2）以饮用水为水源，含铁量超过要求指标时，可将除铁、锰与除有机物相结合，采用以下两种方式之一：

①活性炭除铁并除有机物。

②药剂氧化法除铁、锰并除有机物：当水的 pH 值大于 5 时，氯能迅速地将二价铁氧化为三价铁；而二氧化氯对铁、锰的氧化能力更强。理论上，氧化 1mg/L 二价铁需投加 0.64mg/L 活性氯，而投加二氧化氯，则只需 0.245mg/L。

对水中铁、锰的去除并不是孤立的，往往只要在预处理的整个工艺中加强或增加某道工序即可达到除铁、锰的目的。

五、除氯

原水经过混凝、沉淀、澄清、过滤后，即可作为工业用水使用。如果作为饮用水，还必须进行消毒处理，以防止疾病传播。通常在水中通入氯气作为杀死细菌等微生物的消毒方法。氯气通入水中后，极易溶于水，产生下列反应

$$Cl_2 + H_2O \Longrightarrow HCl + HOCl$$

次氯酸还会进一步电离，生成次氯酸根

$$HOCl \Longrightarrow H^+ + OCl^-$$

氯气在水中生成的 HOCl 和 OCl⁻ 对细菌等微生物有极强的杀灭作用。但在起杀灭作用前，由于水中溶有各种有机物等杂质，这些杂质会首先与 Cl_2 反应，耗去溶入水中的

Cl_2，只有满足这些耗氯需要后，才会有多余的 Cl_2 来杀灭细菌，这部分氯称为余氯。为维持杀灭细菌的效果，管网水中始终要保持余氯量在 $0.5\sim1mg/L$，在管网末端也要保持 $0.05\sim0.1mg/L$ 的余氯。

当采用经过消毒处理的自来水作锅炉给水时，必须除去自来水中的余氯。因为余氯的存在会破坏离子交换树脂的结构，使其强度变差，容易破碎。特别是在靠近自来水厂附近时，水中余氯含量较高，更需要注意除氯。

目前常用的除氯方法有活性炭脱氯法和添加化学药剂除氯法。

1. 活性炭脱氯法

活性炭由木炭、沥青炭和果壳、果核、动物骨头等经高温焙烧和活化制成。活性炭中有很多毛细孔相互连通，因此，比表面积极大。据测试，1g 活性炭有 $500\sim1000m^2$ 的表面积，图 2-19 为活性炭内部气孔分布情况。

活性炭脱氯不完全是由于物理吸附作用，它还有催化作用，使余氯进一步转化成碳的化合物，其反应机理为

图 2-19　活性炭内部气孔分布示意图

$$Cl_2+H_2O \Longrightarrow HCl+HOCl$$

$$HOCl \xrightarrow{\text{活性炭}} HCl+[O]$$

$$C+[O]=CO\uparrow$$

$$C+2[O]=CO_2\uparrow$$

因此，活性炭在整个吸附脱氯过程中不存在吸附饱和问题，只是损失少量的炭。所以活性炭脱氯可以运行相当长的时间。例如用 $19.6m^3$ 的活性炭粒料作滤料，处理余氯量为 $4mg/L$ 的自来水时，可连续处理 265 万立方米，使其余氯量小于 $0.01mg/L$。在相同条件下，处理余氯量为 $2mg/L$ 的自来水时，可使用 6 年之久。

活性炭除能脱氯外，还能除去水中臭味、色度、有机物以及残留的浊度。因此，活性炭使用一定时期后，仍会丧失其吸附能力，需要再生。再生方法较多，有的将失效活性炭在 $500\sim1000℃$ 高温条件下焙烧，将吸附的有机物分解和挥发；也可用高压蒸汽吹洗或用 $NaOH$、$NaCl$ 等溶液再生清洗，将吸附的杂质解吸下来；也可用有机溶剂萃取。但这些再生方法的经济效益尚有待定论，因此，有些地方对失效活性炭弃之不用，换用新的。

活性炭脱氯的设备常使用压力过滤器，即在过滤器中以粒状活性炭作滤料，其他功能与前述压力过滤器相似。

2. 化学药剂脱氯法

化学药剂脱氯法是利用投加还原性药剂如二氧化硫和亚硫酸钠等，将余氯还原。其反应分别为

$$SO_2+HOCl+H_2O \Longrightarrow 3H^++Cl^-+SO_4^{2-}$$

$$Na_2SO_3+HOCl \Longrightarrow Na_2SO_4+HCl$$

二氧化硫脱氯效果好，但水的 pH 值会因反应中生成强酸而下降；而亚硫酸钠法要好

一些。后者比较简单，操作方便，同时亚硫酸钠还可以与水中的溶解氧作用，达到除氧的目的。

六、杀菌

水中存在的微生物，会对后续处理设备产生不良影响。例如，水中的细菌转移到电渗析膜，在膜面上繁殖，使膜电阻增加；细菌、微生物对醋酸纤维素反渗透膜有侵蚀作用；细菌繁殖会污染膜。另外，饮用水、食品、饮料、制药工业，都对出水微生物有严格的要求。因此，在预处理阶段进行杀菌处理，是很有必要的。而在微电子工业用水中，细菌会对产品质量有很大影响。因此，不仅在预处理，而且在后处理（精处理）过程中均需要杀菌并滤去细菌尸体。

常用的杀菌工艺手段可分为物理杀菌法和化学杀菌法。物理杀菌法中常用的是紫外线杀菌法；化学杀菌法亦即药剂杀菌法，根据药剂对微生物的作用机理不同，可分为氧化型杀生剂和非氧化型杀生剂。氧化型杀生剂通常是一种强氧化剂，如氯、二氧化氯、臭氧等，均可用于杀菌。非氧化型杀生剂则不以氧化作用杀死微生物，而是以致毒剂作用于微生物的特殊部位来杀菌。常用的非氧化型杀生剂有胺类、季铵盐类、二硫氰基甲烷及大蒜素等。非氧化型杀生剂由于不受水中还原性物质的影响，常用于冷却循环水系统的杀生。

纳米 TiO_2 是一种新型的抗菌材料，它是基于光催化反应使有机物分解而具有抗菌效果的。纳米 TiO_2 为无机成分，无毒、无味、无刺激性，热稳定性和耐热性好，不燃烧，即效性和安全性好，是一种半永久维持抗菌效果的抗菌剂，是最新的开发研究热点之一。纳米 TiO_2 亦可应用于抗菌水处理装置，是水处理研究的新方向之一，有可能成为目前用氯处理水的代用技术。

本节主要介绍氧化型杀生剂杀菌和紫外线杀菌。

1. 氯杀菌

氯杀菌是水处理中最传统和常用的杀菌方法。氯杀菌主要通过次氯酸 HClO 起作用。HClO 为很小的中性分子，只有它才能扩散到带负电的细菌表面，并通过细菌的细胞壁穿透到细菌内部。当 HClO 分子到达细菌内部时，能起氧化作用破坏细菌的酶系统而使细菌死亡。ClO^- 虽亦为具有杀菌能力的有效氯，但是带有负电荷，难于接近带有负电荷的细菌表面，杀菌能力比 HClO 差得多。生产实践表明，pH 值越低则杀菌作用越强，证明HClO 是杀菌的主要因素。

水中的加氯量，为需氯量和余氯之和。在缺乏试验资料时，杀菌用加氯量可采用1.0~1.5mg/L。

2. 二氧化氯杀菌

近年来，由于氯杀菌的副产物三卤甲烷对人体的危害日益受到人们的重视，二氧化氯作为它的替代品迅速发展起来。

二氧化氯在与有机物作用的时候，发生的是氧化还原反应，与氯和有机物作用主要是取代反应不同，反应的最后结果是，高分子有机物降解为有机酸和二氧化碳，二氧化氯则被还原成氯离子。几乎不形成三卤甲烷（THM_s）和四氯化碳等致突变和致癌物质。这是与氯相比最突出的优点。它的另一个优点是药效有持续性，管道中剩余的二氧化氯对水中的微生物持续作用，可保证在较长的时间内抑制微生物再繁殖。

二氧化氯对细菌的细胞壁有较强的吸附和穿透能力，从而有效地破坏细菌内含巯基的酶，快速控制微生物蛋白质的合成，故它对细菌、病毒有很强的灭活能力。二氧化氯对大肠杆菌、伤寒杆菌、绿脓杆菌、结核杆菌、乙肝病毒、牛痘病毒、脊髓灰质炎病毒（Ⅰ、Ⅱ）、脑髓炎病毒、噬菌体等杀灭率可达 100%。

用于杀菌的二氧化氯的投加量，仍应以控制副产物浓度不超标为关键指标，同时应保证水的色度合格。而色度的出现，一般的观点是，二氧化氯作为滤后消毒剂，若滤后水中的 Mn^{2+} 浓度较高时，因无法再通过过滤除锰，会导致水的色度大为升高。对某一特定的水源，若要进行二氧化氯处理，首先应对原水作混凝、过滤试验，保证在满足杀菌要求前提下，二氧化氯的投加量既不造成色度超标，又不造成 ClO_2^- 超标。

二氧化氯用于杀菌的投加量为 0.4～0.45mg/L。水中残留≤0.2mg/L。

二氧化氯杀菌效果在 pH6～10 范围内不变，在较高 pH 处使用较氯有效。

二氧化氯用于杀菌时，其发生器的选择显得更为重要。如果出水对三卤甲烷等有较严格的要求，则不宜选择电解法二氧化氯发生器。由于电解法产生的是 ClO_2、Cl_2、O_3 及 H_2O_2 混合气体，这种气体的杀菌效果极好，但其中二氧化氯的含量很低，而氯气的含量仍较高，所以仍会导致因加氯而产生的各种问题，如产生三卤甲烷等。而在选用化学法二氧化氯发生器时，原料应选择二氧化氯转化率高以及成品中二氧化氯纯度高的产品。这同样是为了控制二氧化氯混合气体中氯气的含量。

用二氧化氯作为杀菌剂以取代氯气，是今后的发展方向。但目前它的推广上存在一些阻力。一是成本高，导致高成本的原因在于原料的价格，尤其是亚氯酸钠价格很高；二是国内对二氧化氯的检测手段和投加二氧化氯的自动控制还不过关，需依赖进口设备和仪器，其价格昂贵。

3. 臭氧杀菌

臭氧也是一种常用的杀菌剂。臭氧在分解时放出新生态的氧，它具有强氧化能力，对顽强的微生物如病毒、芽孢等有强大的杀伤力。除此以外，它渗入细胞壁能力强，能破坏细菌有机体链状结构而导致细菌死亡。

臭氧杀菌的效果主要决定于接触设备出口处的剩余量和接触时间。在实际生产中，臭氧用于自来水消毒所需的投加量为 1～3mg/L，接触时间不少于 5min。

臭氧在几种杀菌剂中氧化能力最强、杀菌能力最强、效果最好，即使低浓度也能瞬间反应。生产臭氧的主要原料是空气和电能，不需要运输和储存原料。受 pH 值、水温及水中氨量的影响小。它的缺点是稳定性差，极易分解，没有持续杀菌作用，水在管道内流行一定时间后，极少量残留的微生物又会繁殖起来，所以经臭氧处理的水应及时使用。在纯水制备系统中，臭氧消毒还会增加水中氧含量，从而增加氧腐蚀的危险。它的另一不足是臭氧发生器的电耗较高。

4. 紫外线杀菌

紫外线杀菌是一种物理杀菌法。细菌受紫外光照射后，紫外光谱能量为细菌核酸所吸收，其活力发生改变，菌体内的蛋白质和酶的合成发生障碍，因而导致微生物发生变异或死亡。根据试验，波长在 200～295nm 的紫外线具有杀菌能力，而波长为 253.7nm 的紫外线杀菌效果最好。

紫外线光源由紫外线汞灯提供，它分为高压、低压两种（按灯管点燃时管内汞蒸气的压力来区分），灯管由石英玻璃制成。紫外线汞灯点燃时放射大量具有杀菌能力的紫外线，同时也放射少量可见光。

紫外线杀菌有水面照射法和水中照射法两种。水面照射法就是灯与水并不接触，紫外线照在水面上；水中照射法通常是灯管装在不锈钢外壳中，水从外壳内流过时接受紫外线的照射。

紫外线杀菌的优点是接触时间短，杀菌能力强，设备简单，操作管理方便，并能自动化，处理时不改变水的物理、化学性质，不会因带入附加物造成二次污染。其缺点是没有持续的杀菌作用，经照射杀菌后的水须及时使用，国产灯管的使用寿命较短，价格较贵。

紫外线杀灭微生物的强度单位是 $(\mu W \cdot s)/cm^2$。微生物所接受的紫外线剂量大小，决定于紫外线杀菌灯的功率、灯和微生物的距离及照射时间。

影响紫外线杀菌效果的因素有以下几个方面。

（1）紫外线波长：核酸对波长 253.7～260nm 的紫外线吸收率最高，此时杀菌效果最好。把该波段紫外线的灭菌能力定为 100%，再同其他波长紫外线的灭菌能力做比较，随波长的增加或减少，灭菌效果均急剧下降。表 2-2 列出了不同波长的紫外线灭菌能力。

表 2-2　不同波长的紫外线灭菌能力

波长/nm	220	230	240	250	254	257	260
相对灭菌率/%	0.25	0.40	0.63	0.91	1.0	1.0	0.99
波长/nm	270	280	290	300	310	360	400
相对灭菌率/%	0.87	0.60	0.50	0.06	0.013	0.0003	0.0001

（2）微生物的类型：各种菌种对紫外线的抗性水平不同，应分别采用不同的剂量。表 2-3 列出了紫外线不同照射剂量时的灭菌率。

表 2-3　紫外线不同照射剂量时的灭菌率

菌种	紫外线照射剂量/[$(\mu W \cdot s)/cm^2$]	紫外线波长/nm	灭菌率/%
大肠杆菌	310	254	1～10
	1550	254	99～100
	500	270	20
	3500	270	80
金黄色葡萄球菌	440	265	1～10
	3670	265	90～100
绿脓杆菌	294	265	1～10
	4400	265	90～100
酵母菌	2570	265	1～10
	14700	265	90～100
巨大杆菌	390	254	20
	2900	254	80
霍乱菌	450	265	1～10

（3）微生物的数量：紫外线杀菌器对进水细菌含量要求不大于900个/mL。

（4）照射时间：在同样的发光功率下，照射时间越长，强度越大。

（5）水的深度：紫外线在水中的穿透率，随着水层厚度的增加而降低。水层越薄，紫外线的穿透率越大，但是对一定流量通过的水，照射时间缩短，水接受紫外线照射的剂量就降低。要满足杀菌所需剂量，就必须提高强度，这样电耗就增加。故应从液层厚度、照射时间等方面综合考虑。液层厚度与照射强度的关系可参见表2-4。

表2-4　紫外光线灯照射强度系数

与灯管中心距离/cm	强度系数/%	与灯管中心距离/cm	强度系数/%	与灯管中心距离/cm	强度系数/%
5.1	32.3	30.5	6.48	121.9	0.68
7.6	22.8	35.6	5.35	152.4	0.425
10.2	18.6	45.7	3.60	203.2	0.256
15.2	12.9	61.0	2.33	245.0	0.169
20.3	9.85	91.4	1.22	304.8	0.115
25.4	7.94	100.0	1.00		

（6）水的物理化学性质：水的色度、浊度、总铁含量对紫外光均有不同程度的吸收，使杀菌效果降低。色度对紫外线透过率影响最大，浊度次之，铁离子也有一定的影响。紫外线杀菌器对水质的要求为：色度<15度，浊度<5度，总铁含量<0.3mg/L。表2-5表示不同水质的天然水样对253.7nm光的吸收系数。

表2-5　不同水质的水对253.7nm紫外光的吸收系数

色度/度	40	35	30	25	20	10
浊度/度	4	3.5	3	2.5	2	1
铁离子/(mg/L)	0.60	0.52	0.45	0.375	0.30	0.15
α/cm^{-1}	0.616	0.526	0.505	0.381	0.338	0.171

注：α为吸收系数。

第三节　预处理的常用系统及选择

预处理系统的选择应根据进水水质及其变化、所采用的后续处理装置所要求的进水水质指标及后处理装置的情况，同时结合系统规模、当地材料和设备供应情况，通过技术经济比较选定。

对于以离子交换为主体的软化与除盐系统和以反渗透为主体的除盐系统的预处理要求不同。软化系统主要是除去对阳离子交换树脂有害的氧化剂等物质；而除盐是除去对阴、阳离子交换树脂有害的有机物、铁、锰、余氯、胶体硅、重金属离子等物质。在确定预处理系统时应予以注意。

按不同进水水源常用预处理工艺系统有以下四种类型。

（1）进水为地面水或工业用水且浊度较高时：应通过混凝（或澄清）将浊度与色度降

低,浊度降低到 10 度以下,再经过砂滤降低到 1～2 度以下。其处理流程如下:

$$混凝剂 \downarrow$$

进水 —→ 混凝沉淀(澄清) —→ 砂滤 —→ 出水

为适应后续水处理工序不同设备的需要,可在上述基本流程中增减部分设备(这些措施在后面的几种流程中亦可参照采用),对基本流程作适当的调整。

若进水碳酸盐硬度较高,可投加石灰,在除去浊度的同时进行预软化;若成品水对胶体硅要求较严,单纯混凝沉淀达不到除硅要求时,在加石灰的同时还可投加镁剂。

根据要求,可加氧化剂如氯、二氧化氯、臭氧等进行杀菌或氧化铁、锰。

原水经过较长距离的管网输送而有机物含量较高时,可采用先氧化,再经混凝、过滤后采用吸附柱(活性炭或有机物清除器等)去除有机物,以防止阴树脂中毒或反渗透膜阻塞、污染。

若脱盐工序使用电渗析或反渗透时,应再增加精密过滤(即微孔过滤)作为保护性措施。

(2)进水为工业用水而浊度较低时:一般工业用水浊度在 10～15 度以下(即沉淀池出水),在这种情况下仅用接触混凝过滤即可。其处理流程如下:

$$混凝剂 \downarrow$$

工业用水 —→ 接触混凝过滤 —→ 吸附柱 —→ 精密过滤 —→ 出水

(3)进水为地下水时:一般浊度较小,通常可达 1 度以下,有机物与细菌含量也较少,一般经简单的砂滤即可。其处理流程如下:

$$氯(或二氧化氯) \downarrow$$

地下水 —→ 接触混凝过滤 —→ 出水

当地下水中含铁、锰量较高时,可依据水中铁、锰的形态,在上述流程中增加除铁、锰工序。

(4)水源为生活饮用水时:进水为饮用水,余氯与有机物含量都不高,往往无须特意进行预处理,只需砂过滤或精密过滤即可。其处理流程如下:

城市自来水 —→ 砂过滤(或精密过滤) —→ 出水

当原水取自水厂附近而余氯量较高时,或因氧化过程中加氯过量而造成水中活性余氯量较高时,应增加脱氯工序。

第三章 药剂软化

当硬度高、碱度也高的水直接作补水进入循环冷却水系统后，会使循环水水质处理的难度增大，同时浓缩倍数的提高也受到限制。另外高硬水也不宜直接作锅炉水的给水。立式水管锅炉、立式火管锅炉及卧式内燃锅炉的给水总硬度要求在 4.0mmol/L 以下。总硬度过高的水不能直接采用离子交换方法达到软化水的要求，经济效果也不好。碱度过高的水，也不能直接作为锅炉的补给水。所以上述这类水质均需在进入冷却水系统、锅炉和离子交换软化系统前，首先采用药剂软化方法进行处理。

药剂软化是运用化学沉淀法原理，即根据溶度积原理使水中所含的硬度等在适当的药剂作用下形成难溶性化合物而被去除的过程。水处理中最常用的方法是钙、镁离子的化合沉淀，其次是金属离子的氢氧化物沉淀。因此，其工艺过程往往与凝聚、沉淀或澄清过程同时进行。

经过药剂软化后的软水，可用作低压锅炉的给水、循环冷却水的补充水、工业洗涤用水，或者作为除盐水处理的预处理手段等。

药剂软化常用的药剂为石灰、纯碱、苛性钠、磷酸三钠、磷酸氢二钠等。根据原水水质和处理后水质的不同要求，可选择一种或几种药剂同时使用。通常对硬度高、碱度高的水采用石灰软化法；对硬度高、碱度低的水采用石灰-纯碱软化法；而对碱度高的负硬度水则采用石灰-石膏处理法。

对于天然水，假定只有重碳酸盐碱度。

第一节 药剂软化方法及其运用

一、石灰软化法

1. 反应过程

石灰能去除水中二氧化碳和碳酸盐硬度，并将镁的非碳酸盐硬度转变成相应的钙硬度。

为避免投加生石灰（CaO）产生的灰尘污染，通常先将生石灰溶于水中，成为氢氧化钙 $Ca(OH)_2$，即熟石灰使用（通常 1kg 生石灰约需 2～3kg 水），这称为石灰的消化反应：

$$CaO + H_2O \longrightarrow Ca(OH)_2$$

原水中加入石灰乳后，先去除水中的 CO_2：

$$CO_2 + Ca(OH)_2 \longrightarrow CaCO_3 \downarrow + H_2O$$

然后将水中的暂时硬度去除，其反应如下：

(1) $Ca(HCO_3)_2 + Ca(OH)_2 \longrightarrow 2CaCO_3 \downarrow + 2H_2O$

(2) $Mg(HCO_3)_2 + Ca(OH)_2 \longrightarrow MgCO_3 \downarrow + CaCO_3 \downarrow + 2H_2O$

（3）$MgCO_3 + Ca(OH)_2 \longrightarrow Mg(OH)_2 \downarrow + CaCO_3 \downarrow$

其中（2）、（3）步反应方程式之和可写成：

$$Mg(HCO_3)_2 + 2Ca(OH)_2 \longrightarrow 2CaCO_3 \downarrow + Mg(OH)_2 \downarrow + 2H_2O$$

但是，水中的永久硬度和负硬度却不能用石灰处理的方法去除，因为镁的永久硬度与负硬度和消石灰会产生下列反应：

$$MgSO_4 + Ca(OH)_2 \longrightarrow Mg(OH)_2 \downarrow + CaSO_4 。$$

$$MgCl_2 + Ca(OH)_2 \longrightarrow Mg(OH)_2 \downarrow + CaCl_2 。$$

$$2NaHCO_3 + Ca(OH)_2 \longrightarrow Na_2CO_3 + CaCO_3 \downarrow + 2H_2O$$

由上述反应方程式可看出，镁的永久硬度全部转化为溶解度很大的钙永久硬度，而负硬度则转化为碳酸钠碱度，所以水中的碱度没有被去除。

2. 石灰投加量计算

石灰投加量可按下式估算（每立方米处理水消耗100％CaO的克数）：

（1）当 $H_{Ca} \geqslant H_Z$ 时，按式（3-1）计算

$$CaO = 28(H_Z + CO_2 + Fe + K + \alpha) \tag{3-1}$$

（2）当 $H_{Ca} < H_Z$ 时，按式（3-2）计算

$$CaO = 28(2H_Z - H_{Ca} + CO_2 + Fe + K + \alpha) \tag{3-2}$$

式中　CaO——需投加的工业石灰量，mg/L；

　　　H_{Ca}——原水中的钙硬度，mmol/L；

　　　H_Z——原水中的碳酸盐硬度，mmol/L；

　　　CO_2——原水中游离 CO_2 的浓度，mmol/L；

　　　Fe——原水中的含铁量，mmol/L；

　　　K——凝聚剂（铁盐）的投加量，mmol/L；

　　　28——$\frac{1}{2}CaO$ 的摩尔质量，mmol/L；

　　　α——石灰 $[Ca(OH)_2]$ 过剩量，一般为 $0.2 \sim 0.4$ mmol/L。

这个投加量是理论计算的耗量，它小于实际的耗量。因为所投入的石灰在一般情况下不会百分之百地参与反应，只有一部分得到利用，故除投加过剩量外还应考虑石灰的有效利用率。有效利用率与石灰质量和投加条件有关，一般为 $50\% \sim 80\%$。

3. 石灰处理后的水质

经石灰处理后，水中 OH^- 剩余量保持在 $0.1 \sim 0.2$ mmol/L 的范围内，水中碳酸盐硬度大部分被除掉，根据加药量及水温的不同，残留碳酸盐硬度可降低到 $0.5 \sim 1.0$ mmol/L，残余碱度达 $0.8 \sim 1.2$ mmol/L，有机物去除达 25% 左右，硅化物去除 $30\% \sim 35\%$，铁的残留量 <0.1 mg/L（出水悬浮物 <20 mg/L，一般可达到 10 mg/L 以下，$pH \approx 10 \sim 10.3$）。石灰处理后的总残余硬度：

$$H_C = H_\gamma + H_{ZC} + K \tag{3-3}$$

式中　H_C——石灰处理后的残余硬度，mmol/L；

　　　H_γ——原水中的非碳酸盐硬度，mmol/L；

　　　H_{ZC}——软化后水中残留的碳酸盐硬度，mmol/L，一般为 $0.5 \sim 1.0$ mmol/L。

石灰处理后，由于碳酸盐硬度降低，去除了碳酸钙和氢氧化镁，相应减少了原水中的

溶解固体。

经石灰处理后，水中镁的去除量按式（3-4）计算：

$$\Delta H_{Mg} = H_{Mg} - Mg_c \qquad (3-4)$$

式中　H_{Mg}——原水中的镁硬度，mmol/L；

　　　Mg_c——石灰处理后水中残留的镁硬度，mmol/L。

在氢氧碱度运行条件下，Mg_c 可按式（3-5）计算：

$$Mg_c = \frac{K_{SP[Mg(OH)_2]}}{f_z 10^{-2(14-pH)}} \times 10^3 \quad (mmol/L) \qquad (3-5)$$

式中　$K_{SP[Mg(OH)_2]}$——氢氧化镁的溶度积。当 25℃ 时，$K_{SP[Mg(OH)_2]}=5\times10^{-12}$，石灰处理一般在氢氧化物碱度的条件下运行，$OH^-$ 浓度一般维持在 0.2～0.4mmol/L，pH ≈ 9.6～10.4；

　　　f_z——水中 Mg^{2+} 的活度系数。

不同含盐量的水，经石灰处理后的出水按 pH 值的不同，Mg_c 值也可查图 3-1 求得。

4. 石灰处理系统流程

根据处理水量大小，选用适宜的沉淀（澄清）、过滤、溶药和投药设备，如图 3-2～图 3-4 所示。

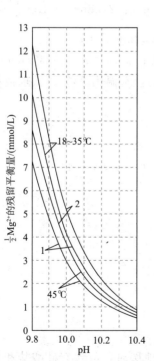

图 3-1　水中残留镁量和 pH 值的关系

1—水中阳离子（或阴离子）总量

$\sum K = 1.1mmol/L$ 时，$f_z=0.92$；

2—$\sum K = 5.8mmol/L$ 时，$f_z=0.74$

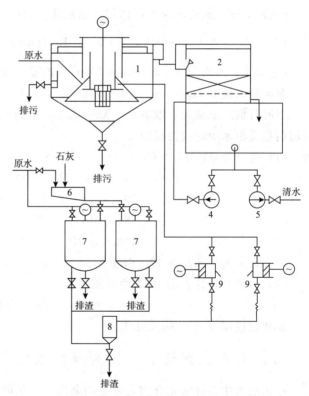

图 3-2　石灰软化系统（过滤池）流程图

1—机械加速澄清池；2—过滤池；3—过滤水箱；

4—反冲洗水泵；5—清水泵；6—消石灰槽；

7—石灰乳机械搅拌器；8—捕砂器；9—石灰乳活塞式加药泵

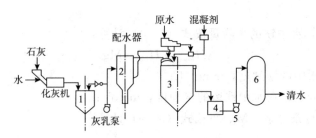

图 3-3 石灰软化系统（机械过滤）流程图

1—石灰乳储槽；2—饱和器；3—澄清池；4—水箱；5—泵；6—压力过滤器

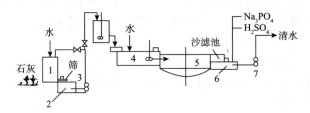

图 3-4 石灰软化系统（平流沉淀池）流程图

1—化灰桶；2—灰乳池；3—灰乳泵；4—混合池；5—平流式沉淀池；6—清水池；7—泵

【例】采用石灰处理原水，已知原水水质分析结果如下：

$K^+ + Na^+$：2.81mmol/L；$\frac{1}{2}Ca^{2+}$：1.04mmol/L；$\frac{1}{2}Mg^{2+}$：2.28mmol/L；$\frac{1}{2}Fe^{2+}$：

0.06mmol/L；游离 CO_2：0.09mmol/L；碳酸盐硬度 H_Z：3.32mmol/L；

非碳酸盐硬度 H_γ：0mmol/L；总硬度 H_o：3.32mmol/L；总碱度 A_o：3.85mmol/L。

当同时加入凝聚剂，取 $K=0.3$mmol/L，水的 pH≈10.4，水温为 25℃。试求纯石灰的加药量及出水中的残留镁硬度。

解 （1）由已知条件 $H_Z > H_{Ca}$，

$$CaO = 28(2H_Z - H_{Ca} + CO_2 + Fe + K + \alpha)$$
$$= 28(2 \times 3.32 - 1.04 + 0.09 + 0.06 + 0.3 + 0.4)$$
$$= 28 \times 6.45$$
$$= 180.6 \text{mg/L}$$

即纯石灰的加药量为 180.6mg/L。

（2）由已知条件查图 3-1 曲线 2 得：

$$Mg_c = 0.8 \text{mmol/L}$$

即残留镁硬度为 0.8mmol/L。

二、石灰、凝聚剂、镁剂除硅系统

在天然水中，硅酸化合物是常见的杂质。它是因水流经地层时，与含有硅酸盐和铝硅酸盐的岩石相作用而带入的。地下水的硅酸化合物含量通常比地面水的含量多，天然水中硅酸化合物的含量一般在 1～20mg/L（SiO_2）的范围内，地下水有的高达 60mg/L（SiO_2）。

根据硅酸的电离度小和它与 Ca^{2+}、Mg^{2+} 会形成难溶硅酸盐的情况，可以看作：当

pH 较低时，它呈游离酸的溶液或钙、镁硅酸盐的胶溶状态；当 pH 较高时，如果 Ca^{2+}、Mg^{2+} 的量接近于零（在软水中），则硅酸呈真溶液状态（H_2SiO_3）；如果水中同时有 Ca^{2+} 和 Mg^{2+}，则呈钙、镁硅酸盐的胶溶状态。

硅的化合物在高压锅炉中特别容易形成铝、铁和钙的盐类，沉积在热强度高的水冷壁受热面上，结成水垢。分子状态的胶体二氧化硅又容易被高压蒸汽携带至汽轮机叶片上，形成坚硬的水垢，降低汽轮机的出力。为了防止二氧化硅在中压和高压锅炉、汽轮机及其他工艺中的危害，对补给水必须进行不同程度的除硅，压力愈高要求除硅愈彻底。

经石灰处理后水中硅化合物含量的降低和处理时析出的氢氧化镁量有关，即氢氧化镁的析出量愈多，硅化合物的量降得愈低。用泥渣作为接触介质也可使硅化合物量降低。当温度为 40℃ 时，经石灰处理后水中残留硅含量，通常可降到原水的 30%～50%；但在不采用专门除硅的措施时，残留的硅含量不会小于 3～5mg/L（SiO_3^{2-}）。如果向水中补加 MgO，则可以做到将 SiO_3^{2-} 含量降至 1mg/L。

1. 镁剂除硅注意事项

常用镁剂有两种：菱苦土和白云灰。菱苦土的主要成分为 MgO；白云灰的主要成分为 MgO、CaO，除硅时仅用白云灰往往不足，应搭配菱苦土混合使用。

使用镁剂时需注意下列事项：

（1）菱苦土具有很强的吸湿性，应注意保存；

（2）菱苦土对机械具有较大的磨损性，选泵时应注意泵的材料和泵的转速；

（3）菱苦土分干法和湿法投加。湿法投加应将菱苦土加水搅拌成乳状液，进行计量投加；

（4）当水质变化不大时，石灰和菱苦土可以按加药比例在一个搅拌器内配制成乳状液同时加入；当水质变化较大时，应将石灰和菱苦土分别加入，以便调整加药量；

（5）配制搅拌器可用水力或机械搅拌。水力搅拌时，循环泵的流量应考虑在搅拌器的横断面内保持一定的流速，菱苦土搅拌不小于 26m/h，石灰搅拌不小于 29m/h。

2. 石灰、凝聚剂、镁剂除硅加药量计算

（1）石灰投量

可按式（3-1）计算，有效剂量在运行中予以调整，投加石灰是为提高水的 pH 值。当石灰加入量不足时，水的 pH 值过低，会使加入的 MgO 与水中的 HCO_3^-、游离 CO_2 等反应消耗镁剂；其次是使硅酸电离成 $HSiO_3^-$ 的量减少，使 $HSiO_3^-$ 和 OH^- 的交换量下降，除硅效果就差。石灰投量过多时，水的 pH 值太高，会使更多的 OH^- 压缩到氢氧化镁胶粒的吸附层中，结果使微粒的带电量减少，除硅效果降低。水的 pH 值过高时，甚至会发生已被吸附的硅化合物重新溶解的现象。经实验证明，适宜的 pH 值为 10～10.3。凝聚剂硫酸亚铁投加量一般为 0.4～0.7mmol/L。

（2）水温与接触时间

温度是保证除硅效果的重要因素。当水温在 20～40℃ 之间，提高温度可提高除硅效果。水温在 40℃ 时，水中残留的 SiO_2 可达 1mg/L 以下；当水温超过 40℃，对除硅效果则无太大影响：所以除硅水的温度常采用反应温度为 40℃，并应保持恒定，允许温度波动范围为 ±1℃，接触时间一般为 1h。

（3）原水水质

原水硬度高时，以镁剂除硅有利。因碳酸盐硬度高时，生成的沉淀物多，有利于沉淀过程；非碳酸盐硬度高时，水中残留的 CO_3^{2-} 量减少，且 $Mg(OH)_2$ 胶粒也能吸附 CO_3^{2-}，由于 CO_3^{2-} 少，则 $HSiO_3^-$ 更易被吸附。原水中的有机物较多时，能阻碍沉淀物结晶，不利于除硅。因此可适当增加凝聚剂投加量，pH 值以控制在 $10 \sim 10.3$ 范围内为原则。

（4）镁剂投加量

处理每立方米水需加入的 100% 氧化镁克数，按式（3-6）计算

$$MgO = P_{MgO} \times [SiO_3^{2-}] \quad (g/m^3) \tag{3-6}$$

式中　P_{MgO}——氧化镁的单位剂量，$mg/mg\ SiO_3^{2-}$，即去除 $1mg\ SiO_3^{2-}$ 所需 MgO 的毫克数，一般取 $10 \sim 15mg/mg(SiO_3^{2-})$；

$[SiO_3^{2-}]$——被处理水中 SiO_3^{2-} 的含量，mg/L。

①用菱苦土和石灰处理时，式（3-6）求得的菱苦土的加药量应减去原水中的镁含量，可按式（3-7）计算

$$菱苦土 = \{P_{MgO} \times [SiO_3^{2-}] - H_{Mg} \times 20.16\} \times \frac{1}{C} \quad (g/m^3) \tag{3-7}$$

石灰用量按式（3-2）计算。

②采用白云灰和石灰时，白云灰的加入量按式（3-8）计算

$$白云灰 = \{P_{MgO} \times [SiO_3^{2-}] - H_{Mg} \times 20.16\} \times \frac{1}{C'} \quad (g/m^3) \tag{3-8}$$

这时，石灰加入量按式（3-2）计算出来的数值，应减去白云灰带入的 CaO 量，可按式（3-9）计算

$$CaO = 28(H_Z + H_{Mg} + CO_2 + Fe + K + \alpha) - RO \times C_{CaO} \quad (g/m^3) \tag{3-9}$$

③采用白云灰与菱苦土同时处理时，其加药量按式（3-10）、式（3-11）计算

$$白云灰 = \frac{28}{C_{CaO}}[H_Z + H_{Mg} + CO_2 + Fe + K + \alpha] \quad (g/m^3) \tag{3-10}$$

$$菱苦土 = \{P_{MgO} \times [SiO_3^{2-}] - H_{Mg} \times 20.16 - RO \times C'\} \times \frac{1}{C} \quad (g/m^3) \tag{3-11}$$

式中　20.16——$\frac{1}{2}$ MgO 的摩尔质量，mg/mmol；

RO——白云灰的加药量，g/m^3；

C——菱苦土中 MgO 的纯度，%；

C'——白云灰中 MgO 的纯度，%；

C_{CaO}——白云灰中 CaO 的纯度，%；

其他符号同前。

（5）混凝剂的加药量

混凝剂的有效剂量应通过试验确定。一般 $\frac{1}{2}FeSO_4 \cdot 7H_2O$ 的有效剂量采用 $0.2 \sim 0.5mmol/L$，当水中耗氧量大于 $20mg/L$，菱苦土的剂量大于 $350mg/L$ 时，加药量允许大于 $0.5mmol/L$。

【例】某河水水质分析结果如下：

$\dfrac{1}{2}Ca^{2+}$：1.04mmol/L；$\dfrac{1}{2}Mg^{2+}$：2.28mmol/L；$\dfrac{1}{2}SiO_3^{2-}$：15.22mmol/L；

HCO_3^-：3.55mmol/L；$\dfrac{1}{2}CO_3^{2-}$：0.30mmol/L；总硬度 H_0：3.32mmol/L；

碳酸盐硬度：3.32mmol/L；非碳酸盐硬度：0mmol/L；总碱度 A_0：3.85mmol/L；

过剩碱度：0.53mmol/L；游离 CO_2：2.0mg/L＝0.09mmol/L；$\dfrac{1}{2}Fe^{2+}$：2.2mg/L＝0.08mmol/L；pH 值：8.5。

已知所用菱苦土中氧化镁含量大于 88%。试求石灰、凝聚剂、镁剂除硅时的加药量。

【解】混凝剂采用 $FeSO_4 \cdot 7H_2O$，加药量按 0.5mmol/L，石灰过剩量 α 值选用 0.4mmol/L，氧化镁的单位剂量 P_{MgO} 选用 15mg/mgSiO_3^{2-} 石灰的加药量：

$$
\begin{aligned}
CaO &= 28（H_Z + H_{Mg} + CO_2 + Fe + K + \alpha）\\
&= 28 \times（3.32 + 2.28 + 0.09 + 0.08 + 0.5 + 0.4）\\
&= 187g/m^3
\end{aligned}
$$

菱苦土的加药量：

$$
\begin{aligned}
菱苦土 &= \{P_{MgO} \times [SiO_3^{2-}] - H_{Mg} \times 20.16\} \times \dfrac{1}{C}\\
&=（15 \times 15.22 - 2.28 \times 20.16）\times \dfrac{1}{0.88}\\
&= 207（g/m^3）
\end{aligned}
$$

混凝剂的加药量为

$$FeSO_4 \cdot 7H_2O = 0.5 \times 139 = 70（g/m^3）$$

式中　139——$\dfrac{1}{2}FeSO_4 \cdot 7H_2O$ 的摩尔质量，mg/mmol。

通过上述计算得出，每立方米被处理水需要加入 100% 的 CaO 为 187g，菱苦土为 207g，$FeSO_4 \cdot 7H_2O$ 为 70g。

3. 石灰凝聚、镁剂除硅后的水质

(1) 碳酸盐硬度残留量 0.7~1.0mmol/L。

(2) 硅酸化合物（SiO_3^{2-}）残余量 1~1.5mg/L。

(3) 铁的残余含量＜0.1mg/L。

(4) 有机物可以除掉 60%~80%。

(5) 出水悬浮物小于 20mg/L，一般在 10mg/L 以下。

(6) 出水 pH≈10~10.3。

4. 石灰、凝聚剂、镁剂除硅系统

石灰、凝聚剂、镁剂除硅系统的选择，主要取决于药剂提运方式、药剂配制方法、加药设备以及选用澄清池的情况。

石灰、凝聚剂、镁剂除硅系统见图 3-5，选用单轨抓斗吊车运送石灰和镁剂，石灰采用消石灰机和浆槽贮存，用机械搅拌器配制药剂，活塞泵加药；镁剂吊运到贮存斗内，用圆盘给粉机干法加药，水射器输送；混凝剂采用 $FeSO_4 \cdot 7H_2O$，用水力搅拌器溶解配制，薄膜泵加药；选用悬浮澄清池。该系统适用于较大容量的水处理。

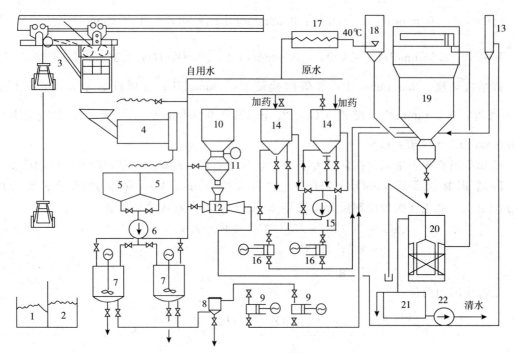

图 3-5 石灰、凝聚剂、镁剂除硅系统

1—氧化镁转运槽；2—石灰贮存库；3—单轨抓斗吊车；4—消石灰机；5—石灰浆贮存槽；6—石灰浆泵；
7—石灰乳机械搅拌器；8—捕砂器；9—石灰乳活塞加药泵；10—氧化镁贮存斗；11—圆盘给粉机；
12—水射器；13—镁剂空气分离器；14—$FeSO_4 \cdot 7H_2O$ 混凝剂水力搅拌器；15—凝聚剂溶液泵；
16—薄膜加药泵；17—原水预热器；18—空气分离池；19—澄清池；20—无阀滤池；21—清水箱；22—清水泵

三、石灰-纯碱软化法

石灰软化法只适用于处理暂时硬度高、永久硬度低的水。对硬度高碱度低即永久硬度高的水，可采用石灰-纯碱软化法，即加石灰的同时再投加适量的纯碱（Na_2CO_3，又称苏打）。

1. 反应过程

石灰-纯碱软化法中石灰一般用于去除水中的碳酸盐硬度，纯碱用于去除非碳酸盐硬度。石灰-纯碱软化可分为冷法、温热法和热法。冷法温度即为原水温度；热法温度为 $\geqslant 98℃$；温热法温度介于二者之间，通常为 $50℃$。其反应方程式如下：

（1）去除水中永久硬度

$$CaSO_4 + Na_2CO_3 \rightarrow CaCO_3 \downarrow + Na_2SO_4$$

$$CaCl_2 + Na_2CO_3 \rightarrow CaCO_3 \downarrow + 2NaCl$$

$$MgSO_4 + Na_2CO_3 \rightarrow MgCO_3 + Na_2SO_4$$

$$MgCl_2 + Na_2CO_3 \rightarrow MgCO_3 + 2NaCl$$

在较高 pH 值时，$MgCO_3$ 很快水解：

$$MgCO_3 + H_2O \rightarrow Mg(OH)_2 \downarrow + CO_2 \uparrow$$

（2）可去除部分暂时硬度

$$Ca(HCO_3)_2 + Na_2CO_3 \rightarrow CaCO_3 \downarrow + 2NaHCO_3$$

$$Mg (HCO_3)_2 + Na_2CO_3 \rightarrow MgCO_3 \downarrow + 2NaHCO_3$$

$$MgCO_3 + H_2 \rightarrow Mg (OH)_2 \downarrow + CO_2 \uparrow$$

石灰-纯碱法也可用硫酸亚铁作凝聚剂，其反应类似石灰法。当此法用于离子交换预处理时，如软化采用的是热法，则需将处理后水的温度降至约40℃。

2. 石灰-纯碱投加量的计算

(1) 石灰投加量按式（3-12）计算

$$CaO = \frac{28}{\varepsilon_1} \times (CO_2 + A_0 + H_{Mg} + \alpha)(mg/L) \tag{3-12}$$

(2) 纯碱投加量按式（3-13）计算

$$Na_2CO_3 = \frac{53}{\varepsilon_2} \times (H_Y + \beta)(mg/L) \tag{3-13}$$

式中　A_0——原水总碱度（H^+计），mmol/L；

　　　H_{Mg}——原水镁硬度（$\frac{1}{2}Mg^{2+}$计），mmol/L；

　　　H_Y——原水的永久硬度（$\frac{1}{2}Ca^{2+} + \frac{1}{2}Mg^{2+}$计），mmol/L；

　Na_2CO_3——纯碱投加量，mg/L；

　　　β——纯碱过剩量（$\frac{1}{2}Na_2CO_3$计），mmol/L，一般取1.0～1.4mmol/L；

　　　53——$\frac{1}{2}Na_2CO_3$的摩尔质量，mg/mmol；

　　　ε_1——生石灰的纯度，%；

　　　ε_2——工业纯碱的纯度，%；

其他符号同前。

3. 石灰-纯碱软化法处理后的水质

用石灰-纯碱法时，药剂剂量必须正确，氢氧化钙或碳酸钠过量会发生自反应而增加水中氢氧化钠含量。过量的纯碱本身在蒸汽锅炉中会水解而生成氢氧化钠和二氧化碳：

$$Na_2CO_3 + H_2O \longrightarrow 2NaOH + CO_2 \uparrow$$

水解生成的氢氧化钠可能成为锅炉苛性脆化或碱性腐蚀的一个因素。二氧化碳则会导致凝结水管路发生腐蚀。

在含二氧化碳高的生水中用此法时，在软化前先进行脱气处理就更为经济。

石灰-纯碱软化法所产生的碳酸钙和氢氧化镁，虽然是不可溶的，但实际上还会有少量钙、镁剩留于溶液中。出水硬度在用冷法时通常为1.0～1.6mmol/L；温热法时为0.6～1.2mmol/L；热法时为0.1～0.4mmol/L。有时出水硬度还可能更高，这与所用药量及软化要求达到的程度有关。

出水中维持过剩的碳酸盐和氢氧碱度，可以调节钙和镁的溶解度。在本法中，是以纯碱控制碳酸盐的过剩量，过剩碳酸盐一般维持在0.4～1.2mmol/L。氢氧碱度的过剩量是由石灰剂量来控制的，一般维持在0.8mmol/L以下。在实际运行中，过剩量应根据运行温度和对出水的具体要求决定。这与单独用石灰作为软化剂时不一样，在单纯的石灰软化中不维持过剩的碳酸盐，而且氢氧碱度的过剩量也是低的。

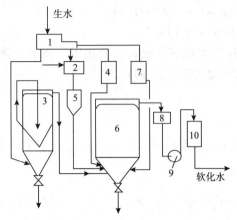

图 3-6　石灰-纯碱处理系统（热法）

1—配水器；2—加热器；3—饱和器；4—纯碱加药器；
5—空气分离器；6—沉降-澄清器；7—凝聚剂加药器；
8—中间水箱；9—水泵；10—过滤器

4. 石灰-纯碱软化处理系统流程

以热法为例，介绍石灰-纯碱软化处理系统流程见图 3-6。原水进入配水器，被按一定比例分成四股水流：一股流入制备石灰溶液的容器——饱和器；另两股分别进入纯碱加药器及凝聚剂加药器；还有一股则先进入加热器，然后再经过空气分离器。四股水流最后都流入沉降-澄清器。软化在沉降-澄清器中进行，水需加温至 80～90℃，软化水则经中间水箱、水泵、澄清过滤器而流至离子交换器进行第二级软化。

这个设备系统图中尚未包括溶解石灰和凝聚剂等的设备。

第二节　药剂的制备与投加

一、石灰乳的制备与投加

石灰要具有高纯度（指活性 CaO 的含量要高）、高活性、高细度以便加速反应的进行，缩小反应设备的容积，防止设备与系统的堵塞。

良好的消化是制取高质量石灰的重要环节。高纯度的生石灰，只有在接近水的沸点温度下（同时在激烈的搅拌和均匀准确的水量控制下）消化，才可得到十分细腻的熟石灰。石灰的表面积是加速溶解、反应、提高利用率的重要指标，其粒度愈小，表面积愈大。无论粉状、块状、膏状、乳状石灰，都应保持颗粒表面良好的活性。石灰乳可以由块状生石灰通过熟化机进行消化制备；也可以使用生石灰粉或熟石灰粉制备，宜尽量采用粉状石灰。

1. 石灰乳的制备

（1）块状石灰的消化

使用纯度较低的生石灰时，须采用滚筒式熟化机进行消化。图 3-7 为 $\phi 1000 \times 5000$ 消石灰机（生产能力为 25t/d；电动机功率为 4.5kW，转速为 950r/min；搅拌筒转速为 5r/min；金属总重量约为 2700kg）。用单轨抓斗吊车或皮带运输机将石灰送到消化机入口处，用水冲进消石灰机，在筒内使石灰与水充分进行搅拌。此种熟化机用于低温熟化，因此获得的石灰乳活性低，制乳系统复杂，运行操作条件差。

（2）生石灰粉高温熟化制备法

在大、中型石灰处理站一般采用生石灰粉直接制备石灰乳的方法。生石灰与水混合的反应产生 Ca^{2+}、OH^- 离子并形成氢氧化钙的过饱和溶液，再由此结晶出固相 $Ca(OH)_2$，水化反应时产生的蒸汽把水加热至 90～100℃，然后用这些热水将生石灰熟化成 30% 左右的熟石灰浆料，最后稀释到 5% 左右的石灰乳液。

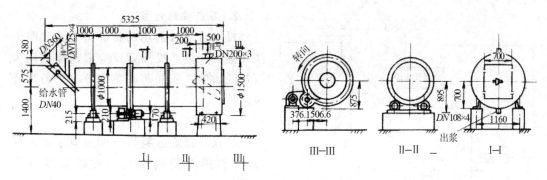

图 3-7　φ1000×5000 消石灰机

（3）由熟石灰粉制备石灰乳

将熟石灰粉与适量的水混合，加以搅拌就可成乳。系统简单，操作方便。其缺点是石灰乳液活性较低。

（4）石灰乳的贮存和搅拌

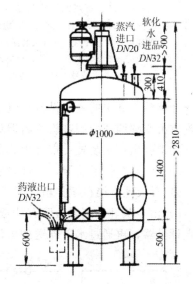

图 3-8　φ1000 密封机械搅拌溶液槽

无论生石灰粉或熟石灰粉制备的石灰乳，由于分散性较高，具有自发凝聚、结块的趋势，在贮存过程中必须不断搅拌，使之保持悬浮状。图 3-8 为 φ1000 密封式机械搅拌溶液槽（容积为 1.4m³；电动机功率为 1.0kW，转速为 1000r/min）；图 3-9 为 φ2000 悬浮液机械搅拌式溶液槽（容积为 8m³；电动机功率为 2.3kW，转速为 960r/min）；图 3-10 为 φ2000 水力搅拌槽（容积为 8m³）。每台搅拌器的容积应能满足 8h 的用量。选用水力搅拌时，要考虑耐磨性能，泵的扬程应大于 25m，泵的流量应考虑搅拌器横断面内的流速不小于 29m/h。

搅拌箱流出的石灰乳中所含的杂质和细砂，可用捕砂器去除。

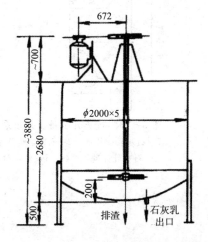

图 3-9　φ2000 悬浮液机械搅拌式溶液槽

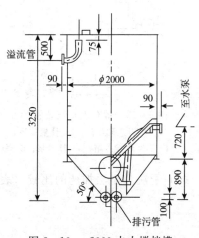

图 3-10　φ2000 水力搅拌槽

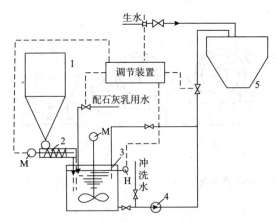

图 3-11　石灰的干法计量系统

1—熟石灰粉贮存器；2—计量装置（含螺旋给料机及
调速电子皮带秤）；3—石灰乳搅拌箱；
4—离心式石灰乳泵；5—软化反应设备；
H—输出信号；M—电动机

2. 石灰乳的计量

投加石灰时常用两种计量方式，即干法和湿法计量。投加到反应澄清池的均为石灰乳，但进入加药系统则分有干粉与乳液两种。

（1）干法计量的流程

粉仓→螺旋给料机→调速电子皮带秤（或变频螺旋给料机）→配浓浆槽→输送泵。

干法计量是把原水流量变化的信号直接送给电子皮带秤或螺旋给料机的变频控制器，以调节干粉加入量的多少。此法多用于熟石灰粉的计量，其系统见图 3-11。

（2）湿法计量的流程

粉仓→螺旋给料机→消化器→配稀浆槽→计量泵。其中的关键设备是电子皮带秤和计量泵，由于电子皮带秤极易磨损失效，往往改成由变频调速控制螺旋给料器计量干粉的投加。湿法计量系统有两种：

①带有生石灰装置：带有生石灰装置的湿法计量系统见图 3-12。

②无生石灰计量装置，其计量装置有两种：

a）石灰乳直接在搅拌箱中配成需要的浓度，由活塞计量泵控制用量。

b）由石灰乳送到乳液贮存槽或石灰乳搅拌箱并配成所需要的浓度，利用泵输送到石灰乳计量器，再通过水射器送到澄清池中，见图 3-13。

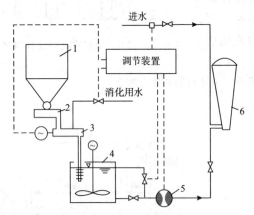

图 3-12　带有生石灰装置的湿法计量系统

1—生石灰贮存箱；2—计量装置；3—熟化器；
4—石灰乳搅拌箱；5—计量泵；6—软化反应设备

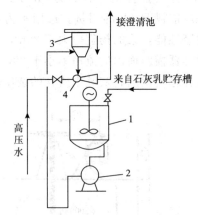

图 3-13　石灰乳制备及计量系统

1—石灰乳搅拌器；2—石灰乳输送泵；
3—石灰乳计量器；4—石灰乳水射器

（3）干法和湿法加药的比较（表 3-1）

表 3-1 干法和湿法加药的比较

加药方式	优点	缺点
湿法	1. 即使加药量较少，也易于调节 2. 可以在压力管内进行加药	1. 加药设备比干法复杂 2. 加药设备易腐蚀，需有防腐措施
干法	1. 加药设备比湿法小 2. 加药设备不易腐蚀 3. 能迅速增大加药量	1. 吸湿性药剂不能用（如硫酸铝） 2. 要用粉末状药品 3. 如果设备不够灵敏，加药量不易准确 4. 加药量少时不易调节，劳动条件差

（4）计量设备

常用的计量设备有变频调速螺旋给料器、调速电子皮带秤、计量泵、水射器等。石灰乳计量泵有活塞泵、隔膜泵两种类型。采用计量泵时，石灰乳液浓度不超过 4%，温度不超过 40℃，最好使加药泵在其额定流量 20%～80% 范围内工作。

二、其他药剂的制备与投加

1. 苏打

苏打一般采用袋装运输，仓库存放。溶药和配药可在同一个搅拌器内进行，搅拌可用水力或机械搅拌，当选用一台搅拌器时，需备用药剂溶液箱，药剂在搅拌槽内配好后倒入溶液箱，以保证处理系统连续加药，当选用两台搅拌器交替使用时，即可满足连续加药的要求。

药剂的库存量一般按 30d 左右计算。

药剂的计量和投加一般采用活塞计量泵和压力式孔板两种方式。活塞泵计量加药方法简单，能做到连续均匀加药，调节方便，维护容易；压力式孔板加药一般须配备两个加药罐交替使用，但加药罐需定期换药，加药的浓度有浓淡不均的现象产生。

2. 苛性钠

苛性钠有两种：一种是不同浓度的液态 NaOH；另一种是固态的 NaOH。

固态苛性钠使用时须预先在溶解槽内溶解，为加快溶解速度可采用蒸汽加热。将贮存槽内或溶解槽内的液体碱，用泵输送到搅拌器内，加水搅拌均匀，配制成计量浓度。当只有一台搅拌器时，须另设溶液箱，以便保证连续加药。计量加药的方法与苏打加药的方法相同。

3. 镁剂

镁剂常用的有菱苦土或白云灰，均为白色粉状，用袋装运输，宜在封闭式贮存斗内贮存，运输和贮存中要防止吸湿结块（如有结块，必须筛分破碎），库存数量不宜过多，以15～30d 的用量或更短些时间为宜。

镁剂有干法加药和湿法加药两种。干法加药系统见图 3-14，在贮存斗的底部装设圆盘给粉机，用水射器输送到澄清池；湿法加药是将镁剂和石灰按加药比例，在同一个搅拌槽内制成乳液加入澄清池，湿法加药系统见图 3-15。

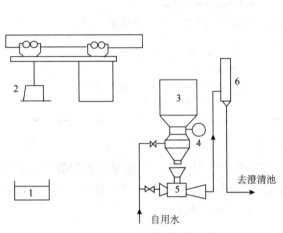

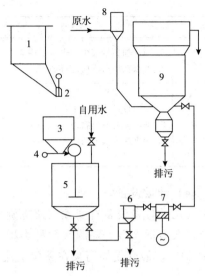

图 3-14 镁剂干法加药系统
1—氧化镁槽；2—吊车；3—贮存斗；4—圆盘给粉机；
5—水射器；6—空气分离器

图 3-15 镁剂湿法加药系统
1—镁剂贮存斗；2—闸板；3—计量斗；4—底门；
5—机械搅拌槽；6—捕砂器；7—活塞加药泵；
8—空气分离器；9—澄清池

4. 各种药剂的溶液投加浓度

各种药剂的溶液投加浓度见表 3-2。

表 3-2 各种药剂的溶液投加浓度

药品名称	纯度/%	溶液浓度	
		体积浓度/%	质量浓度/（mmol/L）
生石灰 CaO	60～85	1～3	400～1200
碳酸钠 Na_2CO_3	95	5～10	800～1800
苛性钠 NaOH	30～98	5～10	1200～2500
硫酸铝 $Al_2(SO_4)_3 \cdot 18H_2O$	45	5～10	800～1800
硫酸亚铁 $FeSO_4 \cdot 7H_2O$	52	5～10	600～1300
镁剂 MgO	—	1～3	500～1500

第三节 药剂软化设备

一、混合

药剂投入水中后发生水解反应并产生异电荷胶体，与水中胶体和悬浮物接触，形成细小的矾花，这一过程就是混合，大约在 10～30s 内完成，一般不超过 2min。对混合的要求是快速而均匀。快速是因混凝剂在废水中发生水解反应的速率很快，需要尽量造成急速扰动以生成大量细小胶体，并不要求产生大颗粒；均匀是为了使化学反应能在水中各部分得到均衡发展。

混合的动力有水力和机械搅拌两类。因此混合设备也分为两类，采用机械搅拌的有机械搅拌混合槽、水泵混合槽等；利用水力混合的有管道式、穿孔板式、涡流式混合槽等。

二、反应

混合完成后，水中已产生细小絮体，但还未达到能自然沉降的粒度，反应设备的任务就是使小絮体逐渐絮凝成大絮体。反应设备应有一定的停留时间和适当的搅拌强度，以让小絮体能相互碰撞，并防止产生大的絮体沉淀。但搅拌强度太大，则会使生成的絮体破碎，且絮体越大，越易破碎，因此在反应设备中，沿着水流方向搅拌强度应越来越小。反应时间一般需 20～30min 左右。

反应池的型式有隔板折流反应池、涡流式反应池、机械搅拌反应池等。折板反应池与机械搅拌反应池结构见图 3-16 和图 3-17。

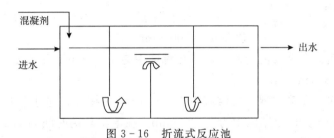

图 3-16　折流式反应池

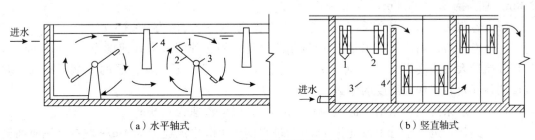

（a）水平轴式　　　　　　　　　　　（b）竖直轴式

图 3-17　机械搅拌反应池

1—桨板；2—叶轮；3—转轴；4—隔板

图 3-18 所示为水力式涡流反应器，水由下部进入后，由于反应器呈倒锥形，在器中便产生涡流作用，水的上升流速因截面的扩大而渐减，有利于絮凝物的长大。

涡流反应器的容积小，出水能力较高，适用于钙硬度大，镁硬度一般不超过总硬度20%和悬浮物不多的水。涡流反应器的设计数据：原水进口流速为 3～5m/s；锥角为15°～20°；锥角处上升流速为 0.8～1.0m/s；出水管处的上升流速为 4～6mm/s；涡流反应器的容积，按停留时间为 10～15min 考虑。

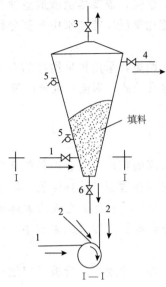

图 3-18　水力式涡流反应器
1—进水管；2—加药管；3—排气管；
4—出水管；5—取样管；6—排渣管

三、澄清设备

石灰软化中常用机械搅拌澄清池，机械搅拌澄清池工作示意见图 2-10。

1. 机械搅拌澄清池特点

（1）机械搅拌澄清池对水质、水量、水温的变化适应性强，运行稳定，投药量少，易于控制。

（2）机械搅拌澄清池内是否设机械刮泥装置应根据池径大小、底坡大小、进水悬浮物含量及其颗粒组成等因素确定。当池径小于 15m，底坡不小于 45°，含渣量不大时，可不设机械刮泥装置。

该澄清池在运行中，由于排泥、配制凝聚剂溶液、冲洗水池等要消耗一些水，这部分水称为自用水。对于机械搅拌澄清池，自用水的百分率较大。

2. 主要设计参数

（1）进水浊度：一般小于 5000mg/L，短时间内允许达 5000～10000mg/L。

（2）上升流速：在第二混合反应区和导流区中为 40～60mm/s（按 5 倍进水量计）；在分离区中为 0.8～1.1mm/s。

（3）流经时间：在第二混合反应区中为 7～10min（按 5 倍进水量计）。在第一混合反应区中为 15～20min。在导流区中为 2～2.5min。在池中总的时间为 1.2～1.5h。

（4）高度：清水区为 1.5～2.5m。保护高度（无水区）为 0.3m。底部锥体为 0.5～3.0m。总高为 3.0～8.0m。

（5）容积比：第一混合反应区：第二混合反应区：分离区为 2：1：7。

（6）搅拌器：涡轮提升水量为 3～5 倍进水量。涡轮外端最大线速度为 0.5～1.5m/s。叶片外端最大线速度为 0.4～0.6m/s。叶轮直径为第二混合反应区内径的 70%～80%，并应设调整叶轮转速和开启度的装置。

（7）出水系统：集水槽中流速为 0.4m/s。孔眼中流速为 0.6m/s。

（8）其他：进出水管中流速为 1m/s。进水槽流出缝中流速为 0.4m/s 左右。泥渣回流缝中流速为 0.1m/s。升温速度：<2℃/h。

第四章 吸 附

水的吸附处理（adsorption treatment）主要是利用吸附剂（adsorbent）吸附水中某些物质。目前在工业用水处理中，主要是利用活性炭（active carbon，AC）来吸附水中的有机物质和余氯，活性炭是最常用的吸附剂，除了活性炭之外，有时还会使用其他的吸附剂，比如大孔吸附树脂、废弃的阴离子交换树脂等，但应用较少。

在某些工业用水领域，比如锅炉用水、电子工业用水都要求彻底去除水中有机物质，活性炭吸附处理已得到广泛的应用。在城市自来水处理系统中，由于在氯化消毒时，水中有机物被氧化后会产生对人体有害的卤代烃类化合物，比如三氯甲烷、四氯化碳等，国内外生活饮用水标准对这些物质含量都作了极为严格的限定，所以吸附有机物的活性炭吸附处理作为生活饮用水深度处理，在国外应用很广，国内近年也开始采用。

水中余氯是指水在氯化消毒时氯的过剩量，它是防止在供水管网和末端用水场所微生物再次滋生繁殖的必要条件；但是余氯又有很强的氧化性，会氧化工业水处理系统中的离子交换树脂和膜，使其发生氧化性破坏，所以在很多场合使用活性炭来消除水中的余氯。

第一节 吸附基本理论

一、吸附原理和吸附类型

吸附是一种界面现象。它是具有很大比表面积的多孔的固相物质与气体或液体接触时，气体或液体中一种或几种组分会转移到固体表面上，形成多孔的固相物质对气体或液体中某些组分的吸附。多孔的具有吸附功能的固体物质称为吸附剂，气相或液相中被吸附物质称为吸附质（adsorbate）。在水处理中，活性炭是吸附剂，水中有机物质或余氯就是吸附质。当活性炭用于防毒面具中时，空气中被吸附的有害气体就是吸附质。

吸附之所以产生，是因为固体表面上的分子受力不平衡，固体内部的分子四面均受到力的作用，而固体表面分子则三面受力，这种力的不平衡，就促使固体表面有吸附外界分子到其表面的能力，这就是表面能。按照热力学第二定律，当液相（或气相）中吸附质被吸附到固体（吸附剂）的表面上时，固体表面的表面能会降低，因而吸附是一个自动进行的过程。吸附剂表面吸附的吸附质量可用经典的吉布斯方程来表示

$$\Gamma = -\frac{C}{RT}\frac{\partial r}{\partial C} \tag{4-1}$$

式中　Γ——吸附量；

C——吸附质在主体溶液中的浓度；

R——气体常数；

T——热力学温度；

r——表面能（表面张力）。

该方程表示随吸附量的增加，吸附剂表面能下降。如果吸附量减少（Γ 为负值），则吸附剂表面能会增加。吸附量减少就是解析。解析是吸附的逆过程，伴随表面能增加，是不能自动进行的，必须在某些特定条件下才能发生。比如活性炭，它从水中吸附有机物质的过程是自动进行的，但当吸附饱和后，要将失效的活性炭再生，脱除活性炭上已吸附的物质，恢复其吸附能力，必须提供必要的条件（如加热等）。

从理论上来讲，如果液相（或气相）中某些物质不能降低吸附剂的表面能，则它不能被吸附剂所吸附。所以活性炭对水中物质的吸附是具有选择性的，不同物质被吸附的情况是不同的。水中有机物质、卤素（如 Cl_2、I_2、Br_2）、重金属（如 Ag^+、Cd^+、Pb^{2+}、CrO_4^-）等能被活性炭所吸附，而水中 Cl^-、Na^+、K^+、Ca^{2+} 等离子则不能被活性炭所吸附。

根据吸附力的不同，吸附剂对吸附质的吸附可以分为三种类型：物理吸附、化学吸附和离子交换吸附。

物理吸附是指吸附剂和吸附质之间的吸附力是分子引力（范德华力）所产生的，所以物理吸附也称范德华吸附。它的特征是：吸附过程伴随表面能和表面张力的降低，是一个放热过程（吸附热一般小于 41.8kJ/mol），而解析则是一个吸热过程，所以吸附可以在低温下进行，温度高则会引起解析。物理吸附可以是单分子层吸附，也可以是多分子层吸附。

所谓化学吸附是指吸附剂和吸附质之间发生化学反应，吸附力由化学键产生，吸附质化学性质发生变化。离子交换吸附是吸附质的离子依靠静电引力吸附到吸附剂的带电荷质点上，然后再放出一个带电荷的离子。

活性炭吸附水中有机物主要是物理吸附，活性炭去除水中余氯还伴有化学吸附产生。

二、吸附容量和吸附等温线

吸附容量（adsorptive capacity）是指单位吸附剂所吸附的吸附质的量，单位是 mg/g 或其他。

由于吸附是在吸附剂表面上吸附单分子层或多分子层的吸附质，为了达到一定的吸附容量，吸附质必须是具有很大比表面积的多孔物质。所谓比表面积（specific surface area），是指单位质量的物质所具有的表面积，比如活性炭，它的比表面积可达 $1000m^2/g$，这样大的比表面积才使它具有比较高的吸附容量，满足工业应用的需要。

对于以物理吸附为主要的吸附过程（比如活性炭吸附），吸附质和吸附剂之间不存在简单的化学剂量关系，影响吸附容量的因素很多，除了吸附剂和吸附质本身性质外，还与温度和平衡浓度有关。例如利用活性炭来吸附水中有机物，当活性炭和水中有机物种类确定时，该活性炭吸附容量（q）仅与温度 t 和吸附平衡时水中有机物浓度（即平衡浓度 C_e）有关，可以写作

$$q = f(t, C_e) \tag{4-2}$$

当温度固定时，吸附容量仅随平衡浓度变化而变化，它们之间的关系称为吸附等温线（adsorption isotherm）。根据吸附等温线可以判断不同活性炭的吸附性能差异，也可以对吸附过程进行分析。

吸附等温线绘制是指逐点测得不同平衡浓度时的吸附容量，然后绘制在吸附容量平衡浓度坐标体系中。以活性炭为例，其测定方法为：先将试验的活性炭洗涤干燥，研磨至200 目以下，在一系列磨口三角瓶中放入同体积同浓度的吸附质（如有机物）溶液，然后加入不同数量的活性炭样品，在恒温情况下振荡，达到吸附平衡后，测定吸附后溶液中残余吸附质浓度，按下式计算吸附容量：

$$q_e = \frac{V\,(C_0 - C_e)}{m} \tag{4-3}$$

式中　q_e——在平衡浓度为 C_e 时的吸附容量，mg/g；

　　　V——吸附质溶液体积，L；

　　　C_0——溶液中吸附质的初始质量浓度，mg/L；

　　　C_e——活性炭吸附平衡时吸附质剩余质量浓度，mg/L；

　　　m——活性炭样品质量，g。

将测得的一系列吸附容量值与其对应的平衡浓度在坐标系中作图，即得本温度下该活性炭对该有机物的吸附等温线。比较不同活性炭对同一种有机物的吸附等温线可以判断活性炭对该有机物吸附性能的好坏，可用于活性炭筛选及性能评定。

理论上分析，吸附等温线有 3 种类型。

1. 朗格缪尔（Langmuir）型

朗格缪尔型吸附是朗格缪尔于 1916 年提出的。这种吸附等温线的基本特征是：随平衡浓度上升，吸附容量增大，但当平衡浓度达到某一数值之后，吸附容量也趋向一稳定值，达到它的最大吸附极限。朗格缪尔型吸附等温线可用以下数学式表示

$$q_e = \frac{bq_0 C_e}{1 + bC_e} \tag{4-4}$$

式中　q_0——吸附剂的吸附容量极限值，mg/g；

　　　b——常数项，L/mg。

朗格缪尔吸附等温线的图示形式如图 4-1 所示。当 C_e 趋向无穷大时，q_e 则趋向于 q_0，若作 $\frac{1}{C_e}$ - $\frac{1}{q_e}$ 图：该等温线在纵坐标上的截距便为 $\frac{1}{q_0}$，斜率则为 $\frac{1}{bq_0}$（图 4-2）。

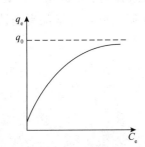

图 4-1　朗格缪尔吸附等温线

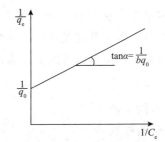

图 4-2　$\frac{1}{C_e}$ - $\frac{1}{q_e}$ 朗格缪尔吸附等温线

对于朗格缪尔吸附等温线，由于存在最大的吸附极限，所以通常认为它的吸附层只有

一个分子层厚，即为单分子层吸附。这种吸附模型只考虑吸附质和吸附剂之间的作用，忽略了吸附质分子间的相互作用，这是它的不足之处。

2. BET 型

BET 型吸附的特征是：随平衡浓度增大，吸附容量也随之增大，但当平衡浓度增大到某一值时（或称为饱和浓度），吸附容量直线上升，它不存在吸附容量极限值，却存在平衡浓度的最大值（图 4-3）。BET 型吸附是 1938 年由 Brunauer、Emmett 和 Teller 等提出的，所以称为 BET 型。

BET 型吸附等温线可用以下数学式表示

$$q_e = \frac{BC_e q_0}{(C_s - C_e)\left[1 + (B-1)\dfrac{C_e}{C_s}\right]} \tag{4-5}$$

式中　B——常数项；

　　　C_s——吸附质平衡浓度的最大值（饱和浓度）。

如果变换 BET 型吸附等温线的坐标，也可以得到直线关系，如图 4-4 所示。

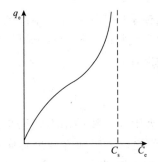

图 4-3　BET 型吸附等温线

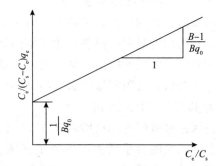

图 4-4　直线型 BET 型吸附等温线表示方式

BET 型吸附等温线属于典型的多层吸附，当平衡浓度到达某一浓度时吸附容量急剧放大，可以看作是吸附质在吸附剂上多层堆积，不断重叠，而造成吸附容量不断上升。BET 型吸附对大多数中孔吸附剂是适合的，但对活性炭则有较大偏差。事实上，BET 型吸附建立在吸附剂吸附表面均一性的基础上而忽略了吸附剂吸附表面不均一的事实。

3. 富兰德里胥（Freundlich）型

这种吸附型式的特征是：随吸附质平衡浓度增大，吸附容量也不断增大，既不像朗格缪尔型吸附容量存在极限值，也不像 BET 型吸附容量无限上升，而呈随平衡浓度上升，吸附容量也上升，但上升速度在逐渐减缓（图 4-5）。

富兰德里胥型吸附等温线的数学表达式为

$$q_e = kC_e^{\frac{1}{n}} \tag{4-6}$$

式中　k——吸附常数；

　　　n——吸附指数。

该式在双对数坐标系中则为一直线（图 4-6），直线的截距为 $\lg k$，斜率为 $\dfrac{1}{n}$。因此可以将试验测得的数值在双对数坐标体系中绘制吸附等温线来求得系数 k 和 n。

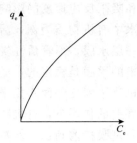
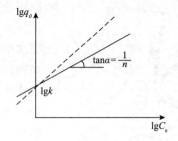

图 4-5 富兰德里胥吸附等温线　　图 4-6 双对数坐标系中的富兰德里胥吸附等温线

由于富兰德里胥型吸附等温线表示公式简单,便于数学处理,所以水处理中常使用该种吸附型来表达吸附过程。富兰德里胥吸附等温线中,k 和 $\frac{1}{n}$ 是很有意义的系数,从图 4-6 中可看出,k 为 $C_e=1$ 时的吸附容量。对同一种吸附质进行吸附时,不同吸附剂 k 值不同,吸附剂 k 值越大,则吸附性能越好。$\frac{1}{n}$ 为直线的斜率,即随 C_e 浓度变化,吸附容量的变化速率,它反映吸附剂的吸附深度。对图 4-6 分析可知,在吸附质浓度高的体系中(如 $\lg C_e>0$,即 $C_e>1$),选用 $\frac{1}{n}$ 大的吸附剂可以获得较高的吸附容量;在吸附质浓度低的吸附体系中(如 $\lg C_e<0$,即 $C_e<1$),采用 $\frac{1}{n}$ 小的吸附剂可获得较好的吸附容量。对活性炭吸附体系,$\frac{1}{n}$ 值一般在 0.1~2 之间。

三、吸附速度

吸附速度(adsorbing velocity)是指单位质量吸附剂在单位时间内吸附的吸附质的量,单位为 mg/(g·min)。吸附速度也是吸附剂的一个重要性能指标,因为工业上能够应用的吸附剂必须要有足够的吸附速度,吸附速度大,所需的接触时间短,含吸附质的液体流速可以提高,可以减少设备和材料,而且出水水质也可能提高,吸附速度很慢的吸附剂无法在工业上得到广泛应用。

以活性炭为例,在对不同活性炭进行选择时,除了比较其吸附容量外,还要比较其吸附速度。活性炭的吸附速度测定方法也与吸附容量测定方法相似,是在一定的吸附质溶液中加入一定量的活性炭,在充分振荡下让其吸附,每隔一段时间取样测定吸附质溶液中残余浓度,按下式进行计算

$$v=\frac{V(C_0-C_t)}{mt} \tag{4-7}$$

式中　　v——t 时间内平均吸附速度,mg/(g·min);

　　　　t——取样时间,min;

　　　　V——试样体积,L;

　　　　C_0——吸附质初始浓度,mg/L;

　　　　C_t——时间 t 时取样测定的吸附质残余浓度,mg/L。

从理论上分析,吸附过程包括吸附质扩散进入吸附剂内部及吸附反应两个步骤,因此

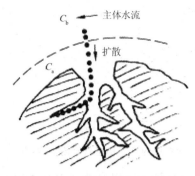

图 4-7 活性炭吸附的扩散过程

吸附速度也受扩散速度和吸附反应速度的影响。以颗粒活性炭在过滤器中吸附水中有机物质为例，活性炭颗粒在水中时，其外表形成一层水膜，不管活性炭周围水是如何运动的，活性炭外表的水膜是稳定的，活性炭的吸附作用使这层水膜中有机物浓度比外面水相中要低（图 4-7 中 $C_b > C_a$），在浓度差的作用下，有机物分子向水膜中扩散，即膜扩散。通过膜扩散到达活性炭表面的有机物分子再通过活性炭的孔向内部扩散（内扩散），由于活性炭的孔结构有大孔、中孔和微孔，大孔直径远远大于有机物分子直径，有机物分子在大孔中是以孔隙扩散形式进入，到达直径与有机物分子大小相似的微孔时，有机物分子可能被吸附于孔壁上的吸附点，沿着孔表面向活性炭内部微孔深处扩散。

从以上分析可见，吸附质在主体水流中扩散与水流速度、湍流情况等因素有关，膜扩散则与活性炭周围水膜层厚度（取决于主体水流速度及湍流情况）、吸附质（有机物）的浓度梯度、有机物性质等因素有关，而在孔内扩散则与活性炭吸附能力、孔径与有机物分子的相对大小及活性炭颗粒大小等因素有关。至于吸附质（有机物）在活性炭孔表面吸附点上吸附反应的速度，通常认为是很快的，不至于对活性炭吸附速度起控制作用。

因此，活性炭的吸附速度主要与活性炭颗粒大小、活性炭周围水流速度及湍流情况以及活性炭的孔结构和吸附质性质等因素有关。当活性炭颗粒表面流速较大时（比如粒状活性炭过滤吸附），膜扩散较快，吸附速度主要取决于孔内扩散，具体来说取决于活性炭孔径和吸附质分子的大小，活性炭孔径小，吸附质分子体积大，则吸附质扩散阻力大，吸附速度会减慢，吸附容量也会减少。

四、吸附的影响因素

1. 吸附剂的性质

由于吸附剂的吸附主要在孔的内表面进行，所以影响吸附性能（吸附容量和吸附速度）的主要是吸附剂的比表面积和孔径分布。同一类吸附剂比表面积越大吸附性能越好，孔径分布主要指孔径与吸附质分子尺寸间的相对关系。吸附质分子尺寸很小时（如气体），可以进入吸附剂所有的孔隙，很容易被吸附，吸附量也大。当吸附质分子较大时，在吸附剂孔中扩散阻力增大，甚至无法进入孔径很小的微孔，吸附量和吸附速度也大大下降。目前一般认为，当吸附质的分子直径约为吸附剂孔径 $\frac{1}{6} \sim \frac{1}{3}$ 以下时，可以很快进个孔中被吸附，吸附质分子直径大于此值时，扩散速度减慢，吸附速度下降，甚至吸附质无法达到吸附剂的微孔区域，吸附容量也降低。

以活性炭吸附水中有机物为例，由于有机物分子直径（d）与相对分子质量（M）大小成正比，根据二者之间简单关系 $d = M^{1/3}$ 计算可知，当有机物相对分子质量在 1000～5000 以上时，有机物很难进入孔径<2nm 的活性炭微孔，所以活性炭能吸附的有机物其相对分子质量在 1000～5000 以下。当然不同活性炭孔径分布不同，吸附的有机物大小也不同。因此，对吸附剂不应单纯追求比表面积大小，应结合被吸附的物质性质与吸附剂比

表面积和孔径分布进行综合考虑。最典型的例子是对某湖水进行脱色试验时，吸附剂比表面积大的脱色能力反而最差（表4-1）。这说明当吸附质是大分子时，应选用孔径较大（中孔较多）的吸附剂，而不应单纯追求比表面积较大的吸附剂。

表4-1 几种吸附剂对某湖水脱色能力的比较

吸附剂	吸附剂材质	比表面积/(m²/g)	相对脱色能力
Unchar GEE	石炭	740	1
Duolites-30	酚醛缩合物	128	1.3
ES-140	强碱阴离子交换树脂	110	2.4
DuoliteA-7D	苯酚-甲醛-胺缩合物	24	3.4
DuoliteA-30B	双氧-胺缩合物	1.4	5.0
ES-111	强碱阴离子交换树脂	1.0	2.8

用活性炭来脱除水中有机物时，也经常发现类似情况。表4-2中列出三种活性炭的对比试验结果，比表面积大的椰壳活性炭对天然水中天然有机物吸附容量却比比表面积小的其他果壳炭小，而且实际运行证明其使用寿命也短。

表4-2 三种活性炭吸附性能比较

项目	果壳活性炭	核壳活性炭	椰壳活性炭
比表面积/(m²/g)	682.6	738.3	1024.9
碘吸附值/(mg/g)	833.4	895.7	1111.6
亚甲基蓝脱色力/(mg/g)	9.0	9.5	12.5
四氯化碳吸附率/%	41.08	45.11	64.78
对腐殖酸、木质素、富里酸等天然有机物吸附容量	中等	最大	最小
周期制水量比值	1.425	1.5	1

2. 吸附质的性质

从吸附原理来看，吸附作用是降低吸附剂的表面能，越是能降低吸附剂表面能的物质越易被吸附，所以吸附质分子结构等性质会影响其被吸附性。具体到活性炭，单从吸附质性质上来看有如下一些规律：

（1）吸附质憎水性越强，在水中溶解度越小，越容易被吸附；

（2）芳香族有机物比非芳香族有机物易于被吸附，如对苯、甲苯吸附容量比对丁醇大1倍，对吡啶、吗啉的吸附不及对芳香烃有机物的吸附；

（3）分子质量相近的有支侧链的有机物比直链有机物难被吸附；

（4）分子质量相近时，含烯键有机物比不含烯键有机物更易被吸附；

（5）分子质量大的有机物比分子质量小的有机物易被吸附，如甲醇＜乙醇＜丙醇＜丁醇，甲酸＜乙酸＜丙酸；

（6）非极性的有机物比极性有机物易被吸附；

（7）不含无机元素（或基团）的有机物比含无机元素（或基团）的有机物易被吸附；

（8）分子质量相近的一元醇比二元醇更易被吸附。

当然，如前所述，吸附质被吸附情况除与本身性质有关外，还应考虑吸附扩散时的阻力，太大分子的有机物在活性炭孔内扩散阻力增大有时会使吸附能力下降。

多种吸附质同时存在时，还会发生相互影响，比如相互竞争，使各自吸附量减少；相互诱发，使各自吸附量增加；或各自独立吸附，互不干扰。在多种吸附质同时存在时，这几种类型都有可能出现，具体是哪一种类，只有通过试验才能确定。

活性炭对各类化学物质吸附的难易情况，如表4-3和表4-4所示。

表4-3 活性炭对几类有机物吸附的难易性

活性炭容易吸附的有机物	活性炭难以吸附的有机物
芳香类溶剂（如苯、甲苯、硝基苯等）	醇类
氯化芳香烃（如多氯联苯、氯苯、氯萘等）	低分子酮、酸、醛
多核芳香烃类（如二氢苊、苯并芘等）	糖类及淀粉类
农药及除草剂类（如DDT、六六六、艾氏剂等）	分子质量很高的有机物或胶体有机物
氯化非芳香烃类（如四氯化碳、三氯甲烷等）	低分子脂肪类
高分子烃类（如染料、汽油、胺类等）	
腐殖质类	

表4-4 活性炭对金属离子及无机物的吸附难易性

易吸附	较易吸附	较差吸附	不吸附
锑、砷、铋、铬、锡、氯、溴、碘、氟化物	银、钴、汞、锆	铅、镍、钛、钒、铁	铜、镉、锌、钡、硒、钼、锰、钨、镭，硝酸盐、磷酸盐、氯化物、溴化物、碘化物

3. pH值

pH值对吸附剂影响主要是不同pH值时吸附质形态、大小会发生变化而引起的，有时pH值变化也会影响吸附剂形态及孔结构情况，当然也对吸附产生影响。例如，对含有酸性基团的有机物，最典型的是水中腐殖质类物质，pH值降低，活性炭对它的吸附容量上升（图4-8），与中性pH值下吸附容量相比，在酸性条件下（pH2～3）活性炭对腐殖质类物质的吸附容量要上升2～4倍。这一性质在工业水处理中已成功用于延长活性炭使用寿命，减少更换次数，节约费用。具体方法是将活性炭吸附处理放在阳离子交换器后，借助阳离子交换出水的低pH值来提高活性炭吸附容量。

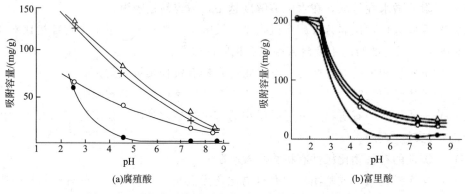

图4-8 活性炭对腐殖质类物质吸附能力与pH值的关系

Ca^{2+}：△ 100mg/L；× 60mg/L；○ 40mg/L；● 0mg/L；

降低 pH 值可以提高活性炭对含酸性基团有机物吸附能力的原因，一般解释为：高 pH 值时有机物酸性基团多解离为盐型化合物，溶解度大，分子体积大，不易被吸附；而低 pH 值时，它多为弱酸性化合物，解离很小，溶解度也下降。

对有机胺类化合物，降低 pH 值则易形成盐型化合物，溶解度上升，活性炭对它的吸附容量下降。

4. 吸附质介质中杂质离子的影响

吸附质介质中，某些离子会对吸附过程产生影响，比如 Ca^{2+} 能提高活性炭对腐殖质类化合物吸附容量（图 4-8），Mg^{2+} 也能提高活性炭对腐殖质类化合物吸附容量，但提高程度仅为 Ca^{2+} 的 $\frac{1}{5}$。

Na^+ 离子对活性炭吸附能力基本无影响。

5. 温度

吸附是一个放热过程，提高温度不利于吸附，相反降低温度可以促进吸附进行。例如，活性炭对氯仿的吸附容量，4℃时比 21℃时提高 70%。加热可以促进被吸附的物质发生解析，即吸附的反方向，比如加热可用于活性炭的再生。

6. 接触时间

吸附速度主要受扩散速度所控制，所以吸附剂与吸附质接触时间也直接影响吸附容量（图 4-9），但接触时间太长，工业设备又变得庞大，所以工业上不允许无限增大吸附剂与吸附质的接触时间。

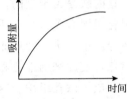

图 4-9　吸附剂和吸附质接触时间与吸附量的关系

第二节　活性炭简介

一、活性炭制取

活性炭是由含碳的材料制成的，比如木材、煤炭、石油、果壳、塑料、旧轮胎、废纸、稻壳、秸秆等。首先对其去除矿物质并干燥脱水，在 $500\sim600$℃下隔绝空气进行炭化，炭化之后根据粒度要求进行粉碎和筛选、再进行活化，活化方法有以下两种。

1. 物理活化（气体活化）

这是用水蒸气在 900℃左右进行活化，水蒸气中掺和一部分 CO_2（或空气），用 CO_2 与水蒸气的比例及活化时间来调节活化程度，即控制活性炭孔结构。颗粒状活性炭物理活化法流程示于图 4-10 中。

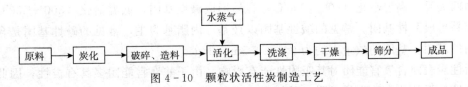

图 4-10　颗粒状活性炭制造工艺

2. 化学活化

它是用药品同时进行炭化和活化。常用的药品有 $ZnCl_2$、$CaCl_2$、H_3PO_4、KOH、HCl、K_2CO_3 等，以前工业上常用的药品为 $ZnCl_2$。将原材料在 $ZnCl_2$ 溶液中浸泡，待将 $ZnCl_2$ 吸收并干燥后，在 $600\sim700℃$ 氮气气氛中处理。目前由于环保问题，用 $ZnCl_2$ 活化方法已逐渐减少。

活化的目的是为能把活性炭内部的孔打通和扩大，增加活性炭比表面积，比如，活化前的活性炭比表面积仅有 $200\sim400m^2/g$，而通过活化后比表面积可能达到 $1000m^2/g$。炭化就是将原料加热，预先除去其中的挥发成分，原料中有机物发生热分解，释放出水蒸气、CO_2、CO、H_2 等气体，而留下大量残余炭化物，炭化物的吸附能力低，这是由于炭中含有一部分碳氢化合物、细孔容积小以及细孔被堵塞等原因所致。炭化过程分为 $400℃$ 以下的一次分解反应，$400\sim700℃$ 的氢断裂反应，$700\sim1000℃$ 的脱氧反应等三个反应阶段，原料无论是链状分子物质还是芳香族分子物质，经过上述三个反应阶段获得类似缩合苯环平面状分子而形成三维网状结构的炭化物。

这时炭是无定型的，在高温下会重新集合为微晶型结构，微晶型结构的多少与原材料及炭化温度有关。物理活化阶段通常包括三个阶段，在大约 $900℃$ 下，把炭暴露在氧化性气体介质中，进行处理而构成活化的第一阶段；除去被吸附质并使堵塞的细孔开放；进一步活化，使原来的细孔和通路扩大；随后，在碳质结构中反应性能高的部分发生选择性氧化而形成了微孔组织。这样活性炭比表面积增加，成为一种良好的多孔物质。水蒸气和 CO_2（有时还有氧）在活化时均能与炭进行反应，水蒸气的反应能力比 CO_2 高得多（约 8 倍），可以调节二者比例来调节活性炭孔结构。化学活化是利用 $ZnCl_2$ 的脱水作用使原料中的氢和氧以水蒸气形式放出，形成多孔的活性炭，近年来有人使用化学活化制得比表面积达 $2000\sim3000m^2/g$ 的活性炭。

最终制成的活性炭按形状分，有粉状和颗粒状两种。颗粒状活性炭（granular activated carbon，GAC）又有不定型及柱形（或球形）两种，一般水处理用果壳炭是不定型活性炭，而柱形炭多以粉状煤粉为活性炭原料，经加入黏结剂（焦油）黏结成型所得，所以柱形（球形）炭多为煤质炭。粉状活性炭（powdered activated carbon，PAC）是由煤粉、木屑等粉状原料制得。近年来，随着需求增加，又有超细活性炭粉末（粒径 $0.01\sim10\mu m$）、蜂窝状活性炭、活性炭丸、活性炭纤维等产品出现。

二、活性炭结构

活性炭通常被认为是无定形碳。X 射线衍射分析表明，它结构中含有 $1\sim3nm$ 的石墨微晶，所以又有人认为它属于微晶类碳。除了碳之外，活性炭中还含有一些杂原子，形成含氧基团，对活性炭性质起了很重要作用。活性炭的氧化物成分也影响活性炭吸附。活性炭在高温有氧条件下活化，在其表面会形成一些含氧基团，这些基团可分为酸性基团和碱性基团两大类。高温活化（$800\sim900℃$）容易形成碱性基团，低温活化（$300\sim500℃$ 及以下）容易形成酸性基团。常见的酸性基团以羟基、内脂基为主，常见的碱性基团是含有氧萘结构的基团，基团的数量大约为 $0.1\sim0.5mmol/g$。

活性炭表面含氧官能团对其吸附性能有影响。由于酸性官能团多具有极性，因此易对水中极性较强的化合物进行吸附，并妨碍对非极性物质的吸收，如芳香化合物、非极性烷链等。因为水中天然有机物多含有芳香环，所以不宜使用低温活化的活性炭进行吸附操作。活性炭使用失效后的再生也要注意不要形成酸性基团，长期贮存的活性炭由于空气缓慢氧化而产生酸性基团，这也会降低其对水中天然有机物的吸附能力。

活性炭最主要的结构特征是它的孔结构，描述孔结构的指标是比表面积（specific surface area），孔径（pore size）、孔径分布（pore size distribution）和孔容（pore volume）。

活性炭吸附所依赖的巨大比表面积主要是内部孔洞的表面。如果对孔的大小进行区分，则可以分为微孔、过渡孔（中孔）和大孔 3 种。按国际纯粹化学和应用化学联合会（IUPAC）的规定，微孔是指孔直径小于 2nm 的孔，中孔是指孔直径为 2～50nm 的孔，大孔是指直径大于 50nm 的孔。活性炭的孔径结构好比一个城市内四通八达的交通网，大孔在活性炭结构中好比城市的主要干道，中孔好比区域性通道，而微孔则是城市的基层弄堂、巷道。因此，微孔结构是活性炭孔面积的主要来源。有人曾对活性炭不同尺寸孔的面积及孔容进行测定，认为微孔面积要占活性炭比表面积的 95％以上（表 4-5），所以活性炭的吸附能力主要是由微孔引起的。

表 4-5 活性炭不同尺寸孔的孔容和孔面积

孔类型	孔直径/nm	孔容/(mL/g)	孔面积/(m²/g)	孔隙数/(个/g)
大孔	>50	0.2～0.5	0.5～2	10^{20}
过渡孔（中孔）	2～50	0.02～0.2	1～200	
微孔	<2	0.25～0.9	500～1500	

活性炭比表面积一般在 800～1000m²/g，目前比表面积最高的活性炭可达 3000m²/g。比表面积测定方法很多，常用的是 BET 法，除此之外还有液相色谱法、X 射线小角度散射法等。BET 法是将经真空脱气处理后的活性炭试样，在 -196℃下吸附氮气，这时在活性炭样品表面上吸附一层单分子层 N_2，根据单分子层吸附量及每一氮气分子占据的表面积，利用 BET 公式计算活性炭比表面积，公式如下

$$S = 4.353 \frac{V_m}{m} \qquad (4-8)$$

式中 S——比表面积，m^2/g；

V_m——在标准温度和压力下，表面为单分子层时吸附的氮气体积，cm^3；

m——活性炭质量，g；

4.353——换算系数。

V_m 可以通过下式计算

$$\frac{P}{V_a(P_0 - P)} = \frac{1}{V_m C} + \frac{C-1}{V_m C}\frac{P}{P_0} \qquad (4-9)$$

式中 P——吸附平衡时氮气压力；

P_0——液氮温度下，被吸附氮气的饱和压力；

C——与吸附热有关的常数；

V_a——平衡压力下试样所吸附的氮气体积。

孔径分布是了解活性炭孔结构和吸附性能的最主要指标。孔径分布测定方法有电子显微镜法、分子筛法、压汞法、X 射线小角度散射法等，常用的是压汞法，该法是利用汞不

能润湿活性炭细孔壁，要让汞进入细孔中就需要压力这一原理，通过下式进行计算

$$rP = -2\upsilon\cos\theta \tag{4-10}$$

式中　r——圆筒形细孔的孔半径；

　　　P——汞的压力；

　　　υ——汞的表面张力；

　　　θ——汞的接触角。

在压力 P 下，汞应该进入半径 r 以上的所有细孔中，所以测定由于压力的变化而引起进入汞量的变化，就可以知道孔径大小，进而确定孔径分布。例如某活性炭测得的孔径分布数据如表4-6所示。

表4-6　某活性炭测得的孔径分布

孔径/ nm	平均孔径/ nm	孔容/ (cm³/g)	孔面积/ (m²/g)	孔径/ nm	平均孔径/ nm	孔容/ (cm³/g)	孔面积/ (m²/g)
1.73~1.87	1.79	0.013275	29.658	5.88~6.84	6.28	0.006725	4.284
1.87~2	1.93	0.009788	20.327	6.84~8.37	7.43	0.008120	4.370
2~2.13	2.06	0.007614	14.795	8.37~10.09	9.05	0.006447	2.849
2.13~2.23	2.18	0.005137	9.432	10.09~11.46	10.68	0.003825	1.433
2.23~2.32	2.28	0.003948	6.936	11.46~13.33	12.23	0.004123	1.348
2.32~2.47	2.39	0.005477	9.164	13.33~16.03	14.41	0.004188	1.163
2.47~2.71	2.57	0.007675	11.930	16.03~19.58	17.42	0.003860	0.886
2.71~2.99	2.83	0.007435	10.511	19.58~25.1	21.62	0.004026	0.745
2.99~3.26	3.11	0.006172	7.941	25.1~36.05	28.57	0.004416	0.618
3.26~3.63	3.42	0.006570	7.682	36.05~60.23	42.20	0.004228	0.401
3.63~4.04	3.81	0.006161	6.475	60.23~93.59	69.79	0.002434	0.140
4.04~4.53	4.25	0.006150	5.784	93.59~142.17	108.06	0.001580	0.058
4.53~5.13	4.79	0.006208	5.186	142.17~305.46	170.62	0.001687	0.040
5.13~5.88	5.45	0.006607	4.853				

活性炭的比孔容一般不超过 0.7mL/g，中孔孔容一般约 0.1~0.3mL/g，孔容和孔容分布可以在用液氮测比表面积时通过计算求得。比表面积、孔容和孔的平均半径之间存在如下关系

$$r = \frac{2V}{S} \tag{4-11}$$

式中　r——假定孔为圆筒状时，孔的平均半径；

　　　V——比孔容积；

　　　S——比表面积。

三、活性炭型号命名

《活性炭分类和命名》（GB/T 32560—2016）给出了活性炭的命名方法。

活性炭命名由制造主要原材料和活性炭形状命名。第一层表示活性炭制造主要原材

料，用主要原材料英文单词的首字母大写表示；第二层表示活性炭的形状，用形状英文单词的首字母大写表示；第三层为名称，由汉字组成。活性炭命名表示方法见示例。

示例：

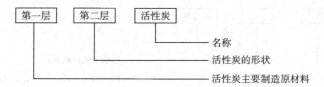

活性炭制造材料的分类符号以材料名称英文单词的首字母大写表示，若名称首字母重复，则在英文单词首字母后缀一个小写英文字母，该字母来源于材料名称的英文单词（辅音优先）；对木质炭，用原材料分类符号（W）和其下脚标标注（具体木质原料英文单词的首字母大写）共同表示，表示方法见表4－7。

表4－7　活性炭制造材料分类符号

活性炭制造材料类别		分类符号
煤质活性炭		C
木质活性炭	木屑类活性炭	W_S
	果壳类活性炭	W_P
	椰壳类活性炭	W_C
	生物质类活性炭	W_B
合成材料活性炭		M_S
其他类活性炭		O

活性炭形状的分类符号以形状名称英文单词的首字母大写表示，若形状名称首字母重复，在英文单词首字母后缀一个小写英文字母，该字母来源于该形状的英文单词（辅音优先）；将破碎炭的形状分类符号（G）和其下脚标标注的原料名称英文单词的首字母大写共同表示，若名称首字母有重复，在英文单词首字母后缀一个英文单词辅音小写字母，该字母来源于形状名称的英文单词（辅音优先）。表示方法见表4－8。

表4－8活性炭形状分类符号

活性炭形状类别		分类符号
柱状活性炭		E
破碎状活性炭	木质破碎活性炭	G_W
	原煤破碎活性炭	G_R
	压块破碎活性炭（煤质）	G_B
	柱状破碎活性炭（煤质）	G_E
粉状活性炭		P
球形活性炭		S
布类浸粉活性炭（炭纤维布）		W
毡类浸粉活性炭（炭纤维毡）		F
成形活性炭[a]		M

[a] 由活性炭和其他材料加工而成的滤芯、滤棒、蜂窝活性炭和炭雕等活性炭的再加工产品。

以木质（果壳）为制造原材料的破碎活性炭，产品命名为 W_PG_W 活性炭，表示方法见示例。

示例：

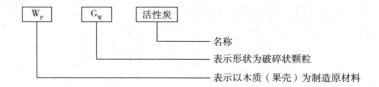

名称

表示形状为破碎状颗粒

表示以木质（果壳）为制造原材料

四、活性炭理化性能指标

对吸附用活性炭，常用下列一些技术指标对其性能进行描述：

（1）外观　活性炭外观呈黑色，可分为粉末状、不定型或柱形颗粒。

（2）粒度（particle size）和粒径分布　不定型活性炭粒度范围一般为 0.63～2.75mm；粉末状活性炭颗粒小于 0.18mm（一般在 80 目以下）；柱形活性炭直径一般为 3～4mm，长 2.5～5.1mm。颗粒状活性炭的颗粒尺寸可以根据需要确定。

（3）水分（moisture content）　又称干燥减量，它是将活性炭在 150℃±5℃ 恒温条件下干燥 3h 后测得的数据。

（4）表观密度（apparent density）　即充填密度，指单位体积活性炭具有的质量。对不定形活性炭，该值约为 0.4～0.5g/cm³。

（5）强度（abrasion resistance）　是将活性炭放在一内置钢珠的圆筒形球磨机中，在 50r/min±2r/min 的转速下研磨，根据破碎情况计算其强度，一般要求其强度值不小于 90%。

（6）灰分（ash content）　活性炭在 650℃±20℃ 下灰化（指木质炭，煤质炭为 800℃±25℃）所得灰分的质量占原试样质量的百分数。这是中国标准、国外标准在温度规定上不一样，因而同一样品测试结果也不同。

（7）漂浮率（floatation ratio）　干燥的活性炭试样在水中浸渍，搅拌静置后，漂浮在水面的活性炭质量占试样质量的百分数。

（8）pH 值　将活性炭试样在不含 CO_2 的纯水中煮沸，过滤后水的 pH 值即为活性炭 pH 值。

（9）亚甲基蓝吸附值（methylene blue adsorption）　在浓度 1.5mg/mL 的亚甲基蓝溶液中加入活性炭，振荡 20min，吸附后根据剩余亚甲基蓝浓度计算单位活性炭吸附的亚甲基蓝毫克数，单位为 mg/g。亚甲基蓝吸附值还可以用 mL/0.1g 单位表示，二者之间换算关系为

$$A = B \times 15 \tag{4-12}$$

式中　A——亚甲基蓝吸附值，mg/g；

　　　　B——亚甲基蓝吸附值，mL/0.1g。

这是中国标准，美国 ASTM 没有规定亚甲基蓝测试项目，日本标准 JIS K1474—1991 有该项目，但测试条件有异。

（10）碘吸附值（iodine number）　和亚甲基蓝吸附值的测定相同，它是用每克活性炭能吸附多少毫克碘来表示。试验时，取浓度 0.1mol/L（±0.002mol/L）的碘溶液（内含

26g/L 的 KI) 50mL, 加入活性炭试样 0.5g, 经 15min 振荡, 根据残余碘浓度计算每克活性炭吸附碘的量, 单位为 mg/g。这是中国标准木质活性炭测量方法 (GB/T 12496.8—2015), 中国标准煤质活性炭碘吸附质测定方法与国外标准 (ASTM D4607—1994, JIS K1474—1991) 相似, 是采用测量吸附等温线的方法。

(11) 苯酚吸附值 (phenol adsorption)　取 0.1% 苯酚溶液 50mL, 加入 0.2g 活性炭试样, 经 2h 振荡并静置 22h 后, 根据吸附后剩余的苯酚浓度计算苯酚吸附值, 其单位为 mg/g。

(12) 四氯化碳吸附率 (carbon tetrachloride activity)　用载有四氯化碳的空气流通过活性炭试样, 活性炭吸附四氯化碳后质量增加, 吸附平衡后活性炭试样质量不再上升, 计算平衡时活性炭吸附的四氯化碳量即为四氯化碳吸附率, 单位为%。

(13) ABS 值　在含有 ABS (十二烷基苯磺酸钠) 5mg/L 的溶液中, 加入粉末状活性炭, 经 1d 吸附之后, 依残余浓度计算将 ABS 降至 0.5mg/L 所需的活性炭量。

第三节　水的颗粒活性炭过滤吸附处理

在工业水处理中常将颗粒活性炭放在过滤设备中, 让水通过进行过滤吸附, 其目的主要包括以下几个方面。

(1) 在工业用水处理中, 活性炭用来降低水中有机物和去除水中余氯, 有的场合以降低水中有机物为主, 有的场合以去除水中余氯为主, 但在实际应用中, 往往是对二者均起作用。

(2) 在生活饮用水处理中, 粒状活性炭过滤吸附也是用来降低水中有机物, 以降低水氯化消毒时产生的有致突变性的副产物, 由于生活饮用水处理水量大, 活性炭吸附容量有限, 为降低经济费用, 更趋向使用生物活性炭过滤吸附技术。

(3) 在废水处理中使用活性炭是用来吸附水中的重金属、油、有机污染物等。

一、吸附水中有机物的活性炭选用

活性炭种类繁多, 以原料来分, 有果壳炭、木质炭、煤质炭等, 果壳炭中又有椰壳炭、杏核炭、桃核炭之分, 即使对于同一种原料, 不同产地由于地理环境及自然条件的不同, 其性能也不一样, 不同厂家的制造工艺差异又造成不同厂家产品性能上的差异, 在水处理中正确地选择活性炭种类, 是吸附处理中很重要的一步。

工业用水处理中常用的活性炭是粒状果壳炭, 但在少数场合也有使用成型的煤质炭以及粉状炭。活性炭的选用一般要从物理性能和吸附性能两方面进行考虑。

1. 物理性能

(1) 颗粒尺寸　粉状炭一般多在 80~200 目及以下; 粒状活性炭一般多为 0.63~2.75mm, 可根据需要确定。

(2) 水分　由于水分涉及产品价格, 一般希望商品活性炭含水率在 10% 以下。

(3) 强度　水处理中使用的颗粒炭的强度应在 90% 以上。由于活性炭在使用中会产生粉末, 随水带出, 所以用在膜处理之前时, 对活性炭强度应提出更高要求 (如≥95%)。

（4）灰分 灰分主要与活性炭原材料有关，灰分高的活性炭不但吸附能力下降，而且会增加溶出杂质的机会。一般要求活性炭灰分低于5％。

（5）充填密度 此值用于计算活性炭的购买量。但从该值的大小也可以看出活性炭孔隙的多少，一般为0.4～0.5g/cm³，数值低的，相对而言孔比较发达，吸附性能好，但漂浮损失会上升。

（6）漂浮率 在水中漂浮的活性炭使用时要损失，所以活性炭漂浮率应控制在5％以下。

2. 吸附性能

吸附性能是活性炭的主要指标。由于活性炭吸附容量有限，再生困难，因而选用吸附性能好的活性炭，不仅可以提高出水品质，还可延长活性炭的使用寿命，减少经济费用。

在活性炭一般性能指标中，有一些指标是用来表示活性炭吸附性能的，如比表面积、碘吸附值、苯酚吸附值、亚甲基蓝脱色力、ABS值等。应当说明的是，这些一般吸附性能指标只能代表活性炭对相应的碘、苯酚、亚甲基蓝等单一化合物的吸附能力，与水处理活性炭吸附的天然有机物相比，因为这些化合物分子质量较低，分子体积较小，所以不能完全代表活性炭对天然水中有机物的吸附能力。

如前面所述，天然水中有机物多以天然有机物为主，如腐殖质类化合物，它们的相对分子质量多在几百至几十万，分子尺寸为1～3nm，比气体分子大得多，用氮气测比表面积时观察到活性炭许多微孔，氮气分子可以进入，水中有机物分子则无法进入，所以活性炭许多微孔的表面积在吸附水中有机物时不能发挥作用，此时只有较大的中孔才可以发挥吸附作用。所以水处理活性炭应选用中孔比例较大的活性炭。国外某些净水用活性炭中孔表面积所占比例高达20％，平均孔径在4～5nm。国内的研究也发现了这一点（表4-9）。从表4-9中可以看出，中孔较多的活性炭在吸附水中有机物时使用寿命最长，周期制水量最多，但它的比表面积在几种活性炭中却最小，碘值等一般吸附性能指标也不是最高。

表4-9 几种活性炭一般性能指标与周期制水量对照

活性炭编号		1	2	3	5	7	9
比表面积/（m²/g）	Langmuir	1019	1041.66	1685.77	830.28	1245.65	1195.96
	BET	728.17	744.48	1198.6	588.48	895.3	857.15
碘值/（mg/g）		893	922	1011	1013	983	1106
四氯化碳吸附值/％		33	39.20	73.81	36.29	48.65	46.2
亚甲基蓝吸附值/（mg/g）		94.1	107.5	221.7	134.4	102	134.4
孔容积/（mL/g）	大孔	0.0000	0.0120	0.0392	0.0000	0.0132	0.057
	中孔	0.2353	0.1761	0.2130	0.4710	0.0948	0.2033
	微孔	0.2379	0.2506	0.3744	0.1470	0.3595	0.3112
现场柱式运行周期制水量/L	太湖水质		6100	11400	12700	2600	9300
	黄浦江水质		7200	9600	10000	2000	8400
	浙江黄巢湖水质	4700		6100	6600	750	3300

从表 4-9 中还可以看出，活性炭一般吸附性能指标如碘值、亚甲基蓝吸附值等与活性炭的使用寿命之间相关性不好，主要因为这些值与比表面积一样，多反映活性炭微孔的多少，微孔多的高比表面积的活性炭，其碘值、亚甲基蓝吸附值等较高，但它的孔径多集中在小于 2nm 的微孔区，对气体和液体中小分子的吸附是有效的，但对一些聚合物、有机电解质、水中天然有机物则吸附性能较差，所以若单纯利用比表面积、碘值、亚甲基蓝吸附值等来选择水处理用活性炭，往往会得到错误的结果。正确选择水处理中吸附水中有机物性能好的活性炭，可以采用如下几个方法。

（1）将不同活性炭装入吸附柱（直径 30～50mm，装入量 300～500g），在实际使用水质下进行柱式吸附试验，周期制水量长的活性炭对水中有机物吸附性能好。

（2）将实际使用水中的有机物进行浓缩，测量不同活性炭对它的吸附等温线和吸附速度，吸附容量高、吸附速度快的活性炭对水中有机物吸附性能好。

（3）测量不同活性炭对天然水中有机物，如腐殖酸、富里酸、木质素、丹宁（一种或几种）的吸附等温线和吸附速度，吸附容量高、吸附速度快的活性炭对天然水中有机物吸附性能好。

（4）最新研究表明，糖液脱色用活性炭的吸附性能指标——焦糖脱色率测试时所用的吸附质——焦糖，其相对分子质量及相对分子质量分布与天然水中天然有机物相似，可以用对焦糖的脱色率指标来评价活性炭对水中有机物的吸附能力，用于给水处理中的活性炭筛选。

二、吸附水中有机物的粒状活性炭床设计

工业中多采用粒状活性炭来吸附水中有机物，粒状活性炭放在过滤设备中构成活性炭滤床。活性炭滤床可以设计为压力式，也可以设计为重力式。压力式是将粒状活性炭放入压力式过滤器中，被处理的水从上向下（或从下向上，即逆流式）通过粒状活性炭层；重力式是将粒状活性炭放入重力式滤池中，用粒状活性炭构成吸附滤层。这种工业活性炭滤床对天然水中有机物去除率正常时一般为 40%～50%（以 COD_{Mn} 计算），活性炭失效是以活性炭床对水中有机物去除率降至 15%～20% 时为标准，或者活性炭床出水有机物浓度超过要求时认为活性炭失效。

粒状活性炭滤床的主要设计参数包括滤速、活性炭吸附容量及运行周期（活性炭使用寿命）。活性炭滤床设计目前有 3 种方法。

1. 用经验数据进行设计

吸附水中有机物的活性炭床滤速一般为 5～10m/h（指空塔流速，superficial velocity），也可以按空床接触时间（empty bed contact time，EBCT）来选择，$EBCT = \frac{\pi}{4} d^2 h Q^{-1}$，其值在 10～30min 之间。当进入活性炭滤床的水为酸性水时（pH2～3 及以下），滤速可适当提高至 10～15m/h。活性炭对水中有机物吸附容量一般经验值为 $200gCOD_{Mn}/kg$，也可根据实验测得活性炭吸附等温线后计算而得。按下列公式设计活性炭床

$$F = \frac{Q}{v} \ (m^2) \quad 或 \quad d = 1.13 \sqrt{\frac{Q}{v}} \ (m) \tag{4-13}$$

$$T = \frac{\frac{\pi}{4}d^2 h \rho q}{Q(C_0 - C_e)} \ (h) \quad \text{或} \quad h = \frac{Q(C_0 - C_e)T}{\frac{\pi}{4}d^2 \rho q} \ (m) \tag{4-14}$$

式中　d——圆形活性炭滤床直径，m；

　　　　F——活性炭滤床截面积，m^2；

　　　　Q——处理水量，m^3/h；

　　　　v——活性炭滤床流速，m/h；

　　　　T——活性炭使用寿命，h；

　　　　h——活性炭滤床装载高度，m；

　　　　ρ——活性炭充填密度，kg/m^3；

　　　　q——活性炭吸附容量，g/kg；

　　　　C_0——被处理水的 COD_{Mn}，mg/L；

　　　　C_e——要求的出水 COD_{Mn}，或按进水 COD_{Mn} 40%～50%取值，mg/L。

2. 按 Bohart-Adams 方程进行设计

由于实际吸附操作时影响吸附效果的因素很复杂，设计前进行柱式试验是十分必要的，通过试验可以求出设计所需的各种参数。

水通过活性炭床，水中有机物被活性炭吸附，其吸附过程与离子交换过程相似。以顺流式为例，由于顶部活性炭首先接触吸附质，因此首先发生吸附作用，出现了吸附工作层，水继续通过时，顶部活性炭失效，不再起吸附作用；吸附工作层逐渐下移。整个过程是：失效层不断扩大，吸附工作层不断下移，未吸附层不断减少。当未吸附层厚度减少到零，吸附工作层下边缘与活性炭层下边缘重合时，出水中吸附质浓度从正常稳定值开始上升；当吸附层厚度降为零时，进出水中吸附质浓度相等。这个过程可以用图 4-11 表示。

在实际工作过程中，吸附工作层高度内的活性炭是无法充分利用的，所以吸附工作层高度的长短直接影响活性炭床中活性炭的利用效率。影响吸附工作层高度的因素很多，除活性炭性质及被吸附的有机物性质外，还有流速、进水有机物浓度等因素，进水流速大，有机物浓度高，则吸附工作层高度也长。

柱式试验装置如图 4-12 所示。让实际处理的含吸附质的水样通过，从三个取样口取样，测定水样中吸附质浓度，并记录水样中吸附质浓度上升至允许的最大值时的通水时间 T_1、T_2、T_3。水样通过的流速宜取三个以上的流速（v_1、v_2、v_3）进行试验。

试验结果可按以下 Bohart-Adams 方程进行设计计算

$$\ln\left(\frac{C_0}{C_e} - 1\right) = \ln\left(\exp\frac{Kq_0 h}{v} - 1\right) - KC_0 T \tag{4-15}$$

式中　C_0——进水中吸附质的质量浓度，kg/m^3；

　　　　C_e——出水中吸附质允许的最高浓度，kg/m^3；

　　　　K——吸附速度常数，$m^3/(kg \cdot h)$；

　　　　q_0——吸附容量，指单位活性炭达到吸附饱和时的吸附质质量，kg/m^3；

　　　　h——活性炭床层高度，m；

　　　　v——水通过活性炭柱时的空塔流速，m/h；

　　　　T——活性炭床工作周期，h。

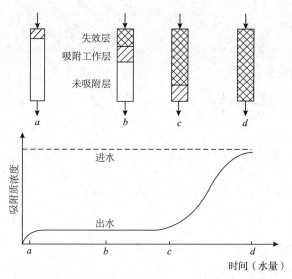

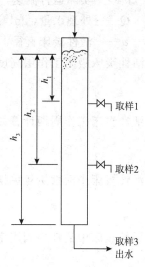

图 4-11　活性炭床工作过程图解　　　　　图 4-12　柱式试验装置

该式可简化并改写为

$$T = \frac{q_0}{C_0 v} h - \frac{1}{C_0 K} \ln\left(\frac{C_0}{C_e} - 1\right) \tag{4-16}$$

当 $T=0$ 时，活性炭床层高度 h 即为吸附工作层高度 h_0

$$h_0 = \frac{v}{K q_0} \ln\left(\frac{C_0}{C_e} - 1\right) \tag{4-17}$$

将上面试验所得的 T_1、T_2、T_3 与相应的活性炭床层高度 h_1、h_2、h_3 作图（图 4-13），依此图分别求其截距 b_1、b_2、b_3（时间单位为 h）及斜率 a_1、a_2、a_3（流速倒数单位为 h/m）。按 $a = \frac{q_0}{c_0 v}$，$b = \frac{1}{c_0 K} \ln\left(\frac{c_0}{c_e} - 1\right)$ 来求 q_0 及 K 值，并将三个流速 v_1、v_2、v_3 时的 $q_0 - v$、$K - v$ 关系作图（图 4-14），依图按实际运行流速 v' 来求 K' 及 q_0' 值。

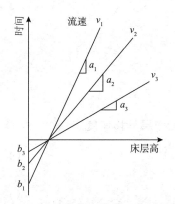

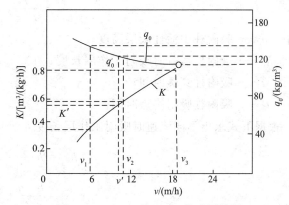

图 4-13　活性炭床高度与工作时间关系　　　图 4-14　$q_e - v$ 及 $K - v$ 关系图举例

活性炭床实际运行流速可按经验范围取值，也可按下式求得

$$v' = \frac{Q}{\frac{\pi}{4} d^2} \tag{4-18}$$

式中　v'——实际运行流速，m/h；

　　　Q——处理水量，m³/h；

　　　d——活性炭床直径，m。

活性炭床吸附工作层高度计算如下

$$h_0 = \frac{v'}{K'q'_0} \ln\left(\frac{C_0}{C_e} - 1\right) \tag{4-19}$$

活性炭床工作周期计算如下

$$T = \frac{q'_0 h}{C_0 v} - \frac{1}{C_0 K'} \ln\left(\frac{C_0}{C_e} - 1\right) \tag{4-20}$$

活性炭床中活性炭年更换次数 n（按年工作 7000h 计）计算公式如下：

$$n = \frac{7000}{T} \tag{4-21}$$

活性炭床中活性炭利用率 η 近似估算如下：

$$\eta = \frac{h - h_0}{h} \times 100\% \tag{4-22}$$

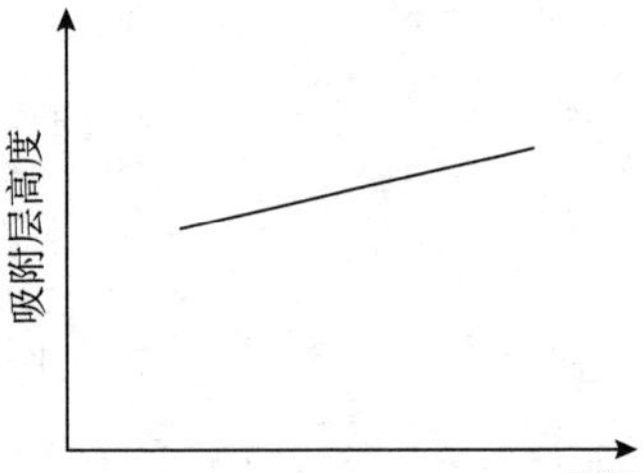

图 4-15　吸附层高度与流速关系

3. 通过吸附工作层高度与流速关系进行计算

吸附工作层高度随流速增大而增大，可通过多柱试验求得，活性炭柱的吸附工作层高度与流速关系示于图 4-15。它是在使用水质及选择的活性炭确定时，通过如下试验求得。取多根（4～6 根）同一直径吸附柱，各自在不同流速下运行。各柱内装不同高度活性炭层（其高度保证各柱的空床接触时间相同），记录有机穿透时间（出水有机物浓度从稳定值开始上升的时间）和吸附终点时间（即进出水有机物浓度相等时间）。有如下关系存在

$$\frac{h}{h_0} = \frac{t_0}{t_0 - t} \tag{4-23}$$

式中　h——吸附柱中活性炭层高度；

　　　h_0——吸附柱运行时吸附工作层长度；

　　　t——吸附柱穿透时间；

　　　t_0——吸附柱吸附终点时间。

根据下式求出不同流速时吸附工作层长度 h_0 及吸附工作层下移速度 s

$$h_0 = h\frac{t_0 - t}{t_0} \tag{4-24}$$

$$s = \frac{h - h_0}{t} \tag{4-25}$$

用 s 对流速 v 作图（图 4-16），选择实际运行流速 v' 作为设计值，则活性炭床直径为

$$d \geqslant 1.13\sqrt{\frac{Q}{v'}} \tag{4-26}$$

式中　Q——处理水量。

活性炭床层高度 h 为

$$h \geqslant s'T + h_0 \qquad (4-27)$$

式中　s'——对应运行流速 v' 的吸附带下移速度；

　　　T——预计的活性炭床运行周期。

三、吸附有机物的颗粒活性炭床出水水质及运行

活性炭床过滤吸附时，其出水水质与所使用的活性炭种类及进水水质有关，一般来说，新活性炭投运初期，对水中有机物去除率可达 70%～80%（COD_{Mn} 或 UV_{254}），但很快会下降，下降至 40%～50% 后维持较长一段时间，随后逐渐下降，至有机物去除率达 15%～20% 时，此时活性炭可视为失效（图 4-17）。

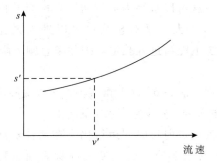

图 4-16　吸附层下移速度与流速关系举例

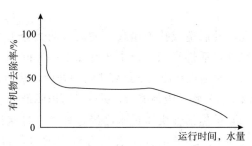

图 4-17　活性炭过滤周期中吸附进水
有机物的去除率变化

如果对活性炭床出水水质从有机物分子层面上进行研究，近年发现以下一些规律。

（1）对不同工业活性炭床进出水中有机物相对分子质量分布测试证实，活性炭对相对分子质量 500～3000 的有机物有良好的去除效果，对相对分子质量小于 500 和大于 3000 的有机物去除效果差。相对分子质量大于 3000 的有机物由于分子体积大，无法进入活性炭微孔，去除率低；而对于相对分子质量小于 500 的有机物没有去除的原因，是由于这部分有机物亲水性较强。

（2）这一规律会随活性炭种类不同（严格讲是活性炭孔径分布不同）而略有变化，对工业水处理中活性炭床进出水测试结果证明（表 4-10），中孔发达的杏壳炭所吸附的有机物相对分子质量偏高，在数千之间，甚至还有高于 1 万的，而微孔发达的椰壳炭则多集中吸附相对分子质量小于 1000 的有机物。

表 4-10　活性炭床对水中不同相对分子质量区段有机物（UV_{254}）吸附去除情况

水源	活性炭种类	对水中溶解态有机物总去除率/%	不同相对分子质量有机物去除率/%		
			>1 万	1000～1 万	<1000
蕰藻滨水	椰壳炭（微孔多）	22.9（进水中性）	4	0	40.5
黄浦江水	杏壳炭（中孔多）	29.2（进水酸性）	24	100	23.5

（3）水中有机物的憎水性强弱也强烈影响活性炭对它的吸附，研究表明，憎水中性有机物、憎水酸性有机物、憎水弱酸性有机物可以被活性炭很好地吸附，而亲水性有机物和憎水碱性有机物活性炭吸附不好（图 4-18）。

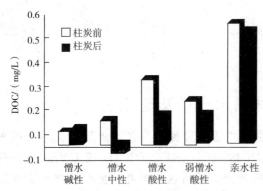

图 4-18　粒状活性炭柱式吸附床进出水中
有机物憎水性变化

所以，活性炭对水中有机物的去除特性还和水中有机物憎水性有关，分析具体数值时应从相对分子质量大小和憎水性两方面进行考虑。

（4）对工业活性炭床不同通水时间的出水有机物组成情况，经测试发现，运行初期活性炭对各不同相对分子质量有机物（包括相对分子质量大于 3 万的大分子有机物）去除率都很高，但随运行时间延长，大分子有机物去除率很快急剧下降至接近为 0，这可以解释为运行初期活性炭孔内清洁通畅，大分子有机物也可以进入大孔甚至中孔，随后造成孔道堵塞，使后来的大分子有机物不能再进入孔道，去除率急剧下降。

另外，活性炭床运行中还有如下一些问题。

（1）新活性炭使用前最好进行预处理，常用预处理方法为 5% 稀盐酸浸泡，可以提高活性炭对水中有机物的吸附能力，另外还可以降低活性炭的灰分，减少它在水中的溶出量。

（2）虽然活性炭床进水已经过处理，进水浊度较低，但长时间运行仍会在活性炭滤层中聚集污泥，另外活性炭表面有机物增多，进水氧含量丰富，会促使活性炭表面生物繁殖，使活性炭颗粒易于结块，所以活性炭床运行中应定期进行反洗。

（3）活性炭表面生物繁殖一方面会使出水中夹带微生物，出水中细菌含量上升，另一方面还会带出生物的代谢产物，使出水中某些有机物组分（如相对分子质量大于 10 万的有机物组分）增加。

（4）活性炭颗粒运行中磨损，会使出水中夹带活性炭粉末，这在反渗透系统中会造成危害。

四、水的生物活性炭处理

生物活性炭（biological activated carbon，BAC）在 1978 年由 G. W. Miller 和 R. W. Rice 首次正式提出时，该技术在欧洲已沿用十几年，我国在 20 世纪 70 年代也开始研究并使用。它是在活性炭吸附水中有机物的同时，又充分利用活性炭床中生长的微生物对水中有机物的生物降解作用，来延长活性炭使用寿命，以节省活性炭更换费用，并能处理那些单纯用生化处理或单纯用活性炭吸附处理不能去除的有机物质。

生物活性炭处理水的方法目前有两种类型：生物活性炭滤床及臭氧加生物活性炭滤床。单纯的生物活性炭滤床常用在成分单一的工业废水处理场合，臭氧加生物活性炭滤床近年来在生活饮用水处理中获得广泛应用。

1. 生物活性炭处理的原理

在废水的生化处理中常见的生物膜技术（生物滤池或生物转盘），是利用细菌喜欢在固体或支持载体表面生长繁殖的特点，在滤床的滤料或转盘盘片表面形成生物膜，依靠生物膜中微生物的生物化学作用，将水中有机物质吸收并氧化，从而降低水中有机物含量。活性炭床中粒状活性炭滤料也是一种固体表面，微生物也会附着在其表面，形成生物膜。

由于颗粒活性炭表面粗糙、吸附能力强,相比于其他材料细菌更容易附着其上进行繁殖。

有研究指出,颗粒活性炭表面的生物膜中优势菌种是假单胞菌属,此外还有黄杆菌属、芽孢菌属、节杆菌属、产碱菌属、不动杆菌属、气单胞菌属等。微生物的存在,使活性炭在吸附水中有机物的同时又发生生物化学作用,这些作用可分为以下两个方面。

(1) 活性炭表面发生对有机物的富集和活性炭对水中溶解氧的吸附,在活性炭表面形成一个十分有利于微生物繁殖生长的环境。

由于天然水中有机物浓度低,而且多为腐殖类化合物,BOD_5/COD 比值小,不利于生物繁殖,大多情况下都无法直接进行生化处理,但是活性炭吸附有机物后,使活性炭表面及内部有机物浓度大大高于水中原有浓度,再加上连续进水不断带入的水中溶解氧,就使得活性炭表面形成非常有利于生物活动的环境,增进了生物的代谢活动,其结果是在活性炭表面形成可靠的由微生物组成的生物膜,这些微生物由于体积较大,它们分布在活性炭颗粒表面及与表面毗邻的大孔中,至于活性炭中孔和微孔基本不进入。

这种生物膜都是采用自然挂膜方式形成,形成的生物膜处理功效像生物处理一样受到各种运行条件影响,如水温、pH 值、菌种等因素,所以效果往往不稳定,一般来说水温下降生物膜功效变差,5~10℃以下处理效果不佳,水的 pH 值中性 (6.5~7.5) 时最好,因为大多数微生物适宜的 pH 值范围为 4~10。

进水浊度颗粒会堵塞活性炭的孔,会影响生物膜的生长与稳定,所以生物活性炭床应设置在过滤设备之后,以保证其进水清澈。

要保证进水的溶解氧含量,因为对这些好氧菌来说,水中溶氧是它们生存的必要条件,由于生物活性炭床是连续进水,不断带入新的溶解氧,所以这不是一个严重的问题。活性炭对水中溶氧也有一个吸附富集作用,有人认为活性炭对水中溶氧吸附容量在 10~40mg/g,这种作用又使活性炭表面成为高氧区,更有利于生物繁殖。

要严格避免生物活性炭床进水中含有余氯等杀菌剂,所以生物活性炭床进水不能进行氯杀菌处理。

(2) 微生物对吸附有机物的活性炭起再生作用。

活性炭表面生物膜中微生物在生物活动过程中会产生酶,酶具有氧化还原、水解、转换、异构、裂合、合成等作用。细胞内的酶会通过某些细胞生长现象(如细胞自溶、破裂等)进入水中,即胞内酶变成胞外酶,这种酶直径在几纳米数量级,比细菌直径(如球菌为 500~2000nm)小得多,细菌不能进入活性炭中孔则酶可以进入。这样,活性炭中孔、大孔中吸附的有机物可以被酶降解,然后被微生物摄取利用。

随着大孔、中孔中有机物吸附质浓度降低,而微孔中有机物吸附质浓度相对较高,会发生逆向扩散至中孔、大孔,这个过程不断进行,直至平衡。这个过程,实际上就是吸附有机物的逆过程,它清除了活性炭表面吸附的有机物,恢复活性炭干净的吸附表面,使活性炭再具吸附能力,类似于活性炭再生过程,当然,是很难达到完全再生的程度,一般只是部分再生。

活性炭表面生物膜这两方面作用的结果是延长了活性炭使用寿命,宏观上增强了活性炭吸附能,改善了出水水质,这就是生物活性炭。

2. 臭氧加生物活性炭滤床

臭氧(ozone)O_3 在常温常压下低浓度时是无色气体,浓度达到 15% 时,呈现出淡蓝色,它是一种强氧化剂,氧化还原电位达+2.07V,比氯和二氧化氯都高,在水处理中常用作消毒杀菌剂,此处臭氧是作为氧化剂使用。由于生活饮用水处理的水源多为天然水,水中有机物多为腐殖质类大分子有机物,不易被活性炭吸附,也不易被生物降解(BOD$_5$/COD 比值低),在活性炭床前加入臭氧可以将水中大分子有机物氧化成小分子有机物,使原来不可以被生物降解的有机物转变为可以被生物降解的有机物(BOD$_5$/COD 比值提高),有利于微生物代谢,也有利于活性炭吸附;臭氧还可增加水的含氧量,更有利于生物活动。所以,该系统将活性炭物理吸附水中有机物、臭氧氧化水中有机物、生物降解水中有机物三者结合起来。

所以臭氧+生物活性炭滤床对水中有机物去除效果好,尤其对水中大分子难降解的有机物有一定去除率,而单纯生物活性炭滤床对水中大分子有机物去除效果差。

臭氧的半衰期仅为 30~60min,不稳定,易分解,所以无法作为一般的产品贮存,需在现场制造——由现场的臭氧发生器制取。制取方法是将空气或氧气通过高压(8~20kV)放电的电弧中产生臭氧,臭氧的产率很低,用空气制取时仅约 2%~3%,用氧气制取时约 7%~10%(以质量计)。臭氧可溶于水,常温常压下在水中的溶解度比氧气高约13 倍,比空气高 25 倍,遵守亨利定律,溶解度与水面气体中的臭氧分压成正比,比如臭氧分压力为一个大气压时,20℃时溶解度为 0.57g/L。但由于制取臭氧得到的混合气体中的臭氧很少,故分压也低,水中臭氧饱和溶解量也小,为了提高水中臭氧溶解量,所制得的臭氧应采用微孔扩散器形成小气泡均匀分散在水中以利于溶解。一般常用的装置有 3种:鼓泡塔或池、水射器(文丘里管)及固定螺旋混合器(搅拌器或螺旋泵),也可以两种以上串联使用,即使这样,获得的水中臭氧浓度很少能达到 5~10mg/L 及以上。作为水的消毒杀菌来讲,这样的浓度已经够了,水中余臭氧浓度保持在 0.4mg/L 作用 4min 可以达到消毒目的(即 CT 值为 1.6)。水没有吸收的臭氧和空气会很快从水中溢出散发,溶解于水中臭氧杀死微生物和氧化有机物后,多余的在水中也不稳定,很快消失。

臭氧加生物活性炭滤床系统处理水的总臭氧投加量一般为 1~4mg/L,可分为 2~3 点投加,单点投加臭氧时,若投加量大又易将水中溴化物氧化成溴酸盐,这是一个危害人体健康的物质。目前工业上,这种臭氧-活性炭联用的生物活性炭技术应用最多,特别在生活饮用水处理中,由于生活饮用水处理水量大,所用活性炭多,这种方法可以节省大量更换活性炭费用。典型的系统如图 4-19 所示。

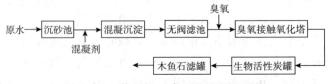

图 4-19 某臭氧-生物活性炭处理系统

该系统运行表明,臭氧塔出水 COD$_{Mn}$ 为 2.56~4.2mg/L,生物活性炭床出水 COD$_{Mn}$ 在 1.31~2.38mg/L,生物活性炭床对 COD$_{Mn}$ 去除率约 40%,活性炭使用寿命也大大延长。该系统设计参数为:臭氧接触氧化塔为二级串联氧化,臭氧加入量为 3mg/L,生物活性炭床为向上流的底部充氧膨胀式床,滤速为 10m/h。

3. 生物活性炭床运行

生物活性炭床挂膜是一项重要的工作，挂膜应选择在水温高时进行。新活性炭挂膜时先用被处理水浸泡数天（闷曝），随后小流量通水运行（如滤速 5m/h，BECT12～15min），并延长第一次反洗间隔时间和减少第一次反洗强度，必要时还可投加人工菌种（或活性污泥）。这样首先在活性炭床的表层滋生微生物，随着运行时间延长微生物向下扩展直至整个床层。活性炭挂膜期间出水的 COD_{Mn} 去除率呈稳定——下降——上升——稳定趋势，当 COD_{Mn} 去除率下降后重新上升至 30％以上及氨氮去除率重新上升至 60％以上时，可认为挂膜已成功。整个挂膜过程可多达几十天到近百天时间。如果想培养某些特定菌种（如处理氨氮的自养硝化菌）则需要更长时间。

生物活性炭床一旦形成生物膜就可以起到很好的作用，可以连续长时间使用（长达 3～4a），它对水中有机物脱除率 20％～40％之间，受负荷波动、水质波动、水温及环境因素影响而波动。夏季水温高，容易挂膜，处理效果比冬季好。

生物活性炭处理还可以减少最终供水中卤代烃类等有害物质的含量。

生物活性炭床中生物膜在运行过程中也会代谢、死亡、脱落，致使活性炭床层污堵情况会加重，运行中要加强反洗；生物活性炭床出水的浊度会上升，并带有一些微生物，虽然这些微生物基本上都不是致病菌属，但它们的存在使后面的氯化消毒工作加重，在生活饮用水处理中要加强对这些菌族的监测，在工业水处理中这些微生物给后续处理系统带来生物污染危险，尤其对膜处理设备危害很大。

五、脱除水中余氯的粒状活性炭过滤处理

水处理中为防止水中细菌滋生，常向水中投入杀菌剂，最常用的是氯，并维持一定的过剩量，这就是余氯，余氯可分为游离性余氯和化合性余氯两种，这里所指的是游离性余氯。

在工业水处理中，去除水中余氯主要是后续处理装置的需要，后续的离子交换系统为防止离子交换树脂被氧化，要求进水中余氯含量低于 0.1mg/L，后续的反渗透装置为防止反渗透膜被氧化，要求进水中余氯为零（复合膜）或低于 0.3mg/L（醋酸纤维膜）。

去除水中余氯的方法目前有 3 种：一是向水中添加某些化学药品，如 $NaHSO_3$；二是让水通过粒状活性炭过滤器；三是两种同时采用。这几种方法目前都有应用。

1. 活性炭脱除水中余氯的原理

目前一般认为，活性炭脱氯过程是吸附、催化和氯与炭反应的一个综合过程。吸附与前面讲述过的活性炭对水中有机物吸附相同，只是吸附质分子比有机物分子小，更容易被吸附。氯与活性炭反应，是指余氯在水中以次氯酸形式存在，并在活性炭表面进行化学反应，活性炭作为还原剂把次氯酸还原为氯离子。

在酸性或中性条件下，余氯主要是以 HOCl 形式存在。HOCl 遇到活性炭会氧化活性炭，在活性炭表面生成氧化物（或 CO、CO_2），HOCl 被还原成 H^+ 和 Cl^-。

水通过活性炭滤床后，水中余氯可以彻底去除，出水余氯可以接近零。

2. 脱除水中余氯的活性炭种类选择

脱除水中余氯的活性炭可以用粒状活性炭，也可以用粉状活性炭，但目前用得多的还是粒状活性炭过滤处理，脱除水中余氯的粒状活性炭滤床的流速可以设计为 20m/h，这主

要是因为活性炭对余氯去除速度较快。

关于脱除余氯的活性炭选择，其物理性能同吸附有机物的活性炭选择，对其吸附性能选择有以下三种方法。

第一种方法是按活性炭比表面积、碘值、四氯化碳吸附值等一般吸附性能指标进行选择，这主要是因为活性炭吸附的氯分子较小，与碘的分子大小相近，它可以进入活性炭微孔中，充分发挥活性炭所有表面参与吸附的作用。因此选择比表面积和碘值高的活性炭，对余氯的吸附性能也好。

第二种方法是测定活性炭对余氯的吸附等温线，选择吸附容量高的活性炭。吸附等温线的测定方法同前述活性炭对水中有机物的吸附等温线测定。

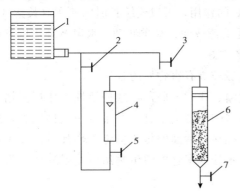

图 4-20　半脱氯值测定装置
1—水槽；2，3，5，7—旋塞；
4—转子流量计；6—活性炭柱

第三种方法是测定活性炭去除水中余氯的半脱氯值，所谓半脱氯值（half-dechlorine's value）是指含余氯的水通过一活性炭吸附柱，确定当出水中余氯浓度刚好等于进水中余氯浓度一半所需要的炭层高度（cm），即为半脱氯值。按规定，半脱氯值小于 6cm 的活性炭用于脱氯时效果较好。

半脱氯值测定装置如图 4-20 所示，试验用水为人工配制的含余氯 5mg/L±0.5mg/L 的水，pH7～7.5，以 1cm/s±0.1cm/s 流速通过活性炭柱，活性炭层高 10cm±0.1cm，活性炭粒度 1～2.5mm，不同活性炭之间粒度差应在 ±0.05mm 之内。活性炭需经预处理。

试验用水水温 20℃±3℃，测出水中余氯浓度，按下式计算半脱氯值

$$H_{\frac{1}{2}} = \frac{0.3010H}{\lg C_0 - \lg C} \tag{4-28}$$

式中　　$H_{\frac{1}{2}}$——半脱氯值，cm；

　　　　H——活性炭柱层高，cm；

　　　　C_0——进水中余氯浓度，mg/L；

　　　　C——出水中余氯浓度，mg/L。

3. 影响活性炭脱除余氯的因素

（1）活性炭颗粒大小　虽然粒径变小，对活性炭比表面积影响不大（大约为 0.02%），但粒径变小使内部更多孔隙向液相敞开，便于对余氯的吸附与反应。某活性炭粒径对脱除余氯的影响示于图 4-21。从图上看出，活性炭颗粒越小，脱除余氯越快，效果较好。所以工业上脱除余氯的活性炭颗粒应当尽量选择小的。

（2）pH　由于 pH 值影响水中余氯的形态，所以也影响活性炭脱除余氯的效果（图 4-22）。水中余氯主要是指 Cl_2、$HOCl$、OCl^-，三者相互比例随 pH 值变动而变动（表 4-11），活性炭对分子态 $HOCl$ 脱除速度比离子态 OCl^- 要快，所以低 pH 值对活性炭脱除水中余氯有利。

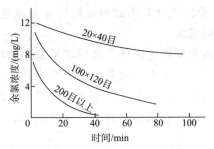

图 4-21 某活性炭粒径对脱氧速度的影响

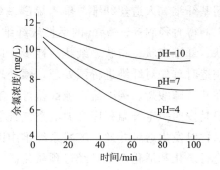

图 4-22 pH 值对某活性炭脱除余氯速度的影响

表 4-11 水中余氯形态与 pH 值关系

pH 值	Cl_2	HOCl	OCl
4	1%	99%	0
7	0	80%	20%
10	0	0	100%

（3）温度 试验表明，温度升高有利于活性炭脱氯（图 4-23），这种规律与活性炭物理吸附规律不同，这也说明不能将活性炭脱氯过程看成单纯的物理吸附过程。

（4）水浊度的影响 水浊度高，有可能会堵塞一部分活性炭孔，从而阻碍余氯分子向活性表面的扩散，因而使脱氯速度下降（图 4-24）。

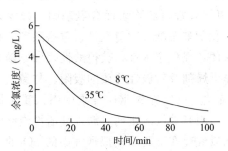

图 4-23 温度对某活性炭脱氯速度的影响

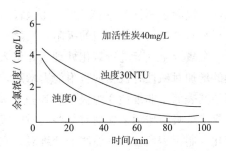

图 4-24 浊度对某活性炭脱氯速度的影响

第四节 活性炭纤维和粉状活性炭

一、活性炭纤维

活性炭纤维（activated carbon fiber，ACF）是 20 世纪 60 年代开始研制的新型高效吸附材料，以 1962 年 W. F. Abbott 研制黏胶基活性炭纤维作为始点，随后各国迅速推出许多活性炭纤维产品，目前活性炭纤维是活性炭吸附领域的一项新技术和新材料，已在环境保护、水处理、催化、医药、电子等行业得到广泛应用。

1. 活性炭纤维的制造

活性炭纤维的前驱体是一些有机纤维材料，如沥青基纤维、特殊苯酚树脂基纤维、聚丙烯腈基纤维、人造丝纤维、聚乙烯醇基纤维等，将其在一定温度下炭化，再进行活化，就可以制得直径约 $5\sim30\mu m$ 的活性炭纤维，由于它是纤维状，因此可以进一步制成毡状、蜂窝状、纤维束状、布状、纸状活性炭，以适应不同需求。

制造时首先对纤维进行预处理，预处理有盐浸渍和预氧化两种。盐浸渍是将原料纤维浸渍在盐（磷酸盐、碳酸盐、硫酸盐等）溶液中，可提高产率及改善纤维力学性能；预氧化一般是按照一定升温程序升温的空气预氧化，预氧化主要是为了防止某些纤维在高温炭化和活化时发生熔融并丝。酚醛系纤维中因为酚醛树脂具有苯环样的耐热交联结构，可以直接进行炭化和活化而不必经过预氧化。

炭化和活化原理与工艺和粒状活性炭制造方法相同。

孔径大小可以通过活化工艺来调整，即进行功能化处理及表面改性，例如在原纤维（或炭化纤维）中添加金属化合物或其他物质再炭化活化，可以得到以中孔为主的活性炭纤维；为使其具有大孔，可使原料纤维预先具有接近大孔的孔径；将其与烃类气体反应，烃类热解可在细孔壁上沉积炭，使孔径变小；另外，经高温后处理，也可使孔径变小。

纤维炭中约有 60% 的 C 以类石墨碳形式存在，有超过 50% 的碳原子都位于内外表面，由于表面碳原子的不饱和性，而构成了独特的表面化学结构。与颗粒炭不同，纤维炭其孔径小，孔直接开口于纤维表面，是一种典型的微孔炭，具有较大的比表面积，微孔密布造成的极狭小空间，造就了相邻微孔孔壁分子共同作用形成的强大分子场，提供一个吸附其他物质的高压体系，引起微孔内吸附势的增加，有利于吸附。

可以设法改变纤维炭的表面酸、碱性、引入或除去某些表面官能团，以调整表面的亲、疏水性，以满足不同的功能需要。例如，高温或氢化处理可脱除表面含氧基团，减少亲水基，提高对含水气流或溶液的吸附；反之，用强氧化剂如硝酸、次氯酸钠、重铬酸钾、高锰酸钾、臭氧及空气等进行氧化处理后，引入含氧基团，强化亲水性，获得酸性表面，随表面酸性的增加对碱性有机物的吸附能力增加，可用作干燥剂及对极性物质的吸附；与氯气等反应可使其表面由非极性变为极性；通过浸渍或混炼法，可以在先驱体纤维中引入重金属离子，靠配位吸附作用来提高对某些物质的吸附能力；用氨水作活化剂对沥青基活性炭纤维进行活化，制得表面含氮官能团的纤维炭，它在水和氧气存在下脱除模拟烟气中的 SO_2 的能力显著提高；硫酸活化的纤维炭，表面具有催化能力，可以在 NH_3 存在下把 NO 还原成 N_2。

2. 活性炭纤维的特点

与粒状活性炭相比，活性炭纤维具有以下特点。

（1）比表面积大，多为微孔，孔径分布密，孔直接开口于活性炭纤维表面。

活性炭纤维比表面积可达 $1000\sim2500m^2/g$，比粒状活性炭高，孔径分布多为微孔，微孔占 95% 以上，除微孔外还有少量中孔，但基本上无大孔，孔的开口多在活性炭纤维的表面（图 4-25），所以有利于吸附质的进出。活性炭纤维的孔径多在 $0.5\sim1.5nm$ 区间，孔径分布很窄（图 4-26）。

（2）适用于对气体及水中小分子进行吸附，吸附容量大，吸附速度快，对微量吸附质吸附效果比粒状活性炭好。

这主要与其孔结构有关，由于活性炭纤维多为微孔，易于吸附气体及小分子（相对分子质量小于 300）物质，不利于吸附大分子物质，这一点对去除天然水中大分子有机物不利。比表面积大，使它吸附容量大（图 4-27）。孔结构简单，扩散通道少，所以吸附速度快。有人测定，活性炭纤维吸附容量约为粒状活性炭1.5～10倍，吸附速度约为粒状活性炭5～10倍以上。

与粒状活性炭相比，活性炭纤维对去除水中余氯特别有效。

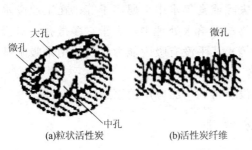

大孔
微孔
中孔
(a)粒状活性炭

微孔
(b)活性炭纤维

图4-25 活性炭纤维与粒状活性炭孔结构示意图

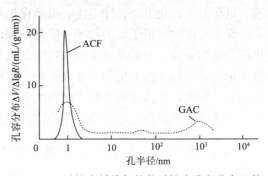

图4-26 活性炭纤维与粒状活性炭孔径分布比较

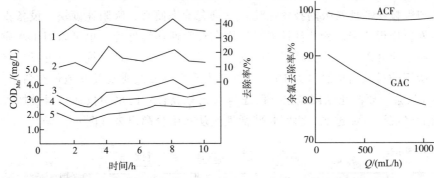

图4-27 活性炭纤维与粒状活性炭对某水中有机物及余氯吸附情况对比

1—ACF出水去除率；2—GAC出水去除率；3—原水COD；4—GAC出水COD；5—ACF出水COD

（3）与粒状活性炭相比，活性炭纤维的吸附工作曲线表明（图4-28），它有利于提高吸附材料利用率及降低出水中吸附质残余浓度。

（4）对金属离子吸附性能好，有很好的氧化还原功能。

活性炭纤维对金、银、铅、镉、铂、汞、铁等金属离子吸附性能好，吸附后还能将其还原为低价离子甚至金属单质，得到的金属单质呈纳米尺寸附载于活性炭纤维上。所以在重金属离子的去除、回收、利用方面有广泛的用途。

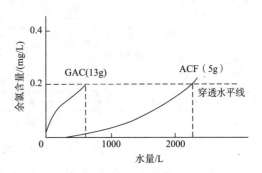

图4-28 活性炭纤维和粒状活性炭床
吸附工作曲线比较

条件：进水余氯含量2mg/L，流速25L/min

（5）脱附速度快，比颗粒状活性炭易于再生。

这与它的孔径结构特性有关。常用的再生方法有高压水蒸气处理及热的空气或氮气处理。

（6）强度好，生成的炭粉尘少。

3. 活性炭纤维应用

与颗粒炭相比，纤维炭耐热性能好，比表面积大，吸附容量大，吸附速度快，再生容易。由于它可制成不同的特殊功能炭，可以广泛应用于不同的行业，如环境保护、水处理、电子工业、化工、医疗卫生、劳动保护等领域。

在水处理中可用于水的除味、除臭、除油、去除或富集水中金属离子等；在工业废水中用于吸附去除一些简单分子的有机或无机污染物；在给水处理中，由于它多微孔，对天然水中大分子的天然有机物（如腐殖酸、富里酸等）几乎没有吸附能力，仅能用来吸附某些小分子物质，如消毒副产物三氯甲烷等。

当前它价格较高且产品质量不稳定，也是它没有得到广泛应用的原因。

二、吸附水中有机物的粉状活性炭处理

粉状活性炭（PAC）在给水处理中应用已有 70 多年历史，应用很广泛，和颗粒状活性炭一样，粉状活性炭也可以有效吸附水中有机物、卤代烃类氯化产物以及产生色、嗅、味的物质。与颗粒状活性炭吸附技术相比，它具有价格便宜、吸附速度快、设备投资省的优点，在国外应用很普遍。粉状活性炭可以用在经常性连续处理，也可以用于水质突发污染的应急水质改善处理。粉状活性炭吸附处理可以投加入水处理系统，也可以直接投加入天然水体，所用的粉状活性炭多为 100～200 目木质炭（或煤质炭及其他种类活性炭），配成 5％～10％炭浆（要防止结团现象，保证与水充分混合）向水中投加，当投加入水处理系统时，最后经沉淀（或过滤）再将粉状活性炭从水中分离出来（图 4-29）。

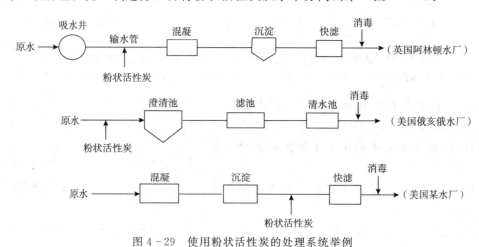

图 4-29　使用粉状活性炭的处理系统举例

1. 水处理流程中粉状活性炭投加位置

在水处理流程中粉状活性炭投加点有多处，可以在原水中投加，也可以在混凝澄清过程中（起点或中段）投加，或在滤池前投加。可以一点投加，也可以多点投加。1995 年有人曾对美国 95 个使用粉状活性炭的水厂投加点进行调查，发现有 16％水厂在预沉淀中投加，49％在快速混合中投加，10％在混凝中投加，7％在沉淀中投加，10％在滤池前投加，还有大约 23％水厂采用多点投加。不同投加点，对水中有机物去除情况也会不同。原则上，应当根据水质情况通过试验确定最佳投加点。例如某水厂粉状活性炭在不同地点投加时水中有机物去除情况列于表 4-12，从中可以看出，在混凝中段投加效果最好，与混

凝剂一起投加时有机物去除率会下降。产生这一现象的原因在于粉状活性炭吸附与混凝的竞争以及粉状活性炭被絮凝体包裹的程度。研究发现，在混凝初期絮凝体正处于长大阶段，如投放粉状活性炭，粉状活性炭会被长大的絮凝体网捕、包裹起来，这就使活性炭发挥不了吸附作用，从而使有机物去除率下降。在混凝过程中，当絮凝体尺寸长大到与分散的粉状活性炭大小尺寸（约 0.1mm）相近时投放粉状活性炭，这样既可避免吸附竞争，又因絮凝体已完成对水中胶体的脱稳、凝聚，减少了粉状活性炭被包裹的程度，粉状活性炭颗粒多处于絮凝体表面，可以充分发挥粉状活性炭吸附能力，有效去除水中有机物。

由于水混凝过程也能去除一部分溶解的有机物，在混凝前投加粉状活性炭，还会使活性炭一部分吸附能力消耗在能被混凝去除的有机物身上，浪费吸附能力。

表 4-12　某水厂不同粉状活性炭投加点的处理效果

有机物去除率/%		吸水井处	与混凝剂一起投加	混凝澄清中段
	投加量 15mg/L	13	11	22
	投加量 20mg/L	26	20	33

粉状活性炭也不宜在滤池前加入，因为发现滤池前投加时会有细小颗粒活性炭穿透滤层进入清水中，并且易造成滤料堵塞。在澄清池内投加由于活性炭会随泥渣循环积累，形成高浓度含活性炭泥渣，停留时间长，所以效果好。

选择粉状活性炭投加点时，一般应考虑如下要求：

①要具有良好的炭水混合条件；

②要保证充分的炭水接触时间，以利于充分吸附，有人建议炭水接触时间应大于30~60min，接触时间延长，有机物去除率可提高，粉状活性炭用量可减少；

③所投加的其他药剂对粉状活性炭干扰少；

④不影响处理后的供水水质；

⑤充分发挥混凝和粉状活性炭各自对吸附质的吸附，避免相互竞争；

⑥能有效去除处理后水中微小炭粒。

2. 粉状活性炭种类和投加剂量的确定

粉状活性炭的种类选择可以参照吸附水中有机物的粒状活性炭选择方法。

确定粉状活性炭的投加量方法有两种。在已建成的水处理系统中，粉状活性炭的投加量可以通过试验确定，例如某厂通过试验求得的粉状活性炭投加量与出水有机物去除率的关系示于图 4-30。从图上看出，在反应池中段投加，获得的效果最好，如果要求COD_{Mn}有 30% 的去除率，在反应池中段投加量约 18.5mg/L。

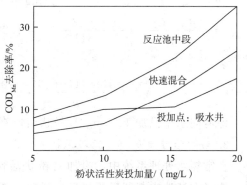

图 4-30　某厂粉状活性炭投加量与有机物去除率关系

还可以在实验室通过吸附等温线来求投加量，方法如下。

试验用吸附质要选用欲去除的物质，若是对天然水中有机物进行吸附，则应采用混凝后水中有机物作吸附质。首先按前述方法测绘欲投加的活性炭对水中吸附质的吸附等温线，一般假设为富兰德里胥型，在双对数坐标体系中作 $\lg q$-$\lg C$ 关系直线，并求直线的斜率 $1/n$ 和截距 K，即可获得下式

$$q = KC_e^{\frac{1}{n}} \tag{4-29}$$

式中 C_e——欲获得的处理后水中残余吸附质的含量。

进而计算出代表该处理过程中单位质量活性炭所吸附的吸附质质量 q（mg/g），再按下式计算粉状活性炭的投加量 q_m（kg/h）

$$q_m = \frac{Q(C-C_e)}{q}(\text{kg/h}) \tag{4-30}$$

或

$$q_m = \frac{1000(C-C_e)}{q}(\text{mg/L}) \tag{4-31}$$

式中 Q——处理水流量，m^3/h；

C——处理水中吸附质浓度，mg/L；

C_e——欲获得的处理后水中吸附质残余浓度，mg/L。

吸附处理池容积按下式计算

$$V = Qt \tag{4-32}$$

式中 t——欲达到出水残余吸附质为 C_e 时所需的时间，h，该值可通过吸附平衡试验求得。

例如，某河水的 COD_{Mn} 为 6mg/L，欲采用投加粉状活性炭的方法将其 COD_{Mn} 降至 2mg/L，处理水量为 $100\text{m}^3/\text{h}$，求粉状活性炭的投加量。

首先用该河水测绘活性炭吸附等温线，见图 4-31。由图求出该直线的截距为 220mg/g（C_e=1mg/L），斜率为 0.5，故 n=2。在 C_e 为 2mg/L 时，活性炭吸附容量为

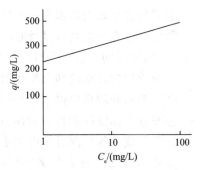

图 4-31 某种活性炭对某河水中 COM_{Mn} 的吸附等温线

$$q = 220C_e^{\frac{1}{2}} = 220 \times 2^{\frac{1}{2}} = 311\text{mg/g}(\text{g/kg})$$

$$q_m = \frac{Q(C-C_e)}{q} = \frac{100 \times (6-2)}{311} = 1.29(\text{kg/h})$$

或

$$q_m = \frac{1000(C-C_e)}{q} = \frac{1000 \times (6-2)}{311} = 12.9(\text{mg/L})$$

即需向水中投加 12.9mg/L 粉状活性炭。

3. 粉状活性炭和膜过滤联用技术

在常规水处理系统中，投加的粉状活性炭在完成吸附后通过澄清（沉淀）池排污排出，或者在滤池中截留后通过反洗排出。粉状活性炭和膜过滤联用是在膜的前方水中投加粉状活性炭，它与水中颗粒状物一起在膜面截留。对活性炭来讲，还可以继续对水中吸附质进行吸附，直至膜反冲洗时排走；对膜来讲，粉状活性炭的颗粒相对较大，又不具黏结性，在膜表面和污泥掺和后可增加膜面污物的孔隙率，减少阻力增长速度，延长反洗周期，并能改善膜清洗效果从而降低膜污染程度。

与粉状活性炭联用的膜过滤技术有超滤、微滤、MBR，甚至纳滤，目前用得多的是超滤。典型的粉状活性炭和膜过滤联用系统是：原水→混凝澄清（沉淀）→投加粉状活性炭→超滤→消毒杀菌→供出。

4. 粉状活性炭使用中的问题

粉状活性炭能有效地去除水的色度和臭味，粉状活性炭本身对水中有机物去除率可达到 10%～40%，但对水中卤代烃类化合物和挥发性有机物去除效果不佳。

粉状活性炭使用的主要问题是劳动条件差，粉尘易飞扬，在装卸、拆包、配制浆液过程中常发生粉尘问题，粉尘还具有易爆危险，周围环境应防止有火星出现，如要使用防爆电机等。

粉状活性炭还会降低杀菌药剂的药效，如游离氯、臭氧等，这些药剂加入量要适当增加。

粉状活性炭浆液长期静置会下沉结块，甚至堵塞管道。

第五节　活性炭再生

利用活性炭吸附水中有机物或余氯时，有的运行周期可达数年，而有的仅几个月就饱和失效。失效的活性炭有人称为饱和炭，如不处理即会废弃。当然，活性炭运行周期的长短主要取决于进水中吸附质含量的多少。目前由于环境污染严重，天然水中有机物含量较多，以吸附水中有机物为目的的活性炭床的一般运行时间较短。因为活性炭价格昂贵，经济费用很高，因此要求活性炭重复使用，即要求失效后的活性炭能够再生。

活性炭再生（regeneration of activated carbon）就是将失去吸附能力的失效活性炭经过特殊处理，使其重具活性，恢复大部分吸附能力，以利重新使用。

活性炭再生前，在选择再生方法时，应考虑下列问题。

（1）再生前要了解活性炭所吸附的吸附质性质。对于含有挥发性可燃物质的吸附质不宜用热再生法；给水处理用活性炭失效时吸附大量水中天然有机物，在进行热再生时，受热分解会释放出有异味的气体，应有相应的对策。

（2）要考虑再生后活性炭吸附能力的恢复程度，这应当通过试验确认。对被浊度严重污染的活性炭，由于孔多被污泥堵塞，为提高再生效果，再生前还应进行预处理（如酸洗），酸洗还可去除活性炭吸附的重金属等物质。

（3）要考虑活性炭再生后机械强度降低程度及再生时活性炭质量的损耗。

（4）要估计再生经济费用，并与新活性炭进行比较。活性炭再生方法很多，如干式加热再生、热空气再生、水蒸气再生、微波再生、药剂再生、强制放电再生、生物再生等。虽然方法很多，但能将活性炭吸附能力完全恢复的方法并不多。下面对几种常见的再生方法作简单介绍。

一、干式加热再生

由于活性炭对水中有机物的吸附是物理吸附，是放热反应，因此利用升高温度的方法，可以将活性炭上已吸附的吸附质解析，以及让吸附的有机物在高温下氧化、分解、逸出，这就是高温再生法的原理，也是所有加热再生的原理。

这种方法的再生炉有回转再生炉（图4-32）、立式再生炉（图4-33）、流化床再生炉、移动床式再生炉等。

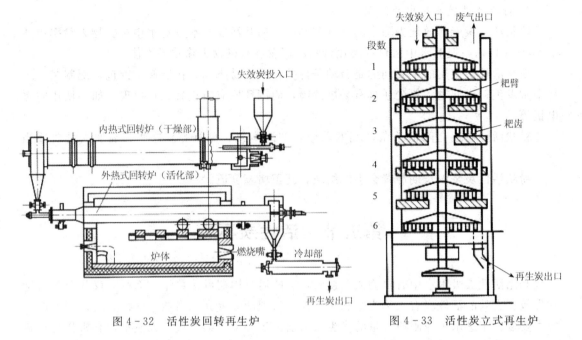

图4-32　活性炭回转再生炉　　　　　　图4-33　活性炭立式再生炉

失效的活性炭加热再生过程一般分为以下5步。

（1）脱水　颗粒状活性炭一般与水接触，因此活性炭含水较多（约50%），在此步骤中将活性炭与水分离。

（2）干燥　在100~150℃下将活性炭中水分蒸发掉，此时还会将活性炭中吸附的低沸点有机物质挥发掉。

（3）炭化　在300~800℃下将活性炭吸附的有机物质分解，分解出的低分子物质在此温度下挥发，当然也有一部分有机物质分解为碳，堵塞在活性炭孔内。

（4）活化　在800~1000℃下，利用水蒸气、CO_2等气体进行活化，将活性炭孔进行疏通及扩孔，或重新造孔。这些气体在850℃时与碳发生的反应如下

$$C+O_2 \rightarrow CO_2 + 24283.44 \text{J/mol}$$

$$C+H_2O \rightarrow CO+H_2 - 118067.76 \text{J/mol}$$

$$C+CO_2 \rightarrow 2CO - 162447.84 \text{J/mol}$$

（5）冷却　为防止氧化，在水中急冷。

通常，在炭化阶段，其吸附性能恢复率可达60%~80%，进一步用氧化性气体活化时吸附性能会进一步提高。氧对活性炭基质影响很大，过量氧将会使活性炭烧损灰化，使活性炭损失率上升，强度下降，因此应严格控制气体中氧含量。

干式加热再生的优点是：由于活化温度高，几乎能去除所有的吸附有机物，再生恢复率高，再生时间短，不产生有机废液，但是活性炭损失大（损失率3%~10%），再生时有废气排出，设备费用大，再生成本高。

二、蒸汽吹洗再生

它是采用压力 0.105MPa、温度 100～200℃的水蒸气对失效活性炭进行吹洗，在受热时，活性炭中一部分挥发性有机物逸出，一部分有机物分解，随冷凝水排出，由于蒸汽温度不高，吹洗时间要长达 8～10h。这种方法再生效率低，但是活性炭损失少，操作方便，不需要专用设备，可以在活性炭床内再生，不需进行活性炭装卸、运输。

三、微波再生

由于活性炭具有较高的介电损耗系数，为微波的强吸收物质，所以活性炭在微波辐照 1～2min 后温度会迅速升至 650℃以上，活性炭中水分子及其他有机物被加热而急剧挥发，产生蒸汽压力，向外压出，如果此时再辅以 CO_2 进行活化，则再生效果很好。

微波再生的影响条件是：微波频率、微波照射时间、再生温度、活化气体种类、组成、流速、废炭含水率等。

微波是由磁控管（或速调管）通过电压的周期性变动而产生的，使吸收体内部极性分子高速反复运动产生热能。活性炭再生炉炉体为微波谐振腔，微波频率有 970MHz 及 2450MHz 两种。这种再生方法优点是设备体积小，加热速度快，加热均匀，再生效率高；缺点是微波屏蔽困难，对人体有害，进料含水率不宜大于 25％，否则易烧结，而且不能长时间连续运转。

四、化学药剂再生

用化学药剂对失效活性炭进行再生的方法目前尚不成熟，再生率也不高，有的还处于研究开发阶段。这一类方法所用药剂可分为 3 种：碱、氧化剂及有机溶剂。

由于很多有机物，特别是天然水中的天然有机物在碱溶液中是溶解的，当活性炭吸附这些有机物后，用稀碱溶液（如 4％NaOH）进行清洗，可以洗脱部分吸附的有机物。若对碱液进行加热，则洗脱效果可以提高。

用于再生失效活性炭的氧化剂有氯、溴、高锰酸钾、重铬酸钾、过氧化氢等。原理是用氧化剂将吸附的有机物氧化降解而脱附。用于再生失效活性炭的有机溶剂有苯、丙醛及甲醇等。

用药剂法再生，药剂的选择和再生效果主要取决于活性炭吸附的吸附质性质，特别是溶剂再生，只有当吸附质在该溶剂中溶解度高时，再生才有效果。由于有机溶剂多为挥发性易燃品，不具备必要条件时，工业上应避免使用。

五、强制放电再生

近年来，国内发展了一种强制放电活性炭再生技术。该技术是利用炭自身的导电性和电阻，控制能量，使其形成电弧，对被再生的活性炭进行放电。

当具有一定能量的电流在活性炭炭粒的许多接触点上通过，由于接触点处电流密度很大（可达 $10^3 \sim 10^8\,A/cm^2$），产生高温及电弧，使炭粒温度迅速达到再生温度（800～900℃），在高温放电过程中会发生下述作用：

（1）高温使吸附的有机物迅速汽化、炭化；

（2）放电电弧隙中气体热游离和电锤效应，使活性炭吸附物在瞬间被电离分解；

（3）放电形成的紫外线使炭粒间空气中氧部分变成臭氧，对吸附物起氧化作用；

（4）吸附的水在瞬间变为过热水蒸气，与炭化物进行氧化反应。

因此，强制放电再生技术虽然加热时间短，但其再生效果良好。某水厂处理饮用水的失效活性炭经强制放电再生后性能恢复情况如表 4-13 所示。

表 4-13 某饮用水厂失效活性炭强制放电再生效果

	碘吸附值		苯酚吸附值		亚甲基蓝吸附值		堆积密度/
	数值/(mg/g)	再生恢复率	数值/(mg/g)	再生恢复率	数值/(mg/g)	再生恢复率	(g/cm³)
新活性炭	656.5		110.1		165.0		0.501
再生活性炭	638.8	97.3%	115.9	105.3%	152.9	92.7%	0.468
失效活性炭	459.3		74		123.6		0.537

强制放电再生可以是间隙式操作，也可以是连续式操作。再生全过程约 5～10min，再生损耗低于 2%，吸附性能可以恢复 95% 以上（以碘值计）。原始强度 90% 以上的活性炭可以再生 15 次以上（图 4-34）。

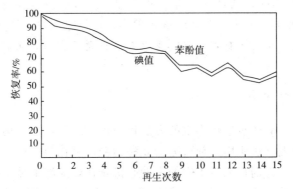

图 4-34 某活性炭重复强制放电再生 15 次的性能变化

强制放电再生与其他几种活性炭再生方法性能参数比较列于表 4-14 所示。

表 4-14 强制放电再生装置与其他再生方法性能的比较

		燃气加热				电能加热			
		多层式	回转式	移动床式	流化床式	直接电能加热再生炉	C-400型直接通电两段式再生炉	直接通电三段式再生炉	强制放电再生炉
要求进炉湿炭含水率/%						<6（干基）		85	86
炭在炉内停留时间/h		0.5	2～3	2～6	0.5～10	（沸腾干燥）0.23	6	约1.42	0.166
再生后碘值恢复率/%		86.8～95.5				95～98	94～96	96～99	96～100
再生损失率/%		7～15	5～7	3～4	7～15	3	1～3	2	<2
能耗指标	热耗/(kcal/kg)	4925	7899	3360～6950	3326～11341	1500	1291	1475	688
	电耗/(kW·h/kg)	5.72	9.18	3.9～8.07	3.87～13.18	1.77	1.5	1.71	<0.8

六、电化学再生

该方法是将失效的活性炭放在电极中间，加入一定的电解质（通常为 2% NaCl），进行通电后，在阳极上析出氧气和氯气：

$$2Cl^- - 2e = Cl_2$$

$$4OH^- - 4e = 2H_2O + O_2$$

在阴极上有 OH^- 生成：

$$2H_2O + 2e = H_2 + 2OH^-$$

由于再生电解槽无隔膜，发生下列反应：

$$Cl_2 + 2OH^- = ClO^- + Cl^- + H_2O$$

ClO^- 又可在阳极氧化生成氯酸和初生态氧：

$$6ClO^- + 3H_2O - 6e = 2HClO_3 + 6H^+ + 4Cl^- + 3[O]$$

这样，由于新生态氧、氯以及 ClO^-、$HClO_3$ 具有强氧化性，可使活性炭中吸附的有机物分解，起到再生的作用。

与传统再生方法相比，电化学再生效率较高，再生均匀，耗能少，活性炭损失少，又能避免二次污染，而且操作简单、费用低。

七、生物再生

活性炭床长期运行中，在活性炭颗粒表面有生物黏液产生，会将活性炭颗粒黏结，如果对活性炭床出水进行检验，也会发现细菌数增多。这些都是由于活性炭在长期运行中富集了大量有机物质，为微生物提供极为良好的食源和繁殖场所。从另外一个角度来说，微生物的存在有利于活性炭上吸附的有机物分解。

生物再生法就是在运行的活性炭上培养和驯化菌种，在微生物的作用下，消耗其吸附的有机物质（它可以将其氧化成 CO_2 及水），恢复活性炭的吸附能力。

对失效的活性炭使用厌氧方法进行再生，试验表明再生后活性炭吸附能力有一定提高（图 4-35）。还有对运行中活性炭床每隔一段时间进行一次生物再生，再生时补充一定的氮、磷等营养元素，并加大供氧促进好气菌的繁殖，可使运行的活性炭恢复一定的吸附能力，延长活性炭使用寿命。

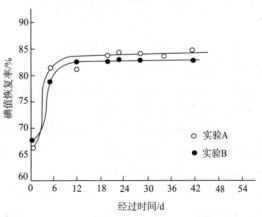

图 4-35　失效活性炭厌氧生物处理的效果

生物活性炭的臭氧-活性炭处理工艺更是生物再生的典型例子。

还有人将失效活性炭加到有活性污泥的曝气池中，利用活性污泥进行生物再生。

这种再生方法操作简单、费用低，但对有机物氧化速度慢，再生时间长，吸附能力恢复有限。

第六节　水处理中使用的其他吸附剂

常见的其他吸附剂种类很多，无机类如硅胶、分子筛、氧化铝、活性白土、硅藻土、凹凸棒土等，有机类如纤维素、高分子吸附树脂（如交联聚苯乙烯、交联聚丙烯酸酯、交联聚丙烯酰胺、酚醛类树脂）等。吸附剂种类繁多，但在工业用水处理中得到较多应用的是活性炭，此外大孔吸附树脂和废弃的阴离子交换树脂（强碱及弱碱性）也有少量应用。

大孔吸附树脂是一种人工合成的产品，最早的产品是酚-醛类化合物的缩合物，20 世纪 60 年代后出现聚苯乙烯、聚丙烯酸酯、聚丙烯酰胺类的交联聚合物树脂，其中有的带有极性基团，称为极性吸附剂，也有的不带极性基团，称为非极性吸附剂。常见的大孔吸附树脂种类见表 4-15。

表 4-15　常见的大孔吸附剂种类

牌号	生产国	树脂结构	极性	比表面积/(m^2/g)
AmberliteXAD（1#～5#）	美国	苯乙烯	非	100～750
AmberliteXAD（6#～8#）	美国	丙烯酸酯、α-甲基丙烯酸酯	中	140～498
AmberliteXAD（9#～10#）	美国	亚砜、丙烯酰胺	强	69～250
AmberliteXAD（11#～12#）	美国	氧化氮类	极强	25～170
DiaionHP（10～50）	日本	苯乙烯	非	400～700
GDX（101～203）	中国	苯乙烯	非	330～800
DX-906	中国	苯乙烯	极性	51.2
SD300、SD301、SD302	中国	苯乙烯	非	500～800
SD500	中国	丙烯酸	极性	

吸附树脂选择性与专一性在很大程度上能人为控制，通过使用致孔剂，以特殊聚合技术，人为地控制和调节孔径、孔容、比表面积等结构特点，制成不同孔径和不同性能的吸附树脂，以适应不同处理目的的需要。吸附树脂内含有直径在 5～25nm 的无数细孔，比表面积约为 100～1300m^2/g。

它主要有两种类型，一种骨架是苯乙烯系，另一种骨架是丙烯酸系。前一种最具代表性的是 DX-906，它开发较早，是一种具有弱碱性交换基团的吸附树脂；另一种骨架丙烯酸系是近年开发的，代表的产品是 SD-500。工业用吸附树脂其主要特征与交换树脂相似，呈颗粒状，具有耐热、耐酸碱、耐氧化、耐渗透压、耐气流擦洗、不溶解于有机溶剂且具有不同的溶胀特性等性能。含有大量孔隙的大孔吸附树脂，内部体系疏松、杂乱，取向无规则，自然光线折射杂乱，不能连续通过，因此，在肉眼下外观呈乳白色。

以苯乙烯类吸附树脂为例，它是苯乙烯和二乙烯苯的共聚体。球状大孔吸附树脂多由很多微观小球组成，微观小球之间存在孔隙，孔隙的直径称为孔径，孔隙的体积与树脂球体积之比值称为孔度。不同吸附树脂的孔径、孔度、比表面积及极性均不相同。使用时要根据吸附质的性质加以区别，比如吸附质分子较大要用孔径较大的吸附树脂；吸附质分子较小要选用孔径较小、比表面积较大的吸附树脂；吸附质是极性的，则要选用极性吸附树脂等。

这些树脂在水处理中的使用可以分为实验室使用和工业应用两种情况。实验室使用多用于水中有机物的富集、提取和分离。工业应用可以代替活性炭作用，用于吸附有机物。大孔吸附树脂优于活性炭的地方就在于它能反复再生，且再生条件要求不高。再生液一般采用 NaOH 和 NaCl 的混合溶液。因为可反复使用，比活性炭经济性好。

一、苯乙烯系大孔吸附树脂

以 DX-906 为例。国内生产的 DX-906 大孔吸附树脂与原西德 MP-500A 吸附树脂相当，为苯乙烯系吸附树脂，它含有一定的交换基团，氢氧型全交换容量约 3.3mmol/g，强碱基团约 2.9mmol/g，弱碱基团 0.4mmol/L，所以它的性能与大孔型强碱阴树脂有些相似。

DX-906 的比表面积约为 50m^2/g（苯乙烯系大孔弱碱阴树脂 D354 仅有 12m^2/g），孔径较小，对低分子有机物吸附容量较高，对水中天然有机物由于分子质量较大，吸附量则要下降（图 4-36）。水的 pH 值对吸附也有影响，该树脂可以在中性水中吸附水中有机物，也可以在酸性水中吸附，但在酸性水中吸附时 DX-906 吸附容量上升（图 4-37）。

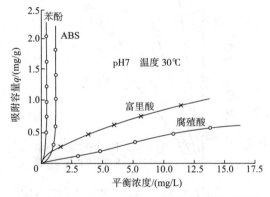

图 4-36 DX-906 对几种有机物的吸附等温线

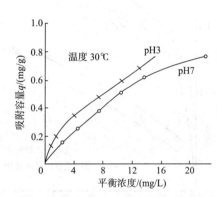

图 4-37 pH 对 DX-906 吸附水中有机物的影响

DX-906 大孔吸附树脂抗氧化能力较差，对水中游离氯较敏感，遇游离氯后易发生胶溶、降解。

DX-906 的工业运行条件是：流速 20~30m/h，层高大于 1.2~1.8m，对水中有机物去除率周期平均值为 35%，对 COD$_{Mn}$ 吸附容量约为 4g/L，失效终点通常以 COD$_{Mn}$ 去除率低于 20% 为限，失效后可以用 3~4 倍床层体积的 8% NaCl 和 4% NaOH 混合液再生，再生后吸附能力可恢复 85%。DX-906 在工业条件下可重复使用，再生方便，这比活性炭优越。

DX-906 运行中也应定期进行反洗，防止污泥堆积堵塞吸附孔道。

二、丙烯酸大孔吸附树脂

丙烯酸大孔吸附树脂为淡黄色（或白色）不透明球状颗粒，其性能与大孔丙烯酸弱碱树脂相似。

1. **丙烯酸系吸附树脂与苯乙烯系吸附树脂吸附性能比较**

与苯乙烯系大孔吸附树脂相比，丙烯酸树脂是一种更好的有机物吸附剂，其吸附性能比大孔苯乙烯吸附树脂更佳（图 4-38 和图 4-39）。大孔丙烯酸树脂对大分子有机物腐殖酸和富里酸的吸附效果比大孔苯乙烯树脂好，而且容易洗脱。

2. **丙烯酸系吸附树脂和活性炭对水中有机物吸附性能比较**

实验是以某城市自来水中有机物浓缩样品作吸附质，对 SD500 丙烯酸吸附树脂和活性炭吸附性能进行比较，结果示于图 4-40 和图 4-41。从图上看出，有机物平衡浓度低时，活性炭和丙烯酸吸附树脂吸附容量相近，高有机物平衡浓度时，丙烯酸吸附树脂吸附容量明显大于活性炭。另外，二者吸附类型也不同。活性炭吸附是随水中有机物浓度上升吸附容量成比例上升，多为富兰德里胥型吸附等温线；而大孔吸附树脂在高的平衡浓度时，吸附容量急剧上升，有多层吸附发生，类似于 BET 型吸附。

介质 pH 值对活性炭吸附容量影响较大。低 pH 值介质中，活性炭吸附容量明显上升；但 SD500 大孔吸附树脂，介质 pH 值对吸附容量影响不显著。

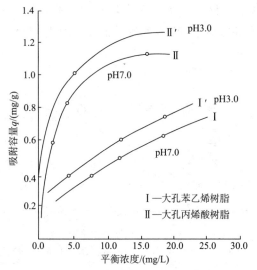

图 4-38　苯乙烯吸附树脂与丙烯酸吸附树脂对腐殖酸吸附性能比较

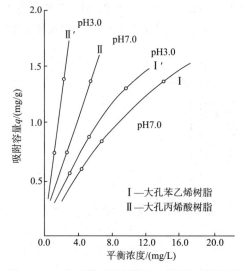

图 4-39　苯乙烯吸附树脂与丙烯酸吸附树脂对富里酸吸附性能比较

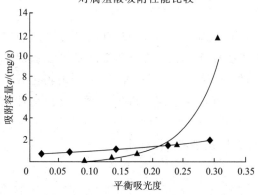

图 4-40　pH=4 时活性炭和 SD500 的吸附容量对比
◆活性炭；▲吸附树脂

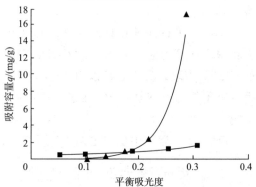

图 4-41　pH=7 时活性炭和 SD500 的吸附容量对比
◆活性炭；▲吸附树脂

3. 丙烯酸吸附树脂和活性炭对水中不同相对分子质量有机物去除性能比较

试验仍以某城市自来水中有机物作吸附质，比较丙烯酸系吸附树脂和活性炭对水中不同相对分子质量有机物去除情况，数据列于表 4-16，可以看出：

①大孔吸附树脂与活性炭对水中有机物的总去除率相当或略优于活性炭；

②SD500 丙烯酸吸附树脂对水中大分子有机物（相对分子质量大于 5 万）吸附优于活性炭；

③对水中相对分子质量 4000~6000 的有机物吸附时，大孔吸附树脂和活性炭吸附率相当；

④在对水中小相对分子质量（特别是小于 2000）的有机物进行吸附时，活性炭的吸附效果好于大孔吸附树脂。

表 4-16　大孔吸附树脂吸附柱和活性炭吸附柱对水中不同相对分子质量有机物去除情况

		总有机物	大于 5 万	5 万~2 万	2 万~1 万	1 万~6000	6000~4000	4000~2000	小于 2000
SD500 树脂吸附柱	进水 UV_{254}	0.102	0.015	0.005	0	0	0.035	0.003	0.044
	出水去除率/%	38.24	100	80	—	—	65.7	67	6.8
活性炭吸附柱	进水 UV_{254}	0.134	0.016	0.004	0.006	0.01	0.036	0.001	0.061
	出水去除率/%	37.21	68.7	25	67	80	88.8	—	29.5

4. 丙烯酸吸附树脂使用时的设计参数

SD500 吸附树脂床运行流速可取 10~15m/h（活性炭床运行流速为 5~10m/h）；吸附容量应以实际吸附水质通过试验确定；SD500 吸附树脂床以 COD 去除率小于 10%~20% 作为吸附失效；失效后 SD500 树脂用 4%NaOH+2%NaCl 混合液再生，再生流速 4m/h，再生剂量为 4 倍树脂体积，再生液与树脂接触时间必要时可适当延长。

再生后的 SD500 吸附树脂吸附能力恢复较好，与新的吸附树脂相同。

由于一般吸附树脂往往带有交换基团，使出水水质发生变化，SD500 吸附树脂在投运初期出水中 Cl^- 可能也会升高，出水碱度基本没有变化，可适当延长再生的冲洗时间，减少这种影响。

三、废弃的阴离子交换树脂

废弃的阴离子交换树脂也可以作为吸附剂应用于水处理系统，这已在工业上得到成功应用。废弃的阴离子交换树脂一般多是指由于工作交换容量下降、出水水质恶化：强碱基团减少、除硅能力变差等原因而废弃的，但此时树脂对水中有机物仍有较好的吸附能力，可以用这种废弃的阴离子交换树脂来充填吸附床，吸附水中有机物质，这种吸附床（以及充填大孔吸附树脂的吸附床）又称为有机物清除器（organic scavenger）。废弃的阴离子交换树脂用作有机物吸附剂，有氯型和氢氧型两种。

1. 氯型阴树脂有机物清除器

将阴树脂再生为氯型树脂，氯型树脂对水中有机物去除效果较好，初期去除率可达 80% 左右，在运行末期也可达 30%~40%，周期制水量约为床层体积的 1000~1500 倍，吸附饱和后用 NaOH 和 NaCl 混合液再生，运行曲线见图 4-42。从图上可看出，在实际运行中，阴树脂有机物清除器运行至进出水中 Cl^- 相等时（相当于离子交换树脂完全失效时），通过水量约为树脂层体积的 750 倍，但此时对水中有机物去除率仍很好，只有当运行至通过水量为树脂体积的 1500 倍后，出水有机物去除率才降至 50% 以下，所以它的运行方式与离子交换不同，应当按出水有机物去除率来决定它的吸附饱和（失效）时间。

充填氯型阴树脂的有机物清除器可以在中性水中运行（位于过滤器之后阳床之前），也可以在酸性水中运行（位于阴床之前，即脱 CO_2 器之后）。当在中性水中运行时，由于进水中存在 SO_4^{2-}、HCO_3^- 等阴离子，它们会与阴树脂中的氯进行交换反应

$$RCl + \begin{cases} SO_4^{2-} \\ HCO_3^- \\ HSiO_3^- \end{cases} \longrightarrow \begin{cases} R_2SO_4 \\ RHCO_3 \\ RHSiO_3 \end{cases} + Cl^-$$

结果使出水 Cl^- 上升，碱度（HCO_3^-）下降。运行中出水 Cl^- 的变化曲线见图 4-22。从图上可见，运行开始时出水 Cl^- 很高，其量约等于进水中总阴离子量，随后逐渐下降，至 RCl 型树脂消耗完毕，出水中 Cl^- 等于进水中 Cl^-。运行中出水碱度变化示于图 4-43，从图上可见，运行初期出水中碱度为零，随后逐渐升高至 RCl 树脂消耗完毕，出水碱度等于进水的碱度。

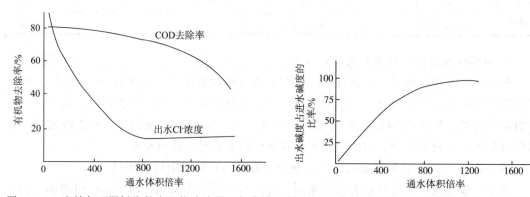

图 4-42 充填氯型阴树脂的有机物清除器运行曲线　图 4-43 氯型阴树脂有机物清除器出水碱度变化

在工业水处理中，这种变化规律就使得氯型阴树脂有机物清除器在阳床前的中性水中运行时，出水 Cl^- 浓度很高，引起除盐系统中阳床出水酸度上升，Na^+ 升高，并引起阴床运行周期缩短，出水电导率升高，除盐系统出水水质恶化。

当氯型阴树脂有机物清除器位于阴床前时，此时由于进水为酸性水，CO_2 也已去除，不会发生阴床运行周期明显缩短等现象，对阴床出水水质影响也比前者小得多。

2. 氢氧型阴树脂有机物清除器

该种形式是将阴树脂再生为氢氧型，可以避免氯型阴树脂出水 Cl^- 增高带来的影响。这种有机物清除器中阴树脂采用氢氧型，吸附饱和失效后，采用 NaOH 再生，将树脂再转变为氢氧型，NaOH 再生时有机物洗脱率不高，需要每隔几个运行周期后用 NaOH-NaCl 溶液进行复苏处理，彻底清除吸附的有机物。采用 NaOH 再生时，虽然吸附的有机物没有彻底清除，但投运后有机物去除率仍可保持 50% 以上，产水量约为床层体积1000 倍。

某工业试验装置试验数据列于表 4-17，运行曲线示于图 4-44。

运行曲线中 Cl^- 升高点即通常离子交换中的失效点，此时有机物去除率急剧下降，随后，随着树脂中 Cl^- 的放出，出水中 Cl^- 下降并趋向进出水平衡时，有机物去除率又恢复到一较高的值，并可稳定相当长一段时间（图 4-40），产水量可数倍增加，所以氢氧型阴树脂有机物清除器吸附饱和失效终点应以有机物去除率来判断，不能套用离子交换的失效点。

表 4-17　氢氧型有机物清除器（位于过滤器后，阳床前）出水水质

产水量（床层体积倍数）	20	100	150	200	300	400	600	800	1000	1200	1300	1400	1500	1600
COD_{Mn} 去除率/%	88	88	23	62	65	69	62	50	42	38	35	35	35	30
硬度/(mmol/L)	1.9	2.1	3.2	2.9	2.8	2.7	2.6	2.6	2.6	2.6	2.6	2.6	2.6	2.6
碱度/(mmol/L)	2.0	1.0	0.4	0.8	1.2	2.2	2.3	2.1	2.1	2.1	2.1	2.1	2.1	2.1
pH 值	11.6	11.3	9.6	8.9	8.6	7.8	7.8	7.6	7.6	7.6	7.6	7.6	7.6	7.6
Cl^-/(mg/L)	0	0	103	81	57	17	15	6	6	6	6	6	6	6

说明：进水 COD_{Mn} 1.04mg/L；硬度 2.6mmol/L；pH7.6；碱度 2.1mmol/L；Cl^- 6mg/L。

产生这种现象的原因是 Cl^- 对树脂中有机物洗脱率高，离子交换过程失效后树脂中交换的 Cl^- 大量放出，也洗脱了树脂中吸附的一部分有机物，使有机物去除率下降，当离子交换过程达到饱和后，出水 Cl^- 下降到与进水水质相同，浓度较低 Cl^- 的洗脱过程结束，树脂又恢复了对有机物的吸附功能。

该氢氧型阴树脂有机物清除器位于过滤器之后，阳床之前，进水为中性水，水中含有硬度，当遇到碱性的氢氧型阴树脂后，会在阴树脂中形成 $CaCO_3$ 和 $Mg(OH)_2$ 沉淀

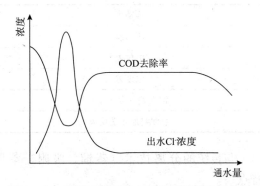

图 4-44　氢氧型阴树脂有机物清除器运行曲线

$$Ca(HCO_3)_2 + OH^- \rightarrow CaCO_3\downarrow + H_2O$$

$$Mg^{2+} + OH^- \rightarrow Mg(OH)_2\downarrow$$

这是该工艺存在的问题，所以该有机物清除器中需要定期用盐酸清洗。

第五章　膜分离

　　膜分离技术是在 20 世纪初出现，20 世纪 60 年代后迅速崛起的一门分离新技术。膜分离技术是利用特殊的有机或无机材料制成的具有选择透过性能的薄膜，在外力推动下对混合物进行分离、提纯、浓缩的一种分离方法。这种推动力可以分为两类：一类借助外界能量，物质发生由低位向高位的流动；另一类是以自身的化学位差为推动力，物质发生由高位向低位的流动。表 5-1 列出了一些主要膜分离过程的推动力。这种薄膜必须具有选择性通过的特性，即有的物质可以通过，有的物质被截留。

表 5-1　主要膜分离过程的推动力

推动力	膜过程
压力差	反渗透、超滤、微滤、气体分离
电位差	电渗析、电除盐
浓度差	透析、控制释放
浓度差（分压差）	渗透汽化
浓度差加化学反应	液膜、膜传感器

　　与传统的分离技术（蒸馏、吸附、萃取、冷冻分离等）相比，膜分离技术有如下特点。

　　(1) 膜分离通常是一个高效分离过程。在按物质颗粒大小分离的领域，以重力为基础的分离技术最小极限是微米，而膜分离却可以将相对分子质量为几百甚至几十的物质进行分离，相应的颗粒大小为纳米及以下。

　　(2) 膜分离过程不发生相变，与其他方法相比能耗低。

　　(3) 膜分离过程是在常温下进行的，特别是用于对热敏感物质的处理。

　　(4) 膜分离法分离装置简单，操作容易且易控制。

　　膜分离技术的分离方法一般有如下几种。

　　(1) 按分离机理分　主要有反应膜、离子交换膜、渗透膜等。

　　(2) 按膜材料性质分　主要有天然膜（生物膜）和合成膜（有机膜和无机膜）。

　　(3) 按膜的形状分　主要有平板式（板框式与圆管式、螺旋卷式）、中空纤维式等。

　　(4) 按膜的用途分　目前常见的几种是微滤（Micro Filtration，MF）、超滤（Ultra Filtration，UF）、纳滤（Nano Filtration，NF）、反渗透（Reverse Osmosis，RO）、渗析（Dialysis，D）、电渗析（Electrodialysis，ED）、电除盐（Electrodeionization，EDI）、气体分离（Gas Separation，GS）、渗透蒸发（Pervaperation，PV）及液膜（Liquid Membrane，LM）等。现将几种主要的膜分离法各自的特点和使用范围归纳于表 5-2 和图 5-1。

表 5 - 2　各种膜分离技术特点

过程	分离目的	透过组分	截留组分	透过物组成	推动力	传递机理	膜类型	进料和透过物的物态	简图
微滤(MF)	溶液脱除粒子、气体脱除粒子	溶液、气体	大于（0.05～15μm）粒子	大量溶剂及小分子和大分子溶质	压力差约100kPa	筛分	多孔膜	液体或气体	进料／滤液（水）
超滤(UF)	溶液脱除大分子、大分子溶液脱除小分子、大分子分级	小分子溶液	大于（1～50nm）大分子溶质、粒子	大量溶剂、小分子溶质	压力差 100～1000kPa	筛分	非对称膜	液体	浓缩液／进料／滤液（水）
反渗透(RO)	溶剂脱除溶质、含小分子溶质溶液浓缩	溶剂	大于（0.1～1nm）的溶质	大量溶剂	压力差 1000～10000kPa	优先吸附、毛细管流动、溶解扩散	非对称膜或复合膜	液体	浓缩液／进料／溶剂（水）
渗析(D)	大分子溶质溶液脱除小分子、小分子溶质溶液除大分子	小分子溶质	大于 0.02μm 截留，血液渗析中溶质大于 0.005μm 截留	较小组分或溶剂	浓度差	筛分、微孔膜内的受阻扩散	非对称膜或离子交换膜	液体	进料／净化液／接受液／扩散液
电渗析(ED)	溶液脱除离子、离子溶液的浓缩、离子的分级	不解离的组分	离子和水	少量离子组分及水	电位差	离子经离子交换膜的迁移	离子交换膜	液体	浓电解质／产品（水）／进料／阴离子交换膜／阳离子交换膜
气体分离(GS)	气体混合物分离、富集或特殊组分脱除	气体、较小组分或膜中易溶组分	较大组分（除非膜中溶解度高）	二者都有	压力差 1000～10000kPa、浓度差（分压差）	溶解-扩散	均质膜、复合膜、非对称膜	气体	进料／渗余气／渗透气
渗透蒸发(PVAP)	挥发性液体混合物分离	膜内易溶解组分或易挥发组分	不易溶解组分或较难挥发物	少量组分	分压差、浓度差	溶解-扩散	均质膜、复合膜、非对称膜	料液为液体、透过物为气态	进料／溶质或溶剂／溶剂或溶质

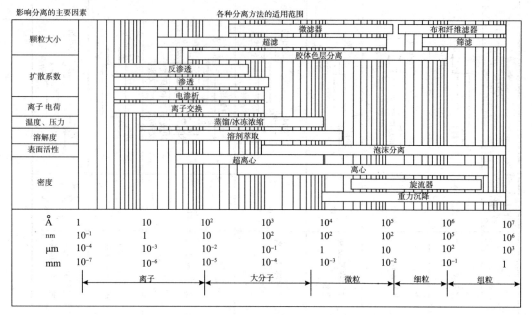

图 5-1　各种分离方法的适用范围

分离膜是膜分离的技术核心，工业上使用的分离膜应符合下列基本条件。

（1）分离性　分离膜必须对被分离的混合物具有选择透过（即具有分离）的能力。

（2）透过性　在达到所要求的分离率的前提下，分离膜的透量越大越好。

（3）物理、化学稳定性。

（4）经济性。

第一节　反渗透

1748 年法国学者阿贝·诺伦特（Abble Nellet）发现水能自然地扩散到装有酒精溶液的猪膀胱内，首次揭示了膜分离现象，证实了膜的渗透过程。

而真正的膜分离技术的工程应用是从 20 世纪 60 年代开始的。1960 年洛布（Loeb）和索里拉金（Sourirajian）共同研制出第一张高通量和高脱盐率的醋酸纤维素非对称结构膜（CA 膜），与以往的对称膜相比，水的透量增加了将近 10 倍。这是膜分离技术发展的里程碑，从此开始了反渗透的工业应用。其后各种新型膜陆续问世，1961 年美国 Hevens 公司首先提出管式膜组件的制造方法；1964 年美国通用原子公司研制出螺旋式反渗透组件；1965 年美国加利福尼亚大学制造出用于苦咸水淡化的管式反渗透组件装置，生产能力为 19m³/d；1967 年美国杜邦（DuPont）公司首先研制出以尼龙-66 为膜材料的中空纤维膜组件；1970 年又研制出以芳香聚酰胺为膜材料的 Permasep B-9 中空纤维膜组件，并获得 1971 年美国柯克帕里克（Kirkpatrick）化学工程最高奖。从此反渗透技术迅速发展。

我国的反渗透研究始于 1965 年，与国外的时间基本一致。但由于原材料、基础工业条件的限制以及生产规模小等原因，生产的膜组件性能不稳定、成本高。这期间微滤和超滤技术也得到相应的发展。

一、渗透和反渗透

只透过溶剂（水）而不透过溶质（盐）的膜，通常称为半透膜（semipermeable membrane）。将半透膜置于两种不同浓度溶液的中间，在等温条件下，从热力学平衡角度来分析，低浓度盐溶液中溶剂（水）化学位高，它会自动地通过半透膜逐渐向化学位低的溶剂（如盐浓溶液中溶剂）方面转移，这种现象叫做渗透（osmosis）。

渗透的定义是：一种溶剂（水）通过半透膜进入另一种溶液，或者是溶剂（水）从一种稀溶液中向另一种比较浓的溶液透过的现象称为渗透。由于是半透膜，盐是不会从浓溶液向稀溶液（或水）中渗透的。

若在浓溶液加上适当的压力，可使渗透停止达到渗透平衡。刚好使纯水向浓溶液的渗透停止时的压力，称为该浓溶液的渗透压（osmosis pressure）。也可以说，纯水本身渗透压为0。

若在浓溶液一边加上比自然渗透压更高的压力时，可扭转自然渗透方向，将浓溶液中的溶剂（水）压到半透膜的另一边稀溶液中，这是和自然渗透过程相反的过程，称为反渗透（reverse osmosis，RO）。这种现象表明，当对盐水一侧施加的压力超过该盐水的渗透压时，可以利用半透膜装置从盐水中获得淡水，渗透、渗透压和反渗透的原理如图5-2所示。

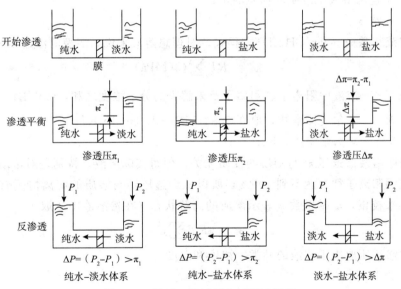

图5-2 渗透、渗透压和反渗透原理

因此，反渗透过程必须具备两个条件：一是必须有高选择性和高渗透性（一般指透水性）的半透膜；二是操作压力必须高于溶液的渗透压（或膜两侧渗透压差）。

按照化学热力学理论，盐的水溶液中水的化学位 μ 为：

$$\mu = \mu_0 + RT\ln a \tag{5-1}$$

$$a = P/P_0 \tag{5-2}$$

式中 μ_0——纯水的化学位；

R——气体常数；

T——热力学温度；

a——盐的水溶液中水的活度；

P、P_0——盐的水溶液和纯水的水蒸气压。

由于 $P < P_0$，故 $\mu < \mu_0$，即盐溶液中水的化学位比纯水中水的化学位低，所以纯水中水分子会透过膜向盐的水溶液中渗透，即产生渗透压 π。在纯水-盐水渗透体系中，渗透进行到渗透平衡时盐的水溶液中水化学位上升，变为

$$\mu = \mu_0 + RT\ln a + \int_{P_0}^{\pi} V_B dP \approx \mu_0 + RT\ln a + \pi V_B \qquad (5-3)$$

式中　V_B——水的偏摩尔体积。

在渗透进行至极限情况，达到渗透平衡时，还有

$$\mu = \mu_0$$

$$-RT\ln a = \pi V_B$$

$$\ln a = \ln(1 - X_2) \approx -X_2 \approx -n_2/n_1$$

$$\pi = -\frac{1}{V_B} RT\ln a = \frac{1}{V_B} \frac{n_2}{n_1} RT = CRT$$

式中　X_2——盐水溶液中溶质的摩尔分数；

n_1——盐水溶液中水的物质的量；

n_2——盐水溶液中溶质的物质的量；

C——浓度。

上式即范特霍夫（van't Hoff）方程式。对理想溶液来说，溶液的渗透压 $\pi^{\ominus}$ 通式为

$$\pi^{\ominus} = RT\sum C_i \,(\text{MPa}) \qquad (5-4)$$

式中　$\sum C_i$——溶液中阳离子、阴离子及未解离的分子浓度之和，mol/L；

R——摩尔气体常数，取 $0.00831\text{MPa} \cdot \text{L}/(\text{mol} \cdot \text{K})$；

T——热力学温度，K。

上式表明溶液渗透压 $\pi^{\ominus}$ 与溶质的性质无关。但对实际溶液，特别是对浓溶液来讲，电解质解离或阴阳离子往往达不到 100%，所以，渗透压还与溶质的解离情况有关，可补充渗透系数 ϕ 来校正，渗透系数 ϕ 表示溶质的离解状态（在稀溶液中 ϕ 取 1）：

$$\pi = \phi RT\sum C_i \qquad (5-5)$$

溶液的渗透压取决于溶液的种类、浓度和温度。

例如在 25℃时：

1000mg/L NaCl 水溶液的渗透压为 77kPa；

1000mg/L 蔗糖水溶液的渗透压为 7kPa；

1000mg/L NaHCO$_3$ 水溶液的渗透压为 91kPa；

1000mg/L Na$_2$SO$_4$ 水溶液的渗透压为 42kPa；

1000mg/L MgSO$_4$ 水溶液的渗透压为 28kPa；

1000mg/L MgCl$_2$ 水溶液的渗透压为 70kPa；

1000mg/L CaCl$_2$ 水溶液的渗透压为 56kPa。

所以，可以通过各溶液的渗透压计算出反渗透（RO）所需的压力。

例如对于海水和苦咸水，反渗透系统采用的压力为平衡渗透压的 4～20 倍，对海水的操作压力最高可达 10MPa，对苦咸水和废水的压力最高可达 4MPa。

二、反渗透膜透过机理

关于反渗透膜的透过机理，自 20 世纪 50 年代末以来，许多学者先后提出了各种压力推动的不对称反渗透膜透过机理和模型，目前尚无统一的看法。但一般认为，溶解扩散理论能较好地说明膜透过现象，氢键理论、优先吸附毛细孔流理论也能够对渗透膜的透过机理进行解释。此外，还有学者提出扩散-细孔流理论、结合水-空穴有序理论以及自由体积理论等。还有人将反渗透现象看作是一种膜透过现象，把它当作非可逆热力学现象来对待。总之，反渗透膜透过机理还在发展和继续完善中。现将几种理论简介如下。

1. 氢键理论

里德（Reid）等人提出了氢键理论，用醋酸纤维素膜加以解释。该理论认为离子和分子是通过与膜中氢键的结合而发生线形排列型的扩散来进行传递的。在压力作用下，溶液中的水分子与醋酸纤维素的活化点——羰基上氧原子形成氢键，而原来水分子之间形成的氢键被断开，水分子解离出来并随之转移到下一个活化点，并形成新的氢键，通过这一系列的氢键传递，使水分子通过膜表面的致密活性层，进入膜的多孔层，由于多孔层内含有大量的毛细管，水分子能通畅地流出膜外。图 5-3 是氢键理论扩散模型示意图。

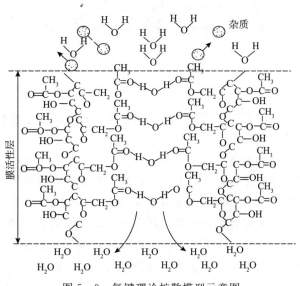

图 5-3　氢键理论扩散模型示意图

2. 优先吸附-毛细孔流理论

索里拉金等人提出了优先吸附-毛细孔流理论。以氯化钠水溶液为例，溶质是氯化钠，溶剂是水，当盐溶液与半透膜表面接触时，在膜的溶液侧界面上选择吸附一层水分子，而排斥盐类溶质分子，化合价越高的离子排斥越大。在压力作用下，优先吸附的水通过膜的毛细管作用流出，达到除盐的目的。该机理阐明，在半透膜的表面必须有相应大小的毛细孔，仅使水分子在压力的作用下通过。这种模型同时给出了混合物分离和渗透的一种临界孔径的概念，当反渗透膜孔径大于临界孔径时，盐的水溶液就会泄漏，泄漏的顺序是与价数成反比。根据这种理论，索里拉金等研制出具有高脱盐率、高透水性的实用反渗透膜，奠定了实用反渗透膜的发展基础。图 5-4 表示优先吸附-毛细孔流机理模型。

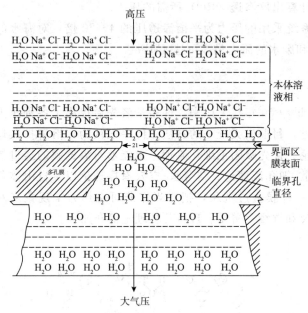

图 5-4　优先吸附-毛细孔流机理模型

3. 溶解扩散理论

朗斯代尔（Lonsdale）和赖利（Riley）等人提出溶解扩散理论。该理论假设反渗透膜是无缺陷的"完整的膜"，溶剂与溶质都可以在膜中溶解，然后在化学位差（常用浓度差或压力差来表示）的推动下，从膜的一侧向另一侧面进行扩散，直至透过膜。溶质和溶剂在膜中的扩散服从菲克（Fick）定律，这种模型认为溶质和溶剂都可能以化学位差为推动力，溶于均质或非多孔型膜表面，通过分子扩散使它们从膜中传递到膜的另一面。通过分析发现，溶剂（水）透过膜主要受压力差影响，而盐（溶质）透过膜主要受浓度差影响，反渗透推动力是压力，随着压力的升高，透水量增大；随着进水侧盐浓度升高，透盐率也上升，使纯水侧盐浓度上升。

根据该理论可认为，膜的厚度与膜对水中盐的脱除能力无关，超薄膜的开发和应用就是以此为依据的。目前一般认为，溶解扩散理论较好地说明了膜透过现象。

4. 对有机物和颗粒状物去除机理

对水中有机物和颗粒状物的去除，一般属于筛分机理。因此，膜去除的能力与这些有机物的分子质量和颗粒物的粒径大小、形状有关，如图 5-5 所示。孔径较大的膜只能去除较大相对分子质量的有机物和较大的颗粒物。

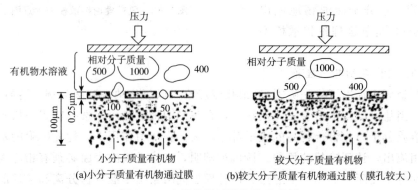

(a)小分子质量有机物通过膜　　(b)较大分子质量有机物通过膜（膜孔较大）

图 5-5　有机物通过膜孔的示意图

三、反渗透膜的基本迁移方程

反渗透中膜两侧的物质迁移有两种：一种是溶剂（水）在压力驱动下，从进（浓）水侧向产（淡）水侧迁移；二是溶质（盐）在浓差扩散驱动下，也从高浓度的进（浓）水侧向低浓度的产（淡）水侧迁移。虽然从理论上讲，反渗透膜是半透膜，溶质（盐）是不能透过膜的，但是膜两侧盐的浓度差，造成盐的扩散动力，也会使少量溶质（盐）透过膜而进入产水中。

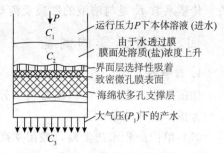

前者溶剂（水）的迁移构成反渗透的产水，后者盐的迁移则使产水的含盐量上升，水质下降，或者说使反渗透的脱盐率达不到100%。

在稳定条件下的反渗透过程如图5-6所示。

图5-6　稳定条件下的反渗透过程

反渗透运行条件下

$$\Delta P = P - P_1 \tag{5-6}$$

$$\Delta \pi = \pi(C_2) - \pi(C_3) \tag{5-7}$$

式中　ΔP——进水和产水间的静压差，MPa；

$\quad\quad\Delta \pi$——进水和产水间的渗透压差，MPa。

由于C_2无法求得，可以认为，在充分搅拌的极限条件下，C_2接近C_1。

溶质（盐）通过膜的基本方程如下

$$J_s = \frac{KD_s}{\delta}(C_2 - C_3) = \frac{KD_s}{\delta}(C_1 - C_3) \tag{5-8}$$

溶剂（水）通过膜的基本方程为

$$J_w = A(\Delta P - \Delta \pi) = \frac{[PWP]}{3600 M_B SP}(\Delta P - \Delta \pi) \tag{5-9}$$

式中　J_s、J_w——分别为溶质（盐）和溶剂（水）透过膜的摩尔速率，又称为盐通量和水通量，mol/(cm² · s)；

$\quad\quad P$——操作压力，MPa；

$\quad\quad K$——溶质（盐）在膜和溶液（水）之间的分配（传质）系数；

$\quad\quad \delta$——膜厚度，cm；

$\quad D_w$、D_s——分别为溶剂（水）及溶质（盐）在膜相的扩散系数，cm²/s；

C_1、C_2、C_3——溶质（盐）的浓度，mol/cm³；

$\quad\quad A$——纯水渗透常数，mol/(m² · s · MPa)，理论上 $A = \dfrac{D_w C_m \overline{V}}{RT\delta}$；

$\quad[PWP]$——纯水渗透性，表示膜面积为S，压力为P时纯水透过量，g/h；

$\quad\quad S$——膜有效面积，cm²；

$\quad\quad M_B$——水的相对分子质量；

$\quad\quad C_m$——溶剂（水）在膜内浓度，mol/cm³；

$\quad\quad \overline{V}$——溶剂（水）的摩尔体积，cm³/mol；

$\quad\quad R$——摩尔气体常数；

$\quad\quad T$——热力学温度。

从上式中可看出，反渗透膜性能中最关键的三个参数是A、K和KD_s/δ。纯水渗透常数A表示在没有任何浓差极化情况下纯水的迁移量，其值与溶质无关。溶质渗透系

KD_S/δ 与溶质的性质、膜材料性质及膜孔结构有关，A 和 KD_S/δ 都与进水浓度和流速无关。传质系数 K 是与溶液的性质及流动状态相联系的特性参数。

四、反渗透膜的制备

1. 膜材料

如前所述，理想的分离膜必须从分离性、透过性、物理性能、化学稳定性及经济性来综合考虑，具体要求如下：

（1）单位面积水通量高，截留率高；

（2）化学稳定性好，耐氯和其他氧化物氧化，耐高温，耐酸碱；

（3）抗生物、悬浮物与胶体的污染；

（4）机械强度高，多孔支撑层的压实作用小；

（5）原料充足，制造容易，价格便宜。

反渗透的膜材料品种很多，包括各种有机高分子材料和无机材料。在不断发展的膜分离技术中，膜材料的研究是一个重要的课题。目前在工业中应用的膜，主要是醋酸纤维素膜和芳香聚酰胺膜以及复合膜。

研究开发膜材料是用各种有机高分子材料制成膜再进行性能试验，测定其含水率、水的扩散系数、食盐的分配系数和食盐的扩散系数等，同时要看它的物理性能、化学稳定性。选择良好的膜材料、溶剂和添加剂，制成结构和机械强度都符合要求的反渗透膜。常用的反渗透膜品种和性能见表 5-3。

表 5-3 各种反渗透膜的透水和除盐性能表

品种	透水速度/[m³/（m³·d）]	除盐率/%
CA₂.₅膜	0.8	>90
CA₃ 复合膜	1.0	98
CA 二、三醋酸混合膜	0.44	>92
芳香聚酰胺膜	0.8	>90
聚酰胺、亚胺、呋喃等复合膜	0.5	99
ZrO₂-PAA 动力膜	6.2	80~90
聚苯并咪唑膜	0.65	>90
多孔玻璃膜	1.0	88
磺化聚苯醚膜	1.15	>90

2. 醋酸纤维素膜（Eellulose Acetate 膜，CA 膜）

世界上第一张透水量大和除盐率高的非对称结构醋酸纤维素平板膜是在 1960 年由美国加利福尼亚大学（UCLA）的洛布和索里拉金用浸沉凝胶相转化法（L-S 法）制成。在此之前所制成的膜是均质的，而 L-S 法制成的膜是非对称的，在相同的高脱盐率（百分之九十几）的前提下，后者的透量比前者增加近一个数量级。因此，该制造方法的发明对于膜分离技术的应用具有划时代的意义。膜浇铸条件见表 5-4，制膜工艺见图 5-7。

表5-4　洛布-索里拉金醋酸纤维素膜的组成及浇铸条件

铸膜液组成及浇铸条件		膜型号		
		CA-NRC-25	CA-NRC-47	CA-NRC-18
铸膜液组成/%（质量）	醋酸纤维素（乙酰含量39.8%）	22.2	25	17
	丙酮	66.7	45	68
	高氯酸镁［Mg（ClO₄）₂］	1.1		1.5
	水	10		13.5
	甲酰胺（HCONH₂）		30	
浇铸条件	浇铸温度/℃	-10	室温约24	-10
	蒸发时间/min	4	<1	4
	在冰中凝胶化时间/h	约1	约1	约1
	热处理温度/℃	70~90	88~90	
	热处理时间/min	5~10	30	
	一般厚度/mm		通常为0.076~0.152	

在铸膜液中丙酮是影响醋酸纤维素黏度的溶剂。丙酮和醋酸纤维素的比率一般控制为3。如果比例太高，铸膜液就会变得太稀，无法将膜浸入水中成为胶冻；比例太低，会导致铸膜液太黏，膜的均匀性就很难保证。高氯酸镁溶液或甲酰胺是添加剂，添加剂的含量与膜产水率有直接关系。

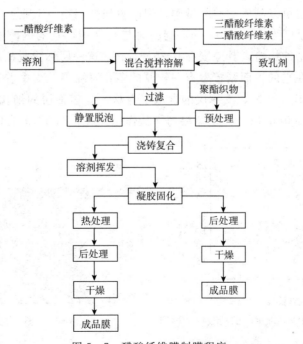

图5-7　醋酸纤维膜制膜程序

将纤维素（如棉花）与醋酸进行酯化反应，引入乙酰基之后即成为醋酸纤维素，醋酸纤维素的化学结构如下：

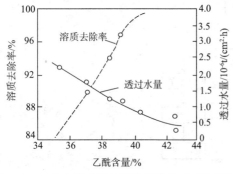

醋酸纤维素每个结构单元在酯化反应中最多可引入 3 个乙酰基（CH_3CO），引入乙酰基的数量称为取代度（酯化度），取化度为 2 的醋酸纤维素称为二醋酸纤维素（CA_2 或 CA），取代度为 3 的醋酸纤维素称为三醋酸纤维素（CA_3 或 CTA），除 CA 外，三醋酸纤维素（CTA）、醋酸丙酸纤维素、醋酸丁酸纤维素（CAB）等都可做成纤维素类膜。

醋酸纤维素中乙酰含量与膜的透水性和除盐率有密切关系，图 5-8 表示乙酰含量对醋酸纤维素膜的透过性能影响，乙酰含量越高，则膜的透水量和溶质透过量就越小，一般乙酰含量（质量分数）大致在 $37.5\%\sim40\%$ 为宜，最佳取值为 39.8% 左右（取代度 2 的 CA 乙酰含量为 35%，取代度为 3 的 CTA 乙酰含量为 44.8%，所以最佳值 39.8% 相当于取代度约 2.5 的醋酸纤维素）。

醋酸纤维素原料便宜，透水量大，除盐率高，耐氧化性药物（如氯）性能好；但抗压密性能差，不耐高温和细菌的侵蚀。醋酸纤维素主要用于制成平板膜、管式膜和螺旋卷式膜。用醋酸纤维素也可以制成中空纤维膜，但因膜强度较差，工业上应用较少。

通常 CA 膜的厚度为 $100\sim200\mu m$，制膜时与空气相接触的丙酮蒸发面在外观上有光泽，并具有非常致密的构造，其厚度在 $0.25\sim1\mu m$。这一层称为脱盐层或表面致密层，它与除盐作用有关。在它的下面紧接着有一较厚的多孔海绵层，支撑着表面层，所以称为支撑层。表面层含水率为 12%，支撑层的含水率为 60%。表面层的细孔在 10nm 以下，而支撑层的细孔多数在 100nm 以上，支撑层与除盐作用无关，图 5-9 是 CA 膜的纵断面模型。

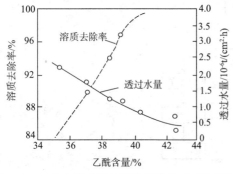

图5-8　乙酰含量对醋酸纤维素膜的透过性能影响

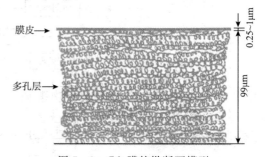

图 5-9　CA 膜的纵断面模型

一般的膜都具有两层构造，有明显的方向性和非对称性构造。也就是说，如果将表面层置于高压盐水中进行除盐时，则可发现随着压力的上升，膜的透水量、除盐率也在增高，但如果将膜内层（即支撑层）置于高压盐水中进行除盐时，则除盐率基本上等于零，而透过水量却剧增。

3. 聚酰胺膜

目前使用的是芳香聚酰胺（aromatic-polyamide）膜，成膜材料为芳香聚酰胺、芳香聚酰胺-酰肼以及一些含氮芳香聚合物，其化学结构式如下：

芳香聚酰胺

芳香聚酰胺-酰肼

芳香聚酰胺膜的制备如下：铸膜液一般是由芳香聚酰胺、溶剂（如 N，N-二甲基乙酰胺和二甲基亚砜等）和盐类添加剂（如 $LiNO_3$ 和 $LiCl$ 等）三组分组成。某些芳香聚酰胺的铸膜液组成和浇铸条件及其性能如表 5-5 所示。这种膜的制法与 CA 膜不同，它只要溶剂蒸发和在水中凝胶成型即可，而不用热处理来改进膜的分离性能。

表 5-5　某些芳香聚酰胺的制膜条件及其透水和脱盐性能

铸膜液组分	铸膜条件			膜性能			
	膜厚/μm	蒸发温度/℃	蒸发时间/min	原液	操作压力/MPa	透水量/[$m^3/(m^2 \cdot d)$]	脱盐率(NaCl)/%
芳香聚酰胺 2g、氯化锂 0.2g、二甲基亚砜 20mL	100	100	15	海水	7.0	0.5	95.1
芳香聚酰胺 15 份、硝酸锂 7.5 份、二甲基乙酰胺 85 份	100	106	4	海水	7.0	0.5	99.2
芳香聚酰胺 15 份、硝酸锂 4.5 份、二甲基乙酰胺 8.5 份	100	105	5	海水	7.0	0.64	97.5

以芳香聚酰胺为材料的中空纤维是美国杜邦公司 1971 年发明的，它为海水淡化和纯水制备提供了良好的水处理用膜，其适用 pH 值范围为 4～11。

芳香聚酰胺多制成中空纤维膜，纤维外径约 30～150μm，壁厚 7～42μm，成厚壁的中空圆柱体。中空纤维膜具有较高的透水量和脱盐率，透水和脱盐性能较好，机械强度高，但原料价格较贵。由于制成中空纤维膜，在相同膜面积时它的体积最小，因此在实用中可大大减少设备体积和占地面积。

4. 复合膜

复合膜（composite membrane）是近年来开发的一种新型反渗透膜，复合膜是针对非对称反渗透膜使用过程中，存在明显压密现象及难以平衡的透水量与脱盐率之间的矛盾而发展起来的。具体来说，非对称反渗透膜（如 CA 膜）的脱盐层和支撑层由同一种材料制成，要想提高透水率，必须减少脱盐层的厚度或扩大孔径，但这又改变脱盐层使脱盐率下降，透水率和脱盐率相互矛盾。为解决这一问题，将脱盐层和支撑层采用两种不同材料制成后再复合起来，让各自的性能达到最优化，即为复合膜。复合膜通常是先制造多孔支撑膜，然后再设法在其表面形成一层非常薄的致密皮层，这两层由不同材料制成。脱盐层可选用适当的材质以有效地提高膜的分离率和抗污染性；支撑层和过渡层可以做到孔隙率高，结构可随意调节，因而可以有效地提高膜的水通量以及机械性能、稳定性等。在相同条件下，复合膜水通量（透水率）一般比非对称膜（CA）高约 50%～100%。复合膜的结构与非对称膜的结构比较如图 5-10 所示。

复合膜是第三代分离膜，按照制膜方法不同分为 3 种类型：Ⅰ型是在聚砜支撑层上涂或压上超薄膜，这种超薄膜一般是线状重合体；Ⅱ型是由厚度为 10～30nm 的超薄层和凝胶层组成的，UOP 公司生产的 PA-300 是代表性产品；Ⅲ型是由用交联重合体生产的超薄膜层和渗入超薄膜材的支撑层组成的，日本东丽公司的 PEC-1000 是代表性产品。复合膜超薄层的制备方法归纳为高聚物溶液浸涂法（coating）、就地催化聚合法（insitupolymerization）、动力形成膜法（dynamically formed membrane）等。

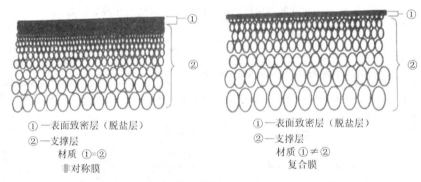

① —表面致密层（脱盐层）
② —支撑层
材质 ①＝②
非对称膜

① —表面致密层（脱盐层）
② —支撑层
材质 ①≠②
复合膜

图 5-10　复合膜的结构与非对称膜的结构比较

复合膜的优点如下：

（1）超薄层可以做得极薄（10～100nm）又很致密，从而具有高透水率和高脱盐率；

（2）可分别根据需要选择不同的超薄脱盐层和微孔支撑层膜材料；

（3）可分别对超薄脱盐层和微孔支撑膜的膜液组成及制膜条件进行最优化选择；

（4）根据不同的应用，可制备出能重复的、不同厚度与性能的超薄脱盐层；

（5）不能通过溶解制取非对称膜的高分子材料也可以形成超薄脱盐层；

（6）可以合成具有交联度和带离子基团的超薄脱盐层，大大改善其耐溶剂性、对有机物脱除性能及耐压实性；

（7）制备超薄脱盐层的方法较多，选择自由度较大；

（8）复合膜大都是干膜，经多次干湿循环后，膜性能变化很小，对组件设备的贮存和运输极为有利。

目前各国复合膜的制备技术还处于保密阶段，根据已有的报道，复合膜脱盐层材料有醋酸（硝酸）纤维素、芳香聚酰胺交联产物、聚哌嗪间苯酰胺，聚乙二醇与糠醇反应生成的聚呋喃、间苯二酰氯与聚酰胺的界面反应产物等。复合膜中支撑体中用得最多的是聚砜。聚砜因为具有良好的耐热、耐氧化、耐酸碱和耐有机溶剂性能，是最早选用的支撑材料，但是它也有其局限性。因此，选择优良支撑材料也是研究的重点。

下面介绍几种复合膜。

（1）交联芳香族聚酰胺复合膜

美国 DOW（Film Tec）公司生产的 TW、BW、SW、HR-30 和 DDS 公司生产的膜都是Ⅰ型复合膜，是由超薄层和支撑层组成的。日本东丽公司生产的 SU 系列及 UTC-70 膜虽然也属于具有砜酸基的交联芳香族聚酰胺膜，但其内容完全不同。交联芳香族聚酰胺复合的超薄层的化学结构如下：

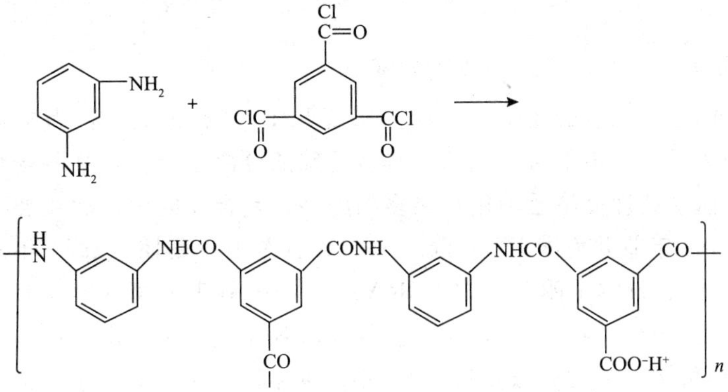

交联芳香族聚酰胺复合膜具有高交联度和高产水性特点，主要表现为高脱盐率、高产水量、高 TOC 去除率、高 SiO_2 去除率等。

（2）丙烯-烷基聚酰胺和缩合尿素复合膜

它属于Ⅱ型复合膜，例如 RC-100（UOP 公司），与交联全芳香族聚酰胺膜相比，膜性能相似，但其耐氧化性能较差，化学结构式如下：

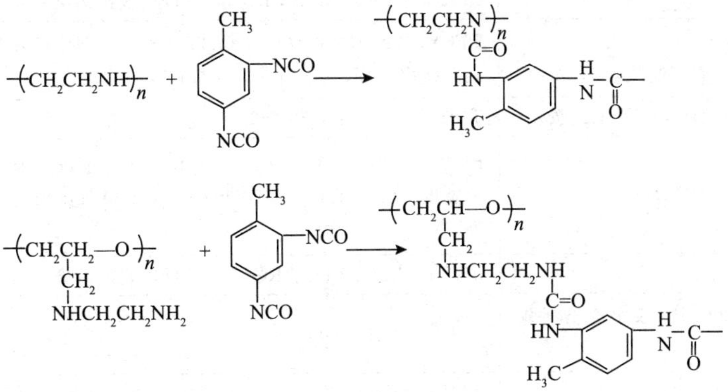

（3）聚哌嗪酰胺复合膜

聚哌嗪酰胺复合膜属Ⅲ型复合膜，例如 NF-40、NF-40HF（Film Tec 公司）。这类膜属于"疏松的 RO 膜"（loose RO），其特点是产水量高，耐氧化性能好（可以耐 H_2O_2）。典型的聚哌嗪酰胺膜的化学结构式如下：

哌嗪　　苯均三酰氯

聚哌嗪酰胺

这类膜的性能很好，有的还带有电荷。如 SU-210 带有正电荷，为阳离子型；SU-600 带负电荷，为阴离子型。由于带有电荷，具有特殊的分离性能，在某些场合有很大用处。

复合膜是目前水处理反渗透中用得最多的膜种，复合膜的生产商主要有美国陶氏化学公司（DOW，1985 年兼并美国 Film Tec 公司）、日东电工集团（1987 年兼并美国海德能 Hydranautics 公司）、日本东丽公司（TORAY）、美国科氏公司（KOCH，曾兼并美国流体 Fluid Systems 公司）、美国 Osmonics 公司（曾兼并美国 Desal 公司）、美国 Tresap 公司（曾收购美国 Dupont 公司的膜生产线）。中国的生产商主要有汇通、源泉、北斗星、北方、海洋等公司。当前工业水处理中常用的反渗透复合膜品种见表 5-6。

表 5-6　当前工业水处理中常用的 8in 卷式反渗透复合膜品种型号举例

类别	型号系列	产品举例及说明	生产商
低压反渗透复合膜	BW-30（交联全芳香聚酰胺）	BW-30-365（后面的数字 365 表示单个膜元件所具有的膜面积，单位为 ft²，下同）	DOW
	CPA	CPA2、CPA3、CPA3-LD 等（LD 代表抗污染）	日东电工-海德能
	TFC©8822（交联全芳香聚酰胺）	TFC©8822-HR400，TFC©8822-XR365（HR 代表高除盐率，XR 代表对硅及有机物高脱除率）	KOCH-Fluid
	TM720（交联全芳香聚酰胺）	TM720-370、TM720-400	TORAY
抗污染反渗透复合膜	BW30-×××FR	BW30-365FR，BW30-400/34i-FR（34 表示进水通道宽度，mil（1mil＝0.001in）；i 代表端面自锁元件）	DOW
	LFC、PROC	LFC-1、LFC3-LD、PROC10（LD 代表抗污染）	日东电工-海德能
	TFC©8822-FR（交联全芳香聚酰胺）	TFC©8822-FR-400	KOCH-Fluid
	TML20	TML20-400	TORAY
超低压反渗透复合膜	LE、XLE	LE-400、XLE-440i（LE 表示低阻力）	DOW
	ESPA	ESPA1、ESPA2	日东电工-海德能
	TFC©8823、TFC©8833（交联全芳香聚酰胺）	TFC©8823ULP-400（ULP 代表超低压）	KOCH-Fluid
	TMG-20	TMG20-400	TORAY

类别	型号系列	产品举例及说明	生产商
海水用反渗透复合膜	SW30HR（交联全芳香聚酰胺）	SW30HR-380、SW30HRLE-400（HR 代表高脱盐率，LE 表示低阻力）	DOW
	SWC	SWC3＋、SWC4＋、SWC5	日东电工-海德能
	TFC©2822SS、TFC©2820SS（交联全芳香聚酰胺）	TFC©2822SS-300、TFC©2820SS-360	KOCH-Fluid
	TW820、TW820L、TW820H、TW820E	TW820-370、TW820H-400	TORAY

5. 无机膜

无机膜的应用是当前膜技术领域的一个研究开发热点。无机膜是指以金属、金属氧化物、陶瓷、碳、多孔玻璃等无机材料制成的膜。无机膜相对有机膜具有如下优点：

（1）高温下热稳定性好，适用于高温、高压体系，使用温度一般可达 $400℃$，有时甚至达 $800℃$；

（2）化学稳定性好，能耐酸和弱碱；

（3）抗微生物能力强，与一般的微生物不发生生化及化学反应；

（4）无机膜组件机械强度大；

（5）清洁状态好，本身无毒，不会使被分离体系受污染，易再生和清洗；

（6）无机膜的孔分布窄，分离性能好。

但无机膜的重大的缺点是：性脆，不易加工成型，需特殊构型和组装体系，不易密封，目前造价较高。目前的无机膜多为有孔膜，孔径在 $0.004\sim0.001\mu m$ 之间，主要为微滤、超滤和纳滤，已在乳品工业、酿酒业、果蔬加工、发酵液分离纯化及低浊度饮用水的生产中得到应用。目前部分已商品化的无机膜见表 5-7。

表 5-7　目前部分已商品化的无机膜

材料	厂商	膜性能			最高使用温度/℃
		孔径/μm	孔隙率/%	纯水透过速率/$[m^3/(m^2 \cdot h \cdot atm)]$	
Al_2O_3	Cerver（法国）	$0.004\sim15$	$33\sim37$	$0.81\sim6.90$	1300
	Tok（日本）	0.05		0.12	
	Norton（美国）	$0.2\sim1.0$			$145\sim750$
	Mitsui（日本）	$1\sim80$	47	$4.60\sim7.40$	
	Nipongaishi（日本）	$0.2\sim5$	36	$1.5\sim20$	1300
	Kubodateko（日本）	$0.05\sim10$	40	$2\sim32$	
	Totokiki（日本）	$0.2\sim8$	$38\sim44$	$0.05\sim7.90$	1100
$SiO_2-Al_2O_3$	Nipongenaha（日本）	$0.8\sim140$	$40\sim53$		300
ZrO_2	Sfec（法国）			$0.15\sim0.40$	1200

材料	厂商	膜性能			最高使用温度/℃
		孔径/μm	孔隙率/%	纯水透过速率/($m^3/(m^2 \cdot h \cdot atm)$)	
SiC	Nipongaishi（日本）	62	32		1600
	Totokiki（日本）	0.04	32		1600
SiO₂	Corning（美国）	0.004	25	6.5×（10～6）	
	Akakawakoshitsu Carasu（日本）	0.004～1.0	25～64	1.5×（10～2）	800
	Asahigarsu（日本）	0.004～3.0			

我国南京化工大学在陶瓷微滤膜的研究和开发应用上取得了很大成功。

无机膜用作反渗透膜正在发展中，氧化石墨膜（GO）是一种含碳六边形堆砌体的不完全混合物，碳堆砌体是由氧及氢氧基团等包围大量碳原子所构成。GO 显示了内部结晶体的可膨胀性。因质地密实，此材料对气体（如 NO_2、O_2 等）无渗透性，而对于可能渗入到晶间的所有物质（如水）具有渗透性。

五、反渗透膜的基本性能

1. 透水率（或水通量，flux flow）

它是指在一定压力下，单位时间、单位膜面积上纯水的透过量，表示反渗透膜的透量大小，用 J_W 表示，单位是 $cm^3/(cm^2 \cdot h)$ 或 $L/(m^2 \cdot d)$。

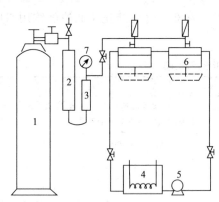

图 5-11　膜参数测试仪示意图
1—氮气瓶；2—缓冲瓶；3—过滤瓶；4—恒温槽；
5—泵；6—测试池；7—压力表

影响透水率的因素首先是膜本身的性质，膜本身透水性质用透水率 J_W 表示，也可以用膜的水渗透系数 A 来表示，A 表示单位压差下单位膜面积在单位时间内的纯水透过量，它们都是比较不同膜的透水性能的指标。其值可通过试验测得，试验装置见图 5-11。测试时首先将膜放在测试池中，用一定温度的恒温纯水充满系统，施加一定压力后测量一定时间内透过的水量。之所以要恒温，是因为不仅对 CA、PA 膜，复合膜也一样，水温每上升 1℃，透水率上升 2%～3%，所以透水率通常要注明温度，但一般常用 25℃ 作为标准。采用纯水进行试验，是为了采用相同的比较基准，当然也可以采用含有某种物质的溶液，但要在结果中注明。

$$J_W = A(\Delta P - \Delta \pi) = V/(St) \tag{5-10}$$

式中　A——膜的水渗透系数，$cm^3/(cm^2 \cdot h \cdot MPa)$；

　　　ΔP——膜两侧压力差，MPa；

　　　$\Delta \pi$——膜两侧液体渗透压差，MPa，当用纯水进行实验时，$\Delta \pi = 0$；

V——实验装置透过液体积，cm^3；

S——膜面积，cm^2；

t——实验所用时间，h 或其他。

2. 透盐率（或盐通量，salt passage）和脱盐率（salt rejection ratio）

反渗透膜主要用于水脱盐，透盐率指盐通过反渗透膜的速度 J_S，J_S 值越小，说明膜的脱盐率越高。

$$J_S = B(C_1 - C_2) \qquad (5-11)$$

脱盐率为

$$R = (1 - C_2/C_1) \times 100\%$$

式中　B——膜的盐透过系数；

C_1——膜高压侧膜面处水中盐的浓度，由于测试困难，一般都以高压侧水中平均盐浓度来代替，g/L；

C_2——透过膜低压侧产水中盐的浓度，g/L。

它同样可用图 5-11 所示装置进行测定，测试时也要在 25℃时进行，但进水为一定浓度的盐溶液，浓度值要在测试结果中注明。

式中盐浓度可用电导率或溶解固体（TDS）代替，目前工业上所用反渗透膜的脱盐率均在 98%～99%以上。

3. 膜压密系数

反渗透膜长期在高压下工作，由于压力和温度作用，膜会被压缩，还会发生高分子链错位，引发不可逆变形，导致水通量下降。曾观察 CA 膜的微观结构，发现膜压密主要发生在脱盐层和支持层之间的过渡区域内，描述膜压密性能的指标膜压密系数 m 可以通过试验求得，它的定义为

$$J_{W1} = J_{Wt} t^m \qquad (5-12)$$

式中　J_{W1}——运行 1h 膜的透水量；

J_{Wt}——运行 t（h）时间膜的透水量，对新膜来说，t 通常取 24h；

m——膜压密系数，$m < 0.03$。

膜压密系数大，使膜在运行使用中水通量下降快，影响使用效果。目前常用的超薄反渗透复合膜，膜压密系数都很小，抗压密性能强，CA 膜压密系数相对较大。影响膜压密效应的因素除膜本身性质（成分和结构）外，还有压力、水温以及进水水质。

4. 抗水解性

膜是高分子材料，它在温度和酸碱作用下，会发生水解，温度越高，水解越快，pH 值超过某一范围内水解也会加快。水解使膜的结构发生破坏，使膜的透水率和脱盐率下降。醋酸纤维膜的水解与 pH 值和温度关系见图 5-12，从图上可看出，CA 膜应在 pH4～6 情况下工作，水解少，使用寿命长（最佳值是 pH 值 4.8）。芳香聚酰胺膜和复合膜抗水解性能比 CA 膜好，所以适应的 pH 值范围广，一般芳香聚酰胺膜工作 pH 值范围为 3～11，复合膜工作 pH 值范围可达 2～12。温度升高，水解速度也加快，所以使用中要严格限制进水温度。

5. 抗氧化性

水中常见氧化剂有溶解氧及游离氯（杀菌用），它会将高分子材料的膜氧化，氧化后

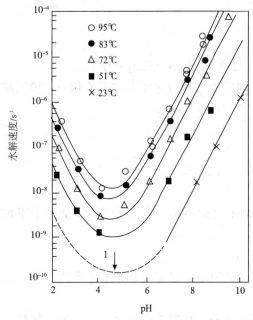

图 5 - 12 醋酸纤维膜的水解与 pH 值和温度关系

膜的结构破坏，性能发生不可逆变化。一般来说，芳香聚酰胺膜和复合膜抗氧化能力比醋酸纤维膜差。醋酸纤维膜要求进水中游离氯小于 0.3mg/L，而芳香聚酰胺膜和复合膜要求小于 0.1mg/L，有时甚至要求为零，需向水中添加还原剂，控制水的氧化还原电位。

6. 耐温性

耐温性有两重意义：一方面是某些特殊用途的膜，要在高温下消毒杀菌，耐温性决定它的加热温度与时间；另一方面是运行中提高水温的可能性，因为水温提高，水黏度下降，可提高透水率；但水温高，又加速膜的性能变化（主要指水解和结构破坏），影响膜使用寿命。水温提高，透盐率也会略有变化。一般水处理中使用的复合膜最高使用温度为 40～45℃，CA 膜和芳香聚酰胺膜为35℃，特殊的膜最高可达 90℃。

7. 机械强度

膜机械强度包括膜的爆破强度和抗拉强度。爆破强度是指膜面所能承受的垂直方向的压力（MPa），抗拉强度是指膜面所能承受的平行方向的拉力（MPa）。

实际使用中工作压力往往比爆破强度小得多，这是因为爆破强度是破坏性指标，工作中除了要求膜不破坏外，还要求它在工作压力下变形处于弹性变形范围，即压力消失后膜又能恢复原状。对非海水脱盐用卷式膜元件，最高使用压力为 4.2MPa。

8. 抗微生物污染能力

膜是有机材质，会有细菌在膜面滋生和繁殖，其结果是破坏膜的脱盐层，使膜脱盐能力下降。滋生的细菌又使膜面受到污染，细菌及生物黏液会使膜孔堵塞，使水通量下降。

芳香聚酰胺膜和复合膜抗微生物污染能力比 CA 膜强。

9. 选择透过性

严格讲，反渗透膜的脱盐率对水中不同盐是不同的，对水中不同物质有不同的脱除规律，这规律称为反渗透膜的选择透过性（selective permeability）。

膜对水中溶解物质的脱除主要有如下规律。

（1）孔径小的膜对离子脱除率高。

（2）降低膜的介电常数或增加溶液的介电常数可提高脱除率。

（3）水合半径大的离子脱除率高。例如醋酸纤维素反渗透膜对离子分离度由高到低的顺序是：

$$Li^+ > Na^+ > K^+，Cl^- > Br^- > I^-$$

（4）电荷高的离子脱除率高。例如某些离子的脱除率由高到低的顺序是：

$$PO_4^{3-} > SO_4^{2-} > Cl^-，Fe^{3+} > Ca^{2+} > Na^+$$

（5）膜对水中有机物的脱除规律：分子质量越大，去除效果越好，分子质量越小，去除效果越差；解离的比不解离的去除效果好。

（6）膜对水中溶解气体的脱除规律：对氨、氯、二氧化碳和硫化氢等气体，去除效果较差，它们基本上能100％透过膜。

（7）离子浓度越高脱除率越低。要尽量避免浓差极化导致膜表面浓度增加的现象发生。

（8）温度升高，盐透过率提高，因为温度高，离子进入膜孔的量增加。透过膜的速度增加。但是有时也会因溶剂透过的速度更快，使透过液中离子浓度略有下降。所以温度升高，脱盐率可能上升，但也有可能下降。

六、膜元件和膜组件

当膜分离技术进入工业应用时，首先要解决的一个问题就是：用什么方式使单位体积内装下最大的膜面积。装得越多，处理的水量就越多。

反渗透装置（reverse osmosis equipment）由反渗透本体、泵、保安过滤器（cartridge filter）、清洗设备及相关的阀、仪表及管路等组成。将膜和支撑材料以某种形式组装成的一个基本单元设备称为膜元件（membrane dement），一个或数个膜元件按一定的技术要求连接，装在单只承压膜壳（如压力容器，pressure vessel）内，可以在外界压力下实现对水中各组分分离的器件称为膜组件（membrane module）或称反渗透器。在膜分离的工业应用装置中，一般根据处理水量，可由一个至数百个膜组件组成反渗透装置本体（reverse osmosis unit）。

工业上常用的膜组件形式主要有板框式、圆管式、螺旋式、中空纤维式4种类型。

实践证明，性能良好的膜组件应具备的条件如下：

（1）能对膜提供足够的机械支撑，可使高压进水和低压产水分开；

（2）具有高的装填密度，易于安装和更换；

（3）在最小能耗的条件下，有良好的流动状态以减少浓差极化；

（4）装置安全可靠，价格低，易维护。

下面分别介绍这四种常用的膜组件。

1. 板框式反渗透器

板框式反渗透器是通用公司艾劳杰（Aerojet）最初设计的一种简单的压力过滤容器。这种装置由几十块承压板组成，外观很像普通的板框式压滤机。承压板两侧覆盖微孔支撑板和反渗透膜。将这些贴有膜的板和压板层层间隔，用长螺栓固定后，一起装在密封的耐压容器中构成板框式反渗透器。当一定压力的盐水通过反渗透膜表面时，产水从承压的多孔板中流出，装置如图5-13所示。

承压板一般由耐压、耐腐蚀材料制成。膜的支撑材料可用各种工程塑料、金属烧结板，也可用带有沟槽的模压酚醛板等多孔材料，主要作用是支撑膜和为淡水提供通道。这种板框式反渗透器的体积较大且笨重。近年来出现了一种体积紧凑的新式板框式反渗透器。图5-14所示为德国罗彻姆（Rochem）公司制造的新式板框反渗透器。

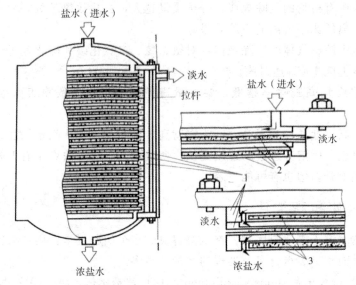

图 5-13　板框式反渗透器
1—O形密封环；2—膜；3—多孔板

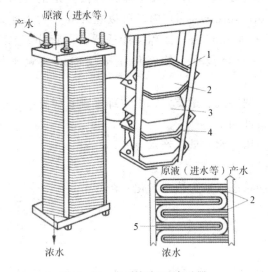

图 5-14　新式板框反渗透器
1—板框；2—反渗透膜；3—导水分隔板；
4—O形圈；5—导水支撑板

板框式反渗透器具有下列缺点：

（1）安装和维护费用高；

（2）单位体积中膜的比表面积小，因此产水量小；

（3）多级膜装卸复杂；

（4）进料分布不均匀；

（5）流槽窄。

尽管有上述缺点，但由于其特点是构造简单且可以单独更换膜片，故可作为试验机使用，在小规模的生产场所和研究中还具有一定的优越性，在废水处理中也有应用。

2. 圆管式反渗透器

管式反渗透器最早应用于 1961 年。由洛布和索里拉金提出了管式醋酸纤维膜的浇铸技术。其结构主要是把膜和支撑体均制成管状，使两者重合在一起，或者直接把膜刮在支撑管上。装置分内压式和外压式两种。将制膜液涂在耐压支撑管内，压力水从管内透过膜并由套管的微孔壁渗出管外的装置称为内压式。而将制膜液涂在耐压支撑管外，压力水从管外透过膜并由套管的微孔壁渗入管内的装置称为外压式。外压式因流动状态不好，单位体积的透水量小，需要耐高压外壳，故较少应用。

把许多单管膜元件以串联或并联方式连接，然后把管束放置在一个大的收集管内，组装成一个管束式反渗透膜组件。原水由进口端流入，经耐压管内壁的膜，于另一端流出，透过膜后淡水由收集管汇集。目前实际中多使用玻璃纤维管，这种管子本身就具有许多小孔，容易加工且成本低。筒式膜可直接在玻璃纤维管上浇铸而不必垫层，这就便于成批生产。为了提高产水量，多做成管束式。一些管式反渗透器（膜组件）如图 5-15 和图 5-16 所示。

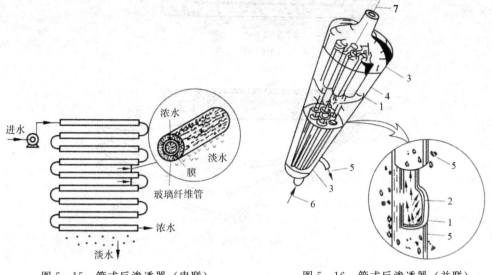

图 5-15　管式反渗透器（串联）　　　　　图 5-16　管式反渗透器（并联）

1—玻璃纤维管；2—反渗透膜；3—装配端；
4—聚氯乙烯外管；5—产水；6—进水；7—浓水出口

管式反渗透膜主要优点是进水的流动状态好，水流通畅，易清洗，对进水中悬浮固体的要求宽，操作容易。缺点是单位面积膜堆体积大，占地面积大，价格较高。

此外，用水力浇铸法可直接从已装置好的管式反渗透器上浇铸膜或更换膜。此法是采用直径 2.5~3.2mm 小孔径的微孔承压管，使单位体积内的膜表面积增大，因此反渗透装置的体积可以大大缩小。

水力浇铸法是指把压缩空气通入含有黏性的醋酸纤维素铸膜液管的一端，迫使该液从管子另一端出来，一小部分铸膜液黏附在管子内表面，然后通入冰水使膜凝胶化，于是就形成了连续的醋酸纤维素管式膜，最后用热水进行热处理，制得非对称性的管式膜。图 5-17 所示为一种用水力浇铸法制造的管式膜反渗透器。

3. 螺旋卷式反渗透膜元件和膜组件

螺旋卷式反渗透膜组件（spiral wound module）是美国通用原子公司发展的。在两层膜中间为多孔支撑材料组成的双层结构。双层膜的三个边边缘与多孔支

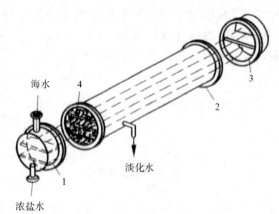

图 5-17　水力浇铸法管式膜反渗透器

1、3—耐压端套；2—不受压集水管；4—醋酸纤维素管膜

撑材料密封形成一个膜袋（收集产水），两个膜袋之间再铺上一层隔网（盐水隔网），然后插入中间冲孔的塑料管（中心管），插入边缘处密封后沿中心管卷绕这种多层材料（膜＋

多孔支撑材料＋膜＋进水隔网），就形成一个螺旋式反渗透膜元件，如图 5-18 所示。

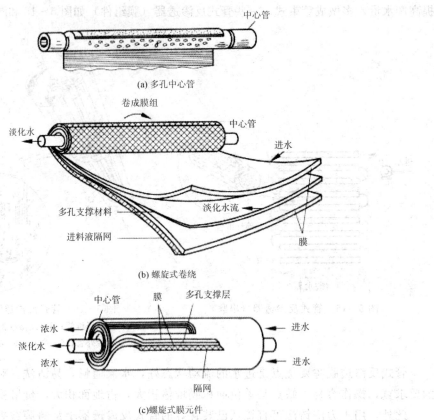

(a) 多孔中心管

(b) 螺旋式卷绕

(c)螺旋式膜元件

图 5-18　螺旋式反渗透膜元件

在使用中是 1~6 个卷好的螺旋式膜元件串接起来，放入一个膜壳（压力容器）中，构成一个反渗透组件。其中进水与中心管平行流动，被浓缩后从另一端排出浓水（concentrate），而通过膜的淡水（fresh water，或产水 permeate）则由多孔支撑材料收集起来，由中心管排出，如图 5-19 所示。

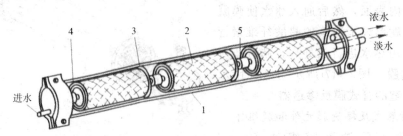

图 5-19　螺旋式反渗透膜组件
1—管式压力容器；2—螺旋式膜元件；3—密封圈；4—密封端帽；5—密封连接

支撑材料的主要作用有两个：一是支撑膜；二是为产水提供多孔及较小压力降的流通道路。这两个作用实际上是相互对立的，前者要求一个平滑的、连续的、坚固的基质；后者则要求一个粗糙的、不连续的、松散的基质。所以要寻求一种在高的运行压力下既能支撑膜又能为产水提供多孔流通道路的满意结构，要综合考虑这两种因素。

运行时高压操作会压实膜和它的多孔支撑材料，导致支撑材料变形，严重时会影响产水的流通。因此，必须确定一个压力上限，同时选择理想的多孔支撑材料。据介绍，用玻璃珠加强的涤纶织品组合的涤纶 601（Dacron 601）网是一种较好的支撑材料。

黏结密封是螺旋式组件成败的关键，用聚酰胺凝固的环氧树脂是有效的。黏结密封可能出现的问题有以下几点：

（1）胶不充分，膜与支撑材料边缘必须有足够的胶渗入；

（2）胶涂刷不完全；

（3）胶线没有同膜连接牢固；

（4）胶和膜之间发生有害反应。

目前工业制作螺旋式膜元件已实现机械化，采用一种 0.91m 滚压机，连续喷胶将膜与支撑材料黏结密封在一起，并滚卷成螺旋式膜元件，牢固后即可使用，这就避免了人工制造时的许多缺点，大大提高了卷筒的质量。

螺旋卷式膜元件是目前应用最广的一种膜元件，主要优点是单位体积内膜面积大，结构紧凑，占地面积小，易于大规模生产。缺点是当进水中有悬浮物时比较容易堵塞，此外产水侧的支撑材料要求高，不易密封。

螺旋式反渗透膜组件使用中会由于膜元件破裂而发生泄漏，导致脱盐率下降，主要原因如下：

（1）中心管主要折褶处易发生泄漏；

（2）在黏结线上膜及支撑材料易发生皱纹；

（3）胶线太厚可能会产生张力或压力的不均匀；

（4）支撑材料的移动会使膜的支撑不合适，导致平衡线移动。

4. 中空纤维式反渗透器

制作中空纤维反渗透膜是美国杜邦公司和陶氏化学公司提出的。中空纤维膜是极细的空心膜管（外径 $50 \sim 200 \mu m$，内径 $25 \sim 42 \mu m$），其特点是高压下不易变形。这种装置类似于一端封死的热交换器，把大量的中空纤维管束，一端敞开，另一端用环氧树脂封死，放入一种圆筒形耐压容器中，或者如图 5-20 将中空纤维弯曲成 U 形装入耐压容器中，纤维的开口端用环氧树脂浇铸成管板，纤维束的中心部位安装一根进水分布管，使水流均匀。纤维束的外部用网布包裹以固定纤维束并促进进水的湍流状态。淡水透过纤维管壁后在纤维的中空内腔经管板流出，浓水则在容器的另一端排掉。

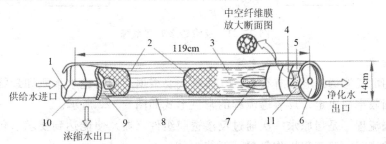

图 5-20 中空纤维式反渗透器结构

1、11—O 形环密封；2—流动网格；3、9—中空纤维膜；4—环氧树脂管板；

5—支撑管；6、10—端板；7—供给水分布管；8—壳

高压进水在纤维的外部流动的好处有：①纤维壁能承受的向内的压力要比向外抗张力大；②进水在纤维外部流动时，如果纤维的强度不够，只能被压瘪，以至中空内腔被堵死，但不会造成破裂，这样防止了产水被进水污染，反之，如果把进水引入如此细的纤维内腔，就很难避免这种由于破裂而造成的危害；③由于纤维内孔很小，如果进水在内孔流动，进水中微粒极易把内孔堵塞，一旦发生此种现象，清洗将会变得很困难，但随着膜质量的提高和某些分离过程的需要，有时也会采用进水走纤维内腔（即内压型）的方式。

中空纤维反渗透器壳多采用不锈钢或缠绕玻璃纤维的环氧增强树脂。中空纤维装置的主要优点是单位体积内有效膜堆表面积大，结构紧凑，是一种效率高、成本低、体积小、质量轻的膜分离装置；缺点是中空纤维膜的制作技术复杂，膜面去污困难，进水需经严格的处理。

5. 各种膜组件（反渗透器）比较

目前使用的这几种反渗透膜组件的优缺点及其特性比较见表 5-8。

表 5-8　反渗透装置的主要特性比较

种类	膜装填密度/(m²/m³)	透水量/[m³/(m²·d)]	单位体积产水量/[m³/(m³·d)]
板框式	493	1.02	500
内压管式	330	1.02	336
外压管式	330	0.60	220
螺旋式	660	1.02	673
中空纤维式	9200	0.073	673

七、反渗透装置及其基本流程

1. 反渗透装置

如图 5-21 所示，反渗透水处理系统通常由给水前处理、反渗透装置本体及后处理 3 部分组成。反渗透装置本体部分包括能去除水中 5～20μm 微粒的保安过滤器、高压泵、反渗透本体、清洗装置和有关仪表控制设备。

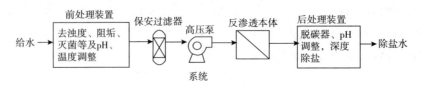

图 5-21　反渗透水处理系统

2. 基本流程

实际使用的反渗透的流程有很多，具体形式要根据不同的进水水质和最终要求的出水水质以及水回收率而决定。反渗透流程的常见形式如图 5-22 所示。

（1）一级流程　是指原水一次通过反渗透膜组件（器）便能达到要求（包括水量和水质两方面）的流程。此流程操作简单、耗能少。

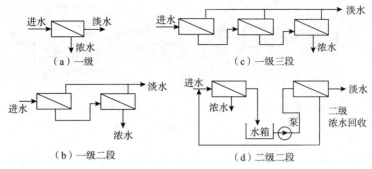

图 5-22　反渗透工艺流程示意图

（2）一级多段流程　反渗透处理水时，如果一次处理水回收率（即产水水量）达不到要求，可将第一段浓水作为第二段给水，依此类推。由于有产水流出，第二段、第三段等各段给水量逐级递减，所以此流程中各段的有效膜截面积也逐段递减。

（3）二级流程　当一级流程出水水质达不到要求时，可采用二级流程的方式。把一级流程得到的产水，作为二级的进水，进行再次淡化。

由此可见，反渗透中所谓级（pass）是指水通过反渗透膜处理的次数。当进水一次通过膜，就称为一级处理，一级处理出水再经过膜处理一次，就称为二级（即二级二段）处理。在工业用水处理中，很少有三级或三级以上的处理，在废水处理中，个别场合可以采用三级处理。一级处理的出水需用水箱收集后用泵升压才能进入二级反渗透，二级反渗透的浓水由于水质很好，可以回收进入一级给水，以提高水回收率，减少水的浪费。反渗透中的多段（stage）处理是提高水回收率的有效手段，第一段反渗透处理的浓水（排水）再经过一次反渗透，就是第二段反渗透处理，同理，也可以设置第三段反渗透，第三段进水是第二段的浓水，水中含盐量也很高，水的渗透压也高，反渗透所需的工作压力也高，有时需增设升压泵及必要的水软化装置（减少结垢）。

3. 膜组件的组合方式

现以卷式膜为例，介绍常见的反渗透组合方式。

卷式膜膜元件按直径分为 2 英寸、4 英寸、8 英寸（1 英寸＝25.4mm）3 种。工业上常用的是 8 英寸膜元件（直径 ϕ203.2mm，长 1016mm），在膜壳（压力容器）中可以装入 1、2、4、6、7 个膜元件组成一个膜组件，多个膜组件按级、段方式进行组合构成反渗透装置本体。

膜壳中装入的膜元件个数与所需的水回收率有关，如表 5-9 所示。

表 5-9　水通过膜元件个数与其最大回收率关系

水通过膜元件个数	1	2	4	6	8	12	18
最大回收率/%	16	29	40	50	64	75（78.4）	87.5

大型反渗透水处理装置常在一个膜壳内装 6 个膜元件构成一个膜组件。当处理水量小时，可仅用一个膜组件［图 5-23 (a)］，若处理水量大时，可用多个膜组件并联［图 5-23 (b)］，此即一级一段反渗透装置，水回收率约 50%。所需的膜组件总数可用所需的产水水量除以每个膜组件在该进水水质下允许的透水量计算而得。

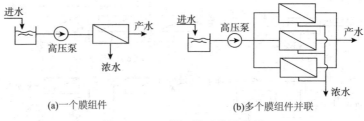

(a)一个膜组件　　　　　　　　(b)多个膜组件并联

图 5-23　一级一段反渗透装置

若要提高水回收率，可以采用一级二段反渗透装置，见图 5-24。每个膜壳内装 6 个膜元件，它的水回收率可达 75%。要求第一段反渗透膜元件和第二段反渗透膜元件中的浓水流量相似具不低于规定值，以防止浓差极化。按此原则可以设计每一段中膜组件个数。简单的估算方法如下：若第一段反渗透进水流量为 100%，第一段产水为 50%，浓水为 50%（6 支膜水回收率为 50%），第二段进水流量为 50%，浓水为 25%，要保证每个膜组件末端膜元件中浓水流量相似，则第一段与第二段膜组件个数比应为 50%∶25%＝2∶1，也即将所有的膜组件 2/3 放在第一段，1/3 放在第二段。

同理，若每个膜壳（压力容器）中装 4 个膜元件，达到水回收率 75% 时，必须设计为三段反渗透装置，每段中膜组件个数之比为 5.102∶3.061∶1.837（近似为 5∶3∶2），见图 5-25。

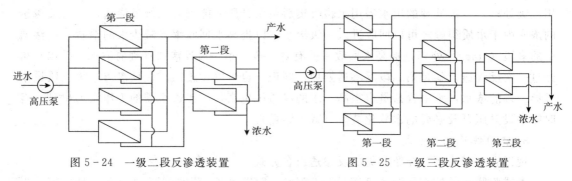

图 5-24　一级二段反渗透装置　　　　　图 5-25　一级三段反渗透装置

不同水回收率的一级反渗透采用分段排列时，每段压力容器数量的计算结果如表 5-10 所示。

表 5-10　分段排列时每段压力容器数的系数（适用于苦咸水含盐量及以下水质）

水回收率		第一段压力容器数量系数	第二段压力容器数量系数	第三段压力容器数量系数
6m 长压力容器（内装 6 支 1m 长膜元件）	水回收率 50%	1	0	0
	水回收率 75%	0.667	0.333	0
	水回收率 87%	0.572	0.296	0.142
4m 长压力容器（内装 4 支 1m 长膜元件）	水回收率 40%	1	0	0
	水回收率 64%	0.625	0.375	0
	水回收率 75%	0.5102	0.3061	0.1837

二级反渗透可以设计为二级二段或二级三段。第一级的第一段和第二段膜组件个数及分配比例的设计原则仍与以前相同，稍有不同的是第二级，由于第二级进水为第一级出水，水质好，单支膜的水回收率比第一级高（可达30％），允许的透水量也高（表5-11），所以第二级仅按每个膜组件允许的透水量来计算所需的膜组件数，并按一段方式排列，如图5-26所示。

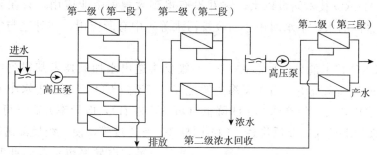

图 5-26 水回收率75％的二级三段反渗透装置

表 5-11 不同进水水质时膜的设计参数（Dow-Filmtec 复合膜）

不同水质		RO/UF 出水	经软化的井水	经软化的地表水	地表水	过滤后三级处理出水	海水
SDI		<1	<3	3～5	3～5		<5
每个1m长膜元件最高水回收率/％		30	19	17	15	10	10
每个1m长膜元件最高产水量/（m³/d）	4in	8.3	6.8	6.1	5.6	3.8	5.6
	8in	33	28	25	22	15	22
每个膜元件最高进水流量/（m³/d）	4in	4.1	4.1	4.1	4.1	4.1	4.1
	8in	16	14	14	12	11	14
每个膜元件最低浓水流量/（m³/d）	4in	0.5	0.9	0.9	0.9	0.9	0.9
	8in	1.8	3.6	3.6	3.6	3.6	3.6

注：4in 膜为 BW30-4040，8in 膜为 BW30-330，海水膜是 SW-30。

4. HERO 技术

HERO（high efficiency reverse osmosis）是 20 世纪 90 年代末美国提出的一种改善反渗透系统运行状况和效果的技术，1998 年首次在工业上使用并申报专利。该技术的核心是向反渗透进水中加碱以提高 pH，最高 pH 可达 11。由于 pH 提高，它要求进水中能形成垢的 Ca^{2+}、Mg^{2+}、Ba^{2+}、Sr^{2+} 等阳离子浓度必须为零（硬度小于 $100\mu gCaCO_3/L$），另外要尽量降低进水中的 HCO_3^-、CO_3^{2-} 等离子含量，所以反渗透进水要进行阳离子交换处理，包括弱酸型阳离子交换及除碳，只有这样才能符合要求。

据报道，使用 HERO 技术的反渗透系统有如下优点。

（1）提高 pH，有效抑制硅化合物造成的污堵：硅在水中的溶解度表明，在 pH 大于 11 的条件下，高浓度的硅不会结垢。对于一般的反渗透工艺，浓水中的硅含量大 100～200mg/L 就会结硅垢，但在高 pH 下，可以达到大于 2000mg/L，也不会结垢。

（2）进水中有机物在高 pH 情况下，可以发生皂化作用，使之不易黏附在膜的表面，微生物在高 pH 下也很少能够存活，所以膜面的生物和有机物污染不易发生。

（3）在高 pH 情况下，水的黏度与电荷发生变化，使颗粒物不易黏附在膜的表面。

（4）所以使用 HERO 技术可以减少膜面污染，提高膜面清洁度，从而提高产水量，提高水回收率（可以达到 90%～95%），还可以降低对进 SDI 的要求，延长膜的清洗时间间隔，延长膜的使用寿命。

但是，自 HERO 技术问世以来，它并没有得到大规模工业应用，只在某些极差水质条件（如硅含量高的水、中水回用、回收排污水等）中有所应用，估计这与它自身使用条件苛刻有关。

但是，HERO 技术的另一种形式——一级反渗透出水加碱技术却得到广泛应用。在水的二级反渗透处理系统中，由于反渗透膜能 100% 透过 CO_2，造成进水中 CO_2 全部透过膜进入一级产水中，使一级产水的 pH 降低（可达 5 左右），电导率升高（可达 $20\sim50\mu S/cm$），如果一级产水进入二级反渗透，CO_2 同样 100% 透过膜，使二级反渗透产水 pH 仍降低，电导率也偏高。此时如果向一级反渗透产水中加碱，将其 pH 提高到 $8.0\sim8.3$，将 CO_2 全部中和为 HCO_3^-，HCO_3^- 在第二级反渗透中不能透过膜，使二级反渗透产水的 pH 上升，电导率大大下降，从而明显改善反渗透出水水质及后处理系统（如离子交换、EDI）的负担，该系统见图 5-27。

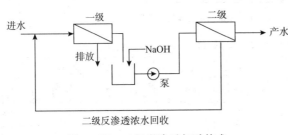

图 5-27　二级反渗透加碱技术

八、反渗透装置的主要性能参数

1. 产水量（Q_P）

产水量是指反渗透装置在单位时间内生产的淡水量（m^3/h）。

$$Q_P = \sum_{i=1}^{n} Q_{Pi} = A \sum_{i=1}^{n} S_i(\Delta P_i - \Delta \pi_i) \qquad (5-13)$$

式中　Q_{Pi}——第 i 段膜组件的产水水量，m^3/h；

　　　A——膜的水渗透系数，$m^3/(m^2 \cdot h \cdot MPa)$；

　　　S_i——i 段膜面积，m^2；

　　　ΔP_i——i 段膜两侧的压力差，MPa；

　　　$\Delta \pi_i$——i 段膜两侧水渗透压差，MPa。

膜的产水量主要取决于膜的材质、结构等因素，但也与运行条件有关。影响因素有：膜的水渗透系数及随运行时间延长膜水渗透系数的衰减情况、膜面污染情况、水温、压力、进水含盐量等，见图 5-28。

产水量随运行温度上升而增加；随运行压力上升而增加，当压力下降至接近进水渗透压时，产水量趋于零；产水量随进水浓度增加而下降；产水量随水的回收率增加而下降；产水量随膜面污染增加而下降；产水量随运行时间增加而下降。

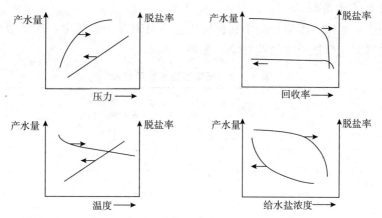

图 5-28　压力、温度、回收率及给水盐浓度对反渗透性能的影响

2. 水回收率（recoveryrate，Y）

$$Y = \frac{Q_p}{Q_f} \times 100\% = \frac{Q_p}{Q_p + Q_m} \times 100\% \qquad (5-14)$$

式中　Q_f——给水流量，m^3/h；

　　　Q_m——浓水流量，m^3/h。

3. 浓缩倍率（cycles of concentration，CF）

$$CF = \frac{Q_f}{Q_m} = \frac{1}{1-Y} \qquad (5-15)$$

4. 脱盐率（salt rejection，R）或盐分透过率（S_p）

$$S_p = \frac{C_p}{C_f} \times 100\%（中空纤维式） \qquad (5-16)$$

$$S_p = \frac{C_p}{(C_f + C_m)/2} \times 100\%（卷式，也可近似用式(5-16)计算） \qquad (5-17)$$

$$R = 100\% - S_p \qquad (5-18)$$

式中　C_f——进水含盐量，mg/L；

　　　C_p——产水含盐量，mg/L；

　　　C_m——浓水含盐量，mg/L。

九、反渗透给水水质指标和常见的前处理系统

由于膜是一种精密度很高的分离物质，对进水有较高的要求。反渗透装置高脱盐和透水能力的维持，除了改进膜本体的性能外，很关键的问题是保持膜表面的清洁。大量的实践经验证明，凡是给水前处理系统设计得当的，在运行中给水水质满足反渗透膜的基本要求，反渗透装置就运行得可靠，膜的寿命可以达到或超过膜制造商规定的使用寿命；而若给水前处理不完善，给水水质不合格，则膜会很快被污染，造成运行中膜的压差增大，被迫进行频繁清洗，甚至使膜的寿命大大减少，更换膜元件。

所以，具备完善的给水前处理系统，确保反渗透进水水质符合要求，是非常重要的事情。

1. 反渗透给水水质指标

对反渗透给水水质，膜制造商都在膜使用说明书中有详细规定，反渗透给水前处理的设计和运行控制都应严格遵守这些规定，见表 5-12。

表 5-12　反渗透给水水质标准

项　目	醋酸纤维素膜	中空纤维式 （芳香聚酰胺）	卷式复合膜
浊度/FTU	<1.0	<1.0	<1.0
污染指数（SDI_{15}）	<5	<3	<5
水温/℃	5~40	5~35	5~45
pH	4~6（运行） 3~7（清洗）		4~11（运行） 2.5~11（清洗）
$COD_{Mn}/(mgO_2/L)$ *	<3		<3
游离氯（以 Cl_2 计）/(mg/L) **	0.2~1（控制为 0.3）	<0.1（控制为 0）	<0.1（控制为 0）
含铁量（以 Fe 计）/(mg/L) ***	<0.05	<0.05	<0.05
朗格谬尔指数	浓水：<0.5	浓水：<0.5	浓水：<0.5
$[SO_4^{2-}][Ca^{2+}]$		浓水：$<19 \times 10^{-5}$	
沉淀物质 Ba、Sr、SiO_2 等		浓水不发生沉淀	

说明：表中的水质标准，除指定外均指反渗透装置保安过滤器的进水应达到的标准。

* COD 指标还应参照相应的膜制造商要求的指标。

** 同时满足在膜寿命期内总剂量小于 1000h·mg/L。

*** 指给水溶氧大于 5mg/L 时值，采用该项标准值时还应注意所用阻垢剂对铁允许值的修正。

由于只有水分子能顺利通过反渗透膜，水中其他的物质都被截留，所以对反渗透进水中的悬浮颗粒和胶体必须彻底去除。水中悬浮颗粒及胶体通常用浊度指标（NTU、FTU）来表示，但由于小浊度的测定误差较大，故在反渗透进水中提出了新的反映水中悬浮颗粒和胶体物质多少的指标—污染指数（silt & density index，SDI 或 FI）。

SDI 是表征水中微粒和胶体颗粒危害的一种指标。它是在一定压力下，让被测水通过 0.45 的微孔滤膜，根据膜的淤塞速度来测定的。测试装置如图 5-29 所示。

测定方法：将被测水压力升至 207kPa（2.1kgf/cm²），让水通过直径 47mm、孔径 0.45μm 的膜过滤器，记录过滤 500mL 所需的时间 t_0，再继续过滤 15min，再记录过滤 500mL 所需的时间 t_1，按下式进行计算，得到 SDI_{15}。

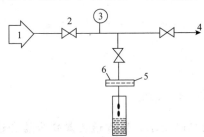

图 5-29　污染指数 SDI 的测定装置
1—进水；2—阀门；3—压力表；4—放气；
5—过滤器；6—微孔滤膜

$$SDI_{15} = \frac{(1 - t_0 / t_1)}{15} \times 100 \qquad (5-19)$$

如将中间的过滤时间 15min 改为 10min、5min，则分别得到 SDI_{10}、SDI_5，计算公式分别如下：

$$SDI_{10} = \frac{(1 - t_0 / t_1)}{10} \times 100 \qquad (5-20)$$

$$SDI_5 = \frac{(1 - t_0 / t_1)}{5} \times 100 \qquad (5-21)$$

从以上公式可看出，SDI_{15} 测定值在 $0 \sim 6.67$ 之间，SDI_{10} 在 $0 \sim 10$ 之间，SDI_5 测定值在 $0 \sim 20$ 之间。其中最常用的是 SDI_{15}，有时简写为 SDI。

反渗透进水 SDI 值直接影响膜的允许产水量，SDI 值高，允许产水量就小，表 5-13 是 Dow 公司给出的不同水源水要求 SDI 值和其对应的膜产水量的关系。

表 5-13　膜的产水量和 SDI 的关系（Filmtec 复合膜组件）

给水水源	井水经软化处理	地表水	海水	地表水经软化处理
给水 SDI 值	<3	3~5	<5	3~5
40in 长的膜组件的最大水回收率/%	19	15	10	17
每只膜组件的最大产水量/(m³/d) 8040 膜组件 4040 膜组件	28 6.8	22 5.8	22 5.6	25 6.1
每只膜组件的最大给水量/(m³/h) 8040 膜组件 4040 膜组件	14 3.6	12 3.6	14 3.6	14 3.6

2. 常见的反渗透前处理系统

反渗透前处理系统要保证进水经过本系统处理后达到反渗透进水水质要求，保证反渗透膜在正常运行期间内不污堵、不损坏，在正常使用寿命期间膜通量和脱盐率不明显下降。反渗透前处理系统应当包括下列内容：

（1）彻底去除水的浊度（悬浮颗粒和胶体），使 SDI 稳定地达到要求；

（2）防止膜面析出垢；

（3）降低水的 COD，减少膜面有机物污染；

（4）杀菌，减少膜面生长细菌的可能；

（5）去除水中余氯，防止膜被氧化，尤其是复合膜；

（6）调节水温，即保证一定水通量，又保证膜水解速度符合要求。

为了实现上述要求，有很多处理工艺可供选择，现将这些处理工艺单元列于表 5-14。

表 5-14　反渗透进水前处理的工艺单元

处理目的 处理单元	去除浊度 使 SDI 合格	降低 COD	杀菌	去除水 中余氯	防止 膜水解	防垢				
						$CaCO_3$	$CaSO_4$	$BaSO_4$	$SrSO_4$	SiO_2
二次混凝	√									
细砂过滤	√									
超滤	√									
微滤	√									

续表

处理目的 处理单元	去除浊度 使 SDI 合格	降低 COD	杀菌	去除水 中余氯	防止 膜水解	防垢				
						$CaCO_3$	$CaSO_4$	$BaSO_4$	$SrSO_4$	SiO_2
浸入式膜 *（MBR 膜）	√									
活性炭吸附		√		√						
加 $NaHSO_3$				√						
加次氯酸钠			√							
加酸调 pH					√	√				
软化						√	√	√	√	
加阻垢剂						√	√	√	√	
加热调温					√					√

* MBR 为膜生物反应器，原定义是将微滤级（或超滤级）膜丝悬挂在污水的生物处理池中，在膜丝表面形成一层高浓度活性污泥层，从中空纤维的膜丝孔中将水抽出来，既起生化作用，又起过滤作用。此处只是利用它的过滤性能，将其浸入被处理水中，通过膜丝将水抽吸出来，达到降低水浊度的目的。

将表 5-14 中各处理工艺单元组合，就可以组成反渗透前处理系统，常见的反渗透前处理系统举例如下。

系统 1：地表水处理系统（使用复合膜）

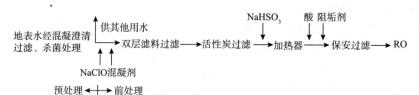

系统 2：地表水处理系统（使用复合膜）

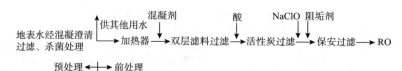

系统 3：地表水处理系统（使用 CA 膜）

系统 4：地下水处理系统（使用复合膜）

系统 5：地表水使用超（微）滤处理系统（使用复合膜）

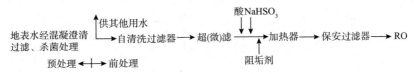

系统 6：低浊度地表水使用超（微）滤处理系统（使用复合膜）

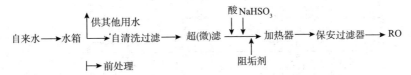

系统 7：自来水使用超（微）滤处理系统（使用复合膜）

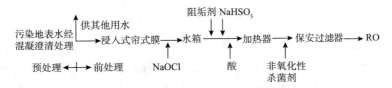

系统 8：污染地表水使用浸入式帘式膜处理系统（使用复合膜）

污染地表水经
混凝澄清处理 ——↑供其他用水——→ 浸入式帘式膜 ——→ 水箱 ——→ 加热器 ——→ 保安过滤器 ——→ RO
预处理 ←——→ 前处理　　NaOCl　　　　　　酸　　　非氧化性
杀菌剂

阻垢剂 NaHSO₃

说明：（1）使用超（微）滤的系统根据需要可以设或不设活性炭过滤器；
　　　（2）酸和阻垢剂投加位置可以变动。

十、反渗透给水前处理的处理单元

1. 去除水中浊度物质，降低 SDI

从表 5-14 中可看出，降低水浊度和 SDI 的方法基本上分为两类：一是对预处理的出水进行二次混凝和细砂过滤；二是进行超（微）滤，超（微）滤的进水也是经过预处理（混凝澄清过滤）的水。

第一类方法在以前用得较多，它可以将水的 SDI 值降至 4 左右，再进一步降低则很困难。超（微）滤是近年来使用的方法，实际使用表明，它可以将水的 SDI 降至 2~3，处理效果已远远好于二次混凝和细砂过滤。但是超（微）滤方法也有缺点：一是价格较贵；二是超（微）滤膜本身污染带来频繁清洗及自用水率较高。

第一类方法的具体使用还与水源水质有关。

对于地表水，由于含有较多悬浮物和胶体，进入工业用水处理系统中第一步要进行混凝-澄清-过滤的预处理，将水的浊度降至 5NTU（或 2NTU）以下，但此时 SDI 仍不合格，需进一步处理。当使用城市自来水为反渗透进水时，若自来水的水源水为地表水，也同样是经过混凝-澄清-过滤处理，作为反渗透进水也需进一步处理。进一步处理的方法是二次混凝和细砂过滤。

（1）二次混凝　二次混凝是指在常规的混凝澄清预处理后再次投加混凝剂。二次混凝一般不再单设专用设备，只在进水管道上添加混凝剂，在管内生成絮凝体，完成混凝过程，进入后续过滤设备，此过程即直流混凝。

（2）细砂过滤　所谓细砂过滤，是指滤料的颗粒度比常规过滤处理中更细小。一般工业用水预处理中石英砂滤料粒径 0.5～1.2mm，细砂过滤滤料粒径为 0.3～0.5mm。滤速较一般过滤器低，为 6～8m/h，大型系统常用卧式过滤器，如图 5-30 所示。

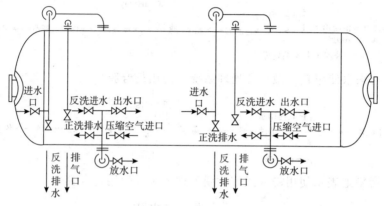

图 5-30　双格单滤料石英砂压力过滤器（卧式）

用地下水作反渗透水源时，视水质情况，至少要对地下水先行过滤处理，此外，还要注意除铁、除锰和除硫。水中铁、锰含量较高时可用曝气-锰砂过滤的手段来去除。但当水中含铁、锰较少时，如小于 0.1mg/L，可以不处理；0.1～0.5mg/L，可加酸将水的 pH 调至 5.5，防止生成铁、锰氧化物对膜的污染。对于含硫的地下水，需采用除硫技术将硫黄过滤除去。

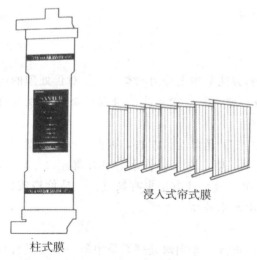

浸入式帘式膜

柱式膜

图 5-31　柱式膜和帘式膜

第二类方法是采用超滤来去除反渗透进水中浊度物质，降低 SDI。目前工业上使用的超滤膜多是截留相对分子质量 10 万～20 万的超滤膜，其孔径在 0.01～0.03μm 之间，从结构来看，目前使用的超滤膜元件有两种：一是柱式，将中空纤维丝放在一个柱式容器内；二是帘式（图 5-31），直接将超滤膜丝放在被处理水中，利用抽吸将过滤后的水从膜丝孔中抽出，由于这种膜抗污染能力强，可以直接放入原水（甚至污水）中使用，作为反渗透前处理目前较多的仍将其放在经预处理之后的水中使用。超滤对进水水质也有一定要求，见表 5-15。

表 5-15　超滤进水水质指标

项目		指标
水温/℃		1~40
pH		2~11
浊度 NTU	内压	<50
	外压	<200

注：浸入式超（微）滤装置对进水浊度的要求不高，仅要求水中无大颗粒杂质。

按照水在超滤元件中的流向，超滤有全流（死端）过滤和错流过滤两种，工业上均有使用。所谓错流过滤是水从膜元件一端进入，另一端流出，在膜表面水以一定流速通过，典型的错流过滤超滤系统如图 5-32 所示。从图中看出，原水经预处理后进入超滤器，产水（过滤水）进入过滤水箱。为减少水的排放，提高水利用率，错流过滤流出的浓水回收进入进水箱循环使用。全流过滤膜面水流速为 0，大多在中小型设备上使用。

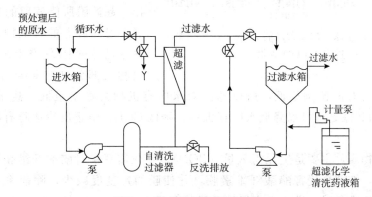

图 5-32　错流过滤超滤系统

超滤的产水除供后续系统使用之外，还兼作超滤自身的清洗用水，一般的运行方式是：超滤每过滤 15~45min 后即后洗 30~60s，超滤每运行若干小时后，进行一次化学加强清洗（50mg/L NaClO 及 pH＝2 的酸），除此之外还要定期（如 30~60d）进行化学清洗。

使用柱式超滤器元件时，通常在其前再设置一台自清洗过滤器进行过滤，以减轻超滤的负担。自清洗过滤器起过滤作用的是一层不锈钢滤网，利用过滤时压差设计为自动进行反洗，它过滤精度 25~3000μm，在超滤前起保护作用的自清洗过滤器过滤精度是 25~200μm。

2. 降低 COD 及防止微生物和氧化性物质对膜的破坏

反渗透膜是有机材料，本身会引起生物的滋生，反渗透进水中存在较多的有机物质（COD_{Mn}），也会促进生物滋生，再加上反渗透给水温度适宜，若给水中添加磷系阻垢剂，更使生物生长迅速。生物对膜的影响包括两个方面：①生物对膜的破坏；②微生物及其产生的黏液会在膜面沉积，堵塞膜的通道，使膜运行中压差上升，产水量下降。

降低进水 COD 是防止膜有机物污染的直接办法，当前水处理中降低 COD 的办法主要是混凝-澄清和吸附处理。混凝-澄清可以去除 20%~60%（通常按 40% 计算）的 COD，但需要说明的是，被去除的 COD 主要是水中悬浮态和胶态有机物，水中真正呈溶解态的有机物在混凝-澄清过程中去除率极低，甚至为 0。目前工业上降低水 COD 的方法是设置活性炭吸附床，活性炭吸附可以去除水中部分溶解态有机物，它对水 COD 去除率正常时为 $40\% \sim 50\%$，新活性炭使用初期该去除率可达 70%，但末期仅有 20% 左右。活性炭使用过程中最大问题是失效后难以再生，再加上吸附容量有限，运行周期不长，造成运行费用较高。

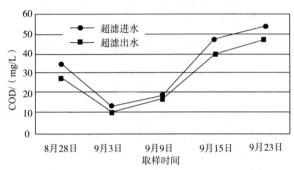

图 5-33 某厂超滤（加拿大泽能 ZeeWeed 500d 膜）
进出水 COD 变化

至于超滤，尤其是反渗透前面采用截留相对分子质量 10 万～20 万的超滤膜，是不能降低水中溶解态有机物的，因为水中天然有机物相对分子质量大部分在 1 万～2 万以下，远小于超滤膜的孔径，所以水中溶解态有机物大部分会透过超滤膜，随出水带出。超滤膜所能截留的有机物是水中悬浮态和胶态的有机物，由于超滤的进水已经过混凝-澄清处理，这部分有机物大部分已在混凝-澄清过程中去除，残留量所占有的比例很低，所以超滤对水中有机物去除率很低，甚至为 0（图 5-33）。那种认为超滤处理可以降低水中有机物、降低 COD、防止反渗透膜有机物污染的观点是错误的。

水中有机物质，主要是生化需氧量（BOD），生化需氧量对醋酸纤维膜影响较大，它促进细菌生长，细菌会侵害醋酸纤维素膜，并使膜的羟基度减少，除盐率大大下降。所以，使用醋酸纤维膜时，进水中应保持适量的余氯（$0.2 \sim 1.0 \text{mg/L}$），但过高的余氯又会使膜的性能降低。虽然复合膜和聚酰胺膜比醋酸纤维膜能耐微生物侵袭，但微生物聚积繁殖也会使组件内部通道堵塞，所以复合膜和聚酰胺膜给水也需杀菌。

防止生物生长的方法是在给水前处理中添加杀菌剂。杀菌剂分为氧化性杀菌剂和非氧化性杀菌剂两大类，氧化性杀菌剂常用的是氯系杀菌剂，有氯气、二氧化氯、次氯酸钠和漂白粉，目前常用的是次氯酸钠，使用时要注意控制一定的余氯量。对于复合膜和芳香聚酰胺膜，由于它们抗氧化性很差（尤其复合膜），运行中加氯处理后需脱去余氯，并控制膜进口处水的氧化还原电位（ORP），以免复合膜和聚酰胺膜被活性氯氧化而受损伤。

除氯的方法有两种：活性炭吸附和投加亚硫酸氢钠。活性炭除了能吸附水中有机物外，还能很彻底地吸附水中余氯，活性炭床出口水中余氯基本为 0，所以在复合膜系统中，一般都设置有活性炭床。为了进一步确保反渗透进水不具氧化性，还需向保安过滤器进口水中投加还原剂（若在出口投加时，还原剂必须经过 $5\mu\text{m}$ 过滤）。常用的还原剂有亚硫酸氢钠（SBS）、亚硫酸钠、硫代硫酸钠（$Na_2S_2O_3$）、焦亚硫酸钠（SMBS）（$Na_2S_2O_5$）等，原理为

$$Cl_2 + SO_3^{2-} + H_2O \rightarrow 2Cl^- + SO_4^{2-} + 2H^+$$

焦亚硫酸钠在水中水解出 SO_3^{2-} 而起还原作用。硫代硫酸钠是早期使用的药剂，每消耗 1mg/L 余氯需投加 20mg/L 硫代硫酸钠（理论量是 0.55mg/L），还要保证 10min 反应

时间。由于硫代硫酸钠不具杀菌作用，余氯消除后膜面还会滋生微生物，所以近年硫代硫酸钠被亚硫酸氢钠代替，亚硫酸氢钠不但具有还原作用，而且具有杀菌作用，可以防止膜面细菌生长。亚硫酸氢钠的投加量为余氯浓度的 3～4 倍。

在反渗透前处理系统中，相对于氧化性氯系杀菌剂，使用非氧化性杀菌剂则安全和简单得多，但由于非氧化性杀菌剂价格较贵，目前一般多在中小型反渗透系统上使用，或氧化性与非氧化性杀菌剂同时使用，在系统前端投加氧化性杀菌剂，在保安过滤器前再投加非氧化性杀菌剂。

非氧化性杀菌剂是以致毒方式作用于微生物的特殊部位，从而破坏微生物的细胞或其生命关键部位达到杀菌目的。目前水处理中常用的非氧化性杀菌剂有如下几类：

(1) 氯酚类　一氯酚、双氯酚、三氯酚、五氯酚及五氯酚盐；

(2) 季铵盐类　主要有十二烷基二甲基苄基氯化铵（1227）、十六烷基三甲基氯化铵（1631）、十八烷基二甲基苄基氯化铵（1827）、新洁尔灭（溴化十二烷基二甲基苄基胺）等；

(3) 季膦盐类　与季铵盐结构相似，如 RP-71 等，应用范围广，适用 pH 范围宽；

(4) 杂环化合物　它是破坏细胞内 DNA 结构而杀死微生物，主要有异噻唑啉酮、聚季噻唑、咪唑啉、三嗪衍生物，吡啶衍生物等，它们杀菌率高，用量低；

(5) 有机醛类　如甲醛-丙烯醛共聚物、甲醛、乙二醛等；

(6) 其他　氰类化合物、有机锡、铜盐等。

目前，在反渗透膜处常用的非氧化性杀菌剂是异噻唑啉酮和有机溴化物，异噻唑啉酮又名凯松（kathon），是一种广谱杀菌剂，对藻类、真菌和细菌都有杀灭作用，应用 pH 范围为 3.5～9.5，用量＞0.5mg/L（正常 1～9mg/L）。

商品异噻唑啉酮中主要含有两种化合物：5-氯-2-甲基-4 异噻唑啉-3 酮和 2-甲基-4 异噻唑啉-3 酮，结构式为

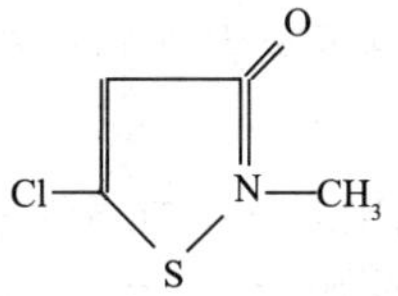

（相对分子质量149.6）

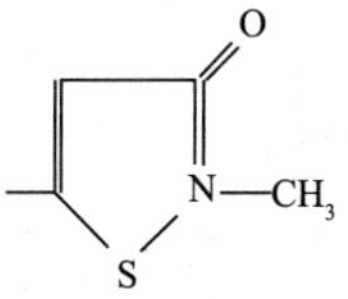

（相对分子质量115.16）

商品异噻唑啉酮为淡黄色至浅绿色透明液体，无味或略有气味，与水可以完全混合，含固量大于或等于 1.5%～14%。

有机溴杀菌剂是一种新的杀菌剂，最典型的是 DOW 公司的 Aqucar RO-20，但它不宜与 $NaHSO_3$ 一起使用。

3. 防止垢的析出

因为在反渗透中给水的盐类被浓缩，比如在回收率为 75% 时，水被浓缩 4 倍，以致使浓水中某些盐浓度可能超过它们的溶解度，沉积可能会发生。在苦咸水中碳酸钙和硫酸钙是最普遍会发生沉积的盐类。在海水中碳酸钙的沉积也是会发生的，而硫酸盐的沉积一般不会发生。其他存在于苦咸水和海水中的盐类，例如硫酸钡、硫酸锶、硅酸盐等是否在膜面上沉积需要通过计算确定，计算依据是这些化合物的溶度积（表 5-16）。

表 5-16 反渗透中常见的难溶无机化合物溶度积

物质	溶度积	温度/℃	-lgK	物质	溶度积	温度/℃	-lgK
碳酸钙 $CaCO_3$	8.7×10^{-9}	25	8.06	碳酸锶 $SrCO_3$	1.6×10^{-9}	25	8.80
硫酸钙 $CaSO_4$	6.1×10^{-5}	10	4.21	氟化钙 CaF_2	3.95×10^{-11}	26	10.40
硫酸钡 $BaSO_4$	1.08×10^{-10}	25	9.97	氢氧化铁 $Fe(OH)_3$	1.1×10^{-36}	18	35.96
硫酸锶 $SrSO_4$	2.81×10^{-7}	17.4	6.55	碳酸镁 $MgCO_3$	3.5×10^{-8}	25	7.46
碳酸钡 $BaCO_3$	7×10^{-9}	16	8.15	氢氧化镁 $Mg(OH)_2$	1.8×10^{-11}		10.74

（1）碳酸钙垢 碳酸钙结垢趋势的判定，可通过朗格利尔稳定指数（Langelier stability index，LSI）和其他有关的溶解度资料计算来进行。近来有资料表明，采用史蒂夫-戴维斯稳定指数（Stiff and Davis stability index，SDSI）来判定海水中碳酸钙沉积更为准确，更适合高溶解固形物的情况。

要防止碳酸钙垢析出，要求朗格利尔指数小于 0（浓水），若不能满足，则要采取必要措施，如加酸，加阻垢剂，或对反渗透进水进行部分（或全部）软化处理等。若采用加阻垢剂来防止碳酸钙水垢，则朗格利尔指数可放宽至小于 1.0（投加六偏磷酸钠阻垢剂）或小于 1.5（投加聚合物有机阻垢剂）。

用于海水淡化的反渗透由于水回收率低（30%～45%），浓缩倍率小，所以相对于苦咸水处理（回收率 75%），碳酸钙的结垢趋势不会太严重。但若 SDSI 指数不合格，仍需采取必要措施（加酸，投加阻垢剂等）。

$$LSI = pH - pH_s \quad （适用 TDS < 10000 mg/L 时） \qquad (5-22)$$

$$SDSI = pH - pCa - pA - K \quad （适用于 TDS > 10000 mg/L 时） \qquad (5-23)$$

式中　pH——实际水的 pH；

　　　pH_s——水中碳酸钙饱和时的 pH；

　　　pCa——水中钙浓度（$mgCaCO_3/L$）的负对数；

　　　pA——水的碱度（$mgCaCO_3/L$）的负对数；

　　　K——系数，和水温及离子强度有关。

由于反渗透中水得到浓缩，浓水的 pH 会高于进水的 pH，因此上式计算时需采用浓水的水质。评判是否结垢的方法如下：

LSI（SDSI）＞0（工业上放宽至-0.2），会结垢

LSI（SDSI）≤0（工业上放宽至-0.2），不会结垢

用已知的经验公式可以很方便地计算出 pH 和 pH_s：

$$pH_s = (9.3 + a_1 + a_2) - (a_3 + a_4) \qquad (5-24)$$

$$pH = \lg \frac{[A]}{[CO_2]} + 6.35 \qquad (5-25)$$

$$a_1 = (\lg[TDS] - 1)/10 \qquad (5-26)$$

$$a_2 = -13.12 \times \lg(t + 273) + 34.55 \qquad (5-27)$$

$$a_3 = \lg[Ca^{2+}] - 0.4 \qquad (5-28)$$

$$a_4 = \lg[A] \qquad (5-29)$$

式中 a_1——与水中溶解固形物（TDS，mg/L）有关的系数；

a_2——与水温度（t，℃）有关的系数；

a_3——与水的钙硬度（mg（$CaCO_3$）/L）有关系数；

a_4——与水的碱度（A，mg（$CaCO_3$）/L）有关系数；

CO_2——水中游离 CO_2 含量，mmol/L。

K 值可先按下式计算出浓水的离子强度 μ 后，再按图 5-34 求出：

$$\mu = 1/2\{[i_1]Z_{i1}^2 + [i_2]Z_{i2}^2 + \cdots\} \qquad (5-30)$$

式中 $[i_1]$、$[i_2]$——浓水中 i_1、i_2 等离子浓度，mol/L；

Z_{i1}、Z_{i2}——i_1 离子及 i_2 离子价数。

（2）$CaSO_4$、$BaSO_4$、$SrSO_4$、CaF_2 对于硫酸钙垢，通常采用硫酸钙溶度积 $K_{sp} = [Ca^{2+}] \cdot [SO_4^{2-}]$ 判断，当浓水中 $[Ca^{2+}]$ 和 $[SO_4^{2-}]$ 浓度乘积大于 $0.8K_{sp}$ 时，预示有可能发生硫酸钙垢，需采取措施，措施包括降低水回收率、软化、添加阻垢剂等。投加六偏磷酸钠时，$[Ca^{2+}]$ 和 $[SO_4^{2-}]$ 浓度之积可放宽至 $1.5K_{sp}$，投加聚合物有机阻垢剂时，可放宽至 $2K_{sp}$。

硫酸钡和硫酸锶水垢也和硫酸钙水垢一样，利用其溶度积 K_{sp} 来判断，浓水中 $[Sr^{2+}]$ 和 $[SO_4^{2-}]$ 之积大于 $0.8K_{sp}$ 会结垢，$[Ba^{2+}]$ 和 $[SO_4^{2-}]$ 乘积大于 $0.8K_{sp}$ 时也会结垢，防止措施也与防止 $CaSO_4$ 垢相同。采用添加有机阻垢剂时，$[Sr^{2+}] \cdot [SO_4^{2-}]$ 和 $[Ba^{2+}] \cdot [SO_4^{2-}]$ 均可放宽至 $50K_{sp}$。

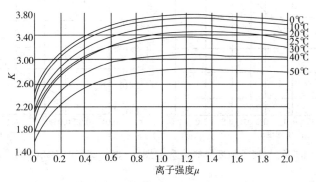

图 5-34 K 值和离子强度与温度的关系

对 CaF_2 垢，也是当浓水中 $[Ca^{2+}]$ 和 $[F^-]$ 浓度乘积大于 $0.8K_{sp}$ 时会结垢，添加阻垢剂可将其放宽至 $50K_{sp}$。

对上述结垢判断标准汇总，列于表 5-17 中。

表 5 - 17　CaSO₄、BaSO₄、SrSO₄、CaF₂ 垢的结垢判断标准

种类	未添加阻垢剂	添加三聚磷酸钠	添加有机阻垢剂
浓水中 [Ca^{2+}]、[SO_4^{2-}]	$0.8K_{sp}$	$1.5K_{sp}$（及 1×10^{-3}）	$2K_{sp}$ 或按药剂说明书取值
浓水中 [Ba^{2+}]、[SO_4^{2-}]	$0.8K_{sp}$		$50K_{sp}$ 或按药剂说明书取值
浓水中 [Sr^{2+}]、[SO_4^{2-}]	$0.8K_{sp}$		$50K_{sp}$ 或按药剂说明书取值
浓水中 [Ca^{2+}]、[F^-]²	$0.8K_{sp}$	$50K_{sp}$	按药剂说明书取值

还要说明的是，结垢物质的 K_{sp} 值除了受温度影响外，还随水的离子强度变化而变化。一般计算可按表 5 - 17 中的值，精确计算还需要考虑离子强度影响，首先需按式（5 - 30）计算浓水的离子强度，再按图 5 - 35～图 5 - 38 取值。

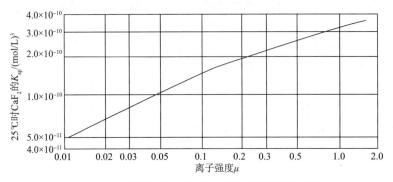

图 5 - 35　25℃时 CaF₂ 的 K_{sp} 与离子强度间的关系

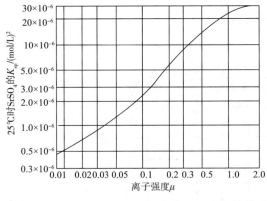

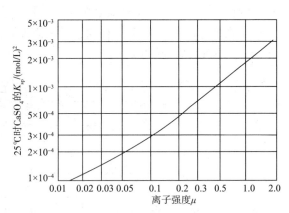

图 5 - 36　25℃时 SrSO₄ 的 K_{sp} 与离子强度间的关系　　图 5 - 37　25℃时 CaSO₄ 的 K_{sp} 与离子强度间的关系

（3）SiO₂ 垢　浓水中 SiO₂ 是否析出结垢，是与 SiO₂ 在水中溶解度有关的。25℃时，SiO₂ 在 pH 为 7 的水中溶解度是 120mg/L，为安全起见，运行中反渗透浓水中 SiO₂ 浓度应以 100mg/L 为控制标准。

在水的 pH 不是 7 时，水中 SiO₂ 溶解度还应乘以一系数 a，a 可按表 5 - 18 取值。在水的温度不是 25℃时，水中 SiO₂ 溶解度也会发生变化，随温度上升，溶解度变大，其关系见图 5 - 39。

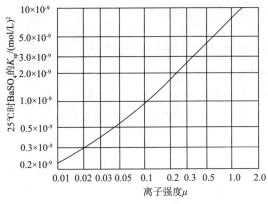

图 5-38　25℃时 $BaSO_4$ 的 K_{sp} 与离子强度间的关系

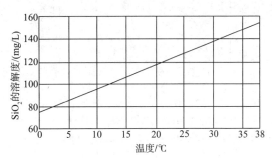

图 5-39　SiO_2 溶解度与温度的关系

表 5-18　SiO_2 溶解度与 pH 的关系

pH	4	5	5.5	6	6.5	7	7.7	8	8.5	9	9.5	10
α	1.34	1.22	1.17	1.1	1.05	1	1	1.15	1.44	1.95	2.6	3.8

所以，反渗透浓水中 SiO_2 不结垢的判断标准是

$$aP_{SiO_2} > (SiO_2)_m = (SiO_2)_f CF = (SiO_2)_f \cdot 1/(1-y) \qquad (5-31)$$

式中　　　　　a——与 pH 有关的溶解度系数；

　　　　　P_{SiO_2}——浓水温度下的 SiO_2 溶解度，mg/L；

$(SiO_2)_m$、$(SiO_2)_f$——反渗透浓水和给水中 SiO_2 的浓度，mg/L；

　　　　　　CF——反渗透浓缩倍率；

　　　　　　y——反渗透水回收率，%。

　　如果按照上述估算有 SiO_2 结垢的可能，则可以采取的措施有：提高水温（有增加膜水解速率的危险），减少水回收率，对反渗透给水进行除硅处理（如镁剂除硅等），投加防硅垢阻垢剂，以及使用 HERO 技术等。

　　4. 反渗透给水压力、温度及保安过滤

　　根据反渗透的原理，只有当给水压力大于渗透压时，反渗透才能制取淡水。

　　渗透压力与给水中的含盐量和水温成正比，与膜无关。反渗透系统的进水压力要求比渗透压力大若干倍。提高进水压力，膜会被压密实，盐透过率会减小，与此同时，水的透过率就可成比例地增加，从而保证了要求的水回收率。但是，进水压力超过一定极限会产生膜的衰老，压实变形加剧，从而加速膜的透水能力衰退。例如当进水压力从 2.75MPa 提高至 4.12MPa 时，水的回收率提高 40%，但膜的寿命约缩短 1 年。图 5-40 所示为 ESPA2 复合膜的进水压力与盐透过率、产水量的关系。

　　反渗透给水温度一般为 25℃，温度上升，产水量（水通量）上升（图 5-41），但水温升高又使膜水解速度加快，膜使用寿命减少，所以要严格控制给水温度。反渗透给水加热通常使用表面式蒸汽加热器，并对温度进行自动控制。

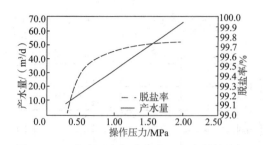

图 5-40 进水压力与脱盐率、产水量的关系
（日东电工-海德能公司 ESPA2 复合膜）
（试验条件：回收率 15%；给水含盐量 1500mg/L NaCl；
温度 25℃；pH6.5～7.0）

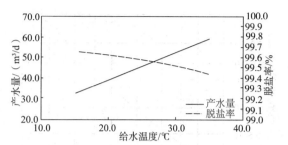

图 5-41 给水温度对产水量与脱盐率的影响
（日东电工-海德能公司 ESPA1 复合膜）
（试验条件：1.05MPa；回收率 15%，给水含盐量
1500mg/L NaCl；pH6.5～7.0）

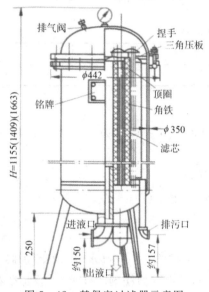

图 5-42 某保安过滤器示意图

保安过滤器是保护反渗透设备安全的过滤器，是反渗透进水的最后一道安全屏障，它一般是 $5\mu m$ 的精密过滤（水中铁、硅、铝较多时可用 $1\mu m$ 滤芯），安装于反渗透进水高压泵之前，可以滤除水中 $5\mu m$ 以上的颗粒，保护反渗透不被这些颗粒冲击和划伤。不能将保安过滤器用作滤除水中大量悬浮物和胶体，起降低 SDI 作用的过滤器。保安过滤器属于微孔介质过滤，外壳为不锈钢制成（图 5-42），其滤元有滤布滤元、烧结滤元和线烧滤元三类，反渗透中常用的是后两种。滤芯为每支长度 10～40in 的滤元，材质多为聚丙烯（PP），滤芯有喷熔滤芯、折叠滤芯、金属烧结滤芯等。

保安过滤器运行至进出口压差达到一定值时，即表示滤芯污脏需清洗或更换，但目前多采用更换的办法，一次性使用。

十一、反渗透产水的后处理

反渗透产水的后处理方式主要取决于反渗透产水水质及用户对水质的要求。一般来讲反渗透产水的水质，电导率在 10～50μS/cm（指处理自来水或苦咸水，若处理海水，产水溶解固形物达 350～500mg/L），主要成分是 Na^+、Cl^-、HCO_3^- 及 CO_2。在 CO_2 含量高时，由于它 100% 透过膜，因此产水 pH 低，呈酸性，有一定的腐蚀倾向。设置二级反渗透，在一级反渗透出水中添加 NaOH，提高 pH，将 CO_2 中和为 $NaHCO_3$，有助于降低二级反渗透出水电导率，提高 pH。

从用户对水质要求来看，若处理的水是用作电子工业清洗水或高参数锅炉的补给水，反渗透的产水水质不能满足要求，必须在反渗透之后，再设置进一步处理装置，比如离子交换或电除盐（EDI）装置。设置离子交换时，可以设置阳床-阴床-混床或者只设置混床，但其中阴离子树脂比例要适当提高，因为反渗透出水中 CO_2 含量多，相应的阴离子树脂负担重。常用的后处理系统见表 5-19。

表5-19 常见的反渗透后处理系统

序号	系统名称	系统内主要设备排列	出水水质		备注
			电导率/$(\mu S/cm)$	SiO_2/$(\mu g/L)$	
1	一级反渗透＋二级混床	—RO┐└⊝H/OH—H/OH	<0.1	<20	适用于原水含盐量不高时，一级混床运行周期较短
2	一级反渗透＋阴床及混床	—RO┐└⊝OH—H/OH	<0.1	<20	适用于原水硬度不高时，要防止阴床内出现沉积物
3	一级反渗透＋一级除盐及混床	—RO┐└⊝H—OH—H/OH	<0.1	<20	适用于原水含盐量中等的场合
4	二级反渗透＋混床	—RO┐↓NaOH┌RO┐└⊝┘└⊝H/OH	<0.1	<20	
5	二级反渗透＋一级除盐及混床	—RO┐↓NaOH┌RO┐└⊝┘└⊝H—OH—H/OH	<0.1	<20	适用于原水含盐量较高或海水
6	一（二）级反渗透＋一级除盐及混床	┌RO┐└RO┘⊝◄⊝H—OH—H/OH	<0.1	<20	适用于原水含盐量波动较大时
7	二级反渗透＋电除盐	—RO┐↓NaOH┌RO┐└⊝┘└⊝EDI	<0.1	<20	

注：视水中CO_2多少，可在上述系统中RO（或H）后面加除CO_2器。

若处理的水是供饮用的，只需将反渗透出水提高pH后再经紫外线或臭氧消毒即可满足要求。

若处理的水仅做一般工业纯水使用，可对反渗透出水进行脱气（或加碱）提高pH，消除其腐蚀倾向。

十二、反渗透膜污染及控制

1. 膜污染定义

膜污染是指因水中的微粒、胶体粒子或溶质分子与膜发生物理化学作用，或因浓缩和浓度极化使某些溶质浓度超过其溶解度而析出以及因机械阻拦作用使水中颗粒物在膜孔处被截留，造成膜孔径变小或堵塞，导致膜的透水流量与分离特性发生衰减的现象。

一旦水与膜接触，膜污染即开始；也就是说，水中溶质与膜之间相互作用的同时，膜特性就开始改变。因此反渗透装置的给水前处理完善，膜组件的污染和化学清洗次数可以减少，但要完全保证膜组件不被污染是不可能的。不同膜抗污染性能差异较大。对于超滤和反渗透膜，若膜材料选择不合适，污染很严重，严重时初始纯水透水率可降低20%～40%。但对以粒子聚集与堵孔为主的微滤膜，膜材料的影响不十分明显。当然，操作运行开始后，由于浓差极化产生，尤其在低流速、高溶质浓度及高浓缩倍率的情况下，在膜面达到或超过溶质饱和溶解度时，便有凝胶层或沉积层形成，导致膜的透水量不依赖于所加压力而变化，引起膜水透过通量的急剧降低。此状态发展到一定程度必须进行清洗，恢复其性能，因此膜清洗方法的研究也是膜应用研究中的一个热点。

2. 膜污染物种类

污染物的种类包括：

（1）无机物：$CaSO_4$、$CaCO_3$、铁盐或凝胶、磷酸钙复合物、无机胶体等；

（2）有机物：蛋白质、脂肪、碳水化合物、微生物、有机胶体及凝胶、腐质酸、多羟基芳香化合物等。

3. 影响膜污染的因素

（1）粒子或溶质尺寸及形态

从理论上讲，在保证能截留所需粒子或大分子溶质前提下，应尽量选择孔径或截留分子质量大的膜，以得到较高透水量。但实验发现，选用较大膜孔径，有时会有更高污染速率，反而使透水量下降较快。这是因为当待分离物质的尺寸大小与膜孔相近时，由于压力的作用，水透过膜时把粒子带向膜面，极易产生嵌入作用，而当膜孔径小于待分离的粒子或溶质尺寸时，由于横切水流作用，它们在膜表面很难停留聚集，因而不易堵孔（图5-43）。

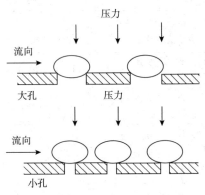

图5-43　膜孔径与粒子大小对膜污染的影响

（2）溶质与膜的相互作用

包括膜与溶质、溶质与溶剂、溶剂与膜相互作用的影响，反渗透中以膜与溶质间相互作用影响为主，相互作用力有以下几种。

①静电作用力：有些膜材料带有极性基团或可离解基团，因而在与溶液接触后，由于溶剂化或离解作用使膜表面带电。当它与溶液中带电溶质所带电荷相同时，便相互排斥，膜表面不易被污染；当所带电荷相反时，则相互吸引，膜面易吸附溶质而被污染。

②范德华力：它是一种分子间的吸引力，常用比例系数 H（Hamaker 常数）表征，与组分的表面张力有关，对于水、溶质和膜三元体系，决定膜和溶质间范德华力的 H 常数如下

$$H = \left[H_{11}^{1/2} - (H_{22} H_{33})^{1/4} \right]^2 \qquad (5-32)$$

式中　H_{11}、H_{22}、H_{33}——水、溶质和膜的 Hamaker 常数。

由上式可见，H 始终是正值或零。若溶质（或膜）是亲水的，则 H_{22}（H_{33}）值增高，使 H 值降低，即膜和溶质间吸引力减弱，较耐污染及易清洗，因此膜材料选择极为重要。

③溶剂化作用　亲水的膜表面与水形成氢键，这种水处于有序结构，当疏水溶质要接近膜表面，必须破坏有序水，这需要能量，不易进行，因此膜不易污染；而疏水膜表面的水无氢键作用，当疏水溶质靠近膜表面时，挤开水是一个疏水表面脱水过程，是一个熵增大过程，容易进行，因此二者之间有较强的相互作用，膜易污染。

④空间立体作用：对于通过接枝聚合反应接在膜面上的长链聚合物分子，在合适的溶剂化条件下，分子的运动范围很大，作用距离的影响将十分显著，因而可以使大分子溶质远离膜面，而溶剂分子畅通无阻地透过膜，阻止膜面被污染。

膜的亲疏水性、荷电性会影响到膜与溶质间的相互作用大小。一般来讲，静电相互作用较易预测，但对膜的亲疏水性预测则较为困难，通常认为亲水性膜在膜电荷与溶质电荷

相同时较耐污染。例如几种聚合物微孔膜对蛋白质的吸附性见表 5-20。为了改进疏水膜的耐污染性，可用对膜分离特性不产生很大影响的小分子化合物对膜进行前处理，如表面活性剂，使膜表面覆盖一层保护层，这样可减少膜的吸附，但由于这些表面活性剂是水溶性的，且靠分子间较弱的范德华力与膜黏结，所以很易脱落。为了获得永久性耐污染的亲水性膜表面，人们常用膜表面改性法引入亲水基团，或用复合膜手段复合一层亲水性分离层，或采用阴极喷镀法在超滤膜表面镀一层碳。

表 5-20　几种聚合物与微滤膜对某蛋白质的吸附性

聚合物种类	吸附量/(g/m²)	亲疏水性
聚醚砜/聚砜	0.5～0.7	疏水
再生纤维素	0.1～0.2	亲水
改性 PVDF	0.04	亲水

（3）膜的结构与性质

膜结构对膜抗污染性能的影响大。对称结构比不对称结构更易被堵塞，如图 5-44 所示。这是因为对称结构膜，其膜孔的上表面开口与内部孔径大小相似，这样进入表面孔的粒子往往会被卡在中间孔中而堵塞膜孔。而对于不对称膜，膜孔呈倒喇叭形开孔，粒子进入后不易在膜内部堵塞，易被水流带走。即使在膜表面产生聚集、堵塞，反洗也很容易冲走。例如中空纤维超滤膜，若是双皮层膜，内外皮层各存在不同孔径分布，使用内压时，有些大分子透过内皮层孔，可能在外皮层更小孔处被截留而产生堵孔，引起透水量不可逆衰减，甚至用反洗也不能恢复其性能；而对于单内皮层中空纤维超滤膜，外表面孔径比内表面孔径大几个数量级，这样透过内表面孔的大分子绝不会被外表面孔截留，因此抗污染性能好。

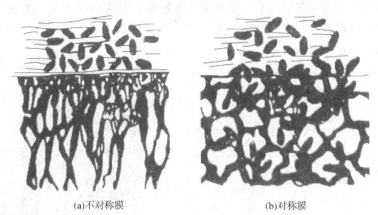

(a)不对称膜　　　　　　　　　　　　(b)对称膜

图 5-44　膜结构对膜污染的影响

（4）进水特性的影响

进水特性包括水中溶质的种类与浓度、pH、温度和黏度等。通常来讲，电离且易析出的大分子有机物对反渗透和超滤污染可能性大，比如蛋白质，蛋白质在等电点时溶解度最低，膜对其吸附量最高，污染性大，因此通常以不使蛋白质变性为限把水 pH 调节至远离等电点，可以减轻膜污染。

温度与黏度对膜污染的影响，是通过溶质状态和溶剂扩散系数来影响膜的产水率和分离特性的。一般规律是，温度升高，黏度下降，产水率提高；但若水中存在某些蛋白质时，温度升高反而产水率下降，这是由于这些蛋白质的溶解度随温度上升而下降析出污染膜的缘故。

（5）膜的物理特性

膜的物理特性包括膜表面粗糙度、孔径分布及孔隙率等。显然，膜面光滑不易被污染；膜面粗糙则容易吸留溶质。膜孔径分布越窄越耐污染。

（6）操作参数

操作参数包括水流速、压力和温度等。通常提高水流速可以减小浓差极化或沉积层的形成，减少污染。提高压力可提高膜产水率，但是会加重浓差极化和膜污染。温度通常通过影响水的黏度来影响透水量。温度升高，透水量加大，加剧膜的污染，温度升高还会使某些盐析出而污染膜。

4. 膜的污染控制

膜使用中发生污染，使膜透水率下降，影响正常运转，所以必须重视膜的污染控制，一般来说包括如下方法。

（1）选用抗污染膜

目前广泛使用的抗污染膜主要是在下列几个方面采取措施。

①加宽膜的进水隔网。目前反渗透膜进水隔网宽有 28、31、32、34mil（相当于 0.71、0.79、0.81、0.86mm）几种，采用宽隔网时，膜间的通道加大，容纳污物的量也增多，污物颗粒也不易被留下，所以膜抗污染性能也改善。但不能过分增加隔网宽度，这样会使膜间水流速下降，膜面浓差极化加剧，反过来又促进污物在膜面积累，加剧膜面污染，所以进水隔网宽度存在一个最优范围。进水隔网加宽后，水流阻力也会减少（图 5-45）。

②进水隔网经纬线（图 5-46）的表面光滑程度、断面形状、交叉角度、网格大小等对膜抗污染性能均有影响。表面光滑、断面为圆形、与水流交叉角度小、网格大的均有利于减少污物积累，有利于抗污染。

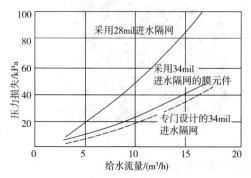

图 5-45 采用不同进水隔网的膜元件
在不同流量下的压力损失

图 5-46 反渗透膜进水滤网放大图

③膜表面改性。一般复合膜表面呈负电性（—COOH）、憎水性，阳离子表面活性剂会引起膜不可逆的流量损失（图 5-47）。如果通过改性，将膜表面改为电中性（—NHCO—）其至正电性（—NH₂），增加亲水性，都可以提高其抗污染能力（图 5-47 和图 5-48）。

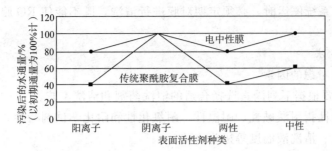

图 5-47　水中阳离子表面活性剂对传统复合膜和改性复合膜透水性能的影响比较

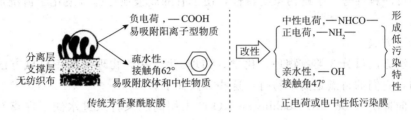

图 5-48　复合膜表面改性示意图

④提高膜表面光洁度。提高膜表面光洁度，不利于污染物在膜面沉积，可提高膜抗污染能力。

（2）重视反渗透进水前处理

重视反渗透进水前处理，严格控制进水水质符合标准要求。

（3）经常进行运行数据分析

分析运行数据，发现问题及时处理，必要时可对膜进行破坏性检查，找出污染原因。常规分析试验的费用与停工、维修、清洗或更换膜的费用相比一般是很低的。利用特定的RO系统水质分析结果，可以控制系统的设计与运转，确保有最大的效率。对运行中参数应经常分析，发现问题找出原因及对策，必要时还可以对膜元件进行破坏性检查，弄清膜面污染物数量、特征和成分。除一般的化学分析方法外，常用于膜污染的分析方法还有：SDS-凝胶电泳用于蛋白鉴定；质谱和气相色谱用于芳香化合物的测定；透射电镜、扫描电镜用于污染层结构分析；放射性标记物用于膜污染研究；电位用于反渗透污染过程研究；MAIR与椭圆对称用于测量污染层组成与厚度；表面张力与接触电位测定用于测定膜与污染层表面特性；高速液相色谱用于污染物成分的分子质量分布测定等。

（4）及时对膜进行清洗

在任何膜分离技术应用中，尽管选择了较合适的膜和适宜的操作条件，但在长期运行中，膜的透水量随运行时间增长而下降，即膜污染问题必然产生，因此必须进行膜的清洗，去除膜面或膜孔内污染物，达到恢复透水量、延长膜寿命的目的。一般认为膜过程中出现以下情况中任一种，需要进行清洗。

①当进水参数一定时，产水电导率明显增加；

②进水温度一定，高压泵出口压力增加 8%～10% 以上才能保证膜通量不变；

③进水的流速和温度一定时，RO 装置的进出口压差增加 25%～50%；

④在恶劣进水条件运转 3 个月，在正常进水条件下运转 6 个月需进行常规清洗。

此外，在 RO 系统停运时，必须定期对膜进行清洗，既不能使 RO 膜变干又要防止微生物的繁殖生长。

5. 膜的清洗方法

（1）膜清洗前考虑的因素

RO 膜清洗前要根据下列因素选择合适的清洗药剂和清洗工艺。

①膜的物化特性指耐酸碱性、耐温性、耐氧化性和耐化学试剂特性，它们对选择化学清洗剂类型、浓度、清洗液温度等极为重要。

②污染物特性指污染物在不同 pH 溶液中，不同种类溶剂中，不同温度下的溶解性、可氧化性及可酶解性等。了解污染物特性，便于有的放矢地选择合适化学清洗剂，达到最佳清洗效果。

（2）清洗方法

膜的清洗方法可分 3 类：物理、化学、物理-化学法。物理清洗用机械方法从膜面上脱除污染物，它们的特点是简单易行，这些方法如下。

①正方向冲洗（forward flushing）：RO 产水用高压泵打入进水侧，将膜面上污染物冲下来。

②变方向冲洗（reverse flushing）：冲洗水方向是改变的，正方向（进水口→浓水口）冲洗几秒钟再反方向（浓水口→进水口）冲洗几秒钟。

③反压冲洗（permeate back pressure）（图 5-49）：将产水侧水加压，反向压入膜进水侧，同时从进水侧继续进水至浓水排放，以便带走膜面上脱落下来的污染物。

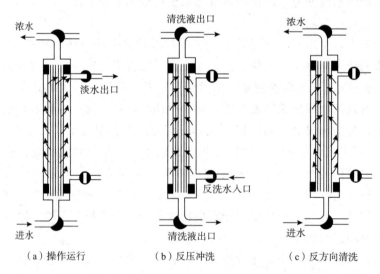

图 5-49 中空纤维膜组件操作与清洗方式示意图

④振动：在膜组件的膜壳上装空气锤，使膜组件振动，同时进行进水浓水的冲洗，以将膜面上振松的污染物排走。

⑤排气充水法：用空气将进水侧水强行吹出，迅速排气，并重新充以新鲜水。清洗作用主要是水排出、引入时气水界面上的湍动作用所致。

⑥空气喷射：在 RO 产水进入组件进行正方向冲洗前，周期喷射进空气，空气扰动纤维，使纤维壁上污染层变疏松（此法适用于中空纤维膜）。

⑦清洗：气体从产水出口管线进入，透过膜，让清洗水将落下的污染物带出膜组件。

⑧自动海绵球清洗：把聚氨基甲酸酯或其他材料做成的海绵球送入管式膜组件几秒钟，用它洗去膜表面的污染物（适用于管式膜）。

实践证明，上面几种清洗方法中，变向流清洗较为有效。

化学清洗通常是用化学清洗剂进行，如稀碱、稀酸、酶、表面活性剂、络合剂和氧化剂等。使用的化学清洗剂必须与膜材料相容，并严格按膜生产厂提出的条件（压力、温度和流速）进行清洗，以防膜产生不可逆损伤。选用酸类清洗剂，可以溶解除去矿物质及DNA；柠檬酸、EDTA之类化学试剂，广泛用于除垢和碱性污染物；Biz、Uitrasil之类去垢剂，可有效去除生物污染。聚乙烯基甲基醚和单宁酸对脱盐用聚酰胺膜的清洗是有效的。而采用NaOH水溶液可有效地脱除蛋白质污染，对于蛋白质污染严重的膜，用含0.5％胃蛋白酶的0.01mol/LNaOH溶液清洗30min可有效地恢复透水量。在某些应用中，如多糖等污染，温水浸泡清洗即可基本恢复初始透水率。

将物理和化学清洗方法结合可以有效提高清洗效果，如有人在清洗水中加入表面活性剂（如0.25％Biz）使物理清洗的效果提高55％。

三类清洗方法中，化学清洗在RO膜的清洗中使用最广泛，但化学清洗的效果取决于许多因素，如清洗液的pH、温度、流速和循环时间。一种清洗剂在某些体系清洗中取得成功，并不保证在其他体系都能成功。

膜清洗还可以分为在线清洗和离线清洗两种：在线清洗就是将反渗透装置接入清洗系统，整体（或分段）进行清洗；离线清洗是将每一个膜元件从膜组件中卸下，在专用的清洗装置上对每一个膜元件进行逐个清洗和性能检测，性能检测包括清洗前后的膜元件重量、透水量和脱盐率，以检查每个膜元件的清洗效果和性能，达到清洗效果的最佳化。显然，离线清洗效果最好。

清洗剂和清洗方法是否合理，对膜的寿命将有很大影响。对膜的清洗和性能恢复进行深入研究，探索膜污染的机理，针对每一类污染开发出更有效、更经济的清洗方法，并从技术和经济上对每种清洗方法进行评价，这些工作对开发膜技术的工业应用都非常重要。

（3）膜清洗效果的表征

通常用水透过率恢复系数（r）来表达，可按下式计算

$$r = (J_Q/J_0) \times 100 \tag{5-33}$$

式中　J_Q——清洗后膜的纯水透过通量；

　　　J_0——新膜初始的纯水透过通量。

除此之外，清洗效果还可以用运行设备进出口压差减少程度及脱盐率恢复程度来评价。

第二节　纳滤

一、概述

纳滤是介于反渗透和超滤之间的又一种分子级的膜分离技术。纳滤也属于压力驱动型

膜过程，操作压力通常为 0.3～1.0MPa，一般为 0.7MPa 左右。它是在 20 世纪 80 年代初继 RO 复合膜之后开发出来的，早期称为低压反渗透膜或疏松反渗透膜。它适宜于分离相对分子质量在 150～200 以上，分子大小为 1nm 的溶解组分，故命名为纳滤，该膜称为纳滤膜。反渗透、纳滤、超滤的比较如表 5-21 所示。

表 5-21　目前工业用反渗透、纳滤、超滤的比较

	膜类型	操作压力/MPa	切割相对分子质量	对一价离子（如 Na^+）脱除率/%	对二价离子（如 Ca^{2+}）脱除率/%	对水中有机物、细菌、病毒脱除
反渗透	无孔膜	1～1.5	<100	>98	>99	全部脱除
纳滤	无孔膜（约 1nm）	0.5	300～1000	40～80	95	全部脱除细菌和病毒，相对分子质量小于 100～200 的非解离有机物透过
超滤	有孔膜	0.1～0.2	>6000			脱除大分子、有机物、细菌、病毒

纳滤膜的应用集中于水的软化、果汁浓缩、多肽和氨基酸分离、糖液脱色与净化等方面。

二、纳滤原理

纳滤膜的一个特点是具有离子选择性：一价离子可以大量地渗过膜（但并非无阻挡），而多价离子（例如硫酸盐和碳酸盐）的截留率则高得多。因此盐的渗透性主要由离子的价态决定。

对于阴离子，截留率按以下顺序上升：$NO_3^- < Cl^- < OH^- < SO_4^{2-} < CO_3^{2-}$。

对于阳离子，截留率按以下顺序上升：$H^+ < Na^+ < K^+ < Ca^{2+} < Mg^{2+}$。

纳滤过程之所以具有离子选择性，是由于在膜上或者膜中有带电基团，它们通过静电相互作用阻碍多价离子的渗透。荷电性的不同（如正电或负电）及荷电密度的不同等，都会对膜性能产生明显的影响。

纳滤膜的传质机理可用溶解-扩散模型来解释，大部分纳滤膜为荷电型，其对无机盐的分离行为不仅受化学势控制，同时也受到电势梯度的影响，具体可用道南（Donnan）平衡来解释。

所谓 Donnan 平衡，是指在透过膜体系中，在膜两侧溶液处于平衡时，不只化学位相等，而且必须是电中性的。举例说明，在图 5-50（a）的体系中，假设膜两侧水中含有的 Na^+、Cl^- 均相等，为 x，如果在 Ⅰ 侧水中加入 NaY 的化合物，量为 m，其中 Y 是大分子，不能透过膜，这时 Ⅰ 侧水中 Na^+ 量上升为 $x+m$，膜两侧的化学位平衡被破坏，两侧 Na^+ 出现浓度差［图 5-50（b）］，Ⅰ 侧必定向 Ⅱ 侧渗透，使 Ⅱ 侧 Na^+ 浓度升高，但此时又使两侧的电中性被破坏，Ⅰ 侧中负电荷离子多，Ⅱ 侧中正电荷离子多，为了保持电中性，Ⅰ 侧中的 Cl^- 也向 Ⅱ 侧渗透（因负离子 Y^- 不能渗透），并保持两侧的电中性，直到两侧的化学位达到平衡［图 5-50（c）］。

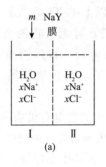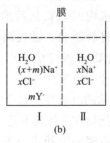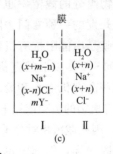

图 5-50　Donnan 平衡说明图

根据数学推导，平衡时两侧 NaCl 浓度有如下关系

$$\left[C_{\mathrm{NaCl}}^{\mathrm{II}}/C_{\mathrm{NaCl}}^{\mathrm{I}}\right]^2 = 1 + \left[C_{\mathrm{NaY}}^{\mathrm{I}}/C_{\mathrm{NaCl}}^{\mathrm{I}}\right] \tag{5-34}$$

式中　$C_{\mathrm{NaCl}}^{\mathrm{I}}$、$C_{\mathrm{NaCl}}^{\mathrm{II}}$——分别为 Ⅰ 侧和 Ⅱ 侧中的 NaCl 浓度，在图 5-50 体系中分别为
$x-n$、$x+n$；

　　　　$C_{\mathrm{NaY}}^{\mathrm{I}}$——Ⅰ 侧中的 NaY 浓度，在图 5-50 体系中为 m。

从上式可以看出，等号右侧大于 1，故 $C_{\mathrm{NaCl}}^{\mathrm{II}} > C_{\mathrm{NaCl}}^{\mathrm{I}}$。

具体对纳滤膜来讲，如图 5-51 所示，在压力差推动下，水分子可以通过膜，在浓度差推动下，Na^+、Cl^-、Ca^{2+} 也应该通过膜，但由于膜本身带电荷（如负电荷，带正电荷也一样），这时膜中正电荷离子多于负电荷离子。

换句话说，水中正电荷离子可以在浓度差作用下透过膜，但负电荷离子却受到带负电的膜的阻滞，无法（或很少）透过膜达到淡水侧，由于电中性原理，又限制了正电荷离子向淡水侧扩散，这就达到了脱盐的目的。

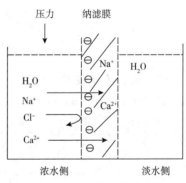

图 5-51　纳滤过程示意图

与一价离子相比，二价离子由于电荷多，电中性原理造成浓差扩散的阻力更大，也更不容易透过膜，所以纳滤膜对二价离子的脱除率要大于对一价离子的脱除率。

由于无机盐能透过纳滤膜，使其渗透压远比 RO 膜低，因此在通量一定时，NF（纳滤）过程所需的外加压力比 RO 低得多；而在同等压力下，NF 的水通量比 RO 大得多。

三、纳滤膜及其应用领域

1. 纳滤膜

目前纳滤膜大致可分为两大类：传统软化纳滤膜和高产水量荷电纳滤膜。前者最初是为了软化，与反渗透膜几乎同时出现，只是其网络结构更疏松，对 Na^+ 和 Cl^- 等单价离子的去除率很低，但对 Ca^{2+} 和 CO_3^{2-} 等二价离子的去除率仍大于 90%。由于此特性使它在饮用水处理方面有其特殊的优势。因为反渗透在去除有害物质的同时也去除了水中大量有益的无机离子，出水呈弱酸性，不符合人体的需要。而纳滤膜在有效去除水中有害物质的同时，还能保留一定的人体所需的无机离子，而且出水 pH 变化不大。此外，此类纳滤膜的截留相对分子质量在 200～1000 以上，故其对除草剂、杀虫剂、农药等微污染物及某些染料、糖等有机物组分的截留率也很高，能去除 20％～90％以上的 TOC。高产水量荷电纳滤膜是近年来开发的一种专门去除有机物而非软化的纳滤膜，对无机物的去除率只有 5％～50％，这种膜是由能阻抗有机物的材料制成，膜表面带负电荷，排斥阴离子，能截留相对分子质量 200～500 以上的有机化合物而透过单价离子，同时比传统的纳滤膜的产水量高。因此在某些高有机物水和废水处理中极有价值。

纳滤膜对有机物的去除依赖于有机物的电荷性，对可以解离的带电有机物的去除率高于非解离的有机物，因此截留相对分子质量指标在此处就不是一个很确切的有机物的表征量了。

与反渗透膜一样，纳滤膜也是在致密的脱盐表层下有一个多孔支撑层，起脱盐作用的是表层。支撑层与表层可以是同一材料（如 CA 膜，称为非对称性膜），也可以是不同材料（即复合膜）。目前使用的除少量醋酸纤维膜（C 膜）之外，绝大多数都是复合膜，复合膜的多孔支撑层多为聚砜，在支撑层上通过界面聚合制备薄层复合膜，并进行荷电，就可得到高性能的复合纳滤膜脱盐的表层，按材料分为如下几类。

（1）芳香聚酰胺类

如 Filmtec 公司的 NF50、NF70，结构如下：

$$\left[\sim HN\!-\!\langle\text{苯环}\rangle\!-\!NHCO\!-\!\langle\text{苯环}\rangle\!-\!CO\!-\right]_n\!-\!\left[-HN\!-\!\langle\text{苯环}\rangle\!-\!NHCO\!-\!\langle\text{苯环}\rangle\!-\!CO\sim\right]_n$$

（左侧苯环带 CO～，右侧苯环带 COOH）

（2）聚哌嗪酰胺类

如 Filmtec 公司的 NF40、日本东丽公司 UTC-60 等，结构如下：

$$\left[\sim N\!\langle\text{哌嗪}\rangle NCO\!-\!\langle\text{苯环}\rangle\!-\!CO\!-\right]_n\!-\!\left[\sim N\!\langle\text{哌嗪}\rangle NCO\!-\!\langle\text{苯环}\rangle\!-\!CO\sim\right]_n$$

（左侧苯环带 CO～，右侧苯环带 COOH）

（3）磺化聚（醚）砜类

如日本东电工公司的 NTR－7400，结构如下：

（结构含 CH_3、SO_3H、O、S 等基团）

或

（结构含 $-O-$、SO_3H、S、O 等基团，下标为 m、n）

（4）复合型

如聚乙烯醇与聚哌嗪酰胺、磺化聚（醚）砜与聚哌嗪酰胺等组成。

（5）其他材料还有磺化聚芳醚砜（SPES-C）、丙烯酸-丙烯腈共聚物、胺与环氧化物缩聚物等。

2. 纳滤膜（装置）性能

反渗透膜的性能指标基本上适用于纳滤膜，可以用反渗透膜的性能指标来评价纳滤膜，另外，纳滤膜也有本身特殊的性能指标。纳滤器（装置）也与反渗透相同，目前应用的多为螺旋卷式。

（1）水通量

纳滤膜的水通量为 $2\sim4L/(m^2\cdot h)$（$3.5\%NaCl$、$25℃$、Δp 为 $0.098MPa$），大约是反渗透膜的数倍，水通量大，也说明纳滤膜比较疏松、孔大。

（2）脱盐率

纳滤膜对水中一价离子脱盐率为 $40\%\sim80\%$，远低于反渗透膜；对水中二价离子脱盐率可达 95%，略低于反渗透膜；对水中有机物有较好的截留能力。

纳滤膜对水中离子脱除率不是一个定值，尤其是对一价离子脱除率，除了与该离子价数有关外，还与其相反电荷的配对离子性质有关。例如，纳滤膜对氯化钠中钠脱除率仅有 57%，但对硫酸钠中钠离子脱除率却可达到 98%，也就是说，它对钠离子脱除率还受到与它配对的阴离子影响，阴离子价数高，脱除率上升。这点可以用 Donnan 理论进行解释。

（3）截留相对分子质量

对于纳滤膜的孔径，有时会套用超滤膜的指标，用截留相对分子质量来表示。所谓截留相对分子质量是用一系列已知相对分子质量的标准物质（如聚乙二醇）配制成一定浓度的测试溶液，测定其在纳滤膜上截留特性来表征膜孔径大小。纳滤膜的截留相对分子质量一般为 $200\sim1000$。

（4）水回收率

对纳滤膜，设计的单支膜水回收率基本与反渗透膜相同，一般为 15%。

（5）荷电性

由于纳滤膜是荷电膜，它脱盐很大程度上依赖其荷电性，因此测量纳滤膜电荷种类、电荷多少直接关系到纳滤膜的性能。测定采用专门的装置，让膜一侧溶液在压力下透过膜，测量膜两侧电位差来判断膜的电性符号、荷电多少（图 5-52）。

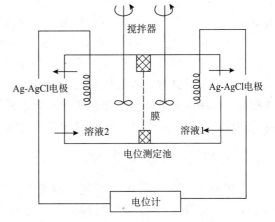

图 5-52　纳滤膜电荷测量装置

3. 纳滤膜应用

（1）纳滤膜对进水水质要求

纳滤膜对进水水质要求和反渗透膜相同。

（2）纳滤膜在饮用水处理中的应用

①由于纳滤膜对水中二价离子（主要 Ca^{2+}、Mg^{2+}）去除率较高，对一价离子（主要是 Na^+、K^+）去除率较低，所以纳滤膜可以用于硬水软化及苦咸水淡化。

②由于纳滤膜对水中有机物质去除率较高，可用于去除饮用水中有机物及某些氯化消毒时的副产物，消除含有机物的饮用水对健康的危害。

这一点纳滤比反渗透优越，因纳滤在去除有机物同时还保留了一部分无机物（主要是

Na^+、K^+、Cl^-等一价离子），而反渗透则将有机物和无机物一同去除。

（3）纳滤膜在其他方面的应用

①用于工业冷却水处理：对工业冷却水的补充水进行软化处理，去除其硬度，可以提高工业冷却水浓缩倍率，防止结垢。

②水的软化：在一些需要软化水的场合（如低压锅炉、纺织印染用水等），可用纳滤膜代替离子交换进行水的软化。

③废水处理：对高有机物废水可以用纳滤膜进行浓缩，或去除水中有机物及细菌后回收利用。

④产品的浓缩和纯化：主要用于制药工业、食品工业等。

第三节　超滤和微滤

超滤（UF）和微滤（MF）同属压力驱动型膜工艺系列，就其分离范围（即要被分离的微粒或分子的大小），它填补了 RO、NF 与普通过滤之间的空白。

超滤是介于微滤和纳滤之间的一种膜过程，它是以孔径为 $1nm\sim0.05\mu m$ 的不对称多孔性半透膜—超滤膜作为过滤介质，在 $0.1\sim1.0MPa$ 的压力的推动下，溶液中的溶剂、溶解盐类和小分子溶质透过膜，而各种悬浮颗粒、胶体、蛋白质、微生物和大分子溶质等被截留，以达到分离纯化目的的膜分离技术，所分离的溶质分子的相对分子质量下限为几千。

微滤是以多孔膜为过滤介质，孔径范围为 $0.05\sim15\mu m$，在 $0.1\sim0.3MPa$ 压力的推动下，截留溶液中的砂砾、淤泥、黏土等颗粒和贾第虫、隐孢子虫、藻类和一些细菌等，而大量溶剂、小分子及大分子溶质都能透过膜的分离过程。

微滤主要用于分离液体中尺寸超过 $0.1\mu m$ 的物质，具有高效、方便和经济的优点。广泛应用于半导体及微电子行业超纯水的终端过滤，反渗透的前处理，各种工业给水的预处理和饮用水的处理，以及城市污水和各种工业废水的处理与回用等；在啤酒与其他酒类的酿造中，用以除去微生物与异味杂质等。另外，微滤也是精密尖端技术科学和生物医学科学中检测有形微细杂质，进行科学实验的重要工具。

一、超滤的基本原理

在压力作用下，水从高压侧透过膜到低压侧，水中大分子及微粒组分被膜阻挡，水逐渐浓缩后以浓缩液排出。超滤膜具有选择性的表面层上有一定大小和开口的孔，它的分离机理主要是靠物理的筛分作用，如图 5-53 所示。

但是有时却发现膜孔径既比溶液分子大，又比溶质分子大，却有明显的分离效果。因此更全面的解释应该是膜的孔径大小和膜的表面化学特性等因素，分别起着不同的截留作用。

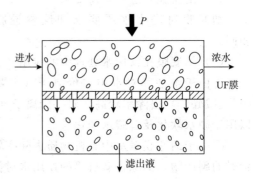

图 5-53　超滤原理示意图

超滤分离的原理可基本理解为筛分，但同时又受到粒子荷电性及荷电膜相互作用的影响。因此，实际上超滤膜对溶质的分离过程主要有：

(1) 在膜表面及微孔内吸附（一次吸附）；

(2) 在孔中停留而被去除（阻塞）；

(3) 在膜面的机械截留（筛分）。

当然，理想的超滤筛分应尽力避免溶质在膜面和膜孔上的吸附和阻塞。所以超滤膜的选择除了要考虑适当的孔径外，必须选用与被分离溶质之间作用力弱的膜材质。

超滤膜的特性一般可用两个基本量表示：膜的透过通量（J_v），它表示单位时间内单位面积膜上透过的溶液量，通常它是容易测定的；溶质的截留率，可通过溶液的浓度变化测出，即由原液浓度和透过液浓度可求出表观截留率（R_{obe}）其定义如下

$$R_{obe} = 1 - C_p/C_b \qquad (5-35)$$

式中　C_b——原液浓度，mg/L；

　　　C_p——透过液浓度，mg/L。

超滤法分离中，主体溶液带到膜表面的溶质，被膜截留而累积增多，所以在膜表面处的溶质浓度变得比原主体溶液浓度高，这种现象称为浓差极化，是对膜透过现象产生很大影响的因素之一。当膜面上溶质浓度增加到一定值时，在膜面上会形成一层称为凝胶层的非流动层，这个凝胶层对膜的透过有很大阻力，因而膜的透过通量急剧下降，这是超滤过程中一个很大的问题。浓差极化现象见图 5-54。

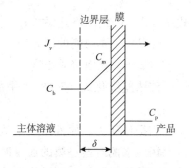

图 5-54　浓差极化现象

由于浓差极化，实际上膜截留的是膜面上溶质浓度为 C_m 的溶液，所以膜的真实截留率 R 应为

$$R = 1 - C_p/C_m \qquad (5-36)$$

这个真实截留率虽然能真实地表示超滤的特性，但由于膜面浓度无法测定，也无法求出。有人通过数学推导得到如下浓差极化方程式

$$(C_m - C_p)/(C_b - C_p) = \exp(J_v/K) \qquad (5-37)$$

$$K = D/\delta$$

式中　K——浓差极化层内的溶质传质系数；

　　　δ——边界层厚度，mm；

　　　D——扩散系数，m²/s。

当已知传质系数 K 时，用测得的 J_v、C_b 及 C_p 值代入式（5-37）中，即可求出 C_m，将 C_m 代入式（5-36），进而可求出真实截留率 R。

传质系数 K，可以用传质准数并联式计算，也可通过试验确定。

关于超滤膜的过滤过程的解释，目前基本上有如下 3 种模型。

(1) 微孔模型

超滤膜的渗透机理基本上是筛分机理，所以通常用微孔模型来评价膜的性能。纯水渗透系数是膜的固有值，而溶质渗透系数是由溶质决定的数值。在微孔模型中，假定膜中半径 r_p、长 Δx 的圆筒形微孔从表到里是相通的。溶质为半径 r_s 的刚体球，溶液在微孔内的

流动为泊谡叶（Poiseuille）流动，用这个微孔模型，可以计算溶质的渗透系数、截留率指标。

（2）渗透压模型

超滤对象的溶质是高分子，因此低浓度时其渗透压与操作压相比可以忽略不计，随着溶液浓度升高，渗透压呈指数关系急剧上升，用超滤浓缩时必须考虑渗透压的影响。

高分子溶液的渗透压，通常可用下式表示

$$\pi(C) = A_1 C + A_2 C^2 + A_3 C^3 \qquad (5-38)$$

式中　$\pi(C)$——高分子溶液的渗透压；

A_1、A_2、A_3——渗透压系数；

C——高分子溶液的浓度。

在浓缩过程中应用时，溶质截留率一般为100%，渗透压差（$\Delta\pi$）变为与膜面浓度相对应的渗透压，膜的透过通量如下

$$J_v = A[\Delta P - (A_1 C_m + A_2 C_m^2 + A_3 C_m^3)] \qquad (5-39)$$

式中　A——纯水渗透系数；

ΔP——膜两侧的压差；

C_m——膜面溶质浓度。

使浓差极化式（5-37）中的 $C_p = 0$，可以得到下列膜面浓度计算式

$$C_m = C_b \exp(J_v/K) \qquad (5-40)$$

当操作压力、原液浓度及流量已知时，可以计算膜的通量。

用纯水测定透过膜的通量时，其值与操作压力成比例增加但用高分子溶液进行超滤时透过膜的通量与压力不成比例，在达到某一定值后，就不随压力变化了。并且这个值与膜的渗透阻力（纯水渗透系数的倒数）也无关。此时膜的透过通量，称为极限通量（J_{lim}），它随着原液浓度增高而变小，随着膜表面的传质条件改善而变大。极限通量与压力关系（ΔP）见图5-55，极限通量与原液浓度（$\ln C_b$）的关系如图5-56所示。

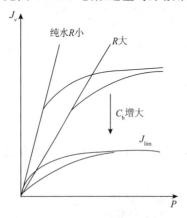

图5-55　极限通量与压力关系

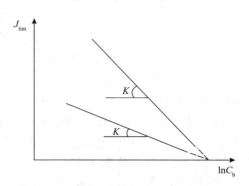

图5-56　极限通量与原液浓度的关系

用渗透压模型计算所得结果见图5-57。

（3）凝胶极化模型

当膜面溶质浓度 C_m 达到溶质的凝胶浓度（C_g）时，浓差极化公式（5-37）可表

示为：

$$J_v = K\ln[(C_g - C_p)/(C_b - C_p)] \tag{5-41}$$

形成凝胶层时，溶质截留率极高，即 $C_p = 0$，上式简写为

$$J_v = K\ln(C_g/C_b) \tag{5-42}$$

上式称为凝胶极化方程式，凝胶浓度 C_g 决定于溶质的性质，在一定压力下极限通量 J_{lim} 与主体料液浓度 C_b 的关系如图 5-57 所示，是一条斜率为 K 的直线。

二、超滤膜及膜滤件

1. 超滤膜的特性

超滤和反渗透都是以压力为驱动力，有相同的膜材料和相仿的制备方法，有相似的机制和功能，有相近的应用。因此，很难有一条明确的界限决然将两者分开。有人认为，可以把超滤膜看作具有较大平均孔径的反渗透。

超滤膜的分离特性是指膜的透水通量和截留率，与膜的孔结构有关。膜的孔结构随测试方法和所用仪器不同，结果差异很大，因此应该在提出数据时说明测试条件，当然最好应有标准化测

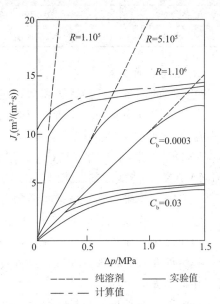

图 5-57 用渗透压模型计算的极限通量

试方法，这样才便于对比。关于透过通量的测定，应包括纯水透过通量和溶液透过通量两个值。纯水透过通量应通过计算或试验求得。膜的截留能力以截留相对分子质量来表示，它是一个试验值，但截留相对分子质量的定义和测定条件目前还不够严格。目前是采用已知分子质量的球形分子并且在不易产生浓差极化的条件下测定截留率，将表观截留率 R_{obe} 为 90%～95% 的溶质相对分子质量定为截留相对分子质量，常用的测量超滤膜截留相对分子质量的球形分子见表 5-22。

表 5-22 超滤膜截留范围测定常用物质及其相对分子质量

试剂名称	相对分子质量	试剂名称	相对分子质量	试剂名称	相对分子质量
葡萄糖	180	维生素 B-12	1350	卵白蛋白	45000
蔗糖	342	胰岛素	5700	血清蛋白	67000
棉籽糖	594	细胞色素 C	12400	球蛋白	160000
杆菌肽	1400	胃蛋白酶	35000	肌红蛋白	17800

用截留相对分子质量方法表示超滤膜的特性，对于像球蛋白这一类分子的同系物，是比较满意的方法。但是事实上截留率不仅与分子质量有关，还与分子的形状、分子的可变性及分子与膜的相互作用等因素有关。当分子质量一定时，膜对球形分子的截留率远大于线形分子。因此，用截留相对分子质量来表征膜的截留溶质特性并不十分准确。

有人综合国外资料给出截留相对分子质量与平均孔径的对应值，见表 5-23。

表 5－23　膜截留相对分子质量与平均孔径的近似关系

截留相对分子质量	近似平均孔径/nm	截留相对分子质量	近似平均孔径/nm
500	2.1	30000	4.7
2000	2.4	50000	6.6
5000	3.0	100000	11.0
10000	3.8	300000	18.0

2. 超滤膜的制备

超滤膜的制备和反渗透膜相似，但制造超滤膜容易一些。

超滤膜组件中常用的有机膜材料有二醋酸纤维素（CA）、三醋酸纤维素（CTA）、氰乙基醋酸纤维素（CN-CA）、聚砜（PS）、磺化聚砜（SPS）、聚砜酰胺（PSA）、聚偏氟乙烯（PVDF）、聚丙烯腈（PAN）、聚酰亚胺（PI）、甲基丙烯酸甲酯-丙烯腈共聚物（MMA-AN）、酚酞侧基聚芳砜（PDC）等。

无机膜近年来受到了越来越多的重视，多以金属、金属氧化物、陶瓷、多孔玻璃为材料。它与有机膜相比较，具有下列突出的优点：高的热稳定性，耐化学侵蚀，无老化问题。因而使用寿命长，可反向冲洗，分离极限和选择性是可控制的。当然也有其缺点：易碎，膜组件要求有特殊的构造，投资费用高，膜本身的热稳定性常常由于密封材料的缘故而不能得到充分利用。

目前制成的无机膜包括陶瓷膜、玻璃膜、金属膜和分子筛炭膜，以及无机多孔膜为支撑体再与高聚物超薄致密层组成的复合膜。无机分离膜的制法有多种，如烧结法、溶胶凝胶法、分相法、压涎法、化学沉淀法等。其中最重要的是溶胶-凝胶法。溶胶-凝胶法制备无机分离膜是以金属醇盐作为原料，用有机溶剂溶解，在水中通过强烈快速搅拌水解成为溶胶，溶胶经低温干燥后形成凝胶。控制一定的温度和湿度，继续干成凝胶膜。凝胶膜经过高温焙烧便成为具有一定陶瓷特性的氧化物微孔滤胶。氧化铝膜是目前工业上最常用的一种无机分离膜，制备氧化铝膜的工艺流程如图 5-58 所示。

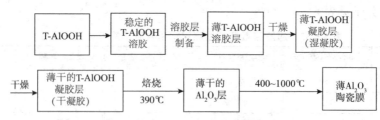

图 5-58　制备氧化铝膜流程图

无机分离膜近十几年来受到特别的重视，发展很快。它已在分离（包括膜反应）、废水处理、啤酒和饮料的除菌与澄清、病毒的分离和血液处理等领域应用。

近年我国开发了一种合金 PVC 超滤膜，它是在塑料 PVC 膜基础上加入无机成分，具有通量大、抗污染能力强的优点，已获得广泛应用。

3. 超滤膜元件及超滤膜装置

（1）超滤膜元件

超滤膜的类型有平板型、管型及中空纤维型等多种，平板型可以制成平板式超滤器及卷式膜元件，管型则制成管式膜元件。中空纤维状膜是工业给水处理中用得较多的一种，它制成的膜元件形式有两种：柱式和帘式（浸入式）。

柱式膜元件是将几千乃至几万根中空纤维膜丝（外径 $0.5\sim2mm$，内径 $0.3\sim1.4mm$）放到一个承压容器内，有内压式和外压式两种。内压式是让进水进入膜丝的中心孔，滤后的水从膜丝外侧流出；外压式进水是与膜丝外侧接触，过滤后水从膜丝中心孔流出。由于内压式对进水悬浮物含量要求高，所以外压式应用较广。柱式膜元件外形见图 5-59。

帘式膜又称浸入式膜（图 5-31），它是用外压式超滤膜丝，两端固定在集水管上，直接放入被处理水中，集水管进行抽

图 5-59　超滤装置

吸，将膜丝孔中过滤出的水抽出，即产水。过滤动力是膜丝外侧被过滤水的静压与集水管抽吸形成的压差。抽吸是间歇式，并用滤出水频繁反冲洗膜丝，以防止污堵，还可以在膜丝下部曝气，气泡产生扰动冲洗膜丝，使其保持清洁。

帘式膜如果放在生物处理池中，即 MBR（膜生物反应器），运行中在膜外侧附着一层高浓度活性污泥，强化水的生物处理过程，将水的生物处理、过滤集为一体，并能达到促进生物处理的效果。工业给水处理往往是将帘式膜直接放入被处理水中（经混凝-澄清过滤处理的水中，甚至中水），进行超滤。

（2）超滤装置

由多个膜元件组成的超滤装置见图 5-59。超滤装置包括超滤膜元件、进水过滤装置（如自清洗过滤器）、过滤水箱（兼反洗水箱）、反洗水泵及化学清洗加药系统占超滤的产水除外供之外，还兼作自身反冲洗用。反冲洗方式是每运行一段时间（如 $15\sim45min$），就反冲洗一次（$30\sim60s$），另外还定期进行水清洗和化学药剂清洗。典型的超滤装置系统见图 5-60。

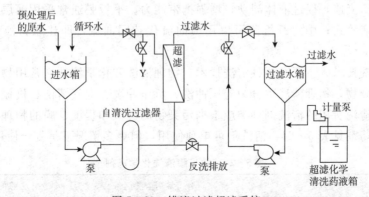

图 5-60　错流过滤超滤系统

三、超滤膜污染与控制

与浓差极化不同,膜污染是指料液中的颗粒、胶体或大分子溶质通过物理吸附、化学作用或机械截留在膜表面或膜孔内吸附、沉积造成膜孔堵塞,使膜发生透过通量与分离特性明显变化的现象。

1. 污染机理

膜污染是一个复杂的过程,膜是否污染以及污染的程度归根于污染物与膜之间以及不同污染物之间的相互作用,其中最主要的是膜与污染物之间的静电作用和疏水作用。有时静电作用与疏水作用是两个相反的作用力,它们之间相对大小决定了膜是否被污染。

(1) 静电作用 因静电吸引或排斥,膜易被异号电荷杂质污染,而不易被同号电荷杂质所污染。膜表面带电是由于膜表面极性基团在与溶液接触后发生了离解。天然水中,胶体、杂质颗粒和有机物一般带负电荷,而阳离子絮凝剂(铝盐)带正电荷,因此与膜之间的静电作用是不同的,吸引力越大,膜被污染程度越大。另外,杂质和膜表面极性基团的解离与 pH 有关,所以,膜的污染程度也受 pH 影响。

(2) 疏水作用 疏水性的膜易受疏水性的杂质污染,造成污染的原因是膜与污染物相互吸引,这种吸引作用源于分子间的范德华力。如果某种有机物含有一个电荷基团,且其碳原子数超 12,而同时膜表面带一个单位同种电荷时,则该有机物与膜之间的疏水吸附能就大于静电排斥能,从而导致其在疏水性膜表面的吸附,即膜的污染。因此,当疏水作用的强度超过静电作用时,膜就会被污染,而且疏水作用越强,污染程度越严重。

2. 污染控制对策

(1) 膜材料的选择 亲水性膜不易受污染,选择亲水性强、疏水性弱的抗污染超滤膜是控制膜污染的有效途径之一。膜的疏水性常用水在膜表面上的接触角来衡量。接触角越大,说明膜的疏水性越强,越易被水中疏水性的污染物所污染。常见超滤膜材料接触角由大到小的大致顺序为:聚丙烯>聚偏氟乙烯>聚醚砜>聚砜>陶瓷>纤维素>聚丙烯腈。

(2) 膜组件的选择与合理设计 不同的组件和设计形式,抗污染性能不一样。如果原水中悬浮物较多,或容易形成凝胶层的溶质含量较高,可考虑选用容易清洗的板式或管式组件。对于膜组件,应设计合理的流道结构,使截留物能及时被水带走,同时应减小流道截面积,以提高流速,促进液体湍动,增强携带能力。平板膜通常采用薄层流道;管式膜组件可设计成套管式;中空纤维膜可以用横向流代替同向流,即让原料液垂直于纤维膜流动。

(3) 膜清洗技术 主要有两种清洗技术:物理清洗和化学清洗。常用物理清洗方法去除膜表面的污染物,物理清洗也分为等压冲洗、负压冲洗、空气清洗、机械清洗以及物理场清洗。化学清洗所用的清洗剂种类应根据污染物的类型和程度、膜的物理化学性能来确定。常见化学药剂见表 5-24,清洗剂可单独使用,但更多情况下是复合使用。

表 5-24 常见膜清洗化学药剂

分类	功能	常用清洗剂	去除的污染物类型
碱	亲水、溶解	NaOH	有机物
酸	溶解	柠檬酸、硝酸	垢类、金属氧化物

分类	功能	常用清洗剂	去除的污染物类型
氧化/杀生剂	氧化、杀菌	NaClO、H$_2$O$_2$	微生物
螯合剂	螯合	柠檬酸、EDTA	垢类、金属氧化物
表面活性剂	乳化、分散和膜表面性质调节	十二烷基苯磺酸钠（SLS）、酶清洗剂	油类、蛋白质等

四、超滤装置运行与维护

1. 运行参数

（1）流速　流速指的是水相对于膜表面的线速度。膜组件不同，流速不同，如中空纤维组件一般小于 1m/s，管式组件可以达 3～4m/s。提高流速，一方面可以减小膜表面浓度边界层的厚度和增强湍动程度，有利于缓解浓差极化，增加透过通量；另一方面，水流阻力变大，水泵耗电量增加。

（2）操作压力与压力降　操作压力一般是指水在组件进口处的压力，常为 0.1～1.0 MPa。所处理的进水水质不同、超滤膜的切割分子质量不同，操作压力也不同。选择操作压力时，除将膜及外壳耐压强度作为依据外，还需考虑膜的压密性和耐污染能力。

压力降是指原水进口压力与浓水出口压力的差值。压力降与进水量和浓水排放量有密切关系。特别对于内压型中空纤维或毛细管型超滤膜，沿着水流动方向膜表面的流速及压力是逐渐下降的，这可能导致下游膜表面的压力低于所需工作压力，膜组件的总产水量会受到一定影响。随着运行时间延长，膜表面被污堵，进出水的压力降增大，当压力降高于预设值时，应对组件进行清洗。

操作压力和压力降与进水温度有关，当温度较高时，应该降低操作压力和控制较低的膜压差。

实际运行中还经常用到跨膜压差（TMP）这个指标，它是指原水进口压力和浓水出口压力的平均值与透过水压力的差值。跨膜压差的值表征了超滤膜的污染程度。当跨膜压差达到膜厂家规定的值时，需要进行清洗。

（3）温度　进水温度对透过通量有显著的影响，一般水温每升高 1℃，透水速率约增加 2.0%。商品超滤组件标称的纯水透过通量是在 25℃条件下测试的。当水温随季节变化幅度较大时，应采取调温措施，或选择富余量较大的超滤系统，以便冬季也能正常过滤。工作温度还受所用膜材质限制，如聚丙烯腈膜不应高于 40℃，否则，可能导致膜性能的劣化和膜寿命的缩短。

（4）回收率与浓水排放量　回收率是透过水量与进水量之比值。当进水流量一定时，降低浓水排放量，回收率上升，且膜面浓缩液流速变慢，容易导致膜污染。允许的回收率与膜组件形式和所处理的水质有关，中空纤维式组件与其他结构组件相比，可以获得较高的回收率（60%～90%）。

2. 清洗条件

以中空纤维超滤膜的清洗为例，常用的清洗方式有：①正洗：进水侧进行冲洗，通常采用超滤进水，周期为 10～60min；②反洗：从产水侧把等于或优于透过水质量的水输向产水侧，与过滤过程水流方向相反，通常周期为 10～60min；③气洗：让无油压缩空气通过膜的进水侧表面，利用压缩空气和水混合震荡作用去除污物，通常周期为 2~24h；④分散化学清洗：在进水侧加入具有一定浓度和特殊效果的化学药剂，通过循环流动、浸泡等方式，来清洗污物，通常周期为 2~24h；⑤化学清洗：采用适当化学药剂对组件进行清洗，通常周期为 1~6 个月。

清洗效果的好坏直接关系超滤系统的稳定运行。影响清洗效果的主要因素有运行周期、清洗压力、清洗时间、清洗液温度以及清洗剂浓度等。

（1）运行周期　超滤在两次清洗之间的使用时间称为运行周期。运行周期主要取决于进水水质，当进水中悬浮颗粒、有机物和微生物含量高时，应缩短运行周期，提高清洗频率。膜压差和透水通量的变化是膜污染的客观反映，所以，可以根据膜压差升高或透水量下降的程度决定是否需要清洗。

（2）清洗压力　反冲洗时，必须将压力控制在膜厂商规定的值以下，以防膜受损。

（3）清洗流量　提高流量可以加大清洗水在膜表面的流速，提高除污效果。反冲洗时，反洗流量通常是正常运行时透过通量的 2~4 倍。

（4）清洗时间　每次清洗时间的长短应从清洗效果和经济性两方面来考虑。清洗时间长可以提高清洗效果，但耗水量增加，对于一些附着力强的污染物，也不会因为清洗时间延长而改善清洗效果。通常，中空纤维膜制造商建议的反洗时间是 30~60s。

（5）清洗液温度　温度可以改变清洗反应的化学平衡，提高化学反应的速率，增加污染物和反应产物的溶解度，所以，在组件允许的使用温度范围内，可以适当提高清洗液温度。

（6）清洗剂浓度　适当提高清洗剂浓度，可以改变清洗反应平衡，加快清洗反应，增加清洗剂向污垢层内部的渗透力，获得较好的清洗效果。但是，过高浓度的清洗剂会造成药品浪费，还可能伤害超滤设备。

3. 故障与处理

当超滤系统出现产水量减少、跨膜压差增加或透过水质变差等现象时，首先应判断装置本身是否真的出现了故障。

（1）透过通量下降　新的膜组件在运行初期，透过量不断下降，当膜表面形成一层稳定的凝胶层后，通量趋于一个稳定值。此后若再出现通量的下降，说明膜被压密或被污堵。若是压密，则可以试图停机松弛，但一般不易恢复；若是污染，则应清洗。

（2）膜压差增大，多是由污染引起的当膜压差超过初始值 0.05MPa，或超过膜组件提供商的规定值时，可采用等压冲洗法清洗，如无效，则加入化学药剂强化清洗，必要时进行化学清洗。压差增加还可能是由于流速的增加，此时应减小浓水排放量。

（3）水质变差　水质变差有可能是浓差极化或膜污染引起的，此时应进行物理或化学清洗。但若出水水质急剧恶化，则可能是密封元件损坏或膜破损，此时，应停机，将出水排空，拆下组件，清洗组件或更换新的组件。

五、微滤

1. 微滤原理

微滤（MF）是以压力为推动力，利用筛网状过滤介质膜的筛分作用进行分离的膜过程，其原理与普通过滤类似，但过滤的精度在 0.05~15μm，是过滤技术的最新发展。

微孔过滤膜具有比较整齐、均匀的多孔结构，它是深层过滤技术的发展。在压差作用下，小于膜孔的粒子通过膜，比膜孔大的粒子则被截留在膜面上，使大小不同的组分得以分离，操作压力为 0.1MPa。

MF 膜的截留机理大体可分为以下几种。

（1）机械截留作用　指膜具有截留比它孔径大或与孔径相当的微粒等杂质的作用，即筛分作用。

（2）物理作用或吸附截留作用　如果过分强调筛分作用，就会得出不符合实际的结论，因此，除了要考虑孔径因素外，还要考虑其他因素的影响，其中包括吸附和电荷性能的影响。

（3）架桥作用　通过电镜可以观察到，在孔的入口处，微粒因为架桥作用也同样可以被截留。

（4）网络型膜的网络内部截留作用　这种截留作用是将微粒截留在膜的内部，并非截留在膜的表面。

MF 膜各种截留作用如图 5-61 所示。对 MF 膜的截留作用来说，机械截留作用固然重要，但微粒等杂质与孔壁之间的相互作用有时也显得很重要。

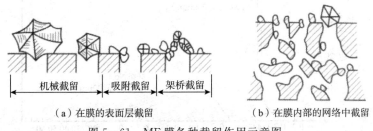

机械截留　　吸附截留　　架桥截留

（a）在膜的表面层截留　　　　　（b）在膜内部的网络中截留

图 5-61　MF 膜各种截留作用示意图

2. 微孔滤膜

（1）微孔滤膜的特性

过滤介质一般可分为深层过滤介质和筛网状过滤介质两种。常规过滤介质，如滤纸、布、毡、砂石等，是呈不规则交错堆置的多孔体，孔形极不整齐，无所谓孔径大小。而筛网状过滤介质，具有形态整齐的多孔结构，过滤机理近似于过筛，使所有比网孔大的粒子全部拦截在膜表面上。微孔滤膜属于筛网状过滤介质，其特点如下。

①孔隙率高　MF 膜的表面有无数微孔，约为 $10^7 \sim 10^{11}$ 个/cm²，孔隙率一般可高达 80% 左右，能将液体中大于额定孔径的微粒全部截留。膜的孔隙率越高，意味着过滤速度越快，过滤所需的时间越短，即通量越大。一般来说，它比同等截留能力的滤纸至少快 40 倍。再加上孔径分布好，过滤结果的可靠性高。

孔隙率可由下式求得

$$\varepsilon = \left(1 - \frac{\rho_0}{\rho_t}\right) \times 100\% \tag{5-43}$$

式中　　ρ_0——MF 膜的表观密度，g/cm³；

　　　　ρ_t——制模材料的真密度，g/cm³；

　　　　ε——孔隙率，即滤膜中的微孔总体积与 MF 膜体积的百分比。

过滤速度 J_w 可由式求得

$$J_\mathrm{w} = \frac{V}{S_\mathrm{m}t} \tag{5-44}$$

式中　　J_w——过滤速度，$\mathrm{cm^3/(cm^2 \cdot s)}$；

　　　　V——液体透过总量，$\mathrm{cm^3}$；

　　　　S_m——膜的有效面积，$\mathrm{cm^2}$；

　　　　t——过滤时间，s。

②分离效率高　分离效率高是微滤膜最重要的性能特性之一，该特性受控于膜的孔径和孔径分布。微滤膜的孔径十分均匀，例如平均孔径为 $0.45\mu\mathrm{m}$ 的微滤膜，其孔径变化范围为 $0.45\mu\mathrm{m} \pm 0.02\mu\mathrm{m}$。图5-62为微滤膜孔径与定量分析用滤纸的孔径分布比较图。由图可见，滤纸的孔径分布范围很宽，而微滤膜孔径范围分布很窄，这是微滤膜的重要特性指标之一，只有孔径高度均匀，才能提高微滤膜的过滤精度，才能保证大于孔径的任何微粒都被截留。

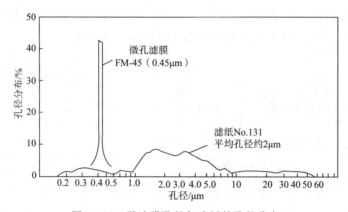

图5-62　微滤膜孔径与滤纸的孔径分布

③膜质地薄　大部分 MF 膜的厚度都在 $150\mu\mathrm{m}$ 左右，与深层过滤介质（如各种滤板）相比，只有它们的1/10厚，甚至更小。所以，对过滤一些高价液体或少量贵重液体来说，由于液体被过滤介质吸收而造成的液体损失非常少。其次，还因为微滤膜很薄，所以它的质量轻，其单位面积的质量约为 $5\mathrm{mg/cm^2}$，贮藏时占地少。

④不会产生二次污染　高分子聚合物制成的微滤膜为一均匀的连续体，过滤时没有介质脱落，不会产生二次污染，从而能得到高度纯洁的滤液或气体。

⑤纳容量较小　由于微滤膜主要是表面截留分离，所以其纳容量较小，易被堵塞，它最适合应用在精密的终端过滤。

⑥驱动压力低　由于孔隙率高、滤膜薄，因而流动阻力小，一般只需较低的压力即可。由于滤膜近似于一种多层叠筛网，阻留作用限制在膜的表面，极易被少量与孔径大小相仿的微粒堵塞，因此在许多场合中，应以深层过滤为预过滤，才能充分发挥其作用，并延长膜的使用寿命。

基于上述特点，微滤膜主要用来对一些只含微量悬浮粒子的液体进行精密过滤，以得到澄清度极高的液体；或用来检测、分离某些液体中残存的微量不溶性物质，还可用于对气体进行类似地处理。简而言之，微滤膜主要用于分离流体中尺寸为 $0.02 \sim 10\mu\mathrm{m}$ 的微生物和微粒子。

（2）微孔滤膜的形态结构

微滤膜根据孔的形态结构，可分为两类：一类为具有毛细管状孔的筛网型微滤膜，具有理想的圆柱形孔，对大于其孔径的微粒具有绝对过滤作用；另一类为具有曲孔的深度型微滤膜，膜的表面粗糙，表面上分布有孔径大于其名义过滤精度的孔，也就是说深度过滤型微滤膜不是具有绝对过滤的作用，甚至可以去除掉粒径小于其孔径的微粒。常见的几种微滤膜的扫描电镜图像有以下 3 种类型（图 5 - 63）。

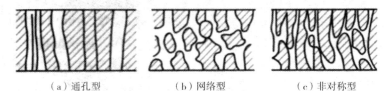

　　（a）通孔型　　　　　　　（b）网络型　　　　　　　（c）非对称型

图 5 - 63　3 种形态的膜断面结构

①通孔型　例如核孔（nuclepore）膜，它是以聚碳酸酯为基材，利用核裂变时产生的高能射线将聚碳酸酯链击断，而后再以适当的溶剂浸蚀而成的。所得膜孔呈圆筒状垂直贯通于膜面，孔径高度均匀。

②网络型　膜的微观结构与开孔型的泡沫海绵类似，膜体结构基本上是对称的。

③非对称型　可分为海绵型与指孔型两种，可以认为它是通孔型和网络型两种结构的复合结构。非对称型微滤膜是日常应用较多的膜品种之一。

（3）微孔滤膜分类和制法

微孔滤膜主要有聚合物膜和无机膜两大类，具体材料有以下几种。

①有机类聚合物膜　聚四氟乙烯（PTFE 特富龙）、聚偏二氟乙烯（PVDF）、聚丙烯（PP）。

②亲水聚合物膜　纤维素酯、聚碳酸酯（PC）、聚砜/聚醚砜（PSF/PES）、聚酰亚胺/聚醚酰亚胺（PI/PEI）、聚酰胺（PA）、聚醚醚酮。

③无机类陶瓷膜　氧化铝（Al_2O_3、氧化锆（ZrO_2）、氧化钛（TiO_2）、碳化硅（SiC）、玻璃（SiO_2）、炭及各种金属（不锈钢、钯、钨、银等）。

有机类聚合物膜的制法主要有烧结法、急骤凝胶法、溶出法、热压延流法、核径迹法等。无机膜的制法主要有烧结法、化学提取法（径迹蚀刻）等。

3. 微滤膜装置

工业用微滤膜装置有板框式、管式、螺旋卷式、中空纤维式、普通筒式及折叠筒式等多种结构。卷式由于难以清洗，在微滤中较少见。在水处理中，中空纤维式和管式使用较广泛，板框式、筒式和折叠筒式也有应用。膜装置必须满足以下基本要求：流体分布均匀、无死角、具有良好的机械稳定性和热稳定性、装填密度大、制造成本低、易于清洗、更换方便及压力损失小等。

（1）医用针头过滤器

针头过滤器是装在注射针筒和针头之间的一种微滤膜器，以微滤膜为过滤介质，其结构形式如图 5 - 64 所示。

（2）板框式

工业上应用的微滤设备主要为板框式，如图 5-65 所示，它们大多仿效普通过滤器的概念而设计。

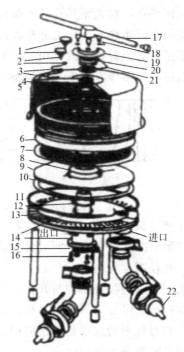

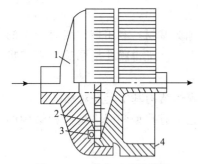

图 5-64　针头过滤器结构

1—进口接头；2—支撑板；
3—O 形密封圈；4—出口接头

图 5-65　板框式微滤膜器结构示意图

1—阀座；2—O 形圈；3—阀体；4—外壳 O 形圈；
5—外壳；6—过滤膜；7—支撑网；8—小垫圈；9—支撑板；
10—大垫圈；11—底座 O 形圈；12—中心轴 O 形圈；13—底座；
14—中心轴；15—支座；16—中心轴螺钉；17—手柄；
18—制动螺钉垫圈；19—制动圈；20—螺栓；
21—反向垫圈；22—软管接头

（3）折叠筒式微滤组件

对于大量液体的过滤，可采用折叠型筒式微滤装置，其特点是单位体积中的膜面积大，因而过滤效率高。滤膜呈折叠状，这种形式的滤器与其他滤材的滤器（如滤纸、滤布、砂棒及烧结的多孔材料滤器）相比，具有体积小、过滤面积大、强度高、滤孔分布均匀、使用寿命长等特点。图 5-66 是这种组件的滤芯结构示意图。大型的折叠筒式微滤器可由几十根滤芯组成，每台过滤器表面积大，处理水量大，且操作方便，效率高，占地少。

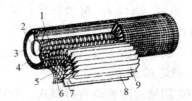

图 5-66　折叠筒式微滤膜装置的滤芯结构

1—轴芯；2—O 形环；3—垫圈；
4—固定材；5—网；6—护罩；
7—外层材；8—膜；9—内层材

微滤膜易被粒状溶质或凝胶状物质堵塞，而且被截留粒子也会沉积在膜结构内部，因此微滤膜在应用过程中，当发现透过量下降到一定值后，常将旧膜弃去，更换新的。

（4）采用烧结滤芯或线绕滤芯的筒式微滤装置，此装置在工业给水处理中应用较多。

六、UF 和 MF 的操作及应用

UF 和 MF 的操作分两种，即死端过滤和错流过滤，如图 5-67 所示。

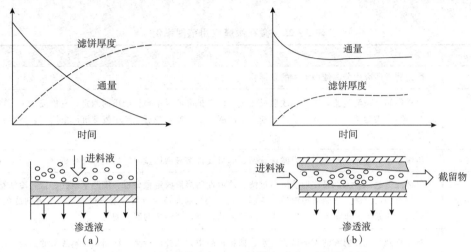

图 5-67 死端过滤（a）和错流过滤（b）示意图

1. 死端过滤

如图 5-67（a）所示，进料液置于膜的上游，在压差推动下，溶剂和小于膜孔的颗粒通过膜，大于膜孔的颗粒则被膜截留，通常堆积在膜上。在这种死端过滤操作中，随着操作时间的增长，被截留颗粒在膜面上堆积越来越多，在膜表面形成污物层，使过滤阻力增加；随着过滤的进行，污物层会不断增厚和压实，过滤阻力不断增加。在操作压力不变的情况下，膜渗透流率将下降。此外，若是在恒通量条件下进行，则会引起膜两侧压力降的升高。由于膜的污染会使膜通量急剧下降到无法使用的程度，此时就需更换膜组件。

2. 错流过滤

错流过滤在近几十年来发展很快，有代替死端过滤的趋势，如图 5-67（b）所示。

进料液以切线方向流过膜表面，在压力作用下，溶剂通过膜，料液中的颗粒也会被膜截留而停留在膜表面形成一污物层。与死端过滤不同的是，进料液流经膜表面时产生的高剪切力可使沉积在膜表面的颗粒扩散返回主体流，从而被带出膜组件。由于过滤导致的颗粒在膜表面的沉积速度与流体经膜表面时由速度梯度产生的剪切力引发的颗粒返回主体流的速度达到平衡，可使该污物层不再无限增厚而保持在一个较薄的稳定水平。因此一旦污染层达到稳定，膜渗透可在一段时间内保持在相对高的水平上。当进料液流量较大时，为避免膜被污染和阻塞，应采用错流过滤设计，它在控制浓差极化和污物层堆积方面是很有效的。

在工业上 MF 广泛用于将大于 $0.1\mu m$ 粒子从溶液中除去的场合，目前在实验室大多采用滤芯和单膜的各种死端过滤，而在大规模应用中将会被错流过滤替代。

3. 微滤的应用

微滤是所有膜过程中应用最普遍、总销售额最大的一项技术。制药行业的过滤除菌是其最大的市场，电子工业用高纯水制备次之。此外，在食品饮料及调味品生产、生物制剂的分离、生物及微生物的检查分析等方面都有大量的应用。MF 膜应用范围举例如表 5-25 所示。

表 5-25 微孔滤膜应用范围举例

孔径/μm	用途
12	微生物学研究中分离细菌液中的悬浮物
3~8	食糖精制、澄清过滤，工业尘埃质量测定，内燃机和油泵中颗粒杂质的测定，有机液体中分离水滴（憎水膜），细胞学研究，脑脊髓液诊断，药液灌封前过滤，啤酒生产中麦芽沉淀量测定，寄生虫及虫卵浓缩
1、2	组织移植、细胞学研究、脑脊滤液诊断、酵母及霉菌显微镜监测、粉尘重量分析
0.6~0.8	气体除菌过滤、大剂量注射液澄清过滤、放射性气溶液胶定量分析、细胞学研究、饮料冷法稳定消毒、油类澄清过滤、贵金属槽液质量控制、光致抗蚀剂及喷漆溶剂的澄清过滤（用耐溶剂滤膜）、油及燃料油中杂质的重量分析、牛奶中大肠杆菌的检测、液体中的残渣测定
0.45	抗生素及其他注射液的无菌试验，水、饮料食品中大肠杆菌检测，饮用水中磷酸根的测定，培养基除菌过滤，航空油及其他油料的质量控制，血球计用电解质溶液的净化，白糖的色泽检定，去离子水的超净化，胰岛素放射性免疫测定，液体闪烁测定，液体中微生物的部分滤除，锅炉用水中氧化铁含量测定，反渗透进水水质控制，鉴别微生物
0.2	药液、生物制剂和热敏性液体的除菌过滤，液体中细菌计数，泌尿液镜检用水的除菌，空气中病毒的定量测定，电子工业中用于超净化
0.1	超净试剂及其他液体的生产，胶悬体分析，沉淀物的分离，生理膜模型
0.01~0.03	噬菌体及较大病毒（100~250nm）的分离，较粗金溶胶的分离

4. 超滤的应用

超滤的应用可以是从溶液中分离掉颗粒物质，净化水溶液，也可以从溶液中回收和浓缩大分子物质和胶体。自 20 世纪 60 年代以来，超滤很快从实验规模的分离手段发展为重要的工业单元操作技术，且多采用错流过滤，UF 具体应用领域举例如表 5-26 所示。

表 5-26 超滤的应用领域

工业废水处理	回收电泳涂漆废水中的涂料、含油废水的处理、上浆液的回收、乳胶的回收、造纸工业废液的处理、采矿及冶金工业废水的处理
城市污水处理	家庭污水处理、阴沟污水的处理
水的净化	饮用水的生产、高纯水的制备
食品与医药工业的应用	回收乳清中的蛋白质、牛奶超滤以增加奶酪得率、果汁的澄清、明胶的浓缩、浓缩蛋清中的蛋白质、屠宰动物血液的回收、食用油的精炼、蛋白质的回收、医药产品的除菌
生物技术工业的应用	酶的提取、激素的提取、从血液中提取血清白蛋白、回收病毒、从发酵液中分离菌体、从发酵液中分离 L-苯丙氨酸
其他应用	酿酒工业、化学工业

第四节　电渗析和电除盐

一、电渗析原理

电渗析（ED）是一种利用电能的膜分离技术。它以直流电为推动力，利用阴、阳离子交换膜对水中阴、阳离子的选择透过性，使某一水体中的离子通过膜转移到另一水体中的物质分离过程。

1940 年迈耶（K. H. Meyer）和施特劳斯（W. Strauss）提出了多隔室的电渗析器的设想；1950 年朱达（W. Juda）试制出具有高度选择透过性的阴离子交换膜和阳离子交换膜，奠定了工业化电渗析技术的基础。1954 年，美国和英国的电渗析器制造达到商品化程度，用于从苦咸水制取工业用水和饮用水。此后，电渗析在世界范围逐步推广。在 20 世纪 70 年代，一种频繁倒极电渗析（EDR）装置由美国艾安力公司（Ionics Co.）开发，使电渗析的运行更加方便和稳定。

在了解电渗析基本原理前先需了解离子交换膜的特性和直流电场对溶液的作用。

离子交换膜是对离子具有选择透过性的高分子材料制成的薄膜。常用磺酸型阳离子交换树脂制成阳膜和季铵型阴离子交换树脂制成阴膜，离子交换膜之所以具有选择性是因为膜上孔隙和膜上离子活性基团的作用。在水溶液中，这种膜的高分子母体（以 R 来代表）是不溶解的，但会发生溶胀，膜体结构变松，从而造成微细、弯曲和贯通膜两面之间的通道，以供离子的进出。同时膜上的活性基团发生解离产生离子（H^+ 和 OH^-）进入溶液。于是在阳膜上就留下带有强烈负电场的阴离子（RSO_3^-），带有正电荷的阳离子就可以通过阳膜，而带有负电荷的阴离子却不能（图 5-68）。同理，阴膜的活性基团具有强烈的正电场，只能透过阴离子而不能透过阳离子。这种与活性基团所带的电荷相反的离子穿过膜的现象，称为反离子迁移，这即是电渗析的作用原理，也是电渗析器中的主要过程。由此可知，更确切地说，离子交换膜应称为离子选择透过性膜。

现以食盐水溶液在直流电场中的作用（图 5-69）为例说明。一个槽中，在两端放入电极，槽中放入食盐水溶液，当直流电接入两个电极后，此时溶液就发生下列作用。

（1）阳离子（Na^+）向带有负电荷的阴极移动；

（2）阴离子（Cl^-）向带有正电荷的阳极移动；

（3）水在阴极处获得电子后，发生下列反应（还原反应）：

$$2H_2O + 2e^- \longrightarrow 2(OH^-) + H_2 \uparrow \quad （水溶液呈碱性）$$

（4）水在阳极处失去电子后，发生下列反应（氧化反应）：

$$2H_2O \longrightarrow 4H^+ + O_2 \uparrow + 4e^- \quad （水溶液呈酸性）$$

（5）在阳极处生成氯气：

$$2Cl^- \longrightarrow Cl_2 \uparrow + 2e^-$$

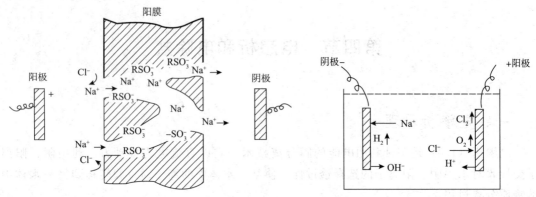

图 5-68　膜选择性透过阳离子的示意图　　图 5-69　直流电场对电解质溶液的作用

电渗析器主要部件是阴、阳离子交换膜，浓、淡水隔板，正、负电极，电极框，导水板和夹紧装置（或压紧装置）。用夹紧装置把上述各部件压紧，即形成一电渗析装置。在这样的装置中水流分 3 路进出。当先通水再通入直流电流后，在直流电场的作用下，阴离子向阳极方向移动，阳离子向阴极方向移动，如图 5-70 所示。凡是阳极侧是阴膜、阴极侧是阳膜的隔室中，水中的正、负离子向室外迁移，水中的离子减少，这种隔室称为淡水室（diluted solution compartment）。同理，阳极侧是阳膜、阴极侧是阴膜的隔室，室中的正、负离子由于膜的选择透过性，它们迁移不出来，而相邻隔室的离子会迁入，使室内的离子浓度增加，这种隔室称为浓水室（concentrated solution compartment）。

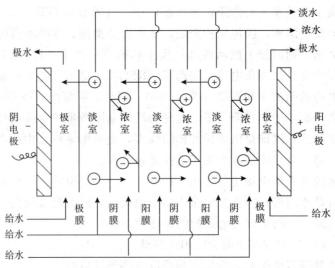

图 5-70　电渗析作用原理示意图

直接和电极相接触的隔室称为极水室。在极水室中发生电化学反应，阳极上产生初生态氧和初生态氯，有氧气和氯气逸出，水溶液呈酸性。阴极上产生氢气，水溶液呈碱性，有硬度离子时，此室易生成水垢。临近极室的第一张膜一般用阳膜或特制的耐氧化较强的膜，常称之为极膜。

二、电渗析装置

电渗析器主要由膜堆、极区和夹紧装置3部分构成。

膜堆是由浓、淡水隔板和阴、阳离子交换膜交替排列而成，由阴膜、淡水隔板（diluted gasket）、阳膜、浓水隔板（concentrated Water partition）各一张构成膜堆的基本单元，称为膜对（cell pair）。膜堆（membrane stack）即是由若干膜对组合而成的总体。

极区包括电极、电极框和导水板。导水板的作用是将给水由外界引入电渗析器各个隔室和由电渗析器引出。图5-71是电渗析器结构示意图。

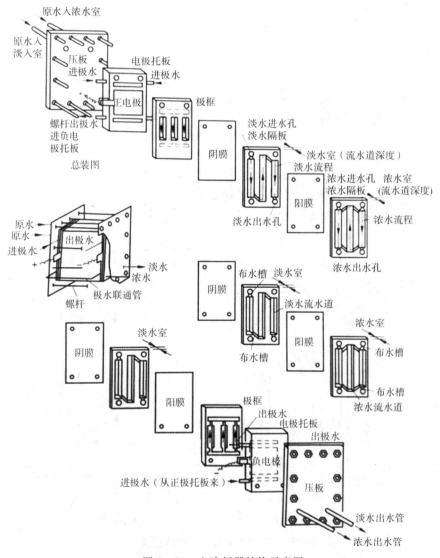

图5-71 电渗析器结构示意图

1. 隔板

隔板（spacer）是形成电渗析器浓、淡水室的框架。用它将阴、阳离子交换膜隔开也是浓、淡水的通道。隔板由隔板框和隔板网组成。框是隔板中用于绝缘和密封的边框部分，网是隔板中用于强化水流湍流效果和隔开膜的部件。一般浓水室隔板和淡水室隔板的区别是连接配集水孔（又称进出水孔）的配集水槽（又称布水槽）位置不同（图 5-72）。总之，淡水室隔板的配集水孔的配集水槽使淡水室仅和淡水进出水管相通，浓水室仅和浓水进出水管相通。隔板按隔板网的形式不同，有网式、冲模式和鱼鳞网式等，目前我国主要有网式和冲模式两大类，隔板厚度一般为 0.5~1.5mm。按隔板中的水流情况来分，又分为有回路和无回路两大类（图 5-73）。同类尺寸大小的隔板，无回路的产水量大，有回路的除盐率高，但有回路的由于流程长，水流阻力相对也较大。

隔板的材料可用聚丙烯、聚乙烯、聚氯乙烯等塑料及天然橡胶或合成橡胶等。隔板框和隔板网应具备的条件如下。

（1）通过每张隔板的水量相等，水流分布均一，无死角，阻力小，湍流效果好，浓、淡水不相混淆。

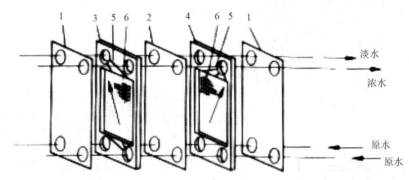

图 5-72 电渗析隔板水流系统示意图
1—阳膜；2—阴膜；3—淡室隔板；4—浓室隔板；5—布水槽；6—隔板网

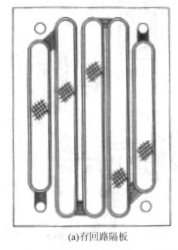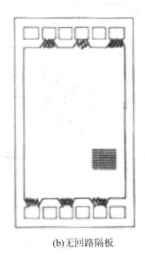

(a)有回路隔板 (b)无回路隔板

图 5-73 有回路与无回路隔板

（2）隔板应保证尽可能大的通电面积，也即有效除盐面积大，但另一方面又要保证密封性能好、电绝缘性能好，不漏水、不漏电。一般隔板的有效除盐面积率应大于 60%，大、中型的隔板一般在 70% 以上。

（3）框和网的厚度相匹配，隔网对膜既起支撑作用又不损伤膜。

（4）隔板材料的化学稳定性和耐热性要好，不易老化，具有一定弹性和刚性，尺寸稳定，不易变形。

2. 离子交换膜

（1）离子交换膜的分类

离子交换膜（ion exchange membrane）按其膜结构来分，分为异相膜（heterogeneous membrane）和均相膜（homogeneous membrane）两大类。异相膜是将离子交换树脂磨成细粉，加入黏合材料，经过混炼、热压而成，异相膜结构如图 5 - 74 所示。这种膜化学结构不是均一的，是树脂和高分子黏合剂共混的产物。制造过程中又加入了增柔剂等，所以弹性较好，但它的选择透过性较低，渗水、渗盐性较大，电阻也较高。均相膜是由含有活性基团的均一高分子材料制成的薄膜，均相膜结构如图 5 - 75 所示。它的活性基团分布均一，电化学性能较好。为了增加膜的机械强度，均相膜或异相膜在制膜过程中均加入合成纤维丝网布。

离子交换膜也可按膜的活性基团进行分类，分为阳膜、阴膜及特种膜等。

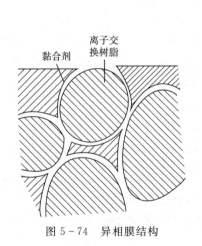

图 5 - 74 异相膜结构

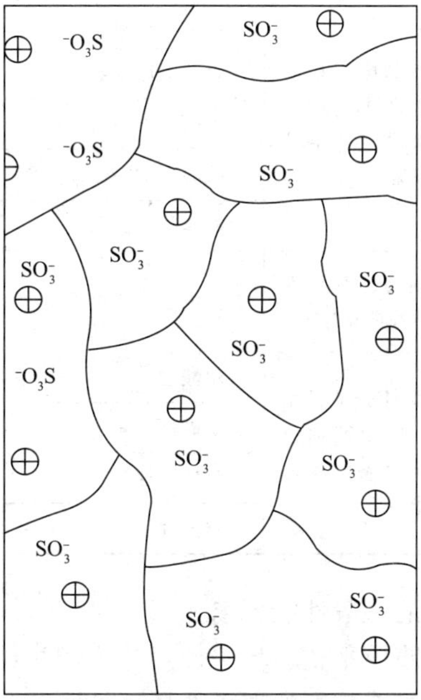

图 5 - 75 均相膜结构

（2）离子交换膜的性能

离子交换膜是电渗析器中的关键材料，其性能是否符合使用要求是至关重要的。离子交换膜的一般性能可分为物理、化学、电化学等各方面。物理性能包括外观、爆破强度、厚度、溶胀度和水分等；化学性能包括交换容量；电化学性能包括膜电导（测定电导率或面电阻）和选择透过率等。另外根据需要，可进行耐酸、耐碱、抗氧化、抗污染或水电渗量、水扩散量、盐扩散量等性能的测定。离子交换膜的主要性能见表 5 - 27。

表 5-27 离子交换膜的主要性能

性能分类	意义	具体性能	单位	举例
交换性能	表征膜质量的基本指标	交换容量	mmol/g（干）	异相膜：阳≥2.0，阴≥1.8
		含水量或含水率	%	异相膜：阳35～50，阴30～45
机械性能	表征膜的尺寸稳定性与机械强度	厚度（包括干膜厚和湿膜厚）	mm	
		线性溶胀率（干膜浸泡在电解质溶液中在平面两个方向上的溶胀度）	%	
		爆破强度	MPa	
		抗拉强度	MPa	
		耐折强度		
		平整度		
传质性能	控制电渗析的脱盐效果、电耗、产水质量等指标的因素	离子迁移数	%	异相膜：阳≥90，阴≥89
		水的电渗系数	mL/(cm² · mA · h)	
		水的浓差渗透系数	mL/(cm² · h · (mol/L))	
		盐的扩散系数	mmol/(cm² · h · (mol/L))	
		液体的压渗系数	mL/(cm² · h · MPa)	
电学性能	影响电渗析能耗的性能指标	面电阻或面电阻率	Ω · cm²	异相膜：阳≤12，阴≤13
化学稳定性	膜对介质、温度、化学药剂以及存放条件的适应能力	耐酸性		
		耐碱性		
		耐氧化性		
		耐温性		

对膜的一般性能要求如下：

（1）膜应平整、均一、无针孔，并具有一定的机械强度和柔韧性。

（2）具有较高的离子选择透过性。一般阴、阳膜的选择透过率均应在90％以上，才能使电渗析除盐时有较高的电流效率。

（3）膜的面电阻要低，也即电导率要高，这样可使电渗析器电阻低，除盐时省电。

（4）膜的溶胀或收缩变化小，膜的尺寸稳定性好。由于膜中含有活性基团，遇水要溶胀，外界水溶液浓度变化或所含盐分离子不同时均会收缩或溶胀，从而引起膜的尺寸变化。

（5）膜的化学性能稳定，不易氧化，抗污染力强。

（6）膜应有较好的抗水和电解质的扩散透过性。这样才能较好地减少电渗析运行时的电解质扩散、水的渗透和迁移。

这些要求有一些是互相制约的，例如要选择透过性高，就要求活性基团多，交换容量高，但活性基团多了，亲水性增加，膜的尺寸稳定性就易下降，机械强度也会减弱。

3. 电极和电极框

电极是电渗析器中导电的基本部件，是电渗析除盐的推动力。

如前所述，在电渗析器通电后，电极表面即产生电化学反应，阳极处产生初生态氧和氯，溶液呈酸性；阴极处产生氢气，溶液呈碱性，并易产生污垢。针对这些情况，通常对电极材料的要求是：化学和电化学稳定性好，导电性能好，机械强度高，价格便宜。常用的电极材料有 3 种：钛涂钌、石墨、不锈钢，它们均既可作为阳极材料又可作为阴极材料，但各有特点。

4. 导水板

在电渗析器中导水板是将水由外界引入和导出的装置。导水板有两种：一种是装在电渗析器两头的端导水板，另一种是多级多段中的中间导水板。目前端导水板都采用 30～50mm 厚的硬聚氯乙烯板。当采用内管路系统时，中间导水板可薄一些，一般为 20～30mm。但都要求导水板具有一定的强度和韧性，以防止锁紧固时变形断裂。

三、电渗析运行中的一些问题

1. 电渗析过程中可能发生的一些过程

在电渗析运行中除了反离子迁移的主要过程外，还可伴随着一些次要过程，这些过程见图 5 - 76。

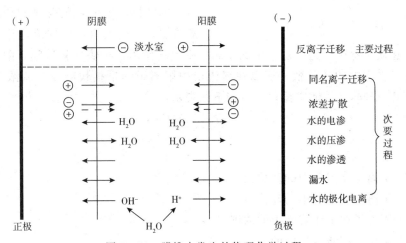

图 5 - 76　膜堆中发生的物理化学过程

（1）同名离子迁移　反离子迁移是电渗析器中的主要过程。由于 Donnan 平衡，与膜上的固定离子所带电荷相同的离子也会穿过膜。例如阴离子会穿过阳膜，这称为同名离子迁移。和反离子迁移比起来，这种迁移的数量是很小的，其迁移速度和数量与离子交换膜的性质和浓水的浓度有关。

（2）电解质扩散　由于浓、淡水室的浓差，电解质由浓水室向淡水室扩散。这种扩散的速度和数量与两室的浓度差大小成正比。

（3）压差渗漏　是由于浓、淡水室两侧的压力不同而产生的电解质的渗漏。它的渗漏方向不固定，总是由压力高的一侧向压力低的一侧渗漏。

（4）水的渗透　由于淡水室电解质的浓度低于浓水室，水会由淡水室向浓水室渗透。

（5）水的电渗透　电渗析中，离子的迁移实际上是水合离子的迁移，即在离子透过膜迁移时，必然同时引起水透过膜。这种水通过膜的迁移就称为水的电渗透，通过 1F 电量可迁移 5～25mol 的水。随着水的电渗透发生，淡水产量降低。

（6）水的极化电离　电渗析运行时，由于操作条件控制不良，可能造成淡水室的水电离为 H^+ 与 OH^-。在直流电场作用下，电离产生的 H^+ 与 OH^- 会分别穿过阳膜和阴膜进入浓水室。水的电离将引起电渗析器的耗电量增加和其他一系列问题。

2. 极化现象

在电渗析运行过程中，由于离子在离子交换膜内的迁移数比在溶液中的迁移数要大，因而，在一定的水流速度、浓度和温度下，当电流密度上升到某一定数值时，即会在膜-溶液界面两边产生浓度梯度，在膜面的滞流层中，除盐侧膜-溶液的界面上，可迁移的电解质离子几乎为零，从而使水解离成 H^+ 与 OH^-，这即为极化（polarization）现象。现以一张阳膜为例（图 5-77），在水流经电渗析器隔室时，近膜面处，由于膜面与水的摩擦而形成一层薄薄的界面层，又叫滞流层，在这层内，水的流速比中间的流速

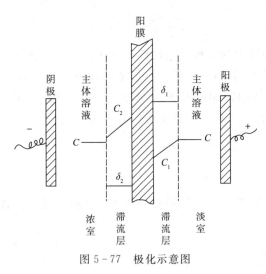

图 5-77　极化示意图

要小得多。在淡水室中，这一层水中的阳离子受电场作用，很快迁移过膜，阳离子在膜中的迁移数大于在水中的迁移数，所以在滞流层中阳离子的量很快减少，从浓度 C 下降至 C_1，根据菲克（Fick）扩散定律，可以用下式表示：

$$(\overline{t_+} - t_+) \frac{i}{F} = \frac{D(C - C_1)}{\delta_1} \tag{5-45}$$

式中　F——法拉第常数；

$\overline{t_+}$——阳离子在阳膜中的迁移数；

t_+——阳离子在溶液中的迁移数；

C——阳离子在主体溶液中的浓度；

C_1——阳离子在滞留层中的浓度；

D——扩算系数；

δ——浓差扩散层的厚度；

i——电流密度。

式中阳离子浓度 C_1 由电流决定，随着电流的增加，$C_1 \rightarrow 0$，则此时的电流密度称为极限电流密度 i_{lim}。超过此电流密度时电能会大量消耗在水分子的解离上。将上式转换，可写成极限电流一般公式，即

$$\left(\frac{i_{lim}}{C}\right) = \frac{FD}{\delta(\bar{t} - t)} \qquad 或\ i_{lim} = \frac{FDC}{\delta(\bar{t} - t)} \tag{5-46}$$

极限电流密度通常用电压-电流法测定，步骤为：①在进水水质不变的条件下，稳定

浓、淡水和极水的流量与进口压力；②逐次提高操作电压，待稳定后，测定与其对应的电流值；③以膜对电压与电流密度作图，并从曲线两端分别通过各试验点作一直线，如图 5-78 所示，从两直线交点 P 引垂线交曲线于 C，点 C 即为曲线拐点，所对应的电流密度和电压即为极限电流密度（i_{lim}）和与其相对应的膜对电压（V_p）。

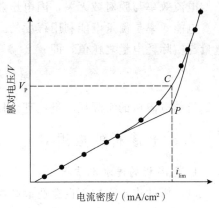

图 5-78　极限电流密度的确定

极化时，淡水室水解离产生的 OH^- 透过阴膜富集在阴膜浓水一侧，使此处滞流层内溶液的 pH 变大，呈碱性。此外，阴离子 HCO_3^-、SO_4^{2-} 等迁阴膜，也富集在这里，还有浓水室中原有的硬度离子，这样就容易在阴膜浓水室一侧滞流层内产生 $Mg(OH)_2$、$CaCO_3$、$CaSO_4$ 等垢沉淀。

电渗析的极化现象是电渗析运行中的主要问题，会造成膜面结垢，水流阻力上升；引起电阻增大，电流效率下降，除盐率下降；并使浓水和淡水的 pH 发生变化（常称为中性扰乱）。所以在设计时要求隔板的湍流效果好，滞流层薄。运行操作时，还需根据电渗析器的特性，掌握好水流速和电压，勿使滞流层过厚或电流过高。

理论上的极化点和实际运行中的极化点是有区别的。由于电渗析装置的膜对数比较多，流程较长，水流分配不均，所以极化现象的发生各隔室不同，一般流速低的隔室先极化，因此极限电流只能在运行中进行测定。

3. 电极室的腐蚀和结垢

电渗析器通电后，膜堆两端的电极上发生电极反应。阳极处产生的初生态氧和氯是强氧化剂而且水溶液呈酸性，所以电极易腐蚀；阴极处，极水呈碱性，当极水中有 Ca^{2+}、Mg^{2+}、HCO_3^- 和 SO_4^{2-} 等离子时，则易生成水垢，还有氢气排出。减少腐蚀和结垢的措施是选用适宜的电极、适宜的极框，并使水流通畅，易于排气和排除污垢。

4. 电流效率

电渗析器用于水的淡化时，一个淡室（相当于一对膜）实际去除的盐量为

$$m_1 = q(C_1 - C_2)tM_B/1000 \quad (g) \tag{5-47}$$

式中　q——一个淡室的出水量，L/s；

C_1、C_2——进、出水含盐量，mmol/L；

t——通电时间，s；

M_B——物质的摩尔质量，g/mol。

依据法拉第定律，应去除的盐量为

$$m = \frac{ItM_B}{F}(g) \tag{5-48}$$

式中　I——电流，A；

F——法拉第常数，为 96500C/mol。

电渗析器电流效率等于一个淡室实际去除的盐量与应去除的盐量之比，即

$$\eta = \frac{m_1}{m} = \frac{q(C_1 - C_2)F}{1000I} \times 100\% \tag{5-49}$$

电流效率与膜对数无关，因电压随膜对增加而加大，而电流则保持不变。

电能效率是衡量电能利用程度的一个指标，可定义为整台电渗析器脱盐所需的理论耗电量与实际耗电量之比值，即

$$电能效率 = \frac{理论耗电量}{实际耗电量} \qquad (5-50)$$

目前电渗析的实际耗电量比理论耗电量要大得多，因此，电能效率仍较低。

四、电渗析的应用

1. 电渗析的进水水质指标

电渗析的进水水质不良会造成结垢或膜受污染，因此要保证电渗析器的稳定运行和具有较高的工作效率，必须控制好电渗析器的进水水质，对进水水质的要求如下：

（1）浊度：<1NTU，0.5～0.9mm 隔板；

<3NTU，1.5～2mm 隔板；

（2）COD_{Mn}：<3mg/L；

（3）游离余氯：<0.1mg/L；

（4）铁：<0.3mg/L；

（5）锰：<0.1mg/L；

（6）水温：5～43℃。

2. 电渗析器工艺系统

关于电渗析的工艺系统，以下介绍电渗析在水处理系统中位置和电渗析器自身的组合方式两部分内容。

（1）电渗析在水处理系统中位置

在各种水处理中，电渗析可单独使用，也可与其他水处理技术联用。以下是常用的三种电渗析除盐工艺系统。

①原水-预处理-电渗析；

②原水-预处理-电渗析-离子交换除盐；

③原水-预处理-电渗析-软化。

另外，还有与蒸馏的、反渗透联用的各种工艺系统。

（2）电渗析器组合方式

电渗析器一般分为直流式、循环式和部分循环式 3 种如图 5-79 所示。

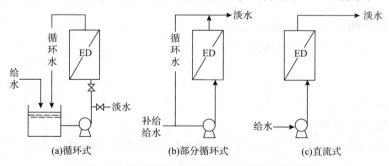

图 5-79 电渗析器本体的三种工艺系统示意图

其选用根据进水水质、用水要求、场地情况和电渗析器的性能等通过技术经济比较来确定。

①直流式　也称连续式，是我国常用的电渗析方式。其进水流过单台或多台串联或多台串、并联的电渗析器后，出水达到除盐要求。优点是可以连续制水，管道简单。缺点是对原水含盐量变化的适应性稍差，膜对不能在各自的最佳工况下运行。直流式中电渗析器组合有级和段之分，如一级一段、一级多段、多级一段和多级多段（图5-80）。所谓级是指电极对数目，一对电极称一级，两对电极称二级。所谓段是指水流方向一致的膜对（膜堆），改变一次水流方向就增加一段。

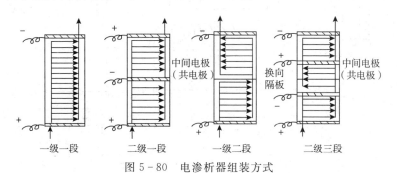

图5-80　电渗析器组装方式

②循环式　亦称间歇式或分批式系统。在电渗析器和贮水箱之间将水进行循环处理，当达到所需水质时，才供出使用，再进行新一批水的循环。它是间歇式或分批式的供水，对于进水变化的适应性强，适用于除盐率要求较高、处理量不大的情况。

③部分循环式　是直流式和循环式相结合的一种系统。在电渗析器出口的淡水分两路，一路若当达到所需水质时就供出水使用，否则进入第二台电渗析器进一步除盐；或返回进水进行循环处理。

3. 电渗析器的运行

为了使电渗析器合理、安全、有效地运行，在电渗析的运行管理中，需要确定各相关的运行参数。除了确定流量和压力、电压和电流、进出水水质要求外，还要确定倒极间隔和酸洗（或其他处理）周期。对于循环利用的浓水，还要确定浓水的循环比例。对于原水水质较稳定的水源，在调试阶段可将各参数定下来。对于原水水质波动较大的水源，往往需要通过一段时间的运行，多次调试，才能摸索出相应的参数。电渗析器流程如图5-81所示。

（1）压力与流速

对每台电渗析器而言，产水量随进水压力升高而增大。但是进水压力太低会加剧局部极化结垢，太高又会使膜堆变形造成漏水。电渗析器在设计制造中都已确定好额定的流速和流量。目前我国国产的隔板式电渗析器，单台进水压力不宜超过0.3MPa。电渗析组装后应立即进行水压试验，了解水压和水流速度之间的关系。水压-流量（流速）特性曲线是电渗析的重要指标之一。

（2）电流与电压

在调试流量和压力的基础上，选定适当的流量，然后测定极限电流以确定运行的直流电压。这个电压应选工作电流为极限电流的70％～90％所对应的电压。对于每一个给定的电渗析器，有一个电压的极限值，这个极限值是由水温、液体的浓度、膜堆尺寸和内管道

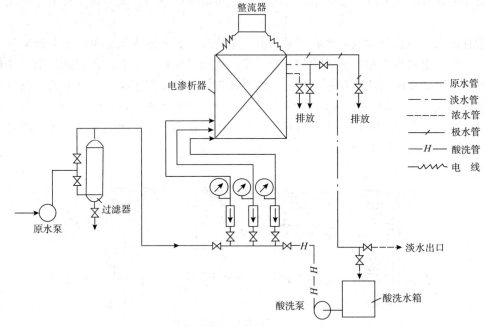

图 5-81　电渗析器流程

面积确定的。如果超过这个极限值，过大的电流将会产生足够的热而损坏电极附近的一些隔板和膜。当水质变动或由于某种因素引起工作电流下降时，如采用不断上升电压的办法来保证电流恒定，就很容易使电压超过极限值，引起电流短路，局部过热，烧毁设备。

一般工作电流以选用极限电流的 70%～90% 为宜。原则上工作电流越高越有利于发挥设备效率，工作电流越低越易于防止极化和安全运行。如果设备富余量不大，给水是碳酸盐型，除盐程度要求又较高，可用较高的电流，用增加倒极次数和缩短酸洗周期来保证运行安全稳定。反之，则尽可能地采用低一些的电流，那样倒极和酸洗的间隔也可长些。

（3）倒极、酸洗、反冲洗和其他

倒极、酸洗和反冲洗都是减少极化、防止膜面结垢的行之有效的措施。

①倒极　即定期倒换电极的极向，并同时切换浓、淡水室。此时由于极性的变换，离子迁移的方向也改变了，原来浓水室阴膜侧生成的沉淀，由于现在淡水室的离子浓度和 pH 的下降会溶解。倒换电极的时间应根据水质而定，一般倒极间隔为 2～8h。

频繁倒极电渗析（EDR）是每 15～30min 自动倒换电极一次，并自动地操作进、出水口阀门，使浓、淡水流自动变换。倒极越多，虽对防止结垢有好处，但每倒换电极一次都会增加水的排放，所以为了提高水的利用率也不宜过多地、过于频繁地倒换电极。

②酸洗、反冲洗和其他　虽然采用倒换电极措施后一般能够使下降的除盐率得到恢复，但运行一段时间后，除盐率还是有下降的趋势，造成除盐率下降的原因是很多的，如局部极化、有机物污染、泥浆的沉积等。这可以采用酸洗和反冲洗的办法加以解决。通常用 1%～2% 盐酸循环清洗 0.5～1h，再用给水清洗至出水呈中性。盐酸不仅能够溶解沉淀物，而且还能除去部分有机物和使水垢变得疏松，便于冲去。但酸浓度太浓会损害离子。酸洗和反冲洗的周期可视具体情况而定，半月至 3 个月不等，一般反冲洗在酸洗之前进行效果更好。

当原水中含胶体或有机物较多，酸洗效果较差时，可以用碱性食盐水或酵素液清洗，国内常用的是碱性食盐水清洗。碱性食盐水是由10％的氯化钠与2‰氢氧化钠的溶液所组成的。碱洗最好在酸洗之前进行，洗后，用给水洗至近中性，再开始酸洗。清洗也可不用循环清洗而改用慢速通过或静泡的方式，具体应根据设备结构、污染情况而定。

（4）浓水循环的浓缩倍率

用电渗析法淡化、除盐时，要排掉几乎和淡水体积相等的浓水和少量的极水，因此在不考虑回用的情况下，要得到的淡水，约需耗用给水 $2.2\sim2.5m^3$，水的回收率仅为40％～45％。在当前水资源短缺日益加剧的情况下，这是电渗析存在的突出问题，目前国内外均采用浓水循环的办法来提高水的回收率。浓水循环是指浓水构成一独立的循环回路循环使用，运行中仅有少量补充和少量排放，维持一较高的浓缩倍率，这样可大大减少浓水排放量，提高水回收率，系统见图5-82。

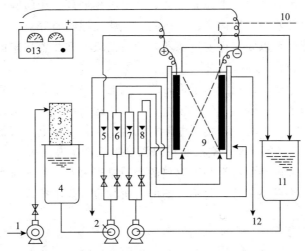

图5-82　电渗析工艺流程（浓水槽水作极水）

1—给水进入；2—给水泵；3—过滤器；4—给水槽；5—浓水槽流量计；6—淡水系统流量计；7—浓水系统流量计；
8—极水系统流量计；9—电渗析器；10—淡水输出；11—浓水槽；12—极水排放；13—整流器

浓水循环除提高水的利用率外，还可减轻预处理的负荷和由于浓水浓度增高而降低电渗析器的电阻，减少耗电量等。当然浓水循环，必须设置水箱、泵和循环管路系统。但是如何确定浓缩倍率的大小，即浓水浓度与给水浓度之比，是一个应该注意的问题，因为随着浓水浓度的增高，浓水和淡水之间的浓度差增加了，膜的选择透过性会降低，盐的反扩散和水的渗透量都会增加，从而使除盐率降低，电流效率降低。给水的含盐量、水的离子组分、离子交换膜的性能等对确定浓缩比有较大影响。特别是含盐量较高、硬度和碱度较高的给水，浓缩倍率应控制得比较低一些。为了防止浓水中产生硫酸钙沉淀，采用的浓缩倍率不应使浓水中的离子积超过其溶度积。总之，对于不同的水质和膜，应当通过试验取得数据后再确定浓缩倍率的多少。

浓缩倍率的控制是通过改变浓水的排放量来达到的。也就是浓水的排放量越小，浓缩倍率越高，其数量关系如下

$$B=\frac{q+Qf_N}{q} \tag{5-51}$$

式中　B——浓缩倍率；

Q——淡水流量，m^3/h；

q——浓水排放量，m^3/h；

f_N——电渗析除盐率，%。

浓水的排放可以直接从浓水箱排入地沟，也可以用浓水作为极水，极水再排放，见图 5-82。由于浓水的浓度比较高，pH 也较高，因此其结垢倾向是应该注意的，为了防止水垢，可以在浓水箱中适当加酸，使浓水 pH 保持在 4~6 之间。

我国一般浓缩倍率在 4~5，水的回收率为 75%~85%。

（5）其他有关事项

电渗析目前已广泛用在苦咸水预脱盐及海水淡化上，在设计和运行中应注意如下一些原则。

（1）应根据原水水质情况，考虑充分的、必要的预处理，预防膜面结垢和污堵，预防对膜的损坏，例如去除水中金属离子、有机物、氧化还原物质等。

（2）在电渗析器前可以安装保安过滤器，除去前级处理装置带来的细小微粒等和输水管及水箱等带入的颗粒物。

（3）电渗析是利用电能来迁移离子进行膜分离的，当水中含盐量较低时，水的电阻率就较高，此时电渗析器的极限电流值也较小，电渗析运行易于产生极化，因此一般认为水中含盐量小于 10~50mg/L 时，不宜用电渗析除盐。换言之，电渗析器出口淡水的含盐量不宜低于 10~50mg/L，不像离子交换法可以深度除盐，获得纯水。

（4）电渗析对解离度小的盐类和不解离的物质难于去除，例如对水中的硅酸就不能去掉，对碳酸根的迁移率就小一些，对不解离的有机物也去除不掉。

五、电除盐原理

电除盐或电去离子（electrodeionization，EDI）也称连续去离子（continuous deionization，CDI）是电渗析和离子交换技术的结合，是性能优于两者的一种新型的膜分离技术。

EDI 的概念始于 1950 年，早期称为填充床电渗析。1955 年 Waiters 首次报道了用填充床电渗析处理放射性废水的一些操作参数。从此以后，相关的研究工作接连不断。1987 年美国 Millipore 公司推出了第一台商业性的 EDI 装置，1990 年美国 Ionpure 公司又推出了称为连续去离子的改进型 EDI（或 CDI）装置并逐渐实现了产业化。这种新装置目前已在电子、医药、电力、化工等行业得到了较为广泛的应用。EDI 通常与 RO 联合使用，组成 RO-EDI 等系统。

EDI 是由阳阴离子交换膜、浓淡水隔板、阳阴离子交换树脂、正负电极和端压板等组装的除盐设备。EDI 技术核心是在电渗析器中填装离子交换树脂，以离子交换树脂作为离子迁移的载体，以阳膜和阴膜作为阳离子和阴离子选择性通行的关卡，以直流电场作为离子迁移的推动力，从而实现盐与水的分离。EDI 的特点如下：

（1）在进行水的脱盐过程中，利用水解离产生的 H^+ 和 OH^- 自动再生填充在电渗析器淡室中的离子交换树脂，因而不需使用酸碱，能对水连续进行脱盐；

（2）适用于电导率低于 $20\mu S/cm$ 的水的深度除盐，用于生产电阻率为 $10~18M\Omega \cdot cm$ 或电导率为 $0.1~0.055\mu S/cm$ 的超纯水；

（3）除盐非常彻底，不但能除去电解质杂质（如 NaCl），还有一定的除去非电解质杂质（如 H_2SiO_3）能力，产品水质优于混合离子交换器，故它常作为生产纯水的终端除盐技术，有替代混床的应用前景；

（4）必须不断排放极水和部分浓水，水的利用率一般为 $80\%\sim99\%$；

（5）EDI 装置普遍采用模块化设计，便于维修和扩容，日常运行管理方便。

EDI 设备是以电渗析装置为基本结构，在其中装填强酸阳离子交换树脂和强碱阴离子交换树脂（颗粒、纤维或编织物）。按树脂的装填方式，EDI 分为下列几种形式：

（1）只在电渗析淡水室的阴膜和阳膜之间充填混合离子交换树脂；

（2）在电渗析淡水室和浓水室中间都充填混合离子交换树脂；

（3）在电渗析淡水室中放置由强碱阴离子交换树脂层和强酸阳离子交换树脂层组成的双极膜，称为双极膜三隔室填充床电渗析。

目前在工业上广泛应用的主要是第（2）种形式。现以此形式为例来分析 EDI 的原理。图 5-83 是板框式 EDI 外观及膜堆结构示意图，在 EDI 淡水室的阴膜和阳膜之间填充离子交换树脂（颗粒、纤维或编织物），水中离子首先因交换作用而吸着于树脂颗粒上，然后在电场作用下经由树脂颗粒构成的"离子传输通道"迁移到膜表面并透过离子交换膜进入浓室。由于交换树脂不断发生交换作用与再生作用，形成离子通道，淡水室中离子交换树脂的导电能力比所接触的水要高 $2\sim3$ 个数量级，结果使淡水室体系的电导率大大增加，提高了电渗析的电流。EDI 装置在极化状态下运行，膜和离子交换树脂的界面层会发生极化，它使水解离，产生 OH^- 和 H^+，这些离子除部分参与负载电流外大多数对树脂起再生作用，使淡水室中的阴、阳离子交换树脂再生，保持其交换能力，这样 EDI 装置就可以连续生产高纯水。

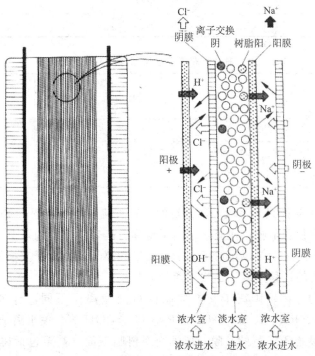

图 5-83　板框式 EDI 外观及膜堆结构示意图

EDI 工作过程如图 5-84 所示，在电场、离子交换树脂、离子交换膜的共同作用下，完成除盐过程。

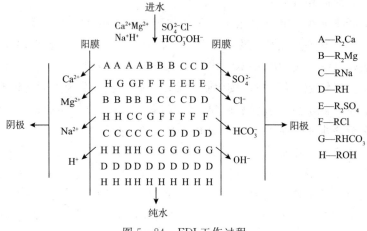

图 5-84　EDI 工作过程

含盐水进入 EDI 后，首先与离子交换树脂进行离子交换，改变了流道内水溶液中离子的浓度分布。离子交换树脂对水中某种离子可优先交换，即离子具有交换选择性，表 5-28 和表 5-29 为在淡水室流道内凝胶型树脂的选择系数值。在 EDI 淡水室流道内，离子交换树脂将根据选择系数及离子浓度对水中离子成分按一定顺序进行交换吸附。

表 5-28　强酸阳离子交换树脂选择系数的近似值

K_H^{Na}	1.5~2.0	K_{Li}^{Na}	2.0
K_H^K　$K_H^{NH_4}$	2.5~3.0	K_{Na}^{Ca}	3~6
K_{Na}^K	1.7	K_{Na}^{Mg}	1.0~1.5

表 5-29　强碱阴离子交换树脂选择系数的近似值

$K_{Cl}^{NO_3}$	3.5~4.5	$K_{Cl}^{SO_4}$	0.11~0.15
K_{Cl}^{Br}	3	$K_{CO_3}^{HSO_4}$	2~3.5
K_{Cl}^F	0.1	$K_{NO_3}^{SO_4}$	0.04
$K_{Cl}^{HCO_3}$	0.3~0.8	K_{OH}^{Cl}	Ⅰ型 10~20
K_{Cl}^{CN}	1.1		Ⅱ型 1.5

在 EDI 中，离子交换只是手段，不是目的。在直流电场作用下，使阴、阳离子分别定向迁移，分别透过阴膜和阳膜，使淡水室离子得到分离。在流道内，电流的传导不再单靠阴、阳离子在溶液中的运动，也包括了离子的交换和离子通过离子交换树脂的运动，因而提高了离子在流道内的迁移速度，加快了离子的分离。

在淡水室流道内，阴、阳离子交换树脂因可交换离子不同，有多种存在形态，如 R_2Ca、R_2Mg、RNa、RH、R_2SO_4、RCl、$RHCO_3$、ROH 等。关于离子交换树脂的再生，由于 EDI 是在极化状态下运行的，膜及离子交换树脂表面（甚至包括树脂表面的内表面）发生极化，水解离成 OH^- 和 H^+，对树脂起了再生作用，这个再生作用是与交换一起进行的，所以是连续的，它可以使树脂在运行中一直保持为良好的再生态。

EDI 中，离子交换、离子迁移和离子交换树脂的再生这 3 个过程同时进行，相互促进。当进水离子浓度一定时，在一定电场的作用下离子交换、离子迁移和离子交换树脂的再生达到某种程度的动态平衡，使离子得到分离，实现连续去除离子的效果。

六、电除盐装置

为了保证 EDI 装置连续制水，提高设备运行的稳定性，EDI 装置通常采用模块化设计，即利用若干个一定规格的 EDI 模块组合成一套 EDI 装置。模块化的设计可以方便地对故障模块进行维修或更换处理；另外，还可以使装置保持一定的扩展性。

1. EDI 模块的结构类别

（1）按结构形式分类

EDI 模块的结构形式有板框式及螺旋卷式两类。

①板框式 EDI 模块　板框式 EDI 模块简称板式模块，它的内部部件为板框式结构（与板式电渗析器的结构类似），主要由阳电极板、阴电极板、极框、离子交换膜、淡水隔板、浓水隔板及端压板等部件按一定的顺序组装而成，设备的外形一般为方形或圆形。图 5 - 85 为典型的 EDI 模块。

②螺旋卷式 EDI 模型　螺旋卷式 EDI 模块简称卷式 EDI 模块，它主要由电极、阳膜、阴膜、淡水隔板、浓水隔板、浓水配集管和淡水配集管等组成。它的组装方式与卷式 RO 相似，即按"浓水隔板→阴膜→淡水隔板→阳膜→浓水隔板→阴膜→淡水隔板→阳膜……"的顺序，将它们叠放后，以浓水配集管为中心卷制成型，其中浓水配集管兼作 EDI 的负极，膜卷包覆的一层外壳作为阳极。图 5 - 86 为该模块工作原理示意图。

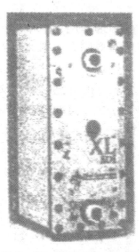

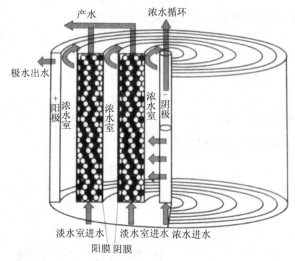

图 5 - 85　美国 Electropure
公司生产的 XL - 500 型模块

图 5 - 86　卷式 EDI 模块工作原理

（2）按运行方式分类

根据浓水循环与否，可将 EDI 模块分为浓水循环式和浓水直排式两类。

①浓水循环式 EDI 模块　浓水循环式 EDI 系统进水一分为二，大部分水由模块下部

进入淡水室中进行脱盐，小部分水作为浓水循环回路的补充水。浓水从模块的浓水室出来后，进入浓水循环泵入口，经升压后进入模块的下部，并在模块内一分为二，大部分水送入浓水室内，继续参与浓水循环，小部分水送入极水室作为电解液，电解后携带电极反应的产物和热量排放。为了避免因浓水的浓缩倍数过高而出现结垢现象，运行中连续不断地排出一部分浓水。图 5 - 87 为浓水循环式 EDI 系统流程。

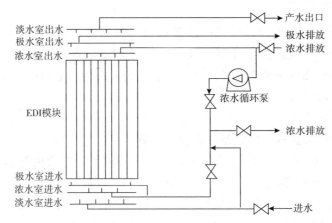

图 5 - 87　浓水循环式 EDI 系统流程示意图

与浓水直排式相比，浓水循环式有如下特点：

a）通过浓水循环浓缩，提高了浓水和极水的含盐量，可以提高 EDI 模块工作电流；

b）一部分浓水参与再循环，增大了浓水流量，亦即提高了浓水室的水流速度，有利于降低膜面滞流层厚度，减轻浓差极化，减小浓水系统结垢的可能性；

c）较高的工作电流使 EDI 模块中的树脂处于较多的 H 型和 OH 型状态，使 EDI 除去等弱电解质的能力有所提高；

d）当进水电导率较低时，浓水室电阻较高。此种情况要求向浓水中加盐（一般用 NaCl），以维持模块较高的电流，保证 EDI 模块对弱酸性物质的有效除去，因此，需要设置一套加盐装置。

②浓水直排式 EDI 模块　如果在 EDI 模块的浓水室及极水室中也填充了离子交换树脂等导电性材料，则可以不设浓水循环系统。这种模块称为浓水直排式 EDI 模块。图 5 - 88 为浓水直排式 EDI 系统流程。

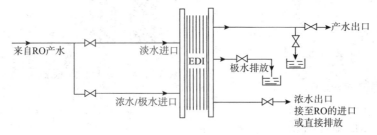

图 5 - 88　浓水直排式 EDI 装置工艺流程图

与浓水循环式相比，浓水直排式有如下特点：

a）提高工作电流的方法不是靠增加含盐量，而是借助于导电性材料。可以用较低的能耗获得较好的除盐效果；

b）对进水水质的波动有一定适应性；

c）可以迅速地排掉迁移进浓水室的 SiO_2 及 CO_2 等弱酸物质，并可以降低膜表面的浓差极化，减少浓水室结垢；

d）可以省掉加盐装置、浓水循环泵等辅助设备；

e）浓水室的水流速度不高；

f）进水电导率太低时，EDI 装置可能无法适应。在此种情况下，可通过对浓水进行循环或在进水中加盐的方法予以解决。

2. 淡浓水隔板

淡水隔板的结构影响 EDI 模块的运行流速、流程长度及树脂填充后的密实程度等。淡水隔板内的填充物一般为离子交换树脂或离子交换纤维等。

在浓水隔板的结构设计中需重点考虑隔板内的防垢问题，要求合适的隔板厚度及隔室内的水流速度等。浓水隔板内的填充物一般有隔网、离子交换树脂等。

淡浓水隔板通常设计成无回程式，淡水隔板的厚度一般为 $3\sim10mm$，浓水隔板的厚度一般为 $1\sim4.5mm$。隔板的材质可以选用聚乙烯或聚砜等。

3. 离子交换膜

EDI 模块中使用的离子交换膜除了对溶液中的离子具有一定的选择透过性外，要达到高纯水要求的 ppb 级（$\mu g/L$）离子水平，离子交换膜的渗水率也是一个较为重要的参数。

由于离子主要集中在浓水室中，当淡水室中的离子浓度达到 ppt 级（即 $10^{-3}\mu g/L$）水平时，浓水渗入淡水的速度增加，并且能导致产水水质的迅速污染。

因此离子交换膜应是高致密的，以保证交换膜对水的渗透率较低。表 5-30 为 EDI 异相膜主要性能参数。

表 5-30　EDI 异相膜主要的物理化学性能参数表

序号	项目	EDI 阳膜	EDI 阴膜	3361BW 型阳膜	3362BW 型阴膜
1	外观	粉红色、黄色	紫色、黄绿色	棕黄色	淡蓝色
2	厚度/mm	0.40 ± 0.03	0.40 ± 0.03	0.40 ± 0.04	0.40 ± 0.04
3	含水率/%			$35\sim50$	$30\sim45$
4	交换容量/(mol/kg)(干)	$\geqslant2.0$	$\geqslant1.8$	$\geqslant2.0$	$\geqslant1.8$
5	膜面电阻/(Ω/cm^2)	$\leqslant15$	$\leqslant20$	$\leqslant11$	$\leqslant12$
6	尺寸变化率/%	$\leqslant5$	$\leqslant5$		
7	爆破强度/MPa	$\geqslant0.6$	$\geqslant0.6$		
8	适用 pH	$1\sim10$	$1\sim10$		
9	选择透过率/%	$\geqslant90$	$\geqslant89$	$\geqslant90$	$\geqslant89$
10	水透过率/[$mL/(h\cdot m^2)$]	$\leqslant0.2$	$\leqslant0.2$		
11	适用温度/℃	$\leqslant40$	$\leqslant40$		

4. 填充的离子交换材料及其填充方式

（1）EDI 隔室中的填充材料

①离子交换树脂　早期的 EDI 模块曾用普通的离子交换树脂，后来发展为均粒树脂。

均粒树脂中 90％以上颗粒处于粒径±0.1mm 的范围以内。一般用强型树脂填充隔室，阳树脂与阴树脂填充的体积比可以是 1∶2 或 2∶3 等。

②离子交换纤维　离子交换纤维是一种以纤维素为骨架的离子交换剂，由于离子交换纤维的比表面积大，因而具有吸附能力强、再生性能好、离子交换效率高、交换速度快和离子交换容量高等特点。离子交换纤维可以制成织物、泡沫纤维（中空纤维、纤维层压品）等多种形式。用离子交换纤维填充的 EDI，离子迁移速度快，脱盐率高。

（2）树脂的填充方式

①分层填充　分层填充从隔室出水端起，阳树脂与阴树脂交替分层填充，即第 1 层为阳树脂，第 2 层为阴树脂，第 3 层为阳树脂，……，以此类推，直至填满隔室。

分层填充的 EDI 模堆，每层树脂中的反离子的迁移得到加强，同名离子的迁移受到削弱。如在阴树脂层中，阴离子的迁移速率比阳离子的快，流过树脂层中水溶液的 pH 升高，有利于促进 H_2CO_3 及 H_2SiO_4 等弱酸性物质的解离，从而增强了 HCO_3^- 和 $HSiO_3^-$ 的去除效果。同理，在阳树脂层中，由于流过树脂层中水溶液的 pH 降低，有助于弱碱性离子的去除。

②混匀填充　混匀填充就是将阳树脂与阴树脂混合均匀后，再填充到 EDI 的隔室内。

混匀填充的 EDI 模堆可以充分地利用隔室内各处水分子极化电离出的 H^+ 及 OH^-，因而树脂可以保持较高的再生度，对弱酸弱碱性离子如 SiO_2、CO_2 等有较好的去除效果。

5. EDI 电极

EDI 模块的电极反应与电渗析器类似，但比较简单，因为 EDI 进水含盐量大致只有电渗析的 0.05％～2％，杂质组成也比较简单。

EDI 中，阳极主要发生释氧及释氯反应，阴极发生释氢反应，同时还会释放热量。

阳极反应：$2Cl^- - 2e = Cl_2\uparrow$，$4OH^- - 4e = O_2\uparrow + 2H_2O$

阴极反应：$2H^+ + 2e = H_2\uparrow$

因此，应考虑电极材料耐酸碱腐蚀能力、抗氧化能力和抗极化能力，一般用钛涂层（钛涂钌或铱等）材料作阳电极，阴电极可用不锈钢材料。

对电极的要求：电流分布均匀、电流密度低、排气方便、极水通畅。电极的形式有很多种，卷式 EDI 模块的阴电极为管式（同时还兼作模块的中心配集管），阳电极一般板状或网状；板框式 EDI 模块的阳、阴电极一般为栅板式或丝状。

为了排除电极反应产物氢气、氧气和氯气等气体和冷却电极，大部分 EDI 系统的极水直接排放，不回收。

七、电除盐装置的运行

1. EDI 对进水的要求

由于 EDI 装置是在离子迁移、离子交换和树脂的电再生 3 种状态下工作的，离子迁移所消耗的电流通常不到总电流的 30％，其他大部分电流则消耗于水的电离，因而它的电能和脱盐的效率较低。正是由于 EDI 装置迁移杂质离子的能力有限，所以 EDI 技术只能用于处理低含盐量的水，目前 EDI 装置的进水一般为反渗透装置的产水。

进水水质对 EDI 模块的成功运行是至关重要的，进水杂质的含量是影响模块的寿命、运行性能、清洗频率及维护费用等最主要的因素之一。

（1）电导率

EDI 模块的产水水质取决于模块将离子从淡水室迁移至浓水室的能力，如果进水中的离子含量过高，则产水水质变差，因此，应维持合适的进水电导率。有时不用电导率来表示，而用 TEA（总可交换阴离子）及 TEC（总可交换阳离子）来表示，因为 TEA 和 TEC 比电导率更能准确反映进水中可被 EDI 去除的杂质含量。

（2）pH

进水 pH 本身对 EDI 产水的影响不大，它主要体现在对弱电解质电离平衡的影响。pH 对 EDI 产水电阻率的影响举例列于表 5-31。

表 5-31 pH 对于 EDI 产水电阻率的影响

pH	进水总有机碳 TOC/(mg/L)	产水电阻率/（MΩ·cm）
8.5	1.64	17.5
7.75	1.64	15.1
7	1.59	14.3

（3）硬度

EDI 模块约 70% 的电能消耗在水的电离上。所以，在 EDI 模块的运行过程中，会不断地产生大量的 H^+ 和 OH^-。与电渗析器相比，EDI 模块中浓水室阴膜表面的 pH 更高，结垢的倾向更大，可是，为了保证脱盐率，必须维持足够大的工作电流，故不能用降低电流的方法减少水的电离，降低 pH。因此，防止 EDI 模块结垢的主要方法就是严格控制进水结垢物质（如硬度）的含量。

（4）氧化剂

如果进水中氧化剂的含量过高，可导致离子交换树脂和离子交换膜的快速降解，离子交换能力和选择性透过能力衰退，除盐效果恶化，模块使用寿命缩短。

（5）有机物

有机物可以被吸附到树脂及膜的表面，降低其活性。被污染的树脂和膜传递离子的效率降低，膜堆电阻增加。

（6）CO_2

CO_2 随 pH 变化呈不同形态分布，它们的影响可分为两个方面：一是高 pH 下 CO_2 易变为 CO_3^{2-}，与 Ca^{2+}、Mg^{2+} 发生反应形成碳酸盐垢；二是分子态的 CO_2 容易透过反渗透膜，也不易被 EDI 模块除去。

（7）硅酸化合物

胶态硅可以通过超滤及 RO 装置等物理处理工艺除去，而活性硅在通过 RO 及 EDI 装置后难以彻底去除。硅酸化合物对 EDI 的影响包括两个方面：一是在浓水室结垢，且不易被除去；二是 EDI 出水 SiO_2 可能会偏高，一般要求进水 SiO_2 含量小于 0.5mg/L。

（8）颗粒杂质

颗粒杂质会污堵隔室水流通道、树脂空隙、树脂和膜的孔道，导致模块的压降升高、离子迁移速度下降。

（9）铁、锰

铁、锰的主要危害有：①中毒，因为 Fe、Mn 与树脂活性基团间存在强大的亲和力，阻碍其他离子的接力传递；②催化，Fe、Mn还会扮演催化剂的角色，会加快树脂和膜的氧化速度，造成树脂和膜的永久性破坏。表 5-32 为 EDI 模块对进水水质的要求。

表 5-32　EDI 模块对进水水质的要求

分类	指标	Electropure	E-Cell	Ionpure	OMEXELL	HH-EDI
负荷类	pH	5～9.5	4～9	4～11	6～9	4～9
	电导率/($\mu S/cm$)	1～20	<40	<40		<30
	总 CO_2/(mg/L)	<5	<1	—	≤3	<5
	硅/(mg/L)	<0.5	<0.5	<1	≤0.5	
结垢污染类	硬度（以 $CaCO_3$ 计）/(mg/L)	<1.0	<0.5	<1.0	≤2	<1.0
	Fe、Mn、H_2S/(mg/L)	<0.01	<0.01	<0.01	≤0.01	<0.01
	有机物 TOC/(mg/L)	<0.5	<0.5	<0.5	≤0.5	<0.5
	颗粒物 SDI	<1	<3	—		
	活性氯/(mg/L)	<0.05	<0.05	<0.02	≤0.05	<0.05
其他	温度/℃	5～35	5～40	5～45	10～38	
	进水压力/MPa	0.15～0.5	0.15～0.5	0.14～0.7	0.14～0.7	
	出水压力/MPa	＞浓水和极水	＞浓水和极水	＞浓水 0.02～0.07		＞浓水 0.03～0.07
	浓水和极水出水压力比较	浓水＞极水	浓水＞极水			

2. EDI 启动前的再生

当 EDI 模块停运的时间较长或进行过化学清洗后，淡水室 H 型和 OH 型树脂百分含量达不到要求时，则投入运行前需要对模块进行再生。在对 EDI 模块进行再生时，可以按正常的操作程序启动 EDI 系统。

3. 影响 EDI 装置运行效果的因素

影响 EDI 装置运行效果的主要因素有操作电压、运行电流、进水电导率进水流量、进水水质成分和水温等。

（1）操作电压

图 5-89 是在不同操作电压的条件下电压-电流关系曲线。在进水水质相对稳定的条件下，当操作电压为 U_1 时，在电压-电流关系曲线上出现一个拐点 I_1，I_1 即 EDI 膜堆的极限电流，U_1 为 EDI 膜堆的分解电压；如果继续提高操作电压，在电压-电流关系曲线上出现另一个拐点 I_2，I_2 即 EDI 膜堆的再生电流，U_2 即 EDI 膜堆的再生电压。EDI 的正常操作电压应运行在 U_1～U_2 之间，当操作电

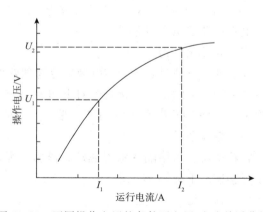

图 5-89　不同操作电压的条件下电压-电流关系曲线

压高于 U_2 时，相当于膜堆的再生过程，淡水室中离子交换树脂再生出来的杂质离子会影响 EDI 装置的出水水质。

（2）运行电流

当膜堆的运行电流过小时，由于离子的迁移及离子交换树脂的电再生过程都比较微弱，主要进行的是离子交换过程，因而不足以在淡水流出膜堆之前将离子从淡水室中迁移出去。当提高膜堆的运行电流时，由于淡水室中水解离的程度增大，一方面使离子的迁移量增大，另一方面使更多的水分子分解成 H^+ 和 OH^-，促进了离子交换树脂的再生作用，使产水的电阻率上升。当运行电流继续增加达到一定值时，由于操作电压过大将引起过量的水电离，离子交换树脂原来吸附的杂质离子也参与到离子的迁移过程中，即相当于模块的再生过程，同时过高的操作电压还会使膜堆内发生离子反扩散，EDI 模块的产水水质将迅速下降。图 5-90 为不同电流密度下 SiO_2 的去除情况。

（3）进水电导率

由于在高浓度的溶液中，浓差极化程度轻，水解离速度小，树脂得不到有效的再生，主要起到增强离子迁移的作用，此时离子交换起了主要作用，在较短的时间内淡水室内的树脂就被杂质离子所饱和。因此，如果水的电导率大于 $100\mu S/cm$，即使提高操作电流，也不能阻止产水水质下降的趋势。图 5-91 是某 EDI 装置的操作电流、进水电导率与产水电阻率三者的关系。

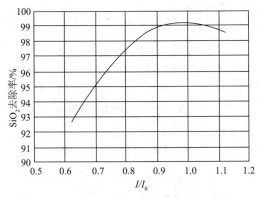

图 5-90　不同电流密度情况下 SiO_2 的去除率
进水水质电导率：$20\mu S/cm$；CO_2：$6mg/L$；
I_0—正常运行电流密度；I—实际运行电流密度

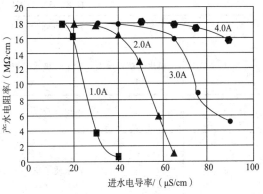

图 5-91　某 EDI 装置产水电阻率与
操作电流和进水电导率的关系

（4）淡水进水流量

过低的运行流速可能使模块的温升增高，对模块造成损坏。进水流速较高，进水将带入更多的杂质离子，使树脂迅速达到饱和，使淡水室出水水质下降。EDI 模块中淡水室的水流速度一般控制在 $20\sim50m/h$。

（5）进水离子组成成分对产水水质的影响

不同价态离子的迁移速度各不相同。二价离子无论是在与离子交换树脂进行交换反应的速率上，还是在沿树脂链进行迁移的速度上，都要比一价离子慢。

（6）水温对产水水质的影响

EDI 模块的运行温度一般控制在 $5\sim35℃$。将 EDI 模块的水温度适当提高，可以加快

EDI膜堆中离子的迁移速度，同时还能促进离子交换树脂的交换和再生作用，提高产水的电阻率。另外，由于CO_2、SiO_2等弱酸性离子中水解作用随进水水温的升高而增强，因此其去除率也有相应的提高。

八、电除盐装置的维护

1. 模块的贮藏

EDI模块应安装在避免风雨、污染、震动和阳光直接照射的环境中，一般安装在室内。由于模块内的树脂和膜耐温能力有限，要求模块使用和贮藏温度不低于0℃、不高于50℃。

（1）短期贮藏的注意事项：①确保模块密封；②膜和树脂不能脱水干燥。

（2）长期贮藏的注意事项：①按EDI模块的出厂状态，排出多余的水分并保持内部湿润；②必须向模块内加入杀菌剂进行封存。

2. EDI装置的清洗与消毒

（1）污堵原因

随着运行时间的延长或长期在不佳的情况下运行，EDI膜堆和管路可能会由于硬度、微生物、有机物及金属氧化物等因素而引起污染或结垢，统称污堵。表5-33列出了EDI装置的污染现象及原因。

表5-33　EDI污染的现象和原因

编号	污染现象	原因
1	模块的压差增大，浓水、极水及产水流量降低	①硬度或铁锰等无机物引起结垢 ②有硅垢产生 ③生物污染
2	电压升高	①硬度或铁锰等无机物引起结垢 ②有硅垢产生
3	产水水质下降	①硬度或铁锰等无机物引起结垢 ②有硅垢产生 ③生物污染 ④有机物污染

（2）清洗方法

清洗前，应根据模块的运行状况或去除污垢进行分析，以确定污垢化学成分，然后用针对性强的清洗液，进行浸泡或动态循环清洗。表5-34列举了若干清洗方案。

表5-34　清洗消毒方案

序号	污垢类型	清洗方案
1	钙镁垢	配方1
2	有机物污染	配方3
3	钙镁垢、有机物及微生物污染	配方1→配方3
4	有机物及微生物污染	配方2→配方4→配方2

序号	污垢类型	清洗方案
5	钙镁垢及较重的生物污染同时存在	配方1→配方2→配方4→配方2
6	极严重的微生物污染	配方2→配方4→配方3
7	顽固的微生物污染并伴随无机物结垢	配方1→配方2→配方4→配方3

（3）消毒

当 EDI 模块需要长期贮存或发生微生物污染时，常用离子型及有机物消毒剂等消毒，如过乙酸、丙二醇等。

用离子型消毒剂消毒后的模块，在下次开机前应进行再生。

使用有机消毒剂消毒后，EDI 装置投运时需要经过较长的正洗时间才能将产水 TOC 降低下来。

九、电除盐的应用

纯水的制备，过去的几十年中一直以离子交换法为主。随着膜技术的发展，膜法配合离子交换法制取纯水的应用很广泛。电除盐技术的开发成功，则是纯水制备的又一项变革。它开创了采用三膜处理（UF＋RO＋EDI）来制取纯水的新技术。与传统的离子交换相比，三膜处理则不需要大量酸碱，运行费用低，无环境污染问题。

EDI 作为电渗析和离子交换结合而产生的技术，主要用于以下场合：

（1）在膜脱盐之后替代复床或混合床制取纯水；

（2）在离子交换系统中替代混床；

（3）用于半导体等行业冲洗水的回收处理。

EDI 技术与混床、ED、RO 相比，可连续生产，产水品质好，制水成本低，无废水、化学污染物排放，有利于节水和环保，是一项对环境无害的水处理工艺。但 EDI 要求进水水质要好（电导率低，无悬浮物及胶体），最佳的应用方式是与 RO 匹配，对 RO 出水进一步纯化。当 EDI 用于离子交换（或其他类似处理方式）的后面，即使进水电导率低，EDI 初期出水水质很好，但由于进水中胶体物质没有彻底除净，EDI 极易受悬浮物及胶体污染，造成水流通道堵塞，产水量减少，出水水质下降。

第六章 离子交换

天然水经过混凝澄清、过滤和活性炭吸附等预处理后，虽然可以去除其中的悬浮物、胶态物质和部分有机物，但水中的溶解盐类并没有改变，要制备工业用的纯水，还必须做进一步的处理。去除水中离子态杂质最为普遍的方法是离子交换法。根据处理的目的不同，采用的处理工艺也有所不同，如去除水中硬度的钠离子交换软化处理、去除硬度并降低碱度的氢钠离子交换软化除碱处理以及去除水中全部阳离子和阴离子的氢-氢氧型离子交换除盐处理。

第一节 离子交换处理方法概述

一、离子交换反应

1. 钠离子交换

它是用钠型阳树脂来交换水中的钙离子、镁离子，以去除硬度，又称软化，其反应如下

$$2RNa + Ca \begin{cases} (HCO_3)_2 \\ Cl_2 \\ SO_4 \end{cases} \longrightarrow R_2Ca + \begin{cases} 2NaHCO_3 \\ 2NaCl \\ Na_2SO_4 \end{cases}$$

$$2RNa + Mg \begin{cases} (HCO_3)_2 \\ Cl_2 \\ SO_4 \end{cases} \longrightarrow R_2Mg + \begin{cases} 2NaHCO_3 \\ 2NaCl \\ Na_2SO_4 \end{cases}$$

失效态树脂可用 NaCl 再生。其反应如下

$$R_2Ca + 2NaCl \rightarrow 2RNa + CaCl_2$$
$$R_2Mg + 2NaCl \rightarrow 2RNa + MgCl_2$$

2. 氢离子交换

它是用氢型阳树脂来交换水中所有阳离子 Na^+、K^+、Ca^{2+}、Mg^{2+} 等，交换后水中出现 H^+，即存在相应的酸，其反应如下

$$2RH + Ca \begin{cases} (HCO_3)_2 \\ Cl_2 \\ SO_4 \end{cases} \longrightarrow R_2Ca + \begin{cases} 2H_2CO_3 \\ 2HCl \\ H_2SO_4 \end{cases}$$

$$2RH + Mg \begin{cases} (HCO_3)_2 \\ Cl_2 \\ SO_4 \end{cases} \longrightarrow R_2Mg + \begin{cases} H_2CO_3 \\ 2HCl \\ H_2SO_4 \end{cases}$$

$$RH+\begin{cases}NaHCO_3\\NaCl\\\frac{1}{2}Na_2SO_4\end{cases}\longrightarrow RNa+\begin{cases}H_2CO_3\\HCl\\\frac{1}{2}H_2SO_4\end{cases}$$

失效态的阳树脂可用 HCl 或 H_2SO_4 再生，其反应为

$$R_2Ca+\begin{cases}2HCl\\H_2SO_4\end{cases}\longrightarrow 2RH+Ca\begin{cases}Cl_2\\SO_4\end{cases}$$

$$R_2Mg+\begin{cases}2HCl\\H_2SO_4\end{cases}\longrightarrow 2RH+Mg\begin{cases}Cl_2\\SO_4\end{cases}$$

$$RNa+\begin{cases}HCl\\\frac{1}{2}H_2SO_4\end{cases}\longrightarrow RH+\begin{cases}NaCl\\\frac{1}{2}Na_2SO_4\end{cases}$$

3. 氢氧离子交换

它是用 OH 型阴树脂交换水中所有阴离子，这种交换由于会增加水中 OH^-，不能在天然水中进行，只能在氢交换之后的酸性水中进行，其反应为

$$2ROH+\begin{cases}H_2SO_4\\2HCl\\2H_2CO_3\\2H_2SiO_3\end{cases}\longrightarrow\begin{cases}R_2SO_4\\2RCl\\2RHCO_3\\2RHSiO_3\end{cases}+2H_2O$$

从上式可见，水经氢离子交换和氢氧离子交换处理后，去除了各种盐类，这就是离子交换除盐。失效态的阴树脂可用 NaOH 再生，其反应如下

$$\begin{cases}R_2SO_4\\2RCl\\2RHCO_3\\2RHSiO_3\end{cases}+2NaOH\longrightarrow 2ROH+\begin{cases}Na_2SO_4\\2NaCl\\2NaHCO_3（与过剩碱进一步生成 Na_2CO_3）\\2NaHSiO_3（与过剩碱进一步生成 Na_2SiO_3）\end{cases}$$

二、离子交换装置

在给水处理工艺中应用的离子交换装置很多，一般有如下几类：

固定床是指树脂层不动，水流动，树脂运行分运行制水、再生等步骤，不是连续制水。连续床是指树脂和水均在流动，连续制水，连续再生。由于固定床运行可靠，目前工业上用得很普遍。

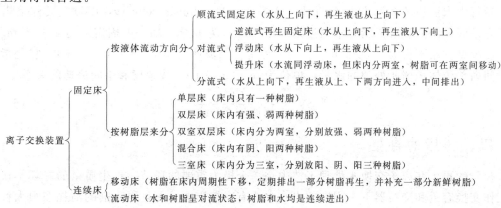

三、离子交换装置运行的基本步骤

一般原则上分 4 个步骤：反洗、再生、正洗、运行制水。

1. 反洗

交换器运行至出水超出标准，即失效。失效后树脂应进行再生，在再生之前对树脂层要进行反洗。反洗就是利用一股自下而上的水流，对树脂进行反冲洗，达到一定的膨胀率，维持一定时间，至反洗排水清晰为止。

所谓反洗膨胀率为树脂层在反洗水流带动下膨胀所增加的高度与树脂层原厚度的百分比。对不同树脂，由于密度不同，反洗膨胀率不同。一般密度大，反洗膨胀率低；密度小，反洗膨胀率高。温度对膨胀率也有影响。一般温度低，膨胀率高；温度高，膨胀率低。反洗膨胀率主要决定于反洗水流速，反洗时允许反洗流速［称反洗强度，单位 L/(m²·s)］要通过树脂的水力学试验求得，它既要保证树脂有一定的膨胀高度，冲走碎树脂，又不把完整颗粒树脂带走。

反洗的目的主要有两个：一是松动树脂层，即将运行中压实的树脂层松动，便于再生剂均匀分布；二是清除树脂层（主要是上部）中悬浮物、碎粒、气泡，松动结块树脂，改善树脂层水力学性质，防止树脂结块、偏流。

根据此目的，反洗水应是清晰的水，不致对树脂带来悬浮物或生成沉淀物的水，一般来说，都是用系统中前级的出水（自身进水），如阳床可用澄清水，阴床可用脱碳器出水，但也可集中使用除盐水。

2. 再生

按本节第四部分所述各种再生条件（再生剂纯度、浓度等）进行再生。

3. 正洗

再生后，为了清除树脂中剩余再生剂及再生产物，应用正洗水对树脂层进行正洗，正洗至出水水质符合投运标准为止。

正洗操作有时还分成几个阶段：如先用小流量、后用大流量正洗等。后期正洗排水由于水质较好，可以回收利用。

4. 运行制水

即水通过树脂层，产生质量合格的水。描述运行过程的参数是运行流速、出水水质、工作交换容量、运行周期等。

运行中水流速的表示方法有两种。一是线速度（linear velocity，LV），又称空塔速度，它是假设床内没有树脂时水通过的速度，单位为 m/h，如一般固定床为 20～30m/h，一般凝胶型树脂不得大于 60m/h 等。另一种是空间流速（space velocity，SV），它是指单位时间内单位体积树脂处理的水量，单位为 m³/(m³·h)。线速度和空间流速的关系

$$SV = \frac{LV}{\text{树脂层高(m)}} \tag{6-1}$$

四、树脂的再生

树脂的再生在离子交换水处理工艺中是一个极为重要的环节。再生质量的好坏不仅对其工作交换容量和交换器下一周期的出水水质有直接影响，而且再生剂的消耗在很大程度

上决定着离子交换系统运行的经济性。影响再生效果的因素很多，如再生方式，再生剂的种类、纯度、用量，再生液的浓度、流速、温度以及树脂失效型态（例如钙型树脂比钠型树脂难再生）等。

1. 再生方式

在离子交换水处理系统中，交换器的再生方式可以分为顺流、对流、分流和串联4种。这4种再生方式如图6-1所示。

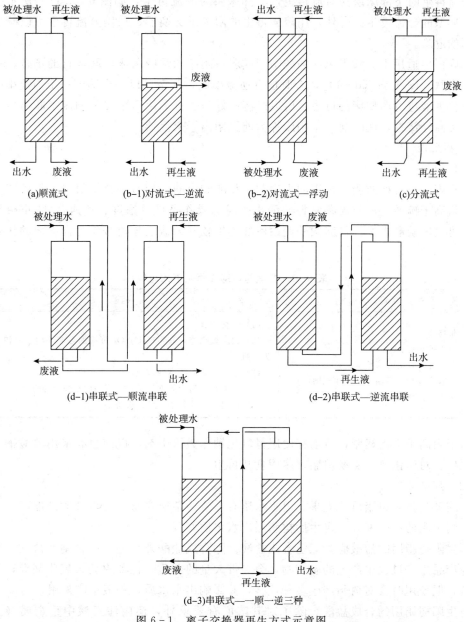

(a)顺流式　　　(b-1)对流式—逆流　　　(b-2)对流式—浮动　　　(c)分流式

(d-1)串联式—顺流串联　　　　　　(d-2)串联式—逆流串联

(d-3)串联式—一顺一逆三种

图6-1　离子交换器再生方式示意图

顺流再生是指制水时水流的方向和再生时再生液流动的方向是一致的，通常都是由上向下流动。因为采用这种方法的设备和运行都比较简单，所以在进水水质比较好时使用比较多。但是顺流再生的缺点是再生效果不理想，再生剂耗量大，出水品质相对较差。

目前对流再生用得较多，主要包括逆流再生和浮动床两种。习惯上将制水时水流向下、再生时再生液向上的水处理工艺称固定床逆流再生；将制水时水流向上流动（此时床层呈密实浮动状态）、再生时再生液向下流动的水处理工艺称浮动床。由于是对流再生，所以出水端树脂再生程度高，出水水质好，再生剂耗量低，而且可适用于进水水质较差的场合。

分流再生时下部床层为对流再生，上部床层为顺流再生，如图 6-1 (c) 所示。混合床属于典型的分流再生。另外，用硫酸再生的阳离子交换器，采用分流再生可以减少硫酸钙沉积的危险。

串联再生适用于弱酸阳床和强酸阳床或弱碱阴床和强碱阴床串联运行的场合，一般均为顺流串联 [图 6-1 (d-1)]，有时也有逆流串联，甚至可以一个顺流一个逆流串联。它利用废再生液进行弱型床的再生，所以经济性好。也有采用两个强型阳床串联再生，利用废酸，提高经济性，此时前一个阳床称为前置阳离子交换器。

2. 再生剂

（1）种类

对于阳离子交换树脂，常用的再生剂是盐酸和硫酸，盐酸的再生效果优于硫酸，但盐酸的价格高于硫酸。如能妥善掌握硫酸再生时的操作条件（浓度、流速），防止硫酸钙沉积，也可使用硫酸再生。目前国外使用硫酸再生较多。盐酸与硫酸作为再生剂的比较见表 6-1。

表 6-1　盐酸与硫酸作再生剂的比较

盐酸	硫酸
（1）价格高； （2）再生效果好； （3）腐蚀性强，对防腐要求高； （4）具有挥发性，运输和贮存比较困难； （5）浓度低，体积大，贮存设备大	（1）价格便宜； （2）再生效果差，有生成 $CaSO_4$ 沉淀的可能，用于对流再生较为困难； （3）较易于采取防腐蚀措施； （4）不能清除树脂的铁污染，需定期用盐酸清洗树脂； （5）浓度高，体积小，贮存设备小

对于阴离子交换树脂，目前都使用氢氧化钠作为再生剂，以前也有采用碳酸钠及氨水进行再生。对于钠离子交换树脂，多用食盐再生。

（2）纯度

该纯度是指对树脂再生效果、出水水质有影响的杂质含量。再生液的纯度高、杂质含量少，则树脂的再生度高，再生后树脂层出水水质好。

再生阳树脂用的盐酸应为工业合成盐酸。除合成盐酸外，还有一种副产盐酸，是工业上其他产品生产过程中产生的副产物，会夹带大量的杂质，比如农药、氧化剂等，虽然价格便宜，但使用时会对树脂产生多种危害，并影响出水水质，一般不应采用。

再生阳树脂用的合成盐酸，除了对其浓度有要求外，还应注意酸中重金属（主要是铁）的含量。铁含量高，颜色呈棕红色，长期使用会使阳树脂发生铁污染。另外，还要注意酸中氧化剂（主要是游离氯）含量，含有氧化剂的酸，会使阳树脂发生氧化降解，对钠等离子交换能力发生不可逆的下降。再生阳树脂用酸的质量标准列于表 6-2。

表6-2　再生阳树脂用酸的质量标准（GB/T 320—2006）

指标		优级品	一级品	合格品
总酸度（以 HCl 计）	≥	31.0	31.0	31.0
铁	≤	0.002	0.008	0.01
硫酸盐（以 SO_4^{2-} 计）	≤	0.005	0.03	
砷	≤	0.0001	0.0001	0.0001
灼烧残渣	≤	0.05	0.10	0.15
游离氯（以 Cl 计）	≤	0.004	0.008	0.010

再生阴树脂用的氢氧化钠，工业上有液碱和固碱两种，固碱纯度高，但使用不如液碱方便。不论固碱或液碱，其中的 NaCl 含量是其主要技术指标。因为 NaCl 含量高，阴树脂再生不彻底，影响出水水质。目前不同制造方法的工业用氢氧化钠中 NaCl 含量如表6-3（a）、（b）所示。

（3）再生剂用量

再生剂的作用是恢复树脂的交换能力，因此再生剂的用量是影响再生效果的重要因素，它对树脂交换容量恢复的程度和经济性有直接联系。理论上，恢复树脂 1mol 的交换能力要用 1mol 的再生剂，但实际上使用的量比该值要大。因为一般来说，再生剂用量大，树脂再生程度高，但当提高到一定程度后，再提高再生剂用量，树脂再生程度提高不大，相对来说，经济性就不好。所以在实际使用上，应根据对出水水质的要求及水处理系统等具体情况，通过调整试验，适当选用经济、合理的再生剂用量。

表6-3（a）　工业用固体氢氧化钠质量标准（GB/T 209—2006）

项目	离子交换膜法						隔膜法						苛化法		
	电解液蒸发后产品			电解液产品			电解液蒸发后产品			电解液产品			电解液蒸发后产品		
	优等品	一等品	合格品	优等品	一等品	合格品	优等品	一等品	合格品	优等品	一等品	合格品	优等品	一等品	合格品
NaOH 含量≥	99.0	98.5	98.0	72.0±2.0			96.0		95.0	72.0±2.0			97.0		94.0
Na_2CO_3 含量≤	0.5	0.8	1.0	0.3	0.5	0.8	1.2	1.3	1.6	0.4	0.8	1.0	1.5	1.7	2.5
NaCl 含量≤	0.03	0.05	0.08	0.02	0.05	0.08	2.5	2.7	2.8	2.0	2.5	2.8	1.1	1.2	3.5
Fe_2O_3 含量≤	0.005	0.008	0.01	0.005	0.008	0.01	0.008	0.01	0.02	0.008	0.01	0.02	0.008	0.01	0.01

表6-3（b）　工业用液体氢氧化钠质量标准（GB/T 209—2006）

项目	离子交换膜法						隔膜法 IL—DT						苛化法		
	电解液蒸发后产品			电解液产品			电解液蒸发后产品			电解液产品			电解液蒸发后产品		
	优等品	一等品	合格品	优等品	一等品	合格品	优等品	一等品	合格品	一等品	合格品		优等品	一等品	合格品
NaOH 含量≥	45.0			30.0			42.0			30.0			45.0		42.0
Na_2CO_3含量≤	0.2	0.4	0.6	0.1	0.2	0.4	0.3	0.4	0.6	0.3	0.5		1.0	1.2	1.6
NaCl 含量 ≤	0.02	0.03	0.05	0.005	0.008	0.01	1.6	1.8	2.0	4.6	5.0		0.7	0.8	1.0
以 Fe_2O_3 含量≤	0.002	0.003	0.005	0.0006	0.0008	0.001	0.003	0.006	0.01	0.005	0.008		0.01	0.02	0.03

一般，再生剂用量有如下的规律：弱型树脂比强型树脂再生剂用量低；对流再生比顺流再生所需的再生剂用量低；对强碱阴树脂增加再生剂用量，不仅提高其工作交换容量，而且对除硅效果有显著的提高。

工业上常用一些表示再生剂用量的指标，这就是再生剂单耗（盐耗、酸耗、碱耗）、再生剂比耗和再生水平。

再生剂单耗（盐耗、酸耗、碱耗）：指恢复树脂 1mol 的交换能力所消耗的纯再生剂的克数，单位为 g/mol。

再生剂比耗：指恢复树脂 1mol 的交换能力所需再生剂的物质的量，也即理论值的倍数。再生剂比耗为再生剂单耗除以再生剂的摩尔质量。

再生水平：指再生 $1m^3$ 树脂所用酸、碱（工业品或纯的）的质量，单位是 kg/m^3 树脂，并标明酸碱的浓度，如 kg（31%）/m^3 树脂或 kg（100%）/m^3 树脂。一般推荐的再生剂用量（比耗）如表 6-4 所示。

表 6-4　推荐的再生剂用量（比耗）

	强酸性阳树脂		强碱性阴树脂（Ⅰ型）	弱酸性阳树脂	弱碱性阴树脂
顺流	HCl	1.9～2.2	2.5～3	1.05～1.1	1.2
	H_2SO_4	2～3.1			
对流	HCl	<1.5	<1.6	1.05～1.1	1.2
	H_2SO_4	<1.7			
混合床	3～4		4～5		

3. 再生条件

(1) 再生液浓度

再生液浓度高，再生效果好，但在再生剂用量固定的情况下，提高浓度，势必减少再生液体积，这样就会减少再生液与树脂接触的时间，反而降低再生效果，所以要选用适当的再生液浓度。

再生液浓度还与再生方式有关。一般顺流再生固定床和混合床所用的再生液浓度高于对流再生固定床的再生液浓度。推荐的再生液浓度见表 6-5。

表 6-5　推荐的再生液浓度

再生方式	强酸阳离子交换树脂		强碱阴离子交换树脂	混合床	
	钠型	氢型		强酸树脂	强碱树脂
再生剂品种	食盐	盐酸	氢氧化钠	盐酸	氢氧化钠
顺流再生液浓度/%	5～10	3～4	2～3	5	4
对流再生液浓度/%	3～5	1.5～3	1～3		

当采用硫酸再生时，如交换器失效后树脂层中 Ca^{2+} 的相对含量大，采用浓度高的硫酸再生这种交换器，就容易在树脂层中产生 $CaSO_4$ 沉淀，故必须对硫酸的浓度加以限制。

为了防止用硫酸再生时在树脂层中产生 $CaSO_4$ 沉淀，可采用变浓度再生，先用低浓度、高流速硫酸再生液进行再生，将再生初期再生出的大量钙排走，然后逐步增加浓度，提高树脂再生度，可取得较好的再生效果。表6-6是推荐的用硫酸再生强酸阳树脂的三步再生法。也可设计成硫酸浓度是连续缓慢增大的再生方式。使用硫酸再生时酸耗要比盐酸再生时高。

表6-6　硫酸三步再生法

再生步骤	再生剂用量（占总量的）	浓度/%	流速/(m/h)
1	1/3	1.0	8～10
2	1/3	2.0～4.0	5～7
3	1/3	4.0～6.0	4～6

在再生阴双层床（或其他阴交换器）时，为了防止树脂层内形成二氧化硅胶体，导致无法再生和清洗的恶果，也宜采用变浓度的再生法。

（2）再生液流速

再生液流速主要影响再生液与树脂接触时间，所以一般流速越低越好，但流速太低，再生产物不易排走，反离子浓度大，再生效果也不好，所以应控制一适当值，一般再生流速在4～8m/h。

特殊情况下，对再生液流速要求可另作考虑。比如，阴树脂交换速度较慢，再生流速可低一些；逆流再生流速不能高于搅乱树脂层为限，等等。

（3）再生液温度

提高再生液温度可以加快扩散速度和反应速度，所以提高再生液温度可提高再生效率，但应以树脂的最高允许使用温度为限。

对于阳树脂，再生液温度影响不大，一般可不进行加温，但当需要清除树脂中的铁离子及其氧化物时，可将盐酸的温度提高到40℃。

对于强碱阴树脂，当用氢氧化钠作再生剂时，再生液的温度对树脂再生度有影响，但它对树脂交换氯离子、硫酸根、碳酸氢根影响较小，但对交换硅酸根及再生后制水过程中硅酸的泄漏量有较大的影响，所以再生液应加热。强碱Ⅰ型阴树脂适宜的再生液温度为40℃，强碱Ⅱ型阴树脂适宜的再生液温度为35℃±3℃。

第二节　水的阳离子交换处理

水处理中常用到的阳离子交换有Na离子交换、H离子交换。根据应用目的的不同，它们组成的水处理工艺有为除去水中硬度的Na离子交换软化处理，为除去硬度并降低碱度的H-Na离子交换软化除碱处理，以及在除盐系统中除去水中全部阳离子的氢型阳离子交换处理。

一、钠离子交换法

如果离子交换水处理的目的只是为了除去水中的Ca^{2+}、Mg^{2+}，就称为离子交换软化处理，这可以采用图6-2的Na离子交换法。

水通过 Na 离子交换后，水中的 Ca^{2+} 和 Mg^{2+} 被置换成 Na^+ 从而除去了水中的硬度，而碱度不变，水中的溶解固形物稍有增加，因为 Na^+ 的摩尔质量比 $1/2\ Ca^{2+}$ 或 $1/2\ Mg^{2+}$ 的摩尔质量值稍大一些。

正常运行时树脂中离子分布规律如图 6－2 所示，从上到下依次为 Ca^{2+}、Mg^{2+}、Na^+。

Na 离子交换失效后，常用食盐溶液进行再生，但也可用其他钠盐，如沿海地区可用海水等。

以出水硬度升高为 Na 离子交换的运行终点。水经过一级 Na 离子交换后，硬度可降至 $30\mu mol/L$ 以下，能满足低压锅炉对补给水的要求。

如水质要求更高，比如为了使水的硬度降至 $3\mu mol/L$ 以下，可以将两个 Na 离子交换器串联运行，这种处理方式称为二级 Na 离子交换系统，如图 6－3 所示。二级 Na 离子交换中的第二级 Na 离子交换器，由于进水水质较好，床层树脂高度可适当降低（比如 1.5m），运行流速也可适当提高（比如 50m/h），但必须再生彻底。二级 Na 离子交换系统中的一级 Na 离子交换器的失效终点可放至 $200\mu mol/L$。

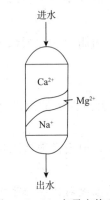

图 6－2　Na 离子交换系统

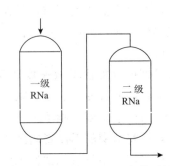

图 6－3　二级 Na 离子交换系统

用 Na 离子交换进行水处理的缺点是不能除去水的碱度。进水中的重碳酸盐碱度，不论是以何种形式存在，经 Na 离子交换后，均转变为 $NaHCO_3$。若作为锅炉补给水，$NaHCO_3$ 会在锅炉中受热分解产生 NaOH 和 CO_2，其结果是炉水碱性过强，为苛性脆化提供了条件，CO_2 还会使凝结水管道发生酸性腐蚀。

二、强酸性氢型阳树脂的离子交换

当用强酸性氢型阳树脂处理水时，由于它的—SO_3H 基团酸性很强，所以对水中所有阳离子均有较强的交换能力，与水中主要阳离子 Ca^{2+}、Mg^{2+}、Na^+ 的交换反应如下。

对水中钙、镁的重碳酸盐：

$$2RH+\begin{Bmatrix}Ca\\Mg\end{Bmatrix}(HCO_3)_2 \longrightarrow R_2\begin{Bmatrix}Ca\\Mg\end{Bmatrix}+\ 2H_2CO_3$$
$$\longrightarrow 2H_2O+CO_2\uparrow$$

对水中非碳酸盐硬度：

$$2RH+\left.\begin{matrix}Ca\\Mg\end{matrix}\right\}SO_4\longrightarrow R_2\left\{\begin{matrix}Ca\\Mg\end{matrix}\right.+H_2SO_4$$

当水中有过剩碱度时，其交换反应如下：

$$RH+NaHCO_3\longrightarrow RNa+\ H_2CO_3$$
$$\qquad\qquad\qquad\qquad\qquad\downarrow\!\!\rightarrow 2H_2O+CO_2\uparrow$$

与水中中性盐的交换反应：

$$RH+NaCl\longrightarrow RNa+HCl$$

对水中硅酸盐的交换反应：

$$RH+NaHSiO_3\longrightarrow RNa+H_2SiO_3$$

从以上反应可看出，经氢离子交换后，水中各种溶解盐类都转变成相应的酸，包括强酸（HCl、H_2SO_4 等）和弱酸（H_2CO_3、H_2SiO_3 等），出水呈强酸性。酸性大小通常用强酸酸度来表示，又简称酸度。

在一个运行周期中，强酸性氢离子交换器出水的酸度和其他离子变化情况示于图 6-4。从图上可见，正常运行时，氢离子交换器的出水酸度等于进水中强酸阴离子（Cl^-、SO_4^{2-}、NO_3^- 等）浓度之和；当出水开始漏 Na^+ 时，酸度开始下降；当出水中 Na^+ 浓度等于进水中强酸阴离子浓度时，出水酸度降为零，并开始出现碱度；当出水中 Na^+ 浓度等于进水中总阳离子浓度时，出水碱度与进水碱度相等。

从图中还可以看出，强酸性氢离子交换器运行终点有两个：一是漏 Na^+，一是漏硬度。在 Na 离子交换中，使用漏硬度作为运行终点，此时，一个运行周期中，出水中 Na^+ 和酸度均是变化的；在离子交换除盐系统中，以漏 Na^+ 为运行终点，在此运行周期中，出水 Na^+、硬度接近零，出水酸度稳定不变。

在离子交换除盐系统中，也可以用氢离子交换器出水酸度下降（如下降 0.1mmol/L）来判断氢离子交换器漏钠失效。

强酸性氢离子交换器正常运行时树脂中离子分布规律示于图 6-5。

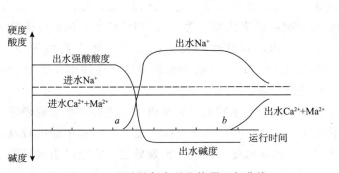 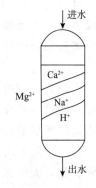

图 6-4 强酸性氢离子交换器运行曲线　　图 6-5 运行中强酸性氢离子交换器树脂中离子分布

进水水质对强酸性氢离子交换器的周期制水量和树脂工交有影响，进水中 $Na^+/(\sum$ 阳$)$ 比值上升，周期制水量和树脂工交将下降，$Na^+/(\sum$ 阳$)$ 为 25% 时树脂工交最低；进水中 $HCO_3^-/(\sum 阴)$ 的比值增加，有利于提高阳树脂工交。

三、弱酸性阳树脂离子交换

弱酸性阳树脂含有羧酸基团（—COOH），有时还含有酚基（—OH），它们对水中碳酸盐硬度有较强的交换能力，其交换反应如下：

$$2RCOOH+\left.\begin{matrix}Ca\\Mg\end{matrix}\right\}(HCO_3)_2 \longrightarrow (RCOO)_2\left\{\begin{matrix}Ca\\Mg\end{matrix}\right.+2H_2O+2CO_2\uparrow$$

反应中产生了 H_2O 并伴有 CO_2 逸出，从而促使树脂上可交换的 H^+ 继续解离，并和水中的 Ca^{2+}、Mg^{2+} 进行交换反应。

但弱酸性阳树脂对水中 $NaHCO_3$ 的交换能力较差，表现出工作层厚度较大，出水中残留碱度较高。弱酸性阳树脂对水中的中性盐基本上无交换能力，这是因为交换反应产生的强酸抑制了弱酸性树脂上可交换离子的电离。但某些酸性稍强一些的弱酸性阳树脂，例如 D113 丙烯酸系弱酸阳树脂也具有少量中性盐分解能力。因此，当水通过氢型 D113 树脂时，除了与 $Ca(HCO_3)_2$、$Mg(HCO_3)_2$ 和 $NaHCO_3$ 起交换反应外，还与中性盐发生微弱的交换反应，使出水有微量酸度。

因此，通常用中性盐分解容量来表示弱酸性阳树脂酸性的强弱。目前常见的弱酸性阳树脂有三类，它们的酸性大小及交换情况列于表 6-7。

表 6-7　目前常见的三种弱酸性阳树脂性能

树脂	中性盐分解容量	出水酸度	与 $NaHCO_3$ 交换作用
甲基丙烯酸系	约为零	无	无
丙烯酸系	稍有	开始阶段有	只部分交换
苯酚甲醛系	小	稍长时间有	可交换

从表 6-7 可见，三种弱酸性阳树脂中甲基丙烯酸系酸性最弱，它的中性盐分解容量约为零，这种树脂对 H^+ 亲和力最强，再生也最容易，甚至可用 CO_2 再生。

目前工业上广泛使用的是丙烯酸系弱酸性阳树脂，它具有如下交换特征。

①丙烯酸系弱酸性阳树脂对水中物质的交换顺序为：$Ca(HCO_3)_2$、$Mg(HCO_3)_2$ > $NaHCO_3$ > $CaCl_2$、$MgCl_2$ > $NaCl$、Na_2SO_4 对这些物质交换能力之比大约为 45：15：2.5：1。所以它在交换水中碳酸盐硬度的同时，降低了水的碱度，还使出水带有少量酸度，既能对水进行软化，又能对水进行除碱。

②丙烯酸系弱酸性阳树脂运行特性与进水水质组成关系很大，主要是指水的硬度与碱度之比。当进水硬度与碱度之比大于1，即水中有非碳酸盐硬度时，出水中酸度较高，且出现时间较长，大约运行 2/3 周期后，出水酸度才消失，出现碱度，它是以出水碱度达到进水碱度的 1/10 作为失效点。运行曲线如图 6-6 所示。

当进水硬度与碱度之比小于1，即水中有过剩碱度时，出水中的酸度较低，时间也短，如果仍用出水碱度达到进水碱度的 1/10 作为失效点（图 6-7 中 a 点），则运行时间短，工作交换容量低，但可同时起到软化与除碱作用；如果运行至出水硬度占原水硬度 1/10 时作为失效点（图 6-7 中 b 点），则运行周期大大延长，工作交换容量高，但此时出水碱度也高，除碱作用不彻底，仅起软化作用。运行曲线如图 6-7 所示。

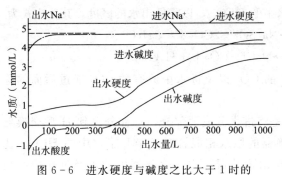

图 6-6　进水硬度与碱度之比大于 1 时的弱酸性阳树脂运行曲线

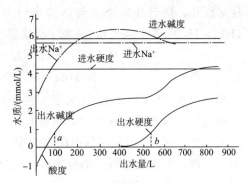

图 6-7　进水硬度与碱度之比小于 1 时的弱酸性阳树脂运行曲线

③工作交换容量远高于强酸阳树脂，可达 $1500 \sim 1800 mol/m^3$ 以上，但影响工作交换容量的因素也比强酸阳树脂显著，除了前述的原水水质及失效控制点外，运行流速、水温、树脂层高都会对工作交换容量产生显著影响。

④弱酸性阳树脂对 H^+ 的选择性最强，因而很容易再生，可用废酸进行再生，再生比耗低，且不论采用何种方式再生，都能取得比较好的再生效果。

四、H-Na 离子交换软化除碱

在某些工业用水中，要求彻底去除水的碱度，比如锅炉用水，由于水中的 HCO_3^- 在热力系统中受热会分解产生 CO_2 使蒸汽及凝结水的 pH 降低并造成酸性腐蚀。所以，用作锅炉的补给水，在除去水中硬度的同时，若原水的碱度较高，还必须降低出水的碱度。

既需除去水中的硬度，又要降低水的碱度，且要求不增加水的含盐量，则可以采用阳离子交换树脂的 H-Na 离子交换软化除碱工艺。

1. 采用强酸性 H 离子交换树脂的 H-Na 离子交换

由于强酸性 H 离子交换器出水中有酸度，故它的出水是显强酸性的，可以利用它的出水来中和另一部分水中的碱度，由于它不是外加药剂（如加酸）到水中，所以不会增加出水的含盐量，而是有所降低。

这种方法的处理系统可以是 H 离子交换器和 Na 离子交换器组成的并联或串联系统，如图 6-8 所示。

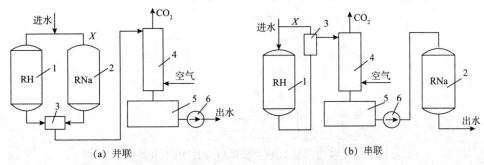

(a) 并联　　　　　　　　　　(b) 串联

图 6-8　强酸阳树脂的 H-Na 软化除碱系统

1—H 型交换器；2—Na 型交换器；3—混合器；4—除碳器；5—水箱；6—水泵

在图 6-8（a）所示的并联系统中，进水分成两路，分别通过 H 和 Na 两个离子交换器，使水软化，然后在两个交换器的出口混合，这样就利用了 H 离子交换器出水中的酸度（HCl、H_2SO_4 等）来中和 Na 离子交换器出水中的 HCO_3^-，以降低出水的碱度，其反应式为

$$NaHCO_3 + H_2SO_4 \longrightarrow Na_2SO_4 + 2CO_2 \uparrow + 2H_2O$$

$$NaHCO_3 + HCl \longrightarrow NaCl + CO_2 \uparrow + H_2O$$

中和反应生成的 CO_2、经 H 离子交换器产生的 CO_2 以及进水中原有的 CO_2 通过后面的除碳器脱除，从而达到软化除碱的目的。

在图 6-8（b）所示的串联系统中，也是将进水分成两部分，一部分送到 H 型交换器中，其酸性出水在与另一部分未经 H 型交换器的原水相混合时，中和了水中的 HCO_3^- 达到了降低水的碱度的目的。反应产生的 CO_2 由除碳器除去，除碳器后的水经过水箱由泵送入 Na 离子交换器进行软化处理。

为了将碱度降至预定值，并保证中和后不产生酸性水，应合理分配流经 H 型交换器的水量。设 X 为未经 H 型交换器的水量占总水量的百分数（%），A 为进水碱度（mmol/L），C 为进水中强酸阴离子的总浓度（mmol/L），A_c 为中和后水的残留碱度（mmol/L），那么：

①当 H 型交换器运行到有 Na^+ 穿透现象为终点时，则 X 可按下式估算

$$X = \frac{C + A_c}{C + A} \times 100\% \tag{6-2}$$

②当 H 型交换器运行到有硬度穿透现象为终点时，则 X（平均值）可按下式估算

$$X = \frac{H_F + A_c}{H} \times 100\% \tag{6-3}$$

式中　H_F——进水中非碳酸盐硬度，mmol/L；

　　　　H——进水中的总硬度，mmol/L。

为了保证出水水质，不论是采用并联或串联方式，在系统的最后还可再增添一个二级 Na 型交换器，以确保处理水的硬度符合要求。增添二级 Na 型交换器后，还可以改进 H 型交换器的运行条件，即允许它的出水中有少量阳离子漏过，从而提高其工作交换容量，降低酸耗。

经 H-Na 并联系统处理后水的碱度可降至 0.35~0.5mmol/L，经 H-Na 串联系统处理后水的碱度可降至 0.5~0.7mmol/L。

2. 用弱酸性 H 离子交换树脂的 H-Na 离子交换

此工艺只能按串联方式组成系统，如图 6-9 所示。

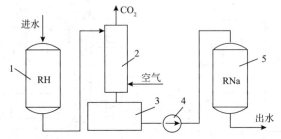

图 6-9　采用弱酸 H 型交换树脂的 H-Na 软化除碱系统

1—弱酸 H 交换器；2—除碳器；3—水箱；4—水泵；5—Na 交换器

在此系统中，用丙烯酸系弱酸性阳树脂（如 D113），因为弱酸性阳树脂仍有少量分解中性盐的能力，出水呈酸性，原水中碳酸盐（碱度）被去除变为 CO_2，与碳酸盐对应硬度被交换，交换产生 CO_2 在除碳器中脱除。水中的非碳酸盐硬度和少量残留的碳酸盐硬度，在水流经后面 Na 型交换器时，被交换除去，从而达到软化除碱的目的。

弱酸性 H 型离子交换树脂失效后，很容易再生，酸耗低，因此比较经济。Na 型交换器失效后用食盐溶液再生。

除了采用弱酸性阳离子交换树脂外，还可以采用磺化煤，它是一种碳质离子交换材料，含有强酸性交换基团（$-SO_3H$）及弱酸性交换基团（$-COOH$、$-OH$），当它采用不足酸量（理论酸量，比耗约为 1）再生时，交换特性类似于弱酸性阳离子交换树脂。这种工艺称为贫再生。

五、阳离子交换树脂运行中的问题及处理对策

1. 重金属污染

水中铁、铝等重金属离子会对树脂产生污染，但目前最常见的是铁污染。

阳树脂遭到铁污染时，被污染树脂的外观变为深棕色，严重时可以变为黑色。一般情况下每 100g 树脂中的含铁量超过 150mg 时，就应进行处理。

阳树脂使用中，原水带入的铁离子大部分以 Fe^{2+} 存在，它们被树脂吸收以后，部分被氧化为 Fe^{3+}，再生时不能完全被 H^+ 交换出来，因而滞留于树脂中造成铁的污染。使用铁盐作为混凝剂时，部分矾花被带入阳床，过滤作用使之积聚在树脂层内，阳交换产生的酸性水溶解了矾花，使之成为 Fe^{3+}，被阳树脂吸收，造成铁的污染。工业盐酸中的大量 Fe^{3+}，也会对树脂造成一定的铁污染。

防止树脂铁污染的措施如下。

①减少阳床进水的含铁量。对含铁量高的地下水应先经过曝气处理及锰砂过滤除铁；对地表水在使用铁盐作为混凝剂时，采用改善混凝条件、降低澄清及过滤设备出水浊度、选用 Fe^{2+} 含量低的混凝剂等措施，防止铁离子带入阳床。

②对输水的管道、贮存槽及酸系统应考虑采取必要的防腐措施，以减少铁腐蚀产物对阳树脂的污染。

③选用含铁量低的工业盐酸再生阳树脂。

④当树脂被铁污染时，应进行酸洗除铁。酸洗时可用浓盐酸（10%～15%）长时间浸泡，也可适当加热，还可以在酸液中添加还原剂（硫代硫酸钠或亚硫酸氢钠）。

2. 油脂类对树脂的污染

常见的阳树脂油脂污染是由于水中带油及酸系统的液体石蜡进入阳树脂。矿物油对树脂的污染主要是吸附于骨架上或被覆于树脂颗粒的表面，造成树脂微孔的污染，严重时会产生树脂结块、树脂交换容量降低、周期制水量明显减少、树脂密度变小、反洗时跑树脂等现象。被油脂污染的树脂放在试管内加水，水面有油膜，呈"彩虹"现象。

离子交换设备进水中含油量为 0.5mg/L 时，几个月内即可出现树脂被油污染的现象。

处理油污染树脂的方法：首先应迅速查明油的来源，排除故障，防止油的继续漏入；必要时，应清理设备内积存的油污；污染的树脂，应通过小型试验，选择适当的除油处理方法，一般可采用 NaOH 溶液循环清洗。

3. 阳树脂氧化降解

树脂的化学稳定性可以用其耐受氧化剂作用的能力来表示。阳树脂处于离子交换除盐系统的前部，首先接触水中的游离氯、极易被氧化。

（1）阳树脂的氧化

阳树脂被氧化后主要表现为骨架断链，生成低分子的磺酸化合物，有时还会产生羧酸基团，其反应如下：

$$-CH-CH_2- \quad + [O] \longrightarrow \quad -CH-CH_2- \quad + RSO_3H$$

$$-CH-CH_2- \quad + [O] \longrightarrow \quad -C-CH_2-$$

阳树脂遇到的氧化剂主要是游离氯与水反应生成的氧，其反应如下：

$$Cl_2 + H_2O \longrightarrow HOCl + HCl$$
$$HOCl \longrightarrow HCl + [O]$$

原水中的游离氯主要来自水的消毒。近年来，由于天然水中有机物含量和细菌的增多，工业用水在混凝、澄清之前需要加氯，以达到灭菌和降低 COD 的作用，这样，过剩的氯（游离氯）就会对阳树脂造成损害。在再生过程中，如果使用含有游离氯的工业盐酸或有氧化性的副产品盐酸，其中含有的氧化剂也会对阳树脂造成不可逆损害。一般要求进入化学除盐设备的水中，游离氯的含量应小于 0.1mg/L，还应对阳树脂再生用盐酸的氧化性能进行监督。阳树脂会大量吸收游离氯（达 80%～100%），吸氯后阳树脂被氧化，发生断链，使树脂膨胀，含水率增大，树脂颗粒变大或破碎，树脂颜色变浅，对钠交换能力下降，出水 Na$^+$ 含量上升，正洗时间延长，运行周期缩短，周期制水量下降，出水（或正洗排水）有泡沫（由于断链产物 RSO$_3$H 有表面活性）。氧化后阳树脂含水率达 60% 时，树脂交换容量下降达 25%，可作报废处理，含水量达 70% 时，树脂已软化。

（2）防止阳树脂氧化的方法

由于阳树脂氧化断链是不可逆的过程，已被氧化的阳树脂其性能无法恢复，所以对阳树脂氧化降解是重在预防，其方法有：

①在阳树脂床前设置活性炭过滤器，它可以有效去除水中的游离氯。

②严格监督工业盐酸的氧化性，选用不含游离氯的工业盐酸，也可添加还原剂亚硫酸氢钠。

③选用高交联度的阳树脂。

随着树脂交联度的增大，其抗氧化性能增强。表 6-8 列出了美国 Rohm&Hass 公司生产的 Amberlite 树脂的抗氧化性能。

表 6 - 8　阳树脂的交联度与抗氧化性能的关系

树脂	型号	树脂的交联度 DVB	体积膨胀率
Amberlite	IR-120	8	140
Amberlite	IR-122	10	40
Amberlite	IR-124	12	20
Amberlite	200	20	0

试验条件：在 55℃的 30％H_2O_2溶液中浸泡树脂 18h。

4. 阳树脂溶出物

在许多应用离子交换树脂制备超纯水的场合，阳树脂的溶出物已是一个不容忽视的问题。阳树脂是聚苯乙烯白球再通过浓硫酸磺化而得，为磺化聚苯乙烯，在苯乙烯聚合过程中受聚合条件影响，会形成许多不同聚合度（即不同分子质量）的聚合物，其中低分子质量的聚合物具有水溶性，在使用过程中会随水流带出；使用中的阳树脂也会因为氧化和降解等原因造成交联链断裂，出现低分子质量磺化聚苯乙烯而溶于水。这些低分子质量磺化聚苯乙烯即是阳树脂溶出物为有机硫化物，它随水带出后有两种危害，一是在复床除盐系统中，阳床出水中阳树脂溶出物进入中间水箱及阴床，由于这些溶出物具有表面活性，造成中间水箱水中出现泡沫，进入阴床后则被阴树脂吸收，阴树脂受到污染；二是进入出水中阳树脂溶出物（如混床中阴阳树脂混合不均，底层阳树脂溶出物直接进入产水中；复床中阳树脂溶出物对阴树脂污染饱和后漏出带入产水中），造成供水 TOC 增加，遇到高温在高温下分解，造成水中 SO_4^{2-} 浓度上升。

采用高交联度的阳树脂（为 DVB14％～16％），可以减少溶出物溶出，另外，加强新树脂的预处理及防止树脂被氧化对减少溶出物也很有效。

5. 树脂的破碎

在树脂的贮存、运输和使用中都可能造成树脂颗粒的破碎，常见的原因如下。

（1）制造质量差

树脂在制造过程中，由于工艺参数维持不当，会造成部分或大量树脂颗粒发生裂纹或破碎现象，表现为树脂颗粒的压碎强度低和磨后圆球率低。

（2）冰冻

树脂颗粒内部含有大量的水分，在零度以下温度贮存或运输时，这些水分会结冰，体积膨胀，造成树脂颗粒的崩裂。冰冻过的树脂在显微镜下可见大量裂纹，使用后短期内就会出现严重的破碎现象。为了防止树脂受冻，树脂应在室温（5～40℃）下保存及运输。

（3）干燥

树脂颗粒暴露在空气中，会逐渐失去其内部水分，树脂颗粒收缩变小。干树脂浸在水中，会迅速吸收水分，粒径胀大，从而造成树脂的裂纹和破碎。为此，在贮存和运输过程中树脂要保持密封，防止干燥，对已经干燥的树脂，应先将它浸入饱和食盐水中，利用溶液中高浓度的离子，抑制树脂颗粒的膨胀，再逐渐用水稀释，以减少树脂的裂纹和破碎。

（4）渗透压的影响

正常运行状态下的树脂，在运行过程中，树脂颗粒会产生膨胀或收缩的内应力。树脂在长期的使用中，多次反复膨胀和收缩，是造成树脂颗粒发生裂纹和破碎的主要原因。树脂膨胀与收缩的速度决定于树脂转型的速度，而转型的速度又取决于进水的盐类浓度和流速。表 6-9 是树脂渗透压试验的结果，该试验是将树脂反复用酸、碱转型，强化了渗透压变化对树脂裂纹的影响。从试验结果可以看出，反复转型是树脂破碎的主要原因。树脂在再生过程中，因溶液浓度较高，离子的压力使树脂颗粒的体积变化减小，渗透压的影响降低，因此一般不会造成树脂颗粒的破碎。

表 6-9   树脂反复转型后的裂纹率   %

树脂类型	凝胶型树脂	大孔型树脂
新树脂	6.9	0
用酸、碱反复转型 100 次后的树脂	80.5	0.3

第三节   除 CO_2 器

原水经 H 型离子交换器后，水中 HCO_3^- 都转变成为 H_2CO_3，连同水中原来含有的 CO_2，通常可用除 CO_2 器（又称除碳器）一起除去。如果在氢离子交换后不立即将水用酸、碱反复转型 100 次后的树脂中 CO_2 去除，CO_2 进入阴离子交换器，将会使阴离子交换器负担加重，再生用碱量增多，还会影响阴离子交换器出水的 SiO_2 含量。

一、除 CO_2 器原理

水中碳酸化合物存在下面的平衡关系

$$H^+ + HCO_3^- \rightleftharpoons H_2CO_3 \rightleftharpoons CO_2 + H_2O$$

从上式可知，水中 H^+ 浓度越大，水中碳酸越不稳定，平衡越易向右移动。经 H 型离子交换后的出水呈强酸性，因此，水中碳酸化合物全部以游离 CO_2 形式存在。

水经 H 离子交换器后，水中 HCO_3^- 转变为 H_2CO_3，连同水中原有的 CO_2，其溶解量远远超出与空气中 CO_2 含量平衡时的溶解度，因此，根据亨利定律，在一定温度下气体在溶液中的溶解度与液面上该气体的分压力成正比，当液体中该气体溶解量超过它的溶解度时，它会从水中逸出。根据工业条件，水中 CO_2 逸出速度与下列条件有关：一是水与空气的接触面积越大，逸出速度越快；二是水温与其逸出条件下的沸点越接近，逸出速度越快；三是水的 pH 越低，逸出速度越快。所以只要降低与水相接触的气体中 CO_2 的分压，溶解于水中的游离 CO_2 便会从水中解吸出来，从而将水中游离 CO_2 除去。除碳器就是根据这一原理设计的。

增大水与空气的接触面积，降低 CO_2 气体分压，提高水中 CO_2 逸出速度的一个方法是在除碳器中鼓入空气让水中 CO_2 尽快与空气中 CO_2 达到平衡，即为鼓风式除碳器；另一方法是让水温与水沸点接近；目前常用的是除碳器上部抽真空的方法，降低水的沸点，即为真空式除碳器。

二、鼓风式除碳器

1.除碳器结构

鼓风式除碳器的结构如图 6-10 所示。其本体是一个圆柱形不承压容器，用钢板内衬胶或塑料制成。上部有配水装置，下部有风室。柱内装的填料可以是瓷环（也称拉西环）、鲍尔环、阶梯环或塑料多面空心球等，过去常用瓷环，近年来逐渐改用塑料多面空心球、塑料波纹板等，主要是因为塑料填料质轻、强度高、不易破碎、装卸方便，其工业性能与瓷环相同，除 CO_2 的效果也同瓷环相近。除碳器风机一般采用高效离心式风机。

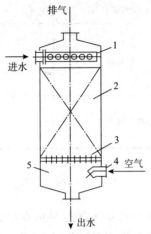

图 6-10 鼓风式除碳器结构示意图
1—配水装置；2—填料层；
3—填料支撑；4—风机接口；
5—风室

2.工作过程

除碳器工作时，水从上部进入，经配水装置淋下，通过填料层后，从下部排入水箱。用来除 CO_2 的空气是由鼓风机送入此柱体的底部，通过填料层后由顶部排出。

在除碳器中，由于填料的阻挡作用，从上面流下来的水流被分散成许多小股水流、水滴或水膜，增大了水与空气的接触面积。由于空气中 CO_2 含量很低，它的分压约为大气压的 $0.03\%\sim0.04\%$，所以当空气和水接触时，水中的 CO_2 便会析出并能很快地被空气带走，排至大气。

在 20℃时，当水中 CO_2 和空气中 CO_2 达到平衡时，水中 CO_2 浓度约为 0.44mg/L，但在实际设备中，由于接触时间不够，它们尚未达到平衡，通过鼓风式除碳器后，一般可将水中的 CO_2 含量降至 5mg/L 以下。

3.影响除 CO_2 效果的工艺条件

当处理水量、原水中碳酸化合物含量和出水中 CO_2 含量要求一定时，影响除 CO_2 效果的工艺条件如下。

（1）水温 除 CO_2 效果与水温有关，水温越高，水面 CO_2 分压力越小，CO_2 在水中的溶解度越小，因此除去的效果也就越好。

（2）水和空气的接触面积 比表面积大的填料能有效地将进水分散成线状、膜状或水滴状，从而增大了水和空气的接触面积，也缩短了 CO_2 从水中逸出的路程，降低了阻力，使 CO_2 能在较短时间内从水中逸出，取得较好的去除效果。常用填料的比表面积等性能参数见表 6-10。

（3）喷淋密度 它是指除碳器单位截面积处理的水量。如果该水量大，则负荷高，处理效果差。目前鼓风式除碳器的喷淋密度 $\leqslant$60m³/(m²·h)。

（4）风量和风压 风机的风量和风压与处理水量、填料类型等因素有关。通常，当用 25mm×25mm×3mm（高度×外径×壁厚）瓷环作填料时，其喷淋密度为 60m³/(m²·h)，处理 1m³ 水所需空气量为 20～30m³。

表 6-10　常用填料的性能参数

名称	规格/mm	填料充填体积/(个/m³)	比表面积/(m²/m³)
拉西瓷环		52300	204
鲍尔环	$\phi25$	53500	194
	$\phi38$	15800	155
	$\phi50$	7000	106.4
塑料多面空心球	$\phi25$	85000	460
	$\phi50$	11500	236

三、真空式除碳器

真空式除碳器是利用真空泵或喷射器（以蒸汽作工作介质）从除碳器上部抽真空，使水达到沸点从而除去溶于水中的气体。这种方法不仅能除去水中的 CO_2，而且能除去溶于水中的 O_2 和其他气体，因此这对防止后面阴离子交换树脂的氧化和减少除盐水系统（管道、设备等）的腐蚀、减少除盐水带铁、减轻除盐水系统生物滋生也是很有利的。

通过真空式除碳器后，水中 CO_2 可降 5mg/L 以下，残余 O_2 低于 0.3mg/L。

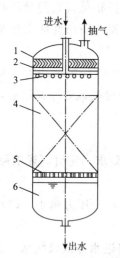

图 6-11　真空式除碳器结构示意图
1—收水器；2—布水管；3—喷嘴；
4—填料层；5—填料支撑；6—存水区

1. 结构

真空式除碳器的基本构造如图 6-11 所示。由于除碳器是在负压下工作的，所以对其外壳除要求密闭外，还应有足够的强度和稳定性。壳体下部设存水区，其存水部分的大小应根据处理水量的大小及停留时间决定，也可在下部另设中间水箱以增加存水的容积。真空式除碳器所用填料与鼓风式的相同，其喷淋密度为 $40\sim60m^3/(m^2 \cdot h)$。

2. 系统

该系统由真空式除碳器及真空系统组成。真空设备有水射器、蒸汽喷射器或真空机组（水环式、机械旋片式等）。图 6-12 为三级蒸汽喷射器真空系统，图 6-13 为低位真空式除碳器系统。真空除碳器内的真空度使输出水泵吸水困难，为保证水泵的正常工作条件，一般设计成高位式布置。所谓高位式布置系统是指提高真空除碳器的标高（如一般在地面 10m 以上），增大除碳器内水面与水泵轴标高的高度差，以满足输出水泵吸水所需的正水头。

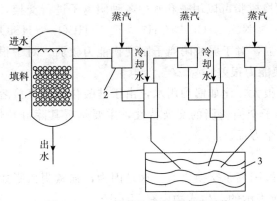

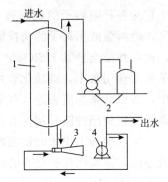

图 6-12 三级蒸汽喷射器真空系统

1—除碳器；2—真空抽气装置；3—真空脱气热水器

图 6-13 低位真空式除碳器系统

1—除碳器；2—真空机组；3—水射器；
4—输出水泵

3. 影响真空除碳器除 CO_2 效果的因素

真空除碳器一般运行时设备内压力在 1.07kPa 以下（真空度可达 750mmHg 以上），借助高真空，使常温下水沸腾来去除水中 CO_2，所以真空度的高低直接影响真空除碳器的运行效果。

由于水沸点随水面压力增大而上升，如表 6-11 所示，所以适当提高水温有利于水中 CO_2 的脱除。特别是当真空式除碳器运行真空达不到要求时，提高水温是非常有益的。

表 6-11 水沸点与压力关系

压力/kPa	水沸点/℃	压力/kPa	水沸点/℃
0.613	0	2.333	20
0.933	6	4.240	30
1.227	10	7.373	40
1.813	16	12.332	50

除此以外，影响鼓风式和真空式除 CO_2 器运行效果的因素还有填料的比表面积、喷淋密度、水气比等。

第四节　水的阴离子交换处理

一、强碱阴树脂工艺特性

水通过阳离子交换设备及除碳器后，水中阳离子全部转化为 H^+，水中 CO_2 也大部分去除。这时水中残存的是各种酸，包括强酸（如 HCl、H_2SO_4 等）及弱酸（如 H_2CO_3、H_2SiO_3 等），强碱阴树脂与这些酸都可以发生交换，即

$$2ROH + H_2 \begin{cases} SO_4 \\ Cl_2 \\ CO_3 \\ SiO_3 \end{cases} \longrightarrow \begin{cases} R_2SO_4 \\ 2RCl \\ 2RHCO_3 \\ 2RHSiO_3 \end{cases} + 2H_2O$$

上式可以说明，强碱性 OH 型离子交换树脂可以用来和水中各种阴离子进行交换，在稀溶液中它对各种阴离子的选择性为 $SO_4^{2-} > NO_3^- > Cl^- > OH^- > F^- > HCO_3^- > HSiO_3^-$。由此可见，他对强酸阴离子的交换能力很强，对于弱酸阴离子则交换能力较弱。对于很弱的硅酸，他虽然能交换其 $HSiO_3^-$，但交换能力很差。

在某些工业用水中，硅酸化合物危害很大，比如锅炉用水，由于硅酸化合物直接溶解在蒸汽中，所以必须彻底去除。强碱阴离子交换树脂的交换特性，主要是看其除硅特性。强碱阴离子交换树脂的除硅特性有以下几个方面。

（1）必须在酸性水中才能彻底除硅

也就是说，强碱阴离子交换必须在强酸阳离子交换之后。这是因为，强碱阴树脂如果和水中硅酸盐 $NaHSiO_3$ 反应，则如下式所表示的，生成物中有 NaOH：

$$ROH + NaHSiO_3 \longrightarrow RHSiO_3 + NaOH$$

此时，由于出水中有大量的反离子 OH^-，交换反应就不能彻底进行，所以除硅的作用往往不完全。在水处理工艺中，必须设法排除 OH^- 的干扰，创造有利于交换 $HSiO_3^-$ 的条件。为此，现在普遍采用的做法是将水通过强酸性 H 型离子交换树脂，使水中各种盐类都转变为相应的酸，也就是降低水的 pH 值。这样，再用强碱性 OH 型离子交换树脂处理时，由于交换产物中生成电离度非常小的 H_2O，就可以防止水中的 OH^- 的干扰，如下式反应：

$$ROH + H_2SiO_3 \rightarrow R HSiO_3 + H_2O$$

该反应与上式反应相比可知，由于该式中消除了强碱 NaOH 所产生的反离子 OH^- 使反应趋向于右边，即除硅彻底。

（2）进水中 Na^+ 含量必须很小

虽然工业除盐系统中的阴离子交换器大都设在 H 型离子交换器之后，但当 H 离子交换进行得不彻底，以至于有漏 Na^+ 现象时，则由于水通过阴离子交换器后显碱性，导致除硅效果恶化，出水含硅量上升。

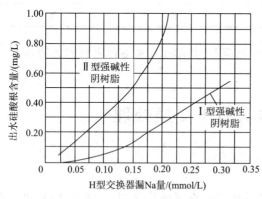

图 6-14 H 型离子交换器的漏 Na^+ 量对强碱性阴离子
交换树脂除硅的影响

图 6-14 所示为 H 型离子交换器漏 Na^+ 量对强碱性阴离子交换树脂除硅的影响。从图中可以看出，H 型离子交换器漏 Na^+ 量上升，出水硅酸化合物含量也上升，这是由于反离子影响所致。这种影响对 Ⅱ 型树脂除硅尤为显著：这是由于 Ⅱ 型树脂比 Ⅰ 型树脂碱性弱，在 H 型离子交换器漏 Na^+ 时，反离子（OH^-）影响大。

在运行中，为使阴离子交换器除硅彻底，必须尽量减少 H 型离子交换器的漏 Na^+，运行终点为漏钠控制。

（3）必须彻底再生且有足够的再生度

这主要是因为 ROH 型阴树脂与水中 H_2SiO_3 交换较为彻底，而失效态 RCl 型阴树脂对水中 H_2SiO_3 交换能力很弱，会造成大量 H_2SiO_3 穿透树脂层，引起出水含硅量上升。

要使强碱阴树脂获得彻底再生，再生工艺必须满足以下几点。

①采用强碱 NaOH 进行再生，不能使用弱碱（如 NH_4OH、Na_2CO_3）再生。

②再生剂纯度要高，再生剂纯度直接与强碱阴树脂出水中 SiO_2 含量相联系。工业碱中的杂质，大部分是氯化物和铁的化合物。强碱阴树脂对 Cl^- 有较大的亲和力（比对 OH^- 大 15～25 倍），所以，当用含 NaCl 较高的工业碱来再生时，树脂再生度会降低，并会使树脂的工作交换容量降低，运行周期缩短，对硅的交换能力下降，除盐水水质下降。例如，某厂用含 1.23％Cl^- 的工业液体碱再生时，阴离子交换器周期出水量 560t；而用含 Cl^- 大于 4.5％ 的工业液体碱再生时，周期出水量仅为 350～400t，而且除盐水的 SiO_2 含量由小于 $10\mu g/L$ 上升到 $20\mu g/L$ 左右。

通过计算也可知再生用碱中 NaCl 含量对阴树脂再生度的影响。比如含 NaCl 5％ 的工业液体碱再生阴树脂，其理论上的最高再生度仅为 32.8％，而含 NaCl 0.1％ 的固体碱用于再生阴树脂，其理论上的最高再生度可达 98.75％。阴树脂再生度高，则对水中硅酸化合物的交换能力也强，出水 SiO_2 也低。

③要有足够的再生剂用量。再生强碱阴树脂时，增加再生剂的用量，可以提高树脂的再生度，适当提高阴树脂的交换容量，而且对除硅效果也有好处，出水 SiO_2 也可以下降。但再生剂用量也不需要无限制提高，当再生剂用量达到一定数量后，再增加用量对除硅效果提高不大。所以，阴树脂再生时，再生剂用量必须达到一定数值，才能保证有较好的除硅效果。图 6-15 所示即为用强碱阴树脂时，再生剂（NaOH）耗量与其对硅酸交换容量之间的关系。

图中 R 表示进水中硅酸根的物质的量浓度占全部阴离子物质的量浓度的百分率，称硅酸比。由图可知，不管 R 为何值，提高再生剂耗量都可增大其除硅交换容量。

④再生剂保证一定的浓度。NaOH 一般为 1.5％～4％，当然也有采用先浓（2％～3％）后稀（0.2％～0.3％）的方法。

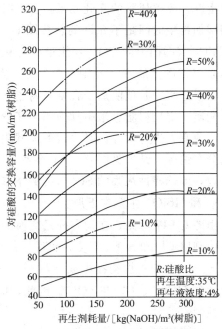

图 6-15　强碱性阴树脂的再生剂耗量与
其除硅容量的关系

——Ⅰ型强碱性阴树脂；---Ⅱ型强碱性阴树脂

⑤再生液要有一定温度。提高温度不利于交换，最佳除硅交换温度是 12℃，但提高再生液温度可以提高阴树脂交换离子的洗脱率，特别是 SiO_2 洗脱率的提高，有利于再次进行交换，如图 6-16 所示。

从图中可以看出，提高再生液的温度可以改善对硅酸的再生效果和缩短其再生时间。

但温度不能太高，温度的上限主要取决于树脂的耐热能力，温度太高会使树脂分解，寿命缩短。实践证明，再生和清洗的最优温度，对于Ⅰ型强碱性阴树脂为 40℃，Ⅱ型强碱性阴树脂为 35℃±3℃，丙烯酸强碱树脂为 38℃。

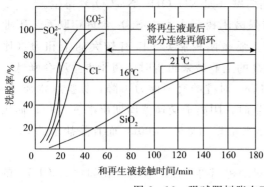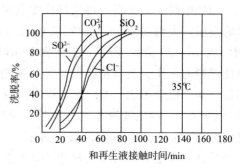

图 6-16 强碱阴树脂在不同温度时的再生情况

⑥要有足够的再生时间。阴树脂再生时，增加树脂与再生液的接触时间，无疑可以提高再生度，改善树脂的除硅效果，再生时间对阴树脂影响比阳树脂显著。但在工业上，无限制增加再生时间是不允许的。从图 6-16 的再生时间和洗脱率的关系可以看出，SO_4^{2-} 和 HCO_3^-（即图上的 CO_3^{2-}）能很快地从强碱性阴树脂中置换出来；Cl^- 要难一些；至于 $HSiO_3^-$（即图上的 SiO_2）则反应迟缓，需要较长的时间才能置换出来。

（4）进水中其他阴离子含量对树脂交换 SiO_2 影响

阴离子交换树脂进水中其他阴离子含量对阴树脂交换 SiO_2 有影响，其中以 CO_2 影响最大。曾有人进行试验，对失效的强碱阴树脂交换柱，分析各种阴离子在不同树脂层高度中的分布情况，结果见图 6-17，各种离子在树脂层中从上至下的分布情况和树脂的选择性一致，即选择性最强的 SO_4^{2-} 主要分布在上层，Cl^- 主要在中层，选择性最差的弱酸根 HCO_3^- 和 $HSiO_3^-$ 主要在下层。

由图 6-17 可见，在动态柱式交换的上层（1 层次）中，SO_4^{2-} 最多，中层（2 层和 3 层）中则以 Cl^- 和 SO_4^{2-} 居多，说明在运行初期，若进水中 SiO_2 被上层树脂交换，将会很快被 SO_4^{2-}、Cl^- 再次交换出来并移至下层，所以阴离子交换柱失效时首先是 SiO_2 漏出，其次才是 HCO_3^-、Cl^- 和 SO_4^{2-}。因此，应该用出水中 SiO_2 含量作为阴离子交换柱的运行终点控制。

由于阴树脂对 SiO_2 交换层与对 HCO_3^- 交换层相近，几乎重叠，所以进水中 CO_2 含量也直接影响树脂对 SiO_2 的交换。换句话说，进水 CO_2 含量多，出水含量会高，因此，严格监督阴交换器进水中 CO_2 含量（即监督除 CO_2 器运行效果），有利于阴离子交换器的正常运行。

从这里也可看出，在除盐系统的阴离子交换器前设置除碳器，不但可以延长阴离子交换器运行周期，减少再生用碱量，还可以改善阴离子交换器出水水质。

在图 6-17 中，强酸阴离子 SO_4^{2-}、Cl^- 和弱酸阴离子 HCO_3^-、$HSiO_3^-$ 的交换带基本上是分开的，重叠部分不多，所以应当区分阴离子交换树脂工作交换容量和除硅容量这两个概念。工作交换容量中很大部分是对 SO_4^{2-}、Cl^- 的交换容量，当进水中 SO_4^{2-}、Cl^- 浓度增大时，工作交换容量会明显上升，而阴离子交换树脂除硅容量是比较小的，当进水中 SO_4^{2-}、Cl^-、CO_2 含量上升时，除硅容量会下降。

强碱阴树脂对 SO_4^{2-} 交换容量比对 Cl^- 交换容量大 $33\% \sim 35\%$，所以进水 SO_4^{2-} 含量上

升，树脂工交上升，进水 $SiO_2/\sum$ 阴比值上升，出水 SiO_2 含量上升，树脂工交下降（顺流式交换器）。

二、弱碱阴树脂工艺特性

单从工艺上来看，弱碱阴树脂的工艺特性可以总结出如下几点。

（1）弱碱性阴树脂只能交换水中 SO_4^{2-}、Cl^-、NO_3^- 等强酸阴离子，对弱酸阴离子 HCO_3^- 的交换能力很弱，对更弱的弱酸阴离子 $HSiO_3^-$ 不能交换。

（2）弱碱性 OH 型阴离子交换树脂对于这些阴离子的交换是有条件的。那就是交换过程只能在酸性溶液中进行，或者说只有当这些阴离子呈酸的形态时才能被交换。如以下反应式：

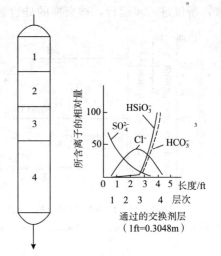

图 6-17　动态交换后各种阴离子在（强碱Ⅱ型）树脂中的分布

$$2RNNH_3OH + H_2SO_4 \longrightarrow (RNNH_3)_2SO_4 + 2H_2O$$

$$RNNH_3OH + HCl \longrightarrow RNNH_3Cl + H_2O$$

至于在中性盐溶液中，由于交换反应产生 OH^-，而弱碱性阴树脂对 OH^- 选择性特别强，所以实际上弱碱性 OH 型阴离子交换树脂就不能和它们进行交换，也即弱碱性阴离子交换树脂中性盐分解能力很弱。

（3）弱碱性阴离子交换树脂极易被碱再生，因为它对 OH^- 选择性最强，所以即使使用废碱（如强碱阴离子交换树脂的再生废液）再生都可以，而且不需要过量的药剂。用顺流式再生时，一般再生剂的比耗仅为 1.2～1.5。这对于降低离子交换除盐系统运行中的碱耗，特别是当原水中含有强酸阴离子的量较多时具有很大意义。

（4）弱碱性阴离子交换树脂的工作交换容量大，目前一般可达 800～1000mol/m³，明显大于强碱阴树脂的 250～300mol/m³。

（5）弱碱性阴树脂对有机物的吸附可逆性比强碱阴树脂好，可以在再生时被洗脱出来。这主要是因为弱碱性阴树脂的交联度低，孔隙大，而一般凝胶型强碱性阴树脂交联度高，孔隙小。利用这一点，可以用弱碱阴树脂来保护强碱性阴树脂不受有机物的污染。在系统中，将弱碱性阴树脂放在强碱性阴树脂前面，在运行时，要保证弱碱性阴树脂在失效前即停运再生。这是因为弱碱性阴树脂吸收的有机物在失效时会放出。

现以目前工业上常用的弱碱性阴树脂 D301 为例，进一步说明它的工艺特性。D301 是大孔型弱碱性苯乙烯系阴离子交换树脂，带有叔氨基交换基团，其游离胺型结构式及交换反应如下：

$$R-N\overset{\displaystyle CH_3}{\underset{\displaystyle CH_3}{|}}: \ +H_2O+HCl \longrightarrow R-N\overset{\displaystyle CH_3}{\underset{\displaystyle CH_3}{|}}:H\cdots OH + H^+ + Cl^- \longrightarrow R-N\overset{\displaystyle CH_3}{\underset{\displaystyle CH_3}{|}}:H-Cl+H_2O$$

该树脂中除了叔胺基团外，还含有约 20% 的强碱性季胺基团。在用于水处理时，初期呈现一定的强碱性，出水电导率不高，pH 呈弱碱性，可以去除水中部分 CO_2 和 H_2SiO_3，但对硅的交换容量很低，在对硅的交换失效时，由于此时树脂对 SO_4^{2-}、Cl^- 的交换尚未失效，所以进一步运行，被交换的硅也被置换出来。它的运行工作曲线如图 6-18 所示。

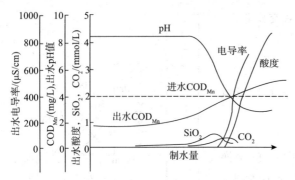

图 6-18　弱碱性阴树脂的运行工作曲线

试验条件：水温 22～26℃，进水碱度 7.1mmol/L，运行流速 20m/h

对有机物的吸附，在运行初期去除率较高，但当出水 pH 下降，对有机物的吸附明显下降，去除率降低，至出水呈酸性时，已吸附的有机物开始析出。所以为保护强碱阴树脂不被有机物污染，在出水 pH 下降、酸度穿透时就应考虑停止运行，进行再生。

工业上，弱碱阴树脂通常与强碱阴树脂串联再生，即碱先通过强碱阴树脂，排出的废液再生弱碱阴树脂。此时要防止弱碱阴树脂被强碱阴树脂再生出的硅污染（胶态硅污染），其方法为：强碱阴树脂早期再生废液排放，待排放液变为碱性后，再引入弱碱阴树脂进行再生。

三、阴离子交换树脂运行中的问题及处理

1. 重金属及硬度盐类的污染

阴离子交换树脂在运行中经常受到带入的重金属离子，如铁、铜离子的污染，其中最重要的污染是铁离子，它主要来自再生碱液，中间水箱、除碳器等与酸性水接触的管道，设备的腐蚀产物。这些金属离子一旦遇到碱性介质，就会产生沉淀，沉积在树脂上，降低了树脂的交换容量。

阴树脂一般不会接触有硬度的水，但若阳床失效控制不当，或其他原因带入一些有硬度的水，甚至包括鼓风式除碳器鼓风机引入灰尘硬度，它们在与碱性的阴离子交换树脂接触后，就会生成氢氧化钙、氢氧化镁沉淀，包围在阴树脂上，使其交换容量降低，并使强碱阴离子交换器出水有时会含有微量硬度，尤其是运行后期接近失效时更明显，这是因为近失效时出水 pH 下降，树脂上沉积的硬度氢氧化物溶解量增大。

阴树脂受到重金属及硬度盐类的污染后的处理方法是用 5%～15% 的 HCl 对树脂进行长时间浸泡（12h 以上）；也可以在用酸浸泡之前将树脂充分反洗，先洗去树脂表面一些污染物，然后再用酸处理，以便提高盐酸处理的效果，所用盐酸应该是含铁量少的酸，因为盐酸中铁会与氯离子形成带负电的络合物，被阴树脂吸收。

由于用盐酸处理时，树脂充分失效，所以阴树脂再生时，第一次应加大再生用碱量，获得较高的再生度。

2. 有机污染物

（1）污染原因

天然水中存在许多有机物，遇到阴树脂时，会被树脂吸附。对某些种类的有机物，特别是水中高分子的腐殖酸和富里酸，这种吸附具有明显的不可逆性，使得运行之后的树脂中，充满了被吸附的高分子有机物，再生时不容易清除下来，树脂的孔隙被堵，工作交换容量等一系列工艺特性都会发生变化。

水中有机物大部分由原水带入，也有少量是水处理过程中采用的水处理药剂（如

PAM 等）和各种泵使用的油脂、有机材料溶解等带入；水及树脂床内有机物生长，也会排泄出有机物质；阳树脂的降解产物（有些是含磺酸基的苯乙烯聚合物）也会污染阴树脂。水中存在的各种有机物都会给阴树脂的运行带来各种各样的影响。

（2）污染特征

阴树脂受到有机物污染后，其表现特征是树脂的全交换容量或工作交换容量下降（每升阴树脂吸收 $50gCOD_{Mn}$，交换容量下降 67%），树脂颜色常常变深；除盐系统的出水水质变坏，出水的电导率上升，pH 值下降（最低达 $5\sim5.5$）；出水带色（黄），特别是在正洗时，正洗排水色泽很深，正洗时间延长。

这是因为凝胶型强碱阴树脂的高分子骨架是苯乙烯系的，呈憎水性，而水中高分子的有机物如腐殖酸和富里酸，也呈憎水性，因此两者之间的分子吸引力很强。所以腐殖酸和富里酸一旦被阴树脂吸附，就很难用碱液再生将其解吸出来。由于腐殖酸和富里酸的分子很大，移动比较缓慢，一旦进入阴树脂中，很容易被卡在里面出不来。随着时间的延长，在阴树脂中积累的有机物会越来越多，这些有机物一方面占据了阴树脂的交换位置，使得阴树脂的工作交换容量降低；另一方面，有机物分子上的弱酸基团—COOH 又起到了阳离子交换树脂的作用，即在用碱再生阴树脂时，会发生以下交换反应：

$$R'COOH+NaOH \longrightarrow R'COONa+H_2O$$

但在正洗的过程中，又会发生以下的水解反应：

$$R'COONa+H_2O \longrightarrow R'COOH+NaOH$$

这样会造成正洗时间的延长，同样也会使阴树脂的工作交换容量降低。

阴离子交换树脂受有机物污染的程度，还可采用下列方法来判断：取 50mL 运行中的树脂，用纯水洗涤 $3\sim4$ 次，以去除树脂表面的污物，接着再加入 10%NaCl 溶液，剧烈摇动 $5\sim10min$，然后观察水的颜色，根据溶液色泽来判断树脂受到污染的程度。NaCl 溶液色泽与树脂污染程度的大致关系如表 6-12 所示。

表 6-12　NaCl 溶液色泽与树脂污染程度的大致关系

色泽	无色透明	淡草黄色	琥珀色	棕色	深棕或黑色
污染程度	不污染	轻度污染	中度污染	重度污染	严重污染

（3）受污染树脂的复苏

目前常用 NaCl-NaOH 的混合溶液来处理污染树脂，可部分释放吸附的有机物，部分恢复树脂的交换能力，这称为阴树脂的复苏。

混合溶液的浓度大约是 NaCl 为 $10\%\sim15\%$，NaOH 为 $1\%\sim4\%$（具体浓度可先通过小型试验来确定），复苏处理时最好加温，但 Ⅱ 型阴树脂不宜加热至 35℃ 以上。将污染树脂浸泡在复苏液中一段时间，然后再用水冲洗至 pH 为 $7\sim8$。

有人向混合液内加入氧化剂，如 NaCl 可将大分子的有机物氧化成为小分子的有机物而容易解析，所以复苏效果较好，但是会把树脂一同氧化，加速树脂的降解，所以不宜提倡该方法。近年来又出现在复苏液中加入表面活性剂或 1%磷酸三钠的办法来提高复苏效果的方法。总的来说，对阴树脂进行复苏处理，可以起到解析一部分有机物，使工艺性能有一定恢复的作用，但总是恢复不到原来的状况，效果不很理想。因此，目前多是定期对阴树脂进行复苏处理，这样比阴树脂受到严重污染后再进行处理效果要好一些。

（4）污染的防止

防止阴树脂受到有机物的污染，主要应从两方面着手：一是减少进水中有机物的含量；二是从树脂本身方面着手，改善树脂对有机物的吸附可逆性。

①减少进水中有机物含量。选用较好的混凝剂对水进行混凝澄清处理。目前澄清阶段去除有机物大约 40%，个别达 60%，也有的在 20% 左右。在预处理阶段，采用其他方法，如加氯、臭氧氧化、紫外线（UV＋H_2O_2）等，也能氧化降解一部分高分子有机物，对改善阴树脂污染有好处。在预处理阶段进行石灰处理，对去除有机物也是有利的。对水进行曝气处理，还可去除水中挥发性的有机物。在离子交换器前加装活性炭床，是去除水中有机物的有效措施。采用反渗透，可较彻底地去除水中的有机物。

②改善树脂对有机物的吸附可逆性。凝胶型树脂由于内部孔隙较小，有机物一旦进入就不容易排出，相对来讲，大孔型树脂的内部孔隙较大，这样在对树脂进行再生时，排出的有机物就要多一些，所以大孔型树脂抗有机物污染的能力要强一些，因此可以选用大孔型树脂替代凝胶型树脂。

弱碱阴树脂，特别是大孔弱碱阴树脂，对有机物的吸附可逆性好，因此在强碱阴床前加弱碱阴床，对减少强碱阴树脂的污染有好处。

还有的采用吸附树脂，专门吸附有机物，一般放在阴床前面。采用丙烯酸系树脂（如213 树脂）。因为丙烯酸系树脂对有机物的吸附可逆性比苯乙烯系树脂要好，因而抗有机物污染的能力强。这主要是因为丙烯酸类是亲水的，而苯乙烯类是憎水的。

3. 阳树脂溶出物对阴树脂的影响

国内外很多研究证实，阴树脂会大量吸收阳树脂溶出物，这也是阴树脂的一种有机物污染，吸收阳树脂溶出物的阴树脂交换容量下降，交换动力学传质系数下降，造成出水中阴离子泄漏，出水水质变差；还有研究认为，这种吸收是与阳树脂溶出物相对分子质量有关，阴树脂对相对分子质量大于 1000 的阳树脂溶出物吸收量大，树脂再生时洗脱率低，对阴树脂污染危害重。

防止措施是设法减少阳树脂溶出，及时对阴树脂进行复苏。

4. 胶体硅污染

当天然水通过强碱阴树脂后，水中胶体硅的含量会明显减少，这可能是树脂的一种过滤或阻留作用。但当树脂每次再生不彻底时，都会使得树脂中硅含量升高，积累的硅量逐渐增多，例如，某厂的强碱阴树脂中硅酸达 68mg/g 干树脂，而新树脂中硅酸只有0.304mg/g 干树脂。强碱阴树脂失效后如不立即再生，以失效形态备用，交换的硅会发生聚合并在低 pH 条件下转变为胶体硅，使硅在以后的再生中不易置换出来，即留在树脂上的胶体硅含量增加，树脂含硅量较高。

上面三种情况说明树脂中有硅的积累，采用一般的再生工艺无法将其去除，这样就会使得强碱阴树脂对硅酸的交换容量下降，出水 SiO_2 会升高，这就称为阴树脂受到胶体硅污染。为了防止阴树脂受到胶体硅污染，阴树脂每次再生用碱量都要足够；阴树脂失效后应立即再生，尽量不要以失效态备用；在水的预处理中采用混凝方法提高胶体硅的去除率。对于已受到胶体硅污染的树脂，可用热的过量 NaOH 进行处理。

5. 强碱阴树脂降解

强碱阴树脂的稳定性（如热稳定性、抗氧化的化学稳定性等）比阳树脂差，但由于它布置在阳床之后，因此遭受氧化剂氧化的可能性比阳树脂少，一般只是水中的溶解氧或是再生液中的 ClO_3^- 对树脂起破坏作用。氧化破坏主要发生在活性基团的氮原子上，原来是季胺的，可以被氧化降解至叔胺、仲胺、伯胺，以至活性基团脱落成非碱性物质，反应如下：

$$R-\underset{\underset{CH_3}{|}}{\overset{\overset{CH_3}{|}}{N}}-CH_3 \xrightarrow{[O]} R-\underset{\underset{CH_3}{|}}{\overset{\overset{CH_3}{|}}{N}} \xrightarrow{[O]} R=N-CH_3 \xrightarrow{[O]} R\equiv N \longrightarrow 非碱性物质$$

运行时水温高，还会加快阴树脂的氧化降解。其中Ⅱ型强碱阴树脂比Ⅰ型强碱阴树脂更易发生氧化降解。强碱阴树脂降解的特征是全交换容量下降，工作交换容量下降，中性盐分解容量下降，强碱基团减少，弱碱基团增多，树脂含水率下降，出水 SiO_2 上升，除硅能力继续下降。与阳树脂氧化降解特征不同，强碱阴树脂氧化降解后树脂含水率下降，当树脂含水率下降至 40% 时，树脂中强型交换基团损失约 50%，树脂工交下降约 16%，此时树脂可作报废处理。防止强碱阴树脂降解的方法是：使用真空脱碳器，减少阴床进水中的含氧量；采用隔膜法制造的烧碱，降低碱液中的 $NaClO_3$ 含量；控制再生液的温度等。

第五节　复杂除盐

一、系统及原理

在离子交换除盐系统中，最简单的是一级复床除盐。它由一个强酸性阳离子交换器、一个除 CO_2 器和一个强碱性阴离子交换器等组成，系统如图 6-19 所示。在该系统中，原水在强酸 H 交换器中经 H 离子交换后，除去了水中所有的阳离子，被交换下来的 H^+ 与水中的阴离子结合成相应的酸，其中与 HCO_3^- 结合生成的 CO_2 连同水中原有的 CO_2 在除碳器中被脱除，水进入强碱 OH 交换器后，以酸形式存在的阴离子与强碱阴树脂进行交换反应，除去水中所有的阴离子。所以，水通过一级复床除盐系统后，水中各种阴、阳离子已全部去除，获得了除盐水。

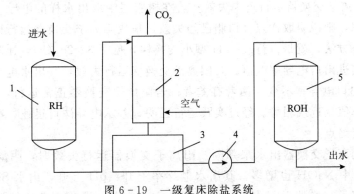

图 6-19　一级复床除盐系统

1—强酸 H 型交换器；2—除碳器；3—中间水箱；4—中间水泵；5—强碱 OH 型交换器

这种阴、阳离子交换树脂分别装在不同的交换器中称为复床。水一次性通过阴、阳交换器称为一级除盐，其出水水质是：硬度为 0，电导率小于 $10\mu S/cm$，SiO_2 浓度小于 $100\mu g/L$。

二、运行

1. 阳离子交换器运行

阳离子交换器运行有控制漏钠和漏硬度两种情况，但在水的除盐系统中要求阳离子交换器运行至漏钠即判断失效，一般是以出水含钠 $100\sim500\mu g/L$ 作为失效，此时出水硬度仍为 0。

阳离子交换器运行失效时的终点判断有以下几种方法。

（1）控制出水 Na^+ 浓度：可以使用在线的工业钠度计进行控制，也可以手工监测 Na^+ 浓度；但由于不是连续测量，不能及时反映失效点。

（2）控制出水酸度：当出水酸度比正常值下降 $0.1mmol/L$ 时，可判断失效。由于该方法要人工测定而不是连续测定，有时间差异，也不能及时反映失效点。

（3）差示电导法：由于失效时，出水中 Na^+ 增多，H^+ 减少，使出水电导率下降，但由于原有电导率较大，电导率下降百分比较低，所以电导仪显示不灵敏。可以用差示电导法来判断阳床失效。差示电导仪原理见图 6-20。

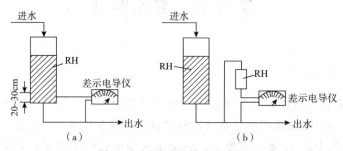

图 6-20　差示电导法示意图

差示电导法是一种能够及早发现漏钠现象的监督方法，它是将取样装置设在阳离子交换器下部树脂层中（距底部出水装置 $20\sim30cm$ 处），见图 6-20（a）。然后，用仪表测定此处取得的水样和交换器出口水样的电导率，两者加以对比，若它们的差等于 0 或比值等于 1，则表示阳离子交换器运行还未失效；若在树脂层中取出水样的电导率小于交换器出口水样的电导率，则说明取样点处树脂已经失效，很快阳离子交换器运行即要失效。另有一种类似的监督方法，就是自行装一 H 型小交换柱，见图 6-20（b），让阳离子交换器出水通过它，测其进出口电导率差值。若阳离子交换器运行失效，其出水电导率会降低，而 H 型小交换柱出口电导率不变，两者有差值；若阳离子交换器正常运行，则 H 型小交换柱进出口电导率值相近或相等。经过实践运行证明，差示电导法可迅速、准确地指示阳离子交换器的运行终点。

（4）根据阴离子交换器出水来判断：阳离子交换器运行失效时，阴离子交换器进水 Na^+ 增多，出水中 NaOH 也增多，其出水电导率上升，pH 上升，出水 SiO_2 也上升，因此可判断为阳离子交换器运行失效。但采用此方法判断，滞后现象比较严重，反映不及时，造成中间水箱水质恶化。这种方法在单元制除盐系统中用得较多。

2. 脱 CO_2 器运行

鼓风式脱 CO_2 器运行只要基本保证给出的风压和风量即可。

真空式脱 CO_2 器运行也只要基本保证维持一定的真空度即可。此时出水中残余 CO_2 小于 5mg/L。

3. 阴离子交换器运行

强碱阴离子交换器运行以漏 SiO_2 为终点，在强碱阴离子交换器出水中，SiO_2 一般为 $20\sim100\mu g/L$，电导率为 $0.5\sim5\mu S/cm$，pH 为 $7\sim8$。开始出现漏 SiO_2 时，出水 pH、电导率有一定的变化趋势，水质变化曲线如图 6-21（b）所示。从图中可看出，当阴离子交换器运行出水 SiO_2 开始升高时，出水 pH 已经开始下降，电导率先有所下降，然后再上升。这是因为 pH 降至 7 左右时 H^+、OH^- 的浓度最小，虽然此时 $HSiO_3^-$ 浓度上升，但它对电导率的影响远不及 OH^-，所以电导率先下降，随着 pH 的进一步下降，H^+ 浓度增多，所以出水电导率迅速上升。

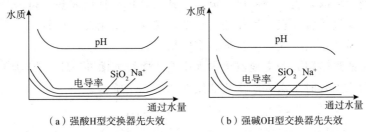

（a）强酸H型交换器先失效　　（b）强碱OH型交换器先失效

图 6-21　一级复床除盐中强碱阴离子交换器运行出水水质变化曲线

强碱阴离子交换器运行终点控制是 $SiO_2<100\mu g/L$，电导率 $<5\mu S/cm$。

强碱阴离子交换器运行失效时的终点判断有以下几种方法。

（1）测定阴离子交换器出水 SiO_2 若达到 $100\mu g/L$，则判断阴离子交换器运行失效。可以人工测定，也可以仪表测定，但由于测定时间间隔比较长，因此比较滞后。

（2）测定阴离子交换器出水电导率。阴离子交换器出水电导率先下降后上升，可判断阴离子交换器运行失效，但此时应辅以 pH 测量，以区分是阴离子交换器运行失效引起电导率上升，还是阳离子交换器运行失效引起电导率上升，因为前者 pH 下降，后者 pH 上升（有酚酞碱度存在），如图 6-21（a）所示。

（3）使用差示电导法。同前述阳离子交换器运行失效判断一样，但是用 OH 型小交换柱替代 H 型小交换柱，或是将取样装置设在阴离子交换器下部树脂层中（距底部出水装置 $20\sim30cm$ 处），测两者的电导率差值。但此法不如阳离子交换器运行失效判断灵敏。

4. 复床除盐系统的组合方式

对一个企业的水处理系统来讲，由于其阴、阳离子交换器不只一台，那么它们之间的连接方式就成了值得研究的问题，这时既要考虑运行调度方便，又要考虑提高设备的利用率及便于自动控制。目前，复床除盐系统组合方式一般分为单元制系统（串联系统）和母管制系统（并联系统）。

（1）单元制系统

单元制系统是指一台 H 型阳离子交换器、一台脱 CO_2 器、一台 OH 型阴离子交换器

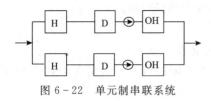

图 6-22 单元制串联系统

所构成的系统，如图 6-22 所示，图中 D 表示除碳器。该系统一起投运、一起失效、一起再生。所以这种系统的设计要求是阳离子交换器和阴离子交换器的运行周期基本相同（一般设计阴离子交换器的运行周期比阳离子交换器的运行周期大 10％～20％）。单元制系统的优点是：调度方便；控制仪表简单，只需在阴离子交换器的出口设一只电导率表（辅以 SiO_2 表）即可；便于实现自动化控制。其缺点是：设备不能充分利用，阴树脂交换容量有一定浪费；并且要求进水水质稳定，当进水水质有较大波动时，会导致运行偏离设计状况。因此，单元制系统适用于原水水质变化不大，交换器台数较少的情况。

（2）母管制系统

母管制系统中，不是整套系统失效及投运，而是各个交换器独立运行、独立失效、独立再生，系统如图 6-23 所示。该系统对阴、阳离子交换器运行周期无要求。母管制系统的优点是设备利用率高，运行调度比较灵活。其缺点是监督仪表多，每一个阳、阴离子交换器的出口都必须设监督仪表，操作调度复杂，实现自动化控制比较难。因此，母管制系统适用于原水水质变化大，交换器台数较多的情况。

单元制系统的强碱阴离子交换器出水水质变化曲线如图 6-21（a）所示，母管制系统的阳床失效及阴床失效时出水水质变化曲线如图 6-24 所示。

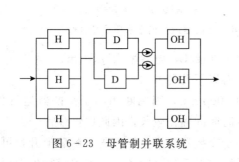

图 6-23 母管制并联系统

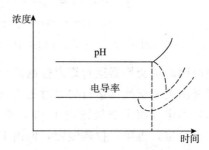

图 6-24 母管制系统的阳床失效及
阴床失效时阴床出水水质变化曲线
（pH 及电导率向上变化（实线）为阳床失效，
向下变化（虚线）为阴床失效）

三、带弱型树脂交换器的一级复床除盐系统

由于弱型树脂工作交换容量大，再生剂比耗低，因此，在原水水质比较差的情况下，增加使用弱型树脂能够取得比较好的经济效果。

1. 系统与适用水质

（1）弱酸树脂阳离子交换器

当原水含盐量很高，碳酸盐硬度较大，比如水中碳酸盐占 4mmol/L 以上，硬碱比为 1～2，或碳酸盐硬度占水中总阳离子浓度的 1/2 以上，此时选用弱酸树脂很经济，系统如图 6-25 所示。

原水 ──→ [Hw] ──→ [H] ──→ [D] ──→ [OH] ──→除盐水

图 6-25　带弱酸阳树脂的一级复床除盐系统

Hw—弱酸 H 型交换器；H—强酸 H 型交换器；D—除碳器；OH—强碱 OH 型交换器

该系统中弱酸阳离子交换器和强酸阳离子交换器可以为复床（图 6-25），也可为双层床（在一个交换器内装有弱、强两种树脂），还可为双室双层床，或双室双层浮动床。弱酸阳离子交换器和强酸阳离子交换器是串联运行、串联再生，即运行时水先通过弱酸阳离子交换器，再经过强酸阳离子交换器。而再生时酸液则先经过强酸阳离子交换器，然后再经过弱酸阳离子交换器，由于是利用废液进行再生，故经济性较好。强酸阳离子交换器可以采用对流再生，而弱酸阳离子交换器由于再生效率高，没有必要用对流再生，可用顺流再生。

（2）弱碱阴离子交换器

当原水中含盐量较高，强酸阴离子比较多（如大于 2～3mmol/L）时，可采用弱碱阴离子交换器；当原水中有机物较多时，为保护强碱阴树脂免遭有机物污染，也可设弱碱阴离子交换器，系统如图 6-26 所示。

该系统中弱碱阴离子交换器和强碱阴离子交换器可以为复床（图 6-26），也可为双层床，还可以为双室双层床，或双室双层浮动床。

弱碱阴离子交换器和强碱阴离子交换器是串联运行，串联再生，即再生时碱液先通过强碱阴离子交换器后再进入弱碱阴离子交换器，由于是利用废液进行再生，故经济性较好。强碱阴离子交换器可以采用对流再生，再生效果好，而弱碱阴离子交换器不必采用对流再生，只要顺流再生即可，因为它再生效率高。

原水 ──→ [H] ──→ [D] ──→ [OHw] ──→ [OH] ──→除盐水

图 6-26　带弱酸阴树脂的一级复床除盐系统

H—强酸 H 型交换器；D—除碳器；OHw—弱碱 OH 型交换器；OH—强碱 OH 型交换器

（3）带弱酸阳树脂和弱碱阴树脂的一级复床除盐系统

当原水中含盐量较高，符合上述使用弱酸阳离子交换器情况，也符合上述使用弱碱阴离子交换器情况（比如含盐量大于 500mg/L，总阳离子含量或总阴离子含量大于 7mmol/L）时，可以使用弱酸及弱碱树脂，系统如图 6-27 所示。

原水 ──→ [Hw] ──→ [H] ──→ [D] ──→ [OHw] ──→ [OH] ──→除盐水

图 6-27　带有弱酸阳树脂及弱碱阴树脂的一级复床除盐系统

（图中各符号同图 6-25 及图 6-26）

弱酸阳离子交换器和强酸阳离子交换器、弱碱阴离子交换器和强碱阴离子交换器同样可以为复床，也可为双层床，还可为双室双层床、或双室双层浮动床。其运行方式也是串联运行、串联再生，与上述单独使用情况相同。

2. 串联再生时强型、弱型树脂分配比例

串联再生基本要求是强型、弱型树脂同时再生，亦即要求弱型树脂和强型树脂同时失效。换句话说，就是要根据水质和强型、弱型树脂的交换能力来选择树脂体积，这不论对复床、双层床、双室双层床都是一样的，保证其同时失效。

（1）弱酸和强酸树脂比例

弱酸 H 交换器的周期制水量按下式计

$$V_\text{弱} E_\text{弱} = Q(A - A_\text{c}) \qquad (6-4)$$

强酸 H 交换器的周期制水量按下式计算

$$V_\text{强} E_\text{强} = Q(C_K - A + A_\text{c}) \qquad (6-5)$$

式中　$E_\text{弱}$——弱酸树脂工作交换容量，mol/m^3；

　　　　$E_\text{强}$——强酸树脂工作交换容量，mol/m^3；

　　　　$V_\text{弱}$——弱酸树脂体积，m^3；

　　　　$V_\text{强}$——强酸树脂体积，m^3；

　　　　Q——周期制水量，m^3；

　　　　C_K——水中的总阳离子浓度，mmol/L；

　　　　A——原水碱度，mmol/L；

　　　　A_c——弱型树脂出水残余碱度，mmol/L。

对式（6-4）和式（6-5）进行变换得

$$\frac{V_\text{强}}{V_\text{弱}} = \frac{E_\text{弱}(C_K - A + A_\text{c})}{E_\text{强}(A - A_\text{c})} \qquad (6-6)$$

在阳离子交换器中，弱酸阳树脂高度不应低于 0.8m，强酸阳树脂高度也不应低于 0.8m，以便出水水质有所保证。强型树脂还应富余 10%～20%，以充分利用弱酸阳树脂。

对上式中的 A_c 取值如表 6-13 所示。

表 6-13　不同情况下的 A_c 取值

进水水质	硬度/碱度	1.0～1.4		1.5～2.0	
	碱度 $A/(\text{mmol/L})$	<2	>2	<3	>3
A_c值/(mmol/L)		0.15～0.20	0.20～0.30	0.10～0.20	0.30～0.40

（2）弱碱和强碱树脂的比例

弱碱 OH 交换器的周期制水量按下式计算

$$V_\text{弱} E_\text{弱} = QC_\text{强} \qquad (6-7)$$

强碱 OH 交换器的周期制水量按下式计算

$$V_\text{强} E_\text{强} = QC_\text{弱} \qquad (6-8)$$

式中　$E_\text{弱}$——弱碱树脂工作交换容量，mol/m^3；

　　　　$E_\text{强}$——强碱树脂工作交换容量，mol/m^3；

　　　　$V_\text{弱}$——弱碱树脂体积，m^3；

　　　　$V_\text{强}$——强碱树脂体积，m^3；

　　　　Q——周期制水量，m^3；

　　　　$C_\text{强}$——水中强酸阴离子浓度，mmol/L；

　　　　$C_\text{弱}$——水中弱酸阴离子浓度，mmol/L；

对式（6-7）和式（6-8）进行变换得

$$\frac{V_\text{强}}{V_\text{弱}} = \frac{E_\text{弱}}{E_\text{强}} \frac{C_\text{弱}}{C_\text{强}} \qquad (6-9)$$

同样，在阴离子交换器中，强碱阴树脂层厚度不应低于 0.8m，弱碱阴树脂层厚度也不应低于 0.8m，以便出水水质有所保证。如果从考虑去除有机物，保护强碱阴树脂出发，弱碱阴树脂体积应放宽 10%～20%，即保证强碱阴树脂先失效，以免弱碱阴树脂因先失效释放有机物而污染强碱阴树脂。如不考虑有机物的保护作用，则强碱阴树脂应富余 10％～20％，以保证出水水质。

3. 带弱型树脂除盐系统运行中的几个问题

在带弱型树脂除盐系统运行中，应注意以下事项。

①对于双层床，由于其树脂分层是靠密度差，所以树脂的湿真密度差应大于 0.04～0.05g/cm³，应考虑树脂在不同形态时的密度差值以及树脂运行后密度的变化情况。

②由于弱型树脂设计是根据水质计算而得，所以希望运行中水质变化小，如果在运行中水质变化较大，则设计中的匹配关系要被破坏。

③阳双层床最好采用 HCl 再生，若用 H_2SO_4 再生，要考虑防止 $CaSO_4$ 析出，此时可采用二步法或三步法再生。

④阴双层床再生，要防止胶体硅在弱碱阴树脂中析出，这主要是因为再生液先通过强碱阴树脂，而再生刚开始排出的再生废液中 SiO_2 很多，进入弱碱阴树脂后，其 OH^- 被大量吸收，浓度很低，pH 下降，此时硅酸会析出。一旦发生这种情况，清洗困难，并会影响出水水质和周期制水量。

防止胶体硅析出可采用变浓度再生法，先用 1％浓度的碱液，以较快流速（7～10m/h）使弱碱阴树脂得到初步再生，然后再用 2.5％～3％浓度的碱液，以较慢流速（3～5m/h）彻底再生强碱、弱碱阴树脂，碱液均可加热，这样再生效果更好；或强碱阴树脂再生初期废液排放一部分，把大量 SiO_2 排掉，中后期再生废碱液再通过弱碱阴树脂。

⑤弱型树脂运行中再生度高，但失效度低（强型树脂是再生度低、失效度高），所以使用中研究提高其失效度（为改变终点控制标准等）有很大的经济意义。

第六节　离子交换装置及运行操作

生产实践中，水的离子交换处理是在离子交换装置中进行的，所以也有将装有交换树脂的离子交换装置称为离子交换器、离子交换柱、离子交换床等，离子交换装置内的交换树脂层称床层。离子交换装置的种类很多，分类在前面已述，其中的固定床离子交换器是离子交换除盐系统中用得最广泛的一种装置。离子交换装置根据其用途的不同，又可分为阳离子交换器、阴离子交换器和混合离子交换器。

下面主要介绍常用离子交换器的结构、运行操作及工艺特点。

一、顺流再生离子交换器

1. 交换器的结构

交换器的主体是一个密封的圆柱形压力容器，交换器上设有人孔门、树脂装卸孔和用以观察树脂状态的窥视孔。交换器内表面衬有良好的防酸、防碱腐蚀的保护层，体内还设有多种形式的进水、出水装置和进再生液的分配装置，并装填一定高度的交换树脂层。设备结构如图 6-28 所示，外部管路系统如图 6-29 所示。

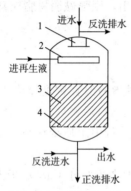

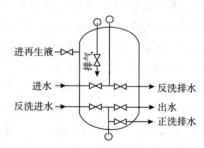

图 6-28 顺流再生离子交换器的内部结构图　　图 6-29 顺流再生离子交换器的管路系统图

1—进水装置；2—再生液分配装置；

3—树脂层；4—排水装置

（1）进水装置

进水装置的作用一是均匀分布进水于交换器的过水断面上，二是均匀收集反洗排水。常用进水装置如图 6-30 所示。

漏斗式进水装置结构简单，但当安装倾斜时容易发生偏流。在进行反洗操作时，还应注意控制树脂层的膨胀高度，以防止树脂流失。

十字穿孔管式或圆筒式（又称大喷头式）是在十字穿孔管或圆筒上开有许多小孔，管或筒外可包滤网或绕不锈钢丝及开细缝隙两种形式，常用材料为不锈钢或工程塑料，也可采用碳钢衬胶。

多孔板拧排水帽式的进水装置布水均匀性较好，但结构复杂，常用的排水帽有塔式（K形）、叠片式等，多孔板材料有碳钢衬橡胶、碳钢涂耐腐蚀涂料、工程塑料等。

（2）排水装置

排水装置既用于均匀收集处理好的水，又均匀分配反洗进水，所以也称配水装置。一般对排水装置布集水的均匀性要求较高，常用的底部排水装置如图 6-31 所示。

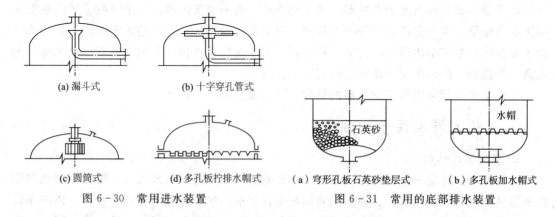

(a) 漏斗式　　　　(b) 十字穿孔管式

(c) 圆筒式　　(d) 多孔板拧排水帽式　　（a）穹形孔板石英砂垫层式　　（b）多孔板加水帽式

图 6-30 常用进水装置　　　　图 6-31 常用的底部排水装置

在石英砂垫层式的排水装置中，穹形孔板起支撑石英砂垫层的作用，也可采用叠片式大排水帽，两者的布水均匀性都较好。常用材料有碳钢衬胶、不锈钢等。石英砂垫层的级配和层高见表 6-14 所示。

表 6 - 14　石英砂垫层的级配和层高　　　　　　　　　　　　mm

粒径	设备直径		
	≤1600	1600~2500	2500~3200
1~2	200	200	200
2~4	100	150	150
4~8	100	100	100
8~16	100	150	200
16~32	250	250	300
总层高	750	850	950

离子交换器用于除盐时，要求石英砂的质量为 $SiO_2 \geqslant 99\%$，且使用前应用 $10\% \sim 20\%$ 的 HCl 溶液浸泡 $12 \sim 24h$，以除去其中的可溶性杂质。

多孔板加排水帽式与上述进水装置中的多孔板拧排水帽式相同。

（3）再生液分配装置

应能保证再生液均匀地分布在树脂层上，常用的再生液分配装置如图 6 - 32 所示。

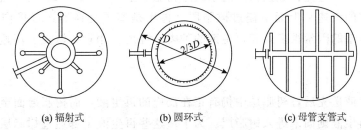

(a) 辐射式　　　　　　(b) 圆环式　　　　　　(c) 母管支管式

图 6 - 32　再生液分配装置

小直径交换器可不专设再生液分配装置，由进水装置分配再生液，大直径交换器一般采用母管支管式。再生液分配装置距树脂层面 $200 \sim 300mm$，在管的两侧下方 45°开孔，孔径一般为 $\phi 6 \sim 8mm$，再生液从孔中流出的流速 $0.7 \sim 1.0m/s$。

此外，为了在反洗时使树脂层有膨胀的余地，并防止细小的树脂颗粒被反洗水带走，在交换器的上方，树脂层表面至进水装置之间应留有一定的反洗空间，其高度一般相当于树脂层高度的 $60\% \sim 100\%$。这一空间称为水垫层，水垫层在一定程度上还可以防止进水直冲树脂层面，造成树脂表面凹凸不平，从而使水流在交换器断面上均匀分布。

2. 交换器的运行

顺流再生离子交换器的运行通常分为 5 步，即从交换器运行失效后算起分别为：反洗、进再生液、置换、正洗和运行制水。这 5 个步骤组成交换器的一个运行循环，称运行周期。

（1）反洗

交换器中的树脂运行失效后，在进再生液之前，常先用水从下而上进行短时间的强烈反洗，其目的是：

①松动树脂层。在运行制水过程中，带有一定压力的水持续地从上而下通过树脂层，因此树脂层被压得很紧。为了使再生液在树脂层中能够均匀分布，在再生前需要事先进行

反洗，以使树脂层充分松动。

②清除树脂层中的悬浮物、碎粒和气泡。在运行制水过程中，因上层树脂还起着过滤作用，水中的悬浮物被截留在这层中，这不仅使水通过时的阻力增大，还会造成树脂结块，因此树脂的交换容量得不到充分发挥。此外，在运行过程中产生的树脂碎屑，也会影响水流的通过。所以，反洗不仅可以清除这些悬浮物和树脂碎屑，还可以排除树脂层中存在的气泡。这一步骤对处于最前级的阳离子交换器尤为重要。反洗水的水质，应不污染树脂。所以对于阳离子交换器可以采用清水，对于阴离子交换器则可以采用脱碳器中间水箱的水，或者采用该交换器上次再生时收集起来的正洗水。对于不同种类的树脂，反洗强度一般应控制在既能使污染树脂层表面的杂质和树脂碎屑被带走，又不至于将完好的树脂颗粒冲跑，而且树脂层又能得到充分松动。经验表明，反洗时使树脂层膨胀 50％～60％ 效果较好。反洗要一直进行到排水不浑浊为止，一般需 10～15min。

反洗也可以依据具体情况在运行几个周期后，定期进行。这是因为，有时在交换器中悬浮物颗粒的累积并不很快，而且树脂层并不是一下压得很紧，所以没有必要每次再生时都要进行反洗。

（2）进再生液

在进再生液前，应先将交换器内的水放至树脂层上 100～200mm 处，然后让适当浓度的再生液以一定的流速从上而下流过树脂层。再生是离子交换器运行操作中很重要的一环，影响再生效果的因素很多，如再生剂的种类、纯度、用量、浓度、流速、温度、树脂的种类等。

（3）置换

当全部再生液送完后，树脂层中仍有正在反应的再生液，而树脂层面至计量箱之间管道、容器内的再生液则尚未进入树脂层。为了使这些再生液全部通过树脂层，保证树脂充分再生，必须用水按再生液流过树脂的流程及流速通过交换器，这一过程称为置换。它实际上是再生过程的继续。置换用水一般用配再生液的水，水量约为树脂层体积的 1.5～2 倍，以排出液离子总浓度下降到再生液浓度的 10％～20％ 以下为宜。

（4）正洗

置换结束后，为了继续清除交换器内残留的再生剂及再生产物，用运行时的进水从上而下清洗树脂层，流速为 10～15m/h。正洗一直进行到出水水质合格为止。正洗水量一般为树脂层体积的 3～10 倍，因设备和树脂不同而有所差别。

（5）运行制水

正洗合格后即可投入运行制水。

3. 优缺点

顺流再生工艺的优点是交换器结构简单，操作容易，易实现自动化控制，对进水悬浮物含量要求较宽（浊度≤5NTU）等，所以早期的离子交换几乎都采用顺流再生工艺，目前仍有广泛的应用。

顺流再生工艺的缺点是出水水质相对较差，且易受进水水质影响，再生剂耗量高。

二、逆流再生离子交换器

1. 机理

（1）对顺流再生工艺缺点的分析

顺流式离子交换器再生液流动方向与水流方向一致，在运行时，由于上层树脂与水先接触，所以首先失效；而底层树脂在交换器失效时，正处于工作层位置，还没有完全失效。再生时，新鲜再生液先通过上层树脂，所以上层树脂再生比较彻底，当再生液流至底层树脂时，再生液中再生剂浓度下降，杂质浓度上升，根据下列平衡关系：

$$RNa + HCl \Longrightarrow RH + NaCl$$

在下层树脂中，RH 型比例比上层少，未再生的 RNa 型比例比上层多。树脂层态分布如图 6-33 所示。

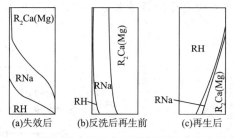

图 6-33　顺流再生离子交换器树脂层态分布示意图

根据前述平衡式，可得出水中 Na^+ 浓度的表达式：

$$\frac{[Na^+]}{[H^+]} = \frac{1}{K_H^{Na}} \frac{[RNa]}{[RH]}$$

从上式可知，出水中钠离子浓度与树脂中残留的钠型成正比，即与树脂再生度成反比，再生度越低，出水中钠离子浓度越高。

由于顺流式离子交换器的出水最后是与底层树脂相平衡，因此出水质量与底层树脂再生度有关。而顺流式离子交换器的底层树脂再生度低，所以出水品质差，出水中含钠量高。

若提高顺流式离子交换器的底层树脂再生度，就必须加大再生剂用量，而再生剂是通过整个树脂层最后才与底层树脂相接触，所以再生剂必须增加很多，才能提高底层树脂再生度，换取出水质量提高的优点，这就使得顺流式离子交换器再生剂用量大，效率低（出水质量提高很少一点，就要再生剂增加很多）。

（2）逆流再生机理

根据上述分析，如若将进入交换器的再生液不是从上而下，而是与水流方向相反，从下向上通过树脂层，这样底层树脂首先接触新鲜的、杂质少的再生液，其再生度会提高很多。这时树脂层上部再生度低，但由于运行时水流从上而下，上层接触杂质较多的水，仍可进行比较彻底的交换，而下部再生度高的树脂接触杂质少的水，仍可进行交换，这样就使出水质量明显提高。由于出水品质好，所以可减少再生剂用量，再生剂效率也高。逆流再生离子交换器树脂层态分布如图 6-34 所示。

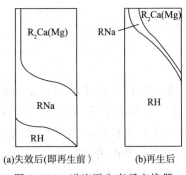

图 6-34　逆流再生离子交换器
树脂层态分布示意图

(a)失效后(即再生前)　(b)再生后

2. 交换器的结构

由于逆流再生工艺中再生液及置换水都是从下向上流动的，如果不采取措施，流速稍大时，就会发生和反洗那样使树脂层扰动的现象，再生的层态会被打乱，这通常称为乱层。若再生后期发生乱层，会将上层再生差的树脂或多或少地翻到底部，这样就必然失去逆流再生工艺的优点。为此，在采用逆流再生工艺时，必须从设备结构和运行操作方面采取措施，以防止溶液向上流动时发生树脂乱层的现象。

逆流再生离子交换器的结构和管路系统如图 6-35 和图 6-36 所示。与顺流再生离子交换器结构不同的地方是，在树脂层表面处设有中间排液装置，在中间排液装置上面加有压脂层。

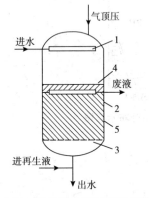

图 6-35　逆流再生离子交换器结构

1—进水装置；2—中间排液装置；
3—排水装置；4—压脂层；5—树脂层

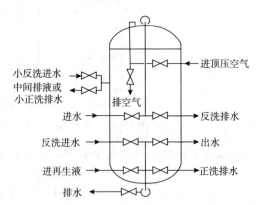

图 6-36　气顶压逆流再生离子交换器管路系统

（1）中间排液装置

中间排液装置对逆流再生离子交换器的运行效果有很大影响，该装置的作用主要是使向上流动的再生液和清洗水能均匀地从此装置排走，不会因为有水流流向树脂层上面的空间而扰动树脂层，同时它还应有足够的强度。其次，它还兼作小反洗的进水装置和小正洗的排水装置。目前常采用的形式是母管支管式，其结构如图 6-37（a）所示。支管用法兰与母管连接，支管距离一般为 150～250mm，为防止离子交换树脂流失，支管上应开孔或开细缝并加装网套。网套一般内层采用 0.5mm×0.5mm 聚氯乙烯塑料窗纱，外层用 60～70 目的不锈钢丝网、涤纶丝网（有良好的耐酸性能，适用于用 HCl 再生的阳离子交换器）、锦纶丝网（有良好的耐碱性能，适用于用 NaOH 再生的阴离子交换器）等，也有在支管上设置排水帽的（对于大直径的交换器，常采用碳钢衬胶母管和不锈钢支管；小直径的交换器，支管和母管均采用不锈钢）。

此外，常用的中间排液装置还有插入管式，如图 6-37（b）所示，插入树脂层的支管长度一般与压脂层厚度相同，这种中间排液装置能承受树脂层上、下移动时较大的推力，不易弯曲、断裂。图 6-37（c）所示为支管式的中间排液装置，一般适用于较小直径的交换器，支管的数量可根据交换器直径的大小选择。

（2）压脂层

设置压脂层的目的是为了在溶液向上流动时树脂不乱层，但实际上压脂层所产生的压力很小，并不能靠自身起到压脂作用。压脂层真正的作用，一是过滤掉水中的悬浮物及浊质，以免污染下部树脂层；二是在再生过程中，可以使顶压空气或水通过压脂层时，均匀地作用于整个树脂层表面，从而起到防止树脂层向上移动或松动的作用。压脂层的材料，目前一般都用与下面树脂层相同的树脂。由于制水运行中树脂层被压实，加上失效转型后树脂体积缩小（如强酸阳树脂由 H 型转为 Na 型及强碱阴树脂由 OH 型转为 Cl 型），所以压脂层厚度应是在树脂失效后的压实状态下，能维持在中间排液管以上的厚度，大约为150～200mm。

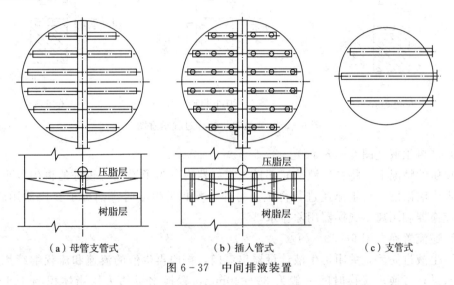

（a）母管支管式　　　　　　（b）插入管式　　　　　　（c）支管式

图 6-37　中间排液装置

3. 交换器的运行

在逆流再生离子交换器的运行操作中，其制水过程和顺流式没有区别。而且再生操作是随防止乱层措施的不同而有所不同，下面以采用压缩空气顶压的方法为例，说明其再生操作，如图 6-38 所示。

（1）小反洗 ［图 6-38（a）］

为了保持有利于再生的失效树脂层不乱，不能像顺流再生那样，每次再生前都对整个树脂层进行反洗，而只对中间排液管上面的压脂层进行反洗，以冲洗掉运行时积聚在压脂层中的污物。小反洗用水，一般采用该级离子交换器的进口水，反洗流速按压脂层膨胀50%～60%控制，反洗一直到排水澄清为止。系统中的第一个交换器，一般耗时 15～20min，串联其后的交换器一般耗时 5～10min。

（2）放水 ［图 6-38（b）］

小反洗结束，待树脂颗粒沉降下来以后，打开中排放水门，放掉中间排液装置以上的水，使压脂层处于无水状态，以便进空气顶压。

（3）顶压 ［图 6-38（c）］

从交换器顶部送入压缩空气，使气压维持在 0.03～0.05MPa，以防树脂乱层。对用来顶压的空气应经除油净化。

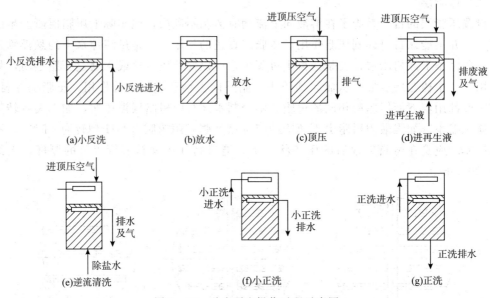

图 6-38　逆流再生操作过程示意图

（4）进再生液［图 6-38（d）］

在顶压的情况下，将再生液从底部送入交换器内。为了得到比较好的再生效果，应严格控制再生液浓度和再生流速进行再生。另外，配制再生液时，钠离子交换器用软化水，氢离子交换器和阴离子交换器用除盐水。

（5）逆流置换［图 6-38（e）］

当再生液进完后，关闭再生液计量器出口门，按原再生液的流速和流程继续用稀释再生剂的水进行置换。置换时间一般为 30～40min，置换水量约为树脂体积的 1.5～2 倍。逆流置换结束后，应先关闭进水阀门停止进水，然后再停止顶压，防止树脂乱层。在逆流置换过程中，应使气压稳定。

（6）小正洗［图 6-38（f）］

再生后压脂层中往往有部分残留的再生废液，如不清洗干净，将影响运行时的出水水质。小正洗时，水从上部进入，从中间排液管排出，一般阳树脂的流速为 10～15m/h，阴树脂为 7～10m/h，只需清洗 5～10min。小正洗用水可为运行时进口水，也可为除盐水。此步也可以用小反洗的方式进行。

（7）正洗［图 6-38（g）］

最后用运行时的进水或除盐水从上而下进行正洗，流速 10～15m/h，直到出水水质合格，即可投入制水运行。

交换器经过许多周期运行后，下部树脂层也会受到一定程度的污染，因此必须定期地对整个树脂层进行大反洗。由于大反洗扰乱了树脂层，所以大反洗后再生时，再生剂用量应比平时增加 50%～100%。大反洗的周期间隔，应视进水的浊度而定，一般为 10 个周期左右。大反洗的用水一般为运行时的进口水。

大反洗前应首先进行小反洗，以松动压脂层和去除其中的悬浮物。进行大反洗的流量应由小到大，逐步增加，以防中间排液装置损坏。

水顶压法就是用压力水代替压缩空气，使树脂层处于压实状态。再生时将水自交换器顶部引入，维持体内压力为 0.05MPa，水通过压脂层后，与再生废液一起由中间排液管排出。水顶压法的操作与气顶压法基本相同。

4. 无顶压逆流再生

如上所述，逆流再生离子交换器为了保证再生时树脂层稳定，必须采用空气顶压和水顶压，这不仅增加了一套顶压设备和系统，而且操作也比较麻烦。有试验研究指出，如果将中间排液装置上的孔开得足够大，使这些孔的水流阻力较小，并且在中间排液装置以上仍装有一定厚度的压脂层，那么在无顶压情况下逆流再生操作时也不会出现水面超过压脂层的现象，因而树脂层就不会发生扰动，这就是无顶压逆流再生。研究结果表明，对于阳离子交换器来说，只要将中间排液装置的小孔流速控制在 0.1~0.15m/s 和压脂层厚度保持在 100~200mm，就可以在再生液的上升流速为 3~5m/h 时，不需要任何顶压措施，树脂层也能保持稳定，并能达到逆流再生的效果。对于阴离子交换器来说，因阴树脂的湿真密度比阳树脂小，小孔流速控制在不超过 0.1m/s，那么再生液的上升流速 4m/h 时，树脂层也是稳定的。但是，由于孔阻力减少，其排液均匀性差一些，因此无顶压逆流再生的中间排液装置的水平性更为重要。无顶压逆流再生的操作步骤与顶压逆流再生操作步骤基本相同，只是不进行顶压。

5. 逆流再生工艺的优缺点

与顺流再生工艺相比，逆流再生工艺具有以下优点。

（1）对水质适应性强　当进水含盐量较高或 Na^+ 比值较大而顺流再生工艺出水达不到水质要求时，可采用逆流再生工艺。

（2）出水水质好　由逆流再生离子交换器组成的除盐系统，强酸 H 离子交换器出水 Na^+ 含量低于 $100\mu g/L$，一般在 $20~50\mu g/L$；强碱 OH 离子交换器出水 SiO_2 低于 $100\mu g/L$，一般在 $20~50\mu g/L$，电导率通常低于 $2\mu S/cm$。

（3）再生剂比耗低，经济性好：再生剂比耗一般为 1.5 左右。视原水水质条件的不同，再生剂用量可比顺流再生节省 50% 以上，因而排废酸、废碱量也少。

（4）自用水率低　自用水率一般比顺流再生固定床的低 30%~40%。

（5）废液排放浓度低　一般小于 1%。

逆流再生工艺的缺点如下：

（1）逆流再生设备和运行操作更复杂一些，当操作不当发生乱层时，达不到逆流再生的效果。

（2）逆流再生工艺对进水浊度要求较严，一般浊度应≤2NTU，以减少大反洗次数。

（3）中排装置容易损坏，一旦损坏，漏树脂就比较严重。

（4）配再生液用水及置换用水都要用除盐水。

三、浮床式离子交换器

习惯上将运行时水流向上流动，再生时再生液向下流动的对流水处理工艺称为浮动床水处理工艺。它省去了中间排液装置，减少了中间排液装置易损坏引起的麻烦，同逆流再生工艺一样，也是使出水端树脂层再生得最好。采用浮动床水处理工艺运行的设备称为浮床式离子交换器，也简称浮动床，或称浮床。

浮动床的运行是在整个树脂层被托起的状态下（称成床）进行的，离子交换反应在向上流动的过程中完成。树脂失效后，停止进水，使整个树脂层下落（称落床），于是可进行自上而下的再生。

1. 交换器结构

浮动床本体结构如图 6-39 所示，管路系统如图 6-40 所示。

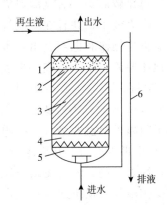

图 6-39　浮动床本体结构示意图
1—顶部出水装置；2—惰性树脂层；3—树脂层；
4—水垫层；5—下部进水装置；6—倒 U 形排液管

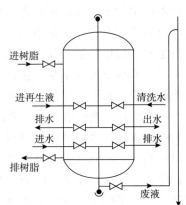

图 6-40　浮动床管路系统示意图

（1）底部进水装置

该装置起分配进水和汇集再生废液的作用。有穹形孔板石英砂垫层式、多孔板加水帽式（图 6-31），只是由于浮动床流速较高，为防止高速水流冲起石英砂，在穹形孔板内再加一挡板。大、中型设备用得最多的是穹形孔板石英砂垫层式，石英砂层在流速 80m/h 以下不会乱层。但当进水浊度较高时，会因截污过多，清洗困难。

（2）顶部出水装置

这个装置起收集处理好的水、分配再生液和清洗水的作用。常用形式有多孔板夹滤网式、多孔板加水帽式和弧形母管支管式。前两者多用于小直径浮动床；大直径浮动床多采用弧形母管支管式的出水装置，如图 6-41 所示，该装置的多孔弧形支管外包 40～60 目的滤网，网内衬一层较粗的起支撑作用的塑料窗纱。

多数浮动床以出水装置兼作再生液分配装置，但由于再生液流量比进水流量小得多，故这种方式很难使再生液分配均匀。为此，通常在树脂层面以上填充约 200mm 高、密度小于水的密度、粒径为 1.0～1.5mm 的惰性树脂层，以提高再生液分布的均匀性和防止碎树脂堵塞滤网。

（3）树脂层和水垫层

运行时，树脂层在上部，水垫层在下部；再生时，树脂层在下部，水垫层在上部。为防止成床或落床时树脂层乱层，浮动床内树脂基本上是装满的，水垫层很薄。水垫层的作用：一是作为树脂层体积变化时的缓冲高度；二是使水流和再生液分配均匀。水垫层不宜过厚，否则在成床或落床时，树脂会乱层，这是浮动床最忌讳的；若水垫层厚度不足，则树脂层体积增大时会因没有足够的缓冲高度，而使树脂受压、挤碎、结块，增大运行阻力等。一般的水垫层厚度，应是在最大体积（水压实）状态下，以 0～50mm 为宜。

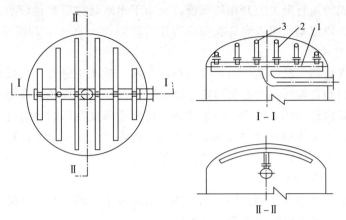

图 6-41　弧形母管支管式出水装置

1—母管；2—支撑短管；3—弧形支管

（4）倒 U 形排液管

浮动床再生时，如废液直接由底部排出，容易造成交换器内负压而进入空气。由于交换器内树脂层以上空间很小，空气会进入上部树脂层并在那里积聚，使这里的树脂不能与再生液充分接触。为解决这一问题，常在再生排液管上加装如图 6-40 所示的倒 U 形管，并在倒 U 形管管顶开孔通大气，以破坏可能造成的虹吸，倒 U 形管管顶应高出交换器上封头。

（5）树脂捕捉器

浮床中，常处于树脂层面的细碎树脂，容易随出水穿过滤网或水帽，故需在出水管路上设树脂捕捉器。

2. 运行

浮动床的运行过程为：制水→落床→进再生液→置换→向下流清洗→成床、向上流清洗，再转入制水。上述过程构成一个运行周期。

①落床：当运行至出水水质达到失效标准时，停止制水，靠树脂本身重力从下部起逐层下落，即落床，在这一过程中同时还可起到疏松树脂层、排除气泡和部分浊质的作用。落床有两种方式：一是重力落床，即停运后，树脂自己降落，适用于水垫层较低的设备，一般时间为 2～3min；二是排水落床，即停运后排水，利用排水让树脂层落下来，适用于水垫层较高的设备，一般时间为 1min。

②进再生液：落床后，从上部进再生液，再生液的流速、浓度调整与前述一样，再从底部经倒 U 形排水管排液，由于从上向下再生，所以不会乱层，再生操作简单，再生流速可以提高。此时，应能保证树脂与再生液有 30～60min 的接触时间。

③置换：待再生液进完后，关闭计量箱出口门，继续按再生流速和流向进行置换，以洗去交换出的杂质及残余再生液，置换水量约为树脂体积的 1.5～2 倍。

④向下流清洗：置换结束后，开清洗水门，调整流速至 10～15m/h 进行向下流清洗，一般需要 15～30min。

⑤成床、向上流清洗：用进水以 20～30m/h 的较高流速将树脂层托起，并进行向上

流清洗，直至出水水质达到标准时，即可转入制水，成床时间一般只要 3～5min。

⑥运行：向上流清洗结束即运行制水。由于水接触的树脂颗粒是先粗后细，因此，由于截污作用而造成的运行阻力上升比较缓慢，又由于出水处树脂粒径较小，有利于水中离子的彻底交换，所以浮动床可以允许在较高流速，即以 30～50m/h 的流速运行。

3. 树脂的体外清洗

由于浮动床内树脂是基本装满的，没有反洗空间，故无法进行体内反洗。当树脂内截留的悬浮物和碎树脂逐渐增加，进出口压差增大，这时应进行反洗，需将部分或全部树脂移至专用清洗装置内进行体外清洗。经清洗后的树脂送回交换器后再进行下一个周期的运行。清洗周期取决于进水中悬浮物含量的多少和设备在工艺流程中的位置，一般是 10～20个周期清洗一次。为了不使浮动床体外清洗过于频繁，应严格控制进水浊度（一般应小于2NTU）。清洗方法有以下两种。

①水力清洗法：将约一半的树脂输送到体外清洗罐中，然后在清洗罐和交换器串联的情况下进行水反洗，反洗时间通常为 40～60min。

②气-水清洗法：将树脂全部输送到体外清洗罐中，先用经净化的压缩空气擦洗 5～10min，然后再用水以 7～10m/h 流速反洗至排水透明为止。该法清洗效果好，但清洗罐容积要比交换器大 1 倍左右。体外清洗后树脂再生时，也应像逆流再生离子交换器那样增加 50%～100% 的再生剂用量。

4. 浮动床工艺优缺点

浮动床工艺的优点如下。

①运行流速高，出力大，流速可以在 7～60m/h 内运行，如树脂允许，还可再高些。

②出水质量好，比逆流再生工艺的出水稍好些，流速越快越好。

③浮动床与逆流再生工艺一样，再生剂耗量低，自用水率少。

④浮动床本体结构简单，不像逆流再生设备那样容易损坏，再生操作也比逆流再生工艺简单。

浮动床工艺的缺点如下。

①由于无法反洗，对进水水质要求较严，要求悬浮物≤2NTU，采用地表水作水源的阳离子交换器很难达到，所以阳离子交换器下部树脂易被污脏。

②由于无法反洗，所以要定期将树脂送体外清洗罐进行大反洗，树脂要送进送出，因此树脂的磨损比较大。

③低流速下不能运行，间断运行不适用，因为出水水质波动较大。

5. 浮动床清洗方式的改革

为了解决浮动床不能体内清洗这一问题，有人提出了另外的床型，如提升床和清洗床。下面对提升床作一简单介绍。

提升床的结构如图 6-42 所示。交换器分上、下两室，上室几乎填满树脂，下室留50%～100% 的反洗空间。两室之间有一块装有双向水帽的隔板，以沟通上下水流，在交换器外有一根带阀门的连通管，把上、下室连通，用于输送树脂。交换器顶部装有带水帽的隔板，隔板下装填一层密度比水的密度小的惰性树脂，以保护水帽不被堵塞。

提升床交换器的运行和再生与普通床大体相同。所不同的是反洗方式，该设备下室可以经常反洗，这对于运行中截留悬浮物较多的下室是必要的。当上室需要进行反洗时，按下述操作进行：开启连通门，将部分树脂由上室通过连通管卸至下室，然后对上室树脂进行反洗，反洗结束后，再将下室部分树脂移回上室，至装满为止。上室树脂反洗后第一次再生时，须增加 50％～100％ 的再生剂用量，以保证出水水质。

提升床运行中间可以停床，即使下室树脂乱层运行，但由于上室树脂是装满的，所以对出水水质影响不大。

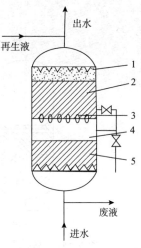

图 6-42　提升床结构示意图
1—惰性树脂层；2—上室树脂层；
3—带水帽隔板；4—反洗空间；
5—下室树脂层

四、双层床和双室双层床

双层床和双室双层床都是属于强、弱型树脂联合应用的离子交换装置。

1. 双层床

复床除盐系统中的弱型树脂总是与相应的强型树脂联合使用，为了简化设备可以将它们分层装填在同一个交换器中，组成双层床的形式。双层床设备与逆流再生离子交换器相同，只是床层稍高，通常是利用弱型树脂的密度比相应的强型树脂小的特点，使其处于上层，强型树脂处于下层。在交换器运行时，水的流向从上而下，先通过弱型树脂层，后通过强型树脂层；再生时，再生液的流向从下而上，先通过强型树脂层，后通过弱型树脂层。所以，双层床离子交换器属逆流再生工艺，具备逆流再生工艺的特点，运行和再生操作与逆流再生离子交换器相同。双层床的结构如图 6-43 所示。

为了使双层床中强型树脂和弱型树脂都能发挥其长处，它们应能较好地分层。为此，对所用树脂的密度、颗粒大小都有一定要求。树脂生产厂家能提供适用于双层床的专用配套离子交换树脂。

新树脂强、弱分层比较好，但是运行一段时间后，树脂密度发生变化，再加上其他一些因素（例如水中有气泡会黏附于树脂颗粒上，使其密度发生变化），强、弱树脂分层效果往往不理想，这是限制双层床应用的主要原因。

2. 双室双层床

双层床中的弱、强两种树脂虽然由于密度的差异，能基本做到分层，但要做到完全分层是很困难的。若在两种树脂交界处有少量树脂相混杂，对运行效果的影响并不大；但若混层范围大，则混入强型树脂层中的弱型树脂不能发挥交换作用，混入弱型树脂层中的强型树脂也得不到充分再生，这样会使运行效果大大下降。

为了避免因树脂混层带来的问题，将交换器用隔板分成上、下两室，弱型、强型树脂各处一室，强型树脂在下室，弱型树脂在上室，这样就构成了双室双层床。上、下两室间通常装有带双向水帽的多孔板，以沟通上、下两室的水流。为了防止细碎的强型树脂堵塞水帽的缝隙，可在强型树脂的上面填充密度小而颗粒大的惰性树脂层。双室双层床如图 6-44所示。

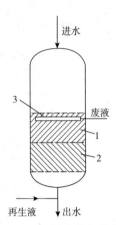

图 6-43　双层床结构示意图

1—弱型树脂层；2—强型树脂层；3—中间排液装置

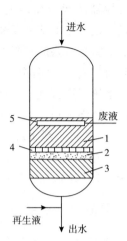

图 6-44　双室双层床结构示意图

1—弱型树脂层；2—惰性树脂层；3—强型树脂层；
4—多孔板；5—中间排液装置

在此种设备中，由于下室中是装满树脂的，所以不能在体内进行清洗，需另设体外清洗装置。双室双层床的运行和再生操作与双层床相同。

3. 双室双层浮动床

在双室双层床中，如果将弱型树脂放下室，强型树脂放上室，运行时采用水流从下而上的浮动床方式，则该设备称为双室双层浮动床。在这种设备中，由于上、下两室中是基本装满树脂的，所以不能在体内进行清洗，需另设专用的树脂清洗装置。双室双层浮动床的运行和再生操作与普通浮动床相似，由于采用了双室，避免了树脂分层不好的问题，因而再生效率及出水质量均较好，结构如图 6-45 所示。

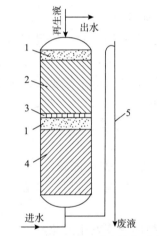

图 6-45　双室双层浮动床结构示意图

1—惰性树脂层；2—强型树脂层；
3—多孔板；4—弱型树脂层；
5—倒 U 形排液管

五、满室床

所谓满室床就是交换器内是装满树脂的。可以是单室满室床或双室满室床。其结构类似普通浮动床和双室双层浮动床。满室床系统由满室床离子交换器和体外树脂清洗罐组成。满室床运行时，进水由底部进水装置进入交换器，水流在从下而上流经树脂层的过程中完成交换反应，处理后的水由顶部出水装置引出。再生前先将树脂层下部约 400mm 高度的树脂移入清洗罐中进行清洗，清洗后的树脂再送回满室床树脂层的上部。接着进行的再生、置换、清洗等操作，与浮动床相同。满室床的特点如下：

①交换器内是装满树脂的，没有惰性树脂层。为防止细小颗粒的树脂堵塞出水装置的网孔或缝隙，应采用均粒树脂。由于没有惰性树脂层，因此增加了交换器空间的利用率。

②树脂的这种清洗方式有以下优点：清洗罐体积可以很小，清洗工作量小；基本上没有打乱，有利于再生的失效层态，所以每次清洗后仍按常规计量进行再生；在树脂移出或移入的过程中树脂层得到松动。

③满室床的运行和再生过程与浮动床相同，因此具有对流再生工艺的优点。但这种床型要求树脂粒度均匀、树脂转型体积变化率小以及较高的强度，并要求进水悬浮物小于1NTU。

第七节　混合床除盐

经过一级复床除盐处理过的水，虽然水质已经很好，但通常还达不到非常纯的程度，不能满足许多情况下的用水要求，其主要原因是离子交换的逆反应倾向，使出水中仍残留少量离子。为了获得更好的水质，可在一级复床除盐之后，再加一级，即构成二级除盐。二级除盐有两种方法：①再加一个阳离子交换器和一个阴离子交换器；②加H/OH，即加一个阳/阴混合离子交换器。相比之下，前者增加了设备的台数和系统的复杂性，运行操作比较麻烦，而且出水水质比不上后一个系统，所以目前多采用混合床作第二级除盐。前一个系统只在原水水质很差的情况下才使用。

一、工作原理

混合床离子交换除盐，就是把以H型存在的阳离子交换树脂和以OH型存在的阴离子交换树脂放入同一个交换器内，混合均匀，这样就相当于组成了无数级的复床除盐。在混合床中，由于运行时阴、阳树脂是相互混匀的，其阴、阳离子的交换反应是交叉进行的，因此经H离子交换所产生的H^+和经OH离子交换所产生的OH^-都不会累计起来，而是马上互相中和生成H_2O，所以反离子浓度影响小，交换反应进行得十分彻底，出水水质好，其交换反应如下：

$$2RH+2R'OH+\begin{matrix}Ca\\Mg\\2Na\end{matrix}\left\{\begin{matrix}SO_4\\Cl_2\\(HCO_3)_2\\(HSiO_3)_2\end{matrix}\right. \longrightarrow \begin{matrix}R_2Ca\\R_2Mg\\2RNa\end{matrix}+\left\{\begin{matrix}R'_2SO_4\\2R'Cl\\2R'HCO_3\\2R'HSiO_3\end{matrix}\right.+H_2O$$

为了区分阳树脂和阴树脂的骨架，式中将阴树脂的骨架用R'表示。

混合床中所用树脂必须是强酸性阳树脂和强碱性阴树脂，这样才能制得高质量的除盐水，个别情况也可用弱型混床，但出水水质变差。由不同类别树脂组成的混床，其出水水质变化情况如表6-15所示。

表6-15　混合床中采用不同树脂时的出水水质比较

混床类别	强酸强碱混床	强酸弱碱混床	弱酸强碱混床	弱酸弱碱混床
阳树脂	强酸性	强酸性	弱酸性	弱酸性
阴树脂	强碱性	弱碱性	强碱性	弱碱性
出水电导率/(μS/cm)	0.1	1~10	1	100~1000
出水 SiO_2/(mg/L)	0.02~0.1	与进水相似	0.02~0.15	与进水相似

混合床不能直接处理原水。混合床都是串联在一级复床除盐系统之后使用的，只有在处理含盐量很少的蒸汽凝结水时，由于被处理水的离子浓度低，才单独使用混合床。此外，也可在反渗透后面再加混合床制取纯水。混合床按再生方式分为体内再生和体外再生两种。本节介绍的混合床均是指体内再生的由强酸性阳树脂和强碱性阴树脂组成的混合床。

混合床中树脂失效后，应先将阴、阳两种树脂分开后，再分别进行再生和清洗。再生清洗后，还要将这两种树脂混合均匀后才投入运行。

二、设备结构

混合床离子交换器的本体是个圆柱形压力容器，有内部装置和外部管路系统。

混合床内主要装置有上部进水、下部配水、进碱、进酸以及进压缩空气装置，在体内再生混合床中部阴、阳离子交换树脂分界处设有中间排液装置。混合床结构如图6-46所示，管路系统如图6-47所示。

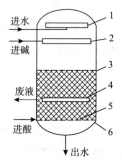

图6-46　混合床结构示意图

1—进水装置；2—进碱装置；3—树脂层；

4—中间排液装置；5—下部配水装置；6—进酸装置

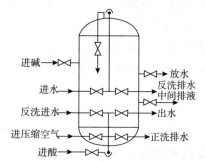

图6-47　混合床管路系统示意图

三、混合床中树脂

为了便于混合床中阴、阳树脂分离，两种树脂的湿真密度差应大于$0.15g/cm^3$，为了适应高流速运行的需要，混合床使用的阴、阳树脂应该机械强度高且颗粒大小均匀。确定混合床中阴、阳树脂比例的原则是根据进水水质条件和对出水水质要求的差异以及树脂的工作交换容量来决定的，理论上应让两种树脂同时失效，以获得树脂交换容量的最大利用率：一般来讲，阳树脂的工作交换容量为阴树脂的2～3倍。因此，如果单独采用混合床除盐，则阴、阳树脂的体积比应为（2～3）∶1；若用于一级复床除盐之后，因进水为中性，目前采用的强碱阴树脂与强酸阳树脂的体积比通常为2∶1。

四、运行操作

由于混床是将阴、阳树脂装在同一个交换器中运行的，所以在运行上有其特殊的地方。下面讲述混床一周期中的各步操作。

1. 反洗分层

树脂的再生效果直接受到树脂分层效果的影响，因此，如何将失效的阴、阳树脂分开，以便分别通入再生液进行再生，是混合床除盐装置运行操作中的关键问题之一。目前大都是采用水力筛分法对阴、阳树脂进行分层，这种方法就是用水将树脂反冲，使树脂层达到一定的膨胀率（＞50％），利用阴、阳树脂的湿真密度差，造成树脂下沉速度不同，让树脂自由沉降，从而达到树脂分层的目的。由于阴树脂的密度较阳树脂的小，所以分层后阴树脂在上，阳树脂在下。因此只要控制得当，可以做到两层树脂之间有一明显的分界面。分层好坏直接影响树脂再生效果，影响混床出水水质。因为如果发生混层，即在阳树脂中混有阴树脂，在阴树脂中混有阳树脂，那么再生时就会发生如下反应：

阴树脂中混入的阳树脂　　　$RH + NaOH \rightarrow RNa + H_2O$

阳树脂中混入的阴树脂　　　$RHSiO_3 + HCl \rightarrow RCl + H_2SiO_3$

这样，再生后树脂不完全是 H 型和 OH 型，还含有少量 Na 型、Cl 型等失效型。在正常运行时，这些失效型影响交换平衡，使得出水中 SiO_2 和电导率升高。所以分层分得好，不发生混层现象，是混床再生的关键。

反洗开始时，流速宜小，待树脂层松动后，逐渐加大流速到 10m/h 左右，使整个树脂层的膨胀率在 50％～70％，维持 10～15min，一般即可达到较好的分离效果。

两种树脂是否能分层明显，除与阴、阳树脂的湿真密度差、反洗水流速有关外，还与树脂的失效程度有关，树脂失效程度大的容易分层，否则就比较困难，这是由于树脂在交换不同离子后，密度不同，沉降速度不同所致。

对于阳树脂，不同离子型的湿真密度排列顺序为：$RH < RNH_4 < R_2Ca < RNa < RK$。

对于阴树脂，不同离子型湿真密度排列顺序为：$RaH < RCl < R_2(CO_3) < RHCO_3 < RNO_3 < R_2(SO_4)$。

由上述排列顺序可知，反洗分层应当选择密度相差较大的形态进行，效果就比较好。H 型和 OH 型树脂虽然也有一定密度差，但有时易发生抱团现象（即由于阴阳树脂电性相吸而互相黏结成团），也使分层困难。Na 型与 Cl 型之间密度差较大，分层效果好，为了使分层分得好，须让树脂充分失效（或反洗时加 NaCl 也可）。也可在分层前先通入电解质（如 NaOH）溶液以破坏抱团现象，同时还可使阳树脂转变为 Na 型，将阴树脂再生成 OH 型，加大阳、阴树脂的湿真密度差，这些都对提高阳、阴树脂的分层效果有利。

此外，有一种称作三层混床的，可以改善分离效果，即加入一种湿真密度介于阴、阳树脂之间的惰性树脂，只要粒度和密度合适，就可做到反洗后惰性树脂正好处于阴、阳树脂之间的中排管位置处，这样就可以避免再生时阴、阳树脂因接触对方的再生液而造成的交叉污染，以提高混床的出水水质。

2. 再生

按再生方式，混床分为体内再生和体外再生两种，这里只介绍体内再生法。体内再生法就是树脂在交换器内进行再生，根据进酸、进碱和清洗步骤的不同，又可分为两步法和同时再生法。

（1）两步法

指再生时酸、碱再生液不是同时进入交换器，而是分先后进入。它又分为碱液流过阴、阳树脂的两步法和碱液、酸液先后分别通过阴、阳树脂的两步法。在大型装置中，一般采用后者，其操作过程如图 6-48 所示。

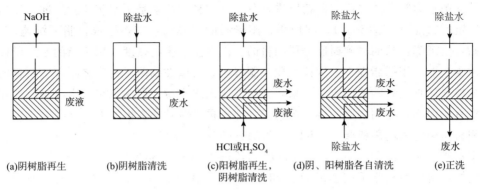

(a)阴树脂再生　　(b)阴树脂清洗　　(c)阳树脂再生，　　(d)阴、阳树脂各自清洗　　(e)正洗
　　　　　　　　　　　　　　　　阴树脂清洗

图 6-48　混合床两步再生法示意图

这种方法是在反洗分层后，放水至树脂表面上约 100mm 处，从上部送入碱液再生阴树脂，废液从阴、阳树脂分界处的中排管排出，接着按同样的流程清洗阴树脂，直至排水的 OH⁻ 降至 0.5mmol/L 以下。在上述过程中，也可以用少量水自下部通过阳树脂层，以减轻碱液对阳树脂的污染。然后，由底部进酸再生阳树脂，废液也由中排管排出。同时，为防止酸液进入已再生好的阴树脂层中，需继续自上部通以小流量的水清洗阴树脂。阳树脂的清洗流程也和再生时相同，清洗至排水的酸度降到 0.5mmol/L 以下为止。最后进行整体正洗，即从上部进水底部排水，直至出水电导率小于 1.5μS/cm 为止。在正洗过程中，有时为了提高正洗效果，可以进行一次 2～3min 的短时间反洗，以消除死角残液，松动树脂层。

（2）同时再生法

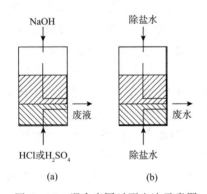

图 6-49　混合床同时再生法示意图
（a）阴、阳树脂同时分别再生；
（b）阴、阳树脂同时分别清洗

再生时，由混床上、下同时送入碱液和酸液，接着进清洗水，使之分别经阴、阳树脂层后由中排管同时排出。采用此法时，若酸液进完后，碱液还未进完，下部仍应以同样流速通清洗水，以防碱液串入下部污染已再生好的阳树脂。同时再生法的操作过程如图 6-49 所示。

3. 阴、阳树脂的混合

树脂经再生和清洗后，在投入运行前必须将分层的树脂重新混合均匀。通常用从底部通入压缩空气的方法搅拌混合。这里所用的压缩空气应经过净化处理，以防止压缩空气中有油类等杂质污染树脂。压缩空气压力一般采用 0.1～0.15MPa，流量为 2.0～3.0m³/(m²·s)。混合时间，主要视树脂是否混合均匀为准，一般为 0.5～1min，时间过长易磨损树脂。为了获得较好的混合效果，混合前应把交换器中的水面下降到树脂层表面上 100～150mm 处。此外，为防止树脂在沉降过程中又重新分离而影响其混合程度，除了通入适当的压缩空气并保持一定的时间外，还需有足够大的排水速度，以迫使树脂迅速降落，避免树脂重新分离。若树脂下降时，采用顶部进水，对加速其沉降也有一定的效果。

4. 正洗

混合后的树脂层，还要用除盐水以 10～20m/h 的流速进行正洗，直至出水合格后

（如 SiO_2 含量小于 $20\mu g/L$，电导率小于 $0.2\mu S/cm$），方可投入运行。正洗初期，由于排出水浑浊，可将其排入地沟，待排水变清后，可回收利用。

5. 制水

混合床的运行制水与普通固定床相同，只是它可以采用更高的流速，通常对凝胶型树脂可取 $40\sim60m/h$，如用大孔树脂可高达 $100m/h$ 以上。

混合床的运行失效标准，通常是按规定的失效水质标准控制，即当其用于一级除盐设备之后时，出水电导率应小于 $0.2\mu S/cm$ 或 SiO_2 含量应小于 $20\mu g/L$；也可按规定的运行时间或产水量控制，即前级除盐装置出水电导率 $\leqslant5\mu S/cm$、$SiO_2\leqslant100\mu g/L$ 的水质条件下，混合床产水比按 $10000\sim15000m^3/m^3$ 树脂计，来估算运行时间或产水量。此外，也有按进出口压力差控制的。

五、混合床运行特点

混合床和复床相比有以下特点：

1. 优点

①出水水质优良　用强酸性 H 型阳树脂和强碱性 OH 型阴树脂组成的混合床，其出水残留的含盐量在 $1.0mg/L$ 以下，电导率在 $0.2\mu S/cm$ 以下，残留的 SiO_2 在 $20\mu g/L$ 以下，pH 值接近中性。

②出水水质稳定　混合床经再生清洗后开始制水时，出水电导率下降极快，这是由于在树脂中残留的再生剂和再生产物，可立即被混合后的树脂交换。混合床在工作条件发生变化时，一般对其出水水质影响不大。

③间断运行对出水水质影响较小　无论是混合床还是复床，当停止制水后再投入运行时，开始的出水水质都会下降，要经短时间冲洗后才能恢复到原来的水平。恢复到正常所需的时间，混合床只要 $3\sim5min$，而复床则需要 $10min$ 以上，如图 6-50 所示。

④交换终点明显　混合床在运行末期失效前，出水电导率上升很快，这有利于运行监督。

⑤混合床设备较少　混合床设备比复床少，且布置集中。

2. 缺点

①树脂交换容量的利用率低；

②树脂损耗率大；

③再生操作复杂，需要的时间长；

④为保证出水水质，常需要较多的再生剂对阴、阳树脂进行再生；

⑤只适用于进水水质较好的场合。

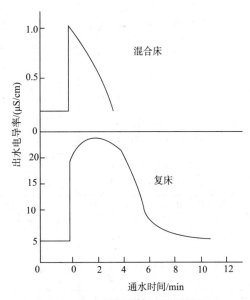

图 6-50　间断运行对混合床和复床出水水质的影响

第八节 离子交换除盐系统

一、常用的离子交换除盐系统

根据被处理水质、水量及对出水水质要求的不同，可采用多种离子交换除盐系统。表 6-16 给出了 13 种常规系统及其适用条件。

表 6-16 常规离子交换除盐系统

序号	系统组成		出水水质		适用情况
			电导率（25℃）/（μS/cm）	SiO₂/（mg/L）	
1	H-D-OH	顺流再生	<10	<0.1	对纯水水质要求不高的场合（如中压锅炉补给水，化工、制药行业一般应用等）
		对流再生	<5		
2	H-D-OH-H/OH		0.1~0.2	<0.02	对纯水水质要求较高的场合（如高压及以上汽包锅炉和直流炉补给水、电子工业用水等）
3	Hw-H-D-OH	顺流再生	<10	<0.1	（1）同本表系统 1 （2）进水碳酸盐硬度大于 3mmol/L （3）酸耗低
		对流再生	<5		
4	Hw-H-D-OH-H/OH		0.1~0.2	<0.02	（1）同本表系统 1 （2）进水碳酸盐硬度大于 3mmol/L （3）酸耗低
5	H-D-OHw-OH 或 H-OHw-D-OH	顺流再生	<10	<0.1	（1）同本表系统 1 （2）进水中有机物含量高或强酸阴离子高于 2mmol/L
		对流再生	<5		
6	H-D-OHw-OH-H/OH 或 H-OHw-D-OH-H/OH		0.1~0.2	<0.02	同本表系统 2、5
7	H-OHw-D-H/OH 或 H-D-OHw-H/OH		0.1~0.5	<0.1	进水中强酸阴离子浓度高且 SiO₂ 浓度低
8	Hw-H-OHw-D-OH 或 Hw-H-D-OHw-OH		<10	<0.1	（1）同本表系统 1 （2）进水碳酸盐硬度、强酸阴离子浓度都高
9	Hw-H-OHw-D-OH-H/OH 或 Hw-H-D-OHw-OH-H/OH		0.1~0.2	<0.02	（1）同本表系统 2 （2）进水碳酸盐硬度、强酸阴离子浓度都高，高压及以上汽包炉和直流炉
10	H-D-OH-H-OH		0.2~1	<0.02	适用于高含盐量水，前级阴床可采用强碱Ⅱ型树脂
11	H-D-OH-H-OH-H/OH		<0.2	<0.02	同本表系统 2、10
12	RO-H/OH		<0.1	<0.02	适用于较高含盐量水
13	RO 或 ED-H-D-OH-H/OH		<0.1	<0.02	适用于高含盐量水和苦咸水

说明：H、OH—强酸、强碱床；D—除碳器；Hw、OHw—弱酸、弱碱床；H/OH—混合床；RO、ED—反渗透、电渗析。

这些系统组成的一些基本原则如下：

①对于树脂床，都是阳树脂在前，阴树脂在后；弱型树脂在前，强型树脂在后；再生顺序是先强型树脂后弱型树脂。

②要除硅必须用强碱性 OH 型阴树脂。

③原水碳酸盐硬度含量高时，宜采用弱酸性阳树脂；当原水强酸阴离子浓度高或有机物含量高时，宜采用弱碱性阴树脂；当采用 II 型强碱性阴树脂时，一般不再采用弱碱性阴树脂。

④当考虑降低废液排放量时，还可放宽采用弱酸性、弱碱性树脂的条件。

⑤当对水质要求很高时，应设混合床。

⑥除碳器应置于强碱性阴交换器前。但弱碱性阴交换器放在除碳器之前或之后均可，如放置在除碳器前，还有利于其工作交换容量的提高。

⑦处理水量小的场合，尽量采用比较简单的系统。

⑧如阳床出水 CO_2 小于 15～20mg/L（如经石灰处理或原水碱度小于 0.5mmol/L），可考虑不设除碳器。

⑨交换器采用何种设备（顺流、逆流、浮床）可根据具体情况决定，不必要求一致。

⑩弱型和强型树脂联合应用，视情况可采用双层床、双室双层床、双室双层浮动床或复床串联。采用复床串联时，弱型树脂床没有必要采用对流再生。

二、再生系统

离子交换除盐系统中采用的再生剂是酸和碱，所以，在用离子交换法除盐时，必须有一套用来贮存、配制、输送和投加酸或碱的再生系统。常用的酸有工业盐酸和工业硫酸，常用的碱是工业烧碱。

桶装固体碱一般干式贮存，液态的酸、碱常用贮存罐贮存。贮存罐有高位布置和低位（地下）布置。当低位布置时，运输槽车中的酸、碱靠其自身的重力卸入贮存罐中；当高位布置时，槽车中的酸、碱是用酸碱泵送入贮存罐中的。

液态再生剂的输送常用方法有压力法、负压法和泵输送法。压力法是用压缩空气挤压酸、碱的输送方法，采用这种方式，一旦设备发生漏损就有溢出酸、碱的危险；负压输送法就是利用抽负压使酸、碱在大气压力下自动流入，此法因受大气压的限制，输送高度不能太高；用泵输送比较简单易行，但也是一种压力输送。

将浓的酸、碱稀释成所需浓度的再生液，常用的配制方法有容积法、比例流量法和水射器输送配制法。容积法是在溶液箱（槽、池）内先放入定量的稀释水，再放入定量的再生剂，搅拌成所需浓度。比例流量法是通过计量泵或借助流量计按比例控制稀释水和再生剂的流量，在管道内混合成所需浓度的再生液。水射器输送配制法是用压力、流量稳定的稀释水通过水射器，在抽吸和输送过程中配制成所需浓度的再生液，这种方法大都直接用在再生液投加的时候，即在配制的同时，将再生液投加至交换器中。下面介绍几种酸、碱再生系统。

1. 盐酸再生系统

如图 6-51 所示，其中图 6-51（a）为贮存罐高位布置，再生剂靠贮存罐与计量箱的位差，将一次的用量卸入计量箱。再生时，首先打开水射器压力水门，调节再生流速，然后再开计量箱出口门，调节再生液浓度，与此同时将再生液送入交换器中。图6-51（b）为贮存罐低位布置，利用负压输送法将酸送入计量箱中，也可以采用泵输送的办法。图6-51（c）为同时设有高位贮存罐和低位贮存罐的再生系统，将低位罐中的酸送到高位罐可用泵输送，也可用负压输送（如图中虚线框内的抽负压系统）。

为防止酸雾，盐酸再生系统中贮存罐、计量箱的排气口应设酸雾吸收器。

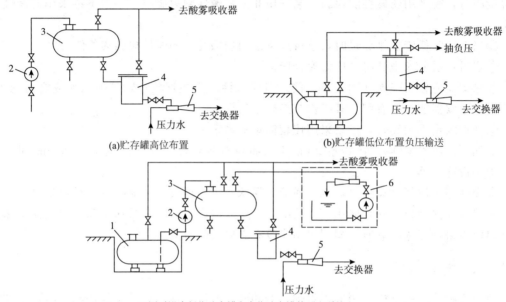

图6-51　盐酸再生系统

1—低位贮存罐；2—酸泵；3—高位贮存罐；4—计算箱；5—水射器；6—抽负压系统

2. 硫酸再生系统

浓硫酸在稀释过程中会放出大量的热量，所以硫酸一般采用二级配制方法，即先在稀释箱中配成20％左右的硫酸，再用水射器稀释成所需浓度并送入交换器中，图6-52所示为负压输送的硫酸再生系统。

3. 碱再生系统

用于再生阴离子交换树脂的碱有液体的，也有固体的。液体碱浓度一般为30％～42％，其配制输送与盐酸再生系统相同。固体碱通常含 NaOH 在95％以上，使用前一般先将其溶解成30％～40％的浓碱液，存入碱液贮存罐，使用时再配制成所需浓度的再生液，图6-53为这种类型的系统。也可先将其溶解成30％～40％的浓碱液后，再按图6-51所示的系统配制和输送。

为加快固体碱的溶解过程，溶解槽需设搅拌装置。由于固体碱在溶解过程中放出大量热量，溶液温度升高，为此溶解槽及其附设管路、阀门一般采用钢材料。碱再生液的加热有两种方式：一种是加热再生液，是在水射器后增设蒸汽喷射器，用蒸汽直接加热再生液；另一种是加热配制再生液的水，是在水射器前增设加热器，用蒸汽将压力水加热。碱再生系统中，贮存罐及计量箱的排气口宜设 CO_2 吸收器。

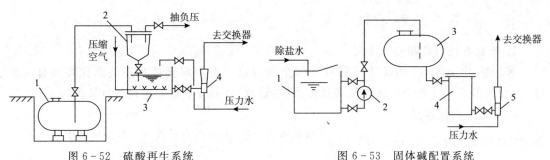

图 6-52　硫酸再生系统

1—贮存罐；2—计量箱；3—稀释箱；4—水射器

图 6-53　固体碱配置系统

1—溶解槽；2—泵；3—高位贮存罐；4—计量箱；5—水射器

三、除盐水输送系统水质变化及微生物控制

尽管除盐系统混床出水水质很好，电导率很低，但经过除盐水箱后的水质要发生变化，这是由于除盐水箱密封效果不佳或不密封，空气中二氧化碳、氧气、尘粒、细菌等物质进入除盐水箱。随着除盐水存放时间的增加，由于空气中的二氧化碳与水箱进水水流的不断碰撞与扰动而溶解于水中，空气中的二氧化碳进入除盐水后立即生成碳酸。除盐水电导率会逐渐上升，pH 逐渐下降，最终达到一个稳定值。过低的除盐水 pH 会导致除盐水箱及管道的腐蚀，加剧除盐水的污染。造成除盐水箱水质污染的原因，除了二氧化碳以外，氧气也是一个不能忽视的因素。除盐水溶解氧含量过高，会使好氧微生物在除盐水箱中滋生，使供出的除盐水中含有较多细菌及其代谢产物，除盐水的 TOC 含量升高，造成污染。有人研究发现，水处理系统中阳床用酸再生，有一定杀菌作用，但到阴床时，细菌开始繁殖，阴床出水带出的细菌也促进除盐水箱中菌类的滋生繁殖。以目前的技术，水处理已经能生产出接近理论纯水的除盐水，但在输送的过程中，除盐水会受到二次污染，使水质变差，除盐水箱是除盐水经过的第一个设备，如何减缓除盐水在水箱内二次污染的问题，已成为保证供出水质合格的重要的问题，为了解决这一问题，目前采用的办法是对除盐水箱进行密封，减少空气、尘埃的进入。目前采用的除盐水箱密封方式有如下几种：碱液呼吸器法、塑料带边覆盖球法、柔性浮顶法等。

碱液呼吸器法是对除盐水箱进行密封，水位变化时的空气进出全部通过一碱液呼吸器，碱对空气中 CO_2 吸收并洗涤掉其中尘埃；塑料带边覆盖球法是在除盐水中放入很多塑料球，它密度比水小，漂浮在水面，隔绝空气与水接触，塑料球又带边，边边交叉使覆盖面积完整，不留空隙；柔性浮顶即在除盐水箱内装一浮顶，它随水位变动而上下移动，隔绝空气与水接触。这些办法都是设法隔绝空气，但并未达到很完善的程度，除盐水中细菌的滋生繁殖还有不同程度的存在。

由于这是纯水系统中细菌繁殖，不可能使用杀菌剂进行杀灭，为了解决水质问题，有人建议在除盐水箱出口加装精密过滤，滤除菌类，还有的行业，比如电子工业对纯水要求很严，除了电导率要求达标外，还要求含有粒径大于 $1\mu m$ 的微粒数不超过 5 个/mL，细菌个数不超过 0.1 个/mL。为了满足这一要求，在用水点设置过滤精度为 $0.1\mu m$ 的微滤装置，作为纯水终端过滤设备，以保证用水的安全。

四、除盐系统经济性分析

1. 除盐系统经济指标

表示除盐系统运行的经济指标有工作交换容量、再生剂耗量和正洗水比耗（自用水率）。交换器工作过程中的这些经济指标是根据运行数据按下述方法进行计算的。

（1）工作交换容量

阳树脂工作交换容量 E（mol/m³）$= \dfrac{（进水阳离子浓度-出水阳离子浓度）\times 周期制水量（Q）}{树脂体积（V）}$

$$= \dfrac{（进水碱度+出水酸度）\times 周期制水量（Q）}{树脂体积（V）} \tag{6-10}$$

阴树脂工作交换容量 E（mol/m³）$= \dfrac{（进水阴离子浓度-出水阴离子浓度）\times 周期制水量（Q）}{树脂体积（V）}$

$$= \dfrac{\left(进水酸度+\dfrac{CO_2}{44}+\dfrac{SiO_2}{60}\right)\times 周期制水量（Q）}{树脂体积（V）} \tag{6-11}$$

（2）再生剂耗量

阳树脂再生酸耗 q（g/mol）$= \dfrac{再生一次用酸量（kg）\times 酸百分浓度（\%）\times 1000}{EV} \tag{6-12}$

阴树脂再生碱耗 q（g/mol）$= \dfrac{再生一次用碱量（kg）\times 碱百分浓度（\%）\times 1000}{EV} \tag{6-13}$

$$比耗 = \dfrac{q}{再生剂摩尔质量} \tag{6-14}$$

$$再生水平 = \dfrac{qE}{1000} \left[kg（100\%）/m^3（树脂）\right] \tag{6-15}$$

混床由于进水浓度低，难以测定，周期又长，它的经济性对整个系统经济性影响不大，所以不再计算工作交换容量和再生剂耗量等。

（3）水耗　水耗指每周期自用水量占出水量的百分数：

$$自用水率 = \dfrac{正洗用水量+再生用水量+置换用水量+反洗用水量}{周期制水量（Q）} \tag{6-16}$$

$$正洗水耗 = \dfrac{正洗用水量}{树脂体积（V）} \left[m^3/m^3（树脂）\right] \tag{6-17}$$

2. 提高除盐系统运行经济性的途径

（1）增设弱型树脂交换器

由于弱酸阳树脂和弱碱阴树脂工作交换容量大，再生比耗低（仅略高于理论值），又可以利用强型树脂再生排放的废酸废碱再生，所以经济性好。在系统中设置弱型树脂交换器可以大大提高系统运行经济性。

（2）采用对流式交换器

对流式交换器比顺流式交换器再生剂耗量低，出水水质好，因而可以节省再生剂，经济性好。

（3）采用前置式交换器

所谓前置式交换器是指在顺流式强酸或强碱交换器前再加一个同类型的强酸或强碱交换器，二者串联运行、串联再生，如图6-54所示。主交换器的再生废液进入前置式交换器，对树脂进行不足量再生。运行时水先通过前置式交换器，进行部分交换，再进入主交换器进行彻底交换。实际上就是借前置式交换器来回收废再生液，所以再生剂耗量低，再生剂利用率高，经济性好。

前置式交换器再生剂耗量可以达到对流式交换器水平，又因为本身是顺流式运行，操作简单，可靠性好。

（4）对阴交换器再生用碱液进行加热

碱液加热有助于阴树脂再生，提高 SiO_2 脱率，增大树脂 SiO_2 吸收容量，降低出水 SiO_2 浓度，延长运行周期，降低再生剂耗量。

（5）回收部分再生废液及正洗水

交换器再生时再生废液中各种成分变化状况示于图 6-55。

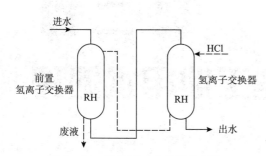

图 6-54　带前置式交换器的系统

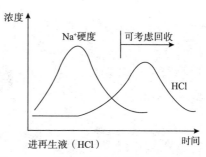

图 6-55　再生时再生废液浓度变化情况

从图上可看出，再生初期排出的再生废液中各种置换出来的离子浓度最高，再生剂浓度很低，但置换出的离子排放接近尾声时，再生剂浓度开始上升，并达到一最高值。因此，可在再生时杂质浓度下降至一定值后，回收一部分再生废液，此时废液中的再生剂浓度较高，而杂质相对较少。这些回收的再生废液可在下次再生时作初步再生用。

回收废再生液方法多在顺流再生交换器上使用。对流式交换器由于本身再生比耗已接近理论值，废液中再生剂浓度不高，一般不再回收。

交换器正洗水量一般也很大，正洗初期水中杂质浓度高，但正洗后期水质很好，基本上接近出水水质，比交换器进水水质好多了，而且这部分水量很大，如图 6-56 所示，因此，可以对正洗后期质量较好的正洗排水进行回收，作系统运行进水或作下次反洗水，这样就可降低正洗水率及自用水率。

（6）降低除盐系统进水含盐量

在除盐系统进水水质较差时，可以在除盐系统前增设反渗透、电渗析等预脱盐装置，来降低

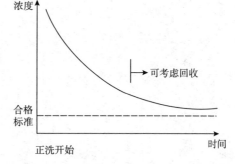

图 6-56　交换器正洗排水水质变化情况

除盐系统进水含盐量，延长交换器运行周期，降低运行酸碱消耗量，降低制水成本。

第二篇
典型工业用水处理

第七章　循环冷却水处理

工业生产过程中，往往会有大量热量产生，使生产设备或产品的温度升高，必须及时冷却，以免影响生产的安全、正常进行和产品的质量。而水是吸收和传递热量的良好介质，工业上常用来冷却生产设备和产品。所以在工业企业（例如电力、石油、化工、钢铁企业等）冷却用水的比例很大，冷却水基本上占总用水量的90％～95％以上。几十年前我国的工业冷却水多采用直流冷却水，水资源浪费很大。近年来循环冷却水系统已在各行各业广泛使用，带来的节水效果是明显的。一般补充水率可降至循环水量的5％以下。目前采用循环冷却水代替直流冷却水已成为各行各业的共识和行动。同时，也都更重视系统中换热器的腐蚀与结垢问题。

天然水中含有许多无机质和有机质，如不经过专门处理，冷却水在循环利用过程中，不仅传热效果变差，而且由于盐类浓缩等作用，会产生腐蚀、结垢和微生物生长等问题。因此，对循环冷却水进行水质处理是保证系统安全运行的基本条件。

第一节　工业冷却用水及水质指标

一、工业冷却水

在大多数工业生产中是用水作为传热冷却介质的。这是因为水的化学稳定性好，不易分解；水的热容量大，在常用温度范围内，不会产生明显的膨胀或压缩；水的沸点较高，在通常使用的条件下，在换热器中不致汽化；同时水的来源较广泛，流动性好，易于输送和分配，相对来说价格也较低。水作为冷却介质在生产设备的正常运行、产品的质量控制等方面发挥着十分重要的作用。如发电厂汽轮机，在发电过程中温度升高，为保证发电机的正常发电，就要用水来不断地冷却发电机；炼油厂为了使热的油品冷却到一定的温度，炼成各种油类产品，必须用低于30℃的水通过冷却器，用水吸收热油中的热量，把油的温度降低下来；集中式空调系统在空调制冷的过程中，制冷机温度升高，为保证空调系统正常运行，使制冷机维持在规定的温度范围内，就要用水来连续不断地冷却制冷机。

冷却水的使用范围面广量大，在冶金工业中用大量的水来冷却高炉、平炉、转炉、电炉等各种加热炉的炉体；在炼油、化肥、化工等生产中用大量的水来冷却半成品和产品；在发电厂、热电站则用大量的水来冷凝汽轮机回流水；在纺织厂、化纤厂则用大量水来冷却空调系统及冷冻系统。近年来，高层建筑愈来愈多，其空调系统也需用大量冷却水。这些工业和服务行业冷却水用量占工业用水总量的70％左右，其中又以石油、化工和钢铁工业为最高。

如上所述，水在冷却油的全过程中，油的温度降低了，但水自身的温度从原来的≤

30℃经冷却器后升高到≥40℃,那么要继续用水去冷却油,进行循环使用,则必须把水温再降低到≤30℃,这叫循环水的冷却。把循环水水温降低下来的设备,总称为冷却构筑物,而通常用的是冷却构筑物中的冷却塔。

随着现代工业和国民经济的迅速发展,工业用水量也越来越大。从万元产值的用水量来衡量,现已大幅度下降。从平均来看,由20世纪80年代的500多 m³/万元下降到目前的210m³/万元,有的地方小于100m³/万元,向世界先进水平靠拢。但因产值成倍增加,国民经济增长迅速,故总的用水量仍呈增加趋势。表7-1列出了各行业单位产品用水量的概况,表7-2给出了一些工业企业的用水分配情况。

表7-1 各行业单位产品用水量

产品	用水量/(m³/t)	产品	用水量/(m³/t)
钢铁	300	合成橡胶	125~2800
铝	160	合成纤维	600~2400
煤	1~5	棉纱	200
石油	4	毛织品	150~350
煤油	12~50	醋酸	400~1000
化肥	50~250	乙醇	200~500
硫酸	2~20	烧碱	100~150
炸药	800	肉类加工	8~35
纸浆	200~500	啤酒	10~20

表7-2 部分工业企业的用水分配率

工业名称	用途及分配比率/%					
	冷却水	锅炉房	洗涤水	空调	工业用水	其他
石油	90.1	3.9	2.8	0.6		2.6
化工	87.3	1.5	5.9	3.2		2.1
冶金	85.4	0.4	9.8	1.7		2.7
机械	42.8	2.7	20.7	12.8		21.0
纺织	5.0	5.1	29.7	51.8		8.4
造纸	9.9	2.6	82.1	1.3		4.1
食品	48.0	4.4	30.4	5.7	6.0	5.5
电力	99.0	1.0				

二、冷却水的水质要求

为了保证工业生产稳定,能长周期运转,延长设备使用寿命,对冷却水的水质有相当高的要求。通常在选用水作为冷却介质时,需注意选用的水要能满足以下几点要求:

1. 水温要尽可能低一些

在同样设备条件下,水温愈低,用水量也相应减少。例如,制药厂在生产链霉素时,需要用水去冷却链霉素的浓缩设备和溶剂回收设备。如果水的温度愈低,那么用水量也就愈少，其相互关系如图7-1所示。又如，化肥厂生产合成氨时，需要将压缩机和合成塔中出来的气体进行冷却，这时冷却水的温度愈低，则合成塔的氨产量愈高，其相互关系如图7-2所示。

2. 水的浑浊度要低

水中悬浮物带入冷却水系统，会因流速降低而沉积在换热设备和管道中影响热交换，严重时会使管子堵塞。此外，浑浊度过高还会加速金属设备的腐蚀。为此，在国外一些大型化肥、化纤、化工、炼油等生产系统中对冷却水的浊度要求不得大于2mg/L。

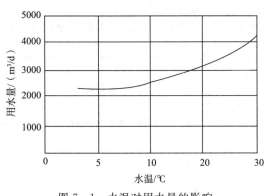

图7-1 水温对用水量的影响

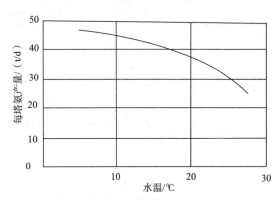

图7-2 水温对氨产量的影响

3. 水质不易结垢

冷却水在使用过程中，要求在换热设备的传热表面上不易结成水垢，以免影响换热效果，这对工厂安全生产是一个关键。生产实践说明，由于水质不好，易结水垢而影响工厂生产的例子是屡见不鲜的。

4. 水质对金属设备不易产生腐蚀

冷却水在使用中，要求对金属设备最好不产生腐蚀，如果腐蚀不可避免，则要求腐蚀性愈小愈好，以免传热设备因腐蚀太快而迅速减少有效传热面积或过早报废。

5. 水质不易滋生菌藻微生物

冷却水在使用过程中，要求菌藻微生物在水中不易滋生繁殖，这样可避免或减少因菌藻繁殖而形成大量的粘泥污垢，过多的粘泥污垢会导致管道堵塞和腐蚀。

三、敞开式循环冷却水系统对水质的要求

要使循环冷却水运行稳定、具有较好的冷却效果，对循环水和补充水的各种杂质应当有限制要求，这种限制性控制指标就是水质控制的边界条件，如果超过控制指标，会给循环水处理带来危害。不同工业企业的换热设备，对循环冷却水水质有不同的要求。影响换热设备水质要求的主要因素有：换热设备的材质（碳钢、不锈钢或铜等），换热设备的结构形式（是冷却水走管内、工艺物料走管外的管程换热设备，还是冷却水走管外、工艺物料走管内的管程换热设备），水温和流速等不同的工况条件，对污垢热阻和腐蚀率的不同要求等。目前对水质中有些控制指标尚无统一规定，表7-3可供参考。

表 7-3　水质中各种杂质的允许含量

杂质名称	允许含量	过量的危害
含盐量（以导电率计）	投加缓蚀阻垢剂时，一般不宜大于 $3000\mu S/cm$	腐蚀或结垢
Ca^{2+}（以 $CaCO_3$ 计）	根据碳酸钙饱和指数和磷酸钙饱和指数进行控制，一般循环水中要求 $\leqslant 500mg/L$；$\geqslant 75mg/L$；全有机系统 $\geqslant 150mg/L$；使用多元醇和木质素磺酸盐分散剂时 $\leqslant 1000mg/L$；$Ca^{2+}\times SO_4^{2-}$（mg/L，均以 $CaCO_3$ 计）$\leqslant 150000$，$Ca^{2+}\times CO_3^{2-}$（mg/L，均以 $CaCO_3$ 计）$\leqslant 1200$	结垢
Mg^{2+}（以 $CaCO_3$ 计）	Mg^{2+}（mg/L）$\times SiO_2$（mg/L）<15000	产生类似蛇纹石组成，黏性很强的污垢
铁和锰（总铁量）	补充水中（特别在预膜时）$\leqslant 0.5mg/L$	催化结晶过程，本身可成为黏性很强的污垢，导致局部腐蚀
铜离子	补充水中 $\leqslant 0.1mg/L$（碳钢设备），$\leqslant 40\mu g/L$（铝材）	产生点蚀，导致局部腐蚀
铝离子	补充水中 $\leqslant 3mg/L$	起黏结作用，促进污泥沉积
总碱度（以 $CaCO_3$ 计）	根据碳酸钙饱和指数进行控制，一般不宜超过 $500mg/L$，磷系配方需 $>50mg/L$，全有机配方需 $>100mg/L$；一般情况下要求 $CO_3^{2-}\leqslant 5mg/L$，低 pH 系统 $HCO_3^-\leqslant 200mg/L$，高效分散剂系统 $HCO_3^-\leqslant 500mg/L$	结垢
Cl^-	在使用不锈钢较多的系统中 $\leqslant 300mg/L$，碳钢设备系统中 $\leqslant 1000mg/L$	强烈促进腐蚀反应，加速局部腐蚀，主要是缝隙腐蚀、点蚀和应力腐蚀
SO_4^{2-}	$SO_4^{2-}+Cl^-\leqslant 1500mg/L$，$Ca^{2+}\times SO_4^{2-}$（mg/L，均以 $CaCO_3$ 计）$\leqslant 150000$	腐蚀
PO_4^{3-}	根据磷酸盐饱和指数进行控制	引起磷酸三钙沉淀，在高温下会缓慢转化成羟基磷灰石
浊度（悬浮物）	一般要求 $\leqslant 20mg/L$，使用板式、翅片式和螺旋式换热器宜 $\leqslant 10mg/L$	污泥沉积
SiO_2	$\leqslant 175mg/L$，Mg^{2+}（mg/L，$CaCO_3$ 计）$\times SiO_2$（mg/L）<15000	污泥沉积，硅垢
油	$\leqslant 5mg/L$，炼油企业 $\leqslant 10mg/L$	污泥沉积
细菌总数（异氧菌数）	循环水中总菌数 $<5\times 10^5$ 个/mL；污泥中的总菌数：循环水中总菌数 $<100:1$	微生物繁殖

四、循环冷却水系统的水质变化特点

由于冷却水在敞开式循环系统中长时间反复使用，使水质变化具有以下特点。

1.溶解固体浓缩

冷却水在循环运行过程中，由于蒸发（P_1）、风吹（P_2）、排污（P_3）和渗漏（P_4）4 种水量损失，需不断补充相应数量的新鲜水。补充水中，含有钙、镁、钠、钾、铁和锰的碳酸盐、重碳酸盐、硫酸盐、氯化物等无机盐。开始运行时，循环水质和补充水相同，循环使用后，由于水的蒸发是以不含盐分的水蒸气形式散失，水中的溶解固体和悬浮物逐渐积累，造成系统水中含盐量增高。如果只考虑碳酸盐硬度（H_z），它的含量增高到极限值 H_{jz}；由于风吹、排污和渗漏损失一部分高盐水，而补充一部分低盐水，使系统中的水最后达到平衡，则

$$H_{jz}(P_2 + P_3 + P_4) = H_B(P_1 + P_2 + P_3 + P_4) \tag{7-1}$$

令 $H_{jz}/H_B = k$，则

$$k = \frac{P_1 + P_2 + P_3 + P_4}{P_2 + P_3 + P_4} = \frac{P}{P - P_1} \tag{7-2}$$

式中　H_B——补充水碳酸盐硬度，mg/L；

　　　P——总损失水量（与补充水量相等）占循环水量的百分率，%；

　　　P_1——各种损失水量占循环水量的百分率，%；在粗略计算中，取 $P_1 = 1\%$，$P_2 = 0.1\%$，$P_4 = 0$。

　　　k——浓缩倍数，$k = \dfrac{c_{循}}{c_{补}}$，式中 $c_{循}$、$c_{补}$ 分别为循环水和补充水中溶解离子浓度，mg/L。

　　计算浓缩倍数时，要求选择的离子浓度只随浓缩过程而增加，不受其他外界条件，如加热、沉淀、投加药剂等的干扰，通常选择 Cl^-、SiO_2、K^+ 等离子或总溶解固体作指标。

　　浓缩倍数的大小反映水资源复用率的大小，是衡量循环冷却水系统运行情况的一项重要指标。浓缩倍数过小，补充水量和水处理药剂耗量较大，且容易因系统药剂浓度不足而难以控制腐蚀。提高浓缩倍数不但可节约用水，而且也可减少随排污而流失的药剂量，因而节约了药剂费用。但浓缩倍数过大（>5），根据式（7-2）绘制的 $k \sim P/P_1$ 曲线非常平缓，说明所节约的排污水量变化不大，而析出结垢和发生腐蚀的可能性增大，也不利于微生物的控制。究竟选用多大的浓缩倍数为合适，必须综合考虑当地水源水质、水处理药剂情况和运行管理条件等。操作时若保持浓缩倍数不变，蒸发量大时，要增大补充水量；若保持水平衡，增大补充水量或排污水量，都会使浓缩倍数下降。因此操作时，不能任意改变补充水量和排污水量。

　　循环水中离子浓度随补充水量和排污水量的变化可如下求出：假设循环冷却水系统为连续补充水和连续排污，其水量基本稳定，且水中溶解离子浓度的变化与大气无关，某些结垢离子也不析出沉积。这样溶解离子只由补充水带入，只从排污水排出。设补充水中某离子的浓度为 c_b，循环水中该离子的浓度 c 随补充水量 B 和排污量 W 而变化，则根据物料衡算，系统中该离子瞬时变化量应等于进入系统的瞬时量和排出系统的瞬时量之差，即

$$d(Vc) = Bc_b dt - Wc\, dt \tag{7-3}$$

式中　V——系统中水的总容量。

　　对上式积分，有

$$\int_{c_0}^{c} \frac{V dc}{Bc_b - Wc} = \int_{t_0}^{t} dt \tag{7-4}$$

$$c = \frac{Bc_b}{W} + \left(c_0 - \frac{Bc_b}{W}\right)\exp\left[-\frac{W}{V}(t - t_0)\right] \tag{7-5}$$

　　由上式可知，当系统排污量 W 很大，即系统在低浓缩倍数下运行时，随着运行时间

的延长，指数项的值趋于减小，c 由 c_0 逐渐下降，并趋于定值 $\dfrac{Bc_b}{W}$（即 kc_b）。当系统排污量很小，即系统在高浓缩倍数下运行时，系统中的 c 由 c_0 逐渐升高，并趋于另一个定值 $\dfrac{Bc_b}{W}$。由此可见，控制好补充水量和排污水量，理论上能使系统中溶解固体量稳定在某个定值。实际上，循环冷却水系统多在浓缩倍数 k 为 $2\sim5$ 甚至更高状态下运行，故系统中溶解固体的含量、水的 pH 值、硬度和碱度等都比补充水的高得多，使水的结垢和腐蚀性增强。

2. 二氧化碳散失

天然水中含有钙镁的碳酸盐和重碳酸盐，两类盐与二氧化碳存在下述平衡关系：

$$Ca(HCO_3)_2 \rightarrow CaCO_3 \downarrow + CO_2 \uparrow + H_2O$$

$$Mg(HCO_3)_2 \rightarrow MgCO_3 \downarrow + CO_2 \uparrow + H_2O$$

空气中 CO_2 含量很低，只占 $0.03\%\sim0.1\%$ 左右。冷却水在冷却塔中与空气充分接触时，水中的 CO_2 被空气吹脱而逸入空气中。实验表明，无论水中原来所含的 CO_3^{2-} 及 HCO_3^- 量是多少，水滴在空气中降落 $1.5\sim2s$ 后，水中 CO_2 几乎全部散失，剩余含量只与温度有关。循环水温达 $50℃$ 以上，则无 CO_2 存在。因此，水中钙镁的重碳酸盐转化为碳酸盐，因碳酸盐的溶解度远小于重碳酸盐，使循环水比补充水更易结垢。由于 CO_2 的散失，水中酸性物质减小，不加酸任其自然变化，pH 值会上升。

3. 溶解氧量升高

循环水与空气充分接触，水中溶解氧接近平衡浓度。当含氧量接近饱和的水流过换热设备后，由于水温升高，氧的溶解度下降，因此在局部溶解氧达到过饱和。冷却水系统金属的腐蚀与溶解氧的含量有密切关系，如图 7-3 所示，图中将 $20℃$ 含氧量饱和的水的腐蚀率定为 1。由图可见，冷却水的相对腐蚀率随溶解氧含量和温度

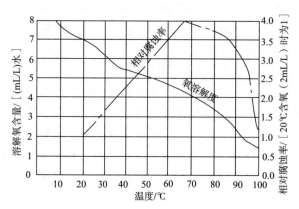

图 7-3 水中氧的溶解度、腐蚀性与温度的关系

升高而增大，至 $70℃$ 后，因含氧量已相当低，才逐渐减小。

溶解氧对钢铁的腐蚀有两个相反的作用：

（1）参加阴极反应，加速腐蚀；

（2）在金属表面形成氧化物膜，抑制腐蚀。

一般规律是在氧低浓度时起去极化作用，加速腐蚀，随着氧浓度的增加腐蚀速度也增加。但达到一定值后，腐蚀速度开始下降，这时的溶解氧浓度称为临界点值。腐蚀速度减小的原因是由于氧使碳钢表面生成氧化膜所致。溶解氧的临界点值与水的 pH 值有关，当水的 pH 值为 6 时，一般不会形成氧化膜，所以溶解氧越多，腐蚀越快。当水的 pH 值为 7 左右时，溶解氧的临界点浓度为 $16mg/L$。因此，碳钢在中性或微碱性水中时，腐蚀速度先是随溶解氧的浓度增加而增加，但过了临界点，腐蚀速度随溶解氧的浓度继续升高反

而下降。

4. 杂质增多

循环水在冷却塔中吸收和洗涤了空气中的污染物（如 SO_2、NO_x、NH_3 等）以及空气携带的泥灰、尘土、植物的绒毛、甚至昆虫等，结果使水中杂质增多。在不同地区、季节和时间的空气中，杂质的含量不同，进入循环水的污染物量也不同。另外，当工艺热介质发生泄漏时，泄漏的工艺流体也会污染循环水。

5. 微生物滋生

循环水中含有的盐类和其他杂质较高，溶解氧充足，温度适宜（一般 25～45℃），许多微生物（包括细菌、真菌和藻类）能够在此条件下生长繁殖，结果在冷却水系统中形成大量粘泥沉淀物，附着在管壁、器壁或填料上，影响水气分布，降低传热效率，加速金属设备的腐蚀。微生物也会使冷却塔中的木材腐朽。

由上可知，在敞开式循环冷却水系统中，冷却水与空气接触，溶解空气中的 O_2，同时吸带空气中的飞尘、泥粒、微生物等，造成系统内粘泥聚集。部分水通过冷却塔时还会不断被蒸发损失掉，因而水中各种矿物质和离子含量也不断被浓缩增加，造成设备腐蚀、结垢等问题。

第二节　循环冷却水系统沉积物的控制

循环冷却水系统中最易生成的水垢是碳酸盐垢，因此在谈到水垢控制时，主要是指碳酸盐垢的防止。在工业生产中，碳酸盐垢的防治方法很简单，但是在循环冷却水系统中，由于冷却水量较大，必须采用一些特殊的方法，在技术上能做到防垢，而费用又不太高。

目前采用的防垢方法有两类：一是外部处理，即在补充水进入冷却水系统之前，就将其结垢物质去除或降低，如石灰沉淀法、离子交换法等；二是内部处理，即向循环冷却水中加入某种药品，使水中的结垢物质转化为不结垢物质，或者使水中的结垢物质变形、分散，稳定在水中，如加酸法、加水质稳定剂法等。

一、水中溶解物质的结垢过程

冷却水中微溶物质的结垢过程可以用图 7-4 来说明。冷却水中多数微溶物质的溶解度随温度的升高反而降低。当微溶物质的浓度低于饱和浓度，处于 A 和 a 时，溶质呈离子、络离子和单分子状态存在，不会结晶，水中的固态水点 A 和 a 所处的区域称为稳定区，即图中溶解度线的左下方所示的区域。随着水的蒸发，点 A 所表示的浓度增加，直至达到饱和而处于溶解度线上的点 B，或由于温度升高使 a 到达溶解度线上的 b，

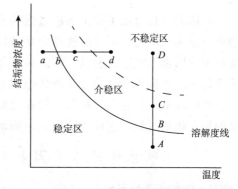

图 7-4　溶解与结晶区域

这时溶液饱和，既不析出结晶，水中的固体也不再溶解。随着蒸发的继续进行或温度的继续升高而到达点 C 或 c 时，溶液是过饱和溶液。但是，并不是刚达到过饱和，溶液就析出

晶体，而是要溶液的过饱和程度足够大（超过溶度积的若干倍），结晶的推动力足够大时，结晶才能自动进行。溶液开始过饱和到晶体能自动析出之间的区域称为介稳区，表示在图中为虚线和溶解度线之间的区域。在介稳区的溶液 C 和 c，结晶的推动力不够，结晶不能自动进行。但并非不能析出晶体，如果往水中加入晶种或有其他杂质的微粒存在，会诱导出晶粒来，小晶核在介稳区也能够长大。点 C 的溶液的浓度继续增加而达到 D，或点 c 溶液的温度升高至 d，析出晶体的推动力已相当大，结晶能自动进行。一般地，当结晶发生后，溶液的浓度就开始下降了。这一区域称为不稳定区，即图中虚线右上方所表示的区域。

影响介稳区大小的因素很多，主要有以下几方面：①盐类的溶解度越低，介稳区越宽。以3种盐做比较，硫酸钙的溶解度最大，介稳区浓度为5~10倍；碳酸钙次之，为35~170倍；磷酸钙的溶解度最小，为1000倍以上。②温度低时，介稳区较宽，温度升高，则变窄。这是因为温度升高，使活化能增加和扩散加速，晶核碰撞机会增多，导致结晶生长加快。③水中杂质越多，介稳区越窄。如亚铁离子、二氧化硅、氧化铝及悬浮物能加速结晶生长。在金属表面上产生电化学腐蚀时，阴极部位的 pH 值升高，使结晶速度加快；阳极溶出的亚铁离子能起晶核作用，加速沉淀，使介稳区缩小。④投加阻垢剂可使介稳区扩大。阻垢剂能抑制或干扰晶体生长，或使晶体结构变形，使晶体变得疏松膨胀易被水流冲走，使已结晶的微粒处于分散状态，这就相对地增大了致垢物的溶解度，不易析出沉淀。

溶质的表面析出现象非常复杂。形成晶核是结晶过程的第一步，也是最关键的一步。在过饱和溶液中，数个数十个离子性低、有聚集倾向的分子首先聚集成晶核，晶核中按一定顺序和结构排列着微溶物质的离子，表面的离子具有过剩的能量，能在晶核微表面（缺陷处）吸附一层离子，并使它们得以完成脱溶剂化和定位进入晶格，从而使晶核能够长大成为晶体。同时，晶核表面的离子也有被水中离子吸引而重新进入溶液的倾向。如果晶核比某个临界直径小，比如小于 $10\mu m$，因其表面受水分子的作用力相对较大，其溶解度要比大颗粒的大，结果结晶再溶解，只有大于临界直径的晶核才可能长大成晶体。因此，对小颗粒未饱和的溶液，对大颗粒可能是过饱和的了。在这种情况下，小颗粒溶解而大颗粒则结晶。

晶体的生长速度主要由溶液过饱和程度、溶质向晶体表面的扩散速度以及晶体表面的溶质析出速度决定。扩散的推动力是晶体表面上的溶质浓度与溶液中浓度之差，与扩散速度有关的因素有流速、温度、溶液黏度等。过饱和程度越大，而且温度越高，晶体的生长速度越快。溶液流动会使分子的碰撞频率增大，有利于晶体生长。

传热面的结垢过程还包括晶粒在金属表面上的附着，按一定方向取向，并成长为有规则的集合体的过程，这样才能形成牢固地附着在金属表面的密实的垢层。

二、影响水垢产生的因素

1. 补充水质的影响

循环冷却水在运行过程中，随着浓缩倍数的上升，水中各种杂质浓度均会相应增大。补充水中浊度、pH 值、碱度、硬度、含盐量等水质指标，都将明显影响系统中水垢的沉积或腐蚀情形。浊度高低反映水中悬浮物的多少，悬浮物本身不能形成硬垢，但能在循环冷却水中起晶核作用，促进污垢的沉积生成。pH 值是影响水垢沉积的重要判别因素，在碱性条件下运行有利于防止腐蚀，但成垢趋势增大。补充水中成垢离子含量越大，经浓缩后越容易达到过饱和而产生水垢，因此，对于总硬度过大的水质，一般先要进行软化预处理，降低其硬度，减少阻垢难度。日本栗田公司指出：碱性循环冷却水处理的补充水，也应进行预先软化，补充水总硬度大于 250mg/L（CaCO₃ 计）时，实施阻垢措施是相当困难的，最佳的补充水总硬度在 50～80mg/L（CaCO₃ 计），更有利于阻垢剂效率的发挥。

2. 水温的影响

如前所述，水中碳酸钙、氢氧化镁等硬度盐类，其溶解度均随温度升高而减小，水温越高，越容易结垢。因此，水垢的附着速度也随温度升高而加快。一般而言，尽管合用阻垢剂，当水温大于 50℃，沉积物附着速度加快；水温大于 60℃将引起水垢故障，典型实例见图 7-5。在大中型工业装置中，多数换热器水侧壁温都较高，尤其是当水的实测 pH 值高于 pH_s（或 pH_p）时结垢倾向会更明显。

3. 流速的影响

水垢的附着速度是随流速的增大而减小的，见图 7-6。栗田公司指出：流速在 0.6m/s 时沉积物的附着量约为流速 0.2m/s 时的 1/5。当采用阻垢剂时，沉积物的附着速度会急剧下降，即使在流速为 0.3m/s 时，水中的杂质离子也呈稳定倾向。一般说来，如水流速度达 1.0m/s 以上，污垢沉积物容易被水流冲走，不易在设备或管壁上沉积。相反地，在换热设备中，若某些部位水流速度太小，或是水流分布不均匀的滞流区或死角处，则容易沉积污垢。

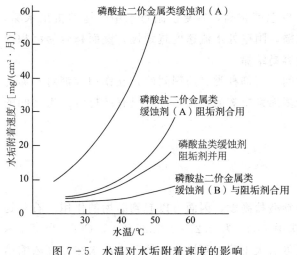

图 7-5 水温对水垢附着速度的影响

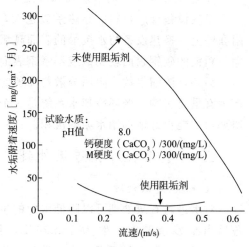

图 7-6 流速和碳酸钙垢附着速度的关系

4. 传热量和壁面温度的影响

上述随着流速增加而水垢附着速度减小，也可理解为是由于壁面温度降低的结果。壁温是流速、水温和传热量的函数，见图 7-7 和图 7-8。由图 7-7 可见，当水温 50℃时，流速由 0.2m/s 提高到 0.6m/s，则壁温下降 15℃左右。

有资料指出：流速大于 0.3m/s，水温小于 70℃，传热量小于 $21×10^4$ kJ/（m² · h），一般不易发生水垢沉积。用图 7-7 和图 7-8 求得此时换热器管子水侧壁温不超过 92℃。

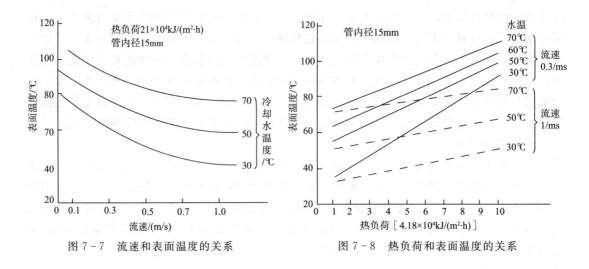

图 7-7 流速和表面温度的关系　　　　　　图 7-8 热负荷和表面温度的关系

某厂使用进口美荷型换热器，CO_2压缩机三段出口冷却器传热量为 $1.1 \times 10^4 kJ/(m^2 \cdot h)$，由于换热面积设计过大，为了控制 CO_2 出口温度不致太低，只好减少冷却水量，结果使出水温度上升，通常达 70～80℃，此时换热器水侧壁温高达 80～90℃，造成三段冷却器严重结垢。辽河化肥厂将该种换热器的换热面积由 $100m^2$ 减少到 $52m^2$，使出口水温由 80℃ 降到 50℃，运行很正常。由此可见，降低换热器的壁面温度是降低或防止水垢沉积的方法之一。

5. 换热设备的材料和表面粗糙度

换热设备金属材料的导热系数越大，壁温就越高，容易使附近水中的盐类析出水垢，附在壁上。换热设备与水接触的表面越粗糙，附壁处水流速度越缓慢，壁面越容易沉积水垢，粗糙的碳钢表面就比铜或不锈钢表面容易结垢。

另外，浓缩倍数、阻垢分散剂滞留时间、药剂种类、药剂间的相互作用等都对水垢的产生有重要影响。循环冷却水系统是一个多因素影响的复杂系统，只有维持各因素之间的协调，才能更好地抑制水垢的沉积。

三、冷却水系统防垢处理

1. 石灰-加酸处理

对水进行石灰处理可以降低水中的重碳酸盐硬度，因而可以起到防垢的作用。石灰处理后出水残余碱度一般为 1mmol/L，其中 OH^- 为 0.2～0.3mmol/L，CO_3^{2-} 为 0.7～0.8mmol/L，所以处理后的水重碳酸盐硬度大大下降，可以允许循环冷却水在较高浓缩倍率下使用而不结垢。

但是由于石灰处理后的水 pH 值为 9.5～10.3，而且又是 $CaCO_3$ 过饱和溶液，因此还会有结垢现象发生。在具体使用时，要将石灰处理后的水再加酸，将 pH 降至 7.4～7.8，把 CO_3^{2-} 转变为 HCO_3^-，不再析出 $CaCO_3$ 沉淀，这即是石灰-加酸处理。

石灰处理的设备中，快速脱碳采用涡流反应器，水在其中的停留时间为 10～20min；慢速脱碳一般采用澄清池和滤池。

由于采用石灰-加酸处理，出水残留碱度低，可以达到在较高浓缩倍率下运行，从而可以节水，因此缺水地区的工业冷却水，首先考虑用石灰处理。

投加石灰所耗的成本低。原水钙含量高而补水量又较大的循环冷却水系统常采用这种方法。但采用石灰处理的问题是：石灰乳的制备系统庞大、复杂，投资费用高，运行维护工作量大，石灰加药系统易磨损、堵塞；计量困难；操作人员劳动强度大且有时粉尘多，卫生条件差。如能从设计上改进石灰投加法，此法是值得采用的，尤其对暂时硬度大的结垢型原水更适用石灰处理系统，如图 7 - 9 所示。

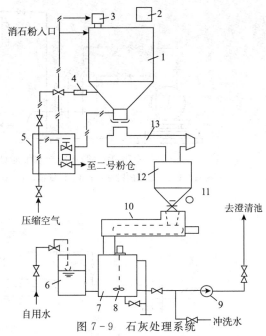

图 7 - 9　石灰处理系统

1—石灰粉筒仓；2—布袋滤尘器；3—粉位指示器；4—空气破拱装置；5—气动控制盘；6—石灰乳辅助箱；7—石灰乳搅拌箱；8—石灰乳搅拌器；9—石灰乳泵；10—精密称重干粉给料机；11—振动器；12—缓冲斗；13—螺旋输粉机

2. 加酸法

向补充水（或循环冷却水）中加酸，会降低水的碱度，使水中碳酸盐硬度变为非碳酸盐硬度，从而降低水中碳酸盐硬度，达到提高浓缩倍率和防止结垢的目的。

由于重碳酸盐在水中常呈下列平衡

$$Ca(HCO_3)_2 = Ca^{2+} + 2HCO_3^-$$

$$HCO_3^- = H^+ + CO_3^{2-}$$

所以加酸带入的 H^+，可促使反应向左进行，使重碳酸盐稳定。

所用酸为 H_2SO_4 而不是 HCl，主要因为：①HCl 浓度低，只有 31％ 左右。②HCl 会增加水中 Cl^-，加剧对设备的腐蚀；但是加 H_2SO_4 会增加水中 SO_4^{2-}，而 SO_4^{2-} 会对水泥有侵蚀作用，一般认为 SO_4^{2-} 浓度在 $200 \sim 400 mg/L$ 以下不会对水泥产生侵蚀作用。③加硝酸则带入硝酸根，有利于硝化细菌的繁殖。

H_2SO_4 的加入并不要求将水中碳酸盐硬度全部转变为非碳酸盐硬度，因为这样加药会太多，而且易使水失去中性，从而具有腐蚀性。因此，加 H_2SO_4 只要把一部分碳酸盐硬度变成非碳酸盐硬度就行了，以保证在运行浓缩倍率下，循环冷却水的碳酸盐硬度小于极限碳酸盐硬度。典型的循环冷却水加酸处理系统如图 7 - 10 所示。

加酸法目前仍有使用，由于硫酸加入后，循环水 pH 值会下降，如不注意控制而加酸过多，则会加速设备的腐蚀。在操作中如果依靠人工分析循环水 pH 值来控制加酸量，则有取样点是否有代表性以及调节 pH 值滞后等问题。因此，如果采用加酸法，最好配有自动加酸、调节 pH 值的设备和仪表。一般控制 pH 值在 $7.2 \sim 7.8$ 之间。也可在加酸的同时添加聚磷酸盐作缓蚀剂以解决可能的腐蚀问题。图 7 - 11 是一种气压法加酸自动调节 pH 值的原理图，循环水的 pH 值由酸度发送器检测并由工业酸度计送往调节器。

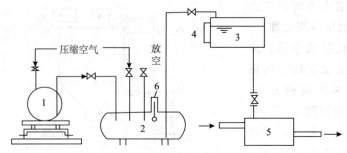

图 7-10　循环冷却水加酸处理系统示意图

1—酸槽车；2—浓硫酸贮存槽；3—计量箱；4—液位计；5—吸水井；6—浮子液位计

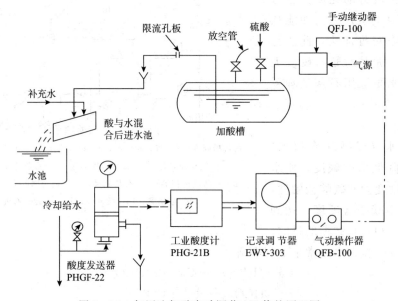

图 7-11　气压法加酸自动调节 pH 值的原理图

图 7-12 为用 pH 电导计和补充水流量协同调节加酸量的 pH 值自动控制系统，它能较灵敏地感受到和调节循环水的 pH 值，滞后现象较少，调节的范围也较小，适用于用聚磷酸盐系处理剂的冷却水系统。

3. 离子交换树脂法

软化时采用的树脂是钠型阳离子交换树脂。对于原水质量较好，总硬度小于 1mmol/L，循环水量不大于 15000t/h 的小容量冷却水系统，在特别缺水时可用钠离子交换器对补充水进行软化处理，总硬度过高则水处理费用高。如以 R 表示树脂单体，则 Na 型树脂的结构式为 RNa。被处理水通过树脂层时，钙镁离子与 Na 发生交换反应，进入树脂中，而从水中除去；当树脂失去变换能力时，就要停止软化操作，并通进食盐水，使结合在树脂上的 Ca^{2+}、Mg^{2+} 与食盐水中的 Na^{+} 进行交换，让 Na^{+} 重新结合在树脂上原先结合在树脂上的 Ca^{2+}、Mg^{2+} 经交换后进入水中，随再生废水被排走。这个过程谓之再生。如此软化、再生交替进行，就能简便地得到软水。其软化、再生反应如下：

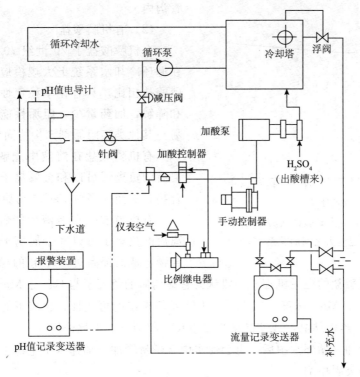

图 7-12 能减少滞后，在较窄的范围调节的 pH 值自动控制系统

软化反应 $R(SO_3Na)_2 + Ca(HCO_3)_2 \Longrightarrow R(SO_3)_2Ca + 2NaHCO_3$

                 $R(SO_3Na)_2 + MgSO_4 \Longrightarrow R(SO_3)_2Mg + Na_2SO_4$

再生反应 $R(SO_3)_2Ca + 2NaCl \Longrightarrow R(SO_3Na)_2 + CaCl_2$

                 $R(SO_3)_2Mg + 2NaCl \Longrightarrow R(SO_3Na)_2 + MgCl_2$

用离子交换法软化补充水，成本较高。因此只有补充水量小的循环冷却水系统间或采用之。

4. 投加阻垢剂

结垢的过程，就是微溶性盐从溶液中结晶沉淀的一种过程。按结晶动力学观点，结晶的过程首先是生成晶核，形成少量的微晶粒，然后这种微小的晶体在溶液中由于热运动（布朗运动）不断地相互碰撞，和金属器壁也不断地进行碰撞，碰撞的结果就提供了晶体生长的机会，使小晶体不断地变成了大晶体，也就是说形成了覆盖传热面的垢层。从结晶过程看，如能投加某些药剂，破坏其结晶增长，就可达到控制水垢形成的目的。目前使用的各种阻垢剂有聚磷酸盐、有机多元膦酸、有机磷酸酯、聚丙烯酸盐等。

（1）聚磷酸盐

目前在循环冷却水处理中使用的主要是三聚磷酸钠（$Na_5P_3O_{10}$）和六偏磷酸钠（$NaPO_3)_6$。

向循环冷却水中加入几 mg/L 的聚磷酸盐，就能使极限碳酸盐硬度上升，起到阻垢作用，加药量与阻垢的关系如图 7-13 所示。

从图中可知，一般加入水中三聚磷酸钠 2~4mg/L，就可以使循环水的极限碳酸盐硬度上升，并接近稳定值，所以一般循环冷却水系统聚磷酸盐的加药量为 2~4mg/L。

加药方式是先在溶液箱内配成 5%~10% 溶液，然后加入补充水中或循环水泵的进水

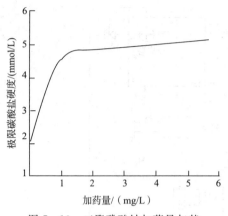

图 7-13 三聚磷酸钠加药量与其
稳定能力之间的关系

管沟内。

（2）有机膦酸盐

有机膦酸盐于 20 世纪 70 年代中期开始在循环冷却水系统上大规模应用。它与聚合磷酸盐相比，具有化学稳定性好，不易水解和降解，加药量少，阻垢性能好，耐高温及易与其他类型阻垢剂产生协同效应等优点。

有机膦酸盐在溶液中能解离出 H^+，解离后的负离子可以和金属离子形成稳定的络合物，从而提高对 $CaCO_3$ 的稳定作用。

有机膦酸盐在溶液中能解离出 H^+，解离后的负离子可以和金属离子形成稳定的络合物，从而提高对 $CaCO_3$ 的稳定作用。

关于有机膦酸盐的阻垢机理，一般认为它解离后的负离子与 Ca^{2+}、Mg^{2+} 生成络合物，降低了水中 Ca^{2+}、Mg^{2+} 浓度，减少了 $CaCO_3$ 结垢析出的可能性；也有可能与 $CaCO_3$ 发生络合，使 $CaCO_3$ 难以结晶，或使晶格难以生长，起到结晶干扰作用。

有机膦酸盐加入循环水中后，也会使水中含磷量增加，加速水中生物生长。

（3）聚羧酸类阻垢剂

常见的主要有以下几种。

聚丙烯酸及其衍生物主要包括

聚丙烯酸　　　　聚丙烯酸钠　　　　聚甲基丙烯酸

研究认为，这类物质当聚合物相对分子质量在 800～1000 时，其阻垢效果最好。

该类物质在水中使用后，会解离成为一个阴离子，所以又称为阴离子型阻垢剂，它在强酸、强碱的条件下是稳定的，但在高温和光照的情况下会发生再聚合。它的加药量为 2～8mg/L，一般在 4mg/L 时，其阻垢率就可达 80% 以上。若与有机膦酸盐复合使用，效果更好。

聚马来酸结构式为

它也是一种阴离子型阻垢剂，阻垢性能也与聚合度有关，一般相对分子质量在 10000 以下，阻垢效果最好。

加药量为 2～3mg/L，但单独使用阻垢效果较差，常和 Zn^{2+}、有机膦酸盐等一起复合使用，阻垢效果较好。

从阻垢机理上讲，它不但能抑制 $CaCO_3$、$CaSO_4$，而且对 $Ca_3(PO_4)_2$ 也有较好的分散性，而且耐热。

20世纪90年代开始，由于环境保护限制磷的排放，高效低磷、无磷阻垢剂成为阻垢剂发展和研究的热点。因此，阻垢剂的"绿色化"是减少循环水排污水对环境水体污染的有效途径之一，也是阻垢剂未来的发展方向和趋势。如新近开发的兼具缓蚀、阻垢双功能的聚环氧琥珀酸（PESA），它毒性小，生物降解性好，对环境友好；生物高分子聚天冬氨酸（PASP）阻垢缓蚀效果好，对环境无害，被人们誉为"绿色"阻垢缓蚀剂。还有如国外最近推出的多氨基多醚基亚甲基膦酸（PAPEMP），国内相继开发的2-羟基膦酰基乙酸（HPAA）、双1,6-亚己基三氨五亚甲基膦酸（BHMT）等。

第三节　循环冷却水系统金属腐蚀的控制

冷却水系统中金属设备腐蚀的控制与防护的方法较多，实践中常使用的方法有以下几种：①采用新型耐蚀材料；②提高冷却水运行的pH值；③采用冷却水防腐涂料覆盖；④电化学保护；⑤添加缓蚀剂。

这些腐蚀控制方法各有其优缺点和适用范围。对于一个具体的腐蚀体系，究竟采用何种防护措施，是用一种方法或是多种方法，主要应从防护效果、施工难易以及经济效益等多方面综合考虑。

一、采用新型耐蚀换热器

长期以来，为控制冷却水系统中换热器的腐蚀，经常使用一些耐蚀金属材料，例如铜合金、不锈钢、铝等金属制成的换热器。也选用一些耐蚀的非金属材料，例如石墨、搪瓷、玻璃等制成的非金属换热器。随着冶金工业、化学工业以及材料科学的发展，近年来又开发了一系列新型耐蚀材料换热器，其中有钛和钛合金换热器、254SMO全奥氏体不锈钢换热器、铝镁合金换热器、聚丙烯换热器、微晶搪瓷换热器和氟塑料换热器等。这些新型换热器的出现，使系统可以在较为苛刻的条件下工作，如钛和钛合金换热器是用海水冷却的凝汽器和冷却器较为理想的冷却设备，氟塑料换热器具有耐腐蚀、抗污垢和体积轻的优良特征。这些新型耐蚀换热器较为成功地解决了换热管束冷却水一侧（例如用海水作冷却水时）的腐蚀。

各种耐蚀换热器因其组成材料的物理性质、化学组成不同而具有不同的耐蚀性能，适用于不同的介质和场合。显然，各种换热器并不是十全十美的，它们各有其优缺点，现将几种常用耐蚀换热器的优缺点比较列于表7-4。

表7-4　几种新型耐蚀换热器的比较

换热器种类	优点	缺点
钛和钛钯合金换热器	在水中易于钝化，在水中有氯离子存在时，钝态也不易破坏，因而耐氯化物腐蚀。耐海水腐蚀，耐点蚀和空泡腐蚀，耐高温腐蚀，耐强浓无机酸和部分有机酸腐蚀	价格昂贵；在非钝化区活泼，对非氧化性酸如HCl和稀H_2SO_4不耐适，安装较复杂

换热器种类	优点	缺点
254SMO 不锈钢换热器	耐较高速流体冲蚀，耐污垢，热传导效率高，焊接性能好，不易发生电偶腐蚀	价格较昂贵，在海水中易发生点蚀、缝隙腐蚀和应力腐蚀开裂，研究成果不多
铝镁合金换热器	较为经济；易于氧结合成稳定的氧化膜和良好的自我修复功能，较好的焊接性、阻垢性、耐适性、导热性及良好的塑性	适用面不广，不耐于氯离子条件下的点蚀，不耐酸蚀，杂质含量对耐蚀性影响较大，易与其他合金金属接触发生电偶腐蚀
氟塑料换热器	导热系数低，传热效率稳定，不结垢，耐各种浓度的酸碱盐溶液、氧化剂、有机溶剂及王水的侵蚀；耐高温和低温，体积小，质量轻	对使用温度和压力有一定的限制
聚丙烯换热器	密度小，耐酸碱盐溶液，耐非氧化性的无机化合物腐蚀，室温下不溶解于任何溶剂中，对各种介质均有良好的耐蚀作用	导热系数太小；可燃，不宜在易爆、易燃的场合使用；不能使用于氧化性物质存在的介质中。如发烟硫酸、浓硝酸和含活性氯的次氯酸盐介质中
微晶搪瓷换热器	质轻而性硬，耐蚀性好；耐温度急变场合；耐 80℃ 以下高温腐蚀；耐冲蚀	比较昂贵，加工工艺较复杂

二、添加缓蚀剂

缓蚀剂是一类用于腐蚀介质中抑制金属腐蚀的添加剂，也叫腐蚀抑制剂。对于一定的金属腐蚀体系，只要加入少量的缓蚀剂，就可以有效地阻止和减缓该金属的腐蚀。缓蚀剂的使用浓度很低，加入剂量一般为几到几十毫克/升，故添加缓蚀剂后腐蚀介质的基本性质不会发生变化。使用缓蚀剂不需要特殊的附加设备，也不需要改变金属设备或构件的材质或进行表面处理。因此，使用缓蚀剂是一种经济效益较高且适应性较强的金属防腐措施，应用最广泛。目前国内外大多数循环冷却水系统都是采用这种投加缓蚀剂的方法。

用于工业循环冷却水系统的缓蚀剂应满足下列条件：

（1）使用浓度低，能够在不同的操作条件（pH 值、温度、热负荷、水质）下有效地缓蚀，且不降低设备的传热系数；

（2）在经济上合算，即添加缓蚀剂的方案和涂料涂覆、阴极保护、采用耐蚀材料设备和任其腐蚀再更换设备等方案相比，在经济上合算或是可以接受；

（3）无环境污染问题，它们的飞溅、泄漏和排放或处理后的排放，应满足环境标准要求；

（4）它们与冷却水中的物质（如 Ca^{2+}、Mg^{2+}、SO_4^{2-}、Cl^-、HCO_3^-、O_2、CO_2 等）或加入冷却水中的阻垢剂、分散剂和杀生剂相容，甚至有协同作用；

（5）它们对冷却水系统中各种金属的缓蚀效果都可以接受，例如，当冷却水系统中同时使用碳钢和铜合金的冷却设备时，添加缓蚀剂后，碳钢和铜合金的腐蚀速率都能降低到规定的范围之内；

（6）不会造成换热金属表面传热系数的降低，在冷却水运行的 pH 范围内（6.0～9.5）有较好的缓释作用。

通常用缓蚀率 ε 表示缓蚀剂抑制金属腐蚀的效率，即

$$\varepsilon = \frac{v_0 - v}{v} \times 100\% \tag{7-6}$$

式中　ε——缓蚀率，%；

　　　v_0——不加缓蚀剂（空白）时金属的腐蚀速度（或腐蚀电流）；

　　　v——添加缓蚀剂后金属的腐蚀速度（或腐蚀电流）。

式中 v 和 v_0 的单位必须一致。由上式可知，缓蚀率的物理意义是，与空白相比，添加缓蚀剂后金属腐蚀速度降低或减缓的百分率。缓蚀率能达到 90% 以上的为良好的缓蚀剂；若达到了 100%，则意味着实现了完全保护。一般情况下，缓蚀剂不可能达到完全消除金属的腐蚀，只能将其腐蚀速率控制在允许的范围内。

用缓蚀剂控制密闭式和敞开式循环冷却水系统中金属的腐蚀，具有以下优点：

（1）这种方案经济上比较合算，技术也比较成熟，可选的药剂较多；

（2）使用方法简便，不需要特殊的附加设备，也不需要改变金属构件的材质或是表面处理；

（3）有些缓蚀剂还兼有阻垢作用，从而可以提高换热器的冷却效果。

但也存在以下一些缺点：

（1）敞开式循环冷却水系统运行时，需要不断排放掉含盐量高的浓缩水，不断补充含盐量低的补充水和缓蚀剂，因处理水量较大，使缓蚀剂用量和费用较大；

（2）对冷却水的水质和工艺条件有一定的要求，往往使一些水源不能加以使用；

（3）使用缓蚀剂时，一般需要经过清洗、预膜，然后再转入正常使用，与使用耐蚀材料换热器的方案相比，操作较为麻烦，且需要日常的管理；

（4）常用的几种主要的缓蚀剂，如铬酸盐、聚磷酸盐和锌盐等，对环境都有不同程度的不良影响。

三、提高冷却水运行的 pH 值

1. 碳钢的腐蚀速度与 pH 值的关系

由金属腐蚀理论可知，随着溶液 pH 值的增加，水中氢离子浓度降低，碱度则增大，金属腐蚀过程中氢离子去极化的阴极反应受到抑制，碳钢表面生成氧化性保护膜（$\gamma - Fe_2O_3$）的倾向增大，故冷却水对碳钢的腐蚀速度随水的 pH 值升高而降低，如图 7-14 所示。

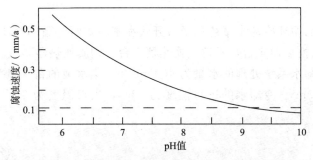

图 7-14　冷却水的 pH 值对碳钢腐蚀速度的影响

实线为未保护碳钢的腐蚀速度，虚线为碳钢管壁腐蚀速度容许值的上限

由图可见。当冷却水的 pH 值升高到 8.0~9.5 时，碳钢的腐蚀速度将降低到 0.125~0.200mm/a，接近于循环冷却水腐蚀控制的指标（腐蚀速度＜0.125mm/a）。

2. 提高 pH 值的方法

将循环冷却水的运行 pH 值控制在 7.0 以上的冷却水处理，称为碱性冷却水处理。碱性冷却水处理包括两大类，即不加酸调 pH 值和加酸调 pH 值。前者是指在循环冷却水运行过程中不向冷却水加酸，而是让它在冷却塔内曝气过程中或提高浓缩倍数后达到其自然平衡 pH 值（8.0~9.5）；后者是指在循环冷却水运行过程中，向冷却水中加酸（主要是浓硫酸）来控制其 pH 值，使之保持在 7.0~8.0。狭义的碱性冷却水处理即是指不加酸的处理。通常提高 pH 值并不是在循环水系统中加碱，而是尽量在自然 pH 值下运行，不加酸或是少加酸。

通过曝气提高 pH 值的碱性冷却水处理有以下优点：

（1）不需要向冷却水系统中添加药剂或增加设备，大大简化了操作手续，节约了药剂费用；

（2）可以降低冷却水的腐蚀性，从而降低冷却水系统腐蚀控制的难度，节约缓蚀剂用量；

（3）无需人工去控制冷却水的 pH 值，而是通过化学平衡去控制，故循环冷却水的 pH 值能较稳定地保持在 8.0~9.5 的区域内。

加酸的碱性冷却水处理通常将 pH 值控制在 6.0~7.0，而不加酸的碱性冷却水处理的 pH 值通常是 8.0~9.5 之间，因此带来了一些新的问题如下：

（1）碱性冷却水处理时，水的实际 pH 值比加酸的冷却水处理大约提高了 2 个 pH 单位。这就使水的 Langelier 指数增大，Ryznar 指数减小，故冷却水中 $CaCO_3$ 的沉积结垢倾向大大增加，容易引起结垢和垢下腐蚀；

（2）当循环冷却水的 pH 值控制在 8.0~9.5 之间运行时，碳钢的腐蚀速度虽然有所下降，但仍然偏高。不一定能达到设计规范要求的 0.125mm/a 以下。因此，除了进行结垢控制和微生物生长控制外，还需进行腐蚀控制；

（3）给两种常用的冷却水缓蚀剂——聚磷酸盐和锌盐的使用带来困难。冷却水的 pH 值升高使聚磷酸盐水解生成磷酸钙垢的倾向增大，也使锌离子易于生成氢氧化锌而析出。

3. 应用实例

以下介绍一个采用提高冷却水的 pH 值同时添加缓蚀剂去控制冷却水系统中金属腐蚀的实例。

四川某化工厂的循环冷却水系统包括敞开式和密闭式两个循环冷却水系统，共有换热器 12 台，其中碳钢换热器 4 台，不锈钢换热器 5 台，铜质换热器 3 台。

敞开式循环冷却水系统处理的水量为 4000m³/h，集水池的蓄水量为 1000m³，冷却水系统的容量约为 700m³。冷却水的进口温度为 39℃，出口温度为 32℃。循环冷却水所用的补充水水质见表 7-5。

表 7-5 补充水水质

项目	单位	数值	项目	单位	数值
浊度	mg/L	2～5	K^+、Na^+ 含量	mg/L	2～5
pH 值	—	7.8～8.2	PO_4^{3-} 含量	mg/L	0.2～0.8
Ca^{2+}（$CaCO_3$计）含量	mg/L	85～125	Cl^- 含量	mg/L	4～10
Mg^{2+}（$CaCO_3$计）含量	mg/L	40～60	SiO_2 含量	mg/L	6～8
总硬度（$1/2Ca^{2+}$计）	mmol/L	2.7～3.7	HCO_3^- 含量	mg/L	150～180
总碱度（H^+计）	mmol/L	2.5～3.5	SO_4^{2-} 含量	mg/L	10～18
总铁含量	mg/L	0.01～0.1	电导率	$\mu S/cm$	270～400

为了控制循环冷却水系统中的腐蚀，该厂采用不加酸调节 pH 值，同时又添加复合缓蚀剂的碱性冷却水处理方案。复合缓蚀剂由硅酸盐、苯并三唑（BTA）和 HEDP 组成。其中硅酸盐作缓蚀剂，BTA 作铜缓蚀剂，HEDP 作阻垢缓蚀剂。对于由不同金属材质构成的换热器，还采用了牺牲阳极保护和涂层保护。冷却水日常运行时的控制条件见表 7-6。

表 7-6 冷却水日常运行时的控制条件

控制项目	单位	控制值	控制项目	单位	控制值
硅酸盐（SiO_2）含量	mg/L	45～55	Ca^{2+}（$CaCO_3$计）含量	mg/L	<250
HEDP 含量	mg/L	3～5	Mg^{2+}（$CaCO_3$计）含量	mg/L	<200
苯并三唑	mg/L	1.5～2.5	进口温度	℃	32
pH 值	—	8～9（不调）	出口温度	℃	39
浊度	mg/L	<20	浓缩倍数	—	2.2～2.5

冷却水系统运行时，将碳钢、不锈钢和黄铜试片挂于冷却塔集水池中。用这些试片测得的冷却水中三种金属的腐蚀控制情况见表 7-7。

表 7-7 集水池中用试片测得的金属的腐蚀控制情况

试片材质	时间/d	腐蚀速度/（μm/a）		外表观察
		实测	规范要求	
碳钢	30	2.32～4.64	<125	钝化膜清晰可见
不锈钢	30	0.18～0.37	<5	明显的金属光泽
黄铜	30	0.64～1.72	<5	明显的金属光泽

由表 7-7 中可见，各种试片的腐蚀速度都远低于设计规范的要求。

该厂循环冷却水系统投入运行两年中，未发生设备或管道因冷却水而引起的腐蚀穿孔、真空度下降或传热率下降而导致的停车事故。拆检有代表性的换热器——硝酸表面冷凝器和硝铵中间冷却器后发现，它们在冷却水一侧的腐蚀都得到了很好的控制。

由此可见，采用碱性冷却水处理并添加相应的复合缓蚀剂可以满意地控制循环冷却水系中的腐蚀。

四、电化学保护

电化学保护就是使金属构件极化到免蚀区或钝化区而得到保护。有阴极保护和阳极保护两种。在循环冷却水系统中，一般指的是阴极保护。早在第一次世界大战以前，阴极保护就开始用于防止海军船舰上凝汽器的腐蚀。现在，阴极保护在使用海水或入海口的河水作冷却介质的冷却水系统中，得到了广泛的应用。

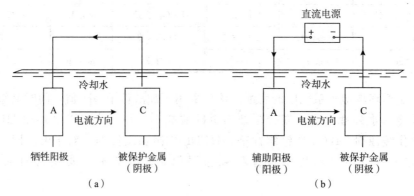

图 7-15 牺牲阳极阴极保护（a）和外加电流阴极保护（b）

1. 阴极保护及其原理

从电化学腐蚀反应知，阳极的金属腐蚀溶解，而阴极的金属受到保护。如果改变金属的外部条件，在设备上用外加护屏或外加电流的方法，使其变成腐蚀电池中的一个大阴极，就会使设备得到保护。例如在铁上连接一块更容易氧化的锌，构成一个原电池。在铁表面上进行的氢离子还原反应所需要的电子将取自金属锌的溶解，故锌又叫作牺牲阳极，铁作为阴极受到保护，见图 7-15（a）。

外加直流电源的方法如图 7-15（b）所示。把直流电源的负极接到被保护的金属上，使之变为阴极，而把正极接到辅助阳极上，电流由辅助阳极流入阴极。被保护金属的电位负移到指定的保护电位范围内，从而使该金属免于腐蚀。

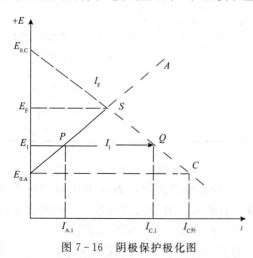

图 7-16 阴极保护极化图

在上述两种方法中，被保护的金属都成为阴极，故称为阴极保护。

外加电流阴极保护的原理可用图 7-16 所示的极化图加以说明。图中简化地将理想极化曲线表示为直线的形式。

当系统未进行阴极保护时，金属腐蚀微电池的阳极极化曲线 $E_{0,A}A$ 和阴极极化曲线 $E_{0,C}C$ 相交于点 S，此点对应的电位为金属的自腐蚀电位 E_F，对应的电流为金属的腐蚀电流 I_F。在腐蚀电流的作用下，微电池阳极不断溶解，导致腐蚀。当金属进行阴极保护时，在外加电流 I_1 的极化下，金属的总电位由 E_F 变到 E_1，总的阴极电流（$I_{C,1}$）等于外加电流（I_1）和金属阳极腐蚀产生的电流（$I_{A,1}$）

之和。显然，此时微电池的阳极电流 $I_{A,1}$ 比原来的腐蚀电流 I_F 减小了，即腐蚀速度降低了，金属得到了部分的保护。当外加阴极电流继续增大时，金属体系的电位继续负移，当金属的总电位达到微电池的起始电位 $E_{0,A}$ 时，金属上的阳极电流为零，全部电流均为外加电流，这时，金属表面上只发生阴极还原反应，而金属的溶解反应停止了，因此金属得到了完全的保护。这时的电位称为最小保护电位。金属达到最小保护电位所需要的外加电流密度称为最小保护电流密度。

2. 阴极保护的基本参数

在阴极保护中，判断金属是否达到完全保护，通常采用保护电位和保护电流密度这两个基本参数作为依据。

（1）最小保护电位　最小保护电位的数值与金属和介质条件有关。表 7-8 给出了用不同的参考电极测得的钢铁和铜合金以及铝及铝合金得到完全保护时的保护电位值。

阴极保护电位并不是越负越好。超过规定的范围，除浪费电能外，还可引起析氢，导致附近介质 pH 值升高，甚至引起金属的氢脆。

表 7-8　几种金属和合金的阴极保护电位　　　　　　　　　　　　　　　　　V

金属或合金	参比电极		
	Cu/CuSO₄	Ag/AgCl	Zn
铁和钢			
含氧环境	-0.85	-0.80	+0.25
缺氧环境	-0.95	-0.90	+0.15
铜合金	-0.5~-0.65	-0.45~-0.60	+0.6~+0.45
铝及铝合金	-0.95~-1.20	-0.90~-1.15	+0.15~-0.10
铅	-0.60	-0.55	+0.50

（2）最小保护电流密度　最小保护电流密度的大小受多种因素的影响。它与金属的种类、表面状态、有无保护膜、漆膜损失程度、生物附着情况以及介质的组成、浓度、温度、流速等条件有关。冷却水系统中换热器阴极保护的第一步是确定所需的总电流，通常的做法是先计算换热器水室和管板暴露于冷却水中的总面积，然后根据所需的保护电流密度，估算出阴极保护所需的总电流。表 7-9 列出了由一些不同金属材料组装成的冷凝器所需的保护电流密度值。

表 7-9　各种冷凝器材料所需的阴极保护电流密度

冷凝器材料			设计电流密度		冷却水含盐量/（mg/L）
水室	管板	管子	A/m²	A/ft²	
碳钢	铝青铜	90~10　Cu-Ni	0.51	0.05	1000
铸铁	40~60　Zn-Cu	不锈钢	1.08	0.1	35000
环氧涂覆的碳钢	环氧涂覆的碳钢	钛	0.75	0.07	35000
碳钢	40~60　Zn-Cu	铝黄铜	0.65	0.06	1000
碳钢	40~60　Zn-Cu	90~10　Cu-Ni	0.65	0.06	1000
碳钢	40~60　Zn-Cu	铝黄铜	2.15	0.2	30000

在实施阴极保护的过程中，还需把估算出的总电流进行调整，直到换热器中被保护部位到达其保护电位值为止。过量电流的存在有时会使金属结构受损害，也会损坏油漆等防腐蚀材料，所以应避免。

3. 阴极保护的用途和局限

在冷却水系统中，阴极保护主要用于以下几个方面：

（1）减轻由铁质水室、铜合金板和铜合金管三者或由铁质水室、铜合金管板和钛管或不锈钢管三者组装而成的换热器或凝汽器中的接触腐蚀；

（2）减轻或消除冷却水对换热器或凝汽器中铜合金管的冲击腐蚀和点蚀；

（3）减轻或消除用海水作冷却介质的冷却水系统中输送海水的大口径输水管内壁的腐蚀、入口处的节流阀和出口处的断流阀的腐蚀以及水泵、管道、辅助冷却器和粗滤器等设施的腐蚀。

但阴极保护特别是对换热器的保护有一定的局限性。

（1）它对换热器的保护作用基本上局限于水室和换热管的端部。由于换热器的换热管对电流有屏蔽作用，故阴极保护电流不易深入到换热管内部，从而影响了它在冷却水系统金属防护中的普遍采用。例如，对于海水冷却水，保护作用仅限于离管口不远处（约25cm）；

（2）冷却水系统中的阴极保护主要是应用于海水作冷却介质的冷却水系统，而对淡水则效果不显著，这是因为海水的电导率比淡水的要高得多，有利于实施阴极保护；

（3）阴极保护通常不适用于直径小于50cm的换热管。

4. 阴极保护的方法

（1）**牺牲阳极法**　包括牺牲阳极材料的确定和设计安装两个部分。

牺牲阳极材料必须与被保护的金属构件之间形成足够大的电位差（一般0.25V左右）。所以对牺牲阳极材料的总体要求是有足够低的电位，电容量大，单位面积输出电流大；电流效率高，长期使用保持阳极活性，能维持稳定的电位和输出电流；价格便宜，来源充分，制造工艺简单、无公害等。常见的牺牲阳极材料有 Zn-0.6％Al-0.1％Cd、Al-2.5％Zn-0.02％In、Mg-6％Al-3％Zn-0.2％Mn 等。其中铝合金多用于海水中。

牺牲阳极保护系统的设计，包括保护面积的计算，保护参数的确定，牺牲阳极的形状、大小和数量，分布和安装以及保护效果的评定等问题。

（2）**外加电流法**　外加电流法阴极保护系统，主要由3部分组成：直流电源、辅助阳极和参比电极。直流电源通常用大功率的恒电位仪，可根据外界条件的变化，自动调节输出电流，使被保护的电位始终控制在保护电位范围内。

辅助阳极是用来把电流输送到阴极，因而所用的牺牲阳极材料截然不同。辅助阳极材料应具有导电性好、耐蚀性好、寿命长、排流量大、阳极极化小、有一定的机械加工强度、来源方便、价格便宜等特点。常用的辅助阳极材料有钢、石墨、高硅铸铁、钛镀铂、铅银合金和铁合金等。如钛上镀一层 $2\sim5\mu m$ 的铂作为阳极，在使用工作电流密度为 $1000\sim2000A/m^2$ 的条件下，其使用寿命为 $5\sim10$ 年。

参比电极用来与恒电位仪配合，测量和控制保护电位。因此要求参比电极可逆性好、不易极化、长期使用保持电位稳定、准确、灵敏等。常用的参比电极有 Ag/AgCl 电极、Cu/CuSO₄ 电极以及高钝 Zn 电极等。

外加电流保护系统的设计，主要包括选择保护参数，确定辅助阳极材料、数量、尺寸和安装位置，确定阳极屏材料和尺寸等。

（3）两种阴极保护方法的比较　牺牲阳极法具有不需要外加电源和专人管理，不会干扰邻近金属设备、电流分散力好、施工方便等方面的优点。但需要消耗大量的金属材料，自动调节电流的能力差，而且需要较频繁的更新。对于大型电站的凝汽器而言，更换牺牲阳极不但费钱而且费事。牺牲阳极法通常适用于较小的装置，特别是牺牲阳极能定期进行检修和更新的装置中。

外加电流法具有体积小、质量轻，在冷却水流速和组成不断改变时，能够自动调节电流或电压，运用范围广的优点。因此，在近几十年来，外加电流阴极保护技术得到很大的发展。但由于外加电流法的辅助阳极是绝缘地安装在被保护体上，故阳极附近的电流密度很高，易引起"过保护"，使阳极周围的涂料遭到破坏，因此必须涂刷特殊的阳极屏蔽层。此外，外加电流阴极保护装置通常需外加防火设备，不适用于有易燃物质的工厂中。

五、防腐涂料覆盖法

这种方法是在碳钢换热器的传热表面上涂上防腐涂料，形成一层连续的牢固附着的薄膜，使金属与冷却水隔绝，避免受到腐蚀。随着高分子化学工业的发展，人们已经开发了一些性能优良的涂料来保护工业冷却水系统中的碳钢换热器的管束、管板和水室等与冷却水接触的部位，以抑制冷却水引起的腐蚀。

1. 防腐涂料

涂料的品种很多，与一般的金属防腐涂料相比，冷却水防腐涂料应满足以下要求。

①有良好的屏蔽性和化学稳定性。由于冷却水防腐涂料长期浸泡在水中，这就要求它在冷却水中的化学性能稳定，能够阻止水分子、溶解氧和其他腐蚀性物质透过涂层与碳钢基体接触而发生腐蚀。

②与基体金属有良好的结合力，不易脱落。冷却水防腐涂料若有脱落将使碳钢换热器的金属表面暴露在水中而被腐蚀。同时，脱落下的涂层碎片也可能堵塞冷却水的管道而影响换热。

③涂覆后不应显著地降低换热器的换热效率。

④能防止微生物的附着和微生物的破坏。

⑤能耐受较高的温度而不被破坏。

冷却水防腐涂料的主要成分有：基料、防腐颜料、溶剂、填料以及其他涂料助剂。

（1）基料　一般是聚合物或树脂，它们是冷却水防腐涂料中的成膜成分。没有基料就不能形成连续均匀的涂膜或漆膜。基料可以把防腐颜料和其他涂料助剂（如杀生剂）的颗粒黏结形成致密的涂膜，牢固地附着在金属的基体上。基料可分为转化型和非转化型两大类。转化型基料是以未聚合或部分聚合的材料，施工于基体金属上经聚合反应后形成固体涂膜；非转化型则是以分散或溶解在介质中的树脂为基础，将它们施涂于底材表面，当分散介质或溶解介质挥发后，它们便在基体金属上留下牢固附着的涂膜。

属于转化型基料的有：环氧树脂、氨基树脂、酚醛树脂、聚氨酯树脂、氯磺化聚乙烯树脂、呋喃树脂、硅树脂等；属于非转化型基料的有：氯化橡胶、乙烯类树脂、沥青等。

（2）防腐颜料 防腐颜料一般能提高涂膜的致密度，增强涂膜的屏蔽性或耐蚀性或本身就具有缓蚀作用。防腐颜料分为化学防腐颜料和物理防腐颜料。常见的防腐颜料列于表 7-10。

其中无机盐防腐颜料常用的有：四盐基铬酸锌 $[ZnCrO_4 \cdot 4Zn(OH)_2]$、锌铬黄（其化学组成变动于 $4ZnO \cdot CrO_3 \cdot 3H_2O$ 和 $4ZnO \cdot 4CrO_3 \cdot K_2O \cdot 3H_2O$ 之间）、磷酸锌 $[Zn(PO_4)_2 \cdot 4H_2O$ 或 $Zn_3(PO_4)_2 \cdot 2H_2O]$ 等。

表 7-10 常见防腐涂料的种类

化学防腐颜料		物理防腐颜料
无机盐防腐颜料	金属防腐颜料	
含铬酸盐	锌粉	氧化铬
锌盐	铝粉	铁红
碳酸盐		云母氧化铁
硅酸盐		
钼酸盐		

（3）溶剂 溶剂是用于溶解基料和改善冷却水防腐涂料黏度的挥发性液体。常用的溶剂有：烃类、醇类和醛类、酮类和酯类，如甲苯、二甲苯、丁醇、乙醇、丙酮、甲乙酮、乙酸乙酯、乙酸丁酯等。

（4）填料 添加填料可以改进液体涂料的流动性及涂膜的机械性能、渗透性、光泽等。常用的填料有：重晶石、瓷土（高岭土）和大白粉（$CaCO_3$）等。

（5）其他涂料助剂 涂料助剂包括杀生剂、防霉剂和颜料分散剂等。它们是一类加量很少但又作用显著的添加剂。杀生剂和防霉剂用于防止微生物在涂层上的附着和生长，防止涂膜的微生物降解和腐蚀。常用的杀生剂有氧化汞、双丁基氧化锡、氧化亚铜、三丁基氧化锡、氧化锌、偏硼酸钡等。颜料分散剂是使填料或颜料均匀地分散于整个液体介质中的物质，它们是一些表面活性剂。

2. 作用机理

冷却水系统中使用防腐涂料的作用机理是多样的。它们不仅可以通过涂膜的机械屏蔽作用把腐蚀性介质与基体金属表面隔开，而且还可以通过其颜料和添加剂的成分，使涂膜具有屏蔽作用、缓蚀作用、阴极保护作用、pH 缓冲作用。现对这些机理进行简要介绍。

（1）屏蔽作用 涂膜固化后，它在金属表面上形成了一层连续而致密的薄膜。使冷却水不能和被涂覆的金属表面直接接触，从而控制了金属的腐蚀。从电化学的角度来看，屏蔽性良好的涂膜相当于一种绝缘层，使电化学腐蚀过程中的电极反应难以发生。物理防腐颜料，尤其是构型为片状、在涂膜中薄片相叠的防腐颜料还可以进一步增强这种机械屏蔽作用。

理想的防腐涂膜应是连续致密的，并能够阻止水分子，溶解氧和腐蚀性离子的渗透，能牢固地附着于基体金属表面。

（2）缓蚀作用 冷却水防腐涂料中的一些无机盐颜料，例如，铬酸盐、磷酸盐、锌盐、钼酸盐和硅酸盐等防腐颜料中往往含有与冷却水缓蚀剂相同的一些缓蚀组分铬酸根、磷酸根、锌离子、铝酸根、硅酸根等。

包覆在涂膜中的无机盐防腐颜料，在使用过程中逐步地被溶解于水中。在涂膜的屏蔽作用下，它们在被涂覆金属的表面的局部浓度可以保持在较高的水平上，从而发挥其缓蚀作用。此外，防腐颜料中的氧化性缓蚀离子（铬酸根离子）溶于水中可使金属表面钝化，从而保护金属免于腐蚀。锌离子与铬酸根离子之间存在协同作用，增强了这种缓蚀作用。

（3）阴极保护作用　有些防腐涂料中含有大量电位较负（较活泼）的金属粉末，例如富锌涂料中的锌粉。由于在中性介质（例如水）中金属锌的电极电位（$-0.83V$）远负于铁的电极电位（$-0.46V$），故锌粉层对被涂覆的碳钢基体来说，成了腐蚀电池中的牺牲阳极，碳钢基体则成为腐蚀电池中的阴极而受到保护。此外，由于涂膜本身的屏蔽作用，故富锌涂料的保护作用是屏蔽作用和阴极保护相结合的微型联合保护。

（4）pH 缓冲作用　对于无机盐防腐颜料中的氧化锌而言，除了其锌离子有缓蚀作用外，氧化锌本身对酸性物质还有高度的 pH 缓冲作用。氧化锌能提高冷却水防腐涂料的 pH 值，从而提高渗入涂膜中的冷却水的 pH 值，减轻冷却水对碳钢的侵蚀性。

用防腐涂料覆盖法控制冷却水系统中金属设备腐蚀具有以下一些优点：

①它既适用于淡水的冷却水系统，又适用于海水的冷却水系统；

②对环境基本上没有污染；

③冷却设备可以使用碳钢等较便宜的材料制造，而无需钛、铜等贵重金属；

④涂覆优质防腐层的换热器，不仅耐冷却水腐蚀，而且耐酸、碱、盐等介质的腐蚀，不易生成水垢、污垢等沉积物；

⑤涂覆防腐涂料后的换热器容易清洗，日常管理工作简便。

但涂料法也存在以下缺点：

①由于换热器的结构较复杂，内部管子排列较密集，故涂覆前的表面处理和涂覆时的施工较为困难，对施工的质量要求很高；

②防腐涂料若有脱落，仍需采用其他措施去控制金属冷却设备的腐蚀。

因此，需将防腐涂料保护与其他腐蚀控制方法联合使用，其防护效果将会更好。

3. 应用实例

冷却水系统中换热器使用的防腐涂料有多种，如 CH-784 耐蚀涂料（河北沧州化肥厂，天津油漆厂生产）、TH-847 涂料（中国科学院天津海洋淡化技术研究所生产）以及漆酚钛耐蚀涂料、酚醛石墨涂料和富锌底漆等。其中 CH-784 耐蚀涂料是石化系统中应用最广的涂料，现以它为例。介绍涂料的组成、性能和施工工艺。

（1）CH-784 涂料的组成　CH-784 涂料是一种以环氧三聚氰胺甲醛树脂为基料的防腐涂料，其组成如表 7-11 所示。该涂料主要成分是环氧树脂和在丁醇中醚化缩聚而成的三聚氰胺甲醛树脂，二者可以在加热烘烤下交联固化成膜。在 $180\sim200℃$ 的温度下烘烤时，环氧基发生开环聚合反应，使各涂层间的环氧基上下聚合成为致密的整体，因而生成的涂膜强度好、附着力强、光滑致密、抗水汽渗透性好。

该涂料的底漆中加有以四盐基铬酸锌和磷酸锌为主的化学防腐颜料，起钝化缓蚀作用；加入了铝粉及云母氧化铁，能增加膜的封闭作用并提高耐热性。面漆中加入了三氧化二铬，使涂料的化学稳定性增强，耐酸碱腐蚀；加入偏硼酸钡可防止涂层被水中的霉菌所破坏。

表 7 - 11　CH-784 涂料的组成

名称	规格	底漆	面漆
环氧树脂（604）	50%	45.6%	48%
丁醇醚化三聚	中或高醚化度	11.5%	20.5%
氰胺甲醛树脂			
云母氧化铁或铁红	325 目	10.7%	3.0%
三氧化二铬	325 目	—	24.0%
水合磷酸锌	325 目	8.7%	—
四盐基铬酸锌	325 目	12.5%	—
滑石粉	325 目	4.0%	—
铝粉	<50	5.0%	—
氧化锌	325 目	2.0%	—
偏硼酸钡		—	4.0%
硅油		—	0.5%
总计		100%	100%
混合溶剂[①]		约 6%	约 2%
颜料：树脂	固体份	1.5：1	1：1.1
环氧：三聚氰胺甲醛	质量比	8：2	7：3
黏度/s	涂-4 黏度计（25℃）	40～60	45：55

①混合溶剂的配比：二甲苯：丁醇：环己酮=5：3：2

（2）耐蚀性能　CH-784 涂料采用面漆和底漆配套使用。将涂覆了两层底漆和三层面漆并进行了固化处理的碳钢棒试样进行耐蚀试验，结果如下。

①试样在 30% HCl、H_2SO_4、H_3PO_4、CH_3COOH、$NaOH$、KOH 以及 pH 值为 8.5 的循环冷却水中，于 95℃的温度下浸泡 224h，涂层无任何变化。

②试样在 10% HCl、H_2SO_4、H_3PO_4、$NaOH$、KOH 以及煤油、苯、环己酮、丁醇、乙酸乙酯中浸泡 2 年，涂层无任何变化。

以上结果表明，CH-784 涂料有较好的耐蚀性能，能满足工艺介质温度<180℃的换热器的防腐蚀要求。

CH-784 涂料的热导率约为 0.19W/（m·K），如按涂敷厚度为 200～250μm 计，会增加热阻（1.4～5.1）×10^{-4}m²·K/W。因此，用涂料法应适当增加传热面积。

（3）施工工艺概况　换热器上涂层应该是厚度均匀，平整光滑、无滴坠、无针孔。涂料的总厚度为 200～250μm。一般底漆涂 2 层，面漆涂 4～6 层。涂覆的工艺流程如图 7 - 17 所示。

管程换热器的涂覆一般采用灌注法，即换热器整体组装完后，令换热管直立，灌入漆，这种方法用漆量少，可以循环使用管下流出的漆。壳程换热器有两种涂覆方法，既可整体在喷淋槽中滚动喷淋，也可单根喷涂后再组装，其中喷淋法具有用漆量少、涂层均匀、设备简单、操作简便等优点。喷淋法的施工装置如图 7 - 18 中所示。

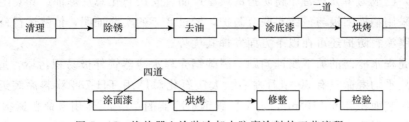

图 7 - 17　换热器上涂装冷却水防腐涂料的工艺流程

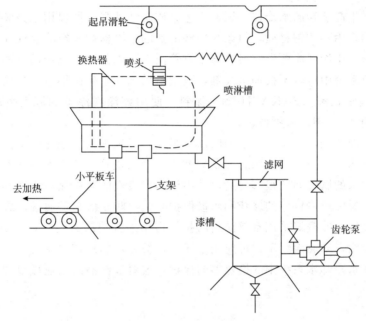

图 7 - 18　喷淋法的施工装置图

（4）应用情况　CH-784 涂料耐酸碱及有机物的腐蚀，在循环冷却水的 pH 值及水冷器的壁温条件下不受腐蚀。河北某化肥厂曾对无防腐涂层时和有 CH-784 防腐涂层时的换热器进行了 2 年的现场监测对比，结果如表 7 - 12 所示。由表可见，换热器运行 1 年后，无涂层时入口气与出口气的温差变化为 6.5℃，而有涂层时的温度变化仅为 2℃，说明有涂层的换热器的冷却效果明显提高了。

表 7 - 12　涂 CH-784 和无涂层时冷却效果的对比

项目	有 CH-784 防腐涂层		无防腐涂层	
	开车时	1 年后	开车时	1 年后
合成氨产量 / (t/d)	979.2	972.0	1000	980.6
入口气温度 /℃	142.0	140.0	144.5	150.0
出口气温度 /℃	32.0	32.0	36.5	48.0
温度 /℃	110.0	108.0	110.0	108.0
1 年内温差变化 /℃	2.0		6.5	

天津海水淡化综合利用研究所对 CH-784 耐蚀涂料改性，研制出 TH-784 型碳钢水冷

器耐蚀涂料，已成为单元设备涂料防护的典型产品。安庆石化总厂炼油厂 6 套生产装置 54 台水冷器，采用牺牲阳极与该涂料联合防护，经过 8 年的实践证明，依然运行良好。

采用防腐涂料防护还可在以下方面发挥其优势。

①解决壳程水冷器的垢下腐蚀问题　因碳钢壳程水冷器管外极易积污垢，造成严重的垢下腐蚀，故平均寿命只有 30 个月左右。大庆石化总厂用 TH-784 涂料涂装近 300 台碳钢换热器，涂装面积 $3.6 \times 10^4 m^2$，占全厂碳钢水冷器的 70%，使用寿命普遍提高了 2~3 倍，大大减轻了检修清垢的繁重体力劳动，节省大修费用 300 多万元，节约钢材 800 多吨。

②用于尿素生产装置的水冷器　尿素工艺介质腐蚀性强，所以用于该装置中冷却腐蚀介质的水冷器均采用不锈钢材质，但系统中润滑油的水冷器和少数非腐蚀介质的水冷器可以采用碳钢材质，用涂料涂覆碳钢换热器水侧管内就可以起到防腐蚀的目的，而且由于不锈钢也耐蚀，故系统中可以不投加缓蚀剂，只用阻垢剂和杀生剂即可。目前在这方面最成功的涂料是德国索长酚（SAKAPHEN）涂料，使用该涂料涂覆的尿素生产装置的水冷器，有的已使用 20 多年还未更换过。

③用于海水冷却的水冷器　海水的腐蚀性很强，对碳钢的腐蚀速度很高，即便是不锈钢，在含氯离子达（1~2）$\times 10^4 mg/L$ 的海水中，也可能产生应力腐蚀开裂，用涂料来解决用海水作冷却水的腐蚀问题很有前途。其中最具代表性的防腐涂料为富锌底漆。它能够在底材和腐蚀介质中形成良好的屏蔽和阴极保护系统，防止底材的腐蚀。大连市某化工厂用海水冷却的高压氨冷凝器采用富锌涂料防护，再用酚醛清漆封闭后，一般可使用 9~10 年，这一实例说明，防腐涂料不仅可应用于淡水作补充水的冷却水系统中，而且可应用于腐蚀性更强的海水冷却水系统中的换热器的保护，这对节约沿海工业城市的淡水资源是十分重要的。

第四节　循环冷却水系统中的微生物及其控制

含有微生物的补充水不断进入循环冷却水系统，与此同时，冷却塔中从上面喷淋下来的冷却水又从逆流相遇的空气中捕集了大量的微生物进入冷却水系统。冷却水系统中充沛的水量为这些进入的微生物的生长提供了可靠的保障。冷却水的水温通常被设计在 32~42℃之间（平均温度为 37℃），这一温度范围又特别有利于某些微生物的生长。冷却水系统中工艺物质（例如炼油厂的油类、氮肥厂的合成氨）泄漏入冷却水系统，为其中的微生物提供了营养源（养料）。冷却水在冷却塔内的喷淋曝气过程中溶入了大量的氧气，为好氧性微生物提供了必要条件；而冷却水中悬浮物形成的淤泥又为厌氧性微生物提供了庇护所，冷却水中的硫酸盐则成为厌氧性微生物——硫酸盐还原菌所需能量的来源。因此，有些冷却水系统成了一些微生物的一个巨大的捕集器和培养器。因此冷却水处理中要解决的第三个问题是冷却水系统中微生物的生长。

一、循环冷却水系统中的微生物及危害

循环冷却水系统的水温、光照和营养物等条件都适宜微生物的生长，所以循环冷却水

中的微生物生长会带来很严重的后果。

（一）循环冷却水系统中的微生物

循环冷却水系统中的微生物分为动物和植物两大类。动物又分为后生动物（如蜗牛、贝类等软体动物）和原生动物（如纤毛虫、鞭毛虫等）两类；植物包含藻类、细菌和真菌等。并不是冷却水系统中所有的微生物都会引起故障，但在工业冷却水系统运行时，常会遇到一些引起故障的微生物。它们是细菌、真菌和藻类。现分别对它们作一扼要的介绍。

1. 细菌

与藻类和霉菌相比，细菌显得微小。除非有大的菌落（Colony）存在，否则就需借助显微镜才能察见或鉴别。下面介绍一些与冷却水系统中金属腐蚀或黏泥形成有关的细菌。

（1）产黏泥细菌

产黏泥细菌又称黏液形成菌、黏液异养菌等，是冷却水系统中数量最多的一类有害细菌。它们既可以是有芽孢细菌，也可以是无芽孢细菌。据调查，我国 16 个炼油厂循环冷却水中的产黏泥细菌分别属于 11 个细菌属。按各属的出现率，由高到低可排列为：假单胞落属（Pseudomonas）、气单胞菌属（Aeromonas）、微球菌属（Micrococcus）、芽孢杆菌属（Bacillus）、不动杆菌属（Acinetobacter）、葡萄球菌属（Staphylococcus）、产碱杆菌属（Alcaligenes）、槽状杆菌属（Corynebacterium）、肠杆菌科（Enterobacteriaceae）、黄杆菌属（Flavobacterium）乘布鲁氏菌属（Brucella）。在冷却水中，它们产生一种胶状的、黏性的或黏泥状的、附着力很强的沉积物。这种沉积物覆盖在金属的表面上，降低冷却水的冷却效果，阻止冷却水中的缓蚀剂、阻垢剂和杀生剂到达金属表面发生缓蚀、阻垢和杀生作用，并使金属表面形成差异腐蚀电池而发生沉积物下腐蚀（垢下腐蚀）。但是，这些细菌本身并不直接引起腐蚀。

冷却水系统中直接引起金属腐蚀的细菌，按其作用来分有铁沉积细菌、产硫化物细菌和产酸细菌。

（2）铁沉积细菌

人们常把铁沉积细菌简称为铁细菌。铁细菌包括：嘉氏铁杆菌（Gallionella）、球衣细菌（Sphaerotilus）、鞘铁细菌（Siderocapsa）和泉发菌（Crenothrix）等。

铁细菌有以下特点：

①在含铁的水中生长；

②通常被包裹在铁的化合物中；

③生成体积很大的红棕色的黏性沉积物；

④铁细菌是好氧菌，但也可以在氧含量小于 0.5mg/L 的水中生长。

铁细菌能在冷却水系统中产生大量氧化铁沉淀是由于它们能把可溶于水中的亚铁离子转化为不溶于水的三氧化二铁的水合物作为其代谢作用的一部分：

$$2Fe^{2+} + 1.5O_2 + xH_2O \rightarrow Fe_2O_3 \cdot xH_2O$$

在冷却水系统中有时可以看到由于铁细菌的大量生长和锈瘤而引起管道被堵塞的情况。铁细菌的锈瘤遮盖了钢铁的表面，形成氧浓差腐蚀电池，并使冷却水中的缓蚀剂难于与金属表面作用生成保持膜。铁细菌还从钢铁表面的阳极区除去亚铁离子（腐蚀产物），从而使钢的腐蚀速度增加。图 7-19 示出了铁细菌通过锈瘤建立氧浓差腐蚀电池从而引起钢铁腐蚀的示意图。

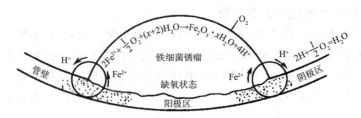

图 7-19　铁细菌通过锈瘤建立氧浓差腐蚀电池引起钢铁腐蚀的示意图

冷却水中的铁细菌很容易用加氯或加非氧化性杀生剂（例如季铵盐）的方法来控制。

（3）产硫化物细菌

产硫化物细菌又称硫酸盐还原菌。

硫酸盐还原菌是厌氧的微生物。冷却水系统中黏泥下面缺氧，故硫酸盐还原菌常在那里生长繁殖。常见的有硫酸盐还原作用的菌是脱硫弧菌（Desulfovibrio）和梭菌（Clostridium）。

硫酸盐还原菌产生的硫化氢对一些金属有腐蚀性。这些金属主要是碳钢，但也包括不锈钢、铜合金、镍合金以及在低 pH 值和硫化物或还原性条件下能腐蚀的金属。

在循环冷却水系统中，硫酸盐还原菌引起的腐蚀速度是相当惊人的。0.4mm（16mil）厚的碳钢腐蚀试样，曾在 60 天内被腐蚀穿孔。孔内的腐蚀速度达 2.4mm/a（96mpy）。在不锈钢、镍或其他合金的换热器遭到硫酸盐还原菌腐蚀时，曾在 60～90 天内发生腐蚀事故。硫酸盐还原菌引起的孔蚀的穿透速度约为 1.25～5.0mm/a（50～200mpy），其大小往往取决于硫酸盐还原菌的污染程度和生长速度。即使循环冷却水系统有良好的 pH 值控制和用铬酸盐-锌盐做复合缓蚀剂，硫酸盐还原菌仍能使金属迅速穿孔。

在冷却水中，硫酸盐还原菌产生的硫化氢与铬酸盐和锌盐反应，使这些缓蚀剂从水中沉淀出来，生成的沉淀则沉积在金属表面形成污垢。

（4）产酸细菌

①硝化细菌。冷却水系统中常遇到的一种腐蚀性微生物是硝化细菌（Nitrobacteria），它们能把水中的氨转变为硝酸。

$$2NH_3 + 4O_2 \rightarrow 2HNO_3 + 2H_2O$$

由于大气中含有氨或由于设备（例如合成氨厂的设备）的泄漏，冷却水中往往含有氨。

当硝化细菌存在于含有氨的冷却水系统中时，冷却水的 pH 值将发生意外的变化。在正常情况下，氨进入冷却水中后会使水的 pH 值升高；然而当冷却水中存在硝化细菌时，由于它们能使氨生成硝酸，故冷却水的 pH 值反而会下降。水的 pH 值下降将使一些在低 pH 值条件下易被侵蚀的金属（主要是碳钢，但还有铜和铝）遭受腐蚀。

氧对硝化细菌并没有不利的影响。这些微生物对铬酸盐或锌盐等缓蚀剂也是相容的。幸好在控制硝化细菌生长上，氯以及某些非氧化性杀生剂非常有效。然而，当冷却水中有较多的氨时，氯将与氨反应而被消耗掉。

②硫杆菌。硫杆菌（Thiobacillus）能使可溶性硫化物转变为硫酸。正像硝化细菌那样，一些在酸性条件下易受侵蚀的金属将被腐蚀。

2. 真菌

冷却水系统中的真菌包括霉菌和酵母两类。它们往往生长在冷却塔的木质构件上、水池壁上和换热器中。

真菌破坏木材中的纤维素，使冷却塔的木质构件朽蚀。真菌引起的木材朽蚀可以用有毒盐类（例如铜盐）溶液浸渍木材的方法来防护。但用铜盐浸渍过的木材安装在冷却水系统中之前需要除去多余的铜盐，否则冷却水将把铜盐带到冷却水系统的各处，结果铜离子被还原为铜，析出在金属（例如碳钢或铝）的表面，引起电偶腐蚀。

真菌的生长能产生黏泥而沉积覆盖在换热器中换热管的表面上，降低冷却水的冷却作用。

一般来讲，真菌对冷却水系统中的金属并没有直接的腐蚀性，但它们产生的黏状沉积物会在金属表面建立差异腐蚀电池而引起金属的腐蚀。黏状沉积物覆盖在金属表面，使冷却水中的缓蚀剂不能到那里去发挥防护作用。

冷却水系统中的真菌可以用杀真菌的药剂，例如五氯酚或三丁基锡的化合物等来控制。氯对于真菌不是很有效。

3. 藻类

冷却水中的藻类主要有蓝藻、绿藻和硅藻。这些藻类的颜色是由于它们体内有进行光合作用叶绿素和其他色素存在，所以藻类的生长需要阳光。通常在湖泊或河流中见到的漂浮在水面上的藻类进入冷却水系统中后会引起沉积，它们常常停留在阳光和水分充足的地方，例如水泥冷却塔的塔壁、集水池的边缘以及小氮肥厂喷淋式蛇管换热器的布水器和管壁上。

死亡的藻类会变成冷却水系统中的悬浮物和沉积物。在换热器中，它们将成为捕集冷却水中有机体的过滤器，为细菌和霉菌提供食物。藻类形成的团块进入换热器中后，会堵塞换热器中的管路，降低冷却水的流量，从而降低其冷却作用。在一些小化肥厂中，常常可以看到大量的藻类覆盖在喷淋式蛇管换热器的表面上，降低了冷却水的冷却效果。

一般认为，藻类本身并不直接引起腐蚀，但它们生成的沉积物所覆盖的金属表面则由于形成差异腐蚀电池而常会发生沉积物下腐蚀。

用挡板、盖板、百叶窗等遮盖冷却塔和水池，阻止阳光进入冷却水系统，可以控制藻类的生长。向冷却水中添加氯以及非氧化性杀生剂，特别是季铵盐，对于控制藻类的生长十分有利。

（二）循环冷却水系统中微生物的危害

1. 形成黏泥，加速污泥沉积

在循环冷却水系统中，除了微生物分泌出来的黏液使悬浮物粘连和沉降外，一部分细菌（如铁细菌和硫细菌）还可以在金属上附着、生长和繁殖，产生生物膜，逐渐形成一层厚厚的黏泥。

2. 微生物附着于管壁，加速腐蚀

微生物本身很少是一种独立的腐蚀原因，而是由于微生物促进污泥沉积，使得污泥下面的金属表面为贫氧区，形成氧的浓差极化电池而使金属遭受局部腐蚀。

3. 某些动物可能堵塞管道

循环冷却水中若存在某些动物残骸，可能会堵塞管道，破坏冷却水的循环，影响传

热，会给设备带来危害。

二、循环冷却水系统中微生物的控制方法

微生物可引起黏垢，黏垢又会引起循环水系统中微生物的大量繁殖，黏垢会使换热器传热效率降低并增加水头损失，而且微生物又与腐蚀有关。因此控制微生物意义深远。

1. 选用耐蚀材料

金属材料耐微生物腐蚀的性能大致可以排列如下，以供选择耐微生物腐蚀的金属材料时参考：

钛＞不锈钢＞黄铜＞纯铜＞硬铝＞碳钢

目前常用的海洋用低合金钢耐受好氧性和厌氧性细菌腐蚀的能力都较低。一般来讲，硫、磷或硫化物夹杂物含量低的合金耐受硫酸盐还原菌腐蚀的能力较强。

2. 控制水质

控制水质主要是控制冷却水中的氧含量、pH 值、悬浮物和微生物的养料。

油类是微生物的养料，故应尽可能防止泄漏入冷却水系统。如果漏入冷却水系统中的油较多，则应及时清除。清除漏油的方案中应包括机械除油和化学清洗除油两部分内容。

氮肥厂中进入冷却水系统的氨能引起硝化细菌的繁殖和降低氯的杀生能力，应加以控制。

3. 采用杀生涂料

在采用防腐涂料保护金属换热器的冷却水一侧时，所用的涂料应能耐受冷却水中微生物的破坏。涂料中添加能抑制微生物生长的杀生剂（例如偏硼酸钡、氧化亚铜、氧化锌、三丁基氧化锡等）是人们常采用的一些控制微生物生长、破坏涂料和引起腐蚀的有效措施。

用由改性水玻璃、氧化亚铜、氧化锌和填料等制成的无机防藻涂料涂刷在冷却塔和水池的内壁上，则不但可以控制冷却水系统中冷却塔、水池内壁、抽风筒、收水器等处藻类的生长，而且还可以抑制冷却水中异养菌的生长。

4. 阴极保护

冷却水系统中存在硫酸盐还原菌时，碳钢的阴极保护电位一般应为 $-0.95V$（相对于 $Cu/CuSO_4$ 电极）。这一电位可使碳钢在厌氧环境中处于免蚀状态，也就是使碳钢处于热力学的稳定状态，从而防止碳钢被腐蚀。

采用牺牲阳极保护时，则应注意生物附着物的影响。有研究表明，铝合金牺牲阳极表面易长满海洋生物，能导致牺牲阳极的电阻增高，阳极输出电流下降，影响阴极保护的效果。

与之相反，锌牺牲阳极则极少受到生物污染的影响。

5. 清洗

进行物理清洗或化学清洗，可以把冷却水系统中微生物生长所需的养料（例如漏入冷却水中的油类）、微生物生长的基地（例如黏泥）和庇护所（例如腐蚀产物和淤泥）以及微生物本身从冷却水系统中的金属设备表面上除去，并从冷却水系统中排出。清洗对于一个被微生物严重污染的冷却水系统来说，是一种十分有效的措施。

清洗还可使清洗后剩下来的微生物直接暴露在外，从而为杀生剂直接达到微生物表面

并杀死它们创造有利的条件。

6. 防止阳光照射

藻类的生长和繁殖需要阳光，故冷却水系统应避免阳光的直接照射。为此，水池上面应加盖；冷却塔的进风口则可加装百叶窗。

7. 旁流过滤

在循环冷却水系统中，设计安装用砂子或无烟煤等为滤料的旁滤池过滤冷却水是一种控制微生物生长的有效措施。通过旁流过滤，可以在不影响冷却水系统正常运行的情况下除去水中大部分微生物。

8. 混凝沉淀

在补充水的前处理或循环冷却水的旁流处理过程中，常使用铝盐、铁盐等混凝剂或高分子絮凝剂（例如聚丙烯酰胺）。这些药剂能在絮凝沉淀过程中将水中的各种微生物随生成的絮凝体一起沉淀下来，从而把它们除去。用这种方法除去的微生物可占水体中微生物的80%左右。

9. 噬菌体法

噬菌体（Bacteriophage）是一种能够吃掉细菌的微生物。有人称它们为细菌病毒。这种细菌病毒与动物病毒、植物病毒不同，它们只对细菌的细胞发生作用，故是一种很小但非常有用的病毒。

噬菌体靠寄生在叫作"宿主"的细菌里进行繁殖。繁殖的结果是将"宿主"吃掉，这个过程叫作溶菌作用。利用细菌的天敌——噬菌体，防止和消除冷却水系统中的生物黏泥是一种颇有前途的生物学方法。

噬菌体法的研究表明，该法对于防止电站的海水冷却水系统及造纸厂的工业水系统中黏泥的形成，十分有效。

图7-20中示出了动态模拟试验中噬菌体对循环水中有害细菌的杀灭作用。曲线1代表未加噬菌体的循环水中细菌数量的变化，曲线2代表加入噬菌体的循环水中细菌数量的变化。由图中可见，加入了噬菌体的循环水中，细菌的增殖较慢，24h时达到最高点，继而下降。以对照细菌量达最高时计算，噬菌体的杀菌率达到83.3%。

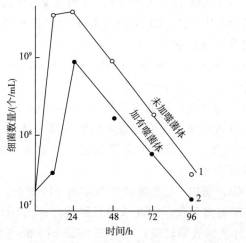

图7-20　动态模拟试验水样中加入噬菌体后细菌数量的变化

噬菌体法消除冷却水系统中黏泥和微生物的优点是：

（1）与加氯相比，噬菌体的溶菌作用不会影响生态环境；

（2）一个噬菌体溶菌后，能放出数百个噬菌体，故只要加入少量噬菌体，就能获得非常好的效果；

（3）噬菌体的增殖保存技术已经建立，可望实现稳定供给；

（4）经济上合算，设计表明，对于一个滨海火力发电站冷却水系统的微生物控制方案，噬菌体法的费用仅为加氯法费用的 1/5 左右。

10. 添加杀生剂

控制冷却水系统中微生物生长最有效和最常用的方法之一是向冷却水系统中添加杀生剂。

杀生剂（Biocide）又称杀菌灭藻剂、杀微生物剂或杀菌剂等。冷却水系统中使用的杀生剂简称为冷却水杀生剂。

对冷却水杀生剂的要求通常是控制冷却水中微生物的生长，从而控制冷却水系统中的微生物腐蚀和微生物黏泥，但并不一定要求它能杀灭冷却水系统中所有的微生物。

三、冷却水杀生剂

在循环冷却水系统中主要是投加某种化学药剂来控制微生物的污染。控制水中微生物的药剂分为杀死生物药剂和抑制生物繁殖药剂两类。杀死生物药剂按杀生机理来分，又可分为氧化型杀生剂如 Cl_2、$NaOCl$、ClO_2、O_3、漂白粉等和非氧化型杀生剂如季铵盐、氯酚等两大类。因药剂不同而杀生机理也有所不同，有的是破坏生物代谢过程，有的是破坏细胞膜，有的是破坏生物体内的酶。在目前的循环冷却水处理中，由于杀生剂的杀生效果受到诸多因素的影响，因此适合于循环冷却水系统使用的药剂并不是很多。往往把这些药剂都统称为杀菌剂，下面介绍几种在循环冷却水处理系统中经常使用的杀菌剂。

1. 氧化性杀生剂

（1）氯

氯系杀生剂的作用就是加入循环冷却水中后，可以杀死和抑制水中的微生物。常用的有 Cl_2、$NaOCl$、$CaOCl_2$、$Ca(OCl)_2$、ClO_2 等。卤族元素中的氯、溴、碘也可作为杀菌剂，但由于 Cl_2 便宜，所以使用较多。Cl_2 杀菌主要由于它是一种强氧化剂，加入水中后，会生成 HOCl 和 HCl，其化学反应如下：

$$Cl_2 + H_2O \Longleftrightarrow HOCl + HCl \qquad HOCl 可以解离，反应为$$

$$HOCl \Longleftrightarrow H^+ + OCl^-$$

在上述反应生成物中，起杀生作用的主要是 HOCl，而不是 OCl^-，主要原因是 HOCl 体积小，容易扩散到带负电荷的细菌表面并进入细胞内部，破坏体内的酶，从而杀死微生物。OCl^- 虽也有一定的杀菌能力，但由于它带负电，细菌也带负电，难以扩散到细菌表面，很难进入细菌体内发挥作用。

由于杀菌主要是 HOCl，所以 Cl_2 杀菌效果与水的 pH 有关。当 pH<5.0 时，由于水中 HOCl 占 100%，几乎没有离子化，因此杀菌效果最好；当 pH=7.5 时，水中 HOCl 和 OCl^- 几乎各占 50%，此时杀菌效果较差；当 pH≥9.5 时，由于水中 HOCl 为 0，全部离子化，杀菌效果最差，几乎全部消失。从以上讨论可知，Cl_2 在弱酸性介质中的杀菌效果

最好。但由于天然水 pH 为中性，所以一般认为如果能将循环冷却水系统的 pH 控制在 6.5～7，就能取得比较好的杀菌效果。

循环冷却水进行加氯处理时，一般是在热交换器的进口水管中加入液态氯，因为这样可提高热交换器内的杀菌效果。此时加入的液态氯一部分用于杀菌，一部分用于氧化水中还原性物质，还有一部分是处于游离状态，称为游离氯（过剩氯或称余氯）。所以为了保证杀生效果，必须使循环水中存在一部分游离氯，一般余氯量为 0.1～1mg/L。且余氯存在的量与循环水的 pH 有关。当 pH 为 6～8 时，余氯为 0.2mg/L；pH 为 8～9 时，余氯为 0.4mg/L；pH 为 9～10 时，余氯为 0.8mg/L。循环水中总的加氯量是无法估计的，只能根据现场调整试验来确定加氯量，表 7-13 列出的一些经验值可供参考。

表 7-13 氯化处理时加氯量的估算

河水的耗氧量 COD$_{Mn}$/ [mg/L (O$_2$)]	水的吸氯量/ (mg/L)			附着物的吸氯量/ (mg/L)	余氯/ (mg/L)
	接触时间 1min	接触时间 2min	接触时间 3min		
10	1.0	1.5	2.0	0.4	0.2
10～15	1.5	2.5	3.0	0.8	0.3
<15	3.5	4.0	5.0	1.5	0.4

氯化处理的加药方式有连续式、间歇式（几小时一次）、冲击式（一至几天大剂量加一次）三种方式。一般在加药量一定的情况下，短时间高浓度投加，杀菌效果最好。

加氯系统如图 7-21 所示，主要由氯瓶和加氯机组成。

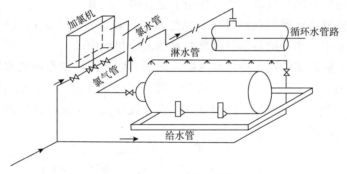

图 7-21 加氯设备系统图

由于氯气有毒，且比空气重 2.5 倍，因此需要很好的安全措施，防止加氯系统的氯气外逸，带来危险，所以加氯房间要安全密封，要有吸收泄漏氯气的装置（常用 NaOH 吸收）。由于氯气使用中危险性大，所以近年来有用次氯酸钠代替氯气的趋势。

（2）二氧化氯

二氧化氯（ClO$_2$）是一种有效的氧化性杀生剂。它的杀生能力较氯为强，杀生作用较氯为快，且剩余剂量的药性持续时间长。它不仅具有和氯相似的杀生性能，而且还能分解菌体残骸，杀死芽孢和孢子，控制黏泥生长。二氧化氯的用量小，用 2.0mg/L 的二氧化氯作用 30min 时能杀灭几乎 100% 的微生物，而剩余的二氧化氯浓度尚有 0.9mg/L。适用的 pH 值范围广。

它在 pH＝6～10 的范围内能有效地杀灭绝大多数微生物。这一特点为循环冷却水系统在碱性条件（pH≥8.0）下运行时选用适用的氧化性杀生剂提供了方便。

二氧化氯是一种橙色到黄绿色气体，有氯的刺激味，二氧化氯气体或液体（沸点11℃）都不稳定，具有爆炸性，因此一般在现场制造后再使用。用于循环冷却水处理时，常通过亚氯酸钠与氯的溶液（或与盐酸、次氯酸）反应来产生 ClO_2。

与 Cl_2 相比，ClO_2 杀菌有如下优点：

①杀菌作用与 Cl_2 相同，但用作杀伤孢子药剂和病毒药剂时，比 Cl_2 更有效；

②ClO_2 在高 pH 时使用比 Cl_2 效果好；

③ClO_2 不像 Cl_2 那样，会与氨或胺起反应，即使有氨存在时，它也能保持其杀菌能力，这对某些循环冷却水处理是有利的；

④ClO_2 杀生作用持续时间较长，当 ClO_2 剩余 0.5mg/L 时，在 12h 内，对异氧菌杀死率仍达 99% 以上；

⑤由于 ClO_2 杀菌效果好，所以比 Cl_2 更经济；

⑥由于 ClO_2 提高了杀生效果，因此大大减少了生物黏泥和藻类发生的臭味，改善了环境，同时排污水中没有余氯存在，所以也不存在污染河流的问题。

（3）臭氧

臭氧（O_3）是一种氧化性很强但又不稳定的气体。在水溶液中，臭氧保持着很强的氧化性。它是一种强氧化剂，和 Cl_2 一样可以杀死水中的生物体，多用于纯水和饮用水消毒，而且兼有脱色、脱臭、去味的功能。

和氯不同的是，用臭氧作杀生剂不会增加水中的氯离子浓度，冷却水排放时不会污染环境或伤害水生生物，因为臭氧在光合作用下会分解生成氧。

臭氧是通过将氧或干燥空气经过臭氧发生器中的放电管而生成的气体。添加臭氧时，首先将它溶解在水中，然后把溶解有臭氧的水注入冷却水中。

臭氧可以从不同的部位注入冷却水系统。例如可以加入冷却塔的集水池中，或加到冷却水循环泵出口的一侧（见图 7-22）。在较为简单的冷却水系统中，只需在一处加入臭氧就足够了；对于复杂的、有多个支路的体系，则建议在几个不同的部位加入臭氧，使臭氧在水中的分布较为均匀。

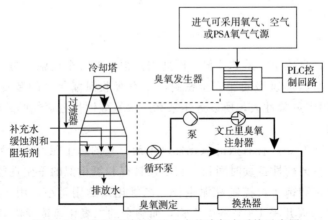

图 7-22　带有不同臭氧注入点的冷却水系统示意图

采用臭氧连续加注法时，所需的臭氧量很小。$1m^3/h$ 的循环冷却水中仅需加入 0.1～

0.2g/h 臭氧。

使用臭氧作杀生剂后，可使冷却水系统中不再有生物沉积物生成。原先存在于冷却水系统中的生物沉积物和冷却塔中的藻类也随之消失，循环冷却水变得清澈透明，异养菌数也比以前大大减少，换热器的换热效果明显改善。

在冷却水中，臭氧对碳钢和不锈钢没有任何不利的影响，但臭氧对铜或铜合金有腐蚀性。如果冷却水系统中有铜质设备，则应避免游离的臭氧量过高（＞0.1mg/L），否则铜质设备表面稳定的一价铜的氧化物有可能被氧化为二价铜的氧化物。但是，只要加入极少量的铜缓蚀剂，就可抑制臭氧对铜的腐蚀。

臭氧作为冷却水杀生剂的优点是：①臭氧是将氧或干燥空气通过臭氧发生器中的放电管而制备的，该制备过程不会引起环境的污染；②臭氧降解后生成氧，故不像其他的杀生剂，它不会增加冷却水中的含盐量；③它不会增加冷却水的 COD；④通入臭氧不会像通氯时那样在水中生成有机氯化物；⑤作杀生剂使用时，不需要另外再加入分散剂或表面活性剂；⑥从长远看，它是一种很有希望的氯杀生剂的换代杀生剂。

影响臭氧应用于大型工业冷却水系统的一些缺点是：①臭氧的挥发性强，不易保留在水中；②在 pH＞7.5 和温度＞40℃（104°F）时，臭氧将迅速分解；③能与许多有机化合物（例如有机多元膦酸等）反应而使之失效；④对铜和铜合金有腐蚀性；⑤臭氧发生器等配套设备的投资大。

2. 非氧化性杀生剂

（1）氯酚类

应用于循环冷却水系统中的氯酚类杀生剂主要有双氯酚、三氯酚和五氯酚的化合物。

双氯酚是一种高效、广谱的杀生剂。这种杀生剂对异养菌、铁细菌、硫酸盐还原菌等都有较好的杀生作用。以 15mg/L 的剂量杀灭异养菌的效率可达 95%，用 0.5mg/L 的剂量则可抑制蜡状芽孢杆菌的生长。

用于循环冷却水中作杀生剂的三氯酚和五氯酚大多以 2，4，5-三氯酚和五氯酚的钠盐形式使用。五氯酚的使用浓度一般为 50mg/L。

将氯酚类杀生剂与某些阴离子型表面活性剂混合，可以明显提高其杀生的效果。

氯酚类杀生剂的杀生作用是由于它们能吸附在微生物的细胞壁上，然后扩散到细胞结构中，在细胞质内生成一种胶态溶液，并使蛋白质沉淀。

氯酚类杀生剂由于其毒性大，易污染环境水体，故近年来已经逐渐减少使用。

（2）季胺类

长碳链的季铵盐是阳离子型表面活性剂，其结构式可以表示为

$$\left[\begin{array}{c} R_4 \\ | \\ R_3-N-R_1 \\ | \\ R_2 \end{array} \right]^+ X^-$$

其中的 R_1、R_2、R_3 和 R_4 代表不同的烃基，其中之一必须为长的碳链，X^- 常为卤素阴离子。

季铵盐杀生剂中最常用的两种药剂是洁尔灭（十二烷基二甲基苄基氯化铵）和新洁尔灭（十二烷基二甲基苄基溴化铵）。它们的结构式分别为

$$\left[C_{12}H_{25} - \overset{\overset{\displaystyle CH_3}{|}}{\underset{\underset{\displaystyle CH_3}{|}}{N^+}} - CH_2 - \bigcirc \right] Cl^- \qquad \left[C_{12}H_{25} - \overset{\overset{\displaystyle CH_3}{|}}{\underset{\underset{\displaystyle CH_3}{|}}{N^+}} - CH_2 - \bigcirc \right] Br^-$$

洁尔灭　　　　　　　　　　　新洁尔灭

由于洁尔灭和新洁尔灭的阳离子相同，故其杀生性能基本相似。新洁尔灭的杀生作用比洁尔灭要强一些。

洁尔灭和新洁尔灭两者都具有杀生力强、使用方便、毒性小（公害不大）和成本低的优点。这两种药剂还具有缓蚀作用、剥离黏泥的作用和除去水中臭味的功能。

洁尔灭和新洁尔灭对异养菌的杀生效果较好，杀霉菌的性能则较差。使用浓度为 $20\sim30mg/L$ 时，就可将硫酸盐还原菌杀死。它们的灭藻效果比杀菌效果更好。

洁尔灭和新洁尔灭这两种药剂并不是季铵盐中杀生作用最强的有机化合物，但由于其毒性小、成本低，且具有杀菌灭藻的性能，故得到较为广泛的应用。

洁尔灭和新洁尔灭的使用浓度通常为 $50\sim100mg/L$，适宜的 pH 值为 $7\sim9$。

季铵盐的杀菌作用应归功于其正电荷。这些正电荷与微生物细胞壁上带负电的基团生成电价键。电价键在细胞壁上产生应力，导致溶菌作用和细胞的死亡。季铵盐也能使蛋白质变性而导致细胞死亡。它们破坏细胞壁的可透性，使维持生命的养分摄入量降低。

在季铵盐的使用过程中会遇到以下一些问题：

①在被尘埃、油类和碎屑严重污染的系统中，它们会失效。这是因为它们具有表面活性，此时，它们使油类乳化而不去与细胞壁成键。这一竞争机理使它们的杀生效果降低。

②季铵盐一般起泡多，因此常常需要与消泡剂一起使用，很不方便。现在，国内已有工厂能批量生产无泡和低泡的季铵盐，从而克服了这一缺点。

（3）有机硫化合物

许多有机硫化合物是低毒、水溶和易于使用的。它们对于抑制真菌、黏泥形成菌，尤其是硫酸盐还原菌十分有效。

二硫氰基甲烷又称二硫氰酸甲酯。这是一种使用广泛的有机硫杀生剂。它的结构式为

$$H_2C \overset{\displaystyle S - C \equiv N}{\underset{\displaystyle S - C \equiv N}{\big<}}$$

二硫氰基甲烷对于抑制藻类、真菌和细菌，尤其是硫酸盐还原菌有效。由于其价格低廉，杀生效果好，经过水解后的化合物毒性很低，没有排污的困难，因此，常常被推荐使用于排放有严格限制的冷却水系统和那些主要需控制黏泥细菌的冷却水系统。用量为 $10\sim100mg/L$ 时，其杀生率为 99%（24h）。

二硫氰基甲烷一般不宜单独使用。使用二硫氰基甲烷时都配入某种分散剂和渗透剂，这样可以增大药剂的活性。渗透剂可以促进药剂渗入细胞内和真菌的黏液层内。渗透剂与二硫氰基甲烷两者复配后，既可发挥后者的毒杀作用，又可减少整个药剂的总用量。二硫氰基甲烷与季铵盐的复合杀生剂不但具有广谱和增效的杀生作用，而且还能防止黏泥的增长。在循环冷却水系统中，二硫氰基甲烷的投加量为 $10\sim25mg/L$。

二硫氰基甲烷在水中的半衰期是 pH 值的函数。表 7-14 中列出了它在不同 pH 值时

的半衰期。由表 7-14 中可见，二硫氰基甲烷适宜的 pH 值在 6.0～7.0 范围内。如果冷却水的 pH＞7.5，二硫氰基甲烷就会迅速水解而失效。因此，不推荐它使用于高碱性的循坏冷却水系统中。

表 7-14 二硫氰基甲烷的半衰期与 pH 值的关系

pH 值	6	7	8	9	11
半衰期/h	120	19	5	1	数秒

二硫氰基甲烷的作用机理是阻碍微生物中电子的转移，从而使细胞死亡。

双-三氯甲基砜和四氢-3，5-二甲基-2H-1，3，5-硫代二嗪-2-硫酮是在较高 pH 值时有效的有机硫杀生剂。前者在 pH＝6.5～8.0 时有效，而后者则在更高的 pH 值时有效。

二甲基二硫代氨基酸钠和 1，2-亚乙基双-二硫代氨基甲酸二钠是一类杀生性能良好的有机硫化合物，它们的功能很像二硫氰基甲烷。它们易溶于水，在 pH≥7.0 时效果最好，因此适宜于碱性条件下运行的冷却水系统中应用。

（4）异噻唑啉酮

异噻唑啉酮是一类较新的杀生剂。作为杀生剂，人们常使用异噻唑啉酮的衍生物，例如 2-甲基-4-异噻唑啉-3-酮和 5-氯-2 甲基-4-异噻唑啉-3-酮。它们的结构式分别为

2-甲基-4-异噻唑啉-3-酮   5-氯-2甲基-4-异噻唑啉-3-酮

异噻唑啉酮作为工业冷却水系统中的杀生剂是十分有效的。表 7-15 中示出了冷却水系统中使用异噻唑啉酮的情况。

表 7-15 使用异噻唑啉酮前后冷却水中微生物生长的情况

取水样处	微生物	加药前的微生物数/（个/mL）	微生物数的降低率/%		
			经过 3 星期，剂量 9mg/L	经过 5 星期，剂量 1mg/L	经过 5 星期，剂量 0.5mg/L
集水池	细菌	1.30×10^6	75	53	86
	真菌	2.80×10^2	94	93	91
	藻类	3.93×10^2	96	88	—
淋水装置	细菌	2.79×10^9	98	97	94
	真菌	1.64×10^5	99.5	94	99.2
	藻类	3.44×10^5	—	88	96
配水箱	细菌	4.58×10^{10}	99.9	97	95
	真菌	4.19×10^4	99.4	93	93
	藻类	2.06×10^7	＞99.9	92	99.98

由表 7-15 可见，即使在浓度很低（0.5mg/L）时，异噻唑啉酮仍能有效地抑制冷却水系统各处的细菌、真菌和藻类的生长，故使用异噻唑啉酮作杀生剂可以降低冷却水处理

的成本。

异噻唑啉酮是通过断开细菌和藻类蛋白质的键而起杀生作用的。

异噻唑啉酮能控制冷却水中种类繁多的藻类、真菌和细菌。因此，它们是一类广谱的杀生剂。异噻唑啉酮能迅速穿透黏附在冷却水系统中设备表面上的生物膜，对生物膜下面的微生物进行有效的控制。

异噻唑啉酮在较宽的 pH 值范围内都有优良的杀生性能。它们是水溶性的，故能和一些药剂复配在一起。

在通常的使用浓度下，异噻唑啉酮与氯、缓蚀剂和阻垢剂在冷却水中是彼此相容的。例如，在有 1mg/L 游离活性氯存在的冷却水中，加入 10mg/L 的异噻唑啉酮经过 69h 后仍有 9.1mg/L 的异噻唑啉酮保持在水中，损失很小。

在推荐的使用浓度下，异噻唑啉酮是一种低毒的杀生剂。有人认为，异噻唑啉酮是市场上一种最好的杀藻剂。

异噻唑啉酮的杀生活性会被硫化物破坏，所以它在杀灭成熟的生物膜中的硫酸盐还原菌时可能是无效的。

异噻唑啉酮的优点是：①具有广谱的活性；②能与含盐量高的水相容；③抑制固着细菌的性能良好；④杀菌灭藻所需的剂量（浓度）低；⑤可以被降解。

异噻唑啉酮的缺点是：①不能用于含硫化物的冷却水系统；②价格贵。

由于循环冷却水系统中的微生物种类和数量都很繁多，使用单一杀生剂往往难以取得比较理想的效果。而且，若是长时间使用同一种杀生剂，会使循环冷却水中的微生物产生抗药性，降低药剂的杀生效果。因此，现场应根据循环冷却水的实际杀生效果，不断调整药剂的剂量和种类，以取得最佳的杀菌效果。

3. 杀生剂选择及性能比较

（1）优良的冷却水杀生剂应具备的条件

①能有效地控制或杀死范围很广的微生物——细菌、真菌和藻类，特别是形成黏泥的微生物，即应该是一种广谱的杀生剂；

②在不同的冷却水的条件下，易于分解或被生物降解，理想的杀生剂应该是，一旦在冷却水系统中完成了杀生任务并被排放入环境中后，应该能被水解或生化处理而失去毒性；

③在游离活性氯存在时，具有抗氧化性，以保持其杀生效率不受损失；

④在使用浓度下，与冷却水中的一些缓蚀剂和阻垢剂能彼此相容；

⑤在冷却水系统运行的 pH 值范围内有效而不分解；

⑥在对付微生物黏泥时具有穿透黏泥和分散或剥离黏泥的能力。

（2）冷却水杀生剂选择依据

①选用的杀生剂能抑制冷却水中几乎所有能引起故障的微生物的活动；

②经济实用，往往将两种或两种以上的杀生剂复合使用，其中的一种是价格昂贵，但杀生效率高，用量较小，另一种则较为便宜，这样的复合使用能起到广谱杀生的作用，价格也较为合理；

③如果冷却水系统中有木质构件，则建议使用非氧化性杀生剂；

④选用的杀生剂的排放是否能为当地环境保护部门所容许；

⑤是否适用于该冷却水系统的 pH 值、温度以及换热器的材质。

（3）常见杀生剂性能比较

常见杀生剂对冷却水中微生物的有效性及其特点见表 7 – 16。

表 7 – 16　杀生剂对冷却水中微生物的有效性及其特点

杀生剂	细菌				真菌	藻类	特点
	黏泥形成菌		铁沉积细菌	腐蚀性细菌			
	形成芽孢的	不形成芽孢的					
氯	+	+++	+++	○	+	+++	氧化性，搬运时有危险，对金属有腐蚀性，能破坏冷却塔木结构的木质素，高 pH 值时杀生性能降低
季铵盐	+++	+++	+++	++		++	有泡沫生成，阳离子型表面活性剂
有机锡化合物——季铵盐	+++	+++	+++	+++	+++	+++	有泡沫生成，阳离子型表面活性剂
二硫氰基甲烷	+++	+++	++	++	+	+	pH>7.5 时无效，非离子型
异噻唑啉酮	+++	+++	++	++	++	+++	搬运时有危险，非离子型
铜盐	+	+	+	○	+	+++	将有铜析出在钢设备上，引起电偶腐蚀
溴的有机化合物	+++	+++	+++	++	○	+	水解，必须直接从桶中加入
有机硫化合物	++	+++	++	++	++	○	排污水有毒，使铬酸盐还原，阴离子型

注：+++特别好；++很好；+尚好；○无效。

四、冷却水微生物控制实例

1. 异噻唑啉酮的应用试验

（1）试验情况

华东某厂高压聚乙烯装置的循环冷却水系统原来使用的非氧化性杀生剂为美国 Nalco 公司的 N-7320，属于有机溴化合物。投加浓度为 30mg/L，每年投加 4～6 次，效果不差，但价格较贵（1991 年的价格为 99853 元/t）。为此，工厂在高压聚乙烯装置的循环冷却水系统中，改用 SM-103（2-甲基-4-异噻唑啉-3-酮和 5-氯-2-甲基-4-异噻唑啉-3-酮的混合物，以下简称异噻唑啉酮）代替 N-7320 进行试验。

试验的时间选在气温最高、菌藻生长控制最难的 7、8 月份。投药前，先停止加氯几天，让循环水中异养菌总数上升，然后投加 SM-103（SM-103 的投加浓度为 50mg/L）并关闭排放。于加药后的第 4、24 和 36h 测定水中的异养菌数和杀生率。在此期间，缓蚀剂和阻垢剂的投加与日常的水质分析工作照常规进行。异养菌数和杀生率的实测结果如表 7-17 中所示。

表 7-17　SM-103 对冷却水中异养菌生长的控制情况

杀菌时间	SM-103 浓度/ (mg/L)	异氧菌数/（个/mL）		杀生率/%
		设计规范要求	实测结果	
加药前	0	5×10^5	3.0×10^7	0
加药后 4h	50	5×10^5	2.0×10^5	99.33
加药后 24h	50	5×10^5	3.0×10^4	99.90
加药后 36h	50	5×10^5	3.3×10^4	99.80

（2）杀生情况

添加 SM-103 期间，循环冷却水的 pH 值在 8.6～8.9，总磷酸盐浓度为 6.2～6.5mg/L，碱度为 250mg/L 左右。加药后浊度略有上升（从 12mg/L 上升到 20mg/L），水的总磷酸盐浓度、总碱度和钙离子浓度分析结果正常，与 SM-103 之间未发现有干扰现象。SM-103 对异养菌的杀生率，加药后 24 小时达到最高（99.90%）。

《工业循环冷却水设计规范》中规定，敞开式循环冷却水中的异养菌总数宜小于 5×10^5 个/mL。在加药前，该循环冷却水中的异养菌数高达 3×10^7 个/mL，远远超过了要求。投加 SM-103 50mg/L 后的 4、24 和 36h 后测得的结果是：异养菌数分别下降为 2.0×10^5、3.0×10^4 和 3.3×10^4 个/mL，均达到了要求，杀生率分别达到了 99.33%、99.90% 和 99.80%，完全控制住了循环冷却水中异养菌的生长。

（3）经济效益

表 7-18 中示出了 SM-103 和 N-7320 的费用对比情况。从表中的数据可见，若用 SM-103 替代 N-7320，则非氧化性杀生剂的费用可以从 3000 元降低到 750 元。

表 7-18　SM-103 与 N-7320 的药剂费用对比

药剂名称	投加浓度/（mg/L）	单价/（元/kg）	单位成本/元
N-7320	30	99.85	3000
SM-103	30	15	750

2. 冷却塔防菌藻涂料的应用

循环冷却水系统的冷却塔挡风墙等水泥构筑物上容易滋生藻类，对循环水系统的正常运行是一大障碍。因为藻类及其遗体滞留在冷却塔和换热器中会造成冷却水系统的堵塞，影响传热效果并引起垢下腐蚀。

华东某石化公司炼油厂参考了一些混凝土建筑物用的涂料及无机富锌涂料的配方，研制出了冷却塔用防菌藻涂料，经过小面积试验和现场大面积涂刷使用，效果较好。

（1）涂料的配方

冷却塔防菌藻涂料的配方如表 7-19 所示。

表 7 - 19　冷却塔防菌藻涂料配方

原料名称和规格	组成/%
钾钠水玻璃（水玻璃模数≥2.5，K₂O：Na₂O>3：1）	52.63
硅胶（工业品，粒度 0.25～2.5mm）	2.63
氧化亚铜（含量 95％以上）	36.84
氧化锌	7.90

配方中水玻璃是基体，氧化亚铜是毒料（杀生剂），硅胶的作用是提高水玻璃的模数（提高到 3.6）和改进涂料的质量，氧化锌的作用则是促进水玻璃硬化，调整毒料的渗出率，并有辅助毒料的作用。

（2）调制工艺

①把符合质量要求的一定浓度的钾钠水玻璃配制成相对密度为 1.14～1.16 的钾钠水玻璃溶液。

②按配方的比例，称取水玻璃放入不锈钢（陶瓷）反应釜中加热近沸，慢慢加入硅胶，不断搅拌，继续加热，待硅胶在反应釜中完全溶解时，停止加热，取出冷却，并准确补足溶入过程中蒸发掉的水分，搅拌均匀，封好备用。

③涂刷时，按配方称取各组分，放入开口桶中拌匀即可。

（3）施工要求

为了保证质量，防菌藻涂料的施工必须严格按照下列要求进行。

①被涂表面一定要处理干净、严忌油污。在表面保持微湿润的情况下，可在表面喷水，均匀地涂上一层调好的防菌藻涂料。表面特别粗糙的，可用相对密度为 1.14～1.16 的钾钠水玻璃液打底后再进行涂刷。

②涂刷防菌藻涂料时一定要充分搅拌混合均匀。用刷子蘸取涂料时，一定要边搅拌，边涂刷，以防止相对密度较大的氧化亚铜沉底而影响涂层质量。

③涂刷防菌藻涂料时，一定要按一个方向来回地涂刷，避免涂层过厚或漏涂。

④不要随意往涂料中加水，否则会影响涂料固化质量。

⑤此涂料一般涂 2～3 遍，每遍间隔时间为 8～24h。涂层膜固化时间需要一个星期以上（常温，70％湿度），此段时间不能投用。当以纸沾水擦涂层不掉色（或稍带点色）时，方可启用。

⑥该涂料必须现用现配。调好后必须在 2～3h 内用完。

（4）注意事项

①钾钠水玻璃是涂层膜能否固化的关键材料，最好用钾水玻璃。如果用钾钠水玻璃，则其氧化钾与氧化钠的质量比不得小于 3。

②涂层固化需要较大湿度，但绝不能在未固化的涂层上直接喷淋水。涂层膜未完全固化时也不允许过早投用。

③施工前应先用准备好的原料做小规模的涂刷试验（在砖上涂刷做快速试验：洗净并用水浸湿后晾至表面微湿润的砖，除要搁置的那个面外，将其余表面都均匀地涂上一层调好的涂料，并放在阴凉处晾干。待 2～3 天后，检查涂层情况。如涂层出现白色浮霜，则说明涂层质量不佳；反之，则涂层质量好）。质量没有问题时，再进行大面积施工。

④氧化亚铜为毒剂，氧化锌也有毒，配制时要戴好防尘罩或防毒口罩，谨防人体吸入氧化亚铜或氧化锌粉末。

（5）使用情况

从使用情况来看，有明显的效果，认真涂刷一次（涂刷 2～3 道）就可以确保涂刷处 2～3 年内不生藻类。

使用该涂料后，在不投加任何杀生剂的情况下，水中含菌量仅为 $10^3 \sim 10^4$ 个/mL。在藻类易滋生的墙面上涂上该涂料之后，仅在墙面上有较高浓度的氧化亚铜，而进入水中的铜离子浓度仅为 0.02mg/L，远低于排放标准，故不会造成环境污染，也不会造成铜离子引起的电偶腐蚀。经分析，水中铁离子浓度约为 0.2～0.6mg/L。

第八章 锅炉水处理

第一节 锅炉用水水质及金属的腐蚀

一、锅炉用水及水质不良对锅炉的危害

1. 锅炉汽水循环系统和用水名称

（1）锅炉汽水循环系统

锅炉是生产蒸汽或热水的换热设备。蒸汽或热水经过热交换器（如热加工设备及暖气）降温和冷却后，又可以再送回锅内，从而形成一个汽水循环系统，如图 8-1 所示。

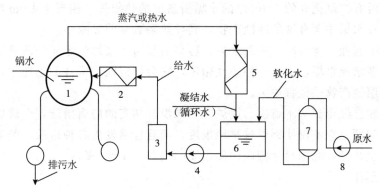

图 8-1 工业锅炉汽水循环图

1—锅炉；2—省煤器；3—除氧器；4—给水泵；5—热交换器；
6—水箱；7—钠离子交换器；8—原水泵

（2）锅炉用水名称

根据汽水系统中的水质差异和《工业锅炉水质》（GB/T 1576—2008）将锅炉用水分为以下几类：

原水：未经过任何处理的水，锅炉上又称为生水。

软化水：除掉全部或大部分钙、镁离子后的水。

除盐水：通过有效的工艺处理，去除全部或大部分水中的悬浮物和无机阴、阳离子等杂质后，所得成品水的统称。

补给水：原水经过处理后，用来补充锅炉排污和汽水损耗的水。

给水：直接进入锅炉的水，通常由补给水、回水和疏水等组成。

锅水：锅炉运行时，存在于锅炉中并吸收热量产生蒸汽或热水的水。

回水：锅炉产生的蒸汽、热水，做功后或热交换后返回到给水中的水。

2. 给水水质不良对锅炉的危害

水质不良，是指给水中含有较多的有害杂质，这种水如果不经过任何处理，一旦进入锅内将会带来以下危害。

（1）结垢

水在锅内受热沸腾和蒸发，为水中的杂质提供了化学反应和不断浓缩的条件，当锅水中这些杂质的浓度达到饱和时，便有固体物质析出。所析出的固体物质，如果悬浮在锅水中，就称为水渣；如果牢固地附着在受热面上，则称为水垢。

（2）腐蚀

水质不良对锅炉的另一危害是引起腐蚀，其后果是：

①锅炉金属构件破损　锅炉的省煤器、水冷壁、对流管束及锅筒等金属构件都会因水质不良而遭受腐蚀，结果使这些构件变薄、凹陷甚至穿孔。更为严重的腐蚀（如苛性脆化）会使金属的金相组织遭到破坏。被腐蚀的金属强度显著降低，从而严重影响锅炉安全经济运行，缩短锅炉使用年限，造成严重的损失。尤其是热水锅炉，由于循环水量大，锅炉腐蚀问题更为严重。

②增加锅水中的结垢成分　金属的腐蚀产物（主要是铁的氧化物），被锅水携带到锅炉受热面上后，容易与其他杂质结成水垢。当水垢含有铁时，传热效果更差。例如，含有80％的铁，并混有二氧化硅的 1mm 厚的水垢所造成的热损失，相当于 4mm 厚的其他成分的水垢。所以在水垢中含有铁的腐蚀产物，其导热系数会明显减小。

③产生垢下腐蚀　含有高价铁的水垢，容易引起与水接触的金属铁的腐蚀，而铁的腐蚀产物容易重新结成水垢，这是一种恶性循环，它会导致锅炉构件的迅速损坏，尤其对燃油锅炉，金属腐蚀产物的危害更大。

对结垢问题已经得到基本解决的锅炉，如果没有切实的防腐措施，金属腐蚀就成了十分突出的严重问题。它不仅使锅炉过早地报废，而且容易发生各种事故，给安全生产带来威胁。据不完全统计，我国每年因腐蚀而报废的锅炉达 1000 多台。

（3）锅水起沫

在锅筒的汽水界面上，若蒸汽和水不能迅速进行分离，在锅水蒸发沸腾过程中，液面就会产生泡沫，泡沫薄膜破裂后分离出很多水滴，这些含盐量很高的水滴不断被蒸汽带走，严重时，蒸汽携同泡沫一起进入蒸汽系统，这种现象称为汽水共腾。这是由于锅水中含有较多的氯化钠、磷酸钠、油脂和硅化物时，锅水中的有机物与碱作用发生皂化而引起的。锅水起沫会造成以下危害：

①蒸汽受到严重污染；

②过热器管和蒸汽流通管道内出现积盐，严重时能把管道堵塞；

③使过热蒸汽的温度下降；

④液面计内充有气泡，造成液面分辨不清；

⑤在蒸汽流通系统中产生水锤作用，容易造成蒸汽管路连接部位损坏；

⑥容易引起蒸汽阀门、管路弯头及热交换器内的腐蚀。

二、工业锅炉水质指标

在各种工业生产过程中，由于水的用途不同，对水质的要求也不同。所谓水质是指水和其中的杂质共同表现的综合特性；水质指标表示水中杂质的种类及含量，用来判断水质的优劣；水质标准是指水在具体应用中所限定的水质指标范围。

工业锅炉用水的水质指标有两种：一种是表示水中某种杂质含量的成分指标，例如氯离子、钙离子、溶解氧等；另一种是为了技术上的需要人为拟定的，反映水质某一方面特性的技术指标。技术指标通常表示某一类物质的总含量，例如硬度、碱度、溶解固形物等。

在各个部门中，由于水的用途不同，采用的指标也各有不同。对同一用途的水，因设备要求不同，需制定不同的水质标准。根据工业锅炉用水的水质标准，现将几种水质指标介绍如下。

1. 悬浮物（浊度）

悬浮物是指含有各种大小不同颗粒的混杂物，会使水体浑浊、透明度降低。由于这类杂质没有统一的物理和化学性质，所以很难确切地表示出它们的含量。通常采用某些过滤材料分离水中不溶性物质（其中包括不溶于水的泥土、有机物、微生物等）的方法来测定悬浮物，单位为 mg/L。此法需要将水过滤，滤出的悬浮物需经烘干和称量，操作麻烦，因而只作定期检测，不作为运行控制项目。由于水中悬浮物的理化特性，所用滤器与孔径大小、滤材面积与厚度均可影响测定结果，一些细小的悬浮物微粒无法滤除，测定结果不能充分反映水中悬浮物的总体情况。因此，新的标准中把悬浮物改为浊度指标。

浊度是指水中悬浮物对光线透过时发生的阻碍程度。水的浊度不仅与水中悬浮物质的含量有关，而且与它们的大小、形状及折射系数有关。浊度测定方法是以难溶性的不同重量级配的硅化物（如白陶土、高岭土等）分散在无浊水中，所产生的光学阻碍现象为标准，在特定的光学测定仪器——浊度仪上与原水进行对比测定，单位为福马肼浊度。

2. 含盐量

含盐量是表示水中溶解盐类的总和。可以根据水质全分析的结果，通过计算求出。

含盐量有两种表示方法：一是物质的量表示法，即将水中各种阳离子（或阴离子）均按带一个电荷的离子为基本单元，计算其含量（mmol/L），然后将它们相加；二是质量表示法，即将水中各种阴、阳离子的含量换算成 mg/L，然后全部相加。

3. 溶解固形物（RG）

溶解固形物是指水已经过悬浮物分离后，那些仍溶于水的各种无机盐类、有机物等，在水浴锅上蒸干，并在 $105\sim110\,^{\circ}\mathrm{C}$ 下干燥至恒重所得到的蒸发残渣，称为溶解固形物，单位为 mg/L。在不严格的情况下，当水比较洁净时，水中的有机物含量比较少，有时也用溶解固形物来近似地表示水中的含盐量。

4. 电导率（DD）

表示水中导电能力大小的指标，称为电导率。因为水中溶解的大部分盐类都是强电解质，它们在水中全部电离成离子，所以可利用离子的导电能力来判断水中含盐量的高低。电导率是电阻的倒数，可用电导仪测定。电导率反映了水中含盐量的多少，是水纯净程度的一个重要指标。水越纯净，含盐量越小，电导率越小。水电导率的大小除了与水中离子含量有关外，还和离子的种类有关，单凭电导率不能计算水中含盐量。在水中杂质离子的组成比较稳定的情况下，可根据试验求得电导率和含盐量的关系。测定电导率的专用仪器有 DDS-11A 型电导率仪，电导率的单位为 S/m 或 μS/cm。各种水质的电导率见表 8-1。

表 8-1　不同水质的电导率

水质名称	电导率/（μS/cm）	水质名称	电导率/（μS/cm）
超高压锅炉和电子工业用水	0.1～0.3	天然淡水	50～500
新鲜蒸馏水	0.5～2	高含盐量水	500～1000

对于同一类天然淡水，以温度 25℃ 为准，电导率与含盐量大致成比例关系，约为 $1\mu S/cm$，相当于 $0.55\sim0.6mg/L$。在其他温度下可以校正，即每变化 10℃，相当于含盐量大约变化 2%。温度高于 25℃ 时变化值取负值，反之取正值。

5. 硬度（YD）

硬度是指水中某些高价金属离子（例如 Ca^{2+}、Mg^{2+}、Fe^{2+}、Mn^{2+}、Al^{3+} 等）的含量。原水中的高价金属离子主要是 Ca^{2+} 和 Mg^{2+}，其他离子在水中含量较少，所以原水的硬度通常是指 Ca^{2+} 和 Mg^{2+} 含量之和。

6. 碱度（JD）

碱度是指水中能够接受氢离子的一类物质的量。如溶液中 OH^-、CO_3^{2-}、HCO_3^- 及其他弱酸盐类。单位为 mmol/L。

7. 溶解氧

溶解氧是表示水中含有游离氧的浓度，代表符号为 O_2，单位为毫克/升（mg/L）或微克/升（μg/L）。

8. 含油量（Y）

含油量表示水中所含有的油脂的含量，单位为毫克/升（mg/L）。给水含油量高时，会使锅水产生泡沫，影响蒸汽品质，也会使锅内形成导热系数很小的带油质的水垢。另外，在温度较高的受热面上，由于油质的分解，而转变成导热性极差的碳质水垢，所以必须控制给水含油量。

9. 亚硫酸盐

亚硫酸盐含量，是给水进行亚硫酸钠除氧处理的情况下，对锅水中亚硫酸根过剩量进行控制的一项指标，其代表符号为 SO_3^{2-}，水的温度越高，除氧反应速度越快。当水的温度在 80℃ 时，仅需 1min 左右就可以达到标准规定的要求。

水中亚硫酸钠的剩余量越高，与氧反应速度就越快，其反应时间比无剩余量时明显缩短。但剩余量太大时，不仅增大药剂的消耗量，并且也增加锅水的含盐量。所以水质标准规定，锅水中 SO_3^{2-} 剩余量，当额定蒸汽压力 $p \leqslant 2.5MPa$ 时，控制在 $10.0\sim30.0mg/L$，当 $2.5MPa < p < 3.8MPa$ 时，控制在 $5.0\sim10.0mg/L$。

10. 磷酸盐

磷酸盐含量也是一项锅内加药处理的控制指标，代表符号为 PO_4^{3-}。控制磷酸盐含量通常是锅炉补给水进行锅外处理结合锅内处理的方法。磷酸盐处理的目的是，使水中残留的 Ca^{2+}、Mg^{2+} 形成磷酸盐水渣，并使锅炉金属表面形成磷酸铁保护膜，以达到防垢、防腐的目的。

11. 含铁量

含铁量是表示水中铁离子的含量。近几年在我国华南、华东经济发达地区和大中城市中，燃油、燃气锅炉数量增加很快，而这类锅炉结构紧凑，热强度大，在锅炉热负荷高的受热面上易结生铁质水垢，对锅炉危害很大。为确保这类锅炉安全，规定了在额定蒸汽压力 $p \leqslant 2.5$ MPa 时含铁量的指标，要求给水中含铁量不大于 0.30 mg/L。

三、锅炉金属在水和蒸汽中的腐蚀

锅炉的工质是水和蒸汽。因此，锅炉金属与水和蒸汽构成腐蚀体系，使锅炉金属发生腐蚀。

1. 金属在水、汽中腐蚀的基本反应过程

（1）钢在水、汽中的腐蚀

①钢在无溶解氧纯水中的腐蚀　由热力学可知，钢铁和水接触，在热力学上是不稳定的。在 25℃时铁与无氧纯水的反应自由能变化是降低的，反应产生氢。随着温度升高，氢的析出更容易。其基本反应过程为

阴极过程 $\qquad H^+ + e \Rightarrow H \qquad H + H \Rightarrow H_2$

阳极过程 $\qquad\qquad\qquad Fe \Rightarrow Fe^{2+} + 2e$

其次生反应过程形成 $Fe(OH)_2$，当温度升高到 120℃时，$Fe(OH)_2$ 分解成 Fe_3O_4 和 H_2，其反应为

$$3Fe(OH)_2 \Rightarrow Fe_3O_4 + H_2 + 2H_2O$$

Fe_3O_4 即为腐蚀产物或氧化物膜。

假如有微量杂质存在，即使在室温下，上述反应也能以显著速度进行。

实际上，铁在无溶解氧的纯水中往往是较耐蚀的，这是由于铁表面上形成了良好完整的保护膜（Fe_3O_4）。若由于化学和物理的因素，影响了保护膜的形成，或破坏了原已形成的保护膜，便会发生腐蚀。因此，铁在无溶解氧的纯水中，还是可能发生腐蚀的。而一切破坏保护膜和阻碍保护膜形成的因素，均是引起和促进腐蚀的因素。

②钢在含有溶解氧的纯水中的腐蚀　水中溶解氧浓度增大时，氧的离子化反应速度和氧的极限扩散电流密度均会随之增大，使钢的腐蚀速度增大。但当氧的浓度大到一定程度时，就能使钢转变为钝态，则钢的腐蚀速度将显著降低。可见，水中溶解氧对钢的腐蚀有着相反的双重作用：一是溶解氧和钢的反应，直接在钢的表面上形成有保护性的完整的氧化物膜即钝化膜，因而抑制钢的腐蚀作用；二是溶解氧发生去极化作用，而引起和促进钢的腐蚀。若钢在电导率<0.1μS/cm 的流动纯水中，水的 pH 值为 8.5 左右，水中氧含量在 50～600gμg/L 时，便能在钢的表面上形成良好的保护膜，抑制钢的腐蚀；若钢在电导率>0.2μS/cm，含氧量小于<50μg/L 或大于 600μg/L 的除盐水中，则钢的腐蚀就不能得到抑制。

③钢在含有溶解氧的含盐水中的腐蚀　由于 Cl^- 和 SO_4^{2-} 与阳极过程产物 Fe^{2+} 反应生成可溶性的 $FeCl_2$ 和 $FeSO_4$，因而严重影响保护膜的耐蚀性。而氢氧化钠溶液在一定范围内，对保护膜形成有促进作用。根据实践经验，含氧水的腐蚀性与水中 Cl^-/HCO_3^- 摩尔比值有关，Cl^-/HCO_3^- 摩尔比值越高，水的腐蚀性就越强。当水中还含有游离氯时，会进一步加强水的腐蚀性。

④钢在无氧的含盐水中的腐蚀　在无氧的含盐水中，Cl^- 和 SO_4^{2-} 同样会影响保护膜的耐蚀性，特别是高温水在低 pH 值条件下，它们会加速氢去极化的腐蚀过程，所以必须通过水的化学处理方法，减少或除去水中的 Cl^- 和 SO_4^{2-}。

（2）铜合金在水、汽中的腐蚀

①铜在无氧的纯水中的腐蚀　纯铜及其合金（黄铜和白铜）在无氧的水中的腐蚀速度是很低的，仅在 10^{-4} g/（$m^2 \cdot h$）的数量级。

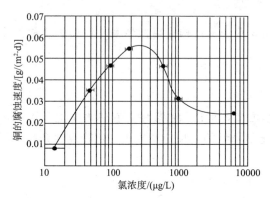

图 8-2　氧浓度与铜合金的腐蚀速度的关系

②铜在含氧中性纯水中的腐蚀　图 8-2 示出铜在含氧中性纯水中溶解氧含量对铜的腐蚀速度的影响。由图可见，随着水中溶解氧含量的增加，开始时铜的腐蚀速度也增大；如继续增大溶解氧的含量，则铜的腐蚀速度又趋于降低。

③在含氧水中，水的 pH 值对铜腐蚀的影响　图 8-3 表示在不同溶解氧含量时，水的 pH 值对铜的腐蚀速度的影响。由图可见，不论是在水中溶解氧含量比较低还是比较高的条件下，把水的 pH 值提高到中性或弱碱性范围内，对降低铜的腐蚀都会有明显的效果。当水的 pH 值低于中性时，铜的腐蚀速度急剧增加。水的 pH 值对铜的腐蚀的影响，主要是由于铜金属表面的保护膜形成及其稳定性与水的 pH 值有很大的关系。

④铜在含氧的不同纯度的水中的腐蚀　图 8-4 示出含氧水中 pH 值和水的纯度对铜的溶解的影响。图中 A 线为 25℃时经强酸性阳离子交换树脂交换的水，其电导率＜1.0μS/cm；B 线表示电导率为 2.5～10μS/cm 的水。由图中可见，在相同 pH 值时，铜在较纯的水中的腐蚀速度较小。

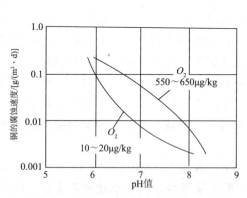

图 8-3　铜在不同含氧量的除盐水中的
腐蚀速度与水的 pH 值关系

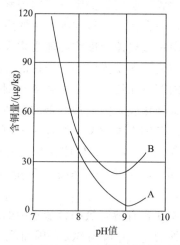

图 8-4　水的纯度和 pH 值对铜溶解的影响
A—电导率＜1.0μS/cm 的水
B—电导率 2.5～10μS/cm 的水

⑤铜在含氧和 CO_2 水中的腐蚀　水中含有游离二氧化碳，使水呈微酸性和酸性时，在有氧的情况下，铜的腐蚀速度就大大地增加。这可能是由于水中游离的二氧化碳破坏了铜表面的具有保护性的初始氧化膜。随着 CO_2 含量的增大，铜的腐蚀速度也增大。

⑥铜在含氧和 NH_3 水中的腐蚀　铜在含氧和 NH_3 水中的腐蚀为电化学腐蚀历程。腐蚀的阳极过程是铜在氨环境中的氧化：

$$Cu+4NH_3 \longrightarrow [Cu(NH_3)_4]^{2+}+2e$$

腐蚀的阴极过程则是水中溶解氧的还原：

$$\frac{1}{2}O_2+H_2O+2e \longrightarrow 2OH^-$$

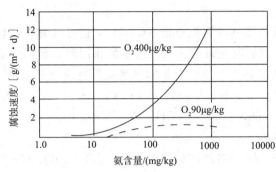

图 8-5　氨和氧的浓度对黄铜腐蚀的影响

由于腐蚀产物为可溶性的络离子，因而腐蚀过程能不受阻滞地进行下去。铜的腐蚀速度与水中氨的含量和氧含量有很大关系，如图 8-5 所示。当水中氨的浓度较小时，例如，氨的含量小于 1～2mg/L 以下，氨与铜形成铜氨络离子的倾向较小。这是由于极少量氨稍微提高了水的 pH 值，因此也能减少铜及其合金在水中的腐蚀。实际测定表明，加氨使水的 pH 值从 6～6.5 提高到 8～8.5 时，铜合金腐蚀速度几乎降低了 100 倍。只有当氨含量＞10mg/L 时，铜的腐蚀速度才出现增大的趋势。所以控制水中氨和氧的含量能防止铜合金的腐蚀。

2. 金属在水汽中形成的腐蚀产物及其特性

（1）铁的腐蚀产物及其特性

铁在水中的腐蚀，常因腐蚀的条件不同形成多种不同的腐蚀产物，因其组成不同而具有不同的颜色。表 8-2 示出铁在水中形成的主要腐蚀产物及其特性。

表 8-2　铁的腐蚀产物及其特性

化合物	颜色	晶系类别	说明
$Fe(OH)_2$	白色		①100℃时分解为 $Fe_3O_4+H_2$ ②脱水形成 FeO ③在室温下和氧化合形成 γ-FeO(OH)、α-FeO(OH)、Fe_3O_4
$Fe(OH)_3$			是不稳定的铁的氢氧化物，很快脱水形成铁氧化合物
FeO	黑色	立方晶体	分解形成 Fe 和 Fe_3O_4
Fe_3O_4	黑色	立方晶体	在使用联氨处理系统的凝结水系统中出现
α-FeO(OH)	黄色	斜方晶系	约在 200℃脱水形成 α-Fe_2O_3，并在低温含水的条件中存在，这种形式的水合氧化物，在高 pH 值条件下较易产生，可在凝结水系统中出现。
γ-FeO(OH)	黄橙色	斜方晶系	在 200℃脱水形成 α-Fe_2O_3，在水中低温条件下亦能转变为 α-Fe_2O_3
α-Fe_2O_3	砖红色	三角晶系	在 1457℃分解为 Fe_3O_4，这是工业系统中常见的氧化铁形式
β-FeO(OH)	浅棕色		在约 230℃脱水形成 α-Fe_3O_4，有水时会加强其脱水作用
γ-Fe_2O_3	棕色	立方晶系	高于 250℃时会转化为 α-Fe_2O_3，有水时会促进其转化

由表 8-2 可见，低温时，在含氧水中腐蚀产物是黄橙色铁锈；温度较高时，腐蚀产物为砖红色或黑褐色。热力设备运行时，所接触水温较高，金属表面的腐蚀产物为砖红色或黑褐色 Fe_2O_3 和 Fe_3O_4，而不是低温时所形成的黄橙色的 $FeO(OH)$。

18Cr-8Ni 型不锈钢常用在高温蒸汽装置上。它在除气情况下形成的氧化物类似于 Fe_3O_4，只不过铬和镍代替了氧化物中的一部分铁，它们的比率与不锈钢中各合金元素的比率差不多一样。因此这类氧化物的通式为 M_3O_4（M 为金属原子，如 Fe、Cr、Ni）。

（2）铜及其合金的腐蚀产物

水温不高时，铜合金形成的腐蚀产物是淡红色的氧化亚铜（Cu_2O）。它可以失去红色的光泽，以极薄的膜的形式存在。铜合金受到低温充氧的水或高温水的作用时，能够生成黑色的氧化铜（CuO）。它通常是在 Cu_2O 的表面上形成的，显露出淡灰黑色的粉末形貌。

在电厂水、汽系统中发现的铜的腐蚀产物主要有：Cu_2O、CuO、$Cu_6Fe_3O_7$、Cu_4SO_4、$(OH)_6Na_2Cu(SO_4)_2$、$CuFe(OH)_2SO_4$、$CuAlO_2$、$Cu_2(OH)_3Cl$、（Na、Ca、Fe、Cu、Ni）-混合磷酸盐等。

在热交换设备的铜合金水侧表面上发现的铜的腐蚀产物主要有：Cu_2O、CuO、CuCl、$CuCl_2$、$CuCO_3$、$Cu(OH)_2$、$2CuCO_3 \cdot Cu(OH)_2$、CuS 等。

（3）镍合金在水中的腐蚀产物

镍上形成的氧化物为 NiO。在较低的温度下，镍上显露出一层薄得几乎看不见的浅黄色膜。在锅炉水温下，镍上的氧化膜是暗灰色的，稍有一些粉末状。含铬或含铁的镍合金暴露在高温水中时，会形成尖晶石氧化物 M_3O_4（M 为金属原子，如 Fe、Cr、Ni）。

四、锅水杂质及危害

1. 水垢的种类和危害

在锅炉内，受热面上水侧金属表面上生成的固态附着物称为水垢。水垢是一种牢固附着在金属表面上的沉积物，它对锅炉的安全经济运行有很大的危害，结生水垢是由于锅炉水质不良引起的。

（1）水垢形成的原因

工业锅炉的锅筒和管壁上形成水垢是由于水中钙、镁离子的浓度超过了它的溶解度，其主要原因是：

①给水进入省煤器和锅炉后，水温逐渐升高，而某些钙、镁盐类在水中的溶解度下降，达到饱和以后，温度继续升高，就有盐类沉淀出来。

②水在锅炉中不断蒸发，而在蒸发过程中，蒸汽带走的盐类很少，这样盐类在锅水中就不断被浓缩，到一定程度时，难溶盐类就会形成沉淀。

③水在被加热和蒸发过程中，某些钙、镁盐类因发生化学反应，从易溶于水的物质转变成了难溶于水的物质析出。例如，在锅炉中发生重碳酸钙和重碳酸镁的热分解反应：

$$Ca(HCO_3)_2 \rightarrow CaCO_3 \downarrow + H_2O + CO_2 \uparrow$$
$$Mg(HCO_3)_2 \rightarrow Mg(OH)_2 \downarrow + 2CO_2 \uparrow$$

（2）水垢的种类

由于水垢的结生与给水和锅水的组成、性质以及锅炉的结构、锅炉的运行状况等许多因素有关，使水垢在成分上有很大的区别。按其化学组成，水垢大致可以分为以下几种。

①碳酸盐水垢。碳酸盐水垢主要是钙、镁的碳酸盐，以碳酸钙为主，达50％以上。碳酸钙多为白色的，也有微黄色的。由于结生的条件不同，可以是坚硬、致密的硬质水垢，多结生在热强度高的部位；也可以是疏松的软质水垢，多结生在温度比较低的部位，如锅炉的省煤器、进水管口等处。一般热水锅炉结生的多为碳酸盐水垢。

碳酸盐水垢，在5％盐酸溶液中，大部分可溶解，同时会产生大量的气泡，反应结束后，溶液中不溶物很少。

②硫酸盐水垢。硫酸盐水垢的主要成分是硫酸钙，达50％以上。硫酸盐水垢多为白色，也有微黄色的，特别坚硬、致密，手感滑腻。此种水垢多结生在锅炉内温度最高、蒸发强度最大的蒸发面上。

硫酸盐水垢在盐酸溶液中很少产生气泡，溶解很少，加入10％氯化钡溶液后，生成大量的白色沉淀物。

③硅酸盐水垢。硅酸盐水垢的成分比较复杂，水垢中二氧化硅含量可达20％以上，硅酸盐水垢多为白色，水垢表面带刺，它是一种十分坚硬的水垢，此种水垢容易在锅炉温度最高的部位结生，它的主要成分是硅钙石或镁橄榄石。

硅酸盐水垢在盐酸中不溶解，加热后其他成分部分地缓慢溶解，有透明状砂粒沉淀物，加入1％ HF可缓慢溶解。

④混合水垢。混合水垢是上述各种水垢的混合物，很难指出其中哪一种是主要的成分。混合水垢色杂，可以看出层次，主要是由于使用不同水质或水处理方法不同造成的，多结生在锅炉高、低温区的交界处。

混合水垢可以大部分溶解在稀盐酸中，也会产生气泡，溶液中有残留水垢的碎片或泥状物。

⑤氧化铁垢。氧化铁垢的主要成分是铁的氧化物，大都结生在锅炉热负荷最高的受热面上，有时也会在水冷壁管、烟管等部位生成。氧化铁垢的外表面往往是咖啡色，内层是灰色的。氧化铁垢加稀盐酸可缓慢溶解，溶液呈黄绿色，加硝酸能较快溶解，溶液呈黄色。

⑥油垢。油垢成分很复杂，但油脂含量在5％以上。含油水垢多呈黑色，有坚硬的，也有松软的，水垢表面不光滑，它多结生在锅炉内温度较高的部位上。将含油水垢研碎，加入乙醚后，溶液呈黄绿色。

以上只是对水垢进行了一个大致的分类，实际上水垢的成分是十分复杂的，要想确定其具体的成分和结构，必须依靠成分分析和物相分析。

（3）水垢的危害

水垢的结生对锅炉的安全、经济运行危害很大，主要表现在以下几个方面。

①降低锅炉的热经济性。水垢的导热性能很差，它比钢铁的导热能力低几十倍甚至更低，水垢的存在会使锅炉的受热面传热情况变坏，排烟温度增高，增加燃料消耗量。根据试验，在锅炉内壁如有1mm厚的水垢，就要多消耗煤3％～5％。

②引起受热面金属过热。由于水垢的导热性能差，而且水垢又易于结生在热负荷很高的金属受热面上。此时会使结垢部位的金属壁温度过高，引起金属强度下降，在蒸汽压力的作用下，就会发生过热部位变形、鼓包，甚至引起爆炸等事故。

③破坏正常的锅炉水循环。生成水垢，会减小受热面内流通截面，增加管内水循环的

流动阻力，严重时甚至完全堵塞。这样就破坏了锅炉的正常水循环，妨碍锅炉内部的传热，降低锅炉的蒸发能力。

④增加锅炉的检修量。锅炉受热面上的水垢，特别是管内水垢，难以清除，而由于水垢引起锅炉的泄漏、裂纹、变形、腐蚀等问题不仅损害了锅炉，降低锅炉的寿命，而且会耗费大量的人力、物力去检修，不仅缩短了运行时间，也增加了检修费用。

通过以上分析我们知道，锅炉在运行过程中，应防止水垢的生成，保证锅炉设备安全、经济地运行。

2. 水渣的组成及危害

除水垢外，在锅炉的水中，还会析出一些固体物质，这些固体物质有的以悬浮状态存在于水中，也有的以沉渣和泥渣状态沉积在锅炉水流流动缓慢的部位，这些呈悬浮状态和沉渣状态的物质被称为水渣。

（1）水渣的组成

水渣的组成和水垢一样，也比较复杂，通常是许多化合物的混合物。主要有 $CaCO_3$、$Mg(OH)_2 \cdot MgCO_3$、$Mg_3(PO_4)_2$、$Ca_{10}(OH)_2(PO_4)_6$ 等。由于各种水渣的化学组成和形成过程不同，有的水渣不易黏附于锅炉受热面上，在锅炉水中呈悬浮状态，可通过排污除去，这种水渣有碱式磷酸钙 $[Ca_{10}(OH)_2(PO_4)_6]$ 和蛇纹石水渣（$3MgO \cdot 2SiO_2$）等；有的水渣易黏附在受热面上，且可形成软垢，这种水渣有氢氧化镁 $[Mg(OH)_2]$ 和磷酸镁 $[Mg_3(PO_4)_2]$ 等。

工业锅炉常以锅炉内部加碳酸钠为主要防垢手段，这种锅炉水中水渣的主要物质是碳酸钙（$CaCO_3$）、碱式碳酸镁 $[Mg(OH)_2 \cdot MgCO_3]$ 和氢氧化镁 $[Mg(OH)_2]$ 等。

（2）水渣的危害

锅水中的水渣过多，一方面会影响锅炉的蒸汽品质，另一方面会堵塞炉管，甚至会转化为水垢。所以，必须通过锅炉排污的办法及时将水渣排出锅外。

第二节　锅炉水除盐处理

原水经混凝和过滤等预处理后，除去了水中的悬浮物和胶态物质，但其硬度、碱度、盐量仍然存在，这种水还不能作为锅炉补给水。另外随着锅炉参数的提高，出现了蒸汽溶解力的提高和汽水分离效果的恶化所造成的蒸汽。品质的恶化，会使锅炉的过热器和汽轮机部分有积盐的危险，这亦会影响石油化工等工业对蒸汽品质的要求。因此，要求锅炉补给水必须除盐。目前在我国已经应用的水的除盐工艺方法，有化学除盐（即离子交换除盐水处理）、膜分离技术（作为锅炉补给水处理的预除盐）和蒸馏法除盐水处理等。除盐水处理工艺的确定是根据原水的含盐量及对除盐水的含盐量的要求。

一、离子交换除盐水处理

离子交换除盐水处理是指水中所含的各种离子和离子交换树脂进行离子交换反应而被除去的过程，又称为化学除盐处理。离子交换除盐水处理可使水的含盐量达到几乎不含离子的纯净程度，即它可作为深度的化学除盐方法，但它亦可用作部分化学除盐的方法。由于离子交换是遵循等物质量规则，当原水的含盐量过高时，单纯采用离子交换除盐方法会使制水成本过高，为此，需经技术经济比较后，采用化学除盐法和其他除盐方法联用，或单独选用其他除盐方法。

1. 离子交换除盐水处理的系统

（1）一级复床离子交换除盐水处理系统

一级复床离子交换除盐或称一级复床除盐，一般指原水只一次相继地通过 H 型强酸性阳离子交换器（阳床）和 OH 型强碱性阴离子交换器（阴床）的除盐水处理。典型的一级复床除盐系统如图 8-6 所示，它包括 H 型强酸性阳离子交换器、除碳器（除二氧化碳器）和 OH 型强碱性阴离子交换器，并构成串联系统，也就是一个阳离子交换单元、一个除碳单元和一个阴离子交换单元所组成的最简单的除盐系统。

①一级复床除盐的原理。原水经 H 型强酸性阳离子树脂交换后，除去了水中所有的阳离子，被交换下来的 H^+ 与水中的阴离子基团结合形成相应的酸，原水中的 HCO_3^-，则变成了游离 CO_2，其反应为

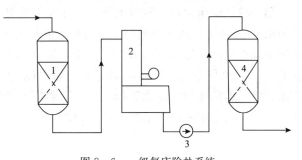

图 8-6 一级复床除盐系统
1—阳床；2—除二氧化碳器；3—中间水泵；4—阴床

$$H^+ + HCO_3^- \longrightarrow CO_2 \uparrow + H_2O$$

形成的游离 CO_2 与原水中含有的 CO_2 很容易用除碳器除去，这样又免去了 OH 型强碱性阴树脂用于交换 HCO_3^- 而消耗其交换容量，也降低了再生剂消耗，而 OH 型强碱性阴树脂对进水中以酸形式存在的阴离子（包括 H_2SiO_3）很容易进行交换反应，除去水中所含的阴离子，从而得到除盐水。由此可见，在化学除盐系统中，一般均设有除碳器。这种系统具有操作简单、运行费用少的优点。

因此，在一级复床除盐水处理时，为了除去水中除 H^+ 以外的所有阳离子，要求当 H 型强酸性阳离子交换器出水中漏钠时，立即停止运行，用酸进行再生；同样，当 OH 型强碱性阴离子交换器出水有硅漏出时，立即停止运行，用 NaOH 进行再生，这样便能保证一级复床除盐水的水质。

②一级复床除盐的出水水质。原水经一级复床除盐处理的出水，电导率（25℃）低于 $10\mu S/cm$，水中硅酸含量（以 SiO_2 计）可低于 $100\mu g/L$。

a）阳床出水的水质。在除盐系统中，为了要除去水中 H^+ 以外的所有阳离子，氢型强酸性阳离子交换器必须在有漏 Na^+ 时，即停止运行，进行再生。图 8-7 所示为 H 型强酸性阳树脂交换器运行过程中出水水质变化情况，即阳床出水水质变化曲线。由图可见，b 点前三条曲线都迅速下降，表示离子交换器中树脂再生后，正洗时出水中各种杂

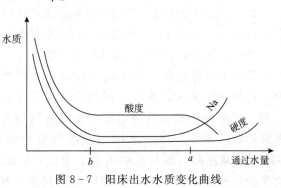

图 8-7 阳床出水水质变化曲线

质的含量（酸度、钠离子浓度和硬度）都迅速下降，当出水水质达到一定的标准（如 b 点）时就可投入运行；a 点为钠离子的穿透点，即此时出水开始漏钠，交换器应停止运行，并再生；所以，在 b 点至 a 点之间运行时，其出水呈酸性，水中酸度与原水中阴离子量有关，这段为稳定运行时期。一般阳床运行终点的监督是控制出水中的钠离子，常用 pNa 计测定水中的钠离子浓度。一般不控制酸度和 pH 值，因它们受原水水质变化的干扰较大，酸度不易控制，而 pH 测定的是 H^+ 离子浓度的负对数，而不是酸度。

b）阴床出水的水质。在除盐系统中，OH 型强碱性阴离子交换器运行过程的水质变化，分别以两种情况讨论。

第一种：阳床运行正常情况下，阴床先失效时的阴床出水水质。阴床出水水质变化曲线如图 8-8 所示。由图中可见，b 点前几条曲线迅速下降，表明再生后正洗时，水中杂质迅速下降直至达到运行的出水水质标准，ba 区间即为稳定交换运行时期，出水水质的 pH 值为 7～9，电导率 $<5\mu S/cm$，含硅量（以 SiO_2 计）为 20～50$\mu g/L$。运行至 a 点后，阴床开始失效，但阳床仍在正常运行。此时，阴床由于酸漏过，故其出水的 pH 值下降；与此同时，阴床出水中的硅含量和电导率增加。

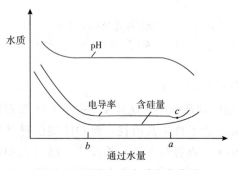

图 8-8　阴床出水水质变化曲线

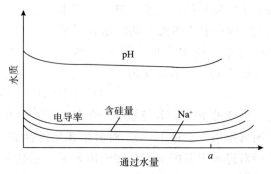

图 8-9　强酸性 H 型交换器失效时，其后的强碱性 OH 型交换器的出水水质变化

第二种：阳床先失效，阴床正常运行时阴床的出水水质。阴床出水的水质变化曲线见图 8-9。复床除盐系统运行到 a 点时，阳床开始失效，但阴床仍在正常运行。此时阳床漏出的 Na^+ 流经阴床，在阴床的出水中含有 NaOH，使出水的 pH 值升高，并对 OH 型强碱性阴树脂吸着 $HSiO_3$ 产生不利的干扰作用，从而使出水的含硅量增加，其反应为

$$RHSiO_3 + NaOH \Longrightarrow ROH + NaHSiO_3$$

因此，出水是呈碱性。

通过上述两种情况下的阴床出水水质变化的分析可知，可通过对出水中含硅量的控制来实施对 OH 型强碱性阴树脂交换终点的控制。

（2）混合床离子交换除盐水处理系统

混合床简称混床。为了满足石油化工等生产工艺和高参数锅炉用水的水质要求，为了得到更纯的水，人们采用混合床离子交换除盐水处理系统。混合床离子交换器是以阳、阴两种离子交换树脂按一定比例均匀混合后装填于同一交换器内，相当于一个多级的除盐系统。其中经 H 型强酸性阳树脂与水中阳离子交换后形成的 H^+，和经 OH 型强碱性阴树脂与水中阴离子交换后形成的 OH^- 相结合，形成电离度很小的水，使交换过程中形成的 H^+ 和 OH^- 不能积累，从而消除了反离子对交换过程的干扰，使

离子交换反应完全。因此，混合床出水的水质好。常用的一级复床加混合床除盐水处理系统如图 8－10 所示。

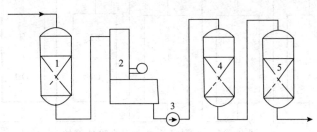

图 8－10　一级复床加混合床系统

1—阳床；2—除二氧化碳器；3—中间水泵；4—阴床；5—混床

一级复床除盐水水质与混合床除盐水水质指标如表 8－3 所示。

表 8－3 除盐水水质指标

	一级复床除盐水	混合床除盐水
电导率（25℃）/（μS/cm）	＜10	＜0.2
SiO$_2$含量/（μg/L）	＜100	＜20
pH 值	8～9.5	7.0±0.2

混合床树脂失效后，可利用其 H 型强酸性阳树脂的湿真密度与 OH 型强碱性阴树脂的湿真密度不同，用水力反洗法将两种树脂分开，然后用酸和碱液分别对其进行再生，再生后用除盐水正洗至合格，再用压缩空气将两种树脂混和，即可投入运行。

2. 离子交换除盐水处理的应用实例

对于大型合成氨厂来说，蒸汽动力循环是全厂动力、热能和工艺原料的主要供应源。锅炉给水的质量直接影响高压蒸汽的品质和高压锅炉的安全运行。不合乎质量要求的锅炉给水，将导致锅炉发生腐蚀、结垢和炉管爆裂；所产生蒸汽的品质也将大大地恶化，含盐量和含硅量超出了规定质量范围的蒸汽，将使透平结垢或发生盐类的沉积；此外，不合格的蒸汽经过一段转化炉时，易在炉管催化剂上结盐，使催化剂活性降低，阻力增大，炉管过热。所以，通常将原水经一定预处理后，再经离子交换除盐水处理系统，以达到和满足高压锅炉给水的质量要求。在大型合成氨厂中，通常有以下三种类型在用的离子交换除盐水处理系统。

（1）第一种类型厂的离子交换除盐系统的实例

①原水的预处理流程：

　　　　　原水→平流式沉淀池→混凝槽→澄清池→机械式压力过滤器

②离子交换除盐系统流程如图 8－11 所示。

该流程特点是采用弱酸弱碱性离子交换树脂，可降低再生剂消耗；又采用双层床，这样既采用了易再生的弱碱性阴树脂，又利用了对流再生和串联再生工艺；又因弱碱性和强碱性组成的双层床中，弱碱性树脂为大孔型树脂，因而减缓了有机物的污染；因双层床是进行两步离子交换，对强碱树脂除硅非常有利；同时再生和清洗时排出的废碱液浓度低，易于中和处理。

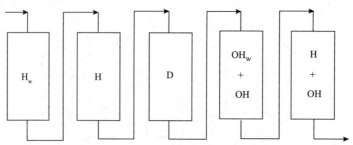

图 8-11 Ⅰ型厂的离子交换除盐系统

H_w—H 型弱酸性阳离子交换器；H—H 型强酸性阳离子交换器；

D—除二氧化碳器；(OH_w+OH）—OH_w 型弱碱性、OH 型强碱性阴离子双层床交换器；

（H+OH)—强型阳、阴混合离子交换器

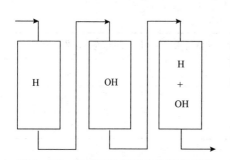

图 8-12 Ⅱ型厂的离子交换除盐系统

H—H 型强酸性阳离子交换器；

OH—OH 型强碱性阴离子交换器；

（H+OH)—强型阳、阴混合离子交换器

（2）第二种类型厂的离子交换除盐系统的实例

该类厂的原水经石灰处理软化，除去了重碳酸盐，其除盐水处理中阳床后不设除二氧化碳器，其流程如图 8-12 所示。

该系统的特点是操作简单，但增加了石灰处理系统，且劳动强度大。

（3）第三种类型厂的离子交换除盐系统的实例

该类厂的离子交换除盐系统采用一级复床加混床处理，有的热电厂也采用同样的流程。

①原水的预处理流程：

原水→机械加速澄清池→重力式无阀滤池→清水箱

②离子交换除盐系统流程如图 8-13 所示。

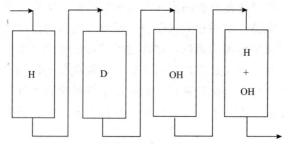

图 8-13 某热电厂的离子交换除盐系统

H—H 型强酸性阳离子交换器；D—除二氧化碳器；

OH—OH 型强碱性阴离子交换器；（H+OH)—强型阳、阴混合离子交换器

二、电渗析法除盐水处理

膜分离法是利用选择性透过膜为分离介质，当膜两侧存在某种推动力（如压力差、浓度差、电位差）时，使溶剂（通常是水）与溶质或微粒分离的方法。

膜分离法的特点是：不发生相变、常温进行、适用范围广（有机物、无机物等）、装

置简单、易操作和易控制等。尽管离子交换水处理已经有成熟、完备的标准技术，但对于高含氯量、高含盐量、高硬度的水，或苦咸水、海水的水处理，离子交换水处理具有树脂再生需消耗大量酸、碱，其排放液又会污染环境，运行费用较高等缺点。而膜法水处理则具有适应性强、效率高、占地面积小、运行经济的特点。所以，国内外已把电渗析法、反渗透法或膜分离法与离子交换相结合的方法应用于锅炉水处理。

在膜分离法中膜是分离技术的核心。膜材料的化学性能、结构对膜分离法起着决定性影响。膜法除盐水处理中，一般是采用高分子材料制成的膜，有纤维素类膜、芳香聚酰胺类膜、杂环类膜、聚砜类膜、聚烯烃类膜和含氟高分子膜等。

电渗析法是一种利用电能来进行膜分离的方法。电渗析过程就是渗析过程和电化学过程相结合的基本过程。电渗析法是在直流电场作用下，以电位差为推动力，利用阴、阳离子交换膜对水溶液中阴、阳离子的选择透过性，把电解质从水溶液中分离出来的分离方法。它已广泛应用于水处理。

1. 电渗析法脱盐水处理原理

现以最基本的双膜电渗析器（图 8 - 14）为例说明电渗析法脱盐水处理的原理。双膜电渗析器是由电解槽与一对阴膜、阳膜所组成，槽内装有 NaCl 溶液。电解槽分为 3 个室，将阳极置于阴膜侧的一室称为阳极室，阴极置于阳膜侧的一室称为阴极室。中间称为中间室。

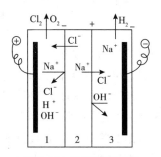

图 8 - 14 双膜电渗析器

1—阳极室；2—中间室；3—阴极室

当电极通入直流电后，中间室内溶液中的 Na^+ 透过阳膜向阴极迁移，Cl^- 透过阴膜向阳极迁移；与此同时，阳极室溶液中的 Na^+ 由于阴膜的阻挡，而不能进入中间室，阴极室内 Cl^- 也不能透过阳膜进入中间室。因此，中间室溶液中的离子逐渐被迁出而成为淡化水，阴、阳极室内的溶液则不断地浓缩。与此同时，两个电极上则发生如下的电极反应：

水的电离　　$H_2O = H^+ + OH^-$

阳极反应　　$2H_2O - 4e \longrightarrow O_2 \uparrow + 4H^+$

　　　　　　$2Cl^- - 2e \longrightarrow Cl_2 \uparrow$

阴极反应　　$2H_2O + 2e \longrightarrow H_2 \uparrow + 2OH^-$

由上述反应可知，在电渗析过程中，阴极上不断析出氢气，阳极上不断有氧气或氯气放出。此时，阴极室溶液呈碱性，阳极室溶液呈酸性。

在工业应用中，根据上述原理，组成多膜电渗析器，如图 8 - 15 所示。图中的多膜电渗析器由五对膜组成，共构成 11 个室。除了两侧的一个阳极室和一个阴极室外，中间有 9 个水室，其中 5 个是淡水室，4 个是浓水室。阳极室和阴极室又称为极水室。

通电后，在直流电场的作用下，淡水室中的阳离子（Na^+）向阴极迁移，遇到阳膜，可以透过，而淡水室中的阴离子（Cl^-）向阳极迁移，并透过阴膜。所以这些淡水室中的阳离子和阴离子在通电过程中陆续迁移出去，却没有离子能迁移进来。所以，这部分水室内水中离子含量越来越少，最后变成淡水。

在浓水室中，阴、阳离子在迁移过程中都受到相反符号的离子交换膜的阻拦，不能迁移出去，而与此同时，阳离子和阴离子却分别从两边相邻的淡水室中不断地迁移进来。所

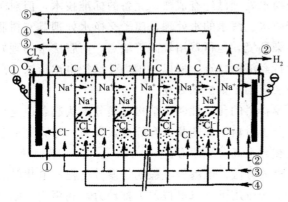

图 8-15 多膜电渗析器

A—阴膜；C—阳膜；+—阳极；—阴极

①阳极进出水；②阴极进出水；③淡水进出水；

④浓缩进出水；⑤极水出水

以，这部分水室内水中离子含量越来越多，最后变成浓水。

从图 8-15 可见，原水（盐水）从下方引入各室，在向上流动的过程中，淡水室的水逐渐变淡，浓水室的水逐渐变浓。最后，把淡水汇集起来，即制得淡水（含盐量较低的水）；把浓水汇集起来，或者排放，或者再循环；把两个极水室中的水引出后相互混合，使其中的酸、碱得以中和。

2. 电渗析法水处理除盐工艺系统

电渗析法水处理除盐工艺系统可以分两种：一种是电渗析器本体的工艺系统；另一种是电渗析器和其他水处理设备的组合系统。

（1）电渗析器本体的工艺系统

选择经济合理的电渗析工艺系统（即除盐方式），是设计电渗析除盐水处理工艺的一个重要部分。一般应根据原水水质、用水水量、用水水质要求等，通过技术经济比较后确定。

常用的除盐方式有直流式、循环式和部分循环式 3 种，如图 8-16 所示。

①直流式除盐。原水流经一台或多台串联的电渗析器后，即能达到要求的水质。该法的优点是可连续制水、管道简单；缺点是定型设备的出水水质随原水含盐量而变。

②循环式除盐。将原水在电渗析器和水箱中多次循环，以达到所需出水的水质。其缺点是需设置循环水泵和水箱，并只能间歇供水。

③部分循环式除盐。是直流式和循环式除盐相结合的一种方式。在部分循环式除盐工艺系统中，电渗析器的出口淡水分成两路，一路连续出水供用户使用；另一路返回电渗析器与水箱中水相混，继续进行除盐。其特点是用定型设备，可适应不同水质和水量的要求。在原水含盐量变化时，可调节循环量去保持出水水质稳定，但系统较复杂。

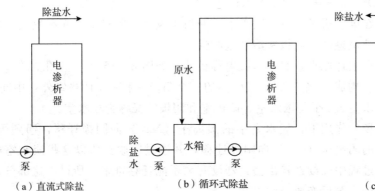

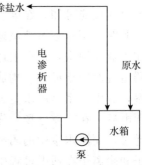

（a）直流式除盐   （b）循环式除盐   （c）部分循环式除盐

图 8-16 电渗析器的除盐方式

（2）电渗析器与其他水处理设备的组合除盐系统

电渗析一般用于含盐量较高的苦咸水、高硬度水的部分除盐，以作深度除盐的预处理。

由于电渗析法除盐有其适用范围，在应用中，应根据原水水质和除盐水水质要求，与离子交换水处理技术等相结合，使其在水处理工艺中各自发挥其优势，以达到合理的技术经济效果，并能稳定运行。其常用的组合除盐水处理系统如下。

①"预处理→电渗析→离子交换"的组合除盐系统。这种将电渗析器和离子交换器组合使用的系统在国内外应用较早，也较广泛。其组合原理是根据电渗析制水时，当其水的电阻率为 $20 \times 10^4 \Omega \cdot cm$ 以上时，电渗析器易极化而无法继续适应；反之，离子交换却能适应处理低含盐量的水，可以制取高纯水。所以在这种组合水处理系统中，电渗析作为离子交换水处理的前级处理，用以去除原水中的绝大部分（60%～90%）盐分，剩下的少部分盐分再由离子交换进一步去除，即可制取除盐水。根据对除盐水用水的水质要求，离子交换可以是单床、复床、混合床或其他不同的组合形式。这种系统特点是保证出水水质高，系统运行稳定，再生剂耗用少，对原水含盐量变化的适应性强，适用于苦咸水或沿海地区受海水倒灌影响的情况。这种组合除盐水处理系统已广泛应用于电力、化工、轻工、电子等领域。

②"预处理→离子交换→电渗析"的组合除盐系统。这种组合除盐系统在电渗析器之前设置离子交换器（钠型离子交换器），其目的是去除原水中易结垢的硬度离子（钙、镁），防止在电渗析器内产生沉淀结垢，降低除盐率，而影响正常运行。

③"预处理→离子交换（软化）→电渗析→离子交换（软化）"的组合除盐系统。这种组合系统中，在电渗析前后均有离子交换软化处理，这是因为预软化可以防止电渗析器中的结垢、堵塞，提高电渗析的除盐效率；电渗析后的离子交换软化处理，可进一步降低水中的硬度和相对碱度，以保证中、低压锅炉给水的水质。

3. 电渗析法的适用范围

电渗析法的适用范围见表8-4。

表8-4 电渗析法的适用范围

适用范围	含盐量单位	含盐量变化范围		耗电量/(kW·h/m³)	备注
		进水	出水		
海水淡化	mg/L	25000～35000	500～1000	13～25	适用于海船或海岛，因耗电量大，只采用中小容量的电渗析器
苦咸水淡化	mg/L	1000～10000	500～1000	1～5	适用于苦咸水和沿海地区
自来水初级除盐	mg/L	500～1000	10～50	约1	制备初级纯水代替蒸馏水，适于作低压锅炉用水
较高硬度原水除盐	总硬度 mmol/L	3～8	0.015～0.03	约1	适用于水源硬度较高的低压锅炉用水及化学分析用水
	电导率 μS/cm	700～1000			

适用范围	含盐量单位	含盐量变化范围		耗电量/(kW·h/m³)	备注
		进水	出水		
制备高纯水	电导率 μS/cm	10000～17000	0.2～0.3	1～2	适用于电站高压锅炉用水及电子工业用水。 制备高纯水方法：电渗析器→一级复床→混床；离子交换→电渗析器

4. 电渗析法脱盐的应用实例

（1）地下水的软化水处理

某化肥厂生产锅炉补给水的工艺流程为：

地下水→电渗析器→钠离子交换器→锅炉补给水

电渗析器的技术数据如表8-5所示。

表8-5 电渗析器的技术数据

淡水产量	6m³/h	隔板尺寸	800mm×1600mm
原水含盐量	1100mg/L	组装形式	二级二段 60/60 对
淡水含盐量	530mg/L		

效益情况：该厂把电渗析器生产出来的淡水部分，再经 Na 离子交换软化处理，供中、低压锅炉补给水之用，浓水部分经循环后作钠离子交换剂的再生剂，使盐耗量从以往的 80～90kg/d 降到零，蒸汽质量相应提高，锅炉基本上在无腐蚀、无结垢情况下运行。

（2）高含盐量水的软化水处理

某厂锅炉补给水的软化水处理的工艺流程为：

原水（高含盐量水）→电渗析器→钠离子交换器→锅炉补给水

电渗析器的技术参数如表8-6所示。

表8-6 电渗析器的技术参数

淡水产量	2.5m³/h	隔板尺寸	800mm×1600mm
原水含盐量	5000～10000mg/L	组装形式	二级二段 66/85 对
淡水含盐量	200～1000mg/L	电耗	2～4kW·h/m³

效益情况：由于采用电渗析技术，海水倒灌时水的含盐量虽然增加，但仍能保证提供合格的锅炉补给水，使机组运行正常。

（3）苦咸水的除盐水处理

某石油化工厂采用频繁倒极电渗析进行预脱盐的除盐水处理系统，其工艺流程为：

原水（苦咸水）→频繁倒极电渗析器→阳床→除碳器→阴床→除盐水

原水为苦咸水，未设电渗析器前，采用复床除盐水系统，其进阳床硬度为 6～7mmol/L，除去碳酸盐后，阴床入口水酸度为 2.1～2.5mmol/L，其阳床和阴床周期制水量为 950t 和 850t。此系统由于水质较差，故离子交换器再生频繁，酸碱用量大，相应的废液排放量也大，严重污染环境。

自增设电渗析器后，除盐水处理系统运行状况有较大的改善，阳床进口水硬度由以往的 6～7mmol/L 降到 1.2～1.6mmol/L，阴床入口水酸度由原 2.1～2.5mmol/L 降低到 0.3～0.4mmol/L，除盐水电导率由原来 2～6μS/cm 降到 0.4～0.2μS/cm。阳床和阴床周期制水量分别提高为 4500t 和 4560t，使周期制水量分别增加 4～5 倍和 5～6 倍，大大地改善了除盐水处理系统的运行状况，不仅提高了除盐水质量和降低制水成本，并大大提高了社会环境保护效益，全年可节水 8 万吨。

（4）高碱度高硬度高含盐量水的除盐水处理

某合成纤维公司的原水为高碱度高硬度高含盐量的水，其除盐水处理工艺流程为：

原水→精密过滤器→电渗析器→阳床→除碳器→弱碱阴床→强碱阴床→混合床→除盐水

其原水水质为：总硬度为 542.87mg/L（CaCO$_3$计），重碳酸盐含量 302.30mg/L，硫酸盐含量 220.94mg/L，钙、镁离子含量 196.54mg/L，总含盐量 914.79mg/L。公司在原采用的离子交换除盐水处理系统中，在阳床前增放了精密过滤器和频繁倒极电渗析器。

电渗析器的隔板为 800mm×1600mm，为二级二段组装，运行稳定，脱盐率≥68%，脱硬率>70%，脱碱率>65%，脱氯率>74%，制取每吨水的直流耗电为 0.35kW·h，原水利用率>80%。

增设了精密过滤器和频繁倒极电渗析器后的离子交换除盐水处理系统运行稳定，阳床出水酸度由原系统的 9mmol/L 下降至 3.5mmol/L，阳床再生用酸量由原系统 3.5t/次下降至 1.8t/次，运行时间比原来增加 24h；由于阳床出水水质提高，使阴床运行时间延长，比原系统增加 45h；系统出水电导率<0.35μS/cm，比原系统出水电导率（<2μS/cm）下降达 5.7 倍，大大提高了出水水质；同时除盐系统制水量由原系统的 20t/h 增加到 60t/h。

因此，对于高碱度高硬度高含盐量的原水。采用电渗析脱盐再经离子交换制取除盐水系统的实践证明，该工艺技术可行，设备运行稳定，经济效益显著。

三、反渗透脱盐

反渗透是一种以压力为推动力，通过选择性透过膜将溶液中的溶质和溶剂分离的应用技术。

1. 反渗透的原理

以一张能选择性透过水而难透过溶质（盐类）的半透膜将淡水和盐水分开，由于淡水中水的化学位比盐水中水的化学位高，因此水分子会自动地从化学位高的左边一侧透过半透膜向化学位低的右边盐水一侧转移，这一过程称为渗透，如图 8-17（a）所示。随着左室中的溶剂水不断进入右室，右室液面升高，静压力增加，右室中水的化学位增加，直至与左室中水的化学位相等，渗透停止。这种对溶剂水的膜平衡称为渗透平衡，如图 8-17（b）所示。平衡时淡水液面和同一水平面的盐水液面上所承受的压力分别为 p 和 $p+\rho gh$，后者与前者承受的压力之差 ρgh 称为渗透压差，以 $\Delta\pi$ 表示。如果在右室盐水液面上的外加压力 Δp 超过渗透压 $\Delta\pi$ 即 $\Delta p > \Delta\pi$，则溶剂水将从右室向左室渗透，如图 8-17（c）所示，此为上述渗透过程的逆过程，因此称为反渗透。由此可见，进行反渗透脱盐的两个必要条件是：①能选择性透过溶剂（水）的膜；②盐水室与淡水室的外加压力差大于其渗透压差，这是水从盐水室向淡水室迁移的推动力。在实际反渗透脱盐过程中，此外加压力还必须克服水透过膜的阻力。

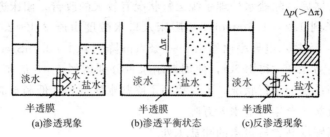

图 8-17　反渗透原理示意图

2. 反渗透膜和膜组件

（1）反渗透膜。用于水的脱盐的反渗透膜按材质主要分为两大类：一类是醋酸纤维素膜，另一类是芳香族聚酰胺膜。

醋酸纤维素膜（CA）是第一个被推出的商品反渗透膜，CA 膜以二醋酸纤维素和三醋酸纤维素及二者混合物为原料，经调制铸膜液、铸膜液刮平、溶剂（乙醇或乙醚）挥发、凝胶固化、热处理等多道工序制成，制得的成品膜厚约 $100\mu m$，包括致密表层（约 $0.2\mu m$）及多孔支撑层。CA 膜的化学稳定性较差，易水解，膜性能衰减较快，操作压力较高；但 CA 膜有一定的抗氧化性，膜表面光洁，不易发生结垢和污染。

芳香族聚酰胺膜类薄膜复合膜（TFC）最常用的有芳香族聚酰胺复合膜和芳香族聚酰胺中空纤维膜。薄膜复合膜是将完全不同的材料浇铸在一多孔聚砜支撑层上，由于这两层材料不同，所以复合膜不易被压密。芳香族聚酰胺膜类薄膜复合膜具有化学稳定性较好、耐生物降解、操作压力低、高脱盐率、高通量等优点；但其不耐氯及其他氧化剂，抗污染和抗结垢的性能较差。

（2）膜元件和膜组件。反渗透膜组件是由膜、支撑物和容器按一定的技术要求制成的组合构件，它是能将膜付诸实际应用的最小单元。

成品膜的外形有片状、管状和中空纤维状，相应可制成卷式、板式、管式、中空纤维式的反渗透膜组件（元件）。卷式、中空纤维式膜组件（元件）由于膜的充填密度大、单位体积膜组件的处理量大，常用于大水量的脱盐处理；而对含悬浮物、黏度较高的溶液，则主要采用管式及板式膜组件。工业上应用最多的是卷式和中空纤维式膜组件，它占据了绝大多数天然水的脱盐和海水淡化市场。其中卷式膜组件是在天然水脱盐中使用最广泛的反渗透组件。

（3）膜的污染和劣化

①膜的污染。膜的污染是指由于在膜表面上形成了附着层或膜孔堵塞等外部因素导致膜性能的变化。根据其发生原因采用相应的对策，可以使膜性能得以恢复。膜面上附着层形成的原因，是由于悬浮物、水溶性大分子和难溶物质析出分别形成了滤饼层、凝胶层及结垢层。悬浮物或水溶性大分子在膜孔中受到空间位阻，蛋白质等水溶性大分子在膜孔中的表面吸附，以及难溶性物质在膜孔中的析出都可能产生膜孔堵塞。

膜的污染会导致膜（元件）性能的变化。附着层对膜性能的影响，其具体表现为膜的水通量显著降低，膜的截留率随着滤饼层的形成而降低。任何原因引起的膜孔堵塞都使得膜的水通量降低和截留率增高。对膜孔小的反渗透而言，在实际使用中主要是面临附着层形成对膜性能的影响。

②膜的劣化。膜的劣化是指膜自身发生了不可逆转的变化等内部因素导致了膜性能变化。导致膜劣化的原因可分为化学、物理及生物三个方面。化学性劣化是指由于膜材质的水解或氧化反应等化学因素造成的劣化；物理劣化则是指在很高的压力下导致膜结构的致密化，或因其置于干燥状态下发生不可逆转性变形等物理因素造成的劣化；生物性劣化通常是由于处理料液中微生物的存在导致膜材料发生生物降解反应等生物因素造成的劣化。

膜劣化会导致膜（元件）性能的变化。化学性劣化和生物性劣化使膜的透过流速增加，而截留率降低；物理性劣化使膜的透过流速降低，而截留率增加。

总之，膜的污染是在膜过程中不可避免的，但是通过对膜元件进水进行适当的预处理并采取适宜的操作方法可以减少其影响；膜劣化则是在膜过程中必须避免的，采用耐酸、耐碱和耐溶剂的新型膜，严格遵守操作规范，可以有效地延长膜的使用寿命，较大程度避免膜的劣化发生。

3. 反渗透脱盐系统的设计

反渗透脱盐系统的设计是依据原水水质、产水水质及水量要求、排放水量的要求及场地情况等原始资料，选择合理的水处理工艺流程，选择适当的膜元件，确定膜元件数量及组件的排列方式，选择高压泵等。设计工作是水处理系统建造的重要环节，往往对工程质量、投资、制水成本控制等起着决定性作用。下面对设计的主要环节作简要介绍。

（1）设计依据的资料

水源水质资料是反渗透系统设计的重要依据，它决定了反渗透系统选用的膜类型及所要求的预处理工艺系统；在进行反渗透系统设计时，不仅要有正确的水源水质分析数据，还要对水源水质可能的变化趋势资料进行分析，使设计的水处理系统能适应可能的水源水质的变化。产水水质的要求则是进行反渗透脱盐系统膜的选型、组件的排列方式以及后处理系统设计的依据。

（2）基本流程

反渗透脱盐系统的基本流程如图 8-18 所示。它包括预处理、反渗透、后处理三道工序。

预处理通常采用杀菌、混凝沉降、多介质过滤、活性炭过滤、微滤等工艺。经预处理后，原水中的污染物质被减少和控制，达到反渗透膜元件对给水（进水）水质的要求。预处理工艺流程主要应根据原水水质及膜组件性能要求来决定。

反渗透装置是反渗透脱盐过程的核心部分，在反渗透装置中进水中的大部分盐类被除去，同时除去的还包括有机物、细菌等。

后处理工序则根据用途需要设置，如脱 CO_2、离子交换除盐、电去离子除盐（EDI）等。

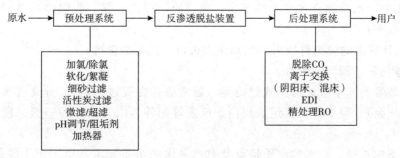

图 8-18　反渗透脱盐系统的基本流程

（3）反渗透进水的预处理方案

根据原水水质及其水质特点，确定预处理方案。原水经预处理后的水质应达到反渗透膜元件对给水（进水）水质的要求。不同类型的卷式膜元件对进水水质的要求（不同公司产的膜元件对进水水质的要求有所差异）如表 8-7 所示。

表 8-7　卷式反渗透膜元件对进水水质的要求

项目 膜类型	悬浮物含量/ （mg/L）	淤塞密度 指数（SDI）	pH 值	化学需氧量/（mg/L） （KMnO$_4$法，以 O$_2$ 计）	游离氯含量/ （mg/L）（以 Cl$_2$ 计）	铁含量/（mg/L） （以 Fe 计）
醋酸纤维素膜	<0.3	<4	5.0～6.0	<1.5	0.2～1	<0.5
复合膜	<1	<5	3～11	<1.5	<0.1	<0.5

通常虽地下水较地表水 TDS（总溶解固形物）含量高，但地下水的悬浮固体量及有机物量低，水质较为稳定；地表水除了溶解盐类外，通常悬浮固体、胶体、有机物的含量较高，并且常随季节变化，因此在设计以地表水为水源的反渗透预处理系统时，需对水源水质考虑较多的因素。图 8-19 列出了 3 种反渗透预处理系统。

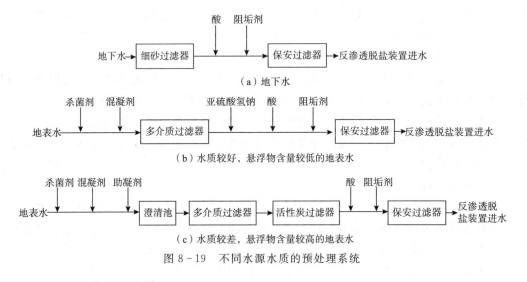

图 8-19　不同水源水质的预处理系统

（4）反渗透装置的设计

①反渗透装置的设计程序。通常进行反渗透装置设计的程序为：

a）根据水源及水质确定使用膜元件的类型；

b）根据对产水量和产水水质的要求，确定膜元件的数量、膜组件的排列方式和反渗透装置的回收率；

c）根据计算出的膜组件所需的推动压力进行高压泵的选型；

d）配置仪表、阀门等配件。

反渗透装置的基本组成有筒式过滤器（通常称作保安过滤器）、升高进水压力的高压泵（简称高压泵）、膜组件及管道、阀门、仪表等配件。图 8-20 为一级二段反渗透脱盐装置系统。

②膜类型的选择。原水的水质特点及对产品水的水质要求基本决定了膜的选型。CA

膜的脱盐率较低（95％～98％），化学稳定性较差，易水解，膜性能衰减较快，操作压力较高；但 CA 膜表面光滑、不带电荷，因此其抗污染物沉积的能力较强，微生物不易在膜表面黏滞；CA 膜耐氧化能力较强，要求进水中维持 0.3～1.0mg/L 的游离氯，这部分游离氯可持续保护反渗透装置中的 CA 膜不受细菌侵蚀，还可防止由微生物和藻类的生长而引起的污堵。因此在处理污染较为严重的地表水及废水的场合，常选用 CA 膜。

复合膜的脱盐率高（＞99％），化学稳定性好，耐生物降解，并且操作压力低；复合膜允许的 pH 值范围比较宽，运行时为 3～10，清洗时为 2～11，可使反渗透给水少加酸或不加酸，清洗膜时可在较低酸性条件下进行，清洗效果好；复合膜允许的运行温度最高为 45℃（CA 膜为 35℃），有利于在较高温度下清洗膜元件。因此对于地下水和污染较轻的地表水，应优先选用复合膜。

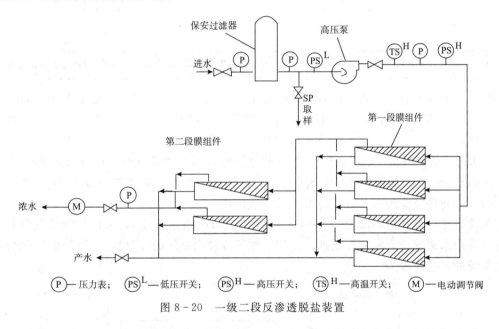

P—压力表；　(PS)L—低压开关；　(PS)H—高压开关；　(TS)H—高温开关；　M—电动调节阀

图 8-20　一级二段反渗透脱盐装置

③水通量的选取。在产品水量一定的条件下，选取水通量的大小基本确定了反渗透装置的膜元件数量。如设计选取的水通量低，则装置要求的膜元件数量就多，设备投资就高；但水通量低，污染物在膜表面沉淀量少，因而污染速度慢。如水通量选的高，则装置需要的膜元件数量就少，设备投资就低；但运行经验表明，在膜的水通量超过一定值时，污染速度呈指数规律上升，高通量的系统增加了膜污染的速率和化学清洗的频率。因此，水通量的选取既要考虑经济性，又要考虑膜污染的因素。通常对于地下水，因其水质好，设计时可选取较高的通量；对于受污染的地表水，则应选用较小的水通量。表 8-8 为某膜厂商设计导则规定的不同进水水质的膜的平均水通量，供参考。

表 8-8　平均水通量及允许每年水通量衰减率

水源	SDI	水通量/〔gal/（ft² · d）〕	水通量衰减率/（％/a）
地表水	2～5	8～14	7.3～9.9
井水	<2	14～18	4.4～7.3
反渗透产品水	<1	20～30	2.3～4.4

4. 反渗透脱盐的应用实例

（1）电站锅炉补给水处理中的应用

天津某电厂锅炉补给水水源为海河水，该厂地处海河下游，受海水倒灌及上游污染的影响，水质比较差，且变化大，含盐量高达 3000mg/L。

该厂在 1992 年四期扩建时充分吸取了三期（1988 年）引进意大利 IDRECO 公司反渗透设备作为离子交换除盐的前置处理系统的经验和教训，与外商专家共同确定了较为合理的反渗透系统，系统工艺流程为

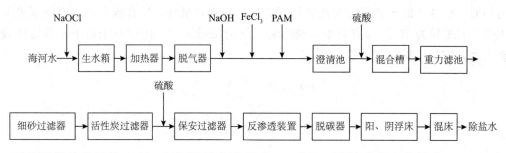

反渗透脱盐装置为 2 套，每套设计产水量为 50m³/h（设计进水含盐量为 3000mg/L），膜组件的排列为一级二段，8：5 排列，膜元件采用美国 Dow/Filmtec 公司 BW30-330 低压复合膜。

反渗透系统自投运以来，运行稳定，同时经受了水质突然恶化的考验（最高进水含盐量达 5000mg/L）；反渗透预处理出水 SDI<4，产水量 50～60m³/h，系统脱盐率 95%～98%。

（2）工业循环冷却水系统排污水处理中的应用

河北某电厂总装机容量为 1200MW（4 台 300MW 发电机组），采用反渗透处理技术，对循环冷却水系统排放水进行处理，实现了循环冷却水系统的零排放。反渗透处理循环水排水系统的工艺流程为

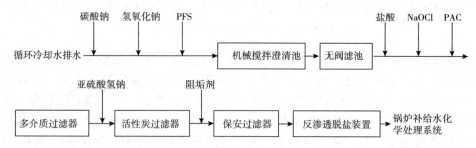

高浓缩倍率循环水的排放水经碳酸钠、氢氧化钠、PFS 软化澄清后，硬度降低约 70%，二氧化硅含量下降约 60%，COD_Mn 降低 40%～50%；软化、澄清、初滤后的水中加入盐酸将 pH 值降低至 7.0～7.5，再经加 NaOCl 杀菌和双滤料过滤器、活性炭过滤器、保安过滤器处理后，SDI<4（一般在 3 左右）；反渗透系统脱盐率约 95%。反渗透装置共设两列，每列进水流量为 80t/h，产水量为 60m³/h，设计回收率为 75%；膜组件排列方式为一级二段，每列 9/4 排列，使用 84 个 Hydranautics/Nitto Denko 公司产的 LFCl-365 抗污染复合膜元件。反渗透产水部分送至电厂化学车间，经离子交换除盐处理后作为锅炉补给水；多余部分产水回用至循环冷却水系统。反渗透浓水则排至锅炉水冲灰系统，作为冲灰用水。该系统于 1999 年 11 月投运，取得了较好的节水效果。

（3）海水淡化中的应用

浙江舟山某岛淡水资源严重短缺，为了解决淡水的供需矛盾，1997年该岛建成了日处理量为 $500m^3$ 的反渗透海水淡化厂，系统工艺流程为

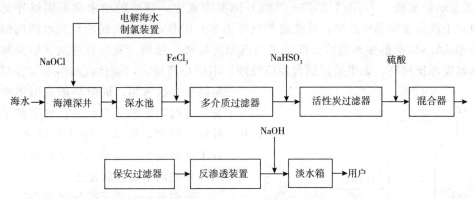

海水渗入海滩沉水井后经多级离心泵输送至预处理系统，在该系统中分别投加杀菌剂（NaOCl）、混凝剂（$FeCl_3$）、还原剂（$NaHSO_3$）和阻垢剂（H_2SO_4）。NaOCl 加至沉水井，保持反渗透系统前的管系中的余氯浓度在 $0.3\sim0.5mg/L$，以防止微生物的生长。海水经杀菌、直流凝聚、多介质过滤、活性炭过滤、加酸调节 pH 值预处理后，SDI 等指标达到膜对进水的要求。

反渗透装置膜组件的排列为一级一段，使用 42 个 Dow/Filmtec 公司 SWHR30－8040 膜元件，反渗透系统脱盐率约 90%，产水的电导率约 $320\mu S/cm$，反渗透产水经加 NaOH 调节 pH 值后，达到饮用水的国家标准。

（4）电泳漆用超纯水制备中的应用

天津某公司电泳漆用超纯水的制备工艺流程为

原水经电渗析器（进水 $8m^3/h$，排水 $4m^3/h$）后产水为 $4m^3/h$，其电导率约为 $35\sim40\mu S/cm$，脱盐率约为 93%。经反渗透处理后产水为 $2m^3/h$，电导率降至 $4\mu S/cm$，其浓缩水全部循环进入电渗析器。反渗透处理后，淡水再进入混合离子交换器，最终产水的电导率可控制在 $0.5\mu S/cm$，产水用于调配阴极电泳漆和补充电泳涂装工件的淋洗水。由于在电渗析和离子交换之间增加了反渗透，提高了水质，延长了离子交换系统的再生周期。

第三节　锅炉水的降碱处理

由于水经钠离子交换处理后，只能除去硬度，碱度不变，所以对于水源水中碱度较高的地区，如果单独采用钠离子交换处理的软水做为锅炉给水，将会使锅水碱度随着锅水的蒸发浓缩而越来越高，不但造成锅炉运行因排污率过高而不经济，而且还会严重影响蒸汽品质，甚至产生锅炉的碱性腐蚀。因此，对于水源水碱度较高地区的锅炉水处理来说，不但要进行软化处理，而且要考虑降碱的问题。下面介绍几种常用的软化、降碱的处理方法。

一、部分钠离子交换法

1. 部分钠离子交换法原理

《工业锅炉水质》（GB/T 1576—2008）标准中规定，锅炉的给水应采用锅外化学处理，但对于额定蒸发量＜2t/h，且额定蒸汽压力≤1.0MPa 的蒸汽锅炉和汽水两用锅炉及额定功率≤2.8MW 的热水锅炉允许采用锅内加药处理。然而，我国有些地区的天然水中硬度和碱度都比较高，如果采用锅内加药处理，不但耗药量大，而且沉渣多不易排尽，仍易结生二次水垢，同时会造成因锅水杂质含量过高而影响蒸汽品质。如果都采用锅外化学处理，则成本较高不经济。因此，对于这类锅炉，当原水碱度较高时，可采用部分钠离子交换软化法。

所谓部分钠离子交换法就是：一部分原水经过钠离子交换器除去硬度，保留碱度；另一部分原水则不经过钠离子交换器，然后将两者混合作为锅炉给水，如图 8-21 所示。

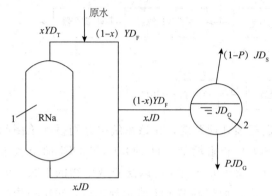

图 8-21 部分钠离子交换过程示意

1—钠离子交换器；2—锅炉

经过钠离子交换的水，将碳酸盐硬度转变成重碳酸钠，其反应式如下：

$$2RNa + Ca(HCO_3)_2 \rightarrow R_2Ca + 2NaHCO_3$$

$$2RNa + Mg(HCO_3)_2 \rightarrow R_2Mg + 2NaHCO_3$$

含有 $NaHCO_3$ 的给水进入锅炉后受热分解：

$$2NaHCO_3 \rightarrow Na_2CO_3 + CO_2\uparrow + H_2O$$

一部分碳酸钠在高温下发生如下水解反应：

$$Na_2CO_3 + H_2O \rightarrow 2NaOH + CO_2\uparrow$$

在锅水中生成的 Na_2CO_3 和 NaOH 有以下两个作用：一是与未经钠离子交换的原水中的非碳酸盐硬度成分反应：

$$CaSO_4 + Na_2CO_3 \rightarrow CaCO_3\downarrow + Na_2SO_4$$

$$CaCl_2 + Na_2CO_3 \rightarrow CaCO_3\downarrow + 2NaCl$$

$$MgSO_4 + 2NaOH \rightarrow Mg(OH)_2\downarrow + Na_2SO_4$$

$$MgCl_2 + 2NaOH \rightarrow Mg(OH)_2\downarrow + 2NaCl$$

反应后生成的水渣随锅炉排污排出锅外。二是补充锅炉排污及蒸汽带走的碱度。因此，部分钠离子交换法是一种锅外、锅内相结合的水处理方法。

这种方法的优点是：①可将硬度较高的原水降低到硬度符合标准的要求；②降低锅水的碱度，防止锅水碱度过高；③系统简单，安全可靠；④降低锅炉的排污率，可节省再生剂，经济性好；⑤节约锅内加药处理的药剂。

2. 水量配比的计算

采用部分钠离子交换法时，必须注意控制好给水中软化水量与原水量之比，以保证混合水的碱度略大于硬度。两者之比应满足下式的关系

$$X(JD - YD_C) - JD_G P = (1 - X)(YD - JD)$$

式中　X——软化水量占总给水量的质量分数，%；

　　$1 - X$——不经过钠离子交换器的原水占总给水量的质量分数，%；

　　JD——原水的总碱度，mmol/L；

　　YD——原水的总硬度，mmol/L；

　　YD_C——软化水中的残留硬度，mmol/L，一般宜小于 0.1mmol/L；

　　JD_G——锅水需控制的碱度，mmol/L，水质标准规定 8～26mmol/L；

　　P——锅炉排污率，%，一般控制在 5%～10%。

整理上式得

$$X = \frac{YD - JD + JD_G P}{YD - YD_C} \times 100 \% \qquad (8-1)$$

式（8-1）计算的 X 只是估算值，在实际运行中当原水的硬度和碱度发生明显变化时，应及时调整。

另外，还应根据实测的锅水碱度加以调整，即在一定的排污率条件下，当实测锅水碱度高于需控制的碱度时，可适当减少 X 量；当锅水碱度高于需控制的碱度时，可适当增加 X 量。

采用部分钠离子交换法时，不但要保证混合后给水中的碱度略大于硬度，而且应使给水硬度符合水质标准的规定（GB/T 1576—2008 标准规定为＜4mmol/L）。由于式（8-1）只是计算出在一定的排污率时，使锅水碱度符合要求的条件下软水的质量分数，而不能确定该原水是否能适用于部分钠离子交换法，因而还需按式（8-2）验算当两种水混合后，在一定的排污率下，当碱度符合要求时，给水硬度（YD_G）是否在允许范围之内。

$$YD_G = XYD_C + (1 - X)YD \qquad (8-2)$$

从上式可以看出，在原水硬度不变的情况下，混合水的给水硬度主要取决于软水在总给水量中所占的比例（X），而 X 值又与锅水需控制的碱度和排污率大有关系。一般运行中以保持锅水适中的碱度（16mmol/L），较低的排污率（5%）为宜，但如果验算出的 $YD_C >$ 4mmol/L 时，可适当提高锅水碱度和排污率，使 X 值增大，YD_C 就会减小。当锅水碱度和排污率已控制在上限值（即 $JD_G = 26$mmol/L、$P = 10\%$代入时），而 YD_C 值仍大于 4mmol/L 时，则说明该原水水质不适宜采用部分钠离子交换法，而需采取另外的处理方法。

二、氢-钠离子交换法

当原水硬度和碱度都较高，而锅炉对给水水质要求又比较高，部分钠离子交换法不能满足要求时，可采用氢-钠离子交换法来达到软化降碱的目的。经过氢-钠离子交换法处理，不但可除去硬度，降低碱度，而且不增加给水的含盐量。在这种水处理系统中包括有氢离子交换和钠离子交换两个过程，它有多种运行方式。下面介绍几种常用的方式。

1. 采用强酸型离子交换剂的氢-钠离子交换法

（1）氢-钠离子交换软化、降碱的原理

强酸性阳离子交换树脂用酸再生后成为氢型离子交换剂（RH）。原水经氢离子交换器处理后，水中各种阳离子都被 H^+ 所交换，其交换反应可用下式综合表示：

$$2RH + \begin{cases} Ca \\ Mg \\ Na_2 \end{cases} \begin{cases} (HCO_3)_2 \\ SO_4 \\ Cl_2 \end{cases} \rightarrow R_2 \begin{cases} Ca \\ Mg \\ Na_2 \end{cases} + \begin{cases} 2H_2CO_3 \\ H_2SO_4 \\ 2HCl \end{cases}$$

由上述反应式可以看出，经氢离子交换后，原水中各种强酸阴离子变成了强酸，即这时交换器出水中的酸度和其原水中强酸阴离子的量相当。但如果氢离子交换器运行到出现Na^+（也称漏钠）时并不立即再生，而是运行到出现硬度（也称漏硬度）时才进行再生，则这段时间内，出水中的硬度与原水中非碳酸盐硬度的量相当。

原水经钠离子交换器处理后，水中各种阳离子被Na^+所交换，其交换反应可用下式综合表示：

$$2RNa + \begin{matrix} Ca \\ Mg \end{matrix} \begin{cases} (HCO_3)_2 \\ SO_4 \\ Cl_2 \end{cases} \rightarrow R_2 \begin{cases} Ca \\ Mg \end{cases} + Na_2 \begin{cases} (HCO_3)_2 \\ SO_4 \\ Cl_2 \end{cases}$$

由此反应式可知，经钠离子交换后，除去了硬度而碱度不变，即出水成为碱性水。

将氢离子交换器处理后的酸性水与钠离子交换器处理后的碱性水互相混合，发生中和作用，其反应式如下：

$$NaHCO_3 + H_2SO_4 \rightarrow Na_2SO_4 + 2H_2O + 2CO_2\uparrow$$

$$NaHCO_3 + HCl \rightarrow NaCl + H_2O + CO_2\uparrow$$

中和后产生的CO_2可以用除CO_2器（简称除碳器）除去。

采用氢-钠离子交换处理时，应根据原水水质来合理调整两种交换器处理水量的比例，以保证中和后的混合水仍保持一定的碱度，这个碱度称为残留碱度。一般工业锅炉给水的残留碱度宜控制在$0.5\sim1.2mmol/L$（HCO_3^-）。

（2）氢-钠离子交换系统常见的形式

①并联氢-钠离子交换系统。系统的设置如图8-22所示，将进水分为两部分，分别送入氢、钠离子交换器，然后把两者的出水进行混合，再经除碳器除去CO_2，即可作为锅炉给水。

②串联氢-钠离子交换系统。系统的设置如图8-23所示，该系统也将进水分为两部分：一部分直接送入氢离子交换器中，另一部分则直接与氢离子交换器的出水混合。这样，经氢离子交换后的水中酸度就和原水中的碱度发生中和作用，中和后产生的CO_2由除碳器除去，除碳后的水经过水箱由泵打入钠离子交换器。在这种系统中，除碳器应安置在钠离子交换器之前，否则如含CO_2的水先通过钠离子交换器，就会产生$NaHCO_3$，使软水碱度重新增加：

$$H_2CO_3 + RNa \rightarrow RH + NaHCO_3$$

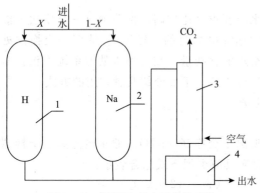

图8-22 并联氢-钠离子交换系统

1—氢离子交换器；2—钠离子交换器；

3—除碳器；4—水箱

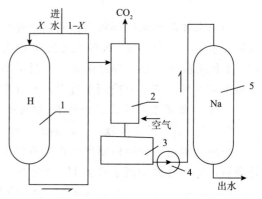

图8-23 串联氢-钠离子交换系统

1—氢离子交换器；2—除碳器；3—水箱；

4—泵；5—钠离子交换器

（3）氢-钠离子交换的处理水量配比

设 X 为氢离子交换器处理水量占总水量的份额，则 $1-X$ 为并联系统中经钠离子交换器处理水量的份额，或串联系统中不经氢离子交换器处理的那部分水量的份额。

由于氢-钠离子交换处理后，混合软水中必须保留一定的残留硬度，因此无论采用并联还是串联系统，两种水互相中和后，都应满足下式要求

$$(1-X)JD - XSD = JD_c$$

整理该式，得

$$X = \frac{JD - JD_c}{JD + SD} \times 100\% \tag{8-3}$$

式中　JD——原水的碱度，mmol/L（HCO_3^-）；

　　　JD_c——中和后水中应保留的残留碱度，一般为 $0.5 \sim 1.2$ mmol/L（HCO_3^-）；

　　　SD——氢离子交换器出水酸度，mmol/L（H^+），当以漏 Na^+ 为交换器运行终点时，相当于原水中强酸阴离子的总含量，当以漏硬度为运行终点时，则相当于原水中非碳酸盐硬度的量。

由此可见，氢离子交换器和钠离子交换器的处理水量配比，因氢离子交换器的终点控制不同而分为两种情况：

①氢离子交换器以漏 Na^+ 为交换器运行终点时，其处理水量配比可直接按式（8-3）进行估算。

②如果氢离子交换器在出现 Na^+ 后并不再生，而是以控制漏硬度为终点，这时对于非碱性的原水来说，其碱度也就是碳酸盐硬度，它与非碳酸盐硬度（相当于此时的出水酸度）之和即为原水总硬度（YD），所以此时式（8-3）可改为：

$$X = \frac{JD - JD_c}{YD} \times 100\% \tag{8-4}$$

（4）并联和串联氢-钠离子交换系统的比较

从设备来说，由于并联系统中只有一部分原水送入钠离子交换器，而在串联系统中，全部原水最后都要通过钠离子交换器。所以，在出水相同时，并联系统中钠离子交换器所需的容量较小，而串联系统的较大。因此，并联系统比较紧凑，投资较少。

从运行来看，串联系统的运行不必严格控制和调整处理水量的配比，因为串联时即使一时出现经氢离子交换水和原水混合后呈酸性，由于还要经过钠离子交换（H^+ 都将被交换成 Na^+），所以最终出水不会呈酸性，故串联系统较为安全可靠，且氢离子交换器的交换能力可以得到充分利用。而并联系统中的氢离子交换器若要进行到漏硬度时进行再生，就必须及时调整并严格控制两交换器处理水量的配比，以保证混合后的软水保持一定的碱度。

2. 除碳器

如前所述，原水经氢离子交换处理后，天然水中的碳酸盐硬度便转化成碳酸，可用除碳器除去。由于水中的 H_2CO_3、HCO_3^- 和 CO_2 的转化与水中的 pH 值有关，其平衡关系可由下式表示：

$$H^+ + HCO_3^- \Longrightarrow H_2CO_3 \Longrightarrow CO_2\uparrow + H_2O$$

故水中的 pH 值降低，即 H^+ 浓度增大时，此平衡就向右移动，当水中 pH 值低于 4.3 时，水中的碳酸化合物几乎全部以游离的 CO_2 形式存在。

水中游离的 CO_2 可以看作是溶解在水中的气体，它在水中的溶解度符合气体溶解定律

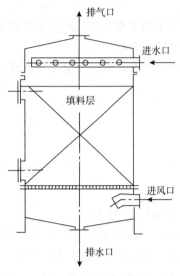

图 8-24　鼓风式除碳器结构示意

（即任何气体在水中的溶解度与此气体在水面上的分压成正比）。因此，只要降低水面上的 CO_2 分压就可除去水中游离的 CO_2，除碳器就是根据这一原理设计的。在各种离子交换水处理系统中，最常见的除碳器是鼓风式除碳器。其结构如图 8-24 所示。鼓风式除碳器的工作原理为：溶解在水中的 CO_2 与逆向鼓入的空气接触，由于空气中的 CO_2 含量很小（约占大气压力的 0.03%），因此根据气体溶解定律，水中的 CO_2 将不断逸出，直至其分压力平衡为止。通过鼓风式除碳器，一般可将水中的 CO_2 含量降至 5mg/L 以下。

　　鼓风式除碳器是一个圆柱形设备，柱体是用金属或塑料制成的。如用金属制造，其内表面应采取防腐措施。柱内装的填料，一般为堆放的瓷环或蜂窝格。运行时，水从柱体的上部进入，经配水装置淋下，流过填料层后，从下部排入水箱。鼓风机的作用是不断地从下部送入新鲜的空气，同时从上部将含有 CO_2 的空气不断地排出。填料的作用是将水流分散，使鼓入的空气与水有非常大的接触表面积，以便 CO_2 更容易从水中逸出并立即被带走。

　　影响除碳器除 CO_2 效果的因素主要有以下几点：

　　①pH 值：如上所述，当温度一定时，水中各种碳酸化合物的相对量与 pH 值有关，pH 值越低，对除 CO_2 越有利。

　　②温度：温度越高，CO_2 在水中的溶解度越小，除 CO_2 的效果越好。

　　③设备结构：在鼓风式除碳器中，水和空气接触面积越大、接触时间越长，效果越好。

第四节　锅炉氧腐蚀的防止

　　给水中的溶解氧通常是造成热力设备腐蚀的主要原因，它可以导致锅炉在运行期间和停用期间的氧腐蚀。为防止和减轻锅炉运行期间的氧腐蚀，必须对锅炉给水进行除氧，如汽包锅炉运行采用碱性水化学工况，对给水一定要进行除氧处理，通常采用热力除氧和化学除氧。热力除氧可将给水中大部分溶解氧除去，化学除氧可以进一步除去给水中残留的溶解氧。一般中压以上的锅炉，大都以热力除氧为主；对低压锅炉可以单独进行热力除氧、解吸除氧、化学除氧或其他方法除氧。

一、热力除氧

　　热力除氧原理基于气体溶解定律（亨利定律），一种气体在液相中的溶解度与在气液分界面上气相中的平衡分压成正比。在敞开设备中，提高水温可使水面上蒸汽的分压增大，其他气体的分压下降，则这些气体在水中的溶解度也下降，因而不断从水中析出。水温达到沸点时，水面上水蒸气的压力和外界压力相等，其他气体的分压则为零。此时，溶解在水中的气体全部逸出。因此在敞开设备中将水加热到沸点，使水沸腾，这样水中溶解的氧就会解吸出来。

热力除氧器是以加热的方式除去给水中溶解氧及其他气体的一种设备。即以蒸汽通入除氧器内，把需除氧的水加热到相应压力下的饱和温度，即水的沸腾温度，使溶于水中的气体解析出来，并随余汽排出除氧器，以达到除氧的目的。

由于二氧化碳在水中的溶解度也同样是随着水温提高而降低，因此当水温到达沸点时，水中二氧化碳气体同样被解吸出来。所以，热力法不仅可除去水中溶解氧，也能同时除去大部分溶解二氧化碳气体、氨及硫化氢等腐蚀性气体。

热力除氧过程还可以促使水中的重碳酸盐分解。因为重碳酸盐和 CO_2 之间存在平衡关系：$2HCO_3^{2-} \rightleftharpoons H_2O + CO_2$，除氧过程中也把 CO_2 除去了，使反应向右方移动，即重碳酸盐分解。温度愈高，水沸腾时间愈长，加热蒸汽中游离 CO_2 浓度愈低，则重碳酸盐的分解愈高。

在热力除氧器中，为了使氧解吸出来，除了必须将水加热至沸点外，还需要在设备上创造必要条件使气体能顺利地从水中分离出来。因为水中溶解氧必须穿过水层和汽水界面，才能自水中分离出来。所以要使解吸过程能较快地进行，就必须使水分散出小水滴，以缩短扩散路程和增大汽水界面。热力除氧器，就是按照将水加热至沸点和使水流分散这两个原则设计的一种设备。

1. 淋水盘式热力除氧器

淋水盘式热力除氧器如图 8-25 所示，主要由除氧头（或称除氧塔）和贮水箱构成。

除氧头的功能主要是除氧，其运行过程是将欲除氧的凝结水、补给水和各种疏水分别从除氧头顶部两侧引入，经配水盘和几层筛状多孔淋水盘，被分散成很多股细的流水，逐层淋下。加热蒸汽从除氧头下部通入，经过蒸汽分配器而向上流动，与由上而下淋的水相接触，并进行热交换，将水加热，同时形成较大的汽、水界面进行除氧。从水中解析出来的气体被余汽经排气管带出，已除氧的水落入贮水箱。

2. 喷雾填料式热力除氧器

喷雾填料式热力除氧器如图 8-26 所示。喷雾除氧原理是将水喷成雾状，增大汽、水界面，而增大水、汽接触面积，以利于氧从水中逸出。喷雾填料式热力除氧器的运行过程是：使水通过喷嘴成雾状，在喷嘴下面设有上进汽管引入加热用蒸汽，通过蒸汽和水雾的混合，达到水的加热和初步除氧过程，水经过填料（Ω 型、圆环型和蜂窝式等多种填料）表面呈水膜状态。填料层下面设有下进汽管，在这里又引入蒸汽，当这部分蒸汽向上流动时，和填料层中水相遇进行二次除氧，从而使水中的含氧量降至 $7\mu g/L$ 以下。

3. 真空式除氧器

真空式除氧器的除氧原理与热力除氧器一样，也是利用水在沸腾状态时气体的溶解度接近于零的特点，而除去水中溶解性气体的。因为水的沸点与压力有关，可在常温下利用抽真空的方法使水呈沸腾状态，让水中溶解气体解析出来。显然，当水温一定时，压力越低（即真空度越高），水中残留气体的含量越少。

常用的真空除氧系统有蒸汽喷射和水喷射两种。图 8-27 为单级蒸汽喷射喷雾填料式真空除氧器及其热力系统。

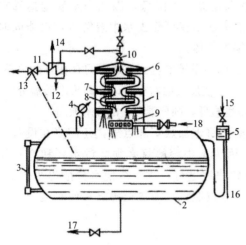

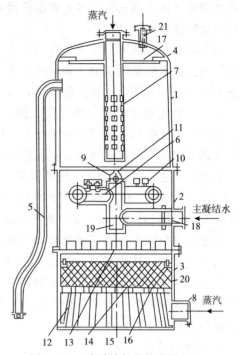

图 8-25 淋水盘式热力除氧器

1—除气塔；2—贮水箱；3—水位表；4—压力表；
5—安全水封（用以防止除气塔中压力过高或过低）；
6—配水盘；7、8—多孔淋水盘（孔径 5～7mm）；
9—加热蒸汽分配器；10—排汽阀；11—排汽冷却器；
12—至疏水箱；13—给水自动调节器（浮子式）；
14—排气至大气；15—充水口；16—溢流管；
17—至给水泵；18—加热蒸汽

图 8-26 喷雾填料式热力除氧器

1—上壳体；2—中壳体；3—下壳体；4—椭圆形封头；
5—接安全阀的管；6—环形配水管；7—上进汽管；
8—下进汽管；9—高压加热器疏水进口管；10、11—喷嘴；
12—进汽管；13—淋水盘；14—上算板；15—填料下支架；
16—滤网；17—挡水板；18—进水管；19—中心管段；
20—Ω 形填料；21—排汽管

4. 旋膜填料式热力除氧器

旋膜填料式热力除氧器的除氧头结构如图 8-28 所示。它由起膜器、淋水算子和波网状填料层组成。起膜器是用一定长度的无缝钢管制成，在钢管的上下两端沿切线方向钻有若干个下倾的孔，用隔板将起膜器分隔成水室和汽室。运行时，欲除氧的水经水室沿切线方向进入起膜器，水在管内沿管壁旋转流下，在管的出口端形成喇叭口状的水膜，称为水裙；汽室的蒸汽从起膜器的下端进入管内，在水膜的中空处旋转上升，汇合从除氧头下部进来的蒸汽排出除氧器外。水裙落入淋水算子和填料层，又与下部进入的蒸汽进行热交换，最后落入水箱中。

总之，热力除氧器的除氧效果取决于除氧器结构和运行工况。除保证合理的结构设计外，其运行工况应保证水被加热至沸腾状态；进入除氧器的水量要稳定；从除氧头解析出来的氧和其他气体能通畅地排出。热力除氧也有它的缺点，如蒸汽耗量较多；由于给水温度提高了，影响烟气废热的利用；负荷变动时不易调整等。

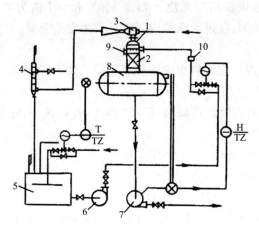

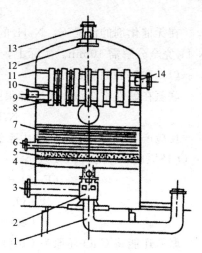

图 8-27 真空除氧器及其热力系统

1—进水喷嘴；2—填料层；3—蒸汽喷射器；4—热交换器；

5—中间水箱；6—除氧水泵；7—给水泵；

8—除氧水箱；9—真空除氧头；10—过滤器

图 8-28 旋膜填料式热力除氧器

1、3—蒸汽进口管；2—蒸汽喷汽口；4—支承板；

5—填料；6—疏水进口管；7—淋水算子；

8—起膜器管；9—汽室下挡板；10—连通管；

11—水室上挡板；12—挡水板；

13—排气管；14—进水管

二、化学除氧

锅炉给水的深度除氧均在热力除氧的基础上辅以化学除氧。

化学除氧是基于在热力除氧的水中加入能与氧反应而减少水中溶解氧的化学物质，使水中溶解氧含量降低的一种处理方法。这种化学物质称为化学除氧剂。化学除氧剂应具备以下条件：①能迅速地与溶于水中的氧反应；②反应产物和除氧剂本身在水汽循环中是无害的；③具有使金属表面钝化的作用；④对生产人员的健康影响最小，最好是无影响；⑤使用时便于控制。下面主要介绍联氨（N_2H_4）和亚硫酸钠两种化学除氧剂的特点，并简述已使用的新型化学除氧剂的特点。

1. 亚硫酸钠（Na_2SO_3）

亚硫酸钠是一种还原剂，它可将水中的溶解氧还原，生成硫酸钠，其反应如下

$$2Na_2SO_3 + O_2 \longrightarrow 2Na_2SO_4$$

此法会增加锅水的含盐量。同时，亚硫酸钠的水溶液在高温时，可能分解而产生有害物质，其反应如下

$$4Na_2SO_3 \longrightarrow 3Na_2SO_4 + Na_2S$$

$$Na_2S + 2H_2O \longrightarrow 2NaOH + H_2S$$

$$Na_2SO_3 + H_2O \longrightarrow 2NaOH + SO_2$$

当二氧化硫和硫化氢等气体被蒸汽带入汽轮机后，会腐蚀汽轮机叶片，也会腐蚀凝汽器、加热器铜管和凝结水管道，故亚硫酸钠仅使用在中压锅炉，使用时要控制锅水中 SO_3^{2-} 的含量不大于 40mg/L。

2. 联氨

联氨又称肼，也是一种还原剂，在常温下是一种无色液体。它具有挥发性，有毒、易燃，易溶于水和乙醇等；其水溶液具有弱碱性，遇热分解

$$3N_2H_4 \longrightarrow N_2 + 4NH_3$$

在无催化剂的情况下，N_2H_4 的热分解速度决定于温度。如在 300℃和 pH 值为 9 时，N_2H_4 完全分解需 10min。实际上，剩余的 N_2H_4 在进入锅炉内部以后，才发生分解。

（1）联氨的除氧过程

联氨在碱性水溶液中是一种很强的还原剂，它可将水中溶解氧还原，如下式所示

$$N_2H_4 + O_2 \longrightarrow N_2 + 2H_2O$$

反应产物 N_2 和 H_2O 对热力系统没有任何害处。在高温（＞200℃）水中 N_2H_4 还可将 Fe_2O_3 还原成 Fe_3O_4、FeO 以至 Fe，其反应为

$$6Fe_2O_3 + N_2H_4 \longrightarrow 4Fe_3O_4 + N_2 + 2H_2O$$
$$2Fe_3O_4 + N_2H_4 \longrightarrow 6FeO + N_2 + 2H_2O$$
$$2FeO + N_2H_4 \longrightarrow 2Fe + N_2 + 2H_2O$$

联氨还能将 CuO 还原为 Cu_2O 或 Cu。联氨的这些性质，对防止锅炉内产生铁垢和铜垢有一定的作用。所以，它被广泛应用于高压锅炉给水的化学除氧。市售的联氨是 40％水合联氨。

（2）联氨除氧的合理条件

联氨和水中溶解氧的反应速度受温度、pH 值和联氨过剩量的影响。为使联氨和水中溶解氧的反应进行迅速和完全，必须维持以下条件：

①联氨有足够的过剩量。联氨与氧的化学反应速度同水中联氨及溶解氧的浓度成正比

$$\frac{-d[N_2H_4]}{dt} = k[N_2H_4][O_2]$$

式中　$\dfrac{-d[N_2H_4]}{dt}$——反应速度，mmol/（L·s）；

　　　　$[N_2H_4]$——水中联氨的浓度，mmol/L；

　　　　$[O_2]$——水中溶解氧的浓度，mmol/L；

　　　　k——反应速度常数。

理论上联氨与氧的反应是等物质量的。在实际控制上，为了加快反应速度，联氨的剂量通常为理论值的 2～4 倍；当有催化剂存在时，过剩量可以小些。

②维持一定的 pH 值。由图 8-29 可见，当 pH 值在 9～11 之间时，反应速度最快。因此用除盐水作为补给水时，在给水加联氨前必须先加氨处理，使给水的 pH 值提高到 8.5 以上。

③有足够高的反应温度。常温下，联氨与溶解氧的反应速度是比较慢的，当温度升高时，反应速度急剧增加，如图 8-30 所示。故在除氧器出口处加入联氨，此处给水温度达 150℃以上，联氨同溶解氧的反应时间仅数分钟。

（3）联氨的加入量及加药系统

联氨的加入量要通过试验来决定，一般要使省煤器入口给水中的联氨过剩量为 20～50μm/L。

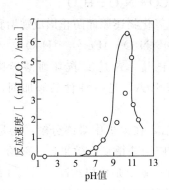

图 8-29 N_2H_4 和 O_2 的反应速度与
水 pH 值的关系

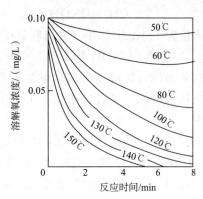

图 8-30 水的温度对联氨和
溶解氧反应速度的影响

由于加入联氨的最初阶段，联氨不仅同水中溶解氧和铜、铁氧化物发生反应，而且也会同金属表面的氧化物反应，所以加药量要大些，一般按除氧器出口给水需 $100\mu g/L$ N_2H_4 计算加药量。此时，应加强分析监督，待给水中有过剩联氨时，才减少加入药量。可以采用工业联氨在线仪表进行自动控制。

N_2H_4 的配药和加药系统如图 8-31 所示。

（4）联氨除氧的优缺点

优点是联氨与氧的反应及过剩联氨在高温下的分解都不会产生固体物，因而不会使锅水的含盐量增加；同时又可防止铁垢和铜垢的生成。

缺点是联氨在低温时与水中溶解氧的反应速度慢，同时联氨被认为对人可能有致癌作用，因此，在使用操作时，应特别注意防护问题。尽管联氨有毒性，但至今仍是国内应用较多的除氧剂，所以近年来国内外对高效低毒或无毒害的新型化学除氧剂有较多的研究与开发，并试用于工厂实际，已取得效果，将会有广泛的应用前景。

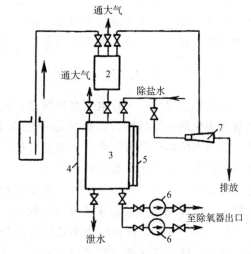

图 8-31 N_2H_4 的配药和加药系统
1—工业联氨桶；2—计量器；3—加药箱；
4—溢流管；5—液位计；6—加药泵；7—喷射器

3. 新型化学除氧剂

用联氨进行化学除氧是一项成熟的生产工艺。由于联氨尚有令人不满意之处，因此，近年来开发了一些新型的化学除氧剂：二甲基酮肟（DMKO）、异抗坏血酸（ErA）、乙醛肟、碳酰肼、对苯二酚、二乙基羟胺（DEHA）等。其中二甲基酮肟、乙醛肟和异抗坏血酸已在国内某些电厂或大型化肥厂试用。这些新型除氧剂一般具有除氧速度快、效率高，能将金属高价氧化物还原为低价氧化物，并具有钝化金属的性能，而且毒性比联氨小很多，或者是无毒的。

①二甲基酮肟。又称丙酮肟，是一种强的还原性物质，在常温下能使 $KMnO_4$ 褪色，它与氧的反应为

$$2(CH_3)_2CNOH+O_2 \longrightarrow 2(CH_3)_2CO+N_2O+H_2O$$

其加入量为 $100\mu g/L$ 以下。它与联氨相似，亦能使氧化物还原而防止形成铁垢和铜垢。

$$2(CH_3)_2CNOH+6Fe_2O_3 \longrightarrow 2(CH_3)_2CO+N_2O+4Fe_3O_4+H_2O$$

②异抗坏血酸。异抗坏血酸化学除氧剂常使用其钠盐，这是 L-抗坏血酸异构体的钠盐，称异抗坏血酸钠，又名异维生素 C 钠，简写为 NaErA，是一种食品添加剂，它是一种强还原剂。

在同一温度下，其除氧反应速度是联氨的 17000 倍，在锅炉中最终分解产物是 CO_2。

抗坏血酸钠作为化学除氧剂使用，在某大型化肥厂应用获得良好效果，一般给水中控制量为 $30 \sim 60 pg/L$。其优点是除氧速度比联氨快，且无毒；缺点是价格约高于联氨 3 倍多。

新型除氧剂必须具有高效的除氧作用和强的还原作用，能防止铜垢和铁垢，且对金属具有钝化性能、在水汽系统中的分布及其作用的有效性。目前，有关新型除氧剂的除氧和还原作用，仍在进一步研究中。

三、凝汽器的真空除氧

汽轮机的凝汽器在运行时有较高的真空度，可把需要除氧的低温补给水引入凝汽器进行预除氧，即进行真空除氧。此时，应改进凝结水的引入装置，使凝结水能均匀分散，以利于除氧；还必须防止凝结水的过冷却，即使仅有 $1 \sim 2℃$ 的过冷却也可导致水中溶解氧大大地增加。此外，要改善真空系统各部位的严密性，防止空气漏入。

四、氧化还原树脂除氧

氧化还原树脂，又称电子交换树脂，是指带有能与周围的活性物质进行电子交换、发生氧化还原的一类树脂，这类树脂在反应中失去电子，由原来的还原形式转变为氧化形式，而周围的物质就被还原。树脂使用过后，还可用还原剂再生，恢复氧化能力，故树脂可循环使用，近年来，我国研制了 Y-12-06 型氧化还原树脂，并设计了采用这种树脂的除氧器装置，应用于热水锅炉补给水除氧和年产 3 万吨的合成氨的氮肥厂软化水和冷却水的除氧，经氧化还原树脂除氧器装置的水，其水中残余氧含量在 $20\mu g/L$ 以下。

Y-12-06 型氧化还原树脂是铜肼配合物型官能团高分子化合物，其肼配位体上与氧发生化学反应的活化能比游离肼与氧反应的活化能低，因此，在低温下，氧化还原树脂就能与水中溶解氧快速反应。树脂失效后，可用水合肼再生。

设 R 为氧化还原树脂高分子骨架，除氧的化学反应为

$$O_2 + R\text{-}SO_3^-Cu^+\overset{NH_2}{\underset{NH_2}{|}} \longrightarrow R\text{-}SO_3^-Cu^+ + 2H_2O + N_2$$

$$2R\begin{matrix}SO_3^-Cu^+\\SO_3^-Cu^+\end{matrix} + O_2 \longrightarrow 2RCu^{2+}\begin{matrix}SO_3^-\\SO_3^-\end{matrix} + 2CuO$$

失效后树脂可用肼再生，反应如下

$$R\begin{matrix}SO_3^-Cu^+\\SO_3^-Cu^+\end{matrix} + 2N_2H_4 \longrightarrow R\begin{matrix}SO_3^-\text{---}Cu^+\\SO_3^-\text{---}Cu^+\end{matrix}\begin{matrix}NH_2\quad NH_2\\NH_2\quad NH_2\end{matrix}$$

$$R\text{-}SO_3^-Cu^+ + N_2H_4 \longrightarrow R\text{-}SO_3^-Cu^+\overset{NH_2}{\underset{NH_2}{|}}$$

$$4RCu^{2+}\begin{matrix}SO_3^-\\SO_3^-\end{matrix} + N_2H_4 \longrightarrow 4R\begin{matrix}SO_3^-Cu^+\\SO_3^-Cu^+\end{matrix} + N_2$$

由于在软化水中有大量 Na^+ 存在，因此还存在着离子交换作用

$$R\begin{matrix}SO_3^-Cu^+\\SO_3^-Cu^+\end{matrix} + 2Na^+ \longrightarrow R\begin{matrix}SO_3^-Na^+\\SO_3^-Na^+\end{matrix} + Cu_2^{2+}$$

$$2R\text{-}SO_3^-Cu^+ + 2Na^+ + 2OH^- \longrightarrow 2R\text{-}SO_3^-Na^+ + Cu_2O + H_2O$$

因此适合于软化水除氧。经多年运行实践证明，当软化水硬度为 0.04mmol/L 时，水中 Cu^{2+} 含量在 0.1mg/L 以下，对锅炉不会造成 Cu^{2+} 腐蚀。

氧化还原树脂的除氧特点是低温除氧（在 0℃ 以上即可除氧），其运行成本低，除氧完全（残余氧量为 $5\sim10\mu\text{g/L}$），操作方便，又不往锅炉汽水系统带进有害杂质，它适用于热水锅炉、低压蒸汽锅炉及小氮肥厂的冷却水除氧。

五、电化学除氧

1. 电化学除氧原理

电化学除氧器中，一般以钢板作为阴极，铝板作为阳极，欲除氧的水为电解质溶液。这样当通入直流电流时，电极上将发生下述电化学反应

阴极反应　　$O_2 + 2H_2O + 4e \rightarrow 4OH^-$

阴极反应　　$Al - 3e \rightarrow Al^{3+}$

由电极反应可见，水中的氧是被阴极反应还原而除去的。同时，阴极反应的产物 OH^- 与阳极反应的产物 Al^{3+} 在溶液中生成 $Al(OH)_3$，其反应如下

$$Al^{3+} + 3OH^- \rightarrow Al(OH)_3\downarrow$$

由于铝板较为便宜，又是两性金属，在 pH 值为 10～11 和 3～4 的范围内，其电位和电化学腐蚀速度较为稳定，生成的 Al (OH)₃可以产生不安定的胶溶体，很容易生成沉淀而除去，所以除氧器中的阳极选用铝板做成。

2. 电化学除氧器结构

除氧器结构如图 8-32 所示。1 为长方形外壳；2、3 分别为进水及出水口；5 为阳极板，系由铝材上开很多孔而制成；阳极板连接在阳极连接板 4 上，然后经阳极连接片 6 与直流电源正极相连；8 为阴极板，由钢制成，钢板上开很多孔；阴极板连接在阴极连接板 7 上，所有阴极板都经阴极连接片 9 与直流电源负极相连；10 为极板定位的绝缘板；11 为聚集氢氧化铝沉淀物的沉淀室，沉淀物可由手孔 15 排出；为了避免水流短路，在沉淀室内装有挡板 12；为排除产生的氢气，于顶部设有排气管 13，排气管可连至给水箱上部；14 为排水管；为了使阴、阳极连接片与外壳不导电，在连接片、接线螺栓与外壳之间设有绝缘垫圈 17 及橡皮圈 18，16 为普通垫圈。

待除氧的水由进口 2 进入除氧器，然后经过阴、阳极板上的孔，从出水口 3 流出。水中的氧被阴极上的还原反应所消耗，从而达到了除氧的目的。

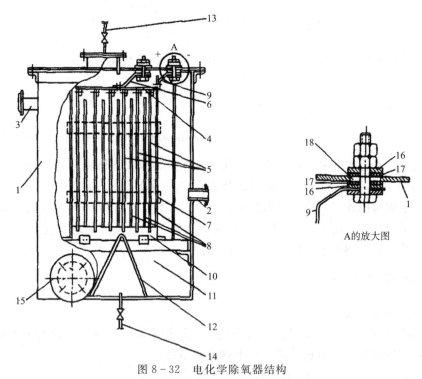

图 8-32　电化学除氧器结构

1—外壳；2—水入口；3—水出口；4—阳极连接板；5—阳极板；6—阳极连接片；7—阴极连接板；8—阴极板；9—阴极连接片；10—绝缘定位板；11—沉淀室；12—挡板；13—排气管；14—排水管；15—手孔；16—普通垫圈；17—绝缘垫圈；18—橡皮圈

第五节　锅炉水垢处理

一、锅内加药处理方法

锅内水处理是通过向锅内投加一定数量的药剂，与锅炉给水中的结垢物质（主要是钙、镁盐类）发生一些化学或物理化学作用，生成松散的水渣，通过排污从锅内排除，从而达到减缓或防止锅炉结垢的目的。这种水处理方法主要是在锅内进行的，所以称为锅内加药处理法。

1. 纯碱处理法

锅水中的各种离子存在下列平衡关系

$$Ca^{2+} + CO_3^{2-} \rightleftharpoons CaCO_3 \downarrow$$
$$Ca^{2+} + SO_4^{2-} \rightleftharpoons CaSO_4 \downarrow$$
$$Ca^{2+} + SiO_3 \rightleftharpoons CaSiO_3 \downarrow$$
$$Mg^{2+} + 2OH^- \rightleftharpoons Mg(OH)_2 \downarrow$$

纯碱处理是人为地增加 CO_3^{2-} 浓度，使锅水中上式第一个反应的平衡向右移动，在锅水维持一定碱度和 pH 值的条件下，生成无定形水渣，锅水中 Ca^{2+} 浓度减少，第二个平衡式和第三个平衡式即向左移动，从而减少 $CaSO_4$、$CaSiO_3$ 水垢的形成。

由于 Na_2CO_3 在高温下发生水解反应

$$CO_3^{2-} + H_2O \rightarrow 2OH^- + CO_2 \uparrow$$

生成 OH^-，使第四个反应的平衡向生成 $Mg(OH)_2$ 水渣方向移动。

锅水中 Ca^{2+} 与 CO_3^{2-} 在不同碱度和 pH 值条件下，存在下列平衡

$$Ca^{2+} + CO_3^{2-} \rightleftharpoons CaCO_3 \begin{cases} CaCO_3 （维持一定碱度和 pH 值）无定形水渣 \\ CaCO_3 （锅水碱度和 pH 值低时）结晶形水垢 \end{cases}$$

纯碱处理法可使锅水中 CO_3^{2-} 和 OH^- 保持在一定浓度范围内，一般碱度在 $8 \sim 20mmol/L$，pH 值为 $10 \sim 12$ 时，上述反应式的平衡便向生成无定形水渣方向移动，不生成结晶形水垢，达到防垢的目的。

因碳酸钠在锅水中会发生水解反应，其水解率随温度升高而增大，当锅炉压力为 1.5MPa 时，其水解率为 60%，即有多一半的 Na_2CO_3 水解成 OH^-。因此，纯碱处理一般用于压力低于 1.3MPa、大于 0.2MPa 的锅炉，也可用于火管、水管立式锅炉和卧式三回程快装锅炉及水容量大于 $50L/m^2$ 加热面的锅炉。对于原水硬度大于碱度的非碱性水质，以及含镁的非碳酸盐硬度较小的锅炉也适用。对于压力低于 0.2MPa 的锅炉，因 Na_2CO_3 水解率低，难以维持锅水 pH 值在 $10 \sim 12$ 范围内，尤其是热水锅炉，一般不宜采用单独的纯碱处理，可适当补充一些氢氧化钠。

纯碱处理主要是降低锅水中非碳酸盐硬度（即给水硬度减去给水碱度），及补充锅水碱度的损失或不足，碳酸盐硬度在锅内自行分解处理，加药后不计这部分硬度，故加药量

可按式下式计算。

$$G_0 = 53 \times (H - A + A_0)W \qquad (8-5)$$

$$G_1 = 53 \times (H - A + A_0 P)W \qquad (8-6)$$

$$G_2 = 53 \times (A_0 - A_{测})W \qquad (8-7)$$

式中　G_0——锅炉开始运行时的加碱量，g；

　　　G_1——锅炉正常运行时的加碱量，g/m^3；

　　　G_2——锅水碱度低于正常值时的加碱量，g；

　　　W——锅炉的标准水容积，m^3；

　　　H——给水硬度，mmol/L；

　　　A——给水碱度，mmol/L；

　　　A_0——水质标准规定的锅水碱度，mmol/L；

　　　$A_{测}$——实际测定的锅水碱度，mmol/L；

　　　P——锅炉排污率，%；

　　　53——$\dfrac{1}{2}$ Na_2CO_3 的摩尔质量，g/mol。

锅炉每日用碱量可按下式计算

$$G_3 = nQG_1 + G_2 \qquad (8-8)$$

式中　G_3——锅炉运行时，每天加药量，g；

　　　n——24 小时，h；

　　　Q——锅炉给水量，t/h。

其他符号同前。当锅炉碱度不低于水质标准时，G_2 为 0。

该方法操作简便，处理费用低，适用于压力为 0.2～1.3MPa 的锅炉。

2. 磷酸盐处理法

锅内处理使用的磷酸盐有磷酸三钠、磷酸氢二钠、磷酸二氢钠、六偏磷酸钠。一般作锅内单独处理时，多采用磷酸三钠。

一般中、高压锅炉均可采用磷酸盐处理，该法是在锅水呈碱性的条件下，加入磷酸盐溶液，使锅水磷酸根维持在一定浓度范围内，水中的钙离子便与磷酸根反应生成碱式磷酸钙（也称水化磷灰石），少量镁离子则与锅水中的硅酸根生成蛇纹石，其反应如下

$$10Ca^{2+} + 6PO_4^{3-} + 2OH^- \rightarrow 3Ca_3(PO_4)_2 \cdot Ca(OH)_2 \downarrow$$

（碱式磷酸钙）

$$3Mg^{2+} + 2SiO_3^{2-} + 2OH^- + H_2O \rightarrow 3MgO \cdot 2SiO_2 \cdot 2H_2O \downarrow$$

（蛇纹石）

碱式磷酸钙和蛇纹石均属于难溶化合物，在锅水中呈分散、松软状水渣，易随锅炉排污排出锅炉，不会粘附在受热面形成二次水垢。但当锅水中 PO_4^{3-} 加入量较多时，镁离子便会与 PO_4^{3-} 结合生成磷酸镁 $[Mg_3(PO_4)_2]$，磷酸镁在高温水中溶解度很小，能粘附在受热面，转化成松软的二次水垢。

磷酸盐处理一般采用的药品为磷酸三钠（$Na_3PO_4 \cdot 12H_2O$）。当补给水量较大，并用软化水补充时，锅水碱度很高，可采用磷酸氢二钠处理，降低一部分游离 NaOH，其反应如下

$$NaOH + Na_2HPO_4 \rightarrow Na_3PO_4 + H_2O$$

锅水中应维持一定的 PO_4^{3-} 浓度，使其既能起到防垢的目的，又能达到防腐蚀的目的。

磷酸盐与水中 Ca^{2+}、Mg^{2+} 的化学反应比较复杂，其加药量难以用公式来精确计算。实际应用中，磷酸盐的加药量是根据锅水中所控制的 PO_4^{3-} 指标、锅炉水容积及排污量进行初步估算，然后通过调整试验来确定的。

3. 聚合物处理法

聚合物处理法是采用有机聚合物单独或与其他药剂联合使用对锅水进行处理的一种方法。该法主要是利用聚合物的分散作用来减少锅内水垢的沉积。

聚合物是由相同的或不同的单体聚合而成的化合物。根据聚合物在水中电离情况的不同，可分为三种类型：电离后带正电荷的为阳离子型；带负电荷的为阴离子型；不能离子化的为非离子型。锅炉水处理常用的聚合物是阴离子型的。例如聚羧酸聚合物，它们在水溶液中离解出氢离子和聚合物阴离子，故又称阴离子型聚合电解质。锅水处理中，一般选用分子量较低的阴离子型聚合电解质，通常分子量在 $10^3 \sim 10^4$ 范围内。常用的阴离子型聚合电解质有聚丙烯酸、聚甲基丙烯酸、水解聚马来酸酐和羧基甲基纤维素。它们的分子式如下：

聚丙烯酸（PAA）

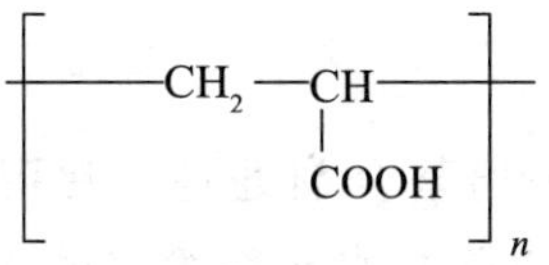

$$\left[CH_2 - \underset{\underset{COOH}{|}}{CH} \right]_n$$

聚甲基丙烯酸（PMA）

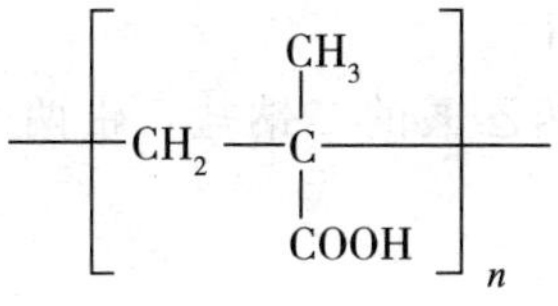

$$\left[CH_2 - \underset{\underset{COOH}{|}}{\overset{\overset{CH_3}{|}}{C}} \right]_n$$

水解聚马来酸酐（HPMA）

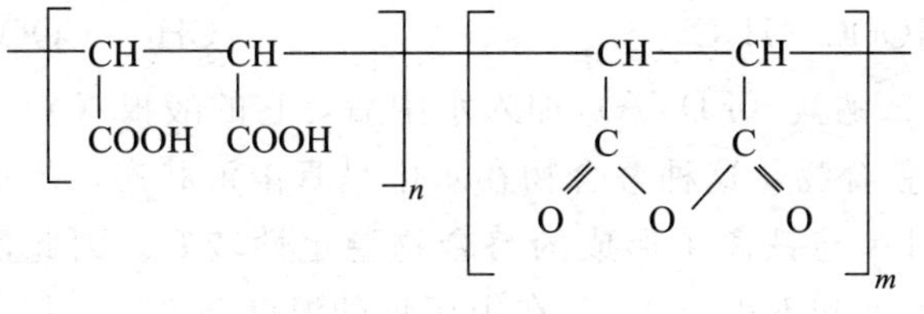

羧基甲基纤维素（CMC）

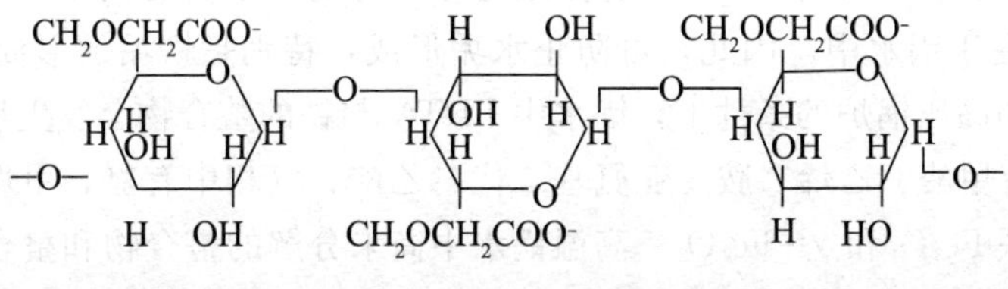

这些聚合物电离出来的负离子，被锅水中的悬浮颗粒及金属表面所吸附，使金属表面与悬浮颗粒带负电荷而相互排斥，结果，颗粒相互间不会聚积，也不会在金属表面沉积，只在锅水中处于悬浮状态，可随锅炉排污而除去。有的阴离子型聚合电解质不仅具有分散

作用，而且还有在结晶过程中改变结晶形状的作用，使晶体发生畸变而停止生长。形成的分散颗粒不能在炉管金属表面结晶成水垢。

根据实验结果得知，聚合物处理的效果与以下因素有关：

①聚合物的相对分子质量。相对分子质量在 5000～10000 范围内的聚合物作为分散剂，效果较好；

②聚合物主链上羧基的数目和羧基的间隔对晶格变形及抑制晶体生成均有影响，应根据水质，通过试验来选择合适的聚合物；

③聚合物在水中的含量，对处理效果有影响。有时药剂含量过大，效果反而降低，最佳含量要经过多次实验确定。一般锅水中药剂有效成分的含量在 2～3mg/L 即可，此时的加药量约为 10mg/L。

聚合物处理法除了单独使用外，还可以与其他水处理法配合作用，其效果比各自单独使用为佳。如与 EDTA 螯合剂配合使用，不仅可除去与 EDTA 络合的溶解态铁及钙、镁离子，还可以防止其他结垢物质及非溶解态的铁在锅内沉积，比两者单独使用效果更佳；聚合物也可与等成分磷酸盐处理法配合使用，既可防止各种水垢的沉积，又可防止腐蚀，应用效果较好。聚合物还可与有机多元膦酸盐配合使用，在总剂量不变的情况下，效果比单独使用好得多。

4. 螯合剂处理法

20 世纪 60 年代开始，锅内采用螯合剂处理。常用的螯合剂有乙二胺四乙酸（ED-TA）、氨基三乙酸（NTA）等。以除盐水作补给水的锅炉，在热负荷很高时，例如燃油的中压锅炉或给水品质较高、给水中无钙、镁离子的高压锅炉，采用螯合剂 EDTA 处理，防止铁垢在锅内的沉积，效果较好。

锅内水处理常用的是乙二胺四乙酸的二钠盐，带两个结晶水，通常也简称为 EDTA。其结构式如下：

$$\begin{array}{cc} HOOC-H_2C & CH_2-COOH \\ N-CH_2-CH_2-N & \\ HOOC-H_2C & CH_2-COOH \end{array}$$

乙二胺四乙酸的二钠盐（EDTA）加入水中后，它的酸根（Y^{4-}）能与水中所有的阳离子形成可溶性金属螯合物，这种螯合物在水中呈真溶液状态，当锅水中 pH 值（25℃）在 9.0～9.8 时，EDTA 与铁离子形成的螯合物稳定性较好。因此，在采用 EDTA 处理时，pH 值应不大于 9.8 和不小于 9.0。在中压炉的温度条件下，锅水内与 EDTA 结合的螯合物很少发生热分解。由于 EDTA 螯合性能好，与锅水中所有的阳离子形成的螯合物，均呈溶解状态存在于锅水中，因此，可防止水垢形成，特别是铁垢的形成。

在高温高压如高压锅炉的条件下，锅水中 EDTA 与铁的螯合物会发生热分解，其分解产物如下：液相中有甲醛、乙烯二胺、亚氨基二代二乙酸；气相中有氢、甲烷和二氧化碳；固相中有磁性氧化铁 Fe_3O_4 和 $\gamma-Fe_2O_3$。高温锅水中尚未分解的螯合物和螯合物分解后留在锅水中的二次络合物，都是易溶性的络合物，这些络合物都很稳定，不影响处理效果。

当锅炉管壁洁净而没有沉积物时，如经化学清洗后，在给水中加入 EDTA 形成的螯合物，在锅水中发生热分解，其产物磁性氧化铁 Fe_3O_4 或磁性 $\gamma-Fe_2O_3$ 会在洁净的锅炉管壁上生成良好的保护膜，这层保护膜很薄且致密（约 $1\sim5\mu m$ 厚），能对金属起到良好的保护作用，可以减少金属腐蚀。由于 EDTA 与钙的螯合物在热分解时会影响氧化铁薄膜的形成，破坏膜的完整性，所以，在采用 EDTA 处理时，给水中不应有钙离子存在。在使用 EDTA 螯合剂处理时，要求给水中无硬度，这不仅是因为钙离子影响处理效果，而且钙、镁离子的存在会消耗 EDTA，使价格昂贵的 EDTA 用量大大增加而增加处理费用。对于中、高压锅炉采用 EDTA 处理，一般均要求以除盐水作补给水，在使用前，一般要求机组进行化学清洗，以防止炉管上的沉积物被溶解下来，否则，不仅增加药剂消耗量，而且增加锅水含盐量，特别是对于有铜垢的锅炉，铜与 EDTA 络合能力比铁更强，铜络合物的热分解产物会减弱磁性氧化铁对金属管壁的保护性能。在进行 EDTA 处理时，应注意保持金属管壁的洁净。

5. 其他处理方法

（1）全挥发性处理

全挥发性处理（AVT）是一种不向锅内添加磷酸盐等药剂，只在给水中添加氨（一般用 NH_4OH）和联氨的处理方法。这种方法可以减少热力系统金属材料的腐蚀，减少给水中携带腐蚀产物，从而减少锅内沉积物。该方法可用于给水纯度高的超高参数汽包锅炉和直流锅炉。

联氨和氨通常在凝结水泵出口和凝结水除盐设备出口管道加入，为保证有足够的氨和联氨，必要时还可在除氧器出口管道上添加药剂，以维持系统中水、汽的 pH 值和除去给水中的溶解氧。

采用全挥发性处理要求给水电导率 $<0.2\mu S/cm$，硬度 $\approx0\mu mol/L$，氯含量 $<100\mu g/L$，铁含量 $<10\mu g/L$，铜含量 $<3\mu g/L$，溶解氧含量 $<7\mu g/L$，SiO_2 含量 $<20\mu g/L$，联氨 $10\sim30\mu g/L$，pH 值 $8.8\sim9.3$（低压加热器为钢管时为 $9.0\sim9.5$）。

该处理方法对给水质量要求较高，故除应有完善的补给水处理系统外，还应有相应的凝结水净化装置，以保证给水品质达到上述要求。为使给水系统中的铁、铜含量在合格范围内，应恰当控制给水的 pH 值，氨的加入量应进行合理的调整。

该法的缺点是：锅水缓冲性能比磷酸盐处理小，对由凝结器等泄漏引起的给水品质变差的适应性小，并且炉管结垢难以去除。

（2）中性水处理

中性水处理（NWT）是 pH 值为 $6.5\sim7.5$ 的高纯度给水（一般电导率小于 $0.15\mu S/cm$）中添加适量氧化剂（H_2O_2 或气态氧）的水处理方法。溶解氧的含量应控制在 $50\sim500mg/L$，一般在 $50\sim150mg/L$ 范围内。此方法使金属表面形成保护膜，从而提高了碳钢材料的耐蚀性，减少钢铁腐蚀，降低给水含盐量和锅炉受热面的结垢速率。但该法给水缓冲性差，在有微量杂质混入或 pH 值降低时，铁和铜的腐蚀溶出率就增大，因此采用此法，必须严格控制给水品质。

在国外中性水处理用于无铜系统的直流炉和空冷机组。我国在 200MW 超高压空冷机组（汽包炉）上已采用中性水处理多年，效果比较理想。

采用此法可不再向锅炉内加其他药剂。

（3）联合水处理

联合水处理（CWT）法是向电导率低于 $0.15\mu S/cm$ 高纯度给水中加入适量氨，使无铜系统锅炉给水 pH 值提高到 8.0～8.5，或有铜系统给水 pH 值提高到 8.7～8.9，再加入溶解氧，其浓度维持在 30～500mg/L（一般控制 50～150mg/L 范围内）的一种给水处理方法。此法与中性处理相同的是都加氧，但中性处理 pH 值较低，对有铜系统机组，铜管在中性区腐蚀溶出，增加系统铜污染；而联合水处理提高 pH 值，既能抑制碳钢腐蚀，又能抑制凝汽器和低压加热器中铜合金的腐蚀溶出，使加氧处理工艺可应用于有铜系统机组的给水处理中。该方法已在国内超临界机组直流炉中应用，取得良好的效果。目前正在对超高参数汽包炉进行应用试验研究。

该方法同样可以不向锅炉内加其他药剂，并对给水品质要求较高。

（4）氢氧化钠处理

自从发现锅炉会发生碱性腐蚀后，人们就害怕锅水中出现游离 NaOH。实际上，许多国家一直采用氢氧化钠处理锅水，特别是锅水 pH 值有降低的情况时，采用氢氧化钠处理（CT）较有效，只要严格控制其含量，该法是比较安全的。

6. 锅内加药处理方法的评价

纯碱处理法适用于压力小于 1.3MPa、大于 0.2MPa 的锅炉，当锅水碱度在 8～20mmol/L，pH 值在 10～12 时，用纯碱处理效果较好，可以防止新垢生成并能使原来结的老垢脱落。处理费用低，加药设备简单，操作方便，运行可靠。

磷酸盐处理法应用较多，一般中、高压及超高压锅炉均可采用磷酸盐处理法。该法能有效地防止钙、镁水垢的形成，但不能防止铁垢的形成。

聚合物处理法防垢效果好，并能防止铁、铜在金属表面上的沉积。其防垢机理和过程较复杂，药品价格亦较昂贵，尚未广泛使用。

螯合剂处理法效果好，不仅可防止铜垢、铁垢的形成，并能除去管壁原来生成的垢。但因价格昂贵，还要求在使用前对锅炉进行化学清洗，并要求给水中无钙、镁离子，使用条件较高，不易推广使用。

全挥发性处理、中性水处理、联合水处理均为高纯水补充的锅炉所采用，多用于直流炉及超高参数汽包炉，用在给水处理中，可不再进行锅内加药。

二、锅内水处理的加药方法及装置

1. 锅内水处理的加药方法

锅内水处理的加药方法有两种：一是间断加药，二是连续加药。小锅炉采用间断加药较多，即每隔一定时间，例如每天或每班一次或数次，向锅水或给水中加药。连续加药是以一定浓度的药液，连续地向锅水或给水中加药的方法。这种加药方法要求锅水中保持一定量的药液浓度，使各项水质指标保持平稳，有效地起到防垢作用。

药剂的配制，一般均采用经处理的补给水，将固体药剂或液体药剂配制成浓溶液，以磷酸盐为例，浓度一般为 5%～8%，可在化学车间配制。再将此浓溶液经机械过滤器过滤后，送至药液贮存箱，并用补给水稀释至 1%～5%，再用压力高、容量小的柱塞泵（泵出口压力应高于汽包压力），连续地将稀释后的药液送入汽包内，维持锅水浓度在指定范围内。对于螯合剂 EDTA 药液的配制，凡与药液接触的管道、设备、阀门、加药泵等，均应采用不锈钢或耐 EDTA 腐蚀的材料。

2. 加药装置及系统

小锅炉的锅内加药，可采用在给水泵低压侧，利用高位药箱药液的重力作用，加到给水泵入口侧低压管内，随给水进入锅炉；也可在给水泵出口与锅炉省煤器出口间连接一高压加药罐，采用在给水泵高压侧利用给水泵出口压力与省煤器出口压力差，将药液压入锅炉内。补充药品时，将加药罐与系统隔离即可加入。此装置和系统较简单，此处不做介绍。

对于中、高压锅炉，一般都采用高压加药泵向锅炉汽包内加药。加药系统及装置如图8-33、图8-34所示。图8-33为加药配制系统。以磷酸盐为例，在磷酸盐溶解箱内，将固体药品加入，并用补给水溶解之，在溶解过程中，可用泵打循环，使其均匀溶解，配制成浓度为5%～8%的浓溶液。全部溶解后的溶液，用泵经过滤器过滤后，打入磷酸盐溶液贮存箱，并用补给水稀释至1%～5%的稀溶液。

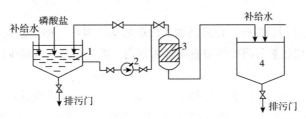

图8-33　磷酸盐溶解制备系统
1—磷酸盐溶解箱；2—泵；3—过滤器；4—磷酸盐溶解贮存箱

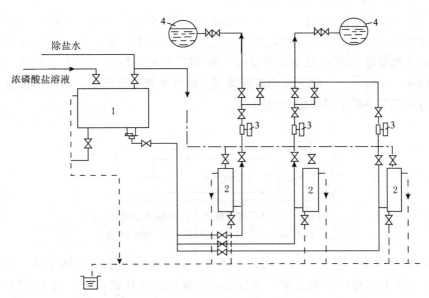

图8-34　磷酸盐溶液加药系统
1—磷酸盐溶液贮存箱；2—计量箱；3—加药泵；4—锅炉汽包

图8-33为磷酸盐溶液加药系统。经过滤、稀释的磷酸盐溶液，经计量箱、加药泵直接注入汽包内。汽包内的磷酸盐加药管是沿汽包长度方向铺设的，加药管在下降管附近，应远离排污管入口，以防排污时将新注入的药液排掉。加药管上，沿汽包长度开等距离小孔，使药液均匀加入汽包内。一般药液连续加入，故加药泵应有备用。两台相同压力的锅炉，可共用一台备用泵，即用三台泵，其中一台作备用。加药泵多采用柱塞泵，用调节泵

活塞冲程来改变加药量。加药量应根据锅水中 PO_4^{3-} 分析化验数据来确定。磷酸盐加药自动控制装置可实现加药控制自动化。该装置可按照要求,将锅水中 PO_4^{3-} 的浓度控制在所指定的范围内。当锅水水质变化,锅水 PO_4^{3-} 含量高于指定值上限时,加药泵自动停止加药;锅水 PO_4^{3-} 降至下限时,泵即启动,采用锅水磷酸根表测定的 PO_4^{3-} 含量来控制加药。

3. 锅内加药处理的注意事项

(1) 配制用水的选用

在配制药品时,应采用补给水配制,不允许采用生水配药。药剂应充分溶解,对于难溶药品,可选用加温或其他方法溶解后,再倾入加药箱内,药箱底部应有排污阀,并经常清除沉渣,以免沉积物带入锅内。对于相互间易发生反应的药剂,如六偏磷酸钠与氢氧化钠,应分别配制,分别加入。

(2) 加药方式

在加药时,应先排污后加药,以防新加入的药剂排出锅炉。加药量应根据锅水水质情况确定。加药量较大时,应注意勿将冷溶液直接加入锅内,需先预热,以减少因温差引起的应力。

(3) 加药管理

锅内加药处理,在管理上应坚持做到:按规定加药,定期或连续加药;按规定排污,定期或连续排污;定期化验,按化验结果确定加药量;定期检查,以确定加药效果及管理水平,适时进行调整。

(4) 采用 EDTA 螯合剂处理的注意事项

采用 EDTA 螯合剂处理时,应特别注意加药位置及加药方法。EDTA 二钠盐溶液必须加在除氧器及添加化学除氧剂除氧之后,因为水中有溶解氧时,EDTA 对设备有腐蚀作用,溶解氧还能促进 EDTA 发生分解反应。在 EDTA 稀溶液加入给水管道处,应加有保护套,如图 8-35 所示,以避免冷的药液落到热的给水管道管壁上,引起给水管金属在周期性热应力作用下,发生局部应力腐蚀。

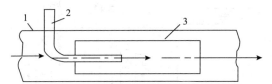

图 8-35　EDTA 溶液加入给水管道示意图
1—给水管道;2—EDTA 加药管;3—保护用套管

不能把 EDTA 溶液直接加入汽包内,否则,EDTA 会发生部分热分解,不仅螯合作用不完全,达不到良好的防垢效果,而且还会引起汽包金属的腐蚀。也不能将 EDTA 溶液加到凝汽器中,因为 EDTA 对铜管会发生强烈的络合作用,引起低压加热器、凝汽器等黄铜管的腐蚀。此外,采用 EDTA 处理前,应对锅炉进行化学清洗,以防炉管壁上结的垢大量消耗 EDTA 药品。

三、锅炉的排污处理

1. 锅炉排污的方式

给水进入锅内,在汽包内产生蒸汽,大量洁净的蒸汽从汽包中逸出,锅水浓度逐渐升高。为了获得纯净的饱和蒸汽，应降低锅水的含盐量及杂质。提高给水品质和进行必要的锅内排污，是降低锅水含盐量的主要办法。锅炉排污就是在锅炉运行时，经常从锅水中排放掉一部分杂质含量高的锅水，并补入相应的给水的过程。

锅炉排污一般有两种形式，一是定期排污，二是连续排污。定期排污是从锅炉水循环系统的最低点，一般中、高压锅炉在水冷壁管下部联箱，间隔一定时间，排放一次锅水，以除去水渣。排放间隔时间根据锅炉水质而定，有 $8\sim24h$ 排放一次的，当补充高纯度除盐水时，也可以数天排放一次。每次排放时间大约 $0.5\sim1min$，每次排放量约为锅炉蒸发量的 $0.1\%\sim0.5\%$。锅炉的定期排污一般在夜间锅炉负荷最低的时候进行，此时水循环速度较低，水渣易下沉在底部，排污效果比较好。排污前后都应进行锅水的化验，以便确定排污量及排污效果。对于新安装的锅炉，投产初期及启动时，需加强定期排污，以除去铁渣、沉积物及水渣等杂质。

锅炉的连续排污是指从汽包中不断地排出一些锅水，使锅水水质保持在规定浓度之内。连续排污一般是从汽包内锅水浓度最高的部位排出，若是分段蒸发锅炉，则从盐段排污。

2. 锅炉的排污率

锅炉的排污率是指锅炉排污量占锅炉蒸发量的百分率，以下式表示

$$P = \frac{D_P}{D} \times 100\% \tag{8-9}$$

式中　D_P——锅炉排污水量，t/h；

$\quad\quad D$——锅炉蒸发量，t/h；

$\quad\quad P$——锅炉排污率，$\%$。

一般 D_P 指的是连续排污量。

锅炉正常排污率不应超过表 8-9 中的数据，最小排污率不小于 0.3%。

表 8-9　锅炉排污率　　　　　　　　　　　　　　　　　　　　　　%

补给水	凝汽式电厂	热电厂
除盐水或蒸馏水	1	2
软化水	2	5

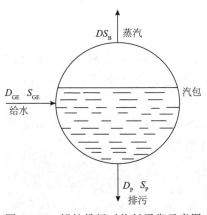

图 8-36　锅炉排污时物料平衡示意图

锅护排污率一般不按式（8-9）计算，而是根据水质分析结果计算的。假设某一物质在锅水中不析出，那么，当锅水水质稳定时，根据物料平衡规律，该物质随给水带入锅内的量等于排污水排掉的量和饱和蒸汽带走的量之和，如图 8-36 所示。其关系式如下

$$D_{GE}S_{GE} = DS_B + D_P S_P \tag{8-10}$$

式中　D_{GE}——锅炉给水量，t/h；

$\quad\quad S_{GE}$——给水中某物质的含量，mg/kg；

$\quad\quad S_B$——饱和蒸汽中某物质的含量，mg/kg；

$\quad\quad S_P$——排污水中某物质的含量，mg/kg。

其他符号同式（8-9）。

由于进出锅炉的水汽量是平衡的，即

$$D_{GE} = D + D_P \qquad (8-11)$$

因此，由式（8-9）、式（8-10）、式（8-11）得出

$$P = \frac{S_{GE} - S_B}{S_P - S_{GE}} \times 100\% \qquad (8-12)$$

又因为排污水即为锅水，所以 S_P 可用锅水中某物质的含量（S_G）来表示，上式可以写成

$$P = \frac{S_{GE} - S_B}{S_G - S_{GE}} \times 100\% \qquad (8-13)$$

在使用该公式进行计算时，S_G 的选用应注意，对于以化学除盐水或蒸馏水为补给水的锅炉，因含盐量较低，锅水内加入磷酸盐的比例相对较大，不能选用磷酸根、钠等来计算，而应选用硅含量来计算，以全硅含量分析结果代入式（8-13）计算排污率比较准确；对于以软化水补充的中、低压锅炉，可用氯离子量或钠离子量简化公式来计算，因蒸汽中氯和钠含量甚微，可以略去。

$$P = \frac{S_{GE}}{S_G - S_{GE}} \times 100\% \qquad (8-14)$$

3. 锅炉的排污装置

锅炉的定期排污装置如图 8-37 所示。排污管一般设在下汽包中或水冷壁管的下联箱底部。下汽包中的排污管管径可选用 50mm，下联箱排污管管径可用 25mm，沿联箱长度方向布置，并延伸一定长度，管上开有一定数量的孔眼。定期排污水量较少，热量损失也较少，一般不回收，经扩容器降温降压后排地沟。排污管均应安装两个阀门。操作时，应先开、后关离锅炉近的阀门，比较安全。

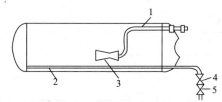

图 8-37　定期排污装置

1—扩散管；2—定期排污管；3—扩散器；
4、5—慢开、快开阀

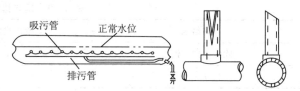

图 8-38　连续排污装置

连续排污装置如图 8-38 所示。连续排污管采用直径 28～60mm 的钢管，上有孔间距为 500mm 的开孔，孔上装有吸污管，吸污管顶端一般离汽包正常水位下 80～100mm，此处锅水局部浓度较高，并可防止蒸汽随排污带出。

连续排污量较多，为减少排污热、水损失，均设有排污扩容器，利用扩容器压力突然降低，回收部分由锅水降压而转变成的蒸汽，并可回收热量。

第九章 蒸汽凝结水处理

第一节 水蒸气的性质

水是一种无色、无臭、无味、透明的液体。水的分布很广，易于获得，价格便宜，水蒸气又有较好的热力性质。水是热力过程中应用得最早和最广泛的工质。

一、汽化与汽化潜热

当水被加热到沸腾时，在水的表面和内部便产生大量的气泡，气泡升至水面时就破裂开来放出蒸汽，水就这样逐渐地变成了水蒸气。水由液态变为气态的过程叫做汽化。水沸腾后虽然对它继续加热，但水的温度却不再升高，始终保持在沸点温度，如果停止加热，水也就立即停止沸腾。可见水沸腾后所吸收的热量不是用来升高水的温度，而是用来使水汽化成蒸汽的。沸水汽化所生成的蒸汽温度与沸水温度相同，蒸汽的温度始终等于蒸汽的压力所对应的饱和温度，这种蒸汽叫做饱和蒸汽，这种水叫做饱和水。

水和水蒸气的热力学性质可用图9-1简单说明，图中的压力是表压。饱和蒸汽的总热量等于对应的饱和水的显热和汽化潜热之和。水加热后温度升高，在一个标准大气压（101.325kPa）下，水被加热到100℃时汽化，继续加热，水温不再变化，此时加入的热量全部转移到蒸汽当中。在热力学中把这两种能量分别称为显热和汽化潜热。一个标准大气压下，1kg水每升高1℃，需要加入的热量大约是4.2kJ，这部分热量叫显热。水从常温20℃加热到100℃，吸收的热量大约是340kJ。水在100℃时沸腾，此时获得的热量将使饱和水

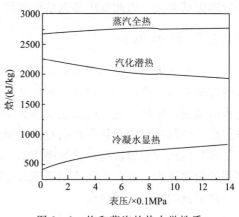

图9-1　饱和蒸汽的热力学性质

转变为蒸汽，1kg水转化为蒸汽需要输入的热量是2257kJ，这部分热量称为汽化潜热（或相变潜热）。可见一个标准大气压条件下，汽化潜热是水的显热的6倍。从图9-1上的蒸汽全热曲线和冷凝水显热曲线可以发现，蒸汽所携带的总热量远大于同温度下饱和水所携带的热量，多出的部分就是对应压力下的汽化潜热。

在不同的压力下，饱和水汽化为饱和蒸汽所需的汽化潜热也不相同，汽化潜热的数值是随压力的升高而降低的。例如：在绝对压力为0.1MPa时，$r=2258kJ/kg$，当绝对压力为0.2MPa时，$r=2202kJ/kg$。

二、饱和蒸汽

饱和水汽化为饱和蒸汽时，比体积将大大地增加。如绝对压力为 1MPa 时，饱和水的比体积为 $0.0011273m^3/kg$，而饱和蒸汽的比体积为 $0.1946m^3/kg$，较饱和水的比体积增大了将近 172.6 倍。

饱和蒸汽有干饱和蒸汽和湿饱和蒸汽两种状态。

1. 干饱和蒸汽

不含水分的饱和蒸汽叫干饱和蒸汽。它是指饱和水全部被汽化，而蒸汽温度仍等于该压力下的饱和温度。

2. 湿饱和蒸汽

含有水分的饱和蒸汽叫湿饱和蒸汽。它是指饱和水汽化过程中带有饱和水，处于汽、水共存的状态。

1kg 湿饱和蒸汽中，含有干饱和蒸汽的质量分数称为干度，以符号 x 表示。它说明湿饱和蒸汽的干燥程度，x 值越大则蒸汽越干燥。对干饱和蒸汽来说，$x=1$。若干度 $x=0.9$，则表示 1kg 湿饱和蒸汽中含 90% 的干饱和蒸汽，含 10% 的饱和水。

饱和蒸汽的温度与压力有关，绝对压力为 0.5MPa 时，饱和蒸汽的温度约为 151.85℃，通过控制蒸汽的压力就可以得到所需要温度的蒸汽。生产饱和蒸汽的锅炉相对简单，因此在使用蒸汽加热、干燥等工艺中一般使用饱和蒸汽。从蒸汽表可知，高压蒸汽的潜热比低压蒸汽的小。所以低压蒸汽凝结时放出热量多，使用低压蒸汽更为经济。但它也有不利之处，因为低压蒸汽的压力低、温度低、比体积大。它要求管径、加热器和所有的加热面都要大。因此低压蒸汽系统的最初投资要比高压蒸汽系统高得多。

三、过热蒸汽

若在等压下继续加热干饱和蒸汽，蒸汽温度便会逐渐升高，比体积也将逐渐增大，蒸汽的温度将高于蒸汽的压力对应的饱和温度，称之为过热蒸汽。饱和蒸汽变成过热蒸汽的过程叫做过热阶段，这一阶段吸收的热量称为过热量。过热蒸汽超过饱和温度的程度称为过热度。过热蒸汽的总热量包括蒸汽的显热、汽化潜热和饱和水的显热。

过热蒸汽的熔值较高，热导率较低，不像饱和蒸汽那样易于凝结，它比饱和蒸汽具有更强的做功能力，因此，在使用蒸汽发电或者驱动其他动力机械时常常使用过热蒸汽，生产过热蒸汽的锅炉比较复杂。

四、凝结与凝结潜热

蒸汽在用户端放热时，蒸汽凝结，凝结过程释放出与同温度下汽化潜热等量的热量，称为凝结潜热。由于凝结潜热和汽化潜热完全相等，所以这两个术语可以互为通用。蒸汽凝结时的温度与蒸发时的温度相等，且在凝结过程中保持不变，这个特性使蒸汽特别适合那些需要恒定加热温度的工艺过程。而且蒸汽凝结换热系数大，是一种高效换热方式，这是蒸汽被广泛使用的一个重要原因。

五、二次蒸汽

水的沸点随着压力增大而升高，相反当压力降低时，沸点也相应降低。当蒸汽放出潜热凝结成水时，其温度保持不变。凝结水生成时，是处于使用蒸汽压力下的饱和温度，在未排出蒸汽疏水阀之前，其温度几乎不下降。这种高温凝结水一旦被排到压力低的地方，部分凝结水产生再蒸发，生成蒸汽，其余则成为低压的饱和凝结水，这种现象叫做闪蒸现象，所生成的蒸汽称为闪蒸蒸汽，即二次蒸汽。

二次蒸汽和直接从锅炉出来的饱和蒸汽同样好用，而且它通常更加干燥。不过它的压力较低，在很多情况下，二次蒸汽可采用一些简单的设备进行回收，并可收到明显的经济效益。二次蒸汽回收不限于大气压力，从理论上讲，直接由蒸汽得到的凝结水其压力降低到任意较低的压力，都会产生二次蒸汽。有多少水再次蒸发成蒸汽取决于凝结水和二次蒸汽两者的压力。凝结水的压力愈高，二次蒸汽压力愈低，生成二次蒸汽的数量就愈多。

六、蒸汽作为载热质的主要优缺点

①单位容积的热容量大，使得传输管道的尺寸较小，而且蒸汽在管道中的摩擦阻力较小，管网传输效率高。

②蒸汽的产生过程（水蒸发）和凝结过程是高效传热方式，换热过程效率高，可以减小换热器的大小，降低换热器的成本。

③蒸汽的温度受压力控制，从而使加热工艺的温度控制非常简单。

④蒸汽来源于水，容易获得，价格低廉，而且可以循环使用。

⑤蒸汽靠自身压力传送，与热水和有机载热体相比，管网设计简单、灵活。

第二节　凝结水回收与利用

蒸汽作为一种热能载体，被广泛应用于发电、石油、化工、印染、造纸、纺织、酿造、橡胶、陶瓷、塑料、建材、冶金等工业领域中。蒸汽在各用汽设备中放出汽化潜热后变为近乎同温同压下的饱和凝结水，由于蒸汽的使用压力大于大气压力，所以凝结水所具有的热量可达蒸汽全热量的 $20\%\sim30\%$，且压力和温度越高，凝结水具有的热量就越多，占蒸汽总热量的比例也就越大。凝结水回收与利用是节约能源的一项重要举措，对降低成本、促进环保和合理利用水资源等工作都有积极的推动作用。但是如何选择装置，系统有效地回收和利用凝结水，达到经济效益最优化是一个值得研究的问题。

一、凝结水回收与利用的方式和原则

1. 回收利用凝结水的作用

凝结水包括热力系统的各种疏水和供热回水。这类凝结水的水质要远远高于生水，再循环使用可以大大降低运行费用。充分回收高温凝结水并将其作为动力厂除氧器补充水，可以减少锅炉/余热锅炉软化水（除盐水）的补水，降低锅炉的燃料消耗及除氧器的蒸汽自耗。回收利用凝结水主要有以下几方面的作用：

①软化（除盐）水，可减少水处理及原水费用；

②凝结水进入除氧器作为锅炉/蒸汽发生器的补水，可减少燃料消耗，用于余热锅炉可增加蒸汽量；

③改善锅炉/蒸汽发生器给水水质，减少其排污量，保护环境；

④回收利用后，可减少排污水量，降低排污费用。

但是，汽水循环系统中的水会受到一定程度的污染，不经处理直接返回锅炉，可能会给锅炉系统、汽轮机系统和蒸汽用户造成不利影响。因此必须对凝结水进行净化处理。

2. 凝结水回收与利用的方式

近30多年来随着能源供需矛盾的加剧以及环境保护意识的增强，国内外对凝结水的回收与利用都给予了高度的重视，使用蒸汽的各相关行业均采用了一定的装置和系统来回收和利用凝结水。在实际生产中，由于各行业所用蒸汽的参数和工艺流程不同，采用凝结水回收与利用系统的时机和背景不同，因而所采用的凝结水回收与利用系统也是千差万别的。

根据回收的凝结水是否和大气相通，可以将凝结水回收与利用系统分为开式和闭式两种类型。

回收的凝结水根据不同利用特点可分为还原利用、换热利用和闪蒸利用三种方式。

理论上凝结水是优质的软化水，实际上由于铁锈及蒸汽带水的影响，会使水质有所变化。一般情况下，凝结水可直接作为低压锅炉的给水或做简单的净化处理再利用。这种直接还原的利用方式是凝结水回收的首选方式。

在凝结水有可能混入腐蚀性污染物时，可采用间接换热方式利用其热量。一般当凝结水被污染的可能极大，而所需处理费用又很高时，就应利用换热器加热锅炉给水和其他流体。凝结水温度与被加热介质的温差越大，回收热量就越多。如果凝结水输送的距离较远，也可以采用此方法就近利用于生产流程。

处于饱和状态的凝结水一旦排至低压区，就会产生闪蒸汽。由于闪蒸汽从闪蒸前的高温凝结水中带走大量的汽化热，所以有利用价值。有时可根据需要创造闪蒸的条件，即形成凝结水的闪蒸利用。

闪蒸汽的产生不仅与凝结水量有关，还与闪蒸前后的压力差关系很大。当闪蒸量很小时，可将其通过控制集水缸压力的控制阀直接引至软水箱利用；当闪蒸量较大时，可根据不同情况采用分离方式和冷却方式。

分离方式一般用于有低压用汽设备的场合。闪蒸汽可作为低压蒸汽的补充，也可将闪蒸汽通过喷射压缩器加压后利用。没有合适的低压用汽设备时，可采用冷却方式。利用低压汽水换热器，将闪蒸汽用于锅炉给水的加热，也可在集水缸上设置填料冷却器，利用软化水喷淋冷凝闪蒸汽。

3. 凝结水回收与利用的基本原则

在供热系统中，凡是蒸汽间接加热产生的凝结水都应加以回收利用，而且要注意回收利用的品质。对于用户较多且用汽参数不一致的复杂凝结水，回收系统必须合理设计，加强凝结水回收管理，保证绝大部分凝结水都能高质量地回收；对于加热有毒及有强腐蚀性溶液的凝结水，回收系统必须十分慎重，避免因为被加热溶液腐蚀凝结水管路或渗漏等造成被加热的有毒或强腐蚀性溶液进入凝结水管道内，为此需要采取一些特殊的措施或者只回收该凝结水中的热量，将其用于间接加热需加热的流体；对于含油的凝结水，需要先进行除油处理，其水质符合锅炉给水水质标准要求方可返回锅炉。

在供热系统中确实无法回收的凝结水，在排放中也要注意其温度和成分，采取必要的措施进行相应的处理，以避免造成设施损坏或环境污染。

二、凝结水回收与利用的基本概念

在凝结水回收与利用中，经常需要使用疏水器（或称疏水阀）工作压力、疏水器最高工作背压、疏水器工作背压、疏水器工作压差等与疏水器相关的基本概念。

1. 疏水器工作压力（也称为疏水器前压力）p_0

疏水器工作压力是指疏水器进口管道内凝结水或蒸汽的实际压力，如图 9－2 所示。

在图 9－2 中，疏水器工作压力可由下式计算得出

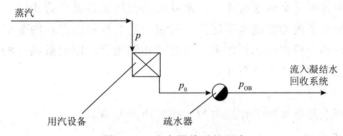

图 9－2　疏水器前后的压力

$$p_0 = p - (\Delta p_1 + \Delta p_2) \tag{9-1}$$

式中　p——入口处管道蒸汽压力或蒸汽减压阀后的压力；

　　　Δp_1——由入口处到用热设备前管道的压力损失，由计算或经验得到；

　　　Δp_2——用热设备本身的压力损失，根据用热设备的具体情况确定。

对于车间内部采暖系统，如果入口处的蒸汽压力为 p，经过一段管路、附件及散热器后，到达疏水器前的压力为 p_0，p_0 随管道系统的长短、介质的流速大小等变化，设计时通过计算求得，或者根据经验选取，一般情况下取

$$p_0 = (0.90 \sim 0.95)p \tag{9-2}$$

当凝结水由蒸汽管道系统直接排出时，可以取

$$p_0 = p \tag{9-3}$$

式中　p——疏水点蒸汽管道内介质的压力。

对于通风系统和生产用热设备，除由入口处得到用热设备前这段管道的压力损失外，还应考虑到用热设备本身的压力损失，此时按公式（9－1）计算。

2. 疏水器最高工作背压（也称为疏水器提供的最大背压）p_{MOB}

疏水器最高工作背压是指疏水器正常工作时，其出口端的最高允许压力。也即疏水器前凝结水的压力减去凝结水通过该疏水器时的阻力，如下式所示：

$$p_{MOB} = p_0 - \Delta p \tag{9-4}$$

式中　p_0——疏水器工作压力，即疏水器前凝结水的压力；

　　　Δp——凝结水通过疏水器时的阻力，它与疏水器的构造和疏水量等有关。

凝结水流经疏水器时，要损失一部分能量，即表现为疏水器的阻力。而要保证疏水器

的正常工作，必须有一最小压差。疏水器的结构不同，其正常工作的最小压差也不相同。浮筒式及钟形浮子式疏水器一般采用 $\Delta p \leqslant 0.8 p_0$；热动力式疏水器一般采用 $\Delta p \leqslant 0.5 p_0$。

疏水器最高工作背压对利用工作背压回收和输送凝结水的系统有着特别重要的意义。为了保证疏水器的正常工作，必须保证疏水后系统的实际压力小于选取流量下疏水器最高工作背压。

3. 疏水器工作背压（也称为疏水器后实际背压）p_{OB}

疏水器工作背压是指在工作条件下，在疏水器出口测得的压力，可以认为该背压由疏水器后凝结水管道损失的压力及凝结水箱内的压力两部分构成，计算公式如下：

$$p_{OB} = \Delta p + p_T \tag{9-5}$$

式中　Δp——疏水器后凝结水管道压力损失；

　　　p_T——凝结水箱内的压力。

在利用背压回收凝结水的系统中，疏水器后的背压超过设计背压时，疏水器的排水量就降低，导致热交换器内的凝结水不能及时排出。热交换器内存在的凝结水达到一定数量时，将大幅度降低热交换器的运行效率。因此，在利用背压回收凝结水的系统中，选择疏水器时一定要保证疏水器的工作背压。

4. 疏水器工作压差

疏水器工作压差是疏水器工作压力与工作背压的差值。

5. 疏水器最大压差

疏水器最大压差是疏水器工作压力与工作背压的最大差值。

6. 疏水器最小压差

疏水器最小压差是疏水器工作压力与工作背压的最小差值。

7. 疏水器的背压度

疏水器的背压度是指疏水器在工作压力下能正常工作，并连续排出凝结水时，疏水器的工作背压（p_{OB}）或最高工作背压（p_{MOB}）与疏水器工作压力（p_0）的比值，常用百分数表示。通常称 p_{OB} 与 p_0 的比值为一般背压度，称 p_{MOB} 与 p_0 的比值为最高背压度。即

$$\pi = \frac{p_{OB}}{p_0} \times 100\% \tag{9-6}$$

$$\pi_M = \frac{p_{MOB}}{p_0} \times 100\% \tag{9-7}$$

几种常用疏水器的最高背压度 π_M 如下：

①圆盘式疏水器 50%；

②脉冲式疏水器 25%；

③热静力型疏水器 50%；

④机械型疏水器 80%。

8. 疏水器工作背压 p_{OB} 与疏水器最高工作背压 p_{MOB} 的关系

利用工作背压回收输送凝结水的系统正常运行的条件是：

$$p_{MOB} \geqslant p_{OB} \tag{9-8}$$

即　　　　　　　　　　　$p_{MOB} \geqslant \Delta p + p_T \tag{9-9}$

在利用背压回收输送凝结水时，冷凝水排放和回收输送对疏水器工作背压的要求是矛

盾的。一方面，在工作中希望疏水器工作背压低一些，这样可使疏水器工作压差加大，增强其排出冷凝水的能力，且背压度降低有利于保证疏水器的正常工作；另一方面，希望疏水器工作背压尽可能地高，因为每增加 0.01MPa 的工作背压，回水的扬程可提高 0.9m。但是疏水器工作背压提高后，其背压度也相应提高，疏水器的背压度不允许超过该类型疏水器的最高背压度。

在设计利用背压回收输送凝结水的系统时，有两种方法可以用来确定疏水器工作背压。其一是确定疏水器可能提供的最高工作背压，以该最高工作背压为设计依据，进行管网系统的设计；其二是以管网系统的实际压力来确定疏水器提供的最高工作背压。在设计中应进行反复校核，确保设计结果满足实际需求。

9. 疏水器最高允许压力

疏水器的最高允许压力是指在给定温度下，疏水器本体能够永久承受的最高压力。

10. 疏水器最高工作压力

疏水器的最高工作压力是制造厂给疏水器规定的压力，这个压力通常是考虑到疏水器内部装置的各种局限性而确定的。

11. 疏水器的漏汽率

漏汽率 X_0 是指在一定工作压力下，工作背压为大气压力，疏水器实际的热凝结水排出能力相当于最大的热凝结水排出能力的 3%～20% 时，往疏水器送饱和水及蒸汽，通过疏水器漏出蒸汽的质量 g 与相同时间内实际排出热凝结水的质量 G 的比值，常用百分数表示。

$$X_0 = \frac{g}{G} \times 100\% \qquad (9-10)$$

在凝结水回收系统水力计算中，通常用 1kg 汽水混合物中所含蒸汽的质量表示漏汽量率），即

$$X_0 = \frac{g}{G} \quad kg/kg \qquad (9-11)$$

根据国家标准，不论什么类型的疏水器，其漏汽率都不应大于 3%。

12. 过冷度

过冷度是指疏水器在工作压力下连续排出凝结水时，疏水器内凝结水的温度与该压力对应的饱和蒸汽温度的差值。

13. 漏汽量、热凝结水排量的测定

①漏汽量的测定：在一定工作压力下，调节进入疏水器的凝结水量，使其在最大排放量 3%～20% 的范围内，同时送入饱和蒸汽，把通过疏水器的凝结水排入规定容量并保温良好的计量桶中，用热平衡法计算漏汽量。试验次数不少于 3 次，取平均值（每次试验结果误差不得超过 10%）。显然，疏水器的漏汽量不得大于设计值或不大于实际排出热凝结水量的 3%。

②热凝结水排量的测定：测定时将疏水器进口压力调整到工作压力范围内，出口端通大气，使设计给定过冷度的凝结水连续排出，测定 1min 以上的水量，由此计算出每小时的连续排量。每一压力下的排量测定次数不少于 3 次，取平均值。每一规格的疏水器都应按测定的数值绘出工作压差-排量曲线图。测得的最高工作压力下的排量应达到设计给定值。

三、凝结水回收与利用系统

根据使用蒸汽的工艺流程及用汽参数不同，实际所采用的凝结水回收与利用系统千差万别。除了依据凝结水是否与大气相通将这些系统分为开式和闭式凝结水回收与利用系统外，还可以根据回收的凝结水输送方式将其分为自流凝结水回收系统、余压（背压）凝结水回收系统、满管凝结水回收系统、加压凝结水回收系统、无泵自动压力凝结水回收系统等。还可以根据各种系统中是否分离出二次蒸汽将上述系统做进一步的细分。下面从开式和闭式两大类入手，就现有的一些典型的凝结水回收与利用系统做一分析阐述。

1. 开式凝结水回收与利用系统

开式凝结水回收与利用系统是把凝结水回收到锅炉的给水罐中，在凝结水的回收和利用过程中，回收管路的一端是向大气敞开的，通常是凝结水的集水箱敞开于大气（详见图9-3）。凝结水携带的蒸汽和冷凝水因减压到常压后闪蒸的二次蒸汽排空，散失了部分热量，或将二次蒸汽加以利用。当凝结水的压力较低，靠自压不能到达再利用场所时，可利用泵对凝结水进行压送。为防止压送时泵发生汽蚀，可将近100℃凝结水自然或加冷凝水降温到70℃以下。

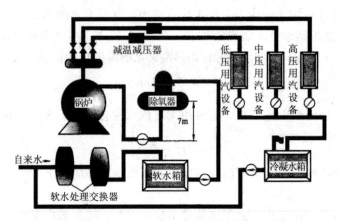

图9-3 开式凝结水回收与利用系统示意图

这种系统的优点是设备简单，操作方便，初始投资小，但是经济效益差，且由于凝结水直接与大气接触，凝结水中的溶氧浓度提高，易产生设备腐蚀。这种系统适用于小型蒸汽供应系统，凝结水量和二次蒸汽量较少的系统。采用该系统时，应尽量减少冒汽量，从而减少热污染和工质、能量损失。

开式凝结水回收与利用系统的典型方式有下面几种。

（1）开式自流凝结水回收系统

自流凝结水回收系统也称为低压重力凝结水回收系统。在这种系统中，热用户处于高位，凝结水回水箱处于低位，凝结水完全依靠热用户和凝结水箱之间的位差来克服其在管道中的流动阻力。该系统中凝结水在管内的流动有的是满管流动，有的是非满管流动。管内一部分是凝结水，一部分是空气，通常选用的管径较大，管道的腐蚀也比较严重。该系统中凝结水的温度一般在100℃以下，且不含二次蒸汽。因此可以按照热水的流动状态考虑有关的问题，不存在发生水击的因素。这种系统简单、运行可靠。自流凝结水回收系统根据凝结水流动的状态分为低压自流凝结水回收系统和分离出二次蒸汽的自流凝结水回收系统。

①开式低压自流凝结水回收系统。低压自流凝结水回收系统是低压蒸汽（$P<70\text{kPa}$）设备排出的凝结水经疏水器后沿着一定的坡度依靠重力流向锅炉房水箱的回水系统，如图9-4所示。

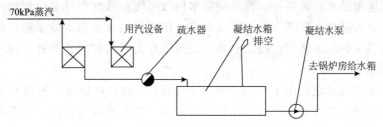

图9-4　开式低压自流凝结水回收系统

该系统适用于供热面积小、地形坡向凝结水箱的蒸汽供热系统，锅炉房应位于全厂最低位置。

图9-4中凝结水泵也可放到低于凝结水箱的位置，根据离心泵性能的影响，可把回收温度提高到80℃。由于凝结水自流需要，凝结水箱一般置于地平面之下，凝结水泵也要放在地坑里，设备维修很不方便，因而采用这种方式的厂家很少。当然，凝结水泵也可以放在高于凝结水箱的位置，如图9-5所示。因泵的位置高于地面，根据离心泵性能的影响，回收的水温一般在40~60℃。闪蒸带走的热损失约占4%~10%，因而热损失很大。

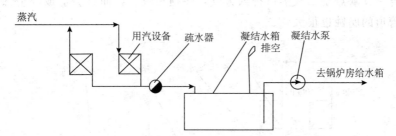

图9-5　泵置高位的开式自流凝结水回收系统

②分离出二次蒸汽的开式自流凝结水回收系统。用汽设备排出的凝结水经疏水器后产生二次蒸汽。为了把二次蒸汽从凝结水中分离出来，首先把凝结水集中到二次蒸发箱，排除二次蒸汽后，凝结水直接流入室外的热力管网，利用二次蒸汽蒸发箱与锅炉房凝结水箱的位差，返回凝结水箱，如图9-6所示。

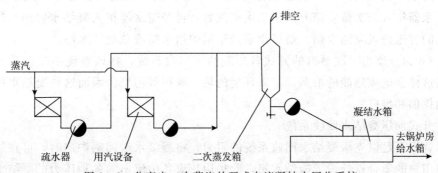

图9-6　分离出二次蒸汽的开式自流凝结水回收系统

（2）开式背压凝结水回收系统

在背压凝结水回收系统中，用汽设备的凝结水经疏水器分离后，依靠疏水器的背压返回凝结水箱。根据凝结水是否分离出二次蒸汽，可分为背压凝结水回收系统和分离出二次蒸汽的背压凝结水回收系统。

①开式背压凝结水回收系统。背压凝结水回收系统是蒸汽在设备中放热产生的凝结水经疏水器直接进入凝结水管网，依靠疏水器的背压将凝结水送至凝结水箱，最后用凝结水泵将凝结水送至锅炉给水箱或总凝结水箱。该系统分为开式和闭式两种。这里介绍开式背压凝结水回收系统。

背压凝结水回收系统适用于压力为 0.1～0.3MPa 的用汽设备，若用汽压力过低，疏水器工作背压太低，凝结水不能克服回收系统阻力；若蒸汽压力过高，又要和低压凝结水合流，经过疏水器压力较高的凝结水产生的二次蒸汽较多，在疏水器后的凝结水管中二次蒸汽占据了大量的空间。而为了防止水击，凝结水流速又不能太高，这样势必导致凝结水管道的直径很大。因此，背压凝结水回收系统不宜用于蒸汽压力过高的用汽设备，凝结水合流于低压凝结水的场合。当然，如果高压用汽设备所产生的凝结水量远小于低压用汽设备的凝结水量（最好在 10% 以下），也可以采用背压凝结水回收系统。

背压凝结水回收系统采用地下敷设和架空敷设均可，按照敷设的地形可以向上或向下倾斜。该系统简单，便于管理，运行可靠。

图 9-7 为开式背压凝结水回收系统，这种系统适用于二次蒸发量较少或无法利用二次蒸汽的场合。其缺点是二次蒸汽排入大气，热损失较大，而且会造成环境热污染，影响环境卫生，管道的腐蚀也很大。

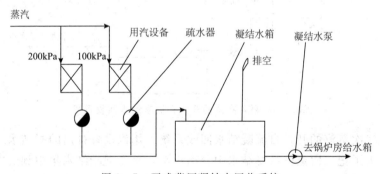

图 9-7　开式背压凝结水回收系统

②分离出二次蒸汽的开式背压凝结水回收系统。蒸汽在用汽设备中放热产生的凝结水，经疏水器排入二次蒸发箱分离出二次蒸汽后，再经疏水器排入凝结水管网。凝结水依靠疏水器的背压进入凝结水箱，最后用泵送至锅炉给水或总凝结水箱。

图 9-8 为分离出二次蒸汽的开式背压凝结水回收系统，在该系统中二次蒸汽排入大气，显然这样会造成热能的浪费，带来环境的热、噪声等污染。因而这种凝结水回收方式不应得到提倡和推广。

（3）开式加压凝结水回收系统

依靠背压不足以克服凝结水回收系统的阻力，将凝结水送回锅炉房时，可在热用户处或几个热用户的集合点处设置凝结水箱，收集用热设备中流出的各种压力的凝结水，排出或利用二次蒸汽后，把剩余的凝结水用凝结水泵或凝结水回收装置送至锅炉给水箱或总凝结水箱，这就是加压凝结水回收系统。实际上它是背压和加压凝结水回收系统的组合，如图 9-9 所示。

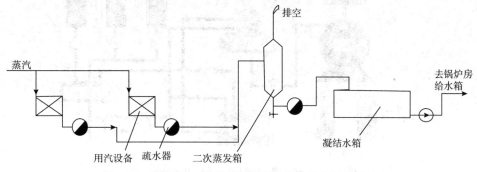

图 9-8　分离出二次蒸汽的开式背压凝结水回收系统

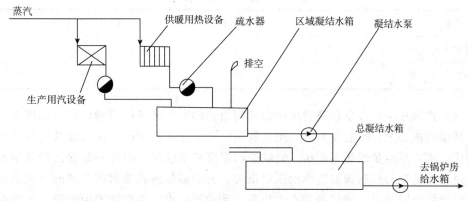

图 9-9　开式加压凝结水回收系统

2. 闭式凝结水回收与利用系统

闭式凝结水回收系统的凝结水集水箱以及所有管路都处于恒定的正压下，系统是封闭的（详见图 9-10）。系统中凝结水所具有的能量大部分通过一定的回收设备直接回收到锅炉里，凝结水的回收温度仅丧失在管网降温部分，由于封闭，水质有保证，减少了回收进锅炉的水处理费用。闭式凝结水回收系统注重蒸汽输送系统、用汽设备和疏水阀的选型；冷凝水汇集及输送的科学设计、优化选型以及梯级匹配，使用能系统余热回收更加科学合理，达到最佳的用能效率。该系统是目前凝结水回收的较好方式，其优点是凝结水回收的经济效益好，设备的工作寿命长，但是系统的初始投资大，操作不方便。下面介绍几个典型的系统。

（1）使用组合式凝结水泵将凝结水直接返回锅炉房的闭式回收系统

闭式蒸汽凝结水回收方式是回收 100℃ 以上的饱和水，一般离心泵在输送饱和状态的热水时要产生汽蚀，使泵不能正常工作，严重的汽蚀会损坏泵叶轮造成事故。根据离心泵性能表（见表 9-1）可知，一般离心泵只能吸 75℃ 以下过冷水，如水温超过 80℃，就要在泵入口处增加正压头以防汽蚀。要泵送 100～120℃ 的饱和热水，需要在泵入口处增加 6.0～17.5mH₂O（1mH₂O=9.80665kPa）的正压水头。

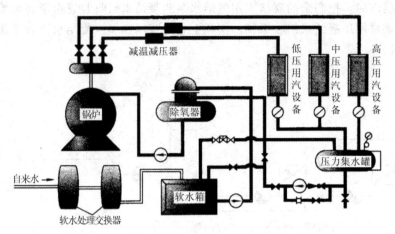

图 9-10　闭式凝结水回收与利用系统示意图

表 9-1　离心泵吸力侧压力

水温/℃	0	10	20	30	40	50	60	70	80	90	100	110	120
最大吸水高度/m	6.4	6.2	5.9	5.4	4.7	3.7	2.3	0					
最小正压头/mH$_2$O									2	3	6	11	17.5

　　目前通常采用将离心泵和喷射压缩器紧密组合的方式来解决汽蚀问题，如图 9-11 所示。这种泵由离心泵、喷射压缩器、循环管路、出口压力控制阀、排汽阀及运行的自控装置等组成。离心泵应是耐热、耐压、能输送高温凝结水的泵。由离心泵送出的凝结水，一部分通过出口的压力控制阀被连续地压送出去，另一部分向着喷射压缩器的方向流动，由喷射压缩器的喷嘴喷出，通过凝结水入口吸入新的凝结水，在扩散器中增压，从而在离心泵入口处造成一定的正压头，保证离心泵不产生汽蚀。

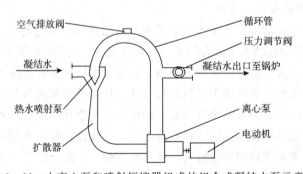

图 9-11　由离心泵和喷射压缩器组成的组合式凝结水泵示意图

　　这种组合式凝结水泵不需要大的安装场地和凝结水罐，也不需要台架，在闭式凝结水循环中常常用到。在这里给出两个比较典型的系统图：一个是用组合式凝结水泵将凝结水直接作为锅炉给水，如图 9-12 所示（当然也可以将凝结水集中到给水罐中，这里不再给出）；另一个是在有两个以上的大量凝结水排放点时，在用汽设备群附近安装必要数量的组合式凝结水泵（CP$_1$、CP$_2$），并在锅炉一侧配置一台组合式凝结水泵（CP$_3$），当组合式凝结水泵 CP$_1$ 和 CP$_2$ 把低压凝结水回收到锅炉旁的组合式凝结水泵 CP$_3$

处时，由这个泵将凝结水加压输送入锅炉，如图 9-13 所示。上述方法都是直接回收凝结水的有效方法。

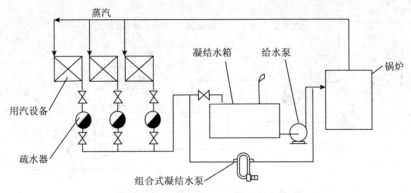

图 9-12　利用单个组合式凝结水泵将凝结水返回锅炉的闭式凝结水回收系统

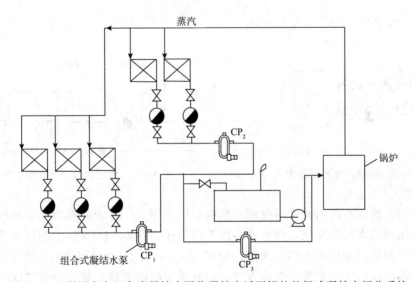

图 9-13　利用多个组合式凝结水泵将凝结水返回锅炉的闭式凝结水回收系统

（2）闭式背压凝结水回收系统

与开式背压凝结水回收系统类似，闭式背压凝结水回收系统中用汽设备的凝结水经疏水器分离后，也是依靠疏水器的背压返回凝结水箱，不同的是闭式凝结水回收系统中凝结水箱不与大气相通，而且在一定的条件下还要充分利用二次蒸汽。同样根据凝结水是否分离出二次蒸汽，也可以分为背压凝结水回收系统和分离出二次蒸汽的背压凝结水回收系统。

①闭式背压凝结水回收系统。图 9-14 为闭式背压凝结水回收系统，二次蒸汽可用于低压采暖或其他用汽设备。凝结水箱内的压力由安全水封保持，$P_T \leqslant 20\text{kPa}$。由于回收了二次蒸汽，也延长了管道的使用寿命。

在背压凝结水回收系统中，为了减少室外凝结水管中的二次蒸汽和水击现象，可将凝结水在按入室外管网前加以冷却，充分利用其热量，如图 9-15 所示。原则上是把从用热设备出来的高温凝结水冷却到 100℃以下，使二次蒸汽不再产生。图 9-15 中，用汽设备的疏水器之后安装了一台水-水式快速热交换器，被凝结水加热了的自来水可供生活用水；

当凝结水量较少时，也可用几组采暖用的散热器代替水-水热交换器，利用凝结水的热量进行供暖，如图9-16所示。

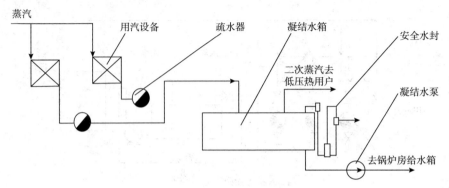

图9-14　闭式背压凝结水回收系统

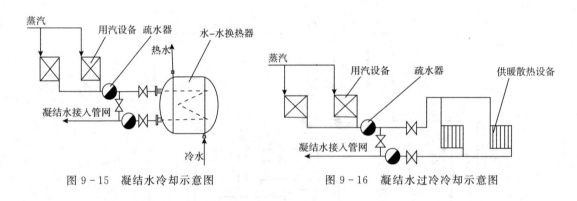

图9-15　凝结水冷却示意图　　　　图9-16　凝结水过冷冷却示意图

②分离出二次蒸汽的闭式背压凝结水回收系统。图9-17为分离出二次蒸汽并加以利用的闭式背压凝结水回收系统，该系统多用于蒸汽压力为0.3MPa以上的用汽设备，此时经疏水器排出的凝结水所产生的二次蒸汽较多（占5％以上），利用这些二次蒸汽，可减少热损失，减小所需的凝结水输送管道直径，而且因为凝结水输送管中没有二次蒸汽，基本上不会产生水击，运行安全。该系统适合于各种地形，也适合于架空和地沟敷设。

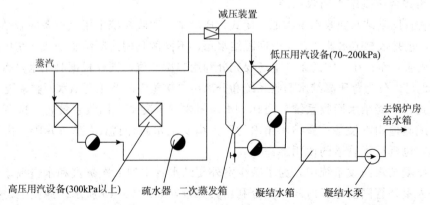

图9-17　分离出二次蒸汽并加以利用的闭式背压凝结水回收系统

但是要使用该系统必须具备两个基本条件：一个是用户用汽设备的蒸汽消耗量较大，蒸汽压力较高，产生的二次蒸汽较多；另一个是产生的二次蒸汽有可利用的设备。

利用二次蒸汽设备的耗汽量必须大于系统的二次蒸汽蒸发箱设计产生的二次蒸汽量，其不足部分用新蒸汽减压后补充。即使高压用汽设备压力波动，引起二次蒸汽量波动，也不至于导致低压蒸汽使用设备因无法消耗完二次蒸汽而将其排入大气造成浪费和环境污染。利用二次蒸汽的设备必须和使用高压蒸汽的设备在工作时间上一致，否则也会造成不协调的现象。

二次蒸汽的压力最高控制为新蒸汽压力的 $1/4 \sim 1/3$，当然也可以根据凝结水系统和二次蒸汽利用的需要，将二次蒸汽的压力升高或降低。对凝结水回收系统来说，只要疏水器能正常工作并能克服系统的阻力，则利用二次蒸汽的压力越低越好。因为这样可以减小针对低压用汽设备的疏水器前后的压差，降低二次蒸汽的产生量，对凝结水回收系统是有利的。

利用二次蒸汽设备产生的凝结水经疏水器与二次蒸发箱经疏水器排出的凝结水合并在一起，进入凝结水回收系统。

当二次蒸汽使用的压力较低时，二次蒸发箱可利用多级水封排水；而当二次蒸汽的压力较高时，应使用疏水器排水。这是因为二次蒸发箱内的压力提高时，水封容易被冲破而失效，造成大量的二次蒸汽漏入凝结水回收系统中，给系统的安全有效运行带来威胁。

（3）闭式满管凝结水回收系统

闭式满管凝结水回收系统是背压和自流凝结水回收系统的混合系统。这种系统是将用户的各种压力的高温凝结水依靠背压先引入专门的二次蒸发箱，在箱内分离得到的二次蒸汽也能利用。剩余的凝结水变成低温、低压的凝结水经过水封或疏水器排入室外的凝结水管网，然后依靠背压和重力作用送至锅炉房总凝结水箱。在凝结水回收系统的末端，总凝结水箱前增设与全厂区的回水管道最高处相同高度的水封，以防止空气进入系统，如图 9 - 18 所示。

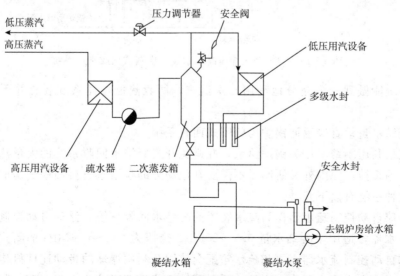

图 9 - 18　闭式满管凝结水回收系统

如果二次蒸发箱内的压力较高，从二次蒸发箱流出的凝结水在外网中仍可能产生二次蒸气。为了减少二次蒸发箱中的蒸汽流入管网中，在凝结水出口管上可安装阻汽装置。压力较低时采用多级水封,压力较高时采用疏水器。

闭式满管凝结水回收系统适用于厂区地形平坦的条件。凝结水干管宜采用地下敷设,锅炉房应处于地势低洼的地方。

闭式满管凝结水回收系统可充分利用二次蒸汽,满管回水又无二次蒸汽,所以凝结水管径小,也无水击,并防止空气的侵入,减少了腐蚀。但是闭式满管凝结水回收系统的用户入口设备多,占地面积大,二次蒸汽压力难以稳定,需要自动补新汽,使管理复杂,往往难以实现设计要求,间歇工作时启动困难,因此实际应用较少。

(4) 闭式余压加压凝结水及二次蒸汽回收利用系统

在闭式凝结水回收系统中,凝结水闪蒸产生的二次蒸汽有两种利用方式:一种是像前面的系统一样,将二次蒸汽直接引入低压蒸汽管网内;另一种是利用高压蒸汽通过喷射压缩器将二次蒸汽抽出加压送到中压蒸汽管网中,如图 9-19 所示。

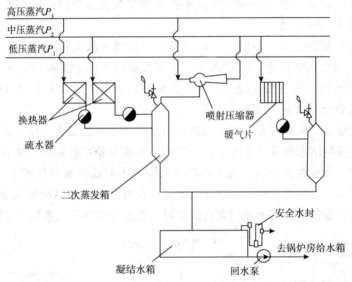

图 9-19 闭式余压加压凝结水及二次蒸汽回收利用系统

这种系统能做到较为充分地利用二次蒸汽,回收热能,而系统装置并不复杂,值得推广。

(5) 凝结水自动直接返回锅炉房的闭式回收系统

为了直接利用凝结水作为锅炉给水,并避免开式凝结水回收系统的大量热损失和空气对管道系统的腐蚀,国内外又研制了不需要其他动力的凝结水直接回锅炉房的闭式回收系统。目前这种系统有以下几种。

①以浮球自动控制疏水器作为疏水装置的凝结水回收系统。浮球自动控制疏水器是一种往复式疏水器,适用于凝结水量 0.5~20t/h、余压为 0.2~0.4MPa 的闭式凝结水回收系统。浮球自动控制疏水器需要和疏水箱配套使用,利用浮球的带动连杆机构自动间接地将凝结水排出,完成疏水工作。当然,如果凝结水能不间断地流入疏水箱,则可使球阀的开度不变,疏水器也可以实现连续排水。这种凝结水疏水系统如图 9-20 所示。

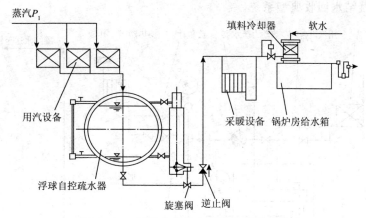

图 9-20　浮球自动疏水凝结水回收系统

采用浮球自动控制疏水器的疏水装置有这样的特点：易于维修，不漏汽，无振动，也不产生二次蒸汽，运行可靠。但加工制造时，必须严格控制浮球连杆自重与球阀开关扭力的平衡。

②以林绍特疏水器作为疏水装置的凝结水回收系统。林绍特疏水器也是一种往复式疏水器，在内部分为上下两个罐。上罐为扩容膨胀罐，聚集凝结水，下罐用于排出凝结水。在上下罐之间的连通管上设逆止阀、均压管以及新蒸汽操作阀。通过中部活塞阀的动作，控制内部的疏水作业。当上下罐同压时，上罐内的凝结水流入下罐。下罐通入蒸汽后，靠蒸汽压力将下罐内的凝结水压出，送入凝结水管网或高位凝结水箱中。如此反复进行以达到疏水的目的。凝结水在上罐中扩容产生二次蒸汽应充分利用。在二次蒸汽管上装设的压力调节器可以调节上罐压力，在疏水器性能许可的范围内，可以适当提高上罐压力，以减少二次汽化量。使用林绍特疏水器的凝结水回收系统如图 9-21 所示。

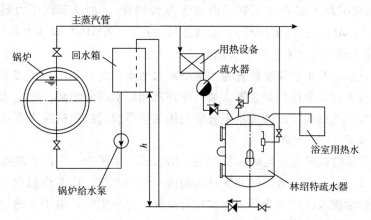

图 9-21　使用林绍特疏水器的凝结水回收系统

③以疏水加压器作为疏水和回水装置的凝结水回收系统。疏水加压器是一种新型的疏水装置。它是利用浮球随水位的升降和磁铁吸力开启或关闭进汽阀和排汽阀．使流入疏水箱的凝结水自动流入加压室，再利用蒸汽压力将其从加压室内压出，从而间接、重复地将凝结水送入凝结水管网，送回锅炉房回水箱中。图 9-22 为推荐的以疏水加压器作为疏水

和回水装置的凝结水回收典型系统。

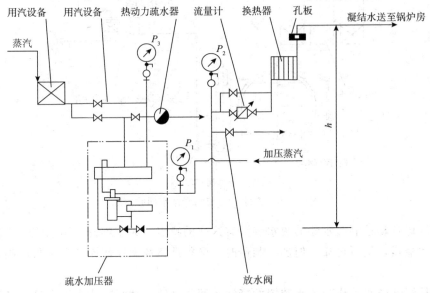

图 9-22　使用疏水加压器的凝结水回收系统

在以疏水加压器作为凝结水回收利用装置的凝结水回收系统中，安装和使用疏水加压器要注意以下几点：

a）疏水加压器的安装位置应尽可能接近用汽设备，安装高度应使上部水箱低于用汽设备，凝结水管道以 0.003 的坡度与疏水加压器相连，可防止用汽设备积水。

b）疏水加压器可设在地下室或地坑内，疏水加压器要有保温层。如果露天布置，控制阀部分需加防雨罩，控制阀上面的铅封不能损坏。

c）加压蒸汽压力 p_1 要严格控制，最大值为 0.6MPa。加压蒸汽压力超过此值，则应采用截止阀 （0.6MPa$<p_1<$0.8MPa）或减压阀 （$p_1>$0.8MPa）减压至 0.589MPa。

d）疏水加压器运行时要定期检查随时监督。

④以卧式疏水箱及水位控制装置为主的凝结水回水系统。利用卧式疏水箱的凝结水回水系统由卧式疏水箱、水位控制装置、填料冷却器和回水箱等组成。根据水位控制方式不同，有利用电极、电磁阀控制的疏水系统和利用气动薄膜阀控制的疏水系统两种形式，分别如图 9-23 和图 9-24 所示。

图 9-23 所示的利用电极电磁阀控制的凝结水回收系统中，在卧式疏水箱上装有高低水位电极，通过继电器控制电磁阀，保持水箱内一定的水位，以实现阻汽排水。用汽设备产生的凝结水连续流入卧式疏水箱，当水位升高到一定位置时，由于水的导电性使电极通电，电磁阀开启，凝结水依靠疏水箱内的余压压送入凝结水管网。在管道中由于压力降低产生的二次蒸汽，通过填料冷却器冷凝回收。当凝结水箱内水位降低到最低水位时，电极断开，电磁阀关闭，此时凝结水继续流入疏水箱。如此反复工作，以实现疏水。

在使用卧式凝结水箱的凝结水回收系统时要注意以下几点：

a）用汽设备的蒸汽压力应超过 0.2MPa；

b）疏水箱容积按 15～30min 内的凝结水的总流量选用，疏水箱容积及相应的凝结水量如表 9-2 所示；

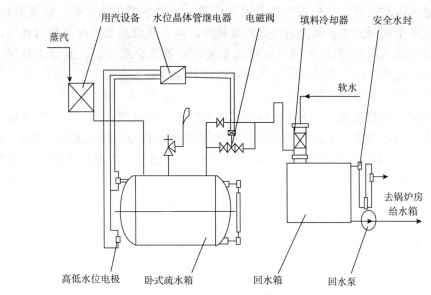

图 9-23　使用卧式凝结水箱利用电极电磁阀控制的凝结水回收系统

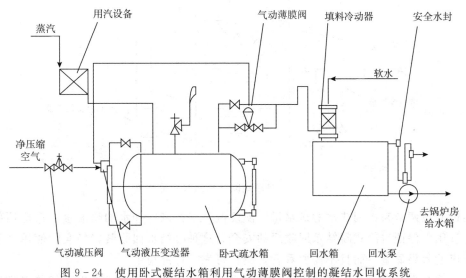

图 9-24　使用卧式凝结水箱利用气动薄膜阀控制的凝结水回收系统

表 9-2　疏水箱容积与凝结水量的对应关系

疏水箱型号	1 号	2 号	3 号	4 号	5 号
疏水箱容积/m³	6	4	3	2	1
凝结水量/（t/h）	15	10	6	4	2.5

c）卧式疏水箱的安装标高应该低于用汽设备，以防止用汽设备倒灌水，降低换热效率；

d）在锅炉房回水箱上最好能安装填料冷却器，以回收二次蒸汽。

图 9-24 所示利用气动薄膜阀控制的凝结水回收系统与图 9-19 的系统组成、动作原理及安装注意事项均类似。只是用气动薄膜阀代替电动继电器控制水位，实现阻汽排水。此时，用气设备中的凝结水不断流入卧式疏水箱内，高（或低）水位时薄膜阀在气动调节器的作用打开（或关闭），凝结水同样依靠疏水箱内的蒸汽余压压送入凝结水管网。在管道中由于压力降低产生的二次蒸汽，也通过填料冷却器冷凝回收。

（6）自冷式凝结水回收系统

自冷式凝结水回收系统适用于用换热器回收和利用二次蒸汽有困难但又有方便的低温软化水的场合。自冷式凝结水回收系统的一个关键设备是自冷式凝结水回收罐，如图 9-25 所示。凝结水从自冷式凝结水回收罐中部的回水入口进入，从罐体夹套上口溢流落入罐下部。凝结水进入自冷式凝结水回收罐后，压力降至大气压力，因而产生二次蒸汽。二次蒸汽向上流动经过填料层时由于受到由上部喷淋下来的冷却水的冷却而凝结，冷凝水和软水混合为 90℃ 左右的热水落到自冷式凝结水回收罐底部。汇集于自冷式凝结水回收罐下部的热水由泵和地上管道送至锅炉房给水箱，供锅炉给水用。

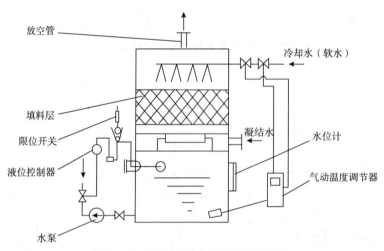

图 9-25　自冷式凝结水回收罐示意图

通过液位调节来控制热水的送水量，温度调节来控制冷却水的喷淋量。在罐顶部装设的放空管用以保证自冷式凝结水回收罐的安全。这种凝结水回收装置经实际使用证明，节水和节煤的效果显著，而且不需要看管，运行可靠，性能稳定。

上述系统也可以通过在凝结水箱（或回水箱）上面装设填料式淋水冷却器来实现，图 9-26 为其典型的凝结水回收系统图。

前面几个系统中有的也在锅炉房回水箱上装填料冷却器，这是利用锅炉补给的软化水喷淋冷却二次蒸汽，降低凝结水温度，提高锅炉给水温度，充分利用热能。闭式水箱的压力用安全水封保持在 0.12MPa 以下。安全水封管高度应高于水箱内的压力对应的水柱高度。

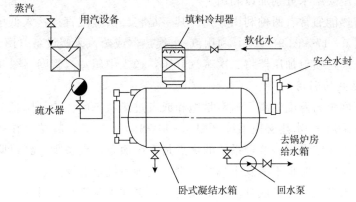

图 9 - 26　自冷式凝结水回收系统

3. 开式与闭式凝结水回收系统的比较及选择

（1）开式与闭式凝结水回收系统的比较

上面介绍了一系列的开式和闭式凝结水回收系统，总体来说，开式和闭式凝结水回收系统有这样一些区别：

①开式蒸汽凝结水回收系统只能利用 80℃ 以下的热水，而闭式凝结水回收系统可回收 100℃ 以上的饱和水，因此，闭式蒸汽凝结水回收方式节能效益优于开式；

②开式凝结水回收系统是间歇的、半自动运行的，而闭式凝结水回收系统是连续的、全自动运行的；

③开式凝结水回收系统操作、维修较复杂，而闭式凝结水回收系统操作简便，故障率低，维修方便，是值得推广的一项节能装置。

（2）凝结水回收系统的选择

对于凝结水回收和利用，选用何种回收方式和回收设备，是能否达到投资目的至关重要的一步。首先要正确选择凝结水回收系统，必须准确地掌握凝结水回收系统的凝结水量和凝结水的排水量。若凝结水量计算不正确，便会使凝结水管的管径选得过大或过小。其次，要正确掌握凝结水的压力和温度，凝结水的压力和温度是选择凝结水回收系统的关键。回收系统采用何种方式，采用何种设备，如何布置管网，需不需要利用二次蒸汽，需不需要回收凝结水的全部热量等问题都和凝结水的压力、温度有关。第三，凝结水回收系统疏水阀的选择也是回收系统应该注意的内容。疏水阀选型不同，会影响凝结水被利用时的压力和温度，亦会影响回收系统的漏汽情况。

四、凝结水及二次蒸汽热能的利用

随着凝结水回收与利用系统的不断改进和完善，凝结水的回收率越来越高，同时，凝结水热能的充分利用也越来越受到重视。根据已有的成功经验，回收凝结水热量可以大大地节约燃料消耗量，从而降低生产成本，节约资源消耗。

凝结水热能的利用有两种方式：一种是利用凝结水的显热，采用热交换的方式，利用过热或饱和凝结水的显热加热给水（图 9 - 14 和图 9 - 15）、采暖（图 9 - 16 和图 9 - 20）等；另一种主要是针对压力较高的凝结水，利用闪蒸罐和凝结水箱分离出二次蒸汽，然后将二次蒸汽和低压凝结水分别加以利用。

二次蒸汽的热能通常有两种利用方式：其一是将二次蒸汽直接接入低压管网供低压用汽设备使用（图9-17～图9-19），利用汽-水换热器或蒸汽采暖设备（图9-17）利用汽化潜热；其二是通过喷射加压器将二次蒸汽升压，送入中压蒸汽管网（图9-19）。

1. 凝结水显热的利用

凝结水在管网中的温度较高，通常是饱和或者过热状态的。为了降低凝结水温度，利用其显热，可以采用水-水热交换系统（图9-14和图9-15），凝结水在换热器中放出显热冷却降温后流入凝结水箱。这种系统的优点是系统简单，设备少。经过降温后的凝结水在使用离心泵加压输送时也不易发生汽蚀。当然这种系统也有缺点：

①闭式凝结水箱内容易形成真空，倒灌空气，腐蚀系统管线、附件等；

②当系统的凝结水量有变化时，回收热量也随之发生变化，会影响热量利用设备的正常工作。为了解决这一问题，可以引入新蒸汽备用，但这样同时也就增加了系统的复杂性；

③凝结水管线复杂，管路阻力损失增加，从而限制了利用热量的范围；

虽然这种系统存在一些缺陷，但是由于系统简单，设备少，且有较好的节能效果，所以在条件许可的情况下仍可适当采用。

2. 二次蒸汽潜热的利用

如图9-17～图9-19，将二次蒸发箱或闭式凝结水箱中分离出来的二次蒸汽引入低压蒸汽管网中供低压蒸汽用户使用，或将二次蒸汽直接接入换热设备回收潜热。当低压蒸汽用户的用量很少或无法利用时，则采用图9-19所示的方式，利用高压蒸汽通过喷射压缩器将二次蒸汽增压后引入适当压力的中压蒸汽管网或单独在换热器中加以利用。

为了避免二次蒸汽量有变化时影响换热设备的正常运行，可以如图9-17所示，接入相应压力的低压新汽作为补充调节用汽。

气-水换热器安装时应注意：换热器的安装高度必须高于凝结水箱，以便于二次蒸汽放出潜热后的凝结水能顺利地自流入凝结水箱。

3. 采用低沸点介质回收余热

近些年来，热泵和热管越来越多地应用到换热领域，其显著效益使得其获得广泛关注。

（1）热管

热管是一种高效的传热装置，它可以在温差很小的情况下传递相当大的热负荷。热管具有热传递能力大、部件轻小、简单可靠和成本低廉的特点。因而其研究与应用发展很快，受到了能源部门的广泛重视。研究和应用热管也为回收余热资源开拓了新的途径。

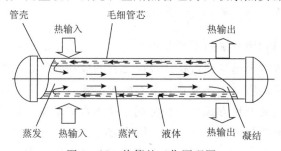

图9-27 热管的工作原理图

图 9-27 是热管的工作原理图。热管是由管壳和管芯组成的。管壳通常用金属制成，两端焊有端盖，管壳内壁衬着一层多孔性物质组成的管芯，管内抽真空后，注入低沸点工质，使其充满管芯，然后密封好。

其工作原理如下：热管管芯内的低沸点液态工质在热管一端（吸热端，也称蒸发段）从外部热源吸收热量，蒸发成为蒸汽，汽态工质沿着传输段中间的通道流向热管另一端（放热端，也称凝结段），在那里蒸汽受到冷却，向外部冷源放出潜热，同时蒸汽又凝结成液体，液态工质在管芯的毛细作用下沿管芯流回蒸发段，继续吸热蒸发，如此循环不已，把热量源源不断地从热管的吸热端传递到放热端。由于热管中的热量纯粹是依靠饱和蒸汽流动来传递的，所以通常管体温度近乎等温，可维持温度的均一性。

注入热管的工质有：液氮、丙烷、氨、甲醇、氟利昂-12、水、铯、钾、锂等。几种常用工质的适用温度范围见表 9-3。按照工作温度热管可以分为 3 种：

①高温热管——工作温度在 350℃以上；

②中温热管——工作温度在 50～350℃；

③低温热管——工作温度低于 50℃。

表 9-3　不同热管工质的适用温度范围

工质名称	氮（液态）	氨	甲醇	氟利昂-12	水	钾	锂
适用温度范围/℃	-200～-80	-72～-60	-45～120	-60～40	100～250	400～800	1100～1500
热管结构材料	不锈钢	铝，镍，不锈钢	铜，镍，不锈钢	不锈钢	铜，镍	镍，不锈钢	铌-1，锆

热管有很高的导热能力，比金属导体的导热能力要高很多倍，热导率比良好的金属热导体还要高 1000～10000 倍。一根直径为 25mm、长不到 1m 的热管的传热能力和质量为 40t 铜棒的传热能力相同。热管的特点是构造简单、没有运动部件、工作可靠、重量轻、温差很小，尤其对低温余热的回收更具优势。如用在小温差换热装置上，可以获得很大的余热回收效果，节省大量的钢材，热回收率一般可以达到 70%～77% 左右。热管在航空、动力、化工等领域已获得成功应用。在凝结水回收方面应用的热管一般是中温热管，它既可以用于间接利用二次蒸汽的热能，也可以用于回收凝结水的显热，其应用正有待大力开发。

（2）热泵

热泵是将低温物体的热能转移到较高温度物体中去的一种机械装置。近几十年来，随着热泵技术的长足进步，人们在回收低温余热资源领域又开辟了一个新的途径。热泵的工作过程与制冷机大体相同，只是它们的应用目的和工作温度的范围不同。在制冷循环中，上界限是周围环境介质，下界限是需要制冷的场所。而热泵循环的下界限是低温热源（自然介质或低温余热资源），上界限是耗热的场所。利用热泵可以从诸如 60℃ 以下的低温热水中回收热量，并提高温度，以满足供热水（如加热锅炉给水）、取暖及工业上的种种需要。

热泵的构成主要包括四大部分：蒸发器、压缩机、冷凝器和膨胀阀，参见图 9-28。

热泵循环中的蒸发器就是低温侧的换热器。热量从低温热源吸入，传给低沸点的载热工质，使其在换热器内膨胀，吸收从低温热源流入的热量。工质吸收热量后汽化，进入压

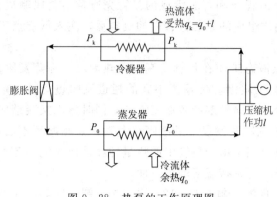

图 9-28　热泵的工作原理图

缩机内被压缩，变成高温高压的气体。气体排至冷凝器内，向冷凝器外的介质放热后又冷却液化。为了使液化的工质再度回到低温低压状态，使其流经膨胀阀进行绝热膨胀，重新回到蒸发器内，完成一个循环，热泵是将高温侧的冷凝器作为传输热量的装置，与此不同，制冷机则是利用低温侧的换热器（蒸发器）吸收热量，把高温侧的冷凝器当作放热器，将放出的热量排到大气中或冷却水中。

　　热泵的效率定义为热泵在冷凝器中所放出的热量（也称为热出力），即对被加热流体的加热量和输送热量所消耗的功的比值。热泵效率用致热系数 φ 表示，其定义为

$$\varphi = \frac{热出力}{输送热量所耗的功} = \frac{q_k}{l} = \frac{q_0 + l}{l} \qquad (9-12)$$

式中　　q_k——被加热流体所得到的热量；

　　　　q_0——从低温热源所得到的热量；

　　　　l——输送热量所消耗的机械功。

　　由公式（9-12）可得，热泵的致热系数 $\varphi > 1$。从能量转换角度看，使用热泵比直接燃烧燃料或采用电热都合算。当然，根据热力学分析，为了维持一定的致热系数，在使用热泵时低温热源和被加热流体的温差越小越好。

　　从构造和工作原理上可以将热泵分为 3 类：

　　①热化学吸收式。常用的如溴化锂水溶液热泵，其结构简单，转动设备少，只有不太复杂的溶液泵，因而造价低廉，制造加工容易，最适用于低焓值热源。

　　②无中间载热质的喷射压缩式。常用的如蒸汽喷射式，其优点是不用压缩机而用极其简单的喷射压缩器。工作介质可以是蒸汽或水。缺点是能量利用的经济性差。

　　③有中间载热质的压缩式（包括活塞式、螺杆式、透平式），也称为机械式。这也是应用最广泛的一种热泵，前面所述的热泵工作原理即依据此类热泵展开讨论。

　　还可以根据热泵循环的类型，把热泵分为闭式循环热泵、开式循环热泵和吸收式循环热泵。其中，前两种热泵的应用更广泛。

　　工业热泵在奶制品加工、制砖、烟草加工、纺织、制革、酿酒、电解、蒸馏、纸张和木材干燥、轧钢、淬火以及化学工业和发电厂的循环水余热利用等方面都有应用。具体到凝结水的显热利用上，利用热泵可以从诸如 60℃ 以下的低温凝结水中吸收热量，获得水温高达 90℃ 甚至 150℃ 以上的高温高压热水以满足工艺流程需要。目前也正在积极研究对 60℃ 以上的高温水用氨、氟利昂、烃类（例如丁烷）等低沸点介质直接接触进行热交换，有效回收余热，使低沸点介质产生高压气体，用于驱动透平等。热泵在凝结水显热利用中的作用正在逐步拓展。

第三节 凝结水回收和利用的影响因素

一、凝结水回收系统中的非凝结性气体

1. 空气及二氧化碳的来源及状态

凝结水回收系统中的非凝结性气体主要包括空气及二氧化碳气体。研究凝结水回收系统中非凝结气体的状态、危害及排除方法是凝结水回收系统的关键。这些问题如果不解决，不仅会造成暖气不热、加热设备的热效率降低、管道及设备腐蚀，而且严重影响凝结水的回收。

（1）凝结水回收系统中空气及二氧化碳气体的来源

在蒸汽供热系统的管道和设备中，当系统停运时，残存在管道和设备中的蒸汽冷凝后变成凝结水，体积减小，在设备和管道中造成负压或真空，因而大量的空气从不严密处进入管道系统或设备内。对于开式凝结水回收系统，空气可直接进入系统，系统在重新启动时，内部总是充满着空气。

凝结水系统中存在二氧化碳主要是由于在锅炉给水中含有碳酸盐或重碳酸盐，它随锅炉给水进入锅炉后，在炉内的压力和温度下进行分解产生二氧化碳，其化学反应如下

$$Na_2CO_3 + H_2O = NaOH + NaHCO_3$$

$$NaHCO_3 = NaOH + CO_2 \uparrow$$

总反应式为

$$Na_2CO_3 + H_2O = 2NaOH + CO_2 \uparrow$$

碳酸钠在炉内分解生成氢氧化钠及二氧化碳气体，对于给定的水，生成二氧化碳气体的多少是随着锅炉的压力变化而变化的。压力增加，分解率越高，生成量越多，如图 9-29 所示。

如在锅炉给水中有 100mg/L 的碳酸氢钠（以生成等当量 CO_2 的 $CaCO_3$ 计），若有 80% 的碳酸盐在炉内分解，将产生约 $80\mu L/L$ 的二氧化碳气体与蒸汽一道释放出来。

对于经过除碱的锅炉给水，虽然除去了一部分二氧化碳气体，但仍有一部分碳酸氢钠进入锅炉，在锅炉运行温度下，按上述反应式进行分解。

由上述可知，在蒸汽中总是含有一定量的二氧化碳气体，当蒸汽在管道系统中凝结时，由于二氧化碳气体是非凝结性气体，所以就被释放出来。

（2）凝结水回收系统中空气的状态

在蒸汽供热系统的管道和设备中，空气以两种形式存在：一是空气和蒸汽构成了混合气体存在于系统中；二是空气以分离的状态存在于系统中。

蒸汽和空气构成了混合气体，混合气体的密度计算

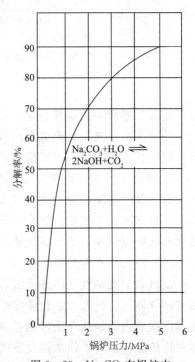

图 9-29 Na_2CO_3 在锅炉内
分解生成 CO_2

公式有

$$\rho_{\text{K}} = \frac{pV_{\text{K}}T_1\rho_1}{p_1T} \qquad (9-13)$$

式中　ρ_{K}——混合气体空气的密度，kg/m^3；

　　　p——混合气体的总压力（绝对），Pa；

　　　Y_{K}——空气容积比，$Y_{\text{K}} = \dfrac{V_{\text{K}}}{V}$（$V_{\text{K}}$——空气容积，$V$——混合气体的总容积）；

　　　T_1——环境的热力学温度，K，$T_1 = 273.15 + 20 = 293.15$（K）；

　　　ρ_1——空气在大气压力下，$T_1 = 293.15$K 时的密度，一般取 $\rho = 1.2 kg/m^3$；

　　　p_1——大气压力，Pa，$p_1 = 9.81 \times 10^4$ Pa；

　　　T——$p(1-Y_{\text{K}})$ 压力对应下的饱和蒸汽热力学温度，K。

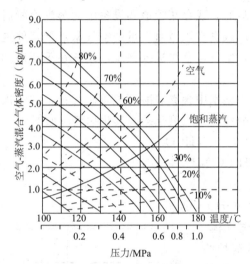

图 9-30　空气-蒸汽混合气体密室、
压力与温度关系曲线

根据式（9-13）绘制出不同空气容积比和各种压力下空气密度及蒸汽密度曲线，如图 9-30 所示。图中粗实线为饱和蒸汽的密度曲线，粗虚线为空气密度曲线，细实线为混合气体的密度曲线，细虚线为空气容积比。

从图 9-30 可查出，压力 $p = 6$MPa 的饱和蒸汽的密度为 $3.2 kg/m^3$，而同样压力下空气的密度约 $5.0 kg/m^3$。由此可见，两者分别存在时，空气重于蒸汽。但当蒸汽和空气构成混合气体时，情况就不同了。当混合气体压力 $p = 0.6$MPa，空气容积比为 30% 时，空气的密度只有 $1.5 kg/m^3$，蒸汽的密度约 $2.25 kg/m^3$；若空气的容积比为 40%，在混合气体中，蒸汽和空气的密度是很接近的，轻微的扰动就会使它们一起流动，流向设备的受热面或疏水阀中。空气密度在系统中的这种变化，无疑使气体的排除复杂化。

分离出的空气主要聚集在设备的某一地方，若使用疏水阀不当或不采取排气措施，就可使空气在设备中占据一定空间或在管道中形成气阻。

2. 凝结水回收系统中空气及二氧化碳气体的危害

若不及时排除系统中的空气及二氧化碳气体，就会降低设备的传热效率，延长加热时间，形成气阻，干扰热量分配，影响疏水阀的正常工作，对管道和设备产生腐蚀，所以凝结水系统中空气及二氧化碳气体的排除与回收凝结水有同等的重要性。

（1）降低设备的传热系数

蒸汽和非凝结性气体形成混合气体进入加热设备后，蒸汽在加热设备表面冷凝，而非凝结性气体（空气及二氧化碳等）不能冷凝，就在加热设备表面形成一层薄膜，此薄膜对于蒸汽向管内被加热介质传热是一个很大的热阻，如表 9-4 所示：由表可知，非凝结气体对传热影响很大，使加热设备的热效率显著降低。

表 9-4　金属壁与空气及二氧化碳气体热阻的比较

材料	热导率/ [W/(m·℃)]	金属壁厚为下列值时的热阻 $R = \dfrac{\delta}{\lambda}/(\text{m}\cdot\text{℃}/\text{W})$				在相同温度及壁厚下为空气热阻的倍数 $R_i/R_k=\lambda_k/\lambda_i$
		0.25mm	0.5mm	1mm	3mm	
黄铜	105	2.4×10^{-6}	4.8×10^{-6}	9.5×10^{-5}	2.9×10^{-5}	2.95×10^{-4}
铜	372	6.7×10^{-7}	1.4×10^{-6}	2.7×10^{-6}	8.1×10^{-6}	8.25×10^{-5}
铁	58	4.3×10^{-6}	8.6×10^{-6}	17×10^{-6}	5.1×10^{-5}	5.34×10^{-4}
空气	0.031	8.2×10^{-3}	16.3×10^{-3}	3.2×10^{-2}	9.6×10^{-2}	1
二氧化碳	0.021	12.0×10^{-3}	23.9×10^{-3}	4.8×10^{-2}	143×10^{-3}	1.47

（2）传热的温差减小　设备内积存非凝结性气体就降低了蒸汽的分压力，因而相应地改变了蒸汽的饱和温度。由公式 $Q = KF\Delta t$（K—传热系数；Δt—温差；F—传热面积）可知，温差 Δt 减小，使加热设备传热能力显著降低，如设备要求供汽温度为159℃，相应的供汽压力为 $p=0.6\text{MPa}$（绝对压力），当设备内空气的容积比为30%时，根据道尔顿分压定律 $p_i=py_i$（p_i—理想气体组元的分压力；p—理想气体混合物的总压力；y_i—某种理想气体的摩尔成分，$y_i=V_i/V$，V_i—组元气体的分容积，V—混合气体的总容积）计算可知，蒸汽的饱和分压力只有 0.42MPa（绝对压力），相应的饱和温度为 145℃，而比 $p=0.6\text{MPa}$ 下饱和温度降低 14℃，降低传热量约 10%。若空气的容积比为 50%，则降低传热量高达 16%。

（3）形成气阻、干扰热量的分配，影响疏水阀的正常工作

如图 9-31 所示，在用汽设备启动时，凝结水管内充满着空气，疏水点（加热设备或暖气疏水处）与疏水阀之间的压差小，所以凝结水只能借助于重力流动，凝结水把空气赶向疏水阀，如疏水阀不能很快地排出空气或采用不能排除空气的疏水阀而

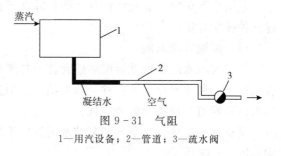

图 9-31　气阻
1—用汽设备；2—管道；3—疏水阀

又不采取任何措施，大量的空气短时间在疏水点与疏水阀（包括疏水阀内腔）之间形成了空气塞，称为气阻。

气阻使疏水阀不能正常工作，致使启动开始时暖气不热或设备加热时间过长。防止气阻的办法是采用可排空气的疏水阀（包括无排气的疏水阀与排气的阀联合组装）。

非凝结性气体以分离的状态聚集在设备受热面上或在受热面上形成气阻或气膜，导致这部分受热面不能发挥作用，也干扰了热量的分配，降低了设备的性能。

（4）引起管道和设备的腐蚀

空气中的氧及二氧化碳对凝结水管道的腐蚀也是常见的。溶解氧与氢氧化亚铁 [铁和水的反应产物，即 $Fe+2H_2O \rightleftharpoons Fe(OH)_2+H_2$ 反应生成氢氧化铁]，氢氧化铁实际上是不溶解于水的，因而从水中沉淀出来，沉淀下来的氢氧化铁是不起保护作用的，能防止腐蚀的氢氧化亚铁实际上被溶解氧从金属表面除去。这样溶解氧就加剧了腐蚀反应。在凝结水系统末端，氢氧化铁经常脱水成为氧化铁，其反应如下

$$2Fe\ (OH)_2 + \frac{1}{2}O_2 + H_2O = 2Fe\ (OH)_3 \downarrow$$

$$2Fe\ (OH)_3 \xrightarrow{\text{热力损失或压力降低}} Fe_2O_3 + 3H_2O$$

由氧造成的点蚀是在氧化铁保护膜薄弱的地方开始的，然后从这个腐蚀点继续向外扩展。正在活动的氧点蚀坑内，沿着坑的凹形表面有被还原的黑色氧化物，而在点蚀坑上部的四周则盖着一层红色的氧化铁，点蚀坑出现黑色的氧化铁，则表明它一度活动，但目前已不再活动，黑色的氧化铁层是阳极，四周红色的氧化铁层是阴极。

二氧化碳随蒸汽一起进入用汽设备，在该处蒸汽冷凝，一部分二氧化碳以气态聚集在用汽设备内，一部分溶解在凝结水内。二氧化碳对管道及设备的腐蚀，表现在二氧化碳溶于水时，使水的 pH 值降低（在加热器以后的凝结水管、疏水阀、阀门里的凝结水呈强酸性，pH＜7），水中氢离子浓度增加。

$$CO_2 + H_2O = H^+ + HCO_3^-$$

二氧化碳使水中增加了一种反应剂 H^+，所以它促进了铁的腐蚀反应。反应式如下

$$2CO_2 + 2H_2O + Fe = Fe\ (HCO_3)_2 + H_2 \uparrow$$

在许多情况下，碳酸氢亚铁溶于水，其性质与氢氧化亚铁相同，可以作为腐蚀反应抑制剂，碳酸氢盐呈弱碱性，可以使水的 pH 值略微升高，亚铁离子降低腐蚀反应的推动力。二氧化碳腐蚀的特点是在管底形成凹槽，管壁变薄，特别是在有细纹的管段最易发生。

3. 凝结水系统中非凝结气体的排除

凝结水系统中，非凝结性气体的排除在于正确地选用疏水阀和其他相应措施，下面简述几种排除方法。

（1）恒温式疏水阀

恒温式疏水阀是根据温度敏感元件受热膨胀、冷却收缩的原理制成的。湿度敏感元件有两种：一种是膜盒，另一种是双金属片。恒温式疏水阀除了用来排除凝结水外，还可以用来排除管道和设备中的冷空气。

膜盒是利用蒸汽、空气和凝结水的温度不同而自动地排除冷空气和凝结水的。它的结构如图 9-32 所示。

膜盒的主要部件是外壁呈波形的芯子，芯子内装有酒精和水的混合物或蒸馏水。

当系统启动时，由于系统中存在空气和凝结水，蒸汽推动着空气和凝结水流向疏水阀。此时，由于空气的温度低，膜盒元件完全收缩，阀门打开排除非凝结性冷气体及凝结水。当蒸汽到达时，疏水阀内部的温度升高，很快地加热了膜盒元件，膜盒内部的压力与疏水阀体的压力平衡，膜盒的波纹膨胀，关闭了阀门，阻止了蒸汽的排出。

双金属片是利用不同金属在相同温度下膨胀性能不同的双金属片制成的，有的金属对温度很敏感，有的很迟钝，在凝结水进入疏水阀前，双金属片处于低温状态，阀孔升启，所以启动时系统中大量空气及冷凝结水能通过疏水阀顺利排出。当蒸汽到达时，双金属片受热变形，关闭阀孔，停止排水。

（2）浮筒式疏水阀与膜盒联合使用

浮筒式疏水阀只能慢慢地排除少量的冷空气，为了能迅速地排除系统内的空气，应与浮筒式疏水阀并联一个膜盒。这就改善了浮筒式疏水阀不能迅速地排除系统内的空气问

题，如图9-33所示。

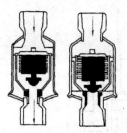

图9-32　膜盒的工作原理

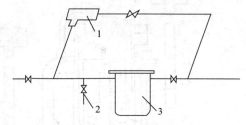

图9-33　浮筒式疏水阀与膜盒并联的排空气装置

1—排空气阀；2—检查阀；3—浮筒式疏水阀

（3）浮球式疏水阀与恒温式疏水阀组装式

浮球式疏水阀与恒温式疏水阀组装，主要是利用恒温式疏水阀来排除冷空气，其原理是利用蒸汽、空气和凝结水三者的温度和密度的不同，自动排除系统的冷空气和冷的二氧化碳气体，如图9-34所示。

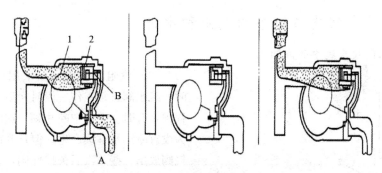

图9-34　浮球式疏水阀排空气原理图

1—浮球；2—恒温式疏水阀；A—主阀；B—副阀

当系统启动时，主阀A关闭，由于系统存在着非凝结性气体，蒸汽推动着非凝结性气体流向疏水阀，此时，空气的温度降低，聚集在恒温式疏水阀周围，使其恒温元件收缩，使副阀B打开，空气从旁通排出，而凝结水流向疏水阀，浮球上升，主阀A打开，排出凝结水。当蒸汽流向疏水阀时，由于温度的升高，恒温式疏水阀关闭副阀B，同时主阀A也关闭。

（4）倒吊桶疏水阀

倒吊桶疏水阀工作过程如图9-35所示，启动时，倒吊桶2是下沉的，并且阀孔4是完全打开的，最初是空气进入疏水阀内，经吊桶通过排气孔3排到吊桶外，通过阀孔4排出。

凝结水随空气之后进入，在吊桶内的水位就慢慢地上升。空气就会被凝结水的压力挤出去，这时吊桶还是下落的，阀门也是打开的，疏水阀充满了水之后就排出凝结水。当蒸汽进入疏水阀的吊桶时，吊桶浮起来，阀门就关闭，就这样反复地排除空气和凝结水。

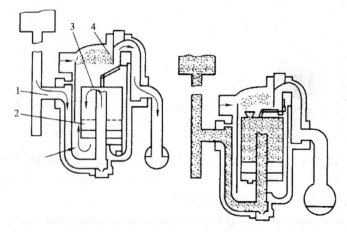

图 9 - 35 倒吊桶疏水阀排空气原理
1—入口处；2—倒吊桶恒温式疏水阀；3—排气孔；4—阀孔

二、凝结水回收系统中的汽阻和水击

1. 凝结水回收系统中的汽阻

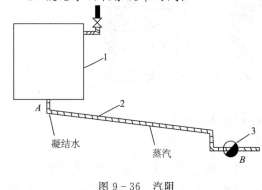

图 9 - 36 汽阻
1—用汽设备；2—管道；3—疏水阀

（1）汽阻的形成 当采用恒温式疏水阀时，疏水阀正常工作一段时间后，在排水的过程中，有时会突然中断片刻，这时往往被误认为没有凝结水继续产生。但打开前边的手动放气阀放出一些蒸汽后关掉此阀，疏水阀又正常排水，这就是汽阻的缘故，如图 9 - 36 所示。

在供热系统中，当设备启动后，首先是蒸汽推动着空气和凝结水至疏水阀，此时，疏水阀阀门打开，排除空气和凝结水。然后，蒸汽进入疏水阀，并使疏水阀关闭，这时图9 - 36 中较长的管段 AB 和疏水阀中都充满了蒸汽。此后，设备产生的凝结水把蒸汽塞阻住，不能流向疏水阀，这一汽阻现象直到疏水阀和 AB 管内的蒸汽凝结成凝结水为止。汽阻的危害与气阻类似，它干扰加热器的热量分配，延长加热时间，所以必须严加防止。

（2）排除汽阻的方法

汽阻虽与气阻类似，但排除的方法却完全不同，消除汽阻可用下列几种方法。

①疏水阀尽量靠近加热设备安装，使管道内出现汽阻的机会减少；即使出现汽阻，因汽阻的蒸汽量少，容易凝结并消除汽阻。

②加大由疏水点至疏水阀之间的管径，如图 9 - 36 所示。如 AB 段管径很小，因节流作用而产生二次蒸汽，更会促使汽阻的形成，所以应该采用较大的管径。然而这种方法不适用于凝结水上升到较高的位置并把疏水阀安装在顶部的情况（如图 9 - 37 所示），大管径管子不能解决此问题并增加不良的效果，因为凝结水首先在管子下部形成，而蒸汽从用热设备中将连续漏出并在上升管中产生汽阻。

③采用防汽阻的机械式疏水阀，它是带有特殊防汽阻阀的浮球式疏水阀，如果疏水阀

由于汽阻而关闭，防汽阻阀可使连接管和疏水阀内的蒸汽排出。这虽然浪费了少量的蒸汽，但防止了汽阻的形成，给加热设备带来了好处。

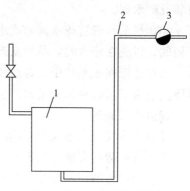

图9-37　上升管中的汽阻
1—用汽设备；2—管道；3—疏水阀

2. 凝结水回收系统中的水击现象

（1）水击

当一液体在运动时，由于有较大的质量和速度而产生较大的动量，如果此液体被突然阻止（如在管道转弯、断面突然缩小等处），其能量必然释放出来，形成较高压力，并产生噪声，如果速度高、质量又大，其能量可以大至使管件（如阀门、疏水阀等）破坏，造成事故。

在蒸汽供热系统中，常常由于两种原因积存凝结水。其一是由于供热系统间歇供热，停汽后产生凝结水，而且在最低点没有排泄干净；其二是由于管道散热（尤其是冷态启动时），蒸汽以较高的流速在管道中流动（一般 $W >$ 30m/s），推动着凝结水前进，形成波浪，管道中若积存大量的凝结水就会形成水塞，如图9-38所示。此水塞受蒸汽压力作用，凝结水的速度迅速增加，当管子方向改变、断面突然缩小时，由于凝结水的能量很大，撞击在障碍物上，形成水击，如图9-39所示。

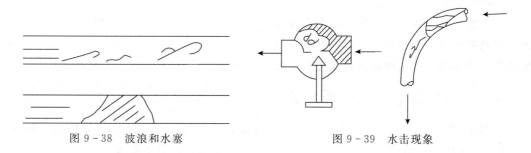

图9-38　波浪和水塞　　　　　　　　　图9-39　水击现象

由此可见，管道的直线段愈长，积存的凝结水愈多，当受到阻碍时，其冲击性愈大，因此蒸汽主管道和长的加热管比其他设备易产生水击现象。虽然浸没式盘管换热器直管段不长，但启动时，蒸汽进入盘管并非常迅速地凝结，产生大量的凝结水被蒸汽推向前进，由于负荷大，蒸汽流速高，把凝结水推向疏水阀，在此产生水击。在回水管道中，由于疏水阀不良而漏汽或工作于高压的疏水阀排出的凝结水产生二次蒸汽，并排入满负荷的凝结水管中，易产生水击现象。尤其是凝结水回水管道处于真空状态下，由于二次蒸汽占有很大的体积，流速较高，更易产生水击现象。

（2）防止水击的措施

为避免水击现象的发生，应采取下列措施：

①蒸汽管道沿途要排凝结水，蒸汽管道要有坡度，当坡向与蒸汽流动方向一致时，坡度应大于2/1000；当坡向与蒸汽流动方向相反时，在降低蒸汽流速的同时，坡度应大于5/1000。

②在蒸汽管道的最低点、管道抬头的地方、减压阀、自动调节阀、膨胀接头的地方均

应装设疏水阀。

③如果蒸汽管道疏水阀的疏水排入凝结水总管,则要在疏水阀与凝结水总管之间装上止回阀,以免在停汽时,凝结水返回蒸汽管道,在供汽时形成水击。

④在背压回水系统中,若高压蒸汽凝结水排向低压蒸汽凝结水回收管时,设计管道一定要注意由于高压蒸汽凝结水产生的二次蒸汽。应按产生二次蒸汽的多少考虑管径,限制背压管道中的流速。

⑤管道变径处,不应突然缩小管径。

⑥在管道运行方面,供汽开始时,一定要暖管,不要快速开启供汽总阀门;经常检修疏水阀前的过滤器,以免被污物堵塞;要经常检查疏水阀,防止疏水阀漏汽。

第四节 蒸汽凝结水处理

供热的蒸汽锅炉或热电厂,向热用户供应的蒸汽在做完功或传递热量后冷凝成水,此即凝结水,该凝结水含盐量很少,水质很纯,又有一定温度,若将其随便排掉是很大的浪费,应该回收利用(回收利用时称为生产返回水),但往往因为热用户的污染及输送管路的腐蚀,生产返回水中又增加一些杂质,如金属腐蚀产物(铁锈)、油等。要回收利用凝结水,必须对它进行适当处理。

蒸汽凝结水处理又称为凝结水处理或凝结水精处理。凝结水处理是对纯净的蒸汽冷凝水进行精制再处理,以进一步提高水质纯度,具体目的主要有两个:去除水中金属腐蚀产物和微量溶解盐,相应的处理方法是过滤处理和离子交换除盐。

一、凝结水过滤除金属腐蚀产物

凝结水过滤处理的目的是去除凝结水中金属腐蚀产物,主要是铁的氧化物(Fe_3O_4、Fe_2O_3)及铜的氧化物(CuO、Cu_2O),有时还包括镍的氧化物和胶体硅。

1. 凝结水中金属腐蚀产物的来源

锅炉产生的蒸汽是非常纯净的,凝结成水时,水中含盐量也非常少,这种纯净的水其pH 缓冲性也非常低,若外界有少量的其他物质混入,将使其 pH 急剧波动,在工业上最常见的其他物质是 CO_2。进锅炉的水往往含有少量碳酸氢根,它进入锅炉后受热发生下列分解:

$$2NaHCO_3 \xrightarrow{\triangle} CO_2\uparrow + Na_2CO_3 + H_2O$$

$$Na_2CO_3 + H_2O \xrightarrow{\triangle} CO_2\uparrow + 2NaOH$$

产生的 CO_2 会随着蒸汽一起送出,在蒸汽凝结成水后,部分 CO_2 溶解在水中,产生 H_2CO_3,使凝结水 pH 急剧下降,严重时,生产返回水的 pH 仅有 5~6。

$$CO_2 + H_2O \longrightarrow H_2CO_3 \longrightarrow H^+ + HCO_3^{2-}$$

这种低 pH 的弱酸性水与钢材接触时,会对钢材造成强烈的腐蚀。工业供热的蒸汽管道很长,生产返回水的管道也很长(有的可长达十几千米),而且管道内部没有任何防腐措施,所以这种腐蚀是很严重的。生产返回水中带有的金属腐蚀产物很多,最多时含铁可达到 150mg/L。

在发电厂内，为了防止这种 CO_2 的酸性腐蚀，向锅炉给水中加入氨，蒸汽及凝结水的 pH 保持在 8.8～9.6，但也没有完全阻止钢的腐蚀，水、汽中仍含有少量腐蚀产物（铁、铜大多在 $\mu g/L$ 级），对大型高参数的发电机组来讲，这仍然是不允许的。

另外，设备停运时的腐蚀则更严重，由于检修或其他原因设备停运，这时所有的管道、设备全部暴露在大气中，而且极为潮湿，有时温度还较高，钢材表面会产生严重的锈蚀。在设备重新启动时，这些锈蚀产物由于水流冲刷作用进入水中，使水中含有大量的氧化铁颗粒，含量大大超过各种水汽质量标准的要求，比如发电厂的锅炉给水，正常运行时水中铁含量＜10～20μg/L，而停运后再启动时，水中铁可达几千 μg/L，要进行长时间冲洗才能降至正常值（一般要几天，最长的可达一个月），不但影响设备正常运行，危及设备安全，而且浪费大量冲洗用纯水。

2. 管式微孔过滤器

管式微孔过滤器又称管式过滤器，以前类似设备曾称作烛式过滤器、卡盘过滤器，是近年来广泛用于凝结水过滤处理的一种精密过滤设备，用在凝结水处理中的过滤精度为 1～20μm。

（1）结构和工作过程

管式微孔过滤器也是一种钢制压力容器，内装滤元，滤元由多个蜂房式管状滤芯组成，滤元一般长 1～2m，直径 25～75mm，滤元骨架为不锈钢管上开孔（如 $\phi 3mm$），外面布满过滤材料，以线绕式滤芯为例，外绕聚丙烯纤维，绕线空隙度（即过滤精度）为 1、5、10、15、20、30、50、75、100μm 等规格，构造如图 9-40 所示。

管式微孔过滤器运行时水是从下部进入，遇到滤元上的聚丙烯纤维后，水中悬浮颗粒被截留，水进入滤元骨架不锈钢管内，向上流经封头（出水端）后流出，随着被截留的物质增多，阻力上升，过滤器进出口压差上升，当压差上升到

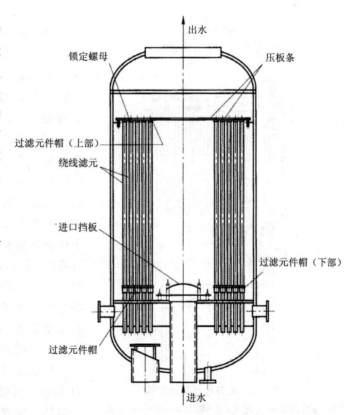

图 9-40 管式微孔过滤器构造

0.08MPa 时（或运行到额定小时后）停止运行，进行反洗。

反洗操作如下：放水；从上部出水区送入压缩空气进行吹洗；从上部出水区送入反洗水进行反洗，至反洗清洁后即可投入运行。

（2）过滤效果

某厂使用表明，当滤元上聚丙烯纤维孔隙孔径为 $10\mu m$ 时，对凝结水中铁的去除率为 30%；当孔隙孔径为 $5\mu m$ 时，对铁去除率为 $40\%\sim80\%$。某厂测试数据列于表9-5。运行表明，该设备运行可靠，反洗彻底。

表9-5　管式微孔过滤器过滤效果

过滤纤维空隙孔径/μm	进水流量/（m^3/h）	进出口压差/MPa	进水含铁/（$\mu g/L$）	出水含铁/（$\mu g/L$）	铁去除率/%
10	600	0.055	31.8	21.8	31.5
10	620	0.05	19.6	14.8	24.5
10	620	0.065	40	23.6	41
5	580	0.01	224	128	42.9
5	600	0.015	70	36	48.6
5	560	0.016	28.6	16.8	41.3

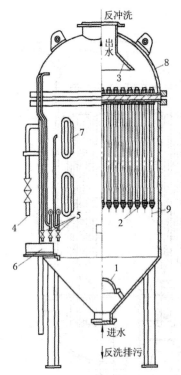

图9-41　覆盖过滤器的结构
1—水分配罩；2—滤元；3—集水漏斗；4—放气管；
5—取样管及压力表；6—取样槽；7—观察孔；
8—上封头；9—本体

3. 粉末树脂覆盖过滤器

粉末树脂覆盖过滤器和纸浆覆盖过滤器都属于覆盖过滤器，纸浆覆盖过滤器是在滤元上涂一层纸粉作为滤层，起过滤作用，它可以很有效地滤除水中微米级以上的微粒，去除凝结水中金属腐蚀产物可达 $80\%\sim90\%$；但设备占地面积大，操作复杂，运行费用高，还有将纸粉漏入水中的可能。以前应用很普遍，近年来新设计的较少。粉末树脂覆盖过滤器是在滤元上涂一层离子交换树脂粉末作为滤层，水通过时除了能滤除凝结水中金属腐蚀产物外（对凝结水中铁去除率可高达 85%），树脂还可以去除水中溶解的盐，所以它身兼除铁和除盐的双重作用，只不过由于离子交换树脂数量较少，除盐能力会很快失效。

（1）覆盖过滤器结构原理和工作过程

早期使用的覆盖过滤器的结构如图9-41所示。覆盖过滤器的壳体为一圆形钢制压力容器，底部是锥形，水从下部流入，进口处设一水分配罩，防止水流冲击。顶盖为一带法兰的圆封头，法兰之间装一多孔板，滤元设置在多孔板上，多孔板上每一个小孔装配一根滤元。多孔板将过滤器分为两个区域：

下部为过滤区，上部为出水区。

滤元多用不锈钢梯形绕丝制成（图 9-42），过滤之前先送入纸粉浆或粉末树脂浆，滤元截留后在滤元上形成 3～5mm 厚的纸浆层滤膜，以后正式运行时，依靠该滤膜去除水中金属氧化物颗粒。运行结束后将滤膜层爆去（俗称爆膜），冲洗干净再进行铺膜，再次过滤运行。

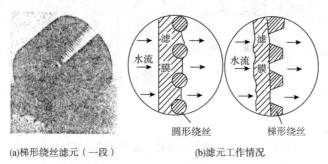

(a)梯形绕丝滤元（一段）　　(b)滤元工作情况

图 9-42　覆盖过滤器滤元及工作情况

近年来粉末树脂覆盖过滤器多使用管式过滤器，其结构形式示于图 9-43。其滤芯为 5μm 聚丙烯线绕式滤芯，在其上涂 3～6mm 厚的粉末状树脂作附加滤层，起过滤除铁与除盐用。

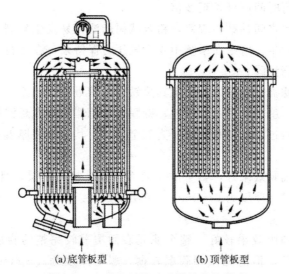

(a)底管板型　　(b)顶管板型

图 9-43　粉末树脂过滤器的结构形式

（2）粉末树脂覆盖过滤器系统及运行

粉末树脂覆盖过滤器系统如图 9-44 所示。

粉末树脂覆盖过滤器运行操作可分为三步：铺膜、过滤和爆膜。

①铺膜。将一定数量的粉末状树脂及聚丙烯纤维粉放入铺料箱中配置成浆液，开启搅拌使树脂发生溶胀，体积增大，阴阳树脂发生抱团，形成不带电荷的具有过滤和交换能力的絮凝体，再用铺膜泵及注射泵将其送入过滤器，并进行循环，粉末状树脂逐渐在滤芯上形成一层 3～6mm 厚滤膜。

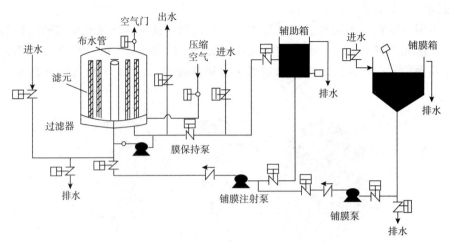

图 9-44　粉末树脂覆盖过滤器及铺膜、爆膜系统

铺膜时要保证滤芯上滤膜均匀,防止出现滤芯上粉末状树脂层上下薄厚不均的情况。

②过滤。过滤时水从过滤器下部进入,通过滤元上的滤膜后,水中颗粒状金属氧化物被截留,水从上部引出。过滤过程中可以适当加入一些助滤剂(聚丙烯纤维粉浆)进行补膜,如补膜适当,运行时间可延长至 2 倍。

由于树脂粉末颗粒之间黏结性较差,粉末状树脂滤膜易发生破裂甚至脱落,特别当负荷、压力波动时更易发生,所以在系统中要设置压力保持泵,在运行不稳定时用该泵维持压力,保护粉末状树脂滤膜。

粉末树脂覆盖过滤器铺膜效果是决定其除铁效率的最重要因素之一。一般情况下,可根据膜层外观、膜层厚度、膜层初始压差、铺膜后过滤器罐体内悬浮絮体的数量等因素的不同,将粉末树脂覆盖过滤器铺膜效果分为五个等级。其中铺膜厚度是在铺膜量一定的情况下测定的。

第一级:该等级铺膜效果好,整个滤元表面覆盖完整的膜层,且膜层表面光滑均匀,无漏点和鼓包现象,膜层厚度为 6~9mm,膜层初始压差为 0.5~1.2kPa,铺膜后过滤器罐体内无悬浮絮体。

第二级:该等级铺膜效果较好,整个滤元表面覆盖较完整的膜层,且膜层表面较光滑,无漏点和鼓包现象,但滤元顶端膜层较薄,膜层厚度为 4~6mm,膜层初始压差为 1.2~2.0kPa,铺膜后过滤器罐体内有少量悬浮絮体。

第三级:该等级铺膜效果一般,滤元底部和中部膜层较完整,顶部有 3~5cm 的滤元裸露,膜层表面不平整,有少量漏点和鼓包现象,膜层厚度为 2~4mm,膜层初始压差为 2.0~3.5kPa,铺膜后过滤器罐体内有少量悬浮絮体。

第四级:该等级铺膜效果较差,滤元表面成膜效果较差,膜层表面凹凸不均,多漏点和鼓包现象,铺膜后过滤器罐体有较多悬浮絮体。

第五级:该等级铺膜效果差,滤元表面无法成膜,铺膜后过滤器罐体内有大量悬浮絮体。

③爆膜。随覆盖过滤器运行中截留的颗粒状物增多,阻力也上升,当运行至进出口压差达 0.1~0.2MPa 或者出水含铁量超过要求时,就要停止运行,将旧膜去掉,这就是

爆膜。

常用的去膜的方法是压缩空气膨胀法，压缩空气膨胀法从覆盖过滤器顶部进入压缩空气，关闭所有出口阀，升高器内压力，以后迅速打开压缩空气放气阀，此时出水区的压缩空气膨胀，将滤元上滤膜吹掉，再用水自内向外反冲洗滤元，清除残渣，直至清洁为止。有利用覆盖过滤器出水区积聚的空气进行爆膜的，此即自压缩空气爆膜。爆膜操作可多次进行，直到把膜去除干净。

4. 电磁过滤器

（1）工作原理和结构

物质在外来磁场作用下会显示磁性，这称为物质的磁化。物质的磁化性能用磁导率来表示，磁导率是表示物质磁化后的磁场强度与外加磁场强度的比值。有些物质在很弱的外磁场中也能磁化，具有很大磁场，并且加强外磁场，当外磁场取消后，还能保持一定的磁性，这种物质称为铁磁性物质。有些物质在强磁场中只能被弱磁化，也能不同程度地加强外磁场，一旦外磁场消失，物质的磁场也消失，这种物质称为顺磁性物质。还有一些物质在外磁场中被磁化，但反过来会削弱外磁场，这类物质称为抗磁性物质。

凝结水中氧化铁颗粒主要有 Fe_3O_4、$\alpha-Fe_2O_3$、$\gamma-Fe_2O_3$ 几种，其中 Fe_3O_4 和 $\gamma-Fe_2O_3$ 是铁磁性物质，$\alpha-Fe_2O_3$ 是顺磁性物质。因此可以利用磁性吸引的方法从水中去除这些氧化铁微粒，此即磁分离法。

电磁过滤器是在励磁线圈中通以直流电，产生磁场，借助该磁场将过滤器填料层中的填料（导磁基体）磁化，当水通过填料层时，水中磁性物质会被吸引附着在填料表面，达到水的净化目的。在电磁过滤器中，基体作用于水中的微粒的磁力可用下式表示：

$$F = VXH\frac{\mathrm{d}H}{\mathrm{d}X} \tag{9-14}$$

式中　F——基体作用于微粒的磁力；

　　　V——水中微粒的体积；

　　　X——微粒磁化率，比如 Fe_3O_4 的磁化率为 15600×10^6（CGS 单位），$\alpha-Fe_2O_3$ 磁化率为 20.6×10^6（CGS 单位），CuO 磁化率为 3.3×10^6（CGS 单位）；

　　　H——背景磁场强度；

　　　$\dfrac{\mathrm{d}H}{\mathrm{d}X}$——磁场梯度。

电磁过滤器中填充的导磁基体种类很多，对其基体的要求是顺磁性好且耐腐蚀，早期曾使用 $\phi6\sim48\mathrm{mm}$ 轴承钢球或纯铁球外镀镍，这是钢球电磁过滤器（第二代电磁过滤器）。目前使用的是涡卷-钢毛复合基体的复合型高梯度电磁过滤器（第四代电磁过滤器），其工作原理是使用一种空隙率达 95% 的钢毛作为填料，磁饱和的钢毛会产生一种极高磁场强度（比钢球高约 4 倍）的空间效应，能从水中吸引很微小的磁性物质，吸着量也很大，从而提高水中金属腐蚀产物的去除效率。这两种过滤器的结构示于图 9-45 中。

（2）运行特点

①电磁过滤器内部磁场分布状况。与钢球型电磁过滤器相比，高梯度电磁过滤器内部磁场强度较高，且分布均匀，这有利于去除水中微小氧化铁颗粒。

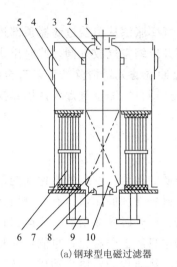
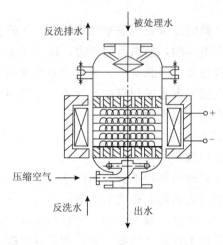

(a)钢球型电磁过滤器　　　　　(b)复合型高梯度电磁过滤器

图9-45　电磁过滤器结构

1—出水装置；2—筒体；3—窥视孔；4—人孔；5—屏蔽罩；6—励磁线圈；

7—钢球填层；8—卸球孔；9—支座；10—进水装置

②水流阻力特性。高梯度电磁过滤器的运行阻力远小于钢球电磁过滤器。钢球电磁过滤器运行阻力可达0.15MPa，而高梯度电磁过滤器仅有0.04MPa。

电磁过滤器的运行终点通常以额定流量下的阻力上升值来确定，一般采用比初投时阻力上升0.05~0.1MPa作为运行终点，也有用制水量来决定运行周期的。

③反洗特性。运行结束后，要清除填料基体中积存的金属氧化物颗粒，恢复其清洁状态，才能再次运行，这个操作即是反洗。

电磁过滤器单纯用水反洗，其洗净率较低，要首先用压缩空气擦洗，以后再用水反洗，洗净率才能符合要求。电磁过滤器反洗水及压缩空气进入方向是从下向上（与钢球电磁过滤器运行方向相同，与高梯度电磁过滤器运行方向相反），压缩空气压力约为0.2~0.4MPa，空气的流速为1500m/h，擦洗时间为4~6s；反洗水流速800m/h，清洗时间为10~12s。上述空气-水反洗操作重复2~4次。

④除铁效率。电磁过滤器主要去除凝结水中氧化铁颗粒，去除率可达60%~90%以上，正常运行时，电磁过滤器出水中铁可稳定地小于10g/L，但对铜的氧化物去除率较低，约50%。

比较两种电磁过滤器，在相同条件下，高梯度电磁过滤器除铁效率较高，这主要是由于钢毛细丝直径小，曲率半径小，梯度变化大，磁力线在空间急剧收敛，导致其内部磁场强度大，基体对水中氧化铁颗粒吸引大，小颗粒氧化铁易去除，同时钢毛对氧化铁的吸留量也大（约为钢球的60倍）。

影响电磁过滤器除铁效率的因素有如下几点。

a）磁场强度受外磁场强度、过滤器中填料种类（钢毛复合型磁场强度最大）、填料尺寸等因素影响。

b）水中氧化铁形态。电磁过滤器对铁磁性物质去除率高，对顺磁性物质去除率低，高梯度电磁过滤器对顺磁性物质也有一定去除率。

c) 进水含铁量。进水含铁量为 1mg/L 以下时，含铁量越少，水中氧化铁颗粒就越小，去除率越低。

d) 水流速。试验表明，当流速大于 1300m/h 时，除铁效率急剧下降，这主要是因为高速水流的冲刷力增强，原先被填料基体吸着的氧化铁又被冲刷下来，造成出水含铁量上升。另外对钢球型电磁过滤器，高速水流从下向上进入，还有可能使填料层展开，发生相互碰撞，使吸着的氧化铁颗粒脱落。

二、凝结水除油

生产返回水中经常含有油，油的来源主要是各种机械设备的润滑油及液压油，含油量大的水是不能直接回收利用的，因为，一般工业锅炉要求给水中含油<1~2mg/L，所以含油量大的生产返回水应当进行除油。

水中油的存在形态一般为三种：一种是油粒径在 0.1mm 以上，它在水静置时会漂浮到水面，这种油称为游离油；还有一种是油粒径为 0.01~0.1mm 的分散油，它稳定性比前一种强，但长时间静置，颗粒也会集聚、变大、上浮；再有一种是乳化油，含油的水在机械叶轮输送过程中极易形成乳化油，它的颗粒在 $10\mu m$ 以下，大部分为 $1~2\mu m$，在油水界面有表面活性剂存在，具有极高的稳定性，很难分离。至于呈溶解状态的油是极微的。

水中油的分离方法通常根据水中油珠的形态、含量、要求处理后的水质等条件而定。

对于从凝结水中除油，由于凝结水很纯，不应像其他含油水的处理那样向水中添加处理药剂，因为添加药剂又会使水质恶化。

1. 自然分离法

该方法可以去除游离油和分散油，所用设备通常为隔油池（图 9-46），它是让水在池内缓慢流动，由于流速降低，水中油珠依靠浮力上浮至液面，通过刮油集油管排出，除油后水中油含量可降至 50~100mg/L 以下。这种分离方法适用于水中含油量较大的场合，主要用来去除游离油和分散油。

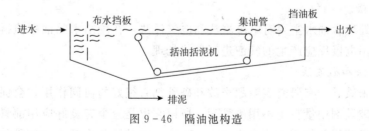

图 9-46 隔油池构造

含油废水处理用的隔油池形式较多，主要有平流式隔油池、平行板式隔油池、波纹斜板隔油池和压力差自动撇油装置等，在凝结水除油中，很少会使用这些敞开的大型设备，但当凝结水中含油较多时，也可以按相同技术参数设计小型的隔油设备。其主要技术参数有：停留时间 60~90min，水平流速约 0.2mm/s。

2. 气浮分离

该方法适用于含乳化油水的处理。通常要先对乳化油进行破乳化，即让黏附表面活性物质的亲水性乳化油颗粒重新变为憎水性，再用气浮分离法将其分离。

破乳化通常是向水中加入破乳化剂，常用的破乳化剂有硫酸铝、三氯化铁、硫酸亚铁、石灰、酸等。但这些破乳化剂不宜用在凝结水除油工艺中，因为它会使凝结水水质变差，能用于凝结水除油工艺中的破乳化剂应该是不溶解且易于分离的固体。

3. 过滤吸附法

前面两种方法都是处理含油较多的水，对于含油量较少的水通常可用吸附法去除，常用的吸附材料有无烟煤、硅藻土、活性炭、膨胀石墨和吸油树脂等，由于它们的吸附容量有限，只用于对含油量较少的深度处理。

用粒状活性炭作过滤材料来处理含油的凝结水，可以很好地吸附水中乳化油及溶解油，但吸附容量较小，活性炭吸油容量为 $30\sim80mg/g$。膨胀石墨对油的吸附容量远高于活性炭，是一种很好的除油吸附剂。吸油树脂也是一种可用于凝结水除油的吸附材料，目前主要有两类：丙烯酯类和烯烃类，多用于含微量油的水的处理，这种树脂具有亲油疏水性，可以捕捉水中乳化油及溶解油在其表面，然后自行破乳并富集，形成大油滴，在水流作用下脱离树脂表面，再用油水分离器进行分离。

4. 膜过滤

常用的凝结水除油用膜是超滤膜。由于油珠的尺寸比超滤膜的孔径大，因此可以用超滤膜来去除凝结水中油，超滤膜（尤其是憎水性超滤膜）很小的孔径有利于破乳及油滴聚集，对水中油去除率可达 90% 以上。超滤膜工作压力低（$0.1\sim0.2MPa$），系统简单，操作方便，只需注意选择适当孔径的超滤膜。但被油污堵的膜很难清洗，处理费用也高。除了超滤膜外，微孔滤膜、MBR 和反渗透膜也可用于除油。

5. 电磁处理法

该方法包括磁处理法、电子处理法、高频磁场法和高压静电处理法等，这些方法的共同特点是不向水中添加任何可溶性化学药剂，因而不影响水质，特别符合凝结水除油的要求。磁处理法是利用磁性物质（磁铁矿及铁氧体）粉末作为载体，利用油珠的磁化效应，使油珠吸附在磁性颗粒上，再通过分离装置，将磁性颗粒和吸附的油珠留在磁场中，达到从水中分离油的目的。

6. 电化学法

电化学法处理含油水主要有电凝聚法和电气浮法，在凝结水除油中值得关注的是电气浮法，它是利用电极反应产生的气泡进行气浮处理。

7. 超声波法和微波法

超声波用来破乳，有研究表明超声波和破乳剂有很好的协同作用，会促进破乳剂的破乳效果，减少破乳剂用量直至不用破乳剂，所以它也是一个有良好应用前景的处理含油凝结水的方法。可使用的超声波频率为 $31\sim45kHz$，加热可提高超声波破乳效果。微波也可用来破乳，微波具有内加热特性，可使液体黏度下降并促进油水分离。

8. 高级氧化法

这类方法包括超临界水氧化法、光催化氧化法等。超临界水氧化法是让水在 $24\sim28MPa$ 压力、$390\sim430℃$ 温度下，大约几分钟时间水中氧可将油氧化降解。光催化氧化是在二氧化钛存在下，紫外光可将油氧化降解，曾有人将二氧化钛涂在空心玻璃球上，漂浮在水面，利用阳光中紫外线将水中绝大部分油去除。

第三篇

工业用水节约与回用再生

第十章 工业用水节水技术

随着工业水平的提高，我国工业用水总量正不断增大。传统的用水模式如图 10-1 所示，用水系统中的各用水单元分别采用新鲜水，然后将使用过的水汇集后排入水处理系统，经水处理单元分别去除不同的杂质后再排放到自然生态环境的水体大循环中。但由于管理不善或没有综合利用，污废水的排放量也很大，这样一方面造成水的大量浪费，另一方面又对环境造成严重的污染，进一步加剧用水的紧张状态，形成恶性循环。据分析，目前我国万元工业增加值的用水量比工业发达国家要高出 3～4 倍，因此我国节约用水的潜力相当大。

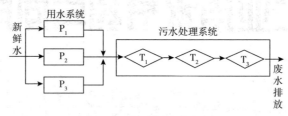

图 10-1 传统的用水模式

节约用水、高效用水是缓解水资源供需矛盾的根本途径。然而，节水的目的并不在于限制用水，而是通过采用先进合理的用水设备、工艺和技术改造，实现合理用水和科学用水，提高现有水资源的重复利用率，做到按品质供水，一水多用，从而降低单位产量、产值的取水量，以较少的投入获得用水的最大综合效益。

在节水的技术层面上，实现工业节约用水的途径和措施很多，主要有以下几个方面：

（1）工程节水

是指用水户通过对用水系统和排水系统进行改造，使其达到节约用水的目的。一般地，对用水系统进行改造的主要目的是实现重复用水，而对排水系统进行改造的目的是实现废水的处理与回用。

重复用水是根据工业生产过程中各用水环节对水质的不同要求，通过对用水系统进行改造而提高水的利用效率，进而实现节水的目的。其内容主要包括改变生产用水方式（如改单次用水为循序用水，改直流用水为循环用水），提高水的循环利用率及回用率，统称提高水的重复利用率。

提高水的重复利用率通常可在生产工艺条件不变的情况下进行，是比较容易实现的，因而是工业节水前期的主要节水途径，但提高水的重复利用率涉及很多具体条件，特别是思想认识、技术条件、经济条件等，总体上讲提高工业用水系统的重复利用率是一项长期任务。

随着工业的飞速发展，用水量及排水量正逐年增加，而有限的水资源又不断被污染，因而导致水资源的供需矛盾越来越尖锐。在这种情况下，通过污水处理并实现回用是一种最为现实可行的节水途径。

（2）管理节水

是从管理的角度，结合企业目前的用水状况，制定更加合理的用水定额，通过加强行政管理、技术管理和经济管理等手段，以减少优质水资源的损失，提高企业的用水效率，从而实现节水的目的。相对于工程节水，管理节水有时可以取得立竿见影的效果，其潜力很大，不容忽视。

（3）工艺节水

通过实现清洁生产、改变生产工艺，采用少水或无水生产工艺和合理进行工业生产布局，以减少水的需求，提高水的利用效率。例如，用空气冷却代替水冷，用干法洗涤代替湿法洗涤、逆流洗涤工艺等就属于这类方法。采用这类方法后，可减少过程的需水量，从而达到节水减排的目的。

工艺节水涉及工业生产原料、生产工艺、流程和设备、生产规模和产品结构，以及工业生产布局等，几乎涉及工业生产的各个方面，因此工艺节水是更为复杂、更加长远的任务，是工业节水的长期目标。

（4）设备节水

是指采用与同类设备相比具有显著节水功能的设备或检测控制装置，使企业的用水量明显减少，从而达到节约用水的目的。

（5）非常规水源的开发和利用

是指大力开发除井水、河水等常规水源外的非常规水源的利用。一般来讲，非常规水源主要包括海水、雨水和建筑中水。

第一节　工程节水

所谓工程节水，就是用水户通过对用水系统和排水系统进行工程改造，使其达到节约用水的目的。对用水系统进行的改造是根据工业生产中各用水环节对水质的不同要求，将某一些用水环节的排水直接或适当处理后作为另一些用水环节的供水，使水得以重复利用的一种节水方式，主要有两种：循序用水和循环用水。对排水系统进行的改造主要是指通过对排放的废水进行深度处理回用而实现节约用水。

一、循序用水

循序用水系统，也称重复用水系统、串联用水系统，是根据工业生产中各用水环节对水质的不同要求，将某一些用水环节的排水直接或适当处理后作为另一些用水环节的供水，使水得以顺序重复利用的一种供水方式。这种节水的方法一般只要对工业生产中各用水环节的水量、水质情况进行调查分析，加以统筹考虑，在加强管理的基础上，一般是不难做到的。

在工业生产中，重复用水主要体现为一水多用与污水回用。一水多用是将水源先送到某些车间，使用后或直接送到其他车间，或经冷却、沉淀等适当处理后，再送到其他车间使用，然后排出。例如，可以先将清水作为冷却水用，然后送入水处理站，经软化或除盐后作锅炉供水用。也可将冷却水多次利用后作洗涤、洗澡用。

工业企业中有些环节出来的水质较差，如果经过适当的处理，往往可以回用或降级用于其他环节中去，以达到节水的目的。例如在采煤洗煤工业中，其浮选尾矿水排放量较大，这种废水中含有大量细颗粒黏土类物质及微粉煤，直接排放一方面浪费水源，另一方面也污染环境。这可采用混凝沉降的技术处理，即在洗煤废水中加入聚丙烯酰胺 4mg/L 左右，将洗煤废水在沉降槽（或沉淀槽）中混凝沉降，所得澄清液即可回用于原洗煤过程中。沉降槽中排出的污泥主要为细粉煤及泥石灰等，并含水 65％左右，可加入 25mg/L 的聚丙烯酰胺进一步脱水回收。

在钢铁工业的高炉气湿式集尘时会产生集尘废水，这种集尘废水呈灰黑色，固含量约为 300mg/L，可加入 0.5mg/L 的聚丙烯酰胺，使固含量降低到 50mg/L，然后继续回用于湿式集尘的洗涤中。

对于一些运输单位的车辆洗涤，也可用生活污水如淋浴水经净化后代替清水作洗车用。

例如将淋浴水经收集后加铝盐，如明矾、碱式氯化铝等，必要时再添加微量的聚丙烯酰胺，即能获得无色透明、无臭、pH 值为 7 左右，符合洗车用水要求的水。当夏日因水中含有的有机质变质起味时，可加入少量的氧化剂，如漂白粉或过氧化氢溶液即可消除异味。

在造纸工业中产生的白水也可用气浮法回收其中的纤维，经处理后的水可在工艺过程中循环回用。在气浮过程中可以使用硫酸铝、碱式氯化铝或聚丙烯酰胺作聚凝剂以提高处理效果，同时在处理中还要防止细菌大量繁殖，以免对水质造成不利影响。

循序用水实现了"优水优用、劣水劣用"，是较为经济合理的一种用水方式，可提高水的重复利用率，达到节约用水的目的。

二、改直流水为循环水

在工业生产中，需要冷却的设备差别很大，归纳起来有以下类型：冷凝器和热交换器；电机和空压机；高炉、炼钢炉、轧钢机和化学反应器等，用水来冷却这些设备的系统称为冷却用水系统。许多工业生产中都直接或间接使用水作为冷却介质，因为水具有使用方便、热容量大、便于管道输送和化学稳定性好等优点。据一般估计，在工业生产中约 70％～80％的用水是冷却水，如一个 10^5 kW 的火力发电站，其冷却用水量达 900m^3/h；一个年产 3500t 聚丙烯的化工设备，其冷却用水量达 3000m^3/h。工业冷却用水中的 70％～80％是间接冷却水。间接冷却水在生产过程中作为热量的载体，不与被冷却的物料直接接触，使用后一般除水温升高外，较少受污染，不需要较复杂的净化处理或者无需净化处理，经冷却降温后即可重新使用。

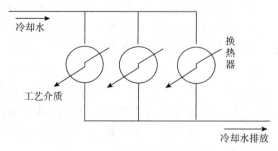

图 10-2　直流冷却水系统流程

冷却用直流水是指换热器或机泵等设备直接用新鲜水来冷却，且用后即排放的情况，其系统流程如图 10-2 所示。直流冷却水系统的优点是设备简单，不需要冷却构筑物，操作比较方便，一次性投资少；缺点是消耗水量大，且携带的大量热量会造成纳水体的热污染，所以只有在水源极其丰富的地区或用水量极小的系统才能采用。

冷却用直流水造成了水的浪费，不仅增加了企业的新鲜水用量以及污水排放量，而且会造成热污染。为了节约水资源、减少对环境水域的污染，这种系统（除了用海水的直流冷却水系统外）在国外已被淘汰，国内虽有一些中、小型企业仍在使用，但随着国内各项节水政策的制定和实施，也将逐渐被循环冷却水系统所代替。

只要循环水的水温能够满足要求，就应改用循环水；循环水的水温不能满足冷却要求的，可以用新鲜水冷却，但用后的水应按新鲜水合理地再利用。

企业中的间接冷却设备以及机泵冷却应尽量使用循环水，但要考虑以下几个方面因素：

①一些设备如果采用循环水冷却，由于腐蚀等原因会要求提高循环水的水质，这样会增加循环水的处理费用，是否采用需要考虑经济、环境等因素；

②一些设备由于与循环水管道的距离较远，或由于设备等原因从循环水管道引水困难，是否采用循环水冷却需要考虑经济因素；

③一些设备要求水温较低，循环水不能满足其要求，此时虽可采用新鲜水，但应考虑合理利用其排水；

④冷却油泵等的换热设备的循环水会因换热设备泄漏而导致污染，一般是直接排到含油污水井，这部分循环水可以通过加强现场管理而避免直排，一旦发现设备泄漏应及时维修。

三、工业废水的深度处理与回用

工业废水的回用是指将工业生产过程中产生的废水经处理后再用于工厂内部，以及工业用水的循序使用、循环使用等。

1. 废水回用的类型和途径

废水回用分为间接回用、直接回用、再生回用和再生循环利用四种类型。

（1）间接回用

水经过一次或多次使用后成为工业废水，经处理后排入天然水体，经水体缓冲、自然净化，包括较长时间的储存、沉淀、稀释、日光照射、曝气、生物降解、热作用等，再次使用，称为间接回用。

间接回用又分为补给地表水和人工补给地下水两种方式。

①补给地表水。废水经处理后排入地表水体，经过水体的自净作用再进入给水系统。

②人工补给地下水。废水经处理后人工补给地下水，经过净化后再抽取上来送入给水系统。

（2）直接回用

直接回用是指从某个用水单元出来的废水直接用于其他用水单元而不影响其操作，又称为水的优化分配，如图 10-3 所示。

一般来说，从一个用水单元出来的废水如果在浓度、腐蚀性等方面满足另一个单元的进口要求，则可为其所用，从而达到节约新鲜水用量的目的。这种废水的重复利用是节水工作的主要着眼点，其中最具节水潜力的是回用于工业冷却水方面。

相对于其他节水方法来说，废水的直接回用通常所需的投资和运行费用最少，因此是应该首先考虑的节水方法。而且，在考虑废水的再生回用和再生循环之前，也应先考虑废水的直接回用。

直接回用与间接回用的主要区别在于，间接回用中包括了天然水体的缓冲与净化作用，而直接回用则没有任何天然净化作用。选择直接回用还是间接回用，取决于技术因素和非技术因素。技术因素包括水质标准、处理技术、可靠性、基建投资和运行费用等，非技术因素包括市场需要、公众的接受程度和法律约束等。

（3）废水再生回用

从某个用水单元出来的废水经处理后用于其他用水单元，如图 10-4 所示。

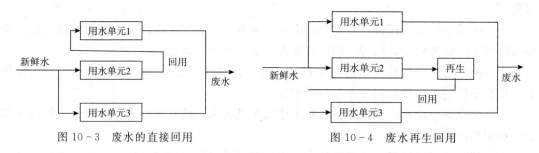

图 10-3　废水的直接回用　　　　　图 10-4　废水再生回用

在采用废水再生回用方法时，由于再生回用后的废水将被排掉，所以与再生循环相比，不会产生杂质的积累，在这一点上，废水的再生回用优于再生循环。但是，再生回用时，使用再生水的用水单元接收的是来自其他单元的废水，虽然经过了再生，但其他单元所排出的一些微量杂质可能未在再生单元中去除掉而带入到该单元，有可能影响该单元的操作，这一点要予以注意。

（4）废水的再生循环利用

从某个用水单元出来的废水经处理后回到原单元再用，如图 10-5 所示。

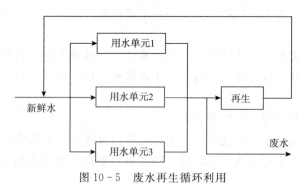

图 10-5　废水再生循环利用

在再生循环水网络中，废水处理脱除杂质再生后又可回用于本单元。由于水可以一直循环使用，因此再生水量可以充分满足系统的要求，使得这种结构的水网络可以最大限度地节约新鲜水的用量和减少废水的排放，而且，如果杂质再生后浓度足够低，系统就可能只需要输入补充水量损失的新鲜水，而实现用水系统废水的"零排放"。因此，再生循环水网络具有重要的意义。

但是，在废水的再生循环中，由于废水一直在循环使用，会出现杂质的积累，对此要注意并需有相应的措施以保证用水系统的正常运行。

（5）回用途径

①冷却用水：冷却水在工业生产用水中占有很大的比例，一般约占 70%～80% 或更多且水质要求相对较低，因而是废水回用的大户和主要对象。

②锅炉补给水：由于水质要求高，特别是超高压锅炉，因此在近期内还不可能普遍

利用。

③工艺用水：由于在不同的工业之间、同一工业的不同工厂之间和同一工厂不同工段之间，其水质要求差别很大，因此应根据工艺过程对水质的要求而定。一般食品加工、医药等工业对水质的要求比较严格，因而限制了再生水的利用，而木材、采矿等工业则对水质的要求不高，非常适合利用再生水。

工业废水的回用有着广阔的前景，但从目前看，回用的范围和回用的水量还很小，其潜力是很大的。

2. 工业废水回用对水质的要求

（1）冷却用水

根据冷却系统的类型和换热器金属材料的性质而有所不同。对水质的要求是：在热交换过程中不产生结垢；对冷却系统不产生腐蚀作用；不产生过多的泡沫；不存在有助于微生物生长的过量营养物质。

（2）锅炉补给水

水质要求随锅炉压力的增高而提高。由于对水的硬度、溶解性固体等水质指标要求非常高，因此必须经深度处理，使回用水的水质符合相应锅炉用水的水质标准。

（3）工艺用水

不同类型工业的水质要求差异很大，回用水的水质需符合有关行业的用水水质要求和水质标准。

3. 工业废水回用的处理

要实现废水的回用，必须使出水水质符合具体回用用途的水质标准。深度处理的任务就是去除废水中含有的呈悬浮状和溶解状的有机物、氮和磷等植物性营养盐类以及所含的微量溶解性无机盐与微生物，使出水水质达到符合回用要求。

工业废水回用的处理流程大致由下列环节组成：去除沉降、浮游和漂浮性物质；去除构成浑浊度的成分和胶状物质；去除溶解的无机物，包括有毒有害物质；去除有机物，消除其毒害性；保证水回用的安全性。

对于工业回用水处理而言，采用较多的是前述的物理、化学和物理化学方法，但生物处理法在去除易被微生物降解的悬浮性、溶解性有机物或无机物方面仍具有重要地位。

由于工业废水的成分复杂，回用对象也不同，因此工业废水的回用处理很难形成通用定型的模式，需根据具体的处理对象和回用类型，有针对性地采用前述各种水处理方法中的一种或几种的组合，使出水水质达到回用的标准。

第二节　管理节水

所谓管理节水，是指分别从行政、技术和经济的角度出发，结合企业目前的用水状况，建立健全的节水管理网络，完善各种节水管理制度，制定更加合理的用水定额，提高企业的用水效率，从而起到节水的目的。

一、行政管理

行政管理是指依据国家有关节水的政策法令，通过采用行政措施对节水工作实施的管理，是一种见效快且最直接的管理方法。

节水行政处罚程序一般有两种：简易程序和一般程序。

行政管理的内容包括计划用水管理、节水"三同时"管理和节水型器具管理。

1. 计划用水管理

计划用水管理是节水管理机构通过节水行政管理这一带有强制性、指令性的手段，对用水单位合理下达计划用水指标，并定时实施考核，厉行节奖罚超，严格控制用水单位的新鲜水取用量，促使其采用管理和技术措施，做到合理用水、节约用水。

2. 节水"三同时"管理

节水"三同时"管理是实现节约用水的重要行政管理措施，是指新建、改建、扩建项目的主体工程与节水技术措施要同时设计、同时施工、同时投入使用。

3. 节水型器具管理

节水型器具的管理主要是通过法律和行政措施，对节水型器具的生产、销售和使用三大环节实施的有效管理，以杜绝假冒伪劣产品和落后淘汰产品的继续使用。

二、技术管理

技术管理包括用水定额的制定和管理、水平衡测试管理以及节水技术的科研管理。

1. 用水定额的制定和管理

用水定额的制定和管理是实现科学用水的基础性工作。工业企业在产品生产过程中，用水定额一般可用单位产品取水量、万元产值取水量和职工人均日生活取水量三种方式表达，反映了用水量标准以及生产和用水之间的内在联系，但不同生产单元在用水结构、用水方式、性质、量值上存在差异。

用水定额管理具有很强的行政和技术管理职能，是体现用水科学管理的必要手段。用水定额管理的工作十分复杂，为实施合理、高效的用水定额管理，必须坚持统一领导，分级管理的原则。各地区、各部门要在国家和省用水定额的基础上，根据各自的实际情况，制定相应的用水定额管理办法实施细则，使管理工作具有切实的可操作性。

用水定额管理工作的实效主要体现在用水定额的贯彻实施和用水定额的及时修订两大环节上。

（1）用水定额的贯彻实施

用水定额的贯彻实施是制定用水定额的根本目的，即通过以用水定额为主建立一套节约用水考核指标体系（编制、下达和考核用水计划）来实现用水节水的科学化管理。

（2）用水定额的修订

用水定额的修订一般有定期修订和不定期修订两种。定期修订是指在生产工艺和技术水平以及生产用水水平提高的前提下，原有用水定额水平已不适应新的生产和用水状况而进行的修订，包括对不完善用水定额的修改和充实，其年限一般采用三年制。不定期修订是指在采用新的节水生产工艺和设备及实施节水技术改造项目后，使生产用水水平有了较大提高的前提下原有的用水定额水平已明显滞后，为此而及时进行的用水定额的修订。

2. 企业水平衡测试管理

水平衡测试是加强工业企业对水进行科学管理行之有效的管理手段，是搞好节水工作的基础。开展水平衡测试是解决当前用水现状不清、节水潜力不明、用水管理不科学的重要手段，对管理部门具有重要意义：一是不同地区的不同行业、不同设备，其用水工艺存在一定差异，通过水平衡测试工作可以掌握当地企业的用水现状；二是通过水平衡测试为制定和下达企业用水计划和加强日常考核提供依据；三是通过了解企业用水现状，能正确评价企业用水水平，找出企业各主要用水环节的节水潜力，为制定节水规划提供依据；四是通过水平衡测试，便于和同类企业、同类产品的用水水平相比较，推动企业节水工作的深入开展；五是培养一批熟悉本企业用水现状、素质较高的用水管理人员；六是通过水平衡测试，为提高工业用水统计精度，实施取水许可制度和年度用水审验提供基本保证；七是为摸清用水现状，制定供水、节水及污水处理规划提供可靠依据。与此同时，水平衡测试也可为企业纳入城市用水计划、最终实现节水型工业提供保证。

3. 科研管理

节水科研管理是节水科技开发管理的重要组成部分，它是指依据科研活动的规律性和特点，在节水科研工作中采用计划、组织、协调、控制和激励等手段，为实现最大的经济、社会效益和节水效益而进行的一系列管理活动。其主要作用是依靠科技力量，合理地计划开发利用水资源；组织对节水科研的探索、预测、规划和评价；尽快将节水科研成果转化为生产力；保证和监督科研计划的正常进行；为节水科研的发展建立充分的科学理论储备和技术储备。

（1）节水科研管理的内容

节水科研管理涉及的内容较多，主要包括：节水科研预测，并制定节水科研规划；节水科研经费管理；节水科研项目管理，即项目选定、项目论证和组织实施等；成果鉴定、评价和成果推广；节水科研条件和信息的管理；节水科研人员的管理和科学技术交流活动。

（2）节水科研预测和规划

节水科研预测是通过对水资源储量和社会经济发展的需水量规律等，进行综合评价和预测来制定社会发展用水及节水的科研预测，为取得最佳科研成果奠定基础。

节水科研规划是指根据节水科研预测和展望，制定较长期的节水科研总体战略计划，确定节水科研发展战略方向、目标、决策和措施。

（3）节水科研经费管理

在节水科研的整个过程中，节水科研经费是确保科研工作开展以及决定科研活动的规模和深度的关键环节。节水科研经费的管理一般通过专款专用和针对节水科研项目拨款使用的方式来实现。

（4）节水科研项目管理

节水科研项目是节水科研管理的中心内容，具有明确的研究方向和内容，其最根本的目的就是与生产、社会经济发展相结合，提高合理用水水平，降低单位产品的用水量，提高用水效率，实现用水的科学化要求。

三、经济管理

节水经济管理是指运用经济手段，充分发挥经济杠杆的作用，调节、控制、引导用水行业，从而达到合理用水和节约用水的目的。节水经济管理是节水管理的一项重要手段，在实践中，很少单独采用，往往与行政手段和技术手段同时进行。

节水经济管理的基本原则是根据客观规律来制定在运用经济手段实施用水和节水管理中必须遵循的要求和准则。

在社会主义市场经济体制下，合理运用经济手段进行用水节水管理，充分发挥经济杠杆的调节作用，对水资源的合理开发和有效利用有着重要的作用：

1. 可调动各方面节水的积极性，形成巨大的节水动力

节水活动的持续、深入、健康发展需要有内、外推动力，需上下左右各方面的积极性。

产生这一推动力和积极性的手段之一就是制定并执行适宜而有效的、以物质利益为作用机制的经济政策和经济方法。实践证明，像用水的节奖超罚，经济目标责任制等经济方法和经济政策对促进节水工作起了很好的推动作用。

2. 可有效控制浪费水的现象

长期以来，由于人们对水资源合理开发利用的认识不足，加上供水价格偏低，致使许多人不重视、不关心节水，用水方面存在许多浪费现象，因此，采用一定的经济政策，发挥经济杠杆的调节作用，如征收水资源费，提高水价，实行计划用水管理，超计划累进加价收费，用水类别差价、季节差价等，对节约用水起到了积极的促进作用。

3. 可更好地发挥科学技术节水的作用

促进节水技术的进步和节水技术改造措施的建设节约用水的根本出路之一在于不断地采用先进的节水技术、节水工艺和节水设备，改造原有不合理的、浪费水的用水工艺和设备，采用一定的经济手段，如将超计划用水加价费用用于节水技改项目和节水工程的建设，专款专用，或对节水技改项目给予低息贷款，适当补贴等，无疑会对促进节水技术的进步起到重要作用。

4. 可创造更好的节水经济效益、环境效益和社会效益

一切节水活动的宗旨都要以最小的代价换取最大的成果，无论是节水管理工作，还是节水工程建设，都要从经济效益出发，以最少的人财物消耗换取最佳的节水效果。

第三节　工艺节水

生产过程所需的用水量是由生产工艺决定的。在工业生产中，同一种产品由于采用的生产方法、生产工艺、生产设备和生产工艺用水方式不同，单位产品的取水量也不同。工艺节水就是指由于工业生产工艺的改造及生产经营管理的变革，使生产用水得以合理利用的一种节水途径的总称。

工艺节水是在水的循环利用和废水的再生回用之外的又一重要节水途径。由于水的循环利用和回用较易实施、取得立竿见影的效果，因此较受重视。但节水潜力特别是循环用

水的节水潜力，受生产条件的限制，随着节水工作的深入开展将会逐渐降低。与此相反，工艺节水不仅可以从根本上减少生产用水，而且通常具有减少用水设备、减少废水或污染物排放量、减轻环境污染，以及节省工程投资和运行费用、节省能源等一系列的优点。在水资源匮乏的情况下，随着节水工作的开展，工艺节水正越来越受到重视并具有广阔的发展前景。

从原则上讲，对任何一种工业行业，其一般生产过程都有可能采用工艺节水技术来减少生产用水，而且节水潜力较大。但是，为实行工艺节水，需改变生产方法、改革生产工艺，所涉及的问题较多，情况也较复杂。通常对旧有工业企业实行工艺节水往往不如提高水的重复利用率简便，但是对新建或改建的工业企业，采用工艺节水技术往往比单纯进行水的循环利用和废水的再生回用更为方便与合理。在一般情况下，各种节水途径宜从实际出发结合运用以取得最佳节水效果。

影响生产工艺节水的因素主要有：①生产布局、产业与产品结构及产品开发；②原料品位、路线与原料政策；③生产方式、方法和生产工艺流程；④生产设备；⑤生产工艺用水方式；⑥生产工艺技术水平；⑦生产组织与生产人员素质；⑧生产规模与规模经济效应；⑨水资源条件和环保要求；⑩市场和政策。上述任一因素变化产生的节约用水效果都属于工艺节水范畴，但有时人们可能更注重于第③、④方面的节水作用，故习惯称之为"工艺节水技术"。显然，工艺节水技术比较具体、直观，但并不包含工艺节水的全部内容。

一、节水洗涤技术

在工业生产中，为了保证产品的质量，往往需要对成品或半成品进行洗涤以去除杂质，一般的洗涤工序都是采用水作为洗涤介质。在工业生产用水中，洗涤水的用量仅次于冷却水，居工业用水量的第二位，约占工业用水总量的10%～20%，尤其在印染、造纸、电镀等行业中，洗涤用水有时占总用水量的一半以上，是工艺节水的重点。

1. 减少洗涤次数的洗涤法

通过加强操作管理，减少洗涤次数，或通过工艺改革，使产品或半成品不经洗涤就能达到质量指标，可大大节约用水。如炼油厂油品的精制，原先采用先用碱液洗，然后再用水洗的工艺，如果能加强操作管理，控制好碱洗液中碱的含量及碱洗液的数量，并能保证及时排出处理过程中产生的碱渣，同样也能保证油品的质量。某炼油厂采用这种方法，每年节水超过30万吨，节约蒸汽近3万吨，并减少了污水处理的费用，取得了显著的经济效益。

2. 改变洗涤方式的洗涤法

采用何种形式洗涤常常对需要的水量有较大的影响。水洗工艺分为单级水洗与多级水洗两种。在单级水洗工艺中，被加工的产品在一个水洗槽中经一次水洗即完成洗涤过程。在多级水洗工艺中，被加工的产品需在若干个水洗槽中依次进行洗涤。

在传统的多级水洗工艺中，各水洗槽均设进水管和排水管。在洗涤过程中，被加工产品依次经每个水洗槽进行洗涤，各水洗槽则连续加入新水并排出废水，水在其中经一次使用后即被排出。因各水洗槽之间的用水互不相关，故这种多级水洗工艺称为分流洗涤工艺。

在逆流洗涤工艺中，新水仅从最后一水洗槽加入，然后使水依次向前一水洗槽流动，最后从第一水洗槽排出。被加工的产品则从第一水洗槽依次由前向后逆水流方向行进。逆流洗涤即因此而得名。除在最后一水洗槽加入新水外，其余各水洗槽均使用其后一级水洗槽用过的洗涤水。水实际上被多次回用，提高了水的重复利用率。因此逆流洗涤工艺与分流洗涤工艺相比，可以节省大量新水，是个行之有效的节水方法，只是增加了操作的复杂性，并对生产管理提出了更高的要求。

逆流洗涤工艺可广泛应用于机械、造纸、食品等行业，并可取得良好的节水效果，具有明显的经济效益和环境效益。例如：

在某机械行业的电镀工艺中，清洗镀铬件时以逆流洗涤工艺取代分流洗涤工艺，并用纯水作水洗槽的补充水。在镀件经三级逆流喷洗后，水中铬酐的浓度即显著提高，然后将这种洗涤废水作为电镀槽的补充水。这样，既补充了电镀槽中镀液的蒸发损失（因镀液温度较高），可节约99.5%的新水量，又回收了99.9%的铬酐，取得了良好的节水效果、经济效益和环境效益。

在造纸行业的制浆工艺中，采用多段逆流洗浆工艺，洗浆后的高浓度黑液可供作碱回收的原料，这样既减少了新水用量，又有利于黑液的碱回收。

在工业企业的水处理工艺中，已广泛采用离子交换树脂或其他水处理滤料的逆流再生和逆流反洗方法，以节省再生药剂、减少反洗水量、减少排污。

3. 提高洗涤效率的洗涤法

节约洗涤用水的途径，除在适当条件下加强洗涤水的循环利用和回用外，最简捷有效的途径是提高洗涤工艺的洗涤效率，如高压水洗、新型喷嘴水洗、喷淋洗涤、气雾喷洗、振荡水洗、气水混合冲洗等洗涤方法及工艺。

（1）高压水洗法

在造纸生产过程中，造纸机的铜网、毛布需不断用水冲洗。一般采用的洗涤方法是低压喷水管水洗，这种洗涤方法的洗涤效果差、用水量大，有时还会造成铜网堵塞，严重时需停机检修。其原因是冲洗强度不够、布水不均。如某造纸厂将低压洗涤改为高压洗涤：将原直径为 2~4mm 的喷水管孔眼改用直径为 1mm 的喷嘴，水压由 0.1~0.4MPa 增至 2~3MPa，以增加水的射流强度；此外使喷嘴往复运动，以确保冲洗均匀，其结果是喷嘴数仅为喷水孔数的 4%，但冲洗效率成倍提高，用水量下降至原洗涤方法的 2%。

高压水洗方法也可用于其他场合以提高洗涤效果，如机械行业铸件的除砂或加工件的除锈等。

（2）新型喷嘴水洗法

改善喷嘴的水力条件，也是提高洗涤效果的方法之一。例如，某造纸厂将冲洗铜网的喷水孔（$\phi 1.5mm$）改为扇形喷嘴，消除了使用原喷水孔时存在的水力条件差、铜网被粗浆嵌缝、堵塞筛孔、"糊网"等现象，既提高了洗涤的效果，又提高了产品的质量（纸张质地均匀，可减少19%的冲洗水量）。

（3）喷淋洗涤法

目前电镀件还多采用水洗槽洗涤工艺（包括上述的逆流洗涤工艺）。近年来已开始以喷淋洗涤代替水洗槽洗涤。这种洗涤方法是使电镀件以一定的移动速度通过喷洗槽，同时用一定速度喷出的射流水喷射洗涤电镀件。一般多采用二、三级喷淋洗涤工艺，用过的水被收集到储水槽中并以逆流洗涤方式回用。这种喷淋洗涤工艺的节水效果更好，节水率可达95%。例如，某厂的电镀件清洗采用如图 10-6 所示的逆流间歇喷淋洗涤工艺，电镀件的洗涤程序为：从电镀槽取出电镀件，在回收槽中回收电镀件带出的电镀液，在喷淋槽中进行喷淋洗涤，在冷水清洗槽中进行清洗，在热水烫干槽中清洗烫干。洗涤水的流程是：用回收槽的水补充电镀槽中的蒸发损失，以喷淋槽储水补充回收槽的缺水，用冷水清洗槽的水作喷淋水，热水烫干槽的水供冷水清洗槽使用。全部洗涤过程做到水量平衡并完全以蒸馏水作新水补充，过程的节水效率高达 99.5%。本洗涤工艺可回收全部铬酐，不产生电镀废水。

上述逆流间歇喷淋洗涤工艺的特点是：

①喷淋洗涤的冲刷力强，洗涤效率高；

②在回收槽中截留回收了部分电镀液，降低了其后洗涤水中电镀液的浓度；

③喷水阀由行程开关控制，只当镀件进入喷淋槽时进行喷洗，杜绝了水的浪费；

④采用逆流洗涤方式，控制了洗涤水的用量（小于补充水量）。否则，可考虑气雾喷洗方法，以实现洗涤水的用量与补充水量之间的平衡。

（4）气雾喷洗法

气雾喷洗法主要由特制的喷射器（图 10-7）产生的气雾喷洗待清洗的物件。其原理是：压缩空气通过喷射器时产生的高速气流在喉管处形成负压，同时吸入清洗水，混合后的雾状气水流——气雾，以高速洗刷待清洗物件。

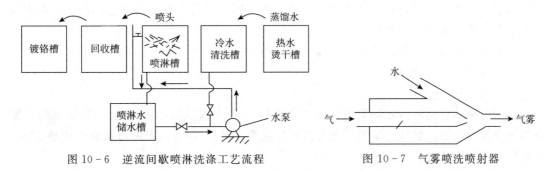

图 10-6　逆流间歇喷淋洗涤工艺流程　　　　图 10-7　气雾喷洗喷射器

用气雾喷洗的工艺流程与喷淋洗涤工艺相似，但洗涤效率高于喷淋洗涤工艺，更节省洗涤用水。例如，某企业采用气雾喷洗工艺进行镀件清洗，单位镀件表面积仅需新水量 $5L/m^2$，而另一企业采用喷淋洗涤工艺时单位镀件表面积需新水量为 $10.5L/m^2$。

（5）振荡水洗法

振荡水洗法是以机械振荡的方法加强清洗物件与水的相对运动，以增大需清除物质的扩散系数，提高洗涤效果。振荡水洗法可用于一些特定的情况，如织物的洗涤等。

（6）气水冲洗法

与气雾喷洗法相似，气水冲洗是用一部分空气代替水进行冲洗，以减少冲洗水的用量，但不形成雾状气水混合物，有时气、水可交替使用。水处理过滤装置采用的气水反冲洗法就是气水冲洗法的典型例子，目前已被广泛应用，其节水效果可达 30%～50%，冲洗效果良好。

水处理过滤装置反冲洗的目的是在水、气的作用下使滤料层"膨胀"，同时使滤料颗粒互相碰撞摩擦，以去除被截留于滤料颗粒表面的杂质，恢复过滤装置的"截污"能力。显然，在这种情况下是可以用气水冲洗的。

由于我国绝大部分水处理系统都设有各种类型的过滤装置，其反冲洗水量约占总处理水量的 30％～50％，因此减少水处理系统的自用水量（包括反冲洗水量）是不容忽视的。

（7）高效转盘水洗工艺

高效转盘水洗工艺是合成脂肪酸生产中的氧化蜡水洗工艺。氧化蜡水洗的目的是去除其中的 C_1～C_4 水溶性酸。提高氧化蜡水洗效果的主要途径是增加两相的接触面积。原洗涤工艺主要靠在瓷环填料塔中的静态沉降，洗涤时间长、效果差。新的水洗工艺是在专用的转盘塔中，于逆流水洗时由旋转盘将分散相的蜡破碎成直径为 1.5mm 的蜡滴，以增加相间的接触面积，提高水洗效率。采用这种洗涤工艺可节省 70％～80％ 的洗涤水。

（8）高效印染洗涤工艺

高效印染洗涤工艺是由多种提高洗涤效果的方法和措施构成的专门工艺。这些方法、措施包括提高水温、延长织物与水的接触时间、机械振荡、浸轧、搓揉、逆流或喷射清洗等，由此形成多种成套专用洗涤设备，如回形穿布水洗机、振荡平洗机、槽导辊水洗机和喷射水洗机等。

二、节水型生产工艺

在工业生产中，有许多生产方法或工艺具有节水作用，从节约用水的角度来看，可将其称为节水型生产工艺技术，其节水效果的产生更侧重于生产方法或工艺的变革，而不是依靠生产工艺用水方式的变更。

随着技术的进步，各行各业均出现了节水型的生产工艺。

1. 节水型印染生产工艺

（1）低给液染整

目前应用的有循环带转移给液法和"QS"法（吸墨水纸原理）。我国上海等地的厂家应用该项技术表明，低给液染整工艺可降低给液率 15％～40％，不但可提高生产率 25％，还相应有节水、节能作用。

（2）冷轧堆工艺

采用冷轧堆工艺进行漂白比蒸汽漂白（使用双氧水）将节约 1/3 的能源。冷轧堆工艺用于活性染料染色和直接铜盐染料染色，可获得渗透性良好、布面均匀的染色效果，与轧染相比可省去汽蒸加热工序，既可节省能源和染料，又相应减少了生产用水量。冷轧堆工艺适用于小批量多品种生产。

（3）一浴法染色

采用一浴法染色可减少不必要的水洗，且有产量高、省工、节水、节能等特点。如腈纶染色时，染色和柔软处理可以同时进行。一浴法用染料有多种混合染料。为简化染料品种，单一染料的开发受到关注，单一染料可以同时染着两种纤维，因而更为节水。

（4）泡沫染整

泡沫染整主要是为节省染料而开发的一项新技术，是一种用空气代替水作为稀释介质的染整工艺，可以节约用水 50％～60％。它同时可降低织物的吸水率，从而可减少织物烘干过程的能耗和相应的锅炉补给水（如用蒸汽）。

（5）泡沫上浆

泡沫的比表面积很大，可将少量高浓度浆液均匀地涂敷到较大面积的织物上去。采用泡沫上浆技术可节水 50％左右。

（6）微波染色

染织物浸过染液后，经微波照射可使染织物上的水分子产生偶极旋转，分子间产生摩擦，使纤维内部温度迅速升高，染料分子聚合体迅速扩散为单分子，同时纤维的非晶体区有所松动，使染料分子迅速渗透到纤维中去，进而完成染色过程。微波染色的用水量仅为其他染色方法的 3％～20％，这种方法适用于小批量多品种生产过程。

2. 节水型电力生产工艺

火力发电行业是城市用水大户，其万元产值的用水量居于其他工业行业之首，发电节水举足轻重。

燃气轮机发电几乎会完全改变目前广泛采用的汽轮机发电生产工艺。由于燃气轮机发电是由燃烧产生的高温高压燃气推动透平并带动发电机发电，直接实现化学能—机械能—电能的转换，因而不需汽轮机发电机组所需的锅炉用水、冷凝器冷却用水、冲灰水等，在功率相同的条件下，燃气轮机发电工艺可节水 70％。从工艺角度看，燃气轮机发电虽具有一系列的优点，但单机组容量有限，其热效率尚不及高参数的汽轮机发电机组，机组的高温组件寿命较短，不能利用固体燃料。

3. 节水型造纸生产工艺

我国造纸工业的用水占工业用水量的 10％左右，属用水量大、排污量大和污染严重的工业行业。造纸生产分制浆和造纸两部分，制浆部分的用水量约占造纸总用水量的一半以上。制浆的方法很多，大体可分为化学法、机械法和化学机械法三类，并分别具有不同的特点。

盘磨机械制浆是用盘磨机把木片直接磨制成浆的制浆方法，又分为普通木片磨木浆、热磨木片磨木浆和化学机械制浆等。这种制浆方法比化学制浆的单位用水量小（两者的用水量分别为 20～50m³/t 和 200～300m³/t），可节水 80％～90％，同时还具有纸浆得率高、省料、成本低、原料适用性广和污染轻等优点。典型的普通木片磨木浆生产流程如图 10-8 所示。

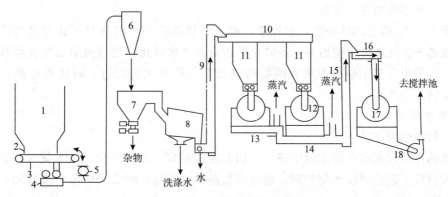

图 10-8　木片磨木浆工艺流程

1—木片仓；2—卸料装置；3—皮带运输机；4—鼓风机；5—旋转阀；6—旋风分离器；7—石头和金属捕集器；
8—脱水机；9、15—垂直螺旋运输机；10—分配输送机；11—振动木片仓；12—第一段磨浆机；
13、14—浆料运输机；16—进料螺旋；17—第二段磨浆机；18—浆泵

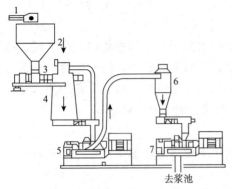

图 10-9　热磨木片磨浆的工艺流程
1—从木片洗涤器来的木片；2—木片仓；
3—螺旋给料器；4—预热器；5—压力盘磨机；
6—浆汽分离器；7—第二段盘磨机

热磨木片磨木浆生产流程（图 10-9）是在普通木片磨木浆生产流程之前增加了一道预热工序，以提高木浆质量、减少电耗，是盘磨机械制浆的主要生产方法，具有较好的发展前景。

抄纸时应用盘磨机械浆可减少化学浆的配比，相应地减少造纸生产的总用水量。

4. 节水型钢铁生产工艺

在钢铁行业中，节水型生产工艺主要有"以干代湿""以清补浊""连铸连轧""一罐到底"。"以干代湿"是指采用干法除尘替代原先采用的湿法除尘，可以节约大量的除尘用水。"以清补浊"是指在循环水系统中，以部分净循环水补充浊循环系统中的损失水量，以减少清水的耗用量。"连铸连轧"和"一罐到底"是采用先进生产工艺，减少钢水重复冷却和加热，实现节水的同时又节能。

5. 节水型化工生产工艺

（1）节水型氯碱生产工艺

在氯碱工业中，隔膜法是在阴阳两极之间用多孔性石棉或聚合物制成的隔膜隔开，在阳极生成氯气，在阴极生成氢气和氢氧化钠电解液。其产物需经如下处理方能作为商品使用：

电解液需去除残留的氯化钠并进一步蒸发浓缩制成固体烧碱，氯气需洗涤、干燥，氢气需去除氯化铵、氯、二氧化碳等杂质并干燥。离子膜法是以阳离子膜隔开阴阳极，其特点是耐腐蚀，可抵制阴离子向阳极迁移，但阳离子的透过性好、电阻小，故可从阴极获得高纯度的烧碱溶液和氢气，其耗水量小。

（2）节水型硫酸生产工艺

在图 10-10 所示的硫酸生产流程中，被干燥加热的 SO_2 气体经转化器进行第一次转化，生成的 SO_2 气体再次被加热，经转化器进行第二次转化，最后由第二吸收塔吸收生成浓硫酸。这种生产工艺被称为两转两吸酸洗流程，具有工艺先进、转化效率高、用水量少、环境污染轻等特点。

6. 节水型制革生产工艺

（1）转鼓快浸工艺

传统的皮革浸水多在浸水池中进行，因要经常翻皮，故时间长、用水量大、劳动强度高。转鼓快浸工艺应用浸水促进剂，通过转鼓的转动作用，可大大缩短水浸时间，节约用水 40% 以上。

（2）酶脱毛工艺

酶脱毛工艺是利用酶的催化作用削弱毛根与胶原纤维之结合，使毛脱落，并可使胶原松散便于鞣制。它与传统灰碱法脱毛工艺相比，用水量小，所产生废水的污染程度也大为减轻，因此发展很快，目前主要有加温加浴、常温无浴和无碱堆置等方法。

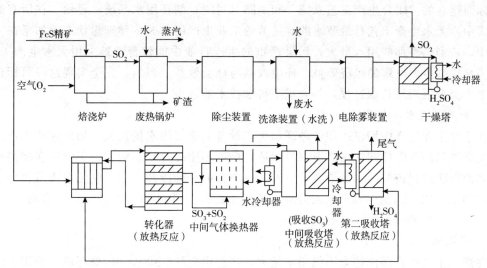

图 10-10　以硫铁矿为原料生产硫酸采用的两转两吸酸洗工艺流程

（3）无浴鞣制工艺

鞣制是制革生产的主要工序之一。轻革无浴鞣制工艺与老工艺相比，可减少用水量80%以上，废液中的铬减少约95%。重革无浴鞣制工艺可节约用水70%左右，节约栲胶10%、红矾30%，减轻劳动强度。

（4）常温小浴染色工艺

以往皮革染色加油，通常是在60℃左右的大量浴液中进行，用水量非常大。常温小浴染色新工艺是在32℃的水中添加1%渗透剂的条件下染色加油。这种方法可节水80%左右。

7. 节水型食品生产工艺

（1）节水型啤酒生产工艺

通常，啤酒生产过程中的工艺用水量仅次于冷却用水量，约占总用水量的10%～30%，洗涤用水量居第三位。一些正在开发、推广应用的啤酒生产新技术，如各种麦汁制备新技术、麦汁冷却新技术、连续发酵（单罐发酵）工艺、露天大罐发酵工艺，以及新型包装工艺设备，从节约用水的角度看，几乎都属节水型生产工艺，其中麦汁冷却新技术可大大减少冷却水量，其余各项新工艺则可减少生产工艺用水量或洗涤用水量，如单罐发酵工艺可减少约50%的洗涤用水量。

其他酿酒工艺节水情况与节水型啤酒生产工艺相似。在酿酒工艺方面，醇化酶的研究开发将会从根本上改变酿酒生产工艺，具有明显的节水效益。

（2）节水型味精生产工艺

采用一步冷却法提取谷氨酸生产味精比采用锌盐法、等电离子交换法可分别节水约20%、50%。

三、无水生产工艺

无水生产工艺的产生通常是出于改进生产方法和工艺以保护环境（无废或少废）的要求，一般指产品生产过程中无需生产用水的生产方法、工艺或设备，不包括以不向外排污为目标而建立的"闭合生产工艺系统"和闭路（封闭）循环用水系统。显然，在所有的节水方式中，无水生产工艺是最节水的，是节约工业生产用水的一种理想状态。如果在工业生产中，特别是在那些用水量大，污染严重的生产行业中能较普遍地采用无水生产工艺，就会明显提高生产过程的经济效益、环境效益与社会效益。当然，完全实现这一目标还需有一个十分艰巨而漫长的过程，并有赖于科学技术的进步。

1. 耐高温无水冷却装置

鉴于在工业生产中用以冷却各种高温生产设备的冷却用水量很大，如果这些生产设备的相关部件采用无需冷却的耐高温材料制造，则可不用冷却水。例如：某钢厂在加热炉中用无水冷滑轨取代传统的水冷滑轨，节省了原装置的全部冷却用水。该无水冷滑轨用碳化硅刚玉加工而成，轨基用矾土水泥混凝土预制块砌筑，可耐 1250~1300℃ 的高温。此外，还提高了加热炉的热效率，节省燃料 30%。

2. 干熄焦工艺

在炼焦工艺中，湿法熄焦不仅用水量大，还产生废气、废水，污染环境。采用干法熄焦时，以不含氧的气体（如氨气）冷却灼热的焦炭，高温气体通过封闭循环水系统冷却后再重复利用，加热后的冷却水又被送至废热锅炉进行余热利用。采用这种熄焦工艺可节水、节能，且无污染。

3. 无水造纸工艺

例如，采用气动工艺制木质纤维，用细孔筛分离出纤维层，然后用合成黏合剂黏合纤维素以制成书写、印刷用纸、包装纸、纸质地毡、睡袋、床单、褴褛、尿布和衬衣等。

又如在制浆原料加工中，采用干法剥皮（用刀或剥皮机）可节省湿法剥皮时所需的水（2~3m³/t）。

4. 无水印染工艺

比较典型的无水印染工艺有：溶剂漂染、溶剂染色、气相染色、光漂白等。

溶剂漂染是以溶剂代替水进行漂染，将退浆、煮炼和漂白三个工艺合并，既简化生产工艺、不产生废水、提高产品质量，又不需用水。

溶剂染色是以有机溶剂代替水进行染色，不仅染色均匀，而且染色后不需水洗，可节约大量印染、洗涤用水。

气相染色是用染料或整理剂的蒸气或烟雾对织物进行染色、整理，以免用水作染色媒介，染色后无需水洗。气相染色操作简单、加工迅速，产品色泽鲜艳、质量好。目前我国各地采用的转移印花工艺即属于气相染色工艺。

光漂白是用光代替漂白剂漂白织物，不但可节省大量的漂白用水和洗涤用水，不排污，漂白速度快、工效高、质量好。

此外，干热染色、低压染色、气溶胶染色、溶剂上浆、磁性染色、高能射线染色均属无水印染工艺。

5. 无水电镀

气相镀膜工艺是在高真空中使金属离子化并附着在被镀基材上形成一层金属膜。此工艺亦称离子蒸镀工艺。另一种气相镀膜工艺是在减压气体容器内用镀料金属组成电极，在高电压作用下两极间发生辉光放电，使惰性气体离子化并射向阳极，形成阳极的原子喷射，然后在磁场电位作用下沉积于被镀基材表面构成镀膜。此外，采用特殊喷枪喷出 Cr

原子镀于镀件表面。这些干法电镀工艺革除了镀件漂洗工序，因而无需洗涤用水、不排污、无污染。

四、物料节水技术

在石油化工、化工、制药以及某些轻工业产品生产过程中，有许多反应过程是在温度较高的反应器中进行的，原料（进料）通常需要预热到一定温度后再进入反应器参加反应。反应生成物（出料）的温度较高，在离开反应器后需用水冷却到一定温度方可进入下一生产工序。这样，往往用以冷却出料的水量较大并有大量余热未予利用，造成水与热能的浪费。如果用温度较低的进料与温度较高的出料进行热交换，即可达到加热进料与冷却出料的双重目的。由于这种方式与热交换方式类似，因此称为物料换热节水技术。

1. 物料换热节水技术

采用物料换热节水技术，可以完全或部分地解决进、出料之间的加热、冷却问题，相应减少用于加热的能源消耗量、锅炉补给水量（如用蒸汽加热时）及冷却水量。

物料换热节水技术在一些工业生产中已得到较为广泛的应用，并取得了较好的效果。例如，某厂生产维生素C的发酵连续消毒过程，原先是用蒸汽将培养基加热至130℃，维持5～8min，用水冷却至50～60℃，在发酵罐内将培养基继续降温至30℃，后采用物料换热节水技术，用加温后需降温的培养基与起初需加温的冷培养基进行热交换。这样既节省了蒸汽又节约了冷却水，年节约蒸汽量为816.7t，节水2.25万立方米。其工艺流程如图10-11所示。

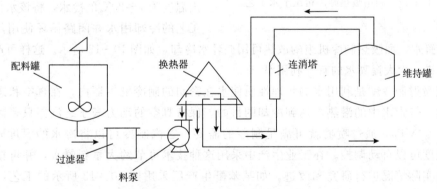

图10-11　某厂的物料换热工艺流程

又如，某厂以锅炉补充水（软化水）代替锅炉的煤气喷嘴、蒸汽取样器等所需的冷却水，不但减少了冷却水的用量，还使补给水的水温比原先提高了2～3℃。食品味精行业的连消、发酵工艺中待冷却物料与待加温糖液之间的物料换热等，都属于物料换热节水技术的应用范畴。

2. 物料液态节水技术

工业品大多都是以固态的形式进行出售或运输的，但作为原材料使用时需将其加热变成液态参加生产。这样，在由最初的原材料到最终产品的加工过程中，需进行一次甚至多次的重复加热和冷却，造成了多次用水和能耗的浪费。如果能根据生产工艺的需要将未冷却的原材料以液态形式输送参加生产或成型加工，比如，冶金行业正在实施的钢水输送的热轧联铸，化工行业的碱、苯酐等产品的液态输送等，既省去了包装，又节约了冷却用水，还可充分利用能源，并减少了热污染。对于大型联合生产企业而言，由于该项工艺节水是降低成本的有效措施之一，有望实施，但必须统筹规划、科学安排。

五、余热利用节水技术

在工业生产中，用于水封或汽化冷却的水会吸热产生蒸汽或高温水，从而使水带有一定的热量。对于这部分低温热水，冬季可将其部分用于供热，如保温、采暖，但到夏季就无法充分利用余热，造成经济损失。如果能将其实现科学利用，不仅余热得到利用，而且可以节水。但此项技术有待进一步研究开发。

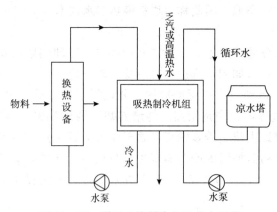

图 10-12　利用吸热制冷机组节水工艺

工业生产中的某些冷却过程，如果使用温度为 28～32℃左右的循环水，无法满足工艺要求，必须使用温度低于 20℃的水来冷却以达到工艺要求，如物料凝结或由气态变为液态和固态，从而需要直接取用新鲜水。虽然冷却后的水排放至循环水系统循环使用，但由于其水量大于循环系统的正常补水量，因此造成大量溢流浪费用水。如果使用吸热制冷机组，将工厂乏汽或高温水作为该机组的动力热源，便可制出温度为 7～20℃的冷水，将该水作为特殊工艺的冷却用水并闭路循环使用，无需直接使用新鲜水，而吸热制冷机组的散热可用循环水冷却，如图 10-12 所示。这样可产生明显的节水效果，大大提高水的有效利用率。

乏汽喷射制冷就是利用水的物理性质使水在密闭的制冷发生器内，在真空状态下进行绝热蒸发，带走水中的潜热，达到冷却的目的。保持真空的动力来于乏汽，只要乏汽的压力达到 0.03MPa，通过喷嘴就可满足制冷的需要。乏汽制冷可以将冷水的温度降至 0～15℃，温度可以自动调控。在工业生产中采用这种技术可节约大量新鲜水，并可根据各生产企业的实际情况进行研究和改进。如某苯酐生产厂采用图 10-13 所示的工艺，将氧化塔产生的乏汽用于喷射制冷系统，将其制备的冷水用于精制车间部冷器的冷却，既可满足生产工艺的冷却要求，又可避免直接使用新鲜水而造成取水量增加的现象。

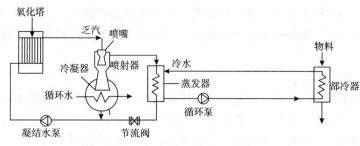

图 10-13　乏汽制冷节水工艺

六、冷凝水的回收

蒸汽冷凝水的回收利用情况用蒸汽冷凝水的回用率来衡量。蒸汽冷凝水的回用率，是指在一定时间内用于生产的蒸汽冷凝水的回用量与用于生产的蒸汽量之比。

在回收冷凝水时，应根据分流回收、按质用水的原则。来自不同系统的冷凝水水质是不同的，可分为凝结水、疏水和工艺冷凝水三类。不同水质的冷凝水应进入各自的收集系统，分别回收利用。冷凝水应尽量返回冷凝水管网，重新用作锅炉给水。不能返回冷凝水管网的，也应回用到需要高水质的场合，而不能简单地回用到一个对水质要求很低的单元，更不能直接排放。

蒸汽冷凝水是质量很高的水，杂质相对较少，如果能回收作为锅炉给水，则其经济价值比任何其他污水高得多。但是由于各种原因，回收的冷凝水总会含有各种杂质，难以不经处理而直接回用，杂质主要来自两个方面。

1. 凝结水带入的杂质

凝结水含有杂质的主要原因是由于凝汽器不严密，冷却水漏到凝结水中。由于冷却水一般均为未经处理的原水，各种杂质的含量较高，这样即使凝汽器有微量泄漏，也会使凝结水的含盐量有较大幅度的升高。

2. 工艺冷凝水带入的杂质

外供蒸汽在热用户的使用过程中，会不同程度地受到污染，因此工艺冷凝水中的含油量、含铁量及硬度等都较大，要按水质标准要求严格控制，有冷凝水处理工艺的，要严格按工艺操作规程进行。

腐蚀产物被水带到给水中。疏水回收设备、锅炉、热交换设备及各类管道在炉组的启停和运行过程中会产生一些金属腐蚀产物，这些产物多为铁、铜的氧化物。这些是进入给水的又一杂质来源。

来自不同系统的冷凝水的水质是不同的，应当经常监测不同冷凝水的水质，冷凝水依据不同的水质分别进入各自的收集系统，根据不同水质和回用目标决定相应的处理办法，进行分别处理回收利用。

冷凝水回收后的去处，按其水质高低（或经济价值大小）依次可有以下选择：①进入除氧水系统，直接成为锅炉补水；②进入脱盐水系统，成为除氧处理的补水；③当做工业新鲜水使用，成为脱盐处理的补水；④作为其他工艺用水的补水；⑤作为循环冷却水的补水。

七、闭路系统和闭合生产工艺圈与工艺节水

建立工业闭路系统或闭合生产工艺圈除具有节水意义外，主要是为了实现资源的有效综合利用，发展无废与少废工艺以控制污染，保护环境，实现清洁生产。

1. 闭路循环用水系统

循环用水给水系统的基本特点是将使用过的水经适当处理（含冷却）后，重新用于同一生产用水过程。

根据循环水的用途和性质，循环用水系统可分为：间接冷却循环用水系统、工艺循环用水系统（包括洗涤、直接冷却、冲灰等）、锅炉循环用水系统等独立闭路循环用水系统，等等。

目前在化工、石油化工、水泥和纸浆造纸等工业生产工艺中，已有不少企业在生产过程中采用了工艺闭路系统。建立闭路系统的一般程序是：

①了解生产工艺产生废物的情况，查明废物的来源、排出量、废物的性质，进行物料平衡计算并绘制流程图，这种流程图被称为负流程图；

②按负流程图控制废物的产生，或对单元操作进行改进，如改变原料的组成、反应的条件，改进设备与操作，以减少废物的危害性或使之易于处理；

③在需要排出废物的情况下，应尽量进行废物的点源处理，以进行回收或再利用。对于无法利用的废物，应酌情进行无害化处理，将有关的处理工艺作为生产工艺的一个组成部分考虑。这种处理称为废物处理的"内包化"；

④必要时应将原生产工艺改为少废或无废的单元操作或工艺。

图 10-14 为煤气化生产工艺的闭路循环用水系统方案。该系统使萃取脱酚和蒸氨后的煤气废水经二级曝气生化处理、过滤后进入循环水箱，然后再经换热器、冷却塔后回流至循环水箱，形成循环水系统。循环排污水在冷却塔蒸发浓缩约 10 倍后再由蒸发器进行蒸发浓缩（约 10 倍），蒸发冷凝水返回循环水系统，蒸发残液被送往气化炉，同原煤一起混合燃烧，或另建一焚烧装置进行处理。

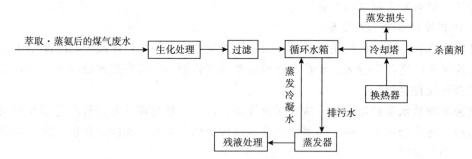

图 10-14　煤气化生产工艺的闭路循环用水系统方案

该闭路循环用水系统连同其前部的废水萃取蒸氨工艺，不仅可实现煤气厂废水的"零排放"，还可以回收废水中的酚、氨，完全避免其对水环境的污染。由于单独设置了废水的生化处理单元，还可避免系统中的生物沉积和冷却塔对空气的污染等问题。

又如，在丙烯腈的生产过程中，欲将剧毒的氢氰酸废液处理到无害程度要付出高昂的代价，如果用乙烯和氧气与之反应：

$$CH_2{=}CH_2 + \frac{1}{2}O_2 + HCN{=}CH_2{-}CHCN + H_2O$$

不仅可消除外排氢氰酸废液造成的环境污染，节省处理废水的费用，还可获得丙烯腈，从而构成了一个工艺闭路系统。

对于石油化工或化工行业而言，其生产过程的用水量大，所排的废水含有大量的污染物质，实行工艺闭路系统化，特别是其生产用水的闭路循环，对于节约用水具有非常重要的意义。因此，在石油化工及化工生产中采用闭路循环用水系统的例子很多，如从以磺化法生产苯酚所排放的废水中回收酚钠并作为原料返回苯酚生产系统也是一种闭路循环用水系统。在苯酚和氯碱生产过程中，设法将苯酚生产过程中排放的含酚废水经处理后作为氯碱生产的原料；在某厂引进的大型硝酸磷肥生产系统中，对排放的生产废水进行处理，回收的污染物质作为原料返回生产系统，处理后的出水被循环利用等等。

2. 闭合生产工艺圈

闭合生产工艺圈也称园区串联供水，是在工业企业群内建立的更广泛的闭路系统，它要求在一定范围内对不同工业企业的生产工艺进行科学合理的布局组合，使之形成一种"闭合生产工艺圈"，从而使前一生产过程产生的废水、废物成为后一生产过程的原料。如此类推构成一个"闭合圈"。

在"循环经济"思想的指导下，闭合生产工艺圈在石油化工和化工行业中得到了十分广泛的应用，较常见的有：

①石油炼制厂精制高含硫原料时需要脱硫，这时可考虑以脱下的硫制取亚硫酸氢铵，将制得的亚硫酸氢铵供给以麦（稻）草为原料的造纸厂制浆，所排出的蒸煮黑液可作为氮肥。

这样，石油炼制厂、制浆造纸厂和农业生产之间可组成一个"闭合生产工艺圈"，既可消除工业污染物（硫、黑液）的危害，又促进了农业生产。

②利用含高硫原油脱硫获得的氨水吸收硫酸厂或有色冶金厂产生的二氧化硫废气制取亚硫酸氢铵，再将制得的亚硫酸氢铵供纸浆厂制纸浆，最后用纸浆厂产生的黑液作有机化肥，使原油炼制厂、硫酸厂或有色冶金厂、纸浆厂、农业生产组成一个闭合生产工艺圈。这样，可消除二氧化硫、造纸黑液对环境的污染，化害为利。

③利用漂染厂的废碱液造纸，再用造纸厂的废液代替蓖麻油作溶剂生产农药乳剂。使印染、造纸、农药厂组成以碱为中心原料的闭合生产工艺圈，从而避免了水污染，每年还可节约50%左右的烧碱、数千吨苯、数百吨蓖麻油。

由此可见，建立闭合生产工艺圈的关键在于加强对工业生产工艺的综合研究，从社会发展与环境保护的角度进行全面规划，将各单独生产环节联结起来形成"闭合圈"，以求达到经济、节约资源（包括水资源）、控制污染、保护环境的目的。

事实上，闭路系统和闭合生产工艺圈的建立，虽然并不完全依赖于生产方法、生产工艺和生产设备的变革，但又与生产方法、生产工艺和生产设备密不可分，因而具有工艺节水的意义，应是工艺节水的主要方向之一。但其所涉及的是废气、废水、废液和废渣所引起的全部环境污染治理问题，而不单纯是废水和水污染治理问题，因此就其复杂性而言，有时远超过上述其他工艺节水技术。

第四节　设备节水

设备节水是指采用与同类设备相比具有显著节水功能的设备或检测控制装量，使企业的用水量明显减少，从而达到节水的目的。其主要节水方法是：限定水量，如限量水表；限定（水箱、水池）水位或水位适时传感、显示，如水位自动控制装置、水位报警器；防漏，如低位水箱的各类防漏阀；限制水流量或减压，如各类限流、节流装置、减压阀；限时，如各类延时自闭阀；定时控制，如定时冲洗装置；改进操作或提高操作控制的灵敏性，前者如冷热水混合器，后者如自动水龙头、电磁式淋浴节水装置；提高用水效率；适时调节供水水压或流量，如水泵机组调速给水设备。

上述方法几乎都是以避免水量浪费为特征的。这些方法可应用各式各样的原理与构思来实现。鉴于同一类节水设备往往可采取不同的方法，以致某些常用节水设备的种类繁多、效果不一。鉴别或选择时，应依据其作用原理，着重考察是否满足下列基本要求：实际节水效果好，安装调试和操作使用方便，结构简单经久耐用，经济合理。

为加大以节水为重点的产业结构调整和技术改造力度，促进工业节水技术水平的提高，国家相关部门先后公布了《当前国家鼓励发展的节水设备（产品）目录》（第一批和第二批）。这些设备都是由国内自主研究，有较高的技术含量，有利于企业的设备更新和技术改造，能促进工业企业的结构优化和升级，提高企业的经济效益，并有可靠的运行实践，因此在节水改造中应优先选用。

一、工业用水计量装置

根据《中国节水技术政策大纲》：工业用水的计量、控制是用水统计、管理和节水技术进步的基础工作，重点用水系统和设备应配置计量水表和控制仪表，鼓励开发生产新型工业水量计量仪表、限量水表和限时控制、水压控制、水位控制、水位传感控制等控制仪表。

1. 新型水表

水表是累计水量的仪表，是节水的"眼睛"和"助手"，是科学管理和定额考核的重要基础，是结算的重要依据，同时也是水平衡测试的主要监测工具。水表主要有旋翼式、螺翼式和容积式水表及超声波流量计、电磁流量计、孔板流量计等。

（1）插入式水表

是利用缩小的速度式水表的叶轮计量机构，插入到具有同被测管道相同口径的"筒形"外壳内，利用流过管道的水流，推动"筒形"外壳内作用于叶轮计量机构中的叶轮，并经机械传动机构传至指示机构。由于设计中，使叶轮在规定的流量范围内，转速与管道内的瞬时流量成正比，转动圈数与流过管道的水的总量（累积流量）成正比，因此，指示机构记录和指示了叶轮的转数，从而记录和指示管道内的流量。

按叶轮计量机械中使用的叶轮种类不同，又分为插入旋翼式水表和插入螺翼式水表，实际上是旋翼式水表和水平面螺翼式水表的变形，具有防堵塞、耐磨损、阻力小等优点，为自备井专用水表。

（2）容积式水表

容积式水表里，计量元件是"标准容器"。当水流入水表时，随即进入"标准容器"。当"标准容器"充满水之后，在水流压力差的推动下，"标准容器"将其内的水向水表出水口送去，并同时带动计数器运动，达到计量的目的。

DH容积活塞式水表，采用无毒无害的优质材料组成，不受电磁感应影响，技术含量高，品质稳定持久，不污染水质、不生锈，计量精度高，并设有止回阀，使水永远不会倒流，对水量的浪费起到了一定的克制作用。

（3）磁卡水表

是机电一体智能化的高新技术产品，可从自动交费的方式上提高人们的节水意识，是水表发展的趋势。

2. 水位的检测及控制装置

水位的检测与控制是确保水塔不溢流,减少水的浪费和保证水泵安全运行的重要手段,所以水位的控制是节水的重要保证措施之一,应根据供水设施的情况合理选择水位监测控制装置。目前常用的水位控制探测主要有压力式、浮球磁电式、电容式、超声波探测式等。

近年来,开发了一种变频恒压给水装置,即通过压力传感器感知管网内压力的变化,将信号传输给供水控制器,经分析运算后,控制器输出信号给变频器,由变频器控制电机,从而改变水泵的转速。这种供水系统在严格保证水泵出口或管网内最不利点水压恒定(恒压值可根据实际情况设定)的前提下,根据用水量的变化,随时调节水泵的转速,达到恒压变量供水,可改变在用水量减少时超压供水或稳压溢流排放的状况,从而大幅节约电能和用水量。这种供水系统适用于二次供用自备井的技术改造。

变频调速恒压变量供水系统不需水塔、高位水箱及气压罐就可做到高质量安全供水,占地面积小,投资少,全自动控制,不需专人值班。目前,给水控制系统有由工频和变频软启动运行和睡眠运行状态两种。

二、蒸汽冷凝水回收装置

锅炉蒸汽冷凝水是具有高品位的可回收水,对其进行回收利用具有节水和节能的双重意义。蒸汽冷凝水回收装置配置性能的好坏直接关系到冷凝水的回收,目前我国蒸汽冷凝水的回收率较低,节水潜力较大,但各用水单位由于退汽点的压力不同等因素,给回收带来不便,因此应科学选择回收系统。

常用的蒸汽冷凝水回收装置主要有如下几种:

1. 密闭式凝结水回收装置

密闭式凝结水回收装置(图10-15)适用于工业企业间接用水及各种采暖凝结水的回收,其优点为:设备整体性好,配带电柜,无需基础;安装简单,只要把进出水的管道连通,电源接好,便可实现全自动化运行;采用闪蒸罐与引射器联动技术实现二次闪蒸,产生的蒸汽通过引射装置被凝结水泵送出的水作为动能带走,可降低凝结水泵的工作温度和热负荷,减少电功率的消耗,使高温凝结水在密闭系统中可以完整地回收,节能、节水效果明显;每小时的回水量为0.5~100t,适合在各种工况中运行,并始终保持回水系统的顺畅;对于安装位置有特殊要求的,可以按要求随时调整设备的外形尺寸;可直接打入锅炉。

2. 热泵式凝结水回收装置

热泵式凝结水回收装置(图10-16)具有独特的"热泵"抽吸闪蒸技术,是凝结水回收装置的换代产品,其优点如下:采用蒸汽喷射式热泵将凝结水的闪凝蒸汽升压、回收利用,从而做到汽水同时回收,使可用蒸汽量大于锅炉的供给量;可使凝结水在闪蒸汽被吸走的同时降低温度,用防汽蚀泵打回再用,节能效果显著;收集凝结水的闪蒸罐处于低压状态,减小了疏水阀的背压,有利于凝结水的回流(即避免憋气现象),使系统运行良好;由于闪蒸汽被回收利用,可取消结构复杂的疏水阀,节省费用及人工。

3. 压缩机回收废蒸汽装置

废蒸汽回收压缩机(图10-17)采用耐高温、耐磨损的新材料,无油耐磨效果佳,回收的高温水和汽中不夹带油,密封效果好,运行平稳可靠,运行费用低,维护简单。没有自动仪表控制,不易出故障,节能超过25%。

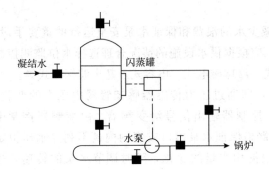

图 10-15　密闭式凝结水回收装置

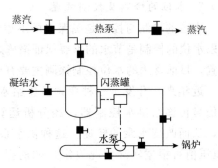

图 10-16　热泵式凝结水回收装置

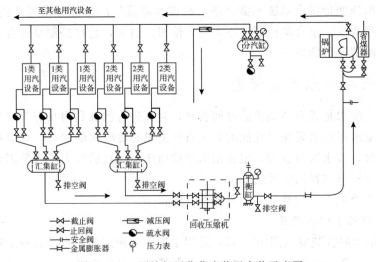

图 10-17　压缩机回收蒸汽装置安装示意图

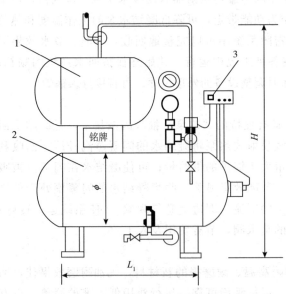

图 10-18　恒温蒸汽压力式回水器示意图
1—集水罐；2—加压罐；3—控制器

蒸汽回收压缩机是由机械传动系统带动压缩系统工作，将高温汽水混合物加压，使其达到稍高于锅炉运行压力时进入锅炉，从而达到回收蒸汽并节能的目的。安装时，在用汽设备的排汽管路上接蒸汽回收压缩机，再把回收出口管路接至锅炉的锅筒或省煤器出口即可，使锅炉供汽—用汽设备—回收机—锅炉形成一个全封闭循环的回收系统。

4. 恒温蒸汽压力式回水器

恒温蒸汽压力式回水器（图 10-18）是由钢制的集水罐与加压罐形成主体构造，集水罐与加压罐成逆止的单向连通。在加压罐上设置了液位继电器开关来控制两只交替工作的蒸汽电磁阀。

当凝结水进入集水罐后，靠重力流向加压罐，此时上下连通的排汽电磁阀打开，导通集水罐与加压罐。当加压罐的水位到一定值时，由液位继电器控制，使蒸汽电磁阀打开（排汽电磁阀此时关闭），使一定压力的蒸汽进入加压罐。水位处于下位时，进汽电磁阀即关闭，排汽电磁阀打开，此时加压罐的工作废汽的热量混于水中，蒸汽体积变小。在排汽电磁阀上下连通时，集水罐的凝结水靠重力又进入加压罐，重复上述的工作程序，因此形成了间断汽压回水和连续收水的工作状态。集水罐上部的凝结水入口设置了一台可恒温的疏水阀（温控阀），它可将继续做功的蒸汽节流，只使一定温度的凝结水进入，因此可起到阻汽排水的恒温作用。

该回水器的工作方式为水位控制，用蒸汽压力的动力使水输送，依靠温控阀来截汽吸水，因此形成一个完善的自动回水装置。它可承担与离心水泵相同的工作，是一种不会形成汽蚀的"无轮泵"，承担着高温水的回收输送。

三、换热设备

1. 微循环导热油加热成套设备

使用温度不超过200℃，沿用蒸汽锅炉的加热方式，用导热油取代蒸汽作制热剂，反复循环传热，并采用炉内微循环技术，解决炉内易结焦问题。适用于蒸汽（4t及以下锅炉）加热的生产工艺，4t蒸汽炉可节水90t/d以上。

2. 内展翅片换热器

适用于水冷却气（汽）化工艺，翅化比为1∶7.4，耐压0.1～3MPa，与常规换热器相比，节水率可高达87％，体积减小25％～50％，热效率提高32％（可达82％）。

3. 空冷型（水空）换热器

以空气做制冷剂，节水效果显著，适用于出口水温与干球温差大于15℃的闭路循环场合。

4. 中央液态冷热源环境系统热能采集设备

采用"单井抽灌"技术，利用低品位热能，全部原位回灌，不耗水，每消耗1kW·h的电，可提供相当于14400kJ的热量，适用于各种类型的建筑物及工矿企业厂房、办公楼的供暖、空调和生活热水。

5. 冷却塔系列产品

主要包括流线型系列逆流冷却塔（单塔处理水量为500～4500m³/h）、吊装式系列逆流冷却塔（单塔处理水量为1000～5000m³/h）、横流混装式系列冷却塔（单塔处理水量为1000～5000m³/h）、横流薄膜式系列冷却塔（单塔处理水量为500～4500m³/h）、横流点滴式系列冷却塔（单塔处理水量为500～5000m³/h）和干湿智能绿色冷却塔，相比目前运行的湿式开式冷却塔，可节水90％，节电85％。

上述冷却塔系列产品中，除干湿智能绿色冷却塔外，均适用于炼油、化工、化肥、电力、冶金、纺织行业的循环冷却水处理。干湿智能绿色冷却塔适用于办公楼等建筑物的制冷空调系统的散热。

四、污水处理设备

1. 双速曝气转刷

适用于城市及工业给水、污水处理，按转刷长度有5种规格，3000mm、4500mm、

5000mm、7000mm 和 9000mm，其充氧能力分别为每小时 24kg、35kg、46kg、56kg、74kg 氧。

2. 微过滤法深度处理污水及中水回用装置

达标污水经微絮凝、沉降、过滤等处理后的中水（COD<40mg/L，浊度不高于 5mg/L），回用于工业循环水系统，适用于工业循环水系统、基建用水、生活区的绿化及居民卫生用水。

3. 气浮水处理成套设备

该装置具有如下优点：低压运行，工作压力仅为 0.3MPa；高效能比，溶气效率高达 99％以上，释气率高达 99％；抗堵，释放气免清洗；微气泡与悬浮颗粒的高效率吸附，提高了 SS 的去除效果；多层排泥，确保出水效果。适用于造纸、印染、电镀、制革、油漆、食品等废水处理和含藻地表水净化处理。

4. 污水净化车

可处理含油废水、乳化液、切削液、电镀废水、印染废水、含酚废水等，处理能力有 2t/d、5t/d、10t/h 系列，适用于需要处理上述污水的单位。

5. 含重金属离子废水处理成套装置

对重金属离子（Cr^{3+}、Cu^{2+}、Ni^{2+}、Pb^{2+}、Cd^{2+}、Hg^{2+} 等）吸附容量高于 40mg/g，成套装置的年处理能力从 1 万吨到 30 万吨，可回收重金属离子，水处理剂可降解。适用于处理皮革工业废水、电镀工业废水、印刷电路板废水、无机化工行业工业废水等。

6. 中空纤维超滤膜组件

适用于化工、医药、饮料行业，用于截留相对分子质量 5 万以上的高分子物质。

7. 稠油联合站污水深度处理及回注成套设备

经高效三相分离器、斜板沉降、粗粒化除油、过滤等处理后，按一定污清比回注，可节约大量清水，适用于油田。

8. 电子线路板漂洗废水回收设备

经混凝、过滤、吸附、离子交换处理后，使废水的水质达到自来水的标准，循环利用，适用于主要污染物质为 SS、Cu^{2+}、Ni^{2+} 等的废水。

9. 膜生物反应器

COD 的去除率达 90％以上，SS 的去除率达 90％以上，NH_3-N 的去除率达 90％以上，电耗为 0.6～0.8kW·h/m³，适用于工业有机废水的处理。

10. 压力过滤器

滤速为 20～40m/h，双层滤料，适用于钢铁行业浊环水系统，再生废水回用处理或其他水的过滤。

11. 超临界水氧化反应器

COD 的去除率达 99％以上，除盐率达 70％，适用于造纸、化工、石油炼制、印染、农药、医药等行业高浓度难降解有毒有机废水的处理。

五、供水及排渣处理设备

1. 高压大功率变频调速装置

这种装置可节电超过 10％，节约用水 30％以上，提高供水质量，整机功率因数高，谐波含量低，适用于高压电机拖动的水泵供水系统。

2. 高炉渣粒化设备

其生产负荷为 1200t/d，渣水比为 1：2，吨粒化渣用水量为 0.8t，比以往冲渣工艺节约用水 20%～50%，适用于 2000m³ 以上的高炉。

3. 电站燃煤锅炉干式排渣成套设备

采用这种设备，可由目前的水力排渣技术每百万千瓦年用水量（300～400）×10⁴t 减少到零，提高锅炉效率，回收灰渣中部分炭，节约大量煤炭，减少维修资金和水力排渣造成的污染，适用于 200～600MW 及以上电站燃煤锅炉排渣系统。

六、海水、苦咸水等利用设备

1. 板式（海水）换热器

利用海水做制冷剂，其单板面积、结构形式可根据工程要求确定。适用于海水冷却系统。

2. 反渗透海水淡化装置

适用于海岛和沿海地区工农业用水、生活饮用水的制取，其淡化水的总盐含量低于 500mg/L，水回收率（利用率）达 30%～40%，电耗为 4～5kW·h/m³。

3. 电渗析苦咸水淡化装置

适用于含盐量在 1000～3500mg/L 范围内的苦咸水淡化，制取生活饮用水，其脱盐率高于 75%，电耗为 2～4kW·h/m³。

4. 反渗透苦咸水淡化装置

适用于含盐量在 1000～3500mg/L 范围内的苦咸水淡化，制取生活饮用水。其脱盐率高于 96%。

5. 其他海水淡化装置

包括板式海水淡化装置、管式海水淡化装置、电力压气式海水淡化装置及闪蒸式海水淡化装置，出口淡水的含盐量低于 10mg/L，适用于陆用和船用。其中，板式海水淡化装置的淡水产量为 10～55t/d，管式海水淡化装置的淡水产量为 1.5～55t/d，电力压气式海水淡化装置的淡水产量为 5～30t/d，闪蒸式海水淡化装置的淡水产量为 20～30t/d。

七、管网的检漏与防渗

目前城市和大型企业供水管网的水漏损失比较严重，已成为当前城市和大型企业供水中的突出问题。积极采用城市和大型企业供水管网的检漏和防渗技术，不仅是节约水资源的重要技术措施，对保障城市和企业的供水水质安全也具有重要意义。

1. 推广预定位检漏技术和精确定点检漏技术

推广应用预定位检漏技术和精确定点检漏技术，并根据供水管网的不同铺设条件，优化检漏方法。埋在泥土中的供水管网，应当以被动检漏为主，主动检漏为辅；上覆城市道路的供水管网，应以主动检漏为主，被动检漏为辅。鼓励在建立供水管网 GPS、GIS 系统基础上，采用区域泄漏普查系统技术和智能精确定点检漏技术。

2. 推广应用新型管材

大口径管材（DN＞1200）优先考虑预应力钢筋混凝土管；中等口径管材（DN300～

1200）优先采用塑料管或球墨铸铁管，逐步淘汰灰口铸铁管；小口径管材（$DN<300$）优先采用塑料管，逐步淘汰镀锌铁管。

3. 推广应用供水管道连接、防腐等方面的先进施工技术

一般情况下，承插接口应采用橡胶圈密封的柔性接口技术，金属管内壁采用涂水泥砂浆或树脂的防腐技术，焊接、粘接的管道应考虑胀缩性问题，采用相应的施工技术，如适当距离安装柔性接口、伸缩器或 U 形弯管。

4. 鼓励开发和应用管网查漏检修决策支持信息化技术

鼓励在建设管网 GIS 系统的基础上，配套建设具有阀门搜索、状态仿真、事故分析、决策调度等功能的决策支持系统，为管网查漏检修提供决策支持。

第五节　非常规水源的利用

目前工业用水的绝大部分是直接由供水系统供应或由自备水厂从水井、河流等取水供水。由于我国水资源的缺乏，绝大多数地区均出现了不同程度的"水荒"，因此大力开发和利用除井水、河水等常规水源外的非常规水源，对于消除水资源短缺给工业企业带来的不利影响，实现可持续发展具有重大的战略意义。

一般来讲，非常规水源主要包括海水、雨水和建筑中水。

一、海水的利用

地球表面积的 70.8% 为海洋所覆盖，其平均深度约为 3800m，海水的体积为 $13.7 \times 10^{15} m^3$，按平均密度 1.03kg/L 计，海水的总质量为 $14.11 \times 10^{15} t$。由此可见，综合开发利用海水资源是解决我国水资源紧缺的一种重要途径。

1. 海水的利用

由于海水的化学成分十分复杂，主要离子含量均远高于淡水，尤其是 Cl^-、SO_4^{2-}、Na^+ 和 Mg^{2+} 的含量是淡水的数百倍乃至上千倍，因此使海水的利用受到了很大的限制。目前，海水主要在三个方面得到应用，即直接利用或简单处理后作为工业用水或生活杂用水，如作工业冷却用水，或用于洗涤、除尘、冲灰、冲渣、化盐碱及印染等方面；经淡化处理后提供高品质淡水，或再经矿化作为饮用水；综合利用，如从海水中提取化工原料等。与工业节水有关的应用主要有如下几个方面：

（1）工业冷却水

在工业生产中海水被直接用为冷却水的量占海水总用量的 90% 左右。几个主要应用行业的海水冷却对象为：火力发电行业的冷凝器、油冷器、空气和氨气冷却器等；化工行业的吸氨塔、炭化塔、蒸馏塔、煅烧塔等；冶金行业的气体压缩机、炼钢电炉、制冷机等；水产食品行业的醇蒸发器、酒精分离器等。

利用海水冷却的方式有间接冷却与直接冷却两种，其中以间接换热冷却方式居多，包括制冷装置、发电冷凝、纯碱生产冷却、石油精制、动力设备冷却等。其次是直接洗涤冷却，即海水与物料接触冷却或直喷降温等。

在工业生产用水系统方面，海水冷却水的利用有直流冷却和循环冷却两种系统。海水直流冷却具有深海取水温度低且恒定，冷却效果好，系统运行简单等优点，但排水量大，对海水污染也较严重。海水循环冷却时取水量小，排污量也小，可减轻海水的热污染程度，有利于环境保护。

当工厂远离海岸或工厂所处位置海拔较高时，海水循环冷却较直流冷却更为经济合理。

我国现已采用淡水循环冷却的一些滨海工厂，代以海水循环冷却具有更大的可能性。

与淡水冷却相比，利用海水冷却具有一系列的优点：

①水源稳定。海水水质较为稳定，水量很大，无需考虑水量的充足程度；

②水温适宜。海水全年平均温度为 0～25℃，深海水温更低，有利于迅速带走生产过程中的热量；

③动力消耗较低。一般采用近海取水，可减少管道的水力损失，节省输水的动力费用；

④设备投资较少。据估算，一个年产 30 万吨乙烯的工厂，采用海水做冷却水所增加的设备投资仅是工厂设备投资的 1.4% 左右。

（2）离子交换再生剂

在工业低压锅炉的给水软化处理中，多采用阳离子交换法，当使用钠型阳离子交换树脂层时，需用 5%～8% 的氯化钠溶液对失效的交换树脂进行再生。沿海城市可采用海水（主要是利用其中的 $NaCl$）作为钠离子交换树脂的再生还原剂，这样既省药又节约淡水。

（3）化盐溶剂

纯碱或烧碱的制备过程中均需使用食盐水溶液，传统方法是用自来水化盐，需要使用大量的淡水，而且盐耗也高。用海水作化盐溶剂，可降低成本、减轻劳动强度、节约能源，具有显著的经济效果。如天津碱厂使用海水化盐，每吨海水可节约食盐 15kg，仅此一项每年可创效益 180 万元。

（4）除尘

海水可作为冲灰及烟气洗涤用水。国内外很多电厂采用海水作冲灰水，节省了大量的淡水资源。我国黄岛电厂每年利用海水 6200 万立方米，冲灰水全部使用海水。

（5）烟气脱硫

海水烟气脱硫工艺是利用天然的纯海水作为烟气中 SO_2 的吸收剂，无需其他添加剂，也不产生任何废弃物，具有技术成熟、工艺简单、系统运行可靠、脱硫效率高（理论脱硫效率可达 98%）和投资运行费用低等特点。

工艺系统主要由吸收塔、烟气-烟气加热器（GGH）和曝气池（海水恢复系统）等组成，其主要原理是：经过除尘处理及 GGH 降温后的烟气由塔底进入脱硫吸收塔中，在塔内与由塔顶均匀喷洒的纯海水逆向充分接触混合，海水将烟气中的 SO_2 有效地吸收生成亚硫酸根离子 SO_3^{2-}，经过脱硫后的海水借助重力流入曝气池中（海水恢复系统），在曝气池里与大量的海水混合，并通过鼓风曝气使 SO_3^{2-} 氧化为 SO_4^{2-}，海水中的 CO_3^{2-} 中和 H^+，产生的 CO_2 在鼓气时被吹脱逸出，从而使海水的 pH 值得以恢复。水质恢复后的海水可直接排入大海。

（6）传递压力

传统的液压系统主要用矿物型液压油作为介质，但它具有易燃、浪费石油资源、产生泄漏后污染环境等严重缺点，不宜在高温、明火及矿井等环境中工作，特别不适用于存在波浪暗流的水下（如舰艇、河道工程、海洋开发等）作业，因此常采用淡水代替液压油。

利用海水作为液压传动的工作介质，具有很多的优越性：无环境污染，无火灾危险；无购买、储存等问题，既节约能源，又降低费用；可以省去回水管，不用水箱，使液压系统大大简化，系统效率提高；可以不用冷却和加热装置；海水温度稳定，介质黏度基本不变，系统性能稳定；海水的黏度低，系统的沿程阻力损失小。

海水液压传动系统由于其本身的特点，能很好地满足某些特殊环境下的使用要求，极大地扩大了液压技术的应用范围，已成为液压技术的一个重要发展方向。在水下作业、海洋开发及舰艇上采用海水液压传动已成为当前的主要发展趋势，受到西方工业发达国家的高度重视。十多年来，他们一直在进行海水液压传动技术的研究与开发工作，并开始进入实用阶段。

（7）印染用水

海水中含有的许多物质对染整工艺能起到促进作用，如氯化钠对直接染料能起排斥作用，促进染料分子尽快上染。由于海水中有些元素是制造染料引入的中间体，因此利用海水能促进染色稳定，且匀染性好，印染质量高。经海水印染的织物表面具有相斥作用而减少吸尘，在穿用时可长时间保持清洁。

海水的表面张力较大，使染色不易老化，并可减少颜料的蒸发消耗和污染，同时能促进染料分子深入纤维内部，提高染料的牢固度。海水在纺织工业上用于印染，可减少或不用某些染料和辅料，降低了印染成本，减少了排放水的污染物，因此海水被广泛用于煮炼、漂白、染色和漂洗等生产工艺过程。

我国第一家海水印染厂于 1986 年 4 月底在山东荣成县石岛镇建成并投入批量生产，该厂采用海水染色的纯棉平均比淡水染色工艺节约染料、助剂 30%～40%，染色的牢度提高二级，节约用水三分之一。

除了上述的直接利用外，还可采用淡化工艺将海水淡化后，作为企业的生产用水或生活用水。

2. 海水利用中存在的问题及解决对策

海水因其特殊的水质和水文特性，以及生物繁殖等，会对用水系统的构筑物和设备造成一些危害，主要有以下几个方面：

①海水为含盐量很高的强电解质，对一般金属均有着强度不同的电化学腐蚀作用；

②海水对混凝土具有腐蚀性，因此对构筑物主体会产生不同程度的破坏作用；

③在加热的条件下，海水中的 Ca^{2+}、Mg^{2+} 等极易在管道表面结垢，影响水力条件和热效率；

④海水富含多种生物，可造成取水构筑物和设备的阻塞，如海红（紫贻贝）、牡蛎、海蛏、海藻等大量繁殖，可造成取水头部、格网和管道阻塞，而且不易清除，使管径缩小，输水能力降低，对取水安全构成很大的威胁；

⑤潮汐和波浪具有很大的冲击力和破坏力，会对取水构筑物产生不同程度的破坏。

为此，在进行海水利用时，必须合理选用海水用水系统中管道、管件、箱体和设备的材质，以防止腐蚀；必要时根据材料的腐蚀机理，可在金属表面喷涂涂料或敷设衬里或其他措施。

二、雨水的利用

雨水是自然界水循环过程的阶段性产物，其水质优良，是十分宝贵的水资源，通过合理的规划和设计，采取相应的措施，可将雨水加以充分利用，不仅能在一定程度上缓解水资源的供需矛盾，而且还可有效减少地面的水径流量，延滞汇流时间，减轻雨水排除设施的压力，减少防洪投资和洪灾损失。

1. 雨水利用技术与设施

（1）雨水收集系统

雨水收集系统是将雨水收集、储存并经简易净化后供给用户的系统。依据雨水收集场地的不同，分为屋面集水式和地面集水式两种雨水收集系统。

屋面集水式雨水收集系统由屋顶集水场、集水槽、落水管、输水管、简易净化装置（粗滤池）、储水池和取水设备组成。

地面集水式雨水收集系统由地面集水场、汇水渠、简易净化装置（沉砂池、沉淀池、粗滤池等）、储水池和取水设备组成。

（2）雨水收集场

屋面集水场：屋顶是雨水的收集场，但在其他影响条件相同时，屋面材料和屋顶坡度往往影响屋面雨水的水质，因此要选择适当的屋面材料，一般可选用黏土瓦、石板、水泥瓦、镀锌铁皮等材料，而不宜收集草皮屋顶、石棉瓦屋顶、油漆涂料屋顶的水，因为草皮中会积存大量微生物和有机污染物，石棉瓦在水的冲刷浸泡下会析出对人体有害的石棉纤维，有些油漆和涂料不仅会使水中有异味，在雨水的作用下还会溶出有害物质。

地面集水场：地面集水场是按用水量的要求在地面上单独建立的雨水收集场。为保证集水效果，场地宜建成有一定坡度的条形集水区，坡度不小于1:20。在低处修建一条汇水渠，汇集来自各条型集水区的降水径流，并将水引至沉砂池。汇水渠的坡度应不小于1:400。

（3）雨水储存设施

雨水储存设施分为集中储水和分散储水两类。集中储水是指通过工程设施将雨水径流集中储存，以备处理后使用。分散储水是通过修筑小水库、塘坝、水窖（储水池）等工程设施，把集流场所拦蓄的雨水储存起来，以备利用。

（4）雨水的简易净化

屋面集水式的雨水净化：舍去初期雨水径流后，屋面集水的水质较好，因此多采用粗滤池净化，出水消毒后便可使用。

地面集水式的雨水净化：地面集水式雨水收集系统收集的雨水一般水量大，但水质较差，要通过沉砂、沉淀、混凝、过滤和消毒处理后才能使用。

2. 雨水利用中存在的问题及解决对策

（1）大气污染与地面污染

空气质量直接影响着降雨的水质。我国严重缺水的北方地区，大气污染已是普遍存在的环境问题，因此降雨中的污染物浓度较高，有的地方已经形成酸雨。这样的雨水降落至屋面或地面，比一般的雨水更易溶解污染物，从而导致雨水利用时处理成本的增加。

地面污染源也是雨水利用的严重障碍。雨水溶解了流经地区的固体污染物或与液体污染物混合，形成了污染雨水径流。当雨水中含有难以处理的污染物时，雨水的处理成本将成倍增加，甚至出现经济上难以承受的现象，致使雨水从经济上失去了其使用价值，影响了雨水的利用。

（2）屋面材料污染

屋面材料对屋面初期雨水径流的水质影响较大，目前我国普遍采用的屋面材料（如油毡、沥青）中有害物质的溶出量较高，因此要大力推广使用环保材料，以保证利用雨水和减轻雨水中的有害杂质。

（3）集水量保证率

降雨过程存在季节性和很大的随机性，因此，在雨水利用工程的设计中必须掌握当地的降雨规律，否则集水构筑物、处理构筑物及供水设施将无法确定。

降雨径流量的大小主要取决于降雨量、降雨强度、地形及下垫面条件（包括土壤类型、地表植被覆盖、土壤的入渗能力及土壤的前期含水率等）。在干旱和半干旱的黄土高原地区，年降雨量一般在 $250\sim550mm$ 之间，黄土的结构疏松，水稳生团粒含量较高，水的稳定入渗速率较大（一般在 $0.5mm/min$ 以上），因此小强度的降雨很少能产生径流。

为增大雨水的集流量，需利用产流条件较好的材料做成集水面。一般在坡度为 $5\%\sim15\%$ 时，以混凝土为材料的集水面，其集水效率为 $55\%\sim86\%$；以塑料薄膜覆沙的集水面，其集水效率为 $36\%\sim47\%$；原土夯实的集水面，其集水效率为 $19\%\sim32\%$。

因此，在确定雨水利用设施的规模时，不仅要考虑设计频率下的降雨量，还要考虑降雨强度、次降雨量等特性，更要重视产流汇流条件对集水量保证程度的影响。

（4）初期雨水弃流量

屋面和地面的初期雨水径流中的污染物浓度很高，而这部分水量所占的比例很小，因此，雨水的收集利用应考虑舍弃这部分水量，以减少对后续设施的影响。

初期雨水弃流量的合理确定关系到雨水收集利用系统的经济性和安全性。弃流量偏大时，虽然进入雨水利用系统的后续雨水径流水质稳定，但造成了雨水资源的浪费；弃流量偏小时，虽充分利用了雨水量，但水质不好，增加了雨水处理成本和难度，甚至有些杂质还会堵塞处理和利用设施，影响设施的正常运行。

屋面雨水的初期径流水质与屋面材料和屋顶坡度及降雨量有很大的关系，因此，初期弃流量可由降雨曲线和水质变化曲线来确定，径流中 COD 和 SS 浓度达到相对稳定时所对应的降雨量即为初期弃流量。

地面雨水的初期径流比屋面径流水质成分复杂，因此准确确定初期雨水弃流量较为困难，但可参照屋面雨水初期弃流量的确定方法试验确定。

三、城市再生水的利用

城市再生水的利用技术包括城市污水处理再生利用技术、建筑中水处理再生利用技术和居住小区生活污水处理再生利用技术。

1. 城市污水处理再生利用

城市污水处理再生利用技术是把城市部分地区的污水经过处理而实现再生利用的方式，即把污水处理厂的排放水送至城市净水厂，经处理后送到中水系统，供工业区或住宅作非饮用水。城市污水再生利用，宜根据城市污水的来源与规模，尽可能按照就地处理就地回用的原则合理采用相应的再生水处理技术和输配技术。这种回收利用方式，由于要求城镇和建筑内部供水管网均应分为生活饮用和杂用双管配水系统，且城镇必须有污水处理厂，因此应鼓励研究和制订城市水系统规划、再生水利用规划和技术标准，逐步优化城市供水系统与配水管网，建立与城市供水系统相协调的城市再生水利用管网系统和与集中处理厂出水、单体建筑中水、居民小区中水相结合的再生水利用体系，制定和完善污水再生利用标准。

2. 建筑中水处理再生利用

建筑中水处理再生利用，是把民用建筑或建筑小区中人们生活中排放的污水、冷却水及雨水等，经集流、水质处理、输配等技术措施，实现回用目的的供水系统。建筑中水处理再生利用工程属于分散、小规模的污水回用工程，具有灵活、易于建设、无需长距离输水和运行管理方便等优点，是一种较有前途的节水方式。实现建筑中水回用，可节约淡水资源，减少污水排放量，减轻水环境的污染，就近开辟了稳定的新水源，既可省基建投资，又能降低供水成本，具有明显的社会效益、环境效益和经济效益。

建筑中水系统由中水原水系统、中水处理设施和中水供水系统三部分组成，是给水工程技术、排水工程技术、水处理工程技术及建筑环境工程技术的有机综合，在建筑物或建筑小区内运用上述工程技术，可实现其使用功能、水功能及建筑环境功能的有机统一。

3. 居住小区生活污水处理再生利用

缺水地区城市建设居住小区，达到一定建筑规模、居住人口或用水量的，应积极采用居住小区生活污水处理再生利用技术，将再生水用于冲厕、保洁、洗车、绿化、环境和生态用水等，可节约大量的新鲜水。

第六节　水系统集成优化及水平衡

一、水系统集成优化

要提高工艺用水的重复利用率，最有效的方法是采用水系统集成技术。

常规的节水策略主要通过直观定性分析，通常着眼于单个的单元操作或局部用水网络，只能达到一定的节水目的，不能使整个用水系统的新鲜水用量和废水产生量达到最小。而水系统集成技术是将工业企业的整个用水系统作为一个有机的整体来对待，对用水系统中的各种污废水的回用、再生和循环的所有可能的机会进行综合考察，采用过程系统集成的原理和技术对用水系统进行优化调度，按品质需求逐级用水，提高用水系统的重复利用率，使用水系统的新鲜水消耗量和废水排放量同时减少。水系统集成技术能取得最大的节水效果，已成为当前节水科学和技术研究的热点，特别是在工业企业水网络的设计与改造方面，已经取得了显著的成效与进展。

用水过程的系统集成可以解决以下问题：

①用水系统新鲜水的最小目标值和废水产生量的最小目标值是多少；

②现行用水系统是否合理，若不合理，不合理的环节和原因是什么；

③现行用水系统经济可行的节水潜力有多大；

④设计一个新的用水网络或对现有的用水网络进行改造，以实现新鲜水和废水的最小目标值。

水系统集成技术体现了"系统着眼，按质用水，一水多用"的节水原则。采用水系统集成技术实现用水系统节水减排的主要途径是用水系统中的废水直接回用、废水再生回用和废水再生循环三种基本方式及其组合方式对用水系统进行合理分配和高效利用；主要方法或技术包括图示法和数学规划法。

图示法是在平面坐标上描述和分析用水系统，又称为水夹点法。所用的坐标图可以是负荷-浓度图，即以水中的杂质浓度为纵坐标，以要去除的杂质负荷为横坐标；也可以是流量-浓度图，即以水的流量为横坐标。这种方法的主要优点是形象、直观、物理意义明确，但由于二维图形的限制，使其在解决多杂质水系统集成问题上存在困难，而且无法解决与水质、水量无关的目标或约束，如以费用最小为目标的问题、考虑网络结构最简化的问题等。

数学规划法是基于对用水系统所建立的超结构模型。所谓超结构，是指能涵盖用水系统所有可能网络结构的模型。以该结构构造用水系统的物理模型，通过设定目标函数，并确定与实际过程相应的约束条件，建立用水系统的数学优化模型。通过求解该数学模型，就可以得到达到目标函数要求并满足约束条件的用水网络。其主要优点是可以用于具有多杂质的复杂系统，而且可以通过设定不同的目标及约束条件，使用水网络具有所期望的性质。但由于数学规划法的求解过程为一黑箱模型，不直观，物理意义不明确。在采用该方法时，使用者虽然可以得到一个用水网络的结构，达到所期望的目标，但是由于模型的多解性，使用者难以知晓是否存在其他同样达到所期望的目标并具有更好其他性质的网络结构，也就是说使用者难以控制优化网络结构的生成。

二、水平衡测试的目的与主要工作内容

水量平衡亦称水平衡。用水（节水）范围的水量平衡是指任一确定的用水系统的输入水量应等于输出水量。工业企业水量平衡测试，即是依照这一基本原理，以工业企业为主要考核对象，通过系统地实测分析确定相应用水系统（包括其子系统）的各种水量值。

1. 水平衡测试的目的

水量平衡测试，现已成为工业企业用水（节水）科学管理的重要基础工作之一。开展工业企业水量平衡测试的主要目的在于：

①调查工业企业用水状况，确定工业用水水量（统计值）之间的定量关系；

②为进行工业企业用水合理化分析，寻求进一步提高水的有效利用程度和挖掘节水潜力，制定合理用水规划提供依据；

③为制定工业用水定额积累基础数据。

由于进行水量平衡测试，必须建立在比较健全的工业用水（节水）管理工作和科学分析的基础上，因此，严格地开展水量平衡测试工作可以有效地促进节约用水管理水平的提高。

2. 水平衡测试的主要工作内容

①调查工业企业的水源情况。这里所谓的水源是指工业企业补给水的一切来源，除工业企业自备水源外，尚包括城市市政给水管网来水及外部补给的回用水。为开展工业企业

水量平衡测试，需查清所有水源的相应技术数据，以及取自水源的水量、水质和水的主要用途。

对于工业企业内部的任一用水系统，其水源调查要求同上述情况类似。

②勘测工业企业给水排水系统，绘制全厂、分厂、车间等的给水系统图、水表配置图及排水管网图，工业企业中水量计量装置的设置应能保证进行水量平衡测试及给水系统正常运行管理基本要求，所有水源应设一级计量水表，日取水量在 $10m^3$ 以上的其他用水系统应设二级计量水表，其计量误差应不大于±2.5％。其他计量装置的设置应视具体情况而定。

③划定测试单元，确定测试周期和时段。测试单元的划分，应根据工艺流程、生产工艺、给水系统和生产辅助系统等方面情况考虑，应自上而下从全厂至单台用水设备逐层分解、划分，并应符合"水量平衡基本模式"的特征。对于产品结构复杂的工业企业，划分测试单元时还应特别注意初级产品、中间产品和最终产品之间的衔接关系，以便分摊水量。

④测定各种水量。所需测定的水量主要有：补充水量或取水量、重复利用水量（必要时应区分系统内的循环水量和回用水量）和排水量。前两类水量一般可由水表计量而得，排水量通常由其他计量装置或方法测定。用水量、耗水量和漏失水量多由间接方式确定。

整个水量测定工作原则上均应自下而上按测试单元进行。水量测定进程实际上也是水量自下而上逐级平衡的过程。

上述第①、②项工作内容，主要是对第一次开展水量平衡测试的情况而言，以后再进行测试可视生产、用水情况的变化酌情调整和补充。

三、水量平衡测试周期、时段和"水量总体平衡"

水量平衡测试周期和时段在概念上应有所区别，两者不能混为一谈，前者是指为建立一个完整的、具有代表性的水量平衡图而划定的时间范围，通常应同工业生产周期相协调。后者是指为测定用水系统的一组或数组有效水量值所需的时间。通常，一个水量平衡测试周期，应包含若干个具有代表性的水量平衡测试时段。水量平衡测试周期和时段的选择，直接关系到水量平衡测试方式的选择及测试数据的实用性。

1. 工业生产类型

对于任何一个工业企业，其水量平衡测试周期和时段主要取决于工业企业的生产类型及其他条件，而非人们的主观意愿。根据工业生产线上的物流、物料投入和产品产出的情况，从工业用水（节水）管理角度将工业生产分为三种类型：

①连续均衡型，即生产过程中生产线上的物流基本上是均匀的稳定的，在前后工序之间也是一致的。属于这一类的工业企业如火力发电厂、石油化工厂、一部分化工厂、纺织厂等。显然，这类工业企业的用水过程较稳定，比较容易建立稳定并能反映实际状况的水量平衡关系，因而可以选取较短的测试周期，测试工作也较易进行。

②连续批量型，即生产过程中生产线上的物流与批量投料有关，是不均匀稳定的，前后也不一致，物料投入和产品产出在时间和数量上一般不相对应，但生产是一批接一批连续进行的。属于这一类的工业企业如金属冶炼厂和相当一部分轻化工企业等。

③非连续批量型，其物流情况与连续批量型类似，但生产是间断进行的，或呈规律的周期性或呈季节性，以至无规律性。属于这种类型的工业企业如一些小型轻工企业、一部分重型机械设备制造企业等。

对于后两种生产类型工业企业，由于受各种因素的影响，实际上很难选择到具有代表性的水量平衡测试时段，而且需要较长的测试周期。

2. 水量平衡测试周期和时段确定原则

综上所述，建议按下列原则确定工业企业的水量平衡测试周期和时段：

①应以工业企业的生产类型为主，综合考虑工业企业的生产规模、工艺方法、生产设备、产品结构、给排水系统状况、技术管理水平等因素及其他非生产性因素（如季节、气候、市场等）的影响。

②对于连续均衡型的工业企业，如无特殊的生产或非生产性因素影响，水量平衡测试宜取正常生产条件下具有代表性的时段进行。每个时段水量测定次数应不少于 3 次。在这种情况下所需水量平衡测试周期较短。如果工业企业生产规模不大、给水系统清楚、水量计量装置完备、组织得当，测试周期一般约为一至数日，而且每次水量测定几乎是同步进行，即所谓"瞬时测定"。在这种情况下，可不专门划定测试周期，测试周期与测试时段是一致的。

当存在某些生产或非生产因素影响时，水量平衡测试宜分别取不同情况正常生产条件下具有代表性的时段进行。这时水量平衡周期较长，在各时段内仍应多次进行水量测定。

③对于连续批量型工业企业，水量平衡测试周期原则上应为一个生产年度，间歇批量型工业企业的水量平衡测试周期原则上应为一个批量生产周期。在测试周期内，测试时段的选择应以能反映正常生产条件下实际用水情况及便于测定计算为原则。每个时段亦需进行多次水量测定。如果确实能找到具有代表性的时段，也可适当缩短水量平衡测试周期。

总之，在进行水量平衡测试之前应慎重选定水量平衡测试周期和时段。

四、水量平衡测试的方式和步骤

1. 水量平衡测试方式

工业企业水量平衡测试方式可分为一次平衡测试、逐级平衡测试和综合平衡测试。

一次平衡测试，是指对工业企业所有用水系统的水量测定工作均在"瞬时"同步进行，并获得水量平衡的一种方式。一次平衡测试只适用于用水系统比较简单、用水过程比较稳定的情况。显然，一次平衡测试容易取得水量之间的平衡，测试时间短，便于组织开展工作，并可较快地取得成果。但是，由于用水系统和实际用水情况的复杂性及其他因素的影响，除非用水系统测试人员训练有素、测试准备和组织工作周密得当，通常均难以"瞬时"同步完成测试工作，而是作为逐级平衡测试的基础。

逐级平衡测试，是按工业企业水量平衡测试单元，自下而上，从局部到总体逐级进行水量平衡测试的一种方式。为了使最终的测试成果具有代表性，各级的各种用水系统水量平衡测试都应在具有相同代表性的各测试时段内按一次平衡测试方式进行。显然，逐级平衡测试实际上是"化整为零"，"积零为整"的一次平衡测试过程。它适用于具有可以逐层分解的用水系统，且易于选取具有代表性测试时段的工业企业。全部水量平衡测试工作，需在较严密的组织计划安排下进行，较易于稳步取得逐级水量平衡成果，所需总的水量平衡测试周期较长且应视工业企业的生产类型及水量平衡测试计划安排而定。

综合平衡测试，是指在较长的水量平衡测试周期内，在正常生产条件下每隔一定时间，分别进行水量测定，然后综合历次测试数据以取得水量总体平衡图的一种方式。这种水量平衡测试方式，实际上更适用于连续批量型或非连续批量型生产，特别是难以确定具有代表性测试时段的工业企业。综合平衡测试，所需周期较长，便于结合日常管理进行，便于利用日常用水统计数据，可以简化水量平衡测试组织，所得水量总体平衡数据稳定可靠，但要求有较多的测定数据——样本容量，需进行较复杂的统计分析。

2. 水量平衡测试主要步骤

（1）实行对水量平衡测试工作的统一组织领导

水量平衡测试，除结合日常生产及用水（节水）管理工作进行外，往往需要集中进行且涉及生产、技术与管理等各个方面，因此，需要统一组织领导，开展各项工作，解决测试过程中可能出现的各种问题，以保证水量平衡测试工作顺利进行。这对于初次开展水量平衡测试，以及采取一次平衡或逐级平衡测试方式的工业企业尤为必要。

（2）进行水量平衡测试工作人员的技术培训

技术培训的内容包括工业企业水量平衡测试的目的意义、工作内容及有关概念、方式、方法、工作计划与具体要求等。培训工作应在主要技术人员的带动下分层次进行。应将掌握相关的水量平衡测试技术或技能作为用水（节水）管理人员的基本技术要求。

（3）工业企业用水状况调查

①调查了解工业企业的生产情况，如生产规模、生产特点与类型，生产工艺方法与流程、产品结构、生产系统组合、管理状况、生产技术发展方向等。

②调查了解生产用水过程、用水特点及生活用水情况。

③整理分析历年生产用水资料数据。

（4）调查各类水源情况：

①自备水源：地下水源的水文地质条件，地下水取水构筑物形式、数量、构造、基本尺寸、取水设备形式、主要技术数据（出水量、水位降、水质）等；地面水源的水文条件、地面水取水构筑物的形式、构造、取水能力、水质等。

②城市市政给水进户管的直径、服务水压、来水量与水质等。

③外部回用水的来源、水量与水质。

（5）勘查给水、排水系统，调查、安装检测水量计量装置。

（6）调查用水设备或装置情况。

（7）划分测试单元，确定水量平衡测试的周期、时段及方式，制定测试工作计划。

（8）进行水量平衡测试。

①检漏；

②检修渗漏的管路、用水设备或装置等，用水系统的渗漏水量原则上应控制在系统补充水量的 3% 以内，检测延续时间应不小于 2h；

③酌情进行预测试；

④按计划自下而上逐级测定各测试单元的取水量、补充水量、重复利用水量、排水量，同时确定耗水量、渗漏水量及用水量；

⑤根据水量平衡测试方式，分析整理测试数据，绘制水量平衡图或水量总体平衡图。

（9）计算节水考核指标，进行用水合理化分析

通过工业企业水量平衡测试及用水合理化分析，可以确定节水方案及相应的技术措施。初次进行水量平衡测试后，还应逐步使有关工作制度化。

第十一章　中水回用技术

第一节　中水回用及水质标准

为解决水危机，各国各地区采取了积极有效的措施，核心为"开源节流"，在各种措施中，具体可行的途径之一就是中水回用。我国淡水资源很匮乏，排水设施和管理很不完善，但已认识到中水回用的重要性和紧迫性，合理地利用中水资源，不仅可缓解全球性的供水不足，而且改善了生态环境，实现了水资源的可持续发展。近十多年来，城市中水回用的重点，一直集中在占有较大比重的工业废水上，经过多年努力，工业废水回用率已达70％以上，由于社会经济发展和人们环境意识的不断提高，中水回用逐渐扩展到缺水城市的许多行业。

一、中水回用概况

1. 基本概念

中水主要是指城市污水或生活污水经处理后达到一定的水质标准、可在一定范围内重复使用的非饮用杂用水，其水质介于上水与下水之间，是水资源有效利用的一种形式。

建筑中水指建筑物或建筑群的各种排水经处理回用建筑物内的杂用水系统。

小区中水指在建筑小区内建立的中水系统。

杂排水指民用建筑中除粪便污水外的各种排水。

优质杂排水指污染程度较低的排水。

中水水源指作为中水水源而未处理的水，建筑中水水源可取生活排水和其他可利用的水源。

中水系统是指中水的净化处理、集水、供水、计量、检测设施以及其他附属设施组合在一起的结合体，是建筑或建筑小区的功能配套设施之一。

中水主要用于厕所冲洗、绿地、树干浇灌、道路清洁、冲洗、基建施工、喷水池以及可以接受其水质标准的其他用水。中水回用的对象用于以下几个方面：

①园林绿化，包括绿化用水、河流补水、公园冲洗厕所和公园内道路冲洗用水；

②配合城市环境综合治理，如中水除尘等用水；

③小区用水，包括冲厕、绿化、消防等用水；

④中水洗车用水；

⑤工业冷却用水；

⑥其他，包括水产养殖、火车及轮船冲厕等用水。

其水质应满足以下要求：不影响人体健康；对环境质量不影响；使用者维护无不良影响；不影响产品质量；达到使用的各类标准；为使用者接受；技术可行；经济合理，水价有竞争力；对使用者要进行安全教育。

2. 应用情况

当今世界各国解决缺水问题时，中水回用首选为可靠且重复利用的第二水源，而且一直是研究的重点。再生回用的途径有十几种，主要是农业灌溉、工业和生活回用及市政杂用、地下水回灌、补充地表水等。在国外中水回用历史很长，规模也很大，收到了可观的经济效益和社会效益。一些发达国家在经历了高度工业化发展过程的同时，深切感受到水资源的宝贵，逐步制定和完善了相应的法规和政策，促使中水得到合理的利用。

（1）国外的应用情况

中水回用在国外已实施很久，回用规模很大，已显示出明显的经济效益。当前世界上许多国家为克服水资源困难，把城市污水开辟为第二淡水资源。美国是世界上采用污水再生利用最早的国家之一，20世纪70年代初开始大规模污水处理厂建设，1979年美国有357个城市回用污水，有污水回用点536项，涉及城市回用、农业回用、娱乐回用、环境回用、工业回用等方面。全国城市污水回用总量约为 $9.4 \times 10^8 \, m^3/d$，其中灌溉用水占总用水量的62%，工业用水占总用水量的31.5%，5%用于地下回灌，1.5%用于娱乐、渔业等。在美国，马里兰州的伯利恒钢铁厂每天将 $4 \times 10^5 \, m^3$ 污水回用于生产工艺及冷却系统，回用水量最高达 $76 \times 100 m^3/d$；加利福尼亚州的唐特拉斯塔污水处理厂，回用水量为 $1.14 \times 10^4 \, m^3/d$，送至旧金山南部作工业用水；洛杉矶将 $20 \times 10^4 \, m^3/d$ 的城市污水经三级处理回用于工业。

日本因国土狭小，人口众多，水资源主要靠河流，流量具有时间变动性，其水资源严重缺乏，除不得不实行定量供水外，只能中水回用。日本从1962年就开始回用的实践，促进了当时的工业复兴，处理后的水直接回用于城市给水、生活卫生杂用和工业用水。1991年有876个公共污水处理厂在运行，其中有4个处理厂的中水得到回用，其中工业用水占41%、农业灌溉占13%、环境用水占32%、非饮用水占8%、季节性清雪占4%。

以色列是严重缺水国家，其农业灌溉技术高度发展，到1987年，全国有210个市政回用工程，100%生活污水和72%的城市污水回用，回用方式有小型社区就地回用、大中城市的区级回用，可用于农业、工业和饮用水。全部污水的90%收集排放、80%经过处理，60%～65%处理后的污水回用。以色列的工业布局也考虑了环境保护和污水再利用，降低了处理的成本，使用也很方便。进行深度处理后建地下水库，进入国家总水资源调配网，由国家统一调控使用。

中水回用已经成为世界上不少国家解决水资源不足的战略性对策，在国外已有丰富的经验，满足或部分满足了由于水资源缺乏限制城市和工业发展的需要，收到了良好的经济效益和社会效益。

（2）我国中水回用的情况

由于水资源的缺乏，制约了经济的发展，特别是近几年城市严重缺水，城市水荒的加剧引起了从中央到地方各级领导对解决水资源问题的重视。在专家们倡导和参与下，青岛在1982年就将中水作为市政和其他杂用水，以缓解淡水资源的危机。北京也在1984年进行中水回用示范工程建设。

废水回用的课题被列入了国家"七五""八五""九五"重点科技攻关计划，投入相当可观的人力物力，对一些关键技术进行攻关，取得了一批国际先进水平的科研成果，提供了废水回用的成套技术与应用。其主要内容如下：

①不同回用对象的水质指标；

②不同回用用途的废水再生工艺路线与相应单元处理技术；

③再生水用户的用水技术；

④不同工程长年运行的经验总结；

⑤废水回用的技术经济分析与政府贯彻的技术经济政策；

⑥污水回用设计规范；

⑦已进入工程上大规模应用推广阶段。

目前不提倡用作与人体直接接触的娱乐用水和饮用水。

科技人员经过近20年的实验研究和应用开发，已经在回用技术上取得突破，并对人们的观念意识产生重大影响。废水回用已被国家作为一条基本政策加以肯定，规定城市污水应作为优先开发水源，在水未被充分利用之前，禁止随意排放，各地的污水处理厂建设必须将处理与回用结合起来，目前我国已有几十个城市在建设污水回用工程，其工程规模之大，回用之广，在国外也不多见，足以影响到城市环境和供水状况。

（3）中水回用的实际意义

再生水是城市稳定的淡水资源，污水再生利用减少了城市对自然水的需求量，削减了对水环境的污染负荷，减弱了对水自然循环的干扰，是维持健康水循环不可缺少的措施。在缺水地区和干旱年份再生水的应用更是解决水荒的有力可行之策，是保护水资源和使水资源"增值"的有效途径。再生水可应用于以下几个方面：

①创造城市良好的水溪环境。再生水可补充维持城市溪流生态流量，补充公园、庭院水池、喷泉等景观用水。日本从1985～1996年用再生水复活了150余条城市小河流，给沿河市区带来了景观，愉悦着人们的心情，深受居民欢迎。北京、石家庄等地也利用再生水维持运河与护城河基流。

②工业冷却水。大连春柳河污水厂1992年建设投产了污水再生设备，产量为$1\times10^4\,m^3/d$，主要用于热电厂冷却用水，少部分用于工业生产用水。运行10年来效果良好，效益可观。

③道路、绿地浇洒用水。大连经济开发区用再生水喷洒街道花园、林荫树带，节省了大量自来水。喷洒用水的水质要求应该比工业用水更严格，因为它影响沿路空气并可能与人体接触。

二、回用水质指标

中水回用必须满足三个基本要求：①水质合格；②水量足够；③经济合算。污水作为水资源回用的前提是提供适合于回用的水质，且不造成任何潜在的二次污染。中水回用是一系统工程，包括污水的收集系统、污水处理系统、输配水系统、用水技术和监测系统等。污水处理系统是污水回用的关键，中水能否回用主要取决于水质是否达到相应的回用水水质标准。回用水水质首先要满足卫生要求，主要指标有细菌总数、大肠杆菌群数、余氯量、悬浮物、生物化学需氧量、化学需氧量；其次要满足感观要求，其衡量指标有色度、浊度、臭、味等；再次要求水质不会引起设备管道的严重腐蚀和结垢，主要指标有pH值、浊度、溶解性物质和蒸发残渣等。

1. 物理性指标

一般以感观性状指标为主，包括悬浮物、臭、味、色度、含油量、温度、溶解性固体等。

2. 化学指标

主要包括硬度、汞、金属与重金属离子、硫化物、氯化物、阴离子合成剂、挥发性酚等。重金属离子、汞、氯化物大多具有毒理学意义，一般不直接对人体产生危害，但可能在生产过程和生活使用中产生不同程度的不良影响，往往对其含量进行一定的限制，构成了毒理学指标。

3. 生物化学指标

①生化需氧量（BOD）。在一定的时间和温度条件下，利用微生物呼吸所消耗的氧量间接反映有机物的浓度，单位为 mg/L。

②化学需氧量（COD）。在一定条件下，用强氧化剂如重铬酸钾氧化水中的有机物所消耗的氧量，单位为 mg/L。

③总有机碳（TOC）与总需氧量（TOD）。通过仪器采用燃烧法来标定水中的有机碳和有机物含量，可与 BOD、COD 建立对应的定量关系。

微生物分解过程中需要一定的氧量来保证微生物的生长繁殖，势必会影响到水中溶解氧的含量，严重时使水体缺氧、水质腐败。BOD、COD、TOC、TOD 四个指标是反映水污染、污水处理程度和水污染控制的重要指标，可根据具体情况选用。

除上述指标外，还有细菌学指标（反映威胁人体健康的病原体污染指标，如细菌总数、大肠杆菌、余氯等）及反映在回用过程中对水质有特殊要求的水质指标。

三、回用水水质标准

中水用作建筑杂用水和城市杂用水，如冲厕、道路清扫、消防、绿化、车辆冲洗、建筑施工等，其水质应符合现行国家标准《城市污水再生利用城市杂用水水质》GB/T 18920 的规定。

中水用于建筑小区景观环境用水时，其水质应符合现行国家标准《城市污水再生利用景观环境用水水质》GB/T 18921 的规定。

中水用于供暖、空调系统补充水时，其水质应符合现行国家标准《采暖空调系统水质》GB/T 29044 的规定。

中水用于冷却、洗涤、锅炉补给等工业用水时，其水质应符合现行国家标准《城市污水再生利用工业用水水质》GB/T 19923 的规定，见表 11-1。

中水用于食用作物、蔬菜浇灌用水时，其水质应符合现行国家标准《城市污水再生利用农田灌溉用水水质》GB 20922 的规定。

中水用于多种用途时，应按不同用途水质标准进行分质处理；当中水同时用于多种用途时，其水质应按最高水质标准确定。

再生水用作工业用水水源时，基本控制项目及指标限值应满足表 11-1 的规定。

对于以城市污水为水源的再生水，除应满足表 11-1 各项指标外，其化学毒理学指标还应符合 GB 18918 中"一类污染物"和"选择控制项目"各项指标限值的规定。

表 11-1　再生水用作工业用水水源的水质标准（GB/T 19923—2005）

序号	控制项目	冷却用水		洗涤用水	锅炉补给水	工艺与产品用水
		直流冷却水	敞开式循环冷却水系统补充水			
1	pH 值	6.5~9.0	6.5~8.5	6.5~9.0	6.5~8.5	6.5~8.5
2	悬浮物（SS）/（mg/L）	≤30	—	≤30	—	—
3	浊度（NTU）	—	≤5	—	≤5	≤5
4	色度（度）	≤30	≤30	≤30	≤30	≤30
5	生化需氧量（BOD_5）/（mg/L）	≤30	≤10	≤30	≤10	≤10
6	化学需氧量（COD_{Cr}）/（mg/L）	—	≤60	—	≤60	≤60
7	铁/（mg/L）	—	≤0.3	≤0.3	≤0.3	≤0.3
8	锰/（mg/L）	—	≤0.1	≤0.1	≤0.1	≤0.1
9	氯离子/（mg/L）	≤250	≤250	≤250	≤250	≤250
10	二氧化硅（SiO_2）	≤50	≤50	—	≤30	≤30
11	总硬度（以 $CaCO_3$ 计/mg/L）	≤450	≤450	≤450	≤450	≤450
12	总碱度（以 $CaCO_3$ 计/mg/L）	≤350	≤350	≤350	≤350	≤350
13	硫酸盐/（mg/L）	≤600	≤250	≤250	≤250	≤250
14	氨氮（以 N 计/mg/L）	—	≤10[a]	—	≤10	≤10
15	总磷（以 P 计/mg/L）	—	≤1	—	≤1	≤1
16	溶解性总固体/（mg/L）	≤1000	≤1000	≤1000	≤1000	≤1000
17	石油类/（mg/L）	—	≤1	—	≤1	≤1
18	阴离子表面活性剂/（mg/L）	—	≤0.5	—	≤0.5	≤0.5
19	余氯[b]/（mg/L）	≥0.05	≥0.05	≥0.05	≥0.05	≥0.05
20	粪大肠菌群/（个/L）	≤2000	≤2000	≤2000	≤2000	≤2000

a 当敞开式循环冷却水系统换热器为铜质时，循环冷却系统中循环水的氨氮指标应小于 1mg/L。

b 加氯消毒时管末梢值。

第二节　中水系统组成及水源水质

一、中水系统分类

中水处理设施按照应用的规模，可分为建筑中水系统、小区中水系统和市政中水系统。我国目前发展较为成熟的是前两者，而且由规划部门管理，建筑设计部门设计，建筑工程单位施工；而市政中水系统由城市规划部门进行控制性规划设计，市政设计院设计，市政工程部门施工。

中水处理系统的水体来源是城市污水，它是生活污水、工业废水、被污染的雨水和排入城市排水系统的其他污染水的统称。生活污水是人类在日常生活中使用过的，并为生活废料所污染的水。工业废水是在工矿企业生产活动中用过的水，工业废水可分为生产污水和生产废水两类。生产污水是指在生产过程中所形成，并被生产原料、半成品或成品等废料所污染，此类污染主要由市政中水系统进行处理。生产废水是指在生产过程中形成，但未直接参与生产工艺，未被生产原料、半成品或成品污染或只是温度稍有上升的水。被污染的雨水，主要是指初期雨水，由于冲刷了地表上的各种污物，所以污染程度很高，必须由市政中水系统进行处理。城市污水、生活污水、生产污水或经工业企业局部处理后的生产污水，往往都排入城市排水系统，故把生活污水和生产污水的混合污水叫做城市污水。以建筑小区的污水为水源就构成了建筑中水系统。各类系统具有各自的特点，建筑中水系统能做到就地回收、处理与利用，其管路短，投资小，不需要政府集中投资，较易建设，但存在水量平衡问题，规模效益较差。

中水设施（installation of reclaimed water）指中水水源的收集处理系统和中水供水系统，使用及相关的水量、水质处理设备，安全、防护、检测控制等配套构筑物及设备器材。按水处理工艺流程分为前期预处理、主要处理和深度处理阶段。

①前期预处理阶段。其主要任务是悬浮物截流、毛发截留、水质水量的调节、油水分离等，其设施有各种格栅、毛发过滤器、调节池、消化池。

②主要处理阶段。在此阶段各系统的中间环节起承上启下的作用。其处理方法根据生活污水的水质来确定，有生物处理法和物理化学处理法，设施有生物处理设施和物理化学处理设施。

③深度处理阶段。主要是生物或物化处理后的深度处理，应使处理水达到回用所规定的各项指标。可利用深度过滤装置、电渗析、反渗透、超滤、混凝沉淀、吸附过滤、化学氧化和消毒等方法处理，以保证中水水质达标。

建筑中水回用系统和小区中水回用系统应设置中水管网、增压贮水设备等。

建筑中水回用系统是指单体建筑、局部建筑群或小规模区域性的建筑小区各种排水经适当处理，循环回用于原建筑作为杂用的供水系统。建筑中水不仅是污水回用的重要形式，也是城市生活节水的重要方式。建筑中水具有灵活、易于建设、不需长距离输水、运行管理方便等优点。建筑中水回用系统的处理站一般设在裙房或地下室多靠收集杂排水，进行处理，使中水达标后可作为洗车、冲厕、绿化等用水。

小区中水回用系统可采用多种原水，如小区内杂排水、就近污水处理厂的出水、生活污水等，处理后经完全系统、部分系统或简易系统，来发挥水的综合作用和环境效益。在使用中水时，为确保用户的身体健康、用水方便和供水温度适宜，适应不同的用途，通常要求中水的水质应满足以下条件：不产生卫生上的问题；在利用时不产生故障；利用时没有嗅觉和视觉上的不快感；对管道、卫生设备等不产生腐蚀和堵塞等。

市政污水回用系统以生活污水为原水，通过污水二级处理和深度处理后，可回用于城市工业冷却水、河流补水、绿化用水等。

中水水源应根据排水的性质、水量、排水状况和中水回用的水质水量来选定。建筑中水水源有冷凝冷却水、沐浴排放水、盥洗排水、空调冷却水、游泳池排水、洗衣排水、厨房排水、厕所排水。建筑屋面的雨水可作为补充水。小区中水可选择小区内建筑杂排水、城市污水处理厂出水、相对洁净的工业排水、生活排水、小区内雨水及可利用的天然水体。如城市污水处理达到回用的标准则可直接与中水管道连接，否则作为中水水源进一步处理，达到标准后回用。

二、中水水源及水源水质

中水回用中可供选择的水源不同和水质差异决定了其配套的中水系统也不同，中水水源中一类是以城市污水处理厂二级出水为水源，另一类是以建筑污水为水源。具体分为小区生活污水、建筑物内非厕所冲洗的杂排水、较清洁的洗浴水，水质如表 11-2 所示。

表 11-2　回用水水源的水质

项目	生活污水	杂排水	洗浴水	二级出水
COD/(mg/L)	180～360	80～260	30～210	30～60
BOD/(mg/L)	570～210	50～150	30～100	15～30
SS/(mg/L)	80～220	60～160	40～120	15～40

回用水水源水质应以实测为准，无实测资料时，需根据中水水源并参考相关水源进行确定。

1. 以二级出水为水源

按城市污水处理二级出水及水质：$SS<30mg/L$，$BOD_5<30mg/L$，$COD<120mg/L$。

2. 建筑污水为水源

以建筑物或建筑群内的生活污水和冷却水为水源，并按下列顺序取舍：冷却水、淋浴排水、盥洗排水、洗衣排水、厨房排水、厕所排水。其成分、数量、污染物浓度等情况与居民的生活习惯、建筑物用水量及用途有关。

中水系统水源可分为以下三类。

①优质杂排水。包括洗手洗脸水、冷却水、锅炉污水、雨水等，但不含厨、厕排水，主要污染源为灰尘，处理方法简单。

②杂排水。除上述外，还含厨房排水。污染程度高，有油垢、表面活性剂、生物有机物及泥灰，污染指标有：ABS、LAS、BOD、COD 等，回用厕所时可用。

③综合污水。杂排水和厕所排水的混合水，含较高的细菌、BOD、COD，不仅有前两类废水的污染性，且含有氮、磷的富营养化的性质，处理起来较为复杂，一般由市政中水系统进行处理，但回用时经济上合算。

水源是保证小区供水的前提条件，回用水源的选择条件为：①有一定的水量且稳定可靠，可以满足中水供应的要求；②原水易于收集，减少集流系统的投资费用；③污染较轻，易于处理和回用，投资费和运行管理费较低；④处理过程中不产生严重的污染；⑤原水本身和回用水对水体、中水用水器环境无害；⑥节约水资源效果明显，减少小区用水费用和排污费用；⑦具有社会效益、环境效益、经济效益，利于小区的建设。

污水的水质须经分析后方可确定。国内几类建筑物污染物排放浓度如表 11-3 所示。

表 11-3　不同建筑物污染物排放浓度　　　　　　　　　　mg/L

部门	住宅			宾馆饭店			办公楼		
	BOD	COD	SS	BOD	COD	SS	BOD	COD	SS
厕所	200～260	300～360	250	250	300～360	200	300	360～480	250
厨房	500～800	900～1350	250						
沐浴	50～60	120～135	100	40～50	120～150	80			
盥洗	60～70	90～120	200	70	150～180	150	70～80	120～150	200

3. 回用水量的特点

①城市污水处理厂二级出水。水源和水质较稳定，经消毒或其他处理后回用市政用水。

②建筑污水。不同国家、不同地区、不同季节、不同时间、不同类型的建筑物污水的用途和用量不同，变化范围大致在20％～70％。因此，中水水源的水量应根据小区中水用量和可回收排水项目的水量计算确定，应进行水量平衡，并以图表的形式给出，生活污水排放量与生活用水量密切相关。经验上建筑生活污水排放量可按该建筑给水量的80％～90％确定。

办公楼不同用途水量所占比例见表 11-4，日本组合排水水质见表 11-5。

表 11-4　办公楼不同用途水量所占的比例　　　　　　　　　　　%

用途	厕所冲洗水	食堂用水	制冷用水	洗手、洗脸水	饮用水	其他
比例	20～47	11～47	1～20	3～8	3～25	8

表 11-5　组合排水水质（日本）

项目	原排水		
	杂排水 1	杂排水 2	杂排水 3
BOD_5（mg/L）	100	300	300
COD_{Mn}/（mg/L）	80	200	200
SS/（mg/L）	100	250	250
ABS/（mg/L）	1	30	9

注：杂排水 1 是指洗脸、洗手、淋浴排水；杂排水 2 指洗脸、洗手、淋浴排水和厨房排水；杂排水 3 指洗脸、洗手、淋浴排水、厨房排水和厕所排水。

建筑小区中水与建筑中水相比，其用水量更大。建筑小区中水水源不外乎三类：

①包括粪便水在内的生活污水。其污染浓度高，杂物多，处理设施复杂，费用高；

②不包括粪便水的杂排水。水质浓度稍高，水量变幅较小；

③单独的洗浴污水。水质干净，水量大且易平衡，可作为优选水源。

城市中水回用的主体有两种：以城市污水厂和回用水厂为主体；以用户自主为主体。以污水处理厂为主体，集中处理达标后，将回用水送到区域内各用户，各用户大部分直接使用，个别需补充处理。对冷却用水用户自己则只是作水质稳定就可以了，不需将市政领域整套水厂搬到用户的工业厂区内。也可采取污水厂二级出水自己处理，由企业作回用主体，城市污水量大，水源稳定，大规模处理厂的管理水平高，供水的水质、水量保障程度高，其处理成本较低。有分析表明城市污水集中处理回供比远距离引水便宜，处理到杂用水程度的基建投资，只相当于 30km 外引水。建筑中水可就近收集和处理，往往在建筑小区内设置相应的中水处理站即可。但必须注意：中水回用是介于给水和排水之间的学科，技术支撑至关重要，必须进行技术经济分析以选择最好的处理工艺。

三、中水处理流程

中水处理工艺流程应根据中水原水的水质、水量和中水的水质、水量、使用要求及场地条件等因素，经技术经济比较后确定。

当以盥洗排水、污水处理厂（站）二级处理出水或其他较为清洁的排水作为中水原水时，可采用以物化处理为主的工艺流程。工艺流程应符合下列规定：

①絮凝沉淀或气浮工艺流程应为：

原水 → 格栅 — 调节池 — 絮凝沉淀或气浮 — 过滤 — 消毒 → 中水

②微絮凝过滤工艺流程应为：

原水 → 格栅 — 调节池 — 微絮凝过滤 — 消毒 → 中水

③膜分离工艺流程应为：

原水 → 格栅 — 调节池 — 预处理 — 膜分离 — 消毒 → 中水

当以含有洗浴排水的优质杂排水、杂排水或生活排水作为中水原水时，宜采用以生物处理为主的工艺流程，在有可供利用的土地和适宜的场地条件时，也可以采用生物处理与生态处理相结合或者以生态处理为主的工艺流程。工艺流程应符合下列规定：

①生物处理和物化处理相结合的工艺流程应为：

原水 → 格栅 — 调节池 — 生物接触氧化池 — 沉淀 — 过滤 — 消毒 → 中水
原水 → 格栅 — 调节池 — 曝气生物滤池 — 过滤 — 消毒 → 中水
原水 → 格栅 — 调节池 — CASS池 — 混凝沉淀 — 过滤 — 消毒 → 中水
原水 → 格栅 — 调节池 — 流离生化池 — 过滤 — 消毒 → 中水

②膜生物反应器（MBR）工艺流程应为：

原水 → 格栅 — 调节池 — 膜生物反应器 — 消毒 → 中水

③生物处理与生态处理相结合的工艺流程应为：

原水 → 格栅 — 调节池 — 生物处理 — 生态处理 — 消毒 → 中水

④以生态处理为主的工艺流程应为：

原水 → 格栅 — 调节池 — 预处理 — 生态处理 — 消毒 → 中水

当中水用于供暖、空调系统补充水等其他用途时，应根据水质需要增加相应的深度处理措施。

当采用膜处理工艺时，应有保障其可靠进水水质的预处理工艺和易于膜的清洗、更换的技术措施。

在确保中水水质的前提下，可采用耗能低、效率高、经过实验或实践检验的新工艺流程。

对于中水处理产生的初沉污泥、活性污泥和化学污泥，当污泥量较小时，可排至化粪池处理；当污泥量较大时，可采用机械脱水装置或其他方法进行妥善处理。

日本典型中水处理工艺如图 11－1 所示。

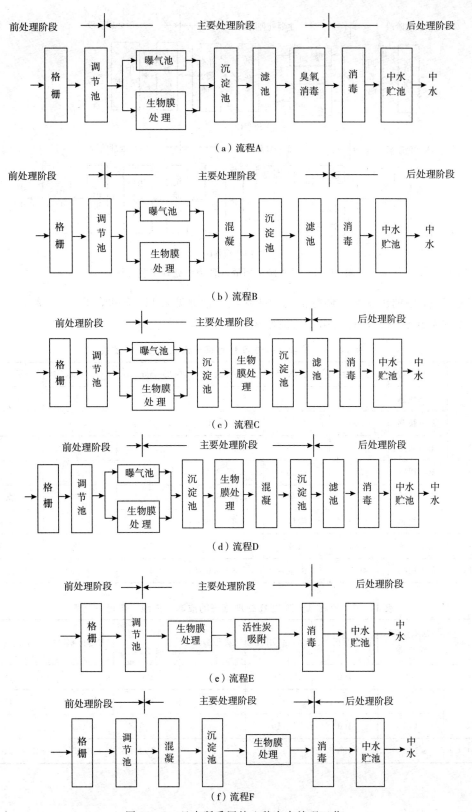

图 11-1 日本所采用的八种中水处理工艺

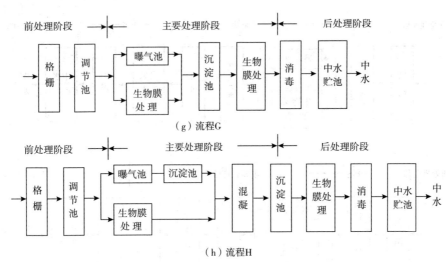

（g）流程G

（h）流程H

图 11-1　日本所采用的八种中水处理工艺（续）

图 11-1 中的出水水质调查情况和技术经济指标见表 11-6 和表 11-7。表 11-7 中以流程 A 的基建成本、运行费用及占地面积为基数（100%）。

表 11-6　流程 A～流程 H 处理出水水质情况一览表

流程编号	臭	色度/度	浊度/NTU	pH 值	BOD/(mg/L)	COD/(mg/L)	SS/(mg/L)
A	无不快感	<40	<20	5.8～8.6	<15	<10	<10
B	无不快感	<40	<15	5.8～8.6	<10	<20	<10
C	无不快感	<40	<15	5.8～8.6	<10	<20	<10
D	无不快感	<30	<15	5.8～8.6	<10	<20	<10
E	无不快感	<10	微量	5.8～8.6	<15	<30	微量
F	无不快感	<10	微量	5.8～8.6	<15	<30	微量
G	无不快感	<10	微量	5.8～8.6	<10	<20	微量
H	无不快感	<10	微量	5.8～8.6	<10	<20	微量

表 11-7　流程 A～流程 H 处理流程的成本、占地、费用一览表

流程编号	基本建设成本/%	占地面积/%	运行费用/%	流程编号	基本建设成本/%	占地面积/%	运行费用/%
A	100	100	100	E	190	75	180
B	115	125	125	F	150	75	155
C	140	150	110	G	175	125	195
D	150	150	135	H	195	125	210

第三节　中水管网系统

一、建筑中水回用系统及组成

建筑小区中水系统可采用以下系统形式。

①原水分流管系和中水供水管系覆盖全区的完全系统。

②原水分流管系和中水供水管系为区内部分建筑的部分完全系统。

③无原水分流管系，只有中水供水管系的半完全系统。

④只有原水分流管系，无中水供水管系的半完全系统。

⑤无原水分流管系，中水专供绿化的土壤渗透系统。

1. 中水系统分类

①建筑排水分流制。杂排水或优质杂排水与粪便分开，以杂排水为中水水源，处理后的水可进入整个小区或建筑使用的完全系统，也可进入某一单一用途的不完全系统，如图11-2所示。

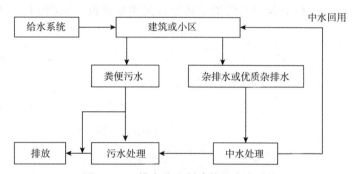

图11-2　排水分流制建筑的中水系统

以杂排水为水源，必须配两套上水系统和两套下水系统，分别走自来水、中水，进行杂排水收集、其他排水收集。两套上水系统：一套输送优质饮用水或高要求的用水，另一套送回用水。管道复杂，增加了难度和投资，在缺水严重的地区水价较高是可行的。小区附近有城市二级污水处理厂时，污水经消化池处理后排入城市管网，不然处理达到相应的标准的中水就会被排放掉。

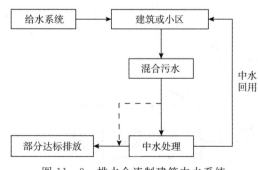

图11-3　排水合流制建筑中水系统

②建筑排水合流制。中水水源为综合污水，如图11-3所示。

其中污染物浓度较高的中水处理设施投资和处理成本较大，故室内排水一般采用分流制，至室外后排水改为合流制。中水回用管网可覆盖整个小区，也可用于景观、河流的补水。如回用量较小时，只处理部分中水，多余部分污水达到相应的排放标准即可排放，也可经消化处理后排放到城市污水管网完善的污水系统。以生活污水为水源，还可省去一套污水收集系统和中水供水系统。

③采用外接水源的中水系统。外接水源可选择城市污水处理厂的二级出水或小区的雨水及附近河道的河水，小区内建筑排水经处理后排放，如图11-4所示。

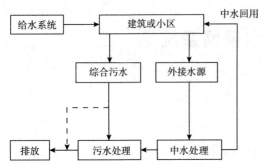

图 11-4 外接水源的建筑中水系统

2. 中水管网系统组成

中水管网系统由中水原水管网系统和中水供应管网系统组成。原水管网用于建筑排水、集流污废水并收集到中水处理站，即以中水处理站前的中水原水集流管网为中水原水管网系统，其布置、敷设、检查井设置、管网水力计算完全与建筑排水管网相同。中水供应管网系统即中水处理站后的小区内中水供应管道，用于小区建筑内中水设备及小区建筑外的中水用水，如绿化、洗车、水景等。小区内中水供应管道的布置和辐射、管材、闸阀的安装、建筑内供水方式完全同小区给水管网系统。

①中水水源收集系统。指室内外的排水收集设施，即室内外杂排水、粪便污水排水管道，或室内分流排水管道至室外合流排水管道，见图 11-5 中（a）、（b）、（c）。

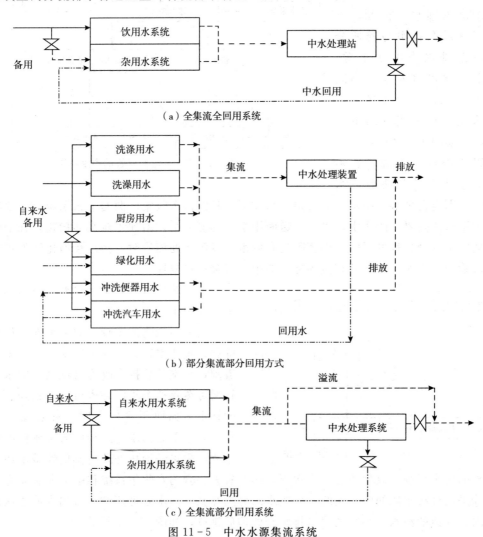

（a）全集流全回用系统

（b）部分集流部分回用方式

（c）全集流部分回用系统

图 11-5 中水水源集流系统

图 11-5（a）所示的全集流系统，将建筑物排放的污水全部收集，到达中水处理站处理。污水污染程度较高，水质差，先作污水处理后再深度处理可达到中水标准后回用。中水工程投资大，处理成本较高。图 11-5（b）所示为部分集流和部分回用，一般水源中不含粪便冲洗水，水源水质较好，处理相对简单，成本较低，工程造价低；但需双排水管网和双配水管网，适用于办公楼、宾馆综合性大楼等新建工程。图 11-5（c）为全集流部分回用方式，建筑物内采用合流制排水，但需要部分水满足用水要求时才可选择这种方式。

有的地区需要设雨水集流系统作为中水的水源，主要收集和排除降落在屋面和地面的雨水，屋面上的雨水通过檐沟排水系统、天沟排水系统和内排水系统进入小区排水集流系统，地面上的雨水经雨水口、雨水井、雨水管进行集流与排放。

②处理设备。中水处理设施按工艺流程分为预处理阶段、主要处理阶段及深度处理阶段，每阶段都有所不同。根据工艺流程的不同，主要设备有消毒药剂的发生装置、深度处理的混凝沉淀、膜过滤、活性炭等装置，建筑污水回用的设备包括搅拌、加药等装置，生化所需的曝气设备、生物转盘，消毒的发生装置，深度处理需要的过滤或活性炭等。目前生产中逐渐把各种工艺通过定型设计转化成一体化装置，水量小的多用钢结构，有防腐措施。设在地下室时，应注意防潮、通风、排水等。处理工艺前、后有调节池和清水池。

③送水设备。城市污水回用与自来水供水设备大致相同，包括水泵、配水管、阀门。建筑污水的送水设备分为送水泵、气压柜等加压设备、室外配水管、室内配管及卫生器具、水池的送水设备及循环设备等。中水的室内、外配水管与给水管有区别，应使用耐腐蚀钢管。中水管道必须有安全防护措施，不得采用非镀锌钢管，中水供水系统应根据使用要求安装计量装置，中水贮水池设置的溢流管、泄水管均应采用间接排水方式排出，溢流管应设隔网；中水管道不宜安装于墙体和楼面内，中水管道上不得装取水龙头，便器冲洗宜采用密闭型设备和器具，绿化、洗车、浇洒宜采用壁式或地下式的给水栓。应严格按照《建筑中水设计标准》（GB 50336—2018）的规定执行。

室内配管一般开始于住宅的最低层地板下面，各层的厕所内外露，设备器械有卫生设施、水表、阀门等，阀门一般均设置在干管、支管、进户管的始端，并放在阀门井内。

当建筑污水量不足时，由上水补给，其管径按中水最大时供水量确定，自来水出水口与中水池之间应有不小于 2.5 倍管径的空气隔绝（见图 11-6）。可以使用手动阀或电磁阀进行自来水补水（见图 11-7），并要注意配置非常电源，防止停电时断水。

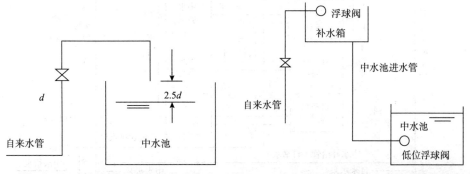

图 11-6 自来水管与中水池的连接　　图 11-7 自来水补水箱与中水箱连接补水方式

④小区中水管网的布置。根据建筑地形、各用户对水量水压的要求可布置为枝状和环状，建筑小区面积较小、用水量不大时采用枝状网，否则采用环状网。

根据使用目的、用水区域的不同而铺设。在有些情况下考虑区域性中水系统，回用也只作为景观用水。中水水源来自小区外部，如污水厂、相对洁净的工业废水、相对洁净的市政排水，住宅内管道维持原状，来水送中水处理站，经过进一步处理后达到绿化、喷洒道路、洗车等中水相应的标准。其设计简单，包括场所的确定、水源的选择、管路的配置、工艺的问题。

二、回用水管网布置

1. 城市污水回用系统

城市污水回用系统管网的布置应遵循城市给水管网的规划设计原则。回用水管道的增加会造成管理的复杂，所以应注意管道的连接。

回用水供水管道必须独立设置，采用耐腐蚀的给水管管材，与上、下水管道平行埋设时，水平净距应大于 0.5m，交叉埋设时，回用水管道应位于上下水管道的中间且净距不小于 0.5m，并涂上绿色标志。

2. 中水管道的铺设

采用埋地铺设。应与道路中心线或主要构筑物平行铺设，尽可能减少与其他管道的交叉，埋设深度应根据土壤的冰冻深度、荷载、管材等决定，一般在冰冻线以下 200mm，管顶的硬土深度不小于 0.7m，避免穿越垃圾堆、毒物污染区，在干管、各支管的起始端均安装控制阀门。金属管道一般无基础，但通过垃圾回填、沼泽地及不平整的岩石等地段时应做垫层或基础。

3. 建筑污水系统

建筑物中水回用系统的室内给排水管线有两种布置方式：一种是单独循环方式的室内给排水管线，如图 11-8 所示；另一种是区域或地区循环方式的室内给排水管线，其室内供水方式大都采用高位水箱的重力供水方式，如图 11-9 所示。

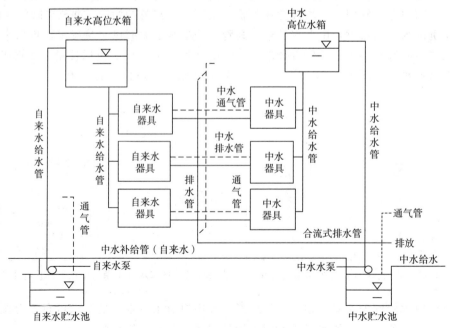

图 11-8　单独循环方式的室内给排水管线示意

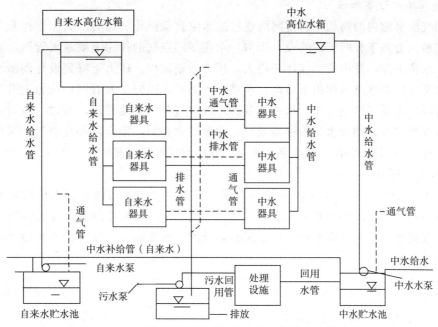

图 11-9　区域或地区循环方式的室内给排水管线示意

三、中水的加压设备

常用的加压设备有恒速泵加压、变频调速泵加压、气压给水设备加压及水泵水箱加压四种。

1. 恒速泵加压

用泵抽取中水池的水送入中水管网，如图 11-10 所示。适用于小区的定时供水，不适用于建筑冲厕用水。

2. 变频调速泵加压

通过电源频率的变化来控制水泵电机的转速，水泵可在高效率区运行，并且一般可以实现自动化。常见水泵出口压力恒

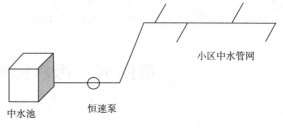

图 11-10　恒速泵加压中水

定控制的微机供水装置由控制器、变频器、压力输送器和水泵组成（见图 11-11）。根据中水用户对水压的要求，在控制器中设一出口压力值，此值随压力变化而变化，再传输给控制器，由变频器调节频率而改变转速使供水量和用水量达到平衡，维持出口处的压力恒定。

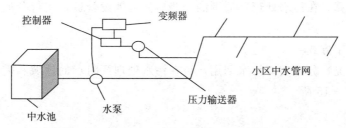

图 11-11　水泵出口压力恒定控制的微机供水装置

3. 气压给水设备加压

利用气压水罐内的高低压力控制所连接的水泵自动停止和运行。其工作过程为：罐内空气的起始压力高于管网所需的设计压力，水在压缩空气的作用下被送入管网。随着水量的减少，水位下降，罐内的空气体积增大，压力逐渐减少。压力下降到设计的最小工作压力时，水泵在压力继电器作用下启动，水被压入罐内，同时送入管网；压力上升达到设计最大压力时，水泵又停止工作，如此往复。一般空气与水直接接触，经过一段时间后空气由于溶解逐渐减少，调节水容积逐渐减少，水泵启动频繁，需定期补充空气，采用空气压缩机（简称"空压机"）补气及水泵压水管积存的空气补气（见图 11-12）。

4. 水泵水箱加压

如图 11-13 所示，一般用液位控制器进行控制，利用水箱的高低水位继电器控制水泵的启动与停止。小区中水管网设有高位水箱（水塔），当水箱内无水或水位低时，水泵开始运行直到水位达到最高水位后停止运行，此时由水箱供水，降至低水位时再重新启动水泵，如此往复。

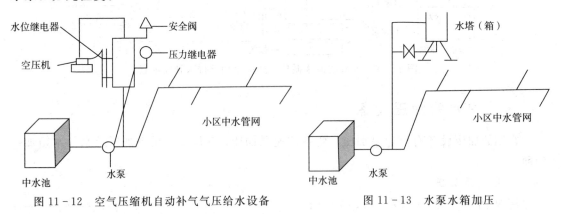

图 11-12 空气压缩机自动补气气压给水设备   图 11-13 水泵水箱加压

第四节 污水回用及供水方式

一、污水回用方式

1. 城市污水回用方式

可根据污水处理能力的大小和当地情况，选择不同的回用方式。

（1）选择性回用方式

通过经济核算，在污水处理厂周围的一些居住区铺设管道，实行分质供水回用，如图 11-14 所示。

（2）分区回用方式

根据城市状况，分区实行污水回用，可在污水处理厂附近的地域和需改建、改造的区域进行，如图 11-15 所示。

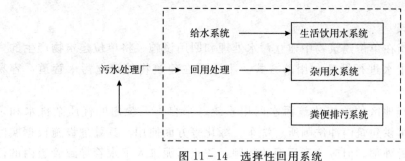

图 11-14　选择性回用系统

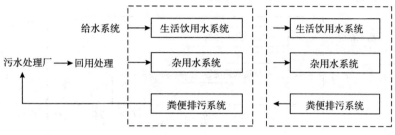

图 11-15　分区回用系统

（3）全城回用方式

使用于新建城市和有污水处理能力的小城镇，如图 11-16 所示。

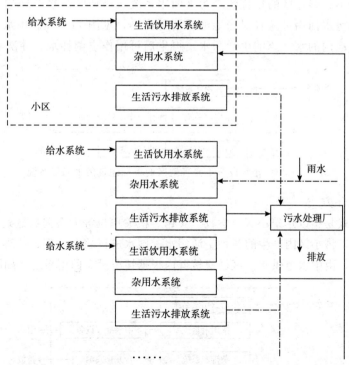

图 11-16　全城回用系统

2. 建筑污水回用方式

（1）单循环方式

单循环方式是指在单位建筑物中建立污水处理和回用设施，将单位建筑物产生的一部分污水处理后作为中水进行循环利用的方式。不需要在建筑物外建立污水管道，容易实施，但费用较高。

①排水设施完善地区的单栋建筑污水回用系统。来自本系统内的优质杂排水和杂用水，经中水处理后可供建筑内冲洗厕所、洗车、绿化等方面使用。其处理设施根据实际情况在建筑内部或附近外部。但应注意污泥的问题，防止污泥排入下水管导致管道内的污水浓度过高。该回用系统如图 11-17 所示。

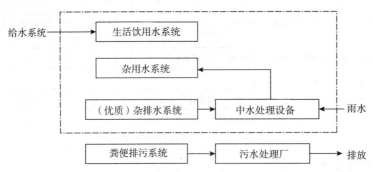

图 11-17　排水设施完善地区的单栋建筑污水回用系统

②排水设施不完善地区的单栋建筑污水回用系统。该地区污水处理达不到二级出水的要求，只是通过污水回用可减轻对当地河流的再污染，见图 11-18。中水水源取自建筑物内的排水设施，池内的水为总的生活污水，再生后可用作空调补水、冲洗厕所等。

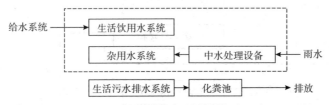

图 11-18　排水设施不完善地区的单栋建筑污水回用系统

（2）小区循环方式

小区循环方式是指以建筑小区、学校、宾馆、机关单位等大型公共建筑为重点，建设小区中水回用系统，将小区内产生的各种生活污水、雨水进行综合处理、消毒以达到所需的中水回用水质标准，由中水道供水。区域建筑群内根据情况设立回用系统，如图 11-19 所示。

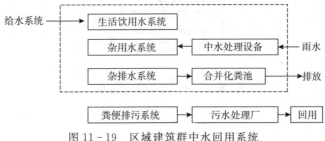

图 11-19　区域建筑群中水回用系统

（3）地区循环系统

小区内建有二级污水处理设施，区域污水水源可利用城市污水处理厂的出水、雨水、河水等。将这些水送到区域污水处理站，经进一步深度处理后供给区内建筑物，作消防、洗车、冲洗厕所、绿化等使用。构成地区中水回用的外层循环系统，可以直接延伸到小区建筑中水回用。地区循环系统规模大，运行费用低，污泥容易集中处理。但由于单独铺设污水的输送管道，需要从城镇整体考虑，如图 11-20 所示。

各类回用方式的选择应用，应根据各自的特点及当时当地的实际情况而定。一般来讲，单独循环方式较易普及，但造价较高，从合理利用水资源和经济角度出发，区域和地区循环方式更为有利。

二、供水方式

回用水的供水方式由建筑物高度、室外污水配水管网的可靠压力、室内管网所需压力等因素决定。

1. 简单的供水方式

当室外污水配水管网所具有的可靠压力大于室内管网所需压力时采用此方式，它具有所需设备少、维护简单、投资少的优点，其水平干管可布置在底层地下、地沟内或地下室天花板下，也可布置在最高层的天花板下、吊顶内或技术层。

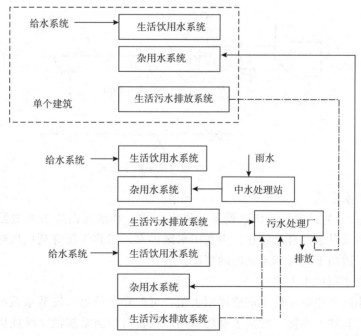

图 11-20　地区循环污水回用系统

2. 单设屋顶水箱的供水方式

当室外污水配水管网所具有的可靠压力大部分可满足室内管网所需压力，只是在某一用水高峰时间不能保证室内供水时，可采用此方式。当室外污水配水管网压力较大时，可供水给楼内用户和水箱；当压力下降时，高层的用户由水箱供水，该方式的水平干管一般为下行铺设。

3. 小区中水给水方式

(1) 单设水泵中水给水方式

包括恒速水泵和变频调速泵两种给水方式。恒速泵给水方式如图 11-21 所示。一般由人工控制，水泵运行时中水管网有水，否则无水，常为定时供水，适合于小区绿化、汽车冲洗等。变频调速泵是通过水泵转速的变化来调节管网的水量以满足用户的要求，适用于定时和不定时的情况，如图 11-22 所示。

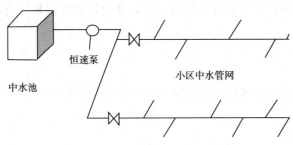

图 11-21　恒速泵中水给水方式

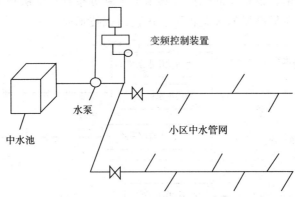

图 11-22　变频调速泵给水方式

(2) 气压供水方式

图 11-23 所示为采用气压供水设备的供水方式。其水压由压力继电器控制，气压水罐内气压达到高压时水泵自动停止，由气压水罐供水，当其气压降到低压时，水泵重新启动向管网供水。适用于定时和不定时的情况。

(3) 水泵和水箱供水方式

有条件的小区可建立高位水塔或屋顶水箱，可贮存水量也可安装水位继电器控制水泵的运行和停止。管理不方便，增加了基建费用，往往有消防要求的小区或供电不可靠的小区可选用，如图 11-24 所示。

(4) 中水消防与其他用水合用的供水方式

中水用于消防、绿化、冲厕时，建筑小区采用统一的中水管网。由于消防水量较大，水压高，另设消防泵。平时用杂用水泵，见图 11-25。由图 11-25 可见，消防泵启动前，由水塔或水箱供水，消防泵启动后，由于止回阀的自动关闭，消防水直接进入共用管网系统。还可在水塔进出水管道上安装快速切断阀，其控制与消防泵联锁，消防泵启动后，快速切断阀自动关闭，使消防泵输出的消防水迅速进入消防与其他杂用水共用的管网系统，如图 11-26 所示。

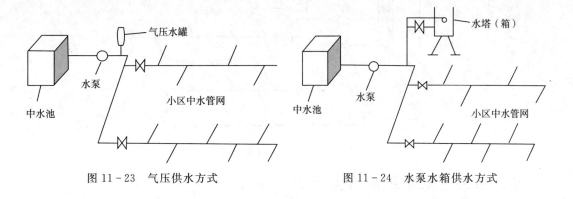

图 11-23　气压供水方式　　　　　　　图 11-24　水泵水箱供水方式

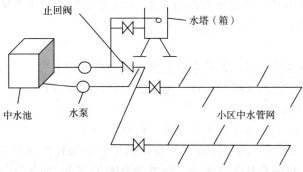

图 11-25　中水消防用水和其他中水用水的合用供水方式

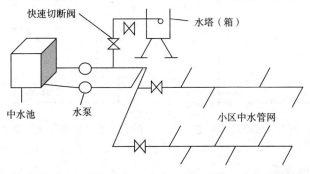

图 11-26　安装有快速切断阀的中水消防用水和其他中水用水的合用供水方式

三、分区供水方式

对于多层和高层建筑，为缓解管中配水压力过高，可将建筑划为 2 个或 2 个以上供水区，低层由室外配水管网直接供水，高层通过水泵和水箱供水，如图 11-27 所示。

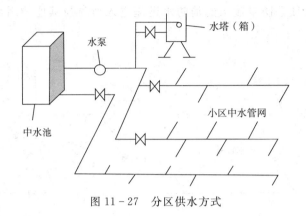

图 11-27 分区供水方式

四、小区中水系统的水量平衡

进行建筑中水回用时，应充分考虑建筑物群或住宅小区的用水情况和废水的排放情况，注意水质的区别及水量平衡。

1. 水量平衡的作用

水量平衡是指中水原水量、处理水量和中水用量之间的平衡，水量平衡是进行中水原水集流系统和中水配水管网系统的设计、施工、投资的重要依据。

2. 水量平衡的原理

建筑小区内使用过的废水作为中水原水，处理后为中水，二者应相等，无需自来水的补充而形成了图 11-28 所示的闭合循环系统。如果在中水输送和使用过程中有蒸发和漏失，减少了原水量，需部分补充自来水，则系统如图 11-29 所示。

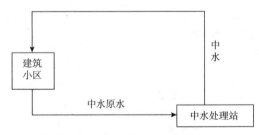

图 11-28 原水和中水闭合循环系统

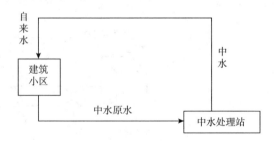

图 11-29 有自来水补充的原水和中水闭合系统

3. 中水原水量的计算

建筑物中水原水量应按下式计算：

$$Q_Y = \sum \beta \cdot Q_{pj} \cdot b \qquad (11-1)$$

式中　Q_Y——中水原水量，m^3/d；

　　　β——建筑物按给水量计算排水量的折减系数，一般取 0.85～0.95；

　　　Q_{pj}——建筑物平均日生活给水量，按现行国家标准GB 50555《民用建筑节水设计标准》中的节水用水定额计算确定，m^3/d；

　　　b——建筑物分项给水百分率，建筑物的分项给水百分率应以实测资料为准，在无实测资料时，可按表 11-8 选取。

表 11-8　建筑物分项给水百分率　　　　　　　　%

项目	住宅	宾馆、饭店	办公楼、教学楼	公共浴室	职工及学生食堂	宿舍
冲厕	21.3～21	10～14	60～66	2～5	6.7～5	30
厨房	20～19	12.5～14	—	—	93.3～95	—
沐浴	29.3～32	50～40	—	98～95	—	40～42
盥洗	6.7～6.0	12.5～14	40～34	—	—	12.5～14
洗衣	22.7～22	15～18	—	—	—	17.5～14
总计	100	100	100	100	100	100

注：沐浴包括盆浴和沐浴。

4. 中水用水量计算

建筑中水用水量应根据不同用途用水量累加确定，并应按下式计算：

$$Q_z = Q_C + Q_{js} + Q_{cx} + Q_j + Q_n + Q_x + Q_t \qquad (11-2)$$

式中　Q_z——最高日中水用水量，m^3/d；

$\quad\quad Q_C$——最高日冲厕中水用水量，m^3/d；

$\quad\quad Q_{js}$——浇洒道路或绿化中水用水量，m^3/d；

$\quad\quad Q_{cx}$——车辆冲洗中水用水量，m^3/d；

$\quad\quad Q_j$——景观水体补充中水用水量，m^3/d；

$\quad\quad Q_n$——供暖系统补充中水用水量，m^3/d；

$\quad\quad Q_x$——循环冷却水补充中水用水量，m^3/d；

$\quad\quad Q_t$——其他用途中水用水量，m^3/d。

最高日冲厕中水用水量按照现行国家标准《建筑给水排水设计规范》GB50015 中的最高日用水定额及表 11-8 中规定的百分率计算确定。最高日冲厕中水用水量可按下式计算：

$$Q_C = \sum q_L \cdot F \cdot N/1000 \qquad (11-3)$$

式中　Q_C——最高日冲厕中水用水量，m^3/d；

$\quad\quad q_L$——给水用水定额，$L/(人 \cdot d)$；

$\quad\quad F$——冲厕用水占生活用水的比例，%，按表 11-9 取值；

$\quad\quad N$——使用人数，人。

绿化、道路及广场浇洒、车库地面冲洗、车辆冲洗等各项最高日用水量应按现行国家标准《建筑给水排水设计规范》GB 50015 中的有关规定执行。

景观水体补水量可根据当地水面蒸发量和水体渗透量综合确定。

供暖、空调系统补充水及其他用途中水用水量，应结合实际情况，按国家或行业现行相关用水量标准确定。

5. 水量平衡

①水量平衡设计步骤。根据中水用水时间及计算用量拟定出逐时变化曲线；绘出处理站处理水量变化曲线；根据两曲线所围最大面积确定中水原水、处理水量之间的调值，一般最大不会超过 6h。

②平衡措施。使中水原水量、处理水量、中水用量保持平衡,使产量与用量在1天内逐时的不均匀变化及一年内各季的变化得到调节,必须采取平衡措施。有调节池、中水池、自来水补充水调节池和水的溢流等。

③平衡图。用图样和数字表示出原水的收集、贮存、使用间的关系,包括:小区内各用水点的总排放量;处理水量和调节水量;中水总供水量和各用水点的供水量;中水消耗水量和中水调节水量;自来水的总用水量;给出自来水水量、中水回暖用量、污水排放量的比率关系。

第五节　工程实例

一、长春某客车厂中水回用工程

1. 工程概述

长春某客车厂是一家大型国有企业,主要生产客车车辆,年产值达20多亿元。该厂冷加工生产系统主要分布在中西部厂区,所排生产和生活污水占全厂总排水量的80%以上,日排水量为5000~6000t,其中生产污水约占3/4。中西区污水污染程度较轻,具有一定的回用价值。

为了缓解水资源紧张的状况,开展废水资源化,走可持续发展的道路,我国许多城市都开展了中水回用工作。1995年7月,长春市颁布了有关通知,明确要求该厂实施中水回用项目。否则将减少该厂用水指标,收取超用水费,每年总额可达800万元~1200万元。因此,该厂中西区污水处理中水回用项目的建设势在必行。

该厂污水最大日排放为6000t,根据项目实施规划,要求处理后达到国家规定的污水综合排放标准,其中3000t/d外排,剩余3000t/d需要进行深度处理,达到工业冷却用循环水及生活杂用水水质要求(中水水质)。中水主要用于新车检漏试压,铸钢清砂洗砂,热水站、空压站、电镀酸洗等处,以及绿化、冲厕、洗车、扫除等生活杂用。

该厂现有的污水治理设施为氧化塘,始建于1983年,处理排放标准为排放一级标准。经多年使用,已具备一定的运行管理水平。

2. 设计水质水量及排放标准

①设计水质水量。中西区污水包括生产污水及生活污水,主要污染物为COD、BOD_5、SS、铁、油等。主要指标如表11-9所示。

表11-9　污水(原水)水质化验数据

项目	总硬度/ (mg/L)	COD_{Cr}/ (mg/L)	BOD_5/ (mg/L)	硫化物/ (mg/L)	SS/ (mg/L)	总磷/ (mg/L)	凯氏氮/ (mg/L)	LAS/ (mg/L)	总碱度 CaO/ (mg/L)	铁/ (mg/L)	石油类/ (mg/L)
9:00	141.0	279	103	0.255	234	1.86	4.80	0.171	78.73	60.00	3.6
14:00	169.8	164	55.2	0.150	162	1.84	4.00	1.08	71.63	71.11	8.4
18:30	141.4	140	50.0	0.106	222	2.68	1.60	0.639	81.09	17.22	10.1
平均值	150.7	194.3	69.4	0.17	206	2.13	3.47	0.63	77.15	49.44	7.37

根据化验数据，可以看出污水水质具有较大的波动性，也具有一定的可生化性。确定原水设计水质为

COD$_{Cr}$	300mg/L	凯氏氮	5mg/L
石油类	15mg/L	铁	80mg/L
pH 值	6.0	SS	300mg/L
水温	22~24℃	总磷	15mg/L
BOD$_5$	150mg/L	总碱度	100mg/L

处理污水流量按 6000m³/d 设计，中水回用处理按 3000m³/d 设计。

②排水标准。经二级处理后，出水水质应达到 GB 8978《污水综合排放标准》中规定的一级标准：

COD$_{Cr}$	≤100mg/L	总磷	≤0.5mg/L
石油类	≤10mg/L	SS	≤30mg/L
BOD$_5$	≤30mg/L	pH 值	6~9

根据中水回用水质应达到冷却循环水、绿化、洗车等杂用水的水质要求，确定回用水水质主要指标为

COD$_{Cr}$	10~20mg/L	铁	≤0.3mg/L
pH 值	6.8~8	浊度	≤5NTU
BOD$_5$	5~10mg/L		

3. 工艺流程

针对污水特点和处理要求，本着技术可行、经济合理的原则，并考虑该厂已有的处理设施及运行经验，中西区污水处理中水回用工程的方案应采用氧化塘为主体的二级生物处理方法，以较低的运行成本稳定可靠地使处理出水达到一级排放标准。在此基础上以气浮、过滤和消毒为主的处理措施使部分出水的物理化学和生物化学等指标达到中水回用标准。

处理工艺流程如图 11-30 所示。

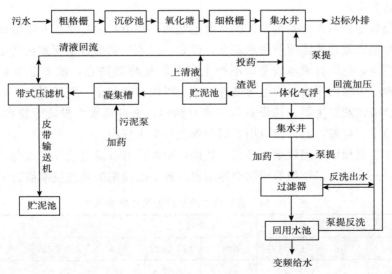

图 11-30　工艺流程

4. 工艺说明

各处理设施的主要功能及特点分述如下。

①格栅。设置格栅可以截留污水中的粗大悬浮物，减轻后续处理设施的负荷，为不可缺少的初级处理设施。设备水下部分为不锈钢材质，手动除污，工况简单，经久耐用。

②沉砂池。氧化塘前置的沉砂池具有停留时间短、占地省的特点。沉砂池能进一步将来水中粗大颗粒悬浮物加以去除，同时对水质水量进行均衡调节，保证了后续处理设施有效稳定的进水条件。

③氧化塘。为主要的生物处理设施。其主要功能是利用微生物的代谢活动，将废水中的 COD、BOD 物质加以降解；同时，设计合理的氧化塘还具有可观的生物脱氮、除磷作用。氧化塘处理出水的各项指标可以稳定达到国家规定的综合排放一级标准。

氧化塘技术起源于 20 世纪 70 年代，由于运行成本低，维护管理简单易行，对环境条件要求低，在有土地条件的地区得到了迅速推广，尤其是在第三世界国家的污水处理领域发挥了巨大的作用。80 年代后期以来，氧化塘更得到国内外污水治理领域的进一步关注，在我国也出现了许多使用成功的范例。

④一体化气浮。为了进一步降低氧化塘出水中的 SS、油类等含量，必须使用去除精度更好的固液分离、油水分离设备。气浮技术通过加压溶气，以气泡的吸附作用带动水中的细小悬浮物和油类上浮，已达到分离目的，在废水处理中广为使用。

一体化气浮装置集反应池、气浮池、加药设备、溶气水泵、空压机于一体，采用罐体结构，不需刮渣设备，具有工艺先进、结构合理、处理效率高、占地省、造价低、省能耗、操作简单等优点。

⑤过滤器。过滤是给水、中水处理中必不可少的处理手段，可以保证出水的 SS、浊度等指标满足使用要求。该过滤器除截污能力较大、结构紧凑等特点外，还具有特殊的清洗装置，清洗效率高，自耗水率低，巧妙地解决了中水处理中过滤器清洗耗水、低效等难题。另外，滤前预投加二氧化氯混合消毒剂，可以有效抑制过滤器中藻类等滋生繁殖，保持较好的过滤容量。

⑥二氧化氯混合消毒剂发生器。经过前述处理，水中微生物指标并不能保证满足回用要求，必须经消毒处理才能使回用水安全、可靠。二氧化氯混合消毒剂由于杀菌、消毒效率高、效果广泛，且运行成本较低，不产生有害氯化物等特点，成了近年来国内外饮用水、污水处理、中水回用行业的主导消毒产品。国内亦出现了一些质量稳定、信誉良好的二氧化氯混合消毒剂发生器。该设备采用密封结构，全自动水力投盐等技术，使用安全、方便，性能稳定、可靠，已广泛应用于国内外上百个工程中。

⑦各处理工况预期处理效果。经以上处理，出水除可以满足洗车、绿化、循环冷却水补充等用途以外，还可以作为低压锅炉等用水。各工况预期的处理效率如表 11-10 所示。

表 11-10　各处理工况预期的污染物去除率　　　　　　　　　　　　　mg/L

工况\指标	格栅初沉池			氧化塘		气浮		过滤	
	进水	出水	去除率/%	出水	去除率/%	出水	去除率/%	出水	去除率/%
SS	300	180	0.4	63.0	0.65	18.9	18.9	5.67	0.75
COD	300	225	0.25	56.3	0.75	22.5	22.5	9	0.6

续表

工况指标	格栅初沉池			氧化塘		气浮		过滤	
	进水	出水	去除率/%	出水	去除率/%	出水	去除率/%	出水	去除率/%
BOD$_5$	150	120	0.2	18.0	0.85	9.0	9.0	4.5	0.5
油	15	14.3	0.05	10	0.3	2.0	2.0	0.7	0.65

5. 工程投资

①主要设备如表 11-11 所示。

表 11-11　主要设备

序号	名称	数量	备注	序号	名称	数量	备注
1	粗格栅	1套	手动除污不锈钢条	11	电控装置	4套	含中央
2	粗格栅	1套	手动除污不锈钢条	12	化验设备	4套	控制
3	一级提升泵	2台	一开一备	13	液位控制器	4套	
4	一级化气浮	2套		14	带式压滤机	1套	
5	二级提升泵	2台	一开一备	15	皮带输送机	1套	
6	过滤器	2套	带机械反洗装置	16	污泥泵	1台	
7	加药设备	3套	进口计量泵	17	反洗泵	2台	
8	变频给水设备	1套		18	凝集槽	1套	
9	二氧化氯混合消毒剂发生器	2套		19	空压机	1台	
10	配电装置	3套		20	超声波计量计	2台	

②主要构、建筑物如表 11-12 所示。

表 11-12　主要构、建筑物

序号	名称	规格	数量	备注
1	格栅井	4m×2m×3m	2座	
2	沉砂池	4m×16m×2.5m	1座	
3	氧化塘	123m×41m	1座	塘堤，清理塘泥
4	集水井	20m³	2座	
5	污泥池	30m³	1座	
6	回用水池	300m³	1座	
7	设备间	500m²	1座	含中央控制室、化验室、值班
8	总图		1座	

③工程总投资为 489.26 万元。

6. 工程效益分析

(1) 社会效益和环境效益

污水处理厂建成后，该厂中西区的每年污水排放量将由 $219×10^4$ t 减少到 $109.5×10^4$ t。

每年减少的各种污染物排放量分别为：COD_{Cr} 488t，BOD_5 240t，SS 540t。所有排放污水均达到了综合排放一级标准，有效地减少了排污总量，具有明显的社会效益和环境效益。

（2）经济效益

①处理成本估算如表 11-13 所示。

表 11-13　污水处理中水回用成本估算

序号	项目	用量	费用/(元/d)	序号	项目	用量	费用/(元/d)
1	电费	1500kW·h/d	750	4	混凝剂	0.5t/d	1500
2	人工费	18人	360	5	污泥脱水剂	0.1t/d	30
3	折旧费		870	6	污水处理费/d		3510

由表 11-14 计算可以得出，该厂中西区污水处理中水回用工程的吨水处理成本为 0.59 元。

③经济效益估算如表 11-14 所示。

表 11-14　经济效益估算

序号	项目	金额/万元	序号	项目	金额/万元
1	年减少市政府管道有偿使用费	18	4	合计	234
2	年免交排污费	36	5	年处理费用	105.3
3	年节约自来水费	180	6	年净效益	128.7

综上所述，通过该项目建设，该厂可以获得明显的经济效益、社会效益和环境效益。

二、河北某钢铁厂中水回用工程

1. 工程概况

河北某钢铁厂是我国知名的大型企业，外排污水有三处排放点，各处排放的污水水质水量有一定的差别。现将三处排放的污水混合进行中水回用处理，处理出水分两种：半净水和净水。

半净水可回用于：①全部生产浊环系统的补充水，包括连铸浊环、转炉浊环、高炉浊环、轧钢浊环、高线浊环；②全部生产工艺喷洒用水，包括焦化、烧结及高炉等的物料喷洒用水；③厂区内道路喷洒用水及绿化用水。

净水可回用于：①无特殊要求的生产净环系统补水，包括高炉净环、转炉净环、轧钢净环、高线净环等；②可能对产品表面有一定要求的用水系统，如铸铁机、精轧等生产用水；③对水质有一定要求的非生产用水，如汽车冲洗、机车冲洗等；④对水质要求较高的系统，如焦化、高炉风机及其他设备冷却用水；⑤大型空调的冷却用水。

2. 设计原则

①节约能耗，降低成本，化害为利。

②严格执行环境保护的各项规定，确保经处理后回用水的水质达到有关回用水标准。

③采用技术先进，运行可靠，操作管理简单的工艺，使先进性和可靠性有机地结合起来。

④采用目前国内成熟的先进技术，降低工程投资和运行费用。

⑤平面布置和工程设计时，布局力求合理通畅，尽量节省占地。

⑥尽量使操作运行与维护管理简单方便。

3. 设计水质水量及排放标准

①设计水质水量。根据厂方提供数据，确定设计水量为 $6 \times 10^4 \text{t/d}$，其中半净水水量为 1000t/h，并考虑到处理水量减半时的正常运行。

厂方提供的供水水质如表 11-15 所示。

表 11-15　供水水质

水质指标		排放口 1	排放口 2	排放口 3	合计
油	浓度/(mg/L)	1.767	0.43		14.28
	排放量/(mg/L)	13.28	1.00		
悬浮物	浓度/(mg/L)	67.75	21.80	30.003.94	563.73
	排放量/(mg/L)	509.75	50.61		
硫化物	浓度/(mg/L)	0.414	0.43		4.112
	排放量/(mg/L)	3.112	1.00		
挥发酚	浓度/(mg/L)	0.057	0.052		0.548
	排放量/(mg/L)	0.428	0.12		
氰化物	浓度/(mg/L)	0.027	0.003		0.209
	排放量/(mg/L)	0.203	0.006		
COD_{Cr}	浓度/(mg/L)	62.50	47.00	20	605.12
	排放量/(mg/L)	469.73	109.11	26.28	
六价铬	浓度/(mg/L)	0.05	0.024		0.436
	排放量/(mg/L)	0.376	0.06		
氟化物	浓度/(mg/L)	0.816	0.44		7.133
	排放量/(mg/L)	6.133	1.00		

污水水质为：

COD_{Cr}	61.5mg/L	氰化物	0.021mg/L
悬浮物	87.6mg/L	含油量	1.45mg/L
硫化物	0.42mg/L	六价铬	0.044mg/L
挥发酚	0.056mg/L	氟化物	0.73mg/L

②排放标准。厂方要求的回用水具体水质标准如下。

半净水：悬浮物≤50mg/L，含油量≤50mg/L，pH 值 6.5～7.5。

净水：悬浮物≤15mg/L，含盐量≤500mg/L，水温一部分≤32℃，另一部分≤20℃。

4. 工艺流程

(1) 工艺选择

目前，国内对污水处理后回用于工业的回用水水质尚无统一的标准。根据国内外污水回用方面的经验，对于要回用于工业的污水厂出水（一般工业冷却出水）需在处理过程中解决结垢、堵塞、生物污染和腐蚀等问题。这些问题导致的原因主要有以下几个方面：

①由于水中硬度、含磷等指标超标而引起的结垢；

②水中藻类的繁殖等因素引起的堵塞；

③由于水中含有细菌、寄生虫、病毒等引起的生物污染；

④由于离子含量过高引起管道及设备腐蚀。

根据提供的水质指标和处理要求，确定采用涡凹气旋系统＋全自动膜片式过滤器的处理工艺，以满足出水对于含油量、悬浮物的要求。

(2) 工艺流程图

处理工艺流程图见图 11-31。虽然三个污水排放口排水中污染物浓度已经很低了，但是对所要求的中水回用还有一定的差距，难于直接用于工业。因此，必须对排水进行污染物的深度去除，首先经过气浮系统，达到去除污水的油和悬浮物的作用，部分半净水回用，其余继续进入膜片式过滤器，保证出水达到中水回用要求。

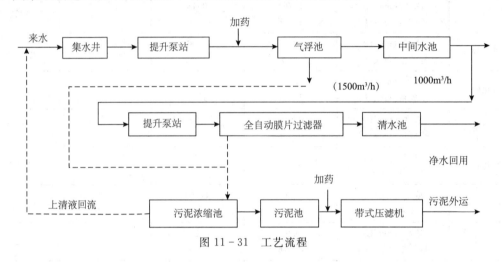

图 11-31　工艺流程

5. 工艺说明

根据工程建设的总体规划设想，本中水工程按 6×10^4 t/d 规模考虑，采用涡凹气浮＋自动膜片式过滤器的工艺，部分经气浮出水作为半净水回用，过滤器出水作为净水回用。

①集水井与提升泵房。从三个排放口排放的混合物水进入集水井中，需经过泵房提升后进入后续处理工艺。因此，采用集水井与提升泵房作为污水提升的场所。

设计采用集水井 1 座，钢混结构，设置提升泵房 1 间，泵房内设电动葫芦，以供维修使用。

②涡凹气浮系统。涡凹气浮系统是专门为了去除工业和城市污水中的油脂、胶状物以及固体悬浮物而设计的系统。污水在上升的过程中通过充气段，在充气段与曝气机产生的微气泡充分混合。曝气机将水面上的空气通过风管转移到水下。由于气水混合物和液体之间密度的不平衡，产生了一个垂直向上的浮力，将固体悬浮物带到水面。上浮过程中，微气泡会附着到悬浮物上。到达水面后固体悬浮物依靠这些气泡支撑和维持在水面上，并通过呈辐射状的气流推力来去除。

本设计选用涡凹气浮系统的主要目的是除油和去除部分悬浮物，与传统的气浮比较有以下优点：无噪声；不需循环泵、空压机、搅拌器、压力容器堆、地下管线等设备；不需清理喷嘴、校准空气控制法门、清理絮凝剂预先混合槽；每台 CAF 的功率仅 2.5kW，槽内没有需要维修的部件。因此，节省运行费用 40%～70%；节省占地面积 40%～60%。

③全自动膜片式过滤器。全自动膜片式过滤器的核心部件是叠放在一起的特制滤盘，

滤盘上特制的沟槽或棱，相邻滤盘上的沟槽或棱构成一定尺寸的通道，粒径大于通道尺寸的悬浮物均被拦截下来，达到较好的过滤效果。该设备具有全自动操作、连续运行、动力能耗少、反冲洗耗水量少（约1%）及反冲洗时间短（20s）的特点。

④污泥浓缩池。污泥浓缩是降低污泥含水率、减少污泥体积、降低污泥后续处理费用的有效方法。污泥浓缩的方法主要有重力浓缩法、气浮浓缩法和离心浓缩法。重力浓缩法有储存污泥能力强、操作要求不高、运行费用低以及动力消耗小的优点，适用于浓缩初沉污泥和混合污泥，因此，应用范围广。

本处理工艺采用重力浓缩法浓缩气浮产生的沉淀污泥和全自动膜片式过滤截留的悬浮物。浓缩后污泥进行污泥机械脱水，上清液回流至集水井。

⑤污泥池。污泥池用于储存气浮渣和过滤渣，降低污泥含水率，减少污泥体积，以便进入带式压滤机进一步进行污泥处理。设计采用竖流式污泥浓缩池，浓缩机。钢混结构，内置悬挂式浓缩机。

⑥带式压滤机。污泥脱水、干化的作用是去除污泥中的大量水分，从而缩小其体积、减轻其重量。经过脱水、干化处理，污泥含水率能从96%左右降到60%~80%左右，其体积降为原体积的场1/10~1/5，有利于运输和后续处理。

带式压滤机具有能连续或间歇生产、操作管理简单、附属设备较少等优点，在国内外应用广泛。

经污泥浓缩池浓缩后，污泥含水率降为95%左右，仍然很高，体积较大，不宜直接外排，故采用带式压滤机进行机械脱水。经带式压滤机脱水处理后，污泥含水率降低至80%左右，体积已大大减少，脱水后污泥可以直接外运。

⑦加药装置。加药装置用来向气浮装置和带式压滤机投加混凝剂。

⑧综合楼。为方便操作，设计综合楼1座，带式压滤机、加药装置、现场电控实验室及值班室等均置于综合楼内。综合楼采用框架结构。

6. 工程投资

①主要建、构筑物如表11-16所示。

表11-16 主要建、构筑物

序号	名称	规格	数量	备注
1	集水井	13m×8m×4.5m	1个	钢混
2	一次提升泵房	135m²	1间	半地下式
3	二次提升泵房	270m²	5间	半地下式
4	气浮池	21m×4.5m×1.85m	2个	钢混
5	中间水池	25m×5.0m×4.5m	2个	钢混
6	清水池	15m×5.0m×4.5m	2个	钢混
7	污泥浓缩池	Φ5.0×4.5m	1个	钢混
8	污泥池	30m³	1个	钢混
9	综合办公楼	270m²	1座	框架

②主要设备如表 11-17 所示。

表 11-17 主要设备

序号	名称	数量	备注	序号	名称	数量	备注
1	一次提升泵	3台	2开1备	8	污泥泵	3台	2开1备
2	涡凹气浮系统	5套		9	加药装置	1套	进口
3	加药系统	1套	进口	10	带式压滤机	1套	进口
4	二次提升泵	6台	4开2备	11	管线管件	若干	
5	全自动膜片式过滤器	2组	进口	12	配电柜	1套	
6	污泥浓缩机	1套	进口	13	电器控制系统	若干	
7	上清液回流泵	3台	2用1备				

③工程总投资为 1847.29 万元。

7. 运行费用

①用电费。该中水回用工程总装机约为 513.5kW，运行容量为 393.5kW，日耗电量为 8210kW·h/d，按 0.45 元/(kW·h)计，则电费为

$$8120 \times 0.45 = 3694.5 \text{ 元/d}$$

②药剂费。气浮所需药剂为

$$0.60 \text{t/d} \times 1200 \text{ 元/t} = 720 \text{ 元/d}$$

污泥脱水所需药剂为

$$0.012 \text{t/d} \times 30000 \text{ 元/d} = 360 \text{ 元/d}$$

③人工费。污水处理站稳定运行后，设 26 人操作运转，其中 1 名主管，3 名化验员，2 名工艺人员，4 名维修工人，16 名操作工人，实行四班三运转制，每人月工资为 600 元/(月·人)，则

$$600 \times 26 \div 30 = 520 \text{ 元/d}$$

④折旧费。按 90% 形成固定资产，资产折旧率为 4.81%

$$1847.29 \times 90\% \times 0.0481 \times 10^4 \div 365 = 2190.9 \text{ 元/d}$$

⑤运行费。按折旧费的 30% 准备维修费用

$$2190.9 \times 30\% = 657.27 \text{ 元/d}$$

⑥运行费。计折旧及维修费，合计运行费为 8142.67 元/d，折合单位污水为 0.1357（水）。不计折旧及维修费，运行费约为 5294.5 元/d，折合单位污水为 0.0882 元/t（水）。

三、哈尔滨炼油厂污水处理回用

1. 概况

哈尔滨炼油厂的污水净化回用项目总体规模回收污水 8000t/d，一期工程试验装置规模为 4000t/d，厂房、水池等土建工程及配电按 8000t/d 设计，一次施工完成。设备按 4000t/d 进行制造和安装，预留一套 4000t/d 设备安装位置。该试验装置 1997 年 8 月完成设计，1998 年 3 月开始设备安装及工艺配管，1998 年 6 月底完成全部安装，1998 年 7 月试验运行。

回用水质标准如表 11-18 所示。

表 11-18　回用水质标准

pH 值	石油类/ (mg/L)	硫化物/ (mg/L)	挥发酚/ (mg/L)	总氰化物/ (mg/L)	COD/ (mg/L)	BOD/ (mg/L)	悬浮物/ (mg/L)	浊度/ NTU
6.5～8.5	≤0.5	≤0.01	≤0.01	≤0.2	≤20	≤6	≤5	≤5

2. 工艺流程

工艺流程如图 11-32 所示。

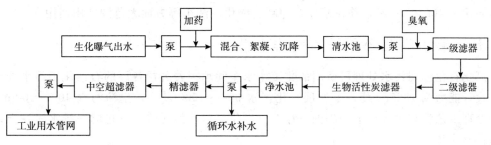

图 11-32　污水净化工艺流程

3. 运行结果

该试验装置于 1998 年 6 月底竣工并进行调试，1998 年 7 月 22 日投产，产出合格水，正式投入运行。按设计要求该装置的进水为哈尔滨炼油厂曝气池出水，即经污水场处理后达标排放的污水。处理出水水质指标如表 11-19 所示。

表 11-19　处理出水水质指标

pH 值	石油类/ (mg/L)	硫化物/ (mg/L)	挥发酚/ (mg/L)	总氰化物/ (mg/L)	COD/ (mg/L)	BOD/ (mg/L)	悬浮物/ (mg/L)	浊度/ NTU
7.0～9.0	≤10	≤1.0	≤0.5	≤0.5	≤120	≤60	≤2000	≤30

该装置连续运行两年多，其间设备运行平稳，出水产量达到设计能力（4000t/d），出水水质符合水质指标要求。

4. 主要消耗及经济效益分析

主要消耗　电：0.85kW·h/t（水）；蒸汽：1.3kg/t（水）；空气：0.48m³/t（水）；药剂：0.018kg/t（水）；电价：0.15 元/kW·h；蒸汽：25 元/t（水）；操作每班 1 人共 5 人。包括折旧费，费用 4224.5 元/d。标定期平均产水量 4022t/d，成本 1.05 元/t，节省费用 5903 元/d，经济效益 150 万元/d。

经两年多的运行结果证明，应用中空纤维超滤膜技术，将含油污水深度处理后达到循环换热水及锅炉给水要求是可行的。

四、天津石化公司废水处理及回用

天津石油化工公司坐落在天津市南郊滨海新区，地处盐碱地，是一个水资源严重匮乏的地区。公司选择了污水回用作为既开源又节流的突破口，于 1991 年开始此项工作。

污水回用深度处理工艺流程如图 11-33 所示。

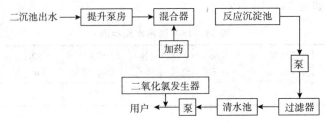

图 11-33 污水回用深度处理工艺流程

经过 8 年多的努力，公司现在已成功地将回用水用在循环冷却水系统。全公司已累计使用回用水 $400 \times 10^4 \mathrm{m}^3$，并在基建、冲厕、绿化、洗车等方面大范围使用回用水。

五、燕山石化公司污水处理回用

燕化石化公司污水处理厂所属的化工污水车间承担着公司各厂的石油化工污水处理任务。设计能力为 $1825 \mathrm{m}^3/\mathrm{h}$，现处理石化污水 $800 \sim 1000 \mathrm{m}^3/\mathrm{h}$，生活污水 $400 \sim 500 \mathrm{m}^3/\mathrm{h}$。污水处理工艺流程为：调节→隔油→浮选→生化（活性污泥法）→过滤→排水库（土地处理与自然净化）。

深度处理工艺流程为：生物接触氧化→混凝沉淀→过滤→杀菌再生回用。

深度处理出水水质如表 11-20 所示。

表 11-20 回用水和自来水水质比较（1994 年 1~5 月）

项目	再生水			自来水		
	最高值	最低值	平均值	最高值	最低值	平均值
电导率/($\mu S/cm$)	1175	864	1002	309	245	275
总溶固含量/(mg/L)	1100	720	941	226	160	180
硬度/(mg/L)	199	145	176	155	143	149
碱度/(mg/L)	379	104	230	143	131	137
Ca^{2+}/(mg/L)	127	96	113	103	97	99
K^+/(mg/L)	4.4	2.0	3.4	1.9	1.8	1.8
Fe^{2+}/(mg/L)	2.1	0.2	1.0	0.1	0.1	0.1
Cl^-/(mg/L)	137	93	114	12	10	11
SOS^-/(mg/L)	199	87	136	33	19	25
SiO_2/(mg/L)	77	37	64	28	17	24
pH 值		6.6~8.2			7.8~8.5	
浊度/NTU	8.0	0.9	3.8	3.4	0.1	1.6
COD/(mg/L)	79	29	44	9	6	8
BOD_5/(mg/L)	17	11	14	10		9
TOC/(mg/L)	17	9	13			
油/(mg/L)		0.1~0.5			0.1~0.5	

项目	再生水			自来水		
	最高值	最低值	平均值	最高值	最低值	平均值
总磷/(mg/L)		0.3~0.5				
总氮/(mg/L)	8.2	1.4	5.6			
异养菌/(个/L)	1.2×10^5	3.7×10^3	6.8×10^3	1000	15	136
铁细菌/(个/L)	1.4×10^3	1.4×10^2	6.8×10^3	3~25		
硫酸盐还原菌/(个/L)	1.4×10^3	12	4.8×10^2	2~14		

①以 $CaCO_3$ 计算。

由表 11-20 可知，回用水水质除了与工业给水差别较大外，水质也不稳定。与工业水差别较大的有：碱度较高约 378.86mg/L，其平均值为工业水的 1.68 倍，为负硬度水；电导率为工业水的 3.6 倍，总溶解固体为 5.6 倍；Cl^- 为 11.5 倍，SO_4^{2-} 为 5.5 倍，SiO_2 为 6.7 倍，COD 为 5.8 倍，异养菌为 136 倍，铁细菌、硫酸盐还原菌为 60~70 倍，三种菌已达到循环水控制的上限指标。

水质不稳定和有害组分大幅度增加，会给循环系统带来很多问题，给冷却水的处理增加难度。因此要采取向循环水投加缓蚀、阻垢、杀菌药剂等化学处理方法，以缓解水质对系统的结垢、腐蚀、抑制微生物的孳生所造成的危害。

第十二章　废水的再生利用

第一节　制浆造纸废水处理工艺及再生利用

一、制浆造纸废水处理工艺流程

我国的制浆造纸企业是指以植物（木材、其他植物）或废纸为原料生产纸浆，及（或）以纸浆为原料生产纸张、纸板等产品的企业。在《制浆造纸工业水污染物排放标准》（GB 3544—2008）中，根据不同的情况，将制浆造纸企业分为四种类型，即制浆企业、造纸企业、制浆和造纸联合生产企业、废纸制浆和造纸企业。

制浆企业是指单纯进行制浆生产的企业，以及纸浆产量大于纸张产量，且销售纸浆量占总制浆量 80% 及以上的制浆造纸企业。

造纸企业指单纯进行造纸生产企业，以及自产纸浆量总用量 20% 及以下的制浆造纸企业。

制浆和造纸联合生产企业，指除制浆企业和造纸企业以外，同时进行制浆和造纸生产的制浆造纸企业。

废纸制浆和造纸企业，指自产废纸浆量占纸浆总用量 80% 及以上的制浆造纸企业。

制浆造纸企业由于所用原料（木材、竹、禾草、废纸等）、纸浆来源（自制浆、商品浆）、制浆工艺（化学浆、化机浆、机械浆、废纸浆）、漂白工艺（ClO_2、Cl_2、O_2）和纸品种（新闻纸、文化用纸、纸板、箱板纸、瓦楞纸等）的不同，所产生的制浆造纸废水性质差别很大，为了达标排放或提标排放所采用的废水处理工艺流程亦不尽相同。

1. 漂白硫酸盐木浆制浆废水处理工艺流程

木浆制浆纤维原料有针叶木（马尾松、杉木等）、阔叶木（桉木、杨木等）。漂白硫酸盐木浆制浆生产工艺由原木剥皮与削片，蒸煮、浆料洗涤、筛选渗化、漂白（漂白木浆）、精选、干燥等工序组成，产品为商品浆或自用浆。

漂白硫酸盐木浆采用碱法制浆，蒸煮加入的药剂为 NaOH 和 Na_2S。根据我国造纸产业政策，漂白硫酸盐木浆制浆企业，均为大中型制浆企业，且以大型制浆企业为主，制浆黑液均采用碱回收工艺，使制浆废水的有机污染负荷大大降低。废水主要来源于原料制备、碱回收蒸发冷凝、浆料洗涤、漂白和精选工序。漂白硫酸盐木浆制浆废水的水质一般为 pH ≈ 7.5，COD 1200～1400mg/L，BOD_5 450～500mg/L，SS 350～450mg/L，色度300～350 倍，水温 ≤70℃。硫酸盐木浆制浆废水中含有难生物降解的木素和木材湿法剥皮废水中含有的单宁化合物。漂白废水是具有毒性的制浆造纸废水，根据所采用的漂白工艺不同，可能含有漂白氯化物。此外，漂白的碱抽提工序中也会溶出树脂化合物。所以，硫酸盐漂白木浆制浆废水属于难生物降解有机废水。一般漂白硫酸盐木浆制浆废水宜采用物化-生物联合处理方法。废水先经混凝沉淀，以去除大部分 SS 和部分有机污染物，而后再进行生物处理。当采用好氧生物处理时，应采用低有机负荷率，或者采用两段好氧生物处理。当采用两段好氧生物处理时，由于一段同二段的污泥负荷不同，使每段生物处理单元能进行不同菌种的微生物专性培养驯化，以达到分段高效生物处理效果。根据《制浆造纸工业水污染物排放标准》（GB 3544—2008）的要求，为了使处理过的出水稳定达标排放，在好氧生物处理之后，一般还设有深度处理单元。图 12-1 为一般情况下漂白硫酸盐木浆制浆废水处理工艺流程。

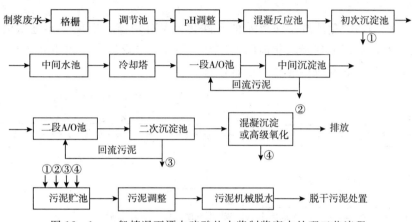

图 12-1　一般情况下漂白硫酸盐木浆制浆废水处理工艺流程

　　硫酸盐木浆制浆碱回收工段的第一道工序是以多效蒸发器蒸发浓缩黑液，而蒸发产生的冷凝水仍是较高浓度的有机废水。这部分废水中除含有有机污染物（甲醇等），还含有硫化物（H_2S、CH_3SH、二甲硫醚 CH_3SCH_3 和二甲基二硫 CH_3SSCH_3 等），此外还含有萜烯。一般不含矿物质，N、P 等营养物质少。废水水温高，为 40～80℃。国外某公司对硫酸盐木浆制浆的碱回收蒸发冷凝水采用先进行厌氧生物处理，而后再与其他制浆废水混合进行好氧处理的方法。图 12-2 为碱回收蒸发冷凝水的厌氧处理工艺流程。从图中可以看出，蒸发冷凝水厌氧处理工艺的特点是：①通过油水分离和微滤预处理，以去除油状成分萜烯和硫化物等，具有除毒性作用。②通过汽提（利用厌氧反应器产生的沼气），以去除硫化物；③厌氧反应器出水再经超滤可截留厌氧微生物，再回流到厌氧反应器可维持反应器的污泥浓度；④超滤出水进入后续处理系统，同其余制浆废水一并进行好氧处理。采用厌氧-好氧处理工艺同单独采用好氧处理相比较，可节省电耗，减少污泥量。

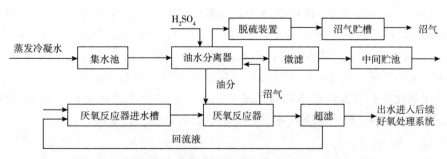

图 12-2　硫酸盐木浆制浆碱回收冷凝水厌氧处理工艺流程

2. 中性亚硫酸盐半化学浆制浆废水处理工艺流程

中性亚硫酸盐半化学浆（NSSC）采用的原料有杨木、桦木等，制浆蒸煮液使用钠盐（如 NaOH 或 Na_2CO_3）、液体 SO_2、粉状 Na_2SO_4 或硫黄。NSSC 制浆废液除部分回用外，其余均进入废水处理系统。NSSC 制浆废水的 pH 5.0～7.0，COD 15000～19000mg/L，BOD 6000～8000mg/L，SS 250～400mg/L，水温 50～55℃，一般采用厌氧-好氧生物处理工艺流程。国外有一些企业使用自产的中性硫酸盐半化学浆（NSSC）生产瓦楞原纸。图 12-3 为一般情况下中性硫酸盐半化学浆（NSSC）制浆造纸废水处理工艺流程。

图 12-3 中的预酸化池既用于废水的预酸化，又有均衡厌氧反应器进水流量的功能。厌氧反应器出水部分回流到预酸化池的作用是，稀释厌氧反应器进水毒物浓度，降低反应器有机负荷，以使厌氧反应器能稳定正常运行。

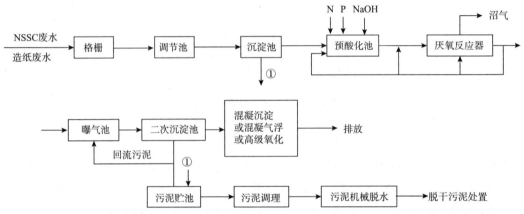

图 12-3　一般情况下中性硫酸盐半化学浆（NSSC）制浆造纸废水处理工艺流程

3. 竹木浆化学制浆废水处理工艺流程

竹木浆制浆纤维原料有竹子、松木、桉木，采用硫酸盐法化学制浆。生产工艺包括原料准备（竹子削皮、原木剥皮、竹木片筛选）、蒸煮、浆料洗涤筛选、精浆漂白（ClO_2＋O_2），浆板加工成型等工序，产品为商品浆或者本企业造纸产品的自制浆。

竹木制浆采用碱法制浆，蒸煮加入的药剂有 NaOH、Na_2SO_4、SO_2 等。制浆黑液采用碱回收工艺，制浆废水主要来自原料洗涤、碱回收蒸发冷凝液、浆料筛选和漂白等工序。一般竹木浆化学制浆废水的水质为 pH 6～8，COD 1200～1700mg/L，BOD_5 400～550mg/L，SS 350～450mg/L，色度 250～350 倍，水温≤65℃。竹木浆制浆废水性质与漂白硫酸盐木浆制浆废水相类似，一般采用物化-生化处理方法。废水先经混凝沉淀，以去除大部分 SS 和部分有机污染物，而后再进行生物处理。为了使生物处理过的出水能稳定达标排放，需再经深度处理。目前，相对较为成熟的废水深度处理技术有混凝沉淀、混凝气浮、Fenton 高级氧化等。宜根据废水的排放条件和要求，经技术经济比较后确定深度处理单元技术。图 12-4 为一般情况下竹木浆化学制浆废水处理工艺流程。

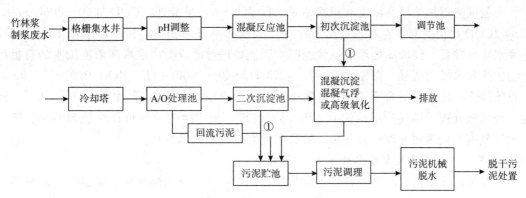

图 12-4　一般情况下竹木浆化学制浆废水处理工艺流程

4. 蔗渣化学制浆造纸废水处理工艺流程

蔗渣适用于高得率制浆、化学制浆等。当采用高得率制浆时，蔗渣可采用机械法（MP）、化学机械法（CMP）和化学热磨机械法（CTMP）等制浆方法。当采用化学法制浆时，一般采用碱法制浆。

蔗渣化学制浆造纸生产工艺由蔗渣原料贮存与准备、蔗渣蒸煮、粗浆洗涤、筛选净化、细浆漂白、打浆配浆、抄纸成型、压榨干燥、成纸等工序组成。废水污染源包括两部分。一是制浆部分，即来自原料场和备料、制浆和碱回收生产工序。二是造纸部分，即来自打浆、配浆、纸浆净化筛选。纸机白水一般经单独处理后生产回用。原料场和备料洗涤废水中含乳酸、酒精和发酵菌等有机污染物，一般水质为 pH 4.7～5.7，COD 5000～8000mg/L，BOD_5 4500～6000mg/L，SS 150～250mg/L，色度 300～350 倍，水温为常温。原料场废水（含备料废水）为高浓度有机废水。造纸废水（中段废水）的污染相对较轻，一般水质为 pH 7.5～8.5，COD 1100～1300mg/L，BOD_5 400～500mg/L，SS 250～300mg/L，色度 250～300 倍，水温较高，为 40～45℃。根据蔗渣化学制浆造纸废水的特性，一般宜采用将制浆废水先进行厌氧生物处理，而后再与造纸废水混合进行好氧生物处理的方法。图 12-5 为一般情况下蔗渣化学制浆造纸废水处理工艺流程。

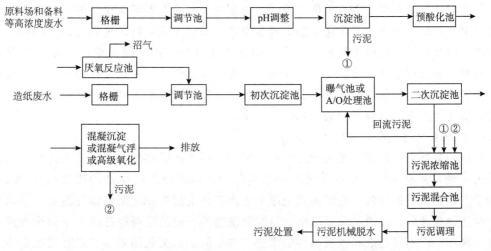

图 12-5　一般情况下蔗渣化学制浆造纸废水处理工艺流程

一般蔗渣湿法堆垛高浓度有机废水的 pH 为 4～5，呈酸性，COD 5000～8000mg/L，BOD_5/COD 比值为 0.6 左右，可生化性好。水质随季节而变化，榨季废水浓度高，非榨季废水浓度较低。经厌氧处理法试验表明，厌氧处理对蔗渣湿法堆垛高浓度废水的有机污染物去除效果较为明显。在原水 pH 7.5，COD 5000～8000mg/L，BOD_5 3000～5000mg/L 的条件下，经厌氧处理后 BOD_5 去除率为 85%～90%，COD 去除率为 70%～80%。同时，经厌氧处理后沼气产率约为 0.42m^3/kg COD，所产生的沼气可作为能源利用。所以采用厌氧生物处理法处理蔗渣湿法堆垛高浓度有机废水技术可行。

5. 苇浆酸法化学制浆废水处理工艺流程

苇浆酸法化学制浆纤维原料是禾草类植物芦苇，采用亚硫酸盐法化学制浆。制浆蒸煮剂采用 $MgSO_3$＋H_2SO_4，或 $CaSO_3$＋H_2SO_3。苇浆制浆得率较低，一般初浆得率为 50%，其余作为废液排入废水处理系统。通常将苇浆制浆废液称为红液。据国内某苇浆化学制浆企业测算，苇浆废水中约 70% 为有机污染物，如半纤维素、木素、糖类，醇类和有机酸等，30% 为无机污染物，如 MgO 等。一般苇浆化学制浆废水水质为 pH 6.0～8.0，COD 4000～5000mg/L，BOD_5 1000～2000mg/L，SS1000mg/L。根据苇浆化学制浆废水的特点，一般采用混凝沉淀-厌氧生物处理-好氧生物处理联合处理的方法。图 12－6 为一般情况下苇浆化学制浆废水处理工艺流程。

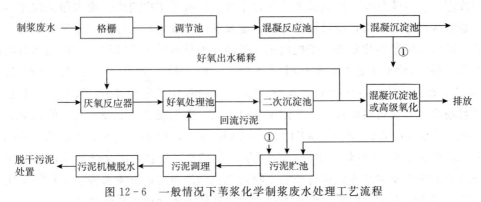

图 12－6　一般情况下苇浆化学制浆废水处理工艺流程

苇浆酸法化学制浆废水可生化性较低，废水中含有的木素可生化性差，仅有小分子部分可以厌氧降解。另外，苇浆化学制浆废水中还含有对厌氧生物处理具有毒性的物质，包括脂类、树脂类（有机抽出物）等，采用物化方法（如采用混凝沉淀）可以去除部分木素，稀释厌氧反应器进水浓度也可以降低废水毒性物质浓度。因此，在图 12－6 中将后段好氧处理出水回流到前段厌氧反应器，以稀释厌氧反应器进水浓度，降低有机负荷和废水毒性，从而提高厌氧反应器的效率和处理效果。

6. 废纸制浆造纸废水处理工艺流程

废纸制浆造纸一般以废纸浆和部分商品浆为原料生产纸和纸板。废纸来源有进口废纸和国内废纸，一般进口废纸所含杂物和杂质较少，由进口废纸生产的废纸浆（OCC 浆）作为生产高档纸板的原料。废纸制浆造纸的生产工艺由制浆和造纸两部分组成。制浆生产工序包括原料准备、浸泡、除砂除杂、打浆和洗浆等。商品浆可在打浆工序同废纸浆直接混合。根据生产不同的纸和纸板品种的需要（如新闻纸、文化用纸、高强瓦楞纸、牛皮箱板纸、白板纸），有的还有废纸浆脱墨工序。废纸制浆废水中主要含有纤维素、半纤维素、木素、糖类、醇类等有机污染物，以及废纸中的杂质、砂等无机污染物，造纸废水中含有造纸生产中加入的残留化学品、填料和纸浆纤维等。废纸制浆造纸废水的特点是含有的悬浮物高，有机污染物含量高，BOD/COD 比值一般为 0.25～0.35，具有一定的可生化性，水温高。具体水质同生产品种、生产规模、清洁生产水平、生产设备配置和操作管理有关，而这些综合性指标又与吨纸排水量有关。一般中小型废纸制浆造纸企业，吨纸排水量为 20～40m³，废水水质为 pH 7～8，COD 1500～2000mg/L，SS 1000～1500mg/L。大中型废纸制浆造纸企业，吨纸排水量为 20m³ 以下，废水水质为 pH 7.3～8.3，COD 2000～2500mg/L，SS 1500～2000mg/L。大型废纸制浆造纸废水的污染物浓度更高，水温高，一般为 40～60℃。根据废纸制浆造纸废水的特点，一般均采用物化预处理-生物处理-深度处理。物化预处理是关系到废水稳定达标排放的关键，生物处理是废水处理核心，深度处理是达标排放的保证。图 12-7 为一般中小型废纸制浆造纸废水处理工艺流程。图 12-8 和图 12-9 均为一般大型废纸制浆造纸废水处理工艺流程。

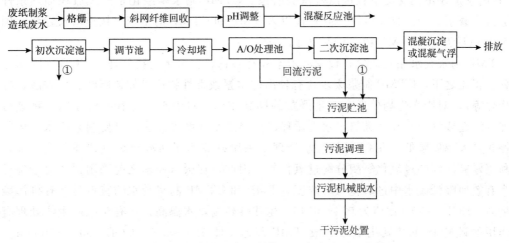

图 12-7　一般中小型废纸制浆造纸废水处理工艺流程

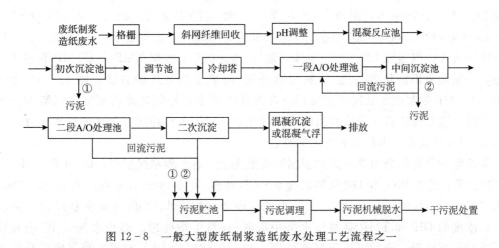

图 12-8　一般大型废纸制浆造纸废水处理工艺流程之一

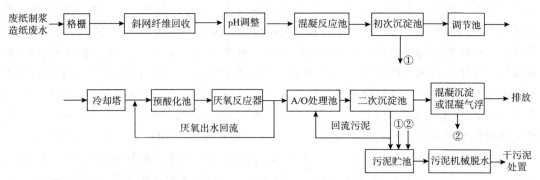

图 12-9 一般大型废纸制浆造纸废水处理工艺流程之二

7. 热磨机械浆和化学热磨机械浆制浆废水处理工艺流程

热磨机械浆（TMP）和化学热磨机械浆（CTMP）制浆均是以木片或原木段为原料。TMP 制浆是在不同温度下直接以机械法磨浆。CTMP 制浆是经化学处理后在加热条件下以机械法磨浆。国外自 20 世纪 80 年代以来 TMP 和 CTMP 的生产呈快速增长趋势，国内 90 年代以后开始有 TMP 和 CTMP 浆的生产。

TMP 制浆废水相对地含有较少的木素和有毒物，在废水生物处理中 COD 去除率相对较高。相比之下，CTMP 制浆废水含有较高的木素或毒性物质（如树脂酸、松香酸、挥发性萜烯等），对废水生物处理会产生严重的抑制作用。对废水中含有的毒性化合物进行预处理（沉淀或气浮）和经厌氧出水再循环以稀释进水浓度等方法，可使制浆废水中树脂化合物含量大幅度降低。在 CTMP 废水处理中采用好氧污泥回流至厌氧处理系统之前，可以利用好氧污泥的过氧化氢酶分解过氧化氢。因此，在厌氧处理之前采用预酸化措施可以较为有效地降低废水中过氧化氢的浓度。TMP 和 CTMP 制浆废水的特点是，有机污染物含量高，BOD_5/COD 比值为 0.4～0.45，生化性较高，水温高，含有对厌氧生物处理有抑制作用的硫化物和过氧化氢。一般 TMP 废水 pH 5.0～5.5，COD 2500～5000mg/L，BOD_5 1500～2500mg/L，SS 150～300mg/L，S 含量 200～500mg/L，H_2O_2 0～100mg/L，树脂酸 100～200mg/L，温度 40～60℃。一般 CTMP 废水 pH 7～8，COD 6500～7500mg/L，BOD_5 3000～3500mg/L，SS 300～500mg/L，S 含量 300～400mg/L，H_2O_2 50～150mg/L，树脂酸 100～500mg/L，温度 35～45℃。根据 TMP 和 CTMP 制浆废水的特点，一般均采用物化预处理-厌氧生物处理-好氧生物处理的方法。图 12-10 为一般 TMP、CTMP 制浆废水处理工艺流程。在处理流程中将好氧处理出水部分回流到初次沉淀池之前，厌氧反应器部分出水回流到预酸化池，可用来稀释厌氧处理的进水浓度，减轻 TMP、CTMP 制浆废水对厌氧处理的毒性。

某纸业股份有限公司是一家大型制浆造纸企业，有 4 种制浆生产，即 BKP、GP、DIP 和 TMP 浆。其中 BKP 和 GP 浆制浆废水 COD 浓度为 1000mg/L 左右，而 DIP、TMP 制浆废水 COD 浓度为 3000mg/L 以上。为此，该公司按废水 COD 浓度将制浆废水清浊分流。高浓度的 DIP 和 TMP 制浆废水采用厌氧-好氧生物处理，即废水先经 IC 厌氧反应器，进行厌氧处理，而后再进行好氧处理。相对低浓度的 BKP 和 GP 制浆废水直接进行好氧生物处理。该废水处理工程于 2002 年后逐渐投入正常运行，是国内首次采用厌氧-好氧生物处理工艺的 TMP 制浆废水处理工程。经运行表明，该废水处理工程 COD 去除率达到 85％以上，BOD 和 SS 去除率达到 95％以上，处理效果良好。

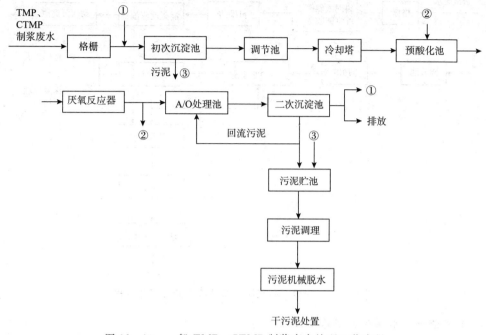

图 12-10 一般 TMP、CTMP 制浆废水处理工艺流程

8. 商品浆制浆造纸废水处理工艺流程

商品浆制浆造纸企业以商品浆为原料生产特种纸、高档文化用纸和生活用纸等。这类生产企业的制浆生产工艺只是以商品浆为原料，进行碎浆和打浆等，而后根据生产纸的品种需要在造纸工艺中添加化学品，以改善纸产品使用性能或增强其强度等。以商品浆为原料的造纸企业的废水特点是，有机污染物浓度较低，废水中主要含有短小纤维、溶解木素、浆料溶出物（蜡质、果胶质、脂类、糖类）等有机污染物，以及在造纸过程中添加的化学品残留物，BOD/COD 比值一般为 0.30～0.40，具有可生化性，一般商品浆制浆造纸废水 pH 6.5～8.0，COD 800～1200mg/L，BOD 200～400mg/L，SS 400～600mg/L，温度 40～50℃。根据商品浆制浆造纸废水的特点，一般先采用物化预处理，以去除部分 SS 和 COD，而后再进行好氧生物处理，经处理后出水达标排放。由于商品浆造纸废水的污染程度相对较轻，为此，国内亦有某些商品浆造纸企业将达标排放的废水再经深度处理进行生产回用，以实现节能减排和水资源的有效利用。图 12-11 为一般商品浆制浆造纸废水处理工艺流程。

二、制浆造纸废水再生利用

造纸工业是我国工业用水和排水的大户，从资源的角度来看，制浆造纸废水具有两重性，即是废水，又是某种意义上的水资源。实现制浆造纸废水处理再利用，对加快我国节水型社会建设，落实节能减排具有重要的意义。

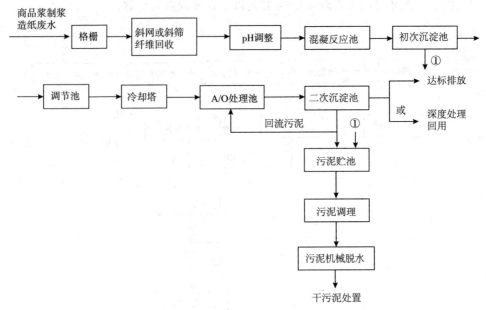

图 12-11 一般商品浆制浆造纸废水处理工艺流程

1. 制浆造纸废水再生利用基本方法

(1) 实行清洁生产在工艺生产过程中回用

清洁生产是着眼于污染预防，最大限度地减少资源和能源的消耗，提高资源和能源的利用率。在制浆造纸工艺生产过程的源头实行清洁生产，实现节水和水资源的有效利用，是制浆造纸废水再生利用首先要考虑的技术方法，亦是采用其他技术方法的前提。

根据国内外造纸生产技术发展水平，并结合我国大量的生产实践和对造纸工业生产节水目标要求，国家于 2002 年颁布了《造纸产品取水定额》(GB/T 18916.5—2002)，并于 2005 年 1 月 1 日起正式实施。随后，还发表了《实施指南》，对我国造纸工业生产的节水和减污技术措施做了详细的阐述，造纸工业实行清洁生产，在工艺生产过程中实现节水和回用时，首先应考虑和采取的技术措施包括湿法备料洗涤水循环使用；蒸煮深度脱木素技术 (低卡伯值蒸煮)；粗浆洗涤和筛选封闭系统；氧脱木素工艺；先进的漂白工艺，如采用无元素漂白 (ECF)、全无氯漂白 (TCF)；漂白洗浆滤液逆流使用；随着浆厂 (包括二次纤维浆、机械浆) 规模的扩大以及中浓氧脱木素、中浓漂白等技术运用，采用了中浓 (8%～15%) 设备，如中浓浆泵、中浓混合器等；在回用方面主要有碱回收蒸发站冷凝水的回用；造纸车间用水循环使用，包括设备和真空泵等冷却水循环使用，纸机网部脱出的浓白水供备浆、冲浆、浆料稀释等回用。

(2) 清浊分流生产回用

将生产过程中产生的轻度污染废水与其他废水分流，对轻度污染废水进行处理，达到生产回用，这是制浆造纸废水处理再生利用应优先考虑的技术方法。图 12-11 为制浆造纸废水清浊分流生产回用流程。

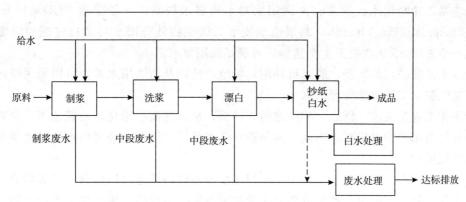

图 12-12 制浆造纸废水清浊分流生产回用流程

制浆造纸生产由制浆、洗浆、漂白、抄纸等工序组成。一般制浆造纸废水属于高有机物浓度、高悬浮物含量、难生物降解的有机污染废水。制浆造纸废水的水质因制浆种类、造纸品种而异。若按不同的生产工序排出废水水质来看，制浆废水的污染最为严重，一般 COD 可达 4000～6000mg/L。洗浆和漂白废水，即中段废水的污染程度次之，COD 2000～3000mg/L，SS 1500～2500mg/L。抄纸废水即白水，为污染较轻的废水，主要含有细小悬浮性纤维、造纸填料和某些添加剂等，COD 150～600mg/L，SS 500～1500mg/L。白水中的 SS 主要由纸浆纤维组成，可以作为资源加以回收利用。所以，根据造纸生产不同生产工序排出废水的污染特点，可以将污染较轻的白水同污染严重的制浆废水、污染比较严重的中段废水分流。一般白水经单独处理后出水 COD 为 80～120mg/L，SS 为 100mg/L以下，可以重新回用到抄纸生产用于冲网、冲毯等，经白水处理分离的纤维可回收利用。制浆废水和中段废水进入废水处理系统，经处理后达标排放。

国内造纸白水处理回用已有 20 余年历史，技术成熟、使用可靠。白水处理的技术措施主要是机械分离和物理化学处理。如在纸机车间设置压力筛、振动筛、盘片过滤等设备，兼具纤维回收和白水处理。在工程上，通常采用溶气气浮和加药溶气气浮技术进行造纸白水回用处理。在采用清浊分流生产回用时应进一步拓宽回用水的用途。例如，白水经处理后不仅用于纸机的冲网、冲毯等，还可以根据不同的情况，用于碎浆、调浆、制浆喷淋平衡水等，以实现最大限度地利用水资源。

（3）废水处理分质回用

将经过废水处理后达标排放的部分废水，回用到对水质要求不高的生产工序或其他用水，这是实现制浆造纸废水处理再生利用，降低造纸生产水耗的有效技术方法。

2008 年 8 月 1 日开始执行的《制浆造纸工业水污染物排放标准》（GB 3544—2008），对制浆造纸废水的污染物排放要求进一步提高，一级标准的排放浓度为：COD≤80mg/L，BOD<20mg/L，SS≤50mg/L，这为制浆造纸废水处理分质回用创造了条件。对于已经达标排放的制浆造纸废水可以按照造纸生产不尽相同的用水要求分质回用。

①用作碎浆、调浆生产用水。碎浆、调浆用水对水质要求不高，尤其是废纸制浆造纸的碎浆、调浆用水，一般 COD≤400～800mg/L，SS≤100～150mg/L 即可满足要求，所以经一级混凝沉淀处理后的出水应可回用。

②洗浆、冲网用水。洗浆、冲网用水对水质要求较高，一般要求 COD≤100mg/L，BOD≤30mg/L，SS≤30mg/L。制浆造纸废水二级生物处理出水再经过过滤和消毒等处理，进一步去除 SS 和改善卫生学指标后可满足回用要求。

③废水处理的药品制备、脱水机冲网、场地冲洗以及消防用水等，可以采用经过滤后的制浆造纸废水二级生物处理出水。

④用作工业杂用水。例如，冲洗地面、冲厕、水力除渣、绿化、建筑施工、景观用水等。一般这类用水的水质要求不高，制浆造纸废水经过二级强化处理后可满足此类再生回用水的水质要求。

从技术上考虑，只要对制浆造纸生产用水根据不同的用途加以细分，设置相应的回用水管道系统，制浆造纸废水处理分质回用的技术方法是可行的。废水再生回用率因制浆种类和造纸品种而异。据测算，一般实行制浆造纸废水处理分质回用后，废水再生回用率可达到 30% 左右。以某废纸浆和部分商品浆为原料的纸业公司为例，每日排放废水量为 3 万多立方米，经处理后，其中 10000m³ 实现回用，主要用于灰底板纸生产以及冲洗、绿化、消防等用水，其余 2 万多立方米达到国家排放标准后排入受纳水体。图 12-13 为制浆造纸废水处理分质回用流程。

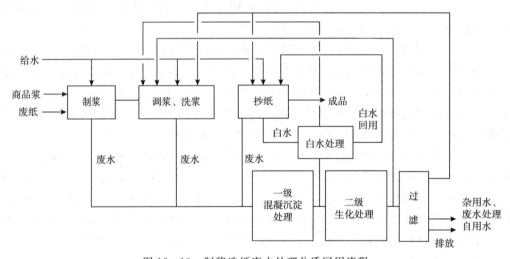

图 12-13　制浆造纸废水处理分质回用流程

制浆造纸废水处理分质回用既可节约水资源，实现水资源的有效利用，又可减少清水用量，降低生产成本。因此，实现制浆造纸废水处理再生利用时，有条件的情况下应充分考虑废水处理。

（4）废水深度处理生产回用

随着我国经济发展和提高纸产品质量与确保生产设备可靠使用的需求，制浆造纸废水深度处理生产回用将成为具有前景的再生利用技术方法。

制浆造纸废水深度处理生产回用的技术方法因回用水水质要求和技术经济条件而异。国内有些企业在废水二级生物处理之后，进而进行化学混凝、过滤、活性炭吸附、加氯消毒等深度处理，使处理后出水浊度、色度、COD 等指标达到生产回用水水质要求予以回用。例如某特种纸业公司 2001 年以来在造纸废水生物处理基础上再进行深度处理，使处理水水质符合回用水水质要求，进行生产回用。图12－14为某特种纸废水深度处理生产回用流程，其运行水质如表12－1所示。

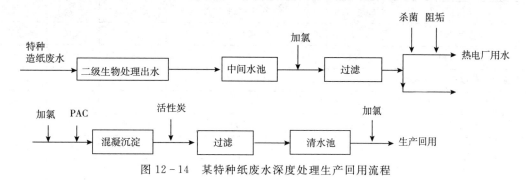

图12－14　某特种纸废水深度处理生产回用流程

表12－1　某特种纸废水深度处理生产回用运行水质

参数	二级生物处理出水水质	回用水水质	回用水质要求	参数	二级生物处理出水水质	回用水水质	回用水质要求
pH	7.0～7.5	7.0～7.5	6.5～8.5	BOD/(mg/L)	4	<4	<5
浊度/NTU	4	1	<3	氨氮/(mg/L)	1	—	<1
色度/PCU	15	10	<15	余氯/(mg/L)	—	—	不大于0.2，管网末端不小于0.05
COD/(mg/L)	32	23.5	<50				
SS/(mg/L)	20	<10	<10				

2. 制浆造纸废水生产回用水质要求

造纸生产用水水质因制浆造纸种类、产品质量要求、企业长期以来用水习惯与经验，以及当地供水条件而异。造纸生产回用水水质的主要要求是浊度、色度、pH、有机污染物和无机类等。

生产回用水中的浊度和色度过高，则会使纸产品的白度和清晰度下降，影响纸产品质量。但是，对商品浆和废纸浆为原料的瓦楞纸、箱板纸等产品影响相对较小。在造纸生产过程中需要添加化学品，如酸、碱、填料（如$CaCO_3$）、增强剂（干强剂、湿强剂）等，造纸生产回用水中的pH值变化，有可能致使增加造纸生产过程中化学品的用量，提高生产成本。造纸生产回用水中的有机污染物含量过高，则长期使用后，在适宜的水温和溶解氧等条件下，有可能使管道和纸机系统内微生物增多，产生微生物腐蚀，以及使烂浆增多，纸页断头和页面斑点等，影响产品质量。若造纸生产回用水中的无机盐类含量过高，则会使溶解性固体（TDS）、电导率等增加，长期使用后致使设备和管道结垢与腐蚀。一般造纸生产回用水水质要求为pH 6.5～8.0，色度10～15PCU，浊度1～2NTU，SS<10mg/L，COD 20～40mg/L，电导率200～500μS/cm。某些造纸生产用水水质要求如表12－2所示。

表 12-2　某些造纸生产用水水质要求

参数	白板纸	特种纸	文化用纸	生活用纸	箱板纸
pH	6.5~7.5	6.5~7.5	7.0~8.0	7~7.5	6.5~7.5
色度/PCU	<10	<15	<10	<10	<20
浊度/NTU	<1	<3	<2	<2	<3
硬度（以 $CaCO_3$ 计）/(mg/L)		150~200			
COD/(mg/L)	<20	<50	<20	<20	<50
SS/(mg/L)	<10	<10	<10	<10	<15
电导率/(μS/cm)	<200		<600	<700	<1000
氨氮/(mg/L)		<1			
余氯/(mg/L)		不大于 0.2，管网末端不小于 0.05			

三、工程实例

1. 某浆纸业有限公司废水处理及回用工程

某浆纸业有限公司是大型制浆企业，位于我国沿海经济开发区。该企业以桉木为原料，主要产品为漂白硫酸盐木浆，年生产能力为 100 万吨。生产废水主要来自制浆、漂白生产工序。制浆漂白废水中含有悬浮纤维及纤维原料中的溶解性有机物（如挥发酚、醇类）、剩余的漂白药剂及有机氯化物（AOX）等。此外，废水的色泽深，色度高。该企业处理规模为 73000m³/d 的制浆废水处理工程，是目前国内最大的制浆废水处理工程，于2004 年 10 月投入正常运行，并实施了部分处理出水再生利用。

（1）处理水量和水质

处理水量 73000m³/d，再生利用水量 300~500m³/d。某浆纸业有限公司废水处理设计水质如表 12-3 所示。

表 12-3　某浆纸业有限公司废水处理设计水质

名称	色度/PCU	浊度/NTU	SS/(mg/L)	电导率/(μS/cm)	COD_{Cr}/(mg/L)	pH	细菌数/(个/mL)	污染指数(SDI)
进水	—	—	<200	<2800	<1100	6~10	—	—
产水	<10	<1	<10	<200	<20	6.5~7.5	<100	进 RO≤5
浓水	—	—	<70	—	<150	6~9	—	—

（2）处理工艺流程和特点

①处理工艺流程。某浆纸业有限公司废水处理及回用工程工艺流程如图 12-15 所示。

②特点说明

a）本工程为漂白硫酸盐木浆制浆废水，污染物浓度高，成分复杂，含有难生物降解的木质素和单宁化合物，以及漂白氯化物等。此外还具有较高的色度。根据本工程废水水质特点，采用物化-生化-强氧化相结合的处理工艺。废水先经混凝沉淀以去除大部分 SS和部分污染物，且提高废水可生化性。而后再经生物处理，以去除大部分剩余有机污染物，最后采用强氧化进行废水深度处理相结合的处理工艺流程。

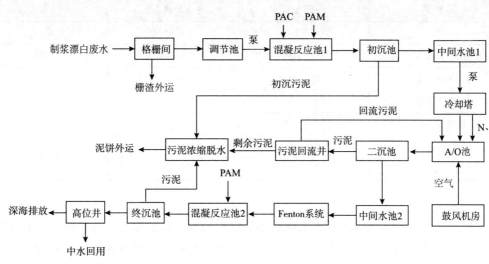

图 12-15　某浆纸业有限公司废水处理及回用工程工艺流程

b) 由于本工程废水水温较高，在进行生物处理之前先经冷却塔对废水进行冷却降温处理，以保证后续生物处理的正常进行。

c) 本工程针对制浆废水有机污染物浓度较高的特点，采用 A/O 生物处理技术，以便具有较高的处理效率，耐冲击负荷，且可避免丝状菌污泥膨胀。

d) 为了确保处理出水稳定达标排放，生物处理出水再经 Fenton 强氧化对废水进行深度处理。

e) 经深度处理后的出水 COD、SS 和色度等指标基本上达到了企业杂用水用水水质要求，部分出水可用作中水回用。

（3）运行工况和处理效果

本工程自 2004 年 10 月投入运行以来，正常运行至今。经长期运行表明，在处理水量为 55000～60000m³/d，进水 pH 6.1～9.8、COD 2000～2700mg/L、SS 350～1000mg/L 的条件下，经处理后，一般终沉池出水 pH 6～9、COD 70～90mg/L、SS 30～50mg/L。

2. 某特种纸股份有限公司造纸废水处理回用工程

某特种纸股份有限公司位于太湖流域，是以商品木浆为原料生产特种纸的大型造纸企业，产品有卷烟纸、描图纸和电容纸，年产 11 万吨左右。水污染负荷主要来自中段废水和纸机抄纸白水。纸机抄纸白水采用白水回用装置处理，中段废水采用活性污泥法处理。10 余年来，该公司历经产品调整、设备更新、技术改造和强化管理，生产不断发展，废水处理规模不断扩大，2001 年以来逐渐形成了处理规模为 30000m³/d 的造纸废水处理回用工程。该工程是国内较为典型的造纸废水处理回用工程之一。

（1）处理水量和水质

处理水量 20000～25000m³/d，回用水量 20000～23000m³/d。某特种纸股份有限公司造纸废水处理回用水质如表 12-4 所示。

表 12-4　某特种纸股份有限公司造纸废水处理回用水质

参数	原水	废水处理出水	回用水出水
pH	7.2～8.2	7.2～7.6	7.0～7.3
COD_{Cr}/(mg/L)	500～1100	≤100	≤70
BOD_5/(mg/L)	180～400	≤20	≤10
浊度/NTU	1000～1500	≤20	≤1
色度/PCU	150～250	≤20	≤5
硬度（以 $CaCO_3$ 计）/(mg/L)	250～400	250～350	200～270
氯根/(mg/L)	150～260	200～230	140～190

（2）处理工艺流程和特点

①处理工艺流程。包括造纸废水处理和回用两部分。造纸废水先经物化、生化和深度处理，而后再将处理出水进一步回用处理，以实现生产回用。某特种纸股份有限公司造纸废水处理工艺流程如图 12-16 所示。某特种纸股份有限公司造纸废水回用处理工艺流程如图 12-17 所示。

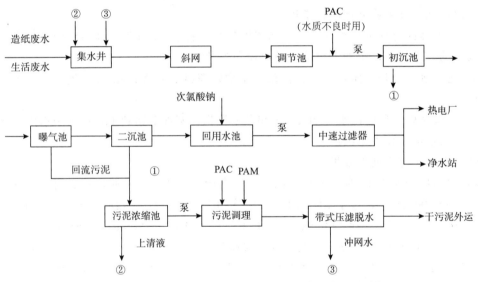

图 12-16　某特种纸股份有限公司造纸废水处理工艺流程

②特点说明

a）本工程以高品质商品木浆为原料生产特种纸，造纸废水经斜网纤维回收后 COD_{Cr} 为 500～1100mg/L，SS 为 1000～2000mg/L，属于一般浓度的全木浆造纸废水，可生化性较好，为此采用物化-生化处理方法。废水先经初次沉淀，而后采用活性污泥法进行生物处理。一般初次淀池不投加混凝剂，只是当进水水质不良时才投加 PAC 进行混凝沉淀。

b）本工程废水处理出水的一部分用作热电厂冷却水水源，另一部分用作给水净水站原水，经净化处理后达到生产回用。为此，二沉池出水需经次氯酸钠消毒处理，以抑制出水中微生物的生长，再经过滤，进一步降低色度和浊度。

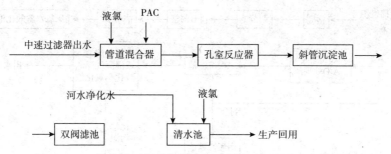

图 12-17　某特种纸股份有限公司造纸废水回用处理工艺流程

c）采用混凝沉淀、过滤和消毒处理技术进行回用水处理，经处理后出水在清水池中同河水净化水混合，而后供生产回用。

（3）运行工况和处理效果

曝气池运行时主要控制 DO（2～3mg/L）、营养盐（BOD_5：N：P＝100：4：1）和污泥浓度。

污泥浓度为 3000～4000mg/L 时，污泥结构相对松散，活性较差。当将污泥浓度提高到 4000～6000mg/L 时，污泥结构较紧密，生物相活跃，SV1 和 V_{30} 均有所下降，对 COD_{Cr} 和 BOD_5 有较高的去除效率。

运行表明，在废水处理量为 22000～25000m^3/d、初沉池进水 pH 7.0～8.0、COD_{Cr} 为 500～1100mg/L、SS 为 1000～1500mg/L 的条件下，二沉池出水水质通常为 pH 7.1～7.5、COD_{Cr}＜100mg/L、BOD_5＜20mg/L、SS＜50mg/L。

第二节　纺织印染废水处理工艺与再生利用

一、纺织印染废水处理工艺

1. 棉机织物印染废水处理工艺流程

棉机织物包括纯棉和棉混纺机织物。2000 年以来，国内纺织印染企业普遍推行清洁生产工艺，加强印染工艺生产在线监控技术，减少了废水排放量，提高了排放浓度。随着 PVA 上浆浆料使用比例和进口活性染料用量的增加，进一步降低了印染废水可生化性。高温高压染色工艺和热能回收利用，提高了废水水温。棉、棉混纺印染废水同传统的印染废水相比较，污染更严重，特点更显著。由各生产工序排放的混合废水碱度大，通常 pH 为 10～12。有机污染物浓度高，COD 为 1000～2000mg/L，最高可达 2500mg/L 以上。废水可生化性低，BOD_5/COD 为 0.25～0.3。所用的活性染料为水溶性，废水色度高。废水水温高，一般为 40～55℃。

根据棉机织物印染废水的特点，宜采用厌氧生物处理或厌氧水解酸化、好氧生物处理（活性污泥法或接触氧化法）和物化法（混凝沉淀、混凝气浮、化学氧化）相结合的处理方法，高浓度、通常浓度、较低浓度棉机织物印染废水处理采用不同的处理工艺。图 12-18 为通常浓度的处理工艺流程。

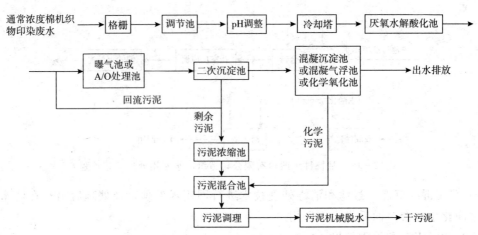

图 12-18　通常浓度棉机织物印染废水处理工艺流程

2. 棉针织物印染废水处理工艺流程

棉针织物包括纯棉和棉混纺针织物。同棉机织物一样，2000 年以来，由于推行印染加工的清洁生产工艺和节能降耗，棉针织物印染废水的 COD_{Cr}、色度和水温均有提高。一般 COD_{Cr} 为 400～800mg/L，废水色泽较深，色度 150～250 倍，水温 40～50℃。但同棉机织物印染废水相比，属于低浓度印染废水。图 12-19 为大中型棉针织物印染废水处理工艺流程。

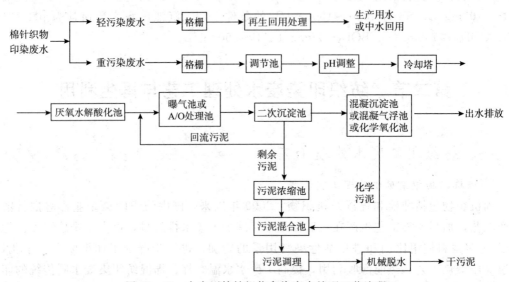

图 12-19　大中型棉针织物印染废水处理工艺流程

3. 毛纺织染整废水处理工艺流程

毛纺织染整废水处理包括洗毛废水处理和毛纺织染整废水处理。

（1）洗毛废水处理

洗毛废水为高浓度有机废水，应先在生产过程中提取羊毛脂。经提取羊毛脂并同漂洗水混合后的洗毛废水仍含有残存的羊毛脂等有机物，以及固体杂物，如散毛、砂、土、草等。洗毛废水为"三高"废水，即油脂含量高，含羊毛脂 2500～3500mg/L；有机污染物浓度高，COD 15000～30000mg/L，BOD_5 6000～12000mg/L；悬浮物高，SS 4000～

10000mg/L。此外，洗毛废水处理后所产生的污泥含油脂，呈油腻黏性，污泥脱水性能差。洗毛废水处理工艺流程如图 12-20 所示。

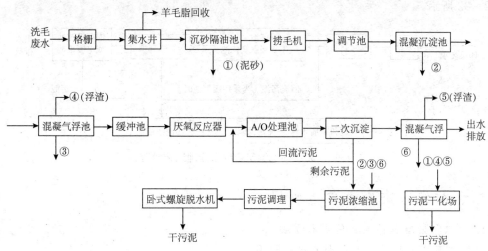

图 12-20 洗毛废水处理工艺流程

（2）毛纺织染整废水处理

毛纺织产品可分为毛粗纺（毛呢、毛毯等厚织物）、毛精纺（毛料等薄织物）和绒线。毛粗纺染色废水呈中性或弱碱性，COD_{Cr} 600～900mg/L，BOD_5/COD_{Cr}约为 0.3。毛精纺染色废水呈中性，COD_{Cr} 450～700mg/L，BOD_5/COD_{Cr}约为 0.35。

4. 丝绸印染废水处理工艺流程

丝绸印染产品有真丝绸印染和仿真丝绸印染两种，两种丝绸印染产品的加工工艺和采用的染料、助剂不同，排放的废水水质亦不同。现以真丝绸印染废水为例介绍。

真丝绸印染产品废水包括丝脱胶废水和印染废水两部分。

丝脱胶废水为较高浓度的有机污染废水。丝脱胶废水的有机污染主要来自煮茧废水。一般练桶中的高浓度丝脱胶废水 COD_{Cr} 为 9000～10000mg/L。煮茧废水水质为 COD_{Cr} 1500～2000mg/L，BOD_5 700～1200mg/L，pH 9 左右，水温高（80℃左右）。丝脱胶废水 BOD_5/COD_{Cr}比值为 0.55～0.60，可生化性好。丝脱胶废水中含有质地良好的蛋白质，丝胶蛋白是日用化工（化妆品）原料。在进行丝脱胶废水处理时可先进行丝胶回收，再进行废水处理。亦可以先对高浓度丝脱胶废水进行厌氧预处理，再与较低浓度的丝脱胶冲洗水混合进行处理，如图 12-21 所示。

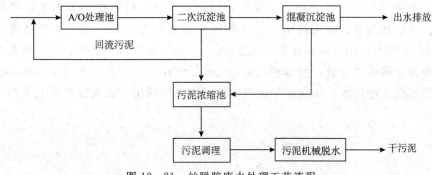

图 12-21 丝脱胶废水处理工艺流程

真丝绸印染废水为较低浓度的有机废水，COD_{Cr} 250～450mg/L，BOD_5 90～160mg/L，pH 6～7.5，BOD_5/COD_{Cr} 比值大于 0.3，可生化性较好。真丝绸印染废水处理工艺流程如图 12-22 所示。

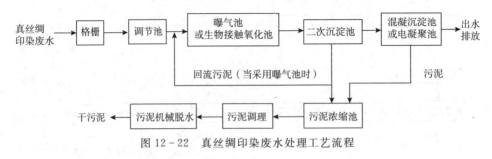

图 12-22　真丝绸印染废水处理工艺流程

二、纺织印染废水再生利用

1. 纺织印染废水再生利用基本方法

（1）在工艺生产过程中实现节水和回用

印染产品加工工艺包括前处理、染色和印花、后整理等工序。前处理工序废水量约占印染废水总量的 45%，而染色和印花工序废水量约占总量的 55%。在印染生产过程的各个工序如采用新工艺新技术都有可能实现节水，提高水的利用率。推广应用高效短流程前处理技术可节水 30% 以上。退浆工序中推广高效节水助剂，采用生物酶技术，以高效淀粉酶代替 NaOH 去除织物上的淀粉浆料等，可以提高退浆效率，减少退浆用水量 20% 以上。采用棉布冷轧堆一步法工艺，将传统的前处理退浆、煮练、漂白三个工序合并，可以节省用水量 15% 左右。采用气流染色工艺技术，可以减少棉织物浴比，降低水耗。采用涂料印花或涂料染色新工艺，通过浸轧或印花、烘干、烘固工序完成染色或印花，可比传统的染色或印花节水、节能。采用高温高压染色工艺，可以提高染色效率，减少废水排放量。采用印染自动调浆技术（计算机技术、自动控制技术等的结合），可以提高产品质量，节水、节能。采用低水位逆流漂洗可以提高洗涤水的重复利用率，节省漂洗用水。所以，在纺织印染生产过程源头实现节水和生产用水的有效利用是纺织印染废水再生利用首先要考虑的基本方法，亦是采用其他方法的前提。

（2）清浊分流生产回用

将纺织印染生产过程中产生的轻度污染废水与其他废水分流，对轻度污染废水进行处理，达到生产回用，这是纺织印染废水再生利用应优先考虑的方法。

印染生产过程中的煮练、漂白、染色和印花、水洗和后整理的各个工序排放的废水中，以水洗（包括少量后整理排水）排出的废水污染程度较轻，属于次污染废水，一般 pH 6.8～7.5，COD_{Cr} 80～180mg/L，色度 50～120 倍，SS 100～200mg/L，该部分废水可与其他工序排出的废水分流，经单独收集和处理后用作印染工艺生产用水，或者设置专门供水系统供水洗工序用水。纺织印染废水清浊分流生产回用一般流程如图 12-23 所示。

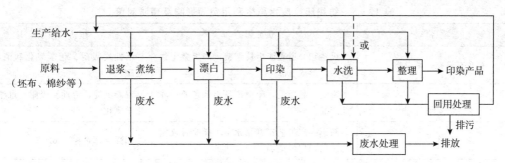

图 12-23　纺织印染废水清浊分流生产回用一般流程

（3）废水深度处理生产回用

为了进一步降低纺织印染生产用水量，减少单位产品排水量，以及适应纺织染整工业水污染物排放标准提标排放的要求，对纺织印染废水进行深度处理，使经处理后出水水质达到印染产品加工生产用水水质要求，实现广义上的废水深度处理生产回用，是纺织印染废水更高层次的再生利用。纺织印染废水深度处理生产回用一般流程如图 12-24所示。

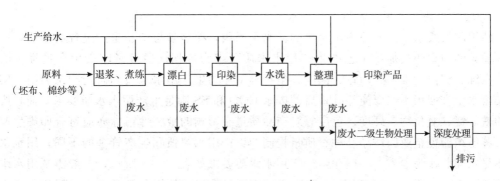

图 12-24　纺织印染废水深度处理生产回用一般流程

纺织印染废水经二级生物处理之后，再经化学混凝、过滤等一般物化法深度处理实现生产回用，固然是一般生产回用技术方法。但是，采取这些技术措施还不能完全去除纺织印染废水中残留的有机污染物，亦不能去除纺织印染废水中含有的大量无机盐类。一般纺织印染废水中除含有大量有机污染物外，还会有残留的助剂、酸、碱等无机化合物，因此纺织印染废水中的溶解性总固体（TDS）、电导率等偏高。一般印染废水的电导率为 1200～1600μS/cm，TDS 为 1000～1300mg/L。此外，一般回用水中的色度、氮、磷营养物质和病原菌等指标亦不能满足印染加工生产的长期安全用水要求，对产品质量、生产设备和管道等都会产生累积的负面效应，必须采取相应的预防对策，如表 12-5 所示。为了使回用水水质完全达到生产用水水质要求，"十一五"以来，国内愈来愈关注利用膜处理技术对纺织印染废水进行深度处理，使出水水质完全达到生产用水水质要求。纺织印染废水生产回用膜处理技术试验研究和工程示范已有较快进展，逐渐被纺织印染企业认同。因此，纺织印染废水深度处理生产回用是具有前景的再生利用方法。

表 12-5　纺织印染废水再生利用负面影响及预防对策

项目	负面影响	预防对策
剩余有机物、微生物	设备和管道表面生长细菌，产生微生物污垢，形成泡沫	活性炭吸附、化学氧化和消毒处理
色度	影响产品质量，印染产品出现色差，降低产品合格率	混凝沉淀、活性炭吸附、过滤、化学氧化
pH	超出生产工艺正常用水 pH 范围后致使化工助剂用量增加	加强管理，控制 pH 7~8
TDS	设备和管道结垢、腐蚀，缩短使用寿命	反渗透（RO）
总悬浮固体物（TSS）	在设备和管道表面沉积，促使微生物生长	纤维过滤、盘片过滤、连续过滤（CMF）、超滤（UF）
钙、镁、铁、硅	结垢，影响印染产品质量	软化、离子交换、反渗透
氨	形成氨化物，管道和设备腐蚀，促进藻类生长	硝化、离子更换
磷	藻类生长，设备和管道结垢与堵塞	生物或化学除磷、离子交换

2. 纺织印染废水生产回用水质要求

纺织印染废水生产回用不是简单的低水平回用，而是参与产品生产过程的回用，应以把握通常的纺织印染加工工艺的生产用水水质要求为依据。通过对印染生产过程中的退浆、煮练、漂白、染色、印花、漂洗、整理等工序的生产用水水质调研与测试表明，实现印染废水生产回用不仅要使经处理后的废水 COD 和 SS 满足生产用水水质要求，而且废水中的铁、锰、氯化物、硬度、色度等对产品质量有影响的敏感性指标亦应符合印染生产要求。各纺织印染企业因产品品种、质量控制、生产用水习惯和生产管理的不同，用水水质亦不尽相同。作为参考，一般印染生产用水水质要求如表 12-6 所示，一般漂洗用水水质要求如表 12-7 所示。从表 12-6 和表 12-7 可以看出，纺织印染废水生产回用的技术关键包括对有机污染物、色度、透明度、固体悬浮物、铁、锰、硬度和无机盐类等的去除。

表 12-6　一般印染生产用水水质要求

项目	水质要求
透明度/cm	≥30
色度/倍	≤10
pH	6.8~8.5
铁/(mg/L)	≤0.1
锰/(mg/L)	≤0.1
SS/(mg/L)	≤10
硬度（以 $CaCO_3$ 计）/(mg/L)	①原水硬度小于 150mg/L，可全部用于生产；②原水硬度大于 150mg/L，大部分可用于生产，但溶解性染料应使用小于或等于 17.5mg/L 的软水，皂液和碱液用水硬度最高为 150mg/L；③喷射冷凝冷却水，宜采用总硬度小于或等于 17.5mg/L 的软水

表 12-7　一般漂洗用水水质要求

项目	水质要求	项目	水质要求
色度/倍	25	透明度/cm	$\geqslant 30$
硬度（以 $CaCO_3$ 计）/(mg/L)	450	SS/(mg/L)	$\leqslant 30$
pH	6.5~8.5	COD_{Cr}/(mg/L)	$\leqslant 50$
铁/(mg/L)	0.2~0.3	电导率/(μS/L)	$\leqslant 1000$
锰/(mg/L)	$\leqslant 0.2$		

一般达标排放的纺织印染废水 COD_{Cr} 为 80~100mg/L，BOD_5 为 15~25mg/L，而印染生产用水水质要求为 COD_{Cr} 50mg/L 以下，BOD_5 10mg/L 以下，所以达标排放废水需再经深度处理以去除 COD_{Cr}、BOD_5。采用生物处理，如生物接触氧化、曝气生物滤池技术、生物活性炭处理技术可以达到对 COD_{Cr}、BOD_5 深度处理的目的。

一般达标排放的纺织印染废水色度、浊度、SS 等感官性状指标仍不能满足生产用水水质要求，需进行深度处理。生物处理可去除部分色度和浊度，但是，主要还是用物化方法，如采用混凝沉淀、过滤等予以去除，以达到生产用水水质要求。

印染废水中含有残留的染料，如分散染料、活性染料、还原染料等，以及残留的助剂，如纯碱、烧碱、元明粉、表面活性剂等。印染废水含有的各种无机盐类致使废水的 TDS 和电导率均偏高。一般印染废水的 TDS 为 1200~1500mg/L，电导率为 1600~2000μS/cm，而生产用水的 TDS 最高允许浓度为 1000mg/L，如果高于该值范围，则在管道和设备中易形成无机盐类的沉积，产生结垢和金属腐蚀。印染生产用水中过高的硬度和 TDS 还会增加染化料用量和影响产品质量。所以，印染废水生产回用时，应根据废水水质和生产回用用途不同，有必要进行除硬或除盐处理。除硬或除盐的方法有离子交换、电析（ED）和反渗透（RO）等。

印染生产用水对铁、锰含量均有要求。如印染废水生产回用时铁、锰含量高于用水水质要求，则对产品质量有影响，易产生斑点或影响产品色泽，甚至成为次品。为此印染废水生产回用时要考虑铁和锰指标满足用水要求。一般采用混凝沉淀、化学氧化和生物接触氧化法可以达到除铁和锰的效果，出于安全用水和卫生学考虑，印染废水生产回用必须进行消毒处理。宜采用二氧化氯、紫外线或臭氧等消毒技术。

三、工程实例

1. 某针织有限公司印染废水处理和生产回用工程

某针织有限公司位于沿海地区，建于 20 世纪 90 年代初，有织造、印染和成衣综合生产线，生产能力为针织织物 150t/d，染色与后整理 200t/d，是国内大型针织联合企业之一。主要产品是棉针织物，全部销往国外。

棉针织印染废水主要来自精练、染色等生产工艺。该类废水的特点是：水质变化大，视加工的织物品种和采用的染料助剂不同而变化；有机污染物浓度较高，色泽深，感官性状差。根据对废水组成的测试分析表明，后处理的水洗水特别是第 3 道及以后的水洗水同其他的生产工序排放水质相比较，污染程度较轻，排水量占全部印染废水水量的 25% 左右。因此，进行清污分流，将次污染印染废水处理后作为生产回用。

该企业印染废水处理工程和次污染印染废水生产回用工程，分别于 2005 年 4 月和 2005 年 12 月建成，正常运行至今。

（1）印染废水处理工程

①设计处理水量和水质设计处理水量 60000m³/d，设计水质如表 12-8 所示。

表 12-8　某针织有限公司印染废水处理工程设计水质

项目	原水	处理水	项目	原水	处理水
pH	9~11	6~9	SS/(mg/L)	400	60
COD/(mg/L)	800	70	色度/倍	800	40
BOD/(mg/L)	250	20	水温/℃	50	

②处理工艺流程及特点

a）处理工艺流程。根据本工程废水水质和所要求达到的处理目标，废水处理采用生物处理和物化处理相结合的方法。

b）特点说明

（a）该废水以棉针织印染废水为主，含有少量棉化纤印染废水。主要含活性染料，其次为阳离子染料，分散染料，以及烧碱、氧化剂、匀染剂、渗透剂等助剂。由于本工程实行清污分流轻度污染废水另外进行再生回用处理，所以进水水质污染物浓度高于通常的针织印染废水水质，即：COD_{Cr} 为 800mg/L 左右，色度 800 倍左右。而出水水质要求较高，即 COD_{Cr} 为 80mg/L 以下，色度 40 倍。为此，本工程处理工艺采用厌氧水解酸化-好氧生物处理-物化处理的方法，以使出水水质达到排放要求。

（b）考虑到原水水温较高，夏季水温为 50℃左右，为保证生物处理单元正常运行，原水需先经冷却塔冷却后方可进入调节池和后续处理单元。

（c）在好氧生物处理之前设置厌氧水解酸化池。水解酸化池中设置弹性填料，使世代生长时间长的微生物能大量附着栖生在填料上，在这些微生物作用下，使废水中难以生物降解的、结构复杂的有机物转化为结构较为简单的有机物，易于为微生物利用和吸收，提高废水可生化性，有助于后续好氧生物降解，并改变部分染料的发色基团，去除部分色度。

（d）采用 A/O 生物处理工艺。本工程的 A 池是在传统活性污泥好氧池前设置的缺氧池，其主要作用是对微生物菌种进行筛选和优化。在 A 池，废水停留时间很短，微生物在此段只是对废水中的有机物进行吸收和吸附，大部分有机污染物在 A 池被脱磷微生物吸入体内，接着在 O 池内被氧化及分解，抑制 O 池中丝状菌的繁殖和生长，从而避免污泥膨胀现象的发生。O 池 BOD_5 负荷较低，HRT 较长，可确保出水有机污染物达标排放。

（e）脱色是本工程的难点之一。在原水色度为 800 倍的情况下，处理出水色度低于 40 倍，脱色率要求达到 95%。本工程印染废水主要含难于脱色的活性染料，应正确选择脱色处理方法，方可达到脱色处理效果。废水经生物处理后再采用化学混凝沉淀物化处理是有效的脱色方法之一，经试验和使用，含铁盐的复合脱色剂是较理想的脱色剂，其效果好，用量少、成本低，为此，本工程在二次沉淀池之后，选用含铁盐的复合脱色剂进行混凝沉淀脱色处理。

（f）本工程废水处理量大，采用混凝沉淀为深度处理单元，产生的物化污泥量大。根据当地条件，污泥处理出路是将脱干污泥送往焚烧处置，要求经脱水后干污泥含水率为60%左右。为此，经技术经济比较后采用大型自动板框压滤机脱水。

③运行工况和处理效果。本工程于2005年6月投入正常运行至今。处理水量为55000～60000m³/d，一般进水pH为9.2～10.0，COD_{Cr} 650～800mg/L，BOD_5 200～250mg/L，色度250～500倍，SS 300～400mg/L。在运行中控制A池溶解氧0.5mg/L以下，O池溶解氧2～2.5mg/L，污泥浓度3000～4000mg/L，进水水温（冷却塔后）38℃以下。混凝沉淀处理单元的综合脱色剂投加量为50mg/L（按固体计），助凝剂为1～2mg/L（以干重计）。

（2）印染废水生产回用工程

①设计处理水量和水质　设计水量处理15000m³/d。在对现有生产用水水质进行分析的基础上，参照企业对印染生产用水水质的要求，以及《城市污水再生利用工业用水水质标准》（GB/T 19923—2005）的相关规定，经技术经济综合分析后确定废水及回用水水质如表12-9所示。

表12-9　某针织有限公司印染废水及回用水水质

参数	次污染印染废水水质	回用水水质	参数	次污染印染废水水质	回用水水质
pH	7.5～9.0	7.0～8.0	氯根/(mg/L)	≤25	≤30
色度/倍	≤60	≤15	铁/(mg/L)	≤0.5	≤0.2
浊度/NTU	≤25	≤1	总硬度（以$CaCO_3$计）/(mg/L)	≤50	≤50
COD/(mg/L)	≤180	≤50	溶解性固体/(mg/L)	≤400	≤400
SS/(mg/L)	≤80	≤10	电导率/(μS/cm)	≤500	≤500

②处理工艺流程

a）处理工艺流程。根据次污染印染废水水质和回用水水质要求，该工程要解决的技术关键是：进一步去除有机污染物、浊度、色度、SS、铁、硬度和溶解性固体等，以使处理水水质符合回用水水质要求。为此，确定处理工艺流程如图12-25所示。

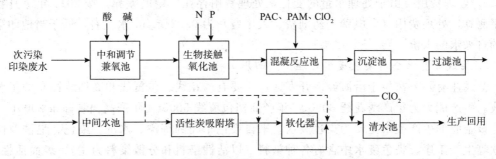

图12-25　某针织有限公司废水回用处理工艺流程

b）工艺特点

（a）根据进水水质，一般次污染印染废水呈碱性，先进入中和调节兼氧池，对废水水质和水量进行调节，同时在池中设置生物填料，在兼氧条件下，对有机污染物进行部分降解。

（b）采用生物接触氧化池对次污染印染废水进行生物处理。氧化池中设置了弹性填料，使世代生长时间长的微生物能大量附着栖生在填料上，池下部设下弯穿孔曝气管。废水进入生物接触氧化池后，流经弹性填料层，在底部曝气装置的供氧条件下，通过填料表面微生物的生化作用，能经济有效、无毒副作用地生物降解溶解性有机物，去除水中的COD、色度、臭味、浊度、铁、锰等，污泥无需回流，没有污泥膨胀现象，易于控制。运行实践表明，生物接触氧化池作为物化处理前的处理单元，还可降低后续的物化处理混凝剂和消毒剂用量。

（c）对接触氧化池出水投加铝盐混凝剂和 PAM 絮凝剂进行混凝沉淀处理。经混凝沉淀处理的出水再进一步经过滤处理。采用新型的盘片过滤（滤布滤池）设备，运行稳妥可靠，效果好，操作简单，管理方便。

（d）为了抑制微生物和细菌在物化处理单元的生长，保证处理水的卫生学指标合格，分别在过滤之前和过滤之后采用两次加氯消毒。滤前加氯还可在一定程度上去除铁、锰以及色度。

（e）活性炭对残存的有机污染物、致突变物质及氯化致突变物前驱物具有良好的吸附能力，可进一步降低出水的致突变活性。为了确保处理水水质能符合生产用水质要求，在过滤之后设置了活性炭吸附装置，可以视过滤出水水质情况而灵活使用。

（f）考虑到染色生产工艺对水的硬度要求比较高，在活性炭塔后设置钠离子交换器，当有需要时对出水进行软化处理，使回用水质达到生产工艺的要求。

③运行工况和处理效果

a）该工程自投入使用 6 年来，一直连续运行，总体情况正常。处理水量视季节、生产用水水量、进水水质的不同而变化。一般每年 6～8 月为供水高峰期，运行处理水量为设计水量的 80%～90%。1～3 月为低谷期，运行水量为设计水量的 50%～60%。其余月份运行水量为设计水量的 70%左右。

b）回用水水质对产品质量影响的跟踪。该工程处理出水自 2006 年 5 月开始供给染色车间使用。处理水经泵提升后进入车间给水箱，同新鲜水混合后直接供染色生产使用。该公司的产品全部出口外销，对产品有严格的质控程序和制度，同样对印染废水生产回用有一套严密的管理制度和管网系统，至今未发生影响产品质量的状况。

c）处理费用。由于处理水量的变化，处理费用存在一定的差异。按 2011 年 7 月物价水平测算，处理费用（含电费、药剂费、人工费）为 0.92 元/m³ 水左右，低于当地印染行业的自来水的水价（4.5 元/m³ 水）。

2. 某线业有限公司染色废水处理生产回用工程

某线业有限公司位于沿海经济开发区，主要有绣花线、包覆线和高档装饰布的工艺生产线。生产能力为年产绣花线 3000t，年产高档包覆线 5000t，年产高档装饰布 2000t。

该企业的生产废水主要为染色废水，来自染色车间的练漂、水洗、染色、皂洗及固色柔软等生产工序。染色废水中含有各种染料（以活性染料和分散染料为主）、表面活性剂、无机酸碱、柔软剂和其他染色助剂。废水的有机污染物浓度较高，色泽深。对染色生产废水进行清污分流后，浓废水（练漂、染色废水等）经废水处理后达标排放，轻度污染废水（水洗和皂洗废水等）经处理后生产回用。

该企业生产废水处理规模为 6400m³/d，其中轻度污染废水处理生产回用工程规模为

2400m³/d，于 2011 年 4 月建成投入运行至今。

（1）设计水量和水质

设计水量为 2400m³/d，经处理后出水主要用作棉花染色和纱线染缸工艺生产用水质如表 12-10 所示。

表 12-10 某线业有限公司染色废水及回用水水质

参数	轻度污染废水水质	生产回用水水质		参数	轻度污染废水水质	生产回用水水质	
		棉花染色	纱线染缸染色			棉花染色	纱线染缸染色
pH	6～9	6.5～7.5	6.5～7.5	浊度/NTU			≤0.1
COD/(mg/L)	200～250	≤35	≤15	铁/(mg/L)		≤0.1	≤0.05
BOD/(mg/L)	70			锰/(mg/L)		≤0.1	≤0.05
SS/(mg/L)	200			总硬度（以 CaCO₃计）/ (mg/L)			≤10
色度/倍	150	≤15	≤5	电导率/ (μS/L)			≤50

（2）处理工艺流程和特点

①处理工艺流程　该企业的生产回用水用途有两种。一是用作棉花染色生产用水，对 pH、COD、色度、铁和锰等指标有较高的要求。二是纱线染缸染色生产用水，除常规的水质指标外，还对总硬度，电导率有较高要求。为此，该回用水处理工程的主要技术关键是，进一步去除有机污染物，改善浊度、色度等感官性状指标，去除铁、锰、总硬度等，降低电导率，以使处理水质能全面地满足生产用水水质要求。某线业有限公司染色废水回用处理工艺流程如图 12-26 所示。

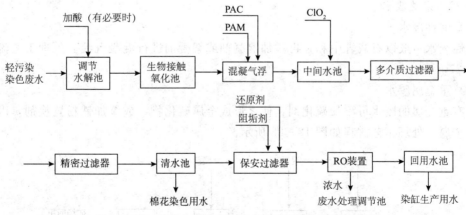

图 12-26　某线业有限公司染色废水回用处理工艺流程

②工艺特点

a）经清污分流后的轻污染染色废水先进入调节水解池进行水质水量调节，有必要时加酸进行 pH 调节。

b）采用生物接触氧化为主要的生物处理单元。生物接触氧化具有容积处理负荷较高、不易产生污泥膨胀、无需污泥回流、操作管理方便等优点，能较为有效地降解废水中的有机污染物。

c）采用混凝气浮为生物处理之后的物化处理单元，能进一步有效地去除生物处理出水中的 COD、SS、色度和浊度。过滤前加氯可对废水进行消毒，能抑制废水中的微生物和细菌在后续 RO 处理单元的生长，并在一定程度上去除铁和锰。

d）采用多介质过滤-精密过滤-保安过滤为 RO 处理单元的前处理，以进一步去除废水中的有机污染物、SS、色度、浊度、铁和锰等，并使待处理水的 SDI（污泥密度指数）达到 RO 的进水水质要求。

鉴于经过滤处理后的出水已满足棉花染色生产用水水质要求，因此清水池的部分出水即可回用于棉花染色工艺生产。

e）采用 RO 处理系统深度去除水中的钙、镁、铁和锰等金属离子，降低总硬度和电导率，同时进一步降低 COD、色度和浊度，使处理出水水质能全面地满足纱线染缸染色要求，以实现工艺生产回用。

RO 处理的浓水进入该企业的废水处理调节池，同重污染染色废水混合一并进行处理，达标排放。

③运行工况和处理效果

本工程于 2011 年 4 月投入正常运行。一般进水量为 $2000 \sim 2400 m^3/d$，进水水质为 pH $6.5 \sim 7.5$、COD_{Cr} $120 \sim 150mg/L$、SS $100 \sim 150mg/L$、色度 $50 \sim 100$ 倍。

第三节　钢铁工业废水处理工艺及再生利用

一、废水处理工艺流程

1. 矿山采选废水

（1）酸性废水

酸性废水一般以石灰乳中和，再添加混凝剂或絮凝剂进行混凝沉淀。处理工艺流程如图 12-27 所示。

（2）重金属废水

含有重金属的废水可添加硫化剂，使之形成金属硫化物，或添加铁粉置换剂，以置换其他重金属。处理工艺流程如图 12-28 所示。

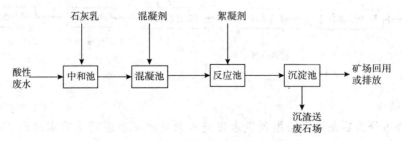

图 12-27　矿山酸性废水处理工艺流程

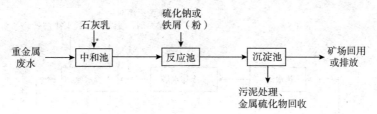

图 12-28　矿山重金属废水处理工艺流程

（3）重金属酸性废水

含重金属的酸性矿山废水可利用铁氧菌进行生物处理。处理工艺流程如图 12-29 所示。

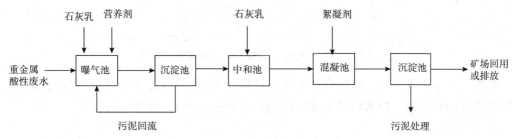

图 12-29　矿山重金属酸性废水生物处理工艺流程

2. 烧结废水

烧结废水中悬浮固体浓度高，一般采用混凝沉淀处理，沉淀污泥经浓缩、脱水，污泥饼可回收烧结用。废水中的悬浮固体含有较高的铁磁值，如先经磁聚凝器加以磁化后，可加速后续沉淀效果，降低沉淀污泥含水率。处理工艺流程如图 12-30 所示。

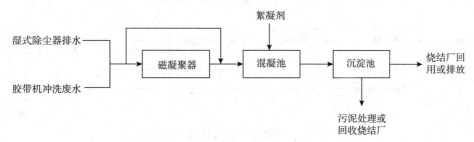

图 12-30　烧结废水处理工艺流程

另外还有一种间接冷却循环水也属于烧结废水。间接冷却循环水因不与物料或产品接触，未受到污染，仅水温升高，一般经冷却水塔冷却后即可供给生产回用。处理工艺流程如图 12-31 所示。

3. 焦化废水

焦化废水含有较高浓度的有机污染物，经预处理后，采用活性污泥生物处理。为了提高处理效果，常采用在曝气池内添加铁盐的方法，这样既可刺激生物的黏液分泌，又可增加生物絮凝作用。处理工艺流程如图 12-32 所示。

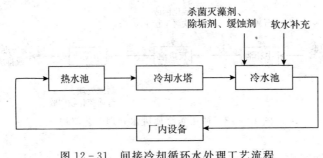

图 12-31　间接冷却循环水处理工艺流程

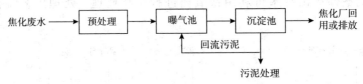

图 12-32　焦化废水活性污泥法处理工艺流程

焦化废水中如难降解有机物和氨氮等含量高，则需经厌氧、缺氧进行反硝化反应，再以好氧进行硝化反应。即采用 A-O 或 A-A-O 系统进行处理。处理工艺流程如图 12-33 和图 12-34 所示。

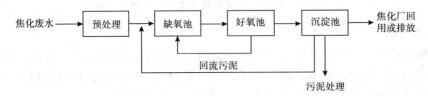

图 12-33　焦化废水 A-O 处理工艺流程

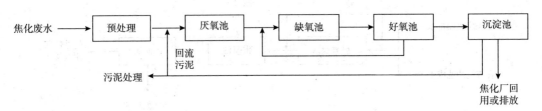

图 12-34　焦化废水 A-A-O 处理工艺流程

4. 炼铁废水

（1）间接冷却水

间接冷却水的排放水经冷却塔或热交换器冷却后即可回用，而冷却浓缩排放水和冷却蒸发损耗水量则以软水补充即可。处理工艺流程如图 12-35 所示。

（2）直接冷却水

直接冷却水因与产品或设备直接接触，废水应先经除油、混凝沉淀，甚至过滤，以除去水中悬浮固体物，最后经冷却塔冷却后方可回用。处理工艺流程如图 12-36 所示。

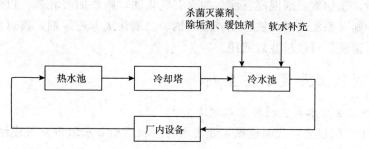

图 12-35　炼铁间接冷却水处理工艺流程

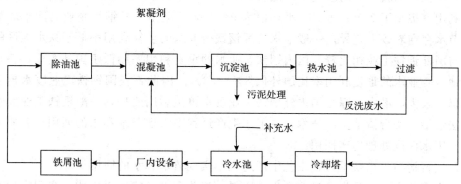

图 12-36　炼铁直接冷却水处理工艺流程

（3）高炉煤气洗涤废水及冲洗水渣废水

高炉煤气洗涤废水及冲洗水渣废水处理时，除了需去除悬浮固体外，还应在碱性条件下，以氧化剂氧化氰化物成氮气，而后再经混凝沉淀，处理水供厂内回用或排放。处理工艺流程如图 12-37 所示。

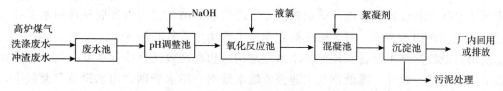

图 12-37　炼铁高炉煤气洗涤废水及冲渣废水处理工艺流程

5．炼钢废水

炼钢生产过程无论采用转炉-连铸机或电弧炉-钢包炉-连铸机，所产生的废水基本上与炼铁废水相似，处理工艺流程亦相同。

6．轧钢废水

（1）热轧废水

热轧厂间接冷却水的处理工艺流程与炼铁间接冷却水相同。而直接冷却废水所含有的废铁屑（皮）、乳化油浓度特别高，因此，常需添加破乳助凝剂、絮凝剂经混凝沉淀和除油后，再经过滤和冷却方可回用。

（2）冷轧废水

冷轧厂废水含废酸、乳化液、废碱、钝化液、磷酸盐、铬及其他重金属。含酸碱废水可经中和后，添加絮凝剂混凝沉淀。如含有乳化油，则添加破乳剂，以气浮法处理。如含有重金属，则可添加硫酸亚铁、亚硫酸氢钠、二氧化硫等还原剂，再以混凝沉淀处理。上述沉淀的上清液，可经过滤后回用。

二、钢铁工业废水再生利用

1. 钢铁工业废水再生利用基本方法

进入 21 世纪以来，我国钢铁工业废水再生利用和节水取得显著成绩。2005 年与 2000 年相比，钢产量由 1.17 亿吨增加到 3.49 亿吨，增加了 198.65%。而用水量仅增加 74.3%；单位产品新鲜水用水量平均值由 24.75m³/t 下降到 8.6m³/t，下降率为 65%；废水重复利用率提高了 7 个百分点，平均值为 94.04%。但是，各钢铁企业之间水的重复利用率和节水存在着较大差异。一般丰水地区钢铁企业水的重复利用率低于缺水地区的钢铁企业。与国外钢铁工业相比较，国内钢铁企业水的重复利用率亦低于国外企业，特别是国内丰水地区企业水的重复利用率比国外低 8%～33%。因此，我国钢铁工业废水再生利用和节水仍有较大的潜力。综合国内外钢铁工业废水再生利用成果，一般钢铁工业废水再生利用方法包括：实行清洁生产技术，在工艺生产过程中实现节水和水的回用；分质处理生产回用；废水深度处理生产回用。

（1）实行清洁生产技术，在工艺生产过程中实现节水和水的回用

清洁生产节水工艺是指通过改变生产原料、工艺和设备或用水方式，实现少用水或不用水。清洁生产节水是更高层次的源头节水和提高用水重复利用率技术，是钢铁工业废水再生利用首先要考虑的技术方法，是采用其他再生利用方法的前提。

推广钢铁工业融熔还原等非高炉炼铁工艺，开发薄片连铸工艺，采用炼焦生产过程中的干熄焦或低水分熄焦工艺可以降低对新鲜水的消耗。大力发展和推广高炉煤气、转炉煤气干式除尘，大力发展和推广干式除灰与干灰输灰（渣）、高浓度灰渣输送、冲灰水回收利用等节水技术和设备，可以降低钢铁工业生产用水的消耗。大力发展循环用水系统、串级供水系统和回用水系统，可大幅度提高钢铁工业用水重复利用率。

采用高效换热技术设备、环保节水型冷却构筑物和高效循环冷却水处理技术，是钢铁工业节水的重点。此外，降低钢铁工业企业输水管网、用水管网、用水设备的漏损率，完善和加强工业用水计量、控制和管理，是节水的重要途径。

（2）分质处理生产回用

钢铁工业生产用水种类很多，水质要求各异。其中设备间接冷却循环水不与物料或产品直接接触，未受到污染，只是水温升高，经冷却处理后即可供生产回用。一般直接冷却废水虽与产品或设备直接接触，但经相应处理，去除水中悬浮物和经冷却后亦可供生产回用。所以，对钢铁工业冷却水可进行分质处理生产回用。钢铁工业循环冷却水分质处理生产回用一般流程如图 12-38 和图 12-39 所示。

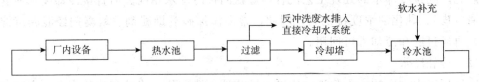

图 12-38　钢铁工业直接冷却循环水生产回用一般流程

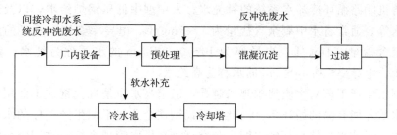

图 12-39　钢铁工业间接冷却循环水生产回用一般流程

（3）废水深度处理生产回用

钢铁工业废水深度处理生产回用是更高层次的再生利用。经深度处理后的出水水质一般可满足钢铁生产净循环冷却系统补充水、锅炉补给水以及高质量钢材表面处理用水水质要求。某轧钢废水深度处理生产回用流程如图 12-40 所示。

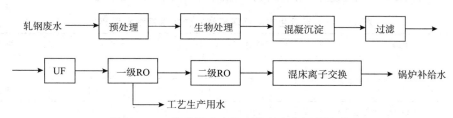

图 12-40　某轧钢废水深度处理生产回用流程

从图 12-40 可以看出，为了使轧钢废水经深度处理后能满足生产用水水质要求，不仅应对生产废水进行生化-物化处理，使处理后出水 SS、COD、铁等污染物指标能满足生产回用水水质要求，而且还要对废水进一步深度处理。采用膜处理技术（UF、RO）可以去除废水中的 Ca^{2+}、Mg^{2+}、Cl^-、SO_4^{2-} 等，降低回用水硬度、碱度和电导率，使回用水水质能全面满足生产用水水质要求。废水深度处理生产回用是促进我国钢铁工业企业贯彻节能减排，实现可持续发展具有前景的再生利用方法。

2. 钢铁工业废水生产回用水质要求

（1）间接冷却循环水系统

间接冷却循环水系统即净循环系统。现代钢铁企业净循环系统用水的种类很多，通常分为原水、工业用水、过滤水、软水和纯水等。

原水是指从自然水体或城市给水管网获得的新鲜水，通常用于企业的生活饮用水。

工业用水是经过混凝、澄清处理（包括药剂软化或粗脱盐处理）达到规定的用水水质的水，主要用于敞开式循环冷却系统的补充水。

过滤水是在工业用水的基础上经过过滤处理后，达到规定水质指标的水，主要作为软水、纯水等处理设施的原料水；主体工艺设备各种仪表的冷却水（一般为直流系统）；水处理药剂、酸碱的稀释水；对悬浮物含量限制较严，一般工业用水不能满足要求的用水。

软水是在通过离子交换法、电渗析、反渗透处理后，其硬度达到规定指标的水，主要用于水硬度要求较严的净循环冷却系统，如大型高炉炉体循环冷却系统，连铸结晶器循环水冷却系统以及小型低压锅炉给水等。

纯水是采用物理、化学法除去水中盐类，剩余含盐量很低的水。主要用于特大型高炉、大型连铸机闭路循环冷却水系统的补充水；大中型中低压锅炉给水，以及高质量钢材表面处理用水等。通常将水中剩余含盐量为 $1\sim5mg/L$、电导率 $\leqslant10\mu S/cm$ 的水质称为除盐水；将剩余含盐量 $<1mg/L$、电导率为 $10\sim0.3\mu S/cm$ 的水质称为纯水；将剩余含盐量 $<0.1mg/L$、电导率 $\leqslant0.3\mu S/cm$ 的水称为高纯水。

现代化钢铁生产工艺对水质要求越来越严，追求高水质是现代钢铁工业用水发展的趋势，只有高水质才能有高的循环率。因此，现代钢铁企业按不同生产工序的水质要求，设置了工业用水、过滤水、软水与纯水四个分类（级）供水管理系统，这四个系统的主要用途可依次作为软水、过滤水、工业水循环系统的补充水。这是实现按质供水、串级用水最有效的办法，其结果是减少了产品用水量，提高了用水循环率，延长了设备使用寿命，增加了企业经济效益。目前国内大多数企业由于基础设施不同，用水系统仍以采用工业用水、生活用水两个系统居多。但高炉间接冷却系统采用软水已有共识，新建大型高炉大都采用软水。根据国内外钢铁生产用水经验，上述四种供水系统水质要求如表 12-11 所示。

表 12-11　钢铁生产净循环系统四种供水系统水质要求

参数	工业用水	过滤水	软水	纯水
pH	7～8	7～8	7～8	6～7
SS/(mg/L)	10	2～5	未检出	未检出
总硬度（以 $CaCO_3$ 计）/(mg/L)	≤200	≤200	≤2	微量
碳酸盐硬度（以 $CaCO_3$ 计）/(mg/L)	①	①	≤2	微量
钙硬度（以 $CaCO_3$ 计）/(mg/L)	100～150	100～150	≤2	微量
M 碱度（以 $CaCO_3$ 计）/(mg/L)	≤200	≤200	≤1	微量
P 碱度（以 $CaCO_3$ 计）/(mg/L)	①	①	≤1	
氯离子（以 Cl^- 计）/(mg/L)	60 最大 220	60 最大 220	60 最大 220	≤1
硫酸根离子（以 SO_4^{2-} 计）/(mg/L)	≤200	≤200	≤200	≤1
可溶性 SiO_2（以 SiO_2 计）/(mg/L)	≤30	≤30	≤30	≤0.1
全铁（以 Fe 计）/(mg/L)	≤2	≤1	≤1	微量
溶解性固体/(mg/L)	≤500	≤500	≤500	未检出
电导率/($\mu S/cm$)	≤450	≤450	≤450	≤10

①未规定限制性指标，但实际工程中需有指标数据。

注：工业用水的悬浮物含量可根据钢铁厂实际情况放宽到 $20\sim30mg/L$。

（资料来源：王绍文等. 钢铁工业废水资源回用技术与应用. 北京：冶金工业出版社，2008）

（2）直接冷却循环水系统

直接冷却循环水系统即浊循环用水系统。钢铁工业生产工序比较复杂，一个大型钢铁联合企业有数以百计的循环用水系统，分布于生产各工序中，且各工序浊循环冷却用水系统的水质要求各异。我国钢铁工业的发展，具有自身特色，各钢铁企业发展历程也不尽相同，大都历经由小变大，逐步改建、扩建、填平补齐以及用水系统逐步配套完善的过程。且因各地区水资源、矿产、能源、生产设备及技术水平等因素的差异，我国钢铁企业各工序浊循环用水系统水质差异较大。

但是随着水资源短缺制约钢铁企业发展，为了节约用水，提高用水循环率，必须不断完善循环用水系统与废水处理循环回用。关于各工序浊循环冷却用水系统的用水水质要求，目前国内尚无统一规定，作为参考，根据国内外钢铁企业用水经验，钢铁工业生产浊循环用水系统的水质要求如表 12-12 所示。

表 12-12　钢铁工业生产浊循环用水系统的水质要求

工序名称	用途或名称	悬浮物/(mg/L)	全硬度/(mg/L)	氯离子/(mg/L)	油类/(mg/L)	供水温度/℃
通用	直接冷却水	≤30	≤200	≤200	≤10	≤33
原料场	皮带运输机洗涤水	≤600	—	—	—	—
	场地洒水	≤100	—	—	—	—
烧结	原料一次混合	无需求	—	—	—	—
	原料二次混合	≤30	—	—	—	—
	除尘器用水	≤200	—	—	—	—
	冲洗地坪	≤200	—	—	—	—
	清扫地坪	≤200	—	—	—	—
高炉	炉底洒水	≤30	≤200	≤200	—	≤36
	煤气洗涤水	100～200	—	—	—	—
炼钢	煤气洗涤水	100～200	—	—	—	—
	RH 装置抽气冷凝水	≤100	≤200	≤200	—	—
连铸	板胚冷却用水	≤100	≤400	≤400	≤10	≤45
	火焰清理机用水	≤100	≤400	≤400	—	≤60
	火焰清理机除尘	≤50	≤400	≤400	—	—
轧钢	火焰清理机用水	≤100	≤400	≤400	—	—
	火焰清理机除尘	≤50	≤400	≤400	—	—
	冲氧化铁皮用水	≤100	≤220	—	—	—
	轧机冷却水	≤50	—	—	≤10	—

（资料来源：王绍文等．钢铁工业废水资源回用技术与应用．北京：冶金工业出版社，2008）

三、工程实例

1. 某炼钢厂冷却循环水处理和生产回用工程

某大型不锈钢有限公司位于我国珠江三角洲地区，设有电弧炉、转炉、真空精炼炉及扁钢铸机等，年产各种类不锈钢 80 万吨，产品包括扁钢胚、钢板、热轧黑皮钢卷、热轧白皮钢卷、冷轧不锈钢钢卷。炼钢二厂的冷却循环水处理和生产回用工程，于 2008 年 4 月动工建设，至 2009 年年底完成热试车，验收启用。

本工程设有三个处理系统，即间接冷却水、直接冷却水及密闭冷却水系统。

间接冷却水系统是指冷却水经生产线使用后，温度升高，经冷却塔冷却，即可提供生产线回用。冷却时因蒸发飞溅而有水的损耗，同时为了防止冷却水管产生管垢，除了以软水补充外，还添加除垢、防蚀抑制剂及除藻剂。

直接冷却水系统是指冷却水直接与钢品接触而污染，必须经混凝、沉淀、过滤及冷却塔冷却后，即可提供生产线回用。冷却时因蒸发飞溅而有水的损耗，以自来水补充，同时亦需添加除垢、防垢抑制剂及除藻剂。

密闭冷却水系统是指冷却水处于密闭状态不与外界接触，以热交换器降温后，即可直接供给生产线回用。冷却水水质要求高，如有少许蒸发，则以软水补充。此系统的冷却水虽重复循环使用，但水中离子浓度浓缩现象不如上述两个系统冷却水显著，可以不添加防蚀、防垢抑制剂。

（1）设计处理水量和水质

间接冷却水系统设计处理水量和要求如表 12-13 所示。

直接冷却水系统设计处理水量和要求如表 12-14 所示。

密闭冷却水系统设计处理水量和要求如表 12-15 所示。

处理后排放水质要求如表 12-16 所示。

表 12-13　间接冷却水系统设计处理水量和要求

参数	设计水量和要求	参数	设计水量和要求
水量/(m³/h)	940	温差/℃	15
供水温度/℃	<34	供水压/MPa	0.8
进水温度/℃	<49	出水压/MPa	0.2

表 12-14　直接冷却水系统设计处理水量和要求

参数	设计水量和要求	水质		参数	设计水量和要求	水质	
		进水	处理水			进水	处理水
水量/(m³/h)	600			出水压/MPa	0.04		
供水温度/℃	<34			SS/(mg/L)		150	<20
进水温度/℃	<54			油/(mg/L)		10	<5
温差/℃	20			Fe/(mg/L)		10	<5
供水压/MPa	1.35						

表 12-15　密封冷却水系统设计处理水量和要求

参数	设计水量和要求		参数	设计水量和要求	
	1#密闭设备	2#密闭设备		1#密闭设备	2#密闭设备
水量/(m³/h)	6610	700	供水压/MPa	1.15	0.95
供水温度/℃	<40	<35	出水压/MPa	0.25	0.20
进水温度/℃	<70	<50	紧急供水量/(m³/L)	800	
温差/℃	30	15			

表 12-16　处理后排放水质要求

参数	水质要求	参数	水质要求
pH	6～9	Mn/(mg/L)	1
温度/℃	35	NO^{-3}/(mg/L)	50
总 Cr/(mg/L)	1.2	Ni/(mg/L)	0.85
Cr^{6+}/(mg/L)	0.25	COD/(mg/L)	50
F^-/(mg/L)	9	SS/(mg/L)	30
Fe/(mg/L)	5	透视度/cm	20

（2）处理工艺流程

本工程的三个处理系统的水量、水温、水压及水质要求不同，必须经分别处理达到相应要求后供生产回用。

①间接冷却水系统。间接冷却水系统处理工艺流程如图 12-41 所示。

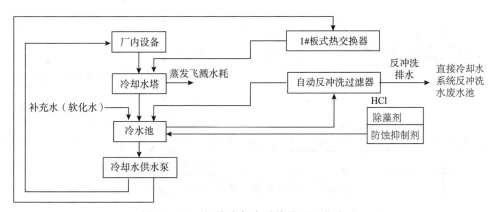

图 12-41　间接冷却水系统处理工艺流程

②直接冷却水系统。直接冷却水系统处理工艺流程如图 12-42 所示。

③密闭冷却水系统。密闭冷却水系统处理工艺流程如图 12-43 所示。

（3）运行工况和处理效果

本工程自 2009 年 12 月运行至今，情况正常，各系统处理出水水质符合循环回用生产用水水质要求。

2. 某不锈钢厂废水处理和生产回用工程

台湾某大型钢铁股份有限公司设有电弧炉、转炉、真空精炼炉等，年产 100 万吨不锈钢粗钢、93 万吨热轧黑皮钢卷、25 万吨热轧 2.0～10mm 钢卷、30 万吨 0.3～3.0mm 冷轧钢卷等。

该公司冷轧三厂的冷却循环水及废水处理工程于 2007 年 4 月动工建设，至 2008 年 12 月完成热试车，验收启用。

本工程设有三个水处理系统，即直接冷却水、间接冷却水及生产废水处理三个系统。

直接冷却水系统是指冷却水直接与钢品接触而污染，必须经混凝、沉淀、过滤及冷却塔冷却后，方可提供生产线回用。冷却时因蒸发飞溅而有水耗，以自来水补充，直接冷却水需添加除垢、防蚀抑制剂及除藻剂。

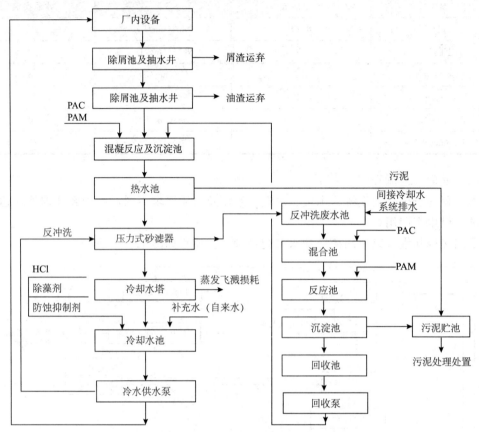

图 12-42 直接冷却水系统处理工艺流程

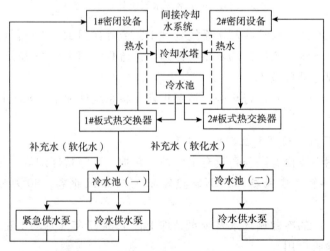

图 12-43 密闭冷却水系统处理工艺流程

间接冷却水系统是指冷却水经生产线使用后，温度升高，经冷却水塔冷却后，即可提供生产线回用。冷却时因蒸发飞溅而有水耗，同时为了防止冷却水管产生管垢，除了以软水补充外，还需添加除垢、防蚀抑制剂及除藻剂。

生产废水处理系统是指对不锈钢生产过程中排放的酸性废水、电解液废水、碱性废水及含油废水等进行处理，而后达标排放。

（1）设计处理水量和水质

直接冷却水系统设计处理水量和要求如表 12-17 所示。

表 12-17　直接冷却水系统设计处理水量和要求

项目	水量和要求	回用水质	项目	水量和要求	回用水质
水量/(m³/h)	120		SS/(mg/L)		<15
供水温度/℃	<34		Fe/(mg/L)		≤2
进水温度/℃	<44		电导率/(μS/cm)		<2500
温差/℃	10		硬度（以 CaCO₃ 计）/(mg/L)		<500
供水压力/bar	4~6		碱度（以 CaCO₃ 计）/(mg/L)		<250
pH		7.5~8.5			

间接冷却水系统设计要求如表 12-18 所示。

表 12-18　间接冷却水系统设计要求

项目	设计要求
水量/(m³/h)	1700
供水压力/bar	3.5~6
紧急供水量/(m³/h)	40（至少维持 8h）

生产废水处理系统设计处理水量和水质见表 12-19。处理后排放水水质要求见表12-20。

表 12-19　生产废水系统设计水量和水质

项目	酸性废水	电解液废水	碱性废水	油脂废水
水量/(m³/h)	25（连续）	7	5	7
pH	2	4~6	11~13	6~8
NO₃-N/(mg/L)	2500			
F⁻/(mg/L)	5000~10000			
Cr⁶⁺/(mg/L)	10~20	5000~10000		
Na₂SO₄/(kg/h)	0.5			
金属/(kg/h)	40①			
SS/(mg/L)			50~100	500~1000
COD/(mg/L)			800~1200	1000~2000
Fe/(mg/L)			50~100	50~100
油/(mg/L)			50~200	50~200

注：Fe∶Ni∶Cr=7∶1∶2。

表 12-20　生产废水处理后排放水质要求

项目	水质要求	项目	水质要求	项目	水质要求
pH	6～9	油/(mg/L)	≤10	Ni/(mg/L)	≤1.0
温度/℃	≤35	S^{2-}/(mg/L)	≤1.0	Ag/(mg/L)	≤0.5
透视度/cm	≤20	总 Cr（mg/L）	≤2.0	Zn/(mg/L)	≤5.0
SS/(mg/L)	≤30	Cr^{6+}/(mg/L)	≤0.5	Se/(mg/L)	≤0.5
BOD_5/(mg/L)	≤30	CN^-/(mg/L)	≤1.0	As/(mg/L)	≤0.5
COD/(mg/L)	≤100	Cd/(mg/L)	≤0.03	F^-/（mg/L）	≤15
NH_3-N/(mg/L)	≤10	Cu/(mg/L)	≤3.0	Fe/(mg/L)	≤10
NO_3-N/(mg/L)	≤50	Pb/(mg/L)	≤1.0	Mn/(mg/L)	≤10
PO_4^{3-}/(mg/L)	≤4.0	Hg/(mg/L)	≤0.005	C_6H_5OH/(mg/L)	≤1.0

（2）处理工艺流程

本工程的三个处理系统的水量、水温、水压及水质要求均不相同，必须经分别处理达到相应的要求后供生产回用或排放。

①直接冷却水系统。直接冷却水系统处理工艺流程如图 12-44 所示。

②间接冷却水系统。间接冷却水系统处理工艺流程如图 12-45 所示。

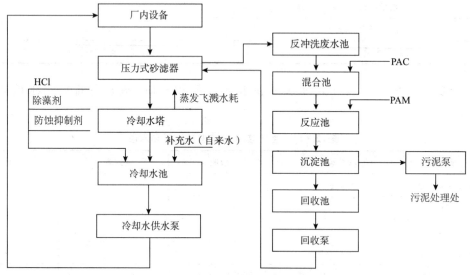

图 12-44　直接冷却水系统处理工艺流程

③生产废水处理系统。根据生产废水的组成、污染物特性和处理后排放水质的要求，采用物化-生化联合处理的方法。即先对高浓度的电解液废水、酸性废水、碱性废水和含油废水采用物化方法进行分质处理，而后经混合后再经生物处理，使处理水达标排放。

电解液废水六价铬浓度高，Cr^{6+} 为 5000～10000mg/L，为此先将 Cr^{6+} 还原为 Cr^{3+}。酸性废水的氟含量高，F^- 为 5000～10000mg/L，采用以 Ca（OH）$_2$（石灰乳）同氟离子反应，沉淀除氟离子。同时将碱性废水同酸性废水中和，再经混凝沉淀处理，以去除大部分无机污染物。含油废水经混凝气浮处理，以去除大部分油脂。

物化处理后的各类生产废水经混合和 pH 调整后，再以好氧活性污泥法进行生物处理，以进一步降低有机污染物浓度。由于本工程的酸性废水含有高浓度的硝酸态氮，NO_3-N 为 2500mg/L，难以采用一般反硝化脱氮工艺使处理出水 NO_3-N 浓度达到排放水水质要求（NO_3-N≤50mg）。生产废水处理系统工艺流程如图 12-46 所示。

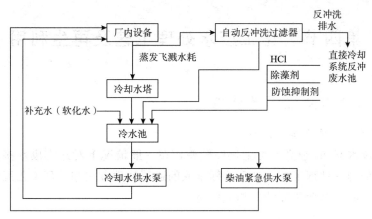

图 12-45　间接冷却水系统处理工艺流程

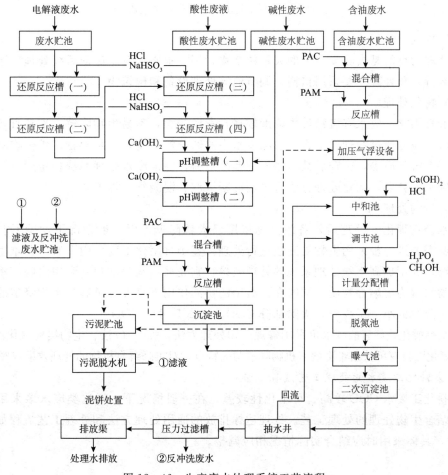

图 12-46　生产废水处理系统工艺流程

（3）运行工况和处理效果

本工程自 2008 年 12 月启用运行至今，情况正常。直接冷却水系统、间接冷却水系统处理出水水质符合循环回用水质要求。经处理后，生产废水中含有的污染物排放浓度达到了排放水质要求。

第四节　化工废水处理工艺及再生利用

一、化工废水处理工艺流程

1. 日用化工废水处理工艺流程

日用化工废水 COD 较高、可生化性较差，在一般情况下对这类废水多采用物理化学处理结合生物处理的处理工艺。处理达标排放的通用处理方法和处理工艺流程如图 12-47 所示。具体采用时应结合实际情况相应调整。

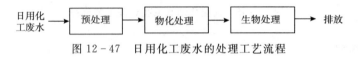

图 12-47　日用化工废水的处理工艺流程

（1）预处理

预处理的目的是去除废水中的大颗粒杂物，调节水质水量，保证后续处理工序可连续稳定地运行。预处理主要采用格栅、调节池等处理设备和构筑物。

（2）物化处理

一般日用化工废水有机污染物浓度较高，毒性较大，不易生物降解，不易直接采用生物处理法，应先通过物理化学方法去除废水中的部分污染物，如悬浮物、难生物降解有机物、有毒有害物质等，减轻后续生物处理系统负荷，保证废水处理系统稳定运行。针对日用化工废水的特点，物化处理方法可采用混凝沉淀、混凝气浮等工艺。

（3）生物处理

废水经物理化学处理后，各污染物浓度已大幅降低，但一般情况下，还不能达标排放，因此需要进一步采用生物处理法进行处理。鉴于日用化工废水中含有一些难生物降解的有机物，为了提高生物处理系统的处理效果，宜先采用水解酸化，利用水解菌将不溶性的有机物水解为溶解性物质，同时在产酸菌的协同作用下将大分子和难生物降解的物质转化为易于降解的小分子物质，去除部分 COD，提高 BOD_5/COD。

经水解酸化处理后的废水可采用常规生物处理方法，如 A/O 法、生物接触氧化法等。生物接触氧化法具有可持留难降解有机物降解菌的特点，对难降解有机物的处理效果较好。

2. 染料化工废水的处理工艺流程

染料化工废水 COD 较高、可生化性较差，在一般情况下，对这类废水多采用物理化学处理结合生物处理的处理工艺。处理达标排放的通用处理方法和处理工艺流程如图 12-48 所示，具体采用时应结合实际情况相应调整。

图 12 - 48 染料化工废水的处理工艺流程

（1）预处理

预处理的目的是去除废水中的大颗粒杂物，调节水质水量，保证后续处理工序可连续稳定地运行。预处理主要采用格栅、调节池等处理设备和构筑物。

（2）物化处理

一般染料化工废水有机污染物浓度较高、毒性较大、不易生物降解，不宜直接采用生物处理法，应先通过物理化学方法去除废水中的部分污染物，如悬浮物、难生物降解有机物、有毒有害物质等，以减轻后续生物处理系统负荷，保证废水处理系统稳定运行。针对染料化工废水的特点，物化处理方法可采用混凝沉淀、混凝气浮等工艺。

（3）生物处理

废水经物理化学处理后，各污染物浓度已大幅降低，但一般情况下，还不能达标排放，因此需要进一步采用生物处理法进行处理。鉴于染料化工废水中含有一些难生物降解的有机物，为了提高生物处理系统的处理效果，宜先采用水解酸化，利用水解菌将不溶性的有机物水解为溶解性物质，同时在产酸菌的协同作用下将大分子和难生物降解的物质转化为易于降解的小分子物质，去除部分 COD，提高 BOD_5/COD。

经水解酸化处理后的废水可采用常规生物处理方法，如 A/O 法、生物接触氧化法等。生物接触氧化法具有可持留难降解有机物降解菌的特点，对难降解有机物的处理效果较好。

3. 农药化工废水的处理工艺流程

农药化工废水有机物浓度较高、毒性大，难生物降解、pH 变化大、无机盐含量高、有恶臭及刺激性气味。对这类废水多采用分质分段处理方法，对高浓度有毒有害生产废水先进行预处理，再与其他低浓度废水（厂区生活污水、冷却水等）混合进行生物处理后达标排放，处理工艺流程如图 12 - 49 所示。

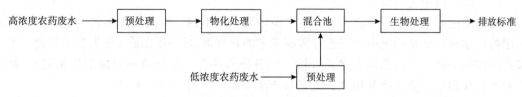

图 12 - 49 农药化工废水的处理工艺流程

（1）预处理

农药废水水质水量变化很大，为了保证后续处理工序可连续稳定地运行，需要采用必要的预处理手段，采用格栅、调节池等去除废水中的大颗粒杂物，调节水质水量。

（2）高浓度生产废水物化处理

农药生产废水有机物浓度较高、毒性大，难生物降解，为了降低 COD，去除有毒物质活性基团，提高废水可生化性，需进行物化处理。针对农药废水，物化处理方法主要有混凝沉淀、气浮、铁碳微电解、高效 Fenton 等，有必要时，可选择几种预处理方法联用，以达到更好的处理效果。

（3）生物处理

高浓度生产废水经物化处理后，COD 大幅降低，可生化性提高，适宜进行生物处理。生物处理方法宜采用先水解酸化，后常规生物处理的方法。常规生物处理方法根据不同的废水性质和处理要求选用 A/O、A_2/O、生物接触氧化、SBR 等。

（4）除臭系统

由于农药废水有刺激性气味且毒性较大，工程上应考虑设置臭气收集及处理装置，臭气处理可采用化学吸收、生物处理、焚烧等方法。

二、化工废水再生利用

1. 化工废水再生利用基本方法

随着经济的高速发展，化工产品生产过程对环境的污染加剧，化工废水对人类健康的危害也日益普遍和严重。同时化工企业作为用水大户，新鲜水用量大，水的重复利用率低，不仅造成环境污染，也浪费大量水资源。我国是一个水资源缺乏的国家，而且水资源分布极不均衡，在干旱和半干旱地区，水资源短缺已经成为制约经济和社会发展的主要因素之一，当然水资源的短缺也对这些工业用水大户的生产造成威胁。因此对化工废水进行深度处理，从而回用于生产或者其他场合，实现化工废水的再生利用，不仅可以保持企业的可持续发展及减少水资源的浪费，降低生产成本，还可以提高企业经济效益、社会效益和环境效益，甚至对地方经济和社会的发展也起到促进作用。

化工废水经过深度处理后作为生产回用水时，不同的化工企业、不同的回用用途和目标，对回用水的要求也不同。废水再生回用技术主要是指废水深度处理技术，即针对不同的使用要求，从经达标处理的废水中进一步去除少量或微量的污染物，以改善水质。因此废水再生回用一般在低负荷条件下运行，且对出水水质的稳定性有着严格的要求。

要实现化工废水的再生利用，选择科学、合理、高效、经济的回用工艺，是成功实施废水回用的关键和前提。化工废水处理回用工艺的选择，一般需要考虑以下几个因素。

（1）回用的用途和目标

化工企业废水的回用用途不同，对水质的要求也不同，因而处理工艺也就不同。因此回用的用途和目标是确定回用工艺时需要考虑的首要因素。化工废水再生利用用途，一般包括用作杂用水（车间地面及道路冲洗、设备外表冲洗、车辆清洗及施工用水等）、绿化浇灌及景观用水、循环冷却用水、工艺和产品用水以及锅炉补给水等。

（2）污染物的种类和水质指标

不同的化工企业排放的污染物种类不同，再生水的用途也不同，污染物种类和限值水平也各不相同，采用的回用处理工艺必须具有针对性。

（3）技术的成熟性与稳定性

化工废水进行深度处理回用时，对回用水水质的稳定性有较高要求，因此从工艺的可靠性角度考虑，应当选择成熟和运行稳定的处理工艺。当现有的成熟处理技术不足以达到要求的去除效果，或者因其他客观条件的限制需要采用新技术、新工艺时，应当在设计之前进行必要的试验以对技术可行性进行验证，确定相应的设计参数，保证处理效果。

（4）现有的处理工艺

回用水深度处理工艺一般都是设置在达标处理工艺之后，因此对达标处理工艺及其处理效果进行评估和分析，可以了解深度处理中需要进一步去除的残余污染物的性质和特点，使深度处理工艺的选择更具有针对性。一般在既有达标处理中已采用过的单元处理工艺，不宜在深度处理中重复采用。比较典型的就是生物处理工艺，前处理中已经使用了生物处理工艺，且停留时间较长或有机负荷较低，那么说明残余的有机物主要是难以生物降解的，此时在深度处理中如再采用生物法，则收效有限。

（5）经济合理性

经济合理性是决定化工废水回用的重要因素，因此需要在达到回用要求的前提下对投资和运行费用进行比较。一般在不考虑资源效益的前提下，单一地将包含处理设施设备折旧费在内的处理费用与新鲜水的价格进行对比，在一定程度上可以大致分析回用工程在经济上的可行性。一般情况下，废水的处理费用与污染物的去除率之间存在一定的关系，去除率越高处理费用越高，但并不是简单的线性关系。当废水中污染物含量已经处于低水平时，去除率的小幅提高就会带来处理费用的大幅度增长，一般化工废水的深度处理回用就是处于这种状况。在工程实践中可以根据处理费用与处理程度的关系找到一个平衡点，用来评价回用工程在经济上是否可行。当然在实际操作中，还需要考虑其他因素，如水资源效益、节水政策、新鲜水价格的变化、排污总量控制要求等，进行综合分析与评价。

此外，化工废水的再生回用有时还需要考虑其他因素，例如回用水量水质的可操作性、膜分离的浓缩液处理、污泥的消纳等。

2. 化工废水生产回用水质要求

化工废水回用水根据不同的回用用途，水质要求也各不相同。由于化工废水成分复杂，目前我国尚未制定专门的化工废水再生利用水水质标准。如回用水用作生产工艺及生产设备用水，应参考相应的生产用水水质标准。如回用水用作生产用水水源，一般可参考《城市污水再生利用　工业用水水质标准》（GB/T 19923—2005）。回用水的化学毒理学指标应符合《城镇污水处理厂污染物排放标准》（GB/T 18918—2002）中"一类污染物"和"选择控制项目"各项指标限值的规定。

（1）杂用水

杂用水对水质的要求相对较低，需要控制的主要污染物包括 BOD、SS、色度、病原微生物等。对于执行较高排放标准的化工废水，达标排放水一般经过过滤、消毒等处理可满足杂用水的水质要求。

（2）绿化浇灌及景观用水

绿化浇灌用水的水质要求主要是考虑对植物的影响，而不同植物对水中污染物的耐受程度不同，需要控制的主要污染物通常是含盐量、COD 和氨氮等。而景观用水的水质除了考虑再生水的表观性状以外，为了防止景观水体的富营养化，无机营养元素总氮和总磷是需要控制的主要指标。

（3）循环冷却水

循环冷却水是化工再生水使用的主要用途之一，对水质的要求应重点考虑防止设备、管道的腐蚀和结垢，微生物的滋生，需要控制的水质指标主要有硬度、碱度、电导率、硫酸根离子、氯离子、pH、COD 等。不同的冷却水系统对水质的要求详见《工业循环冷却水处理设计规范》（GB/T 50050—2017）。

（4）工艺和产品用水

化工生产对用水水质一般都有很高的要求，化工废水回用于工艺和产品用水时，可能会对产品的质量产生影响。而且不同的化工行业，工艺性质不同，对水质的要求有很大差异。日用、染料、农药等化工行业对工艺再生水的水质要求相对较高，是否具备废水再生回用的可行性，应当在技术经济比较的基础上，结合其他客观条件进行具体的研究分析。根据不同工艺及不同产品的具体情况，通过再生利用试验，以验证回用水水质是否达到相关工艺与产品的用水水质要求。目前国内化工废水回用于工艺生产尚属少见，回用的重点还是以循环冷却水为主。

此外，化工废水处理再生利用时，应做好再生回用水的安全用水管理工作，如杀菌灭藻、水质稳定、水质水量与用水设备检测控制等。再生水管道要按照规定涂有与新鲜水管道相区别的颜色，并标注"再生水"字样，用水点要有"禁止饮用"标志，防止误饮误用，等等。

三、工程实例

1. 某洗涤用品有限公司日用化工废水处理工程

（1）工程概况

某洗涤用品有限公司是一家生产洗衣粉的合资企业，生产过程中产生的洗涤剂废水主要污染物是阴离子表面活性剂。LAS 和 COD 等。

该公司采用混凝沉淀-水解酸化-接触氧化工艺处理含阴离子表面活性剂的洗涤剂废水，以去除废水中的 LAS 和 COD，使处理出水水质稳定达标排放。本工程于 1998 年 9 月建成投入正常运行，且通过环保监测达标验收。

（2）废水水量水质

①设计水量。设计水量除考虑远期规划排水量外，还考虑对厂区初期雨水的处理。设计处理规模为 $1000 m^3/d$。

②废水水质。在进行工程设计之前，该公司进行了大量的日常监测，并连续 72h（每小时取样监测一次）对总排放口的主要污染物取样监测。在对监测数据进行分析后，确定废水设计进出水水质如表 12-21 所示。

表 12-21　某公司日化废水设计进出水水质

项 目	水质指标				
	LAS/(mg/L)	COD/(mg/L)	BOD/(mg/L)	SS/(mg/L)	pH/(mg/L)
进水	180	750	190	330	10.9
出水	≤10	≤200	≤95	≤150	6～9

（3）处理工艺流程

洗涤剂废水的主要污染物是阴离子表面活性剂 LAS，废水中高浓度的 LAS 对微生物细胞的增殖具有一定的阻碍作用，因此使此类废水的生物降解难度加大。废水呈碱性，pH 通常在 9～12。另外，废水中缺少微生物合成细胞质必不可少的氮元素。根据此类废水的特点采用物化处理和生物处理相结合的处理工艺。物化处理采用混凝沉淀，生物处理采用水解酸化和接触氧化。处理工艺流程如图 12-50 所示。

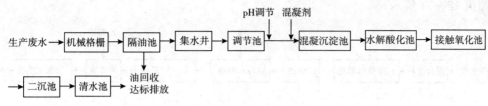

图 12-50　某公司日用化工废水处理工艺流程

（4）运行效果

混凝沉淀去除 LAS 的效果明显。当 pH 控制在 8～9 时，采用硫酸亚铁作为混凝剂，经混凝沉淀后 LAS 去除率达到 50％。水解酸化池对 LAS 几乎无去除效果。接触氧化池内的生物膜经驯化后，池内泡沫明显减少，LAS 降解速率提高，去除率可达到 98％以上。当接触氧化池的进水 LAS 浓度在 75mg/L 左右时，停留时间 4h，出水 LAS 浓度可达到 10mg/L 以下。

废水 LAS 和 COD 分别为 180mg/L 和 450mg/L 时，经过混凝沉淀-生物处理工艺处理后，出水可达到排放标准。LAS 和 COD 的总去除率分别可达到 99.6％和 89％。

2. 某化工有限公司农药化工废水处理工程

（1）工程概况

某化工有限公司位于我国东南沿海地区，是生产三唑磷有机磷农药为主的化工企业。日产三唑磷农药 3t，年生产能力为 1000t 左右。按照环境保护的相关要求，需建设生产废水处理设施，使生产废水经处理后达到相应的排放标准。该工程于 2003 年 6 月投入运行。

（2）废水水量水质

该公司废水来源于生产废水、洗涤废水和冷却水等。其中三唑磷生产废水主要包括苯唑醇合成、三唑磷合成废水等。废水中的污染物主要有苯唑醇、盐酸苯肼、乙基氯化物、三唑磷等。该废水有机物浓度高、成分复杂、污染物浓度高、处理难度大。废水水质及水量见表 12-22。

表 12-22　农药生产废水水质及水量

项目	水质指标					水量/(t/t 三唑磷)
	COD/(mg/L)	BOD/(mg/L)	pH	NH$_3$-N/(mg/L)	总磷/(mg/L)	
苯唑醇合成洗涤水	85000	28000	2.5	56000		2～3
三唑磷合成洗涤水	41000	16000	8.5	19.6	1070	0.5～1.5
综合废水	52000	18000		27000	280	7.2～8.7

三唑磷合成与苯唑醇合成所产生的高浓度废水排放量为 21～26m³/d，高浓度废水先经预处理后，再与冷却水混合，生物处理规模为 500m³/d。

出水达到《污水综合排放标准》（GB 8978—1996）一级标准。

（3）工艺流程

根据废水水质特征，对该综合废水中的高浓度废水采用"铁碳微电解-碱性水解-氨吹脱"等工艺预处理后，与冷却水混合，再采用以"厌氧水解-LINPOR 工艺"处理为主，"混凝沉磷-BAF 曝气生物滤池-氧化塘"处理为辅的工艺，实现废水处理达标排放。工艺流程如图 12-51 所示。

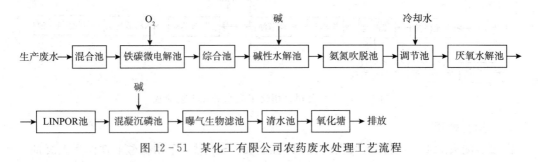

图 12-51 某化工有限公司农药废水处理工艺流程

本工程废水处理工艺流程的特点如下：

①预处理采用"铁碳-碱性水解-氨氮吹脱"工艺。苯唑醇合成、三唑磷合成废水在预处理混合池中和后，析出大量苯唑醇，苯唑醇通过抽滤进行回收，一方面大大降低原水污染物含量，另一方面通过回收苯唑醇可产生经济效益。碱性水解处理三唑磷废水效果明显，同时在碱性条件下通过空气吹脱，废水中的大部分氨氮被吹脱出来，吹脱的氨氮通过水射器吸收。

②生物处理采用"水解-LINPOR 生物处理"工艺。LINPOR 工艺反应器设置 3 个区：生物选择区、主反应区和沉淀区。

③后处理采用"BAF 曝气生物滤池-氧化塘"工艺。BAF 曝气生物滤池是将生物接触氧化工艺与过滤工艺相结合的一种好氧膜法废水处理工艺，具有较高的生物膜量、生物活性高、传质条件好、充氧效率高等特点。

氧化塘是利用原有的废水塘改建而成，原有的废水塘生长大量的水生植物和微生物及低等生物，对该废水已具有一定的适应性，处理效果较为明显。

（4）运行效果

该工程从 2003 年 2 月安装结束，废水处理系统进入调试阶段，通过污泥的接种、驯化，并进行了不同的曝气时间对污泥生长及处理效果的影响试验。调试 3 个多月后废水处理系统进入正常运行。处理出水水质可达到《污水综合排放标准》（GB 8978—1996）一级标准，各处理单元基本达到设计要求。

第四篇
工业水处理中的分析与检测

对工业水进行分析、检测的主要目的是为了保证供水的质量，掌握工业水系统在运行过程中物理和化学性质以及化学组成的变化，以便及时解决出现的异常现象，确保水的安全运行。在本篇各章中，收集整理了关于工业水水质、水系统沉积物和水处理药剂的主要分析方法，较详细地阐明分析方法的基本原理和操作步骤，并讨论了各种分析方法的特点、适用范围和注意事项。

第十三章 水质的分析

水质分析是通过物理学、化学以及生物学方法对水质样品的水质参数的性质、含量、形态以及危害进行定性与定量分析。从工业水处理的需要出发，本章在简要介绍溶液浓度及其表示方法、常用标准溶液的配制和标定、水样采集等水质分析基础知识之后，主要讨论工业用水的水质分析方法，其中包括水的一般物理性质的检验，水中常见金属化合物、非金属化合物、有机化合物和水处理剂的分析方法。这些分析方法主要取材于中华人民共和国国家标准和中华人民共和国化工行业标准中的有关内容。

第一节 水质分析基础

一、水样的采集、保存和预处理

（一）水样的采集

水样的采集在水质监测过程中是极其重要的，采集水样是否有代表性和可靠性直接影响分析结果的准确度。取样误差主要决定于样品混合的均匀程度。采集的水样必须满足两个基本要求：有充分的代表性和足够的体积。

工业水的水样是在各种条件下采集的，所以没有一种统一的采样方法供各种水样普遍应用，采集的方法、位置和时间都必须依据具体情况而定，并且还和测定项目、测定目的密切相关。

1. 水样分类

（1）普通水样采集类型

①瞬时水样：对于组成较稳定的水体，或水体的组成在相当长的时间和相当大的空间范围变化不大，采瞬时样品具有很好的代表性。当水体的组成随时间发生变化，则要在适当时间间隔内进行瞬时采样，分别进行分析，测出水质的变化程度、频率和周期。

②等比例混合水样：指在某一时段内，在同一采样点位所采水样量随时间或流量成比例的混合水样。

③等时混合水样：指在某一时段内，在同一采样点位按等时间间隔所采等体积水样的混合水样。

④综合水样：把从不同采样点同时采集的各个瞬时水样混合起来所得到的样品。综合水样在各点的采样时间越接近越好，以便得到可以对比的资料。综合水样是获得平均浓度的重要方式。

⑤平均水样：对于周期性差别很大的水体，按一定的时间间隔分别采样。对于性质稳

定的待测项目，可对分别采集的样品进行混合后一次测定；对于不稳定的待测项目，可在分别采样、分别测定后，取结果平均值为代表。

⑥其他水样：例如水污染事故的调查等。采集这类水样时，需根据污染物进入水体的位置和扩散方向布点采集瞬时水样。

（2）质量控制样品采集类型

①空白样

现场空白：在采样现场，以纯水代替实际水样，其他采集步骤与采集实际水样时完全一致而得到的样品。目的是测试保存剂的纯度；检查采样过程中采样容器、滤纸、过滤器或其他设备的污染情况，以便发现从采样到分析这段时间内产生的误差。现场空白所用的纯水要用洁净的专用容器，由采样人员带到采样现场，运输过程中应注意防止玷污。

运输空白：以纯水做样品，从实验室到采样现场又返回实验室。可用来测定样品运输、现场处理和贮存期间或由容器带来的可能玷污。

②平行样、重复样

平行水样（平分法）：由一份水样平分成两份或更多份相同的子样。

重复样包括时间重复样和空间重复样。时间重复样是在指定的时间内，按一定时间间隔连续在同一采样点采集两份或更多份水样；空间重复样是在水体的某一断面上，同时采集不同采样点的两份或更多份水样。

2. 采样器材与现场测定仪器的准备

采样用的管道等一般要求为不锈钢管，取样瓶、贮样瓶一般要求化学性能稳定，不吸附欲测组分，易清洗、可反复使用。常使用具磨口塞的硬质玻璃瓶或聚乙烯塑料瓶。盛样容器优、缺点见表13-1。供全分析用的水样体积应不少于500mL，供单项测定用的水样不少于300mL。

表 13-1　盛样器优、缺点

盛样容器	优点	缺点
硬质玻璃瓶	化学稳定性好	易破损
	吸附性小	不耐碱
	易清洗	金属溶出可能性大
聚乙烯塑料瓶	不易破损，便于运输	有机物溶出明显
	耐腐蚀	对油脂、有机物吸附性强
	无机物溶出少	对某些重金属吸附性强

根据试验目的、水样性质、环境条件等，选用合适的取样器采集水样。采集表面水或不同深度的水样时，使用图13-1所示的取样器或图13-2所示的泵式取样器。采集表面水时，应将取样瓶浸入水面下50cm处。深水水样采集，可用图13-1带重物的采样器沉入水中采集，将采样容器沉降至所需深度（可从绳上标度看出），上提细绳打开瓶塞，待水样充满容器后提出。

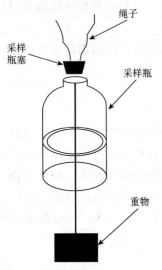

绳子

采样瓶塞

采样瓶

重物

图 13-1　表面或不同深度取样器

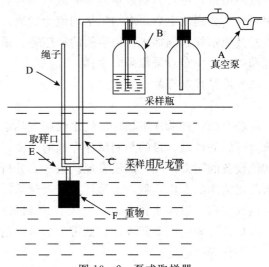

B

A　真空泵

绳子

D

采样瓶

取样口

E

C　采样用尼龙管

F　重物

图 13-2　泵式取样器

　　采集管道或水处理设备中的水样时，使用如图 13-3、图 13-4 所示的取样器，取样时水的流速要调至约 700mL/min。对于水流急的河段，宜采用图 13-5 所示急流采样器。它是将一根长钢管固定在铁框上，管内装一根橡胶管，其上部用夹子夹紧，下部与瓶塞上的短玻璃管相连，瓶塞上另有一长玻璃管通至采样瓶底部。采样前塞紧橡胶塞，然后垂直深入要求水深处，打开上部橡胶夹，水样即沿长玻璃管流入样品瓶中，瓶内空气由短玻璃管沿橡胶管排出。测定溶解性气体（如溶解氧）的水样，可用图 13-6 所示采样器。将采样器沉入到要求水深处后，打开上部的橡胶管夹，水样进入小瓶（采样瓶）并将空气驱入大瓶，从连接大瓶短玻璃管的橡胶管排出，直到大瓶中充满水样，提出水面后迅速密封。

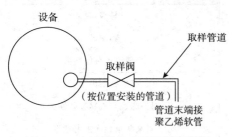

设备

取样管道

取样阀

（按位置安装的管道）

管道末端接聚乙烯软管

图 13-3　工业设备中采样的取样器

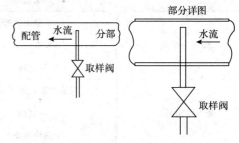

部分详图

配管　水流　分部

水流

取样阀

取样阀

图 13-4　管道中采样的取样器

　　底质（沉积物）采样一般通用的是掘式采泥器（图 13-7），其适用于采集量较大的沉积物样品；锥式或钻式采泥器（图 13-8）适用于采集较少的沉积物样品；管式采泥器适用于采集柱状样品。如水深小于 3m，可将竹竿粗的一端削成尖头斜面，插入河床底部采样。

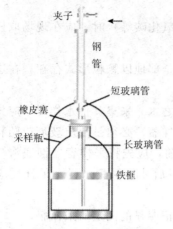

图 13-5 急流采样器

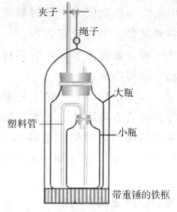

图 13-6 溶解氧采水器

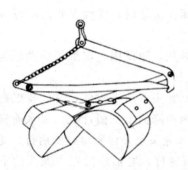

图 13-7 Petersen 氏掘式采泥器

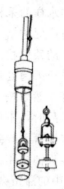

图 13-8 手动活塞钻式沉积物采样器

3. 水样采集

（1）工业用水上水水样的采集

上水包括饮用水、河水、井水。由于水源不同，水质也有所不同，但在一定的时间内，它们的组成是均质的。这些水通过普通的管道系统进入工厂，没有特殊的采样情况，要用适当的标志加以区分，以避免搞错采样点。

（2）管道中常温水样的采集

此类水样采样点的选择，要根据项目的分析目的及设备运行工艺条件综合考虑确定。采取水样时，应先放水数分钟，充分冲洗采样管道，必要时采用变流量冲洗，使积留在水管中的杂质及陈旧水排出，然后再将水样流速调至约 700mL/min 取样。采集水样前，应先用水样洗涤采样器容器、盛样瓶及塞子 1~3 次（油类除外）。

（3）锅炉系统水样的采集

采样装置和采样点的布置应根据锅炉的类型、参数、水质监督的要求（或试验要求）进行设计、制造、安装和布置，以保证采集的水样有充分的代表性。通常的采样系统用不锈钢制成。采样系统要有完善的结构，能经受住所承受的运转压力和温度。采集除氧水、给水、锅水和疏水等高温水样的取样装置，必须安装冷却器，取样冷却器应有足够的冷却面积，并接在能连续供给足够冷却水量的水源上，以保证水样流量在 500~700mL/min，水样温度应在 30~40℃。

测定水中某些不稳定成分（如溶解氧、游离二氧化碳等）时，应在现场取样测定，采集方法应按各测定方法中的规定进行。

对于某些分析，如痕量金属，它们可能部分或全部地以颗粒形式存在，在这种情况下应该使用等动力采样探头。

采集给水、锅炉水样时，原则上应是连续流动之水。采集其他水样时，应先将管道中的积水放尽并冲洗后方可取样。盛水样的容器（采样瓶）必须是硬质玻璃或塑料制品（测定微量成分分析的样品必须使用塑料容器）。采样前，应先将采样容器彻底清洗干净。采样时再用水样冲洗 3 次（方法中另有规定除外）以后才能采集水样，采样后应迅速加盖封存。

采集现场监督控制试验的水样，一般应使用标记明显的固定的采样瓶。

（4）菌类水样的采集

用于采集测菌类水样的采样瓶，要求在灭菌和样品存放期间，该材质不应产生和释放出抑制细菌生存能力或促进繁殖的化学物质。采样瓶在洗涤后，要确保瓶内不得含有任何一种重金属或铬酸盐的残留物。

采样瓶在使用前要灭菌处理。将洗涤干净的采样瓶，瓶口用牛皮纸等防潮纸包好，瓶顶和瓶颈处都要裹好，然后按检验要求进行灭菌处理。

从水龙头采集样品时，不要选用漏水的龙头，水龙头不应有附件，材质要根据试验项目要求进行选择。如铜管因导致水中铜离子的增加因而降低了细菌计数。采水前先将水龙头用酒精灯火焰灼烧灭菌或用 70% 的酒精溶液消毒水龙头及采样瓶口，然后打开龙头，放水 3min 以除去水管中的滞留杂质。采水时控制水流速度，容器应放在水龙头的下面对准龙头，但不能与之接触，小心接入瓶内。

采集池内表面水样时，可握住瓶子底部直接将采样瓶插入水中，约距水面 10~15cm 处，瓶口朝水流方向，使水样灌入瓶内。如果没有水流，可握住瓶子水平前推，直至充满水样为止，采好水样后，迅速盖上瓶盖和包装纸。

采集一定深度的水样时，可使用单层采水器或深层采水器。采样时，将采水器下沉一定深度，扯动挂绳、打开瓶塞，待水灌满后，迅速提出水面，弃去上层水样，盖好瓶盖，并同步测定水深。

在同一采样点进行分层采样时，应自上而下进行，以免不同层次的搅扰，同一采样点与理化监测项目同时采样时，应先采集细菌学检验样品。

（5）污水水样采集

不同的工厂、车间生产周期时间长短很不相同，排污的周期性差别也很大。应根据排污情况进行周期性采样。一般地说，应在一个或几个生产或排放周期内，按一定的时间间隔分别采样。对于性质稳定的污染物，可对分别采集的样品进行混合后一次测定；对于不稳定的污染物可在分别采样、分别测定后取平均值为代表。

生产的周期性也影响废水的排放量，在排放流量不恒定情况下，可将一个排污口不同时间的废水样，依照流量的大小，按比例混合，可得到称之为平均比例混合的废水样。

采样位置应在采样断面的中心。当水深小于等于 1m 时，在水深的 1/2 处采样；当水深大于 1m 时，在水深的 1/4 深度采样。

在分时间单元采样时，测定 pH、COD、BOD_5、溶解氧、硫化物、油类、有机物、余氯、悬浮物、粪大肠菌、放射性项目的样品，只能单独采样，不能混合。

用自动采样器采样时，有时间等比例和流量等比例两种采样方式。污水排放量稳定时可用时间等比例采样，否则用流量等比例采样。

4. 注意事项

采样量一般 2～3L，项目多时 5～10L，一般过量 20%～30%。采样时要确保安全、及时，采样点的位置准确。采样时不可搅动水底部的沉积物。采集的水样要有代表性。如采样现场水体很不均匀，无法采到有代表性样品，则应详细记录不均匀的情况和实际采样情况，供使用该数据者参考。有些特定成分测定，需要使用特定的水样容器。测定 SS、pH、DO、BOD、油类、硫化物、余氯、微生物等项目需单独采样；测定 DO、BOD、有机污染物等项目的水样必须充满容器；测定 pH、电导率、DO 等项目宜在现场测定。当水中存在悬浮固体时，取样之前应将采样管彻底清洗。取样管道应定期冲洗（至少每周一次）。如果用长采样管采集高温、高压锅炉给水，为了防止冬季冻堵冻裂，要对采样管采取保温措施。取样冷却器应定期检修和清除水垢。锅炉大修时，应安排检修取样器和所属阀门。在污染源监测中，水面的杂物、漂浮物应除去，但随废水流动的悬浮物或固体微粒，应看成是废水样的一个组成部分，不应在分析前滤除。油、有机物和金属离子等，可能被悬浮物吸附，有的悬浮物中就含有被测定的物质，如选矿、冶炼废水中的重金属。所以，分析前必须摇匀取样。认真填写"采样记录表"，做好现场记录，字迹应端正、清晰，项目完整。

（二）水样的保存

采集的各种水样从采集地到分析实验室之间有一定距离，运送样品的这段时间里，由于环境作用，水质可能会发生物理、化学和生物等各种变化，为使这些变化降低到最低程度，需要采取必要的保护性措施（如添加保护性试剂或制冷剂等），并尽可能地缩短运输时间。

1. 影响水质变化的因素

①生物作用：微生物的新陈代谢，会消耗水样中的某些组分，产生一些新的组分，也能改变一些组分的性质，生物作用会对样品中待测的一些项目如溶解氧、二氧化碳、含氮化合物、硫、磷及硅等的含量及浓度产生影响。如细菌可还原硝酸盐为氨、还原硫酸盐为硫化物等。

②化学作用：测定组分可能发生氧化或还原反应，从而改变了某些组分的含量与性质。如溶解氧或空气中的氧能使 Fe^{2+} 氧化为 Fe^{3+}；二氧化碳含量的改变，能引起水样 pH—总碱度组成体系发生变化；聚合物可能解聚；单体化合物也有可能聚合。

③物理作用：光照、温度、静置或振动、敞露或密封这些条件及容器材料不同都会影响水样的性质，如温度升高或强振动会使得一些物质如氧、氰化物及汞等挥发；长期静置会使某些组分如 $Al(OH)_3$、$CaCO_3$ 及 $Mg_3(PO_4)_2$ 沉淀析出，容器内壁不可逆地吸附或吸收一些有机物或金属化合物。

水样在贮存期内发生变化的程度主要取决于水的类型及水样的化学性质和生物学性质。也取决于保存条件、容器材质、运输及气候变化等因素。必须强调的是这些变化往往是非常快。常常在很短的时间里就明显地发生了变化，因此必须采取必要的保护措施，并尽快地进行分析。

2. 水样的运输

①要塞紧采样容器口塞子，必要时用封口胶、石蜡封口（测油类的水样不能用石蜡封口）。

②为避免水样在运输过程中因震动、碰撞导致损失或玷污，最好将样瓶装箱，并用泡沫塑料或纸条挤紧。

③需冷藏的样品，应配备专门的隔热容器，放入制冷剂，将样品瓶置于其中。水样存放点要尽量远离热源，不要放在可能导致水温升高的地方（如汽车发动机旁），避免阳光直射。

④冬季应采取保温措施，以免冻裂样品瓶。

⑤最好装箱运送，样品箱上应有"切勿倒置"和"易碎物品"明显标识。

3. 水样的保存方法

在水样采集后到进行分析之前这段时间里，需要对水样采取必要的保护性措施，使水样可能会发生物理、化学和生物等各种变化降低到最低程度。水样的运输时间，通常以24h作为最大允许时间。最长贮放时间一般为清洁水样72h；轻污染水样48h；严重污染水样12h。水样保存的基本要求主要是减缓生物作用；减缓化合物或者络合物的水解及氧化还原作用；尽量减少被测组分的挥发损失，避免沉淀吸附或结晶物析出所引起的组分变化。

表13-2是通用的水样保存方法，可作为水样保存的一般条件。在实际应用中，应根据样品的性质、组成、环境条件、检验项目及所采用的分析方法等因素，来选用保护剂。此外，实际工作中，所采集的水样大部分需分析多个项目或进行全分析，单加一种保护剂达不到目的。可将采集的水样分放多个采样瓶中，在各个采样瓶内加入不同的保护剂。

（1）冷藏或冷冻法

冷藏或冷冻以降低细菌活性和化学反应速度。样品在4℃冷藏或将水样迅速冷冻，贮存于暗处，可以抑制生物活动，减缓物理挥发作用和化学反应速度。冷藏是短期内保存样品的一种较好方法，对测定基本无影响。但冷藏保存也不能超过规定的保存期限，对废水的保存时间则更短。冷冻也可用于水样的保存，但要掌握熔融和冻结的技术，以使样品在融解时能迅速地、均匀地恢复原始状态。水样结冰时，体积膨胀，使玻璃容器破裂，或样品瓶盖被顶开失去密封，样品受玷污。因此一般都选用塑料容器，并且样品不能充满容器。

（2）加入化学保存剂

加入化学试剂抑制氧化还原反应和生化作用。

①控制溶液pH值

测定金属离子的水样常用硝酸酸化至pH=1~2，既可以防止重金属的水解沉淀，又可以防止金属在器壁表面上吸附，同时在pH=1~2的酸性介质中还能抑制生物的活动。用此法保存，大多数金属可稳定数周或数月。测定氰化物的水样需加氢氧化钠调至pH=11。测定六价铬的水样应加氢氧化钠调至pH=8，因在酸性介质中，六价铬的氧化电位高，易被还原。保存总铬的水样，则应加硝酸或硫酸至pH=1~2。

②加入抑制剂

在样品中加入抑制剂，可以有效抑制生物作用。如在测氨氮、硝酸盐氮的水样中，加氯化汞或加入三氯甲烷、甲苯作防护剂以抑制生物对亚硝酸盐、硝酸盐、铵盐的氧化还原作用。在测 COD 水样中，加入氯化汞以抑制微生物对有机物的降解。在测酚水样中用磷酸调溶液的 pH 值，加入硫酸铜以控制苯酚分解菌的活动。

③加入氧化剂

水样中痕量汞易被还原，引起汞的挥发性损失，加入硝酸-重铬酸钾溶液可使汞维持在高氧化态，提高汞的稳定性。

④加入还原剂

测定硫化物的水样，加入抗坏血酸对保存有利。含余氯水样，能氧化氰离子，可使酚类、烃类、苯系物氯化生成相应的衍生物，为此在采样时加入适量的硫代硫酸钠予以还原，除去余氯干扰。

（3）注意事项

①盛装水样容器不能引起新的污染。贮存水样时，硬质玻璃磨口瓶是常用的水样容器之一。但不宜存放测定痕量硅、钠、钾、硼等成分的水样。在测定这些项目时应避免使用玻璃容器。

②盛装水样容器壁不应吸收或吸附某些待测组分。一般的玻璃容器吸附金属，聚乙烯等塑料吸附有机物质、磷酸盐和油类。在选择容器材质时应予以考虑。

③容器不应与某些待测组分发生反应。如测氟的水样不能贮于玻璃瓶中，因为玻璃与氟化物发生反应。

④必须注意，保存样品的某些保护剂是有毒有害的，如氯化汞（$HgCl_2$）、三氯甲烷及酸等，在使用及保管时一定要重视安全防护。

⑤水样运送与存放时，应注意检查水样瓶是否封闭严密，并应防冻、防晒、防破裂，经过存放或运送的水样，应在报告中注明存放时间或温度等条件。

表 13－2　水样保存方法和保存时间

项　目	采样容器	保存剂及用量	采样量/mL	保存期
浊度*	G、P		150	11h
色度*	G、P		150	11h
pH*	G、P		150	11h
电导*	G、P		150	11h
悬浮物**	G、P		500	14d
碱度**	G、P		500	11h
酸度**	G、P		500	30d
COD	G	加 H_2SO_4，pH≤1	500	1d
COD_{Mn}**	G		500	1d
DO*	溶解氧瓶	加入 $MnSO_4$，碱性 KI 叠氮化钠溶液，现场固定	150	14h
BOD**	溶解氧瓶		150	11h
TOC	G	加 H_2SO_4，pH≤1	150	7d
F^-**	P		150	14d

项 目	采样容器	保存剂及用量	采样量/mL	保存期
Cl^- **	G、P		150	30d
Br^- **	G、P		150	14h
I^-	G、P	NaOH；pH＝11	150	14h
SO_4^{2-} **	G、P		150	30d
PO_4^{3-}	G、P	NaOH，H_2SO_4 调 pH＝7，$CHCl_3$，0.5％	150	7d
总磷	G、P	加 HCl，H_2SO_4，pH≤1	150	14h
氨氮	G、P	加 H_2SO_4，pH≤1	150	14h
凯氏氮**	G			
NO_2^-－N**	G、P		150	14h
NO_3^-－N**	G、P		150	14h
总氮	G、P	加 H_2SO_4，pH≤1	150	7d
总氰	G、P	NaOH，pH≥9	150	11h
Be	G、P	1L 水样中加浓 HNO_3 10mL	150	14d
硫化物	G、P	1L 水样加 NaOH 至 pH＝9，加入 5mL 5％抗坏血酸，3mL 饱和 EDTA，滴加饱和 Zn（Ac）$_2$ 至胶体产生，常温避光	150	14h
B	P	1L 水样中加浓 HNO_3 10mL	150	14d
Na	P	1L 水样中加浓 HNO_3 10mL	150	14d
Mg	G、P	1L 水样中加浓 HNO_3 10mL	150	14d
K	P	1L 水样中加浓 HNO_3 10mL	150	14d
Ca	G、P	1L 水样中加浓 HNO_3 10mL	150	14d
Cr（VI）	G、P	NaOH，pH8～9	150	14d
Mn	G、P	1L 水样中加浓 HNO_3 10mL	150	14d
Fe	G、P	1L 水样中加浓 HNO_3 10mL	150	14d
Ni	G、P	1L 水样中加浓 HNO_3 10mL	150	14d
Cu	P	1L 水样中加浓 HNO_3 10mL	150	14d
Zn	P	1L 水样中加浓 HNO_3 10mL	150	14d
As	G、P	1L 水样中加浓 HNO_3 10mL，DDTC 法，HCl 1mL	150	14d
Se	G、P	1L 水样中加浓 HCl 1mL	150	14d
Ag	G、P	1L 水样中加浓 HNO_3 1mL	150	14d
Cd	G、P	1L 水样中加浓 HNO_3 10mL	150	14d
Sb	G、P	0.1％HCl（氢化物法）	150	14d
Hg	G、P	1％HCl，如水样为中性，1L 水样中加浓 HCl10mL	150	14d
Pb	G、P	1L 水样中加浓 HNO_3 10mL	150	14d
油类	G	加 HCl，pH≤1	150	7d

项　目	采样容器	保存剂及用量	采样量/mL	保存期
农药类**	G	加 0.01～0.02g 抗坏血酸除去残余氯	1000	14h
挥发性有机物**	G	1：10HCl 调至 pH≤1，加入 0.01～0.02g 抗坏血酸除去残余氯	1000	11h
酚类**	G	H_3PO_4 调至 pH≤1，加入 0.01～0.02g 抗坏血酸除去残余氯	1000	14h
阴离子表面活性剂	G、P		150	14h
微生物**	G	加入 0.2～0.5g/L $Na_2S_2O_3$ 除去余氯，4℃	250	12h

* 表示应尽量做现场测定；

** 表示低温（0～4℃）、避光保存；

G—玻璃容器；P—塑料容器。

（三）水样的预处理

由于环境样品中污染物种类多，成分复杂，而且多数待测组分浓度低，存在形态各异，而且样品中存在大量干扰物质。在分析测定之前，需要进行程度不同的样品预处理，以得到待测组分适合于分析方法要求的形态和浓度，并与干扰性物质最大限度地分离。常用的水样预处理方法有水样的消解、富集与浓缩等。

1. 水样的消解

当测定含有机物水样中的无机元素时，要对水样进行消解处理。消解处理可使水样中的有机物被破坏，将各欲测元素氧化成单一高价态或易于分离的无机化合物。消解处理的方法可分为湿式消解法和干式分解法（干灰化法）。

在测定金属离子总量时，把水样充分摇匀后，取一部分预处理。若仅做溶解状态的金属离子分析时，把水样用 0.45μm 的滤膜过滤器过滤，取一部分滤液进行预处理。

（1）湿式消解法

①硝酸分解法

此法主要用于工业用水、河水等较清洁的水样。取混匀的水样 50～200mL 于烧杯中，加入 5～10mL 浓 HNO_3，在电热板上加热煮沸，蒸发至小体积，此时溶液应清亮而呈浅色，否则补加 HNO_3 继续消解，蒸至近干，取下烧杯，稍冷后加 20% HNO_3 20mL，温热溶解可溶盐。若有沉淀，应进行过滤，用温水洗涤残渣数次。将滤液和洗涤液移到 50mL 容量瓶中，冷却，定容。

②硝酸-高氯酸消解法

此方法适用于多种类型的水样。把水样充分混匀后，取适量于烧杯或锥形瓶中，加 5～10mL 浓 HNO_3，在电热板上加热，蒸发浓缩到 10mL。加 2～5mL 高氯酸，继续加热到冒浓厚白烟，使水样中有机物完全分解，不可蒸至干涸。取水烧杯冷却，用 2% HNO_3 溶解，如有沉淀，应过滤，滤液冷至室温定容备用。因高氯酸与有机物反应激烈，可能发生猛烈爆炸，所以应先加入硝酸处理后，稍冷却才能加入高氯酸。

③硝酸-硫酸消解法

此法用硫酸代替了硝酸-高氯酸法的高氯酸，可提高消解温度和消解效果。常用的硝酸与硫酸比例为 5：2。消解时，先将硝酸加入水样中，加热蒸发至小体积，稍冷，再加入硫酸、硝酸，继续加热蒸发至冒大量白烟，冷却，加适量水，温热溶解可溶盐，若有沉淀，应过滤。常加入少量过氧化氢，以提高消解效果。

含 Pb^{2+}、Cd^{2+} 量较多的水样，因生成难溶性硫酸盐，不适宜此法，可采用硝酸-高氯酸分解法。

④硫酸-磷酸消解法。

两种酸的沸点都比较高，其中硫酸氧化性较强，磷酸能与一些金属离子如 Fe^{3+} 等络合，故两者结合消解水样，有利于测定时消除 Fe^{3+} 等离子的干扰。

⑤硫酸-高锰酸钾消解法

该方法常用于消解测定汞的水样。取适量水样，加适量硫酸和 5% 高锰酸钾，混匀后加热煮沸，冷却，滴加盐酸羟胺溶液破坏过量的高锰酸钾。

⑥多元消解法。

为提高消解效果，在某些情况下需采用三元以上酸或氧化剂消解体系。如处理测总铬的水样时，用硫酸、磷酸和高锰酸钾消解。

⑦碱分解法。

当用酸体系消解水样造成易挥发组分损失时，可改用碱分解法，即在水样中加入氢氧化钠和过氧化氢溶液，或氨水和过氧化氢溶液，加热煮沸至近干，用水或稀碱溶液温热溶解。

注意事项：

加入的酸不引起污染物挥发，不与待测物络合或形成沉淀。酸的用量以使待测物全部消化为准，当消解水样呈浅色或无色时，则表明水样已彻底被消解，否则补加酸继续加热，酸不能过多。消化过程中应将消化液蒸至近干，温热水溶解可溶盐于溶液中，过滤沉淀。加热时，一般使用电热板直接加热。消化时注意安全，选择高沸点酸，消化难消化的水样。

（2）干灰化法

取适量水样于铂、石英蒸发皿中，置于水浴上蒸干，移入马弗炉内，于 $450\sim550℃$ 灼烧到残渣呈灰白色，使有机物完全分解除去。取出蒸发皿冷却，用适量 $2\% HNO_3$（或 HCl）溶解样品灰分，过滤定容后进行测定。

干式分解法操作简便，但砷、汞、镉、锡等易挥发金属组分损失多，而湿式分解法损失少，一般都采用湿式分解法。

在水样的消解过程中，取用组分的数量多少决定于组分的浓度和分析方法。取用数量一般控制在 $50\sim200mL$ 之间。

2. 富集与分离

富集是从大量试样中搜集欲测定的少量物质至一较小体积中，从而提高其浓度至其测定下限之上。当水样中的欲测组分含量低于分析方法的检测限时，必须进行富集或浓缩。分离是将欲测组分从试样中单独析出，或将几个组分一个一个地分开，或者根据各组分的共同性质分成若干组，以防其他组分对欲测组分的干扰。当有共存干扰组分时，就必须采取分离或掩蔽措施。常用的方法有过滤、挥发、蒸馏、溶剂萃取、离子交换、吸附、共沉淀、层析、低温浓缩等，结合具体情况选择使用。

（1）挥发和蒸发浓缩

挥发分离法是利用某些污染组分挥发度大，或者将欲测组分转变成易挥发物质，然后用惰性气体带出而达到分离的目的。如用冷原子荧光法测定水样中的汞时，先将汞离子用氯化亚锡还原为原子态，再利用汞易挥发的性质，通入惰性气体将其带出并送入仪器测定；用分光光度法测定水中的硫化物时，先使之在磷酸介质中生成硫化氢，再用惰性气体载入乙酸锌-乙酸钠溶液吸收，从而达到与母液分离的目的。该吹气分离装置示于图13-9。测定废水中的砷时，将其转变成砷化氢气体（H_3As），用吸收液吸收后供分光光度法测定。

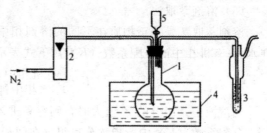

图13-9　测定硫化物的吹气分离装置

1—平底烧瓶（内装水样）；2—流量计；3—吸收管；
4—50～60℃水浴；5—分液漏斗

蒸发浓缩是指在电热板上或水浴中加热水样，使水分缓慢蒸发，达到缩小水样体积，浓缩欲测组分的目的。该方法无需化学处理，简单易行，尽管存在缓慢、易吸附损失等缺点，但无更适宜的富集方法时仍可采用。据有关资料介绍，用这种方法浓缩饮用水样，可使铬、锂、钴、铜、锰、铅、铁和钡的浓度提高30倍。

（2）蒸馏法

蒸馏法是利用水样中各污染组分具有不同沸点而使其彼此分离的方法。测定水样中挥发酚、氰化物、氟化物时，均需先在酸性介质中进行预蒸馏分离。在此，蒸馏具有消解、富集和分离三种作用。图13-10为挥发酚、氰化物蒸馏装置示意图。氟化物可用直接蒸馏装置，也可用蒸汽蒸馏装置；后者虽然对控温要求较严格，但排除干扰效果好，不易发生暴沸，使用较安全，如图13-11所示。测定水中的氨氮时，需在微碱性介质中进行预蒸馏分离，图13-12为氨氮蒸馏装置的示意图。图中定氮球作为爆沸气体的缓冲，并将反应生成的NH_3全部鼓入吸收装置被充分吸收，而保证测定的准确。

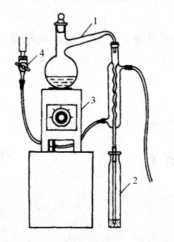

图13-10　挥发酚、氰化物蒸馏装置

1—500mL全玻璃蒸馏器；2—接收瓶；
3—电炉；4—水龙头

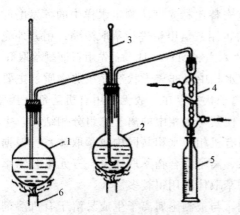

图13-11　氟化物蒸汽蒸馏装置

1—水蒸气发生瓶；2—烧瓶；3—温度计；
4—冷凝管；5—接收瓶；6—热源

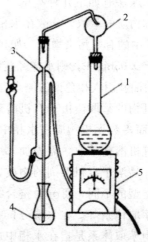

图13-12　氨氮蒸馏装置

1—凯氏烧瓶；2—定氮球；3—直形冷凝管及导管；
4—收集瓶；5—电炉

（3）溶剂萃取法

溶剂萃取法是基于物质在不同的溶剂相中分配系数不同，而达到组分的富集与分离，在水相-有机相中的分配系数（K）用下式表示：

$$K = \frac{有机相中被萃取物浓度}{水相中被萃取物浓度} \qquad (13-1)$$

当溶液中某组分的 K 值大时，则容易进入有机相，而 K 值很小的组分仍留在溶液中。

分配系数（K）中所指欲分离组分在两相中的存在形式相同，而实际并非如此，故通常用分配比（D）表示：

$$D = \frac{\sum [A]_o}{\sum [A]_a} \qquad (13-2)$$

式中，$\sum [A]_o$ 为欲分离组分 A 在有机相中以各种存在形式的总浓度；$\sum [A]_a$ 为组分 A 在水相中以各种存在形式的总浓度。

分配比和分配系数不同，它不是一个常数，而随被萃取物的浓度、溶液的酸度、萃取剂的浓度及萃取温度等条件而变化。只有在简单的萃取体系中，被萃取物质在两相中存在形式相同时，K 才等于 D。分配比反映萃取体系达到平衡时的实际分配情况，具有较大的实用价值。

被萃取物质在两相中的分配还可以用萃取率（E）表示，其表达式为：

$$E = \frac{有机相中被萃取物质的量}{水相和有机相中被萃取物的总量} \times 100\% \qquad (13-3)$$

分配比（D）和萃取率（E）的关系如下：

$$E = \frac{D}{D + \dfrac{V_a}{V_o}} \times 100\% \qquad (13-4)$$

式中 V_a——水相的体积；

V_o——有机相的体积。

溶剂萃取法有如下几种类型：

①有机物质的萃取。分散在水相中的有机物质易被有机溶剂萃取，利用此原理可以富集分散在水样中的有机污染物质。如，用 4-氨基安替比林光度法测定水样中的挥发酚时，当酚含量低于 0.05mg/L，则水样经蒸馏分离后需再用三氯甲烷进行萃取浓缩；用紫外光度法测定水中的油和用气相色谱法测定有机农药（六六六、DDT）时，需先用石油醚萃取等。

②无机物的萃取。由于有机溶剂只能萃取水相中以非离子状态存在的物质（主要是有机物质），而多数无机物质在水相中均以水合离子状态存在，故无法用有机溶剂直接萃取。为实现用有机溶剂萃取，需先加入一种试剂，使其与水相中的离子态组分相结合，生成一种不带电、易溶于有机溶剂的物质。该试剂与有机相、水相共同构成萃取体系。根据生成可萃取物类型的不同，可分为螯合物萃取体系、离子缔合物萃取体系、三元络合物萃取体系和协同萃取体系等。在水质分析中，螯合物萃取体系用得较多。

螯合物萃取体系是指在水相中加入螯合剂，与被测金属离子生成易溶于有机溶剂的中性螯合物，从而被有机相萃取出来。如，用分光光度法测水中 Cd^{2+}、Hg^{2+}、Zn^{2+}、Pb^{2+}、Ni^{2+}、Bi^{2+} 等，二硫腙（螯合剂）能使上述离子生成难溶于水的螯合物，可用三氯甲烷（或四氯化碳）从水相中萃取后测定，三者构成二硫腙-三氯甲烷-水萃取体系。

（4）离子交换法

离子交换法是利用离子交换剂与溶液中的离子发生交换反应进行分离的方法。离子交换剂可分为无机离子交换剂和有机离子交换剂，目前广泛应用的是有机离子交换剂，即离子交换树脂。

离子交换树脂是可渗透的三维网状高分子聚合物，在网状结构的骨架上含有可电离的、或可被交换的阳离子或阴离子活性基因。

强酸性阳离子树脂含有活性基因$-SO_3H$、$-SO_3Na$ 等，一般用于富集金属阳离子。

强碱阴离子交换树脂含有$-N(CH_3)_3{}^+X^-$基团，其中X^- 为 OH^-、Cl^-、$NO_3{}^-$ 等，能在酸性、碱性和中性溶液中与强酸或弱酸阴离子交换，应用较广泛。

用离子交换树脂进行分离的操作程序如下：

①交换柱的制备

如分离阳离子，则选择强酸性阳离子交换树脂。首先将其在稀盐酸中浸泡，以除去杂质并使之溶胀和完全转变成 H 式，然后用蒸馏水洗至中性，装入充满蒸馏水的交换柱中；注意防止气泡进入树脂层。需要其他类型的树脂，均可用相应的溶液处理。如用 NaCl 溶液处理强酸性树脂，可转变成 Na 型；用 NaOH 溶液处理强碱性树脂，可转变成 OH 型等。

②交换

将试液以适宜的流速倾入交换柱，则欲分离离子从上到下一层层地发生交换过程。交换完毕，用蒸馏水洗涤，洗下残留的溶液及交换过程中形成酸、碱或盐类等。

③洗脱

将洗脱溶液以适宜速度倾入洗净的交换柱，洗下交换在树脂上的离子，达到分离的目的。对阳离子交换树脂，常用盐酸溶液作为洗脱液，对于阴离子交换树脂，常用盐酸溶液、氯化钠或氢氧化钠溶液作洗脱剂。对于分配系数相近的离子，可用含有机络合剂或有机溶剂的洗脱液，以提高洗脱过程的选择性。

离子交换技术在富集和分离微量或痕量元素方面得到较广泛的应用。例如，测定天然水中 K^+、Na^+、Ca^{2+}、Mg^{2+}、$SO_4{}^{2-}$、Cl^- 等组分，可取数升水样，让其流过阳离子交换柱，再流过阴离子交换柱，则各组分交换在树脂上。用几十至 100mL 稀盐酸溶液洗脱阳离子，用稀氨液洗脱阴离子，这些组分的浓度能增加数十倍至百倍。又如，废水中的 Cr^{3+} 以阳离子形式存在，Cr^{6+} 以阴离子形式（$CrO_4{}^{2-}$ 或 $Cr_2O_7{}^{2-}$）存在，用阳离子交换树脂分离 Cr^{3+}，而 Cr^{6+} 不能进行交换，留在流出液中，可测定不同形态的铬。欲分离 Ni^{2+}、Mn^{2+}、Co^{2+}、Cu^{2+}、Fe^{3+}、Zn^{2+} 可加入盐酸将它们转变为络阴离子，让其通过强碱性阴离子交换树脂，则上述离子被交换在树脂上，用不同浓度的盐酸溶液洗脱，可达到彼此分离的目的。Ni^{2+} 不生成铬阴离子，不发生交换，在用 12mol/L HCl 溶液洗脱时，最先流出，接着用 6mol/L HCl 溶液洗脱 Mn^{2+}；用 4 mol/L HCl 溶液洗脱 Co^{2+}；用 2.5mol/L HCl 溶液洗脱 Cu^{2+}；用 0.5 mol/L HCl 溶液洗脱 Fe^{3+}；最后，用 0.05mol/L HCl 液洗脱 Zn^{2+}。洗脱曲线如图 13－13 所示。

（5）共沉淀法

共沉淀系指溶液中一种难溶化合物在形成沉淀过程中，将共存的某些痕量组分一起载带沉淀出来的现象。共沉淀现象在常量分离和分析中是尽量避免的，但却是一种分离富集

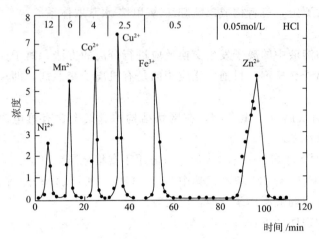

图 13-13　离子交换分离洗脱曲线

微量组分的手段。如，在形成硫酸铜沉淀的过程中，可使水样中浓度低至 $0.02\mu g/L$ 的 Hg^{2+} 共沉淀出来。

共沉淀的原理基于表面吸附、形成混晶、异电核胶态物质相互作用及包藏等。

①利用吸附作用的共沉淀分离。该方法常用的载体有 Fe(OH)$_3$、Al(OH)$_3$、Mn(OH)$_2$ 及硫化物等。由于它们是表面积大、吸附力强的非晶形胶体沉淀，故吸附和富集效率高。如，分离含铜溶液中的微量铝，仅加氨水不能使铝以 Al(OH)$_3$ 沉淀析出，若加入适量 Fe^{3+} 和氨水，则利用生成的 Fe(OH)$_3$ 沉淀作载体，吸附 Al(OH)$_3$ 转入沉淀，与溶液中的 Cu(NH$_3$)$_4$$^{2+}$ 分离；用吸光光度法测定水样中的 Cr^{6+} 时，当水样有色、浑浊、Fe^{3+} 含量低于 200mg/L 时，可于 pH 8～9 条件下用氢氧化锌作共沉淀剂吸附分离干扰物质。

②利用生成混晶的共沉淀分离。当欲分离微量组分及沉淀剂组分生成沉淀时，如具有相似的晶格，就可能生成混晶而共同析出。例如，硫酸铅和硫酸锶的晶形相同，如分离水样中的痕量 Pb^{2+}，可加入适量 Sr^{2+} 和过量可溶性硫酸盐，则生成 PbSO$_4$-SrSO$_4$ 混晶，将 Pb^{2+} 共沉淀出来。有资料介绍，以 SrSO$_4$ 作载体，可以富集海水中 10^{-8} 的 Cd^{2+}。

③用有机共沉淀剂进行共沉淀分离。有机共沉淀剂的选择性较无机沉淀剂高，得到的沉淀也较纯净，并且通过灼烧可除去有机共沉淀剂，留下欲测元素。如，在含痕量 Zn^{2+} 的弱酸性溶液中，加入硫氰酸铵和甲基紫，由于甲基紫在溶液中电离成带正电荷的大阳离子 B^+，它们之间发生如下共沉淀反应：

$$Zn^{2+} + 4SCN^- = [Zn(SCN)_4]^{2-}$$

$$2B^+ + [Zn(SCN)_4]^{2-} = B_2Zn(SCN)_4（形成缔合物）$$

$$B^+ + SCN^- = BSCN\downarrow（形成载体）$$

B$_2$Zn(SCN)$_4$ 与 BSCN 发生共沉淀，因而将痕量 Zn^{2+} 富集于沉淀之中。又如，痕量 Ni^{2+} 与丁二酮肟生成螯合物，分散在溶液中，若加入丁二酮肟二烷酯（难溶于水）的乙醇溶液，则析出固相的丁二酮肟二烷酯，便将丁二酮肟镍螯合物共沉淀出来。丁二酮肟二烷酯只起载体作用，称为惰性共沉淀剂。

（6）吸附法

吸附是利用多孔性的固体吸附剂将水样中一种或数种组分吸附于表面，以达到分离的目的。常用吸附剂有活性炭、氧化铝、分子筛、大网状树脂等。被吸附富集于吸附剂表面的污染组分，可用有机溶剂加热解吸出来供测定。例如，国内某单位用国产 DA201 网状树脂富集海水中 10^{-9} 级有机氯农药，用无水乙醇解吸，石油醚萃取两次，经无水硫酸钠脱水后，用气相色谱电子捕获检测器测定，对农药各种异构体均得到满意地分离，其回收率均在 80% 以上，且重复性好，一次能富集几升甚至几十升海水。

二、水质分析中标准溶液的配制及浓度表示方法

1. 标准溶液的配制

（1）试验用水的选择

水质分析时，仪器的洗涤、溶液的配制、样品的处理等都需要使用纯水，否则会对分析结果产生影响。试验用水共分为三个级别：一级水、二级水和三级水。

①一级水。基本不含有溶解或胶体离子杂质及有机物，可用二级水经进一步处理来制备。其方法是将二级水经过再蒸馏、离子交换混合床、$0.2\mu m$ 滤膜过滤等处理，或用石英蒸馏装置进一步蒸馏。一级水用于制备标准水样或超痕量物质的分析。

②二级水。含有微量的无机、有机或胶态杂质。可用三级水进行再蒸馏或离子交换等方法制备。

③三级水。用于实验室一般的试验工作。可用蒸馏、电渗析或离子交换等方法制备。

各级用水均使用密闭专用容器。在贮存期间，其玷污的主要来源是容器可溶成分的溶解、空气中的二氧化碳和其他杂质。因此，一级水不可贮存，应使用前制备。二、三级水可适量制备，分别贮存在预先经同级水清洗过的相应容器中。各级用水在运输过程中应避免沾污。

（2）标准溶液的配制方法

标准溶液是一种已知准确浓度的溶液，在滴定分析中，不论采用何种滴定方法，都离不开标准溶液，否则无法计算分析结果。因此，正确配制标准溶液，准确确定标准溶液的浓度，是直接影响测定结果准确性的重要因素。

①直接配制法。直接配制法是准确称取一定量基准物质，溶解后，准确地配成一定体积的溶液，根据物质质量和溶液体积，可计算得出该标准溶液的准确浓度。称取基准物质 $K_2Cr_2O_7$ 4.903g，用水溶解后，置于 1L 容量瓶中，再加水稀释至刻度，即得 $c(\frac{1}{6}K_2Cr_2O_7) = 0.1000mol/L$ 的标准溶液。

能用于直接配制或标定溶液的物质，称为基准物质。应符合下列要求：

a）物质的组成与它的化学式完全相符，若含结晶水（如草酸 $H_2C_2O_4 \cdot 2H_2O$），其结晶水的含量也应该与化学式完全相同。

b）试剂的纯度应足够高（99.9%以上），杂质总量不应超过 0.01%～0.02%，并可以用已知灵敏度的定性试验来检出杂质。

c）试剂在一般情况下应该很稳定。例如，称量时不吸潮，不吸收空气中的 CO_2，不被空气氧化、加热干燥时不分解等。

d）试剂最好有较大的当量，这样可减小称量误差。

e）试剂参加反应时，应按反应式定量进行，没有副反应。

常用的基准物质有：用于酸碱滴定：Na_2CO_3、$Na_2B_4O_7 \cdot 10H_2O$（四硼酸钠），$KHC_8H_4O_4$（邻苯二甲酸氢钾）等；用于沉淀滴定：NaCl、KCl 等；用于络合滴定：$CaCO_3$、ZnO、Zn、Cu 等；用于氧化还原滴定：$K_2Cr_2O_7$、$KBrO_3$、$Na_2C_2O_4$、As_2O_3 等。

②标定法。很多物质不能直接用于配制标准溶液，可先配成一种近似于所需浓度的溶液，然后用基准物质（或已用基准物质标定过的标准溶液）来标定它的准确浓度。例如欲

配制 0.1mol/L HCl 标准溶液，先用浓 HCl 配成大约是 0.1mol/L 的溶液，然后称取一定量的基准物质（例如 Na_2CO_3）进行标定。或者用已知准确浓度的 NaOH 标准溶液进行标定，便可求得 HCl 溶液的准确浓度。

（3）常见标准溶液配制

1）HCl 标准溶液的配制和标定

0.1mol/L 盐酸标准溶液：取市售含 HCl 为 37％、密度为 1.19g/mL 的分析纯盐酸溶液 9mL，用蒸馏水稀释至 1000mL，此溶液的浓度约为 0.1mol/L。

准确称取于 270～300℃灼烧至恒重的基准无水碳酸钠 0.15g（准确至 0.2mg），置于 250mL 锥形瓶中，加水约 50mL，使之全部溶解。加 10 滴溴甲酚绿-甲基红混合指示剂，用 0.1mol/L 盐酸滴定至由绿色变为暗红，煮沸 2min，冷却后继续滴定至暗红色为终点。读取盐酸溶液消耗的体积。盐酸标准溶液的浓度为：

$$c(HCl) = \frac{m \times 1000}{V \times 53.00} mol/L \tag{13-5}$$

式中　　m——碳酸钠的质量，g；

　　　　V——滴定消耗的 HCl 体积，mL；

　　53.00——$\frac{1}{2}$ Na_2CO_3 的摩尔质量，g/mol。

2）EDTA 标准溶液的配制和标定

称取分析纯 EDTA（乙二胺四乙酸二钠）2.7g 于 250mL 烧杯中，加水约 150mL 和两小片氢氧化钠，微热溶解后，转移至试剂瓶中，加水稀释至 1000mL，摇匀。此溶液的浓度约为 0.01mol/L。

①用碳酸钙标定 EDTA 溶液的浓度。准确称取于 110℃干燥至恒重的高纯碳酸钙 0.35g（准确至 0.2mg），置于 250mL 烧杯中，加水 100mL，盖上表面皿，沿杯嘴加入 (1+1) 盐酸溶液 10mL。加热煮沸至不再冒小气泡。冷至室温，用水冲洗表面皿和烧杯内壁，定量转移至 250mL 容量瓶中，用水稀释至刻度，摇匀。

移取上述溶液 25.00mL 于 400mL 烧杯中，加水约 150mL，在搅拌下加入 10mL 20％氢氧化钾溶液。使其 pH 值大于 12，加约 10mg 钙黄绿素-酚酞混合指示剂（1g 钙黄绿素和 1g 酚酞与 50g 分析纯干燥的硝酸钾混合，磨细混匀）。溶液呈现绿色荧光。立即用 EDTA 标准溶液滴定至绿色荧光消失并突变为紫红色时即为终点。记下消耗的 EDTA 溶液的体积。

②用锌或氧化锌标定 EDTA 溶液的浓度。准确称取纯金属锌 0.2g（或已于 800℃灼烧至恒重的氧化锌 0.3g），称准至 0.2mg，放入 250mL 烧杯中，加水 50mL，盖上表面皿，沿杯嘴加入 10mL (1+1) 盐酸溶液，微热。待全部溶解后，用水冲洗表面皿与烧杯内壁，冷却。转移入 250mL 容量瓶中，用水稀释至刻度，摇匀，备用。

用移液管移取上述溶液 25.00mL 于 250mL 锥形瓶中，加水 100mL，加 0.2％二甲酚橙指示剂溶液 1～2 滴，滴加 20％六次甲基四胺溶液至呈现稳定红色，再过量 5mL，加热至 60℃左右，用 EDTA 溶液滴定至由红色突变为黄色时即为终点。记下 EDTA 溶液消耗的体积。

EDTA 溶液的浓度用下式计算：

$$c(EDTA) = \frac{m \times 1000}{M \times V} \times \frac{1}{10} mol/L \tag{13-6}$$

式中　m——基准物质的质量，g；

　　　M——基准物质的摩尔质量，g/mol，选用碳酸钙时为 100.08，选用金属锌（或氧化锌）时为 65.39（或 81.39）；

　　　V——滴定消耗的 EDTA 溶液体积，mL。

用 EDTA 滴定法测定水硬度时，习惯使用 $c(\frac{1}{2}\text{EDTA})$，这时

$$c(\frac{1}{2}\text{EDTA}) = 2c(\text{EDTA}) \tag{13-7}$$

③硝酸银标准溶液的配制和标定

称取 1.6g 分析纯硝酸银，加水溶解，并稀释至 1000mL，储于棕色瓶中。此溶液的浓度约为 0.01mol/L。准确称取 0.6g 已于 500～600℃灼烧至恒重的优级纯氯化钠（准确至 0.2mg）。加水溶解后，移至 250mL 容量瓶中并稀释至刻度，摇匀。用移液管移取氯化钠浴液 10.00mL 于 250mL 锥形瓶中，加水约 100mL、5%铬酸钾溶液 1mL，用硝酸银溶液滴定至砖红色出现时即为终点。记下硝酸银溶液的体积。

用 100mL 水作空白，记录空白消耗硝酸银溶液的体积。硝酸银溶液的浓度为：

$$c(\text{AgNO}_3) = \frac{m \times 1000}{58.44 \times (V - V_0)} \times \frac{1}{25} \text{mol/L} \tag{13-8}$$

式中　　　m——NaCl 质量，g；

　　58.44——NaCl 摩尔质量，g/mol；

　　　V——滴定 NaCl 溶液时消耗的硝酸银的体积，mL；

　　　V_0——滴定空白时消耗硝酸银的体积，mL。

④硫代硫酸钠标准溶液的配制和标定

称取硫代硫酸钠（$\text{Na}_2\text{S}_2\text{O}_3 \cdot 5\text{H}_2\text{O}$）25g，溶于新煮沸冷却了的水中，加入 0.1～0.2g 碳酸钠，用水稀释至 1000mL。此溶液的浓度约为 0.1mol/L。放置 15 天后标定。

准确称取于 180℃干燥至恒重的基准溴酸钾 0.65g（准确至 0.2mg），置于烧杯中，用少量水溶解后转移至 250mL 容量瓶中，稀释至刻度，摇匀。

用移液管移取上述溶液 25.00mL 于 250mL 碘量瓶中，加 1.5g 碘化钾，沿瓶内壁加入 5mL（1+1）盐酸溶液，立即盖上瓶塞，摇匀后再加 70mL 水，用硫代硫酸钠溶液滴定至淡黄色时加入 5mL0.2%淀粉溶液，继续滴定至蓝色突变为无色时即为终点，记下硫代硫酸钠溶液的体积，其浓度为：

$$c(\text{Na}_2\text{S}_2\text{O}_3) = \frac{m \times 1000}{27.83 \times V} \times \frac{1}{10} \text{mol/L} \tag{13-9}$$

式中　m——溴酸钾的质量，g；

　　　V——消耗的硫代硫酸钠溶液的体积，mL；

　　27.83——$\frac{1}{6}$KBrO$_3$ 的摩尔质量，g/mol。

⑤高锰酸钾标准溶液的配制和标定

将 3.2g 高锰酸钾溶于 1000mL 水中，加热煮沸 1h 随时加水以补充蒸发损失。冷却后在暗处放置 7～10 天。然后用玻璃砂芯漏斗（或玻璃漏斗加玻璃毛）过滤。滤液储于洁净的具玻塞棕色瓶中。此溶液的浓度 $c(\frac{1}{5}\text{KMnO}_4)$ 约为 0.1mol/L。

准确称取于 105℃干燥至恒重的基准草酸钠 0.17g（准确至 0.2mg），置于锥形瓶中，加水 20mL 使其溶解，再加（1+17）的硫酸溶液 30mL，加热至 75～85℃，立即用高锰酸钾溶液滴定，开始滴下的 1～2 滴高锰酸钾使溶液显红色，摇动锥形瓶，待红色褪去，再继续滴入高锰酸钾溶液，直至溶液呈微红色且 30s 内不褪色时即为终点。记下消耗的高锰酸钾溶液的体积。高锰酸钾溶液的浓度为：

$$c(\frac{1}{5}KMnO_4) = \frac{m \times 1000}{67.00 \times V}mol/L \qquad (13-10)$$

式中　m——称取的草酸钠的质量，g；

　　　V——消耗的高锰酸钾溶液体积，mL；

67.00——$\frac{1}{2}Na_2C_2O_4$ 的摩尔质量，g/mol。

将上述标定过的高锰酸钾溶液准确稀释 10 倍，即得浓度 $c(\frac{1}{5}KMnO_4)=0.01mol/L$ 的高锰酸钾标准溶液。

2. 水质分析中溶液浓度的表示方法

（1）标准溶液浓度的表示方法

①滴定分析用标准溶液的浓度。滴定分析用的标准溶液可用基准物质直接配制，也可先配成大约浓度后再用基准物质标定其浓度。

历史上，标准溶液的浓度习惯使用"当量浓度（N）"或"摩尔浓度（M）"表示。国际计量大会（CGPM）建立的 SI 单位制废除了当量、当量定律等量和单位后，我国国务院颁发了《中华人民共和国法定计量单位》，规定"物质的量"和"物质的量浓度"是法定计量单位，非法定计量单位不再允许使用。

物质的量是量的名称，它的符号是 n_B。它是以阿伏伽德罗常数为计数单位，用来表示物质 B 指定的基本单元是多少的一个物理量。它的单位是摩尔（mol）。1mol 的物质的量所含的该物质的基本单元数与 0.012kg 碳-12 的原子数目（6.022×10^{23}）相等。1mol-H_2SO_4 的物质的量含有 6.022×10^{23} 个 H_2SO_4，1mol $\frac{1}{2}H_2SO_4$ 的物质的量含有 6.022×10^{23} 个 $\frac{1}{2}H_2SO_4$，等等。所以在使用"物质的量"时必须指明基本单元。

物质 B 的物质的量浓度，也叫做物质 B 的浓度，其符号为 c_B，定义为物质的量 n_B 除以溶液的体积 V，即

$$c_B = \frac{n_B}{V} \qquad (13-11)$$

它的单位是 mol/L。在使用物质的量浓度时也必须指明基本单元。例如 $c(H_2SO_4)=0.1000mol/L$；$c(\frac{1}{2}H_2SO_4)=0.2000mol/L$，等等。

根据国家标准规定，质量 m 除以物质的量 n_B，称为摩尔质量 M_B，即

$$M_B = \frac{m}{n_B} \qquad (13-12)$$

其单位为"g/mol"。使用摩尔质量时也必须指明基本单元。以物质的原子为基本单元时，其摩尔质量的数值等于相对原子质量；以物质的分子为基本单元时，其摩尔质量的数

值等于相对分子质量，依此类推。例如：

$$M(H) = 1.008g/mol$$

$$M(HCl) = 36.46g/mol$$

$$M(\frac{1}{2}H_2SO_4) = 49.04g/mol$$

因此相同质量的物质，取不同基本单元时，其物质的量是不等的。例如 98.08g 硫酸的物质的量：

$$n(H_2SO_4) = \frac{98.08}{98.08} = 1.000(mol)$$

$$n(\frac{1}{2}H_2SO_4) = \frac{98.08}{49.04} = 2.000(mol)$$

常用标准溶液和基准物质的当量与基本单元对照于表 13-3 中。

表 13-3 常用标准溶液和基准物质的当量与基本单元的对照

基准物质或标准溶液	当 量	基本单元	说 明
盐酸	$\dfrac{HCl\ 式量}{1}$	HCl	
氢氧化钠	$\dfrac{NaOH\ 式量}{1}$	$NaOH$	
碳酸钠	$\dfrac{Na_2CO_3\ 式量}{2}$	$\frac{1}{2}Na_2CO_3$	在 $CO_3^{2-}+2H^+ \Longrightarrow CO_2+H_2O$ 反应中
硼砂	$\dfrac{Na_2B_4O_7\ 式量}{1}$	$Na_2B_4O_7$	用于标定 HCl 溶液的浓度时
邻苯二甲酸氢钾	$\dfrac{KHC_8H_4O_4\ 式量}{1}$	$KHC_8H_4O_4$	用于标定 $NaOH$ 溶液的浓度时
EDTA	$\dfrac{EDTA\ 式量}{2}$	$\frac{1}{2}EDTA$	只在水的硬度测定中使用
EDTA	$\dfrac{EDTA\ 式量}{1}$	$EDTA$	
硫酸	$\dfrac{H_2SO_4\ 式量}{2}$	$\frac{1}{2}H_2SO_4$	在 $H_2SO_4+2OH^- \Longrightarrow 2H_2O+SO_4^{2-}$ 反应中
高锰酸钾	$\dfrac{KMnO_4\ 式量}{5}$	$\frac{1}{5}KMnO_4$	在 $MnO_4^-+8H^++5e \longrightarrow Mn^{2+}+4H_2O$ 反应中
重铬酸钾	$\dfrac{K_2Cr_2O_7\ 式量}{6}$	$\frac{1}{6}K_2Cr_2O_7$	在 $Cr_2O_7^{2-}+14H^++6e \longrightarrow 2Cr^{3+}+7H_2O$ 反应中
硝酸银	$\dfrac{AgNO_3\ 式量}{1}$	$AgNO_3$	
硝酸汞	$\dfrac{Hg(NO_3)_2\ 式量}{2}$	$\frac{1}{2}Hg(NO_3)_2$	在 $Hg^{2+}+2Cl^- \longrightarrow HgCl_2$ 反应中
草酸钠或草酸	$\dfrac{Na_2C_2O_4\ 式量}{2}$	$\frac{1}{2}Na_2C_2O_4$	在 $2CO_2+2e \longrightarrow C_2O_4^{2-}$ 反应中
硫代硫酸钠	$\dfrac{Na_2S_2O_3\ 式量}{1}$	$Na_2S_2O_3$	在 $S_4O_6^{2-}+2e \longrightarrow 2S_2O_3^{2-}$ 反应中

例如，0.1000N 高锰酸钾溶液用物质的量浓度表示时即为 $c\left(\dfrac{1}{5}\ KMnO_4\right)=$ 0.1000mol/L。

②仪器分析用标准溶液的浓度。比色及其他仪器分析使用的标准溶液通常以"mg/mL""μg/mL"或"mg/L"表示，不得使用"ppm""ppb"等表示方法。

（2）普通试剂溶液的浓度

①质量体积百分浓度。例如 10％氢氧化钾溶液是指 10g 固体氢氧化钾溶于蒸馏水中，再用蒸馏水稀释至 100mL。在无特殊说明时，水质分析用的普通试剂均按此法配制。

②体积比浓度。液体试剂溶液的浓度常以体积比表示。例如 1＋2 盐酸溶液，就是 1 体积市售浓盐酸溶于 2 体积蒸馏水中。

三、分析结果的数据处理

1. 原始数据系统误差的校正

（1）测量仪器校正

如天平、分光光度计、容量瓶、滴定管、吸管等器皿在使用前的校正。

（2）方法校正

同一样品，用标准方法或可靠的分析方法进行分析化验，再用所用的测量仪器分析化验，如两种方法化验结果一致，说明所用的测量仪器没有系统误差。

（3）标准样品校正

同一标准样品，用选用的仪器和分析方法测定，将测量结果与标准值进行比较，若测量结果在标准物质的标准值及其误差的范围内，说明试样的测定数据不存在系统误差。否则，需进行系统误差的校正。

（4）温度校正

将标准条件下标准溶液浓度，换算为使用温度下标准溶液浓度。

2. 分析结果的判断

在定量分析工作中，经常对试样进行重复测定，然后求出平均值。但多次测出的数据如果出现显著的大值与小值，这样的数据是值得怀疑的，称之为可疑值。对可疑值应做如下判断：确知原因的可疑值应弃去不用；不知原因的可疑值，应按 4d 法或 Q 检验法判断，决定取舍。

（1）4d 法

即 4 倍于平均偏差法。适用于 4～6 个平行数据的取舍。做法如下：

a）除可疑值 X_i 外，将其余数据相加求出算术平均值 X 及平均偏差 d。

b）将可疑值 X_i 与平均值 X 相减；若 $X_i-X \geqslant 4d$，则可疑值应舍去；若 $X_i-X < 4d$，则可疑值应保留。

【例 13-1】测得如下一组数据 10.18、10.56、10.23、10.35、10.32，其中最大值是否舍去？

［解］　10.56 为最大值，定为可疑值。则

$$X=\frac{10.18+10.23+10.35+10.32}{4}=10.27$$

$$d = \frac{0.09 + 0.04 + 0.08 + 0.05}{4} = 0.06$$

因为 $10.56 - 10.27 = 0.29$，$0.29 \geqslant 4d$；所以 10.56 应舍去。

（2）Q 检验法

Q 检验法的步骤如下：

a）将所有测定结果数据按大小顺序排列，即 $X_1 < X_2 < X_3 < \cdots\cdots < X_n$

b）计算 Q 值

$$Q\,值 = \frac{|X_? - X|}{X_{max} - X_{min}} \tag{13-13}$$

式中　$X_?$——可疑值；

$\quad\quad X$——与 $X_?$ 相邻之值；

$\quad X_{max}$——最大值；

$\quad X_{min}$——最小值。

（3）查 Q 表（表 13-4），比较由 n 次测量求得的 Q 值，与表中所列的相同测量次数的 $Q_{0.90}$ 比大小。$Q_{0.90}$ 表示 90% 的置信度。

若 $Q > Q_{0.90}$，则相应的 $X_?$ 应舍去；若 $Q < Q_{0.90}$，则相应的 $X_?$ 应保留。

表 13-4　置信水平的 Q 值

测量次数	3	4	5	6	7	8	9	10
$Q_{0.90}$	0.94	0.76	0.64	0.56	0.51	0.47	0.44	0.41
$Q_{0.95}$	1.53	1.05	0.86	0.76	0.69	0.64	0.60	0.58

3. 校准曲线和回归计算

（1）校准曲线定义

校准曲线是描述待测物质浓度或量与检测仪器响应值或指示量之间的定量关系曲线。校准曲线有"工作曲线"（标准溶液处理程序及分析步骤与样品完全相同）和"标准曲线"（标准溶液处理程序较样品有所省略，如样品预处理）。

（2）校准曲线制作

以被测物质的浓度 c 为横坐标，吸光度 A 为纵坐标，在坐标纸上制图。在实际工作中，因偶然误差会有个别点偏离直线，此时可用直线回归方程式进行计算，然后根据计算结果绘制标准曲线。最小二乘法计算直线回归方程式的公式：

$$c = KA + B \tag{13-14}$$

$$K = \frac{n\sum cA - \sum c \sum A}{n\sum A^2 - \left(\sum A\right)^2} \tag{13-15}$$

$$B = \frac{\sum A^2 \sum c - \sum A \sum cA}{n\sum A^2 - \left(\sum A\right)^2} \tag{13-16}$$

式中　K——一元回归线的 K 值；

$\quad\quad B$——纵轴（Y 轴）上的截距，为一常数；

$\quad\quad n$——组成工作曲线的测定点数；

c——被测物质浓度，通常以此作横轴；

A——吸光度（多次测定结果的平均值），通常以此作纵轴（Y轴）。

①用计算器计算回归曲线数据。普通工程计算器具有此功能，可参照说明书操作。

②用 Microsoft Excel 电子表格计算回归曲线数据。

③用 Microsoft Excel 电子表格绘制回归曲线图形。

4. 校准曲线精密度、准确度、灵敏度检验

①精密度检验：即是校准曲线的线性检验。对于以 6 个浓度单位所获得的数据绘制的校准曲线，一般要求其相关系数 $R \geqslant 0.9990$。

②准确度检验：即是校准曲线的截距检验。用标准物质分析测定，测得值与保证值比较求得绝对误差，也可用加标测回收率的方法（加标量一般是样品量的 0.5～1 倍，总浓度不得超过方法的测定上限）。测得绝对误差和回收率要符合方法规定要求。

③灵敏度检验：即是校准曲线的斜率检验。斜率纵轴与横轴之比。斜率大则灵敏度高。在分析方法、测定条件（药品试剂、仪器、温度、玻璃器皿等）不变情况下，斜率应保持不变。即使由于操作中的随机误差所导致的斜率变化也不应超出一定的允许范围。

5. 注意事项

①在曲线测量范围内配制标准溶液系列，并包括样品的被测之值。为预防出现意外，配制的标准溶液已知浓度点可以多于 6 个，然后根据数据情况决定取舍，但在回归计算时不得少于 6 个点（含空白浓度）。

②制作校准曲线用的容器和量器，应经检定合格，使用的比色管应配套。

③校准曲线绘制应与批样测定同时进行。

④在校正系统误差之后，校准曲线可用最小二乘法对测试结果进行处理后绘制。

⑤校准曲线的相关系数（R）绝对值一般应大于或等于 0.999，否则需从分析方法、仪器、量器及操作等因素查找原因，改进后重新制作。

⑥使用校准曲线时，应选用直线部分和最佳测量范围，不得任意外延。

⑦由于电源或仪器本身的稳定问题，造成仪器的漂移，需要经常进行再校准。

⑧绘制标准曲线的坐标纸，分度要合理，使曲线与坐标轴呈近 45° 角，整体图形居于坐标纸中间且大小适中。

⑨在绘制好的标准曲线上，标清曲线名称、分析方法、绘制时间、操作者、比色皿材质和长度、回归曲线公式、K 值、截距、相关系数、适用范围、有效期。

⑩标准溶液一般可直接测定，但如试样的前处理较复杂致使污染或损失不可忽略时，应和试样同样处理后再测定。

⑪校准曲线的相关系数只舍不入，保留到小数点后出现非 9 的一位，如 0.99989 保留到 0.9998。如果小数点后都是 9 时，最多保留小数点后 4 位。校准曲线斜率的有效位数，应与自变量 x 的有效数字位数相等，或最多比自变量 x 多保留一位。截距 B 的最后一位数，和因变量 y 数值的最后一位取齐，或最多比因变量 y 多保留一位数。

第二节　水的物理性质的测定

一、水温、水色、水臭的测定

1. 水温

水温来源主要是水体吸收大气热量和太阳能，生物体释放的能量和化学转化过程中释放的能量以及工业排放的高温废水。水源不同，水的温度有很大差异。天然水的温度随水源不同而有很大差别。地表水的温度还与水文、气象要素以及周围环境有密切关系，在一年中有很大变化，冬夏两季水温之差，往往可达 30℃ 左右。而地下水的温度一年中变化的幅度不大，尤其深层地下水很少随季节的变化而改变，一般在 8～12℃ 左右。工业废水因工业类型、生产工艺的不同而差别较大。水的物理化学性质与温度也密切相关。如水中溶解性气体（溶解氧、二氧化碳）的溶解度、微生物活动，甚至盐度、pH 值都受温度变化的影响。

水温的测量，对热污染及库底潜水所引起的冷害研究，对湖泊层温所引起的水生生态、环境问题的研究，均有重要作用。

水样采集后，应立即测定水温。常用的测量仪器有水温计、颠倒温度计和热敏电阻温度计。

水温计是安装于金属半圆槽壳内的水银温度表，下端连接一金属贮水杯，温度表水银球部悬于杯中，其顶端的槽壳带一圆环，拴以一定长度的绳子。测温范围通常为 -6～41℃，最小分度为 0.2℃。具体操作如下：

把水温计水银柱部分全部浸入欲测水中，待水银柱静止后读数，通常要静止 3min 左右。当温度计不能直接插入欲测水中时，可用铁桶等采集水样后，立即测定水温。读数时，视线与水温计刻度成直角。

测定深水温度时，在指定水层，采用热敏电阻温度计或颠倒温度计测定，通常要静止 3min 或 7min。颠倒温度计由主温表和辅温表构成。主温表是双端式水银温度计，用于观测水温。辅温表为普通水银温度计，用于观测读取水温时的气温，以校正因环境温度改变而引起的主温表读数的变化。测量范围一般为 -2～35℃，精确度为 ±0.2℃，多与颠倒采水器联用。

2. 水色

颜色、浊度、悬浮物等都是反映水体外观的指标。纯水为无色透明，天然水中存在腐殖质、泥土、浮游生物和无机矿物质，使其呈现一定颜色。工业废水的污染常使水色变得十分复杂，如各种染料、生物色素和有色离子等。水色使饮用者有不快之感，并使工业产品质量降低，尤其对一些轻工业品，如食品、造纸、纺织、饮料工业等，故需对其进行测定。

水的颜色可分为真色和表色两种。真色是指去除了水中悬浮物质以后水的颜色，由水中胶体物质和溶解性物质所造成的。表色是指没有去除悬浮物质的水所具有的颜色，由可溶性有机物、部分无机离子和有色悬浮微粒所贡献。两者差别较大。水质分析中水的色度一般是指真色。水的颜色常用以下方法测定。

（1）比色法

包括铂钴标准比色法和铬钴比色法。

铂钴标准比色法（GB/T 11903—89）是将一定量的氯铂酸钾（K_2PtCl_6）和氯化钴（$CoCl_2 \cdot 6H_2O$）溶于水中配成标准色列。1L 水中含 1mg 铂和 0.5mg 钴所具有的颜色定为 1 度。将待测水样与标准色列进行目视比色，以确定其色度。

①铂钴标准溶液：称取 1.246g 氯铂酸钾（K_2PtCl_6）（相当于 500mg Pt）及 1.000g 氯化钴（$CoCl_2 \cdot 6H_2O$）（相当于 250mg Co），溶于 100mL 水中，加 100mL HCl，用水定容至 1000mL。此溶液色度为 500 度，保存在具塞玻璃瓶中，存放暗处。

②标准色列的配制：向 50mL 比色管中加入 0、0.50、1.00、1.50、2.00、2.50、3.00、3.50、4.00、4.50、5.00、6.00 及 7.00mL 铂钴标准溶液，用水稀释至标线，混匀。各管的色度依次为 0、5、10、15、20、25、30、35、40、45、50、60 和 70 度。密封保存。

③水样的测定：分取 50.0mL 澄清透明水样于比色管中，如水样色度较大，可酌情少取水样，用水稀释至 50.0mL。将水样与标准色列进行目视比较。观察时，可将比色管置于白瓷板或白纸上，使光线从管底部向上透过液柱，目光自管口垂直向下观察，记下与水样色度相同的铂钴标准色列的色度。

$$色度 = \frac{A \times 50}{B} \tag{13-17}$$

式中　A——稀释后水样相当于铂钴标准色列的色度；

　　　B——水样的体积，mL。

可用重铬酸钾代替氯铂酸钾配制标准色列。方法是：称取 0.0437g 重铬酸钾和 1.000g 硫酸钴（$CoSO_4 \cdot 7H_2O$），溶于少量水中，加入 0.50mL 硫酸，用水稀释至 500mL 此溶液的色度为 500 度。不宜久存。

以上两种方法因所配制的标准色列为黄色，只适用于较清洁且具有黄色色调的饮用水和天然水的测定。

如果样品中有泥土或其他分散很细的悬浮物，虽经预处理而得不到透明水样时，则只测其表色。

（2）稀释倍数法

将有色工业废水用无色水稀释到接近无色时，记录稀释倍数，以此表示该水样的色度，并辅以用文字描述颜色性质，如深蓝色、棕黄色等。选两支透明度较好，无色的 1L 量筒，其中一支里装满无色的纯净水，另一支注入 100~150mL 待测样，然后边加入无色纯净水边摇匀，直到观察不到颜色为止。观察液面刻度线，算出稀释倍数。如果稀释到 1L 时仍有颜色，可从量筒中吸取一定量稀释样品，再进行稀释，直到完成为止。

若水样经稀释后与标准色列目视比色，则所测色度需乘上其稀释倍数。

3. 水臭

臭是检验原水和处理水的水质必测项目之一。水中臭主要来源于生活污水和工业废水中的污染物、天然物质的分解或与之有关的微生物活动。由于大多数臭太复杂，可检出浓度又太低，故难以分离和鉴定产臭物质。无臭无味的水虽然不能保证是安全的，但有利于饮用点对水质的信任。检验臭也是评价水处理效果和追踪污染源的一种手段。水臭和味的测定方法主要包括文字描述法和阈值法。

（1）文字描述法

量取 100mL 水样置 250mL 锥形瓶内，调节水的温度至 20 ± 2℃ 或煮沸稍冷后闻水的气味，用适当文字描述，并参照表 13-5 记录其强度。

表 13-5　臭和味强度等级

等级	强度	说明
0	无	无任何臭和味
1	微弱	一般难于察觉，嗅、味觉敏感者可以察觉
2	弱	一般刚能察觉
3	明显	已能明显察觉
4	强	有很明显的臭味
5	很强	有强烈的恶臭或异味

与此同时，取少量水放入口中，不要咽下去，尝水的味道，加以文字描述，并按五级记录强度。原水的味的测定只适用于对人体健康无害的水样。

（2）阈值法

用无臭无味的水稀释水样，刚好检出臭或味时的稀释倍数，称为臭阈值或味阈值。不同稀释比的臭阈值见表 13-6。本法适用于天然水和臭阈值很高的工业废水。

$$臭（味）阈值 = \frac{A+B}{A} \tag{13-18}$$

式中　A——水样体积，mL；

　　　B——无臭或无味水体积，mL。

臭阈值或味阈值测试条件：

①水温：60 ± 1℃ 或 40 ± 1℃；臭/味阈值随温度而变，报告时应注明测定时的温度。

②检验人数：5～10 人，或更多，取其所有阈值的几何均值，作为最终报告结果。

③无臭/无味的水：将自来水或蒸馏水通过装有颗粒活性炭的柱子过滤，即可制得。

④余氯对测定有干扰，因此可分别测定脱氯前的臭阈值和脱氯后的臭阈值。脱氯剂是用新配制的硫代硫酸钠（$3.5g\ Na_2S_2O_3\cdot5H_2O$ 溶于 1L 水中，1mL 除 0.5g 余氯）。

表 13-6　不同稀释比的臭阈值

取用原水样体积/mL	臭阈值	取用原水样体积/mL	臭阈值	取用原水样体积/mL	臭阈值
200	1	35	6	5.7	35
140	1.4	25	8	4	50
100	2	17	12	2.8	70
70	3	12	17	2	100
50	4	8.3	24	1	200

二、浊度、透明度和固体的测定

1. 浊度的测定

浊度是表现水中悬浮物对光线透过时所发生的阻碍程度。水中含有泥土、粉砂、微细有机物、无机物、浮游动物和其他微生物等悬浮物和胶体物都可使水样呈现浊度。水的浊度大小不仅和水中存在颗粒物含量有关，而且和其粒径大小、形状、颗粒表面对光散射特性有密切关系。色度是由于水中的溶解物质引起的，而浊度则是由不溶解物质引起的。浊度的测定主要用于天然水、饮用水和部分工业用水。在给水处理中，通过测定浊度可以选择最经济有效的混凝剂，确定其最佳投加量。

不同工业用水对浊度有不同的要求，一般工业冷却水浊度在 50～100 度即可；高压锅炉水对浊度的要求非常严格；除盐水处理的进水（原水）浊度要求小于 3 度；制造人造纤维水浊度不超过 0.3 度。

（1）福尔马肼光度法

本方法适用于锅炉用水和冷却水的浊度分析，适用范围 4～400FTU。采用分光光度计比较被测水样和标准悬浊液的吸光度进行测定。水样带有颜色可用 $0.15\mu m$ 滤膜过滤器过滤，并以此溶液作为空白。

①试剂

a）无浊度水。将二级试剂水以 3mL/min 流速经 $0.15\mu m$ 滤膜过滤，弃去 200mL 初始滤液，使用时制备。

b）硫酸联氨（硫酸肼）溶液。称取 1.000g 硫酸联氨，用少量无浊度水溶解，移入 100mL 容量瓶中，并稀释至刻度。

c）六亚甲基四胺溶液。称取 10.00g 六亚甲基四胺，用少量无浊度水溶解，移入 100mL 容量瓶中，并稀释至刻度。

d）福尔马肼浊度贮备标准液。分别移取硫酸联氨溶液和六亚甲基四胺溶液各 25mL，注入 500mL 容量瓶中，充分摇匀，在 (25±3)℃下保温 24h 后，用无浊度水稀释至刻度。

②工作曲线的绘制

a）浊度为 40～400FTU 的工作曲线

按表 13-7 用移液管吸取浊度贮备标准液分别加入一组 100mL 容量瓶中，用无浊度水稀释至刻度，摇匀，放入 1cm 比色皿中，以无浊度水作参比，在波长为 660nm 处测定吸光度，并绘制工作曲线。

表 13-7　浊度标准液配制（40～400FTU）

贮备标准液/mL	0.00	10.00	25.00	50.00	75.00	100.00
浊度/FTU	0	40	100	200	300	400

b）浊度为 4～40FTU 的工作曲线

按表 13-8 用移液管吸取浊度贮备标准液分别加入一组 100mL 容量瓶中，用无浊度水稀释至刻度，摇匀，放入 5cm 比色皿中，以无浊度水作参比，在波长为 660nm 处测定吸光度，并绘制工作曲线。

表 13 - 8　浊度标准液配制 (4～40FTU)

贮备标准液/mL	0.00	1.00	2.50	5.00	7.50	10.00
浊度/FTU	0	4	10	20	30	40

③水样的测定

取充分摇匀的水样，直接注入比色皿中，用绘制工作曲线的相同条件测定吸光度，从工作曲线上求其浊度。

④浊度单位

a）度。相当于 1mg 一定粒度的硅藻土在 1000mL 水中所产生的浑浊程度，称为 1 度。该单位只在以硅藻土配制浊度标准液时使用，有一定局限性。

b）FTU。用硫酸肼与六亚甲基四胺配制浑浊度标准溶液时所用的单位，称为福尔马肼浊度单位。区别于硅藻土浊度标准液单位。由硫酸肼与六亚甲基四胺聚合生成的白色高分子聚合物，有的资料称为甲肼聚合物，有的称为福马肼。后者逐渐被接受。

c）NTU。由国际标准 ISO 7027—1984 规定的标准散射浊度单位。即：将 5.0mL 1％硫酸肼溶液与 5.0mL 10％六亚甲基四胺溶液在 100mL 容量瓶中混匀，于 25±3℃反应 24h 后加无浊水至刻度，成为 400FTU（福尔马肼浊度单位）的浑浊度标准贮备液。

注意事项：水样收集于具塞玻璃瓶内，应在取样后尽快测定。如需保存，可在 4℃冷暗处保存 24h，测试前要激烈振摇水样并恢复到室温。否则倒入比色皿中的水样无代表性，且温度如低于室温时，比色皿表面易雾化，影响测定结果。在校准和测量过程中使用同一比色皿，以降低比色皿带来的误差。

（2）浊度仪法

①试剂

所用试剂同福尔马肼光度法。

②测定

a）调零。用无浊度水冲洗试样瓶 3 次，再将无浊度水倒入试样瓶内至刻度线，然后擦净瓶体的水迹和指印，置于仪器试样座内，旋转试样瓶的位置，使试样瓶的记号线对准试样座上的定位线，然后盖上遮光盖，待仪器显示稳定后，调节"零位"旋钮，使浊度显示为零。

b）校正。按表 13 - 7、表 13 - 8 配制福尔马肼标准浊度溶液。从表 13 - 9 选择与被测水样浊度相近的福尔马肼标准浊度溶液的吸取量，用移液管准确吸取浊度为 200FTU 的福尔马肼工作液，注入 100mL 容量瓶中，用无浊度水稀释至刻度，充分摇匀后使用。福尔马肼标准浊度溶液不稳定，宜使用时配制，有效期不宜超过 2h。

表 13 - 9　配制福尔马肼标准浊度溶液吸取 200FTU 福尔马肼工作液的量

编号	1	2	3	4	5	6
200FTU 福尔马肼工作液吸取量/mL	Q	2.50	5.00	10.00	20.0	50.0
相当于水样浊度/FTU	0	5.0	10.0	20.0	40.0	100.0

用上述配制的福尔马肼标准浊度溶液，冲洗试样瓶 3 次后，再将标准浊度溶液倒入试样瓶内，擦净瓶体的水迹和指印后，置于试样座内，并使试样瓶的记号线对准试样座上的

定位线，盖上遮光盖，待仪器显示稳定后，调节"校正"旋钮，使浊度显示为标准浊度校正液的浊度值。

c）测定。取充分摇匀的水样冲洗试样瓶 3 次，再将水样倒入试样瓶内至刻度线，擦净瓶体的水迹和指印后置于试样座内，旋转试样瓶的位置，使试样瓶的记号线对准试样座上的定位线，然后盖上遮光盖，待仪器显示稳定后，直接在浊度仪上读数。

2. 透明度的测定

透明度是指水样的澄清程度，洁净的水是透明的。透明度与浊度相反，水中悬浮物和胶体颗粒物越多，其透明度就越低。测定透明度的方法有铅字法、塞氏盘法、十字法等。

（1）铅字法

该法为检验人员从透明度计的筒口垂直向下观察，刚好能清楚地辨认出其底部的标准铅字印刷符号时的水柱高度为该水的透明度，并以厘米数表示。超过 30cm 时为透明水。透明度计是一种长 33cm，内径 2.5m 的具有刻度的玻璃筒，筒底有一磨光玻璃片。

该方法由于受检验人员的主观影响较大，在保证照明等条件尽可能一致的情况下，应取多次或数人测定结果的平均值。它适用于天然水或处理后的水。

（2）塞氏盘法

这是一种现场测定透明度的方法。塞氏盘为直径 200mm、黑白各半的圆盘，在圆盘中心孔穿一根细绳，并在绳上划上间隔为 10cm 黑白相间的长度标记，小孔下面加一重锤。将其沉入水中，以刚好看不到它时的水深（cm）表示透明度。

（3）十字法

在内径为 30mm，长为 0.5 或 1.0m 的具刻度玻璃筒底部放一白瓷片，片中部有宽度为 1mm 的黑色十字和 4 个直径为 1mm 的黑点。将混匀的水样倒入筒内，从筒下部徐徐放水，直至明显地看到十字，直到看不见 4 个黑点为止，以此时水柱高度（cm）表示透明度。当高度达 1m 以上时即算透明。

3. 固体的测定——重量法

固体分为总固体、可溶性固体和悬浮物三种。总固体是水或污水样在一定的温度下蒸发、烘干后剩余的物质；可溶性固体是将过滤后的水样在一定的温度下蒸发、烘干至恒重所得物质；悬浮物是水样经过过滤后，留在过滤器上的固体物质，烘干至恒重得到的物质质量。它们是表征水中溶解性物质、不溶性物质含量的指标。三者之间的关系可表示如下：

总固体＝悬浮物＋可溶性固体

（1）总固体的测定

适用于溶解性固体大于 25mg/L 的天然水、冷却水炉水水样的测定。将一定体积的水样，置于已知质量的蒸发皿中蒸干后，转入 105～110℃干燥至恒重，所得剩余残留物为水中的总固体。

将洗净的蒸发皿置于 100～110℃干燥箱中烘至恒重，待用。移取 100mL 充分摇匀的水样，置于已知质量的蒸发皿中，置于加热器上蒸发。注意不要使水样沸腾。如取的水样量较多，在蒸发浓缩时不断补入水样。当水样浓缩至 20～30mL 时，将蒸发皿移至沸水浴上蒸发至干，再将蒸发皿于 105～110℃下干燥至恒重。

水样中总固体含量 ρ（mg/L）按下式计算：

$$\rho = \frac{(m_2 - m_1) \times 10^6}{V} \tag{13-19}$$

式中　m_1——蒸发皿质量，g；

　　　m_2——蒸发皿与残留物的质量，g；

　　　V——水样体积，mL。

注意事项：为防止蒸干、烘干过程中落入杂物而影响试验结果，必须在蒸发皿上放置玻璃三脚架并加盖表面皿。将水样蒸发至干时，不得将蒸发皿直接置于电热板或电炉子上直接加热，否则水样沸腾时水滴飞溅造成损失，使测定结果偏低。可加垫石棉网或将电热器适当调小一些。测定溶解固形物使用的瓷蒸发皿，也可以用玻璃蒸发皿代替瓷蒸发皿。优点是易恒重。水浴的水而不能与蒸发皿接触，以免玷污蒸发皿，影响测定结果。

（2）溶解性固体的测定

适用于溶解性固体不低于 25mg/L 的天然水、工业循环冷却水炉水水样的测定。移取过滤后的一定量的水样，在指定温度下干燥至恒重。

将待测水样用慢速定量滤纸或滤板孔径为 2～5μm 的玻璃砂芯漏斗过滤。用移液管移取 100mL 过滤后的水样，置于已于 105～110℃干燥至恒重的蒸发皿中。将蒸发皿置于沸水浴上蒸发至干，再将蒸发皿于 105～110℃下干燥至恒重。溶解性固体含量同总固体计算方法。

（3）悬浮物的测定

适用于地面水、地下水，也适用于生活污水和工业废水中悬浮物测定。水质中的悬浮物是指水样通过孔径为 0.45μm 的滤膜，截留在滤膜上并于 103～105℃烘干至恒重的固体物质。

①滤膜准备

用扁嘴无齿镊子夹取微孔滤膜放于事先恒重的称量瓶里，移入烘箱中于 103～105℃烘干半小时后取出置干燥器内冷却至室温，称其质量。反复烘干、冷却、称量，直至恒重。将恒重的微孔滤膜正确地放在滤膜过滤器的滤膜托盘上，加盖配套的漏斗，并用夹子固定好。以蒸馏水湿润滤膜，并不断吸滤。

②操作步骤

量取充分混合均匀的试样 100mL 抽吸过滤。使水分全部通过滤膜。再以每次 10mL 蒸馏水连续洗涤三次，继续吸滤以除去痕量水分。停止吸滤后，仔细取出载有悬浮物的滤膜放在原恒重的称量瓶里，移入烘箱中于 103～105℃下烘 1h 后移入干燥器中，使冷却到室温，称其重量。反复烘干、冷却、称量，直至两次称量的质量差≤0.4mg 为止。

③结果计算

悬浮物含量 ρ（mg/L）按下式计算

$$\rho = \frac{(m_1 - m_0) \times 10^6}{V} \tag{13-20}$$

式中　m_1——悬浮物＋滤膜＋称量瓶质量，g；

　　　m_2——滤膜＋称量瓶质量，g；

　　　V——水样体积，mL。

④注意事项

a）采样时，漂浮或浸没的不均匀固体物质不属于悬浮物质，应从水样中除去。

b) 水样保存时，不能加入任何保护剂，以防破坏物质在固、液间的分配平衡。

c) 抽吸过滤时，滤膜上截留过多的悬浮物可能夹带过多的水分，除延长干燥时间外，还可能造成过滤困难，遇此情况，可酌情少取试样。滤膜上悬浮物过少，则会增大称量误差，影响测定精度，必要时，可增大试样体积。一般以 50～100mg 悬浮物量作为量取试样体积的适用范围。

d) 抽吸过滤时，滤膜上的水在近抽干时，滤膜易破裂，导致结果偏低甚至实验失败。此时操作要注意。

三、电导率和矿化度的测定

1. 电导率

水的电导率与其所含无机酸、碱、盐的量有一定关系。当它们的浓度较低时，电导率随浓度的增大而增加，电导率表示的是水溶液传导电流的能力。温度每升高 1℃，电导率增加约 2%，通常规定 25℃为测定电导率的标准温度。绝大部分无机化合物，具有良好的导电性；有机化合物分子，难以离解，基本不具备导电性。因此，电导率又可以间接表示水中溶解性总固体的含量和含盐量。

电导率的单位是 S/m，但在水质分析中，人们常用的单位是 μS/cm（微西/厘米）。它们之间的换算关系是

$$1S/m = 10^3 mS/m = 10^6 \mu S/m = 10^4 \mu S/cm$$

水样的电导率可用电导仪在特定的条件和恒定的温度下测定水样的电导，乘以电导池常数而求得。

即 $\qquad\qquad\qquad\qquad k = QL \qquad\qquad\qquad\qquad\qquad\qquad (13-21)$

式中　　k——电导率，μS/cm；

　　　　L——由电导仪测得的电导，μS；

　　　　Q——电导池常数，cm^{-1}。

实验室用的电导电极为一对铂电极或铂黑电极，每一对电极有各自的电导池常数。测定不同电导。电导池常数电极的选用，不同电导率的水样应选用不同电导池常数的电极。电极的电导池常数可用氯化钾标准溶液测定。不同浓度的氯化钾标准溶液在不同温度时的电导率是已知的，列于表 13-10 中。用电极测定某浓度的氯化钾标准溶液的电导后，代入式（13-22）中即可计算出该电极的电导池常数 Q。

表 13-10　氯化钾标准溶液在不同温度时的电导率

溶液浓度/（mol/L）	温度/℃	电导率/（μS/cm）
1.000	0	65176
	18	97838
	25	111342
0.1000	0	7138
	18	11167
	25	12856

溶液浓度/（mol/L）	温度/℃	电导率/（μS/cm）
0.01000	0	773.6
	18	1220.5
	25	1408.8
0.001000	25	146.93

$$Q = \frac{k_{KCl}}{L_{KCl}} \tag{13-22}$$

式中　Q——电导池常数，cm^{-1}；

　　　k_{KCl}——某浓度、某温度氯化钾标准溶液的电导率，$\mu S/cm$，由表 13-10 查出；

　　　L_{KCl}——某浓度、某温度氯化钾标准溶液的电导，μS，由电导仪测得。

（1）试剂

①氯化钾标准溶液 1.000mol/L。称取经 500～600℃灼烧过的基准氯化钾 74.55g，溶于新煮沸并已冷却的去离子水中，移入 1000mL 容量瓶中定容，摇匀后，储于聚乙烯塑料瓶中。

②氯化钾标准溶液 0.1000mol/L。用移液管移取上述氯化钾溶液 100.0mL 于 1000mL 容量瓶中，用新鲜去离子水稀释至刻度，摇匀，此溶液浓度为 0.1000mol/L。

③氯化钾标准溶液 0.01000mol/L。移取浓度为 0.1000mol/L 氯化钾溶液，用相同方法稀释成浓度为 0.01000mol/L 的氯化钾溶液。

④氯化钾标准溶液 0.001000mol/L。用相同方法将 0.01000mol/L 溶液稀释为浓度 0.001000mol/L 的氯化钾溶液。

（2）操作步骤

取某浓度的氯化钾溶液约 40mL 四份，分别置于 50mL 塑料杯中，将杯放入恒温水浴，使温度恒定在 25±0.1℃。按照仪器说明书装好电导电极并预热 30min，校正仪器零点和满刻度。

用三份温度已恒定的氯化钾溶液分别逐次浸泡、冲洗电极。用第四份温度为 25±0.1℃的氯化钾溶液测定其电导 L_{KCl}，根据式（13-22）计算电导池常数 Q。

取水样约 40mL 于 50mL 塑料杯中，使温度恒定为 25±0.1℃。将已用水淋洗干净的电极插入水中，测定其电导 $L_水$。水样的电导率用式（13-21）计算。

（3）注意事项

①电导率不同的水样，使用不同的电极。电极不用时应浸在水中。

②若水样温度不是 25℃，测定数值应按下式换算成 25℃的电导率值。

$$k(25℃) = \frac{L_t Q}{1 + \beta(t - 25)} \tag{13-23}$$

式中　k（25℃）——换算成 25℃时水样的电导率，$\mu S/cm$；

　　　L_t——水温为 t℃时测得的电导，μS；

　　　Q——电导池常数，cm^{-1}；

　　　β——温度校正系数（通常情况下 β 近似等于 0.02）；

　　　t——测定时水样的温度，℃。

③容器要洁净，测量要迅速，否则因空气中二氧化碳溶入水中将使其电导率快速上升。

④温度每差 1℃，电导率差 2.2%，所以必须恒定温度。

（4）电导率与含盐量的关系

由于以下的原因，通常用水的电导率来估算水的含盐量：

①电导率的测定方便、迅速、准确，且便于连续测定和记录；

②根据电解质的溶液理论，在 pH 为中性和稀的水溶液中，盐类都离解为离子；

③对于同一种水，电导率与水中离子的浓度大致具有正比关系。

对于同一种淡水，以温度 25℃ 为基准，其电导率与含盐量大致成正比关系。其比例（或换算系数）为

$$1\mu S/cm（电导率）\approx 0.55\sim 0.90mg/L（含盐量）$$

在其他温度下，则需加以校正。即温度每变化 1℃，含盐量大约变化 2%。温度高于 25℃ 时用负值，温度低于 25℃ 时用正值。

2. 矿化度

矿化度是水化学成分测定的重要指标，用于评价水中总含盐量，是农田灌溉用水适用性评价的主要指标之一，还用以检验主要被测离子总和的质量。该指标一般只用于天然水。在天然水中，矿化度一般代表无污染水体中主要阴阳离子，通常指 Ca^{2+}、Mg^{2+}、K^+、Na^+ 及 Cl^-、SO_4^{2-}、$\frac{1}{2}HCO_3^-$、CO_3^{2-} 质量的总和。对于受污染的水体，则还包括各种无机盐类和矿物元素。

矿化度的测定方法依目的不同大致有：质量法、电导法、阴阳离子加和法、离子交换法及比重计法等。比重计法比较粗糙，只能用于咸水等特别高含盐水的测定；阴阳离子加和法由于误差积累使准确性差且费时；电导法所得结果，由于不同离子当量电导值的差异使标准曲线的率定和质量单位的换算十分复杂。而离子交换法只能得出总毫克当量值，无法计算质量。因此，质量法是一种较简单通用的方法。

测定原理是取水样经过滤去除漂浮物及沉降性固体物，蒸干并用过氧化氢去除有机物后，于 105～110℃ 下烘干，称重，计算出矿化度（mg/L）。本方法适用于天然水的矿化度测定。

（1）操作步骤

①将清洗干净的蒸发皿置于 105～110℃ 烘箱中烘干 2h，放入干燥器中冷却后称重，重复烘干，称重，直至恒重。

②取适量水样用清洁干净的玻璃砂芯坩埚抽滤或用中速定量滤纸过滤。

③量取经步骤②处理过的水样 50～100mL（可根据矿化度增减取样量，以产生 4～200mg 的残渣为宜），置于已称重的蒸发皿中，于水浴上蒸干。

④如蒸干残渣有色，刚使蒸发皿稍冷后，滴加（1+1）过氧化氢溶液数滴，慢慢旋转蒸发皿至气泡消失，再置于水浴或蒸汽浴上蒸干。反复处理数次，直至残渣变白或颜色稳定不变为止。

⑤蒸发皿放入烘箱内于 105～110℃ 烘干 2h，置于干燥器中冷却，称重，重复烘干，至恒重。

（2）结果计算

矿化度（mg/L）按下式计算：

$$C = \frac{W - W_0}{V} \times 10^6 + \frac{1}{2}C_1 \tag{13-24}$$

式中 W——蒸发皿及残渣的总质量，g；

$\quad W_0$——蒸发皿质量，g；

$\quad V$——水样体积，mL；

$\quad C_1$——水样中重碳酸根的含量，mg/L。

第三节　水中金属化合物的测定

工业用水中钙、镁、铁、铝、锌、钾、钠等金属是主要的检测项目。水中存在的金属，有些是人体所必需的常量和微量元素，如铁、锰、铜、锌等；有些是对人体健康有害的，如汞、镉、铅、六价铬等。常用的测定方法主要有络合滴定法、分光光度法、原子吸收法、等离子体电感耦合原子发射光谱法和火焰光度法等。

一、硬度和钙、镁离子的测定

1. 硬度的测定——EDTA滴定法

在 pH 为 10.0 ± 0.1 的水溶液中，用铬黑 T 作指示剂，用 EDTA 标准溶液滴定 Ca^{2+}、Mg^{2+} 总量。等当点前，Ca^{2+}、Mg^{2+} 和铬黑 T 形成紫红色络合物。当用 EDTA 滴定至等当点时，游离出指示剂，溶液呈纯蓝色。适用于天然水、锅炉水、冷却水水样硬度的测定。测定硬度范围 $0.1\sim5$mmol/L。硬度超过 5mmol/L 时，可适当减少取样体积，稀释到 100mL 后测定。若是测定软化水、锅炉给水等硬度较低水样时，可用酸性铬蓝 K 作指示剂。

滴定 Ca^{2+} 量，用 2mol/L NaOH 调溶液 pH>12，使 Mg^{2+} 生成 Mg(OH)$_2$ 沉淀。钙指示剂与 Ca^{2+} 形成红色络合物，滴定终点为蓝色。根据两次滴定值，可分别计算总硬度和钙硬度。镁硬度可由总硬度减去钙硬度求得。

由于铬黑 T 与 Mg^{2+} 显色的灵敏度高，与 Ca^{2+} 显色的灵敏度低，所以当水样中 Mg^{2+} 的含量较低时，用铬黑 T 作指示剂往往得不到敏锐的终点。这时可在溶液中加入一定量的 Mg-EDTA 缓冲溶液，提高终点变色的敏锐性，也可采用酸性铬蓝 K-萘酚绿 B 混合指示剂，此时终点颜色由紫红色变为蓝绿色。

（1）试剂

①0.5%铬黑 T 指示剂。称取 4.5g 盐酸羟胺，加 18mL 二级试剂水溶解，另在研钵中加 0.5g 铬黑 T（$C_{20}H_{12}O_7N_3SNa$）磨匀，混合后，用 95%乙醇定容至 100mL，贮存于棕色滴瓶中备用。使用期不应超过一个月。

②氨-氯化铵缓冲溶液。称取 67.5g 氯化铵，溶于 570mL 浓氨水中，加入 1gEDTA 二钠镁盐，并用二级试剂水稀释至 1L。

③钙标准溶液（1mL 含 0.01mmol Ca^{2+}）。称取于 110℃烘 1h 的基准碳酸钙（$CaCO_3$）1.0009g，溶于 15mL 盐酸溶液（1+4）中，以二级试剂水稀释至 1L。

④EDTA 标准溶液（1mL 相当于 0.01mmol 硬度）。称取 4gEDTA，溶于一定量的二

级试剂水中，用二级试剂水稀释至 1L，贮存于塑料瓶中。吸取 20mL 钙标准溶液于 250mL 锥形瓶中，加 80mL 二级试剂水，按水样分析步骤进行标定。EDTA 标准溶液对钙的浓度 c（mmol/mL），按下式计算：

$$c = \frac{c_1 \times 20}{V_1 - V_0} \tag{13-25}$$

式中　c_1——钙标准溶液的浓度，mmol/mL；

　　　20——吸取钙标准溶液的体积，mL；

　　　V_1——标定时消耗 EDTA 标准溶液的体积，mL；

　　　V_0——滴定空白溶液时消耗 EDTA 标准溶液的体积，mL。

（2）操作步骤

取 100mL 水样，放入 250mL 锥形瓶中。如果水样浑浊，取样前应过滤。加 5mL 氨-氯化铵缓冲溶液，加 2～3 滴铬黑 T 指示剂，混匀。在不断摇动下，用 EDTA 标准溶液进行滴定，接近终点时应缓慢滴定，溶液由酒红色转为蓝色即为终点。全部过程应于 5min 内完成，温度不应低于 15℃。另取 100mL 二级试剂水，测定空白值。水样硬度 c（mmol/L）按下式计算：

$$c = \frac{(V_2 - V_0)c_1}{V} \times 1000 \tag{13-26}$$

式中　V_2——滴定水样消耗 EDTA 标准溶液的体积，mL；

　　　V_0——滴定空白溶液消耗 EDTA 标准溶液的体积，mL；

　　　c_1——EDTA 标准溶液对钙硬度的浓度，mmol/mL；V-水样体积，mL。

若水样酸性或碱性很高时，可用 5%氢氧化钠溶液或（1+4）盐酸溶液中和后再加缓冲溶液。铁大于 2mg、铝大于 2mg、铜大于 0.01mg、锰大于 0.1mg 对测定有干扰，可在加指示剂前用 2mL1%L-半胱氨酸盐酸盐溶液和 2mL（1+4）三乙醇胺溶液进行联合掩蔽消除干扰。如含有少量锌时，可于水样中加 0.5mL β-氨基乙硫醇掩蔽，若锌含量高，可另测锌含量，然后从总硬度中减去。

总硬度是钙和镁的总浓度。在煮沸时碳酸盐硬度生成白色沉淀物，使水中硬度值下降，称为暂时硬度。在普通气压下煮沸时非碳酸盐硬度不生成白色沉淀物，水中硬度值保持不变，称为永久硬度。总硬度＝暂时硬度＋永久硬度。

2. 钙、镁离子的测定

当溶液 pH≥12 时，水样中的镁离子沉淀为 Mg（OH)$_2$，这时用 EDTA 滴定，钙则被 EDTA 完全络合而镁离子则无干扰。滴定所消耗 EDTA 的物质的量即为钙离子的物质的量。当溶液 pH=10 时，水样中的钙离子和镁离子都保持在水中，且都能与 EDTA 完全络合。故此时用 EDTA 滴定时，测得的将是钙、镁离子的合量（总和）。

钙离子测定是在 pH 值为 12～13 时，以钙-羧酸为指示剂，用 EDTA 标准溶液测定水样中的钙离子含量。滴定时，EDTA 仅与溶液中游离的钙离子形成络合物，溶液颜色变化由紫红色变为亮蓝色时即为终点。

镁离子测定是在 pH 为 10 时，以铬黑 T 为指示剂，用 EDTA 标准溶液测定钙、镁离子合量，溶液颜色由紫红色变为纯蓝色时即为终点，再由钙镁合量中减去钙离子含量，即为镁离子含量。

（1）试剂

①铬黑 T 指示剂。溶解 0.50g 铬黑 T［即 1-（1-羟基-2-萘偶氨-6-硝基-萘酚-4-磺酸钠）］于 85mL 三乙醇胺中，再加入 15mL 乙醇。

②钙-羧酸指示剂。0.2g 钙-羧酸指示剂［即 2-羟基-1-（2-羟基-4-磺基-1-萘偶氮）-3-萘甲酸］与 100g 氯化钾混合研磨均匀，储存于磨口瓶中。

③乙二胺四乙酸二钠（EDTA）标准滴定溶液。c（EDTA）＝0.01mol/L

④氨-氯化铵缓冲溶液。pH＝10。

（2）操作步骤

①钙离子的测定。用移液管吸取 50mL 水样于 250mL 锥形瓶中，加 1mL（1＋1）硫酸溶液和 5mL40g/L 过硫酸钾溶液煮沸至近干，取下冷却至室温，加 50mL 水、3mL（1＋2）三乙醇胺溶液、7mL 200g/L 氢氧化钾溶液和约 0.2g 钙-羧酸指示剂，用 0.01mol/L EDTA 标准滴定溶液滴定，近终点时速度要缓慢，当溶液颜色由紫红色变为亮蓝色时即为终点。

②镁离子的测定。用移液管吸取 50mL 水样于 250mL 锥形瓶中，加 1mL（1＋1）硫酸溶液和 5mL40g/L 过硫酸钾溶液煮沸至近干，取下冷却至室温，加 50mL 水、3mL（1＋2）三乙醇胺溶液，用 200g/L 氢氧化钾溶液调节 pH 近中性，再加 5mL pH＝10 氨-氯化铵缓冲溶液和三滴铬黑 T 指示剂，用 0.01mol/L EDTA 标准溶液滴定，近终点时速度要缓慢，当溶液颜色由紫红色变为纯蓝色时即为终点。

原水中钙、镁离子含量的测定不用加硫酸及过硫酸钾加热煮沸；三乙醇胺用于消除铁、铝离子对测定的干扰，原水中钙、镁离子测定不加入；过硫酸钾用于氧化有机磷系药剂以消除对测定的干扰。

（3）结果计算

①以 mg/L 表示的水样中钙离子含量（X_1）可按式（13-27）计算：

$$X_1 = \frac{cV_1 \times 0.04008}{V} \times 10^6 \quad \text{mg/L} \tag{13-27}$$

式中　　V_1——滴定钙离子时，消耗 EDTA 标准滴定溶液的体积，mL；

c——EDTA 标准滴定溶液的浓度，mol/L；

V——所取水样的体积，mL；

0.04008——与 1.00mLEDTA 标准滴定溶液［c（EDTA）＝1.000mol/L］相当的，以克表示的钙的质量。

②以 mg/L 表示的水样中镁离子含量（X_2）可按式（13-28）计算：

$$X_2 = \frac{c(V_2 - V_1) \times 0.02431}{V} \times 10^6 \quad \text{mg/L} \tag{13-28}$$

式中　　V_2——滴定钙、镁合量时，消耗 EDTA 标准滴定溶液的体积，mL；

V_1——滴定钙离子含量时，消耗 EDTA 标准滴定溶液的体积，mL；

c——EDTA 标准滴定溶液的浓度，mol/L；

V——所取水样的体积，mL；

0.02431——与 1.00mLEDTA 标准滴定溶液［c（EDTA）＝1.000mol/L］相当的，以克表示的镁的质量。

二、铬的测定

1. 总铬的测定——火焰原子吸收法

将试样溶液喷入空气-乙炔富燃火焰（黄色火焰）中，铬的化合物即可原子化，于波长357.9nm处进行测量。可用于地表水和废水中总铬的测定，用空气-乙炔火焰的最佳定量范围是0.1～5mg/L，最低检测限是0.03mg/L。

（1）试剂

①铬标准贮备液 [ρ (Cr) ＝1.00g/L]。准确称取于120℃烘干2h并恒重的基准重铬酸钾0.2829g，溶解于少量三级试剂水中，移入100mL容量瓶中，加入3mol/L盐酸溶液20mL，再用三级试剂水稀释至刻度，摇匀。

②铬标准使用液 [ρ (Cr) ＝50.00mg/L]。准确移取铬标准贮备液5.00mL于100mL容量瓶中，加入3mol/L盐酸溶液20mL，再用三级试剂水定容。

（2）操作步骤

①试样的预处理。取100mL水样放入200mL烧杯中，加入5mL硝酸，在电热板上加热消解（不要沸腾），蒸至10mL左右，加入5mL硝酸和2mL过氧化氢，继续消解，直至1mL左右。如果消解不完全，再加入硝酸5mL和过氧化氢2mL，再次蒸至1mL左右。取下冷却，加三级试剂水溶解残渣，加入10%氯化铵水溶液2mL和3mol/L盐酸10mL，定容至100mL。取0.2%硝酸溶液100mL，按上述相同的程序操作，以此为空白样。

②标准溶液系列。分别移取标准使用液0、0.5mL、1.0mL、2.0mL、3.0mL于50mL容量瓶中，各加入2mL10%氯化铵溶液、10mL 3mol/L盐酸溶液，用三级试剂水定容。

③测定。用2.0mg/L铬标准溶液调节仪器至最佳工作条件。将标准系列和试液顺次喷入火焰，测量吸光度。试液吸光度减去全程序试剂空白的吸光度，从校准曲线上求出铬的含量。根据水样消解时的稀释或浓缩体积计算其中总铬的浓度。

（3）注意事项

共存元素的干扰受火焰状态和观测高度的影响很大，在实验时应特别注意。因为铬的化合物在火焰中易生成难于熔融和原子化的氧化物，因此一般在试液中加入适当的助熔剂和干扰元素的抑制剂，如NH_4Cl（或$K_2C_2O_4$、NH_4F和NH_4ClO_2等）。加入NH_4Cl可增加火焰中的氯离子，使铬生成易于挥发和原子化的氯化物，而且NH_4Cl还能抑制Fe、Co、Ni、V、Al、Pb、Mg的干扰。消解水样不能使用高氯酸，因为易导致铬以CrOCl形式挥发，造成损失。

2. 六价铬的测定——二苯碳酰二肼分光光度法

在酸性溶液中，六价铬与二苯碳酰二肼反应，生成紫红色化合物，其最大吸收波长为540nm，摩尔吸光系数为$4×10^4$L/（mol·cm）。适用于地面水和废水中六价铬的测定。

（1）试剂

①磷酸（1＋1）。将磷酸与等体积三级试剂水混合。

②硫酸（1＋1）。将浓硫酸缓缓加入同体积三级试剂水中，混匀。

③氢氧化钠溶液（0.2%）。称取氢氧化钠1g，溶于500mL新煮沸放冷的三级试剂水中。

④氢氧化锌共沉淀剂。称取硫酸锌（$ZnSO_4 \cdot 7H_2O$）8g，溶于三级试剂水并稀释至100mL。称取氢氧化钠 2.4g，溶于新煮沸放冷的三级试剂水至 120mL，同时将硫酸锌和氢氧化钠两溶液混合。

⑤高锰酸钾溶液（4%）。称取高锰酸钾 4g，在加热和搅拌下溶于三级试剂水，稀释至100mL。

⑥铬标准贮备液 $\{\rho [Cr（Ⅵ）] = 100.00mg/L\}$。称取于 120℃ 干燥 2h 的重铬酸钾（优级纯）0.2829g，用三级试剂水溶解后，移入 1000mL 容量瓶中，用三级试剂水稀释至标线，摇匀。

⑦铬标准溶液（Ⅰ）$\{\rho [Cr（Ⅵ）] = 1.00mg/L\}$。吸取 5.00mL 铬标准贮备液，置于 500mL 容量瓶中，用三级试剂水稀释至标线，摇匀。使用时当天配制。

⑧铬标准溶液（Ⅱ）$\{\rho [Cr（Ⅵ）] = 5.00mg/L\}$。吸取 25.00mL 铬标准贮备液，置于 500mL 容量瓶中，用三级试剂水稀释至标线，摇匀。使用时当天配制。

⑨尿素溶液（20%）。将尿素 $[（NH_2）_2CO]$ 20g 溶于三级试剂水并稀释至 100mL。

⑩亚硝酸钠溶液（2%）。将亚硝酸钠 2g 溶于三级试剂水并稀释至 100mL。

⑪显色剂（Ⅰ）。称取二苯碳酰二肼（$C_{13}H_{14}N_4O$）0.2g，溶于 50mL 丙酮中，加三级试剂水稀释至 100mL，摇匀。贮于棕色瓶置冰箱中保存。色变深后不能使用。

⑫显色剂（Ⅱ）　称取二苯碳酰二肼 1g，溶于 50mL 丙酮中，加三级试剂水稀释至100mL，摇匀。贮于棕色瓶置冰箱中保存。色变深后不能使用。

（2）操作步骤

①样品预处理

a）样品中不含悬浮物，低色度的清洁地表水可直接测定。

b）色度校正。如水样有色但不太深，则另取一份水样，在待测水样中加入各种试液进行同样操作时，以 2mL 丙酮代替显色剂，最后以此代替水作为参比来测定待测水样的吸光度。

c）锌盐沉淀分离法。对浑浊、色度较深的水样采用此法预处理。取适量水样（含六价铬少于 $100\mu g$）置 150mL 烧杯中，加三级试剂水至 50mL，滴加 0.2% 氢氧化钠溶液，调节溶液 pH＝7～8。在不断搅拌下，滴加氢氧化锌共沉淀剂至溶液 pH＝8～9。将此溶液转移至 100mL 容量瓶中，用三级试剂水稀释至标线。用慢速滤纸干过滤，弃去 10～20mL 初滤液，取其中 50.0mL 滤液供测定。

d）二价铁、亚硫酸盐、硫代硫酸盐等还原性物质的消除。取适量水样（含六价铬少于 $50\mu g$）置于 50mL 比色管中，用三级试剂水稀释至标线，加入 4mL 显色剂（Ⅱ），混匀。放置 5min 后，加入（1+1）硫酸溶液 1mL，摇匀。10min 后，于 540nm 波长处，用1cm 或 3cm 比色皿，以三级试剂水作参比，测定吸光度。扣除空白试验吸光度后，从校准曲线查得六价铬含量。用同法作校准曲线。

e）次氯酸盐等氧化性物质的消除。取适量水样（含六价铬少于 $50\mu g$）置于 50mL 比色管中，用三级试剂水稀释至标线，加入硫酸溶液（1+1）0.5mL、磷酸溶液（1+1）0.5mL、尿素溶液 1mL，摇匀。逐滴加入 1mL 亚硝酸钠溶液，边加边摇，以除去过量的亚硝酸钠与尿素反应生成的气泡，待气泡除尽后，以下步骤同样品测定（免去加硫酸溶液和磷酸溶液）。

②样品测定

a）取适量（含六价铬少于 50μg）无色透明水样或经预处理的水样，置于 50mL 比色管中，用三级试剂水稀释至标线，加入硫酸溶液（1＋1）0.5mL 和磷酸溶液（1＋1）0.5mL，摇匀。

b）加入 2mL 显色剂（Ⅰ），摇匀。5～10min 后，于 540nm 波长处，用 1cm 或 3cm 的比色皿，以三级试剂水作参比，测定吸光度并作空白校正，从校准曲线上查得六价铬含量。

③校准曲线的绘制

向一系列 50mL 比色管中分别加入 0、0.20、0.50、1.00、2.00、4.00、6.00、8.00 和 10.00mL 铬标准溶液（Ⅰ）（如用锌盐沉淀分离需预加入标准溶液时，则应加倍加入标准溶液），用三级试剂水稀释至标线。然后按照和水样同样的预处理和测定步骤操作。从测得的吸光度经空白校正后，绘制吸光度对六价铬含量的校准曲线。

（3）结果计算

六价铬［Cr（Ⅵ）］含量 ρ（mg/L）由下式求出

$$\rho = \frac{m}{V} \tag{13-29}$$

式中　m——由校准曲线查得的六价铬量，μg；

　　　V——水样的体积，mL。

三、汞的测定

1. 冷原子吸收法

汞原子蒸气对波长 253.7nm 的紫外光具有选择性吸收作用，在一定范围内，吸收值与汞蒸气浓度成正比。在硫酸-硝酸介质和加热条件下，用高锰酸钾和过硫酸钾将试样消解，或用溴酸钾和溴化钾混合试剂，在 20℃ 以上室温和 0.6～2mol/L 的酸性介质中产生溴，将试样消解，使所含汞全部转化为二价汞。

用盐酸羟胺将过剩的氧化剂还原，再用氯化亚锡将二价汞还原成金属汞。在室温下通入空气或氮气，将金属汞气化，载入冷原子吸收测汞仪，测量吸收值，求得试样中汞的含量。

适用于地表水、地下水、饮用水、生活污水及工业废水中汞的测定。最低检出浓度为 0.1～0.5μg/L 汞；在最佳条件下，当试样体积为 200mL 时，最低检出浓度可达 0.05μg/L 汞。

（1）试剂

①5％高锰酸钾溶液。将 50g 优级纯高锰酸钾用三级试剂水溶解并稀释至 1000mL。

②5％过硫酸钾溶液。将 5g 过硫酸钾用三级试剂水溶解并稀释 100mL。使用时当天配制。

③0.1mol/L 溴酸钾-溴化钾溶液（简称溴化剂）。称取 2.784g 溴酸钾（优级纯），用三级试剂水溶解，加入 10g 溴化钾并用三级试剂水稀释至 1000mL，置棕色细口瓶中保存。若有溴释出，则应重新配制。

④20％盐酸羟胺溶液。将 20g 盐酸羟胺用三级试剂水溶解并稀释至 100mL。

⑤20％氯化亚锡溶液。将 20g 氯化亚锡加入 20mL 盐酸中，微热助溶，冷后用三级试

剂水稀释至 100mL。以 2.5L/min 的流速通氮气或干净空气约 2min 除汞，加几颗锡粒密塞保存。

⑥汞标准固定液（简称固定液）。将 0.5g 重铬酸钾溶于 950mL 三级试剂水，再加 50mL 硝酸。

⑦汞标准贮备溶液 [ρ（Hg）＝100.00mg/L]。称取在硅胶干燥器中放置过夜的 0.1354g 氯化汞，用固定液溶解后转移至 1000mL 容量瓶中，再用固定液稀释至标线，摇匀。

⑧汞标准中间溶液 [ρ（Hg）＝10.00mg/L]。吸取汞标准贮备溶液 10.00mL，移入 100mL 容量瓶，用固定液稀释至标线，摇匀。当天配制。

⑨汞标准使用溶液 [ρ（Hg）＝0.100mg/L]。吸取汞标准中间溶液 10.00mL，移入 1000mL 容量瓶，用固定液稀释至标线，摇匀。于室温下阴凉处保存，可稳定 100d 左右。

⑩稀释液。将 0.2g 重铬酸钾溶于 900mL 三级试剂水，加入 28mL 硫酸，再用三级试剂水稀释至 1000mL。

⑪经碘化钾处理的活性炭。称取 1 份碘、2 份碘化钾、20 份三级试剂水，在烧杯中配成溶液，加入约 10 份柱状活性炭（工业用，ϕ3mm，长 3～7mm）。用力搅拌至溶液脱色后，用 G1 号砂芯漏斗滤出活性炭，在 100℃左右烘干 1～2h。

⑫洗液。将 10g 重铬酸钾溶于 9L 三级试剂水中，加入 1000mL 硝酸。

（2）操作步骤

①试样制备

a）高锰酸钾——过硫酸钾消解法

常用近沸保温法，适用于一般废水、地表水或地下水。将样品摇匀，取 10～50mL 废水（或 100～200mL 地表水或地下水），移入 125mL（或 500mL）锥形瓶中，补充适量三级试剂水至约 50mL。

依次加硫酸 1.5mL（对地表水或地下水应加 2.5～5.0mL，使 H_2SO_4 约为 0.5mol/L）、（1＋1）硝酸溶液 1.5mL（对地表水或地下水，应加 2.5～5.0mL）、5％高锰酸钾溶液 4mL（如不能在 10min 内维持紫色，再补加适量高锰酸钾溶液使维持紫色，但总量不超过 30mL）、5％过硫酸钾溶液 4mL，插入小漏斗，置沸水浴中使样液在近沸状态保温 1h，取下冷却。

临近测定时，边摇边滴加 20％盐酸羟胺溶液，直至刚好使过剩的高锰酸钾褪色及二氧化锰全部溶解为止。转入 100mL 容量瓶，用稀释液稀释至刻度（地表水或地下水不稀释定容）。

煮沸法对消解含有机物、悬浮物较多、组分复杂的废水，效果比近沸保温法好。按上法取样和加入试剂后，向样液中加数粒玻璃珠或沸石，插入小漏斗，擦干瓶底，置电炉或电热板上加热煮沸 10min，取下冷却，同上法进行还原和定容。

b）溴酸钾-溴化钾消解法

适用于清洁地表水、地下水或饮用水，也适用于含有机物（如洗涤剂）较少的生活污水或工业废水。将样品摇匀，取 10～50mL 移入 100mL 容量瓶，取样少于 50mL 时补加适量三级试剂水。加 2.5mL 硫酸、2.5mL 溴化剂，加塞摇匀，于 20℃以上室温下放置 5min 以上。样液中应有橙黄色溴释出，否则可适当补加溴化剂。临测定前，边摇边滴加 20％盐酸羟胺溶液还原过剩的溴，用稀释液稀释至标线。

②校准曲线

按表 13-11 取汞标准使用溶液 [ρ（Hg）＝0.100mg/L] 注于一组 100mL 容量瓶中，每个容量瓶中加入适量固定液补足至 4.00mL，加稀释液至标线，摇匀。按下述测量试样步骤逐一进行测量。

表 13-11　汞标准溶液的配制

编　号	1	2	3	4	5	6
使用溶液体积/mL	0.00	0.50	1.00	2.00	3.00	4.00
汞浓度/（μg/L）	0.00	0.50	1.00	2.00	3.00	4.00

以经过空白校正的各测量值为纵坐标，以相应标准溶液的汞浓度（μg/L）为横坐标，绘制出校准曲线。

③测量

a）连接好仪器，更换 U 形管中的硅胶，按说明书调试好测汞仪及记录仪（数据处理系统），选定灵敏度挡及载气流速。将三通阀旋至"校零"端。

b）取出汞还原器吹气头，逐个吸取 10.00mL 试样或空白溶液注入汞还原器中，加入 20％氯化亚锡溶液 1mL，迅速插入吹气头，将三通阀旋至"进样"端，使载气通入汞还原器，记下最高读数或记录纸上的峰高。待读数或记录笔重新回零后，将三通阀旋回"校零"端，取出吹气头，弃去废液，用三级试剂水洗汞还原器两次，再用稀释液洗一次（氧化可能残留的二价锡），然后进行另一试样的测量。

（3）结果计算

根据经空白校正的试样测量值，从校准曲线查得汞浓度，再乘以样品被稀释的倍数，即得样品中汞含量。汞含量 ρ（μg/L）按下式计算

$$\rho = \rho_1 \frac{V_0}{V} \times \frac{V_1 + V_2}{V_1} \tag{13-30}$$

式中　ρ_1——试样测量所得汞浓度，μg/L；

V——试样制备所取水样体积，mL；

V_0——试样制备最后定容体积，mL；

V_1——最初采集水样时的体积，mL；

V_2——采样时加入试剂总体积，mL。

如果对采样时加入试剂的体积忽略不计，则上列公式中，等号后的第三项（$V_1 + V_2$）/V_1可略去。

2. 双硫腙分光光度法

在 95℃用高锰酸钾和过硫酸钾将试样消解，把所含汞全部转化为二价汞。用盐酸羟胺将过剩的氧化剂还原，在酸性条件下，汞离子与双硫腙生成橙色螯合物，用有机溶剂萃取，再用碱溶液洗去过剩的双硫腙，分光光度计测量。用于生活污水、工业废水和受污染的地表水测定。取 250mL 水样测定，汞的最低检出浓度为 2μg/L，测定上限为 40μg/L。

（1）试剂

①硝酸溶液（0.8mol/L）。将 50mL 硝酸用三级试剂水稀释至 1000mL。

②三氯甲烷。重蒸馏并于每 100mL 中加入优级纯无水乙醇 1mL 作保存剂。

③盐酸羟胺溶液（10％）。将 10g 盐酸羟胺溶于三级试剂水并稀释至 100mL。每次用 5mL 双硫腙-三氯甲烷使用液萃取，至双硫腙不变色为止，再用少量三氯甲烷洗两次。

④亚硫酸钠溶液（20％）。将 20g 亚硫酸钠溶解于三级试剂水并稀释至 100mL。

⑤双硫腙-三氯甲烷溶液（0.2％）。称取 0.5g 双硫腙（$C_{13}H_{12}N_4S$）溶于 250mL 三氯甲烷，贮于棕色瓶中，置冰箱内（5℃）保存。

⑥双硫腙-三氯甲烷使用液。透光率约为 70％（波长 500nm，1cm 比色皿），将 0.2％ 双硫腙-三氯甲烷溶液用重蒸三氯甲烷稀释而成。

⑦双硫腙洗脱液。将 8g 氢氧化钠（优级纯）溶于煮沸放冷的三级试剂水中，加入 10gEDTA 二钠，稀释至 1000mL，贮于聚乙烯瓶中，密塞。

⑧酸性重铬酸钾溶液（0.4％）。将 4g 重铬酸钾（优级纯）溶入 500mL 三级试剂水中，缓慢加入 500mL 硫酸或硝酸。

其他所用试剂配制方法同冷原子吸收法测定汞中所用试剂配制。

（2）操作步骤

①试样制备

a）向加有高锰酸钾的全部样品中加入 10％盐酸羟胺溶液，使所有二氧化锰完全溶解。然后，立即取所需份数试样，每份 250mL。取时应仔细，使得到具有代表性的试样。

注：如样品中含汞或有机物的浓度较高，试样体积可以减小（含汞不超过 $10\mu g$），用三级试剂水稀释成 250mL。

b）将试样放入 500mL 具磨口塞锥形瓶，小心地加入 10mL 硫酸和 2.5mL 硝酸，每次加后均混合均匀。加入 5％高锰酸钾溶液 15mL，如不能在 15min 内维持深紫色，则混合后再加 15mL 以使颜色能持久。然后加入 5％过硫酸钾溶液 8mL 并在水浴上加热 2h，温度控制在 95℃，冷却至约 40℃。

逐滴加入 10％盐酸羟胺溶液还原过剩的氧化剂，直至溶液的颜色刚好消失和所有锰的氧化物都溶解为止，开塞放置 5~10min。将溶液转移至 500mL 分液漏斗中，以少量三级试剂水洗锥形瓶两次，一并移入分液漏斗中。

注：如加入 30mL 高锰酸钾溶液还不足以使颜色持久，则需要或者减小试样体积，或者考虑改用其他消解方法。在这种情况下，本法就不再适用了。

c）按上述的规定制备空白试样，用三级试剂水代替试样，并加入相同体积试剂。应把采样时加的试剂量考虑在内。

②校准曲线

按表 13-12 取一组汞标准使用溶液 [ρ（Hg）＝1.00mg/L] 注于 500mL 分液漏斗中，加三级试剂水至 250mL。然后完全按照下述测量试样的步骤，立即对其逐一进行测量。

表 13-12　汞标准溶液的配制

编　号	1	2	3	4	5	6
使用溶液体积/mL	0.00	0.50	1.00	2.50	5.00	10.00
汞浓度/（$\mu g/L$）	0.00	0.50	1.00	2.50	5.00	10.00

对测量的各吸光度作空白校正后，和对应的汞含量绘制校准曲线。

③测量

a）分别向各份试样或空白试样加入 20％亚硫酸钠溶液 1mL，混匀后再加入 10.0mL 双硫腙-三氯甲烷使用液，缓缓旋摇并放气，再密塞振摇 1min。静置分层。

b）将有机相转入已盛有 20mL 双硫腙洗脱液的 60mL 分液漏斗中，振摇 1min，静置分层。必要时再重复洗涤 1～2 次，直至有机相不显绿色。

c）用滤纸条吸去分液漏斗放液管内的水珠，塞入少许脱脂棉，将有机相放入 2cm 比色皿中，在 485nm 波长下，以三氯甲烷作参比测吸光度。

d）以试样的吸光度减去空白试样的吸光度后，从校准曲线上查得汞含量。

（3）结果计算

被测金属（Hg）含量 ρ（μg/L）按下式计算：

$$\rho = \frac{m}{V} \times 1000 \qquad (13-31)$$

式中　m——从校准曲线上查得 Hg 的量，μg；

　　　V——分析用的试样体积，mL。

四、铜、铅、镉、锌的测定

1. 直接吸入火焰原子吸收法

将水样或消解处理好的试样直接吸入火焰，火焰中形成的原子蒸气对光源发射的特征电磁辐射产生吸收。将测得的样品吸光度和标准溶液的吸光度进行比较，确定样品中被测元素的含量。适用于测定地下水、地表水和废水中的镉、铅、铜和锌。适用浓度范围与仪器的特性有关，表 13-13 列出一般仪器的适用浓度范围。

表 13-13　适用浓度范围

元　素	适用浓度范围/（mg/L）	元　素	适用浓度范围/（mg/L）
镉	0.05～1	铅	0.2～10
铜	0.05～5	锌	0.05～1

（1）试剂

①镉、锌标准贮备溶液（ρ＝1000.00mg/L）。准确称取经稀酸清洗并干燥后的 0.5000g 光谱纯金属镉和金属锌，用硝酸（1＋1）50mL 溶解，必要时加热直至溶解完全。用三级试剂水稀释至 500.0mL。

②铜标准贮备溶液（ρ＝2500.00mg/L）。准确称取经稀酸清洗并干燥后的 0.2500g 光谱纯金属铜，用（1＋1）硝酸 50mL 溶解，必要时加热直至溶解完全。用三级试剂水稀释至 100.0mL。

③铅标准贮备溶液（ρ＝5000.00mg/L）。准确称取经稀酸清洗并干燥后的 0.5000g 光谱纯金属铅，用（1＋1）硝酸 50mL 溶解，必要时加热直至溶解完全。用三级试剂水稀释至 100.0mL。

④混合标准溶液。取镉、锌标准贮备溶液 5mL，铜、铅标准贮备溶液 10mL 于同一个 500mL 容量瓶中，用 0.2％硝酸稀释至刻度。配成的混合标准溶液每毫升含镉、铜、铅和

锌分别为 10.0、50.0、100.0 和 10.0μg。

（2）操作步骤

①样品预处理。取 100mL 水样放入 200mL 烧杯中，加入硝酸 5mL，在电热板上加热消解（不要沸腾），蒸至 10mL 左右，加入 5mL 硝酸和 2mL 高氯酸，继续消解，直至 1mL 左右。如果消解不完全，再加入硝酸 5mL 和高氯酸 2mL，再次蒸至 1mL 左右。取下冷却，加三级试剂水溶解残渣，定容至 100mL。

取 0.2％硝酸 100mL，按上述相同的程序操作，以此为空白样。

②样品测定。按表 13-14 所列参数选择分析线和调节火焰。仪器用 0.2％硝酸调零，吸入空白样和试样，测量其吸光度。扣除空白样吸光度后，从校准曲线上查出试样中待测金属浓度，如可能，也可从仪器上直接读出试样中待测金属浓度。

表 13-14　分析线波长和火焰类型

元素	镉	铜	铅	锌
分析线波长/nm	228.8	324.7	283.3	213.8
火焰类型	乙炔-空气氧化型	乙炔-空气氧化型	乙炔-空气氧化型	乙炔-空气氧化型

③校准曲线。按表 13-15 吸取混合标准溶液，分别放入 6 个 100mL 容量瓶中，用 0.2％硝酸稀释定容。接着按样品测定的步骤测量吸光度，用经空白校正的各标准的吸光度对相应的浓度作图，绘制校准曲线。

表 13-15　标准系列的配制和浓度

序号		1	2	3	4	5	6
混合标准使用溶液体积/mL		0	0.50	1.00	3.00	5.00	10.00
标准系列各金属浓度/（mg/L）	镉	0	0.05	0.10	0.30	0.50	1.00
	铜	0	0.25	0.50	1.50	2.50	5.00
	铅	0	0.50	1.00	3.00	5.00	10.00
	锌	0	0.50	0.10	0.30	0.50	1.00

（3）结果计算。被测金属（M）含量 ρ（mg/L）按下式计算：

$$\rho = \frac{m}{V} \tag{13-32}$$

式中　m——从校准曲线上查出或仪器直接读出的被测金属量，μg；

V——分析用的水样体积，mL。

（4）注意事项。地下水和地表水中的共存离子和化合物，在常见浓度下不干扰测定。当钙的浓度高于 1000mg/L 时，抑制镉的吸收，浓度为 2000mg/L 时，信号抑制达 19％。在弱酸性条件下，样品中六价铬的含量超过 30mg/L 时，由于生成铬酸铅沉淀而使铅的测定结果偏低，在这种情况下需要加入 1％抗坏血酸将六价铬还原成三价铬。样品中溶解性硅的含量超过 20mg/L 时干扰锌的测定，使测定结果偏低，加入 200mg/L 钙可消除这一干扰。铁的含量超过 100mg/L 时，抑制锌的吸收。当样品中含盐量很高，分析波长又低于 350nm 时，可能出现非特征吸收。如高浓度钙，因产生非特征吸收，即背景吸收，使铅的测定结果偏高。如果存在基体干扰，可加入干扰抑制剂，或用标准加入法测定并计算结果。如果存在背景吸收，用自动背景校正装置或邻近非特征吸收谱线法进行校正。后一种方法是从分析线处测得的吸收值中扣除邻近非特征吸收谱线处的吸收值，得到被测元素原子的真实吸收。此外，也可通过螯合萃取或样品稀释、分离或降低产生基体干扰或背景吸收的组分。

2. APDC-MIBK 萃取火焰原子吸收法

被测金属离子与吡咯烷二硫代氨基甲酸铵（APDC）或碘化钾络合后，用甲基异丁基甲酮（MIBK）萃取后吸入火焰进行原子吸收分光光度测定。适用于地下水和清洁地表水。分析生活污水、工业废水和受污染的地表水时，样品需预先消解。适用浓度范围与仪器的特性有关，一般仪器的适用浓度范围：镉、铜 $1\sim50\mu g/L$；铅 $10\sim200\mu g/L$。

（1）试剂

①水饱和的甲基异丁基甲酮。在分液漏斗中放入甲基异丁基甲酮和等体积的三级试剂水，摇动 30s，分层后弃去水相，有机相备用。

②吡咯烷二硫代氨基甲酸铵（$C_5H_{12}N_2S_2$）溶液（2%）。将 2.0g 吡咯烷二硫代氨基甲酸铵溶于 100mL 三级试剂水中。必要时用以下方法进行纯化：将配好的溶液放入分液漏斗中，加入等体积的甲基异丁基甲酮，摇动 30s，分层后放出水相备用，弃去有机相。此溶液用时现配。

③碘化钾溶液（1mol/L）。将 166.7g 碘化钾溶于三级试剂水中，稀释至 1L。

④镉、铜标准贮备溶液（$\rho=1000.00mg/L$）。准确称取经稀酸清洗并干燥后的 0.5000g 光谱纯金属镉和金属锌，用硝酸（1+1）50mL 溶解，必要时加热直至溶解完全。用三级试剂水稀释至 500.0mL。

⑤铅标准贮备溶液（$\rho=1000.00mg/L$）。准确称取经稀酸清洗并干燥后的 0.5000g 光谱纯金属铅，用硝酸（1+1）50mL 溶解，必要时加热直至溶解完全。用三级试剂水稀释至 500.0mL。

⑥混合标准溶液。取镉、铜标准贮备溶液 0.5mL，铅标准贮备溶液 2mL 于同一个 1000mL 容量瓶中，用 0.2%硝酸稀释至刻度。配成的混合标准溶液每毫升含镉、铜、铅分别为 0.500、0.500 和 2.00μg。

（2）操作步骤

①样品预处理

取 100mL 水样放入 200mL 烧杯中，加入硝酸 5mL，在电热板上加热消解（不要沸腾），蒸至 10mL 左右，加入 5mL 硝酸和 2mL 高氯酸，继续消解，直至 1mL 左右。如果消解不完全，再加入硝酸 5mL 和高氯酸 2mL，再次蒸至 1mL 左右。取下冷却，加三级试剂水溶解残渣，定容至 100mL。取 0.2%硝酸 100mL，按上述相同的程序操作，以此为空白样。

②APDC-MIBK 萃取

a）萃取

取 100mL 水样或消解好的试样置于 200mL 烧杯中，同时取 0.2%硝酸 100mL 作为空白样。用 10%氢氧化钠或（1+49）盐酸溶液调上述各溶液的 pH 为 3.0（用 pH 计指示）。将溶液转入 200mL 容量瓶中，加入 2%吡咯烷二硫代氨基甲酸铵溶液 2mL，摇匀，准确加入甲基异丁基甲酮 10.0mL，剧烈摇动 1min。静置分层后，小心地沿容量瓶壁加入三级试剂水，使有机相上升到瓶颈中进样毛细管可达到的高度。

b）测量

点燃火焰，吸入水饱和的甲基异丁基甲酮，按表 13 - 14 的参数选择分析线和调节火焰，并将仪器调零。吸入空白样和试样的萃取有机相，测量吸光度。扣除空白样吸光度后，从校准曲线上查出有机相中被测金属的含量。如可能，也可从仪器直接读出含量。

c）校准曲线

按表 13 - 16 吸取混合标准溶液，分别放入 100mL 容量瓶中，用 0.2％硝酸稀释至刻度。此标准系列各被测金属的量，见表 13 - 16。然后按样品测定步骤进行萃取和测量。用经过空白校正的各标准液吸光度对相应的金属量作图，绘制校准曲线。

表 13 - 16　标准系列的配制和浓度

序　号		1	2	3	4	5	6
混合标准使用溶液体积/mL		0	0.50	1.00	2.00	5.00	10.00
标准系列各金属浓度/μg	镉	0	0.25	0.50	1.00	2.50	5.00
	铜	0	0.25	0.50	1.00	2.50	5.00
	铅	0	1.00	2.00	4.00	10.00	20.00

③KI - MIBK 萃取法

a）萃取。取水样或消解好的试样 50mL，放入 125mL 分液漏斗中。加入 1mol/L 碘化钾溶液 10mL，摇匀后加入 5％抗坏血酸溶液 5mL，再摇匀。准确加入甲基异丁基甲酮 10.0mL，摇动 1～2min，静置分层后弃去水相，用滤纸吸干分液漏斗颈管中的残留液，将有机相转入 10mL 具塞试管，盖严待测。

b）测量。按上面 APDC - MIBK 萃取法中的步骤进行测量。扣除空白样吸光度后，从校准曲线上查出试样萃取有机相中的金属量。

c）校准曲线。按表 13 - 15 吸取混合标准溶液，分别置于 125mL 分液漏斗中，用三级试剂水稀释至 50mL，溶液中的被测金属量，如表 13 - 15 所示。然后，按上述样品测定步骤进行萃取和测量。最后用经过空白校正的标准系列吸光度对相应的金属量作图，绘制校准曲线。

（3）结果计算

被测金属（M）含量 ρ（μg/L）按下式计算：

$$\rho = \frac{m}{V} \times 1000 \qquad (13 - 33)$$

式中　m——从校准曲线上查出或仪器直接读出的被测金属量，μg；

　　　V——分析用的水样体积，mL

④注意事项

a）APDC - MIBK 单独萃取铅的最佳 pH＝2.3±0.2。

b）若样品中存在强氧化剂，萃取前应除去，否则会破坏吡咯烷二硫代氨基甲酸铵。

c）萃取时避免日光直射并远离热源。

d）采用 APDC-MIBK 萃取体系时，若样品的化学需氧量大于 500mg/L，对萃取效率可能有影响。铁含量小于 5mg/L 时不干扰测定。水样中的铁量较高时，采用 KI-MIBK 萃取体系的效果更好。如果样品中存在的某类络合剂与被测金属离子形成络合物，比与吡咯烷-二硫代氨基甲酸铵或碘化钾形成的络合物更稳定，则必须在测定前将其氧化分解。

3. 分光光度法

(1) 铜

铜离子与二乙基二硫代氨基甲酸钠 (NaDDTC) 反应生成金黄色胶体络合物。反应式如下：

$$Cu^{2+} + 2 (NaDDTC) \rightarrow Cu (DDTC)_2 + 2Na^+$$

铜的二乙基二硫代氨基甲酸盐用有机溶剂萃取（醋酸丁酯）后，在波长 440nm 附近测定吸光度，进行定量。Cu^{2+} 定量范围：$0.002 \sim 0.03$mg。

①试剂

a) 10％柠檬酸铵溶液。称取 10g 柠檬酸铵溶于蒸馏水，加甲酚红指示剂 2 滴，滴加氨水调 pH 为 9，用蒸馏水稀释至 100mL，移入 250mL 分液漏斗中，加 1％二乙基二硫代甲酸钠溶液 3mL 和四氯化碳 10mL，摇匀。静置后弃去四氯化碳层，再加 10mL 四氯化碳，振摇洗净，分离四氯化碳层后，用滤纸过滤水层，除去不纯物。

b) 1％二乙基二硫代甲酸钠溶液。称取 1g 二乙基二硫代甲酸钠 $[(C_2H_5)_2-NCS_2Na \cdot 3H_2O]$，溶于 100mL 蒸馏水中，保存于棕色瓶中，能稳定一周。

c) 1％甲酚红指示剂溶液。称取 1g 甲酚红溶于 95％乙醇 50mL 中，用蒸馏水稀释至 100mL。

d) 铜标准溶液 (Cu^{2+} 0.002mg/mL)。称取金属铜 0.200g，加 1:1 硝酸 10mL 和 1:1 硫酸 5mL，加热溶解，并继续加热至近干，冷却后加蒸馏水溶解，移入 1L 容量瓶中，稀释至标线。此溶液 1mL 含 Cu^{2+} 0.2mg。取此液 10.0mL 于 1L 容量瓶中准确稀释至标线，即得到 Cu^{2+} 0.002mg/mL 的标准溶液。

②操作步骤

取适量水样 (Cu^{2+} 0.03mg 以下）于分液漏斗中，加 1％甲酚红指示剂 2～3 滴，10％柠檬酸铵 2mL 和 2％EDTA 溶液 1mL。用 1:1 氨水调至溶液呈微紫红色后，用蒸馏水稀释至 50mL。准确加入 1％二乙基二硫代甲酸钠溶液 2mL 和醋酸丁酯 10mL，剧烈振摇 3min。静置后分为两层，弃去水层，用干滤纸过滤有机层，取一部分于比色皿中，在波长 440nm 处测定吸光度，以试剂空白做对照液。从标准曲线上查出含铜量 (μg)，计算出溶液的铜含量 (mg/L)。

标准曲线的绘制：分别取 Cu^{2+} 标准溶液 (0.002mg/mL) 0、1.0、3.0、5.0、7.0、9.0mL 于分液漏斗中，按上述测定步骤进行，以试剂空白做对照液，测定吸光度，绘制标准曲线。

③注意事项

a) 二乙基二硫代甲酸钠能与多种金属离子反应生成络合物，因此测定时应注意消除干扰离子的影响。主要干扰离子消除方法如下：

Fe^{3+} 在中性或酸性溶液中与二乙基二硫代甲酸钠生成棕色沉淀。在柠檬酸盐存在下。在碱性溶液中加 EDTA 掩蔽 Fe^{3+}、Ni^{2+}、Co^{2+}，溶液呈黄绿色。

Bi^{3+} 与二乙基二硫代甲酸钠生成黄色络合物，经有机溶剂萃取，在波长 440nm 处吸收很小，其干扰可忽略。但 Bi^{3+} 量多时，应先求出 Cu^{2+}、Bi^{3+} 与二乙基二硫代甲酸钠反应的吸光度含量 C_1，再在另一个水样中加 KCN 掩蔽 Cu^{2+}，这样仅 Bi^{3+} 与二乙基二硫代甲酸钠反应，测其吸光度含量 C_2，C_1-C_2 即为 Cu^{2+} 的含量。

Mn^{2+} 与二乙基二硫代甲酸钠生成微红色络合物，很不稳定。显色后放置，微量 Mn^{2+} 褪色不产生干扰，Mn^{2+} 量多时，可加盐酸羟胺消除干扰。

对于氰化物的干扰，可预先在水样中加盐酸，然后加热浓缩，使其分解，从而予以消除。

b) Ni^{2+}、Co^{2+} 不存在时，可不加 EDTA。加 EDTA 后萃取困难，必须长时间剧烈振摇溶液，若用振荡器，至少振荡 3min。

c) 萃取率与二乙基二硫代甲酸钠的浓度有关。浓度低时难萃取，当水样量很大时，必须增加二乙基二硫代甲酸钠溶液的量。

（2）铅

在 pH 值为 8.5～9.5 的氨性柠檬酸盐-氰化物的还原性介质中，铅与双硫腙形成可被三氯甲烷萃取的淡红色双硫腙铅螯合物，三氯甲烷萃取液，于 510nm 处进行吸光度测量。在一定的浓度范围内，吸光度与铅的浓度符合比耳定律，从而求出铅的含量。适用于天然水和废水中微量铅的测定，测定铅的浓度范围在 0.01～0.30mg/L 之间。最低检出浓度可达 0.010mg/L。

①试剂

a）硝酸溶液（1+4）。取 200mL 硝酸用水稀释到 1000mL。

b）0.5mol/L 盐酸溶液。取 42mL 盐酸（$\rho=1.19g/mL$）用水稀释到 1000mL。

c）氨水（1+9）。取 10mL 氨水用水稀释到 100mL。

d）柠檬酸盐-氰化钾还原性溶液。将 400g 柠檬酸氢二铵 $[(NH_4)_2HC_6H_5O_7]$、20g 亚硫酸钠（Na_2SO_3）、10g 盐酸羟胺（$NH_2OH \cdot HCl$）和 40g 氰化钾（KCN）溶解在水中，并稀释到 1000mL，将此溶液和 2000mL 浓氨水混合。若此溶液含有微量铅，则应用双硫腙专用溶液萃取，直到有机层为纯绿色，再用纯氯仿萃取 4～5 次以除去残留的双硫腙。

e）0.05mol/L 碘溶液。将 40g 碘化钾（KI）溶解在 25mL 去离子水中，加入 12.7g 升华碘，然后用水稀释到 1000mL。

f）铅标准贮备溶液。将 0.1599g 硝酸铅 $[Pb(NO_3)_2]$（纯度≥99.5%）溶解在约 200mL 水中，加入 10mL 硝酸后用水稀释到 1000mL 标线；或将 0.1000g 纯金属铅（纯度≥99.9%）溶解在 20mL（1+1）硝酸中，移入 1000mL 容量瓶中，用水稀释到标线，此溶液 1.00mL 含 100μg 铅。

g）铅标准溶液。取 20mL 铅标准贮备溶液置于 1000mL 容量瓶中，用水稀释到标线，摇匀。此溶液 1.00mL 含 2.00μg 铅。

h）双硫腙贮备溶液。称取 100mg 纯净双硫腙溶于 1000mL 氯仿中，贮于棕色瓶中放置在冰箱内备用。此溶液 1.00mL 含 100μg 双硫腙。如双硫腙试剂不纯，可按下述步骤提纯，称取 0.5g 双硫腙溶于 100mL 氯仿中，用定量滤纸滤去不溶物，滤液置分液漏斗中，每次用 20mL（1+99）氨水提取 5 次，此时双硫腙进入水层，合并水层，然后将此盐酸中和，再用 250mL 氯仿分三次提取，合并氯仿层，将此双硫腙氯仿溶液放入棕色瓶中，保存于冰箱内备用。

此溶液的准确浓度可按下法确定：取一定量上述双硫腙氯仿溶液置 50mL 容量瓶中以

氯仿稀释定容，然后将此溶液置于 1cm 光程的比色皿中，于 606nm 测量其吸光度，将此吸光度除以摩尔吸光系数 $4.06 \times 10^4 L/mol \cdot cm$ 即可求得双硫腙的准确浓度。

i）双硫腙工作溶液。取 100mL 双硫腙贮备溶液置 250mL 容量瓶中，用氯仿稀释到标线，此溶液每毫升含 40μg 双硫腙。

j）双硫腙专用溶液。将 250mg 双硫腙溶解在 250mL 氯仿中，此溶液不需要纯化。因为用它萃取的所有萃取液都将弃去。

②操作步骤

a）试样预处理。铋、锡和铊的双硫腙络合物与双硫腙铅的最大吸收波长不同，分别在 510nm 和 465nm 处测量试样的吸光度，可以检查上述干扰是否存在。从每个波长位置的试样的吸光度中扣除同一波长位置空白试验的吸光度，计算出试样吸光度的校正值。计算 510nm 处吸光度校正值与 465nm 处吸光度校正值的比值。吸光度校正值的比值对双硫腙铅络合物为 2.08，而对双硫腙铋络合物为 1.07。如果分析试样时求得的比值明显小于 2.03，即表明存在干扰，这时需另取 100mL 试样，并按以下步骤处理：对未经消化的试样，加入 5mL 亚硫酸钠溶液以还原残留的碘，根据需要，在 pH 计上，用（1+4）硝酸溶液或（1+9）氨水将试样的 pH 值调为 2.5。将试样转入 250mL 分液漏斗中，用双硫腙专用溶液至少萃取 3 次，每次用 10mL，或者萃取到氯仿层呈明显的绿色，然后用氯仿萃取，每次用 20mL，以除去双硫腙（绿色消失），水相备作测定用。

b）显色、萃取测定。取适量按上述预处理过的试样（含铅量不超过 30μg）于 250mL 分液漏斗中，加入 10mL（1+1）硝酸溶液和 50mL 柠檬酸盐-氰化钾还原性溶液，摇匀后冷却至室温，加入 10mL 双硫腙溶液。塞紧盖后，剧烈摇动分液漏斗 30s，静置分层，在分液漏斗的颈管内塞入一小团无铅脱脂棉花。然后放出下层有机相，弃去约 2mL 三氯甲烷层后，再注入 1cm 比色皿中，用双硫腙工作溶液作参比，在 510nm 处测量萃取液的吸光度。再由扣除空白试验后的吸光度校正值从校准曲线上查出铅的含量。

用无铅水代替试样，完全同试样的处理测定步骤，且试剂用量均相同。每分析一批样品要求与试样平行操作两个空白。

c）标准曲线。分别取铅标准溶液 0.00、0.50、1.00、5.00、7.50、10.00、12.50、15.00mL 于一系列 250mL 分液漏斗中，各加适量无铅蒸馏水以补充到 100mL，然后按上述测定步骤进行测定。由测得的吸光度扣除试剂空白（零浓度）的吸光度后，绘制吸光度对铅含量的校准曲线。

③结果计算

按下式计算含量：

$$\rho(mg/L) = \frac{m}{V} \tag{13-34}$$

式中　　m——从校准曲线上查得的试样中铅含量，μg；

　　　　V——所取水样体积，mL。

（3）镉

在强碱性溶液中，镉离子与双硫腙生成红色络合物，用氯仿萃取后，于波长 518nm 处进行分光光度测定，从而求出镉的含量。

分析水样中存在下列浓度的金属离子（以 mg/L 计）不干扰镉的测定：铅 20、锌 30、铜 40、锰 4、铁 4；镁离子浓度达 20mg/L 时，可多加酒石酸钾钠消除。

适用于测定水和废水中的镉，其浓度范围为 1～50μg/L。镉的浓度高于 50μg/L 时，可对样品作适当稀释后再进行测定。当使用光程长为 2cm 比色皿，试样体积 100mL 时，检出限为 1μg/L。

①试剂

a）100μg/mL 镉标准贮备液。称取 0.100g 金属镉（Cd，99.9％）于 100mL 烧杯中，加 10mL（1＋1）盐酸及 0.5mL 浓硝酸温热至完全溶解，移入 1000mL 容量瓶中，用水稀释至标线。贮存于聚乙烯瓶中。

b）1.00μg/mL 镉标准工作溶液。取 5.00mL 镉标准贮备液放入 500mL 容量瓶中，加入 5mL 浓盐酸，用水稀释至标线，贮存于聚乙烯瓶中。

c）氢氧化钠-氰化钾溶液（Ⅰ）。称取 400g 氢氧化钠和 10g 氰化钾溶于水中并稀释至 1000mL，贮存于聚乙烯瓶中。

d）氢氧化钠-氰化钾溶液（Ⅱ）。称取 400g 氢氧化钠和 0.5g 氰化钾，溶于水中并稀释至 1000mL，贮存于聚乙烯瓶中。

e）0.2％双硫腙贮备溶液（Ⅰ）。称取 0.5g 双硫腙，溶于 250mL 三氯甲烷中，贮于棕色瓶中，放置在冰箱内。

f）0.01％双硫腙溶液（Ⅱ）。临用前将 0.2％双硫腙贮备液（Ⅰ）用三氯甲烷稀释 20 倍。

g）双硫腙使用溶液（Ⅲ）。临用前将 0.01％双硫腙液用三氯甲烷稀释 5 倍，其稀释后的溶液透光率为 40％±1％（用 1cm 比色皿，在波长 518nm 处以三氯甲烷作参比测量）。

h）6mol/L 氢氧化钠溶液。溶解 240g 氢氧化钠于煮沸放冷的水中并稀释到 1000mL。

i）0.1％百里酚蓝溶液。溶解 0.1g 百里酚蓝于 100mL 乙醇中。

②操作步骤

a）取适量（1～10μg）经预处理过的试样放入 250mL 分液漏斗中，用水补充至 100mL，加入 3 滴百里酚蓝乙醇溶液，用氢氧化钠溶液或盐酸溶液调节到刚好出现稳定的黄色，此时溶液的 pH 值为 2.8。

b）分别取镉标准工作溶液 0.00、0.25、0.50、1.00、3.00、5.00mL 加水至 100mL，进行与操作步骤 a）相同的处理。

c）向经步骤 a）、b）处理过的试样和标准系列中各加入 1mL 酒石酸钾钠溶液，5mL 氢氧化钠-氰化钾溶液（Ⅰ）及 1mL 盐酸羟胺溶液，每加一种试剂均应摇匀，特别是加入酒石酸钾钠溶液后应充分摇匀，然后各加 15mL 双硫腙溶液（Ⅱ）立即振摇 1min。此步骤应迅速进行操作并注意放气。

d）取第二套 125mL 分液漏斗，各加入 25mL 冷的酒石酸溶液，立即将第一套分液漏斗中的有机相放入其中，用 10mL 三氯甲烷洗涤第一套分液漏斗，摇动 1min 后，将三氯甲烷放入第二套分液漏斗中，注意勿使水溶液进入第二套分液漏斗中。

e）将第二套分液漏斗振摇 2min，待分层后，弃去有机相。再各加 5mL 三氯甲烷振摇 1min 后弃去三氯甲烷层。

f）向第二套分液漏斗的水溶液中依次加入 0.25mL 盐酸羟胺溶液和 15.0mL 双硫腙使用溶液（Ⅲ）及 5mL 氢氧化钠-氰化钾溶液（Ⅱ），立即振摇 1min，待分层后，用洁净脱脂棉擦干分液漏斗颈管内壁，塞上少许脱脂棉，将有机层滤入 3cm 比色皿中，于波长

518nm 处，以三氯甲烷为参比测定吸光度。依标准系列的校正吸光度［即扣除试剂空白（零度浓）的吸光度］所对应的镉量绘制校准曲线。由试样的校正吸光度（已扣除空白试验吸光度的值）从校准曲线上查得试样中镉的含量。

g）空白试验：按处理试样的同样步骤进行处理、测定，所不同的是用 100mL 无镉蒸馏水代替试样。

③结果计算

镉的浓度用 ρ_{Cd}（mg/L）表示，则

$$\rho_{Cd}(mg/L) = \frac{m}{V} \tag{13-35}$$

式中　m——从校准曲线上查得的镉量，μg；

　　　V——被测水样体积，mL。

（4）锌

在 pH 值为 4.0～5.5 的醋酸盐缓冲介质中，锌离子与双硫腙形成红色螯合物。用四氯化碳萃取后进行分光光度测定。适用于测定天然水和某些废水中微量锌，其浓度范围在 5～50μg/L 之间。光程长 2cm 比色皿，试样体积为 100mL 时，检出限为 5μg/L。

水中存在少量铋、镉、钴、铜、金、铅、汞、镍、钯、银和亚锡等金属离子时，对锌的测定均有干扰，可用硫代硫酸钠掩蔽剂和控制溶液的 pH 值予以消除。三价铁、余氯和其他氧化剂会使双硫腙变成棕黄色。

①试剂

a）0.1% 双硫腙-四氯化碳贮备液。称取 0.25g 双硫腙溶于 250mL 四氯化碳，贮于棕色瓶中，放置在冰箱内。

b）0.01% 双硫腙-四氯化碳溶液。临用前将 0.1% 双硫腙-四氯化碳贮备液用四氯化碳稀释 10 倍。

c）③0.004% 双硫腙-四氯化碳溶液。取 40mL0.01% 双硫腙-四氯化碳溶液，用四氯化碳稀释至 100mL，当天配制。

d）0.0004% 双硫腙-四氯化碳溶液。取 10mL0.004% 双硫腙-四氯化碳溶液用四氯化碳稀释至 100mL（此溶液的透光率在 500nm 处，用 1cm 比色皿测量时为 70%）。当天配制。

e）酸醋钠缓冲溶液。将 68g 三水合酸醋钠（$CH_3COONa \cdot 3H_2O$）溶于水中，并稀释至 250mL。另取 1 份酸醋与 7 份水混合，将上述两种溶液按等体积混合。混合液再用 0.1% 的双硫腙-四氯化碳溶液重复萃取数次，直到最后的萃取液呈绿色。然后再用四氯化碳萃取以除去过量的双硫腙。

f）硫代硫酸钠溶液。将 25g 五水硫代硫酸钠（$Na_2S_2O_3 \cdot 5H_2O$）溶于 100mL 水中，每次用 10mL0.1% 的双硫腙，四氯化碳溶液萃取，直到双硫腙溶液呈绿色为止。然后再用四氯化碳萃取以除去多余的双硫腙。

g）0.1000g/L 锌标准贮备溶液。称取 0.100g 锌粒（纯度＞99.9%），溶于 5mL2mol/L 盐酸中，移入 1000mL 容量瓶中，用水稀释至标线。

h）1.000mg/L 锌标准溶液。将锌标准贮备液用水稀释 100 倍，临用时配制。

②操作步骤

a）试样预处理。取适量体积试样，调 pH 值在 2～3 之间，备测定用。如果水样中锌

的含量不在测定范围内，可将试样作适当的稀释或减少取样量。若锌的含量太低，也可取较大量试样置于石英皿中进行浓缩。如果取如酸保存的试样，则要取 1 份试样放在石英皿中，蒸发至干，以除去过量酸（注意：不要用氢氧化物中和，因为此类试剂中的含锌量往往过高）。然后加无锌水，加热煮沸 5min。用稀盐酸或经纯制的氨水调节试样的 pH 值在 2～3 之间，最后以无锌水定容。

b）测定。取 10mL（含锌量在 0.5～5μg 之间）试样，置于 60mL 分液漏斗中，加入 5mL 酸醋钠缓冲溶液及 1mL 硫代硫酸钠溶液混匀后，再加 10.0mL0.0004％的双硫腙-四氯化碳溶液，振摇 4min。静置分层后，将四氯化碳层通过少许洁净脱脂棉过滤到具塞比色管中，用 2cm 比色皿在 535nm 处，以四氯化碳为参比，测定吸光度。由测量所得吸光度扣去空白试验吸光度之后，从校准曲线上查出试样中锌的含量。

取 10mL 无锌水代替试样，经与试样同样处理后测定其吸光度。每分析一批样品要与试样平行操作两个空白。

c）标准曲线绘制。分别取锌标准溶液 0.00、0.50、1.00、2.00、4.00、5.00mL 置于一系列 60mL 分液漏斗中，各加无锌水至 10mL，再按上述测定步骤测定吸光度。依次减去试剂空白（零浓度）吸光度得到的校正吸光度与相对应的锌量绘制标准曲线。

计算方法同铅浓度的计算。

③注意事项

实验所用试剂不纯，杂质含量较高时，应用双硫腙萃取提纯，以除去锌和其他金属离子。双硫腙和双硫腙盐见光易分解，因此应在棕色瓶中避光保存。硫代硫酸钠能与锌形成不十分稳定的络合物，它能阻碍锌和双硫腙反应，使其结合迟缓且不完全。因此，萃取时必须充分振荡。

五、砷的测定

1. 新银盐分光光度法

硼氢化钾（或硼氢化钠）在酸性溶液中产生新生态的氢，将水中无机砷还原成砷化氢气体，以硝酸-硝酸银-聚乙烯醇-乙醇溶液为吸收液。砷化氢将吸收液中的银离子还原成单质胶态银，使溶液呈黄色，颜色强度与生成氢化物的量成正比。黄色溶液在 400nm 处有最大吸收，峰形对称。颜色在 2h 内无明显变化（20℃以下）。本方法适用于地表水和地下水中痕量砷的测定。取最大水样体积 250mL 时，检出限为 0.0004mg/L，测定上限为 0.012mg/L。

（1）试剂

①聚乙烯醇水溶液（0.2％）。称取 0.4g 聚乙烯醇（平均聚合度为 1750±50）置于 250mL 烧杯中，加入 200mL 三级试剂水，在不断搅拌下加热溶解，待全溶后，盖上表面皿，微沸 10min。冷却后，贮于玻璃瓶中，此溶液可稳定一周。

②碘化钾-硫脲溶液（15％）。15％碘化钾水溶液 100mL 中含 1g 硫脲。

③硝酸-硝酸银溶液。称取 2.040g 硝酸银置 100mL 烧杯中，加入约 50mL 三级试剂水，搅拌溶解后，加 5mL 硝酸，用三级试剂水稀释到 250mL，摇匀，于棕色瓶中保存。

④硫酸-酒石酸溶液。于 0.5mol/L 硫酸 400mL 中，加入 60g 酒石酸（一级）溶解。

⑤二甲基甲酰胺混合液（简称 DMF 混合溶液）。将二甲基甲酰胺与乙醇胺，按体积比（9+1）进行混合。此溶液于棕色瓶中可保存 30d。

⑥乙酸铅棉。将10g脱脂棉浸于10%的乙酸铅溶液100mL中。0.5h后取出，拧去多余水分，在室温下自然晾干，装入磨口瓶备用。

⑦吸收液。将硝酸银、聚乙烯醇、乙醇按体积比（1＋1＋2）混合，临用时现配。

⑧砷标准溶液 $[\rho(As)=1000.00mg/L]$。称取于110℃烘2h三氧化二砷0.1320g置于50mL烧杯中，加20%氢氧化钠溶液2mL，搅拌溶解后，再加1mol/L硫酸10mL，转入100mL容量瓶中，用三级试剂水稀释到标线，混匀。

取上述溶液1.00mL稀释至1000mL，配制1.0mg/L砷的标准使用液。临用时现配。测砷仪如图13-14所示。

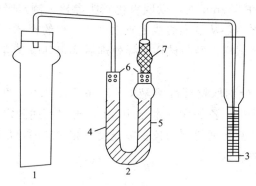

图13-14 测砷仪

1—250mL反应管（ϕ30mm，液面高约为管高的2/3或100mL、50mL反应管）；

2—U形管；3—吸收管；4—0.3g醋酸铅棉；5—0.3g吸有1.5mLDMF混合液的脱脂棉；

6—脱脂棉；7—内装吸有无水硫酸钠和硫酸氢钾混合粉（9＋1）的脱脂棉耐压聚乙烯管

（2）操作步骤

①样品的预处理

清洁的地下水、地表水可直接取样进行测定。否则应按下述步骤进行预处理。取适量样品（不超过3μg砷）置于250mL烧杯中，加6.0mL盐酸、2.0mL硝酸和2.0mL高氯酸，在电热板上加热至冒白烟，并蒸至近干。冷后，用0.5mol/L盐酸1.5mL溶解，再加热至沸。取下冷却，加入20～30mg抗坏血酸、15%碘化钾硫脲溶液2.0mL，放置15min后，再加热并微沸1min。取下冷却后，用少量三级试剂水冲洗表面皿与杯壁，加2滴甲基橙指示剂，用（1＋1）氨水调至黄色，再用0.5mol/L盐酸调到溶液刚微红，加入硫酸-酒石酸溶液（或20%酒石酸溶液）5mL，将此溶液移入50mL反应管中，用三级试剂水稀释到标线待测。

②样品测定

a）清洁水样取250mL（砷浓度较高时，可取少量样品用三级试剂水稀释到250mL，砷含量不超过3μg）置于250mL反应管中，加入硫酸-酒石酸溶液20mL，混匀。向各干燥吸收管中加入3.0mL吸收液，按图13-15连接好导气管。将两片硼氢化钾（或硼氢化钠）分别放于反应管的小泡中，盖好塞

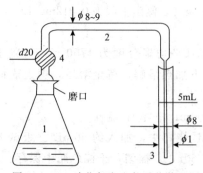

图13-15 砷化氢发生与吸收装置图

1—锥形瓶；2—导气管；

3—吸收瓶；4—乙酸铅棉

子，先将小泡中的硼氢化钾片倒一片于溶液中，待反应完（约 5min），再将另一片倒入溶液中，反应 5min，显色液待测。若试液体积小于 50mL，可用 50mL 反应管，加 1 片硼氢化钾反应。样品和校准曲线均用 50mL 反应管进行。

b）用 1cm 比色皿，以空白吸收液为参比，于 400nm 处测量上述吸收液吸光度。

c）按表 13-17 取一组砷标准使用溶液 [ρ（As）=1.00mg/L]，注于 250mL 反应管中，以下操作同样品测定，并绘制相应的校准曲线。

表 13-17 砷标准溶液的配制（以 As 计）

编　号	1	2	3	4	5	6
使用溶液体积/mL	0.00	1.00	1.50	2.00	2.50	3.00
试份的 As 含量/μg	0.00	1.00	2.00	3.00	4.00	5.00

（3）结果计算

砷（As）含量 ρ（mg/L）按下式计算：

$$\rho = \frac{m}{V} \tag{13-36}$$

式中　m——从校准曲线上查得的砷量，μg；

V——被测水样体积，mL。

（4）注意事项

①三氧化二砷为剧毒药品（俗称砒霜），用时小心。

②砷化氢为剧毒气体，故在硼氢化钾（或硼氢化钠）加入溶液之前，必须检查管路是否连接好，以防漏气或反应瓶盖被崩开。有条件的可放在通风柜内反应。

③配制吸收液时，按前后顺序加入试剂，以免溶液出现浑浊。如出现浑浊时，可放于热水（70℃左右）浴中，待透明后取出，冷却后装入瓶中。

④U 形管中乙酸铅棉和脱脂棉的填充必须松紧适当和均匀一致。加入 DMF 混合液后，可用洗耳球慢慢吹气约 1min，使溶液均匀分布于脱脂棉上。

⑤DMF 棉可反复使用 30 次，但如果发现空白试验值高时，即应更换。新换 DMF 棉后，在测样品之前，先用中等浓度的砷样，按操作程序反应一次，以免样品测定结果偏低。

⑥硼氢化钾片的制备将硼氢化钾和氯化钠分别研细后，按（1+4）的量混合。充分混匀后，在医用压片机上压成直径为 1.2cm 的片剂，每片重为（1.5±0.1）g。

⑦二甲基甲酰胺混合液也可按二甲基甲酰胺、三乙醇胺、乙醇胺的体积比（5+3+2）进行混合而得。

⑧硼氢化钾是强还原剂，对皮肤有强腐蚀性，不可用手触摸。

2. 二乙氨基二硫代甲酸银光度法

锌与酸作用，产生新生态氢。在碘化钾和氯化亚锡存在下，使五价砷还原为三价，三价砷被新生态氢还原成气态砷化氢（胂）。用二乙氨基二硫代甲酸银-三乙醇胺的三氯甲烷溶液吸收胂，生成红色胶体银，在波长 510nm 处测吸收液的吸光度。可测定地表水和废水中的砷。取试样量为 50mL，最低检出浓度为 0.007mg/L 砷，测定上限浓度为 0.50mg/L 砷。

（1）试剂

①砷标准溶液 [ρ（As）=1000.00mg/L]。称取于 110℃烘 2h 三氧化二砷 0.1320g

置 50mL 烧杯中，加 20％氢氧化钠溶液 2mL，搅拌溶解后，再加 1mol/L 硫酸 10mL，转入 100mL 容量瓶中，用三级试剂水稀释到标线，混匀。

取上述溶液 1.00mL 稀释至 1000mL，配制 1.0mg/L 砷的标准使用液。临用时现配。

②吸收液。将 0.25g 二乙氨基二硫代甲酸银用少量三氯甲烷调成糊状，加入 2mL 三乙醇胺，再用三氯甲烷稀释到 100mL，用力振荡尽量溶解。静置暗处 24h 后，倾出上清液或用定性滤纸过滤于棕色瓶内，贮存于冰箱中。

③氯化亚锡溶液（40％）。将 40g 氯化亚锡（$SnCl_2 \cdot 2H_2O$）溶于 40mL 浓盐酸中，加微热，使溶液澄清后，用三级试剂水稀释到 100mL。加数粒金属锡保存。

④碘化钾溶液（15％）。将 15g 碘化钾溶于三级试剂水中，稀释到 100mL。贮存在棕色玻璃瓶内。此溶液至少可稳定一个月。

⑤乙酸铅棉。将 10g 脱脂棉浸于 10％的乙酸铅溶液 100mL 中。0.5h 后取出，拧去多余水分，在室温下自然晾干，装入磨口瓶备用。

⑥无砷锌粒（10～20 目）。

（2）操作步骤。

①绘制校准曲线

按表 13-17 取一组砷标准使用溶液 [ρ（As）＝1.00mg/L]，注于砷化氢发生瓶中，加入 4mL 碘化钾溶液和 2mL 氯化亚锡溶液，摇匀，放置 15min。

取 5.0mL 吸收液置干燥的吸收管中，插入导气管。于砷化氢发生瓶中迅速加入 4g 无砷锌粒，并立即将导气管与发生瓶连接（保证连接处不漏气）。在室温下反应 1h，使肿完全释出，加三氯甲烷将吸收液体积补足到 5.0mL。

注：砷化氢（肿）剧毒，整个反应在通风橱内或通风良好的室内进行。

用 1cm 比色皿，以三氯甲烷为参比在 510nm 波长处测量吸收液的吸光度，并作空白校正。由测得数据绘制相应的校准曲线。

②试样制备。取 50mL 样品或适量样品稀释到 50mL（含砷量小于 25μg），置于砷化氢发生瓶中，加 4mL 硫酸和 5mL 硝酸。在通风橱内消解至产生白色烟雾，如溶液仍不澄清，可再加 5mL 浓硝酸，继续加热至产生白色烟雾，直至溶液澄清为止（其中可能存在乳白色或淡黄色酸不溶物）。冷却后，小心加入 25mL 三级试剂水，再加热至产生白色烟雾，驱尽硝酸。冷却后，加三级试剂水使总体积为 50mL，备测量用。

③试样的测量。于上述砷化氢发生瓶中，加入 4mL 碘化钾溶液和 2mL 氯化亚锡溶液（未经消解的水样应先加 4mL 硫酸），摇匀，放置 10min。取 5.0mL 吸收液置干燥的吸收管中，插入导气管。于砷化氢发生瓶中迅速加入 4g 无砷锌粒，并立即将导气管与发生瓶连接（保证连接处不漏气）。在室温下反应 1h，使肿完全释出，加三氯甲烷将吸收液体积补足到 5.0mL。测量用 1cm 比色皿，以三氯甲烷为参比在 510nm 波长处测量吸收液的吸光度，并作空白校正。计算方法同新银盐分光光度法。

（3）注意事项

①硝酸浓度为 0.01mol/L 以上时有负干扰，故不适合作保存剂。若试样中有硝酸，分析前要加硫酸，再加热至冒白烟予以驱除。

②锌粒的规格（粒度）对砷化氢的发生有影响，表面粗糙的锌粒还原效率高，规格以 10～20 目为宜。粒度大或表面光滑者，虽可适当增加用量或延长反应时间，但测定的重

现性较差。

③吸收液柱高应保持 8~10cm，导气毛细管口直径以不大于 1mm 为宜。因吸收液中的三氯甲烷沸点较低，在吸收胂的过程中可挥发损失，影响胂的吸收。当室温较高时，建议将吸收管降温，并不断补加三氯甲烷于吸收管中，使之尽可能保持一定高度的液层。

④夏天高温季节，还原反应激烈，可适当减少浓硫酸的用量，或将砷化氢发生瓶放入冷水浴中，使反应缓和。

⑤除硫化物的乙酸铅棉若稍有变黑，即应更换。

⑥吸收液以吡啶为溶剂时，生成物的最大吸收峰为 530nm，但以三氯甲烷为溶剂时，生成物的最大吸收峰则为 510nm。

⑦干扰及消除锑和铋能生成氢化物，与吸收液作用生成红色胶体银干扰测定。按本方法加入氯化亚锡和碘化钾，可抑制 30μg 锑盐和铋盐的干扰。

六、铁 的 测 定

在天然水和废水中，铁的存在形态各式各样，可以胶体存在，也可以无机或有机的含铁络合物存在，还可存在于较大的悬浮颗粒中；可以是二价，也可以是三价的。总铁是指未过滤的水样，经剧烈消解后测得的铁的浓度，包括上述各种形态的全部铁。二价铁测定主要采用邻菲罗啉分光光度法。总铁的测定常采用邻菲罗啉分光光度法、原子吸收分光光度法和磺基水杨酸分光光度法。

采集水样时，水样要用酸处理：用分光光度法测定总铁时，每 1000mL 水样加 2mL 浓硫酸；用原子吸收分光光度法测定总铁时，每 1000mL 水样加 2mL 浓硝酸，使铁保持在酸性溶液中，防止铁在采样瓶瓶壁上的吸附或沉淀。量取供分析用的水样时，要考虑加入酸的体积。

1. 邻菲罗啉分光光度法

在试样中加入盐酸羟胺将铁（Ⅲ）还原为铁（Ⅱ）再加入邻菲罗啉显色，生成橙红色络合物，在约 510nm 的波长下测定吸光度。铁（Ⅱ）和邻菲罗啉的络合物在 pH 值为 2.5~9 的范围内是稳定的。浓度和吸光度之间的关系直到铁浓度为 5.0mg/L 时都是线性的，在约 510nm 处产生最大吸收。摩尔吸光系数为 1.1×10^4 L/mol·cm。

干扰及消除：铜、钴、铬和锌的浓度比铁浓度高 10 倍会有干扰。镍浓度超过 2mg/L 时有干扰。将 pH 值调到 3.5~5.5 之间，可避免这些干扰。铋和银与邻菲罗啉生成沉淀，因而试验溶液中应不含这些离子。镉和汞亦能形成沉淀，但如果浓度较低，应加入过量的邻菲罗啉后，其干扰就不明显。

氰化物干扰测定，通常在酸化样品时即被除去，但某些络合氰化物除外。酸化水样时，还将焦磷酸盐和多聚偏磷酸盐转化为正磷酸盐，而正磷酸盐在 PO_4^{3-} 浓度高达铁浓度的 10 倍时均无干扰。

加入硝酸铝后，可从铁与其他阴离子（如磷酸根）形成的络合物中将铁置换出来，但置换以络合物形态存在的铁的反应很慢。

方法的适用范围：此方法可用于测定水和废水中的总铁（如果需要的话，也可用于测定酸溶和可溶的二价铁和三价铁），其适应的浓度范围为 0.01~5mg/L。铁的浓度高于 5mg/L 时，可对水样进行适当稀释后再进行测定。

（1）试剂

①0.1％邻菲罗啉溶液

称取 1g 邻菲罗啉溶于 100mL 无水乙醇中，用一级试剂水稀释至 1L，摇匀，贮于棕色瓶中，在暗处保存。

②乙酸-乙酸铵缓冲液

称取 100g 乙酸铵溶于一级试剂水中，加入 200mL 冰乙酸，用一级试剂水稀释至 1L，摇匀。

③铁标准溶液

a）铁贮备溶液（1mL，含 100μg Fe）。称取 0.1000g 纯铁丝（含铁 99.99％以上）于 80～100mL1mol/L 盐酸中，缓缓加热待全部溶解后，加入少量过硫酸铵，煮沸数分钟，冷却至室温，移入 1L 容量瓶中，用一级试剂水稀释至刻度。

b）铁工作溶液（1mL，含 1μg Fe）。吸取上述铁贮备液 10.00mL，注入 1L 容量瓶中，加入 10mL 1mol/L 盐酸溶液，用一级试剂水稀释至刻度（使用时配制）。

（2）操作步骤

①工作曲线的绘制

按表 13-18 取一系列铁工作液于一组 50mL 容量瓶中，并用一级试剂水稀释至刻度。

表 13-18　铁标准溶液的配制

编　号	0	1	2	3	4	5
铁工作液体积/mL	0	0.50	1.00	4.00	6.00	10.00
含铁量/μg	0	0.5	1.0	4.0	6.0	10.0
相当水样含铁量/（μg/L）	0	10	20	80	120	200

将配制好的标准溶液分别移入一组编号相对应的 125mL 锥形瓶中，各加入 2mL 盐酸（1+1），加热浓缩至体积略小于 25mL。冷却至 30℃后，加盐酸羟胺溶液 1mL，摇匀，静置 5min，加 0.1％邻菲罗啉溶液 5mL，摇匀后每个锥形瓶中各加一小块刚果红试纸，慢慢滴加氨水，使刚果红试纸恰由蓝色转变为红紫色，此时 pH 为 3.8～4.1，然后各加乙酸-乙酸铵缓冲液 5mL，摇匀后移入原 50mL 容量瓶中，用一级试剂水稀释至刻度。在分光光度计上，510nm 波下长，以一级试剂水为参比测定吸光度。将所测吸光度和相应铁含量用最小二乘法进行回归计算，得回归方程后绘制回归曲线，此即为标准工作曲线。

②测定

用盐酸溶液（1+1）将取样瓶洗涤后，用一级试剂水清洗干净，然后加入浓盐酸直接取样（每 500mL 水样加浓盐酸 2mL）。取 50mL 水样于 125mL 锥形瓶中，加入 2mL 盐酸（1+1），然后按绘制工作曲线的同样步骤浓缩，发色后在分光计上测吸光度。

水中铁含量 ρ（μg/L）按下式计算

$$\rho = \frac{m}{V} \times 1000$$

式中　m——从标准工作曲线上查得的铁量，μg；

V——所取水样的体积，mL。

如果用回归方程计算铁含量 ρ（μg/L），则按 $\rho = KA$ 计算，

式中　　A——水样吸光度;

　　　　K——回归曲线斜率。

（3）注意事项

①大量的磷酸盐存在对测定产生干扰,可加柠檬酸盐对苯二酚加以消除。

②用溶剂萃取法可消除所有金属离子或可能络合铁的阴离子所造成的干扰。

③为了避免氨水在调整过程中过量（即刚果红试纸变成红色）,一般可先加入约0.8mL浓氨水,然后用氨水（1+1）逐滴调节。

④水样采集时应使用专用磨口玻璃瓶,并将其用盐酸（1+1）浸泡12h以上,再用一级试剂水充分洗净,然后向取样瓶内加入优级纯浓盐酸（每500mL水样加浓盐酸2mL）,直接采取水样,并立即将水样摇匀。

⑤因Fe^{2+}在碱性溶液中极易被空气中的氧氧化为高价铁离子,因此在调pH之前,必须先加入邻菲罗啉,以免影响测定结果。

⑥乙酸铵及分析纯盐酸中含铁量较高,因此在测定时各试剂的加入量一定要精确,以免引起误差,建议用滴定管操作。

⑦刚果红试纸pH变色范围为3.0~5.2。

⑧加盐酸羟胺的溶液温度要低于40℃,否则盐酸羟胺会分解。

2. 原子吸收分光光度法

可用于自来水、地下水、地表水和工业废水中的总铁测定。测定铁的浓度线性范围在0.03~5.0mg/L之间,如水样中铁的浓度大于5.0mg/L时,可适当地稀释后测定。当硅的浓度大于20mg/L时,对铁的测定产生负干扰。干扰的程度随着硅浓度的增加而增加。如试样中存在200mg/L氯化钙时,上述干扰可以消除。一般来说,铁的火焰原子吸收法的基体干扰不严重,由分子吸收或光散射造成的背景值吸收也可忽略。铁是多谱线元素,例如,在铁248.3nm附近还有248.8nm,为克服光谱干扰,应选择最小的狭缝或光谱通带。原子吸收测定铁的条件如表13-19所示。

表 13-19　原子吸收测定铁的条件

光　源	灯电流	测定波长	狭缝宽度	观测高度	火焰种类
空心阴极灯	12.5mA	248.3nm	0.2nm	7.5mm	气-乙炔、氧化型

（1）试剂

①铁标准贮备液。称取光谱纯金属铁（1.0000±0.0002）g,用60mL（1+1）盐酸溶液溶解,用蒸馏水准确稀释至1000mL。

②铁标准溶液。分别移取铁标准贮备液50.00mL,于1000mL容量瓶中,用（1+99）盐酸溶液稀释至刻度,摇匀,此溶液中铁的浓度为50.0mg/L。

（2）操作步骤

①消解。取适量混匀的水样置于烧杯中,每100mL水样加5mL硝酸（优级纯）,置于电热板上在近沸状态下将水样蒸至近干,冷却后再加入硝酸（优级纯）重复上述步骤一次,必要时再加入硝酸（优级纯）或高氯酸,直至消解完全。用快速定量滤纸滤入50mL容量瓶中,以（1+99）盐酸溶液稀释至标线。

②空白试验。用蒸馏水代替试样做空白试验，采用与试样相同的步骤处理。

③标准曲线的绘制。取铁标准溶液于 50mL 容量瓶中，用（1＋99）盐酸溶液稀释至标线，摇匀。至少应配制 4 个标准溶液，且待测试样中铁的浓度应落在该标准系列范围内。根据仪器说明书选择最佳参数，用（1＋99）盐酸溶液调零后，在选定的条件下测量其相应的吸光度扣除空白值后，绘制铁含量-吸光度标准曲线。在测量过程中，要定期检查标准曲线。

④测定。在测定标准系列的同时，测定试样及空白溶液的吸光度。由试样吸光度减去空白试验溶液吸光度，从标准曲线上，查得试样中铁的含量。计算方法同邻菲罗啉分光光度法。

（3）注意事项

①铁在环境中广泛存在，因此在操作中应注意自来水、尘埃及器皿等污染水样。

②实验中所用玻璃及塑料器皿用前应在 10％硝酸溶液中浸泡 24h 以上，然后用水清洗干净。

3. 磺基水杨酸分光光度法

在 pH＝9～11 的条件下，三价铁离子与磺基水杨酸生成黄色络合物。此络合物的最大吸收波长为 425nm，用分光光度计测定。适用于测定炉水中的含铁量，测定结果为水样中的全铁。测定范围为 50～500μg/L。

（1）试剂

①铁标准贮备液（1mL 含 100μg Fe）。称取 0.1000g 纯铁丝，加入 50mL 盐酸溶液（1mol/L），加热全部溶解后，加少量过硫酸铵，煮沸数分钟，移入 1L 容量瓶中，用一级试剂水稀释至刻度。或称取 0.86349g 硫酸高铁铵〔$FeNH_4(SO_4)_2 \cdot 12H_2O$〕，溶于 50mL 盐酸溶液（1mol/L）中，待全溶后转入 1L 容量瓶中，用一级试剂水稀释至刻度，以重量法标定其浓度。

②工作溶液（1mL 含 10μg Fe）。取上述贮备液 100mL 注入 1L 容量瓶中，加入 50mL 盐酸溶液（1mol/L），用一级试剂水稀释至刻度（此溶液不宜存放，应在使用时配制）。

（2）操作步骤

①工作曲线绘制。分别取 0.00、0.50、1.00、1.50、2.00、2.50mL 铁工作液于一组 50mL 比色管中，分别加入 1mL 浓盐酸，用一级试剂水稀释至约 40mL。加 4mL 磺基水杨酸溶液，摇匀，加浓氨水约 4mL，摇匀，使 pH 达 9～11，用一级试剂水稀释至刻度。混匀后，用分光光度计，波长为 425nm 和 3cm 比色皿，以一级试剂水作参比测吸光度。将所测吸光度和相应的铁含量绘制工作曲线。

②水样测定。将取样瓶用盐酸溶液（1＋1）洗涤后，再用一级试剂水清洗 3 次，然后于取样瓶中加入浓盐酸（每 500mL 水样加浓盐酸 2mL）直接取样。取 50mL 水样于 100～150mL 的烧杯内，加入 1mL 浓盐酸，煮沸浓缩至约 20mL，冷却后移至比色管中，并用少量一级试剂水清洗烧杯 2～3 次，洗液一并注入比色管中，但应使其总体积不大于 40mL。按绘制工作曲线的步骤进行发色，并在分光光度计上测定吸光度。根据测得的吸光度，查工作曲线即得水样中的含铁量。

（3）注意事项

①水样含铁量小于 $50\mu g/L$ 时，应采用邻菲罗啉法测定。含铁量大于 $500\mu g/L$ 时，可将水样酌情稀释后测定。

②对有颜色的水样，应增加过硫酸铵的加入量，并通过空白试验扣除过硫酸铵的含铁量。过硫酸铵也可配成溶液使用，但由于其溶液不稳定，应在使用时配制。

③为了保证显色正常，应注意氨水浓度是否可靠。

④为了保证水样不受污染，在使用取样瓶、烧杯、比色管等玻璃器皿前，均应用盐酸（1+1）煮洗。

⑤磷酸盐对本方法无干扰。

⑥水样过滤后，测定结果偏低。

七、钾、钠的测定

常用火焰原子吸收分光光度法。原子吸收光谱分析的基本原理是测量基态原子对共振辐射的吸收。在高温火焰中，钾和钠很易电离，这样使得参与原子吸收的基态原子减少。特别是钾在浓度低时表现更明显，一般在水中钠比钾浓度高，这时大量钠对钾产生增感作用。为了克服这一现象，加入比钾和钠更易电离的铯作电离缓冲剂，以提供足够的电子使电离平衡向生成基态原子的方向移动。这时即可在同一份试样中连续测定钾和钠。

本方法适用于测定可过滤态钾和钠，也适用于地面水和饮用水的测定。测定范围钾为 $0.05\sim4.00mg/L$；钠为 $0.01\sim2.00mg/L$。对于钾和钠浓度较高的样品，应取较少的试样进行分析，或采用次灵敏线测定。

1. 试剂

①硝酸溶液（2mL/L）。取 2mL 浓硝酸，稀释至 1000mL 去离子水中，混合均匀。

②硝酸铯溶液（10.0g/L）。取 1.0g 硝酸铯（$CsNO_3$）溶于 100mL 去离子水中。

③钾标准贮备溶液（1mL 含 1.000mg 钾离子）。称取（1.9067 ± 0.0003）g 基准氯化钾（150℃干燥 2h，干燥器内冷却至室温），以去离子水溶解，并移至 1000mL 容量瓶中，稀释至标线，摇匀。将此溶液及时转入聚乙烯瓶中保存。

④钠标准贮备溶液（1mL 含 1.000mg 钠离子）。称取（2.5421 ± 0.0003）g 基准氯化钠（NaCl），以去离子水溶解，并移至 1000mL 容量瓶中，稀释至标线，摇匀。及时转入聚乙烯瓶中保存。

⑤钾离子标准使用溶液（1mL 含 0.1000mg 钾离子）。吸取钾标准贮备溶液 10.00mL 于 100mL 容量瓶中，加 2mL 硝酸溶液（1+1），以去离子水稀释至标线，摇匀备用。此溶液可保存 3 个月。

⑥钠标准溶液（1mL 含 0.1000mg 钠离子）。吸取钠标准贮备溶液 10.00mL 于 100mL 容量瓶中，加 2mL 硝酸溶液（1+1），以去离子水稀释至标线，摇匀。此溶液可保存 3 个月。

⑦钠标准使用溶液（1mL 含 0.0100mg 钠离子）。吸取钠标准溶液（1mL 含 0.1000mg 钠离子）10.000mL 于 100mL 容量瓶中，加 2mL 硝酸溶液（1+1），以去离子水稀释至标线，摇匀。此溶液可保存一个月。

2. 操作步骤

(1) 采样和样品

水样在采集后，应立即以 $0.45\mu m$ 滤膜（或中速定量滤纸）过滤，其滤液用硝酸 (1+1) 调至 pH=1~2，于聚乙烯瓶中保存。如果对样品中钾、钠浓度大体已知时，可直接取样，或者采用次灵敏线测定先求得其浓度范围。然后再分取一定量（一般为 2~10mL）的实验室样品于 50mL 容量瓶中，加 3.0mL 硝酸铯溶液，用去离子水稀释至标线，摇匀。此溶液应在当天完成测定。

(2) 校准溶液的制备

①钾标准曲线的绘制。取 6 只 50mL 容量瓶，分别准确加入钾标准使用溶液 0、0.50、1.00、1.50、2.00、2.50mL，加硝酸铯溶液 3.00mL，加 (1+1) 硝酸溶液 1.00mL，用去离子水稀释至标线，摇匀。本校准溶液应在当天使用。

调节波长为 766.5nm，选择最佳灯电流、燃烧器高度、狭缝和燃气与助燃气流量比等各项参数，在最佳条件下，喷入一号溶液，调节零点，再由稀到浓逐个测定标准溶液的吸光度。以吸光度为纵坐标，钾离子含量为横坐标，绘制标准曲线。

②钠标准曲线的绘制。取 6 只 50mL 容量瓶，分别准确加入钠标准使用溶液 0、1.00、3.00、5.00、7.50、10.00mL，加硝酸铯溶液 3.00mL，加 (1+1) 硝酸溶液 1.00mL，用去离子水稀释至标线，摇匀。本校准溶液应在当天使用。

调节波长为 589.0nm，选择最佳灯电流、燃烧器高度、狭缝和燃气与助燃气流量比等各项参数，在最佳条件下，喷入一号溶液，调节零点，再由稀到浓逐个测定标准工作液的吸光度。以吸光度为纵坐标，钠离子含量为横坐标，绘制标准曲线。

(3) 仪器准备

将待测元素灯装在灯架上，经预热稳定后，按绘制标准曲线时选定的参数值进行设定。

(4) 水样测定

在正式测量前，用硝酸溶液 (2mL/L) 喷雾 5min，以清洗雾化系统。吸喷去离子水调仪器零点，然后即可吸喷校准溶液和水样，记录吸光度。

样品中钾或钠的浓度 ρ（mg/L）按下式计算

$$\rho = \rho_1 \times \frac{V}{V_1} \qquad (13-37)$$

式中 V——水样体积，mL；

V_1——浓缩（稀释）后水样体积，mL；

ρ_1——从标准曲线上求得钾或钠的浓度，mg/L。

3. 注意事项

①在打开气路时，必须先开空气，再开乙炔；当关闭气路时，必须先关乙炔，后关空气，以免回火爆炸。

②钾和钠均为溶解度很大的常量元素，原子吸收分光光度法又是灵敏度很高的方法。为了取得精密度好、准确度高的分析结果，对所用玻璃器皿必须认真清洗。试剂及蒸馏水在同一批测定中必须使用同一规格同一瓶，而且应避免汗水、洗涤剂及尘埃等带来污染。

③样品及标准溶液不能保存在软质玻璃瓶中，因为这种玻璃中的钾和钠容易被水样和

溶剂溶出导致污染。

④对于钾和钠浓度较高的样品，在使用本标准时会因稀释倍数过大，降低测定的精密度，同时也给操作带来麻烦。因一般的地表水中钾和钠的浓度都比较高，可使用次灵敏线钾 440.4nm、钠 330.2nm 测定，浓度范围可扩大到钾 200mg/L 以内，钠 100mg/L 以内。

八、铝的测定

澄清的地面水中铝的浓度不大，工业循环水的 pH 值较高，铝的浓度也不大。一般不使用原子吸收法测定铝，因为铝在空气-乙炔火焰中不易原子化，因而测定的灵敏度极低。分光光度法则是一种灵敏快速的方法。可采用铬菁 R 分光光度法，在酸性溶液中铝离子与铬菁 R 形成粉红色络合物，pH＝4～6 时最佳，以巯基乙酸为介质，用缓冲溶液控制 pH 值为 5.6 时，最大吸收波长为 530nm。国家标准 GB/T 12154—89 用试铁灵（7-碘-8-羟基喹啉-5-磺酸）分光光度法测定锅炉用水和冷却水中的全铝。

1. 试铁灵分光光度法

水样中各种状态的铝，经酸化处理后，转变成可溶性铝。可溶性铝与试铁灵（7-碘-8-羟基喹啉-5-磺酸）反应，生成稳定的黄色络合物。在波长 370nm 处测定该络合物的吸光度，对水中全铝含量进行定量。适用于锅炉用水、除盐水、凝结水、冷却水分析。测定范围：0.02～2.00mg/L。

（1）试剂

①铝贮备液（1mL 含 1mg 铝）。称取硫酸铝钾 $[KAl(SO_4)_2 \cdot 12H_2O]$ 17.6900g，用一级试剂水溶解，加入 10mL 浓盐酸，转入 1L 容量瓶中，用一级试剂水稀释至刻度。或取少量高纯铝片，置于烧杯中，用盐酸溶液（1+9）浸洗几分钟，使表面氧化物溶解，用水洗涤数次，再用无水乙醇洗数次，放入干燥器中。待干燥后，准确称取处理过的铝片 1.000g，置于 150mL 烧杯中，加优级纯氢氧化钾 4g，一级试剂水 10mL，待铝片溶解后，滴加盐酸溶液（1+1），使氢氧化铝沉淀，然后又溶解，再过量 10mL，冷却至室温，转入 1L 容量瓶中，用一级试剂水稀释至刻度。

②铝工作液（Ⅰ）（1mL 含 10μg 铝）。取铝贮备液 10mL 注于 1L 容量瓶中，用一级试剂水稀释至刻度。

③铝工作液（Ⅱ）（1mL 含 1μg 铝）。取铝工作液（Ⅰ）100mL 注于 1L 容量瓶中，用一级试剂水稀释至刻度。

④试铁灵-邻菲罗啉溶液。称取 0.5g 试铁灵及 1.0g 邻菲罗啉于 1L 一级试剂水中，搅拌，使其尽量溶解。静置至少 2h，取其上层清液贮于棕色瓶中，避光保存。

⑤盐酸羟胺-硫酸铍溶液。称取 100g 盐酸羟胺溶于一级试剂水中，加入 40mL 浓盐酸，再加入 1g 硫酸铍，待溶解后稀释至 1L，摇匀，贮于棕色瓶中。

⑥乙酸钠溶液。称取 275g 乙酸钠溶于少量一级试剂水中，稀释至 1L。

⑦铁标准工作溶液（1mL 含 10μg 铁）。准确称取 0.7022g 硫酸亚铁铵 $[FeSO_4(NH_4)_2SO_4 \cdot 6H_2O]$ 溶于 50mL 一级试剂水中，加入 20mL 浓硫酸，转入 1L 容量瓶中，并用一级试剂水稀释至刻度，准确量取 100mL 此铁工作液于 1L 容量瓶中，并用一级试剂水稀释至 1L。

（2）操作步骤

①铝工作曲线的绘制。分别取铝工作液（Ⅱ）0、1.0、2.0、3.0、4.0、5.0mL注于100mL容量瓶中，并用一级试剂水稀释至刻度。

取铝工作液（Ⅰ）0、1.0、2.0、3.0、4.0、5.0mL注于100mL容量瓶中，并用一级试剂水稀释至刻度。

按照不同测定范围，用移液管从上述铝标准溶液（Ⅰ）和（Ⅱ）系列中各量取50mL注于烧杯中，加入4mL盐酸羟胺溶液，静置30min，加入10mL试铁灵-邻菲罗啉溶液，混合均匀；加入4mL乙酸钠溶液，静置10min，但不可超过30min；在波长370nm处，用1cm比色皿，以0号标准溶液为参比，测定吸光度。以测得吸光度值为横坐标，相应的铝含量为纵坐标，绘制回归曲线，即铝工作曲线。

②铁工作曲线的绘制。分别取铁工作液0、1.0、1.5、2.0、2.5、3.0mL于100mL容量瓶中，并用一级试剂水稀释至刻度。

按照不同测定范围用移液管从上述铁标准溶液的系列中各量取50mL注于烧杯中，加入4mL盐酸羟胺溶液，静置30min，使三价铁离子完全还原；加入10mL试铁灵-邻菲罗啉溶液，混合均匀；加入4mL乙酸钠溶液，静置10min，但不可超过30min。

分别在波长为370nm及520nm处测定吸光度，将测得的吸光度值与相应的铁含量进行回归处理，得到回归方程，然后绘制回归曲线，即得铁在370nm的工作曲线和铁在520nm的工作曲线。

③水样的测定。取样瓶用5%盐酸清洗，再用一级试剂水洗净后，往取样瓶中加入浓盐酸（每500mL水样中加浓盐酸2mL），直接取样。取样完毕，应立即将水样摇匀。准确量取100mL水样于烧杯中，加5mL浓盐酸，在水浴锅上蒸发至5～10mL，然后加5mL浓硝酸，继续在水浴上蒸发至干，但不可高温烘烤残渣。将烧杯移出水浴，用2mL盐酸（1+99）湿润残渣，加入少量一级试剂水使残渣全部溶解，转入100mL容量瓶中，将烧杯洗涤数次，并将洗涤水一起转入容量瓶中，最后用一级试剂水稀释至刻度。用移液管吸取50mL处理好的水样于100mL锥形瓶中，加入4mL盐酸羟胺溶液，静置30min，使三价铁离子完全还原。加入10mL试铁灵-邻菲罗啉溶液，混合均匀。加入4mL乙酸钠溶液，静置10min，但不可超过30min。将上述溶液在波长为370nm及520nm处，用100mm的比色皿，以标准溶液为参比，测定吸光度值A_1及A_2。根据在波长为520nm处测得的吸光度A_2，在铁工作曲线上查出该读数下相应的铁含量。再从铁在370nm波长处的工作曲线上查出该含量的铁在370nm处的吸光度值，然后进行计算。

水样中铝含量（ρ）按下式计算（以mg/L表示）：

$$\rho = K_1\left(A_1 - \frac{K_2}{K_3}A_2\right) \tag{13-38}$$

式中　A_1——水样在370nm处的吸光度；

A_2——水样在520nm处的吸光度；

K_1——铝工作曲线回归方程常数；

K_2——铁在520nm处工作曲线回归方程常数；

K_3——铁在370nm处工作曲线回归方程常数。

（3）注意事项

①水样中的铁对测定有干扰。1mg/L 铁将使铝测量值约增加 0.01mg/L。所以，当铁含量大于 $100\mu g/L$ 时，应相应扣除铁在 370nm 处的吸光值。高铁用盐酸羟胺还原成亚铁后，与邻菲罗啉反应生成稳定络合物。从水样在波长为 370nm 处的吸光度中，扣除水样中铁在 370nm 波长处的吸光度，即得到水样中的铝在该波长下的吸光度。此吸光度可用来对样品的铝含量进行定量。

②水样中的氟离子对测定有干扰。硫酸铍可将氟离子的干扰基本消除。硫酸铍有毒，操作时要注意安全。水样中正磷酸盐及游离氯的含量在 5mg/L 以下对测量无干扰。

2. 铝试剂分光光度法

在 pH＝3.8～4.5 的条件下，铝与铝试剂（玫红羧酸铵）反应生成稳定的红色络合物，此络合物的最大吸收波长为 530nm。用分光光度计测定。适用于测定高纯水、凝结水、水内冷发电机冷却水、炉水和自来水的铝含量。测定结果为水中全铝量。

（1）试剂

①铝标准贮备溶液（1mL 含 1mg Al）。称取 0.5000g 纯铝箔，置于烧杯中，加 10mL 浓盐酸，缓缓加热，待溶解后，转入 500mL 容量瓶中，用一级试剂水稀释至刻度。

②铝中间溶液（1mL 含 $10\mu g$ Al）。取铝贮备溶液 10mL 注于 1L 容量瓶中，加 1mL 浓盐酸，用一级试剂水稀释至刻度。

③铝工作溶液（1mL 含 $1\mu g$ Al）。用铝中间溶液酸化并用一级试剂水稀释 10 倍制得（此溶液使用时配制）。

④乙酸-乙酸铵缓冲溶液。称取 38.5g 乙酸铵溶于约 500mL 一级试剂水中，缓慢加入 104mL 冰乙酸，再转入 1L 容量瓶中，并用一级试剂水稀释至刻度，此溶液 pH≈4.2。

（2）操作步骤

1）绘制工作曲线

①测定范围为 $0\sim100\mu g/L$ 的工作曲线。分别取铝工作溶液 0、1.0、2.0、3.0、4.0、5.0mL 于一组比色管中，用一级试剂水稀释至 50mL，然后加入 2mL 抗坏血酸，摇匀；投入一小块刚果红试纸，仔细滴加浓氨水或盐酸（1+1）溶液调节溶液的 pH，使刚果红试纸呈紫蓝色（pH≈3～5），加入 2mL 乙酸-乙酸铵缓冲溶液，摇匀。再加入 2mL 铝试剂，摇匀；15min 后，在分光光度计波长为 530nm 下，用 3cm（或 1cm）比色皿，以试剂空白作参比，测吸光度，根据吸光度和相应铝含量绘制工作曲线。

②测定范围为 $0\sim1000\mu g/L$ 的工作曲线。分别取铝中间溶液 0、1.0、2.0、3.0、4.0、5.0mL 于一组比色管中，用一级试剂水稀释至 50mL。按上述相同的方法加试剂发色，摇匀。15min 后，在分光光度计波长为 530nm 下用 3cm 比色皿。以试剂空白为参比测定吸光度。根据测得的吸光度和相应铝含量绘制工作曲线。

2）水样的测定

取样瓶用浓盐酸清洗，再用一级试剂水洗净后，于取样瓶内加入浓盐酸（每 500mL 水样加浓盐酸 2mL）。放尽取样管内存水后，直接取样。取样完毕，应立即将水样摇匀。取水样 50mL 注于比色管中，按工作曲线绘制方法测定吸光度。从工作曲线中查出水样的铝含量。

（3）注意事项

①如水样的铝含量大，应适当少取水样。用一级试剂水稀释至 50mL 后再按上法测

定。这时水样的含铝量为从工作曲线中查出的含铝量乘以稀释倍数。

②氟离子会与铝络合使结果偏低。干扰严重时可采用其他方法。

③样品及标样不能用 H_2SO_4 处理。

④水样采集时应使用专用磨口玻璃瓶，并将其用盐酸（1+1）浸泡12h以上，再用一级试剂水充分洗净，然后向取样瓶内加入优级纯浓盐酸（每500mL水样加浓盐酸2mL），直接采取水样，并立即将水样摇匀。

⑤水样浑浊时同时取两份水样，并加入1.0mL柠檬酸溶液，于其中一份作空白。

⑥考虑到铝试剂本身的颜色，在测定微量铝时，铝试剂的加入量可减少到1mL。

第四节　水中非金属化合物的测定

一、pH 的测定

1. pH 的测定

本法以玻璃电极作指示电极，以饱和甘汞电极作参比电极，以 pH＝1、4、7 或 9 标准缓冲液定位，测定水样的 pH 值。适用于锅炉用水、给水、工业循环冷却水、天然水、污水的 pH 测定。测量范围 0～14pH。玻璃电极基本上不受色度、浊度、游离氯、氧化剂、还原剂以及高含盐量的影响。但 pH 值在 10 以上时有钠误差，可用"低钠误差"电极减少这种误差。温度影响 pH 值的测定，测定时应进行温度补偿。不可在含油或脂的溶液中使用玻璃电极，可用过滤法除去油或脂。

（1）仪器、试剂

①酸度计，测量范围 pH＝0～14；读数精度≤0.02pH。

②pH 玻璃电极，等电位点在 pH＝7 左右；饱和甘汞电极。

③pH 标准缓冲液：按表 13-20 称取试剂量，用新煮沸并冷却的蒸馏水（电导率小于 $2\mu S/cm$，pH 值应在 5.6-6.0 之间）配制。配好的溶液应贮存在聚乙烯瓶中或硬质玻璃瓶中。磷酸二氢钾和磷酸氢二钠要在 110～130℃下干燥 2h 后称取。

表 13-20　pH 标准缓冲溶液的配制

标准缓冲液	pH（25℃）	1000mL 溶液所含药品质量
0.05mol/L 四草酸钾	1.68	12.61g 四草酸钾 ［$KH_3(C_2O_4)_2 \cdot 2H_2O$］
0.05mol/L 邻苯二甲酸氢钾	4.01	10.24g 邻苯二甲酸氢钾（$KHC_8H_4O_4$）
0.025mol/L 磷酸氢二钠 0.025mol/L 磷酸二氢钾	6.86	3.53g 优级纯无水磷酸氢二钠（Na_2HPO_4） ＋3.39g 优级纯磷酸二氢钾（KH_2PO_4）
0.01mol/L 硼砂	9.18	3.80g 优级纯硼砂（$Na_2B_4O_7 \cdot 10H_2O$）

（2）操作步骤

①仪器校正

按仪器说明书规定，开启仪器预热半小时，进行调零、温度补偿和满刻度校正等操作步骤。

②pH定位：根据具体情况，选择下列一种方法定位。

a）单点定位。选用一种pH值与被测水样相接近的标准缓冲液。定位前先用三级试剂水冲洗电极及塑料杯2次以上。然后用干净滤纸将电极底部水滴轻轻地吸干。将定位缓冲液倒入塑料杯内，浸入电极，稍摇动塑料杯数秒钟。测量水样温度（要求与定位缓冲液温度一致），查出该温度下定位缓冲液的pH值，将仪器定位至该pH值。重复调零、校正及定位1～2次，直至稳定为止。

b）两点定位。先取pH7标准缓冲液依上法定位。电极洗干净后，将另一定位标准缓冲液（若被测水样为酸性，选pH4缓冲液，若为碱性，选pH9缓冲液）倒入塑料杯内，电极底部水滴用滤纸轻轻吸干后，把电极浸入杯内，稍摇动数秒钟，按下读数开关。调整斜率旋钮使读数指示或显示该测试温度下第二定位缓冲液的pH值。重复1～2次两点定位操作至稳定为止。

③水样的测定

将塑料杯及电极用三级试剂水洗净后，再用被测水样冲洗2次或以上。然后，浸入电极并进行pH值测定。记下读数。

（3）注意事项

①为减少空气和水样中二氧化碳的溶入或挥发，在测水样之前，不应提前打开水样瓶。

②样品最好现场测定。否则，应在采样后把样品保持在0～4℃，并在采样后6h之内进行测定。

③新玻璃电极或久置不用的玻璃电极，应预先置于三级试剂水中浸泡24h以上。用毕，冲洗干净，浸泡在三级试剂水中。

④甘汞电极使用前最好浸泡在饱和氯化钾溶液稀释10倍的稀溶液中。贮存时把上端的注入口塞紧，使用时则启开。应经常注意从注入口注入氯化钾饱和溶液，使液位高于汞体。使用前拔掉上孔胶塞，以防产生扩散电位，用后插上。在室温下应有少许氯化钾晶体存于电极内，以保证氯化钾溶液的饱和，但需注意氯化钾晶体不可过多，以防止堵塞与被测溶液的通路。

⑤测定过程中，电极底部水滴用滤纸轻轻地吸干，勿用滤纸擦拭，以免电极底部带静电导致读数不稳。

⑥测定时，玻璃电极的球泡应全部浸入溶液中，玻璃电极的底部要稍高于甘汞电极的底部，以防玻璃电极球泡碰破。

⑦温度影响电极的电位和水的电离平衡。需注意调节仪器的补偿装置与溶液的温度一致，并使被测样品与校正仪器用的标准缓冲溶液温度误差在±1℃之内。

⑧注意忌用无水乙醇、脱水性洗涤剂处理电极，否则将破坏电极的水化层。

2. 酸度测定

酸度是指水中所含能与强碱发生中和作用的物质的总量。这类物质包括无机酸、有机酸、强酸弱碱盐等。

地面水中，由于溶入二氧化碳或被机械、选矿、电镀、农药、印染、化工等行业排放的含酸废水污染，使水体pH值降低，破坏了水生生物和农作物的正常生长条件，造成鱼类死亡，作物受害。所以，酸度是衡量水体水质的一项重要指标。测定酸度的方法有酸碱指示剂滴定法和电位滴定法。

在水中由于溶质的解离或水解（无机酸类、硫酸亚铁和硫酸铝等）而产生氢离子，它们与碱标准溶液作用至一定 pH 值所消耗的量，定为酸度。酸度数值的大小，随所用指示剂指示终点 pH 值的不同而异。滴定终点的 pH 值有两种规定，即 8.3 和 3.7。用氢氧化钠溶液滴定至 pH＝8.3（以酚酞作指示剂）的酸度称为"酚酞酸度"，又称总酸度，它包括强酸和弱酸。用氢氧化钠溶液滴定至 pH＝3.7（以甲基橙为指示剂）的酸度，称为"甲基橙酸度"，代表一些较强的酸。

（1）试剂

①无二氧化碳水。将 pH 不低于 6.0 的蒸馏水，煮沸 15min，加盖冷却至室温。如蒸馏水 pH 值较低，可适当延长煮沸时间，最后水的 pH≥6.0。

②NaOH 标准溶液。称取 60gNaOH 溶于 50mL 水中，转入 150mL 的聚乙烯瓶中，冷却后，用装有碱石灰管的橡皮塞塞紧，静置 24h 以上，吸取上层清液约 7.5mL 置于 1000mL 容量瓶中，用无二氧化碳蒸馏水定容至标线，摇匀。使用时标定。

③酚酞指示剂。称取 0.5g 酚酞，溶于 100mL95％乙醇中。

④甲基橙指示剂。称取 0.05g，溶于 100mL 水中。

⑤0.1mol/L 硫代硫酸钠溶液。称取 2.5g 硫代硫酸钠溶于水中，用无二氧化碳水稀释至 100mL。

（2）操作步骤

①取适量水样（50mL）置于 250mL 锥形瓶中，瓶下放一白瓷板。若有游离氯存在，加入 1 滴 0.1mol/L 硫代硫酸钠溶液，再向锥形瓶中加入 2 滴甲基橙指示剂，立即用氢氧化钠标准溶液滴定至试样由橘红色变为橘黄色为终点，记录其用量（V_1）。

②另取一份水样置于 250mL 锥形瓶中，若有游离氯存在，加入 1 滴 0.1mol/L 硫代硫酸钠溶液，再加入 4 滴酚酞指示剂，用氢氧化钠标准溶液滴定至试样刚变为浅红色为终点，记录其用量（V_2）。如水样中含有硫酸铁、硫酸铝时，加入酚酞后，加热煮沸 2min，趁热滴至红色。

（3）结果计算

甲基橙酸度和酚酞酸度，分别按下式计算：

$$C_1 = \frac{C \cdot V_1 \times 50.05 \times 1000}{V} \tag{13-39}$$

$$C_2 = \frac{C \cdot V_2 \times 50.05 \times 1000}{V} \tag{13-40}$$

式中　C_1——水样甲基橙酸度，$CaCO_3$ mg/L；

　　　C_2——水样酚酞酸度，$CaCO_3$ mg/L；

　　　C——NaOH 标准溶液浓度，mg/L；

　　　V_1——甲基橙为指示剂时，消耗 NaOH 标准溶液的体积，mL；

　　　V_2——酚酞为指示剂时，消耗 NaOH 标准溶液的体积，mL；

　　　V——水样体积，mL；

　　　50.05——碳酸钙（$1/2CaCO_3$）摩尔质量，g/mol。

（4）注意事项

①测定过程中所用蒸馏水为无二氧化碳蒸馏水。

②对酸度产生影响的溶解气体（如 CO_2、H_2S、NH_3）在取样、保存或滴定时，都可能增加或损失。因此，在打开试样容器后，要迅速滴定至终点，防止干扰气体溶入试样。为防止 CO_2 等溶液气体损失，在采样后，要避免剧烈摇动，并要尽快测定，否则在低温下保存。

3. 碱度测定

水的碱度是指水接受质子的能力，亦即水中所有能与强酸发生中和作用的物质的总量。这些物质包括强碱、弱碱、强碱弱酸盐等。天然水碱度主要是由重碳酸盐、碳酸盐和氢氧化物引起的，其中重碳酸盐是水中碱度的主要形式。引起碱性的污染源主要有造纸、印染、化工、电镀等行业排放的废水及洗涤剂、化肥和农药在使用过程中的流失。

碱度和酸度是判断水质和废水处理控制的重要指标。碱度也常用于评价水体的缓冲能力及金属在其中的溶解性和毒性等。测定水中碱度的方法和酸度一样，有酸碱指示剂滴定法和电位滴定法。以酸碱指示剂滴定法为例介绍碱度测定方法。

水样用标准酸溶液滴定至规定的 pH 值，其终点由加入的酸碱指示剂在该 pH 值时颜色的变化来判断。当滴定至酚酞指示剂由红色变为无色时，溶液 pH 值即为 8.3，指示水中氢氧根离子已被中和，碳酸盐均变为重碳酸盐；当滴定至甲基橙指示剂由橘黄色变为橘红色时，溶液的 pH 值为 4.4～4.5，指示水中的重碳酸盐（包括原有的和由碳酸盐转化成的）已被中和。根据上述两个终点达到时所消耗的盐酸标准溶液的量，可计算出水中碳酸盐、重碳酸盐含量及总碱度。

（1）试剂

①无二氧化碳酸、酚酞指示剂、甲基橙指示剂同酸度测定配制方法。

②0.025mol/L 盐酸标准溶液：准确吸取 2.1mL 浓盐酸（$\rho = 1.19\text{g/mL}$），并用无二氧化碳水稀释至 1000mL，此溶液浓度约为 0.025mol/L，用时标定。

（2）操作步骤

①吸取 100mL 水样置于 250mL 锥形瓶中，加入 4 滴酚酞指示剂，摇匀。当试样呈红色时，用盐酸标准溶液滴至刚刚褪至无色，记录其用量。若加酚酞指示剂后试样无色，则不需要用盐酸标准溶液标定，并接着进行下项操作。

②向上述锥形瓶中加入 3 滴甲基橙指示剂，摇匀。继续用盐酸标准溶液滴定至试样由橘黄色刚刚变为橘红色为止，记录其用量。

（3）结果计算

对于多数水样，碱性化合物在水中所产生的碱度，有五种情况。以酚酞作指示剂时，滴定至颜色变化所消耗盐酸标准溶液的量为 P（mL）；以甲基橙作指示剂时盐酸标准溶液的用量为 M（mL）；T 为盐酸标准溶液的总消耗量，则水中碱度组成列于表 13-21。

表 13-21　水中的碱度组成

滴定结果	氢氧化物碱度	碳酸盐碱度	重碳酸盐碱度
$P = T$	P	0	0
$P > 1/2T$	$P - M$	$2M$	0

滴定结果	氢氧化物碱度	碳酸盐碱度	重碳酸盐碱度
$P=1/2T$	0	2P	0
$P<1/2T$	0	2P	M - P
$P=0$	0	0	M

①当 $P=T$ 时

$$A = A_1 = \frac{C \cdot P \times 50.05}{V} \times 1000 \qquad (13-41)$$

式中　A——水样总碱度，$CaCO_3\,mg/L$；

　　　A_1——氢氧化物的碱度，$CaCO_3\,mg/L$；

　　　V——水样体积，mL；

　　　C——盐酸标准溶液浓度，mol/L；

　50.05——碳酸钙 $(1/2CaCO_3)$ 摩尔质量，g/mol。

②当 $P>1/2T$ 时

$$A = \frac{C \cdot (P+M) \times 50.05}{V} \times 1000 \qquad (13-42)$$

$$A_1 = \frac{C \cdot (P-M) \times 50.05}{V} \times 1000 \qquad (13-43)$$

$$A_2 = \frac{2C \cdot M \times 50.05}{V} \times 1000 \qquad (13-44)$$

$$C_1(\frac{1}{2}CO_3^{2-}) = \frac{2C \cdot M}{V} \times 1000 \qquad (13-45)$$

式中　A_2——碳酸盐碱度，$CaCO_3\,mg/L$；

　　　C_1——碳酸盐浓度，$mmol/L$。

③当 $P=1/2T$ 时

$$A = A_2 = \frac{2C \cdot P \times 50.05}{V} \times 1000 \qquad (13-46)$$

$$C_1(\frac{1}{2}CO_3^{2-}) = \frac{2C \cdot P}{V} \times 1000 \qquad (13-47)$$

④当 $P<1/2T$ 时

$$A = \frac{C \cdot (P+M) \times 50.05}{V} \times 1000 \qquad (13-48)$$

$$A_2 = \frac{2C \cdot P \times 50.05}{V} \times 1000 \qquad (13-49)$$

$$C_1(\frac{1}{2}CO_3^{2-}) = \frac{2C \cdot P}{V} \times 1000 \qquad (13-50)$$

$$A_3 = \frac{C \cdot (M-P) \times 50.05}{V} \times 1000 \qquad (13-51)$$

$$C_2(HCO_3^-) = \frac{C \cdot (M-P)}{V} \times 1000 \qquad (13-52)$$

式中　A_3——重碳酸盐碱度，mg/L；

C_2——重碳酸盐浓度，mmol/L。

⑤当 $P=0$ 时

$$A = A_3 = \frac{C \cdot M \times 50.05}{V} \times 1000 \qquad (13-53)$$

$$C_2(HCO_3^-) = \frac{C \cdot M}{V} \times 1000 \qquad (13-54)$$

（4）注意事项

本方法适用于一般非浑浊、低色度地面水。水样浑浊、有色均干扰测定，应用电位滴定法测定。能使指示剂褪色的氧化物干扰测定，应加入 1～2 滴 0.1mol/L 硫代硫酸钠消除。

二、溶解氧的测定

溶解氧是指水中分子状态的氧，即水中的 O_2，以 DO 表示。溶解氧是水生生物生存不可缺少的条件。主要有两个来源，一个是水中溶解氧未饱和时，大气中的氧气向水体渗入；另一个来源是水中植物通过光合作用释放的氧。溶解氧随着温度、气压、盐分的变化而变化，一般来说，温度越高，溶解的盐分越多，水中的溶解氧越低；气压越高，水中溶解氧越高。溶解氧除了被水中硫化物、亚硝酸根、亚铁离子等还原性物质消耗外，也被水中微生物的呼吸和有机质被水中好氧微生物氧化分解所消耗。所以说，溶解氧是水体的资本，是水体自净能力的体现。测定溶解氧的方法主要有碘量法、靛蓝二磺酸钠比色法、氧电极法等。

1. 碘量法

适用于工业循环冷却水中溶解氧浓度为 0.2～8mg/L（以 O_2 计）的测定。在碱性溶液中，二价锰离子与碱作用首先产生白色氢氧化亚锰沉淀，然后被水溶解的氧氧化成三价锰或四价锰，可将溶解氧固定。然后酸化溶液，再加入碘化钾，高价锰又被还原为二价锰离子，并生成与溶解氧相等物质的量的碘，用硫代硫酸钠标准溶液滴定所生成的碘，便可求得水中的溶解氧。

$$Mn^{2+} + 2OH^- = Mn(OH)_2 \downarrow$$
$$Mn(OH)_2 + O_2 = 2H_2MnO_3 \downarrow$$
$$4Mn(OH)_2 + O_2 + 2H_2O = 4Mn(OH)_3 \downarrow$$
$$H_2MnO_3 + H^+ + 2I^- = Mn^{2+} + I_2 + 3H_2O$$
$$2Mn(OH)_3 + 6H^+ + 2I^- = 2Mn^{2+} + I_2 + 6H_2O$$

（1）仪器、试剂

①取样瓶、取样桶。两只具塞玻璃瓶，测出具塞时所装水的体积。一瓶称为 A，另一瓶为 B。体积要求为 200～500mL。取样桶要比取样瓶高 15cm 以上。

②340g/L 硫酸锰。称取 34g 硫酸锰，加 1mL 硫酸溶液（1+1），溶解后，用三级试剂水稀释 100mL，若溶液不清，则需过滤。

③碱性碘化钾混合液。称取 30g 氢氧化钠、20g 碘化钾溶于 100mL 三级试剂水中，摇匀。

④碘酸钾标准溶液 $[c(\frac{1}{6}KIO_3) = 0.01000mol/L]$。称取于 180℃ 下干燥的碘酸钾 3.567g，准确至 0.002g，并溶于三级试剂水中，转移至 1000mL 容量瓶中，稀释至刻度，

摇匀。

吸取 100.0mL 至 1000mL 容量瓶中，用三级试剂水稀释至刻度，摇匀。

⑤0.01mol/L 硫代硫酸钠标准溶液。溶解 2.50g 硫代硫酸钠于新煮沸且冷却的三级试剂水中，加入 0.4g 氢氧化钠，用三级试剂水稀释至 1000mL。贮于棕色玻璃瓶。放置15～20d 后标定。移取 25.00mL 稀释的碘酸钾溶液于锥形瓶中，加入 100mL 左右的三级试剂水、0.5g 碘化钾、5mL 硫酸（1+17）溶液。用硫代硫酸钠标准溶液滴定。当出现淡黄色时加入淀粉指示剂，滴定至蓝色完全消失。计算硫代硫酸钠标准溶液的浓度。

⑥草酸钠标准溶液 $\left[c\left(\frac{1}{2}Na_2C_2O_4 \right) = 0.01000mol/L \right]$。准确称 0.6700g 草酸钠，用少量三级试剂水溶解，移至 1000mL 容量瓶中，稀释至刻度，摇匀。

⑦高锰酸钾溶液 $\left[c\left(\frac{1}{5}KMnO_4 \right) = 0.01mol/L \right]$。称取 3.2g 高锰酸钾溶于 1L 三级试剂水中，在沸水浴上煮沸 2h 左右，放置过夜。于棕色瓶中保存。使用前用玻璃毛过滤。用移液管吸取 50mL 高锰酸钾溶液（0.01mol/L）于 500mL 容量瓶中，用三级试剂水稀释至刻度，摇匀。在 250mL 烧杯中加 50mL 三级试剂水，再加 5mL 硫酸（1+3），然后用移液管移入 10mL 草酸钠标准溶液，加热至 60～80℃，用待标定的高锰酸钾标准溶液滴定，溶液由无色刚刚出现浅红色为滴定终点。按高锰酸钾标准溶液消耗体积计算高锰酸钾标准溶液的浓度（c）。

（2）操作步骤

①取样。将洗净的取样瓶 A、B 同时置于洗净的取样桶中。两根洗净的聚乙烯塑料管或惰性材质管分别插到 A、B 取样瓶底，用虹吸或其他方法同时将水样通过导管引入 A、B 取样瓶，流速最好为 700mL/min 左右。并使水自然从 A、B 两瓶中溢出至桶内，直到取样桶中的水平面高出 A、B 取样瓶口 15cm 以上为止。

②水样的预处理。若水样中有能固定氧或消耗氧的悬浮物质，可用硫酸钾铝溶液絮凝，用待测水样充满 1000mL 带塞瓶中并使水溢出。取 20mL 硫酸钾铝溶液和 4mL 氨水于待测水样中。加塞，混匀，静置沉淀。将上层清液吸至细口瓶中，再按操作步骤进行分析。

③固定。氧相酸化用一根细长的玻璃管吸 1mL 左右的硫酸锰溶液。将玻璃管插入 A 瓶的中部，放入硫酸锰溶液。然后再用同样的方法加入 5mL 碱性碘化钾混合液、2.00mL 高锰酸钾标准溶液（0.01mol/L），将 A 瓶置于取样桶水层下，待 A 瓶中沉淀后，于水下打开瓶塞，再在 A 瓶中加入 5mL 硫酸溶液（1+1），盖紧瓶塞，取出摇匀。在 B 瓶中首先加入 5mL 硫酸溶液（1+1），然后在加入硫酸的同一位置再加入 1mL 左右的硫酸锰溶液、5mL 碱性碘化钾混合液、2.00mL 高锰酸钾标准溶液 $\left[c\left(\frac{1}{5}KMnO_4 \right) = 0.01mol/L \right]$。不得有沉淀产生。否则，重新测试。盖紧瓶塞，取出，摇匀，将 B 瓶置于取样桶水层下。

④测定。将 A、B 瓶中溶液分别倒入 2 只 600mL 或 1000mL 烧杯中，用硫代硫酸钠标准溶液滴至淡黄色，加入 1mL 淀粉溶液继续滴定，溶液由蓝色变无色，用被滴定溶液冲洗原 A、B 瓶，继续滴至无色为终点。

（3）结果计算

水样中溶解氧的含量 ρ_1（mg/L，以 O_2 计），按下式计算

$$\rho_1 = \left(\frac{0.008 V_1 c}{V_A - V'_A} - \frac{0.008 V_2 c}{V_B - V'_B} \right) \times 10^6 \qquad (13-55)$$

式中　c——硫代硫酸钠标准溶液的浓度，mol/L；

　　　V_1——滴定 A 瓶水样消耗的硫代硫酸钠标准溶液的体积，mL；

　　　V_A——A 瓶的容积，mL；

　　　V'_A——A 瓶中所加硫酸锰溶液、碱性碘化钾混合液、硫酸以及高锰酸钾溶液的体积之和，mL；

　　　V_B——B 瓶的容积，mL；

　　　V_2——滴定 B 瓶水样消耗的硫代硫酸钠标准溶液的体积，mL；

　　　V'_B——B 瓶中所加硫酸锰溶液、碱性碘化钾混合液、硫酸以及高锰酸钾溶液的体积之和，mL；

　0.008——与 1.00mL 硫代硫酸钠标准溶液 $[c(Na_2S_2O_3) = 1.000mol/L]$ 相当的，以克表示的氧的质量。

若水样进行了预处理，水样中溶解氧的含量 ρ_2（mg/L，以 O_2 计），按下式计算

$$\rho_2 = \frac{V}{V - V'} \times \rho_1 \qquad (13-56)$$

式中　V——水样的预处理中带塞瓶的真实容积，mL；

　　　V'——硫酸钾铝溶液和氨水体积，mL；

　　　ρ_1——不考虑预处理时计算所得的值，mg/L。

（4）注意事项

①采样时不得充氧采样，不能使水样曝气或有气泡残存在采样瓶中。采样管应完全浸没于水中，避免吸进气体，可沿瓶壁倾注水样或用虹吸法吸入水样，使水样慢慢流入采样瓶内，必须注满容器，不留空间，使水样溢流出瓶容积的 0.5～1 倍左右，并用水封口。

②如果水样中含有游离氯等氧化性物质，滴定时将消耗标准溶液，影响测定结果。应预先在水样中加入硫代硫酸钠标准溶液去除。具体方法：用两个溶解氧瓶各取一瓶水样，在其中一瓶加入 5mL 硫酸溶液（1+5）和 1g 碘化钾，摇匀。以淀粉为指示剂，用硫代硫酸钠标准溶液滴定至蓝色刚褪，记下用量。于另一瓶水样中，加入同体积的硫代硫酸钠标准溶液，摇匀，将水样中的氧化性物质去除掉。然后用此水样正常操作测定。

③水样呈强酸性或强碱性时，用氢氧化钠或硫酸调至中性后再测定。水样中有 Fe^{3+} 干扰时，可加入适量的氟化钾消除干扰。

④操作过程中，勿使气泡进入水样瓶内，加试剂时要将移液管插入水样液面下。水样要尽早滴定，滴定时间不要太长。

⑤标定 $Na_2S_2O_3$ 溶液时滴定速度稍快些。因为滴定反应过程中生成的碘易挥发，另外空气中的氧对碘化钾也有氧化作用，这些都能影响滴定结果，为减少误差，滴定速度稍快些为好。$Na_2S_2O_3$ 溶液，在每次使用前标定一次浓度。

2. 靛蓝二磺酸钠比色法

在 pH≈8.5 左右时，氨性靛蓝二磺酸钠被锌汞齐还原成浅黄色化合物，当其与水中溶解氧相遇时，又被氧化成蓝色，根据其色泽深浅程度确定水中含氧量。适用于锅炉除氧水、凝结水和冷却水分析，测定范围 0.002～0.1mg/L。

（1）仪器、试剂

①锌汞齐及锌还原滴定管。用（1+4）的醋酸溶液洗涤粒径为 2～3mm 的锌粒或锌片，使其表面呈金属光泽。将酸沥尽，再用纯水冲洗锌粒或锌片数次，洗净后，浸入 10% 硝酸亚汞溶液中，并不断搅拌，使锌表面形成一层均匀汞齐，取出。用纯水冲洗至澄清。

取 50mL 酸式滴定管一支，在底部垫一层约 1cm 厚的玻璃棉，先在滴定管中注满去离子水，然后装入上述锌汞齐颗粒约 30mL，在充填时应不时振动，使其间不存在气泡。

②酸性靛蓝二磺酸钠贮备液及标定。取 1.0g 靛蓝二磺酸钠于烧杯中，加入 1mL 去离子水，使其润湿后，再加 7mL 浓硫酸，于水浴中加热 30min 并不断搅拌，使其全部溶解，稀释至 500mL。

取该溶液 10.00mL 于 100mL 锥形瓶中，加 10mL 水、10mL（1+3）硫酸，用 $[c(\frac{1}{5}KMnO_4) = 0.01mol/L]$ 高锰酸钾标准溶液（配制与标定见碘量法测定溶解氧）滴定至黄色为止，则靛蓝二磺酸钠贮备液的浓度（以 O_2）计为

$$X = \frac{\frac{1}{2}V_1 c(\frac{1}{5}KMnO_4) \times 8.000}{V} \times 1000 mg/L \qquad (13-57)$$

式中　$c(\frac{1}{5}KMnO_4)$——高锰酸钾标准溶液浓度，mol/L；

$\qquad V_1$——滴定时高锰酸钾标准溶液体积，mL；

$\qquad V$——靛蓝二磺酸钠贮备液的体积，mL；

$\qquad 8.000$——$\frac{1}{2}O$（氧原子）的摩尔质量，g/mol。

③氨性靛蓝二磺酸钠缓冲溶液。将上述酸性靛蓝二磺酸钠贮备液用去离子水按计量稀释至相当于 40mg/L 的 O_2 的标准溶液。并取其 50mL 于烧杯中，加 40mL 水并用滴定管加入 pH=9～10 的 NH_4Cl-NH_3 缓冲溶液，用 pH 计测量 pH 值。当 pH=8.5 时，记下缓冲溶液的体积 $V_{缓}$。

取其浓度相当于 40mg/L 的 O_2 的酸性靛蓝二磺酸钠标准溶液 50mL 于 100mL 容量瓶中，加入 $V_{缓}$ 体积的 NH_4Cl-NH_3 缓冲溶液，并定容。

④还原型靛蓝二磺酸钠溶液。向已装好锌汞齐的还原滴定管中先注入少量氨性靛蓝二磺酸钠缓冲溶液洗涤锌汞齐，然后以氨性靛蓝二磺酸钠缓冲溶液注满滴定管，但不要使锌汞齐颗粒间有气泡。静置数分钟，待溶液由蓝色完全转变为黄色后方可使用。处理时靛蓝二磺酸钠的还原速度随温度升高而加快，但温度最高不得超过 40℃。

⑤苦味酸溶液。0.74g 干燥过的苦味酸溶于 1000mL 水中，此溶液黄色的色度相当于 20mg（O_2）/L 还原型靛蓝二磺酸钠的黄色色度。

（2）操作步骤

①标准色的配制

此法测定 O_2 的范围为 0.002～0.1mg/L，故标准色阶中最大标准色阶所相当的溶解氧含量（ρ_{max}）为 0.1mg/L。为了使测定时有过量的还原型靛蓝二磺酸钠同氧反应，采用还原型靛蓝二磺酸钠的加入量为 ρ_{max} 的 1.3 倍。据此，配制标准色阶时，先配制酸性靛蓝二磺酸钠稀溶液（$\rho=0.02mg/L$），按以下两式计算酸性靛蓝二磺酸钠稀溶液和苦味酸溶液

（$\rho = 0.02\text{mg/L}$）的加入量（$V_{靛}$和$V_{苦}$，mL）：

$$V_{靛} = \frac{\rho_{标} \times V_1}{1000 \times 0.02} \tag{13-58}$$

$$V_{苦} = \frac{V_1(1.3\rho_{max} - \rho_{标})}{1000 \times 0.02} \tag{13-59}$$

式中　$\rho_{标}$——此标准色所相当的溶解氧含量，mg/L；

　　　V_1——配成标准色溶液的体积，mL；

　　　ρ_{max}——最大标准色所相当的溶解氧含量，0.1mg/L；

　　　1.3——为保证有过量（理论量的130%）的还原型靛蓝二磺酸钠与溶解氧反应所取的系数；

　　　0.02——酸性靛蓝二磺酸钠（或苦味酸）标准溶液浓度，mg/mL。

表13-22为按以上两式计算配制500mL标准色，所需浓度均为$0.02\text{mgO}_2/\text{L}$时酸性靛蓝二磺酸钠和苦味酸溶液的需要量。

把配制好的标准色溶液注入专用溶氧瓶中，注满后用蜡密封，此标准色使用期限为一周。

表 13-22　溶解氧标准色的配制

相当于溶解氧含量/（mg/L）	配制标准色时所取体积/mL		相当于溶解氧含量/（mg/L）	配制标准色时所取体积/mL	
	$V_{靛}$	$V_{苦}$		$V_{靛}$	$V_{苦}$
0	0	3.250	0.050	1.250	2.000
0.005	0.125	3.125	0.060	1.500	1.750
0.010	0.250	3.000	0.070	1.750	1.500
0.015	0.375	2.875	0.080	2.000	1.250
0.020	0.500	2.750	0.090	2.250	1.000
0.030	0.750	2.500	0.100	2.500	0.750
0.040	1.000	2.250			

②测定水样时所需还原型靛蓝二磺酸钠溶液加入量（V_1）

可按下式计算

$$V_1 = \frac{1.3\rho_{max}V_{水}}{1000 \times 0.02} \tag{13-60}$$

式中　ρ_{max}——最大标准色所相当的溶解氧含量，mg/L，一般为0.05～0.1mg/L；

　　　$V_{水}$——水样的体积，mL。

如取样瓶体积$V_{水}$为280mL，则

$$V_1 = \frac{1.3 \times 0.1 \times 280}{1000 \times 0.02} = 1.8\text{mL}$$

③水样的测定

a）将取样瓶放在取样桶内，将取样管（厚壁胶管）插入取样瓶底部，水样以流量约500～600mL/min的速度使水样充满取样瓶，并溢流不少于3min，控制水的温度不超过35℃。

b）将锌还原滴定管慢慢插入取样瓶内，并轻轻抽出取样管，立即按式计算量加入还

原型靛蓝二磺酸钠溶液 V_1（mL）。

c）轻轻抽出滴定管并立即塞紧瓶塞，在水面下混匀，放置 2min，以保证反应完全。

d）从取样桶内取出取样瓶，立即在自然光或阳光下，以白色为背景同标准色进行比较，求得溶解氧含量。

（3）注意事项

①采样时不得充氧采样，采样管应完全浸没于水中，避免吸进气体，使水样慢慢流入采样瓶内，必须注满容器，不留空间，使水样溢流出瓶容积的 0.5～1 倍左右，并用水封口。

②测溶解氧水样保存方法，现场固定氧并存放在暗处（现场测样不需保存）。

③取样与配标准色用的溶氧瓶规格必须一致，瓶塞要严密。取样瓶使用一段时间后，瓶壁会发黄，影响测定结果，应定期用酸清洗干净。

④操作过程中，勿使气泡进入水样瓶内，水样要尽早固定，滴定时间不要太长。

⑤锌还原滴定管在使用过程中会放出氢气，应及时排除，以免影响还原效率。若发现锌汞齐表面颜色变暗，应重新处理。

⑥苦味酸是一种炸药，不能将固体苦味酸研磨、锤击或加热，以免引起爆炸。为安全起见，一般苦味酸中含有 35% 水分，使用时可以将湿苦味酸用滤纸吸取大部分水分，然后移入氯化钙干燥器中干燥称至恒重，并在干燥器内存放。

⑦酸性靛蓝二磺酸钠溶液不可直接加热，需在水浴上加热，否则配成的溶液不稳定。贮存时间不宜过长，发现沉淀重新配制。

三、含氮化合物的测定

1. 铵氮

铵氮常以游离态的氨（NH_3）或铵离子（NH_4^+）等形式存在于水体中。它来源于进入水体的含铵化合物或复杂的有机氮化合物经微生物分解后的最终产物，在有氧存在的条件下，可进一步转变为亚硝酸盐（NO_2^-）和硝酸盐（NO_3^-）。

（1）纳氏试剂分光光度法

游离态的氨或铵离子与纳氏试剂反应，生成黄棕色络合物。该络合物的色度与铵氮的含量成正比，可用分光光度法测定。本方法适用于生活饮用水、地面水及废水中铵氮的测定，测定范围为 0.05～2mg/L。含有余氯的水样加入适量的硫代硫酸钠溶液，每 0.5mL 可除去 0.25mg 余氯。加 50% 酒石酸钾钠溶液络合掩蔽钙镁等金属离子以消除干扰。对污染严重的水样，或用凝聚沉淀及络合掩蔽后仍浑浊带色的水样，应采用蒸馏-纳氏试剂分光光度法。

①试剂

a）0.35% 硫代硫酸钠溶液。称取 3.5g 硫代硫酸钠（$Na_2S_2O_3 \cdot 5H_2O$）溶于水，稀释至 1000mL。

b）10% 硫酸锌溶液。称取 10g 硫酸锌（$ZnSO_4 \cdot 7H_2O$）溶于水中稀释至 100mL。

c）纳氏试剂

（a）二氯化汞-碘化钾-氢氧化钾（$HgCl_2 - KI - KOH$）

称取 15g 氢氧化钾（KOH），溶于 50mL 无氨试剂水中，冷至室温。

称取 5g 碘化钾（KI），溶于 10mL 无氨试剂水中，在搅拌下，将 2.5g 二氯化汞（HgCl₂）粉末分次少量加入 KI 溶液中，直到溶液呈深黄色或出现微米红色沉淀溶解缓慢时，充分搅拌混合，并改为滴加 HgCl₂ 饱和溶液，当出现少量朱红色沉淀不再溶解时，停止滴加。

在搅拌下，将冷的 KOH 溶液缓慢地加入到上述 HgCl₂ 和 KI 的混合液中，并稀释至 100mL，于暗处静置 24h，倾出上清液，贮于棕色瓶中，用橡皮塞塞紧。存放暗处，此试剂至少可稳定一个月。

（b）碘化汞-碘化钾-氢氧化钠（HgI₂-KI-NaOH）

称取 16g 氢氧化钠（NaOH），溶于 50mL 无氨试剂水中，冷至室温。

称取 7g 碘化钾（KI）和 10g 碘化汞（HgI₂），溶于无氨试剂水中，然后将此溶液在搅拌下，缓慢地加入 NaOH 溶液中，并稀释至 100mL。贮于棕色瓶内，用橡皮塞塞紧。于暗处存放，有效期可达一年。

d）50％酒石酸钾钠溶液。称取 50g 酒石酸钾钠（KNaC₄H₄O₆·4H₂O）溶于水中，煮沸除氨，冷却后用水稀释至 100mL。

e）25％氢氧化钠溶液

f）氯化铵标准贮备液。称取经 105～110℃ 干燥 2h 的氯化铵（NH₄Cl）3.8190g，溶于水中，移入 1000mL 容量瓶内，稀释至标线，混合均匀。此溶液 1.00mL 含 1.000mg 铵氮。

g）氯化铵标准溶液。吸取 10.00mL 氯化铵标准贮备液于 1000mL 容量瓶中，用水稀释至标线。此溶液 1.00mL 含 0.010mg 铵氮。

②操作步骤

取清洁水样或预处理后的澄清水样 50mL 于 50mL 比色管中，加入 50％酒石酸钾钠溶液 1.0mL，混匀。再加入纳氏试剂 1.0mL，摇匀。放置 10min 后进行比色。

在一组 50mL 比色管中分别加入氯化铵标准溶液 0、0.50、1.00、2.00、3.00、5.00、7.00、10.00mL，加水至标线，同上显色。

用 1cm 比色皿，在波长 420nm 处，以水作参比，测定水样及标准系列的吸光度。同时，以 50mL 水代替水样按与水样完全相同的操作步骤（包括预处理）进行空白试验，并测定其吸光度。

绘制标准曲线，标准系列所测得的吸光度值减去试剂空白（零浓度）的吸光度值，绘制吸光度对铵氮含量（μg）的标准曲线。

③结果计算

$$c_N = \frac{m}{V} \quad (mg/L) \tag{13-61}$$

式中　m——从标准曲线查得的水样铵氮含量，μg；

　　　V——水体体积，mL。

（2）蒸馏和滴定法

本方法适用于地面水和废水中铵氮的测定。使用 250mL 水样，最低检出铵氮 0.2mg/L。调节试样的 pH 在 6.0～7.4 的范围内。加入氧化镁使呈微碱性，蒸馏，将释出的氨收集在盛有硼酸溶液的接收瓶中。用酸标准溶液滴定馏出液中的铵。

①试剂

a）甲基红溶液。称取 0.05g 甲基红溶于水中，稀释至 100mL。

b）亚甲蓝溶液。称取 0.15g 亚甲蓝溶于水中，稀释至 100mL。

c）硼酸-指示剂吸收液。称 20g 硼酸（H_3BO_3）溶于温水，冷至室温后加入 10mL 甲基红溶液和 2.0mL 亚甲蓝溶液，稀释至 1000mL。

d）轻质氧化镁。不含碳酸盐的氧化镁（MgO）。

e）溴百里酚蓝指示剂。称取 0.05g 溴百里酚蓝溶于水，稀释至 100mL。

f）0.10mol/L 盐酸标准溶液 A。吸取 8.4mL 浓盐酸（HCl，$\rho=1.19g/mL$）于水中，稀释至 1000mL，再用碳酸钠标准溶液标定其准确浓度。

g）0.02mol/L 盐酸标准溶液 B。用盐酸标准溶液 A 准确稀释 5 倍而成。

②操作步骤

a）根据水样中大致的铵氮含量，取适量水样置入经清洗过的全玻璃蒸馏器中，加几滴溴百里酚蓝指示剂，用 4% 氢氧化钠溶液或 1% 盐酸溶液调节 pH6.0（指示剂呈黄色）至 7.4（指示剂呈蓝色）之间，然后加水使蒸馏器中液体总体积约为 350mL。水样中铵氮浓度 $N<10mg/L$ 时，取 250mL 水样；在 10～20mg/L 时，取 100mL 水样；在 20～50mg/L 时，取 50mL 水样；在 50～100mg/L 时，取 25mL 水样。

b）取 50mL 硼酸-指示剂吸收液放入 500mL 锥形瓶中，确保冷凝管出口在硼酸溶液液面之下。

c）向蒸馏器中加入 0.25g 轻质氧化镁和数粒玻璃珠，立即将蒸馏器冷凝管接好。加热蒸馏，使蒸馏速度约为 10mL/min 馏出液。收集馏出液至约 200mL 时停止蒸馏。

d）用无蒸馏水代替水样，按测定步骤进行空白试验。

e）用盐酸标准溶液 B 滴定馏出液到紫色为止，记录盐酸标准溶液 B 的用量。如馏出液铵氮含量高时，用盐酸标准溶液 A 进行滴定。

③结果计算

样品中铵氮浓度 c_N（mg/L）按下式计算

$$c_N(\text{mg/L}) = \frac{(V_1 - V_2)}{V} \times c \times 14.01 \times 1000 \qquad (13-62)$$

式中　V_1——滴定水样时盐酸标准溶液用量，mL；

V_2——空白试验时盐酸标准溶液用量，mL；

V——所取水样体积，mL；

c——盐酸标准溶液浓度，mol/L。

④注意事项

操作应在无氨的环境中进行。对有些工业废水样品，在蒸馏时需要加入防沫剂，如石蜡碎片。尿素在规定条件下以氨的形态被馏出，挥发性胺类也能被馏出，它们在滴定时消耗酸使结果偏高。水样中存在氯胺会产生干扰，蒸馏并加入几粒结晶硫代硫酸钠去除。

2. 亚硝酸盐氮

（1）紫外光度法

适用于原水、锅炉水、冷却水中亚硝酸根离子分析，测定范围：0～25mg/L（以 NO_2^- 计）。在 219.0nm 波长处，硝酸根离子与亚硝酸根离子的摩尔吸光系统相等。水样中某些有机物在该波长处也有吸收，故干扰测定。为此，取两份水样，其中一份加入氨基磺酸破坏水样中的亚硝酸根离子作为空白溶液，在 219.0nm 处测量另一份水样的吸光度，从而计算水样中亚硝酸盐的含量。

①仪器、药品

a）1cm 石英比色皿、25mL 比色管、紫外-可见分光光度计。

b）1‰氨基磺酸溶液（新鲜配制）。

c）亚硝酸钠贮备液（1mL 含 0.4mgNO_2^-）。取约 4g 亚硝酸钠于 125mL 烧杯中，放入以浓硫酸作干燥剂的玻璃干燥器内 24h。准确称取 0.600g 干燥后的亚硝酸钠于 100mL 烧杯中，加 50mL 三级试剂水溶解，转移至 1L 容量瓶中，混匀。

d）亚硝酸钠标准溶液（1mL 含 0.1mgNO_2^-）。准确吸取 25mL 亚硝酸钠贮备溶液于 100mL 容量瓶中，用三级试剂水稀释至刻度，摇匀。

②操作步骤

a）标准曲线的绘制。分别取 0、1、2、3、4、5mL 亚硝酸钠标准溶液，分别加入 6 支 25mL 比色管中。用三级试剂水稀释至刻度，摇匀。以三级试剂水作空白对照，在 219nm 处，用 1cm 石英比色皿测定其相应的吸光度，以吸光度为纵坐标，亚硝酸根离子质量（mg）为横坐标绘制标准曲线。

b）水样的测定。准确吸取两份各 10mL 经慢速滤纸过滤的水样，立即分别置于 25mL 比色管中，一份水样加入 1mL1‰氨基磺酸溶液，用三级试剂水稀释至刻度，摇匀，作空白对照液。

另一份水样用三级试剂水稀释至刻度，摇匀，在 219nm 处，用 1cm 石英比色皿测定吸光度，从标准曲线上查出相应的亚硝酸根离子的质量 m（mg）。

③结果计算

水中亚硝酸盐含量 ρ（mg/L）按下式计算：

$$\rho = \frac{m}{10} \times 1000 \tag{13-63}$$

式中　m——从标准曲线上查出的亚硝酸根离子质量，mg；

10——吸取的水样体积，mL。

④注意事项

a）为减小测定误差，吸光度读数一般在 0.2～0.8 为宜。可通过调整比色皿厚度，使吸光度进入此范围。

b）样品溶液含有挥发性有机溶剂、酸碱时，要加盖防止挥发。含有强腐蚀性溶剂时，要尽快测定，测定完成后立即清洗比色皿。

c）注意保护比色皿的光学窗面，避免擦伤和玷污，用后立即冲洗。不能用毛刷，通常用 $HCl-CH_3CH_2OH$、合成洗涤剂、铬酸洗液等洗涤后，再用自来水冲洗，然后用去离子水润洗几次。

（2）N-（1-萘基）-乙二胺光度法

适用于饮用水、地表水、地下水、生活污水和工业废水中亚硝酸盐的测定。最低检出浓度（NO_2-N）为 0.003mg/L；测定上限为 0.20mg/L。在磷酸介质中，pH 值为 1.8 时，水样中的亚硝酸盐与 4-氨基苯磺酰胺反应生成重氮盐，它再与 N-（1-萘基）-乙二胺盐酸盐偶联生成粉红色染料，其颜色深浅与亚硝酸盐含量成正比，可在波长为 540nm 处测定其吸光度。

水样 pH 值大于或等于 11 时，可能遇到某种干扰。可在酚酞存在下向水样中滴加磷酸溶液至红色刚消失为止，则在加入显色剂后，体系 pH 值为 1.8±0.3，不影响测定。水样中如有颜色和悬浮物，可于每 100mL 水样中加入氢氧化铝悬浮液 2mL，搅拌，静置，过滤，弃去 25mL 初滤液后，再取滤液测定。

①试剂

a）酚酞指示剂：1％的 95％乙醇溶液。

b）草酸钠标准溶液 $[c(\frac{1}{2}Na_2C_2O_4)=0.0500mol/L]$：称取经 105～110℃烘至恒重的优级纯无水草酸钠（$Na_2C_2O_4$）3.350g 溶于水中，移入 1000mL 容量瓶，加水稀释至标线。

c）高锰酸钾（$KMnO_4$）$c(\frac{1}{5}KMnO_4)=0.05mol/L$ 标准溶液：溶解 1.6g 高锰酸钾于约 1200mL 水中，煮沸 0.5～1h，使其体积减少到 1000mL 左右，放置过夜，用 G3 号玻璃滤器过滤后，滤液贮于棕色细口瓶中避光保存。高锰酸钾标准溶液的准确浓度按下述方法标定：

用无分度吸管量取草酸钠标准溶液 $[c(\frac{1}{2}Na_2C_2O_4)=0.0500mol/L]$ 20.00mL 于 250mL 锥形瓶中，加 80mL 水及 2mL 浓硫酸，然后将溶液加热至 70～80℃。用高锰酸钾标准溶液滴定至溶液出现极淡的红色为止，记录高锰酸钾标准溶液用量，按下式计算其准确浓度：

$$c_1(\frac{1}{5}KMnO_4)=\frac{20.00\times0.0500}{V}$$ (13-64)

式中 c——高锰酸钾标准溶液浓度，mol/L；

V——高锰酸钾标准溶液用量。

d）250μg/mL 亚硝酸盐标准贮备溶液。称取亚硝酸钠（$NaNO_2$）1.232g 溶于少量水中，使其完全溶解后移入 1000mL 容量瓶中，用水稀释至标线，摇匀，加入三氯甲烷 1mL，贮于棕色细口瓶中。此溶液每毫升含亚硝酸盐氮约 250μg，如保存在 2～5℃下，至少可稳定 1 个月，其准确浓度需按下法标定：

用无分度吸管量 $c(\frac{1}{5}KMnO_4)=0.0500mol/L$ 高锰酸标准溶液 50.00mL（V_0）于 300mL 锥形瓶中，加入浓硫酸 5mL，再用无分度吸管于高锰酸钾液面下加入亚硝酸钠标准贮备液 50.00mL（V），轻轻摇匀，置于水浴上加温至 70～80℃，按每次 10.00mL 的量加入足够的草酸钠标准溶液，使锥形瓶中高锰酸钾溶液褪色并使草酸钠标准溶液过量，记录草酸钠标准溶液用量（V_2），然后用 $c(\frac{1}{5}KMnO_4)=0.0500mol/L$ 高锰酸钾标准溶液滴定过量的草酸钠至溶液呈现微红色。记录滴定时高锰酸钾标准溶液的用量（V_3）并计算其总用量（V_1）：$V_1=V_0+V_3$

按下式计算标准亚硝酸盐氮贮备溶液的浓度 c_N：

$$c_N=\frac{(c_1V_1-c_2V_2)\times7.00}{V}\times1000$$ (13-65)

式中　c_N——亚硝酸盐氮标准贮备溶液浓度，$\mu g/mL$；

　　　c_1——高锰酸钾标准溶液浓度，mol/L；

　　　c_2——草酸钠标准溶液浓度，mol/L。

e）$50\mu g/mL$ 亚硝酸钠标准中间液。用无分度吸管量取亚硝酸盐氮标准贮备溶液 $50.00mL$ 于 $250mL$ 容量瓶内，用水稀释至标线，摇匀。此溶液于使用当天配制。

f）$1\mu g/mL$ 亚硝酸盐氮标准溶液。取亚硝酸盐氮中间标准溶液稀释成 $1.00mL$ 含 $1.00\mu g$ 亚硝酸盐氮标准溶液。此溶液于使用当天配制。

g）显色剂。将 $20.0g$ 对氨基苯磺酰胺（$NH_2C_6H_4SO_2NH_2$）溶入盛有 $50.00mL$ 浓磷酸和 $250mL$ 水的烧杯中，再将 $1.00g$ N-（1-萘基）-乙二胺盐酸盐（$C_{10}H_7NH$-$C_2H_4NH_2 \cdot 2HCl$）溶于上述溶液中，并移入 $500mL$ 容量瓶中，用水稀释至标线，充分混匀。贮于棕色细口瓶中，保存在 $2\sim5℃$ 下可稳定 1 个月。本试剂有毒，应避免与皮肤接触或吸入体内。

h）氢氧化铝悬浮液。溶解 $125g$ 硫酸铝钾 [$KAl(SO_4)_2 \cdot 12H_2O$] 或硫酸铝氨 [$NH_4Al(SO_4)_2 \cdot 12H_2O$] 于 $1000mL$ 水中，加热至 $60℃$。然后边搅拌边缓缓加入 $55mL$ 浓氨水。放置约 $1h$ 后，移至一个大瓶中，用倾泻法反复洗涤沉淀物，直到该溶液不含氯离子为止。最后加入 $300mL$ 纯水成悬浮液。使用前振荡均匀。

②操作步骤

a）取 $50mL$（或取适量稀释至 $50mL$）澄清水样于 $50mL$ 比色管中。

b）取数支 $50mL$ 比色管，分别加入亚硝酸盐氮标准溶液 0、0.10、0.30、0.50、0.70、1.00、1.50、2.00、3.00、5.00、7.00、$10.00mL$，用水稀释至标线。

c）分别向标准系列和水样管加入 $1.0mL$ 显色剂，摇匀。$20min$ 后（$<2h$），在 $540nm$ 处，用 $1cm$ 比色皿，以水作参比，测定其吸光度。

d）取 $50mL$ 水代替水样，按与水样完全相同的操作步骤进行空白试验。

e）标准系列测得的吸光度值减去试剂空白（零浓度）吸光度值，绘制吸光度对亚硝酸盐氮含量（μg）的标准曲线。

f）当水样经预处理仍具有颜色时，应进行色度校正。

取第二份相同体积经预处理的水样于 $50mL$ 比色管中，在步骤 c）中不加显色剂，改加（$1+9$）磷酸溶液 $1.0mL$，摇匀，然后测其吸光度。

③结果计算

样品中亚硝酸盐氮的浓度以 c_N（mg/L）表示，则

$$c_N = \frac{m}{V} \tag{13-66}$$

式中　m——由测定水样的吸光度扣除空白试验的吸光度后从标准曲线上查得的亚硝酸盐氮含量，μg；

　　　V——所取水样体积，mL。

（3）α-萘胺盐酸盐光度法

水样中亚硝酸根离子与对氨基苯磺酸偶氮化后，再与 α-萘胺盐酸盐偶联，生成紫红色的偶氮化合物，用分光光度法测定。适用于原水、锅炉水、循环冷却水中硝酸根离子分析，测定范围：$0\sim0.4mg/L$（以 NO_2 计）。

①试剂

a）对氨基苯磺酸溶液。称取 0.6g 对氨基苯磺酸溶于 70mL 热三级试剂水中，冷却后，加入 20mL 浓盐酸，用三级试剂水稀释至 100mL，贮于棕色瓶中备用，溶液应为无色。

b）α-萘胺盐酸盐溶液。称取 0.6gα-萘胺盐酸盐于 250mL 烧杯中，加少许三级试剂水，研磨使之充分润湿，再加 1mL 浓盐酸溶解，最后用三级试剂水稀释至 100mL，溶液应为无色（新鲜配制）。

c）乙酸钠溶液。称取 28g 乙酸钠（$CH_3COONa \cdot 3H_2O$）溶于 100mL 三级试剂水中。

d）亚硝酸钠贮备溶液（1mL 含 $0.2mgNO_2^-$）。准确称取 0.3000g 经 105～110℃干燥 4h 后的亚硝酸钠，溶于三级试剂水中，并转移至 1L 容量瓶中，用三级试剂水稀释至刻度，摇匀。

e）亚硝酸钠标准溶液（1mL 含 $0.002mgNO_2^-$）。准确吸取贮备溶液 10mL 于 1L 容量瓶中，用三级试剂水稀释至刻度，摇匀（新鲜配制）。

②操作步骤

a）标准曲线的绘制

分别准确吸取 0、2、4、6、8、10mL 亚硝酸钠标准溶液于 6 支 50mL 比色管中。用三级试剂水稀释至 35mL。加 1mL 对氨基苯磺酸溶液，摇匀，10min 后再加 1mLα-萘胺盐酸盐溶液，并滴加乙酸钠溶液将 pH 调至 2.0～2.5，用三级试剂水稀释至 50mL 刻度，摇匀后放置 10min。在波长 520nm 处，用 1cm 比色皿，以试剂空白为对照，测定其相应的吸光度，并以吸光度为纵坐标，亚硝酸根离子的量（mg）为横坐标绘制标准曲线。

b）水样的测定

准确吸取经中速滤纸过滤后的水样适量（含 $NO_2^- > 20\mu g$）于 50mL 比色管中，用三级试剂水稀释至 35mL。以下操作同标准曲线。

③结果计算

水中亚硝酸根离子的含量 ρ（mg/L）按下式计算：

$$\rho = \frac{1000m}{V} \qquad (13-67)$$

式中　m——于标准曲线上查得的亚硝酸根离子的量，mg；

　　　V——吸取水样的量，mL。

④注意事项

水样中若有三氯化氮，也能与对氨基苯磺酸和 α-萘胺盐酸盐生成红色化合物而可能被误认为亚硝酸盐。遇此情况，可先加 α-萘胺盐酸盐，后加对氨基苯磺酸来消除。这样可以减少三氯化氮的影响，但三氯化氮含量过高时则仍有干扰；可从测得的亚硝酸盐总量中减去三氯化氮的量，则可得亚硝酸盐的真实含量。

3. 硝酸盐氮

（1）二磺酸酚光度法

硝酸盐在无水情况下与酚二磺酸反应，生成硝基二磺酸酚。在碱性溶液中，生成黄色化合物，于 410nm 波长处进行分光光度测定。适用于测定饮用水，地下水和地面水中的硝酸盐氮，其浓度范围在 0.02～2.0mg/L 之间。浓度更高时，可取较少的试样测定。此法比较准确，但干扰离子较多，尤其是氯离子的干扰，测定前必须预处理。

①试剂

a）发烟硫酸（$H_2SO_4 \cdot SO_3$）。含 13％三氧化硫（SO_3）。

b）酚二磺酸［$C_6H_3(OH)(SO_3H)_2$］。称取 25g 苯酚置于 500mL 锥形瓶中，加 150mL 浓硫酸使之溶解，再加 75mL 发烟硫酸充分混合。瓶口插一小漏斗，置瓶于沸水浴中加热 2h，得淡棕色稠液，贮于棕色瓶中，密塞保存。

c）100mg/L 硝酸盐氮标准溶液。将 0.7218g 经 105～110℃ 干燥 2h 的硝酸钾（KNO_3）溶于水中，移入 1000mL 容量瓶，用水稀释至标线，混匀。加 2mL 氯仿作保存剂，至少可稳定 6 个月。每毫升此标准溶液含 0.10mg 硝酸盐氮。

d）10.0mg/L 硝酸盐氮标准溶液。吸取 50.00mL 硝酸盐氮标准溶液（100mg/L），置蒸发皿内，在水浴上蒸发至干。加 2mL 酚二磺酸试剂用玻璃棒研磨蒸发皿内壁，使残渣与试剂充分接触，放置片刻，重复研磨一次，放置 10min，加入少量水，定量移入 500mL 容量瓶中，加水至标线，混匀。每毫升标准溶液含 0.010mg 硝酸盐氮。将其贮于棕色瓶中，此溶液至少稳定 6 个月。

e）硫酸银溶液。称取 4.397g 硫酸银（Ag_2SO_4）溶于水中，稀释至 1000mL。1.00mL 此溶液可去除 1.00mg 氯离子（Cl^-）。

f）EDTA 二钠溶液。称取 50gEDTA 二钠盐的二水合物（$C_{10}H_{14}N_2O_3Na_2 \cdot 2H_2O$）溶于 20mL 水中。使调成糊状，加入 60mL 氨水充分混合，使之溶解。

g）高锰酸钾溶液（3.16g/L）。

②操作步骤

a）标准曲线的绘制。用刻度吸管向一组 10 支 50mL 比色管中，分别加入 10.0mg/L 硝酸盐氮标准溶液 0、0.1、0.3、0.5、0.7、1.0、3.0、5.0、7.0、10.0mL。加水至 40mL，加 3mL 氨水使成碱性，再加水至标线，混匀，以 0mL 做空白，进行分光光度测定。绘制吸光度对硝酸盐氮含量（mg）的标准曲线。

b）样品测定。用无分度吸管吸取最大试样体积为 50mL。可测定硝酸盐氮浓度至 2.0mg/L。另取 50mL 水，以与试样测定全相同的步骤，试剂及用量，进行平行操作，此为空白试样。

取 50.0mL 试样入蒸发皿中，用 pH 试纸检查，必要时用 $c(\frac{1}{2}H_2SO_4) = 0.5mol/L$ 硫酸溶液或 0.1mol/L 氢氧化钠溶液，调节至微碱性（pH＝8），置水浴上蒸发至干。加 1.0mL 酚二磺酸试剂用玻璃棒研磨，使试剂与蒸发皿内残渣充分接触，放置 10min 再研磨一次，加入约 10mL 水。在搅拌下加入 3～4mL 氨水，使溶液呈现最深的颜色。如有沉淀产生，应过滤，或滴加 EDTA 二钠溶液，并搅拌至沉淀溶解。将溶液移入比色管中，用水稀释至标线，混匀。于 410nm 波长，选用合适光程长的比色皿，以水作参比，测定溶液的吸光度。

c）去干扰试验。带色物质：取 100mL 试样移入 100mL 具塞量筒中，加 2mL 氢氧化铝悬浮液，密塞充分振荡，静置数分钟澄清后，过滤，弃去最初滤出的 20mL。

氯离子：取 100mL 试样移入 100mL 具塞量筒中，根据已测定的氯离子含量，加入相当量的硫酸银溶液，充分混合。在暗处放置半小时，使氯化银沉淀凝聚，然后用慢速滤纸过滤，弃去最初滤液 20mL。

亚硝酸盐：当亚硝酸盐氮含量超过 0.2mg/L 时，可取 100mL 试样，加 1mL0.5N 硫酸溶液，混匀后，滴加 3.16g/L 的高锰酸钾溶液至淡红色保持 15min 不褪色为止，使亚硝酸盐氧化为硝酸盐，最后从硝酸盐氮测定结果中减去亚硝酸盐氮量。

③结果计算

硝酸盐氮含量以 c_N（mg/L）表示，则：

未经去除氯离子的试样，c_N（mg/L）按式（13-68）计算：

$$c_N = \frac{m}{V} \times 1000 \tag{13-68}$$

式中　m——由测定试样吸光度扣除空白试验吸光度值后在校准曲线上查得；

　　　V——试样体积，mL。

经去除氯离子的试样，c_N（mg/L）按式（13-69）计算：

$$c_N = \frac{m}{V} \times 1000 \times \frac{V_1 + V_2}{V_1} \tag{13-69}$$

式中　V_1——供去除氯离子的试样取用量，mL；

　　　V_2——硫酸银溶液加入量，mL。

含亚硝酸盐的试样，应在上述计算结果中减去亚硝酸盐量。

（2）气相分子吸收光谱法

在 2.5～5mol/L 盐酸介质中，于（70±2）℃温度下，用还原剂将水样中硝酸盐快速还原分解，生成一氧化氮气体，再用空气将其载入气相分子吸收光谱仪的吸光管中，测定该气体对来自镉空心阴极灯在 214.4nm 波长所产生的吸光强度，以校准曲线法直接测定水样中硝酸盐氮的含量。适用于地表水、地下水、海水、饮用水及废水中硝酸盐氮的测定。最低检出浓度为 0.005mg/L，测定上限为 10mg/L。

①试剂

a）10％氨基磺酸水溶液。

b）5mol/L 盐酸溶液。

c）还原剂。15％三氯化钛、0.5％焦性没食子酸水溶液。

d）硝酸盐氮标准贮备液 [$c(NO_3-N) = 1000.00$mg/L]。称取预先在 105～110℃ 干燥 2h 的优级纯硝酸钠（$NaNO_3$）3.0357g，溶解于三级试剂水，移入 500mL 容量瓶中定容，摇匀。

e）硝酸盐氮标准使用液 [$c(NO_3-N) = 10.00$mg/L]。吸取硝酸盐氮标准贮备液，用三级试剂水逐级稀释。

②操作步骤

a）测定准备。按照图 13-16，在净化器及收集器中装入活性炭，干燥器中装入固体大颗粒的高氯酸镁 [$Mg(ClO_4)_2$]，将各部分用聚氯乙烯软管连接好。定量加液器中装入还原剂，用细的硅橡胶管使加液支管与反应瓶盖的加液支管相连接。恒温水浴中加入足量的自来水，加热至（70±2）℃待用。镉空心阴极灯装在工作灯架上，点灯并设定灯电流，待灯预热稳定后，调节仪器，使其能量保持在 110％左右。

b）校准曲线的绘制。先将反应瓶盖插入到含有约 5mL 三级试剂水的清洗瓶中，然后用预先挑选出内径和底部形状一致的反应瓶 7 个或 14 个（以满足测定的需要为准）。向各反应瓶中分别加入 0.00、0.50mL、1.00mL、1.50mL、2.00mL、2.50mL 的硝酸盐氮标准使用液，用三级试剂水稀释至 2.5mL。加入 10％氨基磺酸 2 滴及 5mol/L 盐酸 2.5mL，体积保持在 5mL。将各反应瓶放入不锈钢反应管架上，于水浴中加热约 10min。用键盘输入 $5.00\mu g$、$10.00\mu g$、$15.00\mu g$、$20.00\mu g$、$20.00\mu g$ 的标准数值。启动空气泵，调节流量为 0.6L/min，净化气路。提起反应瓶盖，关闭窄气泵，将进样管放入 0.00 标准溶液的反应瓶中，密闭瓶口，用定量加液器加入 0.5mL 还原剂，按下自动调零按钮调整零点。再次启动空气泵并按下读数按钮，待吸光度读数显示在屏幕上时，提起反应瓶盖，三级试剂水洗其磨口及砂芯后，再按顺序插入到含有标准溶液的各反应瓶中，与零标准溶液相同的测定步骤，测定各标准溶液，绘制校准曲线。

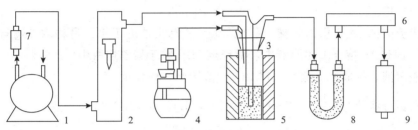

图 13-16　气液分离吸收装置示意图

1—空气泵；2—流量计；3—反应瓶；4—加液器；5—水浴；6—检测管；7—净化器；8—干燥器；9—收集器

c）水样的测定。根据水样中硝酸盐氮的含量，最多取样 2.5mL，然后与校准曲线绘制相同操作，即加入氨基磺酸 2 滴及 5mol/L 盐酸 2.5mL，使浓度保持在 2.5～5.0mol/L，体积为 5mL。在水浴中加热 10min 后，按校准曲线绘制的步骤进行水样的测定。测定水样前，将上述零标准溶液的吸光度输入计算机即可进行空白校正。

③结果计算

将取样量输入仪器计算机，可自动计算出分析结果，或按下式计算硝酸盐氮（NO_3-N）含量 c_N（mg/L）：

$$c_N = \frac{m}{V} \tag{13-70}$$

式中　m——根据校准曲线计算出的硝酸盐氮量，μg；

　　　V——取样体积，mL。

4. 凯氏氮

酸碱滴定法测定凯氏氮规定了以凯氏法测定氮含量的方法。它包括了氨氮和在此条件下能被转化为铵盐的有机氮化合物。此类有机氮化合物主要是指蛋白质、胨、氨基酸、核酸、尿素及其他合成的氮为负三价态的有机氮化合物。它不包括叠氮化合物、连氮、偶氮、腙、硝酸盐、亚硝基、硝基、亚硝酸盐、腈、肟和半卡巴腙类的含氮化合物。

水中加入硫酸并加热消解，使有机物中的氨基氮转变为硫酸氢铵，游离氨和铵盐也转为硫酸氢铵。消解时加入适量硫酸钾提高沸腾温度，以增加消解速率，并以汞盐为催化剂，以缩短消解时间。消解后液体，使成碱性并蒸馏出氨，吸收于硼酸溶液中，然后以滴定法测定氨含量。汞盐在消解时形成汞铵络合物，因此，在碱性蒸馏时，应同时加入适量硫代硫酸钠，使络合物分解。适用于测定工业废水、湖泊、水库和其他受污染水体中的凯氏氮。凯氏氮含量较高时，分取较少试样，以酸滴定法测定氨。

（1）仪器、试剂药品

①凯氏定氮蒸馏装置，参见图 13-12，定氮球、300mm 直型冷凝管、导管、凯氏烧瓶。

②无氨水制备

a）离子交换法：将三级试剂水通过一个强酸性阳离子交换树脂（氢型）柱，流出液收集在带有磨口玻塞的玻璃瓶中，密闭保存。

b）蒸馏法：于 1L 三级试剂水中，加入 0.1mL 浓硫酸，并在全玻璃蒸馏器中重蒸馏，弃去 50mL 初馏液，然后集取约 800mL 馏出液于具磨口玻塞的玻璃瓶中，密塞保存。

③硫酸溶液（1+5）。

④硫酸汞。称取 2g 红色氧化汞（HgO）或 2.74g 硫酸汞（$HgSO_4$）溶于 40mL 硫酸溶液（1+5）中。

⑤硫代硫酸钠-氢氧化钠溶液。称取 500g 氢氧化钠溶于水，另称取 25g 硫代硫酸钠（$Na_2S_2O_3 \cdot 5H_2O$）溶于上述溶液中，稀释至 1L，贮于聚乙烯瓶中。

⑥硼酸溶液。称取 20g 硼酸（H_3BO_3）溶于水，稀释至 1L。

⑦硫酸标准溶液 $[c(\frac{1}{2}H_2SO_4)=0.02mol/L]$。取 11mL 硫酸溶液（1+19），用水稀释至 1L。

称取经 180℃ 干燥 2h 的基准试剂级碳酸钠（Na_2CO_3）约 0.5g（称准至 0.0001g），溶于新煮沸放冷的水中，移入 500mL 容量瓶内，稀释至标线。

移取上述 25.00mL 碳酸钠溶液于 150mL 锥形瓶中，加 25mL 新煮沸放冷的水，加 1 滴甲基橙指示剂（0.5g/L），用硫酸标准溶液滴定至淡橙红色止，记录用量。

硫酸标准溶液浓度按下式计算：

$$c = \frac{m \times 1000}{V \times 53} \times \frac{25}{500} \qquad (13-71)$$

式中　c——硫酸标准溶液浓度，mol/L；

$\quad\quad m$——称取碳酸钠质量，g；

$\quad\quad V$——硫酸标准溶液滴定消耗体积，mL；

$\quad\quad 53$——碳酸钠（$\frac{1}{2}Na_2CO_3$）摩尔质量；

$\quad\quad 500$——碳酸钠定容体积，mL；

$\quad\quad 25$——碳酸钠标准溶液体积，mL。

⑧甲基红—亚甲蓝混合指示剂　称取 200mg 甲基红溶于 100mL 95% 乙醇。称取 100mg 亚甲蓝溶于 50mL 95% 乙醇。以两份甲基红溶液与一份亚甲蓝溶液混合后供用。每月配制。

（2）操作步骤

实验室样品可贮于玻璃瓶或聚乙烯瓶中。如不能及时进行测定，应加入足够的浓硫酸，使 pH<2，并在 4℃ 保存。分取 25.0mL 水样，经消解、蒸馏后所得馏出液全部作为试样，可测定凯氏氮浓度至 100mg/L。试样体积根据水样中凯氏氮含量确定，水样中凯氏氮含量 c_N 在 0~10mg/L 时，试样体积取 150mL；c_N 在 10~20mg/L 时，试样体积取 100mL；c_N 在 20~50mg/L 时，试样体积取 50mL；c_N 在 50~100mg/L 时，试样体积取 25mL。

加 10.0mL 浓硫酸、2.0mL 硫酸汞溶液、6.0g 硫酸钾和数粒玻璃珠于凯氏瓶中，混匀，置通风柜内加热煮沸，至冒三氧化硫白色烟雾并使液体变清（无色或淡黄色），调节热源使继续保持沸腾 30min，放冷，加 250mL 水，混匀。将凯氏瓶斜置使成约 45°角，缓缓沿瓶颈加入 40mL 硫代硫酸钠-氢氧化钠溶液，使在瓶底形成碱液层，迅速连接氮球和冷凝管，以 50mL 硼酸溶液为吸收液，导管管尖伸入吸收液液面下约 1.5cm，摇动凯氏瓶使溶液充分混合，加热蒸馏，至收集馏出液达 200mL 时，停止蒸馏。加 2～3 滴甲基红-亚甲蓝指示剂于馏出液中，用硫酸标准溶液滴定至溶液颜色由绿色至淡紫色为终点，记录用量。同时做空白试验。

（3）结果计算

凯氏氮含量按下式计算：

$$c_N = (V_1 - V_0)c \times 14.01 \times 1000/V \tag{13-72}$$

式中　c_N——凯氏氮含量，mg/L；

　　　V_1——试样滴定所消耗的硫酸标准溶液体积，mL；

　　　V_0——空白试验滴定所消耗的硫酸标准溶液体积，mL；

　　　V——水样体积，mL；

　　　c——滴定用硫酸标准溶液浓度，mol/L。

（4）注意事项

水样静置 30min 后，用吸管一次或几次移取水样，吸管进水尖嘴应插至水样表层 50mm 以下位置，再加保存剂保存。蒸馏前认真检查蒸馏装置连接处，不能漏气，否则因蒸馏出的气体损失而影响测定结果。蒸馏时避免暴沸，否则因吸收不完全而使测定结果偏低。蒸馏时必须保持蒸馏瓶内溶液呈碱性。蒸馏后残液中，含汞盐沉淀，应过滤分离后作妥善处理。控制溶液酸度 0.3mol/L，加入过量的硫化物，使其生成硫化汞沉淀。

四、含硫化合物的测定

1. 硫酸盐的测定

（1）重量法

硫酸盐在盐酸溶液中，与加入的氯化钡形成硫酸钡沉淀。在接近沸腾的温度下进行沉淀，并至少煮沸 20min，使沉淀陈化之后过滤，洗沉淀至无氯离子为止。烘干或者灼烧沉淀，冷却后，称硫酸钡的重量。可用于测定地表水、地下水、咸水、生活污水及工业废水中硫酸盐。水样有颜色不影响测定。测定范围 10～5000mg/L（以 SO_4^{2-} 计）。

①试剂药品

a）（1+1）盐酸。

b）100g/L 氯化钡溶液。将（100±1）g 二水合氯化钡（$BaCl_2 \cdot 2H_2O$）溶于约 800mL 三级试剂水中，加热有助于溶解，冷却并稀释至 1L。此溶液能长期保持稳定，1mL 可沉淀约 40mg SO_4^{2-}。

c）0.1% 甲基红指示剂。称取 0.1g 甲基红，溶于 95% 乙醇中，并用 95% 乙醇稀释至 100mL。

d）硝酸银溶液（约 0.1mol/L）。将 0.17g 硝酸银溶解于 80mL 三级试剂水中，加 0.1mL 硝酸，稀释至 100mL。贮存于棕色试剂瓶中，避光保存。

e）无水碳酸钠。

f）（1＋1）氨水。

②操作步骤

a）沉淀。移取适量经 0.45μm 滤膜过滤的水样，置于 500mL 烧杯中，加 2 滴甲基红指示剂，用盐酸或氨水调至试液呈橙黄色，再加 2mL 盐酸，然后补加三级试剂水使试液的总体积约为 200mL。加热煮沸 5min（此时若试液出现不溶物，应过滤后再进行沉淀），缓慢加入约 10mL 热的氯化钡溶液，直到不再出现沉淀，再过量 2mL。继续煮沸 20min，放置过夜，或在 50～60℃下保持 6h 使沉淀陈化。

取适量混匀水样，经定量滤纸过滤。将滤纸转移到铂蒸发皿中，在低温燃烧器上加热灰化滤纸，并将 4g 无水碳酸钠同皿中残渣混合，于 900℃使混合物熔融。放冷，用 50mL 热三级试剂水溶解熔融混合物，并全转移到 500mL 烧杯中（洗净蒸发皿），将溶液酸化后再按前述方法进行沉淀。

如果水样中二氧化硅及有机物的浓度能引起干扰（如 SiO_2 浓度超过 25mg/L），则应除去。方法是将水样分次置于铂蒸发皿中，在水浴上蒸发至近干，加 1mL 盐酸，将皿倾斜并转动使酸和残渣完全接触，并继续蒸发至干。再放入 180℃的炉内完全烘干（如果水样中含有机质，就在燃烧器的火焰上或者马弗炉中加热使之炭化。然后用 2mL 三级试剂水和 1mL 盐酸把残渣浸湿，再在蒸汽浴上蒸干）。加入 2mL 盐酸，用热三级试剂水溶解可溶性的残渣，过滤。用几份少量的热三级试剂水反复洗涤不溶的二氧化硅，将滤液和洗液合并，弃去残渣。滤液和洗液按上述方法进行沉淀。

b）过滤。用已经恒重过的烧结玻璃坩埚过滤沉淀。用带橡皮头的玻璃棒将烧杯中的沉淀完全转移到坩埚中去，用热三级试剂水少量多次地洗涤沉淀直到没有氯离子为止。在含约 5mL 硝酸银溶液的小烧杯中检验洗涤过程中氯化物。收集约 5mL 的过滤洗涤水，如果没有沉淀生成或者不变浑浊，即表明沉淀中已不含氯离子。检验坩埚下侧的边沿上有无氯离子。

c）干燥和称重。取下坩埚并在（105±2）℃干燥 1～2h，然后将坩埚放在干燥器中，冷却至室温后称重。再将坩埚放在烘箱中干燥 10min，冷却，称重，直到前后两次的质量差不大于 0.0002g 为止。

③结果计算

硫酸盐（SO_4^{2-}）含量 ρ（mg/L）由下式求出：

$$\rho = \frac{m \times 0.4115 \times 1000}{V} \tag{13-73}$$

式中　m——从试样中沉淀出来的硫酸钡的质量，mg；

　　　V——试液的体积，mL；

　0.4115——$BaSO_4$ 质量换算为 SO_4^{2-} 的系数。

要得到试样中硫酸盐的总浓度（即可溶以及不可溶态），可将不溶物中的硫酸盐加上可溶态硫酸盐。

④注意事项

可用每升含 8gNa_2-EDTA 和 25mL 乙醇胺的水溶液将烧结玻璃坩埚浸泡过夜，然后将坩埚在抽滤情况下用水充分洗涤。用少量无灰滤纸的纸浆与硫酸钡混合，能改善过滤效果并防止沉淀产生蠕升现象。在此种情况下，应将过滤并洗涤好的沉淀放在铂坩埚中，在 800℃灼烧 1h，放在干燥器中冷却至恒重。样品中含有悬浮物、硝酸盐、亚硫酸盐和二氧化硅可使结果偏高。碱金属硫酸盐，特别是碱金属硫酸氢盐常使结果偏低。铁和铬等能影响硫酸盐的完全沉淀，使测定结果偏低。

（2）铬酸钡分光光度法

在酸性溶液中，铬酸钡与硫酸盐作用转化成硫酸钡沉淀及重铬酸根离子。当溶液中和后，剩余的钡离子仍以铬酸钡沉淀状态存在，过滤除去沉淀。在氨性介质条件下，由硫酸盐置换出来的铬酸根离子呈现黄色，可用分光光度法测定。适用于测定硫酸盐含量较低的清洁水。其反应如下：

$$2BaCrO_4 + 2SO_4^{2-} + 2H^+ \rightarrow 2BaSO_4 \downarrow + Cr_2O_7^{2-} + H_2O$$

$$2CrO_4^{2-} \xrightarrow[OH^-]{H^+} Cr_2O_7^{2-}$$

①试剂

a）铬酸钡悬浮液　称取 19.44g 铬酸钾（K_2CrO_4）与 24.44g 氯化钡（$BaCl_2 \cdot 2H_2O$）分别溶于 1000mL 水中，加热至沸腾。将两液共同倾入 3000mL 烧杯内，此时生成黄色铬酸钡沉淀。待沉淀下沉后，倾出上层清液。然后每次用约 1000mL 水洗涤沉淀，共需洗涤 5 次左右，最后加水至 1000mL，便成悬浮液，使用前摇匀。每 5mL 铬酸钡悬浮液可以沉淀约 48mg 硫酸盐。

b）（1+1）氨水（$NH_3 \cdot H_2O$）。

c）2.5mol/L 盐酸溶液。

d）硫酸盐标准溶液。称取 1.4786g 无水硫酸钠（Na_2SO_4）或 1.8141g 无水硫酸钾（K_2SO_4），溶于少量水中，移入 1000mL 容量瓶内，并用水稀释至标线。此溶液 1.00mL 含 1.00mg 硫酸盐（SO_4^{2-}）。

②操作步骤

吸取 50mL 水样，置于 150mL 锥形瓶中。另取 150mL 锥形瓶 8 个，分别加入 0、0.25、1.00、2.00、4.00、6.00、8.00 及 10.00mL 硫酸盐标准溶液加水至 50mL。向水样及标准系列溶液中各加 1mL2.5mol/L 盐酸溶液，加热煮沸 5min 左右。取下后再各加 2.5mL 铬酸钡悬浮液，再煮沸 5min 左右（此时溶液为 25mL 左右）。取下锥形瓶，稍冷却后，向各瓶逐滴加入氨水至呈柠檬黄色，再多加 2 滴。待溶液冷却后，用慢速定性滤纸过滤。滤液收集于 50mL 比色管内（如滤液浑浊应重复滤至透明），用水洗涤锥形瓶及滤纸 3 次，一并收集于比色管中，用水稀释至刻度，进行比色。如用分光光度计，可选 420nm 为吸收波长，1cm 比色皿，以水作参比，测量其吸光度，并用标准系列的吸光度减去试剂空白（零浓度）的吸光度后，绘制标准曲线。

③结果计算

$$\rho = \frac{m}{V} \times 1000 \qquad\qquad (13-74)$$

式中　ρ——水样中硫酸盐的浓度，mg/L；

　　　m——水样的吸光度减去空白试验吸光度后，由标准曲线查得的硫酸根（SO_4^{2-}）毫克数，mg；

V——水样体积，mL。

（3）EDTA 滴定法

先用过量的氯化钡将溶液中的硫酸盐沉淀完全。过量的钡在 pH 为 10 的缓冲介质中以铬黑 T 作指示剂，用 EDTA 二钠（乙二胺四乙酸二钠）盐溶液滴定。由于滴定终点根据 Mg-EBT 络合物的颜色变化，为了使终点明显，应添加一定量的镁。在计算结果时，从加入钡、镁所消耗 EDTA 溶液的量（用空白方法求得）减去沉淀硫酸盐后剩余钡、镁所耗 EDTA 溶液的量，即可得出消耗于硫酸盐的钡量，从而求出硫酸盐的含量。

水样中原有的钙、镁也同时消耗 EDTA，在计算硫酸盐含量时，还应扣除由钙、镁所消耗的 EDTA 溶液的用量。

本法适用于天然水中硫酸盐含量为 10～200mg/L 范围。但经过稀释或浓缩，可以扩大适用范围。

①试剂

a）0.01mol/L EDTA 标准溶液。

b）氨缓冲溶液。称取 20g 氯化铵溶于 500mL 水中，加 100mL 浓氨水（$\rho=0.9$g/mL），用水稀释至 1000mL。

c）铬黑 T 指示剂。称取 0.5g 铬黑 T 与 100g 氯化钠充分混合，研磨后通过 40～50 目，盛放在棕色瓶中，紧塞。

d）钡镁混合溶液。称取 3.05g 氯化钡（$BaCl_2 \cdot 2H_2O$）和 2.54g 氯化镁（$MgCl_2 \cdot 2H_2O$）溶于 100mL 水中，移入 1000mL 容量瓶中，用水稀释至标线。此溶液浓度约为 0.025mol/L。

e）（1+1）盐酸溶液。

f）10%氯化钡溶液。称取 10g 氯化钡（$BaCl_2 \cdot 2H_2O$）溶于水中并稀释至 100mL。

②操作步骤

水样体积和钡镁混合液用量的确定：取 5mL 水样于 10mL 试管中，加 2 滴（1+1）盐酸溶液，5 滴 10%氯化钡溶液，摇匀，观察沉淀生成情况，按表 13-23 确定取水样量及钡镁混合液用量。

表 13-23　加入 10%氯化钡溶液后观测硫酸盐含量及钡镁混合液用量

浑浊情况	硫酸盐含量/（mg/L）	取样体积/mL	钡镁混合液用量/mL
数分钟后略浑浊	<25	100	4
稍浑浊	25～50	50	4
浑浊	50～100	25	4
生成沉淀	100～200	25	8
生成大量沉淀	>200	取少量稀释	10

取与待测水样同体积水样测定水样中的钙和镁（$Ca^{2+}+Mg^{2+}$），记录消耗 EDTA 标准溶液的毫升数。

根据上法在大致确定硫酸盐含量后，用无分度吸管量取适量水样于 250mL 锥形瓶中，加水稀释至 100mL，大于 100mL 者浓缩至 100mL。滴加（1+1）盐酸溶液，使刚果红试纸由红色变为蓝色，加热煮沸 1～2min，以除去二氧化碳。趁热加入表 13-23 所规定数量的钡镁混合液，同时不断搅拌，并加热至沸。沉淀陈化 6h，（或放置过夜）后滴定。如沉淀过多，可过滤并用热水洗涤沉淀及滤纸。洗涤液并入滤液后滴定。加入 10mL 氨缓冲溶液，少量铬黑 T 指示剂（约 50～100mg），用 0.010mol/L EDTA 标准溶液滴定至溶液由红色变为纯蓝色，记录 EDTA 标准溶液用量。取 100mL 纯水，同法作全程序空白。

③结果计算

样品中硫酸盐的浓度 ρ（mg/L）按下式计算：

$$\rho = \frac{[V_1 - (V_2 - V_3)] \cdot c}{V} \times 96.06 \times 1000 \qquad (13-75)$$

式中　V_1——滴定空白所耗 EDTA 标准溶液量，mL；

　　　V_2——水样测定所消耗 EDTA 标准溶液量，mL；

　　　V_3——滴定水样中钙和镁所消耗 EDTA 标准溶液量，mL；

　　　V——所取水样量，mL；

　　　c——EDTA 标准溶液的浓度，mol/L。

④注意事项

a）试样中硫酸盐浓度不宜大于 200mg/L。

b）由于硫酸钡的溶解度较小，根据络合滴定中关于不需进行沉淀分离的判别式计算，在实验条件下，硫酸钡不致溶解。因此，理论上不必分离沉淀而直接滴定。在实际操作时，为避免硫酸钡沉淀吸附部分镁、钙离子而影响结果，可于滴定接近终点时，用力摇动 0.5～1min，以使可能被吸附在沉淀表面的离子分散入溶液中，然后迅速滴至终点。当大量沉淀影响到终点的观察时，可过滤去除之。

c）硫酸钡沉淀陈化的条件和时间应掌握好。至少放置 6h 或过夜。必要时，为缩短陈化时间，可将加沉淀后的试样置电热板上，加盖保温陈化 2h 后再冷却滴定。

d）若铬黑 T 的终点不敏锐，系钡离子剩余量大所引起，则可加入过量的 EDTA 标准溶液，再加入已知量的 $MgCl_2$ 标准溶液，然后再用 EDTA 标准液滴定。计算时应扣除增加的 $MgCl_2$ 量。

2. 硫化物的测定

（1）碘量法

水样中硫离子与醋酸锌反应生成硫化锌白色沉淀，将此沉淀溶解于酸中，与碘标准溶液反应，然后用硫代硫酸钠标准溶液滴定过量的碘。由硫代硫酸钠溶液消耗量间接求出硫化物的量。适用于测定水和废水中的硫化物。试样体积 200mL，用 0.01mol/L 硫代硫酸钠溶液滴定时，本方法适用于含硫化物在 0.40mg/L 以上的水和废水测定。反应式如下：

$$S^{2-} + Zn^{2+} \longrightarrow ZnS \downarrow$$

$$ZnS + 2HC \longrightarrow ZnCl_2 + H_2S$$

$$H_2S + I_2 \longrightarrow 2HI + S$$

$$I_2 + 2Na_2S_2O_3 \longrightarrow NaI + Na_2S_4O_6$$

①试剂

a）1mol/L 醋酸锌溶液。溶解 22g 醋酸锌于 100mL 沸水中。

b）0.025mol/L 碘标准溶液。溶解 20～25g 碘化钾于少量蒸馏水中，加入 3.2g 碘，研磨混匀后，用蒸馏水稀释至 1000mL。

c) 0.025mol/L 硫代硫酸钠标准溶液。称取 6.2g 硫代硫酸钠，溶于新煮沸并冷却至室温的蒸馏水中，稀释至 1000mL，加入 0.2g 无水碳酸钠，保存于棕色瓶中。

d) 硫代硫酸钠标准溶液的标定。于 250mL 碘量瓶内加入 1g 固体碘化钾及 50mL 蒸馏水，加入 25.00mL 0.025c（$\frac{1}{6}$K$_2$Cr$_2$O$_7$）=0.025mol/L 重铬酸钾标准溶液，5mLc（$\frac{1}{2}$H$_2$SO$_4$）=6mol/L 硫酸，盖塞混匀，于暗处静置 5min。用待标定的硫代硫酸钠溶液滴定，滴至溶液变成浅黄色时，加入 1mL 0.5%淀粉指示液，继续滴定至蓝色刚好消失，记录硫代硫酸钠滴定所消耗的体积，并计算其浓度。

②操作步骤

取 100mL 水样于 250mL 碘量瓶中，加入 10mL 1mol/L 醋酸锌溶液，轻轻搅拌 1min，静置 30min。过滤，用热水洗涤沉淀。将沉淀连同滤纸放回原碘量瓶中，加 100mL 蒸馏水，用力振摇碘量瓶以粉碎滤纸，然后加入 10mL 碘标准溶液，再加 5mL 浓盐酸，用蒸馏水封住瓶口，于暗处静置 5min。用硫代硫酸钠标准溶液滴定至淡黄色，加 1mL 0.5%淀粉指示剂，继续滴定至蓝色刚好消失为止，记录硫代硫酸钠溶液的用量 V_1。同时取蒸馏水 100mL，进行空白试验，记录硫代硫酸钠溶液用量 V_0。

③结果计算

$$c_{S^{2-}} = \frac{(V_0 - V_1)c(\text{Na}_2\text{S}_2\text{O}_3)E(S)}{V} \times 10^3 \qquad (13-76)$$

式中　E（S）——硫化物的摩尔质量，g/mol；

$\qquad V_1$——滴定水样消耗硫代硫酸钠溶液量，mL；

$\qquad V_0$——空白试验消耗硫代硫酸钠溶液量，mL；

$\qquad V$——水样体积，mL；

c（Na$_2$S$_2$O$_3$）——硫代硫酸钠标准溶液的浓度，mol/L。

④注意事项

当水样中含有硫代硫酸盐或亚硫酸盐时，产生正干扰，可使用醋酸锌沉淀法消除干扰。若废水中存在悬浮物或混浊度高、色高深时，可利用载气将硫化氢气体吹出，通入醋酸锌-醋酸钠吸收液中，再行测定。测定硫化物的废水水样要在现场固定，先调节 pH 至中性后，再按每 1L 水样中加 5mL 1moL/L 醋酸锌溶液，1mL 4%氢氧化钠溶液的方法加入试剂，并于 24h 内进行分析。

（2）分光光度法

在含铁离子的酸性溶液中，硫离子与对氨基二甲基苯胺作用，生成亚甲蓝，然后进行比色测定。比色前加入磷酸氢二胺，消除三价铁离子的干扰色。本法最低检出量 2.5μg。当取样量为 50mL 时，最低检出浓度为 0.5mg/L。

①试剂

a) 对氨基二甲基苯胺硫酸盐贮备溶液。称取对氨基二甲基苯胺硫酸盐 5g，溶于 50mL 1:1 硫酸中，摇匀，保存于棕色瓶中，备用。

b) 对氨基二甲基苯胺硫酸盐操作液。取上述贮备液 1mL，用 1:1 硫酸稀释至 100mL，摇匀。

c）硫酸铁铵溶液。称取 1g 硫酸铁铵于 50mL 蒸馏水中溶解，加 1mL 浓硫酸，用蒸馏水稀释至 100mL。

d）磷酸氢二铵溶液。称取 40g 磷酸氢二铵溶于蒸馏水中，并稀释至 100mL，摇匀。

e）硫化钠标准贮备溶液

制备：取一定量结晶硫化钠（$Na_2S \cdot 9H_2O$）于布氏漏斗中，用蒸馏水冲洗表层杂质，用干滤纸吸去水分后，称取 7.5g 溶于少量蒸馏水中，用新煮沸并冷却的水稀释至 1000mL，保存于棕色瓶中。

标定：在 250mL 碘量瓶中，加入 10mL1mol/L 的 $Zn(Ac)_2$ 溶液，加入 10.0mL 待标定的硫化钠溶液及 10.0mL 碘标准溶液，加蒸馏水至 60mL，同时作空白实验。在两溶液中分别加入 1:9 盐酸 5mL，混匀，在暗处放置 5min，用硫代硫酸钠标准溶液滴定至浅黄色时，加入 1mL 淀粉指示剂，继续滴定至蓝色刚好消失为止，记录用量。按下式计算硫化钠贮备溶液中硫离子的浓度：

$$c_{S^{2-}}(mg/mL) = \frac{(V_0 - V_1) \times N(Na_2S_2O_3)E(S)}{10} \tag{13-77}$$

式中　　$E(S)$ ——硫化物的摩尔质量，g/mol；

$\quad\quad V_1$ ——滴定硫化钠贮备溶液时，消耗硫代硫酸钠溶液量，mL；

$\quad\quad V_0$ ——空白试验时消耗硫代硫酸钠标准溶液量，mL；

$c(Na_2S_2O_3)$ ——硫代硫酸钠标准溶液的浓度，mol/L。

f）硫化钠标准操作溶液：将硫化钠贮备溶液，用新煮沸放冷的蒸馏水稀释成 1mL 含 $4.0\mu gS^{2-}$ 的标准操作液。此溶液临用前配制。

②操作步骤

取水样适量于 50mL 比色管中，加蒸馏水至约 40mL。另取 7 支 50mL 比色管，依次分别加入硫化物标准操作溶液 0、0.50、1.00、2.00、3.00、4.00 和 5.00mL，加蒸馏水至约 40mL。向水样管和标准液管中各加入 1mL 对氨二甲基苯胺溶液，1mL 硫酸铁铵溶液，摇匀。放置 10min，加 1.5mL 磷酸氢二铵溶液，加蒸馏水稀释至标线，放置 15～20min。于 665nm 处，用 1cm 比色皿，以试剂空白为对照，测定吸光度。绘制标准曲线。从标准曲线上查出水样含硫化物的量（μg）。

③结果计算

$$c_{S^{2-}}(mg/L) = \frac{m}{V} \tag{13-78}$$

式中　m——水样中含有硫化物的量，μg；

$\quad V$——水样体积，mL。

五、含氯化合物的测定

1. 氯化物

氯化物含量的测定是水质分析中一项重要的测定。硝酸银容量法是指直接或间接地利用化学反应 $Ag^+ + Cl^- = AgCl\downarrow$（白色）进行滴定分析的方法。本方法适用于天然水、锅炉用水和循环冷却水中氯化物的测定。测定范围 5～100mg/L。对于不同的水样和不同的测定方法，存在的干扰也不同，有时还必须进行水样的预处理。

用标准 $AgNO_3$ 溶液滴定水样中的氯离子形成 $AgCl$ 沉淀，以铬酸钾为指示剂，当 Cl^- 沉淀完毕后，过量的 Ag^+ 与 CrO_4^{2-} 形成砖红色沉淀，指示终点的到达。根据 $AgNO_3$ 的用量可算出 Cl^- 的浓度。

$$Ag^+ + CrO_4^{2-} = Ag_2CrO_4 \downarrow \text{（砖红色）}$$

（1）试剂

①1％酚酞指示剂（95％乙醇溶液）。

②5％铬酸钾指示剂。

③硝酸溶液（1+300）。

④硫酸溶液（0.05mol/L）。

⑤氢氧化钠溶液（2g/L）。

⑥硝酸银标准溶液。

配制：称取 5.0g 硝酸银溶于 1000mL 三级试剂水中，贮存于棕色瓶内。

标定：准确称取 1.649g 优级纯氯化钠基准试剂（预先在 $500\sim600℃$ 灼烧 0.5h 或 $105\sim110℃$ 干燥 2h），置于干燥器中冷至室温，溶于三级试剂水并定容至 1L。准确吸取此溶液（1mL 含 1mgCl$^-$）10.00mL 三份，分别置于 250mL 锥形瓶中，瓶下垫一块白色瓷板并置于滴定台的铁板上（亦可用白瓷的带柄蒸发皿代替锥形瓶），各加水稀释至 100mL，并加 $2\sim3$ 滴 1％酚酞指示剂，若显红色，用 0.05mol/L 硫酸溶液中和至恰无色；若不显红色，则用氢氧化钠溶液中和至红色，然后以 0.05mol/L 硫酸溶液回滴至恰无色。再加 1mL5％ 铬酸钾指示剂，用硝酸银标准液滴至橙色为止，记下硝酸银标准液的消耗量 V_1。重新标定两次，三次平行试验结果的平均偏差应小于 0.25％。另取 100mL 试剂水作空白试验（除不加氯化钠标准溶液外，其他步骤同上），记下硝酸银标准液的消耗量 V_0。按下式计算硝酸银的浓度：

$$m = \frac{10}{V_1 - V_0} \tag{13-79}$$

式中　m——1mL 硝酸银标准液相当于氯化物（Cl^-）的质量，mg；

V_1——标定中硝酸银标准液消耗量，mL；

V_0——空白试验中硝酸银标准液消耗量，mL；

10——取氯化钠标准溶液（1mL 含 1mgCl$^-$）的体积，mL。

（2）操作步骤

用移液管准确吸取 100mL 水样置于 250mL 锥形瓶中，加 $2\sim3$ 滴酚酞指示剂，按硝酸银溶液标定的步骤，以硝酸和氢氧化钠溶液调节至水样恰由红色变为无色。加入 1mL 铬酸钾指示剂，在不断摇动情况下，在白色背景条件下用硝酸银标准液滴至砖红色为止，记下硝酸银标准液的消耗量 V_2。同时作空白试验，记下硝酸银标准液的消耗量 V_0。

（3）结果计算

水样中氯化物（Cl^-）含量 c（mg/L）按下式计算

$$c(Cl^-) = \frac{(V_1 - V_0)m}{V} \times 1000 \tag{13-80}$$

式中　V_1——滴定水样时硝酸银标准液消耗量，mL；

V_0——空白试验时硝酸银标准液消耗量，mL；

m——1mL 硝酸银标准液相当于氯化物（Cl^-）的质量，mg；

V——滴定中所取水样的体积，mL。

（4）注意事项

本方法适用的 pH 值范围 6.5～10.5。测定时注意调节，严格控制。滴定时要充分摇动，否则影响反应速度。近终点时，应慢慢滴加 $AgNO_3$，充分摇动。$AgNO_3$ 标准液需保存在棕色试剂瓶里，滴定要盛于棕色滴定管内，以防硝酸银见光分解，降低有效浓度。$AgNO_3$ 标准溶液的有效期为一个月。铬酸银能溶于酸中。如水样 pH<6.3 时，应先调节 pH 至中性或碱性。pH>10 时会产生氧化银沉淀，要用硝酸或硫酸中和，可用酚酞指示剂变为无色时，再测定。

2. 余氯

N，N-二乙基-1，4-苯二胺分光光度法适用于原水和工业循环冷却水中余氯、游离氯的分析。测定范围为 0.03～2.5mg/L。当 pH 值为 6.2～6.5 时，试样中的游离氯与 N，N-二乙基-1，4-苯二胺（以下简称 DPD）直接反应，生成红色化合物，在 510nm 波长处，用分光光度法测定游离氯。当 pH 值为 6.2～6.5 时，在过量的碘化钾存在下，试样中余氯与 DPD 反应，生成红色化合物，于 510nm 波长处，用分光光度法测定余氯。

（1）试剂药品

①次氯酸钠溶液 I。活性氯浓度为 5.2%（质量分数）的溶液。

②次氯酸钠溶液 II。活性氯浓度约为 0.1g/L 的溶液。称取约 2g 次氯酸钠溶液 I，精确至 1mg，用试剂水稀释至 1000mL 混匀。

③缓冲溶液（pH=6.5）。用试剂水分别将 60.5g 磷酸氢二钠（$Na_2HPO_4 \cdot 12H_2O$）或 24g 无水磷酸氢二钠（Na_2HPO_4）、46.0g 磷二氢钾（KH_2PO_4）和 0.8g 乙二胺四乙酸二钠（$C_{10}H_{14}N_2O_8Na_2 \cdot 2H_2O$）溶解后，移入 1000mL 容量瓶中，用试剂水稀释至刻度，摇匀。

④N，N-二乙基-1，4-苯二胺（DPD）[$NH_2C_6H_4N(C_2H_5)_2 \cdot H_2SO_4$]溶液（1.1g/L）。在 250mL 试剂水中加入 2.0mL 硫酸并溶解 0.8g 乙二胺四乙酸二钠和 1.1g 无水 DPD，用试剂水稀释到 1000mL，混匀。置于棕色瓶中，防止受热。一个月后或当溶液变色时，需更新溶液。

⑤硫酸溶液（1+17）

⑥氢氧化钠溶液（80g/L）

⑦硫代乙酰胺（CH_3CSNH_2）溶液（2.5g/L）或亚砷酸钠（$NaAsO_2$）溶液（2g/L）。

⑧碘酸钾溶液 I（1.006g/L）。称取 1.006g 碘酸钾（KIO_3），溶于 200mL 试剂水中，移入 1000mL 的容量瓶，用试剂水稀释至刻度，摇匀。

⑨碘酸钾溶液 II（10.06mg/L）。称取 10mL 碘酸钾溶液 I 置于 1000mL 容量瓶中，加 1g 碘化钾，用试剂水稀释至刻度，摇匀。需当天配制。1mL 该溶液相当于 $10\mu gCl$。

（2）操作步骤

①校准曲线的绘制

分别移取 0、1.00、5.00、10.00、15.00、20.00mL 碘酸钾标准溶液 II 分别置于 100mL 容量瓶中，在每个容量瓶内加 1.00mL 硫酸溶液混匀，1min 后再各加 1.0mL 氢氧化钠溶液，混匀，稀释至刻度，摇匀。在 250mL 锥形瓶内，加 5.0mL 缓冲溶液和 5.0mL DPD 溶液混匀，立即加入第一个容量瓶内的溶液（不冲洗）摇匀，控制显色时间在 2min

内，用 3cm 比色皿，在 510nm 波长处，以试剂空白为参比测定吸光度。依次将其余容量瓶逐个按同样方法进行显色和测定操作。将测定各吸光度值扣除空白值后，以吸光度为纵坐标，余氯含量（mg/L，以 Cl 计）为横坐标绘制校准曲线。

②取样

取样瓶需用带螺纹盖的棕色细口瓶，用市售洗涤剂清洗后，再用试剂水冲洗。取样后应立即开始测定，试样需避免光照、搅动和受热。

③测定

a）游离氯的测定。在 250mL 锥形瓶中，加 5.0mL 缓冲溶液和 5.0mL DPD 溶液摇匀，随后加 100mL 试样溶液摇匀，控制显色时间在 2min，用 3cm 比色皿，在 510nm 波长处，以水的试剂空白为参比，迅速测定吸光度，并从校准曲线上查得氯的质量浓度 ρ_1。

b）余氯的测定。在 250mL 锥形瓶中，加 5.0mL 缓冲溶液和 5.0mL DPD 溶液摇匀，随后加 100mL 试样溶液摇匀。再加 1g 碘化钾混匀。控制显色时间在 2min，用 3cm 比色皿，在 510nm 波长处，以水的试剂空白为参比，迅速测定吸光度，并从校准曲线上查得氯的质量浓度 ρ_2。

④锰氧化物干扰的校正

在 250mL 锥形瓶中，加 100mL 试样溶液，加入 1mL 硫代乙酰胺溶液或亚砷酸钠溶液，混匀，再加 5.0mL 缓冲溶液和 5.0mL DPD 溶液混匀。用 3cm 比色皿，在 510nm 波长处，以水的试剂空白为参比液，立即测定吸光度。并由测得的吸光度，从校准曲线上查得相当于锰氧化物存在的氯的质量浓度 ρ_3。若试样溶液中氯量超过 1.50mg/L（以 Cl 计），则适当减少取样量，以试剂水稀释至 100mL。

（3）结果计算

①游离氯含量的计算

试样中游离氯的含量 ρ_{FCl}（mg/L，以 Cl 计）按下式计算

$$\rho_{FCl} = \frac{\rho_1 - \rho_3}{V} \times 100 \tag{13-81}$$

式中　　ρ_1——按游离氯的测定查得的氯的质量浓度（以 Cl 计），mg/L；

　　　　ρ_3——按锰氧化物干扰的校正查得相当的氯的质量浓度（以 Cl 计），mg/L；

　　　　V——移取试样溶液的体积，mL；

　　　100——将试样稀释后所得试料的体积，mL。

②余氯含量的计算

试样中余氯的含量 ρ_{TCl}（mg/L，以 Cl 计）按下式计算

$$\rho_{TCl} = \frac{\rho_2 - \rho_3}{V} \times 100 \tag{13-82}$$

式中　　ρ_2——按余氯的测定查得的氯的质量浓度（以 Cl 计），mg/L。

（4）注意事项

在进行标准溶液显色操作时，要分别制备每个标准显色溶液，以免预先加入的缓冲溶液与试剂的混合物放置时间过长，产生的红色干扰测定。当试样溶液为强酸性、强碱性或高浓度盐时，调整加入缓冲溶液的体积，使水样 pH＝6.2～6.5。可能存在的任何二氧化氯的一小部分都会作为游离氯被测定。这些干扰可以通过测定水中的二氧化氯进行校正。

溴化物、碘化物、溴胺、碘胺、臭氧、过氧化氢、铬酸盐、锰酸盐、亚硝酸盐、铁离子（Ⅲ）以及铜离子。当铜离子浓度<8mg/L，铁离子（Ⅲ）浓度<20mg/L 时，该干扰可由 pH 值为 6.5 的缓冲溶液和 DPD 中 EDTA 的加入来消除。

六、氰化物的测定

1. 氰化物馏出液制备

向水样中加入酒石酸和硝酸锌，在 pH＝4 的条件下，加热蒸馏，简单氰化物和部分络合氰化物（如锌氰络合物）以氰化氢形式被馏出，并用氢氧化钠吸收。

（1）试剂药品

①15％酒石酸溶液。称取 150g 酒石酸（$C_4H_6O_6$）溶于 1000mL 三级试剂水中。

②0.05％甲基橙指示剂。

③10％硝酸锌 [$Zn(NO_3)_2 \cdot 6H_2O$] 溶液

④乙酸铅试纸。称取 5g 乙酸铅 [$Pb(C_2H_3O_2)_2 \cdot 3H_2O$] 溶于三级试剂水中，并稀释至 100mL。将滤纸条浸入上述溶液中，1h 后取出晾干，盛于广口瓶中，密塞保存。

⑤碘化钾-淀粉试纸。称取 1.5g 可溶性淀粉，用少量三级试剂水搅成糊状，加入 200mL 沸腾的三级试剂水，混匀，放冷，加 0.5g 碘化钾和 0.5g 碳酸钠，用三级试剂水稀释至 250mL。将滤纸条浸渍后，取出晾干，盛于棕色瓶中，密塞保存。

⑥硫酸溶液（1＋5）。

⑦1.26％亚硫酸钠溶液。

⑧氢氧化钠（NaOH）溶液（4％和 1％）。

（2）操作步骤

①氰化氢释放和吸收。量取 200mL 样品，移入 500mL 蒸馏瓶中（若氰化物含量高，可少取样品，加三级试剂水稀释至 200mL），加数粒玻璃珠。往接收瓶内加入 10mL1％氢氧化钠溶液，作为吸收液。当样品中存在亚硫酸钠和碳酸钠时，可用 4％氢氧化钠溶液作为吸收液。馏出液导管上端接冷凝管的出口，下端插入接收瓶的吸收液中，检查连接部位，使其严密。将 10mL 硝酸锌溶液加入蒸馏瓶内，加入 7～8 滴甲基橙指示剂，迅速加入 5mL 酒石酸溶液，立即盖好瓶塞，使瓶内溶液保持红色，打开冷凝水，馏出液以 2～4mL/min 速度进行加热蒸馏。接收瓶内溶液近 100mL 时停止蒸馏，用少量三级试剂水洗涤馏出液导管，取出接收瓶，用三级试剂水稀释至标线，此碱性馏出液（SY）待测定氰化物用。

②空白试验。按氰化氢释放和吸收操作步骤操作，以实验用三级试剂水代替样品，进行空白试验，得到空白试验馏出液（KB）待测定氰化物用。

（3）注意事项

采集水样时，必须立即加氢氧化钠固定，一般每升水样加 0.5g 固体氢氧化钠，当水样酸度高时，应多加固体氢氧化钠，使样品的 pH＞12，并将样品存于聚乙烯塑料瓶或硬质玻璃瓶中。如果不能及时测定样品，采样后应在 24h 内分析样品，必须将样品存放在冷暗的药品冷藏箱内。活性氯等氧化物干扰，使结果偏低，可在蒸馏前加亚硫酸钠溶液排除干扰。氰化物属于剧毒物，在操作氰化物及其溶液时，要特别小心。避免沾污皮肤和眼睛，吸取溶液一定要用安全移液管，用洗耳球吸溶液。切勿入口中！蒸馏时必须保持蒸馏瓶内溶液呈碱性，否则增加氢氧化钠溶液的加入量。蒸馏前认真检查蒸馏装置连接处，不能漏气，否则因蒸馏出的气体损失而影响测定结果。

2. 异烟酸-吡唑啉酮比色法

在中性条件下，样品中的氰化物与氯胺 T 反应生成氯化氰，再与异烟酸作用，经水解后生成戊烯二醛，最后与吡唑啉酮缩合生成蓝色染料，此染料与氰化物的含量成正比，进行比色测定。本法最低检测浓度为 0.004mg/L，检测上限为 0.25mg/L。

(1) 试剂药品

① 磷酸盐缓冲溶液（pH＝7）。称取 34.0g 无水磷酸二氢钾（KH_2PO_4）和 35.5g 无水磷酸氢二钠（Na_2HPO_4）于烧杯内，加三级试剂水溶解后，稀释至 1L，摇匀，存于药品冷藏箱。

② 1% 氯胺 T 溶液。临用前，称取 1.0g 氯胺 T（$C_7H_7ClNNaO_2S \cdot 3H_2O$）溶于三级试剂水，并稀释至 100mL，摇匀，贮存于棕色瓶中。

③ 异烟酸-吡唑啉酮溶液。称取 1.5g 异烟酸（$C_6H_5NO_2$）溶于 24mL 2% 氢氧化钠溶液中，加三级试剂水稀释至 100mL。称取 0.25g 吡唑啉酮（3-甲基-1-苯基-5-吡唑啉酮）溶于 20mL N，N-二甲基甲酰胺 [$HCON(CH_3)_2$] 中。临用前，将吡唑啉酮溶液和异烟酸溶液按 1:5 混合。

④ 氰化钾（KCN）标准溶液。贮备溶液的配制：称取 0.25g 氰化钾（KCN，注意剧毒！）溶于 0.1% 氢氧化钠溶液中，稀释至 100mL，摇匀，避光贮存于棕色瓶中。

贮备溶液的标定：吸取 10.00mL 氰化钾贮备溶液于锥形瓶中，加入 50mL 三级试剂水和 1mL 2% 氢氧化钠溶液，加入 0.2mL 试银灵指示剂，用硝酸银标准溶液滴定，溶液由黄色刚变为橙红色为止，记录硝酸银标准溶液用量（V_1）。同时另取 10.00mL 实验用三级试剂水代替氰化钾贮备液作空白试验，记录硝酸银标准溶液用量（V_0）。

氰化物含量 ρ（mg/mL）以氰离子（CN^-）计，按下式计算：

$$\rho = \frac{c(V_1 - V_0) \times 52.04}{10} \tag{13-83}$$

式中　c——硝酸银标准溶液浓度，mol/L；

V_1——滴定氰化钾贮备溶液时硝酸银标准溶液用量，mL；

V_0——空白试验硝酸银标准溶液用量，mL；

52.04——氰离子（$2CN^-$）摩尔质量，g/mol；

10——氰化钾贮备液体积，mL。

氰化钾标准中间溶液（1.00mL 含 10.00μg 氰离子）：先按下式计算出配制 500mL 氰化钾标准中间溶液时，所需氰化钾贮备溶液的体积（V，mL）：

$$V = \frac{10.00 \times 500}{\rho \times 1000} \tag{13-84}$$

式中　ρ——氰化钾贮备溶液中氰化物含量，mg/mL；

10.00——1mL 氰化钾标准中间溶液含 10.00μg 氰离子；

500——氰化钾标准中间溶液定容体积，mL。

准确吸取 V（mL）氰化钾贮备溶液于 500mL 棕色容量瓶中，用 0.1% 氢氧化钠溶液稀释至标线，摇匀。

　　氰化钾标准使用溶液（1.00mL 含 1.00μg 氰离子）临用前吸取 10.00mL 氰化钾标准中间溶液于 100mL 棕色容量瓶中，用 0.1‰ 氢氧化钠溶液稀释至标线，摇匀。

　　（2）操作步骤

　　①校准：分别取氰化钾标准使用溶液（1.00μg/mL，以氰离子计）0、1.00、2.00、3.00、4.00、5.00mL 于 25mL 具塞比色管中，各加 0.1‰ 氧氧化钠溶液至 10mL。向各管中加入 5mL 磷酸盐缓冲溶液，混匀，迅速加入 0.2mL 氯胺 T 溶液，立即盖塞子，混匀，放置 3～5min。向管中加入 5mL 异烟酸-吡唑啉酮溶液，混匀，加三级试剂水稀释至标线，摇匀，在 25～35℃ 的水浴中放置 40min。用分光光度计，在 638nm 波长下，用 1cm 比色皿，以试剂空白作参比，测定吸光度，并绘制校准曲线。

　　②测定：分别吸取 10.00mL 馏出液（SY）和 10.00mL 空白试验馏出液（KB）于具塞比色管中，按校准步骤进行操作。从校准曲线上查出相应的氰化物含量。

　　（3）结果计算

　　氰化物含量 ρ（mg/L）以氰离子（CN^-）计，按下式计算：

$$\rho = \frac{(m_a - m_b)}{V} \times \frac{V_1}{V_2} \times \frac{1}{1000} \tag{13-85}$$

式中　m_a——从校准曲线上查出试份的氰化物含量，μg；

　　　　m_b——从校准曲线上查出空白试验的氰化物含量，μg；

　　　　V——样品的体积，mL；

　　　　V_1——试样［馏出液（SY）］的体积，mL；

　　　　V_2——试份［比色时，所取出馏出液（SY）］的体积，mL。

　　（4）注意事项

　　采集水样时必须加碱固定，使 pH 值＞12。氰化物水样应当天尽快测定。氯胺 T 的有效氯含量对本法影响较大。氯胺 T 失效时，可导致显色无法进行。配制后浑浊的氯胺 T 溶液不能使用。当氰化物以 HCN 存在时，易挥发。从加缓冲溶液后的步骤都要迅速操作，并随时盖严塞子。显色时间及显色后的稳定时间与温度关系较大。

　　3. 硝酸银滴定法

　　经蒸馏得到的碱性馏出液（SY），用硝酸银标准溶液滴定，氰离子与硝酸银作用形成可溶性的银氰络合离子［$Ag(CN)_2$］$^-$，过量的银离子与试银灵指示剂反应，溶液由黄色变为橙红色，根据硝酸银标准溶液耗量计算结果。最低检测浓度为 0.25mg/L，检测上限为 100mg/L。

　　（1）试剂药品

　　①试银灵指示剂。称取 0.02g 试银灵（对二甲氨基亚苄基罗丹宁）溶于 100mL 丙酮中。贮存在棕色瓶中并于暗处可稳定一个月。

　　②铬酸钾（K_2CrO_4）指示剂。称取 10g 铬酸钾溶于少量三级试剂水中，滴加硝酸银溶液至产生橙红色沉淀为止，放置过夜后，过滤，用三级试剂水稀释至 100mL。

　　③氯化钠标准溶液（0.01mol/L）。将氯化钠置于瓷坩埚内，经 500～600℃ 灼烧至爆裂声后，在干燥器内冷却，称取 0.5844g 于烧杯内，用三级试剂水溶解，移入 1L 容量瓶并稀释至标线，混合摇匀。

　　④硝酸银标准溶液（0.01mol/L）。称取 1.699g 硝酸银溶于三级试剂水中，稀释至

1L，贮于棕色试剂瓶中，摇匀，待标后使用。吸取 0.01mol/L 氯化钠标准溶液 10.00mL，于 150mL 具柄瓷皿或锥形瓶中，加 50mL 三级试剂水，同时另取一具柄瓷皿或锥形瓶，加入 60mL 三级试剂水作空白试验。向溶液中加入 3～5 滴铬酸钾指示剂，在不断搅拌下，从滴定管加入待标定的硝酸银溶液，直至溶液由黄色变成浅砖红色为止，记下读数（V）。同样滴定空白溶液，读数（V_0）。

硝酸银浓度 c_1（mol/L）按下式计算

$$c_1 = \frac{c \times 10}{V - V_0}$$ (13-86)

式中 c——氯化钠标准溶液浓度，mol/L；

V——滴定氯化钠标准溶液时硝酸银溶液用量，mL；

V_0——滴定空白溶液时硝酸银溶液用量，mL；

10——吸取氯化钠标准溶液体积，mL。

⑤硝酸银标准溶液（0.001mol/L）。

⑥2%氢氧化钠溶液。

（2）操作步骤

取 100mL 馏出液（SY）（如试样中氰化物含量高时，可少取试样），用三级试剂水稀释至 100mL 于具柄瓷皿或锥形瓶中。加入 0.2mL 试银灵指示剂，摇匀，用 0.01mol/L 硝酸银标准溶液滴定至溶液由黄色变为橙红色为止。记下读数 V_a。

另取 100mL 空白试验馏出液（KB）于锥形瓶中，按水样操作步骤进行操作，记下读数 V_0。

注：若样品氰化物浓度小于 1mg/L，可用 0.001mol/L 硝酸银标准溶液滴定。

（3）结果计算

氰化物含量 ρ（mg/L）以氰离子（CN）计，按下式计算

$$\rho = \frac{c(V_a - V_0) \times 52.04 \times \dfrac{V_1}{V_2} \times 1000}{V}$$ (13-87)

式中 c——硝酸银标准溶液浓度，mol/L；

V_a——测定试样时硝酸银标准溶液用量，mL；

V_0——空白试验硝酸银标准溶液用量，mL；

V——样品体积，mL；

V_1——试样［馏出液（SY）］的体积，mL；

V_2——试份［测定时，所取馏出液（SY）］的体积，mL；

52.04——相当于 1L 的 1mol/L 硝酸银标准溶液的氰离子（CN^-）质量，g。

（4）注意事项

硝酸银遇光易分解变质，应贮存于棕色试剂瓶里。$AgNO_3$ 标准溶液的有效期为 1 个月。用硝酸银标准溶液滴定试样前，要检查被测水样的 pH 值。必要时用氢氧化钠调节 pH>11。氧化剂如氯，能分解大部分氰化物。用碘化钾-淀粉试纸试水样，如显蓝色，表明需要处理。加入抗坏血酸，直至水样不使试纸显色，然后每升水样再加 0.6g 抗坏血酸。

七、含磷化合物的测定

1. 正磷酸盐的测定

在酸性介质中正磷酸盐与钼酸铵生成磷钼盐锑络合物，再被抗坏血酸还原成磷钼蓝，然后进行光度法测定。适用于锅炉用水、冷却水中磷酸盐的分析。测定范围（以 PO_4^{3-} 计）：$0.05\sim50mg/L$。

（1）试剂药品

①硫酸溶液（1+1）。

②抗坏血酸溶液。称取 10.0g 抗坏血酸，溶于 100mL 三级试剂水贮存于棕色瓶中，在冰箱中可稳定放置 2 周。

③钼酸铵溶液。称取钼酸铵 13.0g、酒石酸锑钾（$KSbOC_4H_4O_5\cdot\frac{1}{2}H_2O$）0.35g 溶于 200mL 三级试剂水中，加入 230mL 硫酸溶液（1+1），混匀，冷却后稀释至 500mL，混匀，贮存于棕色瓶中。

④磷酸盐标准溶液（1mL 含 0.01mg PO_4^{3-}）。

贮备液（1mL 含 0.5mg PO_4^{3-}）：称取 0.7165g 已于 105℃ 干燥过的磷酸二氢钾（KH_2PO_4）溶于 100mL 三级试剂水中，并转移到 1L 容量瓶中，用三级试剂水稀释至刻度，摇匀。

标准溶液（1mL 含 0.01mg PO_4^{3-}）：准确吸取 10mL 贮备液于 500mL 容量瓶中，用三级试剂水稀释至刻度，摇匀。

（2）操作步骤

分别准确移取 0、1.00、2.00、3.00、5.00、7.00、9.00mL 磷酸盐标准溶液，分别加入 7 支 50mL 容量瓶中，用三级试剂水稀释至约 40mL。向各容量瓶中加入 2mL 钼酸铵溶液，摇匀，再加 1mL 抗坏血酸溶液，用三级试剂水稀释至刻度，摇匀。室温下放置 10min 后，立即用 1cm 比色皿，在波长 710nm 处以空白调零进行测定。并以吸光度为纵坐标，磷酸盐（以 PO_4^{3-} 计）含量为横坐标绘制标准曲线。

准确吸取 20mL 经滤纸过滤后的水样于 50mL 容量瓶中，加入 2mL 钼酸铵溶液，摇匀，再加 1mL 抗坏血酸溶液，用三级试剂水稀释至刻度，摇匀。其余步骤同标准曲线的绘制，以不加试验溶液的空白测定其吸光度。

（3）结果计算

水中正磷酸盐的含量 ρ（mg/L）按下式计算：

$$\rho = \frac{m}{V} \times 1000 \tag{13-88}$$

式中　m——从标准曲线查得的磷酸盐量（以 PO_4^{3-} 计），mg；

　　　V——吸取水样的体积，mL。

（4）注意事项

亚硝酸盐对测定有干扰，可用氨基磺酸消除。砷酸盐产生正干扰，可用硫代硫酸钠将其还原为亚砷酸盐消除干扰。如水样碱度过高，应预先用硫酸中和。取样后要立即测定。不能立即测定时应依次加入氯化钠、氯化汞保护，使水样中含氯化钠 50mg/L、氯化汞

40mg/L，用玻璃瓶贮存于 0～4℃冰箱中。钼蓝法显色，与最终溶液酸度、钼酸盐浓度、还原剂种类和用量、显色温度和时间等条件有关。要注意保持一致。显色时要求温度控制在 30℃左右。

2. 总无机磷酸盐的测定

酸性条件下，聚磷酸盐在煮沸过程中逐步水解为正磷酸盐，与钼酸铵生成磷钼锑络合物，再用抗坏血酸还原成磷钼蓝，然后再进行分光光度法测定。适用于锅炉用水、冷却水中总无机磷酸盐（包括正磷酸盐和聚磷酸盐）的分析。测定范围（以 PO_4^{3-} 计）：0.05～50mg/L。

（1）试剂药品

①硫酸溶液（1＋35）。

②抗坏血酸溶液和钼酸铵溶液配制同正磷酸盐测定中该溶液配制方法。

③8％氢氧化钠溶液。

④磷酸盐标准溶液（1mL 含 0.1mg PO_4^{3-}）。准确吸取 100mL 贮备溶液（配制方法同正磷酸盐测定中储备液配制）于 500mL 容量瓶中，稀释至刻度。

（2）操作步骤

分别移取 0、0.5、1.0、2.0、3.0、4.0mL 磷酸盐标准溶液（0.1mg/mL），分别加入 6 支 50mL 容量瓶中，用三级试剂水稀释至 40mL。向各容量瓶中加入 2mL 钼酸铵溶液，摇匀，再加 1mL 抗坏血酸溶液，用三级试剂水稀释至刻度，摇匀。室温下放置 10min 后，立即用 1cm 比色皿，在波长 710nm 处以空白调零进行测定。并以吸光度为纵坐标，磷酸盐（以 PO_4^{3-} 计）量为横坐标绘制标准曲线。

准确吸取 20mL 经滤纸过滤后的水样至锥形瓶中，用水稀释至约 40mL，加硫酸溶液 1mL，用小火煮沸至近干，冷却后转移至 50mL 容量瓶中，加入 2mL 钼酸铵溶液，摇匀，再加 1mL 抗坏血酸溶液，用三级试剂水稀释至刻度，摇匀。室温下放置 10min 后，立即用 1cm 比色皿，在波长 710nm 处，用空白调零测定吸光度。

（3）结果计算同正磷酸盐结果计算方法。

3. 总磷酸盐的测定

酸性条件下，用过硫酸钾作分解剂，将膦（有机磷）和聚磷酸盐分解为正磷酸盐，正磷酸盐与钼酸铵反应生成黄色磷钼锑络合物，用抗坏血酸还原成磷钼蓝，然后进行分光光度法测定。适用于锅炉用水、冷却水中总磷酸盐（包括正磷酸盐、聚磷酸盐和有机磷酸盐）的分析。测定范围：0.05～50mg/L。

（1）试剂药品

①过硫酸钾溶液。称取 20.0g 过硫酸钾，溶于 500mL 三级试剂水中。有效期为 1 个月。

②其他溶液配制方法同总无机磷酸盐的测定。

（2）操作步骤

标准曲线测定同总无机磷酸盐的测定方法。水样测定如下：准确吸取 20mL 经滤纸过滤后的水样于 100mL 锥形瓶中，用二级试剂水补充至约 30mL，加入 1mL 硫酸溶液，使 pH 值小于 1。加入 5mL 过硫酸钾溶液，小火煮沸 30min。煮沸过程中注意保持体积在 25～30mL。冷却后，用氢氧化钠溶液调 pH 值 3～10，转移至 50mL 容量瓶中，加入 2mL

钼酸铵溶液，摇匀，加 1mL 抗坏血酸溶液，用三级试剂水稀释至刻度，摇匀，室温下放置 10min。用 1cm 比色皿，在波长 710nm 处以空白调零测定其吸光度。

（3）结果计算　同正磷酸盐结果计算方法。

（4）注意事项

水样中如有大量有机物存在，使用过硫酸钾分解效果差。这时应使用硝酸和高氯酸分解。操作：准确吸取一定体积的水样，加入硝酸 2mL、高氯酸 1mL 于电炉上加热至不出褐色蒸汽并出现白色晶体。冷却后加水微热，直到溶液清晰透明。最后用氢氧化钠溶液调 pH 值为 7~9。加热分解时注意避免暴沸及烧干。

八、氟化物的测定

氟在自然界中广泛存在，人体各组织都含有氟，是人体必需的微量元素之一。缺氟易患龋齿病，饮水中含氟的适宜浓度为 0.5~1.0mg/L（F⁻）。当长期饮用含氟量高于 1~1.5mg/L 的水时，则易患斑齿病，如水中含氟量高于 4mg/L 时，则可导致氟骨病。氟化物广泛存在于自然水体中。有色冶金、钢铁和铝加工、焦炭、玻璃、陶瓷、电子、电镀、化肥、农药厂的废水及含氟矿物的废水中常常都存在氟化物。水中氟测定方法有分光光度法、离子选择电极法、目视比色法等。对工业废水和含干扰较多的污水，不论采用哪种测定方法，均需对水样进行预蒸馏处理。清洁的地面水、地下水，可直接取样测定。

1. 预蒸馏

取 50mL 水样（氟浓度高于 2.5mg/L 时，可分取少量样品，用水稀释至 50mL）于蒸馏瓶中，加 10mL 高氯酸，摇匀。按图 13-11 连接好装置加热，待蒸馏瓶内溶液温度升到约 130℃时，开始通入蒸汽，并维持温度在 130~140℃，蒸馏速度约为 5~6mL/min。待接收瓶中馏出液体积约为 200mL 时，停止蒸馏，并用水稀释至 200mL，供测定用。当样品中有机物含量高时，为避免与高氯酸作用而发生爆炸，可用硫酸代替高氯酸（酸与样品的体积为 1:1）进行蒸馏。控制温度在 145℃±5℃。

2. 氟试剂分光光度法

氟离子在 pH4.1 的乙酸盐缓冲介质中，与氟试剂和硝酸镧反应，生成蓝色三元络合物，颜色的强度与氟离子浓度成正比。在 620nm 波长处定量测定氟化物。水样体积为 25mL，使用光程为 3cm 比色皿，本法的最低检出浓度为 0.05mg/L 氟化物；测定上限为 1.80mg/L。本法适用于地面水、地下水和工业废水中氟化物含量的测定。

（1）试剂药品

①氟化物标准贮备液（100μg/mL）。称取 0.2210g 基准氟化钠（NaF）（预先于 105~110℃ 干燥 2h，或者于 500~650℃ 干燥约 40min，冷却），用水溶解后转入 1000mL 容量瓶中，稀释至标线，摇匀。贮于聚乙烯瓶中。此溶液每毫升含氟离子 100μg。

②氟化物标准使用液（2μ/mL）。吸取氟化物标准贮备液 20.0mL，移入 1000mL 容量瓶中，用去离子水稀释至标线，贮于聚乙烯瓶中。此溶液每毫升含 2.00μg 氟离子。

③氟试剂溶液（0.001mol/L）。称取 0.1930g 氟试剂 [3-甲基胺-茜素-二乙酸，简称 ALC，$C_{14}H_7O_4 \cdot CH_2N(CH_2COOH)_2$]，加 5mL 去离子水湿润，滴加 1mol/L 氢氧化钠溶液使其溶解，再加 0.125g 乙酸钠（$CH_3COONa \cdot 3H_2O$），用 1mol/L 盐酸溶液调节 pH 至 5.0，用去离子水稀释至 500mL，贮于棕色瓶中。

④硝酸镧溶液（0.001mol/L）。称取0.433g硝酸镧［La（NO₃）₃·6H₂O］，用少量1mol/L盐酸溶液溶解，以1mol/L乙酸钠溶液调节pH为4.1，用去离子水稀释至1000mL。

⑤pH4.1缓冲液。称取35g无水乙酸钠（CH₃COONa）溶于800mL去离子水中，加75mL冰乙酸，用去离子水稀释至1000mL，用乙酸或氢氧化钠溶液在pH计上调节pH为4.1。

⑥混合显色剂。取氟试剂溶液、缓冲溶液、丙酮及硝酸镧溶液按体积比以3∶1∶3∶3混合即得，临用时配制。

⑦盐酸溶液（1mol/L）。取8.4mL浓盐酸用水稀释至100mL。

⑧氢氧化钠溶液（1mol/L）。称取4g氢氧化钠溶于水，稀释至100mL。

（2）操作步骤

于6个25mL容量瓶中，分别加入氟化物标准溶液0、1.00、2.00、4.00、6.00、8.00mL，用去离子水稀释至10mL，准确加入10.0mL混合显色剂，用去离子水稀释至标线，摇匀。放置0.5h，用3cm比色皿于620nm波长处，以空白管为参比，测定吸光度。

分取适量水样或馏出液置于25mL容量瓶中，准确加入10.0mL混合显色剂，用去离子水稀释至标线，摇匀。以下测定步骤同标准曲线。

（3）结果计算

氟化物（F⁻，mg/L）含量ρ（mg/L）按下式计算：

$$\rho = \frac{m}{V} \times 1000 \tag{13-89}$$

式中　m——由校准曲线查得的氟含量，μg；

　　　V——水样体积，mL。

（4）注意事项

水样呈强酸性或强碱性，应在测定前用1mol/L氢氧化钠溶液或1mol/L盐酸溶液调节至中性。

3. 离子选择电极法

当氟电极与含氟的试液接触时，电池的电动势（E）随溶液中氟离子活度的变化而改变（遵守Nernst方程）。当溶液中的总离子强度为定值且足够时，服从下述关系式：$E = E_0 - \frac{2.303RT}{F} \log c_{F^-}$。$E$与$\log c_{F^-}$成直线关系，$\frac{2.303RT}{F}$为该直线的斜率，亦为电极的斜率。本方法适用于测定地面水、地下水和工业废水中的氟化物。水样有颜色、浑浊不影响测定。温度影响电极的电位和电离平衡，须使试液和标准溶液的温度相同，并注意调节仪器的温度补偿装置使之与溶液的温度一致。每次要检查电极的实际斜率。本法的最低检出浓度为0.05mg/L氟化物（以F⁻计）；测定上限可达1900mg/L氟化物（以F⁻计）。

（1）仪器药品

①仪器

氟离子选择电极；饱和甘汞电极或氯化银电极；离子活度计、毫伏计或pH计，精确到0.1mV；磁力搅拌器，具聚乙烯或聚四氟乙烯包裹的搅拌子；聚乙烯杯：100mL、150mL。

②药品试剂

a）氟化物标准溶液（10μg/mL）。用无分度吸管吸取氟化钠贮备液（100μg/mL）10.00mL，注入100mL容量瓶中，稀释至标线，摇匀。此溶液每毫升含氟离子10μg。

b）乙酸钠溶液。称取15g乙酸钠（CH_3COONa）溶于水，并稀释至100mL。

c）总离子强度调节缓冲溶液（TISAB）

（a）0.2mol/L柠檬酸钠-1mol/L硝酸钠（TISAB Ⅰ）。称取58.8g二水合柠檬酸钠和85g硝酸钠，加水溶解，用盐酸调节pH至5～6，转入1000mL容量瓶中，稀释至标线，摇匀。

（b）总离子强度调节缓冲溶液（TISAB Ⅱ）。量取约500mL水置于1000mL烧杯内，加入57mL冰乙酸，58g氯化钠和4.0g环己二胺四乙酸，或者1，2-环己二胺四乙酸，搅拌溶解，置烧杯于冷水浴中，慢慢地在不断搅拌下加入6mol/L氢氧化钠溶液（约125mL）使pH达到5.0～5.5之间，转入1000mL容量瓶中，稀释至标线，摇匀。

（c）1mol/L六次甲基四胺-1mol/L硝酸钾-0.03mol/L钛铁试剂（TISAB Ⅲ）。称取142g六次甲基四胺和85g硝酸钾（或硝酸钠），9.97g钛铁试剂加水溶解，调节pH至5～6，转入1000mL容量瓶中，稀释至标线，摇匀。

（2）操作步骤

按测量仪器及电极的使用说明书进行。在测定前应使试液达到室温，并使试液和标准溶液的温度相同（温差不得超过±1℃）。

①校准

a）校准曲线法：用分度吸管分别取1.00、3.00、5.00、10.00、20.00mL氟化物标准溶液，置于50mL容量瓶中，加入10mL总离子强度调节缓冲溶液，用水稀释至标线，摇匀。分别移入100mL聚乙烯杯中，各放入一只塑料搅拌子，以浓度由低到高为顺序，分别依次插入电极，连续搅拌溶液，待电位稳定后，在继续搅拌下读取电位值（E）。在每一次测量之前，都要用水将电极冲洗净，并用滤纸吸去水分。在半对数坐标纸上绘制E（mV）—$\log c_{F^-}$（mg/L）校准曲线。浓度标于对数分格上，最低浓度标于横坐标的起点线上。

b）一次标准加入法：当样品组成复杂或成分不明确时，宜采用一次标准加入法，以便减小基体的影响。

②样品测定

用无分度吸管，吸取适量试液，置于50mL容量瓶中，用乙酸钠或盐酸溶液调节至近中性，加入10mL总离子强度调节缓冲溶液，用水稀释至标线，摇匀。将其移入100mL聚乙烯杯中，放入一只塑料搅拌子，插入电极，连续搅拌溶液待电位稳定后，在继续搅拌下读取电位值（E_x）。在每一次测量之前，都要用水充分洗涤电极，并用滤纸吸去水分。根据测得的毫伏数，由校准曲线上查得氟化物含量。用水代替试液，按测定样品的条件和步骤进行测定。

（3）结果计算

①校准曲线法

根据测定所得的电位值，从校准曲线上查得相应的值，以mg/L表示的氟离子含量。

②一次标准加入法

结果计算如下式：

$$C_X = \frac{C_s \cdot \left(\dfrac{V_s}{V_x + V_s}\right)}{10^{(E_2-E_1)/S} - \dfrac{V_x}{V_x + V_s}} = C_s \cdot Q \cdot (\Delta E) \qquad (13-90)$$

$$令: Q \cdot (\Delta E) = \frac{\dfrac{V_s}{V_x + V_s}}{10^{(E_2-E_1)/S} - \dfrac{V_x}{V_x + V_s}}, \Delta E = E_2 - E_1$$

式中　C_s——加入标准溶液的浓度，mg/L；

　　　　C_X——待测试液的浓度；

　　　　V_s——加入标准溶液的体积，mg/L；

　　　　V_x——测定时所取待测试液的体积，mL；

　　　　E_1——测得试液的电位值，mV；

　　　　E_2——试液加入标准后测得的电位值，mV；

　　　　S——电极的实测斜率。

当固定 C_s 和 V_x 的比值，可事先将用 $Q \cdot (\Delta E)$ 计算机算出，并制成表供查用。实际分析时，按测得的 ΔE 值，由表中查出相应的 $Q \cdot (\Delta E)$。

（4）注意事项

电极用后应用水充分冲洗干净，并用滤纸吸去水分，放在空气中，或者放在稀的氟化物标准溶液中。如果短时间不再使用，应洗净，吸去水分，套上保护电极敏感部位的保护帽。电极使用前仍应洗净，并吸去水分。当水样成分复杂，偏酸性（pH2 左右）或者偏碱性（pH12 左右）时，用 TISABIII 可不调节试液的 pH 值。

4. 茜素磺酸锆目视比色法

在酸性溶液中，茜素磺酸钠与锆盐生成红色络合物，当样品中有氟离子存在时，能夺取该络合物中锆离子，生成无色的氟化锆离子 $(ZrF_6)^{2-}$，释放出黄色的茜素磺酸钠。根据溶液由红退至黄色的色度不同，与标准色列比色。直接测定时，本方法的最低检出浓度为 0.05mg/L，测定上限为 2.5mg/L。高含量样品可经稀释后测定。本方法可用于饮用水、地面水、地下水、工业废水中氟化物的测定。

（1）药品试剂

①茜素磺酸锆酸性溶液

茜素磺酸锆溶液：称取 0.3g 氯氧化锆（$ZrOCl_2 \cdot 8H_2O$）于 100mL 烧杯中，用 50mL 水溶解后，转入 1000mL 容量瓶中。另称取 0.07g 茜素磺酸钠（又名茜素红 S，$C_{14}H_7O_7$ $SNa \cdot H_2O$）溶于 50mL 水中，在不断搅动下，将此溶液缓慢注入氯氧化锆溶液中，充分摇动后，放置澄清。

混合酸溶液：量取 101mL 盐酸，用水稀释至 400mL。另量取 33.3mL 硫酸，在不断搅拌下，缓缓加入 400mL 水中。冷却后，将两酸液合并。

将混合酸倾入盛有茜素磺酸锆溶液的容量瓶中，用水稀释至标线，摇匀。此溶液放置 1h，待由红色变为黄色后，即可使用。避光保存，可稳定 6 个月。

②亚砷酸钠溶液。称取 0.5g 亚砷酸钠（$NaAsO_2$），溶解于水中，并稀释到 100mL。

（2）操作步骤

较清洁的地面水、地下水等样品，不需进行预处理，可直接取样显色测定。含较多干扰物质的水样需蒸馏预处理清除干扰。

如果试样中含有余氯，按每毫克余氯加入 1 滴（0.05mL）亚砷酸钠溶液，混匀，将余氯除去。取 50mL 样品或馏出液于比色管中，加 2.5mL 茜素磺酸锆酸性溶液，摇匀。放置 1h 后，与标准系列比色定量。在一系列比色管中，分别加入不同体积的氟化物标准使用液，并用水稀释到 50mL，以下操作同样品测定。选择的标准溶液中，至少有两个低于和高于试样中氟化物的浓度，通常以 50 或 $100\mu g/L$ 的氟浓度间隔较合适。

（3）结果计算

样品中氟化物的浓度 ρ（mg/L）按下式计算：

$$\rho = \frac{c}{V_2} \times \frac{200}{V_1} \qquad (13-91)$$

式中　c——标准系列给出试样中氟化物的含量，μg；

　　　V_2——取用试样的体积，mL；

　　　V_1——试样的体积，mL。

第五节　水中有机化合物的测定

水体中的污染物质除无机化合物外，还含有大量的有机物质。它们是以毒性和使水体溶解氧减少的形式对生态系统产生影响，绝大多数致癌物质都是有毒的有机物。所以有机污染指标是水质水分重要的指标。

水中所含有有机物种类繁多，难以一一分别测定各种组分的定量数值。目前多测定与水中有机物相当的需氧量，来间接表征有机物的含量（如 COD、BOD 等），或者某一类有机污染物（如酚类、油类、苯系物等）。

一、化学需氧量（COD）的测定

一定条件下，用特定的强氧化剂处理水样所消耗的氧化剂的量，是水体被还原性物质污染的主要指标，反映有机物相对含量，是氧化 1L 水样中还原性物质所消耗的氧化剂的量，以氧的 mg/L 表示。水中还原性物质，包括有机物和亚硝酸盐、硫化物、亚硫酸盐、亚铁盐等无机物。这里主要是指有机物。化学需氧量是条件性实验结果。所以，随着所用氧化剂和操作条件的不同，所得到的结果差异性也很大，只有给定测定时用的氧化剂的种类、浓度、加热的方式、作用的时间、pH 大小等，COD 才具有可比的意义。对于含有有毒成分的工业废水，COD 可作为监测有机污染较适宜的指标。对于废水 COD 的测定，根据所用氧化剂的不同，可分为重铬酸钾法（COD_{Cr}）和高锰酸钾法（COD_{Mn}）。我国在废水监测中，目前主要采用 COD_{Cr} 法，而 COD_{Mn} 的测定主要用于估计废水样五日生化需氧量的稀释倍数。

1. 重铬酸钾法（COD_{Cr}）

在强酸性溶液中，准确加入过量的重铬酸钾标准溶液，加热回流，将水样中还原性物质（主要是有机物）氧化，过量的重铬酸钾以试亚铁灵作指示剂，用硫酸亚铁铵标准溶液回滴，根据所消耗的重铬酸钾标准溶液量计算水样化学需氧量。

$$Cr_2O_7^{2-}+14H^++6e \Leftrightarrow 2Cr^{3+}+7H_2O$$

$$Cr_2O_7^{2-}+14H^++6Fe^{2+} \rightarrow 6Fe^{3+}+2Cr^{3+}+7H_2O$$

（1）试剂药品

①重铬酸钾标准溶液 $[c(\frac{1}{6}K_2Cr_2O_7)=0.250mol/L]$。称取预先在120℃烘干2h的基准或优质纯重铬酸钾12.258g溶于水中，移入1000mL容量瓶，稀释至标线，摇匀。

②试亚铁灵指示液。称取1.485g邻菲罗啉（$C_{12}H_8N_2 \cdot H_2O$）、0.695g硫酸亚铁（$FeSO_4 \cdot 7H_2O$）溶于水中，稀释至100mL，贮于棕色瓶内。

③硫酸亚铁铵标准溶液（0.1mol/L）。称取39.5g硫酸亚铁铵溶于水中，边搅拌边缓慢加入20mL浓硫酸，冷却后移入1000mL容量瓶中，加水稀释至标线，摇匀。临用前，用重铬酸钾标准溶液标定。

标定方法：准确吸取10.00mL重铬酸钾标准液于500mL锥形瓶中，加水稀释至110mL左右，缓慢加入30mL浓硫酸，混匀。冷却后，加入3滴试亚铁灵指示液（约0.15mL），用硫酸亚铁铵溶液滴定，溶液的颜色由黄色经蓝绿色至红褐色即为终点。

$$c=\frac{0.250 \times 10.00}{V} \tag{13-92}$$

式中　c——硫酸亚铁铵标准溶液的浓度，mol/L；

　　　V——硫酸亚铁铵标准溶液的用量，mL。

④硫酸-硫酸银溶液：于500mL浓硫酸中加入5g硫酸银。放置1~2d，不时摇动使其溶解。

（2）操作步骤

取20.00mL混合均匀的水样（或适量水样稀释至20mL）置于250mL磨口的回流锥形瓶中，准确加入10mL重铬酸钾标准溶液及数粒小玻璃珠或沸石，连接磨口回流冷凝管，从冷凝管上口慢慢地加入30mL硫酸-硫酸银溶液，轻轻摇动锥形瓶使溶液混匀，加热回流2h（自开始沸腾时计时）。

对于化学需氧量高的废水样，可先取上述操作所需体积1/10的废水样和试剂于15×150mm硬质玻璃试管中，摇匀，加热后观察是否成绿色。如溶液显绿色，再适当减少废水取样量，直至溶液不再变绿为止，从而确定废水样分析时应取用的体积。稀释时，所取废水样量不得少于5mL，如果化学需氧量很高，则废水样应多次稀释。废水中氯离子含量超过30mg/L时，应先把0.4g硫酸汞加入回流锥形瓶中，再加20mL废水（或适量废水稀释至20.00mL），摇匀。

冷却后，用90mL水冲洗冷凝管壁，取下锥形瓶。溶液总体积不得少于140mL，否则因酸度太大，滴定终点不明显。溶液再度冷却后，加3滴试亚铁灵指示剂，用硫酸亚铁铵标准溶液滴定，溶液的颜色由黄色经蓝绿色至红褐色即为终点，记录硫酸亚铁铵标准溶液的用量。测定水样的同时，取20mL重蒸馏水，按同样操作步骤作空白试验。记录滴定空白时硫酸亚铁铵标准溶液的用量。

（3）结果计算

$$COD_{Cr}(O_2, mg/L) = \frac{(V_0 - V_1) \cdot C \times 8 \times 1000}{V} \tag{13-93}$$

式中 C——硫酸亚铁铵标准溶液的浓度，mol/L；

V_0——滴定空白时硫酸亚铁铵标准溶液用量，mL；

V_1——滴定样时硫酸亚铁铵标准溶液的用量，mL；

V——水样的体积，mL；

8——氧的摩尔质量，g/mol。

（4）注意事项

使用 0.4g 硫酸汞络合氯离子的最高量可达 40mg，如取用 20mL 水样，即最高可络合 2000mg/L 氯离子浓度的水样。若氯离子的浓度较低，也可少加硫酸汞，使保持硫酸汞：氯离子＝10：1（W/W）。若出现少量氯化汞沉淀，并不影响测定。对于化学需氧量小于 50mg/L 的水样，应改用 0.025mol/L 重铬酸钾标准溶液。回滴时用 0.01mol/L 硫酸亚铁铵标准溶液。每次实验时，应对硫酸亚铁铵标准滴定溶液进行标定，室温较高时尤其注意其浓度的变化。

2. 高锰酸盐指数法（COD_{Mn}）

高锰酸盐指数法是指在酸性和加热条件下，用高锰酸钾为氧化剂，将水样中的某些有机物和还原性物质氧化，反应后剩余的高锰酸钾，用过量草酸钠还原，再以高锰酸钾标准溶液回滴过量的草酸钠。算出水样中所含有机和无机还原性物质所消耗的高锰酸钾的量，以 mg/L 氧表示，称高锰酸盐指数。高锰酸钾法一般仅用于测定地表水、饮用水和生活污水等比较清洁的水。高锰酸盐指数法测定操作简便，所需时间短，在一定程度上可说明水体受有机物污染的情况。

（1）试剂药品

①高锰酸钾溶液 [c（$\frac{1}{5}$ KMnO$_4$）＝0.1mol/L]。溶解 3.2g 高锰酸钾于 1.2L 水中，煮 0.5～1h，使体积减少到 1L 左右，放置过夜，用 G3 玻璃砂芯漏斗过滤后，贮于棕色瓶中。

②高锰酸钾溶液 [c（$\frac{1}{5}$ KMnO$_4$）＝0.01mol/L]。取上述 0.1mol/L 高锰酸钾溶液 100mL 于 1L 容量瓶中，加蒸馏水稀释至标线，混匀。

③草酸钠溶液 [c（$\frac{1}{2}$ Na$_2$C$_2$O$_4$）＝0.01mol/L]。将 0.100mol/L 草酸钠的标准溶液，用蒸馏水准确稀释至 10 倍。

④硫酸溶液（1＋3）。取 1 体积硫酸慢慢加到盛有 3 体积蒸馏水的烧杯中，混匀后滴加 [c（$\frac{1}{5}$ KMnO$_4$）＝0.01mol/L] 高锰酸钾溶液至溶液刚好呈浅红色不再消失为止，转入棕色瓶中。

（2）操作步骤

取 100mL 充分摇匀的水样（污染严重的水量可少取样，用蒸馏水稀释 100mL）于 250mL 锥形瓶中。加（1＋3）硫酸 5mL，摇匀。自滴定管加入 10mL [c（$\frac{1}{5}$ KMnO$_4$）＝

0.01mol/L]高锰酸钾溶液,摇匀,立即放入沸水浴中加热,注意要保持沸水的液面高于瓶内溶液的液面。30min后,从沸水浴中取出锥形瓶,趁热加入10mL 0.01mol/L 草酸钠标准溶液,摇匀后,立即用[$c(\frac{1}{5}KMnO_4)=0.01mol/L$]高锰酸钾溶液滴定至微红色。记录高锰酸钾溶液的用量V_1。取测定步骤中滴定完毕的水样,加入10mL $c(\frac{1}{2}Na_2C_2O_4)$草酸钠溶液,再用[$c(\frac{1}{5}KMnO_4)=0.01mol/L$]高锰酸钾回滴至溶液呈微红色,记录高锰酸钾溶液的用量V_2。高锰酸钾溶液的校正系数为:$K=10/V_2$,注意要使K值稍低于1。如水样用蒸馏水稀释时,需用100mL蒸馏水,按测定步骤进行空白滴定,记录[$c(\frac{1}{5}KMnO_4)=0.01mol/L$]高锰酸钾溶液的用量$V_0$。

（3）结果计算

水样未用蒸馏水稀释时,用式(13-92)计算

$$COD_{Mn}=[(10+V_1)K-10]\times N(Na_2C_2O_4)\times E(O)\times 1000/100 \quad (13-94)$$

式中　　　　COD_{Mn}——用高锰酸钾法测定的化学需氧量,mg/L;

V_1——滴定水样时高锰酸钾溶液的用量,mL;

K——高锰酸钾溶液的校正系数;

$c(\frac{1}{2}Na_2C_2O_4)$——草酸钠标准溶液的浓度,mol/L;

$E(O)$——氧的摩尔质量,g/mol。

水样如果用蒸馏水稀释时,用式(13-93)计算:

$$COD_{Mn}=\{[(10+V_1)K-10]-[(10+V_0)K-10]f\}\times$$
$$N(Na_2C_2O_4)E(O)\times 1000/V_s \quad (13-95)$$

式中　V_s——水样体积,mL;

V_0——空白滴定时,高锰酸钾溶液用量,mL;

f——稀释水样时,蒸馏水和溶液总体积的比值。例如取10mL水样,用90mL蒸馏水稀释至100mL时,$f=0.90$;

其他符号同前。

（4）注意事项

高锰酸钾法是条件性实验,测定时应严格按规定条件进行操作,否则实验结果不能进行比较。在酸性条件下草酸钠和高锰酸钾的反应温度应保持在80℃左右,因此滴定操作必须趁热进行。用高锰酸钾溶液返滴定时,消耗量应为4～6mL,如消耗量过大或过小,应重新再取适量水样进行测定。因此在沸水浴加热完毕后,溶液仍应保持淡红色,如红色很浅或全部褪去,说明高锰酸钾用量不够,需将水样稀释倍数加大后,重新测定。沸水浴温度受大气压影响,高压地区大气压低沸点降低。因此在测定耗氧量时必须注明当地的气压及水的沸点。

二、生化需氧量（BOD）

生化需氧量是指在一定条件下,好氧微生物分解存在于水中的某些可氧化物质,特别

是有机物所进行的生物化学过程中所消耗溶解氧的量，用 BOD 表示。通常以在 20℃温度条件下培养 5 天所消耗的溶解氧作为生化需氧量的数值，称为五日生化需氧量，用 BOD_5 表示。

对于某些地面水及大多数工业废水、生活污水，因含较多的有机物，需要稀释后再培养测定，以降低其浓度，保证降解过程在有足够溶解氧的条件下进行。其具体水样稀释倍数可借助于高锰酸钾指数或化学需氧量（COD_{Cr}）推算。

对于不含或少含微生物的工业废水，在测定 BOD_5 时应进行接种，以引入能分解废水中有机物的微生物。当废水中存在难于被一般生活污水中的微生物以正常速度降解的有机物或含有剧毒物质时，应接种经过驯化的微生物。

将水样注满培养瓶，塞好后应不透气，将瓶置于恒温条件下培养 5d。培养前后分别测定溶解氧浓度，由两者的差值可算出每升水消耗掉氧的质量，即 BOD_5 值。由于多数水样中含有较多的需氧物质，其需氧量往往超过水中可利用的溶解氧（DO）量，因此在培养前需对水样进行稀释，使培养后剩余的溶解氧（DO）符合规定。

一般水质检验所测 BOD_5 只包括含碳物质的耗氧量和无机还原物质的耗氧量。有时需要分别测定含碳物质耗氧量和硝化作用的耗氧量。常用的区别含碳和氮的硝化耗氧的方法是向培养瓶中投加硝化抑制剂，加入适量硝化抑制剂后，所测出的耗氧量即为含碳物质的耗氧量。在 5d 培养时间内，硝化作用的耗氧量取决于是否存在足够数量的能进行此种氧化作用的微生物，原污水或初级的出水中这种微生物的数量不足，不能氧化显著量的还原性氮，而许多二级生化处理的出水和受污染较久的水体中，往往含有大量硝化微生物，因此测定这种水样时应抑制其硝化反应。在测定 BOD_5 的同时，需用葡萄糖和谷氨酸标准溶液完成验证试验。

1. 试剂药品

（1）接种水

如试验样品本身不含有足够的合适性微生物，应采用下述方法之一，以获得接种水：

①城市废水，取自污水管或取自没有明显工业污染的住宅区污水管，这种水在使用前，室温下放置一昼夜，倾出上清液备用；

②在 1L 水中加入 100g 花园或植物生长土壤，混合并静置 10min，取 10mL 上清液用三级试剂水稀释至 1L；

③含有城市污水的河水或湖水；

④污水处理厂出水；

⑤当待分析水样为含难降解物质的工业废水时，取自待分析水排放口下游 3～8km 的水或所含微生物适宜于待分析水并经实验室培养过的水。

（2）盐溶液

①磷酸盐缓冲溶液。将 8.5g 磷酸二氢钾（KH_2PO_4）、21.75g 磷酸氢二钾（K_2HPO_4）、33.4g 七水磷酸氢二钠（$Na_2HPO_4 \cdot 7H_2O$）和 1.7g 氯化铵（NH_4Cl）溶于约 500mL 三级试剂水中，稀释至 1L 并混合均匀。此缓冲溶液的 pH 应为 7.2。

②硫酸镁溶液（22.5g/L）。将 22.5g 的七水硫酸镁（$MgSO_4 \cdot 7H_2O$）溶于三级试剂水中，稀释至 1L 并混合均匀。

③氯化钙溶液（27.5g/L）。将 27.5g 的无水氯化钙（$CaCl_2$）溶于三级试剂水，稀释

至 1L 并混合均匀。

④氯化铁（Ⅲ）溶液（0.25g/L）。将 0.25g 六水氯化铁（Ⅲ）（$FeCl_3 \cdot 6H_2O$）溶解于三级试剂水中，稀释至 1L 并混合均匀。

上述溶液至少可稳定一个月，应贮存在玻璃瓶内，置于暗处。一旦发现有生物滋长迹象，则应弃去不用。

（3）稀释水

取上述 4 种盐溶液各 1mL，加入约 500mL 三级试剂水中，然后稀释至 1L 并混合均匀，将此溶液置于 20℃下恒温，用压缩空气瓶或空气压缩机曝气 1h 以上，采取各种措施，使其不被有机物质、氧化或还原性物质或金属污染，确保溶解氧浓度不低于 8mg/L。此溶液的 5 日生化需氧量不得超过 0.2mg/L，并应在 8h 内使用。

（4）接种的稀释水

根据需要和接种水的来源，向每升稀释水中加 1.0~5.0mL 接种水，将已接种的稀释水在约 20℃下保存，8h 后尽早应用。已接种的稀释水的 5 日（20℃）耗氧量应在 0.3~1.0mg/L。

（5）葡萄糖-谷氨酸标准溶液

在 103℃下干燥无水 1h 葡萄糖和谷氨酸各称量（150±1）mg，溶于三级试剂水中，稀释至 1000mL 并混合均匀。此溶液临用前配制。

（6）亚硫酸钠溶液（1.575g/L）

此溶液不稳定，需每天配制。

2. 操作步骤

（1）直接测定法

较清洁的水样（BOD_5 不超过 7mg/L）可以用直接测定法测其 BOD_5。先调整水温至 20℃左右，曝气使水中的溶解氧接近饱和（≈9mg/L）。将水样装满 2 个生化需氧量培养瓶（溶解氧瓶），测定其中 1 个瓶中水样的当日溶解氧（ρ_1），另一个瓶在 20±1℃的培养箱中培养 5 天，5 天后取出测定瓶中水样剩余的溶解氧（ρ_2）。当天溶解氧减去五天后溶解氧所得数值即为水样的 $BOD_5 = (\rho_1 - \rho_2)$。为减小误差，可多做几个平行样进行测定。

（2）稀释接种法

样品需充满并密封于瓶中，置于 2~5℃保存到进行分析时。一般应在采样后 6h 之内进行检验。若需远距离输送，在任何情况下贮存皆不得超过 24h。样品也可以深度冷冻贮存。

用的盐酸（0.5mol/L）溶液或氢氧化钠（20g/L）溶液调节样品溶液的 pH 至 6~8，用量不要超过水样体积的 0.5%；若样品含游离氯或结合氯的则加入一定体积的亚硫酸钠溶液，使样品中氯失效。将试验样品升温至约 20℃，然后在半充满的容器内摇动样品，以便消除可能存在的过饱和氧。

将已知体积样品置于稀释容器中，用稀释水或接种稀释水稀释，轻轻地混合，避免夹杂空气泡。稀释倍数可用估算法确定，BOD_5 值估算以后，再根据五天内耗氧量不少于 2mg/L，五天后剩余 DO 不少于 1mg/L 的原则，加上 20℃时水中溶解氧饱和浓度为 9mg/L，保守估计取 8mg/L，据以上数据可得出稀释后水样的 BOD_5 应为 2~7mg/L，用原水样估算的 BOD_5 分别除以 2 和 7，便得出水样的最大、最小稀释倍数。地表水的 BOD_5 值可由

水样的 COD_{Mn} 值乘以 $2\sim4$ 估得。生活污水的 $BOD_5/COD_{Mn}=0.4$，可据此估计 BOD_5 的值。工业废水的稀释倍数，由重铬酸钾测得的 COD 值来确定。通常需做三个稀释比：使用稀释水时，由 COD 值分别乘以系数 0.075、0.15、0.225，即可获得三个稀释倍数；使用接种稀释水时，则分别乘以 0.075、0.15 和 0.25 三个系数。用接种稀释水进行平行空白实验测定。

按采用的稀释比用虹吸管充满两个培养瓶至稍溢出。将所有附着在瓶壁上的空气泡赶掉，盖上瓶盖，小心避免夹空气泡。将瓶子分为两组，每组都含有一瓶选定稀释比的稀释水样和一瓶空白溶液。放一组瓶于培养箱中，温度控制在 $(20\pm1)℃$，并在暗处放置 5d。在计时起点时，测量另一组瓶的稀释水样和空白溶液中的溶解氧浓度。达到需要培养的 5d 时间时，测定放在培养箱中那组稀释水样和空白溶液的溶解氧浓度。

为了检验接种稀释水、接种水和分析人员的技术，需进行验证试验。将 20mL 葡萄糖-谷氨酸标准溶液用接种稀释水稀释至 1000mL，并且按照测定的步骤进行测定。得到的 BOD_5 应在 $180\sim230mg/L$，否则，应检查接种水。如果必要，还应检查分析人员的技术。

3. 结果计算

被测定溶液若满足以下条件，则能获得可靠的测定结果。培养 5d 后：剩余 $DO\geqslant1mg/L$；消耗 $DO\geqslant2mg/L$。若不能满足以上条件，一般应舍掉该组结果。若有几种稀释比所得数据皆符合条件，则这几个数据皆有效，并以其平均值表示结果。

五日生化需氧量 (BOD_5) 以每升消耗氧的毫克数表示，由下式算出：

$$BOD_5 = \left[(\rho_1 - \rho_2) - \frac{V_t - V_e}{V_t}(\rho_3 - \rho_4)\right] \times \frac{V_t}{V_e} \tag{13-96}$$

式中 ρ_1——在初始计时一种试验水样的溶解氧浓度，mg/L；

ρ_2——培养 5d 时同一种水样的溶解氧浓度，mg/L；

ρ_3——在初始计时空白溶液的溶解氧浓度，mg/L；

ρ_4——培养 5d 时空白溶液的溶解氧浓度，mg/L；

V_e——制备该实验水样用去的样品体积，mL；

V_t——该实验水样的总体积，mL。

4. 注意事项

①测定一般水样的 BOD_5 时，硝化作用很不明显或根本不发生。但对于生物处理池出水，则含有大量硝化细菌。因此，在测定 BOD_5 时也包括了部分含氮化合物的需氧量。对于这种水样，如只需测定有机物的需氧量，应加入硝化抑制剂，如丙烯基硫脲等。水样中如有游离的酸和碱，应中和后再进行稀释培养，可用麝香草酚蓝作指示剂，用盐酸溶液（1mol/L）或碳酸钠溶液中和。

②在两个或三个稀释比的样品中，凡消耗溶解氧大于 2mg/L 和剩余溶解氧大于 1mg/L 都有效，计算结果时，应取平均值。

③为检查稀释水和接种液的质量，以及化验人员的操作技术，可将 20mL 葡萄糖-谷氨酸标准溶液用接种稀释水稀释至 1000mL，测其 BOD_5，其结果应在 $180\sim230mg/L$ 之间。否则，应检查接种液、稀释水或操作技术是否存在问题。

三、总有机碳

总有机碳（TOC）是以碳的含量表示水中有机物质的总量，结果以碳（C）的 mg/L

表示。水的 TOC 值越高，说明水中有机物含量越高，因此，TOC 可以作为评价水质有机污染的指标。由于 TOC 测定采用燃烧法，因此能将有机物全部氧化，它比 BOD_5 和 COD 更能反映有机物的总量。目前广泛采用的测定方法是燃烧氧化-非色散红外吸收法。

差减法测定 TOC 测定流程见图 13-17。水样分别被注入高温燃烧管（900℃）和低温反应管（150℃）中。经高温燃烧管的水样受高温催化氧化（以铂和三氧化钴或三氧化二铬为催化剂），使有机物和无机碳酸盐均转化成为 CO_2。经反应管的水样受酸化而使无机碳酸盐分解成 CO_2。将高、低温管中生成的 CO_2 依次导入非分散红外检测器，从而分别测得水中的总碳（TC）和无机碳（IC），总碳和无机碳之差值，即为总有机碳。

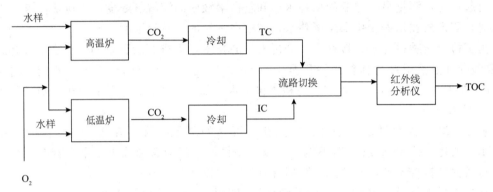

图 13-17　TOC 分析仪流程

也可用直接法测定 TOC。将水样酸化后曝气（以氮气作载气），使各种碳酸盐分解生成二氧化碳而驱除后，再注入高温燃烧管中，可直接测定总有机碳。但由于在曝气过程中会造成水样中挥发性有机物的损失而产生误差，因此其测定结果只是不可吹出的有机碳值。本方法检测下限为浓度 0.5mg/L；测定上限为浓度 400mg/L。

1. 仪器试剂

①非分散红外吸收 TOC 分析仪。

②邻苯二甲酸氢钾、无水碳酸钠和碳酸氢钠均为基准试剂。

③无二氧化碳蒸馏水。将重蒸馏水煮沸蒸发，待蒸发损失量达到 10% 为止。稍冷，立即倾入瓶口插有碱石灰管的下口瓶中，用来配制以下标准溶液时使用的无二氧化碳蒸馏水。

④有机碳标准贮备液。称取在 115℃ 干燥 2h 的邻苯二甲酸氢钾 0.850g，用水溶解，转移到 1000mL 容量瓶中，用水稀释至标线。其浓度为 400mg/L 碳。在冰箱（4℃）冷藏下可保存约 40 天。

⑤有机碳标准溶液。准确吸取 10.0mL 有机碳标准贮备溶液，于 50mL 容量瓶中，用水稀释至标线。其浓度为 80mg/L 碳。用时配制。

⑥无机碳标准贮备溶液。称取经置于干燥器中的碳酸氢钠 1.400g 和经 270℃ 干燥的无水硫酸钠 1.770g，溶于水中，转移到 1000mL 容量瓶中，用水稀释至标线。其浓度为 400mg/L 无机碳。

⑦无机碳标准溶液。准确吸取 10.0mL 无机碳标准贮备溶液，于 50mL 容量瓶中，用水稀释至标线。其浓度为 80mg/L 碳。用时配制。

2. 操作步骤

（1）校准曲线的绘制

分别吸取 0、0.50、3.00、4.50、6.00、7.50mL 有机碳和无机碳标准溶液，置于 10mL 比色管中，用水稀释至标线。配成 0、4.0、12.0、24.0、36.0、48.0、60.0mg/L 的有机碳和无机碳两个系列标准溶液。

分别移取 20μL 不同浓度的有机碳标准系列溶液，注入燃烧管进口，测量记录仪上出现的吸收峰高，与对应浓度作图，绘制有机碳标准曲线。

分别移取 20μL 不同浓度的无机碳标准系列溶液，注入反应管进口，记录峰高，绘制无机碳标准曲线。

（2）水样的测定

①差减测定法。经酸化的水样，在测定前应以氢氧化钠溶液中和至中性。吸取 20μL 混合水样，分别注入燃烧管进口及反应管进口，读取峰高。重复进行 2~3 次，使测得峰高的相对偏差在 10% 以内为止，求其峰高均值。从上述两个校准曲线上，分别查得相应的总碳（TC）值和无机碳（IC）值。

②直接测定法。把已酸化的约 25mL 水样移入 50mL 烧杯中（加酸量为 100mL 水样中加入 0.04mL（1+1）硫酸，已酸化的水样可不用再加），在磁力搅拌器上剧烈搅拌 5min 或向烧杯中通入无二氧化碳的氮气，以除去无机碳。吸取 20μL 经除去无机碳的水样注入燃烧管进口。重复 2~3 次，使测得的峰高的相对偏差在 10% 以内为止。由峰高的均值在有机碳校准曲线上查得相应的浓度值。

3. 结果计算

差减法测定：$TOC（mg/L）= TC - IC$

直接法测定：$TOC（mg/L）= TC$

4. 注意事项

水样采集后，必须贮存于棕色玻璃瓶中。常温下水样可保存 24h。若不能及时分析，可加硫酸调节其 $pH \leqslant 2$，于 4℃ 冷藏，可保存 7 天。非分散红外吸收 TOC 分析仪按说明书规定需按时更换二氧化碳吸收剂、高温燃烧管中的催化剂和低温反应管中的分解剂等。

四、挥发酚的测定

酚类化合物种类较多，按苯环上所含羟基数目的多少，可分为一元酚、二元酚和三元酚。按其沸点可分挥发酚（在 230℃ 以下），不挥发酚（在 230℃ 以上）。按能否与水蒸气一起挥发，又可分为挥发酚与不挥发酚。本法测得的挥发酚是指蒸馏时能与水蒸气一起挥发并与规定试剂起反应的酚，测定结果均以苯酚（C_6H_5OH）计算。

测定酚最常用的是 4-氨基安替比林法。此法灵敏，选择性高，稳定性较好。若水样中酚浓度大于 5mg/L 时，采用溴化容量法比较适宜。

水样中酚类化合物不稳定，易为空气氧化和为水体中微生物分解。因而应在水样采集后 4h 以内测定，否则应及时用磷酸溶液将水样酸化至 pH 值约为 4.0，再向每升水样加 1g 硫酸铜加以保护，或用氢氧化钠碱化至 pH 值大于 11，保存在冰箱内，24h 内进行测定。

1.4-氨基安替比林分光光度法

酚类化合物于 pH 10.0±0.2 介质中，在铁氰化钾存在下，与 4-氨基安替比林反应，生成橙红色的吲哚酚安替比林染料，其水溶液在 510nm 波长处有最大吸收。用光程长为 2cm 比色皿测量时，酚的最低检出浓度为 0.1mg/L。

（1）药品试剂

①无酚水。于 1L 水中加入 0.2g 经 200℃ 活化 0.5h 的活性炭粉末，充分振摇后，放置过夜。用双层中速滤纸过滤，或加氢氧化钠使水呈强碱性，并滴加高锰酸钾溶液至紫红色，移入蒸馏瓶中加热蒸馏，收集馏出液备用。

注：无酚水应贮于玻璃瓶中，取用时应避免与橡胶制品（橡皮塞或乳胶管）接触。

②硫酸铜溶液。称取 50g 硫酸铜（$CuSO_4 \cdot 5H_2O$）溶于水，稀释至 500mL。

③磷酸溶液。量取 50mL 磷酸（$\rho_{20℃} = 1.69g/mL$），用水稀释至 500mL。

④甲基橙指示液。称取 0.05g 甲基橙溶于 100mL 水中。

⑤苯酚标准贮备液。称取 1.00g 无色苯酚（C_6H_5OH）溶于水，移入 1000mL 容量瓶中，稀释至标线。至冰箱内保存，至少稳定 1 个月。

标定方法：吸 10.00mL 酚贮备液于 250mL 碘量瓶中，加水稀释至 100mL，加 10.0mL $[c(\frac{1}{6}KBrO_3) = 0.1mol/L]$ 溴酸钾-溴化钾溶液，立即加入 5mL 盐酸，盖好瓶塞，轻轻摇匀，于暗处放置 10min。加入 1g 碘化钾，密塞，再轻轻摇匀。放置暗处 5min。用 0.0125mol/L 硫代硫酸钠标准滴定溶液滴定至淡黄色，加入 1mL 淀粉溶液，继续滴定至蓝色刚好褪去，记录用量。

同时以水代替苯酚贮备液作空白试验，记录硫代硫酸钠标准滴定溶液用量。

苯酚贮备液浓度由下式计算：

$$c_{苯酚}(mg/mL) = \frac{(V_1 - V_2) \cdot c \times 15.68}{V} \qquad (13-97)$$

式中　V_1——空白试验中硫代硫酸钠标准滴定溶液用量，mL；

　　　V_2——滴定苯酚贮备液时，硫代硫酸钠标准滴定溶液用量。mL；

　　　V——取用苯酚贮备液体积，mL；

　　　c——硫代硫酸钠标准滴定溶液浓度，mol/L；

15.68——苯酚的摩尔质量，g/mol

⑥苯酚标准中间液。取适量苯酚贮备液，用水稀释至每毫升至 0.010mg 苯酚。使用时当天配制。

⑦溴酸钾-溴化钾标准参考溶液（$c(\frac{1}{6}KBrO_3) = 0.1mol/L$）。称取 2.784g 溴酸钾（$KBrO_3$）溶于水，加入 10g 溴化钾（KBr），使其溶解，移入 1000mL 容量瓶中，稀释至标线。

⑧0.0125mol/L 碘酸钾标准参考溶液。称取预先经 180℃ 烘干的碘酸钾 0.4458g 溶于水，移入 1000mL 容量瓶中，稀释至标线。

⑨0.0125mol/L 硫代硫酸钠标准溶液。称取 3.1g 硫代硫酸钠溶于煮沸放冷的水中，加入 0.2g 碳酸钠，稀释至 1000mL，临用前，用碘酸钾溶液标定。

标定方法：取 10.0mL 碘酸钾溶液置 250mL 碘量瓶中，加水稀释至 1000mL，加 1g

碘化钾，再加 5mL（1+5）硫酸，加塞，轻轻摇匀。置暗处放置 5min，用硫代硫酸钠溶液滴定至淡黄色，加 1mL 淀粉溶液，继续滴定至蓝色褪去为止，记录硫代硫酸钠溶液用量。按下式计算硫代硫酸钠溶液浓度（mol/L）：

$$c_{Na_2S_2O_3 \cdot 5H_2O} = \frac{0.0125 \times V_4}{V_3} \tag{13-98}$$

式中　V_3——硫代硫酸钠标准溶液消耗量，mL；

　　　V_4——移取碘酸钾标准参考溶液量，mL；

　0.0125——碘酸钾标准参考溶液浓度，mol/L。

⑩淀粉溶液。称取 1g 可溶性淀粉，用少量水调成糊状，加沸水至 100mL，冷却后，置冰箱内保存。

⑪缓冲溶液（pH 为 10）。称取 20g 氯化铵（NH_4Cl）溶于 100mL 氨水中，加塞，置冰箱中保存。

注：应避免氨挥发所引起 pH 值的改变，注意在低温下保存和取用后立即加塞盖严，并根据使用情况适量配制。

⑫2％ 4-氨基安替比林溶液（m/V）。称取 4-氨基安替比林（$C_{11}H_{13}N_3O$）2g 溶于水，稀释至 100mL，置于冰箱中保存，可使用一周。

注：固体试剂易潮解，宜保存在干燥器中。

⑬8％铁氰化钾溶液（m/V）。称取 8g 铁氰化钾｛$K_3[Fe(CN)_6]$｝溶于水，稀释至 100mL，置于冰箱内保存，可使用一周。

（2）操作步骤

①水样预处理。量取 250mL 水样置蒸馏瓶中，加数粒小玻璃珠以防暴沸，再加二滴甲基橙指示液，用磷酸溶液调节至 pH4（溶液呈橙红色），加 5.0mL 硫酸铜溶液（如采样时已加过硫酸铜，则补加适量。）如加入硫酸铜溶液后产生较多量的黑色硫化铜沉淀，则应摇匀后放置片刻，待沉淀后，再滴加硫酸铜溶液，至不再产生沉淀为止。

连接冷凝器。加热蒸馏，至蒸馏出约 225mL 液体时，停止加热，放冷。向蒸馏瓶中加入 25mL 水，继续蒸馏至馏出液为 250mL 为止。

蒸馏过程中，如发现甲基橙的红色褪去，应在蒸馏结束后，再加 1 滴甲基橙指示液。如发现蒸馏后残液不呈酸性，则应重新取样，增加磷酸加入量，进行蒸馏。

②标准曲线的绘制。取 8 支 50mL 比色管中，分别加入 0、0.50、1.00、3.00、5.00、7.00、10.00、12.50mL 酚标准中间液，加水至 50mL 标线。加 0.5mL 缓冲溶液，混匀，此时 pH 值为 10.0±0.2，加 4-氨基安替比林溶液 1.0mL，混匀。再加 1.0mL 铁氰化钾溶液，充分混匀后，放置 10min 立即于 510nm 波长，用光程为 20mm 比色皿，以水为参比，测量吸光度。经空白校正后，绘制吸光度对苯酚含量（mg）的标准曲线。

③水样的测定。分取适量的馏出液放入 50mL 比色管中，稀释至 50mL 标线。用与绘制标准曲线相同步骤测定吸光度，最后减去空白试验所得吸光度。

④空白试验。以水代替水样，经蒸馏后，按水样测定步骤进行测定，以其结果作为水样测定的空白校正值。

（3）结果计算

苯酚含量 ρ（mg/L）按下式计算：

$$\rho(\text{mg/L}) = \frac{m}{V} \times 1000 \qquad (13-99)$$

式中　m——由水样的校正吸光度从苯酚标准曲线上查得的苯酚含量，mg；

　　　V——移取馏出液体积，mL。

（4）注意事项

如水样含挥发酚较高，移取适量水样并加至 250mL 进行蒸馏，则在计算时应乘以稀释倍数。

2. 溴酸钾滴定法

在酸性溶液中，酚与过量的溴（溴酸钾与溴化钾作用生成溴）发生取代反应，定量地生成不溶于水的 2，4，6-三溴酚白色沉淀。剩余的溴与碘化钾作用转化成碘，再用硫代硫酸钠标准溶液滴定碘。根据硫代硫酸钠标准溶液用量，即可计算出酚的含量。

由于酚类化合物不同，溴化程度不一样。因此，用溴化法测得的结果，只是酚类化合物的近似总含量。本法适用于含酚量 10mg/L 以上的水样。

（1）药品试剂

①1％淀粉溶液。

②10％碘化钾溶液。

③0.1％甲基橙溶液。

④10％硫酸铜溶液。

⑤磷酸溶液（1＋9）。将 10mL 85％硫酸溶液用蒸馏水稀释至 100mL。

⑥0.100mol/L 溴酸钾-溴化钾溶液。准确称取 2.7835g 干燥的分析纯溴酸钾（$KBrO_3$）及 10g 溴化钾，溶于少量蒸馏水中，转移于 1000mL 容量瓶中，稀释至刻度。

⑦硫代硫酸钠标准溶液的配制与标定。称取 25g 分析纯硫代硫酸钠（$Na_2S_2O_3 \cdot 5H_2O$），溶于新煮沸放冷的蒸馏水中，并稀释至 1000mL。加入 0.2g 无水碳酸钠，贮于棕色瓶内以防止分解，可保存数月。

准确称取基准物重铬酸钾（$K_2Cr_2O_7$）约 0.13g 于碘量瓶中，用新煮沸放冷的蒸馏水将其溶解，并稀释至 25mL 左右。加入固体碘化钾 1g，1:1 盐酸 10mL，混匀后，在暗处放置 5min。加入 100mL 水稀释，用待标定的硫代硫酸钠溶液滴定至浅黄色，加入 1％淀粉指示液 2mL，继续滴定至溶液由蓝色转变为亮绿色，即为终点。

$$c_{\text{Na}_2\text{S}_2\text{O}_3} = \frac{m \times 1000}{V \times E} \qquad (13-100)$$

式中　m——称取重铬酸钾的质量，g；

　　　V——标定时消耗硫代硫酸钠溶液，mL；

　　　E——重铬酸钾的克当量，g。

（2）操作步骤

取 250mL 水样于 500mL 蒸馏瓶内，用 1:9 磷酸调 pH 值达 4.0 以下（以甲基橙为指示剂，使水样由黄色变为橙色，再多加 5 滴；加入 5mL 硫酸铜溶液，放入几粒玻璃珠，加热蒸馏。用 250mL 容量瓶作接收器。先蒸馏出 200mL 溶液后，停止蒸馏，再加入 50mL 蒸馏水于蒸馏瓶内，继续蒸馏至全部馏出液为 250mL 为止。取馏出液 100mL 于碘量瓶中，摇动碘量瓶，从滴定管中滴加溴酸钾-溴化钾溶液，至溶液呈淡黄色，再过量

50％，记下准确用量。加入 10mL 浓盐酸，迅速盖上瓶盖，混匀，放置 15min，使溴化反应完成。加入 10mL 10％碘化钾溶液，盖紧瓶塞，混匀后，于暗处放置 5min，使碘全部析出。用硫代硫酸钠标准溶液滴定至淡黄色，加入 1mL1％淀粉溶液，继续滴定至蓝色刚好消失为止，记录用量，同时做空白滴定。

（3）结果计算

苯酚含量 ρ（mg/L）按下式计算

$$\rho = \frac{c_{\mathrm{Na_2S_2O_3}} \times (a-b) \times E_{苯酚} \times \dfrac{V_1}{V_2}}{V} \times 1000 \qquad (13-101)$$

式中　$c_{\mathrm{Na_2S_2O_3}}$——硫代硫酸钠标准溶液的浓度，N；

　　　　a——空白滴定时硫代硫酸钠标准溶液用量，mL；

　　　　b——水样滴定时硫代硫酸钠标准溶液用量，mL；

　　　　V——水样体积，mL；

　　　　V_1——馏出液总体积，mL；

　　　　V_2——滴定时馏出液取用量，mL；

　　　　$E_{苯酚}$——苯酚的克当量，g。

（4）注意事项

酚与溴作用的时间，过量溴液的量和溴化温度等，均对滴定结果有影响，所以每次测定的条件应一致。

3. 气相色谱法

适用于含酚浓度 1mg/L 以上的废水中简单酚类组分的分析，其中难分离的异构体及多元酚的分析，可以通过选择其他固定液或配合衍生化技术得以解决。

（1）仪器试剂

①气相色谱仪。

②载气：高纯度的氮气。

③氢气：高纯度的氢气。

④水：要求无酚高纯水，可用离子交换树脂及活性炭处理，在色谱仪上检查无杂质峰。

⑤酚类化合物：要求高纯度的基准，可采用重蒸馏、重结晶或制备色谱等方法纯制。

根据测试要求，可准备下列标准物质：酚、邻二甲酚、对二甲酚、邻二氯酚、间二氯酚、对二氯酚等 1～5 种二氯酚，1～6 种二甲酚等。

（2）色谱条件

①固定液：5％聚乙二醇＋1％对苯二甲酸（减尾剂）

②担体：101 酸性洗硅烷化白色担体，或 Chromosorb W（酸洗、硅烷化），60～80 目

③色谱柱：柱长 1.2～3m，内径 3～4mm

④柱温：114～118℃

⑤检测器：氢火焰检测器，温度 250℃

⑥气化温度：300℃

⑦载气：N_2 流速 20～30mL/min

⑧氢气：流速 25～30mL/min

⑨空气：流速 500mL/min

⑩记录纸速度：300～400mm/h

（3）操作步骤

①标准溶液的配制：配单一标准溶液及混合标准溶液，先配制每种组分的浓度为 1000.0mg/L，然后再稀释配成 100.0、10.0、1.0mg/L 三种浓度；混合标准溶液中各组分的浓度，分别为 100.0、10.0、1.0mg/L。

②色谱柱的处理：在 180～190℃ 的条件下，（通载气 20～40mL/min）预处理 16～20h。

③保留时间的测定：在相同的色谱条件下。分别将单一组分标准溶液注入，测定每种组分的保留时间，并求出每种组分对苯酚的相对保留时间（以苯酚为 1），以此作出定性的依据。

④响应值的测定：在相同的浓度范围和相同色谱条件下，测出每种组分的色谱峰面积，然后求出每种组分的响应值及每组分对苯酚响应值的比率，公式如下：

$$响应值 = \frac{某组分的浓度（mg/L）}{某组分的峰面积（mm^2）}$$

$$响应值比率 = \frac{某组分的浓度（mg/L）}{某组分的峰面积（mm^2）} \Big/ \frac{苯酚浓度}{苯酚峰面积}$$

⑤水样的测定：根据预先选择好的进样量及色谱仪的灵敏度范围，重复注入试样三次，求得每种组分的平均峰面积。

（4）结果计算

$$c_i(\text{mg/L}) = A_i \times \frac{c_{酚}}{A_{酚}} \times K_i \qquad (13-102)$$

式中　c_i——待测组分 i 的浓度，mg/L；

　　A_i——待测组分 i 的峰面积，mm^2；

　　$c_{酚}$——苯酚的浓度，mg/L；

　　$A_{酚}$——苯酚的峰面积，mm^2；

　　K_i——组分 i 的响应值比率。

五、油的测定

工业废水中石油类（各种烃类的混合物）污染物主要来自原油开采、加工及各种炼制的使用部门。油漂浮在水体表面，影响空气与水体界面间的氧交换；分散于水中的油可被微生物氧化分解，消耗水中的溶解氧，使水质恶化。油中还含有毒性大、难降解的芳烃类，对水体污染很大。油的测定方法有重量法、紫外分光光度法、红外分光光度法等。

1. 重量法

重量法是常用的分析方法。它不受油品种限制，适于测定 10mg/L 以上的含油水样。当水样中加入凝聚剂硫酸铝时，分散于水中的油微粒会被初形成的氢氧化铝凝集。随着氢氧化铝的沉淀，便可将水中微量的油聚集于沉淀物中。经加酸酸化，又可将沉淀溶解，并通过有机溶剂萃取，将分离出来的油质转入有机溶剂中。然后将有机溶剂蒸发至干，残留物便是水中的油。再通过称重便可求出水中油的含量。

（1）试剂药品

①硫酸铝溶液：称取 30g 硫酸铝［$Al_2(SO_4)_3 \cdot 18H_2O$］溶于少量蒸馏水并稀释至 100mL。

②20％无水碳酸钠溶液。

③浓硫酸。

④四氯化碳。

（2）操作步骤

开大被测水样流量，取 5～10L 水样。立即加入 5～10mL 硫酸铝溶液（按每升水样加 1mL 计），摇匀，加入 5～10mL 碳酸钠溶液（也按每升水样加 1mL 计）。充分摇匀，将水中分散的油粒凝聚于沉淀中。静置 12h 以上，使沉淀充分沉至瓶底，然后用虹吸管小心将上层澄清液吸走。在剩下的沉淀中加入若干滴浓硫酸使沉淀溶解，并将此酸化的溶液移入 500mL 的分液漏斗中。

取 100mL 四氯化碳倒入取样瓶内，充分清洗取样瓶瓶壁上沾有的油渍。将此四氯化碳转入分液漏斗内。

充分摇匀并萃取酸化溶液中所含的油，静置，待分层完毕后，将底层四氯化碳层用一张干的无灰滤纸过滤，将过滤后的四氯化碳溶剂移入 100mL 已恒重的蒸发皿内，再用 10mL 四氯化碳淋洗分液漏斗及过滤滤纸，将清洗液一齐加入已恒重的蒸发皿内。

将蒸发皿放在水浴锅上，在通风橱内将四氯化碳蒸发至干，然后将蒸发皿放在（110±5）℃的烘箱内烘 2h，放在干燥器内冷却至室温，迅速称重。再重复烘 30min，冷却、称重，如此反复操作直至恒重。

另取 100mL 四氯化碳于另一个恒重的蒸发皿中作空白试验。

（3）结果计算

水样中油含量（ρ，mg/L）按下式计算

$$\rho = \frac{(G_2 - G_1) - (G_4 - G_3)}{V} \times 1000 \tag{13-103}$$

式中　G_1——测定水样时蒸发皿重，g；

G_2——蒸发皿与水样含油的总重量，g；

G_3——测定空白值时蒸发皿重，g；

G_4——蒸发皿与空白试验的总重，g；

V——水样的体积，L。

（4）注意事项

建议采样后立即加入方法中所用的萃取剂，或进行现场萃取。保存水样，可向待保存的水样内每升水样加入 5mL 硫酸溶液（1＋1），使水样 pH＜2，以抑制微生物活动，低温下（＜4℃）保存。在虹吸时应当小心移动胶皮管，务必使澄清水能大部分吸走，但又不致将沉淀带走，否则易使结果偏低。从分液漏斗里往外放四氯化碳萃取剂时，为防止水溶液（含酸、盐溶液）进入滤液，宁可留下一滴四氯化碳在分液漏斗中。应在水面至水的表面下 300mm 采集柱状水样，并单独采样，采集的水样不得再分样，全部用于测定，以减少油类附着在容器壁上引起的误差。采样瓶应为清洁定容玻璃瓶，不能用采集的水样冲

洗。不得用肥皂洗涤所用的玻璃器皿。

2. 紫外分光光度法

矿物油组成中的共轭体系物质，在紫外光区有较强吸收。在一定条件下，可借助于测定其吸光度来确定相应油的含量。由于紫外光度法对于油种的敏感性较强，本法的标准物质采用从水样中萃取获得的油。本方法适用于锅炉给水、冷却水油含量的测定。测定范围 $0.1 \sim 4.0 \mathrm{mL/L}$。

（1）药品试剂

①正庚烷。以加有高锰酸钾-硫酸再蒸馏制备的二次蒸馏水作参比。正庚烷在 225nm 和 254nm 波长处的吸光度应小于 0.15，否则应使用硅胶除去芳香烃。

②硅胶 $\phi 125 \sim 250 \mu m$，在温度 $150 \sim 160 ℃$ 下，烘 $4 \sim 5h$ 活化后使用。

③重蒸馏水。取三级试剂水，按 1L 水加 0.2g 高锰酸钾和 5mL 浓硫酸的比例，加入玻璃蒸馏器或石英蒸馏器，重蒸馏制得。

④硫酸溶液（1+3）。

⑤标准油。取含油水样若干升，加脱芳香烃石油醚或乙醚抽提（按 1L 水样加入 25～30mL），将抽提液用无水硫酸钠脱水，并过滤于蒸馏瓶中，蒸馏回收大部分石油醚或乙醚，将剩余少量抽提液转入已恒重的蒸发皿中，并用 10～20mL 石油醚或乙醚洗涤蒸馏瓶，洗液也一并转入蒸发皿中，移至 70℃ 水浴上将其蒸干后，放入 70℃ 烘箱烘至恒重，以此油作为标准油。

⑥油标准溶液的配制

a）贮备溶液（1mL 含 1mg 油）：于称量瓶中准确称取 0.1g 标准油（称准至 0.2mg），用脱芳香烃的正庚烷溶液，转入 100mL 容量瓶中，用正庚烷稀释至刻度。

b）工作溶液（1mL 含 0.2mg 油）：吸取油贮备溶液 20.0mL，注入 100mL 容量瓶中，用脱芳香烃正庚烷稀释至刻度。

（2）操作步骤

分别取油工作溶液 0、0.5、4.0、10.0、15.0 和 20.0mL，注入一组 25mL 容量瓶中，以脱芳香烃正庚烷稀释至刻度。将油标准溶液注入 1cm 石英比色皿中，于分光光度计上以空白作参比，根据油种的不同，用预选的工作波长（225～254nm）测吸光度，以油含量（mg）为横坐标，以对应的吸光度为纵坐标绘制工作曲线。

用玻璃取样瓶准确地采集 500mL 水样，摇匀后注入 500mL 分液漏斗中，加 2mL（1+3）硫酸溶液。取 25mL 脱芳香烃正庚烷，加入原取样瓶中，摇动使其与瓶壁充分接触，然后倒入分液漏斗中，剧烈摇荡 2min，静置分层后，排出水层，将正庚烷层转入 25mL 容量瓶或其他带塞的玻璃容器中。将抽提液注入 1cm 石英比色皿中，在与工作曲线制作相同的条件下测定其吸光度。根据吸光度值，从工作曲线或线性回归方程求取水样中油的量 m（mg）。

（3）结果计算

水样中油含量 ρ（mg/L）按下式计算：

$$\rho = m \times \frac{1000}{V} \qquad (13-104)$$

式中 V——水样的体积，mL；

m——从工作曲线查得的 V（mL）水样中油的量，mg。

（4）注意事项

采样后立即加入在方法中所用的萃取剂，或进行现场萃取。向待保存的水样内每升水样加入 5mL 硫酸溶液（1+1），于 4℃保存。分液漏斗的活塞不能涂凡士林。否则影响测定结果。为了节约有机溶剂，所用正庚烷应回收使用。回收的方法是用蒸馏法或吸附法。水样及空白测定所使用的萃取剂应为同一批号，否则会由于空白值不同而产生误差。如必须使用多个批号的萃取剂，应混匀后使用。

3. 红外分光光度法

油中甲基、亚甲基基团在 $2930cm^{-1}$ 波数处有明显的吸收，且在一定范围内，吸收峰峰高与水中油含量成正比。在一定条件下，通过测定其吸光度来确定相应油的含量。适用于锅炉用水和冷却水中油含量的测定，同时也适用于其他水样中油含量的测定。测定范围为 $0.1 \sim 100mg/L$。

（1）仪器试剂

①红外分光光度计或红外油分析仪带 1cm 比色皿。

②硫酸溶液（1+1）。

③四氯化碳。

④无水硫酸钠。

⑤正十六烷。

⑥异辛烷。

⑦标准油萃取油或矿物油。

（2）操作步骤

①标准溶液的配制。移取 15mL 正十六烷和 15mL 异辛烷置于同一具塞三角瓶中，混合后塞紧备用。取约 20mL 四氯化碳于 100mL 容量瓶中，塞上塞子，称量。取 1mL 标准混合物迅速加入瓶中，塞上塞子，再次称量。准确至 0.2mg。两次称量之差即为标准混合物的质量。用四氯化碳稀释至刻度。折合标准油质量浓度约为 10.22mg/mL。准确浓度（ρ）值按下式计算（mg/mL）：

$$\rho = \frac{m_1 - m_0}{V} \times 1.4 \tag{13-105}$$

式中 ρ——折合标准油质量浓度，mg/mL；

V——标准混合物稀释体积，mL；

m_0——不含标准混合物时容量瓶质量，mg；

m_1——加入标准混合物后容量瓶质量，mg；

1.4——校正因子。

工作溶液 A（100mL 约含 20mg 油）：取贮备溶液 2mL 于 100mL 容量瓶中，用四氯化碳稀释至刻度。

工作溶液 B（100mL 约含 30mg 油）：取贮备溶液 3mL 于 100mL 容量瓶中，用四氯化碳稀释至刻度。

工作溶液 C（100mL 约含 40mg 油）：取贮备溶液 4mL 于 100mL 容量瓶中，用四氯化碳稀释至刻度。

工作溶液 D（100mL 约含 9mg 油）：取 30mL 工作溶液 B 于 100mL 容量瓶中，用四氯化碳稀释至刻度。

工作溶液 E（100mL 约含 0.9mg 油）：取 10mL 工作溶液 D 于 100mL 容量瓶中，用四氯化碳稀释至刻度。

以上贮备溶液和工作溶液的准确浓度，需由称量结果通过计算得出。如果使用矿物油或萃取油，可称取适制标准油，用四氯化碳稀释来配制标准系列溶液。

②标准曲线绘制。按仪器使用说明书要求调好仪器，对工作溶液按浓度由低到高的顺序进行测定。扫描波数从 4000cm^{-1} 开始到 2000cm^{-1} 止，测定 2930cm^{-1} 处的吸光度。以工作溶液标准油含量（mg）为横坐标，对应的吸光度为纵坐标，绘制校准曲线或计算线性回归方程。

③水样测定。用玻璃取样瓶取 1L 水样，用硫酸溶液（1＋1）调节 pH＜2。在玻璃取样瓶中加 20mL 四氯化碳，剧烈振荡摇动 2min，并不断开盖排气，静置至泡沫消失，倒入分液漏斗中，静置分层。将底层四氯化碳转入 100mL 容量瓶中。另取 20mL 四氯化碳加入取样瓶中，使四氯化碳充分接触瓶子内壁，然后将四氯化碳倒入分液漏斗中萃取操作。静置分层后，转入同一容量瓶中。取 20mL 四氯化碳加入分液漏斗中萃取操作。静置分层后，转入同一容量瓶中。用四氯化碳将容量瓶中的萃取液稀释至 100mL，加一匙无水硫酸钠脱水。测定萃取液红外吸光度值，从校准曲线或回归方程查出对应标准油含量（mg）。

（3）结果计算同公式 13－105。

（4）注意事项

采样瓶（容器）不能用采集的水样冲洗。禁止用塑料器皿取水样，因塑料器皿吸附油，会引起测定结果偏低。建议采样后立即加入在方法中所用的萃取剂，或进行现场萃取。如用滤纸过滤，均用统一规格的滤纸、漏斗。往水样中加适量氯化钠有助于提高萃取率。四氯化碳要选择专供红外分光光度法使用的试剂，否则因试剂纯度低而影响测定结果。同一次测定所使用的萃取剂应为同一批号，否则会由于空白值不同而产生误差。如必须使用多个批号的萃取剂，应混匀后使用。在所用的波长范围内，四氯化碳吸光度不应超过 0.03。四氯化碳有毒，操作时要谨慎小心，并在通风橱内进行。本方法测得的数据与紫外法、重量法的数据，因测定条件不同无可比性。非分散红外分光光度法对甲基、亚甲基灵敏度较高。

第十四章　底质的分析

底质，又称沉积物，是水体沉积物质，它是水环境的重要组成部分。水中污染物因沉降蓄积于底质中，造成污染。底质中污染物在一定外界条件下能重新进入水中，产生二次污染，也可被水生生物吸收，通过食物链危害人体健康。底质在污染物的自净降解、迁移富集和转化中起重要作用。一些水中浓度甚低无法检出的污染物质，常可在底质中检出。

底质中蓄积了各种各样的污染物，显著地表征出水环境的物理、化学和生物学的污染现象。通过底质监测可以了解水体中污染物存在的状况及其对水体可能产生的危害，了解底质及水体的污染历史以便预测未来水质的变化趋势，了解水体中易沉降、难降解污染物的累积情况。因此，底质监测对研究污染物的累积、迁移、转化规律和对水生生物，特别是底栖生物的影响及水环境容量，制定排放标准，评价水体质量等均具有重要意义。

水中底质一般包括无机沉积物、有机沉积物和生物沉积物。鉴定和分析沉积物的性质和组成可给水处理工艺提供水系统中产生异常现象的信息和资料，以便制定出避免或控制沉积和腐蚀的措施。无机沉积物主要是由于水系统结垢或设备的腐蚀而产生的，有时也包括沉积的泥沙。因此底质中常见的化合物有：碳酸钙、磷酸钙、羟基磷灰石、硫酸钙、氢氧化镁、硅酸镁、硅酸钙、二氧化硅、氧化铁等。其组成也常因水质、所用的水处理剂、水质工艺条件的不同而发生变化。分析底质的化学组成除了使用一般的化学分析法外，对一些复杂的试样还需要对其晶体结构、物相组成、化合物形态等作出鉴定，这时使用 X 射线衍射法、X 射线荧光法、电子探针微量分析法、岩相显微镜及电子显微镜等分析手段是很必要的。

第一节　底质样品的采集和制备

一、采样

首先要进行现场调查和相关资料的收集，掌握底质的时空变化规律，结合监测要求进行底质样品的采集。根据底质在设备上的附着牢固程度，可选择使用不锈钢的刮刀、凿子、锤子、薄木片，甚至硬纸板等作为取样工具，从不同取样点采集样品制成混合原始试样。但是，有时不混合而分别分析更有利。对采取常规有代表性的垢样的取样点、部位和采样人，不应经常变动，以便于逐个样品进行对比。

采样浅水表层底质样品可用于长柄塑料勺或长柄金属勺。采集较深水体底质样品一般采用挖式（抓式）采样器、锥式采样器、管式泥芯采样器（图 13 - 7、图 13 - 8）。挖掘式采样器适用于采样量较大的表层底质样品。挖掘器上装有一个斗，上面带有几个张开的爪，内装弹簧，用一根绳将采样器降到河底，采样时使爪合上，抓取一定量的样品，然后提出水面。采样量较少时可用锥式采样器。湿样及时装入事先编写好样品点位编号的布袋中，悬挂至不渗水后，再放在甲板上晾晒。管式泥芯采样器适用于采集柱状样品，以保持底质的分层结构。采样器是一个管，把管降到河底加以钻探，取得圆柱形样品。管上端有一活塞，防止管提起时溢出样品。如水深小于 3m，可用长竹竿作为简易管式采样器，即把竹竿的一段削成尖头斜面，插入一定深度采集底质样品。

对于冷却水系统，常规垢样的取样点一般设在换热器管壁部位，并用磁性测厚仪测定垢厚。特殊情况下也可在花板（管板）和封头处取样。

原则上取样量应在 200g 左右，如有困难也可少取，但不能少于 10g。采集试样时应注明采样地点、部位、日期、采样人和试样的外观特征、软硬度、传热强度、有无泄漏、超温情况及处理水的成分、配方类型、换热器的进出口温度、压力、流速等。

二、试样的制备

底质监测结果常以 mg/kg（干重）表示，若采集的底质样品含有较多水分等杂质，应尽快进行样品的脱水制备，将湿样制成满足预处理要求的、可长期保存的脱水干样。若不能当天进行样品的制备，应放于 −20～−40℃ 的冷冻柜中保存，但不能放置过久。在样品脱水处理过程中应尽量避免沾污样品和待测组分损失。

1. 脱水

采集的底质样品中含有大量水分，必须用适当的方法脱水制成干样，但不可直接在日光下曝晒或高温烘干。常用脱水方法有：自然风干、离心分离、真空干燥、干燥剂脱水等。几种脱水方法也可联合使用，原则上使干样中的含水率既要达到保存要求，又要避免沾污和污染损失。

①自然风干：将湿样置于阴凉、通风处晾干。使用待测组分稳定的样品。

②离心分离：用离心分离设备将样品中的大部分水分甩出。适用待测组分易挥发和易发生变化的样品。

③真空干燥：将湿样置于真空设备中，利用在一定真空度下湿样中的水分汽化而脱水。适用各种样品，特别是对光、热、空气不稳定的样品。

④干燥剂脱水：利用干燥剂的吸水性使湿样脱水，如用无水硫酸钠吸去样品中的水分。适用含油类等有机物的样品。

2. 筛分

将脱水干燥后的底质样品置于洁净的硬质白纸板上，用玻璃棒等压散（勿破坏自然粒径），先剔除砾石及动植物残体等杂物，再用 120 目筛进行筛分。

3. 缩分

将上述筛下样用圆锥四分法缩分至所需量。即将样品堆成圆锥状，用一十字架从圆锥顶部压下，将样品分成四份，保留其中的任一份；若样品量仍多，继续这样缩分下去，直到达到所需保存样品量的要求。这样缩分方法可保证保留样品的代表性。

4. 研磨

用玛瑙研钵（或玛瑙碎样机）将缩分后的样品研磨。但测定汞、砷等易挥发元素及低价铁、硫化物等时，不能用碎样机粉碎，且仅磨至能通过 80 目筛即可。

5. 筛分

对研磨后的样品用 80～200 目筛分，保留筛下物。测定金属元素的试样，使用尼龙材料质网筛；测定有机物的试样，使用铜材质网筛。

6. 装瓶

将最后的筛下物装入干燥、洁净的棕色广口瓶中。贴上标签，注明采样点等明细后，妥善保存起来备用。

对于用管式泥芯采样器采集的柱状样品，尽量不要使分层状态破坏，经干燥后，用不锈钢小刀刮去样柱表层，然后按上述表层底质制备方法处理。如欲了解各沉积阶段污染物质的成分和含量变化，可沿柱状样品的横断面截取不同部位分别按上述表层底质制备方法处理。

第二节　底质的定性分析和结构形态鉴定

电感耦合等离子体原子发射光谱法可以快速地给出试样定性分析结果；光学显微镜和电子显微镜能观察到沉积微粒的晶体特征和晶体大小；X 射线衍射分析法能确定晶体物质的名称、化学式等。这些测定方法是研究底质的形成和性质，进一步制定定量分析方案所必需的。

一、电感耦合等离子体原子发射光谱法

原子发射光谱法（AES），是利用物质在热激发或电激发下，每种元素的原子或离子发射特征光谱来判断物质的组成，而进行元素的定性与定量分析的。原子发射光谱法可对约 70 种元素（金属元素及磷、硅、砷、碳、硼等非金属元素）进行分析。各种元素的原子，其核外电子都在不停地运动，它们都处在特定的运动轨道上。不同元素的原子，核外电子数目和排布各不相同，其运动"轨道"多少和能量高低也各不相同。处于基态的原子其能量最低，当它获得能量且这一能量又恰巧为两能级能量之差时就发生能级跃迁而处于较高的能级上，成为激发态原子。激发态原子在瞬间（10^{-8} s）再回到稳定的基态时又将这一能量以电磁波的形式释放出来。电磁波能使感光板感光产生光谱线。从第一激发态跃迁到基态产生的光谱线叫共振线，它是诸多谱线中最灵敏的特征谱线。光谱定性就是根据激发试样后产生的光谱线的波长来确定元素的存在与否的。

电感耦合等离子体原子发射光谱法（ICP-AES），是以电感耦合等离子矩为激发光源的光谱分析方法，具有准确度高和精密度高、检出限低、测定快速、线性范围宽、可同时测定多种元素等优点，已广泛用于环境样品及岩石、矿物、金属等样品中数十种元素的测定。

等离子体发射光谱法可以同时测定样品中的多元素的含量。当氩气通过等离子体火炬时，经射频发生器所产生的交变电磁场使其电离、加速并与其他氩原子碰撞。这种链锁反应使更多的氩原子电离，形成原子、离子、电子的粒子混合气体，即等离子体。不同元素的原子在激发或电离时可发射出特征光谱，所以等离子体发射光谱可用来定性测定样品中

存在的元素。特征光谱的强弱与样品中原子浓度有关，与标准溶液进行比较，即可定量测定样品中各元素的含量。

二、显微镜检验法

这里主要指的是检验岩石状沉积物的岩相显微镜，又叫化学显微镜，它是一种光学显微镜。显微镜能把被观察的实物放大，因此能借助它观察到底质的特殊外形和特征。

有时将垢的断面加工得很薄，以至在显微镜下通过透射光能观察到它的结构。这种技术对大多数锅炉垢和污泥是有效的。通过对沉积物粉末（100 目或更细些）的观察还可估计晶体的量。如果把粉末浸没在折光系数不同的油中进行检验，再将结晶化合物和折射率已知的油对比，就能确定结晶化合物的折射率。

用岩相显微镜对沉积物进行检验，应能确定被观察物的结构形态，还可以用折射率和点滴试验确定被观察物中存在的特殊化合物和元素。

污泥和某些腐蚀产物的微粒分散得太细时，就不能用光学显微镜观察了。电子显微镜则是观察这类沉积物的有力手段。

电子显微镜是由电子枪发射电子束，经过会聚透镜会聚后，形成电子光源照射在试样上，电子穿过试样后经物镜成像，再经中间镜和投影镜进一步放大，最后在荧光屏上得到电子显微图像，也可以用照相底片将图像记录下来。

研究电子显微图像或照片，可以知道有关晶体的外形、污泥微粒的大小，以及将微粒黏结在一起的起黏合作用的物质的类型等资料。这些现象大多发生在不到 $1\mu m$ 的晶体中，因此这些特性用光学显微镜是观察不到的。

三、X 射线衍射分析法

根据晶体对 X 射线的衍射特征——衍射线的位置、强度及数量来鉴定结晶物之物相的方法，就是 X 射线物相分析法。每一种结晶物质都有各自独特的化学组成和晶体结构。没有任何两种物质，它们的晶胞大小、质点种类及其在晶胞中的排列方式是完全一致的。因此，当 X 射线被晶体衍射时，每一种结晶物质都有自己独特的衍射花样，它们的特征可以用各个衍射晶面间距 d 和衍射线的相对强度 I/I_0 来表征。其中晶面间距 d 与晶胞的形状和大小有关，相对强度则与质点的种类及其在晶胞中的位置有关。所以任何一种结晶物质的衍射数据 d 和 I/I_0 是其晶体结构的必然反映，因而可以根据它们进行定性分析。

由 X 光管产生的 X 光通过平行光管变成平行光束，该光束的大部分射线穿过样品并被射线阱捕获而消失，小部分 X 射线经样品中的晶体物质衍射后射到外圆周的底片上使底片曝光，将底片显影就产生 X 衍射线谱。由于产生衍射的晶体化合物其内部的原子排布是确定的，因此，衍射角的大小也是确定的。将所得到的衍射谱图与标准化合物的衍射谱图或数据进行比较，当未知化合物谱图上线条的位置和强度与标准化合物一致时，则未知物就是已知物。X 射线衍射分析法是一种检定晶态化合物的方法，因此利用此方法可以研究垢或锈等沉积物的结晶构造。X 射线衍射分析能给出被检定结晶物质的名称、化学式，还能估计被检定物的相对含量以及晶体大小、固溶体等资料。

第三节　污染物的测定

底质中需测定的污染物视水中污染来源而定。一般测定某些重金属如铜、汞、铅、镉等、硫化物、有机物、有机氯农药等。

一、底质预处理

为使待测污染物与底质基体分离，转入溶液中，以便进行测定，须对底质脱水样品进行预处理。消解和提取是最常用的预处理方法。

1. 消解

底质样品的消解方法随监测目的和监测项目不同而异，常用的消解方法有以下几种。

(1) 硝酸-氢氟酸-高氯酸（或王水-氢氟酸-高氟酸）消解法

该方法也称全量分解法，适用于测定底质中元素含量水平随时间变化和空间变化分布的样品消解。称取一定量样品于聚四氟乙烯烧杯中，加入硝酸（或王水），加热消解以除去有机质。加入氢氟酸继续加热挥发除硅后，再加少量高氯酸蒸发至近干（或加入高氯酸继续加热消解并浓缩至约剩 0.5mL 残液，取下冷却，加入适量高氯酸继续加热分解并蒸发至近干）。最后，加入 1‰ 的硝酸煮沸溶解残渣，定容，备用。这样预处理得到的试液可测定样品中的铜、铅、锌、镉、镍、铬等金属全量。

(2) 硝酸分解法

该方法能溶解出由水解和悬浮物吸附而沉淀于底质中的大部分重金属。称取一定量样品于 50mL 硼硅玻璃试管中，加几粒沸石和适量浓硝酸，缓慢加热至微沸并保持微沸 15min，取下冷却，定容，静置过夜，取上清液分析测定。

2. 提取

预测定样品中的农药类、石油烃类、酚类等污染物时，需要用溶剂将预测组分从样品中提取出来，然后再测定。因此提取效率的高低直接影响测定结果的准确度。常用的提取方法有振荡浸取法、索氏提取器提取法、超声波提取法、超临界流体提取法、微波辅助提取法等。一般根据样品的特点、待测组分的性质、存在形态和数量、测定方法、仪器设备条件等因素选择适合的提取方法。

(1) 水浸取法

该方法能溶解出底质样品中的水溶性重金属。称取适量烘干样品置于磨口锥形瓶中，加适量水溶解，密塞，放在振荡器上振荡 4h，静置，过滤，滤液供分析测定。

(2) 索氏提取器提取法

该方法常用于提取样品中的农药类、石油烃类、苯并芘类等有机污染物，通过适当的溶剂从样品中连续提取所需要的组分。全套装置包括一个平底烧瓶（或圆底烧瓶）、一个提取器和一个球形冷凝管。提取器的提取管分别有虹吸管和连接管。各部分连接处要严密不能漏气。提取时，将待测样品包在脱脂滤纸包内，放入提取器的提取管内。在烧瓶内加入适量的纯溶剂做提取剂，连接好回流装置，再开冷却水，然后可控温水浴加热烧瓶，溶剂汽化，由连接管上升进入冷凝器，凝成液体滴入提取管内，浸入样品中的待测组分。当提取管内溶剂液面达到一定高度时，经虹吸管自动流回烧瓶，流入烧瓶内的溶剂继续被加热汽化、上升、冷凝、滴入提取管内，如此循环往复，直到抽提完全为止。

提取过程中因为样品总能与纯溶剂接触，所以提取效率高，且溶剂用量小，提取液中被提取物的浓度大，有利于下一步的分析测定，但该方法较费时。

二、灼烧减重的测定

在不同温度下加热或灼烧沉积物试样，其失去的质量应该是水分或有机物或碳酸盐的质量。

1. 水分的测定

在 $105\sim110℃$ 下加热可使沉积物试样中含的水分蒸发除去。加热前后的质量差就是水分的含量。

准确称取制备好的试样 0.5g（称准至 0.2mg），放入预先已在 $105\sim110℃$ 干燥恒重的称量瓶中，摊开并半盖瓶盖，于 $105\sim110℃$ 电热鼓风干燥箱内干燥 6h 以上。取出称量瓶，盖上瓶盖于干燥器中冷却 30min，称量。再放入干燥箱中，1h 后取出，于干燥器中冷却，称量。重复这一操作直至恒重（即连续两次的称量之差小于 0.3mg）。底质中水分含量 T 为：

$$T = \frac{G_1 - G_2}{G} \times 100\% \tag{14-1}$$

式中　G_1——干燥前试样和称量瓶的总质量，g；

　　　G_2——干燥后试样和称量瓶的总质量，g；

　　　G——干燥前试样的质量，g。

注意事项：重复操作时冷却时间要一致，称量要迅速，否则不易恒重；由于空气湿度易变，影响水分含量，所以测定其他项目的试样与测定水分的试样要同时称量，留作待测；干燥试样时烘箱专用，箱内不要放入其他物品，以免影响测定。

2. 灼烧减重的测定

灼烧温度达到 550℃ 时，沉积物中的有机物完全分解成二氧化碳和水。灼烧温度提高到 950℃ 时碳酸钙、碳酸镁完全分解。因此 550℃ 失重表示了有机物的含量；950℃ 失重表示了碳酸盐分解的 CO_2 的质量，由此可得出碳酸钙或碳酸镁的含量。灼烧减重是各种物理化学反应使质量增加或减少的总和，碳酸钠在这一温度下不分解，亚铁却被氧化为三氧化二铁，会使质量增加。

①550℃灼烧减重：在称取测定水分试样时，同时称一份 0.5g（准确至 0.2mg）试样置于已在 950℃ 灼烧恒重的瓷坩埚内，称重，然后在高温炉中从低温逐渐升至（550±10）℃，灼烧 1h，取出坩埚，在空气中稍冷，置于干燥器中冷却 45min，称量。再于高温炉内灼烧 0.5h，取出，冷却，称量。重复上述操作至恒重（连续两次称量差小于 0.6mg）。记录质量。550℃灼烧减重 X 为

$$X = \frac{G_1 - G_2}{G(1-T)} \times 100\% \tag{14-2}$$

式中　G_1——550℃灼烧前试样和坩埚的总质量，g；

　　　G_2——550℃灼烧后试样和坩埚的总质量，g；

G——试样的质量，g；

T——试样中水分的百分含量。

②550～950℃灼烧减重：将550℃已恒重的试样连同坩埚再移入高温炉内，继续升温至950℃并灼烧1h，取出坩埚，在空气中稍冷，放入干燥器内冷却45min，称量。重复以上操作直至恒重。记录质量。550～950℃的灼烧减重 X 为

$$X = \frac{G_2 - G_3}{G(1 - T)} \times 100\% \tag{14-3}$$

式中　G_3——950℃灼烧后试样和坩埚的总质量，g。

试样中有机物的含量 X 可用下式计算

$$X = \frac{G_1 - G_2 - GT}{G(1 - T)} \times 100\% \tag{14-4}$$

三、硫化亚铁含量的测定

试样中的硫化亚铁与非氧化性酸（盐酸或稀硫酸）反应生成的硫化氢气体能被醋酸镉和醋酸锌混合溶液吸收，产生硫化镉和硫化锌沉淀。向溶液中加入过量碘标准溶液，剩余的碘以淀粉为指示剂用硫代硫酸钠标准溶液滴定，即可求得硫化亚铁的含量。反应如下

$$FeS + 2HCl \rightarrow FeCl_2 + H_2S \uparrow$$
$$H_2S + Zn(Ac)_2 \rightarrow ZnS \downarrow + 2HAc$$
$$H_2S + Cd(Ac)_2 \rightarrow CdS \downarrow + 2HAc$$
$$ZnS + 2HAc + I_2 \rightarrow Zn(Ac)_2 + 2HI + S \downarrow$$
$$CdS + 2HAc + I_2 \rightarrow Cd(Ac)_2 + 2HI + S \downarrow$$

1. 药品试剂

①0.2%淀粉溶液。0.2g淀粉溶于100mL沸水中。

②铜标准溶液 $c(Cu) = 0.0030$ mol/L。准确称取0.1906g纯铜丝于250mL烧杯中，加入（1+3）硝酸5mL，加热溶解后煮沸去除氧化氮，冷至室温，移入1000mL容量瓶中，稀释至刻度，摇匀。

③硫代硫酸钠标准溶液 $c(Na_2S_2O_3) = 0.003$ mol/L。称取0.98g硫代硫酸钠于烧杯中，加0.2g碳酸钠，用水溶解并稀释至1000mL，摇匀，两周后标定。

吸取20.0mL铜标准溶液于250mL锥形瓶中，加2g碘化钾固体摇匀，溶解后用硫代硫酸钠溶液滴定至淡黄色时加2mL淀粉溶液，再继续滴定至蓝色消失为终点。硫代硫酸钠溶液的浓度为：

$$c_{Na_2S_2O_3} = \frac{c(Cu) \cdot V_1}{V} \text{mol/L} \tag{14-5}$$

式中　$c(Cu)$——铜标准溶液的浓度，mol/L；

　　　V_1——所取铜标准溶液的体积，mL；

　　　V——滴定消耗硫代硫酸钠溶液的体积，mL。

④碘标准溶液 $c(\frac{1}{2}I_2) = 0.003$ mol/L。称取0.4g碘于已盛有23g碘化钾的烧杯中，加水溶解并稀释至1000mL，贮于棕色瓶中，摇匀。

吸取20.0mL碘溶液于250mL锥形瓶中，加（1+1）盐酸5mL，加水至100mL，用

硫代硫酸钠溶液滴定至淡黄色时加 2mL 淀粉溶液继续滴定至蓝色消失为终点。碘标准溶液的浓度为：

$$c\left(\frac{1}{2}I_2\right) = \frac{c_{Na_2S_2O_3} \cdot V_1}{V} mol/L \qquad (14-6)$$

式中　V_1——滴定消耗硫代硫酸钠溶液的体积，mL；

　　　V——所取碘标准溶液体积，mL。

⑤硫化氢吸收液。称取 10g 醋酸镉和 30g 醋酸锌于 250mL 烧杯中，加冰醋酸 40～50mL，再加 200mL 水溶解后稀释至 1000mL，摇匀。

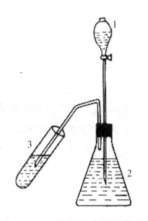

图 14-1　硫化亚铁测定装置图
1—分液漏斗；2—250mL 锥形瓶；
3—吸收管

2. 操作步骤

称取 0.5g（称准至 0.2mg）沉积物试样两份，一份供测定水分用（见本节上述内容），另一份置于 250mL 锥形瓶中。按图 14-1 安装好测定装置。

于试管中加 40mL 吸收液，分液漏斗中加（1+1）盐酸 50mL，打开分液漏斗的活塞，待盐酸溶液全部流入锥形瓶中后关闭活塞，用酒精灯小火加热使试样溶解，气泡在吸收管中均匀冒出，直至驱尽硫化氢。为了使锥形瓶中的硫化氢完全赶入吸收管中，将洗耳球插入分液漏斗瓶口，打开分液漏斗的活塞向漏斗内压气，关闭活塞后再移开洗耳球。此时试液由黄色变为无色。移开吸收管后停止加热，向吸收液中加入碘标准溶液 15.0mL，搅拌使硫化物沉淀溶解，并与碘反应完全。

将溶液转入 250mL 锥形瓶中，立即用硫代硫酸钠标准溶液滴定至淡黄色时加 2mL 淀粉溶液，继续滴定至蓝色消失，用此溶液洗涤吸收管，再转回锥形瓶中，若又显蓝色再继续滴定至蓝色消失为终点。

沉积物中硫化亚铁的百分含量 X 为：

$$X = \frac{\left[c\left(\frac{1}{2}I_2\right)V - c_{Na_2S_2O_3}V_1\right] \times 44.0}{G(1-T) \times 1000} \times 100\% \qquad (14-7)$$

式中　$c\left(\frac{1}{2}I_2\right)$——碘标准溶液的浓度，mol/L；

　　　V——碘标准溶液的体积，mL；

　　　V_1——硫代硫酸钠溶液的体积，mL；

　　　G——试样的质量，g；

　　　T——试样中水分的百分含量；

　　　44.0——$\frac{1}{2}$FeS 的摩尔质量，g/mol。

3. 注意事项

溶液和酸中不得混入氧化性物质，三氧化二铁影响测定，故取样后必须立即测定；同时作空白试验，测定结果应减空白；加盐酸和加热时，反应不能激烈，否则应暂停加热或暂停加酸，反应缓和后再加。

四、二氧化碳含量的测定

底质中或多或少地含有碳酸盐、重碳酸盐，尤其是水垢中碳酸盐的含量是较高的，所以根据二氧化碳的含量可计算出底质中碳酸盐的含量，以确定沉积物的类型。定量测定之前应先作一个定性试验。即在试样中加入盐酸，将逸出的气体通入含氢氧化钙或氢氧化钡的溶液中，若产生浑浊说明含二氧化碳，进而进行定量分析，否则可断言不含二氧化碳。

试样经酸分解放出的二氧化碳，除去杂质和水分后用乙醇-乙醇胺溶液吸收，以百里酚酞为指示剂，用乙醇-乙醇胺-氢氧化钾标准溶液进行酸碱非水滴定。该法所测是二氧化碳总量。

1. 试剂

①乙醇-乙醇胺吸收液。将 900mL 无水乙醇与 100mL 乙醇胺混匀，再加 100mg 百里酚酞，混匀。

②乙醇-乙醇胺-氢氧化钾标准溶液。0.70g 氢氧化钾溶于 1000mL 无水乙醇中，取 900mL 上层清液与 100mL 乙醇胺混匀，加 100mg 百里酚酞混匀。贮于塑料瓶中。此溶液浓度 c（KOH）＝0.012mol/L。

2. 操作步骤

按图 14 - 2 连接好装置并确认不漏气后，向非水定碳吸收器中注入吸收液至超过砂芯板 1cm，通氧气并控制流量为 1L/min，此时吸收液的颜色由浅绿色变为淡黄色，从滴定管中滴加氢氧化钾标准溶液至恰为稳定淡绿色。

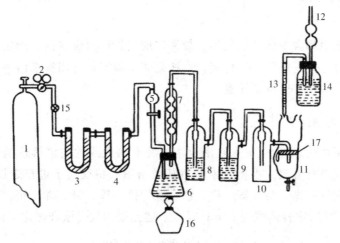

图 14 - 2　二氧化碳测定装置图

1—氧气瓶；2—减压阀；3—钠石灰；4—烧碱石棉；5—分液漏斗；6—锥形瓶；7—球形冷凝管；
8—3% 硫酸铜；9—浓硫酸；10—缓冲瓶；11—非水定碳吸收器；12—内盛烧碱石棉干燥管；
13—碱式滴定管；14—内盛氢氧化钾滴定液的细口瓶；15—三通活塞；16—酒精灯；17—砂芯板

准确称取 10～20mg（准至 0.2mg）基准碳酸钙（105～110℃干燥），置于 250mL 锥形瓶中，加 40mL 水，按图 14 - 2 与分液漏斗、冷凝管连接。先关上分液漏斗的活塞，打开顶端橡皮塞加入 10mL（1+1）磷酸溶液，塞紧橡皮塞，打开活塞，通入氧气（流量为 1L/min），待磷酸全部流入锥形瓶后，吸收液的颜色若有变化，立即滴入氢氧化钾标准溶液至砂芯板以上溶液保持淡绿色。用酒精灯加热 10min，吸收液逐渐变黄，立即滴入氢氧化钾溶液至淡绿色为终点。移去酒精灯，将三通活塞转向大气，关上氧气瓶减压阀开关，立即取下锥形瓶，打开吸收器下部的活塞放掉部分吸收液，使液面仍超过砂芯板 1cm。

标准溶液的浓度按下式计算

$$c_{KOH} = \frac{W \times 0.440}{M_{CO_2} \cdot V} mol/L \qquad (14-8)$$

式中　W——碳酸钙的质量，mg；

　　　V——消耗氢氧化钾溶液的体积，mL；

　0.440——碳酸钙对二氧化碳的换算因数；

　M_{CO_2}——二氧化碳的摩尔质量，g/mol。

测定称取 0.5g（准至 0.2mg）试样于 250mL 锥形瓶中，加水 40mL，以下操作按上述标定操作进行。

3. 结果计算

试样中二氧化碳的百分含量 X 为：

$$X = \frac{c_{KOH} \cdot V \times M_{CO_2}}{G(1-T) \times 1000} \times 100\% \qquad (14-9)$$

式中　c_{KOH}——氢氧化钾溶液的浓度，mol/L；

　　　V——滴定时消耗的标准溶液体积，mL；

　　　G——试样的质量，g；

　　　T——试样中水分的百分含量。

4. 注意事项

蒸馏水、试剂中都含少量二氧化碳，故测定前应先作两份空白；测定时同时称两份试样，一份测定水分，另一份测二氧化碳；本法是非水滴定，所用标准溶液、吸收液以及它们的容器都不允许含水，要特别注意。

五、金属元素的测定

沉积物样品用盐酸/硝酸（王水）混合溶液经电热板或微波消解仪消解后，用电感耦合等离子体质谱仪进行检测。根据元素的特征质谱图或特征离子进行定性，内标法定量。本方法适用于沉积物种镉、钴、铜、铬、锰、镍、铅、锌、钒、砷、钼、锑的测定。当取样量为 0.10g，消解后定容体积为 50mL 时，上述元素的检出限和测定下限见表 14-1。

表 14-1　方法检出限和测定下限　　　　　　　　　　　　　　　mg/kg

元素		镉	钴	铜	铬	锰	镍	铅	锌	钒	砷	钼	锑
电热板消解	检出限	0.07	0.03	0.5	2.0	0.7	2.0	2.0	7.0	0.7	0.6	0.1	0.3
	测定下限	0.28	0.12	2.0	8.0	2.8	8.0	8.0	28.0	2.8	2.4	0.4	1.2
微波消解	检出限	0.09	0.04	0.6	2.0	0.4	1.0	2.0	1.0	0.4	0.4	0.05	0.08
	测定下限	0.36	0.16	2.4	8.0	1.6	4.0	8.0	4.0	1.6	1.6	0.20	0.32

试样由载气带入雾化系统进行雾化后，目标元素以气溶胶形式进入等离子体的轴向通道，在高温和惰性气体中被充分蒸发、解离、原子化和电离，转化成带电荷的正离子经离

子采集系统进入质谱仪，质谱仪根据离子的质荷比进行分离并定性、定量分析。在一定浓度范围内，离子的质荷比所对应的响应值与其浓度成正比。

1. 试剂药品

①盐酸。

②硝酸。

③（3＋1）盐酸-硝酸溶液（王水）。

④单元素标准储备液。用高纯度的金属（纯度大于 99.99％）或金属盐类（基准或高纯试剂）配制成 100～1000mg/L 含硝酸溶液（0.5mol/L）的标准储备溶液，溶液酸度保持在 1.0％（V/V）。

⑤多元素混合标准储备液（10mg/L）。用 0.5mol/L 硝酸溶液稀释单元素标准储备液配制。

⑥多元素标准使用液（200μg/L）。用 0.5mol/L 硝酸溶液稀释④或⑤配制成多元素混合标准使用液。

⑦内标标准储备液（10mg/L）。宜选用 ^{6}Li、^{45}Sc、^{74}Ge、^{89}Y、^{103}Rh、^{115}In、^{185}Re、^{209}Bi 为内标元素。可用高纯度的金属（纯度大于 99.99％）或金属盐类（基准或高纯试剂）配制。介质为 0.5mol/L 硝酸溶液。

⑧内标标准使用液（100μg/L）。用 0.5mol/L 硝酸溶液稀释内标储备液配制成内标标准使用液。对于不同仪器使用的蠕动泵管管径不同，在线加入内标时，加入的浓度也不同，因此在配制内标标准使用液时应使内标元素在试样中的浓度为 10μg/L～50μg/L。

⑨调谐液（10μg/L）。宜选用含有 Li、Be、Mg、Y、Co、In、Tl、Pb 和 Bi 元素的溶液为质谱仪的调谐溶液。可用高纯度的金属（纯度大于 99.99％）或金属盐类（基准或高纯试剂）配制。

所有元素的标准溶液配制后均应在密闭的聚乙烯或聚丙烯瓶中保存。

2. 仪器和设备

①电感耦合等离子体质谱仪：能够扫描的质量范围为 5～250amu，分辨率在 10％峰高处的缝宽应介于 0.6～0.8amu。

②温控电热板：控制精度±0.2℃，最高温度可设定至 250℃。

③微波消解仪：输出功率 1000～1600W。具有可编程控制功能，可对温度、压力和时间（升温时间和保持时间）进行全程监控；具有安全防护功能。

④分析天平：精度 0.0001g。

⑤聚四氟乙烯密闭消解罐：可抗压、耐酸、耐腐蚀，具有泄压功能。

⑥尼龙筛：0.15mm（100 目）。

⑦玻璃漏斗。

3. 操作步骤

（1）样品预处理

底质样品取一部分按上述方法测定含水率。另一部分风干、磨碎后过 0.15mm 尼龙筛，避免沾污和待测元素损失。移取 15mL 王水于 100mL 锥形瓶中，加 3 粒或 4 粒小玻璃珠，放上玻璃漏斗于电热板上加热至微沸，使王水蒸汽浸润整个锥形瓶内壁约 30min，冷却后弃去，用实验用水洗净锥形瓶内壁，晾干待用。

①电热板消解

称取待测样品 0.1g（精确至 0.0001g），置于上述已准备好的 100mL 锥形瓶中，加入 6mL 王水溶液，放上玻璃漏斗，于电热板上加热，保持王水处于微沸状态 2h（保持王水蒸汽在瓶壁和玻璃漏斗上回流，但反应不能过于剧烈而导致样品溢出）。消解结束后静置冷却至室温，用慢速定量滤纸将提取液过滤收集于 50mL 容量瓶。待提取液滤尽后，用少量硝酸溶液（0.5mol/L）清洗玻璃漏斗、锥形瓶和滤渣至少 3 次，洗液一并过滤收集于容量瓶中，用实验用水定容至刻度。

②微波消解

称取待测样品 0.1g（精确至 0.0001g），置于聚四氟乙烯密闭消解罐中，加入 6mL 王水。将消解罐安置于消解罐支架，放入微波消解仪中，按表 14-2 的微波消解参考程序进行消解，消解结束后冷却至室温。打开密闭消解罐，用慢速定量滤纸将提取液过滤收集于 50mL 容量瓶中。待提取液滤尽后，用少量硝酸溶液（0.5mol/L）清洗聚四氟乙烯消解罐的盖子内壁、罐体内壁和滤渣至少 3 次，洗液一并过滤收集于容量瓶中，用实验用水定容至刻度。也可参照微波消解仪说明书，优化其功率、升温时间、温度、保持时间等参数。

表 14-2　微波消解参考程序

步骤	升温时间/min	目标温度/℃	保持时间/min
1	5	120	2
2	4	150	5
3	5	185	40

不加样品，参照上述相同步骤制备空白试样。

（2）操作步骤

①仪器调谐

点燃等离子体后，仪器预热稳定 30min。应质谱仪调谐液对仪器的灵敏度、氧化物和双电荷进行调谐，在仪器的灵敏度、氧化物和双电荷满足要求的条件下，质谱仪给出的调谐液中所含元素信号强度的相对标准偏差应≤5%。在涵盖待测元素的质量范围内进行质量校正和分辨率校验，如质量校正结果与真实值差值超过±0.1amu 或调谐元素信号的分辨率在 10% 峰高处所对应的峰宽超过 0.6～0.8amu 的范围，应按照仪器使用说明书对质谱仪进行校正。

②仪器参考条件

仪器参考条件见表 14-3，推荐使用和同时检测的同位素以及对应内标物见表 14-4。

表 14-3　仪器参考条件

功率	雾化器	采样锥和截取锥	载气流速	采样深度	内标加入方式	检测方式
1240W	高盐雾化器	镍	1.10L/min	6.9mm	在线加入内标：锗、铟、铋等多元素混合标准溶液	自动测定 3 次

表 14-4　推荐使用和同时检测的质量数以及对应内标物

元素	质量数	内标	元素	质量数	内标
镉	111，114	Rh 或 In	铅	206，207，208	Re 或 Bi
钴	59	Sc 或 Ge	锌	66，67，68	Ge
铜	63，65	Ge	钒	51	Sc 或 Ge
铬	52，53	Sc 或 Ge	砷	75	Ge
锰	55	Sc 或 Ge	钼	95，98	Rh
镍	60，62	Sc 或 Ge	锑	121，123	Rh 或 In

注：下划线标识为推荐使用的质量数。

③标准曲线的绘制

分别移取一定体积的多元素标准使用液于同一组 100mL 容量瓶中，用 0.5mol/L 硝酸稀释定容至刻度，混匀。以 0.5mol/L 硝酸溶液为标准系列的最低浓度点，另制备至少 5 个浓度点的标准系列。标准系列浓度见表 14-5。内标标准使用液可直接加入标准系列中，也可通过蠕动泵在线加入。内标应选择试样中不含有的元素，或浓度远大于试样本身含量的元素。按优化的仪器参考条件，将标准系列从低浓度到高浓度依次导入雾化器进行分析，以各元素的质量浓度为横坐标，对应的响应值和内标响应值的比值为纵坐标，建立标准曲线。标准曲线的浓度范围可根据测定实际需要进行调整。

表 14-5　标准系列溶液浓度　　　　　　　　　　　　　　　　　　μg/L

元素	C_0	C_1	C_2	C_3	C_4	C_5
镉	0	0.2	0.4	0.6	0.8	1.0
钴	0	10.0	20.0	40.0	60.0	80.0
铜	0	25.0	50.0	75.0	100	150
铬	0	25.0	50.0	100	150	200
锰	0	200	400	600	800	1000
镍	0	10.0	20.0	50.0	80.0	100
铅	0	20.0	40.0	60.0	80.0	100
锌	0	20.0	40.0	80.0	160	320
钒	0	20.0	40.0	80.0	160	320
砷	0	10.0	20.0	30.0	40.0	50.0
钼	0	1.0	2.0	3.0	4.0	5.0
锑	0	1.0	2.0	3.0	4.0	5.0

④试样的测定

每个试样测定前，用（2＋98）硝酸溶液冲洗系统直至信号降至最低，待分析信号稳定后开始测定。按照与建立标准曲线相同的仪器参考条件和操作步骤进行试样的测定。若试样中待测目标元素浓度超出标准曲线范围，需稀释后重新测定，稀释液用 0.5mol/L 硝酸溶液，稀释倍数为 f。

按照上述试样测定相同的仪器参考条件和操作步骤测定实验室空白试样。

4. 结果计算

沉积物样品中各金属元素的含量 w（mg/kg）按下式计算：

$$w = \frac{(\rho - \rho_0) \times V \times f}{m \times (1 - T)} \times 10^{-3} \qquad (14-10)$$

式中　w——沉积物样品中金属元素的含量，mg/kg；

　　　ρ——由标准曲线计算所得试样中金属元素的质量浓度，μg/L；

　　　ρ_0——实验室空白试样中该金属元素的质量浓度，μg/L；

　　　V——消解后试样的定容体积，mL；

　　　f——试样的稀释倍数；

　　　m——称取过筛后样品的质量，g；

　　　T——沉积物样品含水率，％。

5. 注意事项

实验所用的玻璃器皿必须使用（2+98）硝酸溶液浸泡 24h，依次用自来水和实验用水洗净后方可使用。为了保证仪器的稳定性和实验的准确性，应参照仪器说明书，定期或测定一定数量样品后对仪器的雾化器、矩管、采样锥和截取锥进行清洗。使用微波消解样品时，注意消解罐使用的温度和压力限制，消解前后应检测消解罐密封性。

第十五章　常用水处理剂的分析

为了全面控制水处理剂的质量，在水处理剂的生产、销售、使用过程中，必须运用各种有效的方法，包括物理的、化学的和物理化学等方法，对水处理剂进行分析和检测，从而发现问题，解决问题，促进生产，提高质量。

按功能不同，水处理剂包括絮凝剂、阻垢剂、缓蚀剂、杀生剂等。文章介绍一些常用的水处理剂的主要质量指标的分析和测定。

第一节　水处理剂分析的基本内容

水处理剂分析的基本内容包括：水处理剂的鉴别、有效成分含量的测定、杂质的检查三部分。

一、水处理剂的鉴别

依据水处理剂的化学结构与物理化学性质，对其有效组分的某些物理化学性质进行分析和测定，以判别水处理剂的真伪和优劣。

水处理剂的外观、色泽、气味、溶解度、澄清度、固体的晶型等都能较直观的反应水处理剂的真伪和质量，对鉴别有着直接的帮助。

鉴别水处理剂的手段如下：

①物理常数的测定：如液体药剂的密度、黏度、固体药剂的熔点等；

②光谱或其他谱特征的获得：如紫外光谱、红外光谱、核磁共振谱等；

③pH 值：一般以 1‰ 水溶液的 pH 值为依据；

④主要的化学反应：如官能团反应、离子反应等。

在鉴别水处理剂时，不能以某一个鉴别试验作为判断的唯一依据，要联系其他有关项目的结果全面考察、综合分析，才能做出正确可靠的判断。

二、有效成分含量的测定

一般采用化学分析或仪器分析的方法，如容量法、重量法等，通过测定可以确定水处理剂中有效成分含量的多少，看是否符合质量要求。

三、杂质的检查

水处理剂的生产步骤较少，许多采取一步法，因此必然会含有各种杂质。其主要来源包括：

①原料不纯引入的杂质，例如三氯化磷不纯常会有五价磷的化合物存在；有机膦酸类

水处理剂中常含有正磷酸；

②原料没有反应完全，例如缓蚀剂 EDTMP（乙二胺四亚甲基膦酸）中的乙二胺就是因反应不完全残留的；

③反应的中间物或反应的副产品，例如有机膦酸类水处理剂中的氯离子和亚磷酸均是中间产物；

④生产设备和管道在生产过程中因腐蚀而引入的铁离子，等等。

水处理剂中的杂质并不需要全部的检查，需要检查的杂质有：首先是影响药剂效果的物质，例如聚丙烯酸中的游离单体等；其次是对水处理效果有影响的物质，例如 Cl^-，它本身对设备有较强的腐蚀作用，因而常要检查；第三是有毒性的物质，例如 EDTMP 中的乙二胺。

杂质检查项目也和工艺过程有密切关系。用三氯化磷生产的羟基亚乙基二膦酸（HEDP）就需要检查 Cl^-，而用亚磷酸生产的 HEDP 就不需要检查 Cl^-，因为生产原料不同了。

杂质检查可用化学或仪器分析的方法进行，可测其准确含量，也可以采用限量检查法，只要小于某个标准试样的含量就可以了。水处理剂的质量高低，在很大程度上决定着水处理效果的好坏。质量的高低在明确药剂成分的前提下，主要看杂质的多少和有效组分含量的高低。

第二节　絮凝剂

一、硫酸铝的分析

硫酸铝作为无机絮凝剂用于水处理，历史悠久，是较重要的无机絮凝剂之一。硫酸铝分子式为 $Al_2(SO_4)_3 \cdot xH_2O$，含有不同数量的结晶水，常用的是 $Al_2(SO_4)_3 \cdot 18H_2O$，易溶于水，水溶液呈酸性，当水温低时硫酸铝水解困难。在使用时对水的有效 pH 值范围较窄，约在 5.5～8 之间。可用于饮用水的净化、工业循环冷却水的处理及工业污水的处理等。但也存在着成本高、腐蚀性大、有时处理效果不理想等不足之处，所以近年来，部分场合逐渐被新开发的絮凝剂，如聚合氯化铝等所占领。

硫酸铝固体产品为白色或微带灰色的粒状或块状。溶液产品为微绿色或微灰黄色，其技术指标应符合表 15-1 的要求。

表 15-1　硫酸铝技术指标

指标项目	指标			指标项目	指标		
	固体		溶液		固体		溶液
	一等品	合格品			一等品	合格品	
氧化铝（Al_2O_3）含量/% ≥	15.60	15.60	7.80	pH 值（1%水溶液）≥	3.0	3.0	3.0
铁（Fe）含量/% ≤	0.52	0.70	0.25	砷（As）含量/% ≤	0.0005	0.0005	0.0003
水不溶物含量/% ≤	0.15	0.15	0.15	重金属（以 Pb 计）含量/% ≤	0.002	0.002	0.001

注：工业水处理用的产品不检验 As 和 Pb。

1. 氧化铝含量的测定

试样中铝与已知过量的乙二胺四乙酸二钠反应，生成络合物，在 pH 约为 6 时，用二甲酚橙为指示剂，以锌标准溶液滴定过量的乙二胺四乙酸二钠。

（1）试剂

①乙酸钠溶液：272g/L。

②氯化锌标准溶液（0.02mol/L）。

③乙二胺四乙酸二钠（EDTA）标准溶液（0.05mol/L）。

④二甲酚橙（2g/L）溶液。

（2）操作步骤

称取约 5g 固体试样或 10g 溶液试样，精确至 0.0002g，置于 250mL 烧杯中，用约 100mL 水加热溶解（必要时过滤），冷却后，全部转移到 500mL 容量瓶中，用水稀释至刻度，摇匀。

用移液管移取 20mL，此试验溶液，置于 300mL 锥形瓶中，准确加入 20mL EDTA 标准溶液，煮沸 1min。冷却后加入 5mL 乙酸钠溶液和 2 滴二甲酚橙指示液。用氯化锌标准溶液滴定至浅粉红色。记录消耗体积 V。

按上述方法同时做空白试验。

（3）结果计算

以质量分数表示氧化铝的含量 X_1 按下式计算

$$X_1 = \frac{0.05098c(V_0 - V)}{m \times \frac{20}{500}} \times 100\% - 0.9128X_2 \qquad (15-1)$$

式中　c——氯化锌标准溶液的实际浓度，mol/L；

　　　V_0——空白试验所消耗氯化锌标准溶液的体积，mL；

　　　V——试验溶液所消耗氯化锌标准溶液的体积，mL；

　　　m——试料质量，g；

　　　X_2——下述铁含量测定中测出的铁（Fe）含量。

2. 铁含量的测定

用抗坏血酸将试液中的三价铁还原成二价铁，在 pH2～9 时，二价铁离子可与邻菲罗啉生成橙红色络合物，用分光光度法测定其吸光度。测定试剂药品和校准曲线等详见第十三章铁的测定。

（1）操作步骤

①试验溶液的制备：称取约 3g 固体试样或 5g 溶液试样，精确至 0.01g，置于 250mL 烧杯中，加热 100mL 水和 2mL（1+1）盐酸溶液，加热溶解并煮沸 5min。冷却后全部转移至 500mL 容量瓶中，用水稀释至刻度，摇匀。

②空白试验溶液的制备：不加试样，其他操作同①所述。

③显色及测定吸光度：用移液管移取 5mL 试验溶液和 5mL 空白试验溶液，分别置于 100mL 烧杯中。以下操作同标准曲线操作。

（2）结果计算

铁的百分含量 X_2 为：

$$X_2 = \frac{m_1 - m_0}{m \times 1000 \times \frac{5}{500}} \times 100\% = \frac{(m_1 - m_0)}{10m} \times 100\% \qquad (15-2)$$

式中　m_1——根据测得的试验溶液吸光度从工作曲线上查出的铁含量，mg；

　　　m_0——根据测得的空白试验溶液吸光度，从工作曲线上查出的铁含量，mg；

　　　m——试料质量。

3. 水不溶物含量的测定

用水溶解试样，用坩埚式过滤器过滤，残渣干燥后称量。

（1）仪器试剂

①坩埚式过滤器。滤板孔径为 $5\sim15\mu m$。

②氯化钡（$BaCl_2 \cdot 2H_2O$）溶液（100g/L）。

（2）操作步骤

称取约 20g 试样，精确至 0.01g，置于 250mL 烧杯中，加 100mL 水，加热溶解。趁热用已于 105~110℃干燥至质量恒定的坩埚式过滤器过滤，用热水洗涤至无硫酸根离子为止（氯化钡溶液检验），于 105~110℃下干燥至质量恒定。

（3）结果计算

以质量分数表示的水不溶物含量（X_3）按下式计算：

$$X_3 = \frac{m_2 - m_1}{m} \times 100\% \qquad (15-3)$$

式中　m_1——坩埚式过滤器的质量，g；

　　　m_2——水不溶物与坩埚式过滤器的质量，g；

　　　m——试料质量，g。

4. pH 值的测定

试样溶于水后，用配有玻璃测量电极和甘汞参比电极的酸度计测量试验溶液的 pH 值。

称取 (1.00 ± 0.01) g 试样，置于 100mL 烧杯中，加约 50mL 不含二氧化碳的水溶解，全部转移到 100mL 容量瓶中，用不含二氧化碳的水稀释至刻度，摇匀。用酸度计测量溶液的 pH 值。所得结果应表示至一位小数。

5. 砷含量的测定

在酸性介质中，金属锌将砷化物还原为砷化氢。砷化氢在溴化汞试纸上形成棕黄色砷斑，与标准砷斑进行比较。

（1）试剂药品

①无砷锌。

②氯化亚锡盐酸溶液（400g/L）。称取 4g 氯化亚锡（$SnCl_2 \cdot 2H_2O$）加浓盐酸 10mL 溶解，用水稀释至 10mL，加入数粒金属锡粒，贮于棕色试剂瓶中。

③砷标准贮备液。准确称取 0.1320g 于硫酸干燥器中干燥至质量恒定的三氧化砷。温热溶于 1.2mL 氢氧化钠（100g/L）溶液中，移入 1000mL 容量瓶中，稀释至刻度。此贮备液每 1mL 含有 0.1mg 砷。

④砷标准溶液。吸取 10mL 砷标准贮备液于 100mL 容量瓶中。加 1mL（1+9）硫酸溶液加水稀释至刻度，混匀。临用时吸取此溶液 10mL 放于 100mL 容量瓶中加水稀释至

刻度，此溶液 1mL 含有 0.001mg 砷。

⑤乙酸铅溶液（100g/L）。溶解 10g 乙酸铅 [Pb（CH₃COO）₂·3H₂O] 于 100mL 水中，并加入几滴 c（CH₃COOH）＝6mol/L 的乙酸溶液。

⑥乙酸铅棉花。取脱脂棉花，用乙酸铅溶液浸泡 2h 后，使其自然干燥或于 100℃烘箱烘干后，保存在密闭的瓶中。

⑦溴化汞试纸。

⑧碘化钾。

（2）操作步骤

称取约 5g 试样，精确至 0.01g，溶解后，全部转移到 100mL 容量瓶中，用水稀释至刻度，摇匀。用移液管移取 20mL 试验溶液，置于广口瓶中，反应装置见图 13-15，加 5mL 盐酸，1g 碘化钾和 5 滴氯化亚锡溶液，摇匀后放置 10min。加 2g 无砷锌，立即将已装好乙酸铅棉花及溴化汞试纸的玻璃管装上并塞紧。在 25～30℃下于暗处放置 1h。取出溴化汞试纸，其颜色不得深于如下标准。

标准：对于固体硫酸铝，用移液管移取 5mL 砷标准溶液；对于溶液硫酸铝，用移液管移取 3mL 砷标准溶液，加水至 20mL，与试验溶液同时同样方法处理。

6. 重金属含量的测定

在酸性介质中，重金属离子与硫化氢溶液反应，溶液呈棕黄色，与标准溶液进行比较。

（1）试剂药品

①冰乙酸溶液（1＋2）。

②饱和硫化氢水：现用现配。

③盐酸羟胺溶液（200g/L）。

④铅标准贮备液。称取 0.159g 经 110℃烘烤过的硝酸铅 [Pb（NO₃）₂] 溶于含有 1mL 浓硝酸的水中，并用水稀释至 1000mL，此溶液 1.00mL 含 0.100mg 铅。

⑤铅标准溶液。1mL 含 0.010mgPb。现用现配。

（2）操作步骤

称取约 5g 固体试样或 10g 溶液试样，精确至 0.01g，置于 250mL 烧杯中，加适量水溶解，全部转移到 100mL 容量瓶中，用水稀释至刻度，摇匀（必要时干过滤）。

用移液管移取 20mL 试验溶液，置于 50mL 比色管中，加 0.5mL 乙酸溶液，5mL 盐酸羟胺溶液，开口摇动 10min，加 10mL 饱和硫化氢水，加水至刻度，摇匀。试液所呈颜色不得深于如下标准。

标准：用移液管移取 2mL 铅标准溶液，与试样同时同样处理。

二、硫酸铝钾

硫酸铝钾分子式：KAl（SO₄）₂·12H₂O 或 Al₂（SO₄）₃·K₂SO₄·24H₂O。也称钾明矾，该产品的制造方法因原料而异，不过国内常用的方法是以明矾为原料。硫酸铝钾也是无机絮凝剂的一种，可用于工业用水、工业污水处理。硫酸铝钾技术指标见表 15-2。

表 15-2　硫酸铝钾技术指标

项目		指标		
		优等品	一等品	合格品
硫酸铝钾含量（干基计）/%	≥	99.2	98.6	97.6
铁（Fe）含量（干基计）/%	≤	0.01	0.01	0.05
重金属（以 Pb 计）含量/%	≤	0.002	0.002	0.005
砷（As）含量/%	≤	0.0002	0.0005	0.001
水不溶物含量/%	≤	0.2	0.4	0.6
水分含量/%	≤	1.0	1.5	2.0

1. 硫酸铝钾含量的测定

在酸性介质中，EDTA 与铝形成络合物，用硝酸铅返滴定过量的 EDTA，从而确定硫酸铝钾的含量。

（1）试剂药品

①（1+4）盐酸溶液。

②（1+1）氨水溶液。

③乙酸-乙酸钠缓冲溶液（pH≈6）。

④乙二胺四乙酸二钠（EDTA）标准溶液（0.05mol/L）。

⑤硝酸铅标准溶液（0.05mol/L）。

⑥二甲酚橙指示液（2g/L）。

⑦刚果红试纸。

（2）操作步骤

将试样研磨，过孔径为 355μm 和 250μm 的试验筛。将粒径在 250～355μm 的试样，置于真空干燥箱中，于（35±2）℃，真空度为 80～93kPa 下干燥 1h。

称取研磨并经干燥的 5g 试样（精确至 0.0002g），置于 150mL 烧杯中，加 80mL 水，加热溶解。冷却后移入 250mL 容量瓶中，加 10 滴盐酸溶液，用水稀释至刻度。摇匀（混浊时可过滤，弃去初始滤液），此为溶液 A。

用移液管移取 50mL 溶液 A，置于 250mL 锥形瓶中，再用移液管移取 50mLEDTA 标准溶液，放入一小块刚果红试纸，然后用氨水溶液调至试纸呈紫红色（pH5～6），加 l5mL 乙酸-乙酸钠缓冲溶液，煮沸 3min，冷却后加 2～4 滴二甲酚橙指示液，用硝酸铅标准溶液滴定至橙黄色为终点。同时作空白试验。

（3）结果计算

以质量分数表示的硫酸铝钾[KAl(SO$_4$)$_2$·12H$_2$O]含量 X_1 按式（15-4）计算

$$X_1 = \frac{(V_0 - V) \cdot c \times 0.4744}{m \times \frac{50}{250}} \times 100\% - X_2 \times 8.49 = \frac{2.372 \cdot c(V_0 - V)}{m} \times 100\% - 8.49 X_2$$

$$(15-4)$$

式中　c——硝酸铅标准溶液的实际浓度，mol/L；

V_0——滴定空白所消耗的硝酸铅标准溶液的体积，mL；

V——滴定试验溶液所消耗的硝酸铅标准溶液的体积，mL；

X_2——按下述 2 测定的铁的质量分数，%；

m——试料质量，g；

0.4744——与 1.00mL 硝酸铅标准溶液 $\{c\,[Pb\,(NO_3)_2]\,=1.0001mol/L\}$ 相当的以克表示的硫酸铝钾的质量；

8.49——铁换算成硫酸铝钾的系数。

2. 铁含量的测定

用抗坏血酸将试液中的三价铁还原成二价铁，在 pH2～9 时，二价铁离子可与邻菲罗啉生成橙红色络合物，用分光光度法测定其吸光度。测定试剂药品和校准曲线等详见第三章铁的测定。

（1）操作步骤

用移液管移取 50mL（优等品、一等品）或 10mL（合格品）溶液 A，置于 100mL 容量瓶中，再取 50mL 水于另一个 100mL 容量瓶中，加水至约 60mL，用盐酸溶液调节 pH 约为 2，用精密 pH 试纸检验 pH。操作同标准曲线中铁测定操作。

（2）结果计算

以质量分数表示铁的百分含量 X_2 为：

$$X_2 = \frac{m_1 - m_0}{m \times \dfrac{V}{250} \times 1000} \times 100\% = \frac{(m_1 - m_0)}{4mV} \times 100\% \qquad (15-5)$$

式中　m_1——根据测得的试验溶液吸光度从工作曲线上查出的铁含量，mg；

m_0——根据测得的空白试验溶液吸光度，从工作曲线上查出的铁含量，mg；

V——移取溶液 A 的体积，mL；

m——试料质量。

3. 重金属含量的测定

酸性条件下，试液中的重金属离子与硫化氢进行沉淀，可用目视测定试液的浊度。

（1）试剂药品

①乙酸溶液：300g/L。

②饱和硫化氢水：现用现配。

③盐酸羟胺溶液。

④盐酸溶液（1+3）。

⑤铅标准溶液：1mL 含 0.010mg Pb。现用现配。

（2）操作步骤

称取 5.0g 研磨的试样（精确至 0.01g），置于 100mL 烧杯中，加水溶解，移入 100mL 容量瓶中，用水稀释至刻度，摇匀。干过滤，用移液管移取 20mL 滤液，置于 50mL 比色管中，加水至 25mL，加 5 滴盐酸溶液，0.1g 盐酸羟胺、0.5mL 乙酸溶液、10mL 硫化氢饱和溶液，用水稀释至刻度，摇匀。于暗处放置 10min，所呈颜色不得深于标准比色溶液。

标准比色溶液是移取 2mL（优等品、一等品）或 5mL（合格品）的铅标准溶液，置于 50mL 比色管中，从上段中"加水至 25mL……"开始，与试验溶液同时同样处理。

4. 砷含量的测定

在酸性介质中，金属锌将砷化物还原为砷化氢。砷化氢在溴化汞试纸上形成棕黄色砷斑，与标准砷斑进行比较。

（1）试剂药品

①无砷锌。

②氯化亚锡溶液 400g/L。

③砷标准溶液：1mL 含 0.0010mg As。

④乙酸铅棉花。

⑤溴化汞试纸。

⑥盐酸。

⑦碘化钾溶液 150g/L。

（2）操作步骤

称取约 1g 研磨后试样，精确至 0.01g，置于测砷瓶中，反应装置见图 13-15，加 25mL 水、加 5mL 盐酸，5mL 碘化钾溶液和 5 滴氯化亚锡溶液，摇匀后放置 10min。加 3g 无砷锌，立即将已装好乙酸铅棉花及溴化汞试纸的测砷管装上并塞紧。在 25～30℃下 于暗处放置 1h。取出溴化汞试纸，其颜色不得深于如下标准。

标准：移取 2mL（优等品）、5mL（一等品）、10mL（合格品）的砷标准溶液，置于 测砷瓶中，加水至 25mL，其他步骤与上述试样测定步骤相同，同时进行标准的处理。

5. 水不溶物含量的测定

测定方法同本节一、硫酸铝的分析中 3. 水不溶物含量的测定。

6. 水分的测定

在一定的温度和真空度下，将试样烘干，测定试样减少的质量。

（1）仪器和设备

①真空干燥箱：能控制在（35±2）℃，真空度为 80～93kPa（1mmHg＝133.322Pa）。

②称量瓶：d50mm×30mm。

③试验筛：R40/3 系列 d200mm×50mm/355μm，d200mm×50mm/250μm。

（2）操作步骤

将试样研磨，过孔径为 235.5μm 和 250μm 的试验筛过筛。用预先在（35±2）℃、真 空度为 80～93kPa 下质量恒定的称量瓶称量约 5g 粒径在 250～255μm 的试样（精确至 0.0002g），

置于真空干燥箱中，于（35±2）℃，真空度为 80～93kPa 下干燥 1h，称量。

（3）结果计算

以质量分数表示的水分 X_4 按下式计算：

$$X_4 = \frac{m-m_1}{m} \times 100\%$$ (15-6)

式中 m——干燥前试料的质量，g；

m_1——干燥后试料的质量，g。

三、氯化铁

分子式：$FeCl_3$。净水剂氯化铁产品有固体和液体两种形式。固体产品（I 型）为褐绿 色晶体，属于六方晶系；液体产品（II 型）为红棕色溶液。净水剂氯化铁系以铁屑为原

料，在高温下与氯气反应，制得无水氯化铁或氯化铁溶液。氯化铁技术指标见表 15－3。

氯化铁是一种常用的絮凝剂，极易溶于水，所形成的絮凝体沉淀性能好。氯化铁对高浊度水及低温低浊度水的净化效果优于硫酸铝等铝盐和硫酸亚铁，适宜的 pH 值范围也较宽。但其溶液具有强腐蚀性。

表 15－3　净水剂氯化铁技术指标

项目		指标					
		I 型			II 型		
		优等品	一等品	合格品	优等品	一等品	合格品
氯化铁（$FeCl_3$）含量/%	≥	98.7	96.0	93.0	44.0	41.0	38.0
氯化亚铁（$FeCl_2$）含量/%	≤	0.70	2.0	3.5	0.20	0.30	0.40
不溶物含量/%	≤	0.50	1.5	3.0	0.40	0.5	0.5
游离酸（HCl）含量/%	≤	—			0.25	0.40	0.50
砷（As）含量/%	≤	0.0020			0.0020		
铅（Pb）含量/%	≤	0.0040			0.0040		

1. 氯化铁含量的测定

在酸性条件下，三价铁和碘化钾反应析出碘，以淀粉作指示剂，用硫代硫酸钠标准溶液滴定。

（1）试剂

①碘化钾。

②硝酸银溶液 10g/L。

③盐酸溶液（1＋1）、（1＋49）。

④硫代硫酸钠标准溶液：$c(Na_2S_2O_3)$ 约 0.1mol/L。

⑤可溶性淀粉指示液 10g/L。

（2）操作步骤

于干燥洁净的称量瓶中称取约 10g I 型试样，或 20g II 型试样（约 15mL），精确至 0.001g，移入 250mL 烧杯中。对 I 型试料用（1＋49）盐酸溶液分次洗涤称量瓶，洗渣并入盛试料的烧杯中，加（1＋49）盐酸溶液至约 100mL，搅拌溶解，在（50±5）℃水溶液中保温 15min；对 II 型试料用水分次洗涤称量瓶，洗液并入盛试料的烧杯中，加水至约 100mL，搅拌。用已于 105~110℃干燥至质量恒定的坩埚式过滤器抽滤，用水洗涤残渣至洗液中不含氯离子（用硝酸银溶液检查）。将滤液和洗涤液移入 500mL 容量瓶中，加水至刻度，摇匀，即得试验溶液 A。试验溶液 A 用于氯化铁和氯化亚铁含量的测定。

保留坩埚和残液，用于不溶物含量的测定。

用移液管移取 25mL 试验溶液 A，置于 250mL 碘量瓶中，加 25mL 水，3g 碘化钾和 10mL（1＋1）盐酸溶液，盖好瓶塞，摇匀，于暗处放置 30min。用硫代硫酸钠标准溶液滴定至淡黄色，加入 3mL 淀粉指示液，继续滴定至蓝色消失。

同时做空白试验。

（3）结果计算

以质量分数表示的氯化亚铁含量 X_1 按下式计算：

$$X_1 = \frac{(V-V_0) \cdot c \times 0.1622}{m \times \dfrac{25}{500}} \times 100\% = \frac{324.4 \cdot c(V-V_0)}{m}\% \tag{15-7}$$

式中　c——硫代硫酸钠标准溶液的实际浓度，mol/L；

　　　V——滴定中消耗硫代硫酸钠标准溶液的体积，mL；

　　　V_0——空白试验消耗硫代硫酸钠标准溶液的体积，mL；

　　　m——试料的质量，g；

0.1622——与 1.00mL 硫代硫酸钠标准溶液 $[c(Na_2S_2O_3)=1.000mol/L]$ 相当的以克表示的氯化铁的质量。

2. 氯化亚铁含量的测定

在硫酸和磷酸介质中，以二苯胺磺酸钠作指示剂。用重铬酸钾标准溶液滴定。

（1）试剂药品

①磷酸。

②硫酸溶液（1+5）。

③重铬酸钾标准溶液：$c\left(\dfrac{1}{2}K_2Cr_2O_7\right)$ 约 0.05mol/L，临用前配制。

④二苯胺磺酸钠指示液（5g/L）。

（2）操作步骤

用移液管移取 100mL 试验溶液 A，置于 250mL 锥形瓶中，加入 20mL（1+5）硫酸溶液，5mL 磷酸和 3～4 滴二苯胺磺酸钠指示液，以重铬酸钾标准溶液滴定至蓝紫色。

（3）结果计算

以质量分数表示的氯化亚铁含量 X_2 按下式计算：

$$X_2 = \frac{c \cdot V \times 0.1268}{m \times \dfrac{100}{500}} \times 100\% = \frac{63.4c \cdot V}{m}\% \tag{15-8}$$

式中　c——重铬酸钾标准溶液的实际浓度，mol/L；

　　　V——滴定中消耗重铬酸钾标准溶液的体积，mL；

　　　m——试料的质量，g；

0.1268——与 1.00mL 重铬酸钾标准溶液 $\left[c\left(\dfrac{1}{2}K_2Cr_2O_7\right)=1.000mol/L\right]$ 相当的以克表示的氯化亚铁的质量。

3. 不溶物含量的测定

将本节中氯化铁含量的测定中保留的坩埚和残渣放入电热恒温干燥箱内，在 105～110℃ 干燥至质量恒定。

以质量分数表示的不溶物含量 X_3 按式（15-9）计算：

$$X_3 = \frac{m_2 - m_1}{m} \times 100\% \tag{15-9}$$

式中　m_1——坩埚式过滤器的质量，g；

m_2——坩埚式过滤器与残渣的质量，g；

m——试料质量，g。

4. 游离酸含量的测定

用氟化钠与铁离子反应生成六氟合铁（III）酸三钠沉淀，过滤除去铁离子，取定量滤液，以酚酞作指示剂，用氢氧化钠标准溶液滴定。

（1）试剂药品

①氟化钠溶液（40g/L）。称取 4g 氟化钠置于 250mL 烧杯中，加入 100mL 水，搅拌溶解，滴加 2 滴酚酞指示液，若溶液无色，用氢氧化钠标准溶液中和至刚呈微红色；若溶液呈红色，则用（1+120）盐酸溶液滴至无色后，再用氢氧化钠标准溶液中和至刚显微红色。

②氢氧化钠标准溶液（0.05mol/L）。

③酚酞指示剂 10g/L。

（2）操作步骤

于干燥洁净的称量瓶中称取约 2g I 型试样，精确至 0.01g，在 100mL 容量瓶瓶口放一小漏斗，将试料移入容量瓶，用少量水分次洗涤称量瓶，洗涤并入容量瓶中。慢慢加入 80mL 氟化钠溶液，加水至刻度，摇匀，放置 10min。用中速滤纸过滤于干燥洁净的烧杯中，用移液管移取 50mL 滤液于锥形瓶中，加入 2 滴酚酞指示剂，用氢氧化钠标准溶液滴至微红色，30s 不褪色为终点。

（3）结果计算

以质量分数表示的游离酸（以 HCl 计）含量 X_4 按下式计算：

$$X_4 = \frac{c \cdot V \times 0.03646}{m \times \dfrac{50}{100}} \times 100\% = \frac{0.07292c \cdot V}{m} \times 100\% \qquad (15-10)$$

式中　c——氢氧化钠标准溶液的实际浓度，mol/L；

　　　V——滴定中消耗氢氧化钠标准溶液的体积，mL；

　　　m——试料的质量，g；

0.03646——与 1.00mL 氢氧化钠标准溶液 $[c(NaOH)=1.000mol/L]$ 相当的以克表示的氯化氢的质量。

5. 砷含量的测定

（1）方法 1——砷斑法

在酸性溶液中，用碘化钾和氯化亚锡把 As（Ⅴ）还原为 As（Ⅲ），加锌粒与酸作用，产生新生态氢，使 As（Ⅲ）进一步还原为砷化氢，砷化氢气体与溴化汞试纸作用，产生棕黄色斑点，与标准色斑目视比较。

①试剂药品

a）无砷锌。

b）碘化钾。

c）硫酸溶液（1+1）。

d）氯化亚锡盐酸溶液 400g/L。

e）砷标准溶液：1mL 溶液含 0.010mg 砷（As）。临用前配制。

f）溴化汞试纸。

g）乙酸铅棉花。

②操作步骤

用干燥洁净的称量瓶称取 1.00g 试样，精确至 0.01g，置于定砷器的广口瓶中，加水至约 50mL，使试料溶解。加入 4mL 硫酸溶液，1g 碘化钾及 2mL 氯化亚锡溶液，摇匀，放置 15min。加入 3g 无砷锌，立即将已装好乙酸铅棉花及溴化汞试纸的玻璃管塞紧于广口瓶上，于暗处放置 1h。溴化汞试剂所呈黄色不得深于标准色。

标准色斑的制备：用移液管移取 2mL 砷标准溶液，置于定砷器的广口瓶中，与试料同时同样处理。

（2）方法 2——二乙基二硫代氢基甲酸银法（仲裁法）

在酸性溶液中，用碘化钾和氯化亚锡将 As（Ⅴ）还原为 As（Ⅲ），加锌粒与酸作用产生新生态氢，使 As（Ⅲ）进一步还原为砷化氢，砷化氢气体被二乙基二硫代氨基甲酸银-三乙胺三氯甲烷溶液吸收，生成紫红色产物，用分光光度计测定。

①所用试剂

a）二乙基二硫代氨基甲酸银-三乙胺三氯甲烷溶液（下称吸收液）。称取 0.25g 二乙基二硫代氨基甲酸银，用少量三氯甲烷溶解，加入 2mL 三乙醇胺，用三氯甲烷稀释至 100mL，静置过夜，过滤，贮于棕色瓶中，置冰箱中于 4℃下保存。

b）其他试剂同砷斑法。

②操作步骤

a）工作曲线的绘制：用移液管分别移取 0、0.5、1.0、1.5、2.0、2.5mL 砷标准溶液，置于 6 个定砷瓶中。各加水至约 50mL，加入 4mL 硫酸溶液，1g 碘化钾，2mL 氯化亚锡溶液，摇匀，放置 15min。

用移液管移取 5mL 吸收液注入吸收管内，迅速向定砷瓶中加入 3g 无砷锌，立即连接好定砷器各部分，勿使漏气，在室温（室温低于 15℃时用 25～30℃水浴温热）下反应 45min。取下吸收管，用三氯甲烷将吸收液体积补充至 5mL。在 510nm 波长下，用 1cm 吸收池，以三氯甲烷为对照，将分光光度计的吸光度调整到零，测量各溶液的吸光度。

从每个标准溶液的吸光度中减去试剂空白溶液的吸光度，以砷含量为横坐标，对应的吸光度为纵坐标，绘制工作曲线。

b）测定：用干燥洁净的称量瓶称取约 1g 试样，精确至 0.01g，置于定砷瓶中，加水至约 50mL 使试料溶解。以下操作同校准曲线。同时做试剂空白试验。

③结果计算

以质量分数表示的砷含量 X_5 按下式计算：

$$X_5 = \frac{m_1 - m_0}{m \times 1000} \times 100\% = \frac{0.1(m_1 - m_0)}{m} \times 100\% \tag{15-11}$$

式中　m_1——根据测得的试验溶液的吸光度从工作曲线上查出的砷质量，mg；

　　　m_0——根据测得的试剂空白溶液的吸光度从工作曲线上查出的砷质量，mg；

　　　m——试料的质量，g。

6. 铅含量的测定

用水溶液试样，用乙醚萃取除去三价铁，调节水相 pH 值为 8～10，加入掩酸剂，用双硫腙-四氯化碳溶液萃取铅生成砖红色的双硫腙盐，与标准比色溶液目视比较。

(1) 试剂药品

①乙醚。

②柠檬酸三铵溶液 100g/L。

③盐酸羟胺溶液 100g/L。

④氰化钾溶液 200g/L。

⑤盐酸溶液 (1+1)。

⑥氨水溶液 (1+1)。

⑦二苯基硫巴腙-三氯甲烷溶液 (0.4g/L)。0.02g/L 三氯甲烷溶液，临用前配制。

⑧铅标准溶液。1mL 溶液含 0.001mg 铅 (Pb)。临用前配制。

(2) 操作步骤

用干燥洁净的称量瓶称取 0.20g 试样，精确至 0.01g，用 20mL 盐酸溶液洗入分液漏斗中，加 20mL 乙醚进行萃取，弃去有机相，再用 20mL 乙醚反复萃取水相至无色。将水相移入烧杯中，在电炉上加热蒸发至近干，加入 5mL 水、5mL 柠檬酸三铵溶液、2mL 盐酸羟胺溶液和 2mL 氨水，转移至 50mL 比色管中。加入 2mL 氰化钾溶液，5mL 双硫腙-三氯甲烷溶液，加水至刻度，摇匀，放置 10min。有机层所呈砖红色不得深于标准比色溶液。

标准比色溶液的制备：用移液管移取 8mL 铅标准溶液，置于比色管中，加入 5mL 柠檬酸三铵溶液、2mL 盐酸羟胺溶液和 2mL 氨水，后续操作同试样分析。

试料的测定应与标准比色溶液的制备同时进行。

测定后的废液应收集于 500mL 烧杯中加 50mL 200g/L 的工业硫酸亚铁溶液，搅拌，充分反应后排放。

四、聚合硫酸铁

聚合硫酸铁化学式：$[Fe_2(OH)_n(SO_4)_{3-n/2}]_m$，式中 $n \leqslant 2$，$m \geqslant 10$，$m = f(n)$。聚合硫酸铁简称 PFS。聚合硫酸铁系以硫酸亚铁和硫酸为原料，通过一定的反应条件聚合而成的新型无机高分子絮凝剂。

与聚合氯化铝在水中的水解-缩聚的过程相似，聚合硫酸铁在水中，即提供了多核络离子，它还会继续水解和缩聚（羟基架桥）直至最终生成氢氧化物。聚合硫酸铁及其水解-缩聚过程中产生的聚合物，具有强烈的吸附架桥连接、降低动电位等作用，絮凝力强，絮凝速度快，絮凝体密度大，沉降快速。

聚合硫酸铁对水的 pH 值适用范围较宽，对饮用水的处理效果更好，因此，它广泛应用于饮用水、各种工业用水、工业废水的净化。聚合硫酸铁产品按状态分为Ⅰ型、Ⅱ型。Ⅰ型为液体，Ⅱ型为固体。Ⅰ型为红褐色透明液体；Ⅱ型为淡黄色无定型固体。净水剂用聚合硫酸铁和工业水处理用聚合硫酸铁技术指标分别见表 15-4、表 15-5。

表 15－4　净水剂用聚合硫酸铁技术指标

项目	指标		项目	指标	
	Ⅰ型	Ⅱ型		Ⅰ型	Ⅱ型
密度(20℃)/(g/cm³)　≥	1.45		还原性物质（以 Fe²⁺计）含量/%　≤	0.10	0.15
全铁含量/%　≥	11.0	18.5	砷（As）含量/%　≤	0.0005	0.0008
pH 值（1%水溶液）	2.0～3.0	2.0～3.0	铅（Pb）含量/%　≤	0.0010	0.0015
盐基度/%	9.0～14.0	9.0～14.0	不溶物含量/%　≤	0.3	0.5

表 15－5　工业水处理用聚合硫酸铁技术指标

项目	指标		项目	指标	
	一等品	合格品		一等品	合格品
密度（20℃）/(g/cm³)　≥	1.45	1.33	还原性物质（以 Fe²⁺计）含量/%≤	0.10	0.20
全铁含量/%　≥	11.0	9.0	pH 值（1%水溶液）	2.0～3.0	2.0～3.0
盐基度/%	12.0	8.0			

1. 密度的测定

由密度计在被测液体中达到平衡状态时所浸没的深度读出该液体的密度。

（1）仪器设备

①密度计：刻度值为 0.001。

②恒温水浴：可控制温度（20±1）℃。

③温度计：分度值为 1℃。

（2）操作步骤

将液体聚合硫酸铁试样（Ⅰ型）注入清洁、干燥的量筒内，不得有气泡，将量筒置于（20±1）℃的恒温水浴中，待温度恒定后。将密度计缓缓地放入试样中，待密度计在试样中稳定后，读出密度计弯月下缘的刻度（标有读弯月上缘刻度的密度计除外），即为 20℃ 试样的密度。

2. 全铁含量的测定

在酸性溶液中，用氯化亚锡将三价铁还原为二价铁，过量的氯化亚锡用氯化汞除去，然后用重铬酸钾标准溶液滴定。反应方程为：

$$2Fe^{3+}+Sn^{2+}=2Fe^{2+}+Sn^{4+}$$
$$SnCl_2+2HgCl_2=SnCl_4+Hg_2Cl_2$$
$$6Fe^{2+}+Cr_2O_7^{2-}+14H^+=6Fe^{3+}+2Cr^{3+}+7H_2O$$

（1）试剂药品

①氯化亚锡溶液（250g/L 溶液）。称取 25.0g 氯化亚锡置于干燥的烧杯中，溶于 20mL 盐酸，冷却后稀释到 100mL，保存于棕色滴瓶中，加入高纯锡粒数颗。

②盐酸（1+1）。

③氯化汞饱和溶液。

④硫酸-磷酸混合酸。将 150mL 硫酸注入 500mL 水中，再加 150mL 磷酸，然后稀释

到 1000mL。

⑤重铬酸钾标准溶液$[c(\frac{1}{6}K_2Cr_2O_7)=0.1mol/L]$。

⑥二苯胺磺酸钠溶液（5g/L）。

（2）操作步骤

I 型产品称取约 1.5g 试样，II 型产品称取约 0.9g 试样，精确至 0.001g，置于 250mL 锥形瓶中，加 20mL 水，加 20mL 盐酸溶液，加热至沸，趁热滴加氯化亚锡溶液至溶液黄色消失，再过量 1 滴，快速冷却，加 5mL 氯化汞溶液，摇匀后静置 1min，然后加 50mL 水，再加入 10mL 硫酸-磷酸混合酸，4～5 滴二苯磺酸钠指示液，用重铬酸钾标准溶液滴定至紫色（30s 不褪）即为终点。

（3）结果计算

以质量分数表示的全铁含量 X_1 按式（15-12）计算：

$$X_1=\frac{c\cdot V\times0.05585}{m}\times100\%\qquad(15-12)$$

式中　V——滴定试样时所消耗的重铬酸钾标准溶液的体积，mL；

　　　　c——重铬酸钾标准溶液的实际浓度，mol/L；

　　　　m——试样的质量，g；

0.05585——与 1.00mL 重铬酸钾标准溶液$[c(\frac{1}{6}K_2Cr_2O_7)=1.000mol/L]$相当的以克表示的铁的质量。

3. 还原性物质（以 Fe^{2+} 计）含量的测定

在酸性溶液中用高锰酸钾标准溶液滴定。反应方程式为：

$$MnO_4^-+2Fe^{2+}+8H^+=Mn^{2+}+Fe^{3+}+4H_2O$$

（1）试剂药品

①硫酸。

②磷酸。

③高锰酸钾标准溶液$[c(\frac{1}{5}KMnO_4)=0.1mol/L]$。

④高锰酸钾标准溶液。将 $c(\frac{1}{5}KMnO_4)=0.1mol/L$ 的高锰酸钾标准溶液稀释 10 倍，随用随配，当天使用。

（2）操作步骤

称取约 5g 试样，精确至 0.001g，置于 250mL 锥形瓶中，加 150mL 水，加入 4mL 硫酸，4mL 磷酸，摇匀。用 0.01mol/L 高锰酸钾标准溶液滴定至微红色（30s 不褪）即为终点。同时做空白试验。

（3）结果计算

$$X_2=\frac{c\cdot(V-V_0)\times0.05585}{m}\times100\%\qquad(15-13)$$

式中　V——滴定试样时所消耗的高锰酸钾标准溶液的体积，mL；

　　　　V_0——滴定空白消耗的高锰酸钾标准溶液的体积，mL；

　　c——高锰酸钾标准溶液的实际浓度，mol/L；

　　m——试样的质量，g；

0.05585——与 1.00mL 高锰酸钾标准溶液$[c(\frac{1}{5}KMnO_4)=1.000mol/L]$相当的以克表示的铁的质量。

　　4. 盐基度测定

　　在试样中加入定量盐酸溶液，再加氟化钾掩蔽铁，然后以氢氧化钠标准溶液滴定。

　　（1）试剂药品

　　①盐酸溶液（1+3）。

　　②氢氧化钠溶液 0.1mol/L。

　　③盐酸溶液 0.1mol/L。

　　④氟化钾溶液（500g/L）。称取 500g 氟化钾，以 200mL 不含二氧化碳的蒸馏水溶解后，稀释到 1000mL，加入 2mL 酚酞溶液并用氢氧化钠溶液或盐酸溶液调节溶液至微红色，滤去不溶物后贮存于塑料瓶中。

　　⑤氢氧化钠标准溶液 0.1mol/L

　　⑥酚酞溶液：10g/L 乙醇溶液。

　　（2）操作步骤

　　称取约 1.5g 试样，精确至 0.001g，置于 250mL 锥形瓶中，用移液管准确加入 25.00mL0.1mol/L 盐酸溶液，加入 20mL 煮沸后冷却的蒸馏水，摇匀，盖上表面皿。在室温下放置 10min，再加入 10mL 氟化钾溶液，摇匀，加 5 滴酚酞指示液，立即用氢氧化钠标准溶液滴定至淡红色（30s 不褪色）为终点。同时用煮沸后冷却的蒸馏水代替试样作空白试验。试验后的含氟废液收集于 500mL 烧杯中，加入 10g 氯化铁，充分搅拌后排放。

　　（3）结果计算

　　以质量分数表示的盐基度 X_3 按式（15-14）计算：

$$X_3 = \frac{(V_0 - V)c \times 0.0170/17.0}{mX/18.62} \times 100\% = \frac{(V_0 - V)c \times 0.01862}{mX} \times 100\%$$

$$(15-14)$$

式中　V_0——空白试验所消耗的氢氧化钠标准溶液的体积，mL；

　　　　V——滴定试样时所消耗的氢氧化钠标准溶液的体积，mL；

　　　　c——氢氧化钠标准溶液的浓度，mol/L；

　　　　m——试料的质量，g；

　　　　X——试样中三价铁的质量分数，$X = X_1 - X_2$；

　0.0170——与 1.00mL 氢氧化钠标准溶液$[c(NaOH)=1.000mol/L]$相当的以克表示的羟基（OH^-）的质量。

　18.62——铁的摩尔质量 M$(\frac{1}{3}Fe)$，g/mol。

　　5.pH 的测定

　　（1）试剂仪器

　　①pH4.00 标准苯二甲酸氢钾缓冲溶液。

②pH6.86 标准磷酸二氢钾-磷酸氢二钠缓冲溶液。

③酸度计：精度 0.1pH；玻璃电极；饱和甘汞电极。

（2）操作步骤

称取 1.0g 试样置于烧杯中，用水稀释，全部转移到 100mL 容量瓶中稀释到刻度，摇匀。用 pH4.00 缓冲溶液和 pH6.86 的缓冲溶液校准后，将试样溶液倒入烧杯。将饱和甘汞电极和玻璃电极浸入被测溶液中，至 pH 值稳定时（1min 内 pH 值的变化不大于 0.1）读数。

6. 不溶物含量的测定

（1）试剂仪器

①（1+49）盐酸溶液。

②电热恒温干燥箱：温度可控制为 105～110℃。

③坩埚式过滤器。

（2）操作步骤

于干燥洁净的称量瓶中称取约 20gⅠ型试样，或 10g Ⅱ型试样。精确至 0.001g，移入 250mL 烧杯中。对Ⅰ型试样，用水分次洗涤称量瓶，洗液并入烧杯中，加水至约 100mL 搅拌均匀；对Ⅱ型试样，用盐酸溶液分次洗涤称量瓶，洗液并入烧杯中，加入盐酸溶液至总体积约 100mL，搅拌溶解，在（50±5）℃水浴中保温 15min。用已于 105～110℃干燥至质量恒定的坩埚式过滤器抽滤，用水洗涤残渣至滤液中不含氯离子（用硝酸银溶液检查）。把坩埚放入电热恒温干燥箱内，于 105～110℃下烘至质量恒定。

（3）结果计算

以质量分数表示的不溶物含量 X_4 按下式计算：

$$X_4 = \frac{m_1 - m_0}{m} \times 100\%$$ 　　　　　　　（15-15）

式中　m_1——坩埚式过滤器连同残渣的质量，g；

　　　　m_0——坩埚式过滤器的质量，g；

　　　　m——试料的质量，g。

7. 砷含量的测定

样品中砷化物在碘化钾和酸性氯化亚锡作用下，被还原成三价砷。三价砷与锌和酸作用产生的新生态氢生成砷化氢气体。通过乙酸铅提泡的棉花去除硫化氢的干扰，然后与二乙基二硫代氨基甲酸银作用成棕红色的胶体溶液，于 530nm 下测其吸光度。

（1）试剂药品

①砷标准溶液 0.001mg/mL As。

②其他试剂与本节一、硫酸铝中砷测定相同。

（2）操作步骤

准确称取Ⅰ型试样 1.000g 或Ⅱ型试样 0.600g 精确至 0.0002g，放入定砷器的锥形瓶中，在另一定砷器的锥形瓶中，准确放入 5.00mL 砷标准溶液，分别加入 3mL（1+1）硫酸溶液，用水稀释至 30mL 后，加 2mL 碘化钾溶液，静置 2～3min，加氯化亚锡溶液 1.0mL，混匀，放置 15min。

于带刻度的吸收管中分别加入 5.0mL 吸收液＋插入塞有乙酸铅棉花的导气管，迅速向发生瓶中倾入预先称好的 5g 无砷锌粒，立即塞紧瓶塞，勿使漏气。室温下反应 1h，最后用三氯甲烷将吸收液体积补充至 5.0mL，在 1h 内于 530nm 波长下，用 1.0cm 吸收池分别测样品及标准溶液的吸光度。样品吸光度低于标准溶液吸光度为符合标准。同时，用试剂空白调零。

8. 铅含量的测定

试样用氨水调节 pH 为 8.5～9.0，加入氰化钾掩蔽剂，用双硫腙三氯甲烷萃取和硝酸反萃取的方法去除干扰离子。最终与双硫腙生成砖红色配合物，然后测其吸光度。

（1）试剂药品

①无铅蒸馏水。将水通过阳离子交换树脂以除去水中铅。

②铅标准溶液（0.002mg/mL Pb）。

③苯酚红指示液。1.0g/L 乙醇溶液，称取 0.1g 苯酚红，溶于 100mL 95％的乙醇中。

④吸光度为 0.15 的双硫腙三氯甲烷溶液：取适量双硫腙三氯甲烷贮备液，用三氯甲烷稀释至吸光度为 0.15（波长：510nm，1cm 吸收池）。现用现配。

⑤柠檬酸铵溶液（50％）。

⑥盐酸羟胺溶液（200g/L）。

⑦氰化钾溶液（100g/L）。

⑧氨水（1+1）。

⑨硝酸（3+97）。

⑩硝酸（1+9）。

⑪漂粉精。所有玻璃仪器均需用（1+9）硝酸溶液浸泡过夜，再用水洗涤。

（2）操作步骤

①称取Ⅰ型试样 1.0g 或Ⅱ型试样 0.6g，精确至 0.001g，放入 200mL 烧杯中，加水 50mL，浓硝酸 1.0mL 于电炉上煮沸 3min，冷却后，放入 100mL 容量瓶中，加水，稀释至刻度。

②准确吸取上述溶液 50.00mL 于第一只分液漏斗中，加入柠檬酸铵溶液 10mL，盐酸羟酸溶液 10.0mL，苯酚红指示液 3 滴，摇匀，用氨水溶液调至 pH＝8.5～9.0，加入氰化钾溶液 4.0mL，摇匀，加双硫腙三氯甲烷溶液 10.0mL，振摇 1min，静置分层；将三氯甲烷层放入第二只分液漏斗中，再向第一只分液漏斗中加入 10mL 双硫腙三氯甲烷溶液振摇 1min，静置分层，三氯甲烷层再并入第二只分液漏斗中，在第二只分液漏斗中加入 30mL（3+97）硝酸溶液，振摇 1min，静置分层，弃去三氯甲烷层。加水 20mL，摇匀，加柠檬酸铵溶液 10mL，盐酸羟胺溶液 10mL，苯酚红指示液 1 滴，摇匀，加氨水溶液 2.0mL，加氰化钾溶液 1.0mL，摇匀，加双硫腙三氯甲烷溶液 10mL，振摇 1min，静置分层，在分液漏斗颈内塞入少量脱脂棉，将三氯甲烷层放入干燥的比色管中，用吸光度 0.15 的双硫腙三氯甲烷溶液稀释至刻度。

③另取分液漏斗一只，加入铅标准溶液 2.5mL，加入柠檬酸铵溶液 10mL，盐酸羟胺溶液 2.0mL，苯酚红指示液 1 滴，摇匀，用氨水溶液调至 pH8.5～9.0，加氰化钾溶液 4.0mL，摇匀。加双硫腙三氯甲烷溶液 10.0mL，振摇 1min，静置分层；在分液漏斗颈内塞入少量脱脂棉，将三氯甲烷放入干燥的比色管中，用吸光度 0.15 的三氯甲烷溶液稀释至刻度。

④于 510nm 波长下，用 1.0cm 吸收池，以双硫腙三氯甲烷溶液调零点，测定试样和标准样的吸光度。试样吸光度低于标准吸光度为符合标准。试验含氰废液收集于 500mL 烧杯中，加入漂粉精，边加边搅拌，直至不再有气泡发生为止。

五、聚丙烯酰胺

聚丙烯酰胺简称 PAM。结构式：

$$\left[\begin{array}{c}CH-CH_2\\|\\C-NH_2\\\|\\O\end{array}\right]_n\left[\begin{array}{c}CH-CH_2\\|\\C-O^-M^+\\\|\\O\end{array}\right]_m$$

其中M为H、NH₄或Na等。

聚丙烯酰胺是一种线型高分子聚合物，其相对分子质量在 150 万至 800 万之间。它不含离解基因，在水中不离解，因此称为非离子型聚合物。

用作絮凝剂的高分子化合物主要是高聚合度的高分子聚合物或低聚合度的高分子聚合物。其中高聚合度的聚丙烯酰胺是目前使用量较大，应用范围广，发展速度很快的一种高分子絮凝剂。高分子絮凝剂一般都是线型高分子聚合物，它们的分子呈链状，并由很多链节组成，每一链节为一化学单体，各单位以共价键结合。

将聚丙烯酰胺加碱水解，能使非离子型的聚丙烯酰胺转变成阴离子型聚丙烯酰胺，水解产物上的-COONa 基团在水中离解成-COO⁻。因此非离子型聚丙烯酰胺就转变成带有阴离子的羧酸基团。阴离子型聚丙烯酰胺，其吸附桥联作用增大，增强了絮凝效果。阳离子型聚丙烯酰胺，它不仅有吸附桥联作用，还能对水中胶体颗粒起电性中和的脱稳作用，其絮凝效果更好，沉降速度更快。

外观：阴离子和非离子型聚丙烯酰胺固体产品为白色或微黄色颗粒或粉末；阴离子和非离子型聚丙烯酰胺胶体产品为无色或微黄色胶状物。

相对分子质量：根据用户要求提供，与标称值的相对偏差不大于 10%。阴离子度：阴离子型产品与标称值的绝对差值不大于 2%，或根据用户要求提供。非离子型产品，阴离子度不大于 5%。

固含量：阴离子和非离子型聚丙烯酰胺固体产品的固含量应符合表 15-6 的要求，阴离子和非离子型聚丙烯酰胺胶体产品的固含量应不小于标称值且烘干后满足表 15-6 要求。水处理剂阴离子和非离子型聚丙烯酰胺还应符合表 15-6 要求。

表 15-6　聚丙烯酰胺主要技术指标

项目		指标	
		一等品	合格品
固含量（固体）/%	≥	90.0	88.0
丙烯酰胺单体含量（干基）/%	≤	0.02	0.05
溶解时间（阴离子型）/min	≤	60	90
溶解时间（非离子型）/min	≤	90	120
筛余物（1.00mm 筛网）/%	≤	2	
筛余物（180μm 筛网）/%	≥	88	
水不溶物/%	≤	0.3	1.0
氯化物含量/%	≤	0.5	
硫酸盐含量/%	≤	1.0	

本产品中一等品可用于生活饮用水处理，其还应符合《生活饮用水化学处理剂卫生安全评价规范》及相关法律法规要求。

1. 相对分子质量的测定

使用 1.0mol/L 的氯化钠溶液将试样配制成稀溶液。用乌氏黏度计测定其极限黏数，按经验公式计算试样的分子质量。

（1）试剂或材料

氯化钠溶液：1.0mol/L。

（2）仪器设备

①乌氏黏度计（见图 15-1）：毛细管内径 0.58mm（±2%），30℃±0.1℃时，1.0 mol/L 氯化钠溶液流过计时标线 E 到 F 的时间在 90s 左右。

②恒温水浴：可控制 30℃±0.1℃。

③秒表：分度值 0.1s。

④耐酸滤过漏斗：G_2，100mL。

（3）操作步骤

①氯化钠溶液流出时间的测定

将洁净、干燥的乌氏黏度计垂直置于 30℃±0.1℃的恒温水浴中，使 D 球全部浸没在水面下。将经过 G_2 耐酸滤过漏斗过滤的氯化钠溶液加入乌氏黏度计的充装标线 G、H 之间为止，恒温 10~15min。将 M 管套一胶管，用夹子夹住。用洗耳球将氯化钠溶液吸入到 D 球一半。取下洗耳球，开启 M 管。用秒表测量氯化钠溶液流过计时标线 E 到 F 的时间。重复测定 3 次，误差不超过 0.2s，取其平均值 t_0。

②试液的制备

用已知质量的干燥的 150mL 烧杯称取适量的固体试样或相当量的胶体试样（建议称取约 0.02g），精确至 0.2mg，用氯化钠溶液溶解。全部转移到 100mL 容量瓶中，用氯化钠溶液稀释至刻度，摇匀。该试液的浓度应使溶液流过计时标线 E 到 F 的时间与 1.0 mol/L 氯化钠溶液流过计时标线 E 到 F 的时间的比值在 1.2~2.0 之间。

③测定：按①测定氯化钠溶液流出时间的方法，测定试液的流出时间 t_1。

（4）结果计算

①以 dL/g 表示的极限黏数 $[\eta]$ 按式（15-16）计算：

$$[\eta] = \frac{\sqrt{2(\eta_{sp} - \ln\eta_r)}}{c} = \frac{\sqrt{2[(t_1/t_0 - 1) - \ln(t_1/t_0)]}}{mw_1} \qquad (15-16)$$

式中　η_{sp}——增比黏度，$\eta_{sp} = \dfrac{t_1 - t_0}{t_0}$；

　　　η_r——相对黏度，$\eta_r = \dfrac{t_1}{t_0}$；

　　　c——试液的浓度，g/dL；

　　　t_1——试液流过黏度计时，从标线 E 到 F 的时间，s；

　　　t_0——氯化钠溶液流过黏度计时，从标线 E 到 F 的时间，s；

　　　m——试料的质量，g；

　　　w_1——固含量的质量分数。

计算结果表示到小数点后两位。

②相对分子质量 M 按公式（15-17）计算：

$$[\eta] = KM^a \qquad (15-17)$$

式中　$[\eta]$——极限黏数，dL/g；

　　　K，α——经验常数，$K=3.73\times10^{-4}$dL/g，$\alpha=0.66$。

2. 固含量的测定

在一定温度下，将试样置于电热干燥箱内烘干至恒量。

(1) 仪器设备

①电热干燥箱：温度控制在120℃±2℃。

②称量瓶：ϕ：60mm×30mm。

(2) 操作步骤

使用预先于120℃±2℃下干燥至恒量的称量瓶称取约1g试样，精确至0.2mg，置于电热干燥箱中，在120℃±2℃下干燥至恒量。

(3) 结果计算

固含量以质量分数 w_1 计，数值以％表示，按式（15-18）计算：

$$w_1=\frac{m_1-m_0}{m}\times100\%\qquad(15-18)$$

式中　m_1——干燥至恒量的试样与称量瓶质量，g；

　　　m_0——干燥至恒量的称量瓶质量，g；

　　　m——干燥前试样的质量，g。

计算结果表示到小数点后两位。

3. 阴离子度的测定

在 pH 值为 10.4～10.6 的条件下，加过量的阳离子聚合物甲基乙二醇甲壳素（MGC）于试样中，以甲苯胺蓝为指示剂，用聚乙烯醇硫酸钾（PVSK）标准溶液滴定过量的阳离子聚合物甲基乙二醇甲壳素（MGC），计算得出阴离子度。

(1) 试剂或材料

①十六烷基氯化吡啶：纯度≥99.0％。

②氢氧化钠溶液：0.1mol/L。

③盐酸溶液：0.1mol/L。

④甲基乙二醇甲壳素（MGC）标准溶液：0.005mol/L。

⑤聚乙烯醇硫酸钾（$C_2H_3KSO_4$）$_n$（PVSK）标准滴定溶液：c（PVSK）约 0.0025mol/L，按如下步骤制备：

a）配制：称取聚乙烯醇硫酸钾（PVSK）约 0.40g 于烧杯中，精确至 0.1mg。加水溶解，移入 1000mL 容量瓶中，稀释至刻度。

b）标定：准确称量 0.03～0.04g 的十六烷基氯化吡啶，精确至 0.1mg。加入约 20mL 水溶解，移入 100mL 容量瓶中，稀释至刻度。用移液管量取 50mL 十六烷基氯化吡啶溶液于 250mL 锥形瓶中，加入 50mL 水。用盐酸溶液或氢氧化钠溶液调节 pH 值为 3.5～4.5，加入两滴甲苯胺蓝（TB）指示液，用聚乙烯醇硫酸钾（PVSK）标准滴定溶液滴定，溶液由蓝色变为紫色即为终点。同时做空白试验。

c）结果计算：聚乙烯醇硫酸钾（PVSK）标准滴定溶液浓度 c（PVSK），以摩尔每升（mol/L）表示，按式（15-19）计算：

$$c(\text{PVSK})=\frac{mV}{V_1M(V_2-V_0)\times10^{-3}}\qquad(15-19)$$

式中 m——十六烷基氯化吡啶的质量，g；

    V——移取十六烷基氯化吡啶溶液的体积，mL（$V=50\text{mL}$）；

    V_1——配制十六烷基氯化吡啶溶液的体积，mL（$V_1=100\text{mL}$）；

    M——十六烷基氯化吡啶的摩尔质量，g/mol（$M=358.01\text{g/mol}$）；

    V_2——滴定十六烷基氯化吡啶时消耗聚乙烯醇硫酸钾（PVSK）标准滴定溶液的体积，mL；

    V_0——滴定空白时消耗聚乙烯醇硫酸钾（PVSK）标准滴定溶液的体积，mL。

⑥甲苯胺蓝（TB）指示液：1g/L。

（2）仪器设备

磁力搅拌器。

（3）样品制备

称取（$200-m_1$）g 的水于 500mL 的烧杯中，将烧杯置于磁力搅拌器上，开启搅拌器至水形成漩涡，将 m_1（约为 1g）的试样缓慢均匀地加入水漩涡壁中，搅拌至完全溶解。此为试液 A。

（4）操作步骤

称取约 1g 试液 A，精确至 0.2mg，于 250mL 锥形瓶中，加 100mL 水，用氢氧化钠溶液调节 pH 值至 10.4～10.6（采用 pH 计检验）。用移液管量取 5mL 甲基乙二醇甲壳素（MGC）标准溶液加入锥形瓶中，加三滴甲苯胺蓝（TB）指示液，用聚乙烯醇硫酸钾（PVSK）标准滴定溶液滴定，溶液由蓝色变为紫色即为终点，同时做空白试验。

（5）结果计算

阴离子度（以丙烯酸钠计）的摩尔分数 w_2，按式（15-20）计算

$$w_2 = \frac{n}{(m_1 w_1 m_2/m - nM_1)/M_2 + n} \times 100\% \tag{15-20}$$

式中 n——阴离子的摩尔数，mol：

$$n = (V_0 - V_1)c \times 10^{-3}$$

    m_1——试料的质量，g；

    w_1——本节测得的固含量的质量分数；

    m_2——称取试液 A 的质量，g；

    m——试验 A 的总质量，g（$m=200\text{g}$）；

    M_1——丙烯酸钠的摩尔质量，g/mol（$M_1=94.00\text{g/mol}$）；

    M_2——丙烯酰胺单体的摩尔质量，g/mol（$M_2=71.08\text{g/mol}$）；

    V_1——试样消耗聚乙烯醇硫酸钾（PVSK）标准滴定溶液的体积，mL；

    V_0——空白消耗聚乙烯醇硫酸钾（PVSK）标准滴定溶液的体积，mL；

    c——聚乙烯醇硫酸钾（PVSK）标准滴定溶液的摩尔浓度，mol/L。

计算结果表示到小数点后一位。

4. 丙烯酰胺单体含量的测定

试样中未反应的丙烯酰胺单体由萃取剂萃取后，以甲醇-磷酸二氢钠溶液（其体积比为 15/85）为流动相，使用配有紫外检测器的高效液相色谱仪（HPLC）分析，由保留时间确定丙烯酸胺单体的峰，根据峰面积测出其含量。

（1）试剂和材料

①水：符合 GB/T 6682 中一级水规格。

②丙烯酰胺。

③异丙醇。

④甲醇（色谱纯）。

⑤磷酸。

⑥磷酸二氢钠（$NaH_2PO_4 \cdot 2H_2O$）。

⑦磷酸二氢钠溶液：称量 6.240g 二水合磷酸二氢钠，准确至 0.001g，溶于约 500mL 水中。转移至 2000mL 容量瓶中，用水稀释至刻度，摇匀。用磷酸调节 pH 值至 3.0。

⑧萃取剂（Ⅰ）：量取 540mL 异丙醇、450mL 水、10mL 乙醇置于 1000mL 容量瓶中，充分混匀，贮存在棕色玻璃瓶中。

⑨萃取剂（Ⅱ）：量取 740mL 异丙醇、250mL 水、10mL 乙醇置于 1000mL 容量瓶中，充分混匀，贮存在棕色玻璃瓶中。

⑩丙烯酰胺标准贮备溶液：1000mg/L。称取约 0.5g 丙烯酰胺，精确至 0.2mg，用约 200mL 溶剂［萃取剂（Ⅰ）/萃取剂（Ⅱ）＝1/1］溶解。转移至 500mL 容量瓶中，并用溶剂稀释至刻度。贮存于玻璃瓶中，盖紧瓶塞，放入冰箱。此溶液可稳定放置四周。

（2）仪器设备

①高效液相色谱仪：配有紫外检测器。

②过滤器：滤膜孔径约 $0.45\mu m$。

③微量进样器：$100\mu L$。

④定量环：$20\mu L$。

⑤超声波清洗器。

⑥振荡器。

（3）操作步骤

①试样制备。

称取约 2g 试样，精确至 0.2mg，置于 25mL 具塞玻璃瓶中。加 10.00mL 萃取剂（Ⅰ），加塞振荡 45min。然后加 10.00mL 萃取剂（Ⅱ），加塞振荡 45min。

②校准溶液的制备。

将丙烯酰胺贮备溶液分别配成浓度为 0mg/L、10mg/L、20mg/L、30mg/L、40mg/L、50mg/L 的标准溶液。

③操作步骤

在下列条件下分析试样、空白溶液以及校准溶液：

——流动相：甲醇和磷酸二氢钠溶液按体积比 15/85 的比例配成；

——流速：1.0mL/min；

——柱温：40℃；

——检测波长：210nm。

（4）结果计算

丙烯酰胺单体含量以质量分数 w_3 计，按式（15-21）计算：

$$w_3 = \frac{\rho V \times 10^{-6}}{m w_1} \times 100\% \qquad (15-21)$$

式中　ρ——由校准曲线计算得出的丙烯酰胺单体的质量浓度，mg/L；

　　　V——溶液的体积，mL（$V=20$mL）；

　　　m——试料的质量，g；

　　　w_1——本节测得的固含量的质量分数。

计算结果表示到小数点后两位。

5. 溶解时间的测定

随着试样的不断溶解，溶液的电导值不断增大。试样全部溶解后，电导值保持恒定。一定量的试样在一定量水中溶解时，电导值达到恒定所需时间，为试样的溶解时间。

（1）仪器设备

①电导仪：配有记录仪，量程 4mV。

②恒温槽：温度可控制 30℃±1℃。

③电动搅拌器：具有加热和控温装置，配有长度为 3cm 的搅拌子。

（2）操作步骤

将盛有 100mL 水的 200mL 烧杯放入搅拌器上的恒温槽中。将电导仪的电极插入烧杯，与烧杯壁距离 5~10mm。开动搅拌，调节液面漩涡深度约 20mm。打开加热装置，使恒温槽温度升至 30℃±1℃，恒温 10~15min。称取 0.040g±0.002g 试样，由漩涡上部加入至烧杯中。当记录仪指示的电导值 3min 内无变化时，停止试验。

（3）分析结果的表述

溶解时间以 min 表示，从加入试样至电导值恒定 3min 内无变化时，停止。

6. 筛余物的测定

将一定量的试样置于试验筛中，在振筛机上筛分一定时间，计算不同筛网的筛余物。

（1）仪器、设备

①试验筛：符合 GB/T 6003.1 的规定，规格为 ϕ200mm×50mm，配有 1.00mm 筛网的筛盘、180μm 筛网的筛盘以及筛盖、底盘。

②振筛机：偏心频率约 350 次/min。

（2）操作步骤

将已经称量的底盘、180μm 筛网的筛盘、1.00mm 筛网的筛盘由下至上依次安装好。

称取约 200g 试样，精确至 1g，置于最上层试验筛中，盖好筛盖，固定在振筛机上。启动振筛机筛分 20min。

振筛结束，仔细地自上而下逐一分开筛堆，迅速称量载有筛留物的每个试验筛和载有筛出物的底盘（精确至 1g）。

（3）结果计算

①1.00mm 筛网筛余物以质量分数 w_4 计，按式（15-22）计算：

$$w_4 = \frac{m_2 - m_1}{m} \times 100\% \qquad (15-22)$$

式中　m_2——1.00mm 筛网的筛盘及物料质量，g；

　　　m_1——1.00mm 筛网的筛盘质量，g；

m——试料的质量，g。

计算结果表示到小数点后一位。

②180μm 筛网筛余物以质量分数 w_5 计，按式（15-23）计算：

$$w_5 = \frac{m_4 - m_3}{m} \times 100\%\qquad(15-23)$$

式中　m_4——180μm 筛网的筛盘及物料的质量，g；

　　　m_3——180μm 筛网的筛盘质量，g；

　　　m——试料的质量，g。

计算结果表示到小数点后一位。

7. 水不溶物含量的测定

将一定量的聚丙烯酰胺试样溶解后，用不锈钢网过滤后，然后洗涤、干燥、称量。

（1）仪器、设备

①不锈钢网：孔径 0.11mm（120 目），ϕ：100mm×100mm。

②电磁搅拌器。

（2）操作步骤

称取约 0.4g 试样，精确至 0.2mg，将其缓缓加入盛有 1000mL 水并已开动搅拌的 1000mL 烧杯中。保持旋涡深度约 4cm，常温下溶解 6h。用事先经丙酮洗涤 2 次并干燥恒重的不锈钢网过滤该溶液，过滤后，将不锈钢网连同不溶物在 120℃±2℃下干燥至恒重。

（3）结果计算

不溶物含量以质量分数 w_6 计，按式（15-24）计算：

$$w_6 = \frac{m_2 - m_1}{m_0} \times 100\%\qquad(15-24)$$

式中　m_2——不锈钢网加不溶物总质量，g；

　　　m_1——不锈钢网质量，g；

　　　m_0——试料的质量，g。

8. 氯化物（Cl）含量的测定

将试样碳化后置于 800℃的马弗炉中灼烧，冷至室温后用水溶解。在酸性条件下，溶液中的氯化物与硝酸银溶液反应生成氯化银沉淀，使溶液混浊。与标准比浊溶液进行目视比浊。

（1）试剂和材料

①硝酸溶液：1+4。

②硝酸银溶液：17g/L。

③氯化物（Cl）标准溶液：0.1mg/mL。

（2）仪器设备

①马弗炉：温度可控制在 800℃±50℃。

②通风橱。

③银或镍坩埚。

（3）试液的制备

①使用干燥的银或镍坩埚称取约 0.5g 试样，精确至 0.01g。在通风橱中碳化后，置于

800℃±50℃下马弗炉中，至少灼烧 2h 至有机物完全分解。取出后冷却至室温。

②加入 50mL 温水，煮沸，充分搅拌使银或镍坩埚内的盐类溶解，全部转移至 250mL 容量瓶中，用水稀释至刻度，摇匀，此为试液 B。

（4）操作步骤

①标准比浊溶液的制备：用移液管量取氯化物（Cl）标准溶液 1.0mL 于 50mL 比色管中，加 2mL 硝酸溶液，用水稀释至约 40mL，加入 2mL 硝酸银溶液，用水稀释至刻度，摇匀，放置 2min。

②用移液管量取 2mL 试液 B 于 50mL 比色管中，与标准比浊溶液同时同样处理。其浊度不得大于标准比浊溶液氯化物（Cl）含量的测定。

9. 硫酸盐（SO$_4$）含量的测定

将试样碳化后置于 800℃的马弗炉中灼烧，冷至室温后用水溶解。溶液中的硫酸盐与氯化钡反应生成硫酸钡沉淀，使溶液混浊。与标准比浊溶液进行目视比浊。

（1）试剂和材料

①氯化钡溶液：100g/L。

②盐酸溶液：1+4。

③硫酸盐（SO$_4$）标准溶液：0.1mg/mL。

（2）操作步骤

①标准比浊溶液的制备：用移液管量取硫酸盐（SO$_4$）标准溶液 5mL 于 50mL 比色管中，加 2mL 盐酸溶液，用水稀释至约 40mL，加入 5mL 氯化钡溶液，用水稀释至刻度，摇匀，放置 2min。

②用移液管量取 25mL 试液 B 于 50mL 比色管中，与标准比浊溶液同时同样处理。其浊度不得大于标准比浊溶液。

第三节　阻垢分散剂

阻垢分散剂是有羧基、羟基、硫黄酸、膦酸基等基团的共聚物，由于它的直链上和部分支链含有膦酸基，因此共聚物具有优异的防垢性能，并有一定的防腐效果。阻垢分散剂的防垢作用主要是由于分子中的部分官能团吸附于致垢金属盐类正在形成的晶体（晶核）表面的活性点上，抑制晶体生长或使晶体产生畸变，畸变后的晶体与金属表面的黏附力减弱，因此不易沉积于金属表面上。

一、氨基三亚甲基膦酸

简称：ATMP，分子式：$N(CH_2PO_3H_2)_3$，相对分子质量：299.0。结构式：

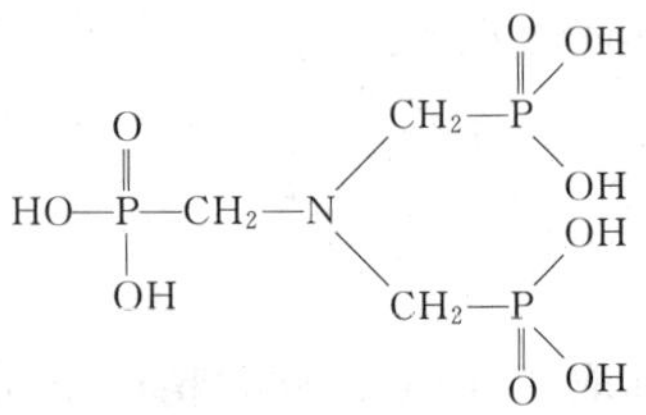

氨基三亚甲基膦酸系以三氯化磷、甲醛、铵盐，按一定比例一步反应制得水溶液。氨基三亚甲基膦酸溶液再结晶、分离、烘干而得到固体产品。市售的商品有液体和固体两种。固体氨基三亚甲基膦酸易溶于水，熔点高于195℃，分解温度200～212℃。液体产品也易溶于水。

氨基三亚甲基膦酸对碳酸钙阻垢效果最好。在高浓度使用（40mg/kg）时，有良好的缓蚀性能。主要用作工业循环冷却水、锅炉用水、油田水处理中的阻垢剂、缓蚀剂。氨基三亚甲基膦酸本身基本无毒。

氨基三亚甲基膦酸固体外观为白色颗粒状；液体外观为无色或微黄色透明液体，技术指标分别符合表15-7和表15-8要求。

表15-7　固体氨基三亚甲基膦酸的技术要求

项　目		指　标
活性组分/%	≥	93.0
氨基三亚甲基膦酸含量/%	≥	88.0
亚磷酸（以 PO_3^{3-} 计）含量/%	≤	3.0
磷酸（以 PO_4^{3-} 计）含量/%	≤	0.8
氯化物（以 Cl^- 计）含量/%	≤	1.0
铁（以 Fe 计）/($\mu g/g$)	≤	20
pH 值（10g/L 水溶液）	≤	2.0

表15-8　液体氨基三亚甲基膦酸的技术要求

项　目		指　标
活性组分（以 ATMP 计），%	≥	50.0
氨基三亚甲基膦酸含量，%	≥	40.0
亚磷酸（以 PO_3^{3-} 计）含量，%	≤	3.5
磷酸（以 PO_4^{3-} 计）含量，%	≤	0.8
氯化物（以 Cl^- 计）含量，%	≤	2.0
pH 值（10g/L 水溶液）	≤	2.0
密度（20℃），g/cm^3	≥	1.30
铁（以 Fe^{2+} 计）含量，$\mu g/g$	≤	20

1. 固体氨基三亚甲基膦酸的分析方法

（1）活性组分的测定

在 pH≈10 的介质中，有机膦酸与铜离子形成稳定的配合物，以紫脲酸铵作指示剂，用硫酸铜标准滴定溶液滴定。

①试剂和材料

a）氢氧化钠溶液：8g/L；

b）氨-氯化铵缓冲溶液（甲）：pH≈10；

c）硫酸铜标准滴定溶液：c（$CuSO_4$）约 0.02mol/L；

d) 中性红指示液；1g/L 60％乙醇溶液；

e) 紫脲酸铵指示剂。

②操作步骤

a) 试液的制备

称取约 2g 试样，精确至 0.2mg。加水溶解，全部转移到 500mL 容量瓶中，用水稀释至刻度，摇匀。此为试液 A。

b) 操作步骤

移取 20.00mL 试液 A，置于 250mL 锥形瓶中，加入 20mL 水、1～2 滴中性红指示液，滴加氢氧化钠溶液，至溶液由红色变为黄色为止。加 1mL 氨-氯化铵缓冲溶液、0.2g 紫脲酸铵指示剂，用硫酸铜标准滴定溶液滴定至溶液呈黄绿色即为终点。滴定时溶液温度不得低于 20℃。

③结果计算

活性组分以质量分数 w_1 计，数值以％表示，按式（15-25）计算：

$$w_1 = \left[\frac{\dfrac{V_c}{1000} M_1}{m \times \dfrac{20}{500}} \times 100 - w_2 \right] \frac{M_2}{M_1} + w_2 \qquad (15-25)$$

式中　V——滴定中消耗硫酸铜标准滴定溶液的体积，mL；

　　　c——硫酸铜标准滴定溶液的实际浓度，mol/L；

　　　m——试料的质量，g；

　　　w_2——本节测得的氨基三亚甲基膦酸的含量，％；

　　　M_1——氨基三亚甲基膦酸的摩尔质量，g/mol（$M_1 = 299.0$）；

　　　M_2——亚氨基二亚甲基膦酸的摩尔质量，g/mol（$M_2 = 205.0$）。

（2）氨基三亚甲基膦酸含量的测定

在 pH≈10 的介质中，氨基三亚甲基膦酸与锌离子形成稳定的配合物。在试液中加入过量的氯化锌标准滴定溶液，以铬黑 T 为指示剂，用乙二胺四乙酸二钠标准滴定溶液滴定。

①试剂和材料

a) 氢氧化钠溶液：8g/L；

b) 氨-氯化铵缓冲溶液（甲）：pH≈10；

c) 氯化锌标准滴定溶液：c（$ZnCl_2$）约 0.015mol/L；

d) 乙二胺四乙酸二钠标准滴定溶液：c（EDTA）约 0.015mol/L；

e) 中性红指示液：1g/L 60％乙醇溶液；

f) 铬黑 T 指示液：1g/L。

②操作步骤

移取 20.00mL 试液 A，置于 500mL 锥形瓶中。加一滴中性红指示液，滴加氢氧化钠溶液至溶液由红色变为黄色为止。加入 1mL 氨-氯化铵缓冲溶液，再用移液管加入 20.00mL 氯化锌标准滴定溶液，加热至 40～70℃。冷却至室温，加 1～2 滴铬黑 T 指示液、10mL 水，用乙二胺四乙酸二钠标准滴定溶液滴定至溶液由紫红色变为蓝色即为终点。

③结果计算

氨基三亚甲基膦酸含量以质量分数 w_2 计，数值以％表示，按式（15－26）计算；

$$w_2 = \frac{\dfrac{(V_2c_2 - V_1c_1)M}{1000}}{m \times \dfrac{20}{500}} \times 100 \qquad (15-26)$$

式中　V_2——加入的氯化锌标准滴定溶液的体积，mL；

　　　　c_2——氯化锌标准滴定溶液的实际浓度，mol/L；

　　　　V_1——滴定消耗乙二胺四乙酸二钠标准滴定溶液的体积，mL；

　　　　c_1——乙二胺四乙酸二钠标准滴定溶液的实际浓度，mol/L；

　　　　m——试料的质量，g；

　　　　M——氨基三亚甲基膦酸的摩尔质量，g/mol（$M=299.0$）。

（3）亚磷酸含量的测定

在 pH 值为 7.0～7.5 的条件下，碘将亚磷酸根氧化成磷酸根。用硫代硫酸钠标准滴定溶液滴定过量的碘。

反应式：

$$H_3PO_3 + I_2 + H_2O \longrightarrow H_3PO_4 + 2HI$$

$$I_2 + 2Na_2S_2O_3 \longrightarrow 2NaI + Na_2S_4O_6$$

①试剂和材料

a）五硼酸铵（$NH_4B_5O_8 \cdot 4H_2O$）饱和溶液；

b）硫酸溶液：1＋3；

c）氢氧化钠溶液：240g/L；

d）碘标准溶液：$c(1/2I_2)$ 约 0.1mol/L；

e）硫代硫酸钠标准滴定溶液：$c(Na_2S_2O_3)$ 约 0.1mol/L；

f）淀粉指示液：10g/L。

②仪器、设备

酸度计：精度 0.02pH 单位。配有饱和甘汞参比电极、玻璃测量电极或复合电极。

③操作步骤

称取约 2g 试样，精确至 0.2mg，置于 100mL 烧杯中，加入 50mL 水，置于已校准的酸度计上。逐滴加入氢氧化钠溶液至 pH 值为 6.0～6.5 之间。后将烧杯中溶液转移至 500mL 碘量瓶中，加入 12mL 五硼酸铵饱和溶液，用移液管加入 25.00mL 碘标准溶液，盖好瓶塞，于暗处放置 15min。加入 10mL 硫酸溶液，用硫代硫酸钠标准滴定溶液滴定至溶液呈浅黄色时，加入 1～2mL 淀粉指示液，继续滴定至蓝色消失即为终点。操作时溶液温度不得低于 20℃。同时做空白试验。

④结果计算

亚磷酸（以 PO_3^{3-} 计）含量以质量分数 w_3 计，数值以％表示，按式（15－27）计算：

$$w_3 = \frac{\dfrac{(V_0 - V)c}{1000} \times \dfrac{M}{2}}{m} \times 100 \qquad (15-27)$$

式中　V_0——空白试验消耗硫代硫酸钠标准滴定溶液的体积，mL；

V——试液消耗硫代硫酸钠标准滴定溶液的体积，mL；

c——硫代硫酸钠标准滴定溶液的实际浓度，mol/L；

m——试料的质量，g；

M——亚磷酸根的摩尔质量，g/mol（$M=78.97$）。

（4）磷胺含量的测定

在酸性条件下，正磷酸根和钼酸铵反应生成黄色的磷钼杂多酸，用抗坏血酸还原成磷钼蓝，使用分光光度计，于最大吸收波长（710nm）处测定吸光度。

①试剂和材料

a）抗坏血酸溶液：20g/L。

称取10g抗坏血酸溶于约50mL水中，加入0.20g乙二胺四乙酸二钠及8mL甲酸，用水稀释至500mL，混匀。贮存于棕色瓶中，保存期15d。

b）钼酸铵溶液：26g/L。

称取13g钼酸铵溶于200mL水中，加入0.5g酒石酸锑钾和120mL硫酸，冷却后用水稀释至500mL，混匀。贮存于棕色瓶中，保存期两个月。

c）磷酸盐标准溶液：1mL含有$0.02mgPO_4^{3-}$。

移取20.00mL按GB/T 602—2002中表1配制的0.1mg/mL磷酸盐（PO_4）标准溶液，置于100mL容量瓶中，用水稀释至刻度，摇匀。此溶液现用现配。

②仪器、设备

分光光度计：带有厚度为1cm的吸收池。

③操作步骤

a）校准曲线的绘制

在六个50mL容量瓶中，分别加入0.00mL（试剂空白）、1.00mL、2.00mL、4.00mL、6.00mL、8.00mL磷酸盐标准溶液。分别加水至约25mL，各加2.0mL钼酸铵溶液、3.0mL抗坏血酸溶液，用水稀释至刻度，摇匀，放置10min。

使用分光光度计，用1cm吸收池，在710nm波长处，以试剂空白为参比测定其吸光度。

以PO_4^{3-}含量（mg）为横坐标，对应的吸光度为纵坐标，绘制校准曲线。

b）操作步骤

用移液管移取2.0mL试液A，置于50mL容量瓶中，加水到约25mL。以下同上述a）校准曲线中"各加2.0mL钼酸铵溶液……以试剂空白为参比测定其吸光度"操作。

④结果计算

磷酸（以PO_4^{3-}计）含量以质量分数w_4计，数值以%表示，按式（15-28）计算：

$$w_4 = \frac{m_1 \times 10^{-3}}{m \times \frac{2}{500}} \times 100 \qquad (15-28)$$

式中　m_1——根据测得的试液吸光度从校准曲线上查出的磷酸根的量，mg；

m——试料的质量，g。

（5）氯化物含量的测定

以双液型饱和甘汞电极为参比电极，银电极为指示电极，用硝酸银标准滴定溶液滴定至出现电位突跃点，即可根据工作电池电动势的变化，确定滴定终点。

①试剂和材料

a）氢氧化钠溶液：80g/L；

b）硝酸银标准滴定溶液：c（$AgNO_3$）约 0.02mol/L；

c）酚酞指示液：10g/L。

②仪器、设备

a）微量滴定管；

b）电位滴定仪；

c）双液型饱和甘汞电极；

d）银电极。

③操作步骤

称取约 1g 试样，精确至 0.2mg，转移至 150mL 烧杯中，加 100mL 水。加两滴酚酞指示液，用氢氧化钠溶液调至溶液由无色刚好变为微红色。将盛有试样的烧杯置于电磁搅拌器上，放入搅拌子，搅匀。将电极插入烧杯，用硝酸银标准滴定溶液滴定至终点电位。同时做空白试验。

④结果计算

氯化物（以 Cl^- 计）含量以质量分数 w_5 计，数值以％表示，按式（15-29）计算：

$$w_5 = \frac{\left(\dfrac{V}{1000} - \dfrac{V_0}{1000}\right)cM}{m} \times 100 \qquad (15-29)$$

式中　V——滴定试液消耗硝酸银标准滴定溶液的体积，mL；

　　　V_0——空白试验消耗硝酸银标准滴定溶液的体积，mL；

　　　c——硝酸银标准滴定溶液的实际浓度，mol/L；

　　　m——试料的质量，g；

　　　M——氯的摩尔质量，g/mol（$M=35.45$）。

（6）铁含量的测定

试样中的铁常以三价铁的形式存在。用盐酸羟胺将三价铁离子还原成二价铁离子，在 pH 值为 4～6 时，二价铁离子和邻菲罗啉形成一种红色的配合物，用分光光度计在最大吸收波长 510nm 处，测定其吸光度。

①试剂和材料

a）盐酸溶液：1+1。

b）氨水溶液：1+1。

c）盐酸羟胺溶液：200g/L。

d）邻菲罗啉溶液：15g/L。

称取 5.0g 邻菲罗啉（$C_{12}H_8N_2 \cdot H_2O$），溶于 250mL 95％（体积分数）乙醇中，再加入 80mL 水，摇匀。

e）铁标准贮备溶液：1mL 含有 0.1mgFe。

称取 0.1000g 高纯铁，精确到 0.2mg，置于 150mL 烧杯中，加 10mL 盐酸，缓慢加热直到完全溶解。冷却，全部转移到 1000mL 容量瓶中，稀释至刻度，摇匀。

f）铁标准溶液：1mL 含有 0.010mg Fe。

移取 10.00mL 铁标准贮备溶液置于 100mL 容量瓶中，用水稀释至刻度，摇匀。此溶液现用现配。

②仪器、设备

a）分光光度计：带有厚度为 3cm 的吸收池。

b）酸度计：精度 0.02pH 单位，配有饱和甘汞参比电极、玻璃测量电极或复合电极。

③操作步骤

a）校准曲线的绘制

分别移取 0.00mL（试剂空白）、2.00mL、4.00mL、6.00mL、8.00mL、10.00mL 铁标准溶液置于六个 100mL 烧杯中，各加水至约为 40mL，使用酸度计用盐酸溶液将溶液 pH 值调至 1.5～2.0。分别加入 2mL 盐酸羟胺溶液，混匀，再依次加入 2mL 邻菲罗啉溶液，混匀后，使用酸度计用氨水溶液将溶液 pH 值调至 5.2～5.8。在可调电炉上将溶液煮沸 10～15min，取下冷却至室温，将冷却后的溶液转移到 100mL 容量瓶中，并用水稀释至刻度，摇匀。

使用分光光度计，用 3cm 吸收池，在 510nm 波长处，以试剂空白为参比测定其吸光度。

以铁含量（mg）为横坐标，对应的吸光度为纵坐标，绘制校准曲线。

b）样品测定

称取约 2.0g 试样，精确至 0.2mg，置于 100mL 烧杯，加水至约 40mL。使用酸度计用盐酸溶液或氨水溶液将其 pH 值调至 1.5～2.0，以下按上述 a）校准曲线的绘制中"分别加入 2mL 盐酸羟胺……以试剂空白为参比测定其吸光度"操作。

④结果计算

铁（以 Fe 计）含量以质量分数 w_6 计，数值以 $\mu g/g$ 表示，按式（15－30）计算：

$$w_6 = \frac{m_1 \times 1000}{m} \qquad (15-30)$$

式中　m_1——根据测得的试液吸光度从校准曲线上查出的铁的量，mg；

　　　　m——试料的质量，g。

（7）pH 值的测定

按照 GB/T 22592 规定的方法进行测定。

2. 液体氨基三亚甲基膦酸的分析方法

（1）活性组分含量的测定

在约 pH8.5 的介质中，有机膦酸与铜离子形成稳定的络合物，以紫脲酸铵作指示剂，用硫酸铜标准滴定溶液滴定。

①试剂和材料

a）硫酸铜标准滴定溶液：c（$CuSO_4$）约 0.02mol/L。

b）硼砂（$Na_2B_4O_7 \cdot 10H_2O$）：饱和溶液。该溶液加热至 80℃，降至室温时应有硼砂晶体析出。

c）紫脲酸铵：0.5g 紫脲酸铵与 100g 干燥的氯化钠研磨，混匀。

②操作步骤

a）试液的制备

称取约 5g 试样，精确至 0.2mg。全部转移至 500mL 容量瓶中，用水稀释至刻度，摇匀。此为试液 A。

b）操作步骤

用移液管移取 25mL 试液 A，置于 200mL 烧杯中。加水至约 100mL，将烧杯置于磁力搅拌器上，并放入已校准过的 pH 电极，开启磁力搅拌器。加入硼砂饱和溶液使 pH 值约为 8.5，加适量紫脲酸铵指示剂，使溶液变为粉红色，然后滴加硫酸铜标准滴定溶液至溶液突变为黄绿色即为终点。滴加硫酸铜标准滴定溶液过程中适时加入适量硼砂饱和溶液，确保溶液滴定过程中 pH 值保持 8.5 左右。

③结果计算

活性组分含量以质量分数 W_1 计，数值以％表示，按式（15-31）计算：

$$W_1 = \frac{VcM}{1000m_0 \times 25/500} \times 100 \qquad (15-31)$$

式中　V——滴定中消耗硫酸铜标准滴定溶液体积，mL；

　　　c——硫酸铜标准滴定溶液浓度，mol/L；

　　m_0——试料质量，g；

　　　M——氨基三亚甲基膦酸摩尔质量，g/mol（$M=299.0$）。

（2）氨基三亚甲基膦酸含量的测定

在 pH10 的介质中，氨基三亚甲基膦酸与锌离子形成稳定的络合物。在试液中加入过量的氯化锌标准溶液，以铬黑 T 为指示剂，用 EDTA 标准滴定溶液滴定。

①试剂和材料

a）氢氧化钠溶液：8g/L。

b）氨-氯化铵缓冲溶液（甲）：pH≈10。

c）氯化锌标准滴定溶液：c（$ZnCl_2$）约 0.015mol/L。

d）乙二胺四乙酸二钠标准滴定溶液：c（EDYA）约 0.01mol/L。

e）中性红指示液：1g/L 60％乙醇溶液。

f）铬黑 T 指示液：溶解 0.5g 铬黑 T 于 85mL 三乙醇胺中，加入 15mL 乙醇［95％（体积分数）］混匀。

②操作步骤

移取 20.00mL 试液 A，置于 250mL 锥形瓶中。加 1 滴中性红指示液，滴加氢氧化钠溶液至溶液由红色变为黄色为止。加入 1mL 氨-氯化铵缓冲溶液，加入 25.00mL 氯化锌标准滴定溶液，加热至 40～70℃。冷却至室温，加适量铬黑 T 指示液，用乙二胺四乙酸二钠标准滴定溶液滴定至溶液由紫红色变为蓝色即为终点。

③结果计算

氨基三亚甲基膦酸含量以质量分数 W_2 计，数值以％表示，按式（15-32）计算：

$$W_2 = \frac{(V_2 c_2 - V_1 c_1)M}{1000m_0 \times 20/500} \times 100 \qquad (15-32)$$

式中　V_2——加入氯化锌标准滴定溶液体积，mL；

　　　c_2——氯化锌标准滴定溶液浓度，mol/L；

　　　V_1——试液消耗的乙二胺四乙酸二钠标准滴定溶液体积，mL；

　　　c_1——乙二胺四乙酸二钠标准滴定溶液浓度，mol/L；

M——氨基三亚甲基膦酸摩尔质量，g/mol（$M=299.0$）；

m_0——试料质量，g。

（3）亚磷酸含量的测定

在 pH7.0～7.5 的条件下，碘将亚磷酸根氧化成磷酸根，用硫代硫酸钠标准滴定溶液滴定过量的碘。

①试剂和材料

a）五硼酸铵（$NH_4B_5O_8 \cdot 4H_2O$）：饱和溶液。

b）乙酸溶液：c（CH_3COOH）约 6mol/L。

c）碘标准溶液：c（$1/2I_2$）约 0.1mol/L。

d）硫代硫酸钠标准滴定溶液：c（$Na_2S_2O_3$）约 0.1mol/L。

e）可溶性淀粉溶液：10g/L。

②操作步骤

称取约 2g 试样，精确至 0.2mg，置于 500mL 碘量瓶中。加入 50mL 五硼酸铵饱和溶液，用移液管加入 25mL 碘标准溶液，盖好瓶塞，于暗处在（25±2）℃的水浴中放置 15min，加入 5mL 乙酸溶液，用硫代硫酸钠标准滴定溶液滴定至淡黄色时，加入 1～2mL 淀粉指示液，继续滴定至蓝色消失即为终点。同时做空白试验。

③结果计算

亚磷酸（以 PO_3^{3-} 计）含量以质量分数 W_3 计，数值以％表示，按式（15-33）计算：

$$W_3 = \frac{(V_0 - V)c(M/2)}{1000m} \times 100 \tag{15-33}$$

式中 V_0——空白试验消耗硫代硫酸钠标准滴定溶液体积，mL；

V——滴定中试样消耗硫代硫酸钠标准滴定溶液体积，mL；

c——硫代硫酸钠标准滴定溶液浓度，mol/L；

m——试料质量，g；

M——亚磷酸根摩尔质量，g/mol（$M=79.0$）。

（4）磷酸含量的测定

在酸性条件下，正磷酸盐和钼酸铵反应生成黄色的磷钼杂多酸，用抗坏血酸还原成磷钼蓝。使用分光光度计，于最大吸收波长（710nm）处测定吸光度。

①试剂和材料

a）抗坏血酸溶液：17.6g/L。

称取 8.8g 抗坏血酸溶于约 50mL 水中，加入 0.10g 乙二胺四乙酸二钠及 4mL 甲酸，用水稀释至 500mL，混匀。贮存于棕色瓶中，保存期 15 天。

b）钼酸铵溶液：6g/L。

称取 3g 钼酸铵溶于 200mL 水中，加入 0.1g 酒石酸锑钾和 42mL 浓硫酸，冷却后用水稀释至 500mL，混匀。贮存于棕色瓶中，保存期 15 天。

c）磷酸盐标准溶液：1mL 含有 $0.02mgPO_4^{3-}$。

按 GB/T 602 配制后，用移液管移取 20.00mL，置于 100mL 容量瓶中，用水稀释至刻度，摇匀。此溶液用时现配。

②仪器、设备

一般实验室仪器和分光光度计：带有厚度为 1cm 的吸收池。

③操作步骤

a）校准曲线的绘制

在六个 50mL 容量瓶中，分别加入 0mL（试剂空白溶液）、1.00mL、2.00mL、4.00mL、6.00mL、8.00mL磷酸盐标准溶液。分别加水至约 25mL，各加 2.0mL 钼酸铵溶液、3.0mL 抗坏血酸溶液，用水稀释至刻度，摇匀，放置 10min。使用分光光度计，用 1cm 吸收池，在 710nm 波长处，以试剂空白调零测其吸光度。以磷酸根含量（mg）为横坐标，对应的吸光度为纵坐标，绘制校准曲线。

b）操作步骤

将试液 A 稀释 10 倍后取 5.00mL 于 50mL 容量瓶中。加水至约 25mL，加入 2.0mL 钼酸铵溶液、3.0mL 抗坏血酸溶液，用水稀释至刻度，摇匀，放置 10min。使用分光光度计，用 1cm 吸收池，在 710nm 波长处，以试剂空白调零测定吸光度。

④结果计算

磷酸（以 PO_4^{3-} 计）含量以质量分数 W_4 计，数值以％表示，按式（15－34）计算：

$$W_4 = \frac{m_1 \times 10^{-3}}{m_0 \times 5/5000} \times 100 \tag{15－34}$$

式中　m_1——根据测得的试液吸光度从校准曲线上查出的磷酸根质量，mg；

　　　m_0——试料质量，g。

（5）氯化物含量的测定

以双液型饱和甘汞电极为参比电极，以银电极为指示电极，用硝酸银标准滴定溶液滴定至出现电位突跃点。即可根据工作电池电动势的变化，确定滴定终点。

①试剂和材料

a）氢氧化钠溶液：40g/L。

b）硝酸银标准滴定溶液：c（$AgNO_3$）约 0.1mol/L。

c）酚酞指示剂：1g/L 乙醇溶液。

②仪器和设备

一般实验室仪器和

a）电位滴定仪。

b）双液型饱和甘汞电极。

c）银电极。

③操作步骤

移取约 5g 试样，精确至 0.2mg。置于 250mL 烧杯中，加水 100mL。加入 2 滴酚酞指示剂，用氢氧化钠溶液调至溶液由无色刚好变为红色，放入搅拌子。将盛有试样的烧杯置于电磁搅拌器上，搅拌，将电极插入烧杯中，用硝酸银标准滴定溶液滴定至终点电位（在电位突跃点附近，应放慢滴定速度）。同时做空白试验。

④结果计算

氯化物（以 Cl^- 计）含量以质量分数 W_5 计，数值以％表示，按式（15－35）计算：

$$W_5 = \frac{(V - V_0)cM}{1000m} \times 100 \tag{15－35}$$

式中　V——试样消耗硝酸银标准滴定溶液体积，mL；

　　　V_0——空白试验消耗硝酸银标准滴定溶液体积，mL；

　　　c——硝酸银标准滴定溶液浓度，mol/L；

　　　m——试料质量，g；

　　　M——氯摩尔质量，g/mol（$M=35.45$）。

（6）pH 值的测定

①仪器、设备

酸度计：精度 0.02pH 单位。配有饱和甘汞参比电极、玻璃测量电极或复合电极。

②操作步骤

称取（1.00 ± 0.01）g 试样，全部转移到 100mL 容量瓶中，用水稀释至刻度，摇匀。将试液倒入烧杯中，置于电磁搅拌器上，将电极浸入溶液中，开动搅拌。在已定位的酸度计上读出 pH 值。

（7）密度的测定

①仪器、设备

a）密度计：分度值为 $0.001g/cm^3$。

b）恒温水浴：温度控制在（20 ± 0.1）℃。

c）玻璃量筒：250mL 或 500mL。

d）温度计：0～50℃，分度值 0.1℃。

②操作步骤

将试样注入清洁、干燥的量筒内，不得有气泡，将量筒置于 20℃的恒温水浴中。待温度恒定后，将清洁、干燥的密度计缓缓地放入试样中，其下端应离筒底 2cm 以上，不能与筒壁接触。密度计的上端露在液面外的部分所沾液体不得超过 2～3 分度。待密度计在试样中稳定后，读出密度计弯月面下缘的刻度（标有读弯月面上缘刻度的密度计除外），即为 20℃试样的密度。

（8）铁含量的测定

用盐酸羟胺将试样中的三价铁离子还原成二价铁离子，在 pH2～9 时，二价铁离子可与邻菲罗啉生成橙红色络合物，在最大吸收波长（510nm）处，用分光光度计测其吸光度。

①试剂和材料

a）硫酸溶液：1+35。

b）氨水溶液：1+3。

c）乙酸-乙酸钠缓冲溶液：pH=4.5。

d）盐酸羟胺溶液：100g/L。

溶解 10g 盐酸羟胺（$NH_2OH\cdot HCl$）于水中并稀释至 100mL。

e）邻菲罗啉溶液：5g/L。

溶解 0.5g 盐酸邻菲罗啉（一水合物）（$C_{12}H_9ClN_2\cdot H_2O$）于水中并稀释至 100mL。

或将 0.42g 邻菲罗啉（一水合物）（$C_{12}H_8N_2\cdot H_2O$）溶于含有 2 滴盐酸的 100mL 水中。

此溶液储存在暗处，可稳定放置一周。

f）铁标准贮备溶液：1mL 含有 0.1mgFe。

g）铁标准溶液：1mL 含有 0.01mgFe。

移取 10mL 铁标准贮备溶液于 100mL 容量瓶中并稀释至刻度，此溶液现用现配。

②仪器、设备

一般实验室用仪器和分光光度计：带有光程为 3cm 的吸收池。

③校准曲线的绘制

分别取 0（空白）、2.00、4.00、6.00、8.00、10.00mL 铁标准溶液于六个 100mL 容量瓶中，加水至约 40mL，加 0.50mL 硫酸溶液调 pH 接近 2，加 2.0mL 盐酸羟胺溶液，5.0mL 乙酸-乙酸钠缓冲溶液，5.0mL 邻菲罗啉溶液。用水稀释至刻度，摇匀。室温下放置 15min，在分光光度计 510nm 处，用 3cm 吸收池，以试剂空白调零测其吸光度。以测得的吸光度为纵坐标，相对应的铁含量（mg）为横坐标绘制校准曲线。

④操作步骤

称取约 2.0g 试样，精确至 0.2mg。置于 100mL 容量瓶中，加水至约 40mL，用硫酸溶液或氨水溶液调 pH 接近 2，加 2.0mL 盐酸羟胺溶液，摇匀。加 5.0mL 乙酸-乙酸钠缓冲溶液、5.0mL 邻菲罗啉溶液。用水稀释至刻度，摇匀。室温下放置 15min，在分光光度计 510nm 处，用 3cm 吸收池，以试剂空白调零测其吸光度。

⑤结果计算

铁（Fe）含量以 W_6 计，数值以 μg/g 表示，按式（15-36）计算：

$$W_6 = \frac{m_1 \times 10^3}{m} \tag{15-36}$$

式中 m_1——从校准曲线上查出的试样中铁质量，mg；

m——试料质量，g。

二、羟基亚乙基二膦酸（固体）

羟基亚乙基二膦酸简称 HEDPA，分子式为 $C_2H_8O_7P_2$，结构式如下：

$$\begin{array}{c} \text{OHOHOH} \\ \text{HO-P-C-P-OH} \\ \text{O CHO} \end{array}$$

羟基亚乙基二磷酸是以三氯化磷和二水乙酸为原料，经合成反应制得。是有机膦酸中常用的品种之一。它对抑制碳酸钙水合氧化铁等的析出或沉积都有很好的效果，是阻垢剂和分散剂。

羟基亚乙基二磷酸化学稳定性好，在高 pH 情况下，仍很稳定。它在 200℃下有良好的阻垢作用，在 250℃以上分解。主要用于工业循环冷却水的阻垢缓蚀剂、金属和非金属电子行业清洗剂以及漂染工业的过氧化物稳定剂和固色剂等。羟基亚乙基二磷酸技术指标见表 15-9。

表 15-9 羟基 1，1-亚乙基二膦酸技术指标

项目		指标
活性组分（以 HEDP·H_2O 计）/%	$\geqslant$	97.0
磷酸（以 PO_4^{3-} 计）含量/%	$\leqslant$	0.50
亚磷酸（以 PO_3^{3-} 计）含量/%	$\leqslant$	0.80
氯化物（以 Cl^- 计）含量/（$\mu g/g$）	$\leqslant$	100
pH 值（10g/L 水溶液）		1.5~2.0
铁（以 Fe 计）含量/（$\mu g/g$）	$\leqslant$	10

1. 活性组分的测定

羟基亚乙基二膦酸中含有有机磷酸、磷酸和亚磷酸。加入硫酸和分解剂加热分解，均转变成正磷酸。加入喹钼柠酮溶液后生成磷钼酸喹啉沉淀，过滤、洗涤、干燥、称量，计算总磷含量。减去正磷酸、亚磷酸相当的磷含量后计算出活性组分。

生产控制过程中可用容量法测定活性组分的含量。

（1）试剂和材料

①硝酸；

②过硫酸钾；

③硫酸溶液：1+4；

④硝酸溶液：1+1；

⑤喹钼柠酮溶液。

制备方法：

溶液Ⅰ 称取 70g 钼酸钠，溶于 150mL 水中。

溶液Ⅱ 称取 60g 柠檬酸，溶于 85mL 硝酸和 150mL 水的混合液中。

溶液Ⅲ 量取 5mL 喹啉，溶于 35mL 硝酸和 100mL 水的混合液中。

在不断搅拌下，先将溶液Ⅰ缓慢加入溶液Ⅱ中，再将溶液Ⅲ缓慢加入溶液Ⅱ中。混匀，放置 24h，过滤。在滤液中加入 280mL 丙酮，用水稀释至 1000mL，混匀。贮于棕色瓶或聚乙烯瓶中。

（2）仪器、设备

坩埚式过滤器：滤板孔径为 5~15μm。

（3）操作步骤

①试液的制备

称取约 2g 试样，精确至 0.2mg，加水溶解。全部转移到 500mL 容量瓶中，用水稀释到刻度，摇匀。此为试液 A，供测定活性组分、正磷酸、亚磷酸含量用。

②测定

移取 10.00mL 试液 A，置于 400mL 高型烧杯中。加 10mL 硫酸溶液、0.5~0.7g 过硫酸钾，盖上表面皿，置于可控电炉（1000W）或微波消解电炉上，缓慢加热至出现浓厚白烟。取下表面皿，直至白烟几乎赶尽，溶液呈黏稠状，仔细观察刚有细微结晶出现时，即取下冷却，分解的全过程约为 30min。加入 100mL 水，加热，待结晶溶解后，稍冷，加

入 15mL 硝酸溶液、50mL 喹钼柠酮溶液，盖上表面皿，置于沸水浴中，放置 30min。取出后冷却至室温。冷却过程中摇动 3～4 次。

用预先于 (180±5)℃下恒重的坩埚式过滤器以倾析法过滤。在烧杯中洗涤沉淀 3 次，每次用水约 15mL，将沉淀全部转移至坩埚式过滤器中，继续用水洗涤，所用洗水共约 150mL。于 (180±5)℃下烘干至恒重。

（4）结果计算

总磷（以 P 计）含量以质量分数 w_1 计；数值以％表示，按式（15-37）计算：

$$w_1 = \frac{m_1 \dfrac{M_1}{M_2}}{m \times \dfrac{10}{500}} \times 100 \qquad (15-37)$$

式中　m_1——磷钼酸喹啉沉淀的质量，g；

m——试料的质量，g；

M_1——磷的摩尔质量，g/mol（$M_1 = 30.97$）；

M_2——磷钼酸喹啉的摩尔质量，g/mol（$M_2 = 2212.73$）。

活性组分（以 HEDP·H$_2$O 计）以质量分数 w_2 计，数值以％表示，按式（15-38）计算：

$$w_2 = \left(w_1 - w_3 \frac{M_1}{M_2} - w_4 \frac{M_1}{M_3} \right) \frac{M_4}{2M_1} \qquad (15-38)$$

式中　w_1——总磷（以 P 计）含量，％；

w_3——下述 2 测得的磷酸（以 PO$_4^{3-}$ 计）含量，％；

w_4——下述 3 测得的亚磷酸（以 PO$_3^{3-}$ 计）含量，％；

M_1——磷的摩尔质量，g/mol（$M_1 = 30.97$）；

M_2——磷酸根的摩尔质量，g/mol（$M_2 = 94.97$）；

M_3——亚磷酸根的摩尔质量，g/mol（$M_3 = 78.97$）；

M_4——羟基亚乙基二膦酸（以 HEDP·H$_2$O 计）的摩尔质量，g/mol（$M_4 = 224.04$）。

2. 磷酸含量的测定

在酸性条件下，正磷酸和钼酸铵反应生成黄色的磷钼杂多酸，用抗坏血酸还原成磷钼蓝，使用分光光度计，于最大吸收波长（710nm）处测定吸光度。

（1）试剂和材料

①抗坏血酸溶液：20g/L。

称取 10g 抗坏血酸溶于约 50mL 水中，加入 0.20g 乙二胺四乙酸二钠及 8mL 甲酸，用水稀释至 500mL，混匀。贮存于棕色瓶中，保存期 15d。

②钼酸铵溶液：26g/L。

称取 13g 钼酸铵溶于 200mL 水中，加入 0.5g 酒石酸锑钾和 120mL 硫酸，冷却后用水稀释至 500mL，混匀。贮存于棕色瓶中，保存期两个月。

③磷酸盐标准溶液：1mL 含有 0.02mgPO$_4^{3-}$。

移取 20.00mL 按 GB/T 602—2002 中表 1 配制的 0.1mg/mL 磷酸盐（PO$_4^{3-}$）标准溶液，置于 100mL 容量瓶中，用水稀释至刻度，摇匀。此溶液现用现配。

（2）仪器、设备

分光光度计：带有厚度为 1cm 的吸收池。

（3）操作步骤

①校准曲线的绘制

在六个 50mL 容量瓶中，分别加入 0.00mL（试剂空白溶液）、1.00mL、2.00mL、4.00mL、6.00mL、8.00mL 磷酸盐标准溶液。分别加水至约 25mL，各加 2.0mL 钼酸铵溶液、3.0mL 抗坏血酸溶液，用水稀释至刻度，摇匀，放置 10min。

使用分光光度计，用 1cm 吸收池，在 710nm 波长处，以试剂空白为参比测定其吸光度。

以磷酸根含量（mg）为横坐标，对应的吸光度为纵坐标，绘制校准曲线。

②测定

移取 2.00mL 试液 A，置于 50mL 容量瓶中，加水至约 25mL。以下按上述①校准曲线的绘制中"各加 2.0mL 钼酸铵溶液……以试剂空白为参比测定其吸光度"操作。

（4）结果计算

磷酸（以 PO_4^{3-} 计）含量以质量分数 w_3 计，数值以％表示，按式（15-39）计算：

$$w_3 = \frac{m_1 \times 10^{-3}}{m \times \frac{2}{500}} \times 100 \tag{15-39}$$

式中　m_1——根据测得的试液吸光度从校准曲线上查出的磷酸根的质量，mg；

　　　m——试料的质量，g。

3. 亚磷酸含量的测定

在 pH 值为 7.0~7.5 的条件下，碘将亚磷酸根氧化成磷酸根，用硫代硫酸钠标准滴定溶液滴定过量的碘。

反应式：

$$H_3PO_3 + I_2 + H_2O \Longrightarrow H_3PO_4 + 2HI$$
$$I_2 + 2Na_2S_2O_3 \Longrightarrow 2NaI + Na_2S_4O_6$$

（1）试剂和材料

①五硼酸铵（$NH_4B_5O_8 \cdot 4H_2O$）饱和溶液；

②硫酸溶液：1+3；

③碘标准溶液：$c(1/2\ I_2)$ 约 0.1mol/L；

④硫代硫酸钠标准滴定溶液：$c(Na_2S_2O_3)$ 约 0.1mol/L；

⑤淀粉指示液：10g/L。

（2）操作步骤

移取 50.00mL 试液 A，置于 250mL 碘量瓶中，加入 12mL 五硼酸铵饱和溶液、25.00mL 碘标准溶液，立即盖好瓶塞，于暗处放置 10~15min。加入 15mL 硫酸溶液，用硫代硫酸钠标准滴定溶液滴定。溶液呈浅黄色时，加入 1~2mL 淀粉指示液，继续滴定至蓝色消失即为终点。同时做空白试验。

（3）结果计算

亚磷酸（以 PO_3^{3-} 计）含量以质量分数 w_4 计，数值以％表示，按式（15-40）计算：

$$w_4 = \frac{\left(\dfrac{V_0}{1000} - \dfrac{V}{1000}\right) c \dfrac{M}{2}}{m \times \dfrac{50}{500}} \times 100 \tag{15-40}$$

式中 V_0——空白试验消耗硫代硫酸钠标准滴定溶液的体积，mL；

V——试液消耗硫代硫酸钠标准滴定溶液的体积，mL；

c——硫代硫酸钠标准滴定溶液的实际浓度，mol/L；

m——试料的质量，g；

M——亚磷酸根的摩尔质量，g/mol（$M=78.97$）。

4. 氯化物含量的测定

以双液型饱和甘汞电极为参比电极，银电极为指示电极，用硝酸银标准滴定溶液滴定至出现电位突跃点，即可根据工作电池电动势的变化，确定滴定终点。

（1）试剂和材料

硝酸银标准滴定溶液：c（AgNO$_3$）约 0.01mol/L。

（2）仪器、设备

①微量滴定管；

②电位滴定仪；

③双液型饱和甘汞电极；

④银电极。

（3）操作步骤

称取约 20g 试样，精确至 0.01g，置于 150mL 烧杯中，加 80mL 水。将盛有试样的烧杯置于电磁搅拌器上，放入搅拌子，搅匀。将电极插入烧杯，用硝酸银标准滴定溶液滴定至终点电位。同时做空白试验。

（4）结果计算

氯化物含量（以 Cl$^-$ 计）以质量分数 w_5 计，数值以 μg/g 表示，按式（15-41）计算：

$$w_5 = \frac{\left(\dfrac{V}{1000} - \dfrac{V_0}{1000}\right) cM \times 10^6}{m} \tag{15-41}$$

式中 V——试液消耗硝酸银标准滴定溶液的体积，mL；

V_0——空白试验消耗硝酸银标准滴定溶液的体积，mL；

c——硝酸银标准滴定溶液的实际浓度，mol/L；

m——试料的质量，g；

M——氯的摩尔质量，g/mol（$M=35.45$）。

5. pH 值的测定

（1）仪器、设备

酸度计：精度 0.02pH 单位。配有饱和甘汞参比电极、玻璃测量电极或复合电极。

（2）操作步骤

称取（1.00±0.01）g 试样，用水溶解后，转移到 100mL 容量瓶中，用水稀释至刻度，摇匀。

将试液倒入烧杯中，置于电磁搅拌器上，将电极浸入溶液中，开动搅拌。在已定位的酸度计上读出 pH 值。

6. 铁含量的测定

（1）方法提要

试样中的铁常以三价铁的形式存在。用盐酸羟胺将三价铁离子还原成二价铁离子，在 pH 值为 4～6 时，二价铁离子和邻菲罗啉形成一种红色的配合物，用分光光度计在最大吸收波长 510nm 处，测定其吸光度。

（2）试剂和材料

①盐酸溶液：1+1。

②氨水溶液：1+1。

三、聚丙烯酸

聚丙烯酸简称 PAA，化学式（$C_3H_4O_2$）$_n$，结构式：

聚丙烯酸是以过硫酸盐为引发剂，在水溶液中将丙烯酸单体聚合而成。作为阻垢分散剂，其平均相对分子质量在 10000 以下较好。是低相对分子质量聚电解质，又具有良好的螯合性能。其对磷酸钙与水合氧化铁有优良的分散性能。在使用时，需加入缓蚀剂，以防止对铜的腐蚀。现行技术指标见表 15-10。

表 15-10 聚丙烯酸技术指标

项　目	指　标
固体含量 w_1/%	$w_1 \geqslant 40.0$
游离单体（以 $CH_2—CH—COOH$ 计）含量 w_2/%	$w_2 \leqslant 0.50$
pH（10g/L 水溶液）	$2.5 \leqslant pH \leqslant 4.5$
密度（20℃）ρ/（g/cm³）	$\rho \geqslant 1.120$
极限黏数（30℃）η/（dL/g）	$0.060 \leqslant \eta \leqslant 0.120$

1. 固体含量的测定

在一定温度下，将试样置于电热干燥箱内烘干至恒量。

（1）仪器、设备

称量瓶：ϕ60mm×30mm。

（2）操作步骤

用预先于 120℃±2℃干燥至恒量的称量瓶，称取约 0.5g 试样，精确至 0.2mg，小心摇动使试样自然流动，于瓶底形成一层均匀的薄膜。然后放入电热干燥箱中，从室温开始加热，于 120℃±2℃下干燥至恒量。

（3）结果计算

固体含量以质量分数 w_1 表示，按式（15-42）计算：

$$w_1 = \frac{m_2 - m_1}{m} \times 100\% \tag{15-42}$$

式中　m_2——干燥后的试样与称量瓶质量，g；

　　　m_1——称量瓶质量，g；

　　　m——试料的质量，g。

2. 游离单体含量的测定

在酸性条件下，试样中游离单体的双键与溴起加成反应。过量的溴与碘化钾作用析出碘。以淀粉做指示剂，用硫代硫酸钠标准滴定溶液在中性或弱酸性条件下滴定析出的碘。

(1) 试剂和材料

①盐酸溶液：1+1。

②碘化钾溶液：100g/L。

③溴溶液：$c(1/2Br_2)$ 约 0.1mol/L。

④硫代硫酸钠标准滴定溶液：$c(Na_2S_2O_3)$ 约 0.1mol/L。

⑤淀粉指示液：10g/L。

(2) 操作步骤

称取约 4g 试样，精确至 0.2mg，置于预先加入 20mL 水的 500mL 碘量瓶中，加入 20.00mL 溴溶液，5mL 盐酸溶液，摇匀，于暗处放置 30min。取出，加入 15mL 碘化钾溶液，摇匀，于暗处放置 1～2min。取出，加入 150mL 水，立即用硫代硫酸钠标准滴定溶液滴定至淡黄色，加入 1～2mL 淀粉指示液，继续滴定至蓝色消失即为终点。

同时进行空白试验。

(3) 结果计算

游离单体（以 CH_2—CH—COOH 计）含量以质量分数 w_2 表示，按式 (15-43) 计算：

$$w_2 = \frac{(V_0/1000 - V/1000)cM/2}{m} \times 100\% \tag{15-43}$$

式中　V_0——空白试验消耗硫代硫酸钠标准滴定溶液的体积，mL；

　　　V——滴定试液消耗硫代硫酸钠标准滴定溶液的体积，mL；

　　　c——硫代硫酸钠标准滴定溶液的实际浓度，mol/L；

　　　M——丙烯酸（CH_2—CH—COOH）的摩尔质量（$M=72.06$），g/mol；

　　　m——试料的质量，g。

3. pH 的测定

(1) 仪器、设备

酸度计：精度 0.02pH 单位，配有饱和甘汞参比电极、玻璃测量电极或复合电极。

(2) 操作步骤

称取 1.00g±0.01g 试样，置于 100mL 容量瓶中，用水稀释至刻度，摇匀。

将试液倒入烧杯中，置于电磁搅拌器上，将电极浸入溶液中，开动搅拌。在已定位的酸度计上读出 pH。

4. 密度的测定

(1) 仪器、设备

①密度计：分度值为 0.001g/cm³。

②恒温水浴：可控制在 20℃±0.1℃。

③玻璃量筒：250mL。

④温度计：0～50℃，分度值为 0.1℃。

（2）操作步骤

将试样注入清洁、干燥的量筒内，不得有气泡，将量筒置于 20℃±0.1℃ 的恒温水浴中。待温度恒定后，将清洁、干燥的密度计缓缓地放入试样中，其下端应离筒底 2cm 以上，不得与筒壁接触。密度计的上端露在液面外的部分所沾液体不得超过二至三分度。待密度计在试样中稳定后，读出密度计弯月面下缘的刻度（标有读弯月面上缘刻度的密度计除外），即为 20℃试样的密度。

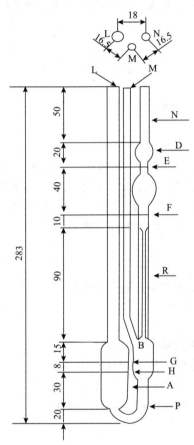

图 15-1　乌氏黏度计（单位：mm）
A—低部贮球，外径 26mm；B—悬浮水平球；
C—计时球，容积 3.0mL（±5%）；
D—上部贮球；E、F—计时标线；G、H—充装标线；
L—架置管，外径 11mm；M—下部出口管，外径 6mm；
N—上部出口管，外径 7mm；P—连接管，内径 6.0mm；
R—工作毛细管，内径 0.50mm（±2%）

5. 极限黏数的测定

将聚丙烯酸转化为聚丙烯酸钠。在 101g/L 硫氰酸钠溶液中制成稀溶液，用乌氏黏度计测定其极限黏数。

（1）试剂和材料

①氢氧化钠溶液：80g/L。

②硫氰酸钠溶液：101g/L。

（2）仪器、设备

①乌氏黏度计（如图 15-1）；毛细管内径 ϕ0.50mm（±2%）；30℃±0.3℃ 时，水流过计时标线 E、F 的时间为 100s 以上。

②恒温水浴：温度可控制在 30℃±0.3℃。

③温度计：0～50℃，分度值 0.1℃。

④秒表：最小分度值 0.1s。

⑤培养皿：ϕ85mm。

⑥玻璃烧结漏斗：G_3，40mL。

（3）操作步骤

①硫氰酸钠溶液流出时间的测定

将清洁、干燥的乌氏黏度计垂直置于 30℃±0.3℃ 的恒温水浴中，经 G_3 玻璃烧结漏斗加入硫氰酸钠溶液至乌氏黏度计充装标线 G、H 之间为止，恒温 10～15min。用洗耳球将硫氰酸钠溶液吸入 C 球标线 E 以上，用秒表测定硫氰酸钠溶液流过计时标线 E、F 的时间，连续测定 3 次，误差不超过 0.2s，取其平均值为 t_0。

②试液的制备

称取 3～4g 试样置于培养皿中，用氢氧化钠溶液仔细调节试样的 pH 至 9.0（用精密 pH 试纸检查）。然后放入电热干燥箱内，从室温开始升温，于 120℃±2℃ 下干燥至恒量。称取 0.25～0.30g 干燥试样，精确到 0.2mg，置于 50mL 烧杯中，用约 20mL 硫氰酸钠溶液溶解，全部转移至 50mL 容量瓶中，用硫氰酸钠溶液稀释至刻度，摇匀。

③测定

将试液经 G_3 玻璃烧结漏斗加入至清洁、干燥的乌氏黏度计中，至充装标线 G、H 之间为止，恒温 10～15min。用洗耳球将试液吸入 C 球标线 E 以上，用秒表测定试液流过计时标线 E、F 的时间，连续测定 3 次，误差不超过 0.2s，取其平均值为 t。

④结果计算

聚丙烯酸的极限黏数以 η 计，数值以 dL/g 表示，按式（15-44）计算：

$$\eta = \frac{\sqrt{2(\eta_{sp} - \ln\eta_r)}}{c} \tag{15-44}$$

式中　η_{sp}——增比黏度，$\eta_{sp} = (t-t_0)/t_0$；

　　　η_r——相对黏度，$\eta_r = t/t_0$；

　　　c——试液的浓度，g/dL；

　　　t_0——硫氰酸钠溶液流过黏度计计时标线 E、F 的时间，s；

　　　t——试液流过黏度计计时标线 E、F 的时间，s。

四、水解聚马来酸酐

水解聚马来酸酐简称 HPMA，结构式：

水解聚马来酸酐是低相对分子质量的聚电解质，是聚羧酸型的阻垢分散剂。由于其分子结构中羧基数比聚丙烯酸多，因此，其阻垢性能更好。它具有较高的化学稳定性和热稳定性，分解温度在 330℃以上，它在较高温度下仍能保持很好的阻垢和分散效果，因此在铁路蒸汽机车锅炉、民用低压锅炉、闪蒸法海水淡化装置中广泛使用。此外，也用于化肥厂、石化厂、钢厂、发电厂等循环冷却水系统、油田注水系统、输水管线系统等。

只要使用极少量的水解聚马来酸酐，如每吨水投该药剂 1～5g，就能使结垢现象得到控制，甚至能使设备表面的陈垢逐渐脱落。水解聚马来酸酐按合成工艺分为 A 类（溶剂法）和 B 类（水相法），其技术指标如表 15-11 所示。

表 15-11　水解聚马来酸酐技术指标

项目	指标		试验方法
	A	B	
固体含量 w_1/%	$w_1 \geqslant 50.0$	$w_1 \geqslant 50.0$	6.2
运动黏度（20℃）v/（mm²/s）	$v \geqslant 8.0$	$v \geqslant 8.0$	6.3
溴值 w_2/（mg/g）	$w_2 \leqslant 150.0$	$w_2 \leqslant 50.0$	6.4
pH（10g/L 水溶液）	$2.0 \leqslant pH \leqslant 3.0$	$2.0 \leqslant pH \leqslant 3.0$	6.5
密度（20℃）ρ/（g/cm³）	$1.18 \leqslant \rho \leqslant 1.22$	$1.22 \leqslant \rho \leqslant 1.25$	6.6

1. 固体含量的测定

使用真空干燥箱，减压下干燥试样，根据干燥前后的试样质量测得固体含量。

（1）仪器、设备

①真空干燥箱：温度可控制在 74℃±2℃。

②称量瓶：ϕ60mm×30mm。

（2）操作步骤

使用预先于 74℃±2℃ 干燥至恒重的称量瓶称取约 1.0g 试样，精确至 0.2mg，置于真空干燥箱中。从室温开始升温，在温度 74℃±2℃ 下干燥 1.5h。然后抽真空，于表压-0.095MPa 真空干燥 4h，取出后置于干燥器中冷却至室温，称量。

（3）结果计算

固体含量以质量分数 w_1 表示，按式（15-45）计算：

$$w_1 = \frac{m_2 - m_1}{m} \times 100\% \tag{15-45}$$

式中　m_2——干燥后的试样与称量瓶质量，g；

　　　m_1——称量瓶质量，g；

　　　m——试料的质量，g。

2. 运动黏度的测定

在 20℃ 温度下，测定一定体积的试样流过一个标定好的玻璃毛细管黏度计的时间，黏度计的毛细管常数与流动时间的乘积，即为该温度下试样的运动黏度。

（1）试剂和材料

①无水乙醇。

②乙醚。

（2）仪器、设备

①毛细管黏度计：毛细管黏度计应检定并确定常数，测定试样的运动黏度时，应根据试验的温度及运动黏度的范围选用适当的黏度计，使试样的流动时间不得少于 200s。宜采用内径 1.0mm 的毛细管黏度计。

②恒温水浴：带有透明壁或装有观察孔的恒温水浴，其高度不少于 180mm，容积不少于 2L。温度可控制在 20℃±0.1℃。

③温度计：分度值 0.1℃。

④秒表。

（3）试验前的准备

测定试样前先用铬酸洗液、水、乙醇、乙醚依次洗涤毛细管黏度计内径，放入干燥箱中烘干。装入试样之前，将橡皮管套在支管上，并用手指堵住粗管的管口，同时倒置黏度计，然后将细的管身插入盛放试样的容器中。用洗耳球将试样吸到毛细管口处，吸液过程试样不得产生气泡，当液面达到毛细管处时，立即提出黏度计，迅速恢复正常状态，将细管外壁的试样擦去，支管上橡皮管取下套在细的管口上，装有试样的黏度计浸入已准备好的恒温水浴 20℃±0.1℃ 中，恒温 15min。

（4）操作步骤

将黏度计调整为垂直状态，利用毛细管黏度计细管口处所套橡皮管将试样吸入第一个扩张球中，吸入到扩张球的 1/2 时，观察试样在管身中的流动情况，液面正好达第二个扩张球上部刻线时，立即开动秒表，当液面刚好流到第二个扩张球下部刻线时，将秒表停止。取不少于 3 次的流动时间的算术平均值，作为试样的平均流动时间。

（5）结果计算

试样的运动黏度以 v 表示，单位为 mm^2/s，按式（15-46）计算：

$$v = ct \tag{15-46}$$

式中 c——黏度计常数，mm^2/s^2；

t——试样的平均流动时间，s。

3. 溴值的测定

在酸性溶液中，溴与试样中未聚合的单体发生加成反应，与引发剂的分解产物发生取代反应。加入碘化钾溶液与过量的溴作用并析出碘。用硫代硫酸钠标准滴定溶液滴定析出的碘。

（1）试剂和材料

①硫酸。

②硫酸溶液：1+9。

③氯化钠溶液：116g/L。

④碘化钾溶液：100g/L。

⑤溴酸钾-溴化钾溶液：称取 5.5g 溴酸钾及 20.0g 溴化钾溶于水中，用水稀释至 1000mL。保存在棕色瓶中。

⑥硫酸汞溶液：称取 15g 硫酸汞溶于 14mL 硫酸和 475mL 水中。

⑦硫代硫酸钠标准滴定溶液：c（$Na_2S_2O_3$）≈0.1mol/L。

⑧淀粉指示液：10g/L。

（2）操作步骤

称取约 0.5g 试样，精确至 0.2mg，置于 200mL 碘量瓶中。用移液管加入 10.00mL 溴酸钾-溴化钾溶液，加 20mL 硫酸溶液，充分混匀。5min 后加入 5mL 硫酸汞溶液，摇匀，于暗处放置 30min（温度控制在 20～25℃）。加入 15mL 氯化钠溶液和 10mL 碘化钾溶液，摇匀，在暗处放置 5min。加入 20mL 水，用硫代硫酸钠标准滴定溶液滴定至淡黄色，加入 1mL 淀粉指示液，继续滴定至蓝色消失即为终点。

同时做空白试验。

（3）结果计算

溴值以 w_2 表示，单位为 mg/g（每克试样所消耗溴的毫克数），按式（15-47）计算：

$$w_2 = \frac{(V_0/1000 - V/1000)cM \times 10^3}{m} \tag{15-47}$$

式中 V_0——空白试验消耗硫代硫酸钠标准滴定溶液的体积，mL；

V——滴定试样时消耗硫代硫酸钠标准滴定溶液的体积，mL；

c——硫代硫酸钠标准滴定溶液的实际浓度，mol/L；

M——溴的摩尔质量（$M=79.90$），g/mol；

m——试料的质量，g。

4. pH 值的测定

（1）仪器、设备

酸度计：精度 0.02pH 单位，配有饱和甘汞参比电极、玻璃测量电极或复合电极。

（2）操作步骤

称取 1.00g±0.01g 试样，置于 100mL 容量瓶中，用水稀释至刻度，摇匀。

将试液倒入烧杯中，置于电磁搅拌器上，将电极浸入溶液中，开动搅拌。在已定位的酸度计上读出 pH 值。

5. 密度的测定

（1）仪器、设备

①密度计：分度值为 0.001g/cm³。

②恒温水浴：可控制在 20℃±0.1℃。

③玻璃量筒：500mL。

④温度计：0～50℃，分度值为 0.1℃。

（2）操作步骤

将试样注入清洁、干燥的量筒内，不得有气泡，将量筒置于 20℃±0.1℃的恒温水浴中。待温度恒定后，将清洁、干燥的密度计缓缓地放入试样中，其下端应离筒底 2cm 以上，不得与筒壁接触。密度计的上端露在液面外的部分所沾液体不得超过二至三分度。待密度计在试样中稳定后，读出密度计弯月面下缘的刻度（标有读弯月面上缘刻度的密度计除外），即为 2℃试样的密度。

五、马来酸酐-丙烯酸共聚物

马来酸酐-丙烯酸共聚物，是以甲苯为溶剂，过氧化二苯甲酰为引发剂，以马来酸酐为主，加入少量的丙烯酸共聚后，经水解制成。结构式为：

$$\left[\begin{matrix} CH-CH \\ | \quad | \\ O=C \quad C=O \\ | \qquad | \\ HO \quad OH \end{matrix} \right]_m \left[\begin{matrix} CH-CH \\ | \quad | \\ O=C \quad C=O \\ \backslash \ / \\ O \end{matrix} \right]_{m'} \left[\begin{matrix} CH_2-CH \\ | \\ C=O \\ | \\ OH \end{matrix} \right]_n$$

马来酸酐-丙烯酸共聚物为低相对分子质量聚电解质，是聚羧酸型的阻垢分散剂。它的阻垢分散性能与水解聚马来酸酐相似或略好一些。其用途也与水解聚马来酸酐相似，但对水质的适应性较强。技术指标见表 15-12。

表 15-12　马来酸酐-丙烯酸共聚物技术指标

指标项目		指　　标
固体分含量/%	≥	48.0
运动黏度/（mm²/s）	>	10
游离单体（以马来酸计）含量/%	≤	5.0
pH 值（10g/L 水溶液）		2.0～3.0
密度（20℃）/（g/cm³）	≥	1.20

1. 固体含量的测定

使用真空干燥箱，减压下干燥试样，根据干燥前后的试样质量测得固体含量。

（1）仪器、设备

①真空干燥箱：温度可控制在（74±2）℃。

②称量瓶：ϕ50mm×30mm。

（2）操作步骤

使用预先于（74±2）℃干燥恒重的称量瓶称取约 2g 试样，精确至 0.2mg。置于真空干燥箱中，从室温开始升温 0.5h 后抽真空。在温度（74±2）℃、表压约-0.095MPa 下干燥 4h。取出后置于干燥器中冷却至室温，称量。

（3）结果计算

马-丙共聚物固体含量以质量分数 w_1 计，数值以％表示，按式（15-48）计算：

$$w_1 = \frac{m_2 - m_0}{m_1 - m_0} \times 100 \tag{15-48}$$

式中　m_1——称量瓶的质量与试样的质量，g；

　　　　m_2——称量瓶的质量与恒重后试样的质量，g；

　　　　m_0——称量瓶的质量，g。

2. 运动黏度的测定

在 20℃ 温度下，测定一定体积的试样在重力下流过一个标定好的玻璃毛细管黏度计的时间，黏度计的毛细管常数与流动时间的乘积，即为该温度下试样的运动黏度。

（1）试剂和材料

①无水乙醇。

②乙醚。

（2）仪器、设备

①毛细管黏度计：毛细管黏度计须进行检定并确定常数，测定试样的运动黏度时，应根据试验的温度及运动黏度的范围选用适当的黏度计，使试样的流动时间不得少于 200s。

②恒温水浴：带有透明壁或装有观察孔的恒温浴，其高度不少于 180mm，容积不少于 2L。温度可控制在 （20.0±0.1）℃。

③温度计：分度值 0.1℃。

④秒表。

（3）试验前的准备

测定试样前先用铬酸洗液、水、乙醇、乙醚依次洗涤毛细管黏度计内径，然后放入干燥箱中烘干。装入试样之前，将橡皮管套在支管上，并用手指堵住粗管的管口，同时倒置黏度计，然后将细的管身插入盛放试样的容器中，这时用洗耳球将液体吸到毛细管口处，同时注意整个过程液体不得产生气泡，当液面达到毛细管处时，立即提出黏度计，迅速恢复正常状态，将细管外壁的试样擦去，将支管上橡皮管取下套在细的管口上，将装有试样的黏度计浸入已准备好的恒温水浴 （20.0±0.1）℃中，恒温 15min。

（4）操作步骤

将黏度计调整为垂直状态，利用毛细管黏度计细管口处所套橡皮管将试样吸入第一个扩张球中，吸入到扩张球的 1/2 时，观察试样在管身中的流动情况，液面正好达第二个扩张球上部刻线时，立即开动秒表，当液面刚好流到第二个扩张球下部刻线时，将秒表停止。取不少于三次的流动时间的算术平均值，作为试样的平均流动时间。

（5）结果计算

试样的运动黏度以 υ 计，数值以 mm²/s 表示，按式（15-49）计算：

$$\upsilon = ct \tag{15-49}$$

式中　c——黏度计常数，mm²/s²；

　　　　t——试样的平均流动时间，s。

3. 游离单体含量的测定

将试样经强碱性阴离子交换树脂柱，以除去非极性苯环类等杂质，然后用氯化钠溶液淋洗后，用溴量法测定洗脱液中双键含量。其中主要反应过程示意如下：

$$2ROH^- + \underset{\underset{COOH\ COOH}{|\quad\quad|}}{CH=CH} \xrightarrow{\text{交换}} R-OOC-CH=CH-COO-R + 2H_2O$$

$$R-OOC-CH=CH-COO-R + 2NaCl \xrightarrow{\text{洗脱}} \underset{\underset{COONa\ COONa}{|\quad\quad|}}{CH=CH} + 2RCl^-$$

$$Br_2 + \underset{\underset{COONa\ COONa}{|\quad\quad|}}{CH=CH} \longrightarrow \underset{\underset{COONa\ COONa}{|\quad\quad\quad|}}{Br-CH-CH-Br}$$

$$Br_2 + 2I^- \longrightarrow I_2 + 2Br^-$$

$$I_2 + 2Na_2S_2O_3 \longrightarrow 2NaI + Na_2S_4O_6$$

（1）试剂和材料

①717 型强碱性阴离子交换树脂。

②氢氧化钠溶液：80g/L。

③氯化钠溶液：116g/L。

④酚酞指示剂：10g/L 乙醇溶液。

⑤硫酸溶液：1+9。

⑥溴酸钾-溴化钾溶液：称取 5.5g 溴酸钾及 20.0g 溴化钾溶于水中，用水稀释至 1000mL。保存在棕色瓶中。

⑦硫酸汞溶液：称取 15g 硫酸汞溶于 14mL 硫酸和 475mL 水中。

⑧碘化钾溶液：100g/L。

⑨硫代硫酸钠标准滴定溶液：$c(Na_2S_2O_3)$ 约 0.1mol/L。

⑩淀粉指示液：5g/L。

（2）仪器、设备

①离子交换柱：内径 10mm±1mm、高度 250～300mm。

②酸式滴定管：5mL。

（3）操作步骤

①试样溶液的制备：称取约 1g 液体试样，精确至 0.2mg，全部转移到 250mL 容量瓶中，用水稀释至刻度，摇匀。

②试样溶液的预处理

a）阴离子交换柱的制备：取适量树脂用水浸泡 24h 以上，然后用水漂洗干净装入离子交换柱中，树脂层高度约 200mm，防止有气泡进入。用 100～120mL 氢氧化钠溶液以 5～6mL/min 的流速通过交换柱，再用水淋洗至流出液 pH8～9。

b）交换：用移液管吸取 25mL 试样溶液，以 2～3mL/min 的流速通过交换柱。

c）洗涤：用 120～150mL 水以 5～6mL/min 的流速淋洗交换柱，弃去流出液。

d）洗脱：用约 150mL 氯化钠溶液以 5～6mL/min 的流速淋洗交换柱，流出液收集于 500mL 碘量瓶中。待测。

e）阴离子交换柱的再生：用约 200mL 水以最大流速通过交换柱。然后用 100～120mL 氢氧化钠溶液以 5～6mL/min 的流速淋洗交换柱，再用水淋洗至流出液 pH8～9，备用。

③测定游离单体含量：于待测液 d）内加入一滴酚酞指示剂，用硫酸溶液调节至溶液

红色消失。加入 10mL 溴酸钾-溴化钾溶液和 20mL 硫酸溶液，振荡 5min 后，加入 10mL 硫酸汞溶液，摇匀，于室温下放置 30min 后，加入 15mL 氯化钠溶液和 10mL 碘化钾溶液，摇匀，在暗处放置 5min。然后用硫代硫酸钠标准滴定溶液滴定至淡黄色时，加入 1mL 淀粉指示液，继续滴定至蓝色突变为无色即为终点。同时做空白试验。

（4）结果计算

游离单体（以马来酸计）含量以质量分数 w_3 计，数值以％表示，按式（15-50）计算：

$$w_3 = \frac{[(V_0 - V)/1000]\,cM}{m \times 25/250} \times 100 \qquad (15-50)$$

式中　V_0——空白试验时消耗硫代硫酸钠标准滴定溶液的体积，mL；

V——测定试样时消耗硫代硫酸钠标准滴定溶液的体积，mL；

c——硫代硫酸钠标准滴定溶液的实际浓度，mol/L；

m——试样的质量，g；

M——马来酸摩尔质量，g/mol（$M=58.00$）。

4. pH 值的测定

（1）仪器、设备

酸度计：精度 0.02pH 单位。配有饱和甘汞参比电极、玻璃测量电极或复合电极。

（2）操作步骤

称取 1.00g±0.01g 试样，全部转移到 100mL 容量瓶中，用水稀释至刻度，摇匀。

将试液倒入烧杯中，置于电磁搅拌器上，将电极浸入溶液中，开动搅拌。在已定位的酸度计上读出 pH 值。

5. 密度的测定　密度计法

在一定的温度下用密度计测出试样的密度。

（1）仪器、设备

①密度计：1.15g/cm³～1.25g/cm³。

②恒温水浴：温度控制在 20℃±0.5℃。

（2）操作步骤

将试样注入清洁、干燥的量筒内，不得有气泡，将量筒置于 20℃的恒温水浴中。待温度恒定后，将清洁、干燥的密度计缓缓地放入试样中，其下端应离筒底 2cm 以上，不得与筒壁接触。密度计的上端露在液面外的部分所沾液体不得超过 2～3 分度。待密度计在试样中稳定后，读出密度计弯月面下缘的刻度（标有读弯月面上缘刻度的密度计除外），即为 20℃试样的密度。

第四节　缓蚀剂

腐蚀是金属受周围环境中氧化剂作用而发生的一种氧化反应。在工业循环冷却水系统中控制金属腐蚀的常用方法是向水中加入能防止金属腐蚀的缓蚀剂。将一种缓蚀剂与其他缓蚀剂复合使用时，可得到较好的防腐蚀效果。

一、硫酸锌

硫酸锌为白色或微带黄色结晶或粉末。在工业循环冷却水系统中，硫酸锌作为阴极缓蚀剂广泛使用，使用效果也较好。硫酸根离子一般不影响缓蚀效果。工业硫酸锌分为两种类别，Ⅰ类为一水硫酸锌（$ZnSO_4 \cdot H_2O$），Ⅱ类为七水硫酸锌（$ZnSO_4 \cdot 7H_2O$）。工业硫酸锌应符合表 15-13 的技术要求。

15-13　工业硫酸锌技术要求

项　目			指　标					
			Ⅰ　类			Ⅱ　类		
			优等品	一等品	合格品	优等品	一等品	合格品
主含量	（以 Zn 计）（质量分数）/%	≥	35.70	35.34	34.61	22.51	22.06	20.92
	（以 $ZnSO_4 \cdot H_2O$ 计）（质量分数）/%	≥	98.0	97.0	95.0			
	（以 $ZnSO_4 \cdot 7H_2O$ 计）（质量分数）/%	≥				99.0	97.0	92.0
不溶物（质量分数）/%		≤	0.020	0.050	0.10	0.020	0.050	0.10
pH（50g/L 溶液）		≥	4.0	4.0		3.0	3.0	
氯化物（以 Cl 计）（质量分数）/%		≤	0.20	0.60		0.20	0.60	
铅（Pb）（质量分数）/%		≤	0.001	0.005	0.010	0.001	0.005	0.010
铁（Fe）（质量分数）/%		≤	0.005	0.010	0.050	0.002	0.010	0.050
锰（Mn）（质量分数）/%		≤	0.01	0.03	0.05	0.01	0.05	
镉（Cd）（质量分数）/%		≤	0.001	0.005	0.010	0.001	0.005	0.010
铬（Cr）（质量分数）/%		≤	0.0005			0.0005		

1. 主含量的测定

在硫酸锌溶液中，加入氟化铵和碘化钾消除铜、铁等杂质的干扰，在 pH5.5 条件下，以二甲酚橙为指示剂，用乙二胺四乙酸二钠（EDTA）标准滴定溶液滴定。

（1）试剂

①碘化钾。

②氟化铵溶液：200g/L。

③硫酸溶液：1+1。

④乙酸-乙酸钠缓冲溶液：pH≈5.5。

称取 200g 乙酸钠，溶于水，加入 10mL 冰乙酸，稀释至 1000mL。

⑤乙二胺四乙酸二钠（EDTA）标准滴定溶液：c（EDTA）≈0.05mol/L。

⑥二甲酚橙指示液：2g/L。

（2）操作步骤

称取适量试样（Ⅰ类约 3g，Ⅱ类约 5g），精确至 0.0002g。置于 250mL 烧杯中，滴加 10 滴硫酸溶液，加水溶解，全部转移至 250mL 容量瓶中，用水稀释至刻度，摇匀。移取 25.00mL 上述溶液，置于 250mL 锥形瓶中，加入 50mL 水、10mL 氟化铵溶液、0.5g 碘化钾，混匀后加入 15mL 乙酸-乙酸钠缓冲溶液、3 滴二甲酚橙指示液，用乙二胺四乙酸二钠（EDTA）标准滴定溶液滴定至溶液由红色变为亮黄色即为终点。

同时进行空白试验。空白试验除不加试样外，其他操作及加入试剂的种类和量（标准滴定溶液除外）与测定试验溶液相同。

（3）结果计算

主含量分别以锌（Zn）、一水硫酸锌（$ZnSO_4 \cdot H_2O$）、七水硫酸锌（$ZnSO_4 \cdot 7H_2O$）的质量分数 w_1、w_2、w_3 计，按公式（15-51）计算：

$$w_i = \frac{\left[(V - V_0) / 1000 \right] c M_i}{m \times (25/250)} \times 100\% \qquad (15-51)$$

式中　V——滴定试验溶液消耗乙二胺四乙酸二钠（EDTA）标准滴定溶液的体积，mL；

V_0——滴定空白试验溶液消耗乙二胺四乙酸二钠（EDTA）标准滴定溶液的体积，mL；

c——乙二胺四乙酸二钠（EDTA）标准滴定溶液的浓度，mol/L；

m——试样的质量，g；

M_i——锌（Zn）、一水硫酸锌（$ZnSO_4 \cdot H_2O$）、七水硫酸锌（$ZnSO_4 \cdot 7H_2O$）的摩尔质量，g/mol（$M_1 = 65.38$，$M_2 = 179.44$，$M_3 = 287.50$）。

取平行测定结果的算术平均值为测定结果，两次平行测定结果的绝对差值 w_1 不大于 0.15%、w_2 和 w_3 不大于 0.4%。

2. 不溶物含量的测定

用硫酸溶液将试样溶解，将不溶物过滤，置于电热恒温干燥箱中干燥至质量恒定，计算其不溶物含量。

（1）试剂

①硫酸溶液：1+1。

②二水氯化钡溶液：100g/L。

（2）仪器、设备

①电热恒温干燥箱：温度能控制在 105℃±2℃。

②玻璃砂坩埚：孔径 5~15μm。

（3）操作步骤

称取约 50g 试样，精确至 0.01g。置于 500mL 烧杯中，加入 300mL 温水和 2mL 硫酸溶液，使试样溶解。用已于 105℃±2℃ 条件下干燥至质量恒定的玻璃砂坩埚过滤，用温水洗涤至无硫酸根离子（用二水氯化钡溶液检验）。将玻璃砂坩埚和不溶物置于 105℃±2℃ 电热恒温干燥箱中干燥至质量恒定。

（4）结果计算

不溶物含量以质量分数 w_4 计，按公式（15-52）计算：

$$w_4 = \frac{m_1 - m_2}{m} \times 100\% \qquad (15-52)$$

式中　m_1——玻璃砂坩埚和不溶物的质量，g；

m_2——玻璃砂坩埚的质量，g；

m——试样的质量，g。

取平行测定结果的算术平均值为测定结果，两次平行测定结果的绝对差值优等品和一等品不大于 0.005%、合格品不大于 0.01%。

3. pH 的测定

(1) 仪器、设备

酸度计：精度为 0.02pH 单位。

(2) 操作步骤

称取 5.00g±0.01g 试样，置于 150mL 烧杯中，加入 100mL 约 25℃ 的无二氧化碳的水，待试样溶解后，以下按 GB/T 23769-2009 中 8.3 的规定进行测定。

取平行测定结果的算术平均值为测定结果，两次平行测定结果的绝对差值不大于 0.2。

4. 氯化物含量的测定

(1) 试剂

①硝酸溶液：1+1。

②氢氧化钠溶液：40g/L。

③硝酸银标准滴定溶液：$c(AgNO_3) \approx 0.05mol/L$

④溴酚蓝指示液：1g/L。

(2) 操作步骤

称取适量试样（优等品约 2g，一等品约 1g），精确至 0.01g。置于 100mL 烧杯中，加入 40mL 水溶解。放入电磁搅拌，将烧杯置于电磁搅拌器上，开动搅拌器、加入 2 滴溴酚蓝指示液，滴加硝酸或氢氧化钠溶液至试验溶液恰呈黄色。把测量电极和参比电极插入溶液中，将电极与电位计连接，调整电位计零点，记录起始电位值。用硝酸银标准滴定溶液滴定，逐次加入 0.1mL，记录每次加入后硝酸银标准滴定溶液的总体积和对应的电位值 E，计算出连续增加的电位值 $\Delta_1 E$ 和 $\Delta_2 E$。$\Delta_1 E$ 的最大值即为滴定的终点。终点后再记录一个电位值 E。

同时进行空白试验。空白试验除不加试样外，其他操作及加入试剂的种类和量（标准滴定溶液除外）与测定试验溶液相同。

(3) 结果计算

氯化物含量以氯（Cl）的质量分数 w_5 计，按公式（15-53）计算：

$$w_5 = \frac{\left[(V - V_0) / 1000 \right] cM}{m} \times 100\% \quad (15-53)$$

式中　V——滴定试验溶液消耗硝酸银标准滴定溶液的体积，mL；

　　　V_0——滴定空白试验溶液消耗硝酸银标准滴定溶液的体积，mL；

　　　c——硝酸银标准滴定溶液的浓度，mol/L；

　　　m——试样的质量，g；

　　　M——氯（Cl）的摩尔质量. g/mol（$M=35.45$）。

取平行测定结果的算术平均值为测定结果，两次平行测定结果的绝对差值不大于 0.02%。

5. 铅含量的测定

在稀硝酸介质中，于原子吸收分光光度计波长 283.3nm 处，使用空气-乙炔火焰，采用标准加入法测定。

（1）试剂

①硝酸溶液：1+1。

②铅标准溶液：1mL 溶液含铅（Pb）0.10mg。

移取 10.00mL 按 HG/T 3696.2 要求配制的铅标准贮备溶液，置于 100mL 容量瓶中，用二级水稀释至刻度，摇匀。

③二级水：应符合 GB/T 6682－2008 的规定。

（2）仪器、设备

原子吸收分光光度计：配有铅空心阴极灯。

（3）操作步骤

称取约 30g 试样，精确至 0.01g。溶于 50mL 二级水中，加入 5mL 硝酸溶液。全部转移至 250mL 容量瓶中，用二级水稀释至刻度，摇匀。

取 5 个 100mL 容量瓶，分别移取 25.00mL 上述试验溶液，再分别移取 0.00mL、0.50mL、1.00mL、2.00mL、3.00mL 铅标准溶液，用二级水稀释至刻度，摇匀。

于原子吸收分光光度计波长 283.3nm 处，使用空气-乙炔火焰，以二级水调零，测量其吸光度。以铅的质量浓度为横坐标、所对应的吸光度为纵坐标绘制工作曲线，将曲线反向延长线与横坐标相交，相交点为测定试验溶液中铅的质量浓度。

（4）结果计算

铅含量以铅（Pb）的质量分数 w_6 计，按公式（15－54）计算：

$$w_6 = \frac{[\rho \times 100] / 1000}{m \times (25/250)} \times 100\%$$ （15－54）

式中 ρ——从曲线外延所得的试验溶液中铅的质量浓度，mg/mL；

m——试样的质量，g。

取平行测定结果的算术平均值为测定结果，两次平行测定结果的绝对差值优等品和一等品不大于 0.0005%、合格品不大于 0.001%。

6. 铁含量的测定

试样用硝酸溶解，在酸性介质中用原子吸收光谱仪测量其吸光度。从工作曲线上查出铁的质量浓度，从而计算出样品中的铁含量。

（1）试剂

①硝酸溶液：1+13。

②铁标准溶液：1mL 溶液含铁（Fe）0.10mg。

移取 10.00mL 按 HG/T 3696.2 要求配制的铁标准贮备溶液，置于 100mL 容量瓶中，用二级水稀释至刻度，摇匀。

③二级水：应符合 GB/T 6682－2008 的规定。

（2）仪器、设备

原子吸收分光光度计：配有铁空心阴极灯。

（3）操作步骤

①工作曲线的绘制

取 5 个 100mL 容量瓶，分别移取 0.00mL、1.00mL、2.00mL、4.00mL、5.00mL 铁标准溶液，各加入 5mL 硝酸溶液，用二级水稀释至刻度，摇匀。

于原子吸收分光光度计波长 248.3nm 处。使用空气-乙炔火焰，以二级水调零，测量其吸光度。从每个标准溶液的吸光度中减去试剂空白溶液的吸光度，以铁的质量浓度为横坐标、所对应的吸光度为纵坐标绘制工作曲线。

②测定

称取适量试样（优等品约 10g，一等品、合格品约 1g），精确至 0.0002g。置于 200mL 烧杯中，加入 30mL 二级水、5mL 硝酸溶液，溶解后全部转移至 100mL 容量瓶中，用二级水稀释至刻度，摇匀。同时同样处理空白试验溶液。

于原子吸收分光光度计波长 248.3nm 处，使用空气-乙炔火焰，以二级水调零，测量其吸光度。从工作曲线上查出相应的铁的质量浓度。

（4）结果计算

铁含量以铁（Fe）的质量分数 w_7 计，按公式（15-55）计算：

$$w_7 = \frac{[(\rho_1 - \rho_0) \times 100]/1000}{m} \times 100\% \tag{15-55}$$

式中　ρ_1——从工作曲线上查得的试验溶液中铁的质量浓度，mg/mL；

　　　ρ_0——从工作曲线上查得的空白试验溶液中铁的质量浓度，mg/mL；

　　　m——试样的质量，g。

取平行测定结果的算术平均值为测定结果。两次平行测定结果的绝对差值优等品不大于 0.001％、一等品和合格品不大于 0.005％。

7. 锰含量的测定

在稀硝酸介质中，于原子吸收分光光度计波长 279.5nm 处，用空气-乙炔火焰，采用工作曲线法测定。

（1）试剂

①硝酸溶液：1+1。

②硝酸镧溶液：50g/L。

称取 5g 硝酸镧，用 10mL 硝酸溶液（1+1）溶解，用二级水稀释至 100mL。

③锰标准溶液：1mL 溶液含锰（Mn）0.10mg。

移取 10.00mL 按 HG/T 3696.2 要求配制的锰标准贮备溶液，置于 100mL 容量瓶中，用水稀释至刻度，摇匀。

④二级水：应符合 GB/T 6682-2008 的规定。

（2）仪器、设备

原子吸收分光光度计：配有锰空心阴极灯。

（3）操作步骤

①工作曲线的绘制

取 5 个 100mL 容量瓶，分别移取 0.00mL、0.50mL、1.00mL、2.00mL、3.00mL 锰标准溶液，各加入 5mL 硝酸溶液、5mL 硝酸镧溶液，用二级水稀释至刻度，摇匀。

于原子吸收分光光度计波长 279.5nm 处，使用空气-乙炔火焰，以二级水调零，测量其吸光度。从每个标准溶液的吸光度中减去试剂空白溶液的吸光度，以锰的质量浓度为横坐标、所对应的吸光度为纵坐标绘制工作曲线。

②测定

称取约 0.5g 试样，精确至 0.0002g。置于 200mL 烧杯中，加入 20mL 二级水、5mL 硝酸溶液，溶解后全部转移至 100mL 容量瓶中，加入 5mL 硝酸镧溶液，用二级水稀释至刻度，摇匀。同时同样处理空白试验溶液。

于原子吸收分光光度计波长 279.5nm 处，使用空气-乙炔火焰，以二级水调零，测量其吸光度。从工作曲线上查出相应的锰的质量浓度。

（4）结果计算

锰含量以锰（Mn）的质量分数 w_8 计，按公式（15-56）计算：

$$w_8 = \frac{[(\rho_1 - \rho_0) \times 100]/1000}{m} \times 100\% \tag{15-56}$$

式中　ρ_1——从工作曲线上查得的试验溶液中锰的质量浓度，mg/mL；

ρ_0——从工作曲线上查得的空白试验溶液中锰的质量浓度，mg/mL；

m——试样的质量，g。

取平行测定结果的算术平均值为测定结果，两次平行测定结果的绝对差值Ⅰ类产品不大于 0.005%、Ⅱ类优等品不大于 0.001%、Ⅱ类一等品不大于 0.005%。

8. 镉含量的测定

在稀硝酸介质中，于原子吸收分光光度计波长 228.8nm 处，使用空气-乙炔火焰，采用工作曲线法测定。

（1）试剂

①硝酸溶液：1+13。

②镉标准溶液：1mL 溶液含镉（Cd）0.10mg。

移取 10.00mL 按 HG/T 3696.2 要求配制的镉标准贮备溶液，置于 100mL 容量瓶中，用二级水稀释至刻度，摇匀。

③二级水：应符合 GB/T 6682-2008 的规定。

（2）仪器、设备

原子吸收分光光度计：配有镉空心阴极灯。

（3）操作步骤

①工作曲线的绘制

取 5 个 100mL 容量瓶，分别移取 0.00mL、0.10mL、0.30mL、0.50mL、1.00mL 镉标准溶液，各加入 5mL 硝酸溶液，用二级水稀释至刻度，摇匀。

于原子吸收分光光度计波长 228.8nm 处，使用空气乙炔火焰，以二级水调零，测量其吸光度。从每个标准溶液的吸光度中减去试剂空白溶液的吸光度，以镉的质量浓度为横坐标、所对应的吸光度为纵坐标绘制工作曲线。

②测定

称取约 1g 试样，精确至 0.0002g。置于 200mL 烧杯中，加入 30mL 二级水、5mL 硝酸溶液，溶解后全部转移至 100mL 容量瓶中，用二级水稀释至刻度，摇匀。同时同样处理空白试验溶液。

于原子吸收分光光度计波长 228.8nm 处，使用空气-乙炔火焰，以二级水调零，测量其吸光度。从工作曲线上查出相应的镉的质量浓度。

（4）结果计算

镉含量以镉（Cd）的质量分数 w_9 计，按公式（15-57）计算：

$$w_9 = \frac{[(\rho_1 - \rho_0) \times 100]/1000}{m} \times 100\%　　　　　　(15-57)$$

式中　ρ_1——从工作曲线上查得的试验溶液中镉的质量浓度，mg/mL；

　　　ρ_0——从工作曲线上查得的空白试验溶液中镉的质量浓度，mg/mL；

　　　m——试样的质量，g。

取平行测定结果的算术平均值为测定结果，两次平行测定结果的绝对差值优等品和一等品不大于 0.0005%、合格品不大于 0.001%。

9. 铬含量的测定

于原子吸收分光光度计波长 357.9nm 处，使用空气-乙炔火焰，采用工作曲线法测定。

（1）试剂

①硝酸溶液：1+13。

②铬标准溶液：1mL 溶液含铬（Cr）0.10mg。

移取 10.00mL 按 HG/T 3696.2 要求配制的铬标准贮备溶液，置于 100mL 容量瓶中，用二级水稀释至刻度，摇匀。

③二级水：应符合 GB/T 6682-2008 的规定。

（2）仪器、设备

原子吸收分光光度计：配有铬空心阴极灯。

（3）操作步骤

①工作曲线的绘制

取 5 个 100mL 容量瓶，依次加入 0.00mL、1.00mL、3.00mL、5.00mL、7.00mL 铬标准溶液，各加入 5mL 硝酸溶液，用二级水稀释至刻度，摇匀。

于原子吸收分光光度计波长 357.9nm 处，使用空气-乙炔火焰，以二级水调零，测量其吸光度。从每个标准溶液的吸光度中减去试剂空白溶液的吸光度，以铬的质量浓度为横坐标、对应的吸光度为纵坐标绘制工作曲线。

②测定

称取约 10g 试样，精确至 0.0002g。置于 200mL 烧杯中，加入 30mL 二级水、5mL 硝酸溶液，溶解后全部转移至 100mL 容量瓶中，用二级水稀释至刻度，摇匀。同时同样处理空白试验溶液。

于原子吸收分光光度计波长 357.9nm 处，使用空气-乙炔火焰，以二级水调零，测量其吸光度。从工作曲线上查出相应的铬的质量浓度。

（4）结果计算

铬含量以铬（Cr）的质量分数 w_{10} 计，按公式（15-58）计算：

$$w_{10} = \frac{[(\rho_1 - \rho_0) \times 100]/1000}{m} \times 100\%　　　　　　(15-58)$$

式中　ρ_1——从工作曲线上查得的试验溶液中铬的质量浓度，mg/mL；

　　　ρ_0——从工作曲线上查得的空白试验溶液中铬的质量浓度，mg/mL；

　　　m——试样的质量，g。

取平行测定结果的算术平均值为测定结果，两次平行测定结果的绝对差值不大于 0.00008%。

二、氯化锌

氯化锌也是可用于工业循环冷却水系统中的阴极缓蚀剂。锌盐的阴离子一般不影响缓蚀效果。据资料报道，以溶液出售的铬酸盐-锌盐复合制剂，应使用氯化锌，而不宜使用硫酸锌。工业氯化锌分为三种型号：I型主要为电池工业用固体氯化锌；II型主要为一般工业用固体氯化锌；III型为氯化锌溶液，主要用于电池和一般工业。I型、II型应为白色粉末或小颗粒；III型应为无色透明的水溶液。工业氯化锌应符合表 15-14 中相应的技术要求。

表 15-14 工业氯化锌技术要求

项 目		指 标				
		I型		II型		III型
		优等品	一等品	一等品	合格品	
氯化锌（$ZrCl_2$）w/%	≥	96.0	95.0	95.0	93.0	40.0
酸不溶物 w/%	≤	0.01	0.02	0.05		—
碱式盐（以 ZnO 计）w/%	≤	2.0		2.0		0.85
硫酸盐（以 SO_4 计）w/%	≤	0.01		0.01	0.05	0.004
铁（Fe）w/%	≤	0.0005		0.001	0.003	0.0002
铅（Pb）w/%	≤	0.0005		0.001		0.0002
碱和碱土金属 w/%	≤	1.0		1.5		0.5
锌片腐蚀试验		通过		—		通过
pH 值		—		—		3～4

1. 氯化锌含量的测定

在酸性条件下，以二苯胺为指示液，用亚铁氰化钾标准滴定溶液滴定至溶液由蓝紫色变为黄绿色为终点。

（1）试剂和材料

①盐酸溶液：1+1。

②硫酸溶液：1+3。

③氨水溶液：2+3。

④硫酸铵溶液：250g/L。

⑤二苯胺指示液：10g/L。

称取 1.0g 二苯胺，在搅拌下溶解于 100mL 浓硫酸中。

⑥亚铁氰化钾标准滴定溶液：c[$K_4Fe(CN)_6$] ≈ 0.05mol/L。

a）配制

称取 21.6g 亚铁氰化钾，0.6g 铁氰化钾及 0.2g 无水碳酸钠于 400mL 的烧杯中，加水溶解后，用水稀释至 1000mL，置于棕色瓶中，放置一周后用玻璃砂坩埚（滤板孔径为 5～15μm）过滤，标定。溶液中如有沉淀产生时，必须重新过滤，标定。

b）标定

称取约 1.7g 于 800℃灼烧至质量恒定的基准氧化锌，精确至 0.0002g。用少许水湿润，加盐酸溶液至样品溶解，移入 250mL 容量瓶中，稀释至刻度，摇匀。

移取 25mL 上述溶液置于 250mL 锥形瓶中，加 70mL 水。滴加氨水溶液至白色胶状沉淀刚好产生，加入 20mL 硫酸铵溶液及 20mL 硫酸溶液，加热至 75～80℃，用亚铁氰化钾标准滴定溶液滴定。近终点时加入 2～3 滴二苯胺指示液。当滴定至溶液的蓝紫色突变至黄绿色，并在 30s 内不再反复蓝紫色时即为终点，终点时溶液温度不得低于 60℃。

c）结果计算

亚铁氰化钾标准滴定溶液的浓度 c，数值以 mol/L 表示，按式（15-59）计算：

$$c = \frac{m \times (25/250)}{(V/1000) \times M} \tag{15-59}$$

式中　V——滴定时消耗亚铁氰化钾标准滴定溶液的体积，mL；

$\quad\quad m$——称取基准氧化锌质量，g；

$\quad\quad M$——氧化锌（3/2 ZnO）的摩尔质量，g/mol（$M=122.07$）。

（2）操作步骤

①试样溶液的制备

在有盖的称量瓶中，迅速称取约 3.5g 试样，精确至 0.0002g。置于 250mL 烧杯中，加 50mL 水及盐酸溶液数滴至溶液清亮，再过量 3 滴，移入 250mL 容量瓶中，用水稀释至刻度，摇匀。

②测定

移取 25mL 试验溶液，置于 250mL 锥形瓶中，加 70mL 水，以下操作按前述 b）"滴加氨水溶液至白色胶状沉淀刚好产生……终点时溶液温度不得低于 60℃"进行。

（3）结果计算

氯化锌含量以氯化锌（$ZnCl_2$）的质量分数 w_1 计，数值以%表示，按式（15-60）计算：

$$w_1 = \frac{(V/1000) cM}{m (25/250)} \times 100 - 1.675 w_3 \tag{15-60}$$

式中　V——滴定中消耗亚铁氰化钾标准滴定溶液的体积，mL；

$\quad\quad c$——亚铁氰化钾标准滴定溶液浓度，mol/L；

$\quad\quad m$——试料质量，g；

$\quad\quad w_3$——以质量分数表示碱式盐（Zno）含量，%；

$\quad\quad M$——氯化锌（3/2 $ZnCl_2$）的摩尔质量，g/mol（$M=204.42$）；

$\quad$ 1.675——氧化锌换算成氯化锌的系数。

取平行测定结果的算术平均值为测定结果，两次平行测定结果的绝对差值不大于 0.2%。

2. 酸不溶物含量的测定

试样在酸性条件下用水溶解，过滤、洗涤，不溶物在 105～110℃下烘干至质量恒定，称重。

（1）试剂和材料

①盐酸溶液：2+1。

②硝酸银溶液：17g/L。

（2）仪器和设备

①电热恒温干燥箱：温度能控制在 105～110℃。

②玻璃砂坩埚：滤板孔径 5～15μm。

（3）操作步骤

称取约 20g 试样，精确至 0.01g。置于 400mL 烧杯中，加 200mL 水及 2mL 盐酸溶液溶解，用已在 105～110℃下烘干至质量恒定的玻璃砂坩埚过滤。用热水洗涤至滤液中不含氯离子（用硝酸银溶液检查）为止。将玻璃砂坩埚连同不溶物一并移入电热恒温干燥箱中，在 105～110℃下烘干至质量恒定。

（4）结果计算

酸不溶物含量（质量分数）w_2，数值以％表示，按式（15-61）计算：

$$w_2 = \frac{m_1 - m_0}{m} \times 100 \tag{15-61}$$

式中　m_1——玻璃砂坩埚和不溶物的质量，g；

　　　m_0——玻璃砂坩埚的质量，g；

　　　m——试料质量，g。

取平行测定结果的算术平均值为测定结果，两次平行测定结果的绝对差值不大于 0.005％。

3. 碱式盐含量的测定

将试样溶于水，以甲基橙作指示剂，用盐酸标准滴定溶液滴定。

（1）试剂和材料

①盐酸标准滴定溶液：$c(HCl) \approx 0.5mol/L$。

②甲基橙指示液：1g/L。

（2）操作步骤

在有盖的称量瓶中，迅速称取约 10g 试样，精确至 0.01g，置于 250mL 锥形瓶中，加 50mL 水和 2 滴甲基橙指示液，用盐酸标准滴定溶液滴定溶液呈橘黄色为终点。

（3）结果计算

碱式盐含量以氧化锌（ZnO）的质量分数 w_3 计，数值以％表示，按式（15-62）计算：

$$w_3 = \frac{(V/1000)cM}{m} \times 100 \tag{15-62}$$

式中　V——滴定时消耗盐酸标准滴定溶液的体积，mL；

　　　c——盐酸标准滴定溶液浓度，mol/L；

　　　m——试料的质量，g；

　　　M——氧化锌（1/2 ZnO）的摩尔质量，g/mol（$M=40.69$）。

取平行测定结果的算术平均值为测定结果；两次平行测定结果的绝对差值不大于：Ⅰ型、Ⅱ型为 0.1％，Ⅲ型为 0.05％。

4. 硫酸盐含量的测定

在酸性条件下，用氯化钡沉淀硫酸根离子，与硫酸钡标准比浊溶液目视比浊。

（1）试剂和材料

①盐酸溶液：1＋1。

②乙醇：95％。

③氯化钡溶液：100g/L。

④硫酸盐标准溶液：1.00mL 溶液中含硫酸盐（SO$_4$）0.1mg。

移取 10.00mL 按 HG/T 3696.2 配制的硫酸盐（SO$_4$）标准溶液，置于 100mL 容量瓶中，用水稀释至刻度，摇匀。

（2）试验溶液 A 的制备

在有盖的称量瓶中，迅速称取 10.00g±0.01g 试样，置于 100mL 烧杯中，加 40mL 水及盐酸溶液数滴至溶液清亮，再过量 3 滴，移入 100mL 容量瓶中，用水稀释至刻度，摇匀备用。此溶液为试验溶液 A，用于硫酸盐含量、铁含量、铅含量的测定。

（3）操作步骤

移取 20mL 试验溶液 A，置于 50mL 比色管中，加 1mL 盐酸溶液和 3mL 乙醇，再加入 5mL 氯化钡溶液，用水稀释至刻度，摇匀，放置 30min。所呈浊度不得深于标准比浊溶液。

标准比浊溶液的制备：移取表 15-15 规定体积的硫酸盐标准溶液，与试验溶液 A 同时同样处理。

表 15-15 移取硫酸盐标准溶液体积

型　号	等　级	移取硫酸盐标准溶液体积/mL
Ⅰ型	优等品、一等品	2.0
Ⅱ型	一等品	2.0
	合格品	10.0
Ⅲ型		0.8

5. 铁含量的测定

在酸性介质中，用过硫酸铵氧化二价铁，加入硫氰酸钾-正丁醇溶液萃取并显色，与标准比色溶液进行目视比色。

（1）试剂和材料

①过硫酸铵。

②盐酸溶液：1＋1。

③硫氰酸钾-正丁醇溶液：10g/L。

称取 10g 硫氰酸钾，用 10mL 水溶解，加热至 25～30℃，加正丁醇稀释至 1000mL，充分振摇至澄清。

④铁标准溶液：1.00mL 溶液中含铁（Fe）0.01mg。

移取 1.00mL 按 HG/T 3696.2 配制的铁标准溶液，置于 100mL 容量瓶中，用水稀释至刻度，摇匀，此溶液现用现配。

（2）操作步骤

移取 20mL 试验溶液 A，置于 50mL 比色管中，加 10mL 水、1mL 盐酸溶液、0.03g

过硫酸铵，摇匀。加 15mL 硫氰酸钾-正丁醇溶液振摇 30s。醇层所呈现的红色不得深于标准比色溶液。

标准比色溶液的制备：移取表 15-16 规定体积的铁标准溶液，与试验溶液 A 同时同样处理。

表 15-16　移取铁标准溶液体积

型　号	等　级	移取铁标准溶液体积/mL
Ⅰ型	优等品、一等品	1.00
Ⅱ型	一等品	2.00
	合格品	6.00
Ⅲ型		0.40

6. 铅含量的测定

(1) 试剂和材料

①三氯甲烷。

②盐酸。

③硝酸。

④氢氧化钠溶液：250g/L。

⑤吡咯烷二硫代氨基甲酸铵溶液（APDC）：20g/L。

溶解 2.0g 吡咯烷二硫代氨基甲酸铵（APDC）于 100mL 水中，用前过滤沉淀物。

⑥铅标准溶液：1mL 溶液含铅（Pb）0.01mg。

移取 1.00mL 按 HG/T 3696.2 配制的铅标准溶液，置于 100mL 容量瓶中，用水稀释至刻度，摇匀。此溶液现用现配。

⑦二级水：符合 GB/T 6682—2008 的规定。

(2) 仪器和设备

原子吸收分光光度计：配有铅空心阴极灯。

(3) 操作步骤

①玻璃仪器的清洗

均以硝酸溶液（1+1）浸泡过夜，用自来水反复冲洗，最后用二级水冲洗干净。

②标准工作曲线的绘制

分别移取 0.00mL、0.50mL、1.00mL、1.50mL 铅标准溶液（相当 0.0μg、5.0μg、10μg、15μg 铅）于 250mL 分液漏斗中。分别加入 1mL 盐酸。盖上表面皿加热煮沸 5min，冷却。用二级水稀释至 100mL。用氢氧化钠溶液调节溶液 pH 值为 1.0～1.5（用精密 pH 试纸检验）。将此溶液转移至 500mL 分液漏斗中，用二级水稀释至约 200mL。加 2mL 吡咯烷二硫代氨基甲酸铵（APDC）溶液，混合。用三氯甲烷萃取两次，每次加入 20mL，收集萃取液（即有机相）于 50mL 烧杯中，在蒸汽浴上蒸发至干（此操作必须在通风橱中进行），于残渣中加入 3mL 硝酸，继续蒸发至近干。加入 0.5mL 硝酸和 10mL 二级水，加热直至溶液体积约 3～5mL。转移至 10mL 容量瓶，用二级水稀释至刻度，摇匀。选用空气-乙炔火焰，于波长 283.3nm 处，以空白试验溶液调零，测定各萃取后的铅标准溶液的吸光度。以铅的质量为横坐标，对应的吸光度为纵坐标，绘制工作曲线。

③测定

称取约2g（Ⅰ型）试样、1g（Ⅱ型）试样或5g（Ⅲ型）试样，精确至0.0002g，置于150mL烧杯中，加30mL二级水，加1mL盐酸。以下操作同②标准工作曲线的绘制中"盖上表面皿加热煮沸5min，冷却，用二级水稀释至100mL……转移至10mL容量瓶，用二级水稀释至刻度，摇匀"。在相同仪器条件下测定萃取后的试验溶液的吸光度，从工作曲线上查出试验溶液中铅的质量。

④空白试验溶液的制备

同时进行空白试验。空白试验溶液除不加试样外，其他加入试剂的种类和量与试验溶液相同。

（4）结果计算

铅含量以铅（Pb）的质量分数 w_4 计，数值以％表示，按式（15-63）计算：

$$w_4 = \frac{\rho \times 10 \times 10^{-6}}{m} \times 100 \qquad (15-63)$$

式中　ρ——由工作曲线查出的试验溶液中铅的质量，$\mu g/mL$；

　　　m——试料质量，g。

取平行测定结果的算术平均值为测定结果，两次平行测定结果铅含量的绝对差值不大于：Ⅰ型为0.00001％；Ⅱ型为0.0001％；Ⅲ型为0.00002％。

7. 碱和碱土金属含量的测定

将试样溶于水后，通入硫化氢使锌离子沉淀，过滤后收集滤液。取一定量滤液，加入硫酸使碱和碱土金属离子生成硫酸盐，用瓷蒸发皿蒸发，灼烧，称重。

（1）试剂和材料

①氨水。

②硫酸。

③硫化氢，临用时制备。

（2）操作步骤

在有盖的称量瓶中，迅速称取约3g试样，精确至0.01g，置于250mL烧杯中，加入150mL水和15mL氨水，摇匀。移入250mL容量瓶中，用水稀释至刻度，摇匀。取出约150mL溶液，充分通入硫化氢后，用滤纸干过滤，弃去初始20mL。移取50mL滤液，置于预先在700℃下灼烧至质量恒定的蒸发皿中，加5滴硫酸，蒸发至干。在700℃下灼烧至质量恒定。

（3）结果计算

碱和碱土金属含量以质量分数 w_5 计，数值以％表示，按式（15-64）计算：

$$w_5 = \frac{m_1 - m_0}{m \times (50/250)} \times 100 \qquad (15-64)$$

式中　m_1——蒸发皿连同残渣的质量，g；

　　　m_0——蒸发皿的质量，g；

　　　m——试样的质量，g。

取平行测定结果的算术平均值为测定结果，两次平行测定结果的绝对差值不大于 0.05%。

8. 锌片腐蚀

（1）材料

①水砂纸：粒度 140 目。

②锌片：XD_2 级。

（2）操作步骤

称取 25g（Ⅰ型）试样，精确至 0.01g。置于 100mL 烧杯中，加 25mL 水溶解。移入 50mL 比色管中，用水稀释至刻度，摇匀；或量取 50.0mL（Ⅲ型）试样，置于 50mL 比色管中。把锌片表面用水砂纸擦净，剪成 40mm×8mm，下端成 45°斜角的锌片，放入试验溶液中，在 80℃的水浴中保持 30min 后，取出锌片，用水冲洗，锌片表面无变色、模糊不清、腐蚀、斑点等即为合格。

9. pH 值的测定

（1）仪器和设备

酸度计：分度值为 0.1pH 单位并配有玻璃测量电极和饱和甘汞参比电极或复合电极。

（2）操作步骤

量取 100mL（Ⅲ型）试样。置于 150mL 烧杯中，用酸度计进行测定。

取平行测定结果的算术平均值为测定结果，两次平行测定结果的绝对差值不大于 0.1pH 单位。

三、重铬酸钠

分子式：$Na_2Cr_2O_7 \cdot 2H_2O$，相对分子质量：297.97。铬酸盐是工业循环冷却水系统缓蚀剂之一。在实际使用中，往往用重铬酸盐（如重铬酸钠、重铬酸钾）作为铬酸盐的来源。

铬酸盐是典型的阳极缓蚀剂。在 pH6.5～8.0 范围内，在阳极有下列反应：

$$Fe \rightarrow Fe^{2+} + 2e$$
$$CrO_4^{2-} + 3Fe(OH)_2 + 4H_2O \rightarrow Cr(OH)_3 + 3Fe(OH)_3 + OH^-$$

$Cr(OH)_3$、$Fe(OH)_3$ 脱水后成为 Cr_2O_3 和 Fe_2O_3 的混合物（主要是 $\gamma - Fe_2O_3$，带有 10% 以下的 Cr_2O_3）在阳极构成保护膜。

铬酸盐的缓蚀效果好，它不仅能防止钢铁腐蚀，也可保护铜，防止铜受腐蚀。但六价铬排入水体会造成环境污染。在实际使用时，铬酸盐与其他缓蚀剂一起使用，以降低铬酸盐的用量。重铬酸钠技术要求见表 15-17。

表 15-17　重铬酸钠技术要求

项　目	指　标		
	优等品	一等品	合格品
重铬酸钠（以 $Na_2Cr_2O_7 \cdot 2H_2O$ 计）$w/\%$ ≥	99.5	98.3	98.0
硫酸盐（以 SO_4 计）$w/\%$ ≤	0.20	0.30	0.40
氯化物（以 Cl 计）$w/\%$ ≤	0.05	0.10	0.15
铁（Fe）$w/\%$ ≤	0.002	0.006	0.01

注：如用户对钒含量有要求，按本标准规定的方法进行测定。

1. 重铬酸钠含量的测定

（1）指示剂法（仲裁法）

在酸性介质中，试样中的重铬酸根与二价铁离子发生氧化还原反应，以 N-苯基邻氨基苯甲酸为指示剂，用硫酸亚铁铵标准滴定溶液滴定。

①试剂

a）磷酸

85%磷酸。

b）硫酸溶液（1+4）

量取 100mL 硫酸，缓慢注入 400mL 水中，冷却，混匀。

c）硫酸亚铁铵标准滴定溶液 $\{c\,[Fe\,(NH_4)_2\,(SO_4)_2 \cdot 6H_2O] \approx 0.2mol/L\}$

（a）配制

称取约 80g 硫酸亚铁铵 $[Fe\,(NH_4)_2\,(SO_4)_2 \cdot 6H_2O]$ 溶于 300mL 硫酸溶液（1+7）中，用水稀释至 1000mL，摇匀。此溶液临用前标定。

（b）标定

称取 0.37g 研细并于 120℃±2℃ 下干燥至质量恒定的基准重铬酸钾，精确至 0.0001g，置于 500mL 锥形瓶中，加入 150mL 水溶解。加入 15mL 硫酸溶液（1+4），5mL 磷酸，用硫酸亚铁铵标准滴定溶液滴定至溶液呈黄绿色。加入 2mL N-苯基邻氨基苯甲酸指示液，继续滴定至溶液由紫红色变为绿色为终点。

（c）计算

硫酸亚铁铵标准滴定溶液的浓度 c，数值以 mol/L 表示，按式（15-65）计算：

$$c = \frac{m}{MV \times 10^{-3}} \qquad (15-65)$$

式中　m——基准重铬酸钾的质量，g；

　　　V——滴定至终点时消耗硫酸亚铁铵标准滴定溶液的体积，mL；

　　　M——重铬酸钾（$1/6\ K_2Cr_2O_7$）的摩尔质量（$M=49.03$），g/mol。

取平行测定结果的算术平均值为测定结果，三次平行标定结果的相对极差与平均值之比不应大于 0.2%。

d）N-苯基邻氨基苯甲酸指示液（1g/L）

称取 0.2g 无水碳酸钠溶于 100mL 水中，再加入 0.1g N-苯基邻氨基苯甲酸，搅拌至溶解。

②操作步骤

a）试验溶液 A 的制备

称取约 5g 试样，精确至 0.0002g。加水溶解后，转移至 500mL（V_2）容量瓶中，用水稀释至刻度，摇匀。此溶液为试验溶液 A，用于重铬酸钠含量、硫酸盐含量（目视比浊法）的测定。

b）测定

用移液管移取 25mL 试验溶液 A，置于 500mL 锥形瓶中，加入 150mL 水，15mL 硫酸溶液，5mL 磷酸，用硫酸亚铁铵标准滴定溶液滴定至溶液呈黄绿色。加入 2mL N-苯基邻氨基苯甲酸指示液，继续滴定至溶液由紫红色变为绿色为终点。

（2）电位滴定法

在酸性介质中，重铬酸根与二价铁离子发生氧化还原反应，用硫酸亚铁铵标准滴定溶液滴定试验溶液，以二级微商法确定反应终点，求出重铬酸钠含量。

①试剂

a）硫酸溶液（1＋1）

量取 200mL 硫酸，缓慢注入 200mL 水中，冷却，混匀。

b）硫酸亚铁铵标准滴定溶液 $\{c\,[\,(NH_4)_2Fe\,(SO_4)_2\,]\approx0.2mol/L\}$

称取约 0.37g 研细并于 120℃±2℃下干燥至质量恒定的基准重铬酸钾，精确至 0.0001g，置于 500mL 的烧杯中，加水至约 400mL，加入 40mL 硫酸溶液。插入铂复合电极，并进行搅拌，控制搅拌速度避免溶液溅出。用硫酸亚铁铵标准滴定溶液滴定至黄色消失后，继续进行微量滴定。以二级微商法确定滴定终点。

②仪器和设备

a）铂复合电极。

b）自动电位滴定仪（附搅拌）。

③操作步骤

用移液管移取 25mL（V_1）试验溶液 A，置于 500mL 的烧杯中，加水至约 400mL，加入 40mL 硫酸溶液。插入铂复合电极，并进行搅拌，控制搅拌速度避免溶液溅出。用硫酸亚铁铵标准滴定溶液滴定至黄色消失后，继续进行微量滴定，以二级微商法确定滴定终点。

（3）结果计算

重铬酸钠含量以重铬酸钠（$Na_2Cr_2O_7 \cdot 2H_2O$）的质量分数 w_1，计，按式（15－66）计算：

$$w_1 = \frac{cMV \times 10^{-3}}{m \times (V_1/V_2)} \times 100\% \qquad (15-66)$$

式中　V——滴定试验溶液消耗硫酸亚铁铵标准滴定溶液的体积，mL；

c——硫酸亚铁铵标准滴定溶液浓度，mol/L；

m——试料质量，g；

V_1——移取试验溶液 A 的体积，mL；

V_2——前述指示剂法中试验溶液 A 的体积，mL；

M——重铬酸钠（1/6 $Na_2Cr_2O_7 \cdot 2H_2O$）的摩尔质量（$M=49.66$），g/mol；

取平行测定结果的算术平均值为测定结果，两次平行测定结果的绝对差值不大于 0.3%。

2. 硫酸盐含量的测定

（1）重量法（仲裁法）

在酸性介质中，用乙醇将试样中的重铬酸根还原为三价铬，再加入氯化钡溶液，钡离子与硫酸盐生成硫酸钡沉淀。将沉淀过滤、洗涤、灼烧、称重后确定硫酸盐含量。

①试剂

a）硫酸。

b）95% 乙醇。

c）基准重铬酸钾。

d) 硫酸溶液：1＋4。

e) 盐酸溶液：3＋7。

f) 乙酸溶液：1＋1。

g) 氯化钡（$BaCl_2 \cdot 2H_2O$）溶液：100g/L。

h) 硝酸银溶液：17g/L。

i) 硫酸盐标准溶液：1mL 溶液含硫酸盐（以 SO_4 计）1mg。

j) 二苯基碳酰二肼指示液：2g/L，称取二苯基碳酰二肼 0.2g，溶于 50mL 丙酮中，加水稀释至 100mL，摇匀，贮存于棕色瓶中，于低温下保存。颜色变深后，不能使用。

②仪器和设备

高温炉：温度可控制在 700℃±20℃。

③操作步骤

称取约 10g 试样，精确至 0.01g。置于 500mL 烧杯中，加入 100mL 水，搅拌至溶解。用移液管加入 10mL 硫酸盐标准溶液，再加入 100mL 盐酸溶液，加热至近沸，在搅拌下滴加约 20mL 95％乙醇，于沸水浴中保温 30min。如还原不完全，再补加 90％乙醇至还原完全（取 1 滴试液，加入 1 滴硫酸溶液和 1 滴二苯基碳酰二肼指示剂，若出现紫红色则还原不完全）。用中速定性滤纸过滤，用热水洗涤至滤纸无绿色。滤液及洗水收集于 500mL 烧杯中，用水稀释至约 300mL。将溶液加热至沸，在微沸状态下，边搅拌边慢慢加入 50mL 氯化钡溶液，20mL 乙酸溶液及预先准备好的少许定量滤纸纸浆，充分搅拌约 2min。盖上表面皿，在水浴中加热 30min，于水浴中放置 2h 或室温下放置 8h 以上。用慢速定量滤纸过滤，沉淀以热水洗涤至滤液无氯离子为止（用硝酸银溶液检验）。

将沉淀连同滤纸置于预先于 700℃±20℃灼烧至质量恒定的瓷坩埚中，于电炉上干燥、灰化。置于 700℃±20℃高温炉中灼烧 30min。冷却后加 1 滴硫酸，润湿沉淀，在电炉上加热至白烟冒尽，移入 700℃±20℃高温炉中灼烧至质量恒定。

同时做空白试验，称取 10g 基准重铬酸钾，精确至 0.01g。其他加入的试剂种类和量与试验溶液的完全相同，并与试料同样处理。

④结果计算

硫酸盐含量以硫酸根（SO_4）的质量分数 w_2 计，按式（15-67）计算：

$$w_2 = \frac{0.4116 \times (m_1 - m_0)}{m} \times 100\% \qquad (15-67)$$

式中　m_1——试验溶液中生成沉淀的质量，g；

　　　m_0——空白试验中生成沉淀的质量，g；

　　　m——试料质量，g；

　0.4116——硫酸钡换算为硫酸根（SO_4）的系数。

取平行测定结果的算术平均值为测定结果，两次平行测定结果的绝对差值不大于 0.01％。

（2）目视比浊法

在酸性介质中，硫酸根与钡离子生成难溶的硫酸钡沉淀，当硫酸根含量较低时，在一定时间内硫酸钡呈悬浮体，使溶液混浊，与硫酸盐标准比浊溶液比较浊度。

①试剂。

a）95％乙醇。

b）盐酸溶液：1+1。

c）氯化钡（$BaCl_2 \cdot 2H_2O$）溶液：100g/L。

d）重铬酸钾（基准）溶液；10g/L，称取 5.00g±0.01g 基准重铬酸钾，溶解于水中，转移至 500mL 容量瓶中，用水稀释至刻度，摇匀。

e）硫酸盐标准溶液：1mL 溶液含硫酸盐（以 SO_4 计）0.05mg，用移液管移取 5mL 按 HG/T 3696.2 配制的硫酸盐标准溶液，置于 100mL 容量瓶中，用水稀释至刻度，摇匀。此溶液使用前配制。

②操作步骤

a）标准比浊溶液的制备

用移液管移取 5mL 重铬酸钾溶液，置于 50mL 比色管中。移取加入 2.00mL（优等品）或 3.00mL（一等品）或 4.00mL（合格品）硫酸盐标准溶液，加水至约 25mL，加入 3mL 盐酸溶液，5mL 90％乙醇，摇匀后于沸水浴中还原 10min，冷却至室温，加入 5mL 氯化钡溶液，用水稀释至刻度，摇匀。于 30～40℃水浴中保温 20～30min。

b）测定

用移液管移取 5mL 试验溶液 A 见（i）指示剂法②中，置于 50mL 比色管中，加水至约 25mL，以下按上述从"加入 3mL 盐酸溶液……"开始，至"……保温 20～30min。"为止。与标准比浊溶液同时同样进行操作。其浊度不得大于标准比浊溶液。

3. 氯化物含量的测定

（1）电位滴定法（仲裁法）

将试样溶于水中，用硝酸银标准滴定溶液进行滴定，以二级微商法确定反应终点，求出氯化物含量。

①试剂

a）硝酸银标准滴定溶液 $[c(AgNO_3) \approx 0.002\text{mol/L}]$

（a）配制

用移液管移取 5mL 按 HG/T 3696.1 配制并标定的硝酸银标准滴定溶液，置于 250mL 棕色容量瓶中，用水稀释至刻度，摇匀。此溶液使用前配制及标定。

（b）标定

称取 5.844g 于 550℃±50℃ 高温炉中灼烧至质量恒定的基准氯化钠，精确至 0.0001g，溶于水中，全部转移至 1000mL（V_2）容量瓶中，用水稀释至刻度，摇匀，此为氯化钠溶液 A。用移液管移取 5mL（V_1）氯化钠溶液 A，置于 250mL（V_4）容量瓶中，用水稀释至刻度，摇匀，此氯化钠溶液现用现配。

再用移液管移取 10mL（V_3）此氯化钠溶液，置于 150mL 烧杯中，加水至约 70mL，加淀粉溶液 10mL。

插入银环复合电极，并进行搅拌，控制搅拌速度避免溶液溅出，同时不产生气泡。用硝酸银标准滴定溶液滴定，以二级微商法确定滴定终点。

（c）计算

硝酸银标准滴定溶液的浓度 c，数值以 mol/L 表示，按式（15-68）计算：

$$c = \frac{m \times (V_1/V_2) \times (V_3/V_4)}{MV \times 10^{-3}} \tag{15-68}$$

式中 V——滴定至终点时消耗硝酸银标准滴定溶液的体积，mL；

V_1——移取氯化钠溶液 A 的体积，mL；

V_2——氯化钠溶液 A 的体积，mL；

V_3——移取氯化钠溶液的体积，mL；

V_4——氯化钠溶液的体积，mL；

m——称取的基准氯化钠的质量，g；

M——氯化钠（NaCl）摩尔质量（$M=58.44$），g/mol。

取平行测定结果的算术平均值为测定结果，三次平行标定结果的相对极差与平均值之比不应大于 0.2%。

b）淀粉溶液（10g/L）

称取 1.0g 淀粉，加 5mL 水使成糊状，在搅拌下将糊状物加到 90mL 沸腾的水中，煮沸 1～2min 冷却，稀释至 100mL。使用期为 2 周。

②仪器和设备

a）银环复合电极。

b）自动电位滴定仪（附搅拌）。

③操作步骤

称取一定量试样（优等品约 2g、一等品约 1g、合格品约 0.5g），精确至 0.01g。置于 150mL 烧杯中，溶解于 70mL 水中，加 10mL 淀粉溶液。插入银环复合电极，并进行搅拌，控制搅拌速度避免溶液溅出，同时不产生气泡。用硝酸银标准滴定溶液滴定，以二级微商法确定滴定终点。

同时做空白试验，除不加试料外，其他加入的试剂种类和量与试验溶液的完全相同，并与试料同样处理。

④结果计算

氯化物含量以氯（Cl）的质量分数 w_3 计，按式（15-69）计算：

$$w_3 = \frac{cM(V_1-V_0) \times 10^{-3}}{m} \times 100\% \tag{15-69}$$

式中 V_1——滴定试验溶液消耗的硝酸银标准滴定溶液体积，mL；

V_0——滴定空白试验溶液消耗的硝酸银标准滴定溶液体积，mL；

c——硝酸银标准滴定溶液浓度，mol/L；

m——试料质量，g；

M——氯（Cl）的摩尔质量（$M=35.45$），g/mol。

取平行测定结果的算术平均值为测定结果，两次平行测定结果的绝对差值不大于 0.01%。

（2）沉淀滴定法

在微碱性介质中，用硝酸银标准滴定溶液滴定，试样中氯离子与银离子生成白色氯化银沉淀，以过量的硝酸银与铬酸根生成的微砖红色铬酸银沉淀指示终点。

①试剂

a）碳酸钠饱和溶液

溶解 45g 无水碳酸钠于 100mL 水中。

b）硝酸银标准滴定溶液 $[c(AgNO_3) \approx 0.05mol/L]$

（a）配制

称取 17.5g 硝酸银，溶于 2000mL 水中，摇匀，保存于棕色瓶中。

（b）标定

称取约 0.1g 预先于 500～600℃ 灼烧至质量恒定的基准氯化钠，精确至 0.0001g，溶于 70mL 水中，加淀粉溶液 10mL，插入银环复合电极，并进行搅拌，控制搅拌速度避免溶液溅出，同时不产生气泡。用硝酸银标准滴定溶液滴定，以二级微商法确定滴定终点。

（c）计算

硝酸银标准滴定溶液的浓度 c，数值以 mol/L 表示，按式（15-70）计算：

$$c = \frac{m}{MV \times 10^{-3}} \tag{15-70}$$

式中　V——滴定至终点时消耗硝酸银标准滴定溶液的体积，mL；

　　　m——基准氯化钠的质量，g；

　　　M——氯化钠（NaCl）摩尔质量（$M=58.44$），g/mol。

取平行测定结果的算术平均值为测定结果，三次平行标定结果的相对极差与平均值之比不应大于 0.2%。

c）铬酸钾指示液（50g/L）

取 5g 铬酸钾，溶于 100mL 水中。

②仪器和设备

微量滴定管：分度值为 0.02mL 或 0.05mL。

③操作步骤

称取约 2g 试样，精确至 0.01g，置于 250mL 锥形瓶中，加入 50mL 水使试样溶解，小心滴加碳酸钠饱和溶液，至溶液 pH 约 7.5～8.0（用精密 pH 试纸检验）。然后用硝酸银标准滴定溶液滴定至溶液呈微砖红色为终点。

同时做空白试验，加入 50mL 水，1mL 铬酸钾指示液，用硝酸银标准滴定溶液滴定至溶液呈微砖红色为终点。

（3）结果计算

氯化物含量以氯（Cl）的质量分数 w_3 计，按式（15-71）计算：

$$w_3 = \frac{cM(V_1 - V_0) \times 10^{-3}}{m} \times 100\% \tag{15-71}$$

式中　V_1——滴定试验溶液消耗的硝酸银标准滴定溶液体积，mL；

　　　V_0——滴定空白试验溶液消耗的硝酸银标准滴定溶液体积，mL；

　　　c——硝酸银标准滴定溶液浓度，mol/L；

　　　m——试料质量，g；

　　　M——氯（Cl）的摩尔质量（$M=35.45$），g/mol。

取平行测定结果的算术平均值为测定结果，两次平行测定结果的绝对差值不大于 0.01%。

4. 铁含量的测定

（1）火焰原子吸收分光光度法（仲裁法）

将试样溶解，使用火焰原子吸收分光光度计，在 248.3nm 波长处测定吸光度，用工作曲线法测定铁含量。

①试剂

a）铁标准溶液：1mL 溶液含铁（Fe）0.05mg，用移液管移取 5mL 按 HG/T 3696.2 配制的铁标准溶液，置于 100mL 容量瓶中，用水稀释至刻度，摇匀。该溶液现用现配。

b）硝酸溶液：1＋49。

c）水：GB/T 6682—2008 中规定的二级水。

②仪器和设备

火焰原子吸收分光光度计：配有铁空心阴极灯。

③操作步骤

a）工作曲线的绘制

分别移取 0mL、0.50mL、1.00mL、2.00mL 铁标准溶液，分别置于四支 50mL 容量瓶中，浓度分别为 0mg/L、0.5mg/L、1mg/L、2mg/L。用硝酸溶液稀释至刻度，摇匀。在火焰原子吸收分光光度计上，于波长 248.3nm 处，使用空气-乙炔火焰，用水调零，测定其吸光度。以铁的含量为横坐标，对应的吸光度为纵坐标，绘制工作曲线。

b）试验溶液 B 的制备

称取约 10g 试样，精确至 0.01g。加水溶解后，转移至 250mL（V_2）容量瓶中，用水稀释至刻度，摇匀。此溶液为试样溶液 B，用于铁含量的测定。

c）测定

用移液管移取 25mL（V_1）试验溶液 B，置于 50mL（V）容量瓶中，用硝酸溶液稀释至刻度，摇匀。在火焰原子吸收分光光度计上，于波长 248.3nm 处，使用空气-乙炔火焰，用水调零，测定其吸光度。从工作曲线上查得试验溶液中铁的浓度。

同时做空白试验，除不加试料外，其他加入的试剂种类和量与试验溶液的完全相同，并与试料同样处理。

④结果计算

铁含量以铁（Fe）质量分数 w_4 计，按式（15－72）计算：

$$w_4 = \frac{(\rho - \rho_0) \times V \times 10^{-6}}{m \times (V_1/V_2)} \times 100\% \tag{15－72}$$

式中　ρ——由工作曲线上查得的试验溶液中铁的浓度，mg/L；

ρ_0——由工作曲线上查得的空白试验溶液中铁的浓度，mg/L；

V——c）中试验溶液的体积，mL；

V_1——移取试验溶液 B 的体积，mL；

V_2——b）中试验溶液 B 体积，mL；

m——试料的质量，g；

取平行测定结果的算术平均值为测定结果，两次平行测定结果的绝对差值优等品不大于 0.0003%、一等品和合格品不大于 0.0006%。

（2）分光光度法

在碱性介质中，将试样中铁离子沉淀分离，生成的氢氧化铁用硫酸溶液溶解后，用抗坏血酸将 Fe^{3+} 还原为 Fe^{2-}，在 pH 为 2～9 时，Fe^{2+} 与 1, 10-菲罗啉生成橙红色络合物，在分光光度计上于 510nm 处测定吸光度。

①试剂

a）氨水溶液：1+1。

b）氨水溶液：1+99。

c）硫酸溶液：1+95。

d）其他试剂同 GB/T 3049—2006 中第 4 章。

②仪器和设备

分光光度计：带有光程为 4cm 的比色皿。

③操作步骤

a）工作曲线的绘制

按照 GB/T 3049—2006 中 6.3 进行。使用光程为 4cm 的比色皿及相应的铁标准溶液用量，绘制工作曲线。

b）测定

用移液管移取 25mL（V_1）试验溶液 B，置于 250mL 烧杯中，加 15mL 氨水溶液，加热煮沸 5min。冷却后，用慢速定量滤纸过滤，用氨水溶液洗涤沉淀至滤液无色，再用热水洗涤 3～4 次。

沉淀用 10mL 热硫酸溶液洗涤，使沉淀完全溶解，再用水洗涤 3～4 次，滤液及洗水不应超过 60mL，并全部转移至 100mL 容量瓶中，冷却至室温，以下按 GB/T 3049—2006 中 6.4 所述"用盐酸溶液调整 pH 为 2……"进行操作。

同时做空白试验，除不加试料外，其他加入的试剂种类和量与试验溶液的完全相同，并与试料同样处理。

c）结果计算

铁含量以铁（Fe）的质量分数 w_4 计，按式（15-73）计算：

$$w_4 = \frac{(m_1 - m_0) \times 10^{-3}}{m \times (V_1/V_2)} \times 100\% \tag{15-73}$$

式中　m_1——由工作曲线上查得的试验溶液中铁的质量，mg；

　　　m_0——由工作曲线上查得的空白试验溶液中铁的质量，mg；

　　　m——试料质量，g；

　　　V_1——移取试验溶液 B 的体积，mL；

　　　V_2——试验溶液 B 的体积，mL。

取平行测定结果的算术平均值为测定结果，两次平行测定结果的绝对差值优等品不大于 0.0003%、一等品和合格品不大于 0.0006%。

5. 钒含量的测定

将试样溶解后，用电感耦合等离子体发射光谱仪于 292.464nm 处测定发光强度，用工作曲线法测定钒含量。

（1）试剂

①盐酸溶液：1+1。

②钒标准溶液：1mL溶液含钒（V）0.01mg，用移液管移取1mL按HG/T 3696.2配制的钒标准溶液，置于100mL容量瓶中，用水稀释至刻度，摇匀。该溶液现用现配。

③水：GB/T 6682—2008中规定的二级水。

（2）仪器和设备

电感耦合等离子体发射光谱仪。

（3）操作步骤

①工作曲线的绘制

分别移取0mL、2.50mL、5.00mL、10.00mL、20.00mL钒标准溶液，分别置于五支50mL容量瓶中，标准溶液浓度分别为0mg/L、0.5mg/L、1.0mg/L、2.0mg/L、4.0mg/L。分别加入1mL盐酸溶液，用水稀释至刻度，摇匀。在电感耦合等离子体发射光谱仪上，于292.464nm处测定发光强度。以钒的浓度为横坐标，对应的发光强度为纵坐标，绘制工作曲线。

②测定

称取约5g试样，精确至0.01g。加100mL水使试样溶解，加入10mL盐酸溶液，将溶液转移至500mL（V）容量瓶中，用水稀释至刻度，摇匀。在电感耦合等离子体发射光谱仪上，于292.464nm处测定试验溶液的发光强度。从工作曲线上查得试验溶液中钒的浓度。

同时做空白试验，除不加试料外，其他加入的试剂种类和量与试验溶液的完全相同，并与试料同样处理。

③结果计算

钒含量以钒（V）质量分数 w_5 计，按式（15-74）计算：

$$w_5 = \frac{(\rho - \rho_0) \times V \times 10^{-6}}{m} \times 100\% \qquad (15-74)$$

式中　ρ——由工作曲线上查得的试验溶液中钒的浓度，mg/L；

　　　ρ_0——由工作曲线上查得的空白试验溶液中钒的浓度，mg/L；

　　　V——试验溶液的体积，mL；

　　　m——试料质量，g。

取平行测定结果的算术平均值为测定结果，两次平行测定结果的绝对差值不大于算术平均值的10%。

四、亚硝酸钠

亚硝酸钠（$NaNO_2$）外观为白色或微带淡黄色结晶。在工业循环冷却水处理系统中，亚硝酸钠作为阳极缓蚀剂用于保护碳钢。与其他阳极缓蚀剂一样，亚硝酸钠能使钢铁表面生成一层主要成分为 $\gamma\text{-}Fe_2O_3$ 的保护膜，以钝化阳极，阻止钢铁被腐蚀。亚硝酸钠主要用于密闭式循环冷却水处理系统中，应符合表15-18的技术要求。

表 15-18　亚硝酸钠技术要求

项　目	指　标		
	优等品	一等品	合格品
亚硝酸钠（$NaNO_2$）（以干基计），$w/\%$　≥	99.0	98.5	98.0
硝酸钠（以干基计），$w/\%$　≤	0.8	1.3	—
氯化物（以 NaCl 计）（以干基计），$w/\%$　≤	0.10	0.17	—
水不溶物（以干基计），$w/\%$　≤	0.05	0.06	0.10
水分，$w/\%$　≤	1.8	2.0	2.5
松散度[a]（以不结块物计），$w/\%$　≥	85		

a 松散度指标为添加防结块剂产品控制的项目，在用户要求时进行检验。

1. 亚硝酸钠含量的测定

在酸性溶液中，用高锰酸钾氧化亚硝酸钠。根据高锰酸钾标准滴定溶液的消耗量计算出亚硝酸钠含量。

（1）试剂

①硫酸溶液：1+29。按比例配制出硫酸溶液后，加热至 70℃ 左右，滴加高锰酸钾标准滴定溶液至溶液呈浅粉色为止，冷却。

②硫酸溶液：1+5。按比例配制出硫酸溶液后，加热至 70℃ 左右，滴加高锰酸钾标准滴定溶液至溶液呈浅粉色为止，冷却。

③高锰酸钾标准滴定溶液：$c(1/5KMnO_4) \approx 0.1mol/L$。

④草酸钠标准滴定溶液：$c(1/2Na_2C_2O_4) \approx 0.1mol/L$。保存时间不应超过 30d。按下列方法进行配制、标定和计算：

a）配制：称取约 6.7g 草酸钠，溶解于 300mL 硫酸溶液（5.3.2.1）中，用水稀释至 1000mL，摇匀。

b）标定：用移液管移取 30.00～35.00mL 草酸钠标准滴定溶液 $[c(1/2Na_2C_2O_4) \approx 0.1mol/L]$，加入 100mL 硫酸溶液（8+92），用高锰酸钾标准滴定溶液滴定，近终点时加热至 65℃，继续滴定至溶液呈浅粉色保持 30s。同时做空白试验。

c）计算：草酸钠标准滴定溶液浓度的准确数值 c，单位为摩尔每升（mol/L），按式（15-75）计算：

$$c = \frac{(V_1 - V_2)\ c_1}{V} \tag{15-75}$$

式中　V_1——滴定时消耗高锰酸钾标准滴定溶液的体积，mL；

V_2——滴定空白试验时消耗高锰酸钾标准滴定溶液的体积，mL；

c_1——高锰酸钾标准滴定溶液浓度，mol/L；

V——标定所移取草酸钠标准滴定溶液的体积，mL。

（2）操作步骤

①试验溶液的制备

称取 2.5～2.7g 试样，精确至 0.0002g，置于 250mL 烧杯中，加水溶解。全部移入 500mL（V_3）容量瓶中，用水稀释至刻度，摇匀。

②测定

在 300mL 锥形瓶中，用滴定管滴加约 38~40mL 高锰酸钾标准滴定溶液。用移液管加入 25mL （V_4） 试验溶液，加入 10mL 硫酸溶液 （1+5），加热至 40℃。用移液管加入 10mL （V_2） 草酸钠标准滴定溶液，不断摇动，使成为清亮溶液，再加热至 70~80℃，用高锰酸钾标准滴定溶液滴定至溶液呈浅粉色并保持 30s 不消失为止。

（3）结果计算

亚硝酸钠含量以亚硝酸钠 （$NaNO_2$） 的质量分数 w_1 计，按式 （15-76） 计算：

$$w_1 = \frac{\left[(V_1c_1 - V_2c_2) \ /1000 \right] M}{m \times (V_4/V_3) \times (1 - w_5)} \times 100\% \qquad (15-76)$$

式中　V_1——加入和滴定消耗高锰酸钾标准滴定溶液的体积，mL；

$\quad\quad c_1$——高锰酸钾标准滴定溶液浓度，mol/L；

$\quad\quad V_2$——加入草酸钠标准滴定溶液的体积，mL；

$\quad\quad c_2$——草酸钠标准滴定溶液浓度，mol/L；

$\quad\quad m$——试料质量，g；

$\quad\quad V_4$——移取的试验溶液的体积，mL；

$\quad\quad V_3$——配制试验溶液的体积，mL；

$\quad\quad w_5$——按本节测定的水分的质量分数；

$\quad\quad M$——亚硝酸钠 （$1/2NaNO_2$） 的摩尔质量，g/mol （$M=34.50$）。

取平行测定结果的算术平均值为测定结果，两次平行测定结果的绝对差值应不大于 0.2%。

2. 硝酸钠含量的测定

于试液中加入甲醇，在硫酸作用下与亚硝酸根生成亚硝酸甲酯。蒸发将其除去。再加入过量的硫酸亚铁铵还原硝酸钠，用高锰酸钾标准滴定溶液返滴定。

（1）试剂

①甲醇。

②硫酸。

③硫酸溶液：1+5。

④氢氧化钠溶液：200g/L。

⑤氢氧化钠溶液：1g/L。

⑥硫酸亚铁铵溶液：$c\left[Fe\ (NH_4)_2\ (SO_4)_2\right] \approx 0.2mol/L$。称取约 80g 硫酸亚铁铵 $\left[Fe\ (NH_4)_2(SO_4)_2 \cdot 6H_2O\right]$，溶于 300mL 硫酸溶液 （1+8） 中，再加 700mL 水，摇匀，贮存于棕色瓶中。

⑦高锰酸钾标准滴定溶液：$c(1/5KMnO_4) \approx 0.1mol/L$。

⑧酚酞指示液：10g/L。

（2）操作步骤

称取约 3g 试样，精确至 0.0002g，置于 500mL 锥形瓶中，加 10mL 水溶解。加 10mL 甲醇，在不断摇动下滴加 15mL 硫酸溶液，控制硫酸溶液加入速度，勿使亚硝酸甲酯生成过于激烈。用水洗涤锥形瓶内壁，加热微沸 2min。冷却后，加 2 滴酚酞指示液，用氢氧化钠溶液 （200g/L） 中和至呈浅粉色为止 [近终点时，用氢氧化钠溶液 （1g/L） 中和]。

微沸下使溶液蒸发至 10～15mL。冷却，以少量水洗涤瓶内壁。用移液管加入 25mL 硫酸亚铁铵溶液，在不断摇动下，沿瓶壁徐徐加入 25mL 硫酸。加热，微沸至溶液由褐色转变为亮黄色为止。取下锥形瓶迅速冷却至室温。加入 250～300mL 水，用高锰酸钾标准滴定溶液滴定至溶液呈浅粉色并保持 30s 不消失为止。

同时做空白试验。空白试验除不加试样外，其他加入试剂的种类和量（标准滴定溶液除外）与试验溶液相同。

（3）结果计算

硝酸钠含量以硝酸钠（$NaNO_3$）的质量分数 w_2 计，按式（15-77）计算：

$$w_2 = \frac{[(V_0 - V_1)/1000]c \times M}{m \times (1 - w_5)} \times 100\% \tag{15-77}$$

式中 V_0——空白试验消耗的高锰酸钾标准滴定溶液体积，mL；

V_1——试验中消耗的高锰酸钾标准滴定溶液体积，mL；

c——高锰酸钾标准滴定溶液浓度，mol/L；

m——试料质量，g；

w_5——水分的质量分数；

M——硝酸钠（$1/3NaNO_3$）的摩尔质量，g/mol（$M=28.33$）。

取平行测定结果的算术平均值为测定结果，两次平行测定结果的绝对差值应不大于 0.05%。

3. 氯化物含量的测定

在酸性溶液中，加入尿素将亚硝酸钠分解。在微酸性水溶液中，用硝酸汞将氯离子转化成弱电离的氯化汞。用二苯偶氮碳酰肼指示剂与过量的汞离子生成紫红色络合物来判断终点。

（1）试剂

①尿素。

②其他试剂。

（2）仪器、设备

微量滴定管：分度值为 0.01mL。

（3）操作步骤

称取约 5g 试样，精确至 0.01g，置于 250mL 锥形瓶中，用 50mL 水溶解。加 3g 尿素，待其溶解后，加热。于微沸下滴加硝酸溶液（1+1）至亚硝酸钠分解完全为止（无细小气泡产生）。冷至室温。加入 2～3 滴溴酚蓝指示液，滴加氢氧化钠溶液至溶液呈蓝色，再滴加硝酸溶液（1+15）至恰呈黄色，并过量 2～6 滴，加入 1mL 二苯偶氮碳酰肼指示液，使用微量滴定管，用 $c[1/2Hg(NO_3)_2]=0.05$mol/L 硝酸汞标准滴定溶液滴定至溶液由黄色变为紫红色即为终点。

同时做空白试验。空白试验除不加试样外，其他加入试剂的种类和量（标准滴定溶液除外）与试验溶液相同。

（4）结果计算

氯化物含量以氯化钠（NaCl）的质量分数 w_3 计，按式（15-78）计算：

$$w_3 = \frac{[(V - V_0)/1000]c \times M}{m \times (1 - w_5)} \times 100\% \tag{15-78}$$

式中　V——试验中所消耗的硝酸汞标准滴定溶液的体积，mL；

　　　V_0——空白试验中所消耗的硝酸汞标准滴定溶液的体积，mL；

　　　c——硝酸汞标准滴定溶液浓度，mol/L；

　　　m——试料质量，g；

　　　w_5——水分的质量分数；

　　　M——氯化钠（NaCl）的摩尔质量，g/mol，（$M=58.44$）。

取平行测定结果的算术平均值为测定结果，两次平行测定结果的绝对差值应不大于 0.01%。

4. 水不溶物含量的测定

(1) 试剂

①盐酸。

②淀粉-碘化钾试纸。

(2) 仪器、设备

玻璃砂坩埚：滤板孔径 5～15μm。

(3) 操作步骤

称取约 50g 试样，精确至 0.1g，置于 500mL 烧杯中，加 150mL 水，加热溶解。用预先于 105～110℃下干燥至质量恒定的玻璃砂坩埚过滤。用热水洗至无亚硝酸根离子为止（取约 20mL 洗涤液，加 2 滴盐酸，用淀粉-碘化钾试纸检查）。在 105～110℃下干燥至质量恒定。

(4) 结果计算

水不溶物的质量分数 w_4，按式（15-79）计算：

$$w_4 = \frac{m_2 - m_1}{m \times (1 - w_5)} \times 100\% \tag{15-79}$$

式中　m_1——玻璃砂坩埚质量，g；

　　　m_2——水不溶物和玻璃砂坩埚质量，g；

　　　m——试料质量，g；

　　　w_5——按本节测定的水分的质量分数。

取平行测定结果的算术平均值为测定结果，两次平行测定结果的绝对差值应不大于 0.01%。

5. 水分的测定

(1) 仪器

称量瓶：ϕ50mm×30mm。

(2) 操作步骤

称取约 5g 试样，精确至 0.0002g。置于预先于 105～110℃下干燥至质量恒定的称量瓶中，于 105～110℃下干燥至质量恒定。

(3) 结果计算

水分的质量分数 w_5，按式（15-80）计算：

$$w_5 = \frac{m - m_1}{m} \times 100\% \tag{15-80}$$

式中　m_1——干燥后试料质量，g；

　　　　m——试料质量，g。

取平行测定结果的算术平均值为测定结果，两次平行测定结果的绝对差值应不大于 0.1%。

6. 松散度的测定

将堆放一定时间的袋装试样，从 1m 高度自由落于坚硬的平面上，过筛后称量留在筛上的试样质量。

（1）仪器、设备

①试验筛：带有长约 950mm、宽约 600mm、高约 120mm 的矩形木框，筛网孔径 4.75mm。

②秒表。

③台秤：10kg，分度值 0.1kg。

（2）操作步骤

从仓库内堆码垛的袋装产品中，由上而下选取第七层袋作为试验用样品。

将试验袋称量，利用机械或人工使其从 1m 高度自由平落到平整、坚硬的平面上。将袋翻转，然后将袋内试样倒在筛子内，以 1 次/s 的频率进行筛分。筛分行程为 400mm，时间 1min。筛完后称量筛余物的质量。试验袋数不应少于 3 袋。

（3）结果计算

松散度以不结块物的质量分数 w_6 计，按式（15-81）计算：

$$w_6 = \frac{1}{n} \sum_{i=1}^{n} \left(\frac{m - m_i}{m} \right) \times 100\%　\tag{15-81}$$

式中　m——过筛前袋内试样质量，kg；

　　　　m_1——过筛后筛上试样质量，kg；

　　　　n——试验所用试样的袋数。

五、聚偏磷酸钠

聚偏磷酸钠分子式（$NaPO_3$）$_n$，是偏磷酸钠（$NaPO_3$）聚合体，是一种透明玻璃片状或白色粉状、粒状结晶体。聚偏磷酸盐可用作阴极缓蚀剂，能抑制冷却系统中的阴极反应。它可与水中阳离子 Ca^{2+}、Fe^{2+} 反应形成带正电荷的胶体，胶体颗粒向阴极沉积成膜而紧紧地结合到金属表面上。当聚磷酸盐与其他药剂配合使用时，可有效地保护铝金属免受冷却水中铜离子的腐蚀。由于聚偏磷酸钠可与钙离子形成可溶性的、十分稳定的螯合物，因此，它也在锅炉用水中作为软水剂而广泛使用。聚偏磷酸钠应符合表 15-19 的技术要求。

表 15-19　聚偏磷酸钠技术指标

项　目	指　标
总磷酸盐（以 P_2O_5 计）含量/%　　≥	68.0
非活性磷酸盐（以 P_2O_5 计）含量/%　　≤	7.5
水不溶物含量/%　　≤	0.05
铁（以 Fe 计）含量/%　　≤	0.05

续表

项　目	指　标
pH 值（10g/L 水溶液）	5.8~6.5
溶解性	全溶
平均聚合度，n	10~20
筛余物（420μm 筛网）/% ≤	5
pH 值（10g/L 水溶液）	5.8~7.3

1. 总磷酸盐含量的测定

（1）重量法（仲裁法）

在酸性溶液中试样全部水解为正磷酸盐。加入喹钼柠酮溶液后生成磷钼酸喹啉沉淀，过滤、洗涤、干燥、称量。

①试剂和材料

a）硝酸。

b）硝酸溶液：1+1。

c）喹钼柠酮溶液。

制备方法：

溶液Ⅰ：称取 70g 钼酸钠，溶于 150mL 水中。

溶液Ⅱ：称取 60g 柠檬酸，溶于 85mL 硝酸和 150mL 水的混合液中。

溶液Ⅲ：量取 5mL 喹啉，溶于 35mL 硝酸和 100mL 水的混合液中。

在不断搅拌下，先将溶液Ⅰ缓慢加入溶液Ⅱ中，再将溶液Ⅲ缓慢加入溶液Ⅱ中。混匀，放置 24h，过滤。在滤液中加入 280mL 丙酮，用水稀释至 1000mL，混匀。贮于棕色瓶或聚乙烯瓶中。

②仪器、设备

坩埚式过滤器：滤板孔径为 5~15μm。

③操作步骤

称取约 2g 试样，精确至 0.2mg，置于 100mL 烧杯中，加水溶解。全部转移到 500mL 容量瓶中，用水稀释到刻度，摇匀。此为试液 A。

移取 15.00mL 试液 A，置于 400mL 高型烧杯中，加 15mL 硝酸溶液、70mL 水。微沸 15min，趁热加入 50mL 喹钼柠酮溶液，微沸 1min。冷却至室温。

用已于（180±5）℃下恒重的坩埚式过滤器以倾析法过滤。在烧杯中洗涤沉淀三次，每次用水约 15mL。将沉淀移入坩埚式过滤器中，继续用水洗涤，所用洗水共约 150mL。于（180±5）℃下烘干至恒重。

④结果计算

总磷酸盐（以 P_2O_5 计）含量以质量分数 w_1 计，数值以%表示，按式（15-82）计算：

$$w_1 = \frac{m_1 \dfrac{M_1}{2M_2}}{m \dfrac{15}{500}} \times 100 \tag{15-82}$$

式中 m_1——磷钼酸喹啉沉淀质量，g；

　　m——试料的质量，g；

　　M_1——五氧化二磷的摩尔质量，g/mol（$M_1=141.94$）；

　　M_2——磷钼酸喹啉的摩尔质量，g/mol（$M_2=2212.73$）。

（2）容量法

在酸性溶液中试样全部水解为正磷酸盐，与氢氧化钠标准滴定溶液反应，根据从pH3.9到pH8.8所消耗的体积来计算总磷酸盐含量。

①试剂和材料

a）盐酸。

b）磷酸二氢钾（KH_2PO_4）：优级纯。

c）氢氧化钠溶液：240g/L。

d）氢氧化钠标准滴定溶液：c（NaOH）约1mol/L。

②仪器、设备

酸度计：精度0.02pH单位，配有饱和甘汞参比电极、玻璃测量电极或复合电极。

③操作步骤

a）称取4.0000g试样，精确至0.2mg，置于400mL烧杯中。加入200mL水和15mL盐酸。

b）盖上表面皿，煮沸后用小火保持沸腾至少30min，冷却至室温。用少量水洗涤烧杯壁和表面皿。

c）用氢氧化钠溶液调节pH值至3.0左右。煮沸、冷却，加水至200mL。用pH缓冲溶液校准酸度计，调节样品溶液pH值为3.9。用氢氧化钠标准滴定溶液滴定至pH8.8。记录从pH3.9到pH8.8所滴定的体积V_1（mL）。

d）用磷酸二氢钾（KH_2PO_4）重复上述操作，记录从pH3.9到pH8.8所滴定的体积V_2（mL）。

④结果计算

总磷酸盐（以P_2O_5计）含量以质量分数w_1计，数值以%表示，按式（15-83）计算：

$$w_1=\frac{V_1M_1}{V_2(2M_2)}\times100 \tag{15-83}$$

式中 V_1——滴定样品溶液从pH3.9到pH8.8所消耗的氢氧化钠标准滴定溶液体积，mL；

　　V_2——滴定磷酸二氢钾从pH3.9到pH8.8所消耗的氢氧化钠标准滴定溶液体积，mL；

　　M_1——五氧化二磷的摩尔质量，g/mol（$M_1=141.94$）；

　　M_2——磷酸二氢钾的摩尔质量，g/mol（$M_2=136.08$）。

2. 非活性磷酸盐含量的测定

在试液中加入氯化钡，与聚偏磷酸钠生成沉淀，过滤。在滤液中加入酸，使其余磷酸盐水解为正磷酸盐，加入喹钼柠铜溶液后生成磷钼酸喹啉沉淀，过滤、洗涤、干燥、称量。

（1）试剂和材料

总磷酸盐含量的测定重量法规定的试剂和材料以及氯化钡（$BaCl_2 \cdot 2H_2O$）溶液：25g/L。

（2）仪器、设备

坩埚式过滤器：滤板孔径为 $5\sim15\mu m$。

（3）操作步骤

移取 50.00mL 试液 A，置于 100mL 容量瓶中，在不断摇动下加入 30mL 氯化钡溶液，充分摇动使沉淀完全。用水稀释至刻度，摇匀，干过滤。移取 50.00mL 滤液，置于 400mL 高型烧杯中，加 15mL 硝酸溶液（1+1）、35mL 水。微沸 15min，趁热加入 20mL 喹钼柠酮溶液，微沸 1min。冷却至室温。

用已于 $(180\pm5)℃$ 下恒重的坩埚式过滤器以倾析法过滤。在烧杯中洗涤沉淀三次，每次用水 15mL。将沉淀移入坩埚式过滤器中，继续用水洗涤。所用洗水共约 150mL。于 $(180\pm5)℃$ 下烘干至恒重。

（4）结果计算

非活性磷酸盐（以 P_2O_5 计）含量以质量分数 w_2 计，数值以％表示，按式（15-84）计算：

$$w_2 = \frac{m_1 \dfrac{M_1}{2M_2}}{m \times \dfrac{50}{500} \times \dfrac{50}{100}} \times 100 \qquad (15-84)$$

式中　m_1——磷钼酸喹啉沉淀质量，g；

　　　m——试料的质量，g；

　　　M_1——五氧化二磷的摩尔质量，g/mol（$M_1=141.94$）；

　　　M_2——磷钼酸喹啉的摩尔质量，g/mol（$M_2=2212.73$）。

3. 水不溶物含量的测定

（1）仪器、设备

坩埚式过滤器：滤板孔径为 $5\sim15\mu m$。

（2）操作步骤

称取约 30g 研磨后的试样，精确至 0.01g，置于 400mL 烧杯中，加 200mL 水，加热至沸使之溶解。趁热用已于 105~110℃ 恒重的坩埚式过滤器过滤，用热水洗涤 10 次，每次用水 20mL。在 105~110℃ 下干燥至恒重。

（3）结果计算

水不溶物含量以质量分数 w_3 计，数值以％表示，按式（15-85）计算：

$$w_3 = \frac{m_2 - m_1}{m} \times 100 \qquad (15-85)$$

式中　m_1——坩埚式过滤器的质量，g；

　　　m_2——水不溶物和坩埚式过滤器的质量，g；

　　　m——试料的质量，g。

4. 铁含量的测定

用抗坏血酸将试液中的三价铁还原成二价铁。在 pH 值为 2~9 时，二价铁离子与邻菲罗啉生成橙红色配合物。使用分光光度计在最大吸收波长（510nm）下测其吸光度。

（1）试剂和材料

①盐酸溶液：1+1。

②氨水溶液：1+3。

③乙酸-乙酸钠缓冲溶液：pH≈4.5。

④抗坏血酸溶液：20g/L，使用期限10d。

⑤邻菲罗啉溶液：2g/L。

⑥铁标准溶液：1mL含有0.010mg Fe。

移取10.00mL按GB/T 602—2002中表1配制的0.1mg/mL铁（Fe）标准溶液，置于100mL容量瓶中，用水稀释至刻度，摇匀。此溶液现用现配。

（2）仪器、设备

分光光度计：带有厚度为3cm的吸收池。

（3）校准曲线的绘制

在七个100mL容量瓶中，分别加入0.00mL（试剂空白）、1.00mL、2.00mL、4.00mL、6.00mL、8.00mL、10.00mL铁标准溶液。

每个容量瓶都按下述规定同样处理：

加水至约40mL，用盐酸溶液调整溶液pH值接近2（用精密pH试纸检验）。加2.5mL抗坏血酸溶液、10mL乙酸-乙酸钠缓冲溶液、5mL邻菲罗啉溶液，用水稀释至刻度，摇匀。

使用分光光度计，用3cm的吸收池，在510nm波长处，以水为参比测定其吸光度。

以铁含量（mg）为横坐标，对应的吸光度为纵坐标，绘制校准曲线。

（4）操作步骤

①试液的制备

称取约2.5g试样，精确至0.01g，置于250mL烧杯中。加100mL水、10mL盐酸溶液，加热微沸15min，冷却。全部转移到250mL容量瓶中，用水稀释至刻度，摇匀。

②空白试液的制备

在250mL烧杯中加100mL水、10mL盐酸溶液，加热微沸15min，冷却。全部转移到250mL容量瓶中，用水稀释至刻度，摇匀。

③测定

移取10.00mL试液和10.00mL空白试液，分别置于100mL容量瓶中，加30mL水，用氨水溶液调整溶液pH值接近2（用精密pH试纸检验）。以下按上述校准曲线的绘制中"加2.5mL抗坏血酸溶液……以水为参比测定其吸光度"操作。

（5）结果计算

铁（以Fe计）含量以质量分数w_4计，数值以％表示，按式（15-86）计算：

$$w_4 = \frac{\dfrac{m_1 - m_0}{1000}}{m \times \dfrac{10}{250}} \times 100 \tag{15-86}$$

式中　m_1——根据测得的试液的吸光度从校准曲线上查出的铁的量，mg；

　　　m_0——根据测得的空白试液的吸光度从校准曲线上查出的铁的量，mg；

　　　m——试料的质量，g。

5.pH值的测定

（1）仪器、设备

工业水处理技术

酸度计：精度 0.02pH 单位。配有饱和甘汞参比电极和玻璃测量电极或复合电极。

（2）操作步骤

称取 1.00g±0.01g 试样，置于 250mL 烧杯中，用 100mL 不含二氧化碳的水溶解。在室温下测定溶液的 pH 值。

6. 溶解性试验

在 250mL 烧杯中加 100mL10～38℃的水，置于电磁搅拌器上，放入搅拌子。在搅拌下缓慢加入 5.0g±0.1g 试样，试样应在 20min 内溶解且没有结晶物。

7. 平均聚合度的测定

以电位滴定法测定试样的端基磷含量。二倍总磷含量与端基磷含量之比即为平均聚合度。

（1）试剂和材料

①盐酸溶液：c（HCl）约 1mol/L；

②氢氧化钠标准滴定溶液：c（NaOH）约 0.15mol/L。

（2）仪器、设备

电位滴定仪或酸度计（配有记录仪）。

（3）操作步骤

①试液的制备

称取约 2.5g 试样，精确至 0.2mg，置于 100mL 烧杯中，加少量水溶解。全部转移到 250mL 容量瓶中，用水稀释至刻度，摇匀。

②端基磷含量的测定

移取 50.00mL 试液，置于 250mL 烧杯中，加 50mL 水。将烧杯置于电磁搅拌器上，放入电磁搅拌子，开动搅拌器。把电极插入溶液中并与酸度计相连接，调整零点定位。滴加盐酸溶液至溶液 pH 值约为 3，然后用氢氧化钠标准滴定溶液滴定，同时绘制滴定曲线，在通过第一个 pH 突跃点时，放慢滴定速度，并开始记录滴定曲线上各个点，当滴定进行到通过两个完整的突跃点时停止滴定。

（4）结果计算

平均聚合度 n 按式（15-87）计算：

$$n=\frac{2\frac{w_1}{100}}{\left(\frac{V}{1000}c\frac{M}{2}\right)/\left(m\times\frac{50}{250}\right)} \tag{15-87}$$

式中　　w_1——本节测出的总磷酸盐（以 P_2O_5 计）含量，%；

　　　　V——两个突跃点之间所消耗氢氧化钠标准滴定溶液的体积，mL；

　　　　c——氢氧化钠标准滴定溶液的实际浓度，mol/L；

　　　　m——试料的质量，g；

　　　　M——五氧化二磷的摩尔质量，g/mol（$M=141.94$）。

8. 筛余物的测定

将一定量的试样置于试验筛中，在振筛机上筛分一定时间，计算筛余物。

（1）仪器、设备

①试验筛：符合 GB/T 6003 的规定，规格为 $\phi 200mm \times 50mm$，配有 $420\mu m$ 筛网的筛盘以及筛盖、底盘。

②振筛机：偏心频率每分钟约 350 次。

（2）操作步骤

将已经称量的底盘、$420\mu m$ 筛网的筛盘安装好。

称取约 100g 试样，精确至 1g，置于上层试验筛中，盖好筛盖，固定在振筛机上。启动振筛机筛分 20min。

振筛结束，迅速称量载有筛留物的试验筛和载有筛出物的底盘（精确至 1g）。

（3）结果计算

$420\mu m$ 筛网筛余物以质量分数 w_5 计，数值以％表示，按式（15-88）计算：

$$w_5 = \frac{m_2 - m_1}{m} \times 100 \qquad (15-88)$$

式中　m_2——$420\mu m$ 筛网的筛盘及物料的质量，g；

m_1——$420\mu m$ 筛网的筛盘的质量，g；

m——试料的质量，g。

第五节　杀生剂

工业循环冷却水系统存在着严重的微生物危害。在冷却系统的冷却塔部分覆盖着由微生物组成的致密层；因而热交换器部分则形成了大量的微生物粘泥。导致热交换效率降低，能耗上升，堵塞管线，恶化水质，也引起设备、管道的局部腐蚀。冷却水系统应定期投加杀生剂（杀微生物剂），以控制微生物的生长。

一、次氯酸钙（漂粉精）

漂粉精主要成分为次氯酸钙 $[Ca(OCl)_2]$，外观为白色或微灰色的粉状/粒状及粉粒状固体。是石灰乳经氯化、离心、干燥、粉碎而制得。属于氧化性杀生剂，可用于饮用水的杀菌消毒，在工业循环冷却水处理中也有应用，但主要用于处理或剥离设备或管道中的粘泥。漂粉精在一定 pH 值的水中能生成次氯酸，以达到杀生的目的。漂粉精的技术要求见表 15-20。

表 15-20　次氯酸钙技术要求　　　　　　　　　　　　　　质量分数/％

项　目	指　标					
	钠　法			钙　法		
	优等品	一等品	合格品	优等品	一等品	合格品
有效氯（以 Cl 计）　≥	70.0	65.0	60.0	65.0	60.0	55.0
水分	4~10			≤3	≤4	

项　目	指　标					
	钠　法			钙　法		
	优等品	一等品	合格品	优等品	一等品	合格品
稳定性检验有效氯损失 ≤	—	—	—	8.0	10.0	12.0
粒度　≥	90 (355μm~1.4mm)	85 (355μm~1.4mm)	—	90 (355μm~2mm)	—	—

1. 有效氯的测定

在酸性介质中次氯酸钙的次氯酸根与碘化钾反应析出碘，以淀粉为指示剂，用硫代硫酸钠标准滴定溶液滴定，蓝色消失即为终点。反应式如下：

$$ClO^- + 2I^- + 2H^+ = H_2O + Cl^- + I_2$$

$$I_2 + 2S_2O_3^{2-} = S_4O_6^{2-} + 2I^-$$

（1）试剂和溶液

①碘化钾溶液：100g/L。

称取 100g 碘化钾，溶于 1000mL 水中。

②硫酸溶液：3+100。

量取 30mL 硫酸，缓缓注入 1000mL 水中，冷却、摇匀。

③硫代硫酸钠标准滴定溶液：c（$Na_2S_2O_3$）＝0.1mol/L。

④可溶性淀粉溶液：10g/L。

（2）仪器

一般实验室仪器。

（3）操作步骤

①试样溶液制备

称取约 3.5g 试样（精确到 0.0001g），置于研钵中，加少量水，研磨呈均匀乳液，然后全部移入 500mL 容量瓶中，用水稀释至刻度，摇匀。

②测定

从试样溶液中量取 25.0mL 溶液，置于带塞的磨口锥形瓶中，加 20mL 碘化钾溶液和 10mL 硫酸溶液，在暗处放置 5min。用硫代硫酸钠标准滴定溶液滴定至浅黄色，加 1mL 淀粉指示液，溶液呈蓝色，再继续滴定至蓝色消失即为终点。

③结果计算

有效氯以氯（Cl）的质量分数 w_1 计，数值以％表示，按式（15-89）计算：

$$w_1 = \frac{(V/1000)\, cM}{m_1 \times 25/500} \times 100 = \frac{2VcM}{m_1} \qquad (15-89)$$

式中　V——硫代硫酸钠标准滴定溶液的体积，mL；

　　　c——硫代硫酸钠标准滴定溶液浓度的准确，mol/L；

　　　m_1——试样的质量，g；

　　　M——氯的摩尔质量，g/mol（M＝35.453）。

2. 水分的测定

（1）甲苯法（仲裁法）

①试剂

甲苯，使用前用无水氯化钙脱水。

②仪器

一般实验室仪器和以下仪器。

a）水分测定器（见图15-2）。

b）甘油浴。

③操作步骤

称取约 100g 试料（精确到 0.01g），置于干燥的 500mL 烧瓶（图15-2中b）中，加 200mL 甲苯。将仪器按图15-2装好，其系统密闭，开启冷凝器（图15-2中 d）的冷却水。在甘油浴（图15-2中 a）中缓慢加热，油浴温度保持在 135～140℃，进行回流。当蒸馏接收器（图15-2中 c）中溶液的水层不再增高时，停止加热、冷却。待蒸馏接收器（图15-2中 c）中甲苯与水的界面清晰后，记下水的体积（mL）。

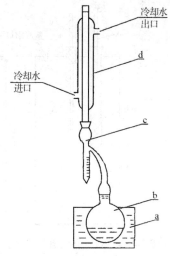

图15-2　水分测定装置示意图
a—甘油浴；b—500mL 烧瓶；
c—蒸馏接收器；d—冷凝器

④结果计算

水分以水（H_2O）的质量分数 w_2 计，数值以％表示，按式（15-90）计算：

$$w_2 = \frac{m_3}{m_2} \times 100\%　　　　　　（15-90）$$

式中　m_2——试料质量，g；

　　　m_3——蒸馏出的水的质量，g。

（2）红外干燥法

①仪器和设备

一般实验室仪器和红外线快速干燥器。

②操作步骤

用称量瓶称取约 5g 试料（精确到 0.01g），置于快速干燥器红外灯下正中部，在 105～115℃下烘干 30min，冷却至室温，称量。

③结果计算

水分以水（H_2O）的质量分数 w_3 表示，按式（15-91）计算：

$$w_3 = \frac{m_4 - m_5}{m_4} \times 100\%　　　　　　（15-91）$$

式中　m_4——试料的质量，g；

　　　m_5——干燥后试料的质量，g。

3. 稳定性检验有效氯损失的测定

（1）试剂和溶液

试剂和溶液同有效氯的测定。

（2）仪器

一般实验室仪器和以下仪器。

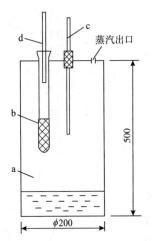

图 15-3　测定有效氯损失装置示意图
a—蒸汽浴；b—装有被分析产品的试管（2 个）；
c—温度计；d—空气冷却管。

①蒸汽浴（图 15-3a）；

②玻璃试管（图 15-3b），$\phi 25mm \times 200mm$；

③温度计（图 15-3c），$(0\sim150)℃$，分度值 $0.1℃$。

④空气冷却管（图 15-3d），$\phi 6mm \times 380mm$。

（3）操作步骤

称取约 15g 试样（精确到 0.1g），置于图15-3 中玻璃试管中，玻璃试管顶部用带有橡皮塞的空气冷却管塞紧，使空气冷却管下端距样品表面 $5\sim10mm$。再将玻璃试管放入沸腾水的蒸汽浴中，保持 2h。之后将玻璃试管从蒸汽浴中取出，取下橡皮塞及空气冷却管，将玻璃试管顶部密封好，冷却至室温。把玻璃试管中的试样移入研钵中研细，再按有效氯测定方法测定其含量 w_4。

（4）结果计算

有效氯损失以有效氯损失的质量分数 X_1 计，数值以％表示，按式（15-92）计算：

$$X_1 = \frac{w_1 - w_4}{w_1} \times 100\% \tag{15-92}$$

式中　w_1——加热前有效氯含量的算术平均值；

　　　w_4——加热后有效氯含量的算术平均值。

4. 粒度的测定

（1）仪器

一般的实验室仪器和以下仪器。

①电动振筛机。

②标准试验筛，$355\mu m$、1.4mm 和 2mm，筛面直径 200mm，高度 50mm，筛框和筛网为不锈钢材质，应符合 GB/T 6003.1 中的规定。

（2）操作步骤

将标准试验筛上盖、2mm（或 1.4mm）试验筛、$355\mu m$ 试验筛及底盘依次组装。称取约 100g 试料（精确到 0.1g），置于 2mm（或 1.4mm）试验筛中，将装有被测试料的组装标准筛安装在电动振筛机上，启动电动振筛机，振动 5min。分别称得 2mm（或 1.4mm）试验筛的筛余物及底盘内筛出物的质量。

（3）结果计算

粒度以粒度的质量分数 w_4 计，数值以％表示，按式（15-93）计算：

$$w_4 = \frac{m_6 - m_7 - m_8}{m_6} \times 100\% \tag{15-93}$$

式中　m_6——试料质量，g；

　　　m_7——2mm（或 1.4mm）试验筛中筛余物的质量，g；

　　　m_8——底盘中筛出物的质量，g。

二、次氯酸钠

次氯酸钠（NaOCl）为浅黄色液体，是向氢氧化钠溶液中通入氯气氯化而制得。次氯酸钠溶液属于次氯酸盐系列，其在饮用水、工业循环冷却水中的应用及其杀生作用与漂粉精相似。技术指标应符合表 15-21 的技术要求。

表 15-21　次氯酸钠技术要求

项目		型号规格					
		A[a]			B[b]		
		I	II	III	I	II	III
		指标					
有效氯（以 Cl 计）　ω/% ≥		13.0	10.0	5.0	13.0	10.0	5.0
游离碱（以 NaOH 计）ω/%		0.1～1.0			0.1～1.0		
铁（Fe）　　　　　ω/% ≤		0.005			0.005		
重金属（以 Pb 计）　ω/% ≤		0.001					
砷（As）　　　　　ω/% ≤		0.0001					

[a] A 型适用于消毒、杀菌及水处理等。

[b] B 型仅适用于一般工业用。

1. 有效氯的测定

在酸性介质中，次氯酸根与碘化钾反应，析出碘，以淀粉为指示液，用硫代硫酸钠标准滴定溶液滴定，至蓝色消失为终点。反应式如下：

$$2H^+ + ClO^- + 2I^- = I_2 + Cl^- + H_2O$$

$$I_2 + 2S_2O_2^{2-} = S_4O_6^{2-} + 2I^-$$

（1）试剂

①碘化钾溶液：100g/L。称取 100g 碘化钾，溶于水中，稀释到 1000mL，摇匀。

②硫酸溶液：3+100。移取 15mL 硫酸。缓缓注入 500mL 水中，冷却，摇匀。

③硫代硫酸钠标准滴定溶液：$c(Na_2S_2O_3) = 0.1mol/L$。

④淀粉指示液：10g/L。

（2）仪器

一般实验室仪器和 50mL 滴定管（A 级，分度值：0.1mL）。

（3）操作步骤

①试样溶液制备

移取约 20mL 实验室样品，置于内装约 20mL 水并已称量（精确到 0.01g）的 100mL 烧杯中，称量（精确到 0.01g），然后全部移入 500mL 容量瓶中，用水稀释至刻度，摇匀。此溶液为试验溶液 A，用于有效氯含量、游离碱含量、铁含量、重金属含量、砷含量的测定。

②测定

移取 10.00mL 试样溶液 A，置于内装 50mL 水的 250mL 碘量瓶中，加入 10mL 碘化钾溶液和 10mL 硫酸溶液，迅速盖紧瓶塞后水封，于暗处静置 5min。用硫代硫酸钠标准滴定溶液滴定至浅黄色，加 2mL 淀粉指示液，继续滴定至蓝色消失为终点。

（4）结果计算

有效氯以氯（Cl）的质量分数 w_1 计，数值以%表示，按式（15-94）计算：

$$w_1 = \frac{(V/1000)\ cM}{m_1 \times\ (10/500)} \times 100 = \frac{5VcM}{m_1} \qquad (15-94)$$

式中　V——硫代硫酸钠标准滴定溶液的体积，mL；

　　　c——硫代硫酸钠标准滴定溶液浓度的准确，mol/L；

　　m_1——试样质量，g；

　　　M——氯（Cl）的摩尔质量，g/mol（$M=35.453$）。

2. 游离碱的测定

用过氧化氢分解次氯酸根，以酚酞为指示液，用盐酸标准滴定溶液滴定至微红色为终点。反应式如下：

$$ClO^- + H_2O_2 = Cl^- + O_2 + H_2O$$
$$OH^- + H^+ = H_2O$$

（1）试剂和材料

①过氧化氢溶液：1+5。

②盐酸标准滴定溶液：c（HCl）$=0.1$mol/L。

③酚酞指示液：10g/L。

④淀粉-碘化钾试纸。

（2）仪器

一般的实验室仪器和 25mL 滴定管（A级，分度值：0.1mL）。

（3）操作步骤

移取 50.00mL 试样溶液 A，置于 250mL 锥形瓶中，滴加过氧化氢溶液至不含次氯酸根为止（不使淀粉-碘化钾试纸变蓝），加（2~3）滴酚酞指示液，用盐酸标准滴定溶液滴定至微红色为终点。

（4）结果计算

游离碱以氢氧化钠（NaOH）质量分数 w_2 计，数值以%表示，按式（15-95）表示；

$$w_2 = \frac{(V/1000)\ cM}{m_1 \times\ (50/500)} \times 100 = \frac{VcM}{m_1} \qquad (15-95)$$

式中　c——盐酸标准滴定溶液浓度，mol/L；

　　　V——盐酸标准滴定溶液的体积，mL；

　　m_1——试样质量，g；

　　　M——氢氧化钠（NaOH）的摩尔质量，g/mol（$M=40.00$）。

3. 铁的测定

在不含次氯酸根的介质中，盐酸羟胺将 Fe^{3+} 还原成 Fe^{3+}，在 pH（4~6）缓冲溶液体系中，Fe^{2+} 同 1.10-菲罗啉生成橙红色络合物，在分光光度计最大吸收波长（510nm）处测定其吸光度。反应式如下：

$$4Fe^{3+} + 2NH_3OH = 4Fe^{2+} + N_2O + H_2O + 4H^+$$

$$Fe^{2+} + 3C_{12}H_3N_2 = [Fe(C_{13}H_{g+}N_2)_1]^{2+}$$

（1）试剂和材料

①过氧化氢溶液：1+5。

②乙酸-乙酸钠缓冲溶液：pH 值约 4.5。

③盐酸羟胺溶液：10g/L。称取 1g 盐酸羟胺，溶于水中，稀释至 100mL。

④铁标准溶液：0.1mg/mL。

⑤铁标准溶液：0.01mg/mL。移取 25.00mL 标准溶液，置于 250mL 容量瓶中，用水稀释至刻度，摇匀。该溶液使用前配制。

⑥1.10-菲罗啉指示液：2g/L。

⑦淀粉-碘化钾试纸。

（2）仪器

一般实验室仪器和分光光度计。

（3）操作步骤

①标准曲线绘制

a）移取 0.00mL、2.00mL、4.00mL、6.00mL、8.00mL、10.00mL、0.01mg/mL 铁标准溶液分别置于 6 个 100mL 容量瓶中，向每个容量瓶中分别加入 5mL 盐酸羟胺溶液、10mL 乙酸-乙酸钠缓冲溶液和 5mL1.10-菲罗啉指示液，用水稀释至刻度，摇匀，静置 10min。

b）以水为参比，调整分光光度计为零，在波长 510nm 处，选用适宜的比色皿，测定吸光度。

c）从标准比色溶液的吸光度中扣除空白溶液吸光度，以 100mL 标准比色溶液中铁的质量（mg）为横坐标，与其对应的吸光度为纵坐标，绘制标准曲线或回归一元线性方程。

②空白试验

不加试样溶液，采用与测定试样溶液完全相同的分析步骤、试剂和用量进行空白试验。

③测定

移取 50.00mL 试样溶液 A，置于 100mL，容量瓶中，滴加过氧化氢溶液至不含次氯酸根为止（不使淀粉-碘化钾试纸变蓝），然后加 5mL 盐酸羟胺溶液、10mL 乙酸-乙酸钠缓冲溶液和 5mL1.10-菲罗啉指示液，用水稀释至刻度，摇匀。静置 10min。以水为参比，调整分光度计为零，在波长 510nm 处，选用适宜的比色皿，测定吸光度。

（4）结果计算

铁含量以铁（Fe）的质量分数 w_3 表示，数值以％表示，按式（15-96）计算；

$$w_3 = \frac{m_2/1000}{m_1 \times (50/500)} \times 100 = \frac{m_2}{m_1} \qquad (15-96)$$

式中　m_1——试样质量，g；

　　　m_2——与扣除空白溶液吸光度后的试样溶液吸光度相对应的由标准曲线上查得的或一元线性回归方程计算的铁的质量，mg。

4. 重金属的测定

在弱酸性（pH 值 3～4）的条件下，试料中的重金属离子与硫离子生成棕黑色沉淀，与同法处理的铅标准溶液比较，作限量试验。

（1）试剂和材料

①盐酸。

②过氧化氢溶液：1+5。

③乙酸-乙酸钠缓冲溶液：pH值约3。

④硫化氢饱和溶液。将硫化氢气体通入不含二氧化碳的水中，至饱和为止。此溶液使用前制备。

⑤硫化钠溶液。称取 5g 硫化钠，溶于 10mL 水和 30mL 丙三醇的混合液中，避光密封保存。有效期一个月。

⑥铅标准溶液：0.1mg/mL。

⑦铅标准溶液：0.01mg/mL。量取适量的 0.1mg/mL 铅标准溶液，稀释 10 倍。该溶液使用前配制。

⑧酚酞指示液：10g/L。

⑨淀粉-碘化钾试纸。

（2）仪器

一般实验室仪器和 50mL 纳氏比色管。

（3）操作步骤

①A 管：移取 1.00mL 0.01mg/mL 铅标准溶液置于 50mL 纳氏比色管中，加水至 25mL 加 5mL 乙酸-乙酸钠缓冲溶液，摇匀。备用。

②B 管：取一支与 A 管配套的纳氏比色管，移取 25.00mL 试样溶液 A，置于 50mL 纳氏比色管中，滴加过氧化氢溶液，至不含次氯酸根为止（不使淀粉-碘化钾试纸变蓝）。加 1 滴酚酞指示液，用盐酸调节至微红色，再加 5mL 乙酸-乙酸钠缓冲溶液，摇匀。备用。

③C 管：取一支与 A、B 管配套的 50mL 纳氏比色管，加入与 B 管等量的相同的试样溶液 A，再加入与 A 管等量的 0.01mg/mL 铅标准溶液，滴加过氧化氢溶液，至不含次氯酸根为止（不使淀粉-碘化钾试纸变蓝）。加 1 滴酚酞指示液，用盐酸调节至微红色，再加入 5mL 乙酸-乙酸钠缓冲溶液，摇匀。备用。

④向各管中加入 10mL 新鲜制备的硫化氢饱和溶液或 2 滴硫化钠溶液，加水至 50mL 刻度，混匀，于暗处放置 5min。在白色背景下观察，B 管的色度不得深于 A 管的色度，C 管的色度应与 A 管的色度相当或深于 A 管的色度。

5. 砷的测定

在碘化钾和氯化亚锡存在下，高价砷还原为三价砷。锌粒和酸产生的新生态氢和三价砷作用，生成砷化氢气体，通过乙酸铅棉花除去硫化氢干扰，再与溴化汞试纸生成黄色至橙色色斑，与标准砷斑比较作限量试验。

（1）试剂和材料

所用试剂和材料均不含砷。

①盐酸。

②过氧化氢溶液：1+5。

③碘化钾溶液：150g/L。

④氯化亚锡溶液：400g/L。

⑤砷标准溶液：0.1mg/mL。

⑥砷标准溶液：0.001mg/mL。移取适量的砷标准溶液（5.7.2.5），稀释 100 倍。该溶液使用前配制。

⑦乙酸铅棉花。

⑧溴化汞试纸。

⑨淀粉-碘化钾试纸。

⑩锌粒。

（2）仪器

一般实验室仪器和定砷仪。定砷仪的示意图见图 15-4。

（3）操作步骤

①移取 1.00mL 0.001mg/mL 砷标准溶液置于定砷仪的锥形瓶中，加 5mL 盐酸，加水约至 30mL，再加 5mL 碘化钾溶液和 5 滴氯化亚锡，摇匀，静置 10min。

②移取 25.00mL 试样溶液 A 置于定砷仪的锥形瓶中，滴加过氧化氢溶液，至不含次氯酸根为止（不使淀粉-碘化钾试纸变蓝）。用盐酸中和试样溶液至中性，并过量 5mL 盐酸，加水约至 30mL，再加 5mL 碘化钾溶液和 5 滴氯化亚锡，摇匀，静置 10min。

③向上述各锥形瓶中各加 2g 锌粒，立即将已装好乙酸铅棉花及溴化汞试纸的玻璃管连接好，于 25℃，暗处放置 1h。

④取出砷斑，试样溶液砷斑不得深于砷的限量标准的砷斑。每次测定应同时制备标准砷斑。

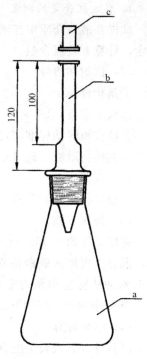

图 15-4　定砷仪示意图
说明：a—100mL 锥形瓶；b—吸收管；c—吸收管帽。

三、三氯异氰尿酸

三氯异氰尿酸（$C_3Cl_3N_3O_3$）为白色结晶粉末，散发出次氯酸的刺激性气味，结构式：

$$\begin{array}{c} \text{Cl} \\ | \\ \text{N} \\ O=\underset{|}{\overset{}{C}}\qquad\overset{}{\underset{|}{C}}=O \\ \text{Cl—N} \qquad \text{N—Cl} \\ \underset{\underset{O}{\|}}{C} \end{array}$$

三氯异氰尿酸是以氰尿酸、氢氧化钠、氯气为原料制得。它是氧化性杀生剂。三氯异氰尿酸在水中能水解，生成次氯酸和异氰尿酸，其杀生作用与氯相似，可用于工业循环冷却水处理，也用于游泳池水处理。技术指标见表 15-22。

表 15-22　三氯异氰尿酸技术指标

项　目		指　标	
		优等品	合格品
有效氯（以 Cl 计）含量/%	≥	90.0	88.0
水分/%	≤	0.5	1.0
pH 值（1%水溶液）		2.6～3.2	

1. 有效氯含量的测定

试样在酸性介质中与碘化钾反应析出碘，以淀粉为指示剂用硫代硫酸钠标准滴定溶液滴定，计算有效氯含量。

(1) 试剂和溶液

①碘化钾。

②硫酸溶液：1＋5。

③硫代硫酸钠标准滴定溶液：c（$Na_2S_2O_3$）＝0.1mol/L。

④淀粉指示液：5g/L。

(2) 仪器

一般试验室仪器及磁力搅拌器。

(3) 操作步骤

称取试样约 0.15g（精确至 0.0002g），置于 250mL 碘量瓶中，加水 100mL、碘化钾 3g，混合。再加入硫酸溶液 20mL，盖好瓶盖，在磁力搅拌器上避光搅拌约 5min，用约 5mL 水冲洗瓶塞和瓶内壁，用硫代硫酸钠标准滴定溶液滴定至溶液呈微黄色时，加入 2mL 淀粉指示液，继续滴定至溶液蓝色刚好消失为终点。

(4) 结果计算

以质量百分数表示的有效氯（以 Cl 计）含量 X_1 按式（15－97）计算：

$$X_1 = \frac{Vc \times 0.03545}{m} \times 100 = \frac{Vc \times 3.545}{m} \tag{15－97}$$

式中　V——滴定消耗硫代硫酸钠标准滴定溶液的体积，mL；

　　　c——硫代硫酸钠标准滴定溶液的实际浓度，mol/L；

　　　m——试样质量，g；

0.03545——与 1.00mL 硫代硫酸钠标准滴定溶液 [c（$Na_2S_2O_3$）＝1.000mol/L] 相当的以克表示的氯的质量。

2. 水分的测定

试样在（104±1）℃下恒温干燥 2h，用重量法测定。

(1) 仪器

①称量瓶：内径 50mm，高 30mm。

②烘箱；控温精度；±1℃。

③干燥器：内盛适当的干燥剂。

(2) 操作步骤

用已于（104±1）℃下烘干至恒重的称量瓶称取试样约 2g（精确至 0.0002g），放入烘箱中，打开瓶盖，在（104±1）℃下烘干 2h，盖好瓶盖，取出称量瓶，置于干燥器中冷却至室温（不得少于 30min），称量。

注：烘箱温度超过 105℃，三氯异氰尿酸可能发生升华。

(3) 结果计算

以质量百分数表示的水分 X_2 按式（15－98）计算：

$$X_2 = \frac{m_1 - m_2}{m_0} \times 100\% \tag{15－98}$$

式中　m_0——称取试样质量，g；

　　　m_1——干燥前称量瓶及试样质量，g；

　　　m_2——干燥后称量瓶及试样质量，g。

3. pH 值的测定

（1）仪器、设备

①酸度计：配有玻璃测量电极和饱和甘汞参比电极或复合电极，分度值为 0.02pH 单位。

②磁力搅拌器。

（2）操作步骤

称取试样 1g（精确至 0.1g），置于 100mL 烧杯中，加入 100mL 无二氧化碳水，于磁力搅拌器上搅拌至完全溶解，用酸度计测定 pH 值。

四、稳定性二氧化氯溶液

二氧化氯（ClO_2）为无色或微黄色透明液体，无悬浮物。是一种强氧化性杀生剂，二氧化氯的杀生能力低于臭氧但高于氯。适用的 pH 范围广，适用于碱性条件下使用；不会从稀释液中挥发出来；它是一种长效的杀生剂。对于需氯量很大的污染冷却水，是一种优良的氧化性杀生剂。稳定性二氧化氯溶液按用途分为两类。Ⅰ类：生活饮用水及医疗卫生、公共环境、食品加工、畜牧与水产养殖、种植业等领域用。Ⅱ类：工业用水、废水和污水处理用。稳定性二氧化氯溶液应符合表 15－23 的技术要求。

表 15－23　稳定性二氧化氯溶液技术要求

项　目		指　标	
		Ⅰ类	Ⅱ类
二氧化氯（ClO_2）的质量分数/%	≥	2.0	2.0
密度（20℃）/(g/cm³)		1.020～1.060	1.020～1.060
pH		8.2～9.2	8.2～9.2
砷（As）的质量分数/%	≤	0.0001	0.0003
铅（Pb）的质量分数/%	≤	0.0005	0.002

1. 二氧化氯含量的测定

用丙二酸与其中的次氯酸根反应，消除其对二氧化氯含量测定的影响。稳定性二氧化氯溶液在酸性条件下释放出具有氧化性的二氧化氯。二氧化氯将 I^- 氧化成 I_2，用硫代硫酸钠标准滴定溶液滴定反应析出的碘。

（1）试剂和材料

①三级水（GB/T 6682）。

②硫酸：1＋1 溶液。

③碘化钾。

④丙二酸溶液：100g/L。

⑤硫代硫酸钠标准滴定溶液：$c(Na_2S_2O_3)$ 约 0.1mol/L。

⑥可溶性淀粉溶液：5g/L。

（2）操作步骤

称取约 2g 试样，称准至 0.2mg。置于已预先加有 50mL 水的 250mL 碘量瓶中，加入 3mL 丙二酸溶液，混匀，反应 3min。加入 2g 碘化钾、3mL 硫酸溶液，混匀。于暗处放置 10min，用硫代硫酸钠标准滴定溶液滴定。近终点时加 1～2mL 淀粉溶液，继续滴定至蓝色消失即为终点。

同时作空白试验。

（3）结果计算

二氧化氯（ClO_2）含量以质量分数 w_1 计，数值以％表示，按式（15-99）计算：

$$w_1 = \frac{(V-V_0)\,cM/5}{1000m} \times 100 \tag{15-99}$$

式中 V——滴定时消耗硫代硫酸钠标准滴定溶液的体积，mL；

V_0——空白试验消耗硫代硫酸钠标准滴定溶液的体积，mL；

c——硫代硫酸钠标准滴定溶液实际浓度，mol/L；

m——试料的质量，g；

M——二氧化氯的摩尔质量，g/mol（$M=67.45$）。

2. 密度的测定

（1）仪器、设备

①密度计：分度值为 $0.001g/cm^3$。

②恒温水浴：可控制温度在（20±0.1）℃。

③温度计：分度值 0.1℃。

④量筒：250mL。

（2）操作步骤

将试样注入清洁、干燥的量筒内，不得有气泡。将量筒置于20℃的恒温水浴中，待温度恒定后，将清洁、干燥的密度计缓缓地放入试样中，其下端应离筒底2cm以上，不能与筒壁接触。密度计的上端露在液面外的部分所沾液体不得超过2～3分度。待密度计在试样中稳定后，读出密度计弯月面下缘的刻度（标有读弯月面上缘刻度的密度计除外），即为20℃试样的密度。

3. pH 值的测定

（1）仪器、设备

一般实验室仪器和酸度计：精度 0.02pH 单位。配有饱和甘汞参比电极、玻璃测量电极或复合电极。

（2）操作步骤

将试样溶液倒入烧杯，将电极浸入被测溶液中，在已定位的酸度计上测定试样的 pH 值。

4. 砷含量的测定（砷斑法）

在酸性溶液中，用碘化钾和氯化亚锡将 As（Ⅴ）还原为 As（Ⅲ），加锌粒与酸作用，产生新生态氢，使 As（Ⅲ）进一步还原为砷化氢，砷化氢气体与溴化汞试纸作用时，产生棕黄色的汞砷化合物，可用于砷的目视比色法测定。

（1）试剂和材料

①盐酸。

②碘化钾。

③氯化亚锡：400g/L溶液。

④氢氧化钠：100g/L溶液。

⑤无砷锌粒。

⑥乙酸铅棉花。

⑦溴化汞试纸。

⑧砷标准贮备液：1mL含0.1mgAs。

⑨砷标准溶液：1mL含0.001mgAs。

移取10.00mL砷标准贮备液置于100mL容量瓶中，加1mL盐酸，用水稀释至刻度，混匀。临用时移取此溶液10.00mL置于100mL容量瓶中，用水稀释至刻度，混匀。

（2）仪器、设备

一般实验室用仪器和定砷器（图15-4）。

（3）操作步骤

称取（1.00±0.01）g试样于100mL烧杯中，加2mL盐酸。置于电炉上煮沸至近干，取下冷却至室温，转移至定砷器的广口瓶中，在另一个定砷器的广口瓶中，加入1.00mL或3.00mL砷标准溶液。加入6mL盐酸，加水稀释至约70mL，加1g碘化钾及0.2mL氯化亚锡溶液，摇匀，放置10min。各加2.5g无砷锌粒，立即按GB/T 610.1中图装好装置，于暗处在25～30℃下放置1～1.5h。比较溴化汞试纸的颜色，即可判定砷含量是否符合标准。

5. 重金属（以Pb计）含量的测定

铅离子与硫离子在乙酸介质中生成有色硫化铅沉淀，铅含量较低时，形成稳定的暗色悬浮液，可用于目视比色法测定。

（1）试剂和材料

①盐酸。

②乙酸：1+2溶液。

③饱和硫化氢水。

④铅标准贮备液：1mL含0.1mgPb。

⑤铅标准溶液：1mL含0.002mgPb。

移取10.00mL铅标准贮备液，置于500mL容量瓶中，用水稀释至刻度，摇匀。此溶液现用现配。

（2）操作步骤

称取（1.00±0.01）g试样于100mL烧杯中，加2mL盐酸。置于电炉上煮沸至近干，取下冷却至室温，转移到50mL比色管中。移取2.5mL或10.00mL铅标准溶液置于另外的比色管中。加入0.2mL乙酸溶液，加水稀释至约25mL，加入10mL新制备的饱和硫化氢水，摇匀，放置10min。比较其所呈暗色即可判定铅含量是否符合标准。

五、十二烷基二甲基苄基氯化铵

十二烷基二甲基苄基氯化铵（$C_{21}H_{38}NCl$）为无色或淡黄色黏稠透明液体，无沉淀，结构式：

$$\left[C_{12}H_{25} - \overset{\overset{\displaystyle CH_3}{|}}{\underset{\underset{\displaystyle CH_3}{|}}{N}} - CH_2 - \bigcirc \right]^+ Cl^-$$

十二烷基二甲基苄基氯化铵是阳离子型表面活性剂，溶解性好，可以任何比例溶于水或乙醇中；对弱酸、弱碱均稳定。近年来作为杀生剂应用到工业循环冷却水处理中。对主要腐蚀菌，如硫酸盐还原菌、铁细菌等，以及藻类，杀生效果较好。在高浓度使用时，具有一定杀真菌的活性。十二烷基二甲基苄基氯化铵是阳离子型化学物质，与微生物细胞壁中的负电荷形成静电键，破坏了微生物细胞质膜中的磷脂类物质，引起细胞质的溶解，从而导致细胞的死亡。

在使用时，十二烷基二甲基苄基氯化铵不能用于被有机污油等严重污染的系统中，也不能接触肥皂、洗衣粉等阴离子表面活性剂，否则会失效。技术指标见表 15-24。

表 15-24　十二烷基二甲基苄基氯化铵技术指标

指标名称		指　标
活性物含量/%	≥	44.0
铵盐含量/%	≤	2.0
pH 值		6.0~8.0

1. 活性物含量的测定

十二烷基二甲基苄基氯化铵为季铵盐类阳离子表面活性剂，能与二氯荧光黄生成螯合物。当用四苯硼钠溶液滴定时，从螯合物中置换出二氯荧光黄，生成嫣红色的复合物。达到终点时，过量的四苯硼钠与指示剂反应，溶液中的复合物由嫣红色变为黄色。由四苯硼钠的消耗量计算出试样中活性物含量。

反应式为：

$(C_{12}H_{25})(CH_3)_2(C_6H_5CH_2)N^+Cl^- + (C_6H_5)_4BNa \longrightarrow$
$$(C_{12}H_{25})(CH_3)_2(C_6H_5CH_2)NB(C_6H_5)_4 \downarrow + NaCl$$

（1）试剂和材料

①四苯硼钠。

②蔗糖。

③二氯荧光黄指示剂：10g/L 乙醇溶液。

④四苯硼钾试液：称取苯二甲酸氢钾 0.1g，加水 50mL 溶解。加冰乙酸 1.0mL。在此溶液中加入未经标定的四苯硼钠溶液 15mL，搅拌均匀后，放置 1h，过滤。将生成的沉淀物，用水洗涤，取沉淀物的一半，加水 100mL，在 50℃水浴上恒温 5min，同时加以搅拌，然后急速冷却，冷至室温后放置 2h，过滤。弃去最初滤液 30mL，余下滤液备用。有效期三个月。

⑤四苯硼钠标准滴定溶液：$c[(C_6H_5)_4BNa]$ 约 0.02mol/L。

a）配制：称取四苯硼钠约 7g，精确至 0.01g。加水 50mL，微热助溶，加硝酸铝 0.5g，振摇 5min，加水 250mL，再加入氯化钠 16.6g，溶解后静置 30min，用双层定量中速滤纸过滤，加水 600mL，用氢氧化钠调 pH 值为 8～9，加水至 1000mL，过滤，溶液置于棕色瓶中备用。有效期六个月。

b）标定：称取 105～110℃下恒重的苯二甲酸氢钾 0.5000g，精确至 0.2mg，加水 100mL 溶解，加冰乙酸 2.0mL，在水浴中加温至 50℃，从滴定管中徐徐加入 50mL 配制好尚未标定的四苯硼钠溶液，然后急速冷却，同时加以搅拌，在常温下放置 1h，用恒重过的 G_4 坩埚式过滤器过滤，滤渣用四苯硼钾试液洗涤 3 次，每次 5mL，滤渣在（105±2）℃干燥至恒重。

c）计算：

$$c = \frac{1000m}{VM} \times 100\%$$

式中　c——四苯硼钠标准滴定溶液的浓度，mol/L；

　　V——四苯硼钠标准滴定溶液的体积，mL；

　　m——滤渣的质量，g；

　　M——四苯硼钾的摩尔质量，g/mol（$M=358.3$）。

（2）仪器和设备

①恒温水浴：37～100℃，水温波动±1℃。

②干燥箱：温控器灵敏度±1℃。

③真空泵。

④坩埚式过滤器：G_4。

（3）操作步骤

①试液的配制：称取约 8g 十二烷基二甲基苄基氯化铵试样，精确至 0.001g，置于 1000mL 容量瓶中，用水稀释至刻度，摇匀备用。有效期为一星期。

②测定：移取 25mL 试液于 150mL 锥形瓶中，加入蔗糖 1.5g，微热助溶，冷至室温，加入 2～3 滴二氯荧光黄指示剂，用四苯硼钠标准滴定溶液滴定至溶液中的沉淀由嫣红色变为黄色，即为终点。

（4）结果计算

活性物含量以质量分数 w_1 计，数值以％表示，按式（15-100）计算：

$$w_1 = \frac{VcM}{1000m \times 25/1000} \times 100\% \tag{15-100}$$

式中　V——滴定中试样消耗四苯硼钠标准滴定溶液的体积，mL；

　　c——四苯硼钠标准滴定溶液浓度，mol/L；

　　m——试料的质量，g；

　　M——十二烷基二甲基苄基氯化铵的摩尔质量，g/mol（$M=340.0$）。

2. 铵盐含量的测定

由于试样中的铵盐是以十二叔胺乙酸盐或十二叔胺盐酸盐的形式存在，显酸性，故可用酸碱滴定的原理，用氢氧化钠标准滴定溶液滴定。

（1）试剂和材料

①异丙醇。

②氢氧化钠标准滴定溶液：c（NaOH）约 0.05mol/L。

③酚酞指示剂：10g/L 乙醇溶液。

（2）操作步骤

称取约 3g 十二烷基二甲基苄基氯化铵试样，精确至 0.2mg，置于 150mL 锥形瓶中，加异丙醇 30mL 使之溶解，加 3～4 滴酚酞指示剂，用氢氧化钠标准滴定溶液滴定至粉红色，放置 30s 不变色即为终点。

（3）结果计算

铵盐含量以质量分数 w_2 计，数值以％表示，按式（15-101）计算：

$$w_2 = \frac{VcM}{1000m} \times 100\% \qquad (15-101)$$

式中　V——氢氧化钠标准滴定溶液的体积，mL；

　　c——氢氧化钠标准滴定溶液浓度，mol/L；

　　m——试料的质量，g；

　　M——十二叔胺乙酸盐的摩尔质量，g/mol（$M=273.4$）。

3. pH 值的测定

（1）仪器、设备

酸度计：分度值为 0.02pH 单位，配有饱和甘汞参比电极、玻璃测量电极或复合电极。

（2）操作步骤

将试样置于烧杯中，搅拌均匀，把电极浸入被测试样中，在已定位的酸度计上读出试样的 pH 值。

参考文献

[1] 上海市政工程设计研究总院（集团）有限公司. 给水排水设计手册：第 3 册 城镇给水 [M]. 北京：中国建筑工业出版社，2017.

[2] 华东建筑设计研究院有限公司. 给水排水设计手册：第 4 册 工业给水处理 [M]. 北京：中国建筑工业出版社，2002.

[3] 北京市市政工程设计研究总院. 给水排水设计手册：第 5 册 城镇排水 [M]. 北京：中国建筑工业出版社，2004.

[4] 丁桓如，吴春华，龚云峰. 工业用水处理工程：2 版 [M]. 北京：清华大学出版社，2014.

[5] 李本高，王建军，傅晓萍. 工业水处理技术 [M]. 北京：中国石化出版社，2016.

[6] 李杰，程爱华，王霞. 工业水处理 [M]. 北京：化学工业出版社，2014.

[7] 张志强. 工业水处理技术 [M]. 北京：化学工业出版社，2014.

[8] 金熙，项成林，齐冬子. 工业水处理技术问答 [M]. 北京：化学工业出版社，2003.

[9] 窦照英. 工业水处理及实例精选 [M]. 北京：化学工业出版社，2011.

[10] 郑书忠. 工业水处理技术及化学品 [M]. 北京：化学工业出版社，2010.

[11] 周本省. 工业水处理技术 [M]. 北京：化学工业出版社，2002.

[12] 王又蓉. 工业水处理问答 [M]. 北京：国防工业出版社，2007.

[13] 陈朝东. 工业水处理技术 [M]. 北京：化学工业出版社，2007.

[14] 张建伟，冯颖，吴剑华. 工业水污染控制技术与设备 [M]. 北京：化学工业出版社，2006.

[15] 韩剑宏. 中水回用技术及工程实例 [M]. 北京：化学工业出版社，2004.

[16] 程代京，刘银河. 蒸汽凝结水的回收及利用 [M]. 北京：化学工业出版社，2007.

[17] 余淦申，郭茂新，黄进勇. 工业废水处理及再生利用 [M]. 北京：化学工业出版社，2012.

[18] 张栓成，张兆杰. 锅炉水处理技术（2 版）[M]. 郑州：黄河水利出版社，2010.

[19] 杨荣和. 工业锅炉水处理技术教程 [M]. 北京：气象出版社，2015.

[20] 中国石油化工集团公司人事部，中国石油天然气集团公司人事服务中心. 循环水操作工 [M]. 北京：中国石化出版社，2011.

[21] 赵杉林，张金辉，李长波，胡春玲. 工业循环冷却水处理技术 [M]. 北京：中国石化出版社，2014.

[22] 许兴伟. 工业锅炉水处理技术：2 版. 北京：中国劳动社会保障出版社，2008.

[23] [美] James G. Mann, Y. A. Liu. 工业用水节约与废水减量. 北京：中国石化出版社，2001.

[24] 崔玉川. 城市与工业节约用水手册. 北京：化学工业出版社，2002.

[25] 董辅祥，董欣东. 城市与工业节约用水理论. 北京：中国建筑工业出版社，2000.

[26] 季红飞，王重庆，冯志祥. 工业节水案例与技术集成. 北京：中国石化出版社，2011.

[27] 冯霄. 水系统集成优化：节水减排的系统综合方法（2 版）. 北京：化学工业出版社，2012.

[28] 窦照英. 锅炉水处理实例精选. 北京：化学工业出版社，2012.

[29] 吴文龙. 凝汽器腐蚀与结垢控制技术. 北京：中国电力出版社，2012.

[30] 王忠尧. 工业用水及污水水质分析. 北京：化学工业出版社，2010.

[31] 时红，孙新忠，范建华，等. 水质分析方法与技术. 北京：地震出版社，2001.

[32] 郑淳之. 水处理剂和工业循环冷却水系统分析方法. 北京：化学工业出版社，2000.

[33] 李本高. 现代工业水处理技术与应用. 北京：中国石化出版社，2004.

[34] 濮文虹，刘光虹，喻俊芳. 水质分析化学 2 版. 武汉：华中科技大学出版社，2004.

[35] 黄利三. 水处理新工艺新技术与工程方案设计及质量检验标准规范实用全书. 长春：银声音像出版社，2013.

[36] 张伟. 分析化学与水质分析. 郑州：黄河水利出版社，2000.